Die Dampfturbinen.

Von

Dr. A. Stodola.

Die Dampfturbinen

mit einem Anhang über die Aussichten der Wärmekraftmaschinen und über die Gasturbine.

Von

Dr. A. Stodola,

Professor am Eidgenössischen Polytechnikum in Zürich.

Dritte, bedeutend erweiterte Auflage.

Mit 434 Figuren und 3 lithographierten Tafeln.

Springer-Verlag Berlin Heidelberg GmbH

1905.

Additional material to this book can be downloaded from http://extras.springer.com.

ISBN 978-3-662-36141-2 ISBN 978-3-662-36971-5 (eBook)
DOI 10.1007/978-3-662-36971-5

Softcover reprint of the hardcover 3rd edition 1905

Vorwort zur ersten Auflage.

Auf Anregung einiger Freunde aus der Praxis wird hiermit die gleichnamige Studie des Verfassers in der Zeitschrift des Vereins Deutscher Ingenieure, Jahrgang 1903, mit erläuternden Zusätzen versehen, als Sonderabdruck der Öffentlichkeit übergeben. Dank dem Entgegenkommen mehrerer Turbinenbaufirmen ist der Verfasser in der Lage, eine weitere Reihe wichtiger konstruktiver Einzelheiten, die zum großen Teil unbekannt sein dürften, mitzuteilen, und hofft so seinem Ziele, eine Konstruktionslehre der Dampfturbinen zu schaffen, einen Schritt näher gekommen zu sein.

Im gegenwärtigen Stadium des Dampfturbinenbaues muß indessen das Hauptgewicht auf die Erörterung der wissenschaftlichen Grundlagen dieser hohe Bedeutung erlangenden Motorenart gelegt werden. Wir Ingenieure wissen ja sehr wohl, daß der Maschinenbau durch das groß angelegte praktische Element vielfach mit spielender Leichtigkeit Aufgaben gelöst hat, welchen die Forschung jahrelang ratlos gegenüberstand. Allein das „Probieren", wie der Ingenieur das Experiment ironisch-gemütlich gerne nennt, ist häufig über alle Maßen kostspielig, und einer der obersten Gesichtspunkte aller technischen Tätigkeit, das wirtschaftliche Moment, sollte uns dazu führen, auch die Ergebnisse der wissenschaftlichen technischen Arbeit nicht zu unterschätzen, vor allem auf so neuen Gebieten wie das vorliegende.

Hin und wieder tauchen Stimmungen auf, die unverkennbar darauf hinzielen, den Maschinenbau ganz auf die durch das Großexperiment unterstützte Empirie zu begründen. Unmöglich wäre ein solches Beginnen nicht, aber auch nicht wirtschaftlich, mithin nicht technisch. Die Industrie kann die wissenschaftliche Mitarbeit nie entbehren, nicht aus Idealismus, sondern weil diese unter gewissen Umständen das „billigere Verfahren" bildet, ans Ziel zu gelangen. Gegenüber der erwähnten sehr einseitigen Auffassung darf wieder einmal daran erinnert werden, welche bedeutenden Opfer schon Ingenieure und Maschinenbauanstalten fruchtlos dargebracht haben, weil zufolge mangelnder Einsicht in die wissenschaftlichen Grundlagen der unternommenen Aufgabe ein von Anfang an grundfalscher Weg eingeschlagen wurde. Die Gesamtheit mag ruhig zusehen, wie der einzelne an einem aussichtslosen Experiment ökonomisch verblutet, die Einsichtigen werden den Vorgang, der sich leider so häufig wiederholt, als volkswirtschaftlichen Schaden empfinden, abgesehen davon, daß niemand sich gerne in der Lage der Betreffenden befinden möchte. Der Dampfturbinenbau bietet besonders zahlreiche Beispiele für die Notwendigkeit, die konstruktive Tätigkeit mit wissenschaftlichen Gesichtspunkten zu verknüpfen. So darf darauf hingewiesen werden, wie wichtig es ist, die Dimensionen der Laufräder, deren Umfänge fast die Geschwindigkeit eines Geschosses erreichen, genau vorher zu bestimmen, damit die herrschende Materialbeanspruchung an keiner Stelle die zulässige Grenze überschreite. Oder wie unvorteilhaft es wäre, bei den neuerdings in Aufnahme kommenden horizontal rotierenden Scheibenrädern, die bedeutende Durchmesser erhalten, etwa erst nach der Ausführung experimentell ermitteln zu wollen, wie stark sich die Scheiben unter ihrem Eigengewicht durchbiegen, und um wieviel sie durch die Fliehkraft wieder gerade gerichtet werden, was mit Rücksicht auf das Streifen im engen Spiel zwischen den Schaufeln von Wichtigkeit ist. Welchen Gefahren geht ein Konstrukteur entgegen, der sich an den Bau von Dampfturbinen heranwagt, ohne genaue Kenntnis von den Erscheinungen der sogenannten kritischen Geschwindigkeit zu haben! Schließlich kann man fragen, ob es „wirtschaftlich" ist, auch nur die Patentgebühr für gewisse Turbinensysteme zu erlegen, bei welchen die größere Hälfte des erzielbaren Arbeitsgewinnes vernichtet wird, bevor noch der Dampf das Laufrad erreicht hat?

Selbstverständlich darf anderseits dem im praktischen Leben stehenden vielbeschäftigten Ingenieur nicht zugemutet werden, daß er der wissenschaftlichen Arbeit in ihre verwickelten Einzelheiten folge. Auch für Studierende technischer Hochschulen ist es ratsam, sich erst in die Grundbegriffe nach Möglichkeit einzuleben, bevor sie zur Behandlung schwierigerer Aufgaben schreiten. Hingegen von den Ergebnissen der Forschung Kenntnis zu nehmen, hierzu darf wohl jeder Beteiligte eingeladen werden, und diesem Zwecke möchte vorliegendes Werklein ebenfalls dienen. Es ist stets darauf Bedacht genommen worden, die Ergebnisse durch den Versuch nach Möglichkeit zu kontrollieren und sicher zu stellen. So darf angeführt werden, daß außer den schon veröffentlichten Versuchen weitere über die Ausströmung durch Düsen ins Freie, über die Widerstände der Turbinenschaufeln, und eine Reihe von Versuchen über die kritischen Umlaufzahlen mehrfach belasteter Wellen angestellt worden sind.

Unter den Zusätzen wird vielleicht Interesse erwecken das Auffinden der bisher unbekannt gewesenen kritischen Geschwindigkeit „zweiter Art"; die Wirkung der „Resonanz" der Umlaufzahl mit der Fundamentschwingung; die Verbiegung horizontaler Scheiben und die Wirkung ihrer Fliehkräfte; die strenge Lösung der Frage nach der Druckverteilung bei der Strömung einer elastischen Flüssigkeit, u. a.

Die Darstellung mußte äußerst knapp gehalten werden und beschränkt sich vielfach auf bloße Andeutungen in der Entwicklung; doch dürfte dem sich näher interessierenden Leser auch die Begründung überall klar werden.

Um die Übersicht zu erhöhen, erfolgte eine Trennung in drei Teile; im ersten ist das eigentliche Turbinenthema behandelt, im zweiten finden sich einige weitergehende, mehr mathematische Vorbereitung erheischende Untersuchungen vereinigt. Der dritte Teil ist stark erweitert und bietet einen kurzen Abriß der Wärmemechanik, denn es ist unzweifelhaft, daß ein tieferes Verständnis der Energieumwandlung in der Dampfturbine nur auf thermodynamischer Grundlage gewonnen werden kann. Die theoretische Abstraktion widerstandsloser Strömungen muß aufgegeben werden, wenn es sich um die Wirklichkeit handelt; dieser zu folgen gibt es aber nur ein anschauliches Hilfsmittel: den Begriff der Entropie, welche mit Hilfe unserer Entropietafel alle Wärmerechnungen leicht zu erledigen gestattet. Um dem praktischen Ingenieur Anregung zu bieten, die vielleicht etwas verblaßten Grundlehren der Thermodynamik aufzufrischen, sind die beiden Hauptsätze dieser eigentlichen Wissenschaft der Wärmemotoren kurz entwickelt. Für den tiefer eindringenden Leser müßte mithin die Lektüre dieses Abschnittes als Einleitung empfohlen werden. Ich benutze die Gelegenheit, den zweiten Hauptsatz in einer den modernen Anschauungen entsprechenden Form wiederzugeben, vom Perpetuum mobile zweiter Art ausgehend. Die Plancksche Herleitung, der bei näherem Zusehen noch einige Unklarheiten anhaften, wurde durch eine, wie ich hoffe, befriedigende Fassung ersetzt. Je mehr der zweite Hauptsatz angefochten wurde, um so gefestigter ging er jedesmal aus dem Streite hervor, und so durfte den Erfindern bei diesem Anlaß zugerufen werden, daß sie ihren aussichtslosen Feldzug gegen dieses Fundament unserer Wissenschaft einstellen möchten. Den Schluß bildet eine kurze Übersicht neuerer Vorschläge für Arbeitsverfahren von Wärmekraftmaschinen, unter welche es mir bei den Fortschritten der Kohlenvergaser zeitgemäß schien auch die Gasturbine aufzunehmen.

Zürich, August 1903.

Der Verfasser.

Vorwort zur dritten Auflage.

Die vorliegende Neuauflage erfuhr eine Bereicherung durch die hier zum erstenmal erfolgende Veröffentlichung einer größeren Zahl von Werkzeichnungen neuer und alter Turbinensysteme. Unter den ersteren sind zu nennen: die Turbinen der Allgemeinen Elektrizitäts-Gesellschaft in Berlin, Gebrüder Sulzer in Winterthur, der Gesellschaft für elektrische Industrie in Karlsruhe, der Maschinenbauanstalt „Union" in Essen u. a.; unter den bekannten Turbinensystemen die von Zölly und die neuen Konstruktionen der Maschinenfabrik Oerlikon. Diese Zeichnungen sind mit Rücksicht auf den Unterricht meist mit allen Maßen wiedergegeben, indem wohl der erfahrene Konstrukteur aus einer Maßskizze alles Wissenswerte herauszulesen vermag, der jüngere Fachgenosse und insbesondere der Studierende aber erst in der genauen Maßangabe volle Beruhigung für sein vielleicht überempfindliches Gewissen zu finden pflegt. Dieser freiere Austausch der konstruktiven Ideen ist überdies in hohem Maße geeignet, das allgemeine Niveau der Konstruktionskunst zu heben, ohne daß der wirklich Tüchtige hierdurch irgendwie Schaden leiden würde. Es sei deshalb den genannten Anstalten auch an dieser Stelle verbindlicher Dank ausgesprochen.

Das Buch enthält außerdem eine Reihe teils praktischer, teils theoretischer Neuheiten, auf die es im Interesse der Besitzer älterer Auflagen gestattet sei, näher hinzuweisen.

Die elementare Theorie wurde in zwei Teile zerlegt, und im ersten die reibungslose Turbine behandelt, im zweiten der Einfluß der Bewegungswiderstände, soweit das ohne Benutzung der Entropietafel möglich ist, untersucht.

Im wärmemechanischen Teil wird über einen neuen Versuch berichtet (Abschnitt 30), der eine eigentümliche Unstabilität der Strömung bei Dampfstößen aufdeckt. Ferner ist mit Rücksicht auf die Vorgänge in der Labyrinthdichtung ein Versuch mit plötzlicher Erweiterung (Abschnitt 32) ausgeführt worden, der den Druckabfall sehr deutlich macht. Die Theorie der mit Reibungen verbundenen Strömung fand wegen ihres theoretischen Interesses ausführlichere Wiedergabe.

Die Energieumwandlung des Dampfes ist für die früher etwas knapp behandelte mehrstufige Druckturbine eingehender untersucht in den Abschnitten 40a bis d, welche den Betrag der zurückgewinnbaren Reibungswärme, den Einfluß der Radreibung, die Turbine kleinster Reibungsarbeit zum Gegenstande haben. Die beigegebene für Entwürfe sehr brauchbare Tafel von Bánki sei dem Konstrukteur bestens empfohlen.

Auch bei der vielstufigen Überdruckturbine erschien eine Ergänzung zum Zwecke der genaueren Durchrechnung der letzten Stufen (Abschnitt 41 a) geboten, welche schließlich zur Lösung der allgemeinen Aufgabe führte, den Druckverlauf bei beliebig vorgeschriebenen Auslaßquerschnitten und Winkeln zu bestimmen (Abschnitt 41 b).

Im Abschnitte 44 über die Radreibung wird über interessante Versuche von Lasche berichtet, die sich auf den Einfluß der beaufschlagten Umfangslänge beziehen.

Von anderen Darstellungsarten des Dampfzustandes sind neben der bewährten Tafel von Mollier auch die Boulvinsche Methode mit ihrer Anwendung von Koob, und die thermodynamische Rechentafel von Proell (Abschnitt 46 und 47) aufgenommen.

Was die Konstruktion der Einzelteile anbelangt, so wurde Verfasser durch eine literarische Fehde englischer Fachschriften zu einer vertieften Untersuchung der Festigkeit rotierender Scheiben veranlaßt. Es wurde von Professor Fitz-Gerald die Vermutung ausgesprochen, daß die Beanspruchung dieser Scheiben in der Mittelebene wesentlich größer sein könnte als an der Außenfläche im gleichen Abstand von der Drehachse. Theoretisch streng gelöst ist der Fall des Rotationsellipsoides durch Chree, und wird im Abschnitt 100 nachgewiesen, daß die vermutete Verschiedenheit bei Verhältnissen, wie sie praktisch vorzukommen pflegen, ohne Belang ist. Noch anschaulicher dürfte das Ergebnis der experimentellen Studie mit Gummilamellen (Abschnitt 58) sein, welche die Deformation flacher Stäbe bei Zugbeanspruchung untersucht. Die Wichtigkeit dieser Fragen war den geopferten Zeitaufwand jedenfalls wert, und man darf nunmehr von den entwickelten Formeln mit Zuversicht Gebrauch machen. Erneut ist unter Mitteilung der Formeln von Kirsch auf die Gefahr der Bohrungen hingewiesen, da sich herausstellt, daß die Praxis stellenweise diese Gefahr nur bei zentrischen Anbohrungen vorhanden annimmt, während umgekehrt das nicht zentrische Loch die schlimmsten Spannungserhöhungen verursachen kann.

Die neue graphische Methode der Scheibenrechnung (Abschnitt 56), bei welcher der Einfluß der Nabe mühelos, und soweit dies überhaupt erreichbar, streng berücksichtigt wird, braucht dem Konstrukteur wohl nicht besonders empfohlen zu werden.

Erwähnung verdienen die Versuche über die Durchlässigkeit von Labyrinth-Stopfbüchsen, die als erster Schritt auf diesem noch ganz dunklen Gebiete, wenn sie auch wegen Zeitmangel nicht die erwünschte Vollständigkeit erlangen konnten, immerhin schon interessante Einblicke gewähren. So erschien es denn auch an der Zeit, eine „Theorie“ der Labyrinthdichtung zu geben.

Im praktischen Teil sind die angeführten Neukonstruktionen im einzelnen besprochen, und es erschien im gegenwärtigen Moment nicht berechtigt, dieselben derart zu zerstückeln, daß z. B. die Räder, die Stopfbüchsen usw. in den betreffenden Sonderabschnitten gebracht worden wären. Diese konstruktiven Elemente sind heute noch ganz geistiges Eigentum ihrer Urheber, welche ein Recht haben, ihre Werke im Zusammenhange der Öffentlichkeit vorgeführt zu sehen.

Unter den „neueren Vorschlägen" findet man eine Zusammenstellung der Westinghouseschen Ideen, welche meist rein konstruktiver Natur sind und sicher auf den Konstrukteur einen eigenen Reiz ausüben werden.

Die große Menge unreifer Vorschläge, die in Zeitschriften und in der Patentliteratur auftauchen, veranlaßte mich, den verfehlten Ideen einen gesonderten Abschnitt (91) zu widmen. Hier wird nun die „Mischungsturbine" einer eingehenderen Prüfung unterworfen, denn nicht alle Anwendungsmöglichkeiten dieses immer wieder als Versucher auftretenden Gedankens tragen das Merkmal des „Absurden" offenkundig auf der Stirne. Möge doch der praktische Ingenieur die Ergebnisse dieser Untersuchung beachten! Verfasser kennt es nicht bloß aus Veröffentlichungen, sondern aus zahlreichen an ihn gerichteten Zuschriften, wie sehr diese Strahlvorrichtungen den Erfinder locken, und doch sind sie nichts als Arbeitsvernichter. Wenigstens wäre es ein Wunder, wenn nach all den von mir verlegten Ausgängen noch aus irgend einem verborgenen Winkel eine Hoffnung aufleuchten könnte.

In Abschnitt 92 sind die Kondensationsanlagen kurz besprochen, um den unklaren und verwirrten Ansichten entgegenzutreten, die über die Luftpumpenarbeit in der Literatur verfochten werden. Der „Vakuum-Vermehrer" von Parsons findet, wie sich's gebührt, warme Anerkennung.

Außerdem sind viele kleinere Zusätze beigefügt, unter welchen vielleicht die wissenschaftlich strenge Feststellung des Idealprozesses der Gasmaschine (Abschnitt 117) und die erweiterte Formel der „Technischen Nutzleistung" Anklang finden werden.

Die Entwickelung der Dampfturbine befolgt die sehr gesunde Richtung, nicht durch neue ausgeklügelte Arbeitsweisen verblüffen zu wollen, sondern die Betriebssicherheit und Wirtschaftlichkeit des neuen Krafterzeugers durch sorgfältigste feine Konstruktion und eine gleichwertige Ausführung zu heben. Die wissenschaftliche Arbeit ist bemüht, ihr durch Erforschung dunkler oder schwieriger Gebiete und Aufdecken aussichtsloser Seitenwege helfend zur Seite zu stehen. Möge sich dieser Bund auch in Zukunft als fruchtbringend erweisen.

Zürich, Ende Februar 1905.

Der Verfasser.

Inhaltsübersicht.

Seite

Vorwort zur ersten Auflage V
Vorwort zur dritten Auflage VIII
Häufiger gebrauchte Bezeichnungen XVI

I.

Elementare Theorie der Dampfturbine.

1. Grundbegriffe und Bezeichnungen 1
2. Die Formel von de Saint-Vénant 4
3. Das Druckgefälle 7
4. Die Lavalsche Düse 7
5. Einteilung der Dampfturbinen 10

A. Axiale Turbinen 11

6. Die ideale einstufige Druckturbine 11
7. Bestimmung der Querschnittsabmessungen für die einstufige Druckturbine . . 13
8. Die einstufige Überdruckturbine 14
9. Ermittelung der Querschnitte für die einstufige Überdruckturbine 15
10. Bestimmung der Leistung und des Wirkungsgrades durch das Prinzip des „Antriebes“ 17
11. Die mehrstufige Druckturbine 18
    a) Eine Druckstufe, mehrere Geschwindigkeitsstufen 18
    b) Mehrere Druckstufen mit einer Geschwindigkeitsstufe 20
    c) Mehrere Druckstufen mit je einigen Geschwindigkeitsstufen 23
12. Die vielstufige Überdruckturbine 23
13. Vergleich der Geschwindigkeiten und Stufenzahlen bei Aktions- und bei Reaktionsturbinen 24

B. Die Radialturbinen 25

II.

Einfluß der Bewegungswiderstände.

14. Volumen und Temperaturzunahme 26
15. Einstufige Druckturbine mit einer Geschwindigkeitsstufe 28
16. Eine Druckstufe, mehrere Geschwindigkeitsstufen 31
17. Die Ermittlung der Querschnitte 32
18. Mehrere Druckstufen mit je einer Geschwindigkeitsstufe 34
19. Mehrere Druckstufen mit je einigen Geschwindigkeitsstufen 35

III.

Theorie der Dampfturbine auf wärmemechanischer Grundlage.

A. Thermodynamische Grundgleichungen 36

20. Formel von Zeuner 36
21. Zusammenhang zwischen der Reibungsarbeit und dem Verluste an kinetischer Energie 39

Seite

22. Die Entropietafel 40
23. Versuche über die Bewegung des Dampfes in Düsen 42
24. Künstlich erhöhter Gegendruck 49
25. Der Einfluß allmählicher Querschnittserweiterung 53
26. Rechnerische Behandlung 55
27. Isentropische Linien 61
28. Kurven konstanten Querschnittes von Fanno 64
29. Die Düse mit verlängertem Einströmhals 66
30. Unstabile Dampfströmung 68
31. Die Strahlkontraktion 68
32. Plötzliche Erweiterung im zylindrischen Rohr 69
33. Versuche über den Dampfausfluß aus Mündungen 70
34. Theorie der Schallschwingungen im freien Strahle nach Prandtl 73
35. Ausströmung aus einer konisch erweiterten Düse ins Freie 74
36. Versuche mit Turbinenschaufeln 76

B. Der Energieumsatz in der Dampfturbine 80

37. Der thermodynamische Wirkungsgrad 80
38. Endzustand des Dampfes in einer beliebigen Dampfturbine 82

Axialturbinen 82

39. Die einstufige Druckturbine 82
    a) Große Druckunterschiede; Entwurf der Düse 82
    b) Vorgänge im Schaufelkanal 83
    c) Entwurf des Geschwindigkeitsplanes und die Ermittelung der Leistung . 86
    d) Kleine Druckunterschiede 88
39a. Die einstufige Druckturbine mit mehreren Geschwindigkeitsstufen 88
40. Mehrstufige Druckturbine mit je einer Geschwindigkeitsstufe 89
    a) Betrag der rückgewinnbaren Reibungswärme 91
    b) Tafel von Bánki 93
    c) Einfluß der Radreibung 96
    d) Die Turbine kleinster Reibungsarbeit 98
    e) Die Turbinen mit Ausnutzung der Auslaßgeschwindigkeit 102
41. Die vielstufige Überdruckturbine 102
41a. Genauere Durchrechnung der letzten Stufen 113
41b. Druckverlauf für eine Stufengruppe mit beliebig vorgeschriebenen Querschnitten und Winkeln für den Austritt aus den Leit- und Laufrädern 115
42. Die vielstufige Druckturbine 117
43. Vielstufige Turbinen mit stetig veränderlicher Umfangs- und Dampfgeschwindigkeit. (Die hyperbolische Turbine) 118

Radialturbinen 120

44. Die Dampfreibung rotierender Scheiben 123

C. Andere Darstellungsarten des Dampfzustandes in Hinsicht auf die Turbinentheorie 133

45. Tafel für Wasserdampf von Mollier 133
    Endzustand des Dampfes für ein beliebiges Turbinensystem 135
    Anwendung auf den Entwurf von Dampfturbinen 135
    a) Einstufige Druckturbine 135
    b) Mehrstufige Druckturbine 135
    c) Vielstufige Turbine 135
46. Bestimmung der Entropie aus den Werten an den Grenzkurven nach Boulvin 136
    Graphische Düsenrechnung nach Koob 137
47. Thermodynamische Rechentafel von Proell 138

Seite

IV.

Konstruktion der wichtigsten Turbinenelemente.

48. Schaufelform 142
49. Konstruktion und Befestigung der Schaufeln 144
1. Hohe Umfangsgeschwindigkeit 144
a) Schaufeln einzeln hergestellt 144
b) Schaufeln mit dem Kranz aus einem Stück 146
2. Mäßige Umfangsgeschwindigkeit ($u < 150$ m) 148
50. Konstruktion der Leitvorrichtung 150
51. Die Rad-Trommeln 152
52. Berechnung der Scheibenräder 154
53. Die Scheibe gleicher Festigkeit ohne Bohrung 157
54. Scheibe gleicher Dicke 160
Die Gefahr der Anbohrung 161
55. Berechnung der Nabe 163
a) Schwach beanspruchtes Rad mit großer Bohrung 163
b) Stärker beanspruchtes Rad mit kleiner Bohrung 163
56. Graphische Methode für die Berechnung der Scheibenräder 165
57. Scheibe mit hyperboloidischem Profil 170
58. Die Wirkung der Schubkräfte 171
Versuche 173
a) Form gleicher Festigkeit 173
b) Hyperbolischer Umriß 175
c) Plötzliche Verdickung 176
d) Schlußfolgerung 177
59. Geometrisch ähnliche Scheibenräder 177
60. Baustoffe und Beanspruchung 179
61. Der Massenausgleich rotierender starrer Körper 181
Theorie der Federausgleichvorrichtung 183
62. Die biegsame Welle von de Laval 188

Kritische Winkelgeschwindigkeit mehrfach belasteter Wellen . . . 191

63. Zwei Einzelräder 191
64. Graphische Behandlung bei beliebiger Verteilung der Massen und beliebig veränderlicher Wellenstärke 192
65. Stetig und gleichmäßig belastete Welle mit unveränderlichem Durchmesser in rechnerischer Behandlung 193
α) Die beiderseits frei aufliegende Welle 194
β) Die beiderseitig eingespannte Welle 195
γ) Die einseitig wagerecht eingespannte Welle 196
66. Die glatte Welle unter dem Einflusse ihrer Eigenmasse. Raschlaufende Transmissionen 197
67. Schiefstellung der Scheiben 198
a) Die fliegende Scheibe an massenloser Welle 198
b) Allgemeiner Fall 199
68. Eigenschwingung der ruhenden Welle und kritische Umlaufzahl 200
a) Einzelne Scheibe auf massenloser Welle 200
b) Allgemeiner Fall 201
69. Die Formel von Dunkerley 202
70. Versuche über die kritische Geschwindigkeit glatter und belasteter Wellen . . 203
71. Die Dampfturbinenlager 205
72. Die Stopfbüchsen 210
Theorie der Labyrinthdichtung 210
Angenäherte Methode 211
Versuche über die Undichtheit durch Stopfbüchsen 212
Konstruktion der Stopfbüchsen 214
73. Die Regulierung der Dampfturbine 216

Seite

V.

Die Dampfturbinensysteme. 223

74. Turbine von de Laval 224
75. Turbine von Seger 231
76. „Elektra“-Dampfturbine 233
77. Turbine von Riedler-Stumpf 239
78. Turbine der Allgemeinen Elektrizitäts-Gesellschaft, Berlin 246
79. Turbine von Zölly 258
80. Turbine von Curtis 268
81. Turbine von Rateau 282
82. Turbine von Parsons 298
83. Turbine von Gebr. Sulzer 313
84. „Union-Dampfturbinen“, gebaut von der Maschinenbau-Akt.-Ges. Union in Essen 319
85. Turbine von Schulz 323
86. Turbine von Lindmark 327
87. Turbine von Gelpke-Kugel 330
88. Geschichtlicher Rückblick 332
89. Neuere Vorschläge 336
Turbine von Fullagar 336
Gegenlaufturbine von C. A. Parsons 336
Andere Gegenlauf- und Umsteuerungsturbinen 338
Das Parallelschalten von Parsonschen Turbinen-Alternatoren 340
Neuere Vorschläge von Westinghouse 340
Schaufelung von Aichele 345
Turbine von Nadrowski 345
Turbine von Lilienthal 345
Turbine von Zahikjanz 346
Verfahren von Dolder 347
Die Löffelschaufelung der Maschinenfabrik Grevenbroich 348
90. Die Turbine Hamilton-Holzwarth 348
91. Problematische und verfehlte Ideen 350
a) Die Mischungsturbine 350
b) Allmähliche Beimischung des Fremdstoffes 355
c) Beimischung unter vorheriger Beschleunigung des Zusatzstoffes 356
d) Reibungsturbine 357
e) Die Drosselturbine 358
92. Die Kondensationsanlage bei Dampfturbinen 360
Welches Vakuum sollen wir wählen? 361
Parsons' Vakuum-Vermehrer 364
93. Die Dampfturbine als Schiffsmotor 365
Andere Verwendungsarten 373
94. Dampfturbine und Kolbendampfmaschine 374

VI.

Einige Sonderprobleme der Dampfturbinen-Theorie und -Konstruktion.

95. Druckverteilung im Querschnitte eines expandierenden Gas- oder Dampfstrahles 379
96. Druckverteilung in einer Turbinenschaufel 385
97. Biegung einer horizontalen ungleich dicken Scheibe unter dem Einflusse ihres Eigengewichtes 386
98. Geraderichten der wagerecht rotierenden Scheibe durch die Eigenfliehkräfte . 390
99. Beanspruchung der Scheibenräder bei ungleichmäßiger Erwärmung 393
Seitliches Ausknicken des Scheibenrandes 396
100. Beanspruchung eines rotierenden Ellipsoides nach C. Chree 398
101. Kritische Geschwindigkeit einer stetig und gleichmäßig belasteten Welle mit veränderlichem Durchmesser 401

Seite
102. Mitschwingen des Fundamentes: Ungefährlichkeit der „Resonanz“ 403
103. Bedingungen für die Stabilität des Gleichgewichtes über der kritischen Geschwindigkeit 406
104. Gyroskopische Wirkung der Schiffsturbine 408
105. Kritische Geschwindigkeit zweiter Art, hervorgebracht durch die Biegung der glatten Welle unter ihrem Eigengewicht 410
106. Wärmeübergang durch das Gehäuse und die Welle der vielstufigen Turbinen 413
107. Die Differentialgleichung für die Druckverteilung in der vielstufigen axialen Überdruckturbine 415
108. Leerlauf und Grenzgeschwindigkeit der vielstufigen Turbine 419

Anhang.

Die Aussichten der Wärmekraftmaschinen.

109. Das Perpetuum mobile erster Art 423
110. Das Perpetuum mobile zweiter Art und der zweite Hauptsatz der Thermodynamik 423
111. Der Carnotsche Kreisprozeß 425
112. Kreisprozeß mit Wärme-Zu- und -Abfuhr bei beliebigen Temperaturen . . . 428
113. Das Integral von Clausius 429
114. Die Entropie 429
115. Entropietafel für Wasserdampf 431
116. Ungeschlossene Prozesse mit umkehrbaren und nicht umkehrbaren Zustandsänderungen 433
117. Die Ökonomie der Wärmekraftmaschinen 435
118. Praktische Kriterien der Wärmeausnutzung 440
119. Neuere Vorschläge 441
120. Die Gasturbine 448
121. Zur Berechnung der Gleichdruck-Gasturbine 451
Rechnen mit dem Wärmeinhalt 452
α) Ohne Wassereinspritzung 453
β) Mit Wassereinspritzung 453

Häufiger gebrauchte Bezeichnungen.

q Flüssigkeitswärme pro kg
r Verdampfungswärme pro kg
x spezifische Dampfmenge
T absolute Temperatur
T_s absolute Temperatur an der Grenzkurve der Sättigung
$\lambda = q + xr$ bzw. $= q + r + c_p (T - T_s)$ „Wärmeinhalt"
p absoluter Druck kg/qm
v spezifisches Volumen m/kg
u {innere Energie pro kg (in Wärmerechnungen) / Umfangsgeschwindigkeit (in Geschwindigkeitsplänen)}
$A = {}^1/_{424}$ Wärmeäquivalent der Arbeitseinheit
c absolute Dampfgeschwindigkeit
w relative (oder auch absolute) Dampfgeschwindigkeit
Q Wärmemenge
R Reibungsarbeit (in Wärmemaß)
Z Verlust an kinetischer Energie (in Wärmemaß)
S {Entropie (in Wärmemaß) / Schubkraft (in Festigkeitsrechnungen)}
f, F Querschnitte
G sekundlich durchströmendes Dampfgewicht
M sekundlich durchströmende Dampfmasse
$\gamma = 1 : v$ spezifisches Gewicht
$\mu = \gamma : g$ spezifische Masse
ζ Widerstandskoeffizient
σ_r, σ_t radiale bzw. tangentiale Spannung in einer rotierenden Scheibe
ω Winkelgeschwindigkeit
ω_k kritische Winkelgeschwindigkeit
m Verhältnis der elastischen Längendehnung zur Querkontraktion
$\nu = 1 : m$
E Elastizidätsmodul
ξ radiale Ausdehnung einer rotierenden Scheibe
J Flächen-Trägheitsmoment bezogen auf die neutrale Achse
Θ Massenträgheitsmoment
t {die Zeit / Temperatur in ^{0}C bei Wärmerechnungen}
η Wirkungsgrad
h, H „Wärmegefälle"
L mechanische Arbeit
N Leistung in PS.

I.

Elementare Theorie der Dampfturbine.

1. Grundbegriffe und Bezeichnungen.

Die spezifische Wärme c des (flüssigen) Wassers besitzt nach Regnault bekanntlich den vom Drucke praktisch genommen unabhängigen Wert

$$c = 1 + 0{,}00004\,t + 0{,}0000009\,t^2,$$

wo t die Temperatur in Celsiusgraden bedeutet. Um 1 kg Wasser bei irgend einem Drucke von 0^0 auf t^0 C zu erwärmen, bedarf es daher der „Flüssigkeitswärme"

$$q = \int_0^t c\,dt \quad \ldots\ldots\ldots \quad (1)$$

die man beispielsweise in den Tabellen des Ingenieurhandbuches „Hütte" fertig ausgerechnet vorfindet.

Erreicht das Wasser den Siedepunkt beim Drucke p kg/qcm und der Temperatur t, so ist zur vollständigen Verdampfung bei konstant erhaltenem Drucke, (wobei auch die Temperatur unverändert bleibt), die Zuführung der „äußeren Verdampfungswärme" r notwendig, deren Wert angenähert durch

$$r = 607 - 0{,}708\,t \quad WE/\text{kg} \quad \ldots\ldots \quad (2)$$

gegeben ist.

Ist die Verdampfung unvollständig, so daß auf 1 kg des Gesamtgewichtes bloß der Anteil x kg dampfförmig ist, hingegen $(1-x)$ kg flüssig bleibt, so nennen wir x die „spezifische Dampfmenge", und es wird pro kg vom Siedepunkt gerechnet auch nur die Wärmemenge xr zuzuführen sein. Vom Nullpunkt ab gerechnet ist also eine Wärmemenge

$$\lambda_x = q + xr$$

erforderlich.

Für $x = 1$, d. h. vollständige Verdampfung, ist

$$\lambda = q + r = 606{,}5 + 0{,}305\,t \quad \ldots\ldots \quad (3)$$

Bezeichnen wir mit σ_0 das Volumen von 1 kg Wasser bei 0^0 in Kubikmetern und mit v' das Volumen von 1 kg „trocken gesättigten" Dampf vom Zustande p, t, mit $\sigma = v' - \sigma_0$ die Volumenzunahme während der Verdampfung, so ist das „spezifische Volumen" v_x pro kg bei x als spezifischer Dampfmenge

$$v_x = xv' + (1-x)\,\sigma_0 = x\sigma + \sigma_0 \quad \ldots\ldots \quad (4)$$

Tragen wir das Volumen v' des trocken gesättigten Dampfes als Funktion des Siededruckes auf, so erhalten wir die sog. „Grenzkurve" (Fig. 1). Ein Punkt, der innerhalb der Grenzkurve und der Koordinatenachsen p, v liegt, stellt durch p, v_x ein Gemisch von Dampf und Wasser dar. Führt man trocken gesättigtem Dampf und zwar bei konstantem Drucke weiter Wärme zu, so wird der Dampf „überhitzt", und es besteht zwischen Druck, Volumen und absoluter Temperatur desselben die Zustandsgleichung von Battelli-Tumlirz

$$p(v+\alpha) = RT$$

worin nach den neuesten Bestimmungen von Knoblauch, Linde und Klebe[1])

$$\left.\begin{aligned} \alpha &= 0{,}016 \\ R &= 47{,}10 \end{aligned}\right\} \quad \ldots\ldots\ldots \quad (5)$$

wenn p in kg/qm eingesetzt wird. T ist bekanntlich $= 273 + t^0$.

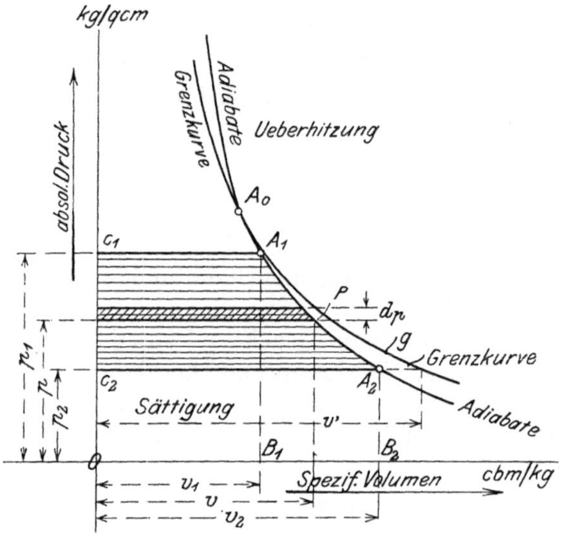

Fig. 1.

Die Grenzkurve selbst wird nach Zeuner näherungsweise durch Gleichung

$$p(v')^{\mu} = K' \qquad (6)$$

dargestellt, mit $\mu = 1{,}0646$; $K' = 1{,}775$, p in kg/qcm verstanden.

Im Überhitzungsgebiet ist nach älteren Annahmen die spezifische Wärme des Dampfes bei konstantem Drucke $= c_p$ unveränderlich, und zwar

$$c_p = 0{,}48 \; WE/\text{kg} \quad (7)$$

Nach den Versuchen von H. Lorenz[2]) hingegen ist c_p mit dem Drucke und der Temperatur veränderlich, gemäß Formel

---

[1]) „Über die thermischen Eigenschaften des gesättigten und überhitzten Wasserdampfes" von R. Linde, Berlin 1904. In dieser verdienstvollen Arbeit wird nachgewiesen, daß die Zustandsgleichung

$$pv = BT - p(1+ap)\left[C\left(\frac{373}{T}\right)^3 - D\right]$$

worin

$$B = 47{,}10; \quad a = 0{,}000002$$
$$C = 0{,}031; \quad D = 0{,}0052$$

den besten Anschluß an die Versuchsergebnisse gewährt, daß indessen auch nach der Formel von Tumlirz der größte Fehler von v 0,8 v. H. nicht überschreitet. Für den Nicht-Physiker ist auch der Nachweis interessant, daß im Werte der Verdampfungswärme des Wassers nach den verschiedenen Versuchsdaten Abweichungen bis zu 10 WE und mehr vorkommen.

[2]) Zeitschr. d. Ver. deutsch. Ing. 1904, S. 1189. Andere Experimentatoren teilen abweichende Ergebnisse mit. So soll nach Emmet für 11 kg/qcm (absol.?) Druck und eine Überhitzung, d. h. $T - T_s = 0 \quad 100^0 \quad 150^0 \quad 200^0 \quad 250^0$

$c_p = 0{,}52 \quad 0{,}65 \quad 0{,}70 \quad 0{,}74 \quad 0{,}77$ sein.

$$c_p = 0{,}43 + 3600000 \frac{p}{T^3} \quad WE/\text{kg} \quad . \quad . \quad . \quad . \quad (8)$$

worin p in kg/qcm einzusetzen ist.

Um bei konstantem Drucke 1 kg Wasser von 0° Temperatur in überhitzten Dampf von der Temperatur T zu verwandeln, ist also nach der ersten Annahme die Wärmemenge

$$\lambda_T = q + r + c_p (T - T_s) \quad WE/\text{kg} \quad . \quad . \quad . \quad . \quad . \quad (9)$$

erforderlich, wobei T_s die absolute Sättigungstemperatur bedeutet.

Mit der Formel von Lorenz ist, wenn wir $c_p = a + b \frac{p}{T^3}$ setzen, die zuzuführende Wärme

$$\lambda_T = q + r + \int_{T_s}^{T} \left(a + b \frac{p}{T^3}\right) dT = q + r + a (T - T_s) - \frac{bp}{2} \left(\frac{1}{T^2} - \frac{1}{T_s^2}\right) \quad (10)$$

Wenn Dampf in wärmedichter Leitung mit verschwindend kleinen Reibungs- und Wirbelungsverlusten expandiert, so führt er eine sog. „adiabatische" umkehrbare Zustandsänderung aus, von welcher Zeuner nachgewiesen hat, daß, sofern wir vom gesättigten oder wenig feuchten Zustand ausgehen, die Beziehung

$$pv^k = Konst. \quad . \quad . \quad . \quad (11)$$

gilt. Hier bedeutet k eine Konstante, die für gesättigten Anfangszustand der Expansion den Wert

$$k = 1{,}135,$$

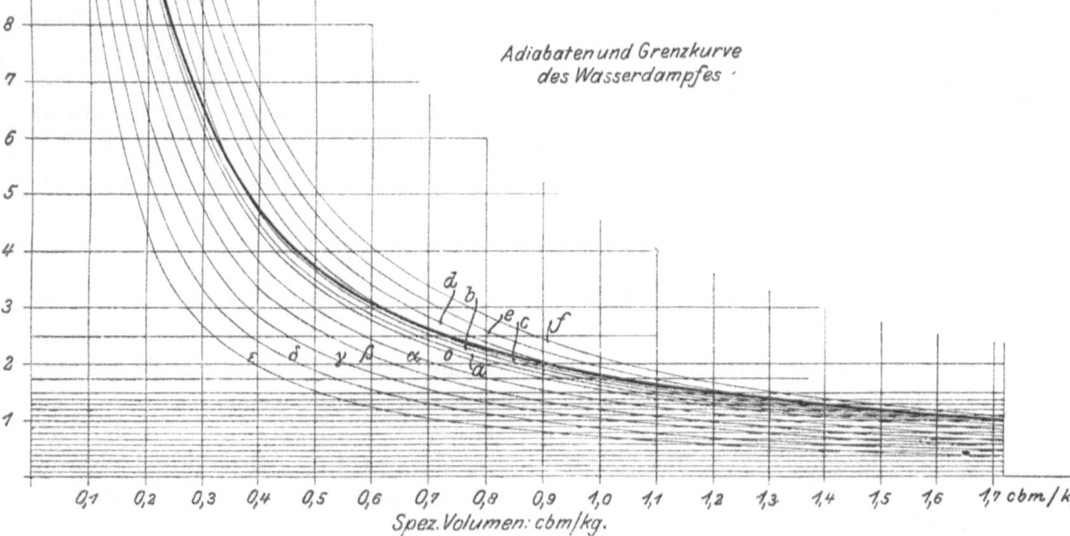

Fig. 2.

für anfänglich nassen Dampf mit der spezifischen Dampfmenge x den Wert

$$k = 1{,}035 + 0{,}1\,x$$

besitzt, und für überhitzten Dampf näherungsweise unveränderlich

$$k = 1{,}3$$

ist.

Tragen wir v als Abszisse, p als Ordinate in einem rechtwinkligen Achsensystem auf, so entsteht die hyperbelähnliche **Zustandskurve** (Adiabate), Fig. 1, welche beim Übergang von der Überhitzung zur Sättigung einen Knick (A_0) aufweist.

In Fig. 2 finden wir eine Anzahl von Adiabaten und die Grenzkurve maßstäblich dargestellt. Bei sehr hohen Drücken wird aus solcher Darstellung das Volumen, bezw. bei tiefer Expansion der Druck nicht genau bestimmbar, weshalb sich getrenntes Auftragen dieser Teile in stark vergrößertem Maßstabe empfiehlt. Da durch gleichmäßige Vergrößerung der Abszissen oder der Ordinaten in der Beziehung $pv^k =$ konstant der Exponent nicht verändert wird, könnte durch geeignete Maßstäbe ein und dieselbe Adiabate bald für hohe, bald für kleine Drucke dienlich gemacht werden.

Wenn auf einer beliebigen Adiabate ein Punkt im Sättigungsgebiete durch den Druck p und das Volumen v gegeben ist, so findet man die spezifische Dampfmenge, indem man das zum gleichen Drucke gehörende „Grenzvolumen" v' im Diagramme abgreift und Gl. 4 nach x auflöst. Fast immer ist $x\sigma$ so groß gegen σ_0, daß man letzteres vernachlässigen kann und die Näherungsgleichung

$$v = x\sigma \text{ und } x = \frac{v}{\sigma} \text{ oder} = \frac{v}{v'}$$

erhält. Im Überhitzungsgebiete gibt das Verhältnis $v : v'$ das Verhältnis der Temperaturen $T : T_s$.

2. Die Formel von de Saint-Vénant.

Es finde im wärmedichten Kanale K Fig. 3 eine reibungsfreie stationäre Strömung statt. Die Dampfteilchen beschreiben regelmäßige Bahnen, die sogenannten Stromlinien, durch welche wir den Elementarkanal K' abgegrenzt denken. Im Querschnitt A_1 dieses Kanales sei der Zustand durch den Druck p_1 das Volumen v_1, im Querschnitt A_2 durch $p_2\, v_2$ gegeben. Die Geschwindigkeit an beiden Orten sei w_1 bzw. w_2. Zwischen diesen Größen besteht die zuerst von de Saint-Vénant abgeleitete Beziehung

$$\frac{w_2^{\,2} - w_1^{\,2}}{2g} = \int_{p_2}^{p_1} v\,dp = \text{Arbeitsfläche } A_1 A_2 C_2 C_1 \text{ in Fig. 1} \quad . \quad (12)$$

Das Integral ist nichts anderes als die Summe der unendlich kleinen Elementararbeiten, die bei der Zunahme des Druckes um dp von 1 kg Dampf aufgenommen (bzw. bei Druckabnahme abgegeben) werden, und wird in Fig. 1 durch Fläche $A_1 A_2 C_2 C_1$ dargestellt. Diese Fläche kann mittels des Planimeters ermittelt und zur Berechnung von w_2 benutzt werden. Der Druck in einem bestimmten Querschnitt des Kanales wird naturgemäß auf der konkaven Seite des Kanales größer wie auf der konvexen sein; allein bei nicht zu scharfer Krümmung kann man von dieser Verschiedenheit absehen und unter $p_1\, v_1\, w_1$ bzw. $p_2\, v_2\, w_2$ die Mittelwerte für den ganzen Querschnitt A_1 bzw. A_2 verstehen.

Die „Kontinuitätsgleichung" besagt, daß im Beharrungszustande durch irgend einen Querschnitt in der Zeiteinheit die gleiche Menge Dampf hindurchströmt. Bezeichnet man das sekundliche Gewicht mit G_{sk} und die Querschnittsinhalte mit F_1 und F_2, so erhält man

$$G_{sk} v_1 = F_1 w_1 \qquad G_{sk} v_2 = F_2 w_2$$

und hieraus

$$\frac{F_1 w_1}{v_1} = \frac{F_2 w_2}{v_2} \quad \ldots\ldots\ldots \quad (11a)$$

woraus $w_1 = \frac{F_2}{F_1}\frac{v_1}{v_2} w_2$ in 11 eingesetzt werden kann und Gleichung

$$\frac{w_2^2}{2g}\left[1 - \left(\frac{F_2 v_1}{F_1 v_2}\right)^2\right] = \text{Fläche } A_1 A_2 C_2 C_1$$

zur Berechnung von w_2 aus dem als bekannt vorausgesetzten Dampfzustand liefert.

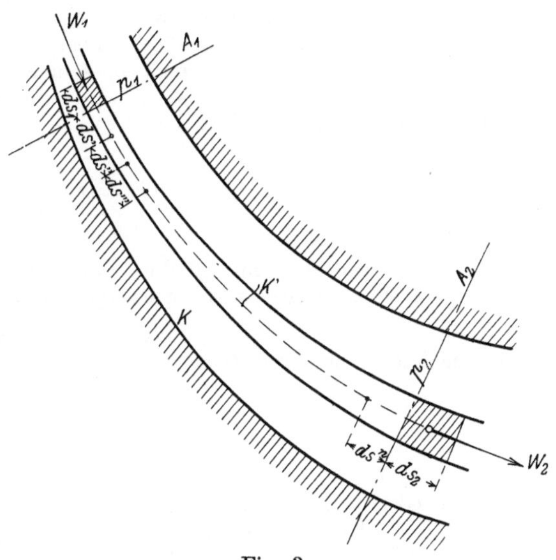

Fig. 3.

Herleitung der Formel von de Saint-Vénant.

Wir betrachten den elementaren Kanal K', in welchen bei A_1 das elementare Gewicht dG während des Zeitelementes dt eintritt, um nach dem Durchlaufen der Bahn $A_1 A_2$ bei A_2 auszutreten. Um die Geschwindigkeitszunahme zu berechnen, wenden wir auf das eintretende Massenelement das Prinzip der Erhaltung der Energie an, indem wir ausdrücken, daß die auf das Element übertragene äußere Arbeit der Zunahme der Gesamtenergie des Teilchens zwischen dem End- und dem Anfangszustande gleich ist. Die äußere Energie, d. h. die lebendige Kraft allein in Betracht zu ziehen, genügt hier nicht, da wir es mit einer elastischen Flüssigkeit zu tun haben, welche während der Bewegung expandiert, d. h. aus Eigenem Arbeit leistet, indem wir ja jede Wärmezuführung oder -ableitung ausgeschlossen halten.

Was die Arbeit der äußeren Kräfte anbelangt, so wird von der Schwere ein für allemal abgesehen, da ihre Wirkung bei den Problemen der Dampfturbinen verschwindend klein ist. Die Arbeit der Dampfpressungen, die auf die Mantelfläche des betrachteten Stromfadens einwirken, ist Null, denn die Kräfte stehen senkrecht zur Bewegungsrichtung der Dampfteilchen. Es bleibt also nur die Arbeit auf die Stirnflächen übrig. Teilen wir den Weg des Elementes in die unendlich kleinen Abschnitte ds_1, ds', ds'', $ds'''\ldots ds^{(n)}$, ds_2, wobei ds_1, ds_2 die Längen des Elementes im Anfangs- und Endzustand bedeuten, und bezeichnen wir die in den Teilpunkten herrschenden Drucke mit p_1, p', p'', p''' und die entsprechenden Querschnitte mit f_1, f', $f''\ldots$, so ist die auf die obere Stirnfläche übertragene Arbeit

$$p_1 f_1 ds_1 + p' f' ds' + p'' f'' ds'' + p''' f''' ds''' + \ldots + p^n f^n ds^n.$$

Die untere Stirnfläche leistet die negative Arbeit

$$p' f' ds' + p'' f'' ds'' + p''' f''' ds''' + \ldots + p_2 f_2 ds_2,$$

weil sie Gegendruck überwindet, und bei der Summation heben sich die Zwischenglieder weg; es bleibt im ganzen als aufgenommene Arbeit

$$dO = p_1 f_1 ds_1 - p_2 f_2 ds_2.$$

Da aber $ds_1 = w_1 dt$, $ds_2 = w_2 dt$, so folgt

$$dO = (p_1 f_1 w_1 - p_2 f_2 w_2)\, dt \quad \ldots \ldots \quad (12)$$

Es sei G das Gewicht der pro Sekunde durch den Stromfaden hindurchgehenden Dampfmenge; mithin $dG = G dt$ das Gewicht des Elementes.

Wegen der Kontinuitätsgleichung ist

$$G = \frac{f_1 w_1}{v_1} = \frac{f_2 w_2}{v_2} \quad \ldots \ldots \quad (12a)$$

und dies liefert für Gl. (12)

$$dO = G(p_1 v_1 - p_2 v_2 dt) \quad \ldots \ldots \quad (12b)$$

Die Gesamtenergie setzt sich zusammen aus der lebendigen Kraft (oder kinetischen Energie) und der sogen. „inneren Arbeitsfähigkeit". Erstere erfährt eine Zunahme

$$dK = \frac{1}{2} dm (w_2^2 - w_1^2) = \frac{1}{2} \frac{G}{g} dt (w_2^2 - w_1^2) \quad \ldots \ldots \quad (13)$$

Die innere Energie des Elementes erfährt eine Abnahme um den Arbeitsbetrag, den dieses durch sein Expandieren an die Nachbarschaft abgibt. Das Volumen des Elementes $G dt$ ist $= G dt v$ und erfährt während eines unendlich kleinen Weges die Vergrößerung $G dt dv$; ist hierbei der Druck $= p$, so wird eine Arbeit $G dt p dv$ geleistet. Im ganzen besitzt also die Expansionsarbeit den Wert

$$dE = G dt \int_{v_1}^{v_2} p\, dv.$$

In Fig. 1 wird das Integral durch den Inhalt der Fläche $A_1 A_2 B_2 B_1$ dargestellt. Die Gleichung, welche unseren Energiesatz ausdrückt, lautet nun

$$dO = dK - dE,$$

woraus nach Division durch $G dt$

$$\frac{w_2^2 - w_1^2}{2g} = p_1 v_1 - p_2 v_2 + \int_{v_1}^{v_2} p\, dv \quad \ldots \ldots \quad (13a)$$

Diese Gleichung bezieht sich auf 1 kg der durchströmenden Dampfmenge und kann graphisch leicht dargestellt werden.

Addieren wir in Fig. 1 zur Expansionsarbeit, d. h. zur Fläche $A_1 A_2 B_2 B_1$, das Produkt $p_1 v_1 =$ Fläche $A_1 B_1 O C_1$ und zählen wir $p_2 v_2 =$ Fläche $A_2 B_2 O C_2$ ab, so bleibt Fläche $A_1 A_2 C_2 C_1$ übrig. Diese ist aber auch als die Summe der Elemente $v dp$ darstellbar; man kann also Gl. 13a in der Form

$$\frac{w_2^2 - w_1^2}{2g} = \int_{p_2}^{p_1} v\, dp = \text{Fläche } A_1 A_2 C_1 C_2 \quad \ldots \ldots \quad (14)$$

schreiben, wobei auf die Richtung der Integration zu achten ist, da ein negatives Vorzeichen vorgesetzt werden müßte, wenn wir die Grenzen des Integrales vertauschen würden.

Aus dem Gesetze

$$p v^k = C \quad \text{oder} \quad p^{\frac{1}{k}} v = C^{\frac{1}{k}} \quad \ldots \ldots \quad (15)$$

folgt der Wert des Integrales auf dem Wege der Rechnung, wenn wir v aus Gl. (15) auflösen

$$\frac{w_2^2 - w_1^2}{2g} = \int_{p_2}^{p_1} v\, dp = \frac{k C^{\frac{1}{k}}}{k-1} \left[p_1^{\frac{k-1}{k}} - p_2^{\frac{k-1}{k}} \right] = \frac{k}{k-1} p_1 v_1 \left[1 - \left(\frac{p_2}{p_1} \right)^{\frac{k-1}{k}} \right] \quad (16)$$

oder wenn wir mit $C^{\frac{1}{k}}$ hinein multiplizieren und diesen Faktor im ersten Gliede durch $p_2^{\frac{1}{k}} v_2$, im zweiten durch $p_1^{\frac{1}{k}} v_1$ ersetzen

$$\frac{w_2^2 - w_1^2}{2g} = \frac{k}{k-1}(p_1 v_1 - p_2 v_2) \quad \ldots \ldots \quad (16a)$$

Gl. 16 und 16a sind die Formeln von de Saint-Vénant und Wantzel (1839).

Wenn wir aus dem Überhitzungsgebiet in das gesättigte übergehen, müßte die Integration in zwei Stufen zerlegt werden; hier wird die graphische Bestimmung der Fläche $A_1 A_2 C_1 C_2$ das einfachste sein. In jedem Falle ist der Inhalt dieser Arbeitsfläche diejenige Arbeit, welche bei der Strömung zur Beschleunigung von 1 kg Dampf aufgewendet werden kann.

3. Das Druckgefälle.

Die Ähnlichkeit der Rolle, welche der Integralausdruck in Formel 11 spielt, mit der „Gefällshöhe" der Hydraulik veranlaßt uns die

$$\text{Arbeitsfläche } A_1 A_2 C_2 C_1 = L_0 \quad \ldots \ldots \quad (17)$$

als das „Druckgefälle" zwischen den Pressungen p_1 und p_2 zu bezeichnen. War die anfängliche Geschwindigkeit w_1 ganz oder näherungsweise vernachlässigbar (z. B. beim Ausfluß aus einem sehr weiten Gefäß), so erhalten wir wie in der Hydraulik die einfache Formel

$$w = \sqrt{2 g L_0} \quad \ldots \ldots \quad (18)$$

Da bei diesen Herleitungen von allen Verlusten abgesehen wurde, ist es angemessen, L_0 genauer das „theoretische Gefälle" zu nennen.

4. Die Lavalsche Düse.

Strömt der Dampf (oder eine elastische Flüssigkeit überhaupt) durch eine einfache „Mündung" aus einem Raum höherer in einen solchen mit niederer Spannung, so sinkt der Druck in der Mündung, wie weiter unten nachgewiesen wird, nur auf etwa die Hälfte des Anfangsdruckes herab, und es stellen sich im Strahle von der Mündung ab heftige Schallschwingungen ein. Diese Schwingungen bedeuten einen Verlust; man wird sie mithin zu vermeiden suchen. Dies gelang de Laval, indem er an die Mündung eine konisch erweiterte Ansatzröhre anschloß, in welcher der Dampf bis auf den Betrag des Gegendruckes stetig expandieren kann. Die Lavalsche Düse ist nichts anderes als ein Rohr mit veränderlichem Querschnitt, auf welches die Formel von de Saint-Vénant ohne weiteres Anwendung findet, und zwar werden die Abmessungen der Düse für den gegebenen Anfangsdruck p_1, den Enddruck p_2 und das sekundliche Dampfquantum von G_{sk} kg am besten graphisch ermittelt wie folgt. Wir bestimmen von p_1 ausgehend für einen beliebigen Zwischendruck p_x das „Gefälle" L_x und mit der zulässigen Annahme $w_1 = 0$ die zugehörige Geschwindigkeit

$$w_x = \sqrt{2 g L_x}$$

Aus der graphischen Darstellung des Expansionsadiabate (oder durch Rechnung) finden wir das spezifische Volumen v_x, hieraus das spezifische Gewicht

$$\gamma_x = \frac{1}{v_x}$$

woraus die Kontinuitätsgleichung in der Form

$$G_{sk} = f_x w_x \gamma_x \text{ also } f_x = \frac{G_{sk}}{w_x \gamma_x} \quad . \quad . \quad . \quad . \quad . \quad (19)$$

folgt. Tragen wir den Düsenquerschnitt f_x als Funktion des Druckes p_x (Fig. 4) auf, so läßt die Figur erkennen, daß derselbe ein Minimum f_m besitzt, welches wie auch der zugehörige Druck graphisch abgegriffen wird. Bei $p = p_1$ ist f_x wegen $w_1 = 0$ unendlich, d. h. praktisch sehr groß (w_1 sehr klein). Die Düse (Fig. 5) wird bis an den Querschnitt f_m recht kurz gemacht, um an Reibung zu sparen. Von f_m ab bleibt das Profil meist geradlinig, mit einem Kegelwinkel von etwa 10°, da bei schärferer Divergenz der Dampfstrahl sich von der Wandung trennen könnte. Man führt den Konus so lang aus, bis der Querschnitt f_2 gerade erreicht wird. Zu einem Zwischendurchmesser d_x ergibt das zugehörige f_x in Fig. 4 (indes auf der rechten Seite von f_m) den zugehörigen Druck p_x.

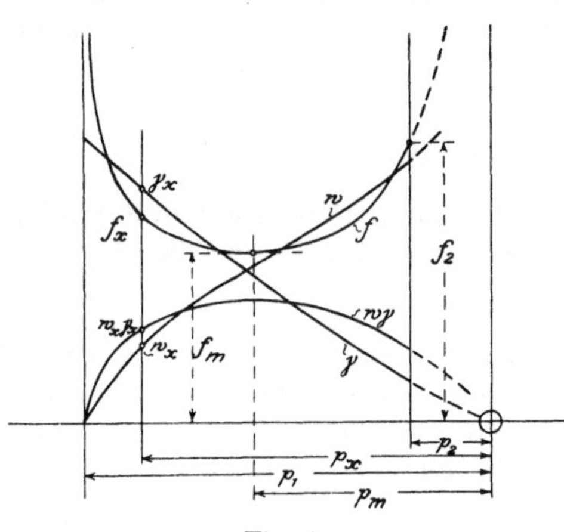

Fig. 4.

Auf dem Wege der Rechnung kann nach Zeuners Vorgang[1]) die Düse bequem bestimmt werden, solange man sich nur im Überhitzungs- oder nur im Sättigungsgebiete bewegt, d. h. solange k konstant bleibt. Formel 16 liefert mit $w_1 = 0$ zum Drucke p_x die Geschwindigkeit

$$w_x = \sqrt{2g \frac{k}{k-1} p_1 v_1 \left[1 - \left(\frac{p_x}{p_1}\right)^{\frac{k-1}{k}}\right]} \quad . \quad . \quad . \quad . \quad . \quad . \quad (20)$$

Aus der Zustandsgleichung erhält man

$$v_x = v_1 \left(\frac{p_1}{p_x}\right)^{\frac{1}{k}} \quad . \quad . \quad . \quad . \quad . \quad . \quad . \quad . \quad . \quad . \quad . \quad . \quad (21)$$

und hiermit die Kontinuitätsgleichung

$$G_{sk} = \frac{f_x w_x}{v_x} = f_x \sqrt{\frac{2gk}{k-1} \frac{p_1}{v_1} \left[\left(\frac{p_x}{p_1}\right)^{\frac{2}{k}} - \left(\frac{p_x}{p_1}\right)^{\frac{k+1}{k}}\right]} \quad . \quad . \quad . \quad . \quad (22)$$

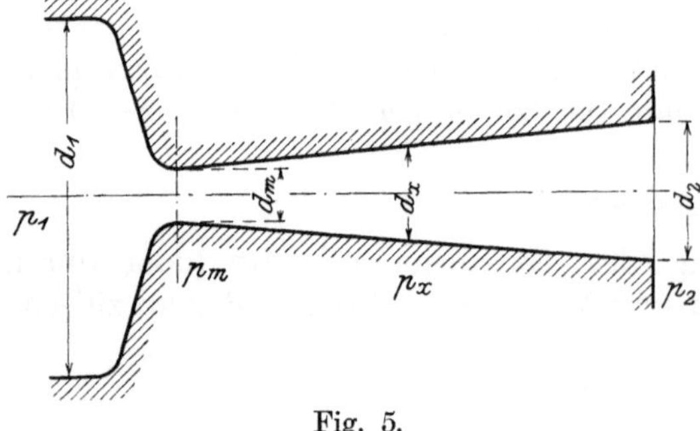

Fig. 5.

Bestimmt man nach den Regeln der Analysis den Wert von p_x, der den Ausdruck $w_x : v_x$ zu einem Maximum, also f_x zu einem Minimum macht, so erhält man

$$\frac{p_m}{p_1} = \left(\frac{2}{k+1}\right)^{\frac{k}{k-1}} . \quad (23)$$

und hieraus

$$w_m = \sqrt{2g \frac{k}{k+1} p_1 v_1} \quad (24)$$

[1]) Zeuner, Theorie der Turbinen. Leipzig 1899. S. 268 u. f.

$$G_{sk} = f_m \sqrt{2g\,\frac{k}{k+1}\left(\frac{p_m}{p_1}\right)^{\frac{2}{k}}\left(\frac{p_1}{v_1}\right)} \quad \ldots\ldots \quad (25)$$

oder für anfänglich gesättigten Dampf mit $k = 1{,}135$ nach Zeuner

$$\left.\begin{aligned} p_m &= 0{,}5774\,p_1 \\ w_m &= 323\sqrt{p_1 v_1} \\ G_{sk} &= 199\,f_m\sqrt{\frac{p_1}{v_1}} \end{aligned}\right\} \quad \ldots\ldots\ldots\ldots \quad (26)$$

wobei p in kg/qcm, v_1 in cbm/kg, f_m in qm einzusetzen sind.

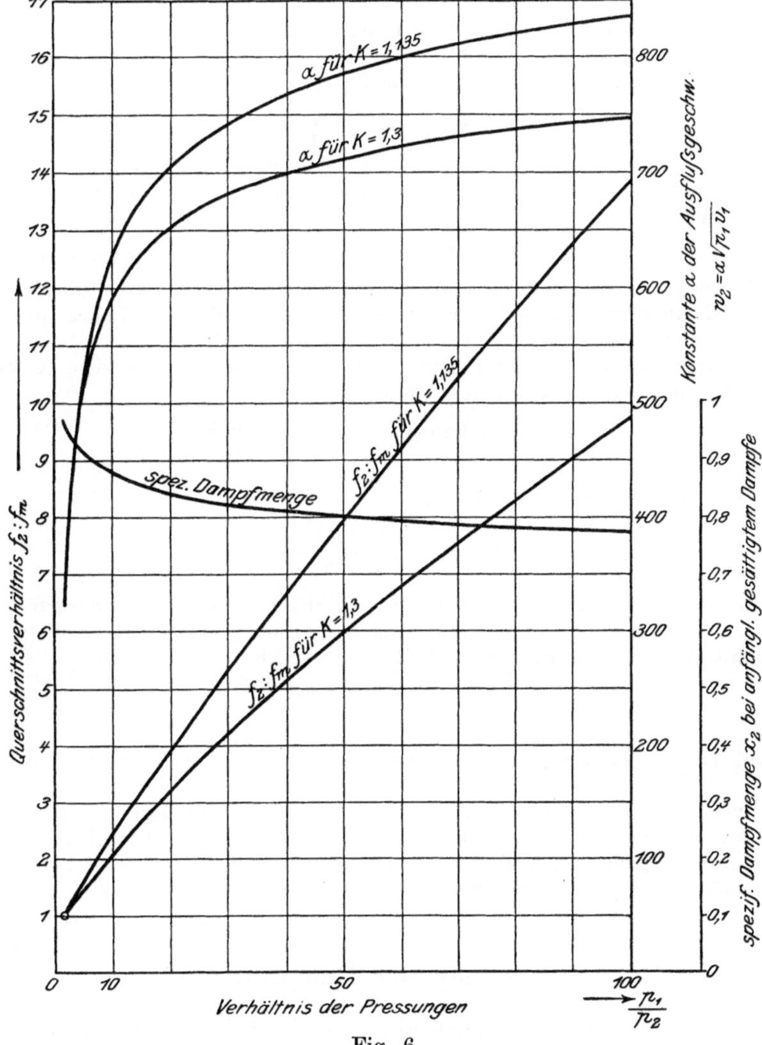

Fig. 6.

Den Endquerschnitt f_2 erhält man aus der Gleichung

$$G_{sk} = \frac{f_2 w_2}{v_2}; \qquad f_2 = \frac{G_{sk} v_2}{w_2}$$

oder aus dem Verhältnis zu $f_m = \dfrac{G_{sk} v_m}{w_m}$

$$\frac{f_2}{f_m} = \frac{v_2}{v_m} \cdot \frac{w_m}{w_2},$$

nachdem w_2 und v_2 aus Gl. 20 und 21 ermittelt worden sind. Zeuner berechnet am a. O. folgende Tabelle

$p_1/p_2 =$	1,732	2	4	6	8	10	20	50	80	100
$f/f_m =$	1	1,015	1,349	1,716	2,069	2,436	3,966	7,980	11,555	13,802

welche in Fig. 6 graphisch dargestellt ist. Die spezifische Dampfmenge, welche am Ende der Düse vorhanden ist, wurde ebenfalls eingetragen.

Zu diesen Werten fügen wir für überhitzten Dampf, d. h. $k = 1,3$, wenn die ganze Expansion im Überhitzungsgebiet verläuft, folgende Tabelle bei:

$p_1/p_2 =$	1,832	10	20	50	100
$f_2/f_m =$	1	2,075	3,214	5,958	9,680

wobei allgemein

$$\frac{p_m}{p_1} = 0,5427$$

$$w_m = 333,0 \sqrt{p_1 v_1}$$

$$G_{sk} = 246,0 f_m \sqrt{\frac{p_1}{v_1}}$$

und p in kg/qcm, v_1 in cbm/kg, f_m in qm einzusetzen sind. Die Endgeschwindigkeit w_2 kann in der Form

$$w_2 = \alpha \sqrt{p_1 v_1} \quad \ldots\ldots\ldots\ldots \quad 27)$$

dargestellt werden und finden sich die entsprechenden Werte von α in Fig. 6 für gesättigten und überhitzten Dampf eingetragen, wobei in (27) der Druck in kg/qcm, v_1 in cbm/kg gemeint sind.

Die Geschwindigkeit an der engsten Stelle, w_m, zeigt sich mit dem Anfangsdrucke nur wenig veränderlich, z. B. bei gesättigtem Dampf

für $p_1 = 5$ kg/qcm $\quad w_m = 442,4$ m
„ $p_1 = 12$ „ $\quad w_m = 454,3$ m.

Ist der Gegendruck p_2 gerade $= p_m$,

d. h.
$$\left(\frac{p_2}{p_1}\right) = \left(\frac{p_m}{p_1}\right),$$

so darf von der Düse nur der bis an die engste Stelle reichende Teil ausgeführt werden. Ist $p_2 > p_m$, so stellt sich in der Mündung der Druck p_2 selbst ein, und man rechnet w_2, v_2 unmittelbar nach Formel 20 und 21, worauf sich

$$f_2 = \frac{G v_2}{w_2}$$

ergibt, die Düse aber konvergent bleibt, bez. höchstens zylindrisch mit gerundetem Einlauf.

Die verwickelten Erscheinungen, welche bei einer für das gegebene Druckverhältnis $p_1 : p_2$ zu kurzen oder zu langen Düse auftreten, werden weiter unten besprochen.

Für die Bewegung durch Turbinenschaufeln gelten bei nicht zu starker Krümmung die entwickelten Formen unverändert.

5. Einteilung der Dampfturbinen.

Wir unterscheiden zunächst ebensoviele Arten von Dampf- wie von Wasserturbinen. Die Richtung der Dampfbewegung bedingt die Unterscheidung in Axial- und Radialturbinen. Bei ersteren besitzt die Geschwindigkeit der Dampfteilchen neben der Umfangskomponente bloß eine Komponente in der Achsenrichtung, bei letzteren ist bloß eine Umfangs- und eine Radialkomponente vorhanden. Wichtiger ist die Unterscheidung auf Grund des Druckes, welcher im „Spalt“ zwischen Leit- und Laufrad herrscht. Ist dieser Druck größer als derjenige, welchen der

Dampf beim Austritt aus dem Laufrade besitzt, so haben wir eine Überdruck- oder Reaktionsturbine vor uns; sind die beiden Drucke gleich, eine Druck- oder Aktionsturbine[1]). Wird eine Schaufel vom Dampfstrahle nicht ganz ausgefüllt, so könnte man von „Freistrahlturbinen" sprechen, als deren Grenzfall für gerade volle Ausfüllung, ohne Überdruck, die „Grenzturbine" anzusehen wäre. Findet die Einströmung am ganzen Umfange eines Laufrades statt, so haben wir volle, im anderen Falle partielle Beaufschlagung.

Im Dampfturbinenbau kommen nun abweichend von den Gepflogenheiten des hydraulischen Gebietes Kombinationen von zwei oder mehreren hintereinander geschalteten Turbinen vor, welche wir bei wenigen Rädern als mehrstufige, bei sehr vielen Rädern als vielstufige bezeichnen wollen. Obwohl eine feste Grenze zwischen den beiden nicht zu ziehen ist, so rechtfertigt sich die doppelte Bezeichnung deshalb, weil die Turbine bei sehr vielen Rädern wesentlich anders zu berechnen ist als bei wenigen Rädern. Durch die mehrstufige Turbine wird entweder der Druck in einzelnen Stufen ausgenützt, oder man expandiert sofort auf den Enddruck und nützt die erzeugte totale kinetische Energie des Dampfes in mehreren aufeinanderfolgenden Turbinen aus, weshalb für letztere Art von Riedler die Bezeichnung „Geschwindigkeitsstufe" als Gegensatz der „Druckstufe" vorgeschlagen worden ist.

A. Axiale Turbinen.

6. Die ideale einstufige Druckturbine.

Die Form der Düse wird nach dem oben entwickelten Verfahren bestimmt und ergibt als absolute Austrittsgeschwindigkeit c_1 in Fig. 7. Zerlegen wir c_1 in die Komponenten w_1 und u, wobei letzteres die Umfangsgeschwindigkeit des Rades bedeutet, so bildet w_1 die „relative" Eintrittsgeschwindigkeit in das Laufrad. Wir erhalten w_1 auch als Resultierende aus c_1 und der negativen Geschwindigkeit $-u$. Die Richtung von w_1 bestimmt die Neigung α_1 des ersten Schaufelelementes, damit stoßfreier Eintritt vorhanden sei. Der Winkel α_1 wird meist auf die Neigung des Schaufelrückens bezogen, indem man von der Meinung

[1]) Prof. Escher (Zürich) hat hierfür die bequemen Bezeichnungen Stau- und Freilaufturbinen vorgeschlagen, welcher man noch die Benennung „Druckspalt"- und „Freispalt"-turbine gegenüberstellen könnte, indem hiermit für den Anfänger das Wesen des Unterschiedes vielleicht noch klarer gemacht würde. Neben der „Überdruckturbine" sollte folgerichtig die „Gleichdruckturbine" unterschieden werden, da der Gegensatz von Überdruck ein Unterdruck wäre, und das Druckgleichgewicht innerhalb und außerhalb der Spalten dann wohl mit Gleichdruck bezeichnet werden kann. Gentsch hat die Bezeichnungen „Spannungs"- und „Geschwindigkeits"-turbine vorgeschlagen, von welcher wieder erstere daran leidet, daß auch bei Überdruck der Dampf sowohl durch die Spannung wie durch die schon erlangte lebendige Kraft wirkt, die zweite wieder unbequem lang ist. Die Rücksicht auf Kürze, welche im technischen Verkehr Haupterfordernis ist, veranlaßt uns, an der Bezeichnung Druck- und Überdruckturbine zunächst festzuhalten, von welchen die erstere einen annehmbaren Sinn erhält, wenn wir dieselbe so deuten, daß unter Druck nur die Pressung verstanden wird, mit welcher das ins Laufrad strömende Massenteilchen wegen der Richtungsänderung der Bewegung auf die Schaufel einwirkt. Die Bezeichnung ist also gewissermaßen die Kürzung von „Bahndruckturbine", obwohl nicht übersehen werden darf, daß auch bei Reaktion ein Bahndruck vorhanden ist.

ausgeht, daß ein Stoß auf die Rückseite der Schaufel unmittelbar hemmend wirkt, also mehr Verluste bedingt als ein Stoß auf die Vorderseite. Bei reibungsloser Bewegung bleibt w_1 im Rade unverändert und erscheint als relative Austrittsgeschwindigkeit w_2 aus dem Laufrade; die Resultierende aus w_2 und u ergibt die absolute Austrittsgeschwindigkeit c_2. Die Neigungswinkel von c_1, w_1, w_2 seien α, α_1, α_2. Gewöhnlich findet man $\alpha_2 = \alpha_1$, wodurch der Querschnitt beim Ein- und Austritt des Laufrades von selbst gleich ausfällt, indessen der Winkel α_2 etwas zu große Werte erhält. Macht man α_2 kleiner als α_1, so muß die Schaufel gegen den Austritt hin (wie bei Girardturbinen) in radialer Richtung mit stets gleichbleibendem Normalquerschnitt erweitert werden, um einem Staue vorzubeugen. Der Wert des Winkels α beträgt etwa 17 bis 20°; für α_2 dürfte der gleiche Betrag angemessen sein. Bei de Laval treffen wir in der Regel $\alpha_1 = \alpha_2 = 30°$.

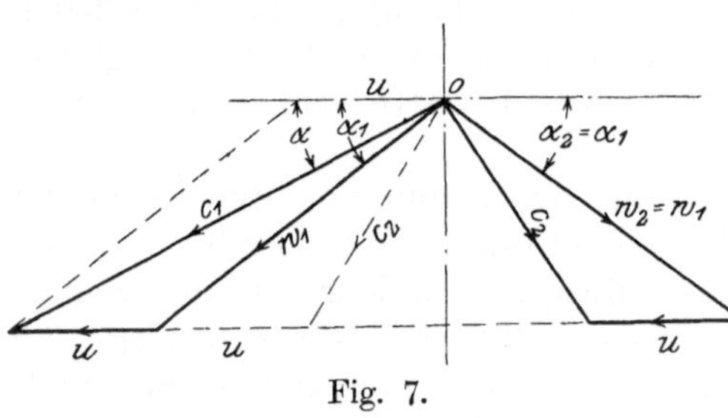

Fig. 7.

Die verfügbare Arbeitsfähigkeit in mkg pro 1 kg Dampf ist

$$L_0 = \frac{c_1^2}{2g} \quad \ldots \ldots \ldots \ldots (1)$$

Wenn G_{sk} das sekundlich aufgebrauchte Dampfgewicht bedeutet, so erhält man die verfügbare Leistung in PS

$$N_0 = \frac{G_{sk} L_0}{75}.$$

Von L_0 geht verloren der Auslaßverlust

$$L_z = \frac{c_2^2}{2g}.$$

Gewonnen wird als sogen. indizierte Dampfarbeit pro kg Dampf

$$L_i = L_0 - L_z = \frac{c_1^2 - c_2^2}{2g} \quad \ldots \ldots \ldots (2)$$

Hieraus die sekundliche indizierte Arbeit, d. h. die „Leistung" in PS

$$N_i = \frac{G_{sk} L_i}{75} \text{ PS} \quad \ldots \ldots \ldots (3)$$

Den Dampfverbrauch pro Stunde und indizierte PS $= D_i$ findet man $= 3600\, G_{sk} : N_i$, oder wenn man Formel 3 benutzt

$$D_i = \frac{270000}{L_i}.$$

Der Wirkungsgrad der indizierten Arbeit ist

$$\eta_i = \frac{L_i}{L_0} = \frac{c_1^2 - c_2^2}{c_1^2} \quad \ldots \ldots \ldots (4)$$

War $\alpha_1 = \alpha_2$, so findet man durch Umklappung von w_2 um die Vertikale gemäß Fig. 7

$$c_2{}^2 = c_1{}^2 + (2u)^2 - 2c_1(2u)\cos\alpha,$$

hieraus

$$\eta_i = 4\frac{u}{c_1}\left[\cos\alpha - \frac{u}{c_1}\right] \quad \dots\dots\dots \quad (5)$$

Wenn α festgelegt ist, so hängt η_i nur vom Verhältnisse $u:c_1$ ab, sofern wir voraussetzen, daß der Winkel α_1 stets so verändert wird, daß der Dampf ohne Stoß eintritt. Mit wachsendem u nimmt η_i zunächst zu bis zum Maximalwerte

$$\eta_i = \cos^2\alpha,$$

welcher bei $\frac{u}{c_1} = \frac{1}{2}\cos\alpha$ erhalten wird. Dann nimmt η_i ab, um bei $u = c_1\cos\alpha$ den Wert Null zu erreichen. Als Funktion von $u:c_1$ wird η_i bekanntlich durch eine Parabel dargestellt.

War beispielsweise $\alpha = 17^0$, so ist $\eta_{max} = 0{,}914$ bei $u/c_1 = 0{,}478$. Bei $c_1 = 1200$ m müßte hiernach $u = 574$ m sein, was als nahezu unausführbar bezeichnet werden kann. Beschränken wir u auf den praktisch erprobten Betrag von 400 m, d. h. machen wir $u:c_1 = 0{,}333$, so wird $\eta_i = 0{,}836$ d. h. um 8,5 v. H. schlechter als im vorigen Fall. Da aber mit der Verringerung der Umfangsgeschwindigkeit die Leerlaufarbeit des Rades abnimmt, so wird von obigem Verlust ein Teil wiedergewonnen; man darf mithin merklich unter dem theoretisch günstigsten Wert von u/c_1 bleiben, ohne die Ökonomie stark zu schädigen.

7. Bestimmung der Querschnittsabmessungen für die einstufige Druckturbine.

Als gegeben sind anzusehen Leistung, Dampfdruck, Vakuum. Angenommen wird die Umfangsgeschwindigkeit so nahe gleich der günstigsten als möglich. Aus der Umlaufzahl, die durch mannigfache Umstände, wie Antrieb, erreichte Vollkommenheit der Herstellung usw. bedingt ist, ergibt sich der Radhalbmesser. Nach der in den Abschnitten 44 und 71 mitgeteilten Formeln kann die Rad- und Lagerreibung veranschlagt werden, so daß

$$N_i = N_e + N_r$$

auch gegeben ist. Der Entwurf des Geschwindigkeitsplanes liefert die pro kg Dampf erhältliche Arbeit L_i, somit aus Gl. 6 vorigen Abschnitts

$$G_{sk} = \frac{75\,N_i}{L_i}.$$

Man teilt G_{sk} auf eine passend große Zahl von Düsen auf, welche wie oben erläutert zu ermitteln sind.

Die Länge der Schaufeln ist so zu bemessen, daß der Strahl auch an den breitesten Stellen (z. B. bei runden Düsen) ohne Behinderung in das Rad eintreten kann. Am Eintritte sind die Schaufelräder scharf geschliffen; im weiteren Verlauf erhält der Schaufelkanal gewöhnlich konstante lichte Weite.

8. Die einstufige Überdruckturbine.

Bei vorgeschriebenem Anfangs- und Enddrucke p_1 bzw. p_2 herrsche im Spalte zwischen Leit- und Laufrad ein frei zu wählender Zwischendruck p. Aus der Adiabate finden wir die zu p_1, p, p_2 zugehörigen spezifischen Volumina v_1, v, v_2.

Die Höhe von p ist theoretisch für die Ökonomie ohne Belang, praktisch beeinflußt sie einerseits die Undichtheitsverluste, anderseits die Umfangsgeschwindigkeit in hohem Maße.

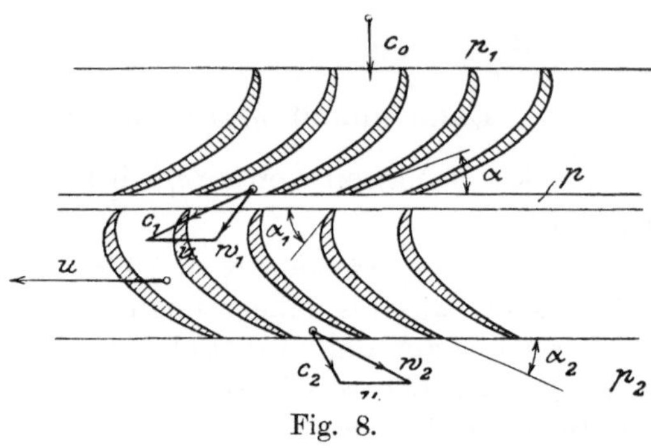

Fig. 8.

Übersteigt bei gesättigtem Dampfe das Verhältnis $p_1 : p$ oder $p : p_2$ den Grenzwert 1,7, so muß der entsprechende Turbinenkanal wie die konische Düse auf einen Minimalquerschnitt eingeschnürt und von da ab wieder erweitert werden.

Die Überdruckturbine kommt übrigens fast nur als vielstufige Turbine vor, bei welcher diese Einschnürung nicht notwendig ist.

Wir teilen die Arbeitsfläche dem Drucke p entsprechend in zwei Teile L_1 und L_2; mit den in die Fig. 8 eingeschriebenen Bezeichnungen ergibt sich dann für das Leitrad die Gleichung

$$\frac{c_1^2 - c_0^2}{2g} = L_1 \quad . \quad . \quad . \quad . \quad . \quad . \quad . \quad . \quad . \quad (1)$$

wobei streng genommen c_0 auch der Arbeit L_1 zur Last gelegt werden, also eigentlich mit $c_0 = 0$ gerechnet werden sollte.

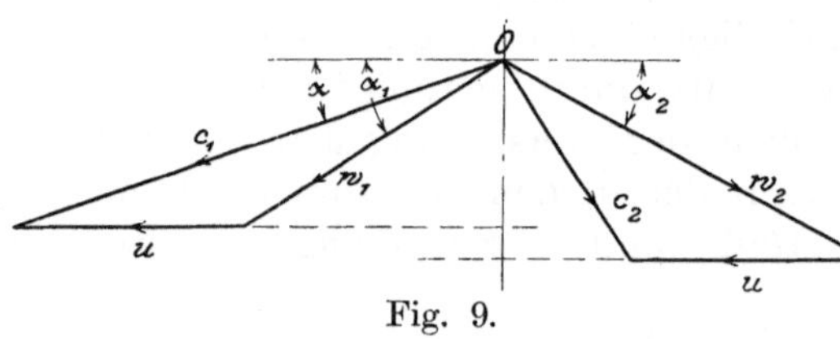

Fig. 9.

Aus c_1 und $-u$ entsteht w_1 (s. Fig. 9), welches im Laufrade auf w_2 beschleunigt wird gemäß Gleichung

$$\frac{w_2^2 - w_1^2}{2g} = L_2 \quad (2)$$

und es ist

$$L_0 = L_1 + L_2.$$

Das Verhältnis $\frac{L_2}{L_0}$ wird wohl auch der **Reaktionsgrad** genannt.

Die Resultierende aus w_2 und $+u$ bildet die Abflußgeschwindigkeit c_2 (Fig. 9). Der Arbeitsverlust der reibungslosen Turbine ist $c_2^2 : 2g$. — Die theoretische Nutzarbeit

$$L_i = L_1 + L_2 - \frac{c_2^2}{2g} \quad . \quad . \quad . \quad . \quad . \quad . \quad . \quad . \quad (3)$$

die indizierte Leistung in PS: $N_i = \frac{G_{sk} L_i}{75}$ . . . . (4)

und der indizierte Wirkungsgrad

$$\eta_i = \frac{L_i}{L_1 + L_2} = \frac{L_i}{L_0} \quad . \quad . \quad . \quad . \quad . \quad . \quad . \quad . \quad (5)$$

Um zu ermitteln, wie der Wirkungsgrad mit der Umfangsgeschwindigkeit variert, werden wir die vereinfachende Annahme einführen, daß die axiale Komponente der Geschwindigkeiten c_1, c_2, w_1, w_2, gleich groß $= c_0$ ist und unter den Winkeln die Beziehung

$$\alpha = \alpha_2, \qquad \alpha_1 = \alpha_2$$

besteht. Nach dem unten entwickelten Prinzip des Antriebes ist die indizierte Leistung mit den Bezeichnungen der Fig. 10

$$L_i = \frac{1}{g}(c_1' + c_2')\,u = (2\,c_1 \cos\alpha - u)\frac{u}{g} \quad . \quad . \quad . \quad . \quad (6)$$

und der indizierte Wirkungsgrad

$$\eta_i = \frac{1}{g\,L_0}(2\,c_1 \cos\alpha - u)\,u \quad (7)$$

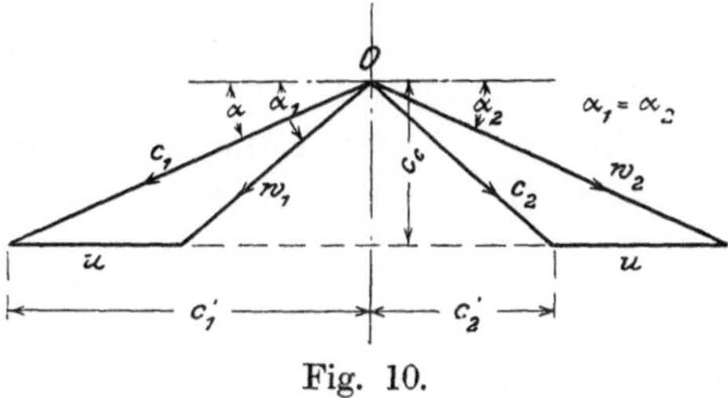

Fig. 10.

Auch hier wird also, wenn wir α_1 stets auf stoßfreien Eintritt eingestellt voraussetzen und den Reaktionsgrad konstant erhalten, sowohl der Wirkungsgrad wie die indizierte Leistung mit der Umfangsgeschwindigkeit wie die Ordinaten einer Parabel zunehmen. Beide erreichen den Höchstwert, wenn

$$u = c_1 \cos\alpha \quad . \quad . \quad . \quad . \quad . \quad . \quad . \quad . \quad . \quad . \quad (8)$$

9. Ermittelung der Querschnitte für die einstufige Überdruckturbine.

Aus der effektiven Leistung muß wie bei der Aktionsturbine die indizierte Leistung N_i eingeschätzt werden, worauf aus Gl. 4 die sekundliche Dampfmenge G_{sk} berechnet wird.

Bei unendlich dünnen Schaufeln ist der Ausflußquerschnitt eines voll beaufschlagenden Leitrades mit D als mittlerem Durchmesser, a radialer Schaufellänge, α als Schaufelwinkel

$$F = \pi\,D\,a \sin\alpha \quad . \quad . \quad . \quad (9)$$

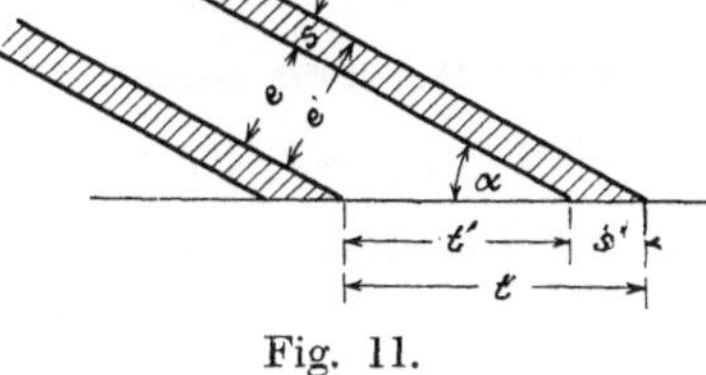

Fig. 11.

Ist hingegen bei endlicher Schaufeldicke e die lichte Weite des Kanals, e' der Abstand gleichartiger Schaufelflächen am Auslauf Fig. 11, mithin $e' - e = s$ die Schaufeldicke, so finden wir

$$F = \frac{e}{e'}\pi\,Da \sin\alpha \quad . \quad . \quad . \quad . \quad . \quad . \quad . \quad . \quad (10)$$

Ebenso gilt für Ein- und Austritt am Laufrad

$$F_1 = \frac{e_1}{e_1'}\pi\,D_1\,a_1 \sin\alpha_1 \quad . \quad . \quad . \quad . \quad . \quad . \quad . \quad (11)$$

$$F_2 = \frac{e_2}{e_2'}\pi\,D_2\,a_2 \sin\alpha_2 \quad . \quad . \quad . \quad . \quad . \quad . \quad . \quad (12)$$

Die Zunahme des spezifischen Volumens des Dampfes bewirkt hier eine bedeutend größere Änderung der Querschnitte wie bei hydraulischen

Turbinen. Aus der Kontinuitätsgleichung folgt nämlich die dreifache Gleichung

$$G_{sk} = \frac{F c_1}{v} = \frac{F_1 w_1}{v} = \frac{F_2 w_2}{v_2},$$

welche zur Berechnung von F, F_1, F_2 dient.

Wir erhalten z. B. für $a = a_2$ $D = D_2$; $e = e_2$; $e' = e_2'$ und $c_1 = w_2$

$$\frac{F_2}{F} = \frac{v_2}{v} = \frac{a_2}{a} \quad . \quad . \quad . \quad . \quad . \quad . \quad . \quad . \quad (13)$$

Dies Verhältnis kann bedeutend werden bei den Niederdruckrädern der Reaktionsturbinen, bei welchen z. B. von 0,3 auf 0,2 oder 0,2 auf 0,15 Atm. expandiert wird, und das Volumen nahezu im umgekehrten Verhältnis zunimmt. Ist aus Gründen der Herstellung eine so starke Verschiedenheit der radialen Längen untunlich, indem umgekehrt etwa $a = a_2$ vorgeschrieben wird, dann muß unter den gemachten Annahmen, wegen

$$\frac{F_2}{F} = \frac{a_2 \sin \alpha_2}{a \sin \alpha} = \frac{\sin \alpha_2}{\sin \alpha} = \frac{v_2}{v} \quad . \quad . \quad . \quad . \quad . \quad (14)$$

durch die Winkel der Kontinuität genügt werden. Es kann alsdann für α_2 ein erheblich größerer Wert erforderlich werden als für α, wodurch der Geschwindigkeitsplan eine Änderung erleidet. Die Größe von w_1, w_2 bleibt zwar bestehen, allein c_2 d. h. der Auslaßverlust nimmt stark zu.

Anschaulich wird die Rechnung, wenn man den sog. axialen Reinquerschnitt und die axialen Komponenten der Geschwindigkeit benutzt. Bezeichnen wir letztere durch Hinzufügen des Zeichens n als c_{1n}, w_{1n}, w_{2n} c_{2n} und setzen wir eine Turbine mit unendlich dünnen Schaufeln voraus, so lautet die Kontinuitätsgleichung, wenn die Schaufellängen mit a', a_1', a_2' bezeichnet werden, wie folgt

$$G_{sk} = \frac{\pi D_1 a' \sin \alpha \, c_1}{v} = \frac{\pi D_1 a_1' \sin \alpha_1 \, w_1}{v} = \frac{\pi D_2 a_2' \sin \alpha_2 \, w_2}{v_2};$$

hierin ist aber

$$c_1 \sin \alpha = c_n; \qquad w_1 \sin \alpha_1 = w_{1n}; \qquad w_2 \sin \alpha_2 = w_{2n} \quad . \quad (15)$$

und wir verstehen unter axialen Reinquerschnitten die Größen

$$F_n = \pi D a'; \qquad F_{1n} = \pi D_1 a_1'; \qquad F_{2n} = \pi D_2 a_2' \quad . \quad (16)$$

Man erhält mithin

$$G_{sk} = \frac{F_n c_{1n}}{v} = \frac{F_{1n} w_{1n}}{v} = \frac{F_{2n} w_{2n}}{v_2} \quad . \quad . \quad . \quad . \quad . \quad (17)$$

d. h. die Kontinuitätsgleichung gilt unverändert auch für die axialen Geschwindigkeiten und Querschnitte.

Wenn aus Gl. 17 die ideellen Schaufellängen a', a_1', a_2' gerechnet worden sind, erhält man die effektiven durch die Formeln

$$a = \frac{e'}{e} a'; \qquad a_1 = \frac{e_1'}{e_1} a_1'; \qquad a_2 = \frac{e_2'}{e_2} a_2' \quad . \quad . \quad . \quad (18)$$

Der Querschnitt beim Austritte aus dem Leitrade wird durch die sich vorbeibewegenden Laufschaufelenden bis zu einem gewissen Maße verengt. Da diese Schaufeln indessen gut zugeschärft zu sein pflegen, darf man von der Verengung im allgemeinen absehen.

10. Bestimmung der Leistung und des Wirkungsgrades durch das Prinzip des „Antriebes".

Da bei der Axialturbine, wie wir vorausgesetzt haben, der Dampf so geführt wird, daß eine radiale Geschwindigkeit nirgends auftreten kann, findet die Kraftübertragung auf das Rad nur durch die Änderung der Umfangskomponente c_u der absoluten Geschwindigkeit statt, wie aus folgendem hervorgeht:

Wir teilen den Inhalt eines Schaufelkanales durch zur Radachse senkrechte Schnittebenen[1]) in eine Anzahl unendlich kleiner Teile und bezeichnen die Masse eines davon mit δm (Fig. 12). Die auf dies Element wirkende Umfangskomponente des Schaufeldruckes bezeichnen wir mit δP und wenden auf die Beschleunigung (bzw. Verzögerung) desselben die Grundgleichung der Mechanik, d. h. die Formel

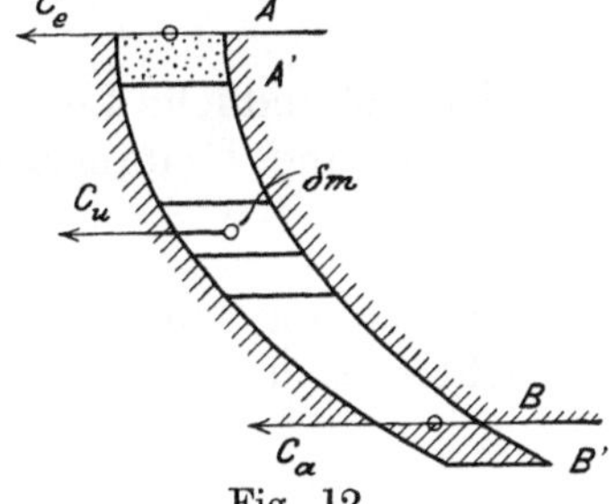

Fig. 12.

$$\delta m \frac{d c_u}{d t} = \delta P \quad . \quad . \quad . \quad (1)$$

oder

$$\delta m \cdot d c_u = \delta P \cdot dt \quad . \quad . \quad (2)$$

an. Summieren wir die gleichgeformten Ausdrücke über den Inhalt des ganzen Kanales, so kann dt als gemeinsamer Faktor heraustreten und die $\Sigma \delta P$ ist $= P$ gleich dem ganzen Umfangsdrucke der Schaufel, d. h. das Negative der treibenden Umfangskraft

$$-Pdt = \Sigma \delta m d c_u \quad . \quad . \quad . \quad . \quad . \quad . \quad . \quad . \quad (3)$$

Es sei nun c_u' der Wert, den c_u nach Verlauf der Zeit dt annimmt, so daß $dc_u = c_v' - c_u$ ist und Gl. 2 die Form

$$-Pdt = \Sigma \delta m c_u' - \Sigma \delta m c_u \quad . \quad . \quad . \quad . \quad . \quad . \quad (4)$$

erhält.

Auf der linken Seite steht der sogen. „Antrieb" der Kraft P während der Zeit dt; auf der rechten Seite der Wert, um welchen die sogen. Bewegungsgröße des Schaufelinhaltes während dt zugenommen hat. Während der Zeit dt verschiebt sich dieser Inhalt von AB nach $A'B'$ (Fig. 12). Die Bewegungsgröße der zwischen A' und B enthaltenen Masse ist unverändert, eine Zunahme bedeutet das Element BB', und zwar um den Betrag dmc_{2u}, wenn c_{2u} der Wert von c_u beim Austritt ist. Eine Abnahme aber bedeutet das verschwundene Element AA' um den Betrag dmc_{1u}, wenn c_{1u} den Wert von c_u beim Eintritt bezeichnet. Man hat also

$$\Sigma \delta m c_u' - \Sigma \delta m c_u = d m \,(c_{2u} - c_{1u}) \quad . \quad . \quad . \quad . \quad (5)$$

Ist aber M die pro Zeiteinheit durchströmende Dampfmasse, so haben wir

$$dm = Mdt. \quad . \quad . \quad . \quad . \quad . \quad . \quad . \quad . \quad . \quad (6)$$

welches, in Gl. 5 eingesetzt, schließlich

$$P = M(c_{1u} - c_{2u}) \quad . \quad . \quad . \quad . \quad . \quad . \quad . \quad . \quad (7)$$

[1]) Vgl. Brauer, Turbinentheorie S. 10.

liefert. Was für eine Schaufel gilt, kann auch auf sämtliche ausgedehnt werden, so daß in Formel 7 den Buchstabengrößen folgende Bedeutung beigelegt werden kann:

P die gesamte Umfangskraft,
M die pro Sek. durchströmende Dampfmasse,
$c_{1u}\, c_{2u}$ die Werte der Umfangskomponente der absoluten Geschwindigkeit beim Ein- und Austritt in das Laufrad bzw. aus demselben.

Sind $c_{1u}\, c_{2u}$ entgegengesetzt gerichtet (was die Regel bildet), so ist in der Klammer die Summe der Absolutbeträge zu nehmen, d. h. zu setzen

$$P = M([c_{1u}] + [c_{2u}]) \quad \ldots\ldots \quad (7a)$$

Die sekundliche Leistung in mkg erhalten wir als Produkt der Umfangskraft und Umfangsgeschwindigkeit

$$Pu = M(c_{1u} - c_{2u})\, u \quad \ldots\ldots \quad (8)$$

Betrachten wir die Wirkung auf 1 kg des durchströmenden Dampfgewichtes, so ist

$$M = \frac{1}{g}$$

und Pu wird identisch mit der indizierten Arbeit pro Kilogramm, d. h. man erhält

$$L_i = \frac{1}{g}(c_{1u} - c_{2u})\, u \quad \ldots\ldots \quad (9)$$

Die Mechanik weist nach, daß im allgemeinen Fall das treibende Drehungsmoment $\mathfrak{M}$ pro Kilogramm Dampf durch die Formel

$$\mathfrak{M} = (a_1 c_{1u} - a_2 c_{2u}) \frac{1}{g}$$

wiedergegeben wird, worin c_{1u}, c_{2u} die algebraisch genommenen Umfangskomponenten der absoluten Aus- und Eintrittsgeschwindigkeiten, a_1, a_2, ihre Hebelarme mit Bezug auf die Welle bedeuten. Wenn ω die Winkelgeschwindigkeit der Welle ist, so erhält man die Arbeit vermöge der Formel

$$L_i = \mathfrak{M}\,\omega = (a_1 c_{1u} - a_2 c_{2u}) \frac{\omega}{g}.$$

Die verfügbare Arbeit pro Kilogramm nannten wir L_0 und so ist der indizierte Wirkungsgrad

$$\eta_i = \frac{L_i}{L_0} = \frac{\omega}{g\, L_0}(a_1 c_{1u} - a_2 c_{2u}),$$

welche Formel man mit Nutzen bei Radialturbinen verwenden kann.

11. Die mehrstufige Druckturbine.

Diese besteht aus mehreren hintereinander geschalteten Druckturbinen. Wir untersuchen zunächst folgenden durchsichtigen Fall:

a) Eine Druckstufe, mehrere Geschwindigkeitsstufen (Fig. 13).

Der Strahl expandiert in der Düse bis auf den Gegendruck und erreicht die Geschwindigkeit c_1, welche mit $-u$ die relative Geschwindigkeit w_1 ergibt. Für die Idealturbine ist $w_2 = w_1$ und angenommen werde $\alpha_2 = \alpha_1$. Aus w_2 und $+u$ wird die absolute Geschwindigkeit c_2

gewonnen. Mit dieser Geschwindigkeit tritt der Dampf in einen zweiten Leitapparat ein und wird in die Richtung der Geschwindigkeit c_1' umgelenkt, so indes, daß (theoretisch) der Druck konstant bleibt, also $c_1' = c_2$ sein muß. Der Winkel α_0', den c_2 mit dem Radumfang einschließt, wird auch für c_1' als Neigungswinkel beibehalten. Die Geschwindigkeiten w_1', w_2', c_2' haben für das zweite Laufrad Gültigkeit, und es werde in einem dritten Leitrad c_2' in c_1'' umgelenkt, welches im dritten Laufrad w_1'', w_2'', und die schließliche Austrittsgeschwindigkeit c_2'' liefert. Auch die Neigungswinkel von w_1', w_2' bzw. c_2', c_1'' und w_1'', w_2'' seien wechselweise gleich. Der „Geschwindigkeitsplan" hat die in Fig. 14 dargestellte Beschaffenheit und kann durch Umklappen der auf der rechten Seite der Vertikalen befindlichen Geschwindigkeiten auf die Form der Fig. 15 gebracht werden. Der kleinste Wert, den c_2'' erhalten kann, wäre c; hierbei wäre die Umfangsgeschwindigkeit

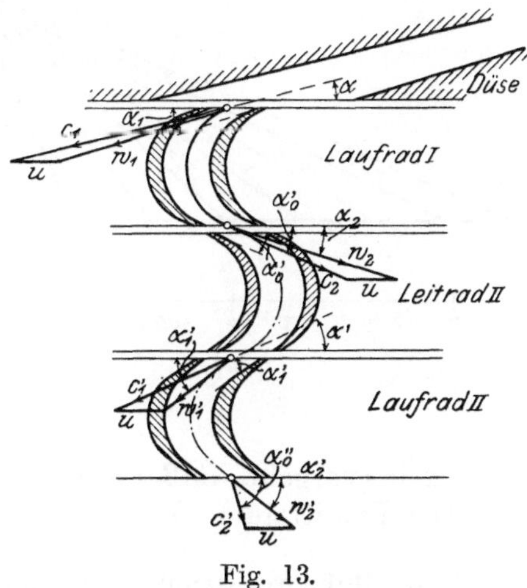

Fig. 13.

$$u = \frac{c_1 \cos \alpha}{6}.$$

Es bietet mithin die Teilung in mehrere Geschwindigkeitsstufen die Möglichkeit, die Umfangsgeschwindigkeit bedeutend herabzusetzen.

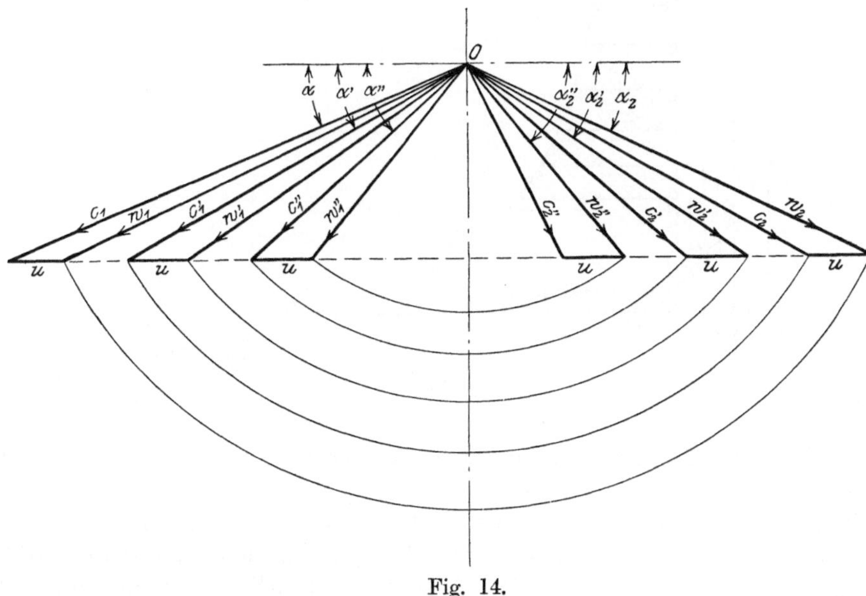

Fig. 14.

Die auf die Einzelräder übertragenen Arbeiten sind pro Kilogramm Dampf:

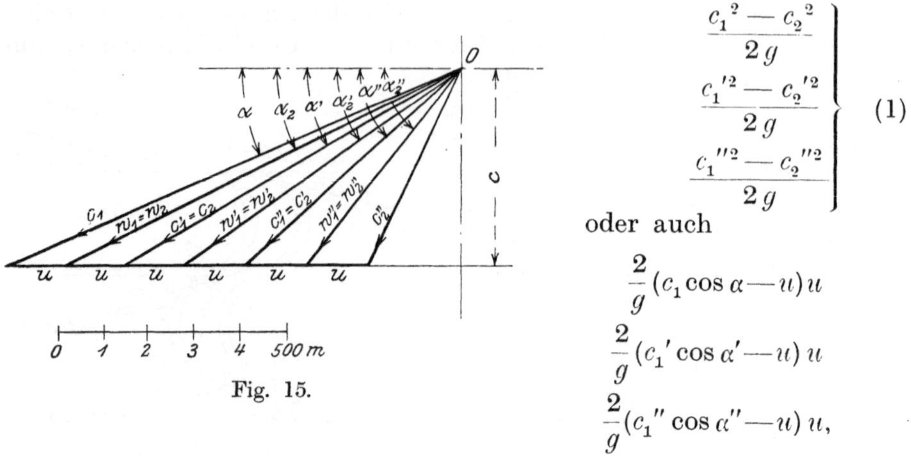

Fig. 15.

$$\left.\begin{array}{c}\dfrac{c_1^{\,2}-c_2^{\,2}}{2g}\\[2ex] \dfrac{c_1'^{\,2}-c_2'^{\,2}}{2g}\\[2ex] \dfrac{c_1''^{\,2}-c_2''^{\,2}}{2g}\end{array}\right\}\quad(1)$$

oder auch

$$\frac{2}{g}(c_1\cos\alpha-u)\,u$$

$$\frac{2}{g}(c_1'\cos\alpha'-u)\,u$$

$$\frac{2}{g}(c_1''\cos\alpha''-u)\,u,$$

woraus hervorgeht, daß diese Arbeiten rasch abnehmen.

Die Ermittelung der Querschnitte wird in Abschn. 17 behandelt.

b) Mehrere Druckstufen mit je einer Geschwindigkeitsstufe.

Der aus dem ersten Laufrad tretende Dampf wird in den Leitapparat des nächstfolgenden Laufrades geleitet, wo er weiter expandiert. Je nach der Beaufschlagungsart (partiell oder voll) und nach der Führung des Dampfweges wird die Austrittsgeschwindigkeit aus dem ersten Laufrad in Wirbeln umgesetzt, d. h. vernichtet oder aber für den zweiten Leitapparat nutzbar gemacht.

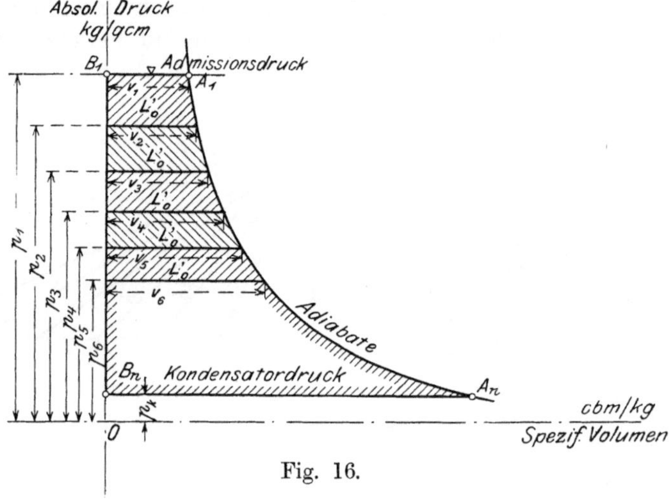

Fig. 16.

α) Voraussetzung, daß die Austrittsgeschwindigkeit jeweilen ganz verloren geht.

Vernachlässigen wir an dieser Stelle auch die Änderung im Wärmezustande des Dampfes, welche durch den Verlust der Geschwindigkeit c_2 bedingt ist. Wir dürfen die Druckstufen willkürlich wählen, und zwar für eine Idealturbine am besten wohl so, daß jedes Rad gleich viel Arbeit leistet. Zu diesem Behufe wird die Arbeitsfläche (Fig. 16) in soviel gleiche Teile geteilt, als man Stufen haben will. Für jedes Rad ist nun der Anfangs- und Enddruck vorgeschrieben, woraus mit der frei zu wählenden Umfangsgeschwindigkeit alle Dimensionen wie für die einfache Druckturbine gerechnet werden können. In Wirklichkeit muß untersucht werden, ob durch eine Abänderung der Druckstufen nicht die gesamte Reibungsarbeit so erheblich herabgesetzt werden könnte, daß man trotz schlechteren indizierten Wirkungsgrades an effektiver Arbeit gewinnen würde. Diese Aufgabe behandeln wir weiter unten.

Nehmen wir an, daß bei der einstufigen Turbine mit einer Umfangsgeschwindigkeit u ein indizierter Wirkungsgrad η_i erreicht worden wäre, und sei L_0 die gesamte verfügbare Arbeit, d. h. der Inhalt der Fläche A_1, A_n, B_n, B_1 in Fig. 16. Die theoretische Dampfgeschwindigkeit beim Austritt aus der Düse und einstufiger Expansion finden wir wie früher

$$c_1 = \sqrt{2g\,L_0} \quad \ldots \ldots \ldots \quad (5)$$

Wenn nun L_0 in z gleiche Teile geteilt wird, so ist für ein Einzelrad

$$L_0' = \frac{L_0}{z}$$

verfügbar und die entsprechende Geschwindigkeit

$$c_1' = \sqrt{2g\,L_0'} = \sqrt{2g\frac{L_0}{z}} = \frac{c_1}{\sqrt{z}} \quad \ldots \ldots \quad (5a)$$

d. h. die entsprechenden Geschwindigkeiten sind der Quadratwurzel der Stufenzahl umgekehrt proportional.

Wollen wir für jedes Einzelrad der vielstufigen Turbine denselben Wirkungsgrad erreichen wie für die einstufige Expansion, so darf auch die Umfangsgeschwindigkeit im gleichen Verhältnisse abnehmen,

d. h.
$$u' = \frac{u}{\sqrt{z}} \quad \ldots \ldots \ldots \ldots \quad (6)$$
gesetzt werden.

Der Arbeitsverlust der einstufigen Turbine war theoretisch

$$L_z = \frac{c_2^2}{2g} \quad \ldots \ldots \ldots \ldots \quad (7)$$

Derjenige der Einzelturbine bei z Stufen ist

$$L'_{z1} = \frac{c_2'^2}{2g} = \frac{1}{2g}\left(\frac{c_2^2}{z}\right) \quad \ldots \ldots \quad (7a)$$

der Gesamtverlust ist z-mal so groß,

d. h.
$$L_z' = \frac{c_2^2}{2g} \quad \ldots \ldots \ldots \quad (7b)$$

mithin identisch mit L_z. Wenn man auf die Änderung des Wärmeverbrauchs und die Reibung der Einzelräder Rücksicht nimmt, ändern sich die Verhältnisse freilich nicht unwesentlich. Die in Fig. 16 eingetragenenen spezifischen Volumina dienen zur Berechnung der Querschnitte für die einzelnen Stufen der idealen Turbine, und zwar empfiehlt es sich, zunächst volle Beaufschlagung vorauszusetzen. Wünscht man dann die etwa zu kurzen Schaufeln irgend eines Rades z. B. doppelt so lang zu erhalten, so muß bei diesem Rade halbe Beaufschlagung gewählt werden usf.

β) Annahme, daß Leit- und Laufräder in unmittelbarer Nähe unmittelbar aufeinanderfolgen, so daß die Austrittsgeschwindigkeit c_2 aus einem Laufrade (A') dem vollen Betrage nach im nächsten Leitrade (B) nutzbar verwendet werden kann (Fig. 17). Zahl und Einteilung der Druckstufen sei zunächst dieselbe wie vorhin. Hier gilt für die Berechnung der Geschwindigkeit c_1' am Austritte aus dem Leitrade B die Gleichung

$$\frac{c_1'^2 - c_2^2}{2g} = L_0' = \frac{L_0}{z} \quad \ldots \ldots \quad (8)$$

es wird also

$$c_1' = \sqrt{c_2^2 + 2g\frac{L_0}{z}} \quad \ldots \ldots \quad (9)$$

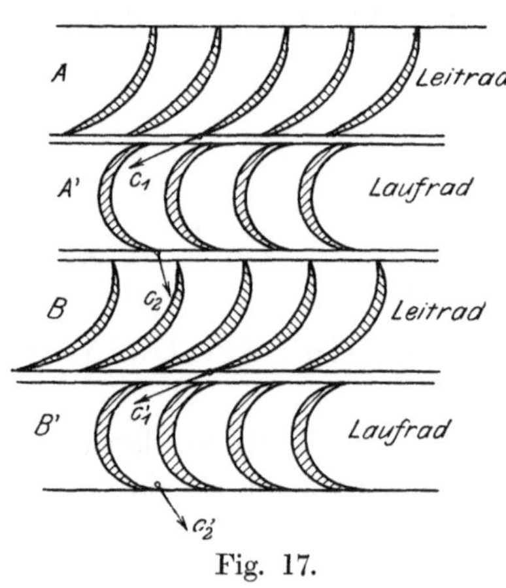

Fig. 17.

größer wie im vorigen Fall. Aus c_1' und u ergäbe sich w_1', w_2' und c_2', welches zur Berechnung des nächstfolgenden c_1'' analog wie vorhin verwendet werden könnte, und so fort für die übrigen Räder. Dieses Verfahren ist indessen umständlich, und man kommt rascher zum Ziele, indem man im einfachsten Fall für alle Turbinen dieselben Geschwindigkeiten c_1, w_1, w_2, c_2, u vorschreibt. Hierbei ist für das erste Leitrad ein etwas größeres Druckgefälle notwendig, um den Dampf sofort auf die gewünschte Geschwindigkeit zu beschleunigen. Als Geschwindigkeitsplan können wir Fig. 7 verwenden. In das Leitrad irgend einer Zwischenturbine strömt der Dampf mit der im vorhergehenden Laufrad erhaltenen Abflußgeschwindigkeit c_2 und wird auf c_1 beschleunigt, was einen Arbeitsaufwand

$$L' = \frac{c_1^2 - c_2^2}{2g} \quad \ldots \ldots \quad (10)$$

bedingt. Im Laufrade der Idealturbine findet kein Verlust statt, der Dampf strömt wieder mit der Geschwindigkeit c_2 ab. Dem ersten Laufrad strömt der Dampf indessen mit einer vernachlässigbaren Geschwindigkeit zu. Die Beschleunigung auf c_1 absorbiert mithin die Arbeit

$$L'' = \frac{c_1^2}{2g} \text{ oder } = \frac{c_1^2 - c_2^2}{2g} + \frac{c_2^2}{2g} = L' + \frac{c_2^2}{2g} \quad \ldots \quad (11)$$

Sind im ganzen z Turbinen vorhanden, so hat man

$$L_0 = L'' + L'(z-1) = zL' + \frac{c_2^2}{2g} \quad \ldots \quad (12)$$

woraus z zu rechnen ist. Die Geschwindigkeiten sind gegebenenfalls abzuändern, damit z ganzzahlig wird. Zieht man von L_0 den Betrag $c_2^2 : 2g$ als horizontalen Streifen mit $A_1 B_1$ als Grundlinie ab, und teilt man den Rest in z gleiche Teile, so ergeben die Teilungslinien die Pressungen und die spezifischen Volumina, die zur Berechnung der Querschnitte notwendig sind. Diese erfolgt wie oben.

Als verlorene Arbeit haben wir bei der reibungslosen Turbine bloß die kinetische Energie des vom letzten Rade abfließenden Dampfes, d. h. den Betrag

$$l_0 = \frac{c_2^2}{2g} \quad \ldots \ldots \ldots \quad (13)$$

einzusetzen, der wesentlich kleiner ist wie im Falle α (bei vielen Stufen im allgemeinen nahezu das $1/z$-fache des früheren). Hiernach ist theoretisch die beschriebene Ausnützung der Abflußgeschwindigkeit c_2 vorteilhaft; doch ist zu erwägen, daß im Falle (β) die Strömungsgeschwindigkeiten durchweg größere sind als bei (α), daß also die Reibungsverluste in den Schaufeln ebenfalls zunehmen werden und den theoretischen Gewinn herabsetzen. Dieser Einfluß kann indessen nur im Zusammenhange mit der Änderung des Wärmezustandes genau verfolgt werden.

c) Mehrere Druck- mit je einigen Geschwindigkeitsstufen.

Diese Turbinenart ist als Kombination der unter (a) und (b) erläuterten Fälle durch das dort Gesagte als erledigt anzusehen. Bekanntlich arbeitet Curtis mit solch wiederholter Abstufung, und zwar im allgemeinen mit 2 bis 3 Druck- und je 2 (früher auch 3) Geschwindigkeitsstufen.

12. Die vielstufige Überdruckturbine.

Diese Turbine wird nur mit Vollbeaufschlagung und unmittelbar aufeinanderfolgenden Leit- und Laufrädern gebaut, so daß die Geschwindigkeit c_2 dem vollen Betrage nach für die nächstfolgende Gefällstufe nutzbar gemacht wird.

Der einfachste Fall ist eine Turbine mit durchweg gleichem Durchmesser, d. h. für alle Räder konstanter Umfangsgeschwindigkeit. Die Vorausberechnung einer solchen wird am übersichtlichsten, wenn wir auch c_1, w_1, w_2, c_2 für alle Räder gleich groß vorschreiben, z. B. nach Fig. 9, und im übrigen gleichartig vorgehen wie bei der vielstufigen Druckturbine. Für irgend ein aus Leit- und Laufrad bestehendes System erhalten wir:

Im Leitrad zur Beschleunigung der Geschwindigkeit vom Betrage c_2 (Austritt aus dem vorhergehenden Laufrade) auf den Betrag c_1 die Arbeit

$$L_1' = \frac{c_1^2 - c_2^2}{2g} \quad \ldots \ldots \ldots \quad (1)$$

im Laufrade zur Beschleunigung von w_1 auf w_2 den Arbeitsaufwand

$$L_2' = \frac{w_2^2 - w_1^2}{2g} \quad \ldots \ldots \ldots \quad (2)$$

insgesamt pro Zwischensystem

$$L' = L_1' + L_2' \quad \ldots \ldots \ldots \quad (3)$$

Für das erste Leitrad ist die Geschwindigkeit von dem in der Vorkammer herrschenden kleinen Betrage auf c_1 zu erhöhen und wir müssen

$$L_1'' = \frac{c_1^2}{2g} \quad . \quad . \quad . \quad . \quad . \quad . \quad . \quad . \quad . \quad (4)$$

aufwenden; im ersten Laufrad bleibt L_2' erforderlich, in beiden zusammen also

$$L'' = L_1'' + L_2' = \frac{c_1^2}{2g} - \frac{c_2^2}{2g} + \frac{c_2^2}{2g} + L_2' = L_1' + L_2' + \frac{c_2^2}{2g} = L' + \frac{c_2^2}{2g} \quad (5)$$

Die ganze Turbine zehrt bei z Stufen die Arbeit

$$L_0 = L'' + (z-1)\,L' = z\,L' + \frac{c_2^2}{2g} \quad . \quad . \quad . \quad . \quad . \quad (6)$$

auf, aus welcher Gleichung z zu berechnen ist. Man wird wieder

$$l_0 = c_2^2/2g$$

von L_0 abziehen und den Rest in z gleiche Teile teilen, um die Pressungen und die spezifischen Volumina zur Berechnung der Querschnitte zu erhalten.

Die indizierte Arbeit der idealen Turbine pro kg Dampf ist

$$L_i = L_0 - l_0 \quad . \quad . \quad . \quad . \quad . \quad . \quad . \quad . \quad . \quad (7)$$

Der Entwurf der Turbine in ihrer wirklichen Ausführungsform mit vielfach abgestufter Umfangs- und Dampfgeschwindigkeit wird in Abschnitt 44 erläutert.

13. Vergleich der Geschwindigkeiten und Stufenzahlen bei Aktions- und bei Reaktionsturbinen.

Für die einstufige Aktionsturbine hatten wir

$$c_1 = \sqrt{2g\,L_0} \quad . \quad . \quad . \quad . \quad . \quad . \quad . \quad . \quad . \quad (1)$$

und bei normalem Austritt aus dem Laufrade

$$u = \frac{1}{2}\,c_1 \cos\alpha \quad . \quad . \quad . \quad . \quad . \quad . \quad . \quad . \quad . \quad (2)$$

Für die einstufige Reaktionsturbine bei halbem Reaktionsgrad $\left(L_1 = \frac{1}{2}\,L_0\right)$ und $c_0 = 0$ unter gleichen Umständen

$$c_1' = \sqrt{2g\,\frac{L_0}{2}} = \frac{c_1}{\sqrt{2}} \quad . \quad . \quad . \quad . \quad . \quad . \quad . \quad . \quad (3)$$

$$u' = c_1' \cos\alpha = u\sqrt{2} \quad . \quad . \quad . \quad . \quad . \quad . \quad . \quad . \quad (4)$$

d. h. die einstufige Reaktionsturbine arbeitet mit einer rund 1,4 mal so großen Umfangsgeschwindigkeit als die Aktionsturbine.

Für die vielstufige Aktionsturbine nach dem System (β) und Vernachlässigung von $\frac{c_2^2}{2g}$ ist

$$z = \frac{L_0}{L'} \quad . \quad . \quad . \quad . \quad . \quad . \quad . \quad . \quad . \quad . \quad (5)$$

Wir setzen der Einfachheit halber auch hier normalen Austritt aus dem Laufrad voraus, was für Fig. 7 die Bedingung

$$2u = c_1 \cos\alpha \quad \ldots \ldots \quad (6)$$

mit sich bringt. Alsdann ist $c_1^2 - c_2^2 = 4u^2$ und Formel 10 Abschn. 11b liefert

$$L' = \frac{c_1^2 - c_2^2}{2g} = \frac{2u^2}{g}; \qquad z = \frac{g}{2}\frac{L_0}{u^2} \quad \ldots \quad (7)$$

Bei ebenfalls axialem Austritt ist für die vielstufige Reaktionsturbine (alle Geschwindigkeiten durch Striche unterscheidend) unter der weiteren Vereinfachung, daß

$$\alpha = \alpha_2, \qquad c_1' = w_2', \qquad w_1' = c_2' \text{ sei,}$$

$$u' = c_1' \cos\alpha \quad \ldots \ldots \quad (8)$$

also $c_2'^2 = c_1'^2 - u'^2$ und nach Formel 1 und 2 Abschn. 8

$$L_1' = \frac{c_1'^2 - c_2'^2}{2g} = \frac{u'^2}{2g}; \qquad L_2'' = \frac{w_2'^2 - w_1'^2}{2g} = \frac{u'^2}{2g}$$

also

$$L' = L_1' = L_2' = \frac{u'^2}{2g}$$

woraus

$$z' = \frac{L_0}{L'} = g' \frac{L_0}{u'^2} \quad \ldots \ldots \quad (9)$$

Machen wir $u = u'$, so wird

$$z = \frac{z'}{2} \quad \ldots \ldots \quad (10)$$

zugleich aber liefert (6) und (8) bei gleichem α:

$$\frac{c_1}{c_1'} = 2$$

d. h. bei gleicher Umfangsgeschwindigkeit besitzt die Aktionsturbine nur halb so viel Stufen wie der Reaktionsmotor, doch sind die Dampfgeschwindigkeiten etwa zweimal so groß.

Sei ein anderes Mal $z = z'$, so folgt aus (7) und (9)

$$u = \frac{u'}{\sqrt{2}} \quad \text{und} \quad c_1 = c_1' \sqrt{2},$$

d. h. bei gleicher Stufenzahl ist die Umfangsgeschwindigkeit der Aktionsturbine 1,4mal geringer, die Dampfgeschwindigkeit 1,4mal so groß wie bei Anwendung des halben Reaktionsgrades.

B. Die Radialturbinen

können in erster Näherung nach den Formeln der axialen Beaufschlagung beurteilt werden, da die Wirkung der Fliehkräfte bei den im allgemeinen sehr kurzen Schaufeln vernachlässigbar ist. Nur bei vielstufigen Turbinen kann diese Wirkung als eine nicht erhebliche Korrektur in Frage kommen, worüber später Näheres mitgeteilt wird.

II.

Einfluß der Bewegungswiderstände.

14. Volumen und Temperaturzunahme.

In rein empirischer Weise läßt sich der Einfluß der Dampfreibung und Wirbelung dadurch berücksichtigen, daß man an Stelle der vollen theoretischen Geschwindigkeiten nur ihre mit gewissen Reduktionsfaktoren multiplizierten Werte in die Geschwindigkeitspläne einführt. Soweit die bisherigen Versuche und Erfahrungen reichen, muß man bei einer Düse auf einen linearen Geschwindigkeitsverlust von 2,5, im Mittel 5 und höchstens 10 % gefaßt sein, wobei die kleinen Werte sich auf kurze, wenig erweiterte, die größeren auf lange stärker erweiterte Düsen beziehen. Es wird also die wahre Ausflußgeschwindigkeit

$$c_1 = \varphi c_0 \quad \ldots \ldots \ldots \quad (1)$$

wo c_0 die theoretische Geschwindigkeit und $\varphi = 0{,}975, = 0{,}95, = 0{,}90$ ist.

Für die Bewegung in der Laufradschaufel einer reinen Druckturbine, in welcher die Geschwindigkeit theoretisch konstant $= w_1$ wäre, wird man die relative Ausflußgeschwindigkeit

$$w_2 = \psi w_1 \quad \ldots \ldots \ldots \quad (2)$$

setzen, wobei der Faktor $\psi = 0{,}7$ bis $0{,}8$, falls die Schallgeschwindigkeit überschritten wird, hingegen bis auf $\psi = 0{,}9$ oder mehr zu steigen scheint, falls man mit kleinen Geschwindigkeiten arbeitet. Über die Art der Abhängigkeit der beiden sind wir noch im Unklaren.

Durch φ und ψ ist in jedem Einzelfall auch der Verlust an kinetischer Energie festgelegt, den die Widerstände bedingen, und wir erhalten die Beträge

$$\frac{c_0^2 - c_1^2}{2g} = (1 - \varphi^2)\frac{c_0^2}{2g} \quad \ldots \ldots \quad (3)$$

beziehungsweise

$$\frac{w_1^2 - w_2^2}{2g} = (1 - \psi^2)\frac{w_1^2}{2g} \quad \ldots \ldots \quad (4)$$

beide pro 1 kg der durchströmenden Dampfmenge.

Umgekehrt kann man aus dem bekannten Energieverlust selbstredend die Geschwindigkeit berechnen. Sei z. B. für einen beliebigen Leitapparat L das „Druckgefälle“ und ζ der Verlust in Teilen des Ganzen, so wird bei Vernachlässigung der anfänglichen Geschwindigkeit an der Mündung

$$c = \sqrt{2g(1 - \zeta)L} \quad \ldots \ldots \ldots \quad (5)$$

Der Verlust an Strömungsenergie bewirkt eine Erhöhung der Dampftemperatur oder eine Verdampfung vorhandener Dampfnässe, welche, wie im III. Teil nachgewiesen wird, so gerechnet werden können, als wenn der Dampf zunächst verlustlos auf den gewollten Druck expandiert hätte, und als ob man ihm dann bei konstantem Drucke den Energieverlust in Form von zugeführter Wärme mitteilen würde. Es ist auch an sich einleuchtend, daß die verlorene Strömungsenergie sich in irgend einer anderen Form, hier als Wärme, zum Schluß im Dampfe vorfinden müsse.

Es sei beispielsweise A_1 (Fig. 18) der Ausgangszustand für die Strömung in einer Düse, mit der Geschwindigkeit w_1. Bei reibungsfreier Strömung würde die Zustandskurve $A_1 A_2'$ (d. h. eine Adiabate) gelten, und man hätte für die Geschwindigkeit w_2' am Düsenende, falls Fläche $A_1 A_2' B_2 B_1$ mit L_0 bezeichnet wird, die Gleichung

$$\frac{w_2'^2 - w_1^2}{2g} = L_0 \quad . \qquad (6)$$

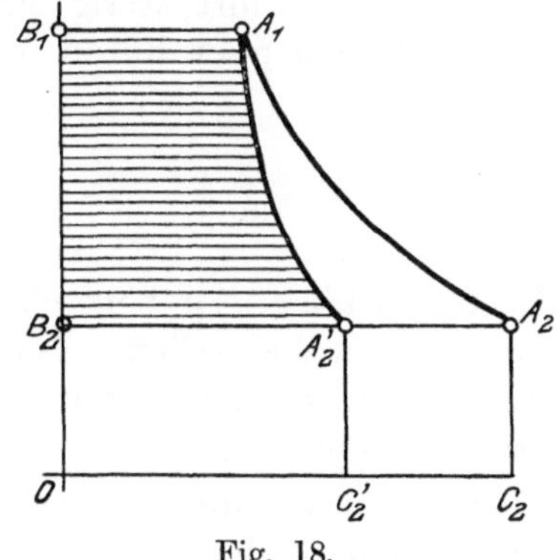

Fig. 18.

In Wahrheit gehe der Betrag ζL_0 durch Reibung und Wirbelung verloren; dann wird die wahre Geschwindigkeit w_2 zu rechnen sein aus

$$\frac{w_2^2 - w_1^2}{2g} = (1 - \zeta) L_0 \quad . \qquad (7)$$

Der Verlust an kinetischer Energie, d. h. der durch Substraktion der Gl. (7) von Gl. (6) entstehende Wert

$$\frac{w_2'^2 - w_2^2}{2g} = \zeta L_0 \, . \; . \; . \; . \; . \; . \; . \; . \; . \qquad (8)$$

wird zur Erwärmung des Dampfes benutzt und bewirkt, daß das Volumen vom Betrage $B_2 A_2'$ auf den Wert $B_2 A_2$ steigt, welcher wie folgt erhalten wird. War der Dampf in A_2' naß, die spezifische Dampfmenge $= x_2'$, so tritt eine Verdampfung gemäß Gleichung

$$A \zeta L_0 = r_2 (x_2 - x_2') \; . \; . \; . \; . \; . \; . \; . \qquad (9)$$

ein, wo $A = {}^1/_{424}$, r_2 die äußere Verdampfungswärme beim Drucke p_2 und x_2 die endgültige spezifische Dampfmenge bedeutet. Nachdem man aus (9) die Größe x_2 berechnet hat, erhält man das spezifische Volumen $A_2 B_2$, d. h.

$$v_2 = x_2 \sigma + \sigma_0 \; . \; . \; . \; . \; . \; . \; . \; . \; . \qquad (10)$$

War der Dampf in A_2' überhitzt, mit der absoluten Temperatur T_2', so gilt die Zustandsgleichung

$$p_2 (v_2' + \alpha) = R T_2' \; . \; . \; . \; . \; . \; . \; . \qquad (11)$$

Die Temperatur T_2 in A_2 folgt aus

$$\zeta L_0 = c_p (T_2 - T_2') \; . \; . \; . \; . \; . \; . \; . \qquad (12)$$

und es gilt

$$p_2 (v_2 + \alpha) = R T_2 \; . \; . \; . \; . \; . \; . \; . \qquad (13)$$

Wenn man Gl. (13) durch Gl. (12) dividiert, erhält man

$$\frac{v_2 + \alpha}{v_2' + \alpha} = \frac{T_2}{T_2'} \quad . \quad . \quad . \quad . \quad . \quad . \quad . \quad . \quad . \quad (14)$$

welche Formel bei Vernachlässigung von α auch kurz

$$v_2 = v_2' \frac{T_2}{T_2'} \quad . \quad . \quad . \quad . \quad . \quad . \quad . \quad . \quad . \quad (14a)$$

geschrieben werden kann.

In Wirklichkeit erfolgt die Umwandlung der Reibungsarbeit in Wärme stetig, d. h. die wahre Zustandskurve trennt sich von Anfang an von der Adiabate und führt stetig zum Punkte A_2, der soeben bestimmt wurde. Man muß sich aber hüten, das Integral

$$\int_{p_2}^{p_1} v\,dp = A_1 A_2 B_2 B_1 \quad . \quad . \quad . \quad . \quad . \quad . \quad . \quad . \quad (15)$$

als „Gefällshöhe" zu betrachten und mit diesem Werte die Geschwindigkeit rechnen zu wollen. Im Gegenteil, je größer diese Fläche ist, ein desto größerer Energieverlust tritt gegenüber reibungsfreier adiabatischer Strömung ein.

Bezog sich die Zustandslinie $A_1 A_2$ auf die Strömung in einer Düse, so muß der Endquerschnitt gemäß der Kontinuitätsgleichung

$$G_{sk} = \frac{f_2 w_2}{v_2}$$

mit der Geschwindigkeit w_2, welche kleiner ist als die bei adiabatischer reibungsloser Strömung, und dem korrigierten (größeren) Volumen v_2 gerechnet werden. Bis zum kleinsten Querschnitt macht man die Düse stets so kurz, daß die Widerstände vernachlässigt werden können, d. h. eine Korrektur nicht notwendig erscheint.

Der Entwurf der Geschwindigkeitspläne erleidet bei den einzelnen Turbinenarten folgende Abänderungen:

15. Einstufige Druckturbine mit einer Geschwindigkeitsstufe.

Die Düsenreibung bewirkt, wie erörtert, daß die Ausflußgeschwindigkeit

$$c_1 = \varphi\, c_0 = \varphi \sqrt{2 g L_0} \quad . \quad . \quad . \quad . \quad . \quad . \quad . \quad . \quad (16)$$

wird. Die Zusammensetzung von c_1 mit $-u$ ergibt wieder w_1, dieses wird aber durch Reibung und Wirbelung bei Austritt auf den kleineren Wert

$$w_2 = \psi\, w_1 \quad . \quad . \quad . \quad . \quad . \quad . \quad . \quad . \quad . \quad (17)$$

herabgesetzt, wie in Fig. 19 durch Schlagen des Kreisbogens mit dem Radius w_1 und Kürzung der die Geschwindigkeit w_2 darstellenden Strecke angedeutet ist. Die merkwürdigen Stoßerscheinungen, zu welchen die Reibung Veranlassung gibt, werden im wärmemechanischen Teil besprochen. Schließlich ergibt w_2 und $+u$ die Abflußgeschwindigkeit c_2.

Diesen Reibungen entsprechen als Arbeitsverluste

$$\text{in der Düse } \frac{c_0^2 - c_1^2}{2g} = (1 - \varphi^2)\frac{c_0^2}{2g},$$

$$\text{in der Schaufel } \frac{w_1^2 - w_2^2}{2g} = (1 - \psi^2)\frac{w_1^2}{2g}.$$

Die „indizierte“ d. h. an die Laufschaufeln wirklich abgegebene Arbeit pro Kilogramm Dampf ist

$$L_i = \frac{c_0^2}{2g} - \frac{c_0^2 - c_1^2}{2g} - \frac{w_1^2 - w_2^2}{2g} - \frac{c_2^2}{2g} \quad . \quad . \quad . \quad . \quad (18)$$

Der „indizierte“ Wirkungsgrad

$$\eta_i = \frac{L_i}{L_0} \quad . \quad . \quad . \quad . \quad . \quad . \quad . \quad . \quad . \quad . \quad (19)$$

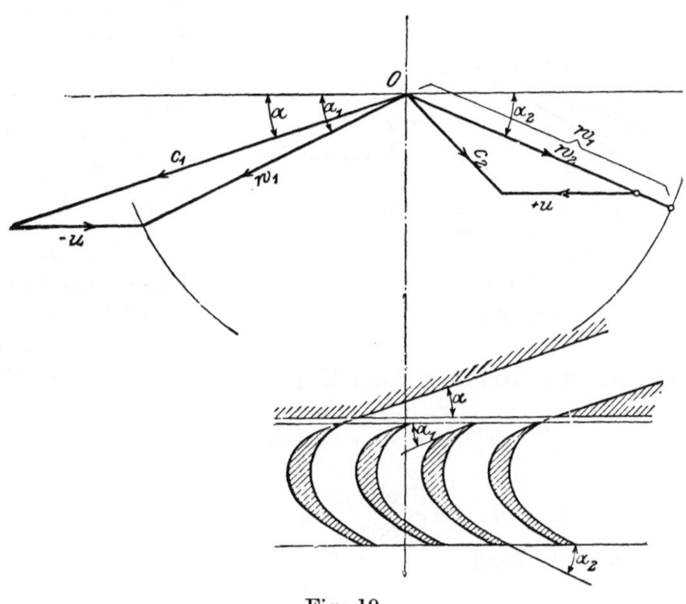

Fig. 19.

Die „indizierte“ Leistung in PS

$$N_i = \frac{G_{sk} L_i}{75} \quad . \quad . \quad . \quad . \quad . \quad . \quad . \quad . \quad . \quad (20)$$

Ziehen wir von N_i die Rad- und Lagerreibung N_r ab, so erhalten wir die effektive Leistung an der Turbinenwelle

$$N_e = N_i - N_r \quad . \quad . \quad . \quad . \quad . \quad . \quad . \quad . \quad . \quad (21)$$

und den effektiven Wirkungsgrad

$$\eta_e = \frac{N_e}{N_0} \quad . \quad . \quad . \quad . \quad . \quad . \quad . \quad . \quad . \quad . \quad (22)$$

Der Wert der indizierten Arbeit kann auf eine einfache Form gebracht werden, indem man zunächst Formel (18) in der Gestalt

$$L_i = \frac{1}{2g}[(c_1^2 - w_1^2) + (w_2^2 - c_2^2)],$$

schreibt und mit c_1', w_1', w_2', c_2' die horizontalen, mit c_1'', c_2'' die vertikalen Projektionen dieser Geschwindigkeiten bezeichnet. Nach Fig. 20 ist alsdann

$$c_1^2 = c_1'^2 + c_1''^2; \qquad w_1^2 = w_1'^2 + c_1''^2,$$

mithin

$$c_1^2 - w_1^2 = c_1'^2 - w_1'^2,$$

ebenso

$$w_2^2 - c_2^2 = w_2'^2 - c_2'^2$$

und

$$L_i = \frac{1}{2g}\left[(c_1'^2 - w_1'^2) + (w_2'^2 - c_2'^2)\right]$$

$$= \frac{1}{2g}\left[(c_1' + w_1')(c_1' - w_1') + (w_2' + c_2')(w_2' - c_2')\right].$$

Hierin ist

$$c_1' - w_1' = u; \qquad w_2' - c_2' = u$$

$$c_1' + w_1' = 2\,c_1' - u; \qquad w_2' + c_2' = 2\,c_2' + u,$$

somit

$$L_i = \frac{1}{g}\,(c_1' + c_2')\,u \qquad (21)$$

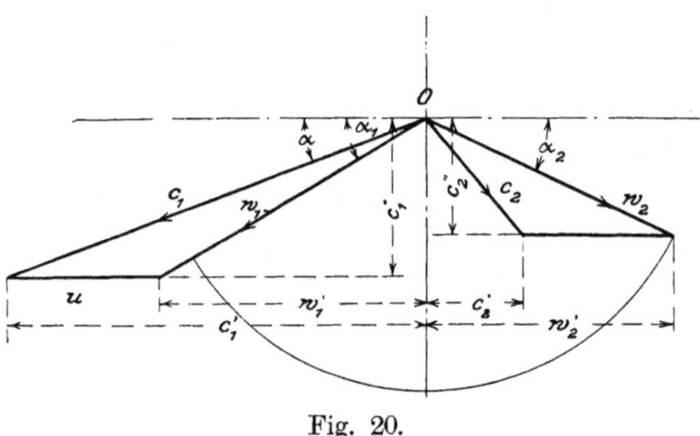

Fig. 20.

Dieser Ausdruck konnte aber auf Grund des Prinzipes vom „Antrieb", Abschn. 10, ohne weiteres hingeschrieben werden, und es bildet obige Ableitung den Nachweis, daß man die verschiedenen Formen für L_i auch algebraisch eine aus der andern entwickeln kann.

Der indizierte Wirkungsgrad läßt sich, wie Bánki bemerkt hat, in ebenso einfacher Weise darstellen wie bei der reibungslosen Turbine, indem wir in Formel (21) zunächst

$$c_2' = w_2 \cos\alpha_2 - u = \psi\, w_1 \cos\alpha_2 - u$$

und hierin

$$w_1 \cos\alpha_2 = w_1 \cos\alpha_1 \frac{\cos\alpha_2}{\cos\alpha_1} = (c_1 \cos\alpha - u)\frac{\cos\alpha_2}{\cos\alpha_1}$$

einsetzen. Hierdurch wird

$$L_i = \left(1 + \psi\frac{\cos\alpha_2}{\cos\alpha_1}\right)(c_1 \cos\alpha - u)\frac{u}{g} \qquad (22)$$

und wenn wir

$$L_0 = \frac{c_0^2}{2g} = \frac{c_1^2}{2g}\left(\frac{c_0}{c_1}\right)^2 = \frac{c_1^2}{2g\varphi^2} \qquad (23)$$

schreiben, so ist

$$\eta_i = 2\varphi^2\left(1 + \psi\frac{\cos\alpha_2}{\cos\alpha_1}\right)\left(\cos\alpha - \frac{u}{c_1}\right)\frac{u}{c_1} \qquad (24)$$

Lassen wir bei konstanten α, α_2 und c_1 die Umfangsgeschwindigkeit varieren, so wird auch, wenn wir α_1 immer auf stoßfreien Eintritt abgeändert denken, η_i nicht mehr nach einer Parabel verlaufen. Wohl aber ist dies der Fall, wenn wir z. B. im Laufrad auch stets gleiche Ein- und Austrittswinkel d. h. immer $\alpha_1 = \alpha_2$ voraussetzen. Der größte Wert von η_i tritt auch hier bei $u/c_1 = {}^1/_2 \cos\alpha$ auf, und beträgt

$$\eta_{i\,max} = \varphi^2 \frac{1+\psi}{2}\cos^2\alpha \qquad (25)$$

Verluste in der Düse treffen also bei gleicher prozentischer Größe den Wirkungsgrad weit empfindlicher als die Reibung in der Schaufel.

16. Eine Druckstufe, mehrere Geschwindigkeitsstufen.

Behalten wir die Bezeichnungen der Fig. 14 bei, während c_0 die theoretische Ausflußgeschwindigkeit am Ende der Düse ist, so wird zunächst

$$c_1 = \varphi c_0 = \varphi \sqrt{2 g L_0}$$

und $w_2 = \psi w_1$; im zweiten Leitapparat $c_1' = \varphi' c_2$ und im zweiten Laufrad $w_2' = \psi' w_1'$ ebenso im dritten Leitrad $c_1'' = \varphi'' c_2'$ und im dritten Laufrad $w_2'' = \psi'' w_1''$ (s. Fig. 21), wobei die Koeffizienten φ, ψ; φ', ψ'; φ'', ψ'' gemäß Früherem von 0,7 auf 0,85 bis 0,9 zunehmen können. Der Gesamtverlust pro Kilogramm Dampf ist nun

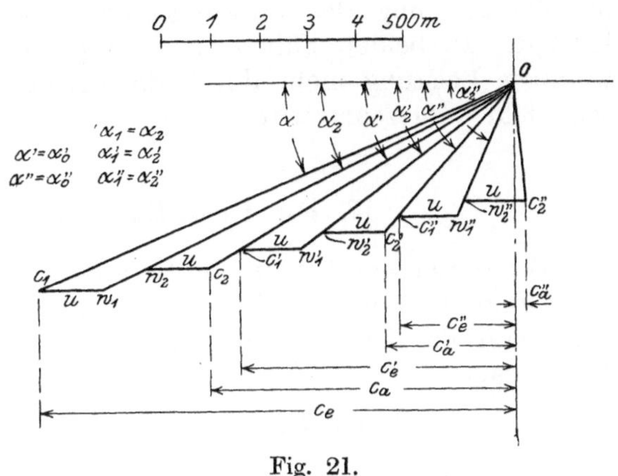

Fig. 21.

$$L_z = \frac{1}{2g}\left[(c_1^2 - c_0^2) + (w_1^2 - w_2^2) + (c_2^2 - c_1'^2) + (w_1'^2 - w_2'^2) + (c_2'^2 - c_1''^2) + (w_1''^2 - w_2''^2) + c_2''^2\right] \quad \ldots \ldots \quad (26)$$

und die indizierte Leistung

$$L_i = L_0 - L_z \quad \ldots \ldots \ldots \quad (27)$$

Die Leistung kann auf bequemere Weise mit Hilfe des Lehrsatzes vom „Antrieb" (Abschnitt 10) bestimmt werden, indem man für jedes Laufrad die Umfangskomponente der absoluten Ein- und Austrittsgeschwindigkeit ausmißt und wie in Fig. 21 mit c_e, c_a bzw. c_e', c_a' und c_e'', c_a'' bezeichnet. Da c_e, c_a in Wirklichkeit entgegengesetzt sind, muß man die Summe der Absolutwerte nehmen; dann findet man für das erste Laufrad

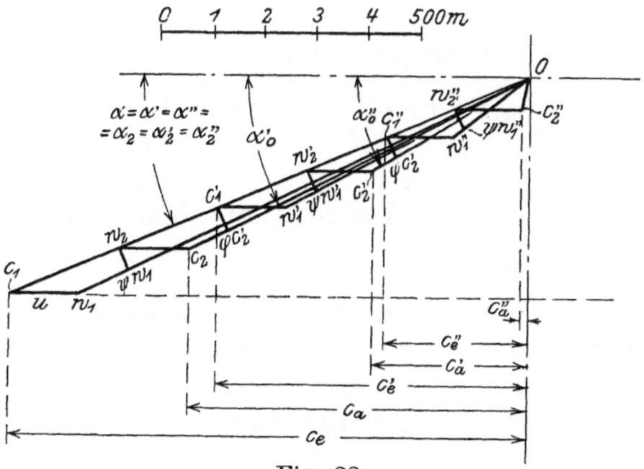

Fig. 22.

$$L_i' = \frac{1}{g}(c_a + c_e)\, u$$

und für alle drei

$$L_i = \frac{1}{g}\left[c_a + c_e + c_a' + c_e' + c_a'' + c_e''\right] u \quad \ldots \quad (23)$$

In Fig. 21 ist die Annahme jeweilen gleicher Ein- und Austrittswinkel sowohl in den Leit- wie in den Laufrädern gemacht, wodurch indes die Winkel für die letzten Räder groß ausfallen. Um diesem Mangel abzuhelfen, wurde Fig. 22 unter der Voraussetzung entworfen, daß der Austrittswinkel aus allen Rädern denselben Wert $= \alpha$ besitze, während die Eintrittsneigung durch die Geschwindigkeiten w_1, w_1', w_1'' bzw. c_2, c_2' bestimmt ist. Die Erwartung, daß durch die wesentlich kleineren Winkel die Leistung erheblich vergrößert wird, erfüllt sich indessen nicht, da die Verbesserung des Wirkungsgrades nach Fig. 22 bloß etwa 5 v. H. beträgt. In beiden Fällen ist es fraglich, ob die im letzten Laufrad gewonnene Leistung nicht durch die vermehrte Ventilationsarbeit der Laufschaufeln aufgezehrt wird.

17. Die Ermittlung der Querschnitte.

Bei dieser muß man in Betracht ziehen, daß sowohl die Dampfgeschwindigkeit wie auch das spezifische Volumen v sich ändern. Die auf Vergrößerung des letzteren verwendeten Wärmemengen sind der Reihe nach

$$\left.\begin{array}{ll} \text{in der Düse} & A\dfrac{c_0^2 - c_1^2}{2g} = A(1-\varphi^2)\dfrac{c_0^2}{2g} \\ \text{im 1. Laufrad} & A\dfrac{w_1^2 - w_2^2}{2g} = A(1-\psi^2)\dfrac{w_1^2}{2g} \\ \text{im 2. Leitrad} & A\dfrac{c_2^2 - c_1'^2}{2g} = A(1-\varphi'^2)\dfrac{c_2^2}{2g} \\ \text{im 2. Laufrad} & A\dfrac{w_1'^2 - w_2'^2}{2g} = A(1-\psi'^2)\dfrac{w_1'^2}{2g} \\ & \quad\text{usw.} \qquad\qquad \text{usw.} \end{array}\right\} \quad . \; . \quad (24)$$

woraus sich als Volumina nach den Formeln des Abschn. 14

im Spalt vor dem 1. Laufrad . . . . v_1
„ „ „ „ 2. Leitrad . . . . v_2
„ „ „ „ 2. Laufrad . . . . v_1'
beim Austritte aus dem Laufrad . . . . . v_2'

ergeben mögen.

Machen wir zunächst die Annahme, alle Schaufeln seien sowohl am Ein- wie am Austritt in messerscharfe Schneiden ausgezogen und mit den Längen a_1 bis a_2'' ausgeführt, deren Bedeutung aus Fig. 23 hervorgeht. Bei geringer Erweiterung wird man je die Längen

$$a \text{ und } a_1$$
$$a_2 \text{ und } a_0'$$
$$a' \text{ und } a_1''$$

einander gleichsetzen dürfen, und den Querschnitt so berechnen können, als ob die Strömung rein axial gerichtet wäre. Man erhält also mit D als mittlerem Raddurchmesser die „axialen Reinquerschnitte“ im Sinne des Abschn. 9

am Eintritt in das 1. Laufrad . . . $F_{1n} = \pi D a_1$
,, Austritt aus dem 1. Laufrad und
,, Eintritt in das 2. Leitrad . . . $F_{2n} = \pi D a_2$
,, Austritt aus dem 2. Leitrad und
,, Eintritt in das 2. Laufrad . . $F_{1n}' = \pi D a_1'$
,, Austritt aus dem 2. Laufrad . . $F_{2n}' = \pi D a_2'$
usw.

Nun muß die Dampfmenge, die aus dem 1. Laufrade ausströmt, unbehindert in das 2. Leitrad und von hier aus in das 2. Laufrad gelangen können. Es gilt mithin unabhängig von dem Grade der Beaufschlagung die Kontinuitätsgleichung

$$\frac{F_{1n} w_{1n}}{v_1} = \frac{F_{2n} w_{2n}}{v_2} = \frac{F'_{1n} w'_{1n}}{v_1'} = \frac{F'_{2n} w'_{2n}}{v_2'} \text{ usw.}$$

oder gekürzt

$$\frac{a_1 w_{1n}}{v_1} = \frac{a_2 w_{2n}}{v_2} = \frac{a_1'' w'_{1n}}{v_1'} = \frac{a_2'' w'_{2n}}{v_2'} \text{ usw.} \quad \quad (25)$$

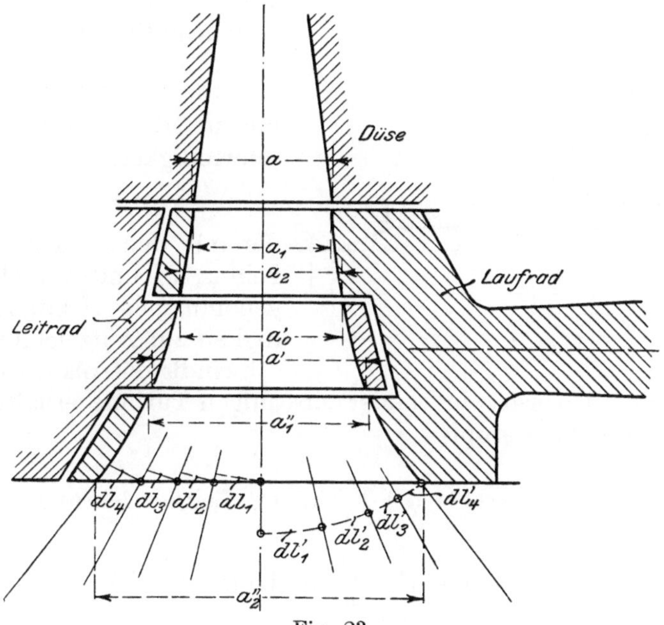

Fig. 23.

Durch die Breite der Düse a ist die Eintrittsschaufel, d. h. $a_1 = a$ gegeben; aus Gl. (25) folgen dann die übrigen.

Bei starker Erweiterung, wie solche in Fig. 23 am unteren Austritt angenommen ist, muß auf die Divergenz der Bahnen Bedacht genommen werden. Wenn man den ganzen Strom in mehrere dünne Strahlen geteilt denkt und an Stelle von a_2'' die Summe der auf der linken Hälfte in Fig. 23 mit dl_1, dl_2, dl_3 bezeichneten Strahldicken setzt, so begeht man den Fehler, daß der Dampfzustand und die Geschwindigkeit wohl nicht in allen Punkten dieselben sind. Wollte man aber, wie auf der rechten Hälfte angedeutet ist, und korrekt zu sein scheint, den wirklichen „Normalquerschnitt" durch Summation der Längen dl_1', dl_2', dl_3' bilden, so ist wieder einzuwenden, daß an den betreffenden Stellen der Strahl nicht mehr umschlossen ist. Hier muß also vorderhand das „praktische Gefühl" die Entscheidung treffen, und es sind so starke Erweiterungen überhaupt besser zu vermeiden.

18. Mehrere Druckstufen mit je einer Geschwindigkeitsstufe.

Wir fassen nur den Fall ins Auge, daß die Auslaßgeschwindigkeit irgend eines Laufrades durch Wirbelung ganz verloren geht. Nachdem man wie in Abschn. 11 an Hand der Fig. 16 die Einteilung der gesamten verfügbaren Arbeit in die gewünschte Stufenanzahl und zwar hier als provisorische Annahme festgelegt hat, muß, mit dem ersten Rade angefangen, eine Einzelrechnung der Stufen durchgeführt werden.

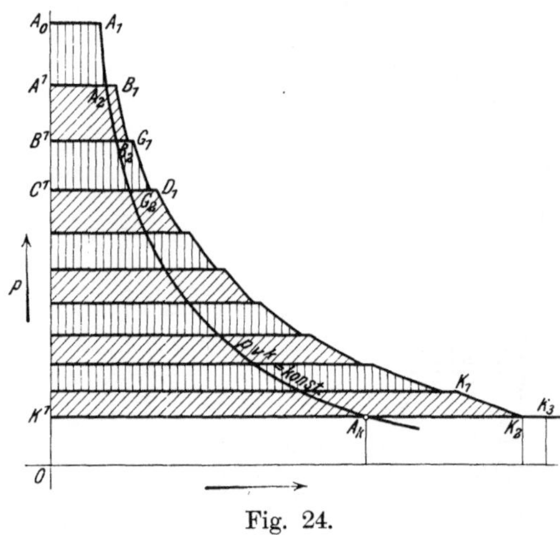

Fig. 24.

Wir bezeichnen das Teilgefälle der ersten Stufe mit L_1 (s. Fig. 24). Die reibungsfreie adiabatische Expansion von A_1 auf A_2 liefert die theoretische Geschwindigkeit

$$c_0 = \sqrt{2\,g\,L_1},$$

mithin die wahre Austrittgeschwindigkeit aus dem Leitrade

$$c_1 = \varphi\, c_0,$$

die mit den freigewählten Winkeln α, α_2 und der ebenfalls angenommenen Umfangsgeschwindigkeit zur Aufzeichnung des Geschwindigkeitsplanes (z. B. nach Fig. 19) dient. Ebenso wie bei der einstufigen Turbine erhalten wir nun die Verluste pro kg Dampf

$$\frac{c_0^2 - c_1^2}{2g} = (1-\varphi^2)\frac{c_0^2}{2g} \quad \text{in der Leitvorrichtung,}$$

$$\frac{w_1^2 - w_2^2}{2g} = (1-\psi^2)\frac{w_1^2}{2g} \quad \text{im Laufrad.}$$

Zu diesen tritt aber noch

$$\frac{c_2^2}{2g} \quad \text{im Auslaß}$$

hinzu, weil wir angenommen haben, daß c_2 durch Wirbelung vernichtet wird.

Die Summe dieser Verluste

$$L_z = (1-\varphi^2)\frac{c_0^2}{2g} + (1-\psi^2)\frac{w_1^2}{2g} + \frac{c_2^2}{2g}$$

wird bei konstantem Drucke p_2 in Wärme umgewandelt und vermehrt das Volumen von v_2' auf v_2, d. h. von $A'A_2$ auf $A'B_1$, gemäß den Formeln, die in Abschn. 14 entwickelt worden sind.

Die adiabatische Expansion $B_1 B_2$, die in der zweiten Stufe von p_2 auf den Druck p_3 hinabführt, bedeutet nun die Auslösung einer inneren Arbeit

$$L_2 = \text{Flächeninhalt } A' B_1 B_2 B',$$

und erzeugt eine theoretische Geschwindigkeit

$$c_0 = \sqrt{2 g L_2},$$

welche sich wegen Reibung in die effektive Geschwindigkeit

$$c_1 = \varphi c_0$$

verwandelt, mit der genau so gerechnet wird wie im vorigen Fall. Der Arbeitsdampf erfährt durch die Reibungswärme die Volumvergrößerung von $B' B_2$ auf $B' C_1$, und für die nächste Stufe gilt als adiabatische Linie $C_1 C_2$ usf.

Streng genommen müßte in jeder Stufe auch die Radreibungsarbeit den Verlusten hinzugezählt und bei der Volumvergrößerung berücksichtigt werden.

Will man gleiche Arbeitsverteilung erzielen, so müssen wegen der Reibung die Abschnitte der ursprünglichen Arbeitsfläche $A_0 A_1 A_k K' = L_0$ nach unten zu abnehmenden Flächeninhalt besitzen.

Man darf sich durch den Anblick der Fig. 24, in welcher die Summe der Arbeitsflächen $L_1 + L_2 + \ldots L_k$ wesentlich mehr ausmacht als die ursprüngliche Arbeitsfläche $A_0 A_1 A_k K'$, nicht verleiten lassen zu glauben, daß auch wirklich mehr Nutzarbeit geleistet wird. Von jeder Teilfläche wird nur das Produkt mit dem betreffenden η_i in Nutzarbeit umgewandelt. Wenn $K_3 K_2$ die Volumzunahme bedeutet, die in der letzten Stufe durch die Reibungen bedingt ist (aber ohne Einbeziehung der Strömungsenergie des Auslasses), so ist die erwähnte Gesamtsumme kleiner wie das theoretische Arbeitsvermögen L_0 um den Arbeitswert derjenigen Wärmemenge, die erforderlich ist, um das Dampfvolumen von $K' A_k$ auf $K' K_3$ zu erhöhen.

Fig. 24 liefert schließlich das zur Berechnung der Querschnitte notwendige spezifische Dampfvolumen in jeder einzelnen Stufe.

19. Mehrere Druck- mit je einigen Geschwindigkeitsstufen.

Diese Turbinenart ist als Verbindung der in den Abschn. 16 und 18 behandelten Fälle anzusehen und bietet mithin zu keinen weiteren Erörterungen Anlaß.

III.

Theorie der Dampfturbine auf wärmemechanischer Grundlage.

A. Thermodynamische Grundgleichungen.

20. Formel von Zeuner.

Wir betrachten in Fig. 25 zwei beliebige Querschnitte A_1 und A_2 des Dampfstromes einer im Beharrungszustande arbeitenden Turbine, und es seien p_1 und p_2 die in A_1 und A_2 herrschenden Drücke, w_1 und w_2 die Geschwindigkeiten, u_1 und u_2 die (inneren) Energien oder Arbeitsfähigkeiten pro kg, v_1 und v_2 die Volumina pro kg, F_1 und F_2 die Querschnitte. Während des Zeitelementes dt werde zwischen den Stellen A_1 und A_2 die äußere „**Nutz**“**arbeit** $GEdt$ geleistet und die Wärmemenge $GQ_s dt$ (durch Leitung und Strahlung) nach außen abgeleitet. Die Querschnitte A_1 A_2 verschieben sich während dieser Zeit nach B_1 B_2, und es strömt ein Dampfgewicht von Gdt kg durch sie hindurch. Die Gesamtenergie zu Beginn des Zeitelementes der zwischen $A_1 A_2$ eingeschlossenen Dampfmenge findet sich wieder in der Gesamtenergie zu Ende des Zeitelementes und in der nach außen abgegebenen Arbeit sowie der abgeleiteten Wärmemenge. Die Gesamtenergie der zwischen A_2 und B_1 eingeschlossenen Dampfmenge ist zu Beginn und zu Ende gleich groß und fällt aus der Gleichung heraus. Indem wir zur Nutzarbeit noch diejenigen Anteile hinzufügen, die der Oberflächendruck in den sich verschiebenden Querschnitten A_1, A_2 positiv bzw. negativ geleistet hat, erhalten wir unter Vernachlässigung der auch bei vorhandenen Höhenunterschieden stets geringfügigen Arbeit der Schwerkräfte die Gleichung

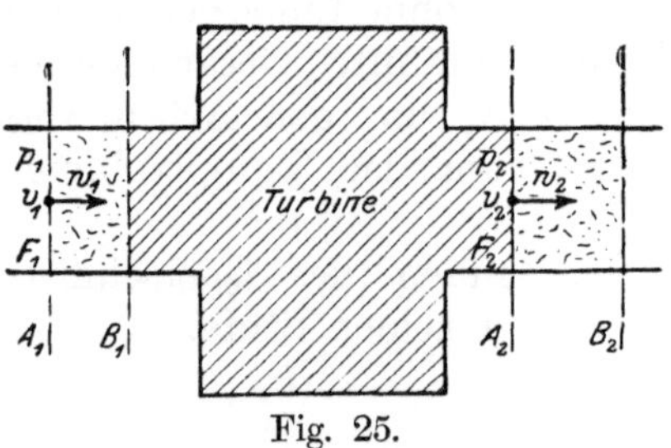

Fig. 25.

$$G\,dt\,u_1 + A\frac{G}{g}\frac{w_1^2}{2}dt = AGEdt + GQ_s dt + Gdtu_2 + A\frac{G}{g}\frac{w_2^2}{2}dt$$
$$+ AF_2 p_2 w_2 dt - AF_1 p_1 w_1 dt,$$

worin $A = {}^1/_{424}$ das mechanische Wärmeäquivalent, g die Beschleunigung der Schwere bedeutet. Beachtet man, daß

$$G = \frac{F_1 w_1}{v_1} = \frac{F_2 w_2}{v_2},$$

und ersetzt man $F_1 w_1$, $F_2 w_2$ aus diesen Gleichungen, so folgt:

$$[u_1 + A p_1 v_1] - [u_2 + A p_2 v_2] = AE + Q_s + A\left[\frac{w_2^2}{2g} - \frac{w_1^2}{2g}\right] \quad . \quad (1)$$

Der Dampf kann sich bei A_1 und A_2 in nassem, gesättigtem oder überhitztem Zustande befinden; in allen Fällen ist

$$\lambda = u + Apv$$

diejenige Wärme, welcher 1 kg Wasser von 0^0 Temperatur zugeführt werden muß, um es bei konstantem Drucke p in Dampf vom Zustande pv zu verwandeln. Ist der Dampf gerade trocken gesättigt, so stimmt λ mit der gesamten Verdampfungswärme in der Bezeichnung von Zeuner überein, wenn wir, was bei allen Dampfturbinenproblemen zulässig ist, das spezifische Volumen des flüssigen Wassers neben dem des gesättigten Dampfes vernachlässigen.

Für nassen Dampf gilt, wenn wir mit σ die Volumenzunahme des gesättigten Dampfes bezeichnen, angenähert

$$\lambda = u + Apx\sigma = q + x\varrho + Apx\sigma = q + xr \quad . \quad . \quad . \quad (1\,\mathrm{a})$$

Für überhitzten Dampf schreiben wir

$$Apv = Ap(v - v') + Apv'$$

und erhalten

$$u + Apv = u' + c_v(T - T') + Ap(v - v') + Apv',$$

worin die gestrichelten Größen sich auf die Grenzkurve beziehen. Allein aus der Zustandsgleichung folgt

$$Ap(v - v') = AR(T - T') = (c_p - c_v)(T - T')$$

und

$$u' + Apv' \text{ ist auch } = q + r,$$

so daß schließlich

$$\lambda = u + Apv = q + r + c_p(T - T') \quad . \quad . \quad . \quad . \quad (1\,\mathrm{b})$$

in der Tat auch für überhitzten Dampf der oben gegebenen Definition entspricht.

Bei Gasen, deren Zustand hinlänglich weit vom Siedepunkte der Flüssigkeit, aus der sie entstanden sind, entfernt bleibt, darf man im Ausdruck der inneren Energie die Flüssigkeits- und die Verdampfungswärme wegzulassen. Für diese „idealen" Gase erhalten wir alsdann

$$u = c_v T + \text{Konst.}$$

$$\lambda = c_v T + Apv + \text{Konst.}$$

oder mit der Zustandsgleichung

$$pv = RT$$

und

$$AR = c_p - c_v$$

$$\lambda = c_p T + \text{Konst.} \quad . \quad . \quad . \quad . \quad . \quad . \quad . \quad . \quad . \quad (1\,\mathrm{c})$$

oder schließlich mit $k = c_p / c_v$

$$\lambda = \frac{Ak}{k-1} pv + \text{Konst.} \quad . \quad . \quad . \quad . \quad . \quad . \quad . \quad (1\,\mathrm{d})$$

Die Größe λ bezeichnen wir hier mit Mollier als **Wärmeinhalt pro kg bei konstantem Druck**; stellenweise auch als Dampf- bzw. Gaswärme.

Die Grundgleichung lautet alsdann:

$$\lambda_1 - \lambda_2 = AE + Q_s + A\left[\frac{w_2^2}{2g} - \frac{w_1^2}{2g}\right] \quad . \quad . \quad . \quad . \quad (2)$$

oder in Worten:

Die Abnahme des Wärmeinhaltes ist dem Betrage nach gleich dem Wärmewert der gewonnenen „Nutzarbeit", zuzüglich der nach außen abgeleiteten Wärme, zuzüglich der Zunahme der kinetischen Energie pro kg Dampf[1].

Besteht der Vorgang in reiner Strömung ohne Wärmeableitung und ohne Abgabe von Nutzarbeit, so erhält man

$$\frac{w_2^2}{2g} - \frac{w_1^2}{2g} = \frac{1}{A}(\lambda_1 - \lambda_2) \quad . \quad . \quad . \quad . \quad . \quad . \quad . \quad (2a)$$

oder in Worten: Die Zunahme der Strömungsenergie ist bei arbeitsloser adiabatischer Strömung gleich dem Arbeitswert der Abnahme des Wärmeinhaltes pro kg Dampf.

Gl. 2 wird somit (angenähert) anwendbar sein für die Strömung in einer Düse und einem einzelnen Leitrad- oder Laufradkanal.

Die zweite grundlegende Beziehung ergibt sich, wenn wir die Energiegleichung auf die Dampfmenge in einem unendlich kleinen Volumenelemente des Dampfstromes anwenden, und zwar auf die Relativbewegung seiner Massenteile gegen den Schwerpunkt des Elementes. Wir müssen zu diesem Behufe die sogenannten Ergänzungskräfte der Relativbewegung (Fliehkraft usw.) an den Massenteilchen angreifend, den Schwerpunkt aber in Ruhe befindlich denken. Die innere Energie erfährt in einem Zeitelemente den Zuwachs $dG \cdot du$, die Arbeit der Oberflächenkräfte ist $-dGpdv$ entsprechend der Ausdehnung des Elementes um $dG \cdot dv$. Die erwähnten Zusatzkräfte leisten die Arbeit Null, da der Schwerpunkt in relativer Ruhe verharrt. Der Zuwachs der lebendigen Kraft (für die Bewegung relativ zum Schwerpunkt) ist unendlich klein höherer Ordnung und kann vernachlässigt werden. Die zugeführte Wärme besteht aus dem Betrag dQ, welcher der Umgebung entnommen, und dem Betrage dR, welcher durch die Umwandlung der Reibungsarbeit an der Wand, oder der inneren Wirbelungsarbeit in Wärme erzeugt wird. (Siehe die ungemein klare Darstellung bei Grashof, Theoret. Maschinenlehre, Bd. I, S. 61.) Benutzen wir den Energiesatz etwa in der Form: die zugeführte Wärme dient zur Vermehrung der inneren Energie und zur Überwindung der Oberflächenkräfte, so erhalten wir

$$dQ + dR = du + Apdv \quad . \quad . \quad . \quad . \quad . \quad . \quad . \quad (3)$$

[1]) Formel 1b ist zuerst von Zeuner abgeleitet worden; die äußerst zweckmäßige Einführuug der von Gibbs „Wärmefunktion für konstanten Druck" genannten Größe λ in die technische Literatur verdanken wir Prof. Mollier. Man könnte dieselbe auch „technische Energie" nennen, da ihre Abnahme die „Nutzarbeit" liefert, s. Abschn. 117.

Ist sowohl $dQ = 0$ als auch $dR = 0$, so führt der Dampf eine reibungsfreie adiabatische Zustandsänderung aus. Ist aber nur $dQ = 0$, so wird wohl keine Wärme „von außen“ zugeführt, die Zustandsänderung ist jedoch trotzdem nicht im früheren Sinne adiabatisch.

21. Zusammenhang zwischen der Reibungsarbeit und dem Verluste an kinetischer Energie.

Betrachten wir eine adiabatische widerstandslose Strömung mit dem Anfangszustande $p_1 v_1$ und dem Endzustande $p_2 v_2'$ (Fig. 26). Die hierbei erreichte Endgeschwindigkeit sei w_2', der Dampfinhalt λ_2', welche Größen durch die Formel

$$\frac{w_2^{2\prime}}{2g} = \frac{w_1^2}{2g} + \frac{1}{A}(\lambda_1 - \lambda_2')$$

zusammenhängen.

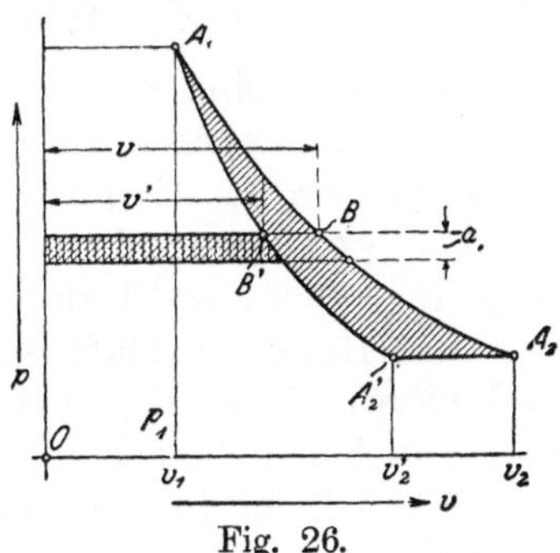

Fig. 26.

Hiermit vergleichen wir eine vom gleichen Anfangszustand ausgehende, indessen mit Widerständen verbundene Bewegung, welche beim gleichen Enddruck p_2 ein anderes Volumen v_2, eine andere, und zwar kleinere Geschwindigkeit w_2, einen anderen Dampfinhalt λ_2 aufweist, und für die

$$\frac{w_2^2}{2g} = \frac{w_1^2}{2g} + \frac{1}{A}(\lambda_1 - \lambda_2)$$

gilt. Der Verlust an lebendiger Kraft $\frac{Z}{A}$, auf welchen es allein ankommt, ist

$$\frac{1}{A} Z = \frac{w_2'^2}{2g} - \frac{w_2^2}{2g} = \frac{1}{A}(\lambda_2 - \lambda_2')$$

oder

$$Z = \lambda_2 - \lambda_2' \quad . \; . \; . \; . \; . \; . \; . \; . \quad (4)$$

d. h. der Wärmewert des Energieverlustes (Z) ist diejenige Wärmemenge, welche notwendig ist, um 1 kg Dampf aus dem Endzustande der reibungsfreien adiabatischen Expansion in den wirklichen Endzustand überzuführen.

Es kann nun Gl. 3 auch in der Form

$$dQ + dR = du + Ad(pv) - Avdp = d\lambda - Avdp \quad . \quad (3a)$$

geschrieben werden. Ist $dQ = 0$, $dR = 0$, d. h. die Bewegung widerstandslos, so gibt die Integration zwischen A_1 und A_2'

$$0 = \lambda_2' - \lambda_1 - \int_1^{2'} Av'dp,$$

worin v' ein zu p gehörendes Volumen der Kurve $A_1 A_2'$ ist. Wenn $dQ = 0$, aber $dR > 0$, so wird

$$R = \lambda_2 - \lambda_1 - \int_1^2 Avdp,$$

worin sich v auf $A_1 A_2$, d. h. die tatsächliche Expansionslinie bezieht. Durch Subtraktion folgt:

$$R = \lambda_2 - \lambda_2' - A\left[\int_1^2 v\,dp - \int_1^{2'} v'dp\right]$$

oder wenn die Integrationsfolge umgekehrt wird, um das negative Vorzeichen zu beseitigen:

$$R = \lambda_2 - \lambda_2' + A\int_2^1 (v - v')\,dp.$$

Mit Rücksicht auf Fig. 26 folgt:

$$R = Z + \text{Wärmewert der Arbeitsfläche } A_1 A_2 A_2' \quad . \quad (3\text{b})$$

d. h. R und Z sind durchaus nicht identisch; vielmehr ist der effektive Verlust an kinetischer Energie gegenüber der reibungsfreien adiabatischen Expansion um den Inhalt der Arbeitsfläche $A_1 A_2 A_2'$ geringer als der Betrag der Reibungs- (und Wirbelungs)-Arbeit. Diese wohl zu beachtende Erscheinung hat ihren Grund darin, daß die Reibungsarbeit stets unmittelbar in Wärme umgewandelt wird und hierdurch in den jeweilig folgenden Zeitelementen noch einen Beitrag zur Nutzarbeit liefern kann.

Aus Gl. 3a in Verbindung mit Gl. 1 geht mit $E = 0$, $Q_s = 0$ noch die bekannte Beziehung

$$\lambda_1 - \lambda_2 = A\left(\frac{w_2^2}{2g} - \frac{w_1^2}{2g}\right) = -A\int_1^2 v\,dp - R \quad . \quad . \quad . \quad (3\text{c})$$

hervor, welche als Erweiterung der Formel von de Saint-Vénant anzusehen ist und auf dem in Abschn. 2 befolgten Wege unmittelbar abgeleitet werden kann, wenn man zu den auf das strömende Dampfteilchen übertragenen Arbeiten auch die auf 1 kg zwischen den Zuständen 1 und 2 bezogene Reibungsarbeit R/A hinzuzählt.

22. Die Entropietafel.

Um die Rechnungen über die Zustandsänderung des Dampfes in der Turbine zu vereinfachen, ist auf Tafel I die Entropie des Dampfes als Funktion der absoluten Temperatur in bekannter Weise entworfen[1]), und für das Überhitzungsgebiet zunächst mit dem konstanten Wert $c_p = 0{,}48$ der spezifischen Wärme für unveränderlichen Druck gerechnet. Die Tafel ist vervollständigt durch die Linien $v =$ konst und $\lambda =$ konst, so daß zu irgend einem durch p und x oder durch p und T gegebenen Zustand sogleich die Entropie, das Volumen und die Dampfwärme abgelesen werden können. Die Linien $v =$ konst zeigen an der Grenzkurve eine Unterbrechung, indem die bisher maßgebenden Werte des v mit den Werten von Tumlirz-Battelli, welche im Überhitzungsgebiet be-

[1]) Für die sorgfältige Berechnung und zeichnerische Durchführung dieser Tafel bin ich Herrn Ingenieur Roehrich, ehem. Assistenten am Eidgenöss. Polytechnikum, zu besonderem Danke verpflichtet.

nutzt worden sind, nicht übereinstimmen, und es ratsam schien, die Differenz ohne Beschönigungsversuch einfach bestehen zu lassen wie sie ist.

In der Entropietafel wird sich nun die ganze Zustandsänderung des strömenden Dampfes, insbesondere aber die „Reibungswärme" R und die „Verlustwärme" Z wie folgt darstellen (Fig. 27).

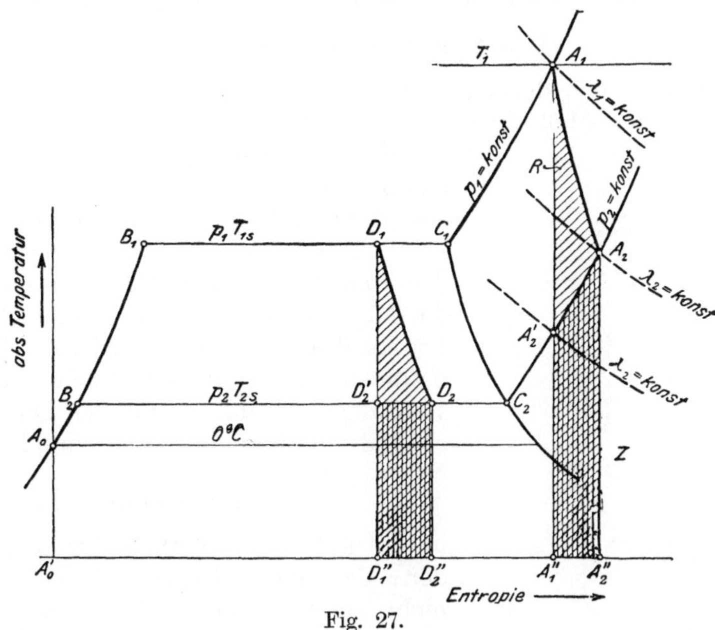

Fig. 27.

Es sei der Anfangszustand im Überhitzungsgebiet bei A_1 gelegen; die adiabatische reibungsfreie Expansion auf den vorgeschriebenen Enddruck p_2 führt zum senkrecht darunter liegenden Punkt A_2', während der wahre Endzustand durch A_2 dargestellt sei. Gemäß unserer Auseinandersetzung ist nun, wenn A_0 dem „Normalzustand" 0° C und flüssigem Wasser entspricht.

$$\lambda_1 = \text{Fläche } A_0' A_0 B_1 C_1 A_1 A_1'' A_0'$$
$$\lambda_2 = \quad ,, \quad A_0' A_0 B_2 C_2 A_2 A_2'' A_0'$$
$$\lambda_2' = \quad ,, \quad A_0' A_0 B_2 C_2 A_2' A_1'' A_0',$$

und es folgt aus dem Früheren, daß bei adiabatischer (reibungsfreier) Bewegung

die „verfügbare" Dampfwärme $\lambda_1 - \lambda_2' =$ Fläche $B_2 B_1 C_1 A_1 A_2' C_2 B_2$,

der Verlust an kinetischer Energie (in Wärmemaß) für die wahre Zustandsänderung $Z = \lambda_2 - \lambda_2' =$ senkrecht schraffierte Fläche $A_2' A_2 A_2'' A_1''$,

die eigentliche Reibungsarbeit (in Wärmemaß) $R =$ schräg schraffierte Fläche $A_1 A_2 A_2'' A_1'' A_1$ ist.

Dasselbe gilt, wenn A mit D vertauscht wird, für eine Zustandsänderung im gesättigten Gebiete.

Mit dieser Darstellungsart möchte der Leser sich genau vertraut machen, da auf ihr die weiteren Entwicklungen beruhen.

Um die Geschwindigkeit in A_2 zu berechnen, wird dem Diagramme entnommen, auf welcher Linie $\lambda_2 =$ konst A_2 liegt; die Differenz $\lambda_1 - \lambda_2$ liefert den Zuwachs der kinetischen Energie, also z. B. $\frac{1}{A}\frac{w_2^2}{2g}$ selbst, falls $w_1 = 0$ war.

23. Versuche über die Bewegung des Dampfes in Düsen.

Die Versuchseinrichtung,

(Fig. 28) besteht aus der eigentlichen Düse mit einem zentrisch durchgeführten dünnen Meßrohre, das an einem Ende verschlossen, am anderen mit einem Mano- (bzw. Vakuum-) meter verbunden wird und in der Mitte eine 1 bis 1,5 mm weite Querbohrung besitzt. Durch eine Mikrometerschraube kann das Röhrchen hin und her geschoben und die Meßöffnung an irgend eine Stelle der Düsenachse gebracht werden. Außerdem befinden sich zur Kegelfäche senkrechte Bohrungen in der Wand der Düse, welche ebenfalls mit Manometern verbunden werden.

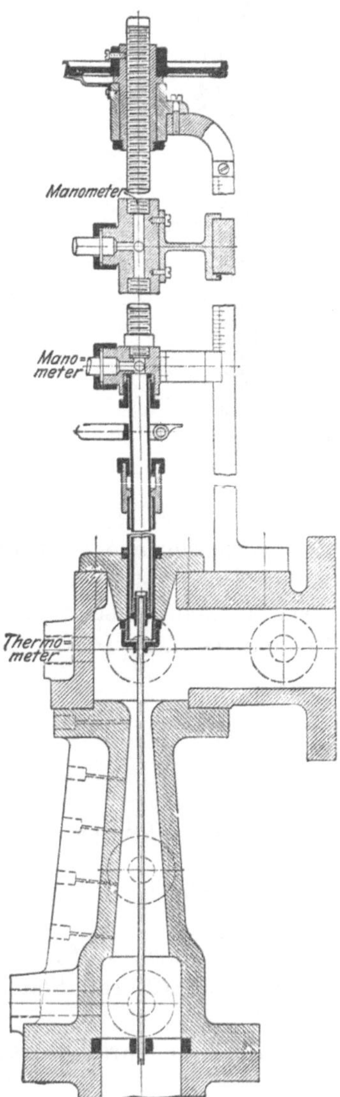

Fig. 28.

Die Druckmessung

mußte auf ihre Zuverlässigkeit geprüft werden, da ohne weiteres einleuchtet, daß es nicht genügt, eine Meßöffnung tangential zum Dampfstrome zu stellen, weil die Lage und die Beschaffenheit der Kanten eine störende Wirkung hervorrufen können. Es wurden u. a. zwei Meßröhrchen von 5 mm Außendurchmesser angewendet, welche in einem mittleren dickwandigen Teile um 45° gegen die Achse geneigte rund 1,2 mm weite Bohrungen besaßen (Fig. 29). Wie zu erwarten stand, erzeugte die dem Strome eine scharfe Kante zukehrende Bohrung *a* einen Wirbel mit Stau, und sie gibt demzufolge eine höhere Druckanzeige als Bohrung *b*. Es kann wohl kaum angezweifelt werden, daß die Anzeige von *a* höher, die Anzeige von *b* tiefer ist als der wahre an der Mündung herrschende Druck; die dazwischen liegende Angabe des gewöhnlichen (dünnwandigen) Röhrchens mit normaler Anbohrung wird mithin vom wahren Drucke nicht wesentlich verschieden sein können. Der Unterschied des mit *a* bzw. *b* gemessenen Druckes betrug im Gebiete des Vakuums 5 bis 10 mm Quecksilbersäule und nahm bei etwa 2 bis 3 Atm. abs. bis auf 0,15 kg/qcm zu, um bei höheren Drücken (und entsprechend kleineren

Dampfgeschwindigkeiten) wieder abzunehmen. Ziemlich dasselbe ergaben am weiteren Ende der Düse in der Wandung angebrachte schräge Bohrungen. Diese Beträge bedeuten mithin die Genauigkeitsgrenze der unten mitzuteilenden Beobachtungen.

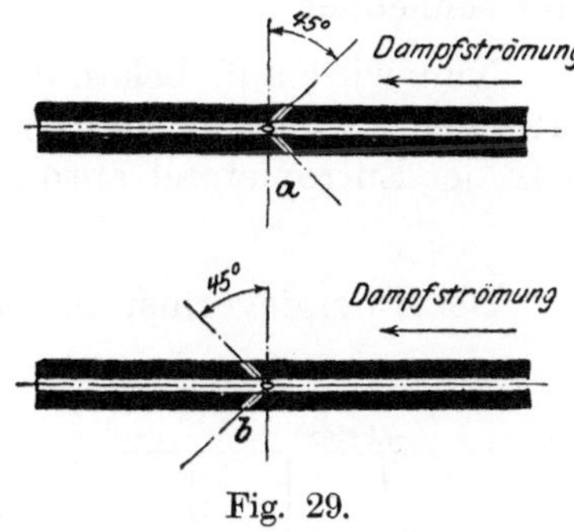

Fig. 29.

Die Bewegungwiderstände,

insbesondere der Verlust an Strömungsenergie bis zu einem beliebigen Querschnitt f_x, können rechnerisch ermittelt werden unter der Voraussetzung, daß die Pressungen und die Geschwindigkeiten in den einzelnen Punkten des Querschnittes hinlänglich wenig verschieden sind, um die Einführung von Mittelwerten zu rechtfertigen. Dies wird, was die Pressung anbelangt, für den Fall ungehinderter Expansion an der von mir benutzten Düse durch den Versuch wahrscheinlich gemacht, indem der mit dem zentralen Röhrchen beobachtete Druck in der Düsenachse nur wenig von dem am Rande durch die äußeren Anbohrungen angezeigten abweicht.

Es seien nun

p_1, t_1, x_1 Druck, Temperatur, spezifische Dampfmenge vor der Düse (beobachtet),
p_x der beobachtete Druck im Querschnitt f_x,
G das durchströmende Dampfgewicht in kg/sk,
λ_1 der Wärmeinhalt vor der Düse,
w_1 die Geschwindigkeit vor der Düse.

Im Querschnitt f_x sei der Dampf naß, mit der unbekannten spezifische Dampfmenge x:

$$\lambda_x = q + xr.$$

Die Energiegleichung liefert

$$A\frac{w_x^2}{2g} = A\frac{w_1^2}{2g} + \lambda_1 - (q + x\,r) \quad . \quad . \quad . \quad . \quad . \quad (5)$$

Die Stetigkeit verlangt

$$G = \frac{f_x\,w_x}{v_x} \text{ oder annähernd} = \frac{f_x\,w_x}{x\sigma} \quad . \quad . \quad . \quad . \quad . \quad (6)$$

wo σ die Differenz des Volumens von 1 kg Dampf gegen 1 kg Wasser gleichen Zustandes bedeutet. Man setzt x aus Gl. 6 in Gl. 5 ein und erhält:

$$A\frac{w_x^2}{2g} = A\frac{w_1^2}{2g} + (\lambda_1 - q) - \frac{f_x r}{G\sigma}\,w_x \quad . \quad . \quad . \quad . \quad . \quad (7)$$

aus welcher quadratischen Gleichung w_x zu berechnen ist. w_1 ist hierbei durch den Anfangszustand und G bestimmt; das Glied $\frac{w_1^2}{2g}$ bildete indes bei den Versuchen nur eine unbedeutende Berichtigung.

Aus Gl. 6 findet man $x = \frac{f_x w_x}{G \sigma}$

und schließlich $\lambda_x = q + x r.$

Nun wird auf bekannte Weise die spez. Dampfmenge x' bei adiabatischer Expansion vom Anfangszustande auf den Druck p_x berechnet oder der Entropietafel entnommen und liefert

$$\lambda_x' = q + x' r.$$

Der Energieverlust beträgt somit nach Gl. (4)

$$Z = \lambda_x - \lambda_x' = (x - x') r.$$

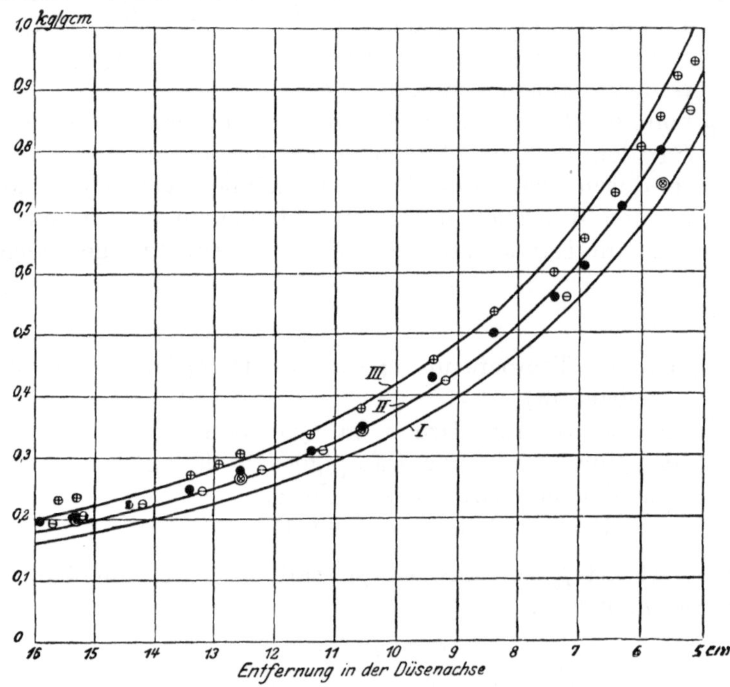

Fig. 30. Druckabfall in der Düse.

⊗ Bohrung am Meßröhrchen schräg gegen den Strom gerichtet. (Druckanzeige zu groß).

● Bohrung am Meßröhrchen senkrecht.

⊕ Bohrung am Meßröhrchen schräg in der Richtung des Stromes (Druckanzeige zu klein).

⊖ Druck am Rande des Strahles (Bohrung senkrecht).

Schaulinie I: adiabatische widerstandsfreie Strömung.
„ II: Strömung mit 10 v. H. Energieverlust.
„ III: „ „ 20 v. H. „

Zur Veranschaulichung stellen wir in Fig. 30 den Verlauf dar, welchen der Druck in der untersuchten Düse einmal bei adiabatischer, das andere Mal bei einer Zustandsänderung mit 10 v. H. und 20 v. H. Energieverlust aufweisen müßte. Die Düse war im engen Ende etwas unregelmäßig, deshalb für Messungen bei höheren Drücken weniger geeignet. Die Beobachtungen[1]) sind aus diesem Grunde nur für den erweiterten Teil ein-

[1]) Bei diesen und den folgenden Versuchen wurde ich in sehr dankenswerter Weise unterstützt von den Herren Ing. Keller, Konstrukteur, und Ing. Merenda, ehem. Assistent am Eidgen. Polytechnikum.

getragen und entsprechen den Anfangswerten $p_1 = 10{,}48$ kg/qcm, $t_1 = 198^0$C, d. h. einer leichten Überhitzung, um Zweifel über die Dampfnässe auszuschließen. Das Meßröhrchen hatte hierbei 5 mm Durchmesser und wurde in seiner äußeren Führung, welche mit dem Eintrittsdampf in Verbindung steht, durch Aufgießen von kaltem Wasser gekühlt. Immerhin mag es sich einmal mehr, einmal weniger ausgedehnt haben, so daß hierin eine weitere Fehlerquelle zu erblicken ist.

Ein Zwischendurchmesser der Düse kann durch die Formel

$$d = 12{,}19 + \frac{L}{6{,}485}\,\text{mm}$$

dargestellt werden, wenn L den Abstand eines Querschnittes von dem vorderen Stirnende der Düse (in Millimetern) bedeutet, und zwar zwischen den Grenzen $L = 60$ bis 160. Für kleinere L war die Meridianlinie nicht genau geradlinig.

Das sekundlich durchströmende Dampfgewicht betrug $G = 0{,}153$ kg. Die engste Stelle der Düse hatte einen Durchmesser von 12,5 mm. Hiermit ergibt sich nach der Zeunerschen Formel für gesättigten Dampf

$$G = 199 f \sqrt{\frac{p_1}{v_1}} = 0{,}151\ \text{kg/sk.}$$

Die leichte Überhitzung bewirkt mithin eine Vergrößerung des konstanten Faktors, indessen bloß um rd. 1,5 v. H., während Lewicki für hochgradige Überhitzung 6 v. H. gefunden hat.

Um den Druckverlauf bei widerstandsloser adiabatischer Strömung darzustellen, berechnet man zu irgend einem Drucke p_x die spezifische Dampfmenge x der adiabatischen Expansion, die Dampfwärme

$$\lambda_x' = q + xr,$$

und erhält mit der anfänglichen Dampfwärme λ_1 die Geschwindigkeit w aus der Formel

$$A\frac{w^2}{2g} = \lambda_1 - \lambda_x'$$

unter Vernachlässigung der sehr kleinen anfänglichen Dampfgeschwindigkeit. Das spezifische Volumen v ist angenähert $x\sigma$, und die „Kontinuitätsgleichung" $Gv = fw$ gibt den Querschnitt f, aus welchem der zugehörige Abstand in der Düsenachse (mit Berücksichtigung des Meßröhrchenquerschnittes) ermittelt werden kann.

In gleicher Weise wird gerechnet, um den Druckverlauf darzustellen, wenn durchweg z. B. ζ Bruchteile als Energieverlust angenommen worden sind. Die spezifische Dampfmenge erfährt für den Zwischendruck p_x eine Vergrößerung

$$\Delta x = \frac{\zeta(\lambda_1 - \lambda_x')}{r},$$

so daß

$$x_\zeta = x + \Delta x,$$

und die Geschwindigkeit wird aus Formel

$$A\frac{(w)^2}{2g} = (1-\zeta)(\lambda_1 - \lambda_x')$$

ermittelt. So ergeben sich für die benutzte Düse folgende Werte[1]):

I. Widerstandslose adiabatische Strömung.

Druck	$p_x =$	2	1,5	1	0,7	kg/qcm
spez. Dampfmenge	$x =$	0,9172	0,9025	0,8828	0,8668	
Geschwindigkeit	$w =$	764,2	823,0	894,5	950,2	m
Entfernung in der Düsenachse	$L =$	19,8	28,2	42,7	58,2	
Druck	$p_x =$	0,5	0,3	0,2	0,1	kg/qcm
spez. Dampfmenge	$x =$	0,8532	0,8320	0,8175	0,7935	
Geschwindigkeit	$w =$	997,2	1070	1111	1184	m
Entfernung in der Düsenachse	$L =$	75,9	107,6	140,0	209,0	mm

II. Strömung mit 10 v. H. Energieverlust.

Druck	$p_x =$	1	0,7	0,5	0,3	0,2	kg/qcm
spez. Dampfmenge	$x =$	0,9007	0,8868	0,8750	0,8564	0,8438	
Geschwindigkeit	$w =$	848,8	901,5	946,2	1010	1054	m
Entfernung in der Düsenachse	$L =$	46,6	63,2	81,7	115,6	149,0	mm

III. Strömung mit 20 v. H. Energieverlust.

Druck	$p_x =$	1	0,7	0,5	0,3	0,2	kg/qcm
spez. Dampfmenge	$x =$	0,9186	0,9068	0,8968	0,8808	0,8701	
Geschwindigkeit	$w =$	800,3	850,0	892,2	953,2	994,2	m
Entfernung in der Düsenachse	$L =$	51,5	68,8	88,3	113,9	159,4	mm

Die Beobachtung hat demgegenüber in dem hier in Betracht kommenden Teile der Düse folgende Werte des Druckes ergeben:

A) Meßröhrchen mit schräger gegen den Strom gerichteter Anbohrung.

Entfernung in der Düsenachse	$L =$	51	54	57	60	64	69	mm
Druck	$p_x =$	0,945	0,922	0,857	0,804	0,728	0,654	kg/qcm
Entfernung in der Düsenachse	$L =$	74	84	94	106	114	125,5	mm
Druck	$p_x =$	0,599	0,536	0,462	0,355	0,337	0,306	kg/qcm
Entfernung in der Düsenachse	$L =$	129	134	144	153	156	164	mm
Druck	$p_x =$	0,289	0,272	0,257	0,235	0,231	0,222	kg/qcm

B) Normales Meßröhrchen mit senkrechter Anbohrung.

Entfernung in der Düsenachse	$L =$	56,7	63	74	84	94	105,5	mm
Druck	$p_x =$	0,797	0,708	0,558	0,501	0.428	0,348	kg/qcm
Entfernung in der Düsenachse	$L =$	114	125,5	134	144	153	159	mm
Druck	$p_x =$	0,312	0,278	0,248	0,223	0,202	0,196	kg/qcm

C) Meßröhrchen mit in Richtung des Stromes geneigter schräger Anbohrung.

Entfernung in der Düsenachse	$L =$	52	56,7	72	92	105,5	112		mm
Druck	$p_x =$	0,866	0,791	0,560	0.424	0,347	0,311		kg/qcm
Entfernung in der Düsenachse	$L =$	122	125,5	132	142	153	157	162	mm
Druck	$p_x =$	0,281	0,269	0,245	0,225	0,204	0,193	0,185	kg/qcm

Schließlich betragen die am Strahlrande durch in der Düsenwand angebrachte senkrechte Bohrungen gemessenen Drücke

[1]) Für diese und die weiteren Rechnungen ist ein vierstelliger Rechenschieber benutzt worden, da es bei der Unsicherheit der Dampftabellen wertlos wäre, eine größere Genauigkeit anzuwenden.

in der Entfernung $L =$	56,7	105,5	125,5	153 mm
$p_x =$	0,742	0,349	0,272	0,202 kg/qcm

Die graphische Zusammenstellung (Fig. 30) läßt erkennen, daß sich die Beobachtungen B den Werten C mehr nähern, wie denen von A. Ich neige zu der Ansicht, daß dies nicht einer vermehrten Saugwirkung des „normalen" Meßröhrchens, sondern einem vermehrten Stau in dem die zugeschärfte Kante dem Strome zukehrenden Röhrchen A zuzuschreiben ist. Aus den Kurven geht hervor, daß der Energieverlust bei etwa 1 Atm. Druck rd. 10 v. H. erreicht hat, um bis an das Ende der Düse (bei $L = 160$) allmählich auf nahezu 20 v. H. anzuwachsen. Aber auch wenn wir die offenbar zu hohe Druckanzeige des Röhrchens A als richtig zulassen wollten, würde der Energieverlust bloß etwa 25 v. H. betragen, und hiermit ist die Anschauung widerlegt, als wäre die Bewegung in der Düse mit außergewöhnlich hohen Widerständen verbunden. Freilich ist hierbei zu beachten, daß der Dampf sich in unserem Versuch nur bis auf 0,2 kg/qcm ausdehnte, und daß die Fortsetzung der Expansion bis auf etwa 0,1 kg/qcm weitere Verluste zur Folge haben muß. Doch führen mich neuere Versuche zur Ansicht, daß der Gesamtverlust für die untersuchte Düse 15 v. H. nicht überschreitet.

Versuche über den Düsenwiderstand sind auch von Delaporte und Lewicki angestellt worden. Ersterer benutzte eine Düse von 6 auf 9 mm Durchmesser mit einer aus einer Skizze auf 50 mm zu schätzenden Länge und teilt in Revue de Mécanique, Mai 1902 mit, daß bei Ausfluß in die freie Atmosphäre der Verlust an kinetischer Energie durch Wägung des vom Strahle ausgeübten Druckes sich auf 5,2 v. H. feststellen ließ. Die geringere Kürze des Rohres im Verein mit der geringeren Strömungsgeschwindigkeit setzen den Verlust wohl herab, immerhin erscheint er etwas zu klein.

Lewickis Versuche in der Zeitschr. d. Ver. deutsch. Ing. 1903, S. 49, sind unter ähnlichen Umständen angestellt. Das Druckverhältnis war rd. 6,86, der Düsendurchmesser 6,06 auf 6,75 mm, die Länge etwa 30 mm, das Verhältnis des Ausflußquerschnittes zum engsten Querschnitt 1,62 (mithin etwas zu klein) und es ergab sich bei ganz wenig überhitztem Dampf ein Energieverlust von im Mittel 8 v. H., also in der Tat mehr wie bei Delaporte.

Wollten wir den „Widerstandskoeffizienten" im Sinne der Hydraulik ermitteln, so müßten wir gemäß (Gl. 3b) vom Verlust an kinetischer Energie zur gesamten Reibungsarbeit übergehen. Da für technische Probleme indessen nur der erstere Bedeutung besitzt, empfiehlt es sich, auch den Widerstandskoeffizienten auf diesen kinetischen Verlust zu beziehen, und es wird wie bei einem zylindrischen Rohr näherungsweise der Ansatz

$$Z = A \zeta \frac{l}{d} \frac{w^2}{2g} \quad \ldots \ldots \ldots \quad (8)$$

anwendbar sein. Für die konische Düse müssen wir Element für Element summieren und an Stelle von $\frac{dl}{2r}$, da es sich um einen Ringquerschnitt handelt, den Wert $dl \frac{U}{4F}$ setzen, wo U die Summe der Umfänge der

Düse und des Meßrohres, F den Inhalt des Ringquerschnittes bedeutet. Eine graphische Integration liefert uns für ζ bei 29,7 WE als Gesamtverlust und mit 5 und 160 mm als Grenzen für l den Wert

$$\zeta = 0{,}039.$$

Die Düse mit dem inneren Meßrohr wäre mit einem einfachen zylindrischen Rohre von 17 mm Bohrung hinsichtlich der Reibung gleichwertig, für welches sich nach Darcy, bezogen auf die wirkliche Reibungsarbeit, z. B. ein Reibungskoeffizent ζ, von 0,049 ergeben würde. Auch für diese Düse wäre, bezogen auf die wirkliche Reibungsarbeit, ζ im Verhältnisse der Größen R und Z größer. Der obige Vergleich zeigt nun, daß es berechtigt ist, die Bewegungswiderstände der erweiterten Düse als einfache Rohrreibung anzusehen. Solange eine freie Expansion möglich ist, liegt hiernach kein zwingender Grund vor, besondere (auf Stößen, Wirbeln usw. beruhende) Widerstände vorauszusetzen. Die Widerstände der vorliegenden Versuche sind überdies höchst wahrscheinlich etwas zu groß ausgefallen, indem das Vakuum in dem benutzten Strahlkondensator nur etwa 0,43 kg/qcm erreichte; nahe hinter der Düse stieg der Druck von den erreichten 0,2 Atm. auf 0,4, und der hierdurch bewirkte Stau dürfte den Druck im Düsenende teilweise doch beeinflußt haben.[1])

Alles in allem wird man bis auf weiteres bei Düsen mit geringer Erweiterung und weniger als 50 mm Länge mit etwa 5 bis 8, bei Düsen mit großer Erweiterung und 100 bis 150 mm Länge, den Durchmesser an der engsten Stelle mit 6 bis 10 mm vorausgesetzt, mit 10 bis 15 v. H. Energieverlust rechnen dürfen. Die Verringerung der Geschwindigkeit ist rund halb so groß.

Die Pressung am Strahlrande

erweist sich als nahezu gleich groß wie der Druck in der Strahlmitte. Hierdurch wird auch mittelbar bewiesen, daß sich der Strahl in einer Düse mit der hier benutzten Konizität von der Wand nicht ablöst. Ein isolierter Strahl könnte die umgebende ruhende Dampfschicht nur mit ungeheuren Verlusten durchdringen. Die Pressung am Rande scheint durchweg um ein geringes niedriger zu sein als die in der Strahlmitte und würde hiermit auf den an sich wahrscheinlichen Überdruck in der Achse hinweisen. Doch sind die Unterschiede mit Ausnahme des Punktes $L = 56{,}7$ mm zu klein, um diese Frage mit Sicherheit zu entscheiden.

[1]) Im übrigen ist es klar, daß das Rechnen mit einem gleichförmigen mittleren Zustande in einem Querschnitte nur eine erste Näherung darstellt. Beobachtet man den austretenden Strahl im Freien, so ist deutlich eine hellere Außenschicht und ein milchig getrübter Kern wahrnehmbar, zum Zeichen, daß am Rande die Wandungsreibung eine teilweise Überhitzung bewirkt hat, während in der ungestörten Strahlmitte die adiabatische Expansion mit stärkerem Flüssigkeitsniederschlag vor sich geht. Anderseits ist die Möglichkeit offen zu halten, daß bei der geringen Zeit, welche für die Expansion des Dampfes verfügbar ist, die der Druckabnahme entsprechende Kondensation nicht vollständig eingetreten ist, d. h. daß der Dampf nicht die rechnungsmäßige latente Energie voll abgab. Für den Ausfluß heißen Wassers ist diese Erscheinung in Form des „Siedeverzuges" durch Prof. Knoblauch in München experimentell nachgewiesen worden. Bei Dampf dürfte die Abweichung indes bloß minimal sein, da sonst die Ausflußmenge nicht mit dem theoretischen Werte so nahe übereinstimmen könnte. Versuche des Verfassers mit einem an Stelle des Meßröhrchens eingeführten Quecksilberthermometers ergaben auch ein negatives Resultat.

24. Künstlich erhöhter Gegendruck.

Wirkung eines Diffusors.

Durch teilweises Schließen eines zwischen Düse und Kondensator angebrachten Ventiles konnte man hinter der Düse einen beliebig hohen Gegendruck erzeugen. Der Verlauf der sich hierbei ergebenden Druckkurven ist in Fig. 31 dargestellt. Man bemerkt, daß der Druck zunächst der Linie der freien Expansion folgt, um dann je nach der Höhe des Gegendruckes mehr oder weniger sprunghaft zuzunehmen. Stellenweise,

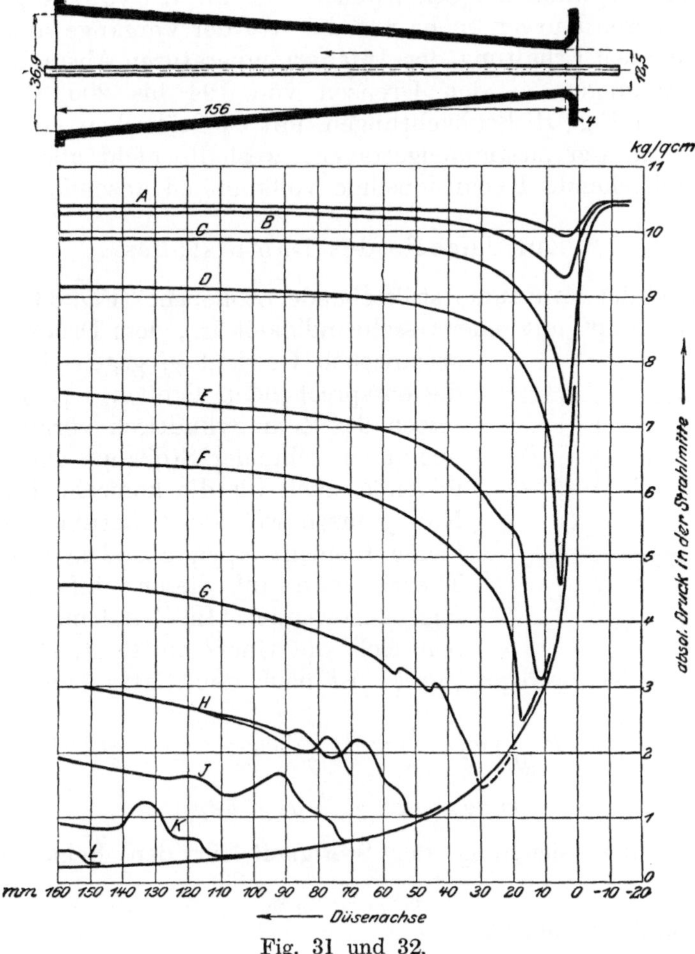

Fig. 31 und 32.

wie z. B. bei Kurve *E*, beträgt die Druckzunahme $1\,{}^1/_2$ Atm. auf eine Rohrlänge von 3 mm. Ich erblicke in dieser ungemein heftigen Drucksteigerung eine Verwirklichung des von Riemann[1]) auf theoretischem Wege abgeleiteten „Verdichtungsstoßes", indem die mit großer Geschwindigkeit begabten Dampfteile gegen eine ungenügend rasch ausweichende Dampfmasse stoßen und hierbei auf höheren Druck verdichtet werden.

[1]) Riemann-Weber, Die partiellen Differentialgleichungen der mathematischen Physik, 1901, S. 469 u. f.

Derartige Verdichtungsstöße werden stets auftauchen, wenn die Düse eine größere Länge, d. h. eine stärkere Querschnittserweiterung besitzt, als dem Anfangs- und dem Enddruck entspricht.

Besonders auffallend sind die bei niedrigen Pressungen hinter dem Sprunge auftretenden wellenförmigen Druckschwankungen, welche als beginnende, aber durch Reibung alsbald aufgezehrte (und auch durch die Konizität der Düse an ihrer Ausbreitung gehinderte) Schallschwingungen anzusehen sind und weiter unten näher besprochen werden. Der Ort des Sprunges ändert sich leicht, wenn der Anfangszustand (z. B. die Temperatur) vor der Düse die geringste Änderung erfährt; mit ihm verschieben sich auch die Schallwellen, wie an Kurve H angedeutet ist. Da es bei diesen Kurven mehr auf die Art der Vorgänge ankam, wurde von der genauen Erhaltung der Anfangstemperaturen Abstand genommen und Schwankungen in den Grenzen von 194 bis 200° C zugelassen. Auch sind in Fig. 31 Beobachtungen mit Meßröhrchen von 3 und von 5 mm Durchmesser zusammengetragen, weshalb nicht alle Kurven sich an die durchgehende Expansionslinie vollkommen anschließen. [1])

Zur Theorie des Dampfstoßes.

Es sei C die im Raume stillstehende Stoßebene (Fig. 33), von rechts ströme der Dampf mit einer Geschwindigkeit w_1, dem Druck p_1 und dem spezifischen Gewicht γ_1 gegen sie, links seien die entsprechenden Größen w_2, p_2, γ_2. Wir setzen das Rohr zylindrisch voraus; allein bei unendlich schmaler Stoßzone wird das Nachfolgende auch für die konische Röhre gelten. Nun grenzen wir um C herum das unendlich kleine Element $A_1 B_1$ ab. Die **Riemann**sche Theorie wird auf diesen einfachen Fall wie folgt angewendet: Im Zeitelement dt verschieben sich die Querschnitte $A_1 B_1$ nach $A_2 B_2$; der Zuwachs der Bewegungsgröße ist nach dem Satze vom „Antrieb“

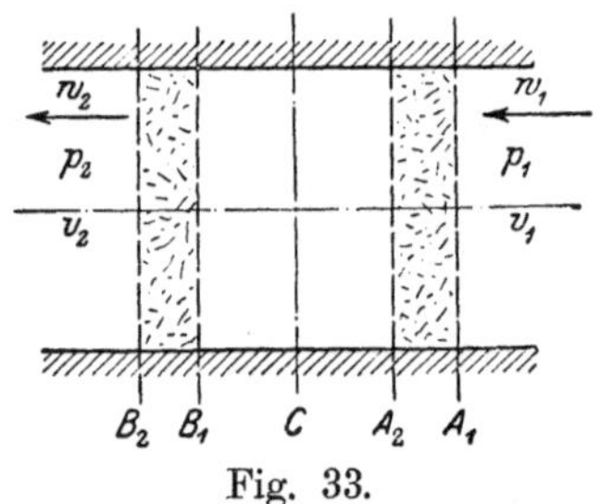

Fig. 33.

$$\left(f w_2\, dt \frac{\gamma_2}{g}\right) w_2 - \left(f w_1\, dt \frac{\gamma_1}{g}\right) w_1 = f(p_1 - p_2)\, dt$$

oder

$$w_2^2 \gamma_2 - w_1^2 \gamma_1 = g(p_1 - p_2) \quad \ldots \ldots \quad (9)$$

hierzu tritt die Gleichung der Stetigkeit für den Beharrungszustand

$$w_1 \gamma_1 = w_2 \gamma_2 \quad \ldots \ldots \quad (10)$$

und die Auflösung ergibt

$$\left.\begin{aligned} w_1 &= \sqrt{\frac{p_1 - p_2}{\gamma_1 - \gamma_2} \cdot \left(\frac{\gamma_2}{\gamma_1}\right) g} \\ w_2 &= \sqrt{\frac{p_1 - p_2}{\gamma_1 - \gamma_2} \cdot \left(\frac{\gamma_1}{\gamma_2}\right) g} \end{aligned}\right\} \quad \ldots \ldots \quad (11)$$

Hiernach könnte es scheinen, als ob p_1, p_2, γ_1, γ_2 beliebig gewählt

---

[1]) Eine gute Bestätigung erfuhren unsere Beobachtungen durch die auch andere wertvolle Versuche enthaltende Abhandlung von K. **Büchner** „Zur Frage der Lavalschen Düse“ in Zeitschr. d. Ver. deutsch. Ing. 1904, S. 1036.

werden dürften und das Vorkommen des Stoßes nur an das Einhalten der Geschwindigkeiten w_1, w_2 gebunden wäre.

Lord Rayleigh hat die Möglichkeit eines derartigen Verdichtungsstoßes in Abrede gestellt[1]) auf Grund folgender Überlegung. Er schreibt

$$\frac{w_2^2 - w_1^2}{2g} = -\int_{p_1}^{p_2} v\,dp \quad . \quad . \quad . \quad . \quad . \quad . \quad . \quad (12)$$

oder mit Gl. (10)

$$w_1^2\left(\frac{\gamma_1^2}{\gamma_2^2} - 1\right) = w_1^2\left(\frac{v_2^2}{v_1^2} - 1\right) = -2g\int_{p_1}^{p_2} v\,dp\,.$$

Betrachten wir hier w_1, p_1 als gegeben, p_2, v_2 als veränderlich und bezeichnen wir letztere mit p, v, so ergibt eine Differentiation der vorstehenden Gleichung

$$\frac{w_1^2}{v_1^2}\,dv = -g\,dp$$

und hieraus

$$p = \text{konst.} - \frac{w_1^2}{g v_1^2}\,v \quad . \quad . \quad . \quad . \quad . \quad . \quad . \quad (13)$$

als dasjenige Gesetz, welches gemäß Rayleigh zwischen p und v bestehen müßte, wenn ein Verdichtungsstoß mit der Erhaltung der Energie im Einklang stehen sollte. Da dieses Gesetz den Tatsachen nicht entspricht, folgert Rayleigh, daß auch ein Stoß in der Wirklichkeit nicht vorkommen könne.

Rayleigh hat hier übersehen, daß die Ausgangsgleichung (12) nur für Vorgänge ohne innere Stoßverluste gültig ist; da aber der Dampfstoß selbstverständlich bedeutende innere Verluste an kinetischer Energie bedingt, muß die Gleichung

$$\frac{w_2^2 - w_1^2}{2g} = -\int_{p_1}^{p_2} v\,dp - R \quad . \quad . \quad . \quad . \quad . \quad . \quad (14)$$

oder einfacher

$$A\,\frac{w_2^2 - w_1^2}{2g} = \lambda_1 - \lambda_2 \quad . \quad . \quad . \quad . \quad . \quad . \quad (15)$$

benutzt werden. Die Gleichungen (9), (10) und (15) bestimmen dann **drei** Veränderliche. Es ist z. B. bei **gewähltem Anfangszustand** mit p_1, x_1, w_1 **der Endzustand vollständig** (durch p_2, x_2, w_2, aus welchen sich λ_2 und R ergeben) **bestimmt**. Dieser Punkt bleibt auch bei H. Weber[2]) unklar und es könnte auf Grund seiner Ausführung die Meinung bestehen bleiben, daß bei allen Werten von p_1, γ_1, w_1, welche den Gleichungen (9) und (10) genügen, ein Verdichtungsstoß möglich ist und dem Gesetz der Energie nicht widerspricht. In Wahrheit ist bei gegebenem Anfangszustand vor dem Stoß der Zustand nach dem Stoß vollkommen bestimmt und der Verlust an kinetischer Energie ebenfalls ein ganz bestimmter.[3])

[1]) Theory of sound, 1896, II, S. 32.

[2]) a. a. O. S. 489 und 497.

[3]) Indessen erbringt die obige Betrachtung keineswegs einen Nachweis dafür, daß ein Stoß vorkommen **muß**. Es scheint auch schwierig zu sein, wie aus den folgenden Versuchen erhellt, einen Stoß im zylindrischen Rohr hervorzubringen.

Zum Zwecke zahlenmäßiger Rechnung würde man z. B. p_2 probeweise annehmen, aus Gl. (10) und (15) x_2 eliminieren, w_2 berechnen und in Gl. (9) einsetzen, mit Wiederholung, bis letztere Kontrolle stimmt.

Für vollkommene Gase gestaltet sich die Ausrechnung sehr einfach, indem man in Gl. (15) den Ausdruck $\lambda_1 - \lambda_2 = \frac{Ak}{k-1}(p_1 v_1 - p_2 v_2)$ einführt, in Gl. (9) und (10) die spezifischen Gewichte durch $\gamma_1 = 1/v_1$; $\gamma_2 = 1/v_2$ ersetzt, und aus diesen drei Gleichungen zunächst v_2 und p_2 fortschafft, wodurch sich für w_2 der Ausdruck

$$w_2 = \frac{a_0^2}{w_1} \qquad \text{15a)}$$

ergibt. Hierin ist a_0, wie wir weiter unten ableiten werden, die „Schallgeschwindigkeit", die bei einer vom Anfangszustand p_1, v_1, w_1 ausgehenden Strömung auftreten kann, deren Wert durch Formel

$$a_0 = \sqrt{\frac{(k-1)\,w_1^2 + 2\,gkp_1 v_1}{k+1}} \qquad \text{(15b)}$$

bestimmt ist.[1])

Der Anblick der Figur 32 lehrt auch, daß die Rückverwandlung der im Dampfe aufgehäuften Strömungsenergie in Druck auch da, wo kein eigentlicher Stoß, sondern ein allmählicher Übergang stattfindet, mit bedeutenden Verlusten verbunden ist. Wenn wir nämlich zwei Punkte bei gleichem Drucke auf dem ab- und dem aufsteigenden Linienzweige vergleichen, so findet sich die kinetische Energie an ersterem Orte bedeutend größer als an letzterem.

Die Rückverdichtung der mit großer Geschwindigkeit in die konische Erweiterung tretenden Dampfteile ist aber der Vorgang, der sich im sogen. Diffusor abspielt. Aus unseren Versuchen geht hervor, daß ein Diffusor mit schlechtem Wirkungsgrade arbeitet, es sei denn, daß man sich auf kleinere Druckdifferenzen (Kurven A bis D) beschränkt.

Kleine Druckunterschiede vor und hinter der Düse

führen auf eine interessante Erscheinung, die von der älteren Theorie nicht vorhergesehen worden ist. Es zeigt sich nämlich, daß der Druck an der engsten Stelle der Düse schon beim geringsten Druckabfall hinter der Düse tief sinkt und sich keineswegs auf die Höhe des Gegendruckes einstellt.[2]) Die Düse übt gewissermaßen eine intensive Saugwirkung aus, und die durchströmenden Dampfmengen nehmen ungemein rasch zu, wie folgende Zusammenstellung zeigt:

[1]) S. weiter unten die Besprechung der Arbeiten von Lorenz, Prandtl und Proell. Letzterer beschäftigt sich in der Zeitschr. f. d. gesamte Turbinenwesen 1904, S. 161 mit dem Verdichtungsstrom, und weist nach, daß derselbe nur möglich ist, falls die anfängliche Strömungsgeschwindigkeit w_1 größer ist, als die Schallgeschwindigkeit, die dem Anfangszustand entspricht, was als notwendige Ergänzung obiger Ableitungen noch angeführt sei.

[2]) Dieselbe Beobachtung ist auch von A. Fliegner schon gemacht worden (siehe Schweiz. Bauzeitung Bd. XXXI No. 10 bis 12).

Druck vor der Düse . . .	$p_1 =$	10,45	10,48	10,45	10,40 kg qcm
Druck hinter der Düse . .	$p_2 =$	10,40	10,36	10,30	9,90 „
Druckunterschied . . .	$p_1 - p_2 =$	0,05	0,12	0,15	0,50 „
Druck an der engsten Stelle	$p_x =$	9,89	9,74	9,17	7,32 „
Sekundlich durchströmendes Dampfgewicht	$G =$	0,073	0,109	0,113	0,152 „

Es ist ersichtlich, daß mit Hilfe der Druckbeobachtung an der engsten Stelle ein dem Venturi-Wassermesser ähnlicher Dampfmesser konstruiert werden könnte. Ein Versuch in unserem Maschinenlaboratorium zeigte indessen eine beharrliche Schwankung der Druckanzeige, und es muß noch näher untersucht werden, ob durch Verlegung der Meßöffnung eine größere Ruhe erzielt werden kann.

Nach Zeuners Formel (Abschn. 4, Gl. 22) müßte, solange die durchströmende Dampfmenge in allen Querschnitten gleich groß ist, der Druck an der engsten Stelle scheinbar stets den besonderen Wert $p_m = 0{,}57\,p_1$ (für gesättigten Dampf) erreichen. Daß dem nicht so ist, wird wie folgt erklärt. Wenn durch eine Düse einmal G, das andere Mal G' kg Dampf im Beharrungszustande durchströmt, so gelten für widerstandslose Bewegung die Beziehungen

$$G = f\varphi(p) \quad . \quad . \quad . \quad (16)$$

$$G' = f'\varphi(p) \quad . \quad . \quad (16a)$$

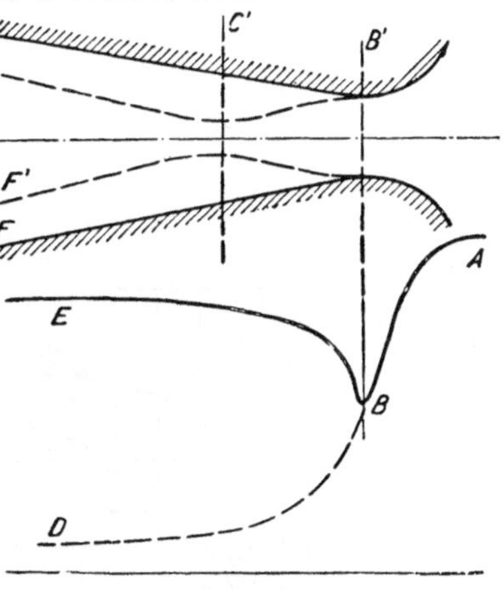

Fig. 34.

worin $\varphi(p)$ den Zeunerschen Wurzelfaktor in der erwähnten Formel bedeutet, f und f' sind die zu p gehörenden veränderlichen Querschnitte. Ist nun G' kleiner als G, so wird bei gleichem p auch f' kleiner als f sein müssen; die Strömung entspricht dann einer engeren, in Fig. 34 punktiert angedeuteten Düse, welche nur den Einströmungsteil mit der wahren Düse gemein hat und deren engste Stelle sich etwa bei C' befindet. Bei B' tritt aber, bevor C' erreicht worden ist, eine Erweiterung ein, die Funktion $\varphi(p)$ gelangte also noch nicht zu ihrem Maximalwert $\varphi(p_m)$, und da der Querschnitt zunimmt, also nach (16a) $\varphi(p)$ abnehmen muß, werden dieselben Werte der Funktion in umgekehrter Reihenfolge beschrieben; oder an Hand der Fig. 4: der Druck sinkt von p_1 auf p_x, um dann wieder zuzunehmen; wir bewegen uns auf dem vom p_m ab links gelegenen Zweige der Kurve $\varphi(p) = w\gamma$.

25. Der Einfluß allmählicher Querschnittserweiterung

ist an der Dampfströmung durch zwei mit ihren weiten Enden zusammengelegte Düsen untersucht worden. In Fig. 35 u. 36 stellt Schaulinie A den Druckverlauf für den Fall dar, daß die Mündung der zweiten Düse gleiche Weite habe wie der engste Querschnitt auf der Einströmseite. Der Druck sinkt beim Eintritt in die engste Stelle von 10,5 auf etwa 6,5 kg/qcm abs., um in der konischen Erweiterung auf rd. 8 kg/qcm zu steigen. Erst in der zweiten Düse sinkt er wieder und fällt gegen die Mündung zu und darüber hinaus rasch bis auf den Vakuumdruck hinab. Es wurde nun die zweite Düse durch eine schlankere Reibahle auf einen Mündungsdurchmesser d_2 von 10,8 mm ausgerieben, während das weite Ende unverändert einen Durchmesser von $d_3 = 12{,}1$ mm und die Einströmung $d_1 = 10{,}3$ mm beibehielt. Die Wirkung dieser Maßnahme ist durch die Schaulinie B dargestellt. In gleicher Weise entsprechen die Schaulinien C und D einer Erweiterung der Mündung auf 11,4 bzw.

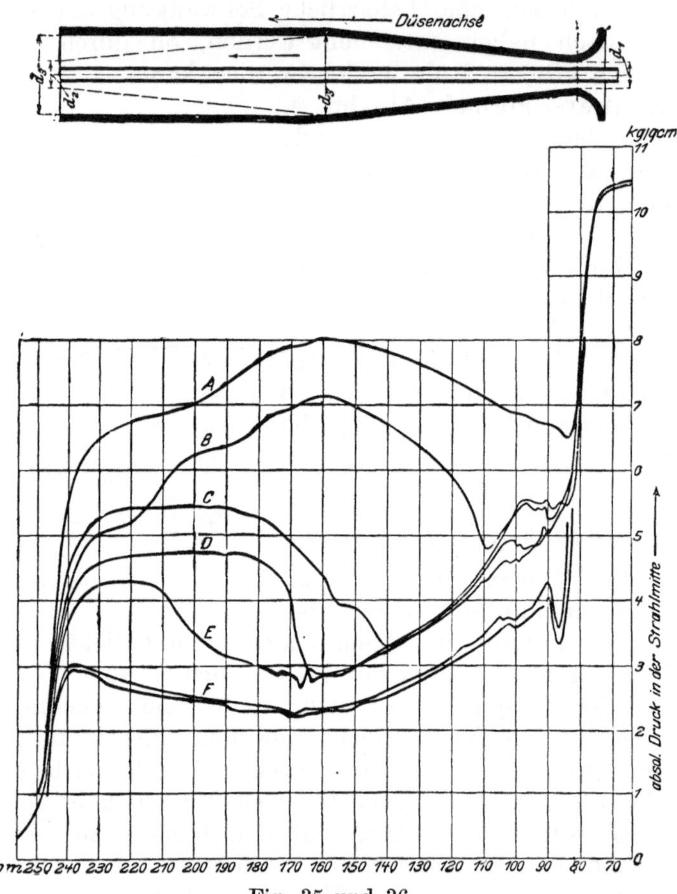

Fig. 35 und 36.

12,0 mm. Schließlich wurde die zweite Düse vollkommen zylindrisch auf 12,1 mm Weite ausgebohrt und ergab die Schaulinie E, in welcher der Druck beim Eintritt in die engste Stelle auf rd. 5,5 kg/qcm, von da bis an das Ende der Kegeldüse weiter auf rd. 3 kg/qcm sinkt. Im zylindrischen Rohr ergibt sich nun das scheinbar durchaus widersinnige Verhalten, daß der Druck nicht sinkt, sondern um mehr als eine Atmosphäre steigt; erst etwa 10 mm vor dem Rohrende macht sich das Vakuum geltend und zieht den Druck wieder hinab.

Linie F erhielt man, nachdem die Abrundung an der Einmündungsstelle bei d_1 abgedreht war, so daß ein scharfkantiger Absatz entstand, welcher beim Eintritte eine Strahlkontraktion, auf die wir weiter unten zurückkommen, herbeiführen mußte. Der Erfolg ist eine tief herabreichende Zacke im Druckverlauf und eine Verminderung der durchströmenden Dampfmenge (wegen Verkleinerung des engsten Querschnittes), welche den Druck im ganzen tiefer hielt. Das Ansteigen des Druckes im zylindrischen Rohr ist auch hier vorhanden.[1])

26. Rechnerische Behandlung.

Um sich in den verwickelten Strömungserscheinungen zurecht zu finden, empfiehlt es sich, von der Reibung zunächst abzusehen, d. h. mit umkehrbarer adiabatischer Zustandsänderung zu rechnen, und ein ideales Gas als strömende Flüssigkeit vorauszusetzen. In diesem Falle gilt die Formel von de Saint-Vénant, die wir in der Gestalt

$$f = \frac{G}{\varphi(p)}$$

schreiben wollen, wobei $\varphi(p)$ den Wurzelausdruck in Formel (22) Abschn. 4 bedeutet. Wir wiederholen, daß $\varphi(p)$ für ein bestimmtes p_m ein Maximum besitzt, und daß dort, wo p_m eintreten soll, ein Minimum von $f = f_m$ vorhanden sein muß. Bei einfachen Mündungen vertritt den Ausflußquerschnitt das f_m, sofern das Verhältnis zwischen Innen- und Außendruck den kritischen Betrag überschreitet.

Nun ist es wichtig zu bemerken, daß nicht auch umgekehrt zu jedem Minimum von f der Druck p_m gehört, dies findet nur für das kleinste Minimum statt, da dort wegen $G = f\varphi(p)$ der Wert $\varphi(p)$ den größten Betrag erlangen muß, der möglich ist. In der doppelt eingeschnürten Düse (Fig. 37) für die wir $f_m' > f_m$ voraussetzen, wird beispielsweise bei f_m' ein Druck p' auftreten, der größer ist als p_m und dem in der Erweiterung gelegenen Querschnitt f_x' entspricht derselbe Druck p_x wie dem gleich großen Querschnitt f_x vor f_m'. Die Funktion $\varphi(p)$ nimmt von A ausgehend gegen f_m' ab, daraufhin nimmt sie, wie auch der Druck, dieselben Werte in umgekehrter Reihenfolge durchlaufend, wieder zu. In B, wo f ein Maximum besitzt, wird $\varphi(p)$ am kleinsten (ohne analytisch ein Minimum zu sein), der Druck hat einen Höchstwert. Von B gegen f_m findet wieder Abnahme statt, und wenn $f_x'' = f_x$, so haben wir auch dasselbe p_x wie vorhin. Hinter f_m aber erfolgt eine Expansion, und wenn bei C wieder $f_x''' = f_x$, so ist wohl $\varphi(p_x''') = \varphi(p_x)$, hingegen entspricht der Druck selbst einem Punkte jenseits des Maximums von $\varphi(p)$ und ist kleiner als p_x. Würde $f_m' = f_m$ sein, so müßten auch die Pressungen an beiden Orten übereinstimmen.

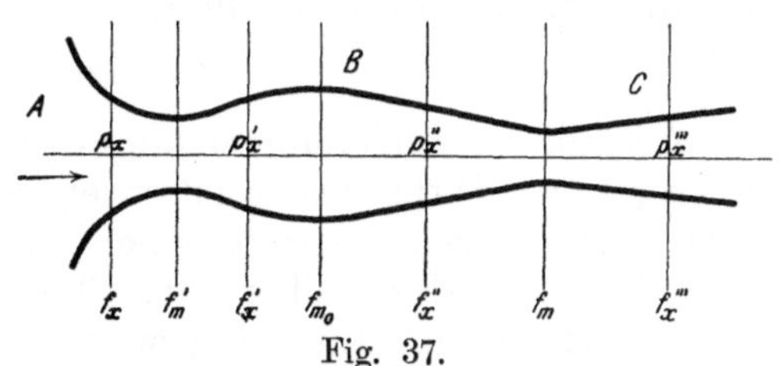

Fig. 37.

Diese Betrachtungsart, die der Annahme einer idealen Flüssigkeit in der Hydraulik entspricht, vermag indessen die wirklichen Vorgänge nicht genau aufzuklären, wie man am besten am Beispiele des zylindrischen

[1]) Die Unregelmäßigkeiten im Anfange der Schaulinien B bis E sind durch leichte Porosität des Gusses an der betreffenden Stelle verursacht.

Rohres beurteilen kann, in welchem nach der Formel von de Saint-Vénant wegen konstantem f auch ein konstanter Druck herrschen müßte. Hier muß also mit den vollständigen thermodynamischen Formeln gerechnet werden.

Auf eine allgemeine Integration der Bewegungsgleichungen muß man begreiflicherweise von vornherein verzichten, doch erhält man schon wichtige Aufschlüsse, wenn man sich auf die Betrachtung eines Elementarvorganges beschränkt.

Wenden wir die „Gleichung der lebendigen Kraft“, d. h. Gl. (3c) Abschn. 21 auf ein unendlich kurzes Teilstück der Düse an, so erhalten wir

$$\frac{w\,dw}{g} = -v\,dp - \frac{dR}{A} \quad \ldots\ldots \quad (17)$$

Die elementare Reibungsarbeit wollen wir wie bei hydraulischen Widerständen durch den Ansatz

$$\frac{dR}{A} = \zeta_r \frac{dz}{2r}\frac{w^2}{2g} \quad \ldots\ldots \quad (17\text{a})$$

wiedergeben, wobei ζ_r den konstant angenommenen Widerstandskoeffizienten, r den Radius, dz die elementare Achsenlänge der Düse bedeutet. Hierzu tritt die ebenfalls auf ein Element bezogene Gl. (2).

$$A\frac{w\,dw}{g} = -d\lambda \quad \ldots\ldots \quad (18)$$

und die „Kontinuitätsgleichung“

$$Gv = fw \quad \ldots\ldots \quad (19)$$

Aus diesen Gleichungen könnte durch Eliminierung von dw und dv der Wert der Differentialquotienten $dp:dz$ durch die augenblicklichen Werte der übrigen Veränderlichen bestimmt werden und so wenigstens Aufschluß über das Fallen oder Steigen einer Drucklinie geben. Führt man die Rechnung aus, so erweist sich der Ausdruck indessen wenig übersichtlich. Es liegt nun nahe, eine Vereinfachung durch eine Näherungsannahme über die Zustandsänderung zu suchen. Dies gelingt durch die Voraussetzung des Gesetzes

$$pv^k = \text{konst} \quad \ldots\ldots \quad (20)$$

oder auch

$$(p+\alpha)\,v^k = \text{konst} \quad \ldots\ldots \quad (20\text{a})$$

von welchen man sicher ist, daß sie sich für kleinere Intervalle der Zustandskurve anpassen lassen. Gl. (20) enthält zwei Konstanten, man kann mithin einen Punkt und die Tangente dortselbst mit der wahren Zustandskurve zusammenfallen lassen. In Gl. (20a) verfügen wir über drei Konstanten, es kann also ein Punkt, die Tangente und der Krümmungsradius gleich gemacht werden. Beide Näherungen gelten indes nicht an Unstetigkeitsstellen, z. B. Spitzen. Hierdurch wird Gl. (18) überflüssig; man kann Gl. (19) und (20) bzw. (20a) differentieren, aus diesen und aus Gl. (17) dv und dw eliminieren, wobei sich zeigt, daß man zweckmäßigerweise die dem Zustande p, v und der Zustandsgleichung (20) oder (20a) entsprechende Schallgeschwindigkeit des Dampfes

$$w_s = \sqrt{gkpv} \quad \ldots\ldots \quad (21)$$

in die Formeln einführt. Es ergibt sich für die Druckänderung in Richtung der Düsenachse

$$\frac{dp}{dz} = \frac{\left(\frac{\zeta_r}{2r} - \frac{2}{f}\frac{df}{dz}\right)}{(w^2 - w_s^2)} \frac{w^2}{2} kp \quad \ldots \ldots \quad (22)$$

Für die kreisrunde Düse ohne inneres Meßrohr nimmt beispielsweise mit r als Halbmesser der Zähler den Wert

$$\left(\frac{\zeta_r}{2r} - \frac{4}{r}\frac{dr}{dz}\right)$$

an. oder wir haben, wenn $\varphi = 2\frac{dr}{dz}$ der Kegelwinkel der Düse ist,

$$\frac{dp}{dz} = \left(\frac{\zeta_r - 4\varphi}{w^2 - w_s^2}\right)\frac{w^2 kp}{4r} \quad \ldots \ldots \quad (23)$$

Mit Formel (20a) wäre bloß an Stelle von p zu setzen $(p + a)$.

Der Druck steigt oder sinkt im Sinne der Strömung, je nachdem das Vorzeichen von $dp : dz$ positiv oder negativ ausfällt. Da nun die tatsächliche Geschwindigkeit w anfänglich nahezu Null ist, später w_s erreicht oder übertrifft, so haben wir einen anfänglich negativen Nenner. Bei abgerundeter Einmündung ist $dr : dz$, d. h. der „Kegelwinkel" φ, anfänglich negativ, mithin der Zähler wesentlich positiv. Für den Anfang ist also $dp : dz$ negativ, der Druck sinkt. Der weitere Verlauf hängt davon ab, ob und wie bald es zu einem Zeichenwechsel kommt. Für die Schaulinie A (Fig. 36) tritt er im Zähler zuerst auf, da die kegelförmige Erweiterung φ positiv und den Zähler negativ macht. Die abermalige Verengung in der zweiten Düse bedeutet wieder negatives φ und positiven Zähler: der Druck nimmt wieder ab.

Was insbesondere das zylindrische Rohr anbelangt, so ist $\varphi = 0$, und das Vorzeichen hängt nur vom Nenner ab. Man kann mithin den Satz aussprechen: Im zylindrischen Rohr wird der Druck im Sinne der Strömung (unabhängig vom Betrage des Gegendruckes) wachsen oder abnehmen, je nachdem die tatsächliche Dampfgeschwindigkeit größer oder kleiner ist als die Schallgeschwindigkeit[1]).

[1]) Es liegt auf der Hand, daß eine Integration der Bewegungsgleichungen, falls sie allgemein möglich wäre, und falls das Gesetz der Widerstände genau bekannt wäre, dasselbe Bild des Druckverlaufes geben müßte. Durchführbar ist die Rechnung lediglich für das zylindrische Rohr unter der Voraussetzung, daß ζ_r konstant ist. Diesen Fall hat bereits Grashof, Theoret. Maschinenlehre, Bd. I, S. 658, unter Annahme des Gesetzes

$$p\, v^k = C$$

gelöst. Die nicht schwierige Rechnung ergibt in unserer Bezeichnung vereinfacht die Formel

$$\ln \xi - \alpha^2 (\xi - 1) = \beta z \quad \ldots \ldots \ldots \quad (24)$$

worin $$\xi = \left(\frac{p}{p_0}\right)^{\frac{k+1}{k}}; \qquad \alpha = \frac{w_{s0}}{w_0}; \qquad \beta = \frac{\zeta_r (k+1)}{4r}$$

zu setzen ist, und p_0, w_0 Druck und Geschwindigkeit für die Einmündung $(z = 0)$, w_{s0} aber die Schallgeschwindigkeit für den an der Einmündung herrschenden Zustand bedeutet. Hätte Grashof eine Diskussion seiner Gleichung unternommen, so würde er

Ein ganz eigenartiges Spiel der Werte des Reibungskoeffizienten, des Kegelwinkels, der wahren und der Schallgeschwindigkeit bedingt mithin das Auf- und Absteigen des Druckes. Der Fall, daß w allmählich wachsend w_s erreicht und übertrifft, ist besonders interessant, weil, da $dp:dz$ durch den Wert ∞ vom Negativen zum Positiven übergehen müßte, mithin eine Spitze mit senkrechten Tangenten zu erwarten sein würde, falls nicht gleichzeitig im Zähler ein Zeichenwechsel vor sich geht. Doch ist zu beachten, daß an der Umkehrstelle k sowie auch ζ_r sich wahrscheinlich sprungweise ändern, so daß für diese kritischen Punkte unsere Gleichung nicht mehr volle Gültigkeit besitzt; hier also muß ein noch genauerer Ansatz benutzt werden.

Vorher soll aber an Hand der Gl. (23) die Frage näherungsweise beantwortet werden, **wie eine Düse beschaffen sein müßte, damit bei der Expansion der Druck konstant bliebe.** Die Forderung bedeutet $dp=0$, d. h.

$$\varphi=\frac{1}{4}\zeta_r \quad \ldots\ldots\ldots \quad (23\text{a})$$

und die Düse würde einfach konisch werden können mit dem angegebenen Kegelwinkel, indessen nur insoweit, als der Wert von ζ_r konstant ist.

Die genauere Untersuchung läßt sich nur für Gase durchführen, wie Lorenz in einem bemerkenswerten Artikel der Physikalischen Zeitschr., IV. Jahrg. S. 333, mitgeteilt hat, in welchem die von uns benutzte Methode, den Differentialquotienten in Verbindung mit der Schallgeschwindigkeit zu diskutieren, weiter ausgeführt wird. Während Gl. (17) und (17a) unverändert bleiben, müssen wir in Gl. (18) für λ den Wert

$$\lambda=\frac{k}{k-1}pv+\text{konst.}$$

einführen, und es gelten mithin folgende Grundgleichungen:

$$\frac{w\,dw}{g}=-v\,dp-\zeta_r\frac{dz}{2r}\frac{w^2}{2g} \quad \ldots\ldots \quad (17\text{b})$$

$$\frac{w\,dw}{g}=-\frac{k}{k-1}d(pv) \quad \ldots\ldots\ldots \quad (18\text{a})$$

$$Gv=fw \quad \ldots\ldots\ldots\ldots \quad (19\text{a})$$

Wenn wir die dritte Gleichung differenzieren und dv sowie dw aus den Gleichungen wegschaffen, so erhalten wir mit

$$a=\sqrt{kgpv} \quad \ldots\ldots\ldots \quad (21\text{a})$$

d. h. der Schallgeschwindigkeit die adiabatischer Zustandsänderung entspricht, und mit der Bezeichnung

$$\alpha=\frac{w^2}{a^2}(k-1)+1\,; \qquad \zeta=\frac{\zeta_r}{4r} \quad \ldots\ldots \quad (21\text{b})$$

ohne weiteres die so unglaublich vorkommende Drucksteigerung für den Fall $\alpha>1$ bemerkt haben. Selbstverständlich stellt Gl. (24) wegen der wahrscheinlichen Veränderlichkeit von ζ_r und wegen der nur angenähert zutreffenden Zustandsgleichung nicht den ganzen Druckverlauf richtig dar, wie in der Tat auch aus dem Vergleiche der beobachteten Schaulinien hervorgeht.

die Formel

$$\frac{dp}{dz} = \frac{\alpha\zeta - \frac{df}{f\,dz}}{w^2 - a^2} k p w^2 \quad . \quad . \quad . \quad . \quad . \quad (22\text{a})$$

Diese Formel ist durchaus gleichartig mit der für Dampf entwickelten Gl. (22) und bestätigt die von uns gezogenen Folgerungen in bezug auf die Rolle der Schallgeschwindigkeit und das eigentümliche Verhalten der Strömung im zylindrischen Rohr. An die Arbeit von Lorenz schlossen Prandtl und Proell interessante Mitteilungen an[1]), in welchen besonders die Verhältnisse diskutiert werden, die beim Eintritte der Schallgeschwindigkeit herrschen. Um diese Beiträge beurteilen zu können, ist es zweckmäßig, auch für die Ableitung $dw:dz$, eine Formel aufzustellen. Indem wir aus (17b), (18a), (19a) diesmal dv und dp wegschaffen, erhalten wir

$$\frac{dw}{w\,dz} = \frac{\zeta k \frac{w^2}{a^2} - \frac{df}{f\,dz}}{1 - \frac{w^2}{a^2}} \quad . \quad . \quad . \quad . \quad . \quad . \quad (25)$$

Nun bemerkt Lorenz, daß die Schallgeschwindigkeit a für einen gegebenen Anfangszustand bei beliebigen Widerständen beliebigen Rohrformen usw. stets einen und denselben Wert annimmt. Es ist nämlich das Integral von (18a) bei anfänglich verschwindender Geschwindigkeit

$$w^2 = \frac{2gk}{k-1}(p_i v_i - pv) \quad . \quad . \quad . \quad . \quad . \quad . \quad (26)$$

wo $p_i v_i$ sich auf den Anfangszustand beziehen. Die Schallgeschwindigkeit wird erreicht, wenn

$$w^2 = a^2 = kgpv \quad . \quad . \quad . \quad . \quad . \quad . \quad . \quad (27)$$

so daß durch Wegschaffen von pv und w folgt

$$a = a_0 = \sqrt{\frac{2gk}{k+1} p_i v_i} \quad . \quad . \quad . \quad . \quad . \quad . \quad (28)$$

also a_0 nur vom Anfangszustand abhängig sich erweist. Man kann nun, um Mißverständnisse zu verhüten, die allgemeine (einem beliebigen Zustand p, v entsprechende) Schallgeschwindigkeit a ausdrücken durch a_0, indem man in Gl. (26) pv durch $a^2:kg$ und a_0 aus (28) ersetzt. Man erhält

$$a^2 = -\frac{k-1}{2} w^2 + \frac{k+1}{2} a_0^2,$$

und diesen Wert benutzen wir zur Einführung in Gl. (25), welche alsdann die Form

$$\frac{dw}{w\,dz} = \frac{\frac{2k}{k+1}\zeta - \frac{df}{f\,dz}\left[\frac{a_0^2}{w^2} - \frac{k-1}{k+1}\right]}{\frac{a_0^2}{w^2} - 1} \quad . \quad . \quad . \quad (25\text{a})$$

[1]) Zeitschrift d. Ver. deutsch. Ing. 1904, Heft Nr. 10.

annimmt, die ihr schon von Proell gegeben worden ist. Wenn der Zähler dieses Ausdruckes verschwindet, so bleibt w für das betreffende Rohrelement konstant und kann ein Maximum oder Minimum werden.

Erreicht w den Wert a_0, so müßte $dw:dz$ unendlich groß werden.

Allein eine unendlich große Beschleunigung ist physikalisch unmöglich, und so kann a_0 nur an einer solchen Stelle der Düse erreicht werden, wo auch der Zähler verschwindet, d. h. wo

$$\frac{df}{f\,dz} = k\zeta \quad . \quad . \quad . \quad . \quad . \quad . \quad . \quad . \quad (25\text{b})$$

ist.

Rein mathematisch kann dies, wie Prandtl getan hat, eingesehen werden, indem man zu jedem Punkte der Ebene w, x die aus Gl. (25a) gerechneten Werte $dw:dx$ aufträgt, wobei f als gegebene Funktion von x anzusehen ist. In jedem Punkte gibt es nur einen Wert dieser Tangentenneigung, mit Ausnahme desjenigen, dessen Ordinate $w = a_0$ und dessen Abszisse x aus Beziehung (25b) bestimmt wird. Hier entsteht die Form $dw:dz = \frac{0}{0}$, welche nach den Regeln der Differentialrechnung zu bestimmen ist, indem man das Verhältnis aus der Ableitung des Zählers und des Nenners bildet. Die gesuchte Größe, oder besser $d(lnw):dz$ kommt dann nochmals im Zähler und Nenner vor und ergibt, wenn man mit letzterem heraufmultipliziert, eine quadratische Bestimmungsgleichung. Aus dieser erhält man mit Proell:

$$\frac{d\,ln\,w}{dz} = -\frac{k\zeta}{2} \pm \sqrt{\frac{k^2\zeta^2}{4} + \frac{1}{k+1}\frac{d}{dz}\left(\frac{d\,ln\,f}{dz} - k\zeta\right)},$$

d. h. zwei Werte für die Neigung $dw:dz$ oder mit anderen Worten einen Doppelpunkt. Aus dem erwähnten Bilde der Tangentenneigungen, welches in der Umgebung der Doppelpunkte durch Fig. 38 dargestellt wird, ersieht man nun, daß aus dem Gebiet $w < a_0$ in das Gebiet $w > a_0$, wenn dabei zugleich z wachsen soll, d. h., wenn wir in der Düse vorwärtsschreiten, nur ein einziger Übergang durch den oben definierten Doppelpunkt möglich ist. Alle anderen Kurven bleiben entweder unterhalb bzw. oberhalb $w = a_0$ wie Linien α und β, oder sie biegen sich wieder zurück wie γ und δ. Durch einen Vergleich der Formeln (22a) und (25) findet man aber

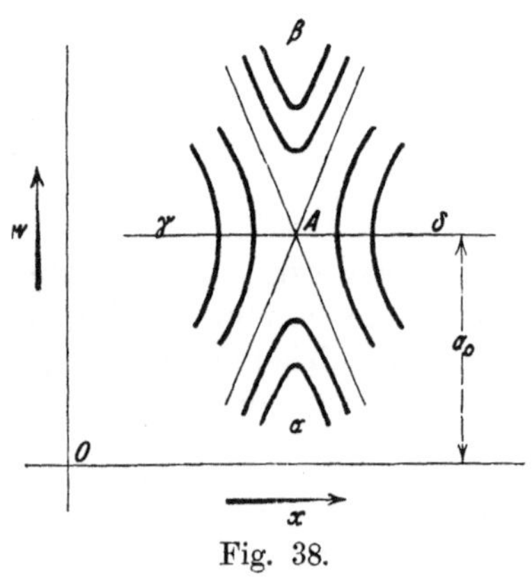

Fig. 38.

$$\frac{dp}{pk\,dz} = -\left(\zeta + \frac{dw}{w\,dz}\right)\frac{w^2}{a^2},$$

was für $dw:dz$ erwiesen worden ist, gilt also auch für $dp:dz$, d. h. auch für die Kurve, welche p als Funktion von z darstellt, gibt es einen Doppelpunkt bei demselben z wie vorhin und bei $w = a_0$, und nur dieser Doppelpunkt macht einen Übergang aus dem Gebiete hoher Pressungen und kleiner Geschwindigkeiten in das Gebiet niedriger

Pressungen und hoher Geschwindigkeiten im Sinne des Fortschreitens in der Düse möglich. Dann ist also für eine wirkliche Expansionskurve der Punkt, der durch die Gleichung

$$\frac{df}{f\,dz} = k\zeta$$

bestimmt wird, diejenige einzige Stelle der Düse, an welcher w den Wert a_0 erreicht. Wie ersichtlich, stimmt diese Stelle nicht mit dem Minimalquerschnitt überein, sondern liegt, wenn auch sehr nahe bei ihm, in der Erweiterung.

Die Verhältnisse in der Umgebung des Doppelpunktes können schließlich sehr anschaulich gemacht werden am Beispiele der reibungsfreien adiabatischen Strömung. Hier ist wie schon oben benutzt

$$f = \frac{G}{\varphi(p)} = \psi(p) \quad \ldots \ldots \ldots \quad (29)$$

wo ψ der Kürze halber eingeführt wird und für $p = p_m$ ein Minimum besizt. Nun sei

$$f = F(z)$$

als Funktion des Achsenabstandes z willkürlich gegeben. Für ein bestimmtes $z = z_0$ wird F ein Minimum f_m, identisch mit $\psi(p_m)$. Man kann in Gl. (29) auf beiden Seiten nach Taylor entwickeln und erhält, wenn die Ableitungen mit Strichen bezeichnet werden, für die unmittelbare Nachbarschaft von p_m:

$$\psi(p_m) + \psi'(p_m)(p - p_m) + \psi''(p_m)\frac{(p - p_m)^2}{2}$$
$$= F(z_0) + F'(z_0)(z - z_0) + F''(z_0)\frac{(z - z_0)^2}{2}.$$

Da aber sowohl $\psi'(p_m) = o$ als auch $F'(z_0) = o$ ist, so wird

$$\psi''(p_m)(p - p_m)^2 = F''(z_0)(z - z_0)^2,$$

worin $\psi''(p_m)$, wie leicht nachzuweisen, einen endlichen Wert darstellt. Nun kann durch Auflösen und Differenzieren auch für den Punkt $p = p_m$ die Ableitung $dp:dz$ berechnet werden und ergibt sich zu

$$\left(\frac{dp}{dz}\right)_{p = p_m} = \pm\sqrt{\frac{F''(z_0)}{\psi''(p_m)}} \quad \ldots \ldots \ldots \quad (30)$$

Ändert sich der Querschnitt ungemein wenig, so daß F'' klein wird, dann ist auch $dp:dz$ klein. Im anderen Fall steigt dieser Wert und nähert sich dem Unendlichen, wenn, wie bei einer scharfen Kante, die Krümmung der Profillinie unendlich scharf wird.

27. Isentropische Linien.

Ein Einblick in die Erscheinungen der Dampfströmung wird wesentlich erleichtert durch Verzeichnen der sogenannten isentropischen Linien[1]), d. h. der Drucklinien für reibungsfreie adiabatische Expansion

[1]) Die Anregung zum Entwurfe der Isentropen verdanke ich Herrn Prof. Prandtl-Hannover; dieselben eignen sich in der Tat besser zur Kontrolle der wahren Zustandsänderung, wie die in Fig. 30 benutzten Linien konstanten Verlustes an kinetischer Energie, weil sie sowohl für die Verdichtung wie für die Expansion in der Düse Geltung haben.

oder Kompression des Dampfes in einer gegebenen Düse, jedoch mit verschiedenen Anfangszuständen. Setzen wir voraus, der Dampf expandiere zunächst adiabatisch vom Anfangszustande A_1 auf den Enddruck bei A_2 gemäß Fig. 39, in welcher die Koordinaten Entropie und absolute Temperatur sind. Durch das früher angegebene Verfahren ermitteln wir, wie in Fig. 4, für die Ausgangsgeschwindigkeit $w_1 = 0$ die Querschnitte f_x, die z. B. für 1 kg Dampf bei dem jeweiligen Druck p_x erforderlich sind.

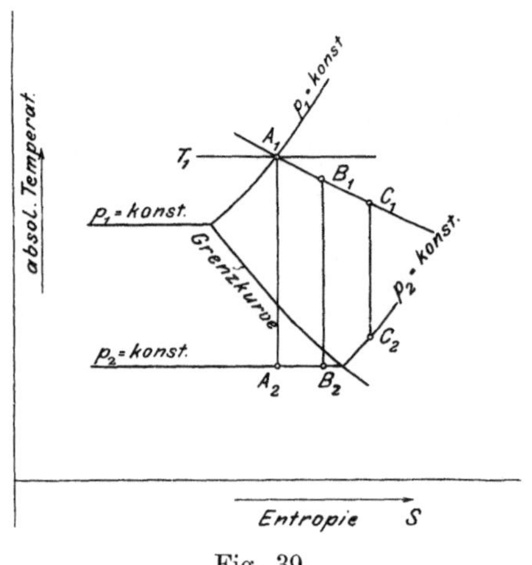

Fig. 39.

Nun denke man den Dampf vor dem Eintritt in die Düse auf einen kleineren Druck auf den Zustand B_1 (Fig. 39) abgedrosselt. Der Wärmeinhalt ändert sich nicht, d. h. B_1 liegt auf der Kurve $\lambda_1 =$ konst., die durch A_1 hindurchgeht, aber die Entropie hat zugenommen. Expandiert der Dampf von hier aus adiabatisch nach B_2, so läßt sich in gleicher Weise eine neue Querschnittsfolge als Funktion von p ermitteln, ebenso die weiteren zu C_1, D_1 usw. gehörenden Kurven. Statt 1 kg Dampf wählen wir nun die tatsächlich durch unsere Düse pro Sekunde durchgeströmte Dampfmenge als Bezugseinheit, statt des Querschnittes aber den von ihm eindeutig abhängigen Abstand des betreffenden Querschnittes von einem festen Punkt in der Düsenachse gemessen. Auf diese Weise erhält man die fest ausgezogenen Kurven der Fig. 40, welche mithin zu jedem Punkte der Düsenachse zwei mögliche Pressungen ergeben. Eine reibungsfreie Strömung wäre umkehrbar, d. h. der Dampf könnte die Düse sowohl expandierend als auch sich verdichtend durchströmen. Die oberen Zweige der Isentropen entsprechen dichtem Dampf und kleinen Geschwindigkeiten, die unteren einem Zustande starker Expansion und großer Geschwindigkeit. Die wahre Strömung aber findet

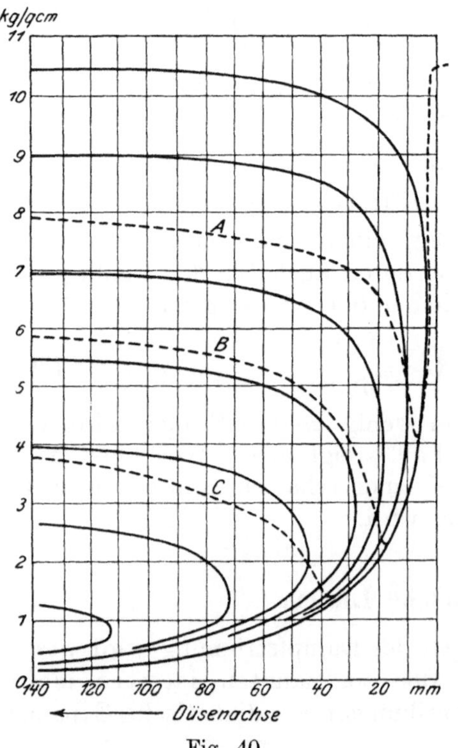

Fig. 40.

stets unter Vermehrung der Entropie statt (siehe Anhang) und so muß die wahre Zustandskurve, ob sie ab- oder aufsteigt, die Adiabaten im Sinne wachsender Entropie schneiden. Um dies an der Wirklichkeit festzustellen, sind in das Bild auch die experimentell gefundenen Kurven der Fig. 31 gestrichelt eingetragen, und es zeigt sich z. B. bei Kurve B und A eine schöne Übereinstimmung mit der Adiabate, während C einen merklich abweichenden Charakter aufweist. Über den wahrscheinlichen Grund dieser Erscheinung wird weiter unten näheres mitgeteilt. Hier genügt es, darauf hinzuweisen, daß in der Tat während der Periode des eigentlichen Dampfstoßes mehrere Isentropen überschritten werden, als Beweis des großen Stoßverlustes, der hier stattfindet. Auch die Analogie mit dem Bidoneschen Wassersprung drängt sich unwillkürlich auf.

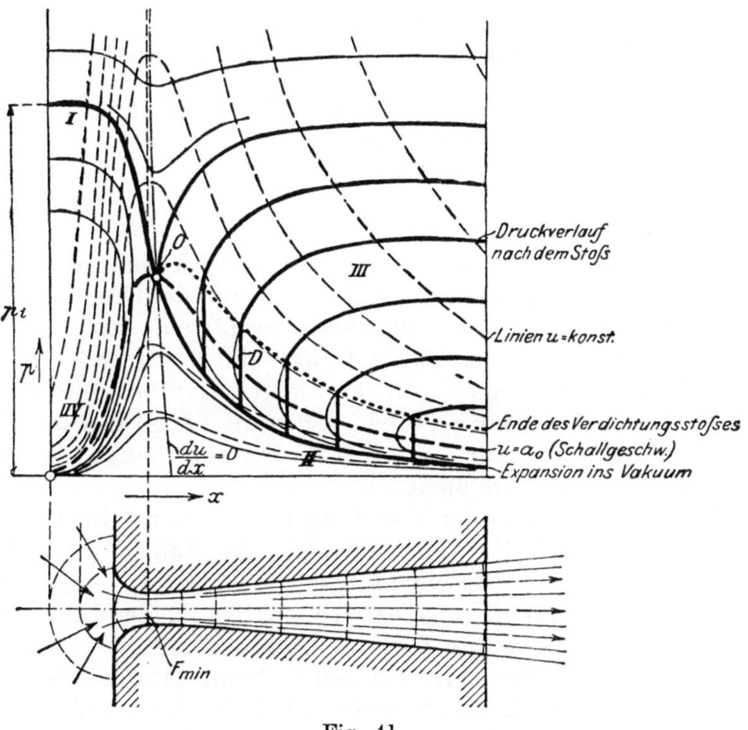

Fig. 41.

Die Isentropen lassen sich bei Gasen mit der Berechnung der Stoßkurven bequem verbinden, wie Prandtl a. a. O. gezeigt hat. In Fig. 41 sind die von Prandtl für die rechte und linke Seite der mitabgebildeten Düse entworfenen Isentropen dargestellt, wobei als Stromquerschnitte die punktierten Kugelflächen vorausgesetzt wurden. Die dickgezogene Linie stellt eine Expansionskurve mit willkürlich angenommenem ζ_r dar, welche als einzige für das gewählte sekundliche Dampfgewicht aus dem Gebiet I der hohen Drücke und kleinen Geschwindigkeiten in das rechtsseitige Gebiet II der niederen Drücke und hoher Geschwindigkeiten herüberleitet. Wenn man in Gl. (18a) des vorigen Abschnittes v durch die Kontinuitätsgleichung wegschafft, so zeigt sich, daß w konstant bleibt für konstante Werte von $\frac{pf}{G}$, so daß es leicht ist, die Linien konstanter Strömungsgeschwindigkeit (in Fig. 41 mit u bezeichnet) aufzutragen. Unter diesen ist wichtig die stark gestrichelt gezeichnete

Kurve der Schallgeschwindigkeit $u = a_0$. Auch die Linie $\frac{dw}{dz} = 0$ (in der Figur $\frac{du}{dx} = 0$), d. h. die Konizität der Düse für konstante Geschwindigkeit ist strichpunktiert angegeben und trifft mit der wirklichen Expansionslinie und der Linie $u = a_0$ im oben definierten Doppelpunkte (0) zusammen.

Prandtl hat auch die Verdichtungsstöße für eine Anzahl von Anfangszuständen eingezeichnet unter Benutzung der von ihm abgeleiteten Formel 15a Abschn. 24.

28. Kurven konstanter Querschnitte von Fanno.

Ing. Fanno hat gezeigt[1]), daß man für ein Rohr von konstantem Querschnitt mit Hilfe des Integrales

$$A \frac{w^2}{2g} = \lambda_0 - \lambda \quad \ldots \ldots \ldots \quad (33)$$

(wenn vor dem Rohre $w_0 = o$ herrscht und λ_0 der Dampfinhalt ist), sowie mittelst der Kontinuitätsgleichung $Gv = fw$ allein, die Form der Zustandskurve im Entropiediagramm graphisch ermitteln kann. Zu irgend einem Wert λ ergibt in der Tat Gl. (33) ein bestimmtes w, und die Kontinuität das zugehörige v, die Parameter λ, v bestimmen aber den Zustandspunkt in der Entropietafel. Über die Länge des zurückgelegten Weges sagt die Zustandskurve freilich nichts aus, hängt aber hinwieder vom Reibungskoeffizienten nicht ab.

In Fig. 42 ist ein System von Linien $G/f =$ konst für denselben Anfangszustand $\lambda_0 = 720$ WE., aufgezeichnet. Die Linien λ konst sind zugleich Linien konstanter Geschwindigkeit $w =$ konst. Die dick ausgezogene gibt $w = a_0$, auf ihr sind die Tangenten an die Linien $f =$ konst alle vertikal.[2]) Da die wahre Zustandsänderung stets mit einer Vermehrung der Entropie verbunden sein muß, kann also die Strömung im zylindrischen Rohr nie die Schallgeschwindigkeit überschreiten. Befinden wir uns oberhalb der Linie $a_0 =$ konst, so erfolgt eine Expansion, sind wir unterhalb derselben, d. h. ist $w > a_0$, so erfolgt, wenn die Entropie wachsen soll, ein Druckanstieg, und die experimentellen Ergebnisse erhalten auch hier eine theoretische Bestätigung. Man kann die Figur auch zur Darstellung der Strömung in einer Düse verwerten, indem man sich erlaubt, den Vorgang in einem Elementarabschnitt des Rohres aus zwei Teilen bestehend zu denken a) aus einer mit Reibung verbundenen Expansion in einem rein zylindrischen Rohre, b) aus einer reibungslosen Ausdehnung in einem gedachten konischen Ansatz. So sind für die in der Figur maßstäblich dargestellte Düse mit den sekundlichen Dampfgewichten 0,251, 0,282, 0,2825 kg usw. die Strömungskurven 1, 2, 3 usw. entworfen. Hierbei ist in der Formel die Reibungsarbeit $\zeta \frac{dx}{2r} \frac{w^2}{2g}$ der Koeffizient $\zeta = 1$ also sehr groß vorausgesetzt worden, um die Kurven stark von

[1]) In einer Diplomarbeit am Eidgen. Polytechnikum i. J. 1904.

[2]) Diese Eigenschaft kann für Gase auch rechnerisch leicht nachgewiesen werden.

der Adiabate abweichen zu lassen. Kurven 1 und 2 entsprechen einem kleinen Gewicht, so daß hinter der engsten Stelle wieder eine Verdich-

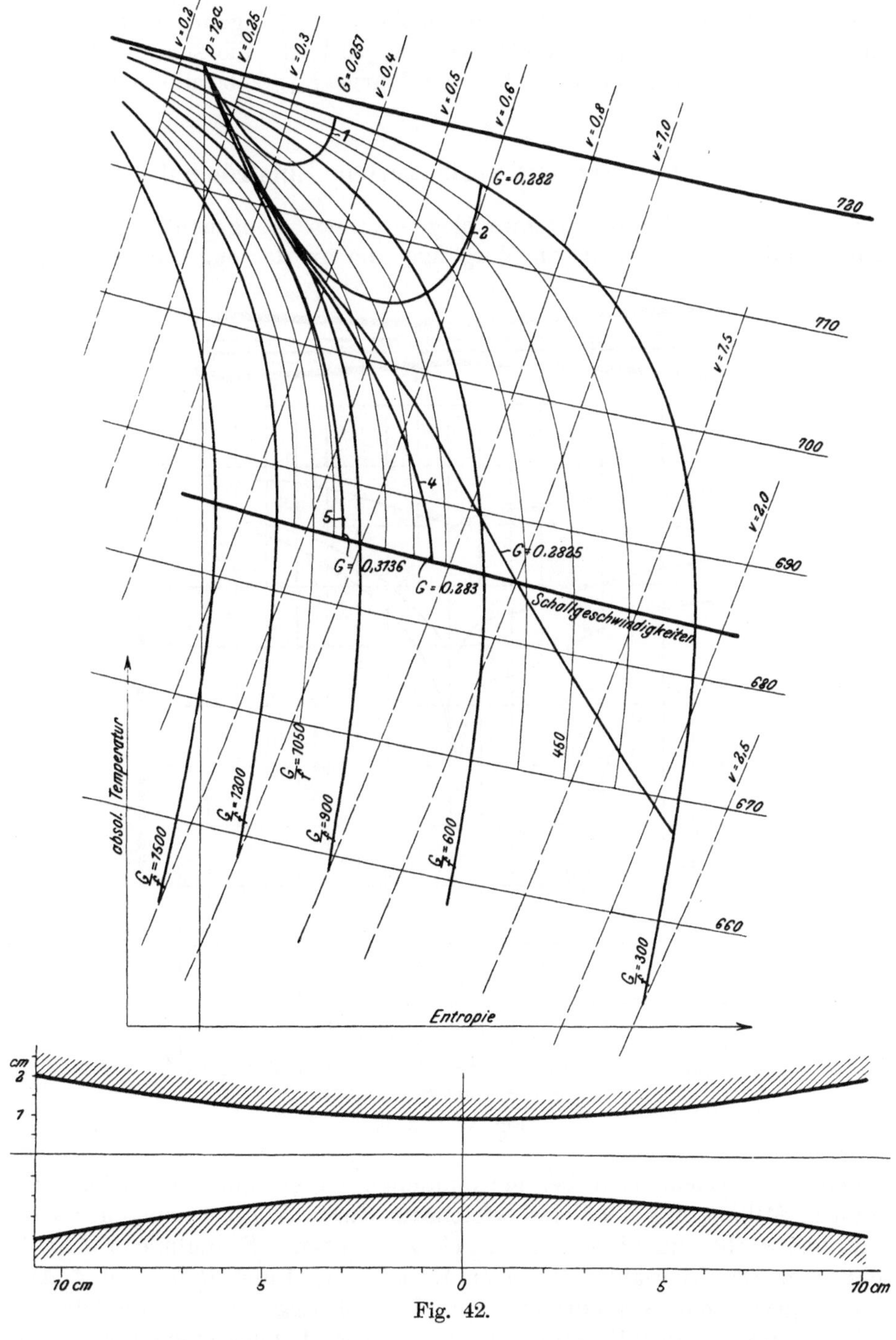

Fig. 42.

tung folgt. Kurve 3 führt auf die Schallgeschwindigkeit und über diese hinweg, wie bei normaler Expansion. Kurven 4, 5 hinwieder entsprechen einem zu großen Dampfgewicht, und die Strömung kann, da die Entropie von dem Punkte ab, wo die Schallgeschwindigkeit erreicht wird, wieder abnehmen müßte, in der Düse nicht fortgesetzt werden. Besonders deutlich geht aus der Figur hervor, daß die Schallgeschwindigkeit, d. h. der Punkt der Linien $f/G =$ konst., in welchem die Tangente vertikal steht, hinter dem engsten Querschnitt erreicht wird, da die schräg abfallende Zustandskurve eben schon vorher die Kurve $f_{\min}/G$ berühren mußte.

29. Die Düse mit verlängertem Einströmhals,

Fig. 43 und 44, durch Zusammenlegen zweier kongruenter Düsen gebildet, sollte dazu dienen, die Vorgänge, die an der engsten Stelle statt-

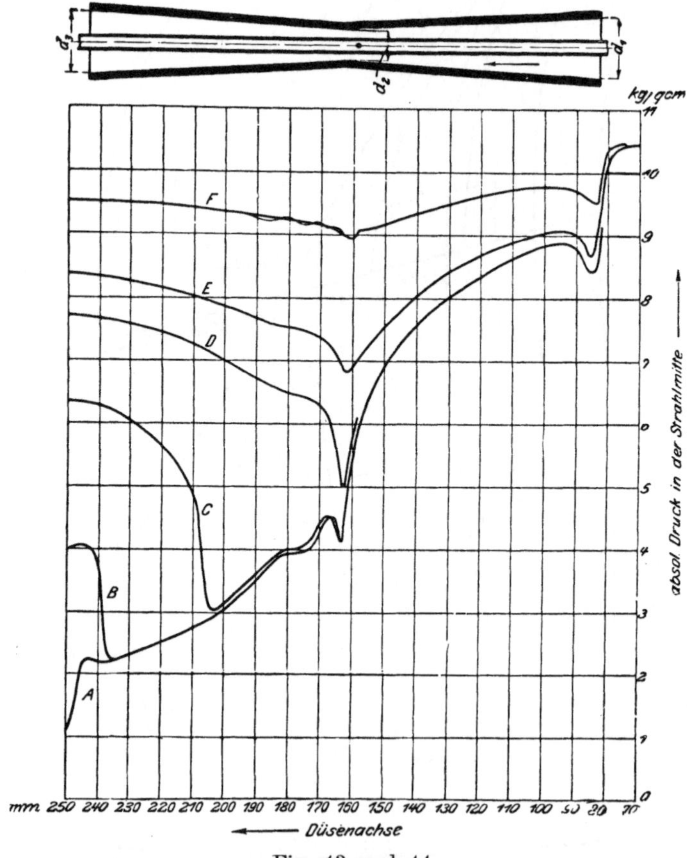

Fig. 43 und 44.

finden, und welche sich bei gewöhnlichen Düsen auf einer Länge von wenigen Millimetern abspielen, gleichsam durch Vergrößerung des Horizontalmaßstabes zu klarem Ausdruck zu bringen. Schaulinie A (Fig, 43) zeigt den Druckverlauf bei freier Expansion, Linie B bei auf 4 Atm. abs. eingestelltem Gegendruck. Der Verdichtungsstoß ist im letzteren Falle knapp vor der Mündung aufgetreten und zeigt einen höchst ausgeprägten Druckanstieg. Linien C, D, E, F sind mit mehr und mehr erhöhtem Gegendruck aufgenommen. Das Eigentümlichste dieser Versuche liegt in den Zacken, welche die Schaulinien beim Übergange aus dem verengten in den erweiterten Kegel aufweisen. Anfänglich war die vordere Düse an der engen Stelle um rund 0,1 mm weiter als die andere, so daß sich ein wenn auch kaum merkbarer Absatz bildete. Aber auch nachdem man die Düsen mit einer gemeinschaftlichen Reibahle auf genau gleichen Durchmesser gebracht hatte, verschwand die Zacke nicht. Nur das Polieren mittels Schmirgels, und zwar vor allem in der Strömungsrichtung brachte die mitlteren Zacken schließlich für gewisse Überhitzungs-

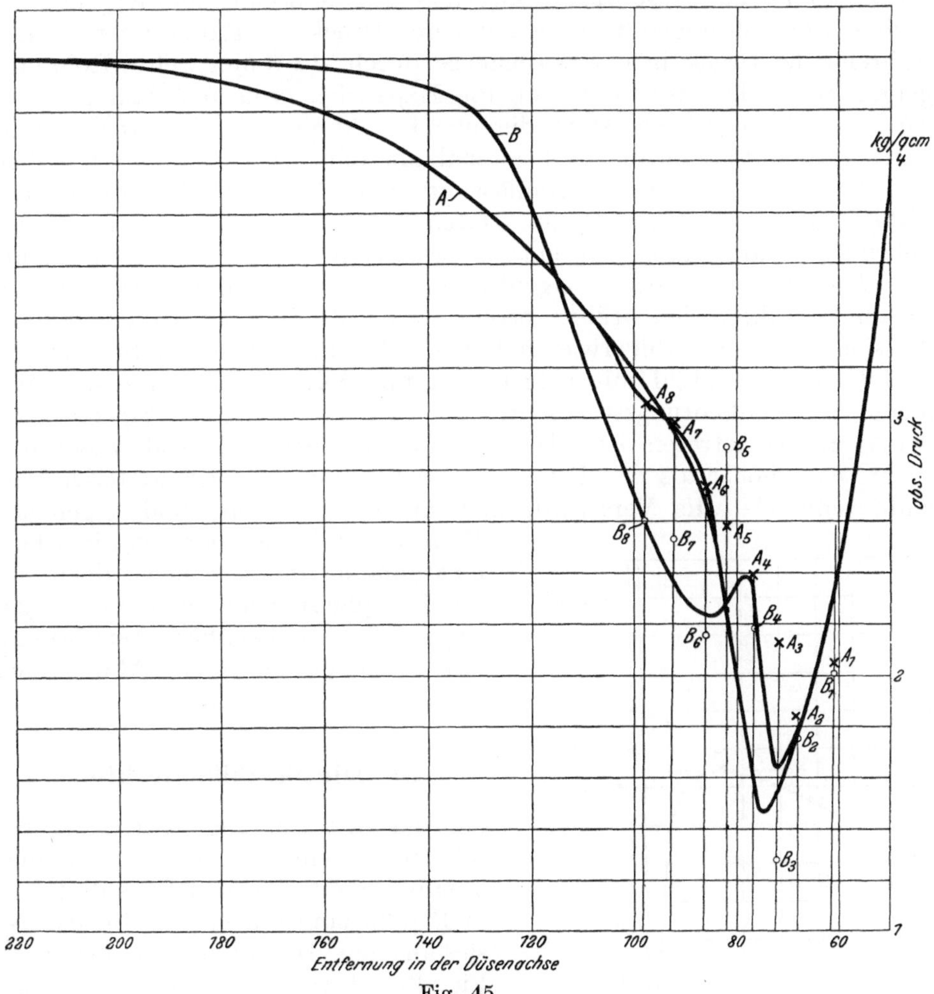

Fig. 45.

grade weg, während sie für andere noch immer auftraten. Diese Erscheinung darf nun nach dem Vorhergenden, so nahe dies auch liegen würde, nicht mehr dadurch erklärt werden, daß man annimmt, der Zeichenwechsel im Zähler und Nenner der Formel (23) finde an verschiedenen Stellen der Düse statt, da vielmehr beide Teile zu gleicher Zeit den Wert Null erhalten müssen. Vielmehr ist zu beachten, daß einesteils der Zustand am Rande und in der Mitte nicht identisch ist, und daß zweitens die Möglichkeit einer Strahlablösung vorliegt, wie durch die unten beschriebenen Versuche in hohem Maße wahrscheinlich gemacht wird.

30. Unstabile Dampfströmung.

Durch einen Zufall gelang es dem Verfasser, zu beobachten, daß in einer und derselben Düse bei zu hoch eingestelltem aber konstant bleibendem Gegendrucke und sonst unveränderten Umständen zwei verschiedene Druckkurven entstehen können.

Die in ihren Abmessungen mit der früher beschriebenen ziemlich übereinstimmende Düse wurde mit einer größeren Zahl zum Kegelmantel senkrechter Bohrungen versehen, um den Druck am Rande festzustellen, während der Druck in der Düsenachse durch ein 5 mm weites Röhrchen gemessen wurde. Während nun die Expansion (von 10,5 Atm. abs. bei rund 200° C ausgehend) stets dieselbe Drucklinie (Fig. 45) ergab, stellt sich für den Verdichtungsstoß einmal die Linie $A - A_1$, dann plötzlich bei ganz geringer äußerer Veranlassung, z. B. Hin und Herschieben des Meßröhrchens Linie $B_1 - B$ ein. Durch Öffnen der Hähne für die Randbohrungen kann man den entgegengesetzten Wechsel einleiten. Linie $B - B$ erweist sich hierbei eigentümlicherweise als die labilere, obwohl sie im Charakter den früher beobachteten Stoßkurven näher kommt, die sich als ganz stabil erwiesen haben. Die Pressungen am Strahlrande sind in das Schaubild mit eingetragen und zeigen, daß im ersten Momente des Verdichtungsstoßes offenbar eine Loslösung des Strahles von der Wand eingetreten ist. Die Randpressungen sind bald wesentlich tiefer, bald höher als der Druck in der Strahlmitte. Im weiteren Verlaufe schwindet die Verschiedenheit mehr und mehr, und gegen das Ende der Düse endlich ist die Übereinstimmung vollkommen, doch ist die Dampfgeschwindigkeit hier so gering, daß auch bei abgelöstem Strahle mit Manometern eine Abweichung nicht mehr feststellbar wäre.

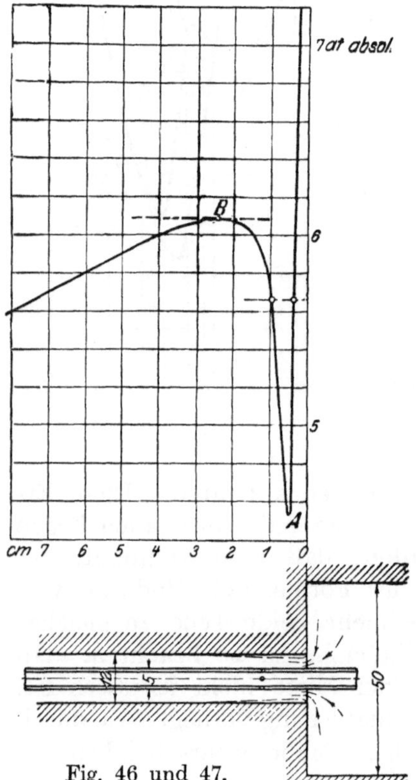

Fig. 46 und 47.

31. Die Strahlkontraktion

bei der Einmündung tritt stets bei scharfkantigem Rohransatz auf und kommt bereits bei den Schaulinien F in Fig. 35 zum Vorschein. Ebenso ist sie an den Drucklinien A bis E in Fig. 43 gut wahrnehmbar, ganz besonders in die Augen springend aber schließlich bei einem geraden zylindrischen Rohr von 12 mm Weite mit 5 mm weitem Meßrohr und scharfen Kanten, welches in die Versuchseinrichtung (Fig. 28) an Stelle der Düse eingefügt wurde. In Fig. 47 ist der mutmaßliche Umriß des Strahles mit darüber liegender beobachteter Druckkurve (Fig. 46) aufgezeichnet. Die wahrscheinlichste Erklärung des Druckverlaufes dürfte die folgende sein: Bei ungefähr 5,6 Atm. erreichen wir die Schallgeschwindigkeit[1]), erhalten also Nullstellen des Zählers und Nenners in Formel (23). Von da bis zum Punkte A ist der Zähler negativ, wegen starker Konizität des Strahles, der Nenner positiv. Bei A beginnt ein Verdichtungsstoß, welchen wir durch ein großes ζ_r kennzeichnen können, so daß der Zähler positiv wird und der Nenner positiv bleibt. Der Druck steigt, die Geschwindigkeit nimmt bis auf Schallgeschwindigkeit ab. Hierauf abermaliger Zeichenwechsel im Zähler und Nenner, — im Zähler, weil ζ_r der normalen Verdichtungskurve entspricht, also klein ist, während φ noch einen verhältnismäßig großen Wert besitzt. Da aber die Erweiterung schließlich aufhört, wird bei B der Zähler gleich Null, der Nenner bleibt negativ und der Druck sinkt wieder.

Immerhin ist zu beachten, daß die Formel für die kontrahierte Stelle nur annäherungsweise zutrifft, indem der Strahl hier nicht allseitig durch feste Wandungen begrenzt ist, mithin der Druck in der Mitte und am Rande merklich verschieden sein wird.

Die Formel $dp:dz$ eignet sich auch zur Berechnung des Reibungskoeffizienten ζ_r aus der Neigung der Tangente an die Druckkurve. Indessen ist in jedem Falle die experimentelle Bestimmung von G, um daraus w zu berechnen, unerläßlich, und wenn w bekannt ist, so berechnet sich der Energieverlust unmittelbar, ohne daß man auf $dp:dz$ zurückzukommnn braucht.

32. Plötzliche Erweiterung im zylindrischen Rohr.

Zwei zylindrische Rohre von je 12 mm l. W. und 70 mm Länge mit scharfen Kanten wurden durch einen Hohlring von 10 mm Dicke und rd. 45 mm l. W. verbunden, wodurch in der Mitte eine plötzliche scharfkantige Erweiterung entstand. Der Druckverlauf, durch

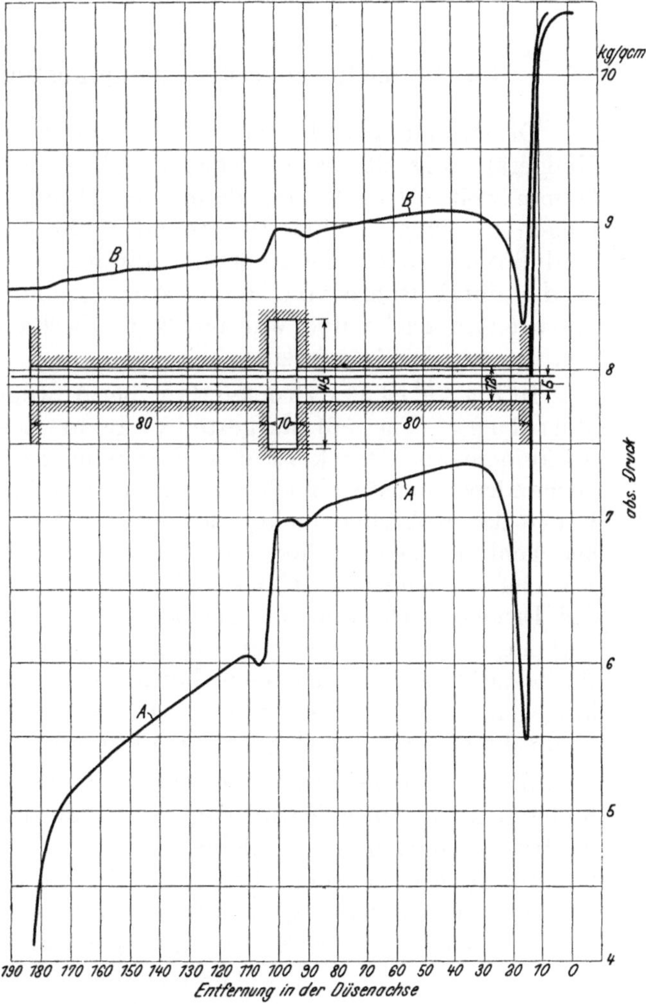

Fig. 48.

[1]) In den früheren Auflagen war irrtümlicherweise der Anfangsdruck zu klein vorausgesetzt worden.

ein 5 mm dickes Meßrohr beobachtet, ist in Fig. 48 dargestellt und zeigt bei Kurve *A* mit 10,5 Atm. abs. beginnend zunächst die tiefe Kontraktionsfurche, wie im vorigen Beispiel. Beim Eintritte in die Erweiterung steigt der Druck um ein Geringes, kurz vor dem Eintritt in die zylindrische Fortsetzung sinkt er um rd. 1 Atm., wobei wegen der Kontraktion abermals eine Zacke, indes von geringerer Tiefe auftritt. Bei der Ausmündung findet ein rascher Abfall statt bis auf den Vakuumdruck. Bei Kurve *B* ist ein Rückstau von rd. 7,5 Atm. abs. eingestellt, dementsprechend sinkt der Druck langsamer, die Kontraktionsfurche ist weniger tief, doch bleiben alle Vorgänge, insbesondere auch in der Erweiterung, deutlich ausgeprägt. Die Geschwindigkeit beim Eintritte in die Erweiterung beträgt für Linie *A* mehr als 300 m, und wie aus dem Druckabfall geschätzt werden kann, genügt die 10 mm betragende Spaltbreite, um diese Geschwindigkeit vollständig zu vernichten. Diese Erscheinung ist für die später zu beschreibenden Labyrinthabdichtungen von Wichtigkeit. Diese bestehen in der Tat aus einer Anzahl hintereinander geschalteten Erweiterungen, dazu bestimmt, die jedesmal erlangte Strömungsgeschwindigkeit in Wirbel aufzulösen.

33. Versuche über den Dampfausfluß aus Mündungen.

Die Mündungen hatten rd. 12 mm Bohrung und wurden in das Meßgerät (Fig. 28) so eingebaut, daß an Stelle der Düse zunächst ein 50 mm weites Zuflußrohr, dann die „Mündung“ in Form einer 20 mm langen Bohrung in einer Bronzeplatte und schließlich ein 70 mm weites Abflußrohr aufeinander folgten, während der Anschluß zum Kondensator wieder durch Rohre von 50 mm Weite gebildet wurde. Das Meßröhrchen hatte 5 mm Dicke und war mit zur Oberfläche senkrechten Bohrungen von 1,5 mm Weite versehen.

In Fig. 49 ist der Druckverlauf bei Anwendung einer abgerundeten Mündung (Fig. 50) dargestellt. Beim Ausfluß in Vakuum von rd. 0,4 kg/qcm abs. Druck ist dem Anscheine nach ein aperiodischer Zustand vorhanden; höchst wahrscheinlich gestattete indessen bloß die ungenügende Länge der Röhrchen nicht, die Wiederkehr der Druckschwankungen zu beobachten. Denn schon die unmittelbar folgende Schaulinie *B* mit rd. 1,3 Atm. Gegendruck zeigt deutlich die regelmäßige Zu- und Abnahme des Druckes. Die Linien *C* und *D* weisen eigentümlicherweise (trotz unveränderten Zustandes der Strömung) eine nur schwach ausgeprägte Periodizität auf. Ungemein heftig und vollkommen regelmäßig sind hingegen „gedämpfte“ Schwingungen bei *E* ausgebildet, um bei *F* abzunehmen und bei *G* gänzlich aufhören.

Ganz ähnliche Druckkurven erhält man bei der in Fig. 52 abgebildeten konischen Mündung mit beiderseits scharfen Rändern. Der Eintritt verursacht eine kleine in Fig. 51 nicht mehr zur Darstellung kommende Einbuchtung; beim Austritt ist der Druckabfall noch gleichmäßiger als bei der abgerundeten Mündung. Auch hier ist die Periodizität bei Kurve *A* fraglich, bei *F* hingegen zweifellos nicht mehr vorhanden.

Eine wesentliche Abweichung hingegen kommt bei der beiderseits scharfkantigen zylindrischen Mündung (Fig. 54) wegen der beim

Additional material from *Die Dampfturbinen,*
ISBN 978-3-662-36141-2 (978-3-662-36141-2_OSFO1),
is available at http://extras.springer.com

Eintritte unvermeidlichen Strahlkontraktion zustande. Wie aus Fig. 53 erhellt, findet zunächst eine Expansion in eine bis auf rd. 3,3 kg/qcm herabreichende Spitze statt. Hierauf schnellt der Druck auf 4,4 kg/qcm hinauf, um nach einigen kleinen Schwankungen gegen das Vakuum abzufallen. Die Kontraktion hat zur Folge, daß die Mündung in ihrem Eintrittsteil wie eine kegelig divergente Düse wirkt und den Mündungsdruck gegenüber den früheren Versuchen herabzieht. Der Druckverlauf hinter der Mündung ist wieder derselbe und zeigt insbesondere bei Kurve *D* prachtvoll ausgeprägte Schwingungen. Bei Kurve *G* mit auf rd. 5,2kg/qcm gesteigertem Gegendruck kommt knapp vor der Ausmündung ein sehr deutlicher Verdichtungsstoß zustande. Bei *H* haben wir nur noch die tiefe Druckfurche der Strahlkontraktion.

Die Versuche bringen die erwünschte Klarheit in die so vielfach besprochenen Ausströmungserscheinungen. Bekanntlich haben Mach[1]) und Emden[2]) auf photographischem Wege das Vorhandensein von regelmäßig aufeinanderfolgenden hellen und dunklen Linien im Ausflußstrahle nachgewiesen, welche folgerichtig nicht anders denn als Schallwellen gedeutet werden konnten; allein über die Höhe des herrschenden Druckes war man vollkommen im unklaren. Emden nimmt an, daß an den Verdichtungsstellen derselbe Zustand herrsche wie in der Mündung (a. a. O. S. 440). Indessen sagt er S. 436 im Widerspruche mit sich selbst, daß im Strahle an jeder Stelle der Druck der Umgebung herrsche, und will lediglich eine Dichtenänderung zulassen. Auf diese Weise müßten z. B. für Luft Stellen kleinster Geschwindigkeit, d. h. kleinster kinetischer Energie, zummenfallen mit Stellen kleinster Temperatur, d. h. kleinster potentieller Energie, was offenbar unmöglich ist. Durch seine Rechnungen glaubt er ferner den Nachweis erbracht zu haben, daß nur der Unterschied zwischen Anfangs- und Mündungsdruck zur Erzeugung von fortschreitender Geschwindigkeit verwendet wird; der Restbetrag der verfügbaren Arbeitsfähigkeit soll in „Schallenergie“ umgesetzt werden. Unsere Versuche machen diese Anschauungsweise gegenstandslos; es geht aus denselben hervor, daß der Dampf zunächst unter den vor der Mündung herrschenden Druck expandiert, daß mithin im ersten Anlaufe (wie etwa bei einer plötzlich frei werdenden gespannten Feder) zu viel potentielle Energie in lebendige Kraft umgesetzt wird. Nur dieses Zuviel geht in Schallschwingungen über und wird durch die Reibung und Wirbelung am Strahlrande in Wärme rückverwandelt.

Die Schwingung findet übrigens offenbar sowohl in axialer wie in radialer Richtung statt. Der Strahl tritt mit dem Mündungsdrucke in eine Umgebung mit viel geringerer Pressung aus, wird also in radialer Richtung zu expandieren anfangen. Erst die hierdurch bewirkte Druckabnahme beschleunigt die Teilchen auch in der Achsenrichtung.

An dieser Stelle sind zu erwähnen die Versuche von Prof. Gutermuth[3]), die zwar in anderer Absicht unternommen worden sind, indes

---

[1]) E. Mach und P. Salcher, Wiedemanns Annalen 1890, Bd. 41, S. 144.

[2]) R. Emden, Wiedemanns Annalen 1899, Bd. 69, S. 264.

[3]) Zeitschr. d. Ver. deutsch. Ing. 1904, S. 75.

auch dem Turbinenkonstrukteur wertvolle Angaben liefern. Gutermuth untersuchte die in Fig. 55 dargestellten Ausflußmündungen usw.

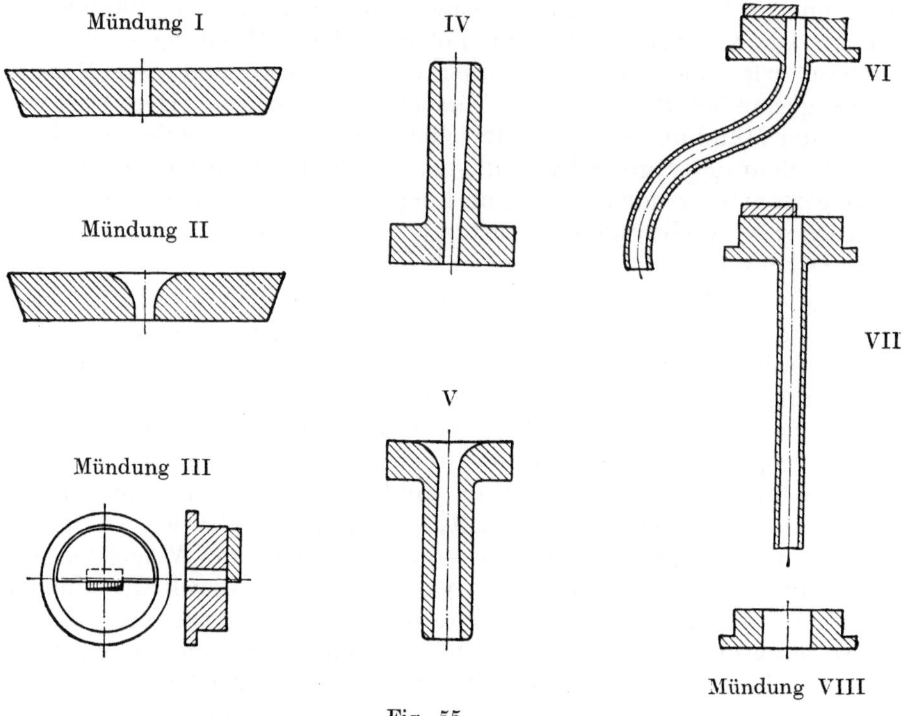

Fig. 55.

I = Kreisrundes Loch von 5,4 mm Durchmesser mit scharfen Kanten in einer Platte von etwa 13 mm Dicke.

II = Kreisrundes Loch von 5,4 mm Durchmesser mit trichterförmigem Einlauf.

III = Rechteckiger Kanal, der durch eine vorgelegte Platte verengt wird, mit gleich großem reinem Durchflußquerschnitt wie bei I und II.

IV = Kreisöffnung I mit angesetzter Lavaldüse von $2{,}5^0$ Erweiterung.

V = Kreisöffnung II mit derselben Lavaldüse.

VI = Kanal III mit gebogenem rechteckigem Ansatzrohr.

VII = Kanal III mit geradem rechteckigem Ansatzrohr.

VIII = Kreisrundes Loch von 16,2 mm Durchmesser.

In Fig. 55a sind die von Gutermuth ermittelten Ausflußmengen in kg/min. bei 9 kg/qcm abs. Druck vor der Mündung und trocken gesättigtem Dampf als Funktion des hinter der Mündung eingestellten Druckes verzeichnet.

Mündungen II und V werden ohne Kontraktion gearbeitet haben, bei allen übrigen ist eine Kontraktion vorhanden, was sich deutlich in der gegenüber II kleineren Ausflußmenge kenntlich macht. Gutermuth berechnet das Verhältnis der Dampfgewichte als „Kontraktionskoeffizienten“ wie folgt

Druck hinter der Mündung Atm. abs.	8,8	8,5	8,0	7,0	6,0	5,2
Kontraktionskoeffizient für Münd. I	0,70	0,78	0,80	0,85	0,86	0,88
" " " III	0,71	0,80	0,83	0,90	0,91	0,93

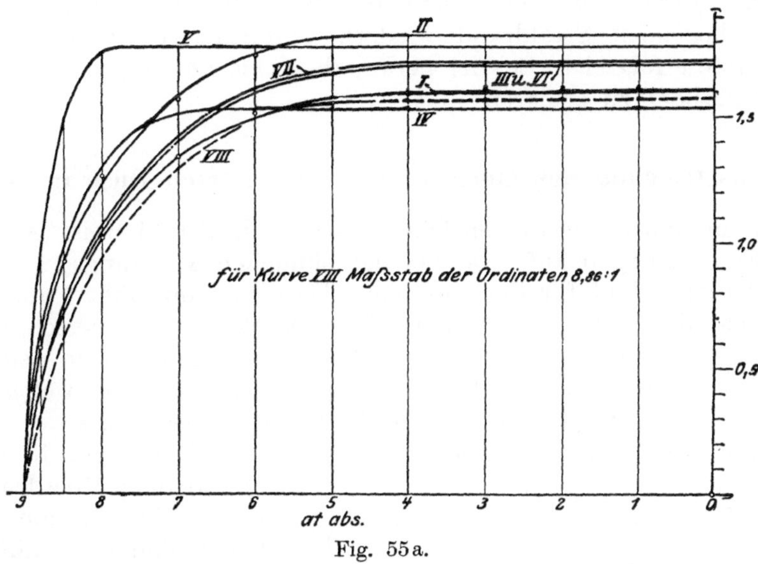

Fig. 55a.

Daß hiernach der rechteckige Kanal eine geringere Kontraktion ergibt wie der zylindrische liegt wohl an der vorgelagerten Platte, welche bei letzterem sozusagen nur „halbe“ Kontraktion zuließ. Im übrigen bestätigen die Versuche von Gutermuth unsere im Abschnitt 24 über die saugende Wirkung der Düse bei kleinen Druckunterschieden gemachten Angaben.

34. Theorie der Schallschwingungen im freien Strahle von Prandtl.[1]

Für unendlich kleine Schwankungen des Druckes und der Geschwindigkeit während der beschriebenen Schallschwingung gelang es Prandtl, die hydrodynamischen Gleichungen zu integrieren, und die Wellenlänge λ zu bestimmen. Für eine kreisrunde Mündung vom Durchmesser d, aus welcher der Dampf mit der mittleren Geschwindigkeit w_m ausströmt, während c die dem Dampfzustande entsprechende Schallgeschwindigkeit ist, findet Prandtl

$$\lambda = 1{,}307\, d \sqrt{\frac{w_m^{\,2}}{c^2} - 1}\,.$$

Gegenüber der von R. Emden für Luft aufgestellten Formel liefert die Gleichung von Prandtl eine rd. 1,35mal so große Wellenlänge. Bei einem flachen Strahl von der Höhe h bei sehr großer Breite ist der Faktor vor dem Wurzelzeichen $2h$. Aus der Formel geht hervor, daß die beschriebenen Schwingungen nur auftreten können, wenn die mittlere Geschwindigkeit des Strahles größer ist als die Schallgeschwindigkeit.

[1]) Physik. Zeitschr. 1904, S. 599f.

Prandtl führt die im Strahle sichtbaren hellen und dunklen Linien in äußerst interessanter Weise auf Verdichtungs- und Verdünnungswellen zurück, die vom Rande der Mündung (da, wo die plötzliche Druckdifferenz auftritt) in das Innere des Strahles fortgepflanzt und am gegenüberliegenden Strahlrand wiederholt reflektiert werden. Hiermit ist der erste erfolgreiche Schritt getan, diese bis anhin ganz rätselhaften optischen Bilder zu erklären.

35. Ausströmung aus einer konisch erweiterten Düse ins Freie.

Der aus einer erweiterten Düse austretende Strahl weist genau dieselben Erscheinungen auf, wie bei der einfachen Mündung. In Fig. 56 ist der Druckverlauf für den aus einer Düse von ungefähr 7 auf 12 mm Weite tretenden Strahl dargestellt. Der Druck im Endquerschnitte der Düse erreichte etwa 1,05 kg/qcm absolut. Der Strahl trat in den weiten Hohlraum der unten besprochenen Versuchsbombe aus, in welchem der Druck variiert werden konnte. Wurde Vakuum hergestellt, so expandiert der Dampf gemäß Kurve *A*, bei geringerem Unterdrucke gemäß *B*. Der allerkleinste Überdruck wie bei *C* ließ schon kleine Schwankungen auftreten, bei etwas größerem Überdrucke erschienen die sehr ausgeprägten Schallschwingungen gemäß Schaulinie *D*. In Fig. 56a ist eine zweite Versuchsreihe dargestellt, bei welcher Dampf in der Düse auf etwa 0,7 kg/qcm absolut expandierte. Die Ausmündung in höheres Vakuum ergab die sehr regelmäßige Schallschwingung nach Kurve *A*. Bei *B* gelang es, den Gegendruck so einzustellen, daß jede Spur einer Schwingung verschwand. Sowie man den Gegendruck steigerte, traten die Schwingungen wieder auf, wie Schaulinie *C* lehrt. Linie *D* entspricht schließlich einem so hohen Gegendruck, daß sich die Stauung in das Innere der Düse erstreckt, und die Schwingung wohl zufolge dieses Umstandes bedeutend geringere Intensität aufweist, wie im ersten Versuch. Der Verlauf der regelmäßigen Expansionslinie im Innern der Düse wird durch den Gegendruck nicht beeinflußt, und es treten dortselbst keine Schwingungen auf.

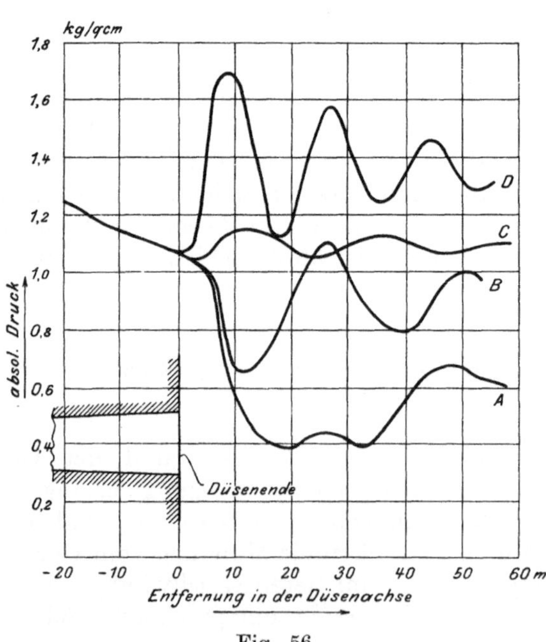

Fig. 56.

Aus diesen Versuchen ist die Folgerung zu ziehen, daß der Dampf in der Düse zunächst unabhängig vom Gegendrucke nahezu adiabatisch expandiert. Strömt der Strahl in einen Raum aus, in welchem ein Gegendruck herrscht, der dem Enddrucke der Expansion genau gleich ist, so ändert sich die Pressung im Strahl durchaus nicht. Ist der Gegendruck niedriger, so entstehen Schallschwingungen, wie bei der einfachen Mündung; ist der Gegendruck zu hoch, so entsteht ein Dampfstoß mit mehr oder weniger stark ausgeprägten Schwingungen. Bei vollständig ausgefülltem Querschnitt ist indessen eine Schwingung in der sich erweiternden Düse erschwert, wenn nicht unmöglich. Man geht eben

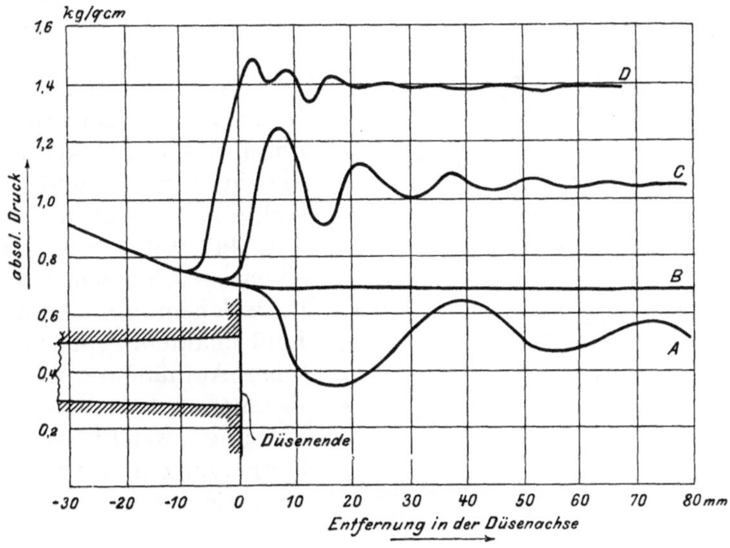

Fig. 56a.

kaum fehl, wenn man die ausgeprägte Schwingung bei der einfachen Mündung in erster Linie der plötzlich auftretenden Druckdifferenz am Strahlrande gegen die Umgebung zuschreibt, welche den Strahl zu einer raschen Verbreiterung veranlaßt. Die seither angestellten Versuche (Abschnitt 30) machen es fast gewiß, daß, wenn im Innern der Düse Schwingungen auftreten, der Strahl sich an solchen Stellen von der Wandung ablöst. Die Abwesenheit jeder Druckschwankung in der beobachteten regelmäßigen Expansionslinie ist umgekehrt ein weiterer Beweis dafür, daß der Strahl den Querschnitt vollständig ausfüllt.[1])

[1]) Das Vorhandensein von Schwingungen beim Austritte des Dampfes aus Düsen haben auch schon Oberingenieur Kienast, Prof. Gutermuth und P. Emden beobachtet. Über die Versuche des letzteren wurde von A. Fliegner in der Schweiz. Bauzeitung 1903, Bd. XLI, S. 173 berichtet. Die von Emden benutzte Düse hatte eine Weite von 5,5 auf 11 mm bei etwa 30 mm Länge, sie war mithin für einen Anfangsüberdruck von bis zu 5 kg/qcm und atmosphärischen Gegendruck viel zu stark erweitert, und dieser Umstand, unterstützt durch den scharfen Ansatz beim Eintritt, läßt es nach obigem begreiflich erscheinen, daß der Strahl, wie aus den Lichtbildern hervorgeht, sich von der Düsenwand ablöste. Eine Übertragung der sich hieraus ergebenden ungünstigen Folgerungen auf richtig bemessene Düsen ist, wie unsere Versuche beweisen, unstatthaft. Gegenüber dem Nachdruck, mit welchem von mancher Seite bis in die letzte Zeit an der Anschauung festgehalten wurde, daß bei der Lavalturbine der Dampf keine höhere als die Schallgeschwindigkeit, d. h. rd. nur etwa 450 m erlangen könne, sei darauf hingewiesen, daß diese Turbine dann nimmermehr einen Dampfverbrauch von bloß 7 kg pro PS_e-st aufweisen könnte. Die „theoretische" Geschwindigkeit ist höher wie 1000 m;

36. Versuche mit Turbinenschaufeln.

Obwohl bekannt ist, daß der Widerstand bewegter Laufschaufeln wegen des stets wechselnden Einflusses der Kanalverengerung durch die Stege der Leitschaufeln erheblich verschieden sein kann von dem, den man in der Ruhelage erhält, dürften doch Versuche mit ruhenden Schaufeln im gegenwärtigen mangelhaften Zustande unserer Kenntnisse auf diesem Gebiete manch wünschbaren Aufschluß bringen. Um derartige Versuche durchführen zu können, wurde die in Fig. 57 und 58 dargestellte Vorrichtung entworfen und benutzt. Sie besteht aus einem geschlossenen Hohlgefäß, in welchem zur Aufnahme der Laufschaufeln ein in kardanischer Aufhängung festgemachter Rahmen untergebracht ist. Die Reibung, welche die tragenden Körnerspitzen verursachen, hat sich, wie vorausgesehen, unschädlich erwiesen, da die Dampfströmung stets mit so viel Erschütterungen verbunden ist, daß die an sich geringfügige Reibung keine Klemmungen hervorruft. Der Zweck der zwei zueinander senkrechten Drehachsen ist die gleichzeitige Ermittelung der Umfangskomponente und des Axialdruckes der Dampfreaktion.

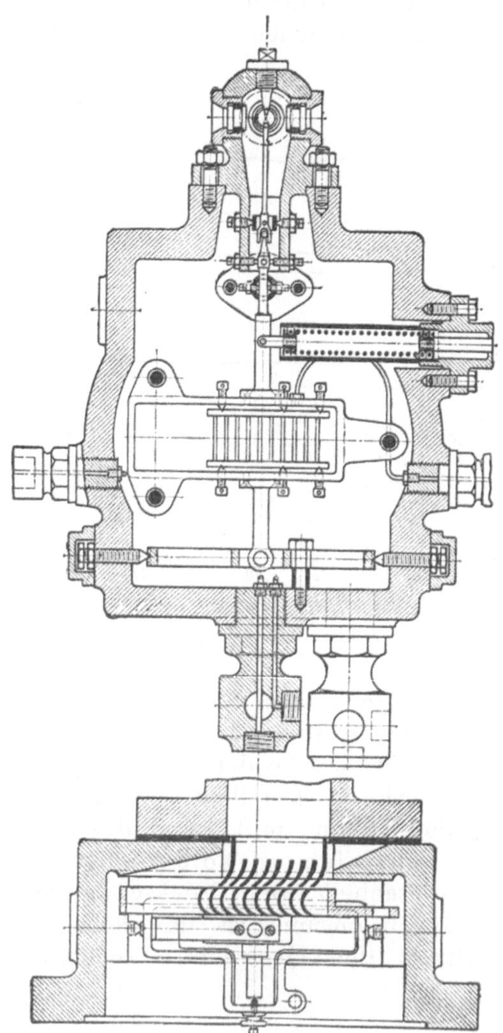

Fig. 57 und 58.

Zu diesem Behufe greifen am Rahmen eine senkrechte und eine wagerechte Federwage an, welche durch Gewichte geeicht werden und an Mikrometerschrauben die Spannung erkennen lassen. Eine Verlängerung des Rahmens bewegt einen leichten Zeiger, der jede Verschiebung mit 10facher Übersetzung anzeigt und mittels festgelegter Marke, welche durch zwei Glasfenster beobachtet werden kann, den Rahmen auf genau denselben Punkt sowohl in der Lot- wie in der

---

bleibt nur so viel Energie übrig, als der lebendigen Kraft bei 450 m Geschwindigkeit entspricht, und wird der Rest durch die Schallschwingung in Wärme umgewandelt, so könnte auch eine Idealturbine noch nicht 25 v. H. der verfügbaren Energie in Arbeit umwandeln, während in Wahrheit mehr als 50 v. H. geliefert werden. Die Tatsachen widerlegen also diese hartnäckig verfochtene Ansicht aufs bestimmteste.

Wagerechten einzustellen gestattet. Nachdem die in der Nullstellung vorhandene Federspannung des unbelasteten Rahmens notiert ist, läßt man Dampf eintreten und führt den Rahmen in die Nullstellung zurück. Der Unterschied der Federspannungen gibt die ausgeübten Kräfte, und auf diese Weise werden die tangentiale und die axiale Komponente T und A der „Gesamtreaktion" des Dampfes gemessen (Fig. 59).

Die Schaufelmodelle bestanden aus Bronzeblech mit Stegen von überall gleicher Dicke. Es wurden geprüft: 1. Leit- und Laufapparat von je 30 mm Breite mit einem rd. 0,8 mm breitem Spalt; 2. dieselben mit rd. 4,5 mm breitem Spalt; 3. dieselben Laufschaufeln mit einem Leitapparat von 25 mm und Spalt von 1 mm Breite; 4. dieselben Laufschaufeln mit einem Leitapparat von 15,5 mm und Spalt von 1 mm Breite. Der Austrittswinkel aus dem Leitrade und Ein- und Austrittswinkel am Laufrade waren sämtlich $= 30^0$. Die Figuren 60 bis 63 stellen die erhaltenen Ergebnisse in obiger Reihenfolge dar. Die Abzissenachse bedeutet den Druck vor den Leitschaufeln; der Druck hinter der Laufschaufel ist an die Schaulinien jeweils angeschrieben. Die Ordinaten sind die Schaufeldrücke in Kilogramm. Die steiler ansteigenden Linien geben die Umfangskomponente, die weniger steilen den Axialdruck. Beide erreichen den Wert Null, wenn der Druck vor der Schaufel dem Gegendruck gleich geworden ist. Da der Kesseldruck unverändelich etwa 10 Atm. betrug, so wurde der Dampf durch Drosselung etwas überhitzt.

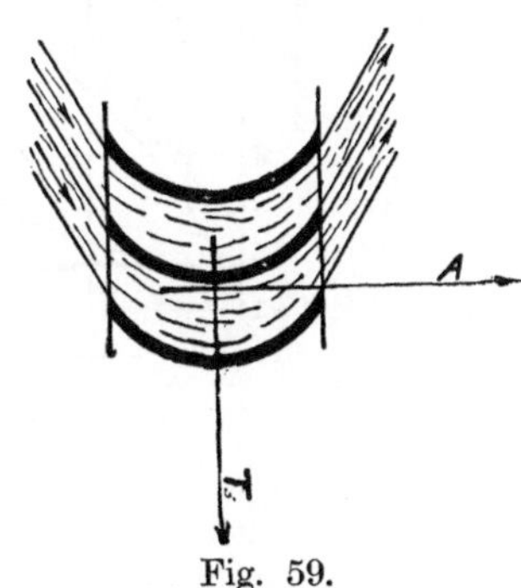

Fig. 59.

Das Bemerkenswerte der Schaulinien besteht darin, daß in den Fällen 1. und 2. die axiale Kraft trotz der unzweifelhaft vorhandenen Schaufelreibung bei kleinen Überdrücken negativ wird, und zwar um so mehr, je größer die Pressungen an sich sind. Es liegt dies wahrscheinlich daran, daß bei der vorhandenen gleichen Anzahl der Leit- und der Laufkanäle der Querschnitt am Ende des Leitkanales die engste Stelle des ganzen von Leit- und Laufschaufel gebildeten Kanales ausmacht. Bei geringem Überdruck findet eine Expansion unter den Druck der Umgebung statt, so zwar, daß der Außendruck das Übergewicht erhält und die Schaufel gegen den Leitapparat preßt. Wie mächtig dieser Einfluß ist, zeigt Fall 2, bei welchem trotz des 4,5 mm breiten Spaltes der negative Überdruck besteht. Allerdings wird die Druckänderung im Spalte selbst noch experimentell näher untersucht werden müssen.

Aus der sekundlichen Dampfmasse M, die man beobachtet, und aus dem Zustande des Dampfes vor und hinter den Schaufeln kann mit der theoretischen Geschwindigkeit w auch der „theoretische" Schaufeldruck

$$P_0 = 2\,Mw\cos\alpha$$

in tangentialer Richtung für die reibungslose Strömung (wobei α der Ein- und Austrittswinkel an der Laufschaufel ist) berechnet werden. Da der Verlust in der Leitschaufel wegen allmählich zunehmender Geschwindigkeit gering ist, darf man in erster Näherung voraussetzen, es werde beim Austritt aus dem Leitrade die theoretische Geschwindigkeit vorhanden sein, die in der Laufschaufel wegen der Reibung auf einen kleineren Austrittswert w' sinkt. Der effektive Tangentialdruck wäre dann

$$P_e = M(w + w') \cos \alpha$$

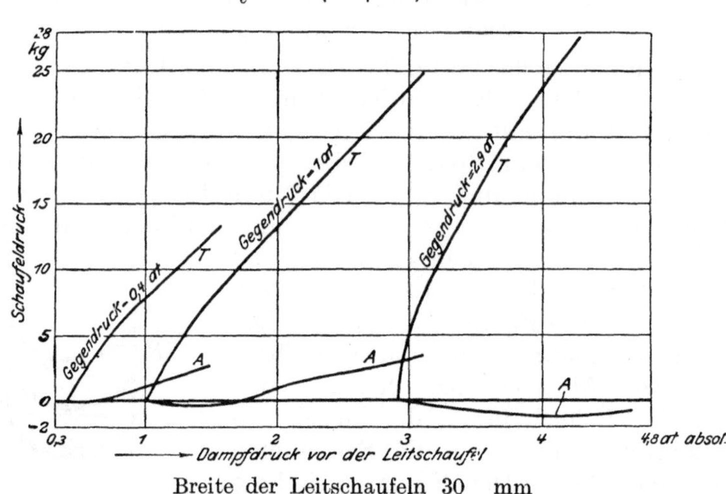

Breite der Leitschaufeln 30 mm
" " Laufschaufeln 30 "
" des Spaltes 0,8 "

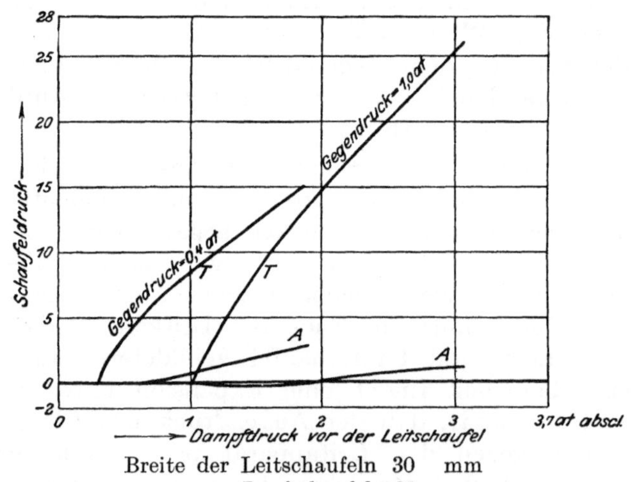

Breite der Leitschaufeln 30 mm
" " Laufschaufeln 30 "
" des Spaltes 4,5 "

Fig. 60 und 61. Umfangsdruck T und Axialdruck A.

und gestattet w' zu ermitteln. Der Verlust an lebendiger Kraft in der Schaufel in Teilen der verfügbaren Energie ist

$$\zeta = \frac{w^2 - w'^2}{w^2}.$$

Sollte indessen im Spalte zwischen den Schaufeln ein Rückdruck oder ein Vakuum auftreten, so dürfte man nicht mehr w als Austrittsgeschwindigkeit aus der Laufschaufel ansehen und die Berechnung des Verlustes wäre illusorisch.

Bei einem weiteren Versuch mit Laufschaufeln, welche wie bei „Grenzturbinen“ mit überall gleichem Querschnitt, also einer starken Verdickung in der Mitte konstruiert waren, ergab sich bei einer Geschwindigkeit von rd. 400 m der wie oben gerechnete Verlustkoeffizient $\zeta = 0{,}30 - 0{,}40$, und zwar wie natürlich am kleinsten, wenn die Schaufeln

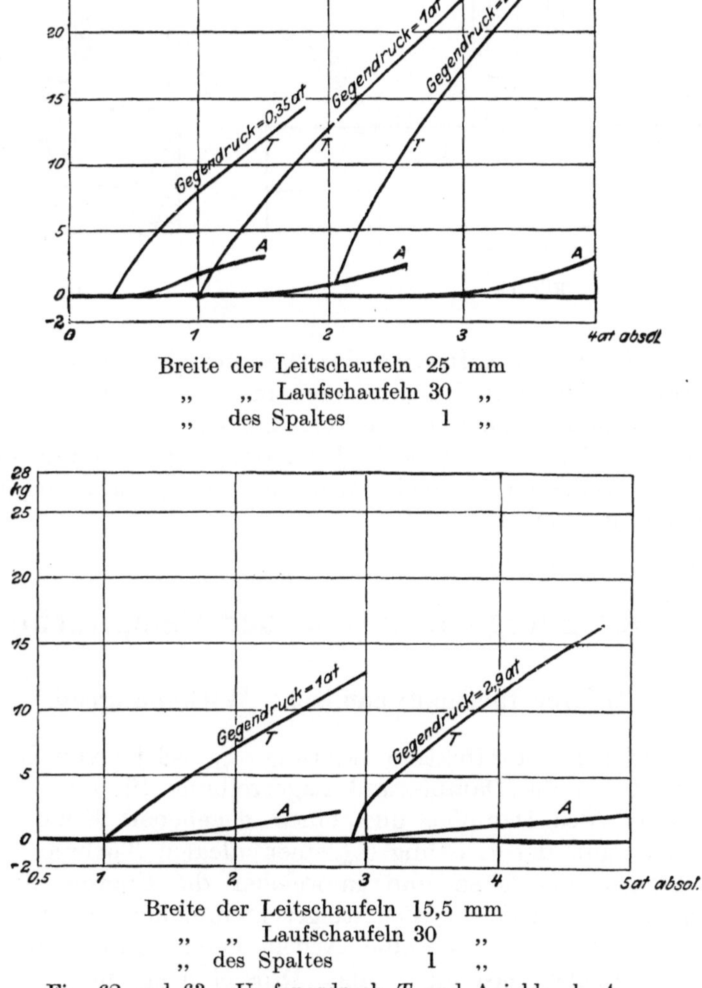

Breite der Leitschaufeln 25 mm
„ „ Laufschaufeln 30 „
„ des Spaltes 1 „

Breite der Leitschaufeln 15,5 mm
„ „ Laufschaufeln 30 „
„ des Spaltes 1 „

Fig. 62 und 63. Umfangsdruck T und Axialdruck A.

(bei gleicher Teilung in Leit- und Laufrad) sich gegenüberstehen, am größten, wenn sie versetzt sind. Ob bei kleineren Geschwindigkeiten der Verlust abnimmt, konnte noch nicht festgestellt werden. Die Versuche sollen fortgesetzt werden.

Ein eigentümliches Bild bietet der Anprall eines Dampfstrahles auf eine offene Schaufel Peltonscher Form, wie in Fig. 64 und 65. Der aus eine Düse von 7 × 12 mm Weite tretende Strahl verbreitert sich beim Auftreffen auf die Schaufel in außerordentlichem Maße. Die etwas verdickten Ränder des Strahles verlassen die Schaufel auf einer Breite von rd. 54 mm, d. h. dem $4^1/_2$fachen des Düsendurchmessers. Eine kleinere Menge Dampf geht übrigens noch weiter auseinander. Der großen Ausbreitung entsprechend erscheint der Strahl in der Stirnansicht wie ein Schleier von bloß etwa Papierstärke. Bei *a* ist eine Verdichtungsstelle,

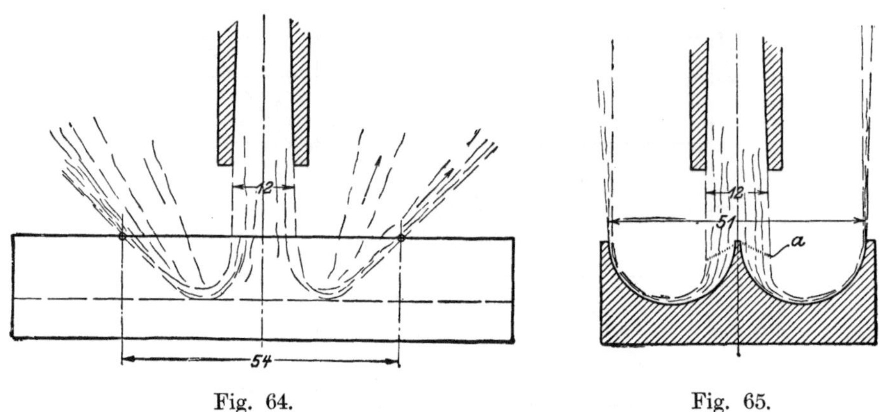

Fig. 64. Fig. 65.

die offenbar durch das Auftreffen des Dampfes auf die Kante verursacht ist, bemerkbar. Diese Wahrnehmungen mahnen zur Vorsicht; insbesondere geht aus dem Dargelegten hervor, daß ein Turbinenentwurf Erfolge nur versprechen kann, wenn sich der Konstrukteur durch Vorversuche mit den eigentümlichen Erscheinungen der Dampfströmung nach Möglichkeit vertraut gemacht hat.

B. Der Energieumsatz in der Dampfturbine.

37. Der thermodynamische Wirkungsgrad.

Man vergleicht die effektive Leistung L_e, welche von einer Turbine mit Rücksicht auf die Dampf- und Lagerreibung für einen bestimmten Anfangszustand des Dampfes und einen gegebenen Kondensatordruck erhältlich ist, mit der Leistung L_0 einer idealen Turbine, in welcher keine Reibungen herrschen und in welcher die Energie des Dampfes vollständig, d. h. so, daß die Austrittsgeschwindigkeit bis auf Null herabsinkt, ausgenutzt wird. Dieselbe Arbeit liefert 1 kg Dampf in einer reibungslosen Kolbenmaschine ohne Drosselungen mit wärmedichten Zylindern, auf Null reduziertem schädlichen Raume und Expansion bis auf den Kondensatordruck.

Das Verhältnis

$$\eta_e = \frac{L_e}{L_0} \quad \ldots \ldots \ldots \quad (1)$$

nennen wir den thermodynamischen Wirkungsgrad, bezogen auf die effektive Leistung.

Wenn der Wärmeinhalt des Anfangszustandes mit λ_1, derjenige der adiabatischen Expansion auf den Kondensatordruck mit λ_2' bezeichnet wird, so ist nach früherem die theoretische Leistung in mkg für 1 kg Dampf

$$L_0 = \frac{(\lambda_1 - \lambda_2')}{A} \quad . \quad . \quad . \quad . \quad . \quad . \quad . \quad . \quad (2)$$

Der gesamte Wärmeaufwand Q_0 ist wesentlich größer als $A L_0$ und reicht je nach der Speisewassertemperatur mehr oder weniger an λ_1 heran. Der „Gesamtwirkungsgrad" ist das Verhältnis

$$\eta_0 = \frac{A L_e}{Q_0} \quad . \quad . \quad . \quad . \quad . \quad . \quad . \quad . \quad . \quad (3)$$

Die Bestimmung von L_0 ist mit Hilfe der Entropietabelle leicht möglich; es haben indes Rateau (Annales des Mines 1897) und Mollier (Z. 1898) empirische Formeln gegeben, aus welchen man L_0 berechnen kann, und zwar ersterer für gesättigten Dampf

$$D_0 = 0{,}85 + \frac{6{,}95 - 0{,}92 \lg p_1}{\lg \left(\frac{p_1}{p_2}\right)} \quad . \quad . \quad . \quad . \quad . \quad (4)$$

letzterer für gesättigten Dampf

$$D_0 = \frac{6{,}82 - 0{,}9 \lg p_2}{\lg \left(\frac{p_1}{p_2}\right)} \quad . \quad . \quad . \quad . \quad . \quad . \quad . \quad (5)$$

für überhitzten Dampf

$$D_0' = \frac{D_0}{1 + 0{,}00079 \left[(T' - T) - T_0 \ln \frac{T'}{T}\right] D_0} \quad . \quad . \quad . \quad (6)$$

Hierin bedeutet

D_0 bzw. D_0' den Dampfverbrauch der vollkommenen Turbine für 1 PS-st,
p_1 den Anfangsdruck in kg/qcm,
p_2 den Enddruck in kg/qcm,
T die absolute Sättigungstemperatur des Dampfes beim Eintritt,
T' die absolute Überhitzungstemperatur des Dampfes beim Eintritt,
T_0 die absolute Sättigungstemperatur des Dampfes beim Austritt.

Nun leistet eine Pferdestärke, eine Stunde lang wirkend, 270000 mkg oder 637 WE;[1]) wenn hierbei D_0 kg Dampf verbraucht worden sind, so entfällt auf 1 kg die Arbeit

$$L_0 = \frac{270\,000}{D_0} \text{ mkg}$$

oder es ist die nutzbar umgewandelte Wärmemenge

$$\lambda_1 - \lambda_2' = A L_0 = \frac{637}{D_0} \text{ WE} \quad . \quad . \quad . \quad . \quad . \quad . \quad (7)$$

[1]) Wir wählen diese Zahl, um mit dem Werte von $A = {}^1/_{424}$ mkg, welcher in den Dampftabellen benutzt ist, in Übereinstimmung zu bleiben.

38. Endzustand des Dampfes in einer beliebigen Dampfturbine.

Wir denken die Turbine gegeben und ihren Dampfverbrauch D_e pro PS_e-st experimentell bestimmt. Ebenso sei die Lagerreibung der Aufwand zum Antriebe einer Luftpumpe usw. überhaupt alle diejenigen äußeren Arbeiten, deren Betrag nicht als Wärme dem Dampfe wieder zufließt, bekannt. Die Summe dieser Leistungen fügen wir zur effektiven Leistung hinzu und erhalten die nach außen abgegebene Bruttoarbeit des Dampfes $= N_e'$. In N_e' ist nicht enthalten beispielsweise die Dampfreibung der Turbinenräder, weil diese, gänzlich in Wärme umgewandelt, als Teil des Wärmeinhaltes des Dampfes wieder zum Vorschein kommt. Aus N_e' erhalten wir den Brutto-Dampfverbrauch $D_e' = D_e \frac{N_e}{N_e'}$ in kg/St., der natürlich nicht mit D_e verwechselt werden darf. Aus D_e' ergibt sich schließlich die absolute nach außen abgegebene Arbeit in mkg, die 1 kg Dampf leistete,

$$L_e' = \frac{1\,637}{A\,D_e'}.$$

Durch den Versuch ist festgestellt: der Anfangszustand, sei A_1 in Fig. 27 und der Enddruck p_2 der Expansion. Ferner kann geschätzt werden der Leitungs- und Strahlungsverlust nach außen, den wir mit Q_s pro Kilogramm Dampf bezeichnen wollen. Ist nun c_2 die Auslaßgeschwindigkeit (aus dem letzten Laufrade der Turbine), so nimmt der Dampf die kinetische Energie $c_2^2/2g$ mit. Nach der Grundformel (1), Abschn. 20, gilt nun

$$\lambda_1 - \lambda_2 = A L_e' + Q_s + \frac{A c_2^2}{2g} \quad \ldots \ldots \quad (1)$$

und hieraus kann λ_2, also x_2 bestimmt werden. An einer weiter abgelegenen Stelle des Auspuffrohres wird c_2 in den kleineren Betrag c_2' übergegangen sein, womit eine entsprechende Erhöhung von λ_2 verbunden ist.

Da c_2 vom Endzustande selbst abhängt, werden wir diesen (durch p_2 und x_2 bestimmt) probeweise annehmen, das spezifische Volumen, die relative und die absolute Austrittsgeschwindigkeit rechnen. Setzen wir c_2 in Gl. (1) ein, so muß, wenn die Annahme richtig war, das angenommene λ_2 herauskommen. Im allgemeinen ist Q_s vernachlässigbar klein, und das dritte Glied geringfügig, so daß eine sehr angenäherte Berechnung desselben hinreicht.

Beim Neuentwurf einer Turbine werden die Verlustbeträge, wie weiter unten erläutert werden soll, geschätzt, c_2 frei gewählt und hieraus λ_2 bestimmt.

Axialturbinen.

39. Die einstufige Druckturbine.

a) Große Druckunterschiede; Entwurf der Düse.

Führen wir die Düse nach der Zeunerschen Formel aus, so bleibt der Enddruck über dem vorgeschriebenen Gegendrucke, da die Reibungen kinetische Energie in Wärme umsetzen und die Expansionslinie über die Adiabate erheben. Eine nach Zeuner berechnete Düse ist also in Wirklichkeit etwas zu kurz. Es haben nun Rateau und nach ihm Delaporte durch Versuche nachgewiesen, daß der Druck des Strahles auf Schaufeln oder geeignete Unterlagen nur sehr wenig abnimmt, wenn man die Düse kürzt, d. h. den Strahl mit etwas Überdruck austreten läßt. Unsere Versuche in Abschn. 35 zeigen aber, daß im Strahle alsdann heftige Schallschwingungen auftreten, was höchst wahrscheinlich höhere Verluste verursachen wird. Es ist nun leicht, die Düsenmaße den als bekannt vorausgesetzten Widerständen anzupassen. Man wird im Entropiediagramm als Zustandskurve vom Punkt A_1 (Fig. 27) ausgehend nicht die Adiabate $A_1 A_2'$, sondern die Linie $A_1 A_2$ wählen, wobei freilich der Zwischenverlauf noch unbebestimmt bleibt. Bis an den kleinsten Querschnitt ist die Düse sehr kurz, daher die Widerstände klein, die Zustandslinie kann also bis zu einem Drucke von etwa $^2/_3\ p_1$ nahezu vertikal angenommen werden, und biegt erst von da an nach rechts ab. Punkt A_2 muß auf der vorgeschriebenen Linie $p_2 =$ konst so gewählt werden, daß Fläche $A_1' A_2 A_2'' A_1''$ dem Verluste an kinetischer Energie gleichkommt, d. h. es muß

$$\lambda_2 - \lambda_2' = \zeta(\lambda_1 - \lambda_2') \quad . \quad . \quad . \quad . \quad . \quad . \quad . \quad (8)$$

gemacht werden, wobei für ζ die in Abschn. 23 angeführten Werte gelten. Nun verfährt man wie in Abschn. 4, d. h. man liest in einigen Zwischenpunkten die Größe der zusammengehörenden Drucke p_x, Volumen v_x und der Dampfwärmen λ_x ab. Bei der zulässigen Vernachlässigung der Zuströmgeschwindigkeit w_1 erhält man die jeweilige Geschwindigkeit aus der Gleichung

$$A\frac{w_x^2}{2g} = \lambda_1 - \lambda_x,$$

welche wie in Fig. 4 als Funktion des von rechts nach links abgetragenen Druckes p_x dargestellt zu denken ist. Mit $\gamma_x = \frac{1}{v_x}$ als dem spezifischen Gewicht im gleichen Punkte erhalten wir aus der „Kontinuitätsgleichung“

$$G_{sk} = f_x w_x \gamma_x$$

den zum Drucke p_x gehörenden Düsenquerschnitt

$$f_x = \frac{G_{sk}}{w_x \gamma_x},$$

dessen graphisches Auftragen uns sowohl den Minimalquerschnitt f_m mit dem darin herrschenden Druck, als auch den Endquerschnitt f_2 und das Erweiterungsverhältnis

$$\frac{f_2}{f_m}$$

liefert. Hierauf kann die Düse wie in Abschn. 4 aufgezeichnet werden.

b) Vorgänge im Schaufelkanal.

Der Dampf, der aus der Düse, wie wir annehmen wollen, in parallelen Stromfäden austritt, wird in der Schaufel zu einer mehr oder weniger scharfen Krümmung gezwungen und übt hierdurch einen „Zentrifugaldruck“ aus, welcher auf der hohlen Seite die Dampfmasse stark verdichten kann. Auf der konvexen Seite wird demzufolge umgekehrt eine

Verdünnung eintreten, und die Dampfteile beschreiben ungefähr die in Fig. 66 eingetragenen divergierenden Stromlinien, wobei selbstverständlich auch starke innere Wirbelungen vorhanden sein werden. Neben dieser ersten Druckungleichheit in Richtung des Krümmungs-Radius haben wir auf eine zweite in der Richtung der Strömung zu achten, welche durch die Reibung verursacht wird. Die Vorgänge werden wohl im großen Ganzen, soweit die Wirbelung sie nicht verwischt, dieselben sein wie in einem zylindrischen geraden Rohr, wenn wir den Querschnitt der Schaufel, senkrecht zur Strömung gemessen, für die ganze Schaufellänge konstant voraussetzen. Nun wissen wir, daß bei der Strömung die Schallgeschwindigkeit eine fundamentale, die Erscheinungen scharf trennende Rolle spielt. So wird, falls die Eintrittsgeschwindigkeit kleiner ist als die Schallgeschwindigkeit des entsprechenden Zustandes, der Druck in Richtung der Strömung abnehmen. Dies findet statt, falls das Druckverhältnis (für gesättigten Dampf) kleiner ist als 1,7. Hierbei muß im Spalte ein größerer oder geringerer Überdruck, also auch ein Undichtheitsverlust zu erwarten sein, sofern nicht durch die endliche Dicke der Schaufelstege Veranlassung zu Erweiterungen und den abnormen Erscheinungen gegeben ist, über die in Abschn. 36 berichtet wurde.

Hiernach könnte es scheinen, als ob man, wenn c_1 kleiner ist als die Schallgeschwindigkeit, überhaupt eine „Druckturbine“, d. h. eine solche, bei welcher im Spalte derselbe Druck herrscht wie am Austritte des Laufrades, nicht konstruieren könnte, da stets ein Überdruck zum Durchtreiben des Dampfes durch das Laufrad erforderlich ist. Allein hierbei übersieht man die Rolle des Spaltes, der die Kontinuität der Bewegung unterbricht, und die Möglichkeit, die Laufschaufel merklich länger zu machen als die Leitschaufel. In einer solchen Laufschaufel wird der Dampf durch die „Fliehkraft“ sofort zum Ausbreiten veranlaßt, wird den Schaufelkanal nicht voll ausfüllen, und nichts hindert ihn, unter konstantem Druck durchzuströmen. Da indessen bei dieser Anordnung Dampf der Umgebung in die Schaufel mitgerissen wird, ist sie nicht ökonomisch, man nimmt lieber den geringen Überdruck in Kauf und befreit die Räder von einseitigen Dampfpressungen, indem man sie mit Löchern versieht, durch welche sich die Dampfspannungen auf beiden Seiten ausgleichen. Von dem mit großer Geschwindigkeit den Spalt durchsetzenden Dampfstrahl scheint sich bei kleinem Überdruck auch nur ein sehr geringer Teil abzulösen; der Dampf hat „keine Zeit“, um in den Spalt abzubiegen. Da aber die Abwesenheit eines achsialen Druckes das praktisch wichtigste Merkmal der „Druckturbine“ ist, liegt keine Veranlassung vor Turbinen der beschriebenen Art in die Klasse der Überdruckturbinen einzureihen.[1])

Ist aber das Druckverhältnis größer als 1,7, so überschreiten wir die Schallgeschwindigkeit, der Druck in der Schaufel nimmt in der Strömungsrichtung zunächst zu und erst am Ende des Schaufelkanals wieder bis auf den Umgebungsdruck ab. Die Geschwindigkeit wird bis zur Stelle größter Verdichtung abnehmen, dann wieder zunehmen, indes so, daß der schließliche Wert (w_2) stets kleiner bleibt als der Anfangswert (w_1).

Biegt man die Schaufeln aus Blech (von konstanter Wandstärke), so bildet der Schaufelkanal in der Mitte eine Erweiterung, und wir müssen auf eine anfängliche Expansion, dann aber auf einen Verdichtungsstoß gefaßt sein, wie er in den Versuchen Abschn. 25 Fig. 36 zum Vorschein kommt. Allein auch beim überall gleich weiten Kanal haben wir in den an die konvexe Seite grenzenden Stromfäden Erweiterungen,

[1]) Vergleiche auch die sehr instruktive Darstellung der Strömung für die hydraulische Druckturbine bei Stribeck. Zeitschr. d. Ver. deutsch. Ing. 1891. S. 612.

wie in Fig. 66 bei d_1 und e_1 angedeutet wurde, mithin ist auch hier die Wahrscheinlichkeit eines Dampfstoßes vorhanden.

Diesem Übelstande hat man dadurch abzuhelfen gesucht, daß man den Kanal an der Stelle größter Krümmung verengte (Fig. 67), damit

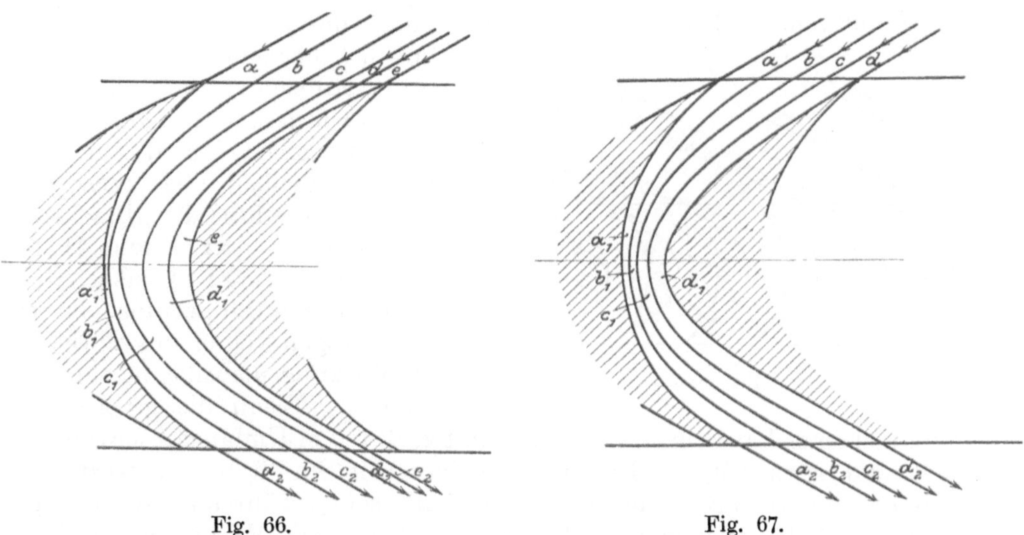

Fig. 66. Fig. 67.

der äußerste Stromfaden (in Fig. 67 mit d bezeichnet) keine Erweiterung, mithin keine Druckveränderung erfährt und zu keinem Dampfstoß Veranlassung gibt.[1])

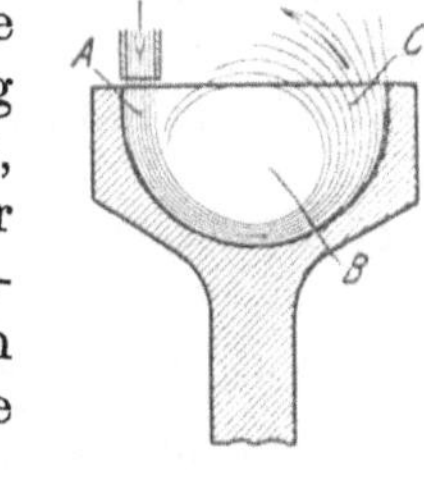

Das richtigste dürfte indessen sein, daß man die Schaufel mit einer derartigen allmählichen Erweiterung ausführt, daß der Druck im Verlauf der ganzen Strömung, abgesehen von der unvermeidlichen Verdichtung in der Krümmung, konstant bleibt. Die Größe der notwendigen Erweiterung wurde für das gerade Rohr durch Formel (23a), Abschn. 26, bestimmt. Die für eine Schaufel geeigneten günstigsten Verhältnisse kann man selbstverständlich nur auf dem Wege des Versuches ermitteln. Daß ein den Schaufelkanal nicht ganz ausfüllender, d. h. nicht allseitig begrenzter Kanal nennenswerte Dampfmengen aus seiner Umgebung mitreißen kann, wird auch durch die in der deutschen Patentschrift No. 152294[2]) angeführte Beobachtung bestätigt. Der bei A (Fig. 68) in eine mit vollen Scheidewänden versehene Schaufel der Stumpfschen Form (s. w. u.) tretende Dampfstrahl bildet bei B eine Verdünnung und reißt sogar Teile des austretenden Strahles bei C in den entstehenden Wirbel mit. Um diese Erscheinung

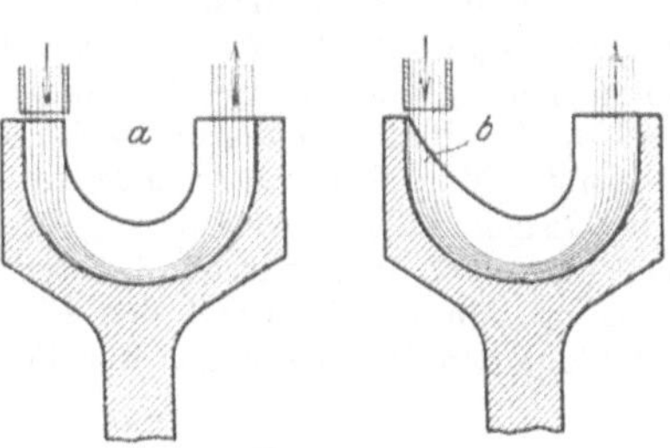

Fig. 68.

[1]) In der 2. Aufl. dieses Buches wurde diese Formgebung auf Grund irrtümlicher Berichte dem Amerikaner Curtis zugeschrieben.

[2]) Von der Ges. zur Einführung von Erfindungen, G. m. b. H., in Berlin.

zu bekämpfen, wird die Scheidewand nach a stark ausgenommen, und die Eintrittskante nach b in (Fig. 68) abgeschrägt.

Zu besonderen Verlusten gibt das frische „Auffüllen" einer leeren vor die Leitvorrichtung tretenden Schaufel Anlaß. Wie in Fig. 68a dargestellt worden ist, wird sich der eintretende Dampfstrahl an die hohle Schaufelseite anlegen, und den stagnierenden Inhalt des Kanales wie ein Keil vor sich herschieben, indes nicht ohne daß sich starke Wirbel ausbilden würden, wodurch eben die Verluste bedingt sind. Elling hofft dieselben herabzusetzen durch Anwendung der „Beschleunigungsdüsen" Nr. I und II in Fig. 68a, deren Winkel $\alpha' \alpha''$ kleiner gewählt werden als bei den übrigen, ohne uns übrigens die Wirkung plausibel machen zu können. Wenn die gezeichnete Schaufel einer Lavalturbine angehört mit z. B. 400 m Umfangsgeschwindigkeit und etwa 800 m Relativgeschwindigkeit im Rad, so wird der Schaufeleintritt AB schon ganz angefüllt sein, während der Dampf noch das Schaufelende C nicht erreicht hat. Die Wirbelung an dem freien Stirnende des Strahles ist also unvermeidbar. Hingegen könnte ein anderer Vorschlag von Elling, die Beschleunigungsdüsen mit etwas Reaktion arbeiten zu lassen, wodurch die Eintrittsgeschwindigkeit in die Schaufel kleiner, der Stoß mit der dort ruhenden Dampfmasse geringer würde, eher eine vielleicht wahrnehmbare Verbesserung der Verhältnisse zur Folge haben.

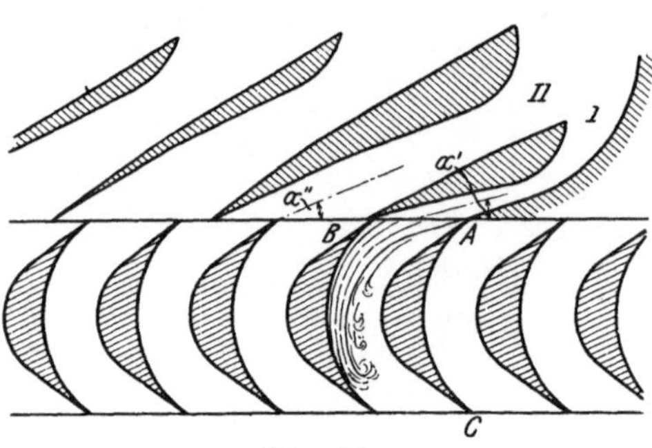

Fig. 68a.

c) Entwurf des Geschwindigkeitsplanes und die Ermittelung der Leistung.

Diese erfolgt genau so, wie in Abschn. 15 erläutert wurde.

Für die Druckturbine mit radial gestellten peltonartigen Schaufeln gilt das in Fig. 69 dargestellte Schema der Geschwindigkeiten. Aus c_1 erhält man durch Zusammensetzung mit $(-u)$ die Geschwindigkeit w_1. Der Strahl teilt sich nach beiden Seiten so, daß die Strahlmitte näherungsweise eine Schraubenlinie mit dem Neigungswinkel α' beschreibt. Man überzeugt sich leicht, daß die Zusatzkräfte der Relativbewegung eine vernachlässigbar kleine Abweichung ergeben. Die Projektion OA der Relativgeschwindigkeit w_2 bildet dann mit der Umfangstangente OO_1 wieder den Winkel α_2, während die Neigung von w_2 gegen OA den Eintrittswinkel α' ergibt. Ist nun wieder $w_2 = \psi w_1$, so folgt mit den Bezeichnungen der Figur:

$$OA = w_2 \cos \alpha'$$
$$w = OA \cos \alpha_2 = w_2 \cos \alpha' \cos \alpha_2$$
$$w' = w_2 \sin \alpha'$$
$$w'' = OA \sin \alpha_2 = w_2 \cos \alpha' \sin \alpha_2.$$

Hieraus ergibt sich $c_2'^2 = w'^2 + w''^2$ und aus den rechtwinkligen Komponenten c_2' und $w-u$ schließlich die Austrittsgeschwindigkeit

$$c_2 = \sqrt{(w-u)^2 + c_2'^2}.$$

Bei der starken Verbreiterung des Strahles ist der Wert von c_2 freilich nur als ein grober Näherungswert anzusehen. Die Minderwertigkeit dieser Schaufelform ist durch den Versuch in Abschn. 36 erwiesen, und es kann deren Anwendung nicht empfohlen werden.

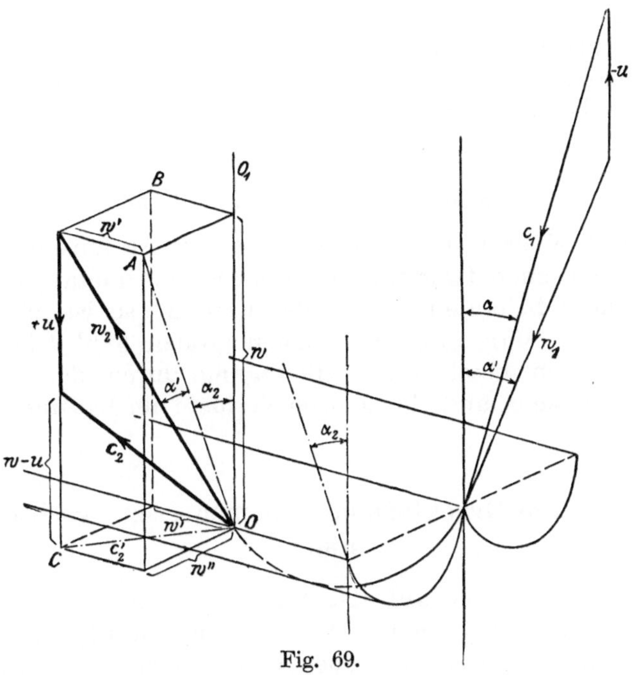

Fig. 69.

In Fig. 70 sind die bekannten Parabeln, welche die Leitung einer Druckturbine als Funktion der Umfangsgeschwindigkeit darstellen, für

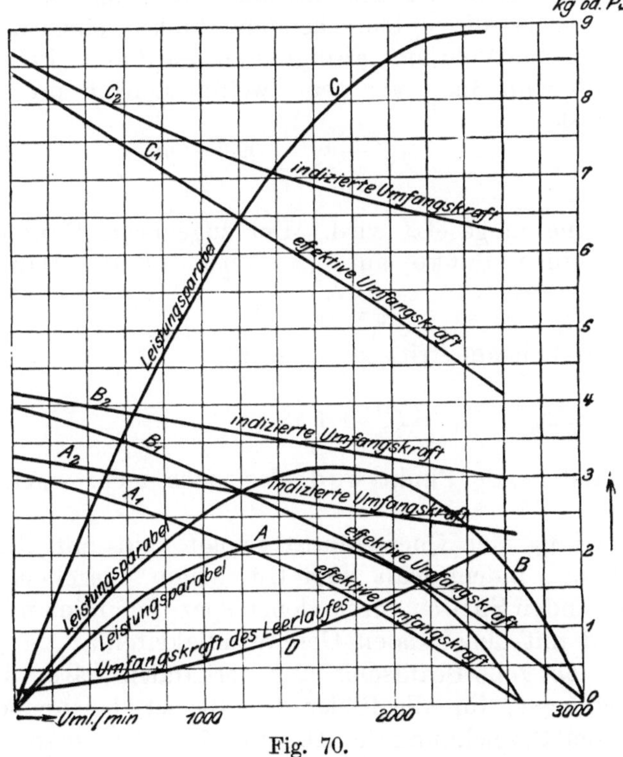

Fig. 70.

eine 10pferdige Laval-Turbine des Maschinenlaboratoriums am Polytechnikum in Zürich verzeichnet. Die Umfangskräfte sind von der Geraden wenig abweichende Linien. Es ist auch die Umfangskraft, die der Gesamtreibung entspricht, hinzugefügt, doch konnte sie nicht mit genügender Genauigkeit ermittelt werden, und es unterbleibt aus diesem Grunde auch die Berechnung des thermischen Wirkungsgrades dieser Versuche.

d) Kleine Druckunterschiede.

Ist als Teil einer vielstufigen Turbine ein Aktionsrad für geringen Druckunterschied zu entwerfen, bei welchem als Leitapparat statt der Düse gewöhnliche Schaufeln verwendet werden, so ist der Rechnungsgang ganz gleich. Man wird kaum einen großen Fehler begehen, wenn man die allmählich beschleunigte Bewegung durch den Leitkanal als widerstandslos ansieht und die ganzen Verluste im Laufrad konzentriert denkt.

39a. Die einstufige Druckturbine, mit mehreren Geschwindigkeitsstufen.

Betreffs der Düse ist auf das Vorhergehende zu verweisen, λ_2 sei der Wärmeinhalt am Düsenende. Die Zustandsänderung in den Schaufeln der Lauf- und Leiträder ist, wie oben beschrieben, ein verwickelter Vorgang; doch wird man für die Druckturbine annehmen müssen, daß in jedem Spalt der Druck der Umgebung herrsche, und diese Annahme ermöglicht uns im Entropiediagramm auf der Linie des Kondensatordruckes $p_2 =$ konst. die entsprechenden Punkte einzutragen und die richtigen spezifischen Volumina abzugreifen. Zu diesem Behufe berechnen wir den sich bis zum Spalt vor dem zweiten Leitrad pro kg Dampf ergebenden Verlust

$$L_z = \frac{c_0^2 - c_1^2}{2g} + \frac{w_1^2 - w_2^2}{2g} \quad \ldots \ldots \quad (1)$$

welcher in Wärme umgesetzt wird. Der zugehörige Dampfzustand entspricht mithin einem Punkte auf $p_2 =$ konst. mit der Dampfwärme

$$\lambda_3 = \lambda_2 + A L_z \quad \ldots \ldots \quad (2)$$

Im zweiten Leitrade tritt zu λ_3 noch

$$A L_z' = A \frac{c_2^2 - c_1'^2}{2g} \quad \ldots \ldots \quad (3)$$

hinzu, der darstellende Punkt wird also noch mehr nach rechts verschoben usf.

Die Ermittlung der Querschnitte erfolgt nun mit Hilfe der Kontinuitätsgleichung, indem man vom Düsenende ausgehend die in den aufeinanderfolgenden Spalten vorhandenen spez. Volumina mit v_1, v_2, v_1', v_2' bezeichnet, und mit den axialen Geschwindigkeiten $w_{1n}, w_{2n}, c_{2n}, c_{1n}' \ldots$ so rechnet, als ob volle Beaufschlagung vorhanden wäre. Es gilt dann, weil der Durchmesser für alle Räder derselbe ist, bei unendlich dünnen Schaufeln mit der Bezeichnung des Abschn. 17, indem man beachtet, daß

$$\left.\begin{array}{ll} a = a_1 & a' = a_1'' \ldots \\ a_0' = a_2 & a_0'' = a_2'' \ldots \end{array}\right\} \quad \ldots \ldots \quad (4)$$

$$\frac{a_1 w_{1n}}{v_1} = \frac{a_2 w_{2n}}{v_2} = \frac{a_1'' w_1'{}_n}{v_1'} = \frac{a_2'' w_2'{}_n}{v_2'} = \text{usw.} \quad . \quad . \quad (5)$$

a_1 ist durch die Düse bedingt, Gleichungen (5) liefern $a_2\ a_0'\ a_1'\ a_2' \ldots$, welche bei der Konstruktion auf Grund der Schaufeldicken zu korrigieren sind.

Solange die Dampfgeschwindigkeit über der Schallgeschwindigkeit liegt, wird auch hier eine Verdichtung des Dampfes auftreten, wie an der Turbine von Kolb in Wirklichkeit beobachtet worden ist. Deshalb darf man auch hier auf die Notwendigkeit von Versuchen hinweisen, eine solche geeignete Erweiterung der Kanäle ausfindig zu machen, daß ein tunlichst gleichmäßiger Druckverlauf erzielt wird.

40. Mehrstufige Druckturbine mit je einer Geschwindigkeitsstufe.

Wir gehen zunächst von der **Voraussetzung aus, daß die Abflußgeschwindigkeit c_2 irgend eines Rades durch Wirbelung (bis auf einen vernachlässigbaren Betrag) aufgezehrt, die ihr entsprechende kinetische Energie in Wärme umgewandelt wird.**

Wenn bloß etwa 5 bis 10 Räder verwendet werden sollen, dann zeichnet man zunächst schätzungsweise die Druckstufen, auf welche die einzelnen Räder herunterexpandieren sollen, in das Entropiediagramm ein. Hierauf wird das erste Rad, das zwischen den Drücken p_1 und p_2 arbeiten soll, wie in Abschn. 27 erläutert, entworfen. Um das nächstfolgende Rad zu berechnen, muß man den dafür gültigen Anfangszustand des Dampfes ermitteln. Der Anfangsdruck ist mit p_2 vorgeschrieben; die spezifische Dampfmenge oder die Überhitzung wird aber gegenüber adiabatischer Expansion erhöht. Die gesamte Widerstandsarbeit einschließlich des Austrittsverlustes für 1 kg Dampf des ersten Rades beträgt

$$L_z = \frac{c_0^2 - c_1^2}{2g} + \frac{w_1^2 - w_2^2}{2g} + \frac{c_2^2}{2g} + \frac{L_r}{G} \quad . \quad . \quad . \quad . \quad (6)$$

mkg und wird in Wärme umgewandelt. In die Widerstandsarbeit ist hierbei grundsätzlich, wie oben geschehen, auch die auf 1 kg Dampf bezogene Reibungs- und Ventilationsarbeit $\frac{L_r}{G}$ des betreffenden Rades einzubeziehen; diese muß auf Grund eines Vorentwurfes eingeschätzt werden. Praktisch ist der Wärmewert der Radreibung bei Turbinen von kleiner Umlaufzahl nur gering, so daß man ihn in solchen Fällen im Entropiediagramm weglassen und die Radreibung im ganzen erst zum Schluß von der indizierten Dampfarbeit abziehen darf. Hat die adiabatische Expansion z. B. vom Drucke p_1 und der Temperatur T_1 beim Drucke p_2 auf die Temperatur T_2' geführt, so wird nunmehr im Überhitzungsgebiet eine Erhöhung auf T_2 eintreten gemäß Gleichung

$$Q_z = A L_z = c_p (T_2 - T_2') \quad . \quad . \quad . \quad . \quad . \quad . \quad (7)$$

Der für das zweite Rad geltende Anfangszustand ist mithin p_2, T_2 und der anfängliche Wärmeinhalt

$$\lambda_2 = q_2 + r_2 + c_p (T_2 - T_{2s}) \quad . \quad . \quad . \quad . \quad . \quad . \quad (8)$$

wo T_{2s} die zu p_2 gehörende Sättigungstemperatur bedeutet.

War der Dampf naß, so wird die spezifische Dampfmenge x_2' auf x_2 erhöht, gemäß Gleichung

$$Q_z = r_2 (x_2 - x_2') \quad . \quad . \quad . \quad . \quad . \quad . \quad . \quad . \quad . \quad (9)$$

und es wird

$$\lambda_2 = q_2 + x_2 r_2 \quad . \quad . \quad . \quad . \quad . \quad . \quad . \quad . \quad . \quad (10)$$

In Fig. 71, welche die Entropiekurven darstellt, ist die Wärme

$$Q_z = \text{Fläche } A_2' A_2 B_2 B_2'$$

durch Schraffur hervorgehoben. Q_z ist nicht im ganzen verloren, weil der Dampf noch in den nachfolgenden Rädern arbeitet. Durch die Umwandlung der Widerstandsarbeit in Wärme hat die Entropie für 1 kg Dampf eine Steigerung um den Betrag $\varDelta s = B_2' B_2$ erfahren. Ist $C_2 B_2 = T_k$ die Temperatur, die dem Kondensatordruck entspricht, so stellt nur $\varDelta s \cdot T_k =$ Fläche $C_2' C_2 B_2 B_2'$ den Arbeitsverlust Z_1 in WE dar, den die beschriebene nicht umkehrbare Verwandlung verursacht hat.

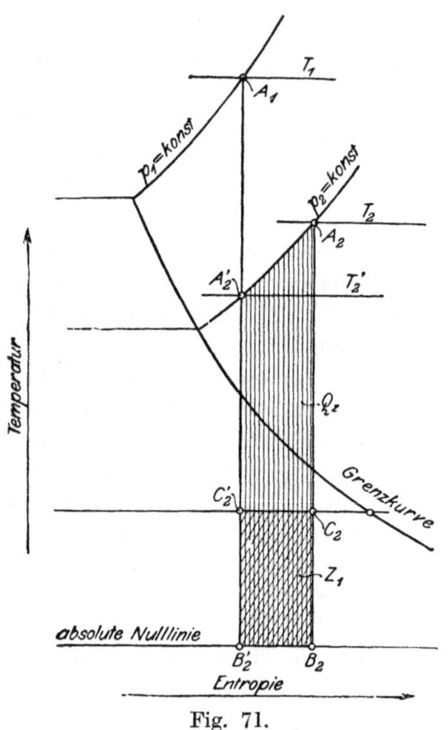

Fig. 71.

Die durch das erste Rad in Arbeit umgewandelte Wärmemenge pro kg Dampf ist

$$Q_1 = \lambda_1 - \lambda_2 \quad . \quad . \quad . \quad (11)$$

Bezeichnen wir mit λ_2' den Wärmeinhalt im Punkte A_2', d. h. für die adiabatische Expansion auf den Druck p_2, so ist $\lambda_1 - \lambda_2' = Q_{01}$ die disponible Arbeit dieser Stufe. Das Verhältnis

$$\eta_1 = \frac{Q_1}{Q_{01}} = \frac{\lambda_1 - \lambda_2}{\lambda_1 - \lambda_2'} \quad (11a)$$

bildet alsdann, wie wir sagen können, den Einzelwirkungsgrad dieser ersten Stufe, und zwar ist dieser Wirkungsgrad als „effektiver" aufzufassen, falls in Z_2 die Radreibung mit enthalten war, wobei aber zum Schluß allerdings noch die Lagerreibung abzuziehen ist. Im anderen Fall ist η_1 der „indizierte Einzelwirkungsgrad".

Für diesen gilt bei $\alpha_1 = \alpha_2$ die früher entwickelte Formel

$$\eta_1 = 2\varphi^2 (1 + \psi) \frac{u}{c_1} \left(\cos \alpha - \frac{u}{c_1} \right).$$

Hat man auf diese Weise alle Räder durchgerechnet, so wird der Dampfzustand beim Kondensatordruck berechnet, so zwar, daß man die Austrittsenergie $c_2{}^2 : 2g$ auch in Wärme verwandelt denkt. Ist die entsprechende Dampfwärme λ_k, so wurde im ganzen pro kg Dampf eine Arbeit

$$L_t = \frac{1}{A} (\lambda_1 - \lambda_k) \quad . \quad . \quad . \quad . \quad . \quad . \quad . \quad . \quad (12)$$

gewonnen. Hieraus erhält man

$$N_t = \frac{G_{sk} L_t}{75} \quad . \quad . \quad . \quad . \quad . \quad . \quad . \quad . \quad (13)$$

Bezüglich N_t gilt dieselbe Unterscheidung, wie inbetreff von η_1. Sei hier λ_k' der Wärmeinhalt bei adiabatischer Expansion auf den Kondensatordruck (Punkt C_2' in Fig. 71), so ist $\lambda_1 - \lambda_k'$ das gesamte disponible Arbeitsvermögen, $\lambda_1 - \lambda_k$ aber die gewonnene Arbeit, somit

$$\eta_t = \frac{\lambda_1 - \lambda_k}{\lambda_1 - \lambda_k'} \quad . \quad . \quad . \quad . \quad . \quad . \quad . \quad (13a)$$

der Gesamtwirkungsgrad der Turbine, welcher wieder, abgesehen von der Lagerreibung, im gleichen Sinne wie N_t effektiv oder indiziert sein kann.

a) Betrag der rückgewinnbaren Reibungswärme.

Von der Verlustwärme Q_z der ersten Stufe wird, wie oben bemerkt (s. Fig. 71) der Betrag $A_2' A_2 C_2 C_2'$ in den folgenden Stufen ausgenützt, was einen Wiedergewinn bedeutet, der beispielsweise bei hydraulischen Stufenturbinen nicht vorkommen würde, weil die Erwärmung des Wassers dort zur Leistung einer Expansionsarbeit nicht verwendbar wäre. Dieser Wiedergewinn hat die bemerkenswerte Folge, daß eine Turbine, deren Einzelstufen alle mit demselben Einzelwirkungsgrade entworfen sind, einen besseren Gesamtwirkungsgrad ergibt als die einzelne Stufe.

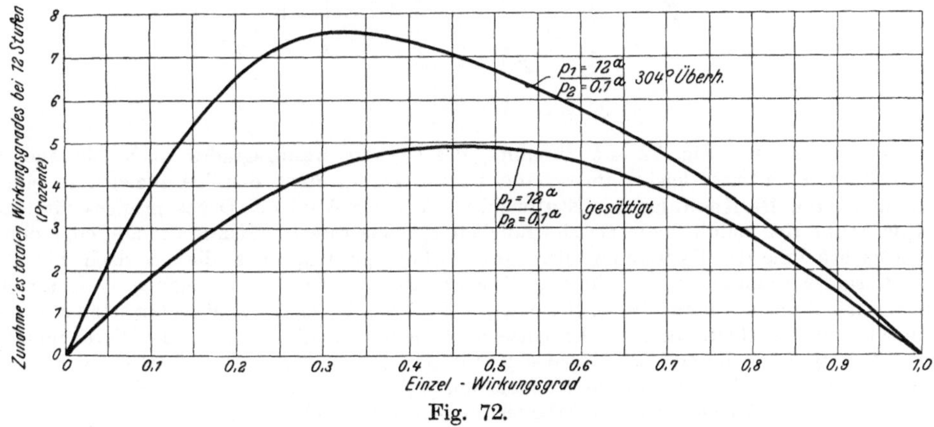

Fig. 72.

Die Größe dieses Unterschiedes zu kennen, ist für Überschlagsentwürfe wichtig, deshalb wurde dieselbe für den Anfangsdruck von 12 kg/qcm abs. einmal bei Sättigungs-, dann bei 304° Überhitzungstemperatur und 0,1 kg/qcm abs. Vakuumdruck für Stufenzahlen von 1 bis 12 ermittelt. Als Wirkungsgrade für die Einzelstufen sind der Reihe nach die Zahlen 0,7, 0,5, 0,3 vorausgesetzt worden. Fig. 72 bringt die Zunahme des Gesamtwirkungsgrades als Funktion der Einzelwicklungsgrade zur Anschauung bei 12 Stufen, und wir bemerken, daß bis zu einer gewissen Grenze erstere naturgemäß um so größer ist, je schlechter man den Dampf in der Einzelstufe ausnützt, weil mehr Verlustwärme zur nachträglichen Arbeit herbeigezogen wird. Der Wert Null ist hingegen beiden gemeinsam. Bei Überhitzung ist der Unterschied größer, da das Temperaturgefälle der Expansion größer ist. In Fig. 72a ist die Zunahme in Abhängigkeit von der Zahl der Stufen, einmal mit, einmal ohne Überhitzung dargestellt. Naturgemäß wächst die Ausnützung mit vergrößerter Stufenzahl.

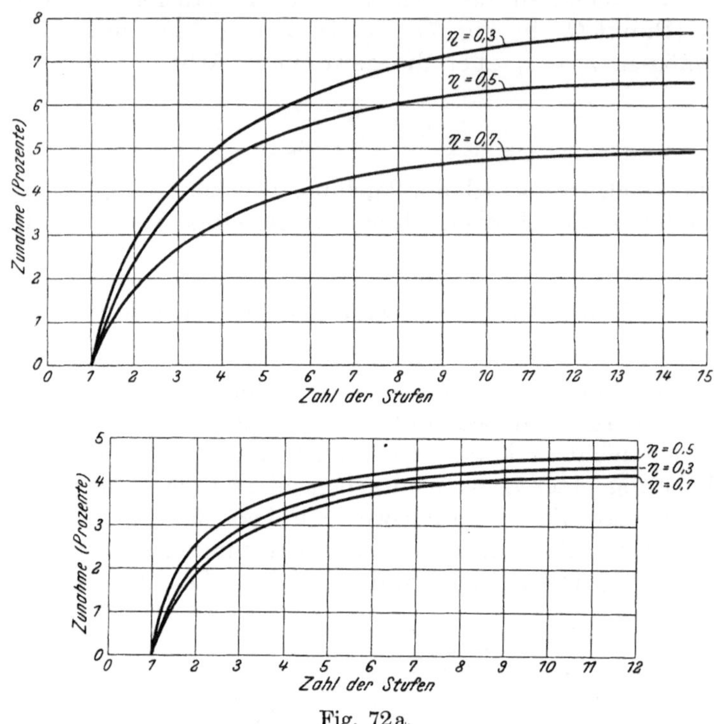

Fig. 72a.

Nachdem aus Fig. 72 die Zunahme des Gesamtwirkungsgrades auch für andere Expansionsverhältnisse leicht eingeschätzt werden kann, dient dieselbe zugleich zu einer **angenäherten Bestimmung der Stufenzahl.** Aus der Wahl des Drucksprunges für eine Stufe ergibt sich nämlich die Geschwindigkeit c_1, aus dieser und aus u, mit oder ohne Inbetrachtnahme der Radreibung, der Einzelwirkungsgrad η_1, aus diesem nach Fig. 72 der Gesamtwirkungsgrad η_t. Für eine Überschlagsrechnung könnte man $\eta_t = \eta_1$ setzen und erhält folgende merkwürdige Beziehung. Es seien $\lambda_1, \lambda_2, \lambda_3 \ldots$ die Wärmeinhalte unmittelbar vor den Leitapparaten der einzelnen Stufen und $\lambda_2', \lambda_3', \lambda_4' \ldots$ die Wärmeinhalte bei adiabatischer reibungsloser Expansion auf den Druck der nächstfolgenden Stufe. λ_k sei wie oben der Wärmeinhalt im Kondensator, λ_k' der der adiabatischen Expansion von p_1 auf p_k. Die Wärmewerte der Arbeiten in den aufeinanderfolgenden Stufen sind dann

$$Q_1 = \eta_1(\lambda_1 - \lambda_2'); \; Q_2 = \eta_1(\lambda_2 - \lambda_3'); \; Q_3 = \eta_1(\lambda_3 - \lambda_4') \ldots,$$

während der Wärmewert der totalen „Nutzarbeit“

$$Q_t = \eta_t(\lambda_1 - \lambda_k') = \lambda_1 - \lambda_k \quad \ldots \ldots \ldots \quad (14)$$

ist. Anderseits ist aber auch

$$Q_t = Q_1 + Q_2 + Q_3 + \ldots = \eta_1[(\lambda_1 - \lambda_2') + (\lambda_2 - \lambda_3') + \ldots] \quad \ldots \quad (14a)$$

also ergibt der Vergleich von Gl. 14 und 14a mit $\eta_t \infty \eta_1$

$$(\lambda_1 - \lambda_2') + (\lambda_2 - \lambda_3') + \ldots \quad = \lambda_1 - \lambda_k' \quad \ldots \ldots \quad (15)$$

d. h. die Summe der für die einzelnen Stufen disponiblen Arbeiten ist angenähert gleich groß, wie für eine ununterbrochene adiabatische Expansion von p_1 auf p_k.

Die aufeinanderfolgenden Dampfzustände und Wärmeinhalte sind aber von den „adiabatischen“ wesentlich verschieden, was bei der Berechnung der Dampfvolumina und Querschnitte nicht außer Acht gelassen werden darf.

b) Tafel von Bánki.

Unter gewissen Voraussetzungen läßt sich, wie zuerst Bánki bemerkt hat, der indizierte Wirkungsgrad einer Druckstufe auch bei mehreren Geschwindigkeitsstufen rechnerisch einfach darstellen. So findet man mit Bezug auf Fig. 21 die einzelnen zur Berechnung der Leistung aus dem ,,Antrieb" erforderlichen Umfangskomponenten der Geschwindigkeiten wie folgt:

$$c_e = c_1 \cos \alpha$$
$$c_a = (c_e - u)\,\psi - u$$
$$c_e' = \varphi'\, c_a$$
$$c'_a = (c_e' - u)\,\psi' - u$$
$$c_e'' = \varphi''\, c_a'$$
$$c_a'' = (c_e'' - u)\,\psi'' - u,$$

woraus durch schrittweises Einsetzen

$$L_i = \frac{u}{g}\left[A\, c_1 \cos\alpha - B u\right] \quad . \quad . \quad . \quad . \quad . \quad . \quad . \quad (1)$$

und

$$\eta_i = \frac{L_i}{\left(\frac{c_0^2}{2g}\right)} = 2\left(\frac{c_1}{c_0}\right)^2 \left[A \cos\alpha - B\,\frac{u}{c_1}\right] \frac{u}{c_1} \quad . \quad . \quad . \quad . \quad (2)$$

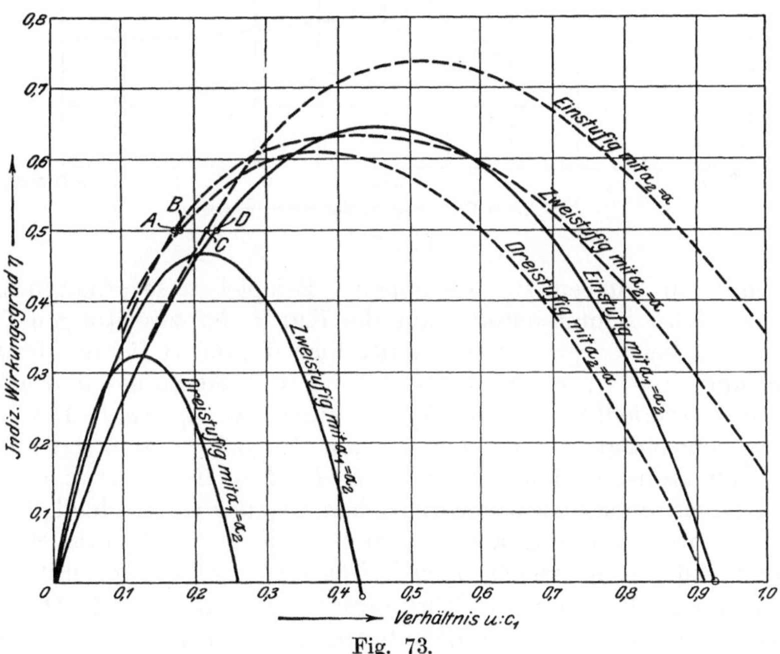

Fig. 73.

mit A und B als bloßen Abhängigen der Verlustkoeffizienten ψ, φ', ψ' ... hervorgeht. Auf graphischem Wege wird η_i durch Verzeichnen der Geschwindigkeitspläne gewonnen und findet sich (in Fig. 73) nach dem Vorgange von Banki eine Zusammenstellung der parabelartigen Kurven, die folgenden Voraussetzungen entsprechen:

Der Verlustkoeffizient in der Düse φ ist $= 0{,}95$ gesetzt, die übrigen d. h. ψ, φ', ψ' sind mit abnehmender Eintrittsgeschwindigkeit (auf die betreffende Schaufel bezogen) wachsend angenommen, gemäß Diagramm Fig. 74. Außerdem ist die Neigung der Düse $\alpha = 24^0$, und die theoretische Ausflußgeschwindigkeit aus derselben d. h. $c_0 = 1100$ m gesetzt. Die voll gezogenen Schaulinien (Fig. 73) beziehen sich auf einen Geschwindigkeitsplan nach Fig. 21, d. h. auf von Rad zu Rad zunehmende Winkel, wobei α_1, bei jeder Geschwindigkeit dem stoßfreien Eintritt entspricht, und α_2 stets $= \alpha_1$ gemacht wurde. Den punktierten Linien hinwieder ist ein Geschwindigkeitsplan nach Fig. 22 zugrunde gelegt, und es zeigt sich das Ergebnis durchweg erheblich günstiger wie im ersten Fall, insbesondere bei zwei oder drei Geschwindigkeitsstufen. Leider ist die der Kontinuität entsprechende Schaufelverbreiterung so bedeutend, daß man im allgemeinen beim Geschwindigkeitsplan Fig. 21 stehen bleiben muß.

Will man ermitteln, welche Ausführungsmöglichkeiten für eine Turbine vorliegen, die einen vorgeschriebenen indizierten Wirkungsgrad ergibt, so hat man mit Bánki bloß eine Horizontale zu ziehen und die Schnitt-

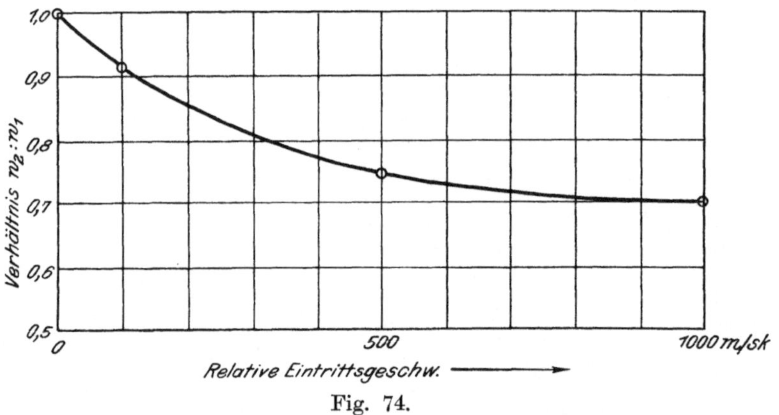

Fig. 74.

punkte mit den Kurven zu bestimmen. Beispielsweise erhalten wir für $\eta_i = 0,5$ zunächst Schnittpunkt A auf der Kurve der zweistufigen Turbine mit je $\alpha_2 = \alpha$ bei $u : c_1 = 0,173$, unmittelbar darauf B für die dreistufige Turbine und $\alpha_2 = \alpha$; etwas weiter C für die einstufige Turbine und $\alpha_2 = \alpha$, und schließlich D für die einstufige mit $\alpha_1 = \alpha_2$. Die kleinste Umfangsgeschwindigkeit erreichen wir mit A, doch wäre wegen der Einfachheit der Konstruktion C oder auch D, d. h. die einstufige Turbine mit bloß einem Schaufelkrane vorzuziehen, da der Unterschied des u nur klein ist. Haben wir umgekehrt sowohl u wie c_1 vorgeschrieben, so ergibt die Vertikale im zugehörigen Teilpunkt $u : c_1$ leicht, mit welcher Turbinenart das Maximum des Wirkungsgrades erreicht wird. Das Schaubild zeigt, daß drei Geschwindigkeitsstufen nur bei $\alpha_2 = \alpha$ in Betracht kommen können, und gegenüber zwei Stufen die Umfangsgeschwindigkeit unmerklich oder gar nicht zu reduzieren gestatten. Freilich können sich die Verhältnisse ändern, falls man bei mehreren Druckstufen nicht so hohe Anfangsgeschwindigkeiten in Rechnung zu stellen hat wie oben. Deshalb kann das Diagramm auch nicht ohne weiteres als Darstellung des Wirkungsgrades der Curtisturbine gelten.

Als Hilfsmittel beim Entwerfen von Druckturbinen benutzt Bánki die Tafel Fig. 75, in welcher die pro Druckstufe verfügbaren Wärmegefälle

Additional material from *Die Dampfturbinen,*
ISBN 978-3-662-36141-2 (978-3-662-36141-2_OSFO2),
is available at http://extras.springer.com

als Abhängige von $u:c_1$ und die Umfangsgeschwindigkeit dargestellt sind.

Wenn $c_0 = c_1/\varphi$ die theoretische Ausflußgeschwindigkeit für das betreffende Druckgefälle ist, so bildet

$$h = A\frac{c_0^2}{2g} = \frac{A}{\varphi^2}\frac{c_1^2}{2g} \quad \ldots \ldots \ldots \quad (3)$$

das disponible Wärmegefälle pro Stufe. Nun sei

$$x = \frac{u}{c_1} \quad \ldots \ldots \ldots \ldots \quad (4)$$

das für den Wirkungsgrad maßgebende Verhältnis der Umfangsgeschwindigkeit zur Austrittsgeschwindigkeit aus dem Leitrad. Aus (4) folgt

$$c_1 = \frac{u}{x}$$

welches in Gl. (3) eingesetzt

$$h = \frac{A}{2g\varphi^2}\frac{u^2}{x^2} \quad \ldots \ldots \ldots \quad (5)$$

ergibt. Wählen wir ein bestimmtes u und lassen wir x variieren, so ändert sich h wie eine Hyperbel höheren Grades. Zu irgend einem Wertepaar x und u finden wir in den beigegebenen Ordinatenmaßstäben das Wärmegefälle h. Bei jeder Kurve $u =$ konst. sind zwei Zahlen angemerkt, welche sich auf verschiedene Maßstäbe des h beziehen. Zu der unteren gehört der auf der rechten Seite angegebene Maßstab der Kalorien, zu der oberen der linksseitige. Z. B. gehört zu $x = 0{,}45$, $u = 55$ m $h = 2$ WE. (auf der rechten Seite abgelesen). Zu $x = 0{,}45$, $u = 275$ m ist $h = 50$ WE. (links abzulesen).

Die Tafel enthält auch die Parabeln der Wirkungsgrade $\eta_i, \eta_{i1}, \eta_{i2}, \eta_{i3}$ für eine, zwei, drei und vier Geschwindigkeitsstufen, die indessen mit den Werten $\varphi = 0{,}95$ oder $\psi = 0{,}8$, $\alpha = 17^0$ und $\alpha_1 = \alpha_2$ gerechnet wurden. Da diese Verlustkoeffizienten von der Geschwindigkeit unabhängig angenommen wurden, gelten die Parabeln für jedes u und jedes c_0 bzw. c_1. Die auftretenden Maxima sind in folgender Zusammenstellung angegeben:

Zahl der Geschwindigkeitsstufen bzw. Laufkränze	1	2	3	4
Größter indiz. Wirkungsgrad . . . . . . %	83	72	62	57
Zugehörige Werte von $x = u:c_1$	0,537	0,27	0,16	0,12

Die Bedeutung der übrigen in die Tabelle aufgenommenen Größen ist aus ihrer Bezeichnung klar.

Bánki rechnet mit der Näherungsannahme, daß die Summe der disponiblen Gefälle dem Gesamtgefälle gleich sei. Man kann einen Schritt weiter gehen und die Größe des Gesamtwirkungsgrades aus dem Einzelwirkungsgrad nach Fig. 72 u. 72a einschätzen; dann ist

$$zh = \frac{\eta_t}{\eta_1} H$$

wo H das Gesamtgefälle und z die Stufenzahl bedeutet, die mittels obiger Formel berechnet werden kann.

Beispiel. Anfangsdruck 10 kg/qcm abs., Überhitzung 50°, Kondensatorspannung 0,1 kg/qcm abs. Gewählt sei $u = 80$ m und $x = 0{,}33$. Die Tabelle gibt $h = 7{,}83$ WE und $\eta_1 = 0{,}67$. Schätzen wir $\eta_t = 0{,}71$ und entnehmen wir der Entropietafel $H = 172{,}5$ WE, so erhalten wir die Stufenzahl

$$z = \frac{0,71}{0,67} \cdot \frac{172,5}{7,83} = 23,4,$$

welche Zahl auf 23 abgerundet wird. Ebenso rasch wird die Stufenzahl gerechnet, wenn die Turbine in Gruppen mit verschiedener Umfangsgeschwindigkeit geteilt ist.

c) Einfluß der Radreibung.

Wie weiter unten nachgewiesen wird, darf man die Reibungsarbeit N_r in PS, die ein Rad vom Durchmesser D in Metern (auf die Schaufelmitte bezogen), und der dort gemessenen Umfangsgeschwindigkeit u in m/sek verursacht, durch die Formel

$$N_r = \beta_0 D^2 u^3 \gamma \quad . \quad . \quad . \quad . \quad . \quad . \quad . \quad . \quad (16)$$

ausdrücken, wobei β_0 eine von der Radkonstruktion, Schaufellänge usw. abhängige Konstante, für praktisch vorkommende Fälle etwa zwischen $\frac{1}{10^6}$ bis $\frac{10}{10^6}$ gelegen ist und γ das spezifische Gewicht (in kg/cbm) de das Rad umgebenden Mediums bedeutet.

Pro Sekunde beträgt die Reibungsarbeit mithin $75 N_r$ m/kg, und wenn pro Sekunde G_{sk} kg Dampf die Turbine verlassen, so ist die Reibungsarbeit für 1 kg Dampf $75 N_r : G_{sk}$ m/kg. Die Nutzleistung einer Stufe pro kg Dampf beträgt

$$L_1 = \eta_1 \frac{c_0^2}{2g} - \frac{75 N_r}{G_{sk}} \quad . \quad . \quad . \quad . \quad . \quad . \quad . \quad . \quad (17)$$

m/kg, wobei η_1 den indizierten Wirkungsgrad bedeutet. Den „effektiven" Wirkungsgrad einer Stufe erhalten wir durch Division von L_1 mit dem verfügbaren Arbeitsvermögen, d. h. $c_0^2 : 2g$, es ist also

$$\eta_e = \eta_1 - \frac{150 g N_r}{c_0^2 G_{sk}} \quad . \quad . \quad . \quad . \quad . \quad . \quad . \quad . \quad (18)$$

Hierin ist η_1 bei gegebenen Austrittswinkeln der Turbine nur vom Verhältnis

$$u : c_1 = \xi$$

abhängig. Das zweite Glied kann auch durch ξ ausgedrückt werden, und wir wollen N_r aus Formel (16) mit dem Werte

$$D = \frac{2u}{\omega},$$

wo ω die Winkelgeschwindigkeit bedeutet, in (18) einsetzen. Man erhält mit $c_1 : c_0 = \varphi$

$$\eta_e = \eta_1 - B \gamma c_1^3 \xi^5 \quad . \quad . \quad . \quad . \quad . \quad . \quad . \quad . \quad (19)$$

$$B = \frac{600 g \beta_0 \varphi^2}{G_{sk} \omega^2}$$

Für eine zu entwerfende Turbine ist G_{sk} näherungsweise bekannt, ω pflegt gewählt zu werden, also ist B eine Konstante. Die Geschwindigkeit c_1 ist um so größer, hingegen γ um so kleiner, je größer der Druckabstieg für eine Stufe gewählt wurde. Bei unendlich kleinem Druckunterschied nähert sich γc_1^3 der Null, nimmt mit wachsendem Gefälle bis zu einem Maximum zu (wenn der Enddruck etwa $^1/_5$ des Anfangswertes erreicht hat) und sinkt wieder. Hieraus geht der bemerkenswerte Lehrsatz hervor:

Bei konstant gehaltenem Verhältnis $u : c_1 = \xi$ wird die Einbuße an Wirkungsgrad, die durch die Radreibung verursacht ist, klein, wenn man c_1 entweder ganz klein oder ganz groß wählt. Die Einbuße wäre Null bei der unendlich vielstufigen Turbine.

Diese auf den ersten Blick unmöglich scheinende Folgerung wird zwar begreiflich, wenn man überlegt, daß mit unendlich zunehmender Stufenzahl c_1 also auch u, mithin bei gegebener Umlaufzahl auch D sich dem Werte Null nähern. Doch könnte das Bedenken bleiben, daß die Summe der zwar unendlich kleinen, aber unendlich vielen Radreibungsarbeiten endlich und sogar groß sein könnte. Um nachzuweisen, daß dem nicht so ist, nehmen wir an, die Turbine arbeite mit durchweg gleichem u und c_1, so daß $u : c_1 = \xi = \text{konst.}$ ist. Die Stufenzahl findet man angenähert zu

$$z = \frac{\lambda_1 - \lambda_k}{A\,(c_0{}^2/2g)} \quad \text{und hieraus } c_0 = \text{konst.}\sqrt{\frac{1}{z}} \quad . \quad . \quad . \quad . \quad (19\text{a})$$

Die gesamte Radreibungsarbeit ist

$$N_r = \Sigma \beta_0 D^2 u^3 \gamma = \Sigma \frac{4\beta_0 u^5 \gamma}{\omega^2} = \Sigma \frac{4\beta_0 \xi^5 \gamma}{\omega^2} c_1{}^5 = \frac{4\beta_0 \xi^5 c_1{}^5}{\omega^2} \Sigma \gamma .$$

Die auf alle Räder auszudehnende Summe $\Sigma \gamma$ kann jedenfalls als Produkt $= z\gamma_m$ der Stufenzahl z und eines Mittelwertes γ_m von γ dargestellt werden. Mithin wird

$$N_r = \text{Konst.}\, c_1{}^5 z = \text{Konst.}\, \varphi^5 c_0{}^5 z .$$

Setzen wir hier den Wert von c_0 aus (19a) ein, so folgt

$$N_r = \text{Konst.} \frac{1}{\sqrt{z^3}}$$

also in der Tat $= 0$, wenn $z = \infty$ ist, da der konstante Faktor stets endlich bleibt.

Die Meinung, daß bei sehr großer Stufenzahl auch die Reibungsarbeit wegen der vielen Räder groß würde, trifft also nicht zu. Vom Standpunkte des Wirkungsgrades allein ist die Wahl sehr vieler Stufen empfehlenswert.

Selbstverständlich nimmt die Radreibung ab, wenn wir bei konstantem u die Umlaufzahl, d. h. ω groß wählen, da bei gleicher Umfangsgeschwindigkeit die Raddurchmesser kleiner werden. Ebenso tritt diese Reibung in den Hintergrund, wenn G_{sk} groß ist, so daß Turbinen mit hoher Leistung günstiger daran sind, als solche mit kleiner.

Die Größe des Druckunterschiedes zwischen zwei Stufen wird durch Rücksichten auf die Anschaffungskosten usw. gegeben zu denken sein. Wenn nun c_1 vorgeschrieben ist, entsteht die Frage, bei welcher Umfangsgeschwindigkeit wir das Maximum des Wirkungsgrades erreichen. Diese Frage beantworten wir, indem wir beispielsweise den für eine Geschwindigkeitsstufe und die Annahme $\alpha_1 = \alpha_2$ gültigen Wert von η_1,

$$\eta_1 = 2\varphi^2(1 + \psi)(\cos\alpha - \xi)\xi ,$$

in Gl. (19) einführen und die Ableitung $d\eta_e : d\xi$ gleich Null setzen. Hierbei wird der Einfachheit halber γ auch als konstant angesehen. Dies ergibt

$$2\varphi^2(1+\psi)(\cos\alpha - 2\xi) - 5B\gamma c_1{}^3\xi^4 = 0 \quad . \quad . \quad . \quad (20)$$

Statt diese Gleichung durch Probieren nach ξ aufzulösen, kann man auch in das letzte Glied, welches nur eine untergeordnete Bedeutung hat, denjenigen Wert von ξ einsetzen, der ohne Rücksicht auf Radreibung η_e zum Maximum macht. Dies ist aber

$$\xi' = \frac{\cos\alpha}{2}.$$

Gl. (20) lautet also

$$2\varphi^2(1+\psi)(\cos\alpha - 2\xi) - 5B\gamma c_1{}^3\left(\frac{\cos\alpha}{2}\right)^4 = 0$$

und ergibt

$$\xi_{max} = \frac{\cos\alpha}{2} - \frac{5B\gamma c_1{}^3\cos^4\alpha}{64\varphi^2(1+\psi)} \quad . \quad . \quad . \quad . \quad . \quad . \quad (21)$$

Wie vorauszusehen, bedingt also die Radreibung, daß wir mit kleinerem u arbeiten müssen, als wenn keine Reibung vorhanden wäre. Die Verringerung ist um so bedeutender, je größer γ ist, d. h. am größten bei den Hochdruckrädern.

d) Die Turbine kleinster Reibungsarbeit

erhalten wir, wenn wir jede Stufe mit dem Maximum von η_e, d. h. mit derjenigen Umfangsgeschwindigkeit konstruieren, die aus

$$\xi_{max} = \frac{u_{max}}{c_1}$$

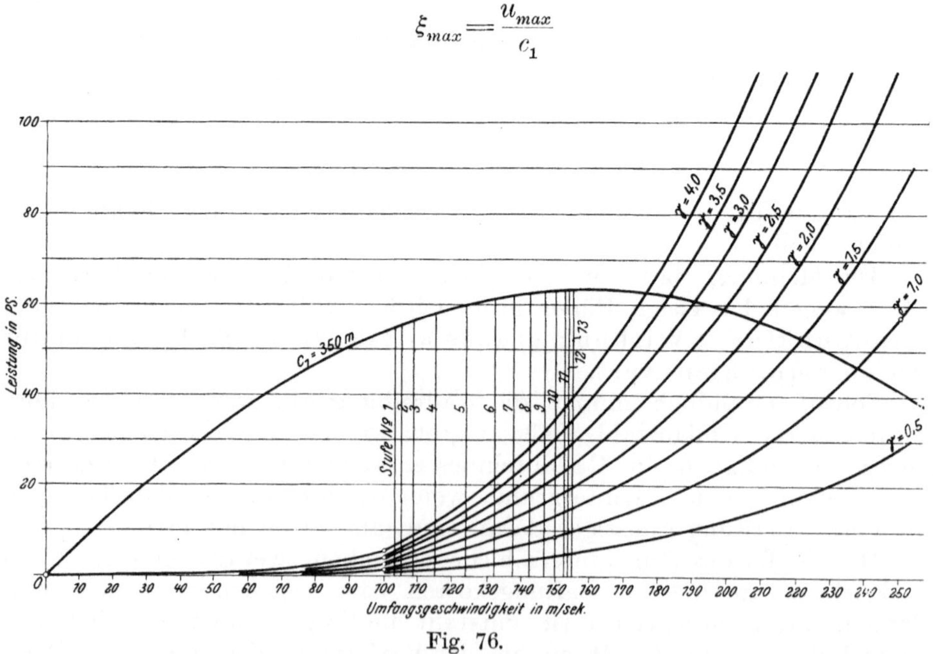

Fig. 76.

folgt. Die Wahl von c_1, d. h. die Stufenzahl ist aber, wie oben betont, nicht durch den Wirkungsgrad allein, sondern durch wirtschaftliche Erwägungen bestimmt.

Geht man graphisch vor, so kann auch die Veränderlichkeit der Koeffizienten β_0, ψ u. a. leicht berücksichtigt werden. Man kann bei festgesetztem c_1 die Leistungen N_i und N_r als Funktionen von u selbst aufzeichnen und den Wert u_{max}, der die Bedingung

$$\frac{dN_i}{du} = \frac{dN_r}{du}$$

erfüllt, durch Probieren finden.

Beispiel.

Turbine kleinster Reibungsarbeit für die Annahmen: $p_1 = 12$ Atm. abs., $t_1 = 304^0$ C, $p_k = 0{,}1$ Atm. abs., $G_{sk} = 1$ kg, $n = 3000$. Wir schreiben 13 Stufen vor und erfahren durch eine Schätzung des Gesamtwirkungsgrades, daß man mit $c_1 = 350$ m ungefähr auskommen wird. Als Verlust im Leitrade wählen wir $c_1 : c_0 = 0{,}95$, im Laufrade aber machen wir $\psi = w_2 : w_1$ veränderlich gemäß Fig. 74. Auch β_0 wollen wir vom Raddurchmesser abhängen lassen, gemäß folgender Tabelle:

$u =$	50	100	150	200	150, m/sek.
$D =$	0,325	0,650	0,975	1,30	1,626 m.
$10^6 \beta_0 =$	4,2	3,4	2,7	1,8	1,4

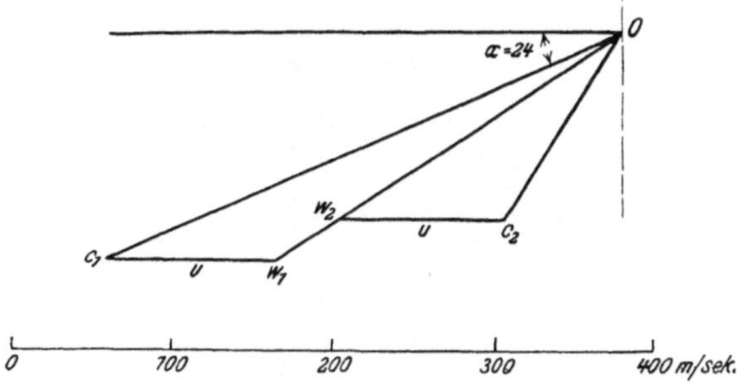

Nunmehr sind in Fig. 76 N_i für eine Stufe und N_r für eine Anzahl von Werten des γ als Funktionen der Umfangsgeschwindigkeit aufgezeichnet, wobei für N_r berücksichtigt ist, daß D sich mit u ändert. Hierauf wurde graphisch die Abszisse d. h. u_{max}, wo die Tangenten an beide Kurven gleiche Neigung haben, bestimmt. So erhält man

$$N_{e\,max} = N_i - N_r$$

und wenn

$$N_0 = \frac{G_{sk}\, c_0^2}{2\, g\, 75}$$

die theoretische Leistung bezeichnet,

$$\eta_{e\,max} = \frac{N_{e\,mx}}{N_0}.$$

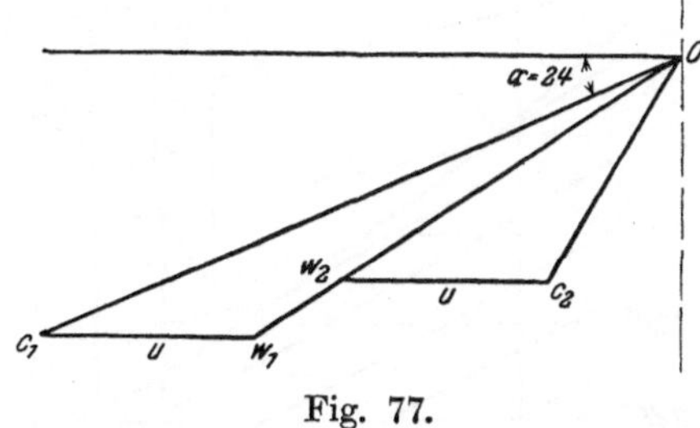

Fig. 77.

Die Geschwindigkeitspläne für die erste und zweite Stufe, die mit $\alpha = 24^0$ entworfen sind, finden wir in Fig. 77 dargestellt. Man sieht, wie stark die Austrittsgeschwindigkeit wegen der Radreibung von der Vertikalen abweichen muß!

Nun wird in Fig. 78 die Zustandskurve Stufe für Stufe eingetragen und jedesmal dasjenige γ (Mittelwert des Dampfzustandes auf der Vorder- und auf der Rückseite des Rades) bestimmt, mit welchem N_r gerechnet werden muß. Die Differenz des Wärmeinhalts in den entsprechenden Punkten der Zustandskurve gibt die in der Stufe in Arbeit umgesetzte Wärmemenge. Es erweist sich die Annahme $c_1 = 350$ als zutreffend, wäre dies nicht der Fall, so müßte die Rechnung mit einer anderen Annahme wiederholt werden. Das Ergebnis ist dank der etwas günstigen Annahmen (insbesondere für ψ) ein nur zu gutes, indem der Gesamtwirkungsgrad

$$\eta_{et} = \frac{\lambda_1 - \lambda_k}{\lambda_1 - \lambda_k'} = \frac{134}{196} = 0{,}685$$

beträgt. Die Gesamtleistung wird

$$N_e = \frac{G_{st}\,(\lambda_1 - \lambda_k)}{637} = 757{,}3.$$

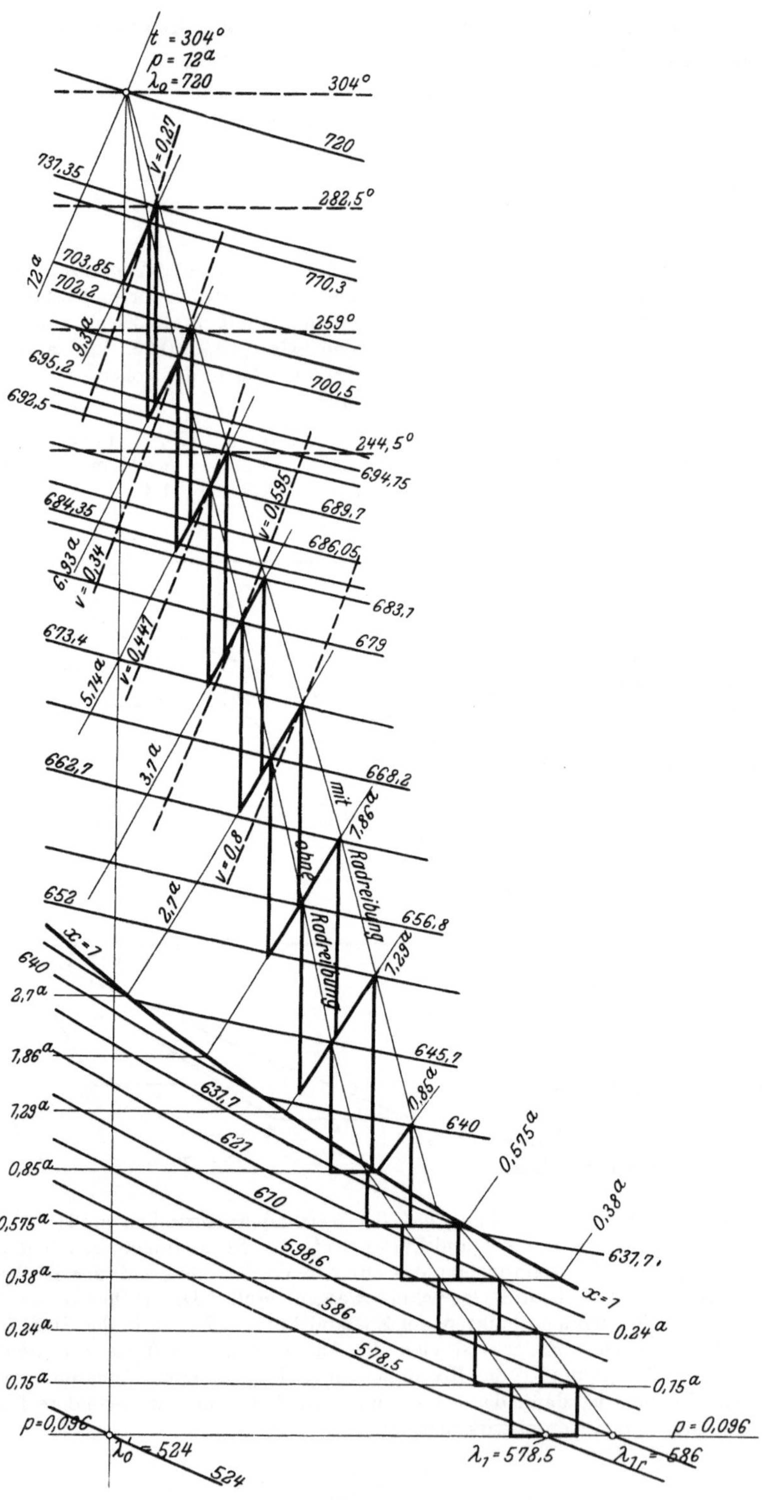

Fig. 78.

Der Dampfverbrauch pro PS_e-st $\frac{G_{st}}{N_e} = 4{,}75$ kg.

In die gleiche Figur ist nun des Vergleiches halber auch diejenige Zustandskurve eingetragen und durch eine Überschrift kenntlich gemacht, die sich bei gleichen Umfangsgeschwindigkeiten jedoch Außerachtlassung der Radreibung ergeben hätte. Diese Kurve führt auf ein kleineres λ_k hinab und ergibt

$$\eta_{it} = \frac{\lambda_1 - \lambda_k}{\lambda_1 - \lambda_k'} = \frac{141{,}5}{196} = 0{,}722$$

$$N_i = \frac{G_{st}(\lambda_1 - \lambda_k)}{637} = 799{,}7$$

Die Radreibung beträgt, wenn man die γ benutzt, die der letzten Zustandskurve entsprechen

$$N_r = \Sigma N_{r1} = 45{,}4 \text{ PS}.$$

Ziehen wir nun die Radreibungsarbeit von der indizierten Leistung ab, so erhalten wir

$$N_i - N_r = 754{,}3 \text{ PS},$$

eine Zahl, die von N_e wenig abweicht. Handelt es sich also um die Leistung allein, so kann man die Radreibung summarisch zum Schluß abziehen. Allein die Abweichung der

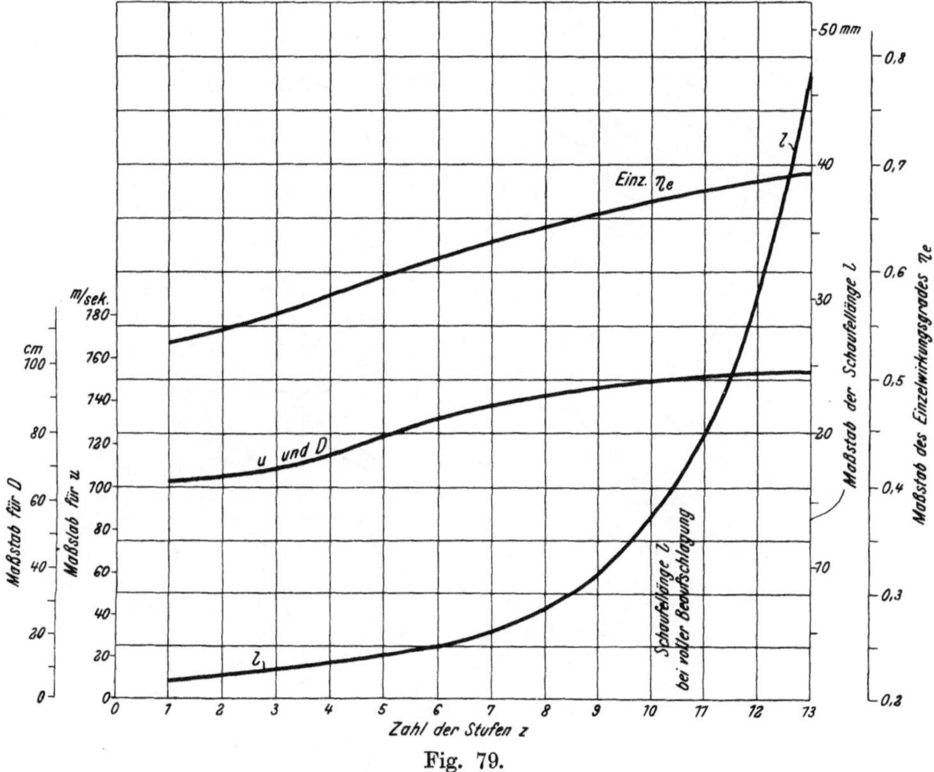

Fig. 79.

Zustandskurve von der wahren ist doch so bedeutend, daß man in der Bestimmung der spezifischen Volumina, die zur Berechnung der Querschnitte dienen, merkliche Fehler begehen würde.

In Fig. 79 sind schließlich die gefundenen Umfangsgeschwindigkeiten in einem Koordinatensystem eingetragen, dessen Abszissen die Ordnungsnummern der Stufen, durch gleichweit abstehende Punkte dargestellt, bilden. Ebenso ist das einzelne η_e und der Druck zu jeder Stufe eingezeichnet. Die Umfangsgeschwindigkeiten sind den Raddurchmessern proportional, so daß die Figur auch über die Größenverhältnisse Auskunft gibt.

e) Die Turbinen mit Ausnutzung der Auslaßgeschwindigkeit

oder mit mehreren Geschwindigkeitsstufen in jeder Druckstufe werden nach den gleichen Grundsätzen mit sinngemäßer Anpassung des Verfahrens behandelt und bedürfen wohl keiner weiteren Erläuterung. Man vergleiche im übrigen die vielstufige Druckturbine.

41. Die vielstufige Überdruckturbine.

Die Reaktionsturbine bildet für das vielstufige System den einfacheren Fall, weshalb wir damit beginnen.

Wir gehen von der Annahme aus, daß die Räder unmittelbar aufeinanderfolgen (Fig. 80), so daß die Abflußgeschwindigkeit jedes Rades

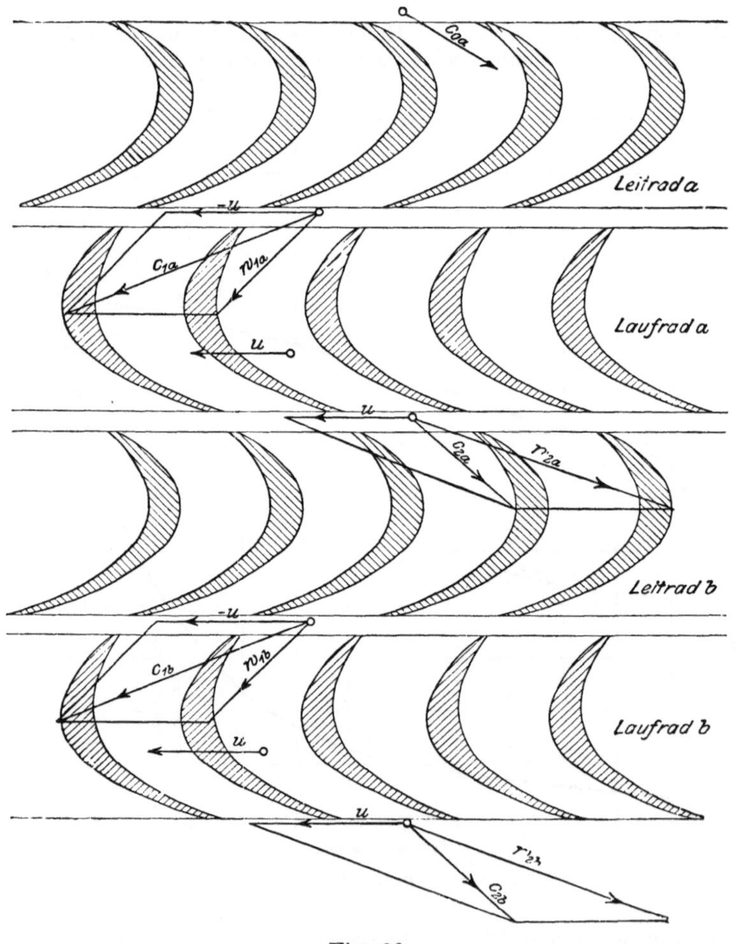

Fig. 80.

nutzbar verwendet wird. Als maßgebend sehen wir den Dampfzustand an, der im Endquerschnitte einer Leit- bzw. Laufzelle vorhanden ist[1]). Die Geschwindigkeiten, die zu einem bestimmten Leit- und Laufradpaar

[1]) In Fig. 80 sind die darstellenden Punkte nur der Deutlichkeit halber in den Spalt verlegt.

gehören, versehen wir mit gleichartigen Buchstaben; so s. B. gelten für die aufeinanderfolgenden Räderpaare a, b, c, die Geschwindigkeiten

$$c_{1a}, w_{1a}, w_{2a}, c_{2a};$$
$$c_{1b}, w_{1b}, w_{2b}, c_{2b};$$
$$c_{1c}, w_{1c}, w_{2c}, c_{2c}; \ldots\ldots$$

Es seien ferner die Wärmeinhalte

in der Dampfkammer . . . . λ_1
am Eintritt in die Leitzelle a . . . . λ_1'
am Austritt aus der Leitzelle a . . . . . . λ_a
„ „ „ „ Laufradzelle a . . . . λ_a'
„ „ „ „ Leitzelle b . . . . . . λ_b
„ „ „ „ Laufradzelle b . . . . λ_b' usw.

In der Dampfkammer habe der Dampf eine nur unbedeutende Geschwindigkeit.

Gemäß dem Grundgesetze der Dampfströmung gilt für den Eintritt aus der Kammer in das Leitrad a:

$$A\frac{c_{0a}^2}{2g} = \lambda_1 - \lambda_1' \quad \ldots\ldots\ldots \quad (1)$$

für die Bewegung im Leitrad a

$$A\frac{c_{1a}^2 - c_{0a}^2}{2g} = \lambda_1' - \lambda_a \quad \ldots\ldots \quad (1a)$$

für das Laufrad a, bezogen auf die Relativgeschwindigkeiten:

$$A\left(\frac{w_{2a}^2 - w_{1a}^2}{2g}\right) = \lambda_a - \lambda_a' \quad \ldots\ldots \quad (1a')$$

Für das Leitrad b ist c_{2a} die „Eintrittsgeschwindigkeit"; mithin haben wir

$$A\left(\frac{c_{1b}^2 - c_{2a}^2}{2g}\right) = \lambda_a' - \lambda_b \quad \ldots\ldots \quad (1b)$$

für das Laufrad b wieder

$$A\left(\frac{w_{2b}^2 - w_{1b}^2}{2g}\right) = \lambda_b - \lambda_b' \quad \ldots\ldots \quad (1b')$$

usw. Für die Zahlenrechnung empfiehlt sich die Beibehaltung der Wärmeeinheit als Maß, da man dann mit kleinen Zahlen zu hantieren hat. Die Ausdrücke auf den linken Seiten können mit $A = \frac{1}{424}$ WE je in der Form

$$A\frac{c_x^2}{2g} = \left(\frac{c_x}{91{,}2}\right)^2 \quad \ldots\ldots\ldots \quad (2)$$

geschrieben werden, was die Rechnung vereinfacht.

Der Entwurf einer neuen Turbine gestaltet sich nun am einfachsten, wenn man die Geschwindigkeiten c_1, die Winkel α, die ebenfalls veränderliche Umfangsgeschwindigkeit u und denu Astrittswinkel α_2 von Rad zu Rad nach einem bestimmten Plane wählt, so daß durch einfache Dreiecke w_1, α_1, w_2 und c_2 ermittelt werden können. Die Gleichungen (1) geben dann die Differenzen $\lambda_a' - \lambda_b$, $\lambda_b - \lambda_b'$, welche wir mit h_b', h_b'' bezeichnen und kurz das „Wärmegefälle“ (nach Analogie der hydraulischen Gefälle) nennen wollen. Insbesondere ist dann

$$h_x = h_x' + h_x'' \quad \ldots \ldots \ldots \quad (3)$$

das in der Turbine x ausgenutzte Einzelgefälle.

Das verfügbare „Gesamtgefälle“

wird durch folgende Angaben festgelegt; Die bisher bekannt gewordenen Dampfverbrauchzahlen von ausgeführten Turbinen weisen darauf hin, daß man in der Gesamtheit der Turbinenschaufeln bei Vollbelastung auf einen Energieverlust von 30 bis 20 v. H. gefaßt sein muß; zu diesem Verlust tritt die kinetische Energie des abfließenden Dampfes $= c_2^2 : 2g$ (wo c_2 die Auslaßgeschwindigkeit des letzten Laufrades ist), für die man bei kleinen Turbinen etwa 10, bei größeren etwa 5 v. H. zulassen wird. Die schwerer zu schätzende Reibung der Trommeln oder Räder und der Schaufeln an ihren Stirnflächen gegen den Dampf einschließlich der Lagerreibung werde mit 10 bis 5 v. H. angesetzt. Schließlich kommt der Undichtheitsverlust hinzu, der wieder je nach dem Turbinensystem verschieden sein wird und 10 bis 3 v. H. betragen mag. Wir tragen diesem Verluste Rechnung, indem wir zum Schluß die theoretisch erforderliche Dampfmenge und die Querschnitte um den entsprechenden Betrag erhöhen, die Geschwindigkeiten aber mit den theoretischen Gefällen berechnen. Der Gesamtverlust beläuft sich auf 55 bis 30 v. H. für kleine bzw. ganz große Einheiten.

Wenn der Kondensatordruck $p_2 = 0{,}1$ kg/qcm oder darunter gewählt worden ist, berechnen wir den der adiabatischen reibungsfreien Expansion von p_1 auf p_2 entsprechende Wärmeinhalt λ_2'. Es bildet

$$H_0 = \lambda_1 - \lambda_2' \quad \ldots \ldots \ldots \quad (4)$$

das „theoretische Wärmegefälle“. Von diesem geht durch Schaufelreibung der Anteil

$$\zeta H = Z \quad \ldots \ldots \ldots \quad (4a)$$

mit $\zeta = 0{,}2$ bis $0{,}3$ verloren, und es bleibt in der Herrmannschen Bezeichnung

$$H_w = (1 - \zeta) H_0 \quad \ldots \ldots \ldots \quad (5)$$

als „wirksames Gefälle“ übrig, welches zur Erzeugung der Geschwindigkeiten dient, und von dem der Auslaßverlust und die Radreibung abzuziehen sind, um die von der wirklich arbeitenden Dampfmenge gelieferte effektive Leistung zu erhalten. Wir können nun so viele Turbinen aneinanderreihen, bis durch die Teilgefälle h_a, h_b, h_c, ... zuzüglich der beim Eintritt in das erste Leitrad aufzubringenden Geschwindigkeitshöhe

$$A \frac{c_{oa}^2}{2g} = h_1$$

in WE das wirksame Gefälle gerade aufgezehrt, d. h. bis

$$h_1 + h_a + h_b + h_c \ldots = H_w \quad \ldots \ldots \ldots \quad (6)$$

geworden ist. Wenn wir für ganze Gruppen von Einzelrädern gleiche Geschwindigkeiten vorschreiben können, so kann die Turbine auf diese Weise ohne Mühe berechnet werden.

Im allgemeinen läßt man aber die Geschwindigkeit stetig zunehmen. Bei 50 und mehr Stufen wird die einzelweise Rechnung sehr umständlich, und es empfiehlt sich ein

Graphisches Verfahren.

Wir ersetzen bei diesem Verfahren im Gegensatze zu sonstigen Anwendungen kleine Differenzen durch Differentiale und gelangen zu bequemer graphischer Integration. Wir denken uns zunächst die einzelnen Turbinen durch die in gleichen (aber noch unbekannten) Abständen auf der Grundlinie B abgetragenen Teilpunkte (Fig. 81) dargestellt.

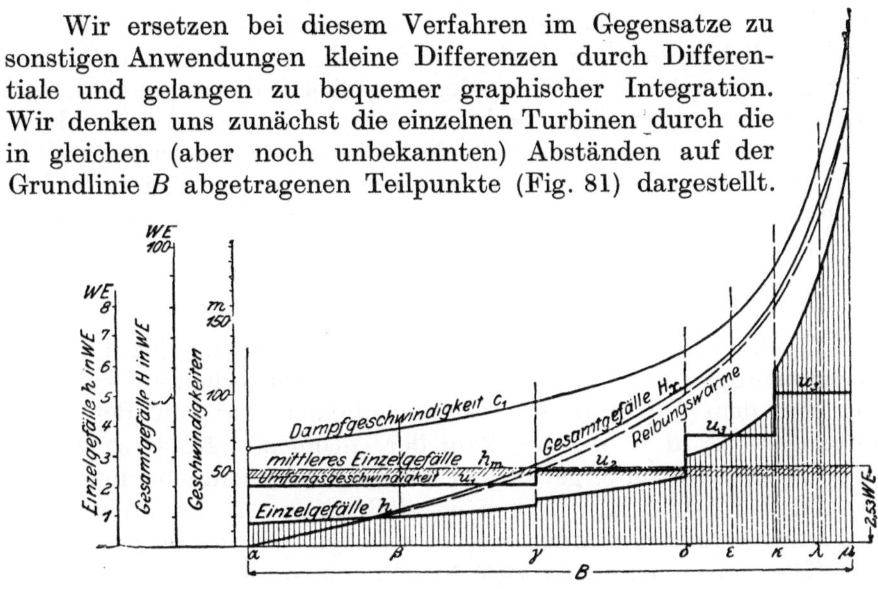

Fig. 81.

In diesen Teilpunkten werden, wie unten erläutert, Geschwindigkeiten, Druck und Gefälle der betreffenden Turbine als Ordinaten eingezeichnet. Wir beginnen mit der

Wahl der Umfangsgeschwindigkeit u.

Je größer diese sein darf, desto besser für die Dampfausnutzung; doch wird uns durch zwei Rücksichten eine Grenze gesteckt. Der Eintrittsquerschnitt, der aus dem voraussichtlichen Wirkungsgrade und der Leistung (mithin der Dampfmenge) von vornherein berechnet werden kann, erweist sich selbst bei 1000 PS Leistung so klein, daß bei etwa 1500 Umdrehungen und über 50 m betragender Umfangsgeschwindigkeit die Schaufeln bei voll beaufschlagten Turbinen nur wenige Millimeter lang werden. Da z. B. bei der Parsonsschen Ausführung das Spiel x in Fig. 82 zwischen Schaufel und Gehäuse bezw. Trommel eine Stelle der Undichtheit ist, wird man das Verhältnis dieses Zwischenraumes zur Schaufellänge wohl nicht unter $^1/_{40}$ bis $^1/_{50}$ herabsetzen wollen, indem (bei der Gleichheit der Verhältnisse an Leit- und Laufschaufel) der Undichtheitsverlust dann 4 bis 5 v. H. beträgt. Dies führt dazu, stellenweise mit

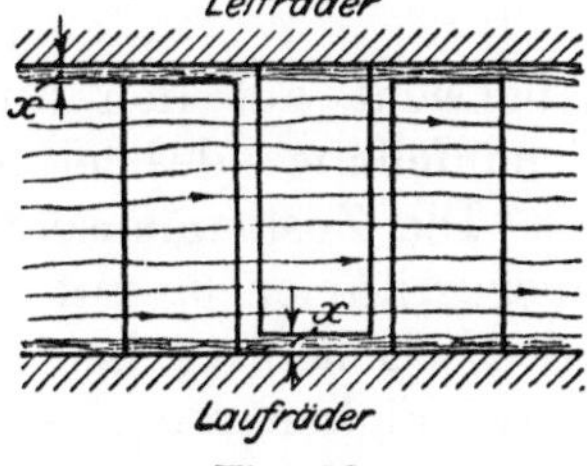

Fig. 82.

Geschwindigkeiten von 35 bis 40 m anzufangen. Bei den langen Schaufeln der letzten Räder spielt hingegen der Spalt keine Rolle mehr; hier wird u so groß gewählt, wie es die Festigkeit der Räder bzw. der Schaufelbefestigung zuläßt. Von dem kleinen Anfangswert steigt u dann in Stufen, wie Fig. 81 erkennen läßt, auf den Endwert hinauf.

Wahl der Winkel.

Je kleiner die Austrittswinkel am Leit- und Laufrade, d. h. α und α_2, sind, desto mehr Gefälle zehren wir bei gegebener Dampf- und Umfangsgeschwindigkeit in einer Turbine auf, desto kleiner wird die Stufenzahl, was günstig wäre. Allein zu kleine Winkel bedingen schmale und lange Kanäle, vergrößern hierdurch die Dampfreibung und rufen durch die im Verhältnis größere Schaufeldicke stärkere Querschnittserweiterungen, mithin Wirbel hervor. Als praktisches Mittel wird bei Überdruckturbinen der Wert $\alpha = \alpha_2 = 20$ bis 25^0 gelten können. Bei Druckturbinen findet man α_2 größer, meist $= \alpha_1$.

Die Wahl der Dampfgeschwindigkeit

muß mit Rücksicht auf das Bestreben getroffen werden, eine Turbine mit kleinstmöglichen Reibungsverlusten zu erhalten. Da die Reibung mit dem Quadrate der Geschwindigkeit und mit der Länge des Reibungsweges, d. h. mit der Zahl der Turbinen, wächst, so wird es einen günstigen Wert für c_1 geben, der jedoch noch nicht genau ermittelbar ist. Machen wir c_1 klein, etwa so, daß wie bei hydraulischen Turbinen c_2 axial gerichtet würde, so verbrauchen wir in einem Rade zu wenig Gefälle und erhalten zu viele Stufen, einen zu großen Reibungsweg und vor allem zu viele Schaufelstöße, die wohl im Widerstandsverlust eine besondere Rolle spielen. Machen wir c_1 groß, dann erhalten wir wohl wenig Räder, allein die Reibung steigt, weil c_1^2 zu rasch wächst. Ein richtiges praktisches Mittel scheint für Überdruck zu sein $u : c_1 = 0{,}5 \ldots 0{,}3$; bei Druckturbinen noch weniger. Wir lassen in Fig. 81 c_1 nach ungefähr hyperbolischer Kurve gegen das Ende zu rascher ansteigen. Der Endbetrag von c_1 wird mit Rücksicht auf den Auslaßverlust und die häufig unausführbare große Schaufellänge des letzten Rades festgelegt.

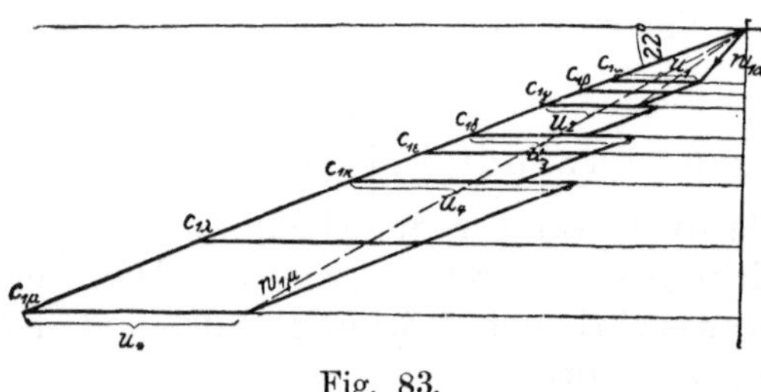

Fig. 83.

Die Zusammensetzung der für einige Turbinen α, β, γ, δ .... herausgegriffenen c_1 mit $-u$ liefert im Geschwindigkeitsplan (Fig. 83) (von welchem es bei $\alpha = \alpha_2$ genügt, die eine Hälfte zu zeichnen) die Geschwindigkeiten w_1. — Wir dürfen den Spaltdruck frei wählen. Am einfachsten ist es mit der Annahme

$$\alpha = \alpha_2 \quad w_2 = c_1 \quad c_2 = w_1 \quad \ldots\ldots \quad (7)$$

zu arbeiten, d. h. die axialen Komponenten c_a der vier Geschwindigkeiten c_1, w_1, w_2, c_2 gleich groß vorauszusetzen. Wenn wir gleiche Schaufelzahl und -Dicke in Leit- und Laufrad vorschreiben und von der sehr kleinen

Änderung des spezifischen Volumens beim Durchströmen eines Turbinensystemes absehen, so brauchen die Schaufeln für ein System nicht radial erweitert zu werden. Auch dürfen Leit- und Laufschaufel mit übereinstimmendem Profil ausgeführt werden. Bei großer Stufenzahl wird die Austrittsgeschwindigkeit c_2 eines bestimmten Rades wenig verschieden sein von der Austrittsgeschwindigkeit der unmittelbar vorhergehenden Turbine. Wir vernachlässigen den Unterschied zunächst ganz und setzen mithin z. B. unter Bezugnahme auf die Systeme a und b $c_{2a} = c_{2b}$, so daß in Gl. (1) $c_{1b}^2 - c_{2a}^2 = c_{1b}^2 - c_{2b}^2$ wird. Lassen wir den Index b weg, so lauten diese Gleichungen mit Rücksicht auf Annahme (7):

$$\left.\begin{aligned} h' &= A\frac{c_1^2 - c_2^2}{2g} = A\frac{c_1^2 - w_1^2}{2g} \\ h'' &= A\frac{w_2^2 - w_1^2}{2g} = A\frac{c_1^2 - w_1^2}{2g} \end{aligned}\right\} \quad \ldots\ldots \quad (8)$$

es wird also $h' = h''$, und wir haben halben Reaktionsgrad. Durch Addition folgt das Einzelgefälle für ein Leit- und Laufrad zusammen:

$$h = h' + h'' = 2A\frac{c_1^2 - w_1^2}{2g} \quad .\ .\ (9)$$

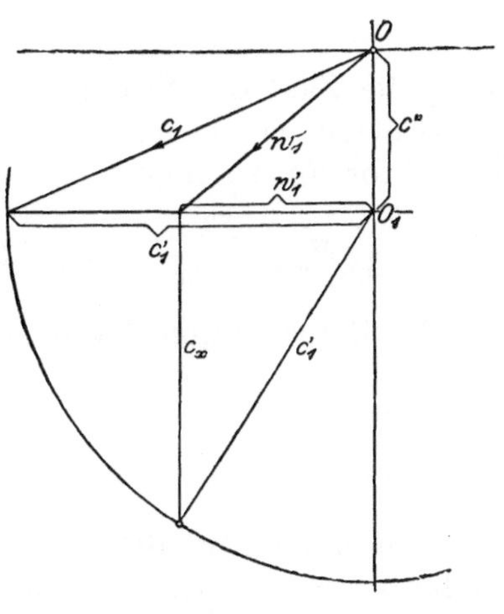

Fig. 84.

Beim Übergang vom letzten Rade einer Gruppe mit gleichem u zum ersten Rade der nächstfolgenden entsteht wegen der plötzlichen Änderung von u ein Sprung in h, was wohl zu beachten ist. Die Gesamtheit der h, die je an der entsprechenden Stelle aufgetragen werden, ergibt die Kurve der Einzelgefälle (h), Fig. 81, von welcher es genügt, für jede Gruppe etwa 3 Punkte zu bestimmen.[1])

[1]) Es wird etwas Zeit gespart, wenn man das Gefälle h mit Rücksicht auf Fig. 84 in der Gestalt

$$\begin{aligned} h &= A\frac{c_1^2 - w_1^2}{g} \\ &= A\frac{(c_1'^2 + c''^2) - (w_1'^2 + c''^2)}{g} \\ &= A\frac{c_1'^2 - w_1'^2}{g} \\ &= \frac{A}{g}(c_1' + w_1')(c_1' - w_1') \end{aligned}$$

anschreibt und beachtet, daß das geometrische Mittel $(c_1' + w_1')\,(c_1' - w_1')$ graphisch erhalten werden kann, indem man von O_1 aus mit c_1' den Kreis schlägt und im Endpunkte von w_1' die Lotrechte errichtet. Der bis zum Kreise reichende Abschnitt c_x dieser Lotrechten ist das verlangte Mittel, d. h. es ist

$$h = 2A\frac{c_x^2}{2g} = 2\left(\frac{c_x}{91{,}2}\right)^2 \text{WE}.$$

Die Gesamtzahl der Stufen.

Bei obiger Rechnungsart ist auch für das erste Leitrad die Eintrittsgeschwindigkeit c_{2a} vorausgesetzt worden. Um den Dampf von der Kammer aus auf diese Geschwindigkeit zu beschleunigen, ist der Aufwand eines Gefälles

$$h_0 = A \frac{c_{2a}^2}{2g} \quad \quad (10)$$

erforderlich und die Gesamtzahl der Stufen ist nun aus der Bedingung zu bestimmen, daß die Summe der Einzelgefälle h zuzüglich der Geschwindigkeitshöhe h_0 das wirksame Gefälle H_w ergibt:

$$h_0 + \sum_1^{z_0} h = H_w \quad \quad (11)$$

Der unbekannte Abstand der die Turbinen darstellenden Punkte auf der Grundlinie B ist nun

$$\Delta x = \frac{B}{z_0} \quad \quad (12)$$

wo z_0 die Zahl der Stufen bedeutet.

Bringen wir Δx im Zähler und Nenner des zweiten Gliedes in Gl. (11) als Faktor an, so folgt

$$H_w = \frac{\Sigma h \, \Delta x}{\Delta x} + h_0 = (h_1 \Delta x + h_2 \Delta x + \ldots h_z \Delta x) \frac{z_0}{B} + h_0 \,. \quad (13)$$

Die Zählersumme kann aber näherungsweise durch das Integral

$$\int_0^B h \, dx,$$

d. h. durch den Inhalt der von h begrenzten, in Fig. 81 schraffierten Fläche ersetzt werden. Die Division durch B ergibt das mittlere Wärmegefälle h_m, wir haben also

$$H_w = z_0 h_m + h_0,$$

woraus die Zahl der Stufen

$$z_0 = \frac{H_w - h_0}{h_m} \text{ oder einfach } \cong \frac{H_w}{h_m} \quad \quad (14)$$

mit der meist erlaubten Vernachlässigung von h_0 folgt.

Hierauf wird B in z_0 gleiche Teile eingeteilt und die Anfänge der Gruppen auf einen Teilpunkt hingeschoben.

Die weitere Aufgabe betrifft die

Bestimmung der Druckverteilung und der Schaufelabmessungen.

Erstere hängt von dem Gesetze ab, nach welchem sich die Dampfreibungsverluste auf die einzelnen Räder verteilen. Die Dampfreibung wird beeinflußt durch die Weite und Länge der Schaufelkanäle, durch die Heftigkeit der Krümmungsänderungen, vor allem aber durch die Geschwindigkeit. Bis auf weiteres dürfte es zulässig sein, den Reibungsverlust in einem Rade mit dem Mittel des Geschwindigkeitsquadrates ins Verhältnis zu setzen, oder

$$R_1 = A\zeta_1 \frac{c_m^2}{2g}$$

zu schreiben, wo c_m ein Mittelwert der Dampfgeschwindigkeit wäre. Da ferner alle Geschwindigkeiten desselben Rades in einem festen Verhältnis zueinander stehen, wird auch

$$R_1 = A\zeta_1' \frac{c_1^2}{2g}$$

gelten mit einem empirischen und unveränderlich vorausgesetzten Koeffizienten ζ_1'. Summieren wir die Reibungswärmen vom ersten bis zu einem bestimmten Zwischenrade x, so entsteht

$$\sum_1^x R_1 = A\zeta_1' \Sigma \frac{c_1^2}{2g} = A \frac{\zeta_1'}{2g\Delta x} \sum_0^x c_1^2 \Delta x = A \frac{\zeta_1'}{2g\Delta x} \int_0^x c_1^2 dx \quad . \quad (15)$$

Diese Wärmemenge müßte als R_x im Entropiediagramme (Fig. 85) in der früher beschriebenen Weise eingetragen werden, um bei dem betreffenden Zwischendrucke p_x den Punkt P_x der wahren Zustandskurve zu erhalten. Da indessen noch nicht bekannt ist, welcher Druck p_x zur Abszisse x gehört, muß der Verlauf der Zustandskurve probeweise so angenommen werden, daß der Steigerung von c_1 entsprechend der Verlust gegen das Ende ebenfalls rascher anwächst. Wie der Erfolg lehrt, gelangt man zu guten Ergebnissen, wenn man den in Fig. 85 durch schräge Schraffur kenntlich gemachten Energieverlust in Wärmemaß

$$Q_x = \zeta(\lambda_1 - \lambda_x')$$

setzt, unter ζ den unveränderlichen durch Gl. (5) definierten Verlustkoeffizienten, unter λ_x' den Wärmeinhalt der adiabatischen Expansion auf den angenommenen Druck p_x beim Punkte P_x' verstanden. Die Punkte P_x bestimmen Druck, Temperatur, spezifische Dampfmenge und Dampfwärme der wahren Zustandsänderung.[1]) Inbesondere ist

$$\lambda_x = \lambda_x' + Q_x,$$

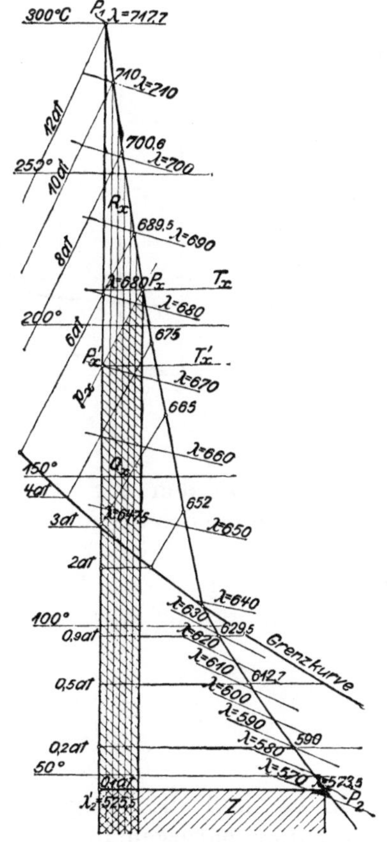

Fig. 85.

[1]) Fällt P_x' in das Überhitzungsgebiet, so erhalten wir gemäß früherem aus der adiabatischen Temperatur T_x' die wahre Temperatur T_x durch die Beziehung

$$Q_x = c_p (T_x - T_x').$$

Liegt P_x' im Sättigungsgebiet, so erhält man die spezifische Dampfmenge x aus Gleichung

$$Q_x = r_x (x - x'),$$

wo x' die spezifische Dampfmenge auf der Adiabate ist.

und bei P_2, d. h. dem Kondensatordrucke, wird $Q_x = Z$, also wie erforderlich, gleich dem gesamten Energieverlust.

Bei der Expansion bis zum Drucke p_x ist mithin die verfügbare Dampfwärme oder das Wärmegefälle

$$H_x = \lambda_1 - \lambda_x \quad . \; . \; . \; . \; . \; . \; . \; . \; . \quad (16)$$

und dieses wird als Funktion von p_x, wie in Fig. 86 dargestellt, aufgetragen. Für $p = p_1$ ist selbstverständlich $H_x = 0$, für $p = p_2$ $H_x = H_w$.

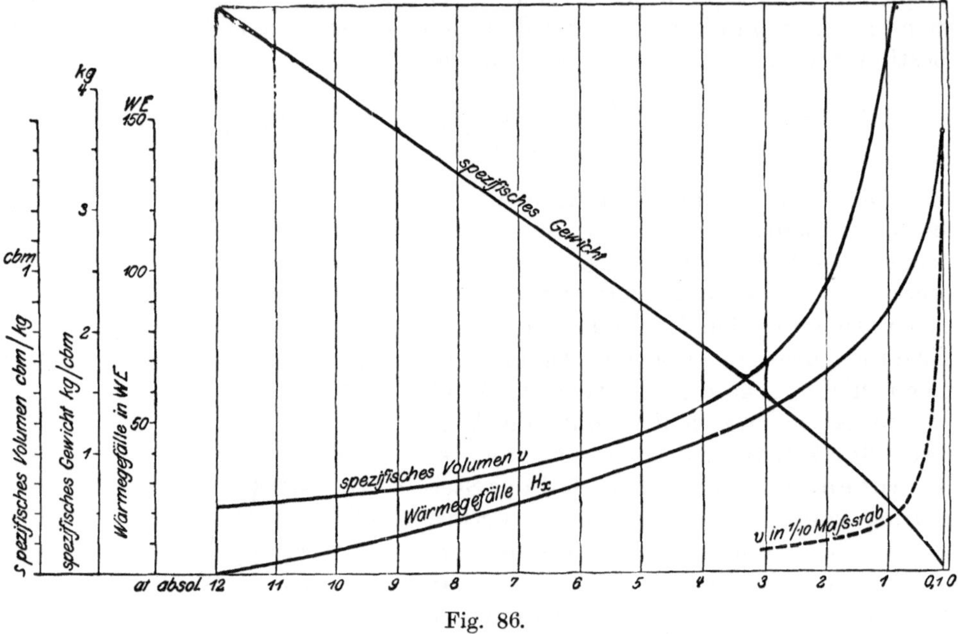

Fig. 86.

Um nun den zur $x$ten Turbine gehörigen Druck zu ermitteln, ist die Summe des bis zum $x$ten Rade aufgezehrten Gefälles zu bilden, d. h.

$$H_x = h_0 + h_1 + h_2 + \dots h_{x-1}$$

oder wenn wieder mit Δx multipliziert und dividiert wird,

$$H_x = \frac{\Sigma h \Delta x}{\Delta x} + h_0 = \frac{1}{\Delta x} \int_1^x h\,dx + h_0 = \frac{z_0}{B} \int_1^x h\,dx,$$

d. h. es muß die Integralkurve der h verzeichnet werden, welche als Endpunkt naturgemäß H_w ergibt und in Fig. 81 eingetragen ist. Nun wird in Fig. 86 das zu H_x gehörige p_x aufzusuchen und in Fig. 81 als Ordinate zur betreffenden Abszisse x einzutragen sein. Um nicht zu viele Linien zu häufen, ist dies in der neuen Fig. 87 getan.

Aus dem nun bekannten $p_x T_x$ der probeweisen Zustandskurve ergibt sich schließlich das spezifische Volumen v_x an der betreffenden Stelle. Wenn somit G_{sk} kg Dampf in 1 Sk. das Rad durchströmen sollen, so erhalten wir aus der „Kontinuitätsgleichung" die Querschnitte:

$$\left.\begin{array}{l}\text{Austritt aus dem } x\text{ten} \\ \quad\text{Leitrade} \\ \text{Austritt aus dem } x\text{ten} \\ \quad\text{Laufrade}\end{array}\right\} f_1 = \frac{G_{sk} v_x}{c_{1x}} \quad . \; . \; . \; . \; . \quad (18)$$

$$\left.\begin{array}{l}\text{Eintritt in das } x\text{te} \\ \quad\text{Leitrad} \\ \text{Eintritt in das } x\text{te} \\ \quad\text{Laufrad}\end{array}\right\} f' = \frac{G_{sk} v_x}{w_{1x}} \quad . \; . \; . \; . \; . \quad (19)$$

Von einer Änderung des v innerhalb einer Turbine darf man wie bemerkt absehen; doch hindert nichts, die Genauigkeit so weit zu treiben, wie man wünscht. Aus der angenommenen Schaufeldicke, Teilung und den Winkeln ergibt sich alsdann die Schaufellänge. Wären die Schaufeln unendlich dünn, so hätte man bei einer Schaufellänge a_0

$$f_1 = \pi D a_0 \sin \alpha.$$

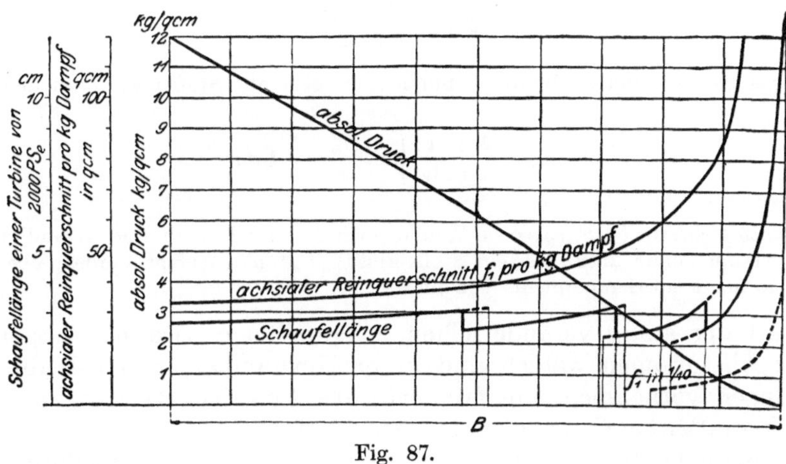

Fig. 87.

Wegen der Verengung durch die Schaufeldicke und die vorbeilaufenden Schaufeln des Laufrades muß a_0 vergrößert werden, im Durchschnitt auf das etwa $1^1/_2$fache. Die Größe

$$\frac{f_1}{\sin \alpha} = \pi D a_0$$

ist in Fig. 87 als der axiale Reinquerschnitt eingetragen.

Das in Fig. 81 bis 87 gelöste Beispiel bezieht sich auf die Anfangsdaten $p_1 = 12$ kg/qcm abs., $t_1 = 300^0$ C, den Kondensatordruck $p_2 = 0{,}1$ kg/qcm und den Energieverlust $\zeta = 0{,}25$. Zum Schlusse wurde die Reibungswärme gemäß Gl. (15)

$$R_x = A \frac{\zeta_1'}{2 g \Delta x} \int_0^x c_1^2 dx$$

bestimmt und in Fig. 81 in einem Maßstabe eingetragen, daß H_w und der Gesamtwert R sich decken. Nun müßte aus dem Entropiediagramm durch Ausmaß der senkrecht schraffierten Flächenstücke die sich von dort aus ergebende Linie der R_x aufgezeichnet und mit der schon ermittelten verglichen werden. War die Annahme der Zustandskurve richtig, so müßten die Linien von R_x zusammenfallen. Allein schon der Umstand, daß R_x von der Linie der H_x, wie Fig. 81 lehrt, wenig abweicht, zeigt, daß wir von der Übereinstimmung nicht weit entfernt sind. Eine größere Genauigkeit anzustreben, hätte nur dann Wert, wenn wir über die Größe der Widerstandskoeffizienten besser unterrichtet wären. Auch davon werde abgesehen, daß wir in R_x eigentlich einen Teil der Radreibung einbegreifen müßten.

Im Besitze genauerer Werte der Widerstandskoeffizienten würde man auch für die Reibungsarbeit, zunächst für eine Schaufel, den genaueren Ausdruck

$$R' = \int \zeta_r \frac{U}{4F} \frac{c^2}{g} dL$$

aufstellen, in welchem U den Umfang, F den Querschnitt eines Kanales, L die Länge des mittleren Dampffadens, c die örtliche Geschwindigkeit bedeuten. Das Integral kann in der Form

$$R' = \zeta_r \frac{U_m}{4F_m} \frac{c_m^2}{2g} L$$

geschrieben werden, und ergibt durch Summation über alle Stufen wie oben den Wert

$$R_x = \frac{2A}{2g} \frac{1}{\Delta x} \int_0^x \zeta_r \frac{U_m}{4F_m} c_m^2 L dx$$

worin die Mittelwerte $U_m F_m c_m$ sowie L und auch ζ_r von Rad zu Rad veränderlich sein werden. Dann müßte aber noch ein Stoßverlust „R_s" hinzugefügt werden, über dessen Größe uns heute überhaupt nichts bekannt ist.

Statt der stetig veränderlichen Schaufellänge wird man längere oder kürzere Abstufungen wählen und unter Umständen an der Wahl von c_1 Änderungen vornehmen, um für größere Abschnitte der Turbinenlänge konstante Querschnitte zu erhalten.

Es sei die letzte Austrittsgeschwindigkeit $= c_{2z}$; dann sind die gesamten Verluste in WE für 1 kg Dampf

$$H_z = Q_z + A \frac{c_{2z}^2}{2g} \quad \ldots \ldots \quad (20)$$

Die verfügbare Energie ist

$$H_0 = \lambda_1 - \lambda_2',$$

und

$$H_i = H_0 - H_z \quad \ldots \ldots \quad (21)$$

die „indizierte" Dampfarbeit in Wärmemaß, mithin

$$L_i = \frac{H_i}{A} \quad \ldots \ldots \quad (22)$$

derselbe in mgk pro 1 kg Dampf. Hieraus folgt die indizierte Leistung in PS

$$N_i = \frac{G_{sk} L_i}{75} \quad \ldots \ldots \quad (23)$$

Der Wirkungsgrad der indizierten Arbeit

$$\eta_i = \frac{H_i}{H_0} \quad \ldots \ldots \quad (24)$$

Der Dampfverbrauch pro indizierte PS-st

$$D_i = \frac{3600 G_{sk}}{N_i} = \frac{270000}{L_i} = \frac{637}{H_i} \quad \ldots \ldots \quad (25)$$

Die sonstige Reibungsarbeit, wie Dampfreibung der Trommeln, Schaufelstirnflächen, Dichtungskolben usw. einschließlich der Leerlaufarbeit (d. h. Lagerreibung und ähnlichem) in PS sei N_r, so folgt die effektive Leistung in PS

$$N_e = N_i - N_r \quad \ldots \ldots \ldots \quad (26)$$

und der Dampfverbrauch pro PS_e-st

$$D_e = 3600 \frac{G_{sk}}{N_e} \quad \ldots \ldots \ldots \quad (27)$$

41a. Genauere Durchrechnung der letzten Stufen.

Bei den heute üblichen niedrigen Vakuumpressungen, welche in der Regel 0,1 kg/qcm unterschreiten und 0,05 kg/qcm vielfach erreichen (in einzelnen Fällen wurde schon 0,02 kg/qcm festgestellt), nimmt das Volumen des Dampfes in den letzten Stufen außerordentlich rasch zu; demzufolge wächst bei mäßig veränderlicher Geschwindigkeit auch die Schaufellänge von Stufe zu Stufe so stark, daß der Dampf sehr divergente Bahnen beschreiben müßte, um die Querschnitte ganz auszufüllen. In solchen Fällen empfiehlt es sich, die der letzten Stufe vorangehenden Schaufeln länger zu machen, als die erste Annahme ergab. Bei Parsons finden wir häufig eine ganze aus 4—6 Stufen bestehende Gruppe mit gleichlangen Schaufeln ausgeführt. Dies ist zulässig, wenn wir die Schaufelwinkel in geeigneter Weise abändern, wie im folgenden erläutert werden soll.

Zunächst müssen wir stets den Auslaßquerschnitt der letzten Stufe festlegen, welcher aus einem Kompromiß zwischen der Forderung, den Auslaßverlust klein zu erhalten und den die Schaufel nicht zu lang werden zu lassen, erhalten wird. Als ein praktisches Maximum der Schaufellänge können wir etwa $^1/_5$ des Trommeldurchmessers bezeichnen, dann verhält sich die äußerste Umfangsgeschwindigkeit zur innersten wie 7 : 5, oder die Abweichung vom Mittel beträgt $^1/_6$ nach beiden Seiten. Um ebensoviel variert auch die Teilung gegen ihren Mittelwert, was noch zulässig sein dürfte. Bei der gewählten Schaufellänge a_z ist der ideelle Reinquerschnitt in axialer Richtung für unendlich dünne Schaufeln

$$f_{2z}^{a*} = \pi D_z a_z .$$

Mit Rücksicht auf die Schaufeldicke ist dieser Querschnitt mit einem probeweise angenommenen Faktor $\tau < 1$ (etwa 0,6—0,7) zu multiplizieren und ergibt den effektiven Axialquerschnitt

$$f_{2z}^{a} = \tau f_{2z}^{a*} .$$

Der pro kg Dampf zugelassene Auslaßverlust $c_{2z}^2 : 2g$ lehrt uns c_{2z} kennen. Wenn nun die axiale Komponente von c_{2z} mit c_{2z}'' bezeichnet wird, so muß

$$f_{2z}^{a} c_{2z}'' = G_{sk} v_z' \quad \ldots \ldots \ldots \ldots \quad (1)$$

sein, wo v_z' das spezif. Dampfvolumen beim Austritt bedeutet, wie es sich aus der Zustandskurve ergibt. Aus (1) berechnen wir c_{2z}'' und konstruieren c_{2z} als Hypothenuse eines rechtwinkligen Dreiecks mit c_{2z}'' als Kathete (Fig. 88). Indem wir $-u$ hinzufügen, ergibt sich w_{2z} und der Winkel α_{2z}. Hierauf kann f_{2z}^{a} genau gerechnet und α_{2z} abgeändert werden, falls die Abweichung zu groß war. Nun schreiten wir an die Berechnung der übrigen Querschnitte bez. Winkel. Will man die Schaufellängen konstant behalten, während die Winkel veränderlich sein sollen, so wird man, wie schon Koob[1]) getan hat, der Reihe nach, von der letzten Stufe nach vorn fortschreitend, die Größe der Geschwindigkeiten, d. h. das Wärmegefälle vorschreiben und die Geschwindigkeitsdreiecke konstruieren.

Bezeichen wir die letzten Stufen mit .... x, y, z. Die Wärmeinhalte beim Austritt aus dem Leitrade x, auf den letzten Querschnitt der Leitschaufel bezogen, mit λ_x, beim Austritt aus dem Laufrade x, auf den letzten Querschnitt der Laufschaufel bezogen, mit λ_x', und analog für y mit λ_y, λ_y' für z mit λ_z, λ_z', ferner die spezifischen Dampfvolumina an denselben Stellen mit v_x, v_x' bzw. v_y, v_y' bzw. v_z, v_z', endlich die Pressungen mit p_x, p_x'; p_y, p_y'; p_z, p_z'. Im übrigen bedienen wir uns derselben Zustandskurve wie beim Näherungsverfahren; die Wärmeinhalte λ_x, λ_x'.... beziehen sich also auf Punkte dieser Kurve. Für das Laufrad z besteht alsdann die Gleichung

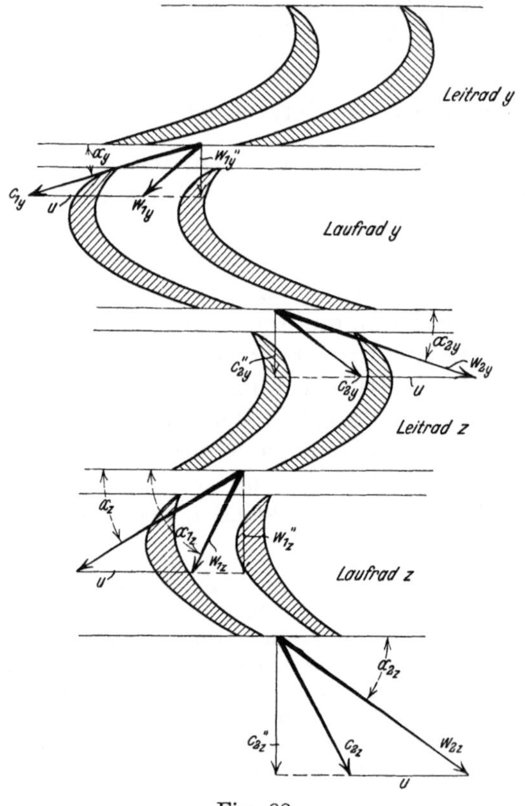

$$A\frac{w_{2z}^2 - w_{1z}^2}{2g} = \lambda_z - \lambda_z' \quad . \quad (2)$$

und nachdem w_{1z} die Resultierende aus $+c_{1z}$ und $-u$ ist, sind in der Differenz der Wärmeinhalte auch alle Verluste beim Übergang durch den Spalt eingeschlossen. War w_{1z} angenommen, so bestimmt Gl. (2) λ_z und umgekehrt. Aus der Zustandskurve im Entropiediagramm kann also auch v_z bestimmt werden. Nun muß für den Austrittsquerschnitt f_z, aus dem Leitrade z, die Kontinuitätsgleichung

$$G_{sk} v_z = f_z c_{1z}$$

erfüllt sein. Ebenso für die axiale Geschwindigkeitskomponente c_{1z}'', welche aber identisch ist mit der axialen Komponente von w_{1z}, d. h. w_{1z}'', und den effktiven axialen Querschnitt f^a_{1z}

$$G_{sk} v_z = f^a_{1z} w_{1z}'' \quad . \quad . \quad (3)$$

Fig. 88.

Wären der „Verengungskoeffizient" τ und die Schaufellänge gleich wie beim Austritt, so erhielte man

$$f^a_{1z} = \tau f^{a*}_{1z} = \tau \pi D_z a_z = f^a_{2z} \quad . \quad . \quad . \quad . \quad . \quad . \quad . \quad . \quad (21)$$

oder durch Vergleich von Gl. (1) mit Gl. (3)

$$\frac{w_{1z}''}{c_{2z}''} = \frac{v_z}{v_z'} \quad . \quad . \quad . \quad . \quad . \quad . \quad . \quad . \quad . \quad . \quad . \quad (22)$$

Wenn hieraus w_{1z}'' berechnet ist, so ergibt sich der relative Eintrittswinkel in das Laufrad α_{1z} durch das rechtwinklige Dreieck aus w_{1z}'' und w_{1z}. Bildet man c_{1z} als Resultierende aus w_{1z} und $+u$, so erhält man die Neigung der Leitschaufel α_z. Da aber τ in Gl. (2) nicht dasselbe ist wie oben, so muß f^a_{1z} neu berechnet werden, und ergibt aus Gl. (3) die korrigierte Komponente w_{1z}'', welche mit dem unveränderten w_{1z} zur Berichtigung der Winkel α_{1z} und α_z dient.

[1]) Siehe die ausführliche Abhandlung in Zeitschr. d. Ver. Deutsch. Ing. 1904, S. 660 u. f.

Wird nun λ_y' bzw. das Gefälle $\lambda_y' - \lambda_z$ angenommen, so erhält man

$$A\frac{c_{1z}^2 - c_{2y}^2}{2g} = \lambda_y' - \lambda_z \quad . \quad . \quad . \quad . \quad . \quad . \quad . \quad . \quad . \quad (23)$$

und aus der Entropietafel das Volumen v_y'. Wir schließen jetzt auf den Winkel α_{2y}, indem wir bei gleichlangen Schaufeln in erster Näherung

$$f^a_{2y} = f^a_{1z}$$

setzen, und aus der Kontinuitätsgleichung

$$f^a_{2y} c_{2y}'' = G_{sk} v_y' \quad . \quad . \quad . \quad . \quad . \quad . \quad . \quad . \quad . \quad . \quad (20\text{b})$$

in Verbindung mit Gl. (20a)

$$\frac{c_{2y}''}{c_{1z}''} = \frac{v_y'}{v_z}$$

ableiten, um c_{2y}'' zu berechnen. Das rechtwinklige Dreieck aus c_{2y}'' und c_{2y} (Fig. 88) ergibt nun den Neigungswinkel von c_{2y}, woraus durch Anfügen von $-u$ Geschwindigkeit w_{2y} und Winkel α_{2y} gewonnen werden. Nun muß mit α_{2y} der genaue Wert von f^a_{2y} gerechnet und c_{2y}'' sowie α_{2y} korrigiert werden. Von hier ab wiederholt sich das Verfahren in gleicher Weise, bis wir finden, daß die Winkel oder das Verhältnis der Geschwindigkeiten $c_{1x} : u$ bei irgend einer der Stufen zu klein geworden sind.

Es genügt, die letzte Gruppe auf diese genaue Art zu rechnen, und für die übrigen das allgemeine Verfahren anzuwenden. Wenn z. B. die Eintrittsgeschwindigkeit in die s^te Turbine c_{0s}' war, und ein Druck p_s, ein Volumen v_s, ein Dampfinhalt λ_s für diese Stelle Geltung haben, so wird nach dem graphischen Verfahren eine Turbine entworfen, für welche diese Angaben den Endzustand darstellen.

Die Winkel dieser genau gerechneten Niederdruckstufen werden sämtlich ungleich. Für die Eintrittswinkel wird man zwar mit Rücksicht auf die bei kleiner Belastung veränderte Eintrittsneigung einen praktisch einzuschätzenden Mittelwert wählen; der Austrittswinkel muß hingegen jedenfalls eingehalten werden, und dies macht die Herstellung schwieriger und teuerer. Deshalb hat es Interesse, die folgende allgemeine Aufgabe zn lösen.

41b. Druckverlauf für eine Stufengruppe mit beliebig vorgeschriebenen Querschnitten und Winkeln für den Austritt aus den Leit- und Laufrädern.

Beginnen wir mit dem Zustand im Spalt der x^ten Turbine. Aus der ebenfalls probeweise angenommenen Zustandskurve entnehmen wir v_x, mithin gibt die Kontinuität

$$c_{1x} = \frac{G_{sk} v_x}{f_x} \quad . \quad . \quad . \quad . \quad . \quad . \quad . \quad . \quad . \quad (1)$$

und das Geschwindigkeitsdreieck w_{1x}, unbekannt aber ist das Wärmegefälle bis ans Ende des Laufrades. Nun gilt allgemein

$$A\frac{w^2 - w_{1x}^2}{2g} = \lambda_x - \lambda \quad . \quad . \quad . \quad . \quad . \quad . \quad (2)$$

und wir können zu verschiedenen Werten von λ auf der wie oben anzunehmenden Zustandskurve w berechnen. Dies erfolgt in übersichtlicher Weise, indem wir zunächst w_0 aus

$$A\frac{w_0^2}{2g}=\lambda_x-\lambda \quad . \quad . \quad . \quad . \quad . \quad . \quad . \quad . \quad (3)$$

ausrechnen, und als Funktion des zu λ gehörenden, der Entropiedarstellung zu entnehmenden spezifischen Volumen v darstellen, Fig. 89. Dann wird

$$w^2=w_{1x}^2+w_0^2 \quad . \quad . \quad . \quad . \quad . \quad . \quad . \quad . \quad (4)$$

und man gewinnt w als Hypothenuse der rechtwinkligen Dreiecke w_{1x}, w_0. Den wahren Wert von w_{2x} finden wir aus der Kontinuitätsgleichung:

$$f_{2x}w_{2x}=G_{sk}v_x' \quad . \quad . \quad . \quad . \quad . \quad . \quad . \quad . \quad (5)$$

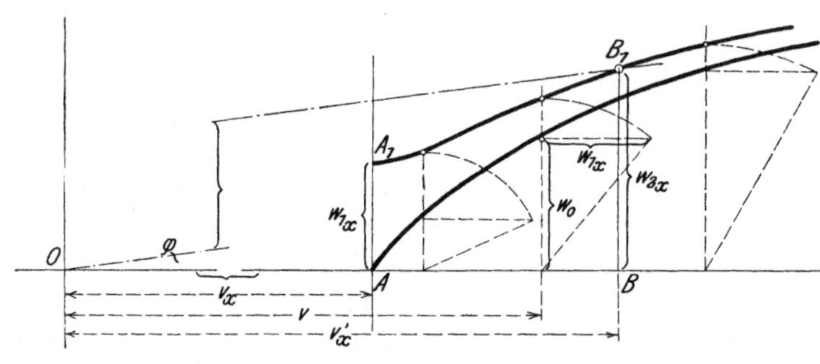

Fig. 89.

und zwar mittels graphischer Auflösung, indem wir die Gerade, deren Neigungswinkel gegen die v-Achse die Tangente

$$\operatorname{tg}\varphi=\frac{G_{sk}}{f_{2x}} \quad . \quad . \quad . \quad . \quad . \quad . \quad . \quad . \quad . \quad . \quad (6)$$

besitzt, zum Schnitte mit der w-Kurve bringen (Punkt B, in Fig. 89).

Im Schnittpunkt ist in der Tat

$$\frac{w_{2x}}{v_x'}=\frac{G_{sk}}{f_{2x}}$$

wie Gl. (5) fordert. Aus w_{2x} erhält man c_{2x}, und aus diesem durch Wiederholung desselben Rechnungsganges c_{1y} usf. Die Geschwindigkeitsdreiecke ergeben die jeweiligen Eintrittswinkel, welche mithin im Gegensatz zu den Austrittswinkeln nicht willkürlich gewählt werden können. Die letzte Stufe wird bei diesem Verfahren nicht ohne weiteres auf das gewünschte Vakuum führen, so daß die Rechnung entweder wiederholt, oder die kleine Abweichung im Vakuum (welches ja doch nicht von vornherein absolut feststeht), geduldet werden muß.

Man kann übrigens den Rechnungsgang ohne weiteres umkehren, indem man mit der letzten Auslaßgeschwindigkeit anfängt. Die Methode ist alsdann brauchbar, um den Druckverlauf zu ermitteln, wenn die Turbine nicht voll belastet ist, d. h. mit einem kleinen sekundlichen Dampfgewicht arbeitet. Doch wäre es zu mühsam, die Einzelrechnung von der letzten bis zur ersten Turbine fortzusetzen. Eine allgemeine bequemere Methode auf rein rechnerischer Grundlage wird später gegeben werden.

42. Die vielstufige Druckturbine

wird, falls die Abflußgeschwindigkeit c_2 nutzbar verwertet werden kann, gleichartig behandelt. Dies wäre vor allem für die vollbeaufschlagte sog. Grenzturbine der Fall. Die Wahl der Geschwindigkeiten und das Aufzeichnen der Zustandskurve erfolgt wie vorhin.

Das Wärmegefälle im Leitrade erhält mit derselben Annäherung wie bei der Reaktionsturbine den Wert

$$h' = A \frac{c_1^2 - c_2^2}{2g} \quad . \quad . \quad . \quad . \quad . \quad . \quad . \quad . \quad (1)$$

Da w_2 etwa $= 0{,}8\, w_1$ zu wählen wäre, so findet im Laufrade keine Beschleunigung, sondern vielmehr Umsetzung von kinetischer Energie in Wärme statt, d. h. es wird

$$h'' = A \frac{w_2^2 - w_1^2}{2g} \quad . \quad . \quad . \quad . \quad . \quad . \quad . \quad . \quad (2)$$

negativ. Das Einzelgefälle für ein Turbinensystem

$$h = h' + h''$$

ist demzufolge kleiner wie h'.

Wenn aber die Konstruktion die volle Ausnutzung von c_2 nicht zuläßt, so wird von der Austrittsenergie eines Rades, d. h. $c_2^2 : 2g$, nur der Betrag

$$(1 - \zeta) \frac{c_2^2}{2g}$$

mit einem abzuschätzenden Wert von ζ für das nächstfolgende Leitrad in Rechnung gestellt.

Wenn der Dampf weite Wege zum nächsten Leitrade zurücklegen muß, so wird man $\zeta = 1$ ansetzen, d. h. die ganze Austrittsenergie verloren geben. Bei axialen, dicht aufeinanderfolgenden Turbinen wird ζ um so kleiner, je mehr sich die Beaufschlagung der vollen nähert. Die Hochdruckräder werden nur auf einem kleinen Teil des Umfanges beaufschlagt, um längere Schaufeln und den Vorteil zu gewinnen, daß gleich von Anfang an mit hoher Umfangsgeschwindigkeit gearbeitet werden kann. Hier dürfte ζ auch der Einheit nahe kommen. Es ist mithin für Turbinen dieser Art wichtig, u groß, die Winkel α_2 klein zu halten, damit auch c_2 an sich klein wird, und ohne Schaden preisgegeben werden kann.

Nachdem über ζ entschieden ist, gilt für das Leitrad

$$h' = A \frac{c_1^2 - (1 - \zeta) c_2^2}{2g} \quad . \quad . \quad . \quad . \quad . \quad . \quad (47)$$

(wobei von der Verschiedenheit der c_2 für zwei aufeinanderfolgende Turbinen ebenfalls abgesehen wird). Im Laufrade hätte man wie vorhin

$$h'' = A \frac{w_2^2 - w_1^2}{2g} \quad . \quad . \quad . \quad . \quad . \quad . \quad . \quad (48)$$

Vom Austritte des Laufrades bis zum Eintritte in das Leitrad würde als dritte Gefällshöhe (algebraisch) hinzutreten

$$h''' = A \left((1 - \zeta) \frac{c_2^2}{2g} - \frac{c_2^2}{2g} \right) = - \zeta A \frac{c_2^2}{2g} \quad . \quad . \quad . \quad . \quad (49)$$

Schließlich müßte bei Turbinen, die aus Einzelscheiben bestehen, die Dampfreibung des betreffenden Rades L_{rx} in WE pro Sekunde durch das vorläufig zu schätzende sekundliche Dampfgewicht G dividiert als

$$h_r = \frac{L_{rx}}{G} \quad \ldots \ldots \ldots \quad (50)$$

hinzugezählt werden. Die hierbei notwendige Kenntnis der Dampfdrücke müßte durch einen vorläufigen näherungsweisen Entwurf erworben werden. Das Einzelfälle

$$h = h' + h'' + h''' + h_r = \frac{A}{2g}[(c_1^2 - c_2^2) - (w_1^2 - w_2^2)] + h_r \quad (51)$$

ist unabhängig von der Verlustgröße ζ, womit aber nicht ausgesagt ist, daß es auf diese nicht ankäme. Die Stufenzahl bleibt wohl dieselbe, allein je größer ζ, um so mehr nimmt die Entropie zu, um so größer ist also die schließliche Einbuße.

Die bei Druckturbinen zulässige und allgemein angewendete teilweise Beaufschlagung bietet den Vorteil, daß man vom ersten Rade ab mit größeren Umfangsgeschwindigkeiten (60 bis 80 m) arbeiten kann, wodurch die Stufenzahl erheblich verringert wird.

43. Vielstufige Turbinen mit stetig veränderlicher Umfangs- und Dampfgeschwindigkeit.

Die hyperbolische Turbine.

Diese Turbinenart soll nicht etwa zur Ausführung empfohlen werden, da die Rücksicht auf die Herstellung uns stets zu sprungweiser Änderung von u zwingen wird. Ein besonders einfaches Beispiel einer solchen Turbine ist aber sehr gut geeignet, uns zu besserer Einsicht in die Verhältnisse der vielstufigen Expansion zu verhelfen. Wir nehmen an, daß sowohl u als c_1 nach einem hyperbolischen Gesetz zunehmen, indem wir den Geschwindigkeiten, die zum Abstande x auf der Basis B gehören (vom Anfang an gerechnet), die Werte

$$u_x = \frac{a}{x - x_1}, \qquad c_{1x} = \frac{b}{x - x_1} \quad \ldots \ldots \quad (1)$$

erteilen, worin die a, b, x_1 aus dem kleinsten und größten Wert der Umfangsgeschwindigkeit, nämlich $u = u_1$ für $x = 0$ und $u = u_2$ für $x = B$, und aus dem Anfangswerte c_{1x}, der c_1 heißen soll, bestimmt werden.

Man findet

$$x_1 = B\frac{u_2}{u_2 - u_1}; \qquad a = B\frac{u_1 u_2}{u_2 - u_1}; \qquad b = a\frac{c_1}{u_1} \quad . \; . \quad (2)$$

und die letzte Eintrittsgeschwindigkeit c_{1z} ergibt sich zu

$$c_{1z} = c_1 \frac{u_2}{u_1}.$$

Die Geschwindigkeiten c_{1x} und u_x sind übrigens proportional.

Wir setzen eine Turbine voraus, bei der die axialen Komponenten von c_1, w_1, w_2, c_2 gleich sind, ferner bei Aktion $\alpha_1 = \alpha_2$, bei Reaktion $a = \alpha_2$ und die Winkel für alle Räder gleich. Als Wärmegefälle pro Einzelturbine ergibt sich nun nach leichter Umgestaltung bei Aktion

$$h_a = \frac{A}{g}(2c_{1x}\cos\alpha - 2u_x)\,u_x \quad . \; . \; . \; . \; . \; . \; . \quad (3)$$

bei Reaktion

$$h_r = \frac{A}{g}(2c_{1x}\cos\alpha - u_x)\,u_x \quad . \; . \; . \; . \; . \; . \; . \quad (4)$$

Die Stufenzahl bestimmt man unter Vernachlässigung von h_0 aus der Gleichung

$$H_w = \Sigma h_x = \frac{1}{\Delta x}\Sigma h_x \Delta x = \frac{z_0}{B}\int_0^B h_x dx = z_0 h_m \quad . \; . \; . \quad (5)$$

Hieraus folgt das mittlere Gefälle

$$h_m = \frac{1}{B}\int_0^B h_x dx \quad . \; . \; . \; . \; . \; . \; . \; . \; . \quad (6)$$

welches sich analytisch bestimmbar erweist und durch die geometrischen Mittelwerte der Anfangs- und Endgeschwindigkeiten u_1 und u_2 sowie c_1 und c_{1z}, d. h. durch

$$\left.\begin{aligned} u_m &= \sqrt{u_1 u_2} \\ c_{1m} &= \sqrt{c_1 c_{1z}} \end{aligned}\right\} \quad . \; . \; . \; . \; . \; . \; . \; . \; . \quad (7)$$

ausdrückbar wird. Man erhält bei Aktion

$$h_{am} = \frac{A}{g}(2c_{1m}\cos\alpha - 2u_m)\,u_m \quad . \; . \; . \; . \; . \; . \quad (8)$$

bei Reaktion

$$h_{rm} = \frac{A}{g}(2c_{1m}\cos\alpha - u_m)\,u_m \quad . \; . \; . \; . \; . \; . \quad (9)$$

Hieraus folgt das wichtige Resultat: Bei der „hyperbolischen Turbine" ist das mittlere Radgefälle, mithin auch die Stufenzahl dieselbe, als wenn alle Räder mit dem (konstanten) geometrischen Mittel der Anfangs- und Endwerte der Umfangs- und der Dampfgeschwindigkeiten arbeiten würden.

Außerdem läßt sich nachweisen, daß bei gleich breiten Schaufeln und sofern die Reibungshöhe proportional der Schaufelbreite und dem Quadrate der Dampfgeschwindigkeit gesetzt werden darf, ferner falls das Verhältnis $u_x : c_x$ unverändert bleibt, die gesamte Dampfreibungsarbeit der Turbine nicht von der absoluten Höhe der Geschwindigkeiten abhängt, also gleich groß ist, ob viele oder wenige Stufen gewählt werden.

Diese unter Annahme eines konstanten Widerstandskoeffizienten ausgesprochene hypothetische Folgerung ist von großer Wichtigkeit für die Konstruktion vielstufiger Turbinen, und würde theoretisch durch Vermehrung der Stufen gestatten, mit der Geschwindigkeit beliebig tief herabzugehen. Freilich ist zu beachten, daß der Satz sich auf einerlei Systeme (also solche mit gleichem Reaktionsgrad) bezieht, und die Reibung der Trommeln oder Räder nicht berücksichtigt. Von System zu System wird die Reibungsarbeit verschieden groß ausfallen und muß im einzelnen ausgerechnet werden.

Radialturbinen.

Es bezeichne λ_0, λ_1, λ_2 die Wärmeinhalte des Dampfes bzw. vor dem Leit-, vor dem Laufrad und beim Austritt aus letzterem, r_0, r_1, r_2, ferner u_0, u_1, u_2 die entsprechenden Halbmesser bzw. Umfangsgeschwindigkeiten einer radial beaufschlagten Turbine. Für die Strömung im Leitrad gilt wie früher

$$\frac{c_1^2}{2g} - \frac{c_0^2}{2g} = \frac{1}{A}(\lambda_0 - \lambda_1) \quad . \quad . \quad . \quad . \quad . \quad . \quad . \quad (1)$$

Für die Strömung im Laufrad aber ist die Arbeit der Ergänzungskraft der relativen Bewegung, d. h. der Fliehkraft in Betracht zu ziehen, und es ergibt sich[1])

$$\frac{w_2^2}{2g} - \frac{w_1^2}{2g} = \frac{1}{A}(\lambda_1 - \lambda_2) + \frac{u_2^2 - u_1^2}{2g} \quad . \quad . \quad . \quad . \quad (2)$$

Bei einer einstufigen Turbine kann das letzte Glied meist vernachlässigt werden, bei vielstufigen nicht ohne weiteres. Durch Addition der beiden Gleichungen 1 und 2 ergibt sich nämlich das Einzelgefälle einer Stufe

$$h = \lambda_0 - \lambda_2 = \frac{A}{2g}\left[(c_1^2 - c_0^2) + (w_2^2 - w_1^2) - (u_2^2 - u_1^2)\right] \quad . \quad (3)$$

Die Summation über alle Stufen führt zum „wirksamen Gefälle"

$$H_w = h_0 + \Sigma h,$$

wenn h_0 das früher definierte Gefälle für den Eintritt in das erste Leitrad bedeutet. In der Summe Σh erscheint auch $-\Sigma(u_2^2 - u_1^2)$, welches nicht ohne weiteres deshalb vernachlässigbar ist, weil die Einzelsummanden klein sind. Setzen wir voraus, daß alle Stufen (radial) un-

[1]) Unter Zuhilfenahme der Ableitungen im Abschnitt 20 wie folgt: Die Arbeit der Fliehkraft an einem Massenelement dm, dessen Abstand von der Drehachse von r_a auf r_e zunimmt, bei der Winkelgeschwindigkeit ω, ist

$$\int_{r_a}^{r_e} dm \cdot r\omega^2 dr = \frac{dm\,\omega^2}{2}(r_e^2 - r_a^2).$$

Denken wir uns in Fig. 25 die ganze zwischen den Querschnitten A_1, A_2 eingeschlossene Masse um eine feste Achse rotierend, so ist die Arbeit der auf dieselbe wirkenden Fliehkräfte

$$= \Sigma\,{}^1/_2 dm\,\omega^2(r_e^2 - r_a^2) = \Sigma\,{}^1/_2 dm\,\omega^2 r_e^2 - \Sigma\,{}^1/_2 dm\,\omega^2 r_a^2 = \Sigma\,{}^1/_2 dm\,u_e^2 - \Sigma\,{}^1/_2 dm\,u_a^2.$$

Hierin ist die erste Summe die negative „potentielle Energie" des Massensystems zu Ende —, die zweite Summe dasselbe zu Beginn des Vorganges, mit Rücksicht auf die Drehung. Wir betrachten eine stationäre Strömung und eine Verschiebung der Querschnitte A_1, A_2 bis B_1, B_2; hierbei hebt sich die potentielle Energie der zwischen den Ebenen B_1 und A_2 im Anfangs- und Endzustand enthaltenen Massenteile weg, und es bleibt nur

$$\frac{1}{2}\frac{dG}{g}u_2^2 - \frac{1}{2}\frac{dG}{g}u_1^2$$

übrig, welches, den Arbeiten der Oberflächenkräfte in Gl. (1) Abschnitt 20 hinzugefügt, die oben angeschriebene Gleichung ergibt.

mittelbar aufeinanderfolgen, und benutzen wir den Umstand, daß näherungsweise

$$u_2^2 - u_1^2 = \frac{1}{2}(u_2^2 - u_0^2)$$

wird, so ergibt sich

$$\Sigma(u_2^2 - u_1^2) = \frac{1}{2}\Sigma(u_2^2 - u_0^2),$$

wobei, wenn man über alle Stufen summiert, die Zwischenglieder sich gegenseitig wegheben und nur

$$\frac{1}{2}(u_e^2 - u_a^2) \quad . \; . \; . \; . \; . \; . \; . \; . \; . \quad (4)$$

übrig bleibt, unter u_e die Geschwindigkeit des letzten, unter u_a die des ersten Rades verstanden. Dieses Glied kann unter Umständen Bedeutung haben.

Der Entwurf einer neuen Turbine wird unter Benutzung der Fig. 81 uf. nach der früher erläuterten Methode keine Schwierigkeiten bieten.

Neuerdings ist von Brady eine Radialturbine vorgeschlagen worden, bei welcher die Leit- und die Laufräder mit gleicher, aber entgegengesetzter Winkelgeschwindigkeit rotieren. Hier ist für die Bewegung in den Schaufeln sowohl des Leit- wie des Laufrades Formel (2) anzuwenden, und das Wärmegefälle für eine Stufe wird

$$h = \frac{A}{2g}\left[(c_1^2 - c_0^2) + (w_2^2 - w_1^2) - (u_2^2 - u_0^2)\right] \quad . \; . \quad (5)$$

Die Summation über alle Stufen ergibt somit für den Einfluß der Umfangsgeschwindigkeit unmittelbar das Glied

$$\Sigma u_2^2 - u_0^2 = u_e^2 - u_a^2 . \quad . \; . \; . \; . \; . \; . \; . \quad (6)$$

Beim Aufzeichnen der Geschwindigkeitsdreiecke für eine Turbine Bradyschen Systems ist übrigens zu beachten, daß wir beispielsweise c_1 zunächst mit dem (auf das Laufrad bezogen) negativen u_1 zusammensetzen müssen, um die absolute Austrittsgeschwindigkeit aus dem Leitrade zu erhalten. Das nochmalige (geometrische) Anfügen von $-u_1$ ergibt erst w_1 usf. Abgesehen von dem im ganzen nicht großen Anteil der Fliehkraftarbeit (Gl. 6) wirkt die Rotation des Leitrades somit wie eine Verdoppelung der Umfangsgeschwindigkeit; oder: man kann bei vorgeschriebener Geschwindigkeit die Umlaufzahl auf die Hälfte herabsetzen.

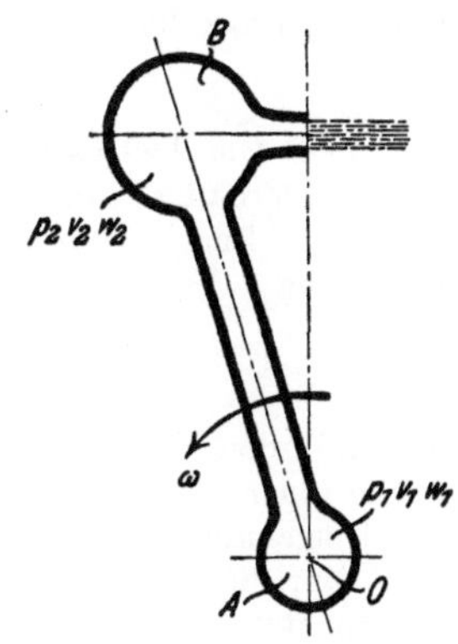

Fig. 90.

Auch von **Parsons** stammt ein Vorschlag für eine Radialturbine, welche aus der Lavalturbine abgeleitet werden kann, indem man den Düsen durch eine hohle Achse Dampf zuführt und sie im entgegengesetzten Sinn wie das Laufrad rotieren läßt. Diese Turbinenart bietet ein gutes Übungsbeispiel für die Handhabung der Energiebegriffe und soll im Interesse der jüngeren Fachgenossen näher besprochen werden.

Die rotierende Düse kann schematisch durch Fig. 90 veranschaulicht werden, wobei vor dem Eintritt in die hohle Achse der Druck p_1, die Geschwindigkeit $w_1 = 0$, beim Eintritt in den Behälter B ein Druck p_2 und eine ebenfalls vernachlässigbare Geschwindigkeit w_2 herrschen mögen. Der Dampf strömt mit der relativen Geschwindigkeit w aus der Düse, die mit der Geschwindigkeit u rotiert, in einen Raum mit der Pressung p_0. Bei Vernachlässigung von w_2 übt der ausströmende Dampf auf das Gefäß B eine „Reaktion"

$$P = Mw \quad \ldots \ldots \quad (7)$$

aus, wenn mit M die sekundlich im Beharrungsszustande durchströmende Dampfmasse bezeichnet wird. Die von P geleistete Arbeit ist nun

$$E_P = Mwu \quad \ldots \ldots \quad (8)$$

Wäre dies die Nutzarbeit, so hätten wir ein Perpetuum mobile vor uns, denn dann brauchte man nur die Umfangsgeschwindigkeit zu vergrößern, um mit gleichem Dampfaufwand immer größere Leistungen zu erhalten. Daß dies in Wahrheit nicht möglich ist, liegt in erster Linie, wie man sofort einwenden wird, daran, daß die Dampfteilchen während des Zuströmens auf die Geschwindigkeit u beschleunigt werden müssen, weshalb dann von E_P die Beschleunigungsarbeit

$$E_b = \frac{Mu^2}{2} \quad \ldots \ldots \quad (9)$$

abgezogen werden muß. Allein dieser Abzug genügt nicht, da der Dampf auch noch vom Drucke p_1 auf p_2 verdichtet worden ist. Die Kompressionsarbeit E_k besteht aber darin, daß die innere Energie von U_1 auf U_2 gehoben und die Druckarbeit Gp_2v_2 geleistet wird, zu welchen Leistungen indes bei der Einmündung der Oberflächendruck p_1 die Arbeit Gp_1v_1 beisteuert. Wir haben also

$$E_k = G\left[(U_2 - U_1)\frac{1}{A} + (p_2v_2 - p_1v_1)\right] \quad \ldots \ldots \quad (10)$$

Und nun gilt nach Gl. 2 bei Vernachlässigung von w_1 und w_2, sowie mit $u_1 = 0$, $u_2 = u$ und mit Rücksicht auf die Bedeutung von λ, d. h.

$$\lambda_1 = U_1 + Ap_1v_1; \quad \lambda_2 = U_2 + Ap_2v_2$$

die Beziehung

$$0 = \frac{1}{A}(\lambda_1 - \lambda_2) + \frac{u^2}{2g} \quad \ldots \ldots \quad (11)$$

oder

$$(U_2 - U_1)\frac{1}{A} + (p_2v_2 - p_1v_1) = \frac{u^2}{2g}$$

also erhalten wir als Ausdruck der Kompressionsarbeit

$$E_k = \frac{G}{g}\frac{u^2}{2} = \frac{Mu^2}{2} \quad \ldots \ldots \quad (12)$$

mithin die wirkliche Nutzleistung

$$E_n = E_p - E_b - E_k = Mwu - Mu^2 = M(w-u)u \quad \ldots \quad (13)$$

Daß diese Formel richtig ist, überzeugen wir uns durch Anwendung der Gleichung der Drehmomente aus Abschn. 10, wobei zu beachten ist, daß das Moment der Eintrittsgeschwindigkeit $= 0$ ist. Die absolute Austrittsgeschwindigkeit $w - u$ ergibt $(w-u)r$, und so ist das Drehmoment $\mathfrak{M} = M(w-u)r$, woraus die Leistung durch Vermehrung mit ω hervorgeht, und wenn $r\omega = u$ gesetzt wird, so erhalten wir

$$E = \mathfrak{M}\omega = M(w-u)u,$$

wie oben. Um die Geschwindigkeit w zu ermitteln, berechnet man zunächst λ_2 nach Formel (11) und erhält p_2, indem man in der Entropietafel (wie wir annehmen wollen) adiabatisch vom Zustande p_1v_1 zum Wärmeinhalt λ_2 fortschreitet. Nunmehr benützt man die Beziehung

$$A\frac{w^2}{2g} = \lambda_2 - \lambda_0 \quad \ldots \ldots \quad (14)$$

wobei λ_0 den Wärmeinhalt desjenigen Dampfzustandes darstellt, den wir durch adiabatische (auch als reibungsfrei angenommene) Expansion vom Zustande λ_2 auf den Druck p_0 der Umgebung erhalten.

Um diese Rechnung auf die Parsons'sche Radialturbine anzuwenden, ist zu beachten, daß die Düse unter einem Winkel α gegen den Umfang geneigt sein wird, es besteht mithin die absolute Austrittsgeschwindigkeit, die wir mit c_1 zu bezeichnen haben, aus der axialen Komponente $w \sin \alpha$ und der tangentialen Komponente $w \cos \alpha - u$, demzufolge ist die vom Düsenrad geleistete Arbeit

$$E_1 = M(w \cos \alpha - u) u \quad \ldots \ldots \ldots \quad (15)$$

Die Arbeit des eigentlichen Laufrades wird gerechnet wie bei einer gewöhnlichen einstufigen Druckturbine, welche durch einen Dampfstrahl mit der Neigung α und der oben definierten Geschwindigkeit c_1 beaufschlagt wird.

44. Die Dampfreibung rotierender Scheiben.

Der Widerstand, den ein im Dampfe rotierendes Turbinenlaufrad erfährt, kann getrennt werden in den Anteil, welcher von der im allgemeinen glatten Scheibe, und in den, der von den Schaufeln herrührt. Der letztere ist einfacher zu beurteilen, da er in der Hauptsache durch die Ventilationsarbeit der Schaufeln gebildet wird. Die Beobachtung der Luftströmung an einem frei aufgestellten Rad (z. B. mit Hilfe einer ganz kleinen Quaste, die durch einen kurzen Faden an einem Draht befestigt ist) zeigt, daß der Scheibe entlang nur kleine Geschwindigkeiten in fast radialer Richtung vorhanden sind. Sogar bis auf etwa $^2/_3$ der Schaufellänge bleibt die Geschwindigkeit sehr klein mit freilich schon stärkerer Neigung nach der Richtung des Umfanges hin. Erst aus dem letzten Drittel strömt die Luft mit nahezu tangentialer Richtung und großer Geschwindigkeit heraus. Ein Teil der weggeschleuderten Luft kehrt in regelmäßigen Bahnen zum Rade zurück.

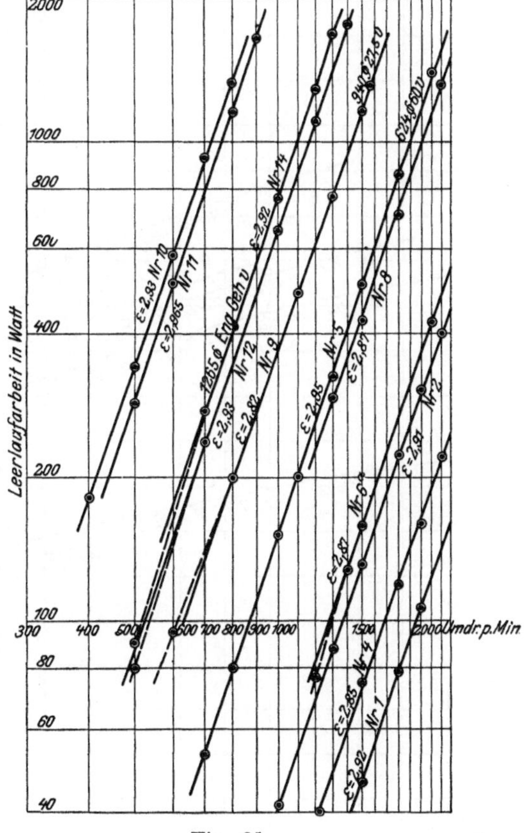

Fig. 91.

Es liegt auf der Hand, daß ein in freier Luft (unverhüllt) aufgestelltes Rad eine bedeutend größere Leerlaufarbeit absorbiert, als ein Rad mit eng anschließendem Gehäuse, da in letzterem Falle die Luft an der freien Zirkulation behindert ist.

Man wäre versucht, die Ventilationsarbeit rechnerisch zu verfolgen, sieht aber die Fruchtlosigkeit des Versuches bald ein. Einmal ist die Neigung der Schaufelflächen dem Lufteintritte (glücklicherweise) ungünstig und veranlaßt eine Wirbelung; dann besitzen wir keine festen Führungen des Luft- (oder Dampf-) Stromes und können die Größe des Querschnittes nicht angeben. Beim eingeschlossenen Rade wird die Luft im Spalte zwischen Rad und Gehäuse eine bedeutende Geschwindigkeit annehmen, die für den Eintritt nutzbar verwendet wird, doch sind wir außer stande, ihren Betrag sicher einzuschätzen. Sind die Winkel am Ein- und am Austritt des Rades ungleich, dann tritt, wie die Beobachtung zeigt, der Effekt der axialen Turbinenpumpe auf, d. h. es bildet sich, ohne daß die gewöhnliche Ventilation aufhörte, ein durch das Rad hindurchgehender

Luftstrom aus, der die Leerlaufarbeit vergrößert. Noch weniger kann uns die Rechnung Aufschluß über die Reibung der glatten Scheibe geben. Zwar liegen ausgedehnte Versuche von Physikern über die „Gasreibung" vor, doch sind diese unter Umständen angestellt, die eine Übertragung auf die Turbine nicht ohne weiteres gestatten.

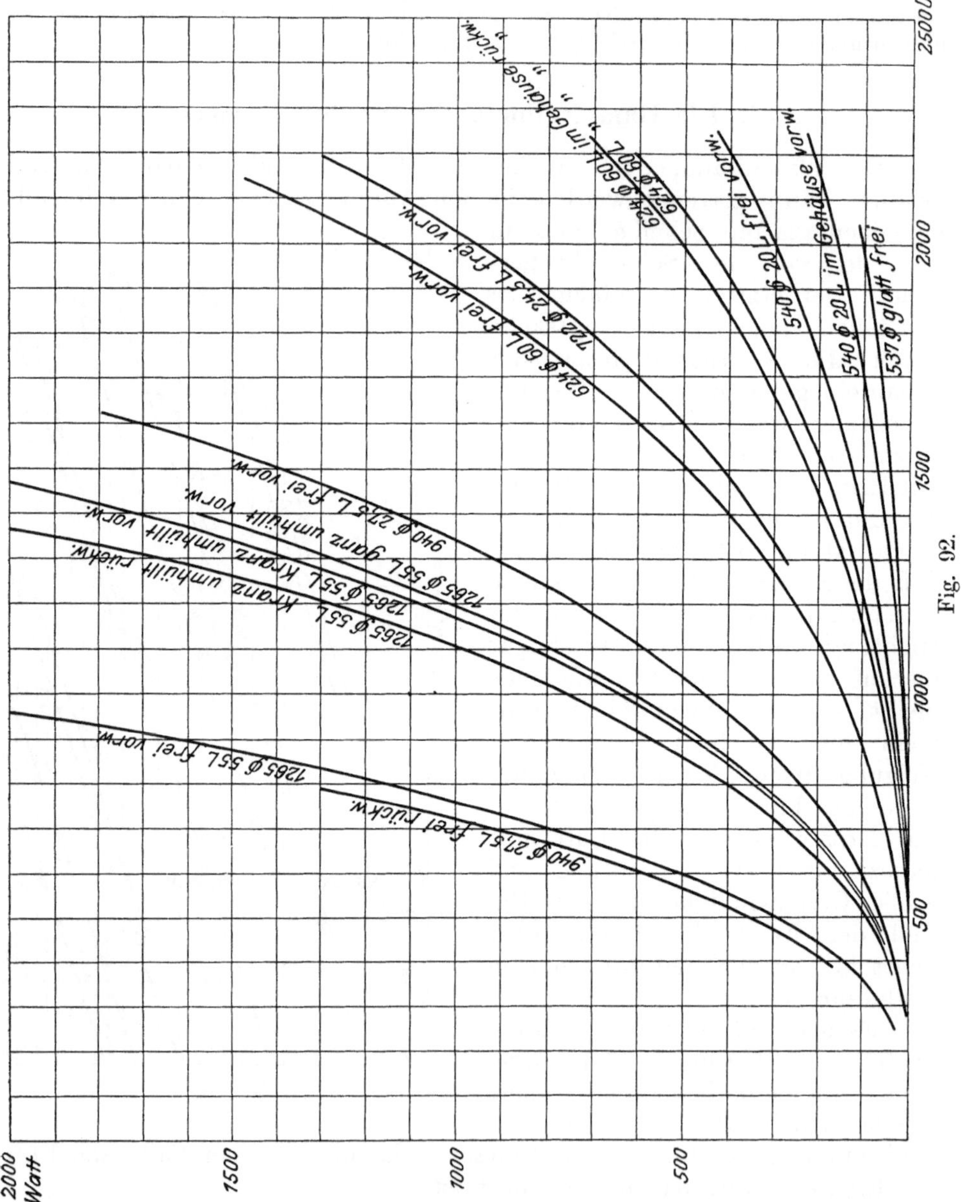

Fig. 92.

Der Verfasser unternahm zur Klärung der einschlägigen Fragen eine Anzahl von Versuchen, deren Ergebnisse in der Zahlentafel 1 und den Fig. 91 und 92 niedergelegt sind. Benutzt wurden eine glatte unbearbeitete Scheibe aus Kesselblech von 537 mm Durchmesser und fünf Turbinenräder von bzw. 545, 624, 722, 940, 1265 mm Außendurchmesser. Die Räder wurden teils fliegend am Wellenende eines Gleichstrommotors, teils auf einer besonders gelagerten Verlängerung der Motorwelle befestigt und entweder in freier Luft oder in einem Gehäuse angetrieben.

Vom Brutto-Kraftverbrauche wurde der Leerlauf bei abgenommenem Rade und die Ankerstromwärme abgezogen. Man bestimmte von Zeit zu Zeit die Ankertemperatur und korrigierte den Wert des Ankerwiderstandes dementsprechend. Der Erregerstrom wurde stets unveränderlich gehalten. Da der Leerlauf bei abgenommenem Rade bestimmt wurde, enthält der Kraftverbrauch auch die durch das Radgewicht etwa verursachte Lagerreibungsarbeit. Doch variert bekanntlich der Reibungskoeffizient fast genau im umgekehrten Verhältnis wie der Druck, und diese Vermehrung wird mithin unbedeutend gewesen sein.

Fig. 91 enthält die Darstellung der Logarithmen des Kraftverbrauchs W in Watt als Abhängige der Logarithmen der minutlichen Umdrehungszahl n. Die erhaltenen Punkte liegen für jeden Versuch auf ziemliche Ausdehnung fast genau in einer Geraden, welche durch die Gleichung

$$lg\,W = lg\,W_0 + \varepsilon\, lg\, n \quad \ldots \ldots \quad (1)$$

dargestellt werden kann. Die Größe ε ist die trigonometrische Tangente des Neigungswinkels gegen die Abszisse. Aus Gl. (1) folgt

$$W = W_0\, n^{\varepsilon} \quad \ldots \ldots \quad (2)$$

Die Werte von ε sind in der Figur eingetragen und liefern als Mittelwert 2,90. Wir begnügen uns indessen mit der Abrundung

$$\varepsilon = 3,$$

wodurch auch die Rechnungen bedeutend vereinfacht werden. Wir sprechen das Ergebnis im folgenden Gesetz aus:

Die Leerlaufarbeit der in freier Luft oder in einem Gehäuse rotierenden Räder und Scheiben wächst sehr angenähert mit der dritten Potenz der Umlaufzahl.

Es genügt mithin, von jeder bei verschiedenen Umlaufzahlen unter sonst gleichen Umständen durchgeführten Versuchsreihe einen einzelnen Punkt anzugeben. In Zahlentafel 1 sind die jeweiligen Höchstwerte zusammengestellt, und es bezieht sich die Bezeichnung „Vorwärtsgang“ auf die gewöhnliche Drehrichtung, bei welcher die konvexe Schaufelseite vorausgeht. Der Widerstand des Rückwärtsganges wurde bei mehreren Rädern bestimmt, da die Kenntnis desselben für die Schiffsturbinen, die in beiden Richtungen rotieren müssen, Wichtigkeit besitzt. Das Gehäuse bestand bei den kleinen Scheiben aus Blech, bei den großen aus Holz.

Das angegebene Spiel bezieht sich auf den Abstand der Gehäusewand von der Schaufel.

Der große Einfluß der Schaufellänge geht aus diesen Angaben klar hervor. Wie sehr weiterhin die Ventilationsarbeit von der Freiheit der Luftzirkulation abhängt, zeigt der Vergleich der Werte für freie Luft und für eingeschlossene Räder. Wegen des besseren Lufteinlaufes in die Schaufel ist die Arbeit beim Rückwärtslauf des unverhüllten Rades fünf bis sechsmal größer wie im Vorwärtslauf. Wird das Rad aber eingehüllt, so schrumpft das Verhältnis auf etwa 1,2 zusammen. Versuche 12 und 14 zeigen ferner die interessante Tatsache, daß das Einhüllen des Kranzes allein den Hauptteil des Widerstandes beseitigt, und durch das Umschließen des ganzen Rades nur noch wenig gewonnen werden kann.

Zahlentafel 1.

No.	Art des Versuches	Vorwärts- oder Rückwärtslauf	Außendurchmesser mm	Schaufel			Höchste Umlaufzahl p. Min.	Zugehörige Umfangsgeschw. m/sek.	Kraftverbrauch		β
				Länge (axial) mm	Breite (axial) mm	Teilung mm			Watt	PS	
1	Glatte Scheibe 4 mm dick frei in Luft	vorw.	537	—	—	—	2000	56,3	110	0,149	—
2	Laufrad *A* frei in Luft .	vorw.	545	20	20	12,3	2200	62,8	400	0,544	6,38
3	„ „ „ „ „	rückw.	545	20	20	12,3	2100	59,9	1880	2,554	34,42
4	„ „ im Gehäuse mit 4 mm seitl. Spiel . . .	vorw.	545	20	20	12,3	2200	62,8	218	0,296	3,48
5	Laufrad *B* frei in Luft .	vorw.	624	60	20	13,7	2100	68,6	1380	1,875	12,86
6	„ „ im Gehäuse mit 4 mm seitl. Spiel . . .	„	624	60	20	13,7	2100	68,6	525	0,713	4,89
7	Laufrad *B* im Gehäuse mit 4 mm seitl. Spiel . . .	rückw.	624	60	20	13,7	2200	71,9	680	0,924	5,51
8	Laufrad *C* frei in Luft . .	vorw.	722	24,5	20	12,6	2200	83,2	1315	1,787	5,13
9	Laufrad *D* frei in Luft .	vorw.	940	27,5	25	16,3	1600	78,7	1720	2,336	4,67
10	„ „ „ „ „ . .	rückw.	940	27,5	25	16,3	750	36,9	1120	1,522	9,34
11	Laufrad *E* frei in Luft .	vorw.	1265	55	25	12	980	64,9	2160	2,935	5,77
12	„ „ Kranz auf 160 mm Breite eingehüllt, rd. 6,5 mm seitl. Spiel . .	„	1265	55	25	12	1650	109,3	2870	3,901	1,61
13	Laufrad *E* Kranz auf 160 mm Breite eingehüllt, rd. 6,5 mm seitl. Spiel . ,	rückw.	1265	55	25	12	1400	92,7	2290	3,110	2,10
14	Laufrad *E* ganz im Gehäuse, 6,5 mm seitl. Spiel . .	vorw.	1265	55	25	12	1400	92,7	1590	2,16	1,48

Zum Zwecke des Vergleiches stellen wir für die Reibungsarbeit N_r in PS die Formel auf

$$N_r = \frac{\beta}{10^6} D^2 u^3 \gamma \quad . \quad . \quad . \quad . \quad . \quad . \quad . \quad . \quad (3)$$

worin D der Außendurchmesser des Rades in m,
u die äußerste Umfangsgeschwindigkeit in m/sek.,
γ das spezifische Gewicht der Gasart in kg/cbm ist, in welcher das Rad rotiert.

Die Werte der Konstanten β sind in der Zahlentafel 1 für die untersuchten Räder mit angegeben.

Um nun die Reibungsarbeit aus ihren Elementen zu berechnen, können wir von folgenden Versuchen Gebrauch machen. A. F. Zahm[1]) untersuchte die **Luftreibung langer Platten**, die einem geradlinigen Luftstrom in geschlossenen Kanälen ausgesetzt waren. Die Reibungskraft in kg, die eine Platte von l m Länge, 1 m Breite, bei u m/sek. Luftgeschwindigkeit auf einer Seite erfährt, soll hiernach durch die Formel

$$R = 0{,}000124\, l^{0,93}\, u^{1,85} \quad . \quad . \quad . \quad . \quad . \quad . \quad . \quad (3a)$$

für den gewöhnlichen Zustand der Atmosphäre ausdrückbar sein.

[1]) Philosophical Magazine 1904, Bd. 43, S. 62.

Mit Hilfe der Zahmschen Formel kann man die Reibungsarbeit ausrechnen, die eine rotierende Scheibe erfahren würde, wenn man annimmt, daß in jedem Punkte der Scheibe die Reibung genau so groß ist, als wenn die Luft in der Umgebung ruhen würde.

Der Einfachheit halber setzen wir den Exponenten der Länge = 1 und erhalten auf einen durch die Radien r und $r + dr$ begrenzten Ring eine Reibungsarbeit $u\,dR = 2\pi r\,dr\,a\,(rw)^{2,85}$, wenn mit a die Konstante in Formel (3a) bezeichnet wird. Durch Integration von o bis r und Vermehrung mit 2 (d. h. für zwei Seiten der Scheibe), sowie Division durch 75 erhalten wir die Reibungsarbeit der ganzen Scheibe in PS

$$N_r = \frac{1{,}07}{10^6} D^2 u^{2{,}85} \quad \ldots \ldots \quad (3\text{b})$$

Der Exponent von u stimmt mit dem von uns für die Turbinenräder experimental gefundenen gut überein und rechtfertigt die Form der Gleichung (3). Das Ergebnis kann aber auch direkt mit der Erfahrung verglichen werden, denn wir besitzen über die **Reibung glatter Räder** ohne Schaufeln auch Versuche von Odell,[1]) welcher vier Scheiben aus Karton und Zeichenpapier untersucht hat, mit Durchmessern von bzw. 381, 559, 686 und 1194 mm. Odell fand den Kraftverbrauch bei den drei ersten der 3,5ten Potenz der Umlaufszahl proportional, bei der 4. war der Exponent 3,1. Der Durchmesser tritt als Faktor mit einer Potenz auf, deren Exponent bei den kleineren Scheiben zwischen 6 und 7, beim Übergang zu den großen Scheiben zwischen 5 und 6 lag. Versuche, welche Verfasser mit Kartonscheiben unternahm, schlugen fehl, indem sich der Karton unter der Spannung durch die Fliehkraft krumm zieht. Da nun der Kraftbedarf der glatten Scheibe an sich gering ist, empfiehlt es sich, solange keine genaueren Versuche vorliegen, die Leerlaufarbeit einer glatten Scheibe in PS durch eine Formel von der Form der Gl. (3b) indes mit der Vereinfachung, daß man als Exponenten die Zahl 3 wählt, d. h. durch den Ansatz

$$N_r' = \frac{\beta_1}{10^6} D_1^2 u_1^3 \gamma \quad \ldots \ldots \quad (4)$$

wiederzugeben, in welcher

D_1 den Durchmesser der Scheibe in m,
u_1 die Umfangsgeschwindigkeit der Scheibe in m/sek.,
γ das spezifische Gewicht des umgebenden Mediums in kg/cbm

bedeuten. Man erhält für β_1 die in Zahlentafel 2 mit den Versuchsergebnissen zusammengestellten Werte, wobei für Odell $\gamma = 1{,}16$ vorausgesetzt wurde, während es in meinem Versuche 1,12 betrug.

Diese Versuche ergeben also einen höheren Kraftverbrauch, als nach der Zahmschen Formel zu erwarten gewesen wäre. Bei Versuch 6 ist dies der Fall, da die Scheibe wegen der Balanzierung mit zwei Löchern versehen werden mußte, welche merkliche Mehrventilation verursachten.

---

[1]) Engineering, Jan. 1904, S. 33.

Zahlentafel 2.

Versuche von Odell (No. 1—5) und vom Verfasser (No. 6).

No. der Versuche		1	2	3	4	5	6
Durchmesser der Scheibe . .	mm	381	559	686	1194	1194	537
Höchste Umlaufszahl . . .	p. Min.	2000	850	525	530	740	2000
Entspr. Umlaufsgeschwindigkeit	m/sek	39,9	24,9	18,8	33,1	46,2	56,2
Kraftverbrauch	Watt	17,7	8,14	5,56	101,3	229,1	110
,, ...	PS	0,0240	0,0111	0,00755	0,138	0,309	0,149
Konstante β_1 in Formel 4		2,24	1,98	2,06	2,28	1,90	2,59

Die Abhängigkeit der gesamten Reibungsarbeit des Rades von der Dichte der umgebenden Dampfatmosphäre geht aus den in Fig. 93 graphisch zusammengefaßten Ergebnissen hervor, welche der Verfasser an einer mehrstufigen Aktionsturbine ermittelt hat. Die Turbinenwelle mit allen Laufrädern wurde hierbei in stagnierendem Dampfe durch einen Gleichstrommotor angetrieben. Der Arbeitsverbrauch nimmt augen-

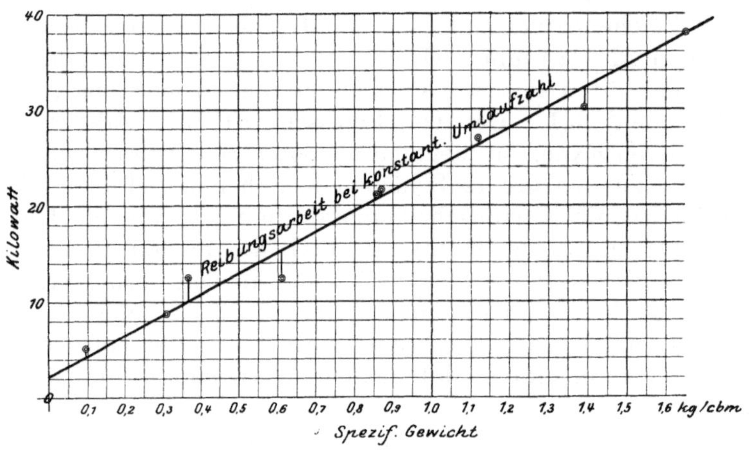

Fig. 93.

scheinlich mit dem spezifischen Gewicht des Dampfes linear zu. Daß der Verbrauch auch bei der Dichte Null nicht verschwindet, ist in der Lagerreibung begründet, welche bei dem schon erheblichen Gewicht der Welle und der Laufräder nicht vernachlässigbar ist. Da der Dampf gesättigt war, besteht angenäherte Proportionalität auch mit dem absoluten Druck.

An der gleichen Turbine wurden auch Versuche mit fortschreitender Umlaufzahl angestellt, welche ebenfalls das Gesetz bestätigen, daß die Reibungsarbeit angenähert mit der dritten Potenz der Umlaufzahl zunimmt.

Über die Abhängigkeit der Reibungsarbeit von der Dampfüberhitzung geben die wertvollen Versuche von Lewicki[1]) Aufschluß. Das Laufrad der von ihm untersuchten Lavalturbine besaß 220 mm Außendurchmesser und 20 mm Schaufellänge, 10 mm Schaufelbreite, rd. 6 mm Teilung und

[1]) Zeitschr. d. Ver. deutsch. Ing. 1903.

lief abwechselnd in Luft, gesättigtem und überhitztem Dampfe. Die Pressung varierte von 1 kg/qcm bis 0,36 kg/qcm absolut. Zahlentafel 3 enthält eine Zusammenstellung der Ergebnisse für die konstante Umdrehungszahl des Rades von 20 000 p. Min.

Zahlentafel 3.

Das Rad lief mit 20 000 Umdrehungen per Min. in	Temperatur	Gesamte Leerlaufarbeit der Turbine bei atm. Druck	Radwiderstand allein			
			bei atm. Druck		im Vakuum von 0,36 Atm. abs.	
	°C	PS	PS	β	PS	β
Luft	30	6,8	4,6	6,44	—	—
gesättigtem Dampf	—	5,5	3,3	8,83	1,5	10,48
überhitztem Dampf	123	5,10	2,85	8,12	0,95	7.60
	184	4,55	2,25	7,39	—	—
	244	4,30	2,05	7,62	—	—
	300	4,15	1,88	7,06	0,60	6,94

Die Reibungsarbeit nimmt mithin unter sonst gleichen Umständen mit wachsender Überhitzung erheblich ab.

Die Werte der Konstanten β sind in Fig. 94 zusammengestellt.

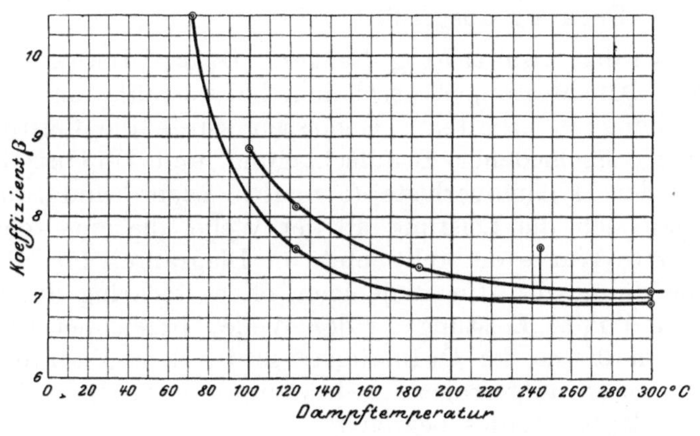

Fig. 94.

Auch aus den Versuchen Lewickis geht hervor, daß die Leerlaufarbeit mit der dritten Potenz der Umlaufzahl zunimmt. So betrug der Radwiderstand in gesättigtem Dampfe von atm. Druck

	$N_0 = 1{,}34$	1,40	2,25	3,26 PS
	bei $n = 14850$	15 330	17 660	20000 Uml./Min.
und es ist	$10^{12}\dfrac{N_0}{n^3} = 0{,}41$	0,39	0,41	0,41 d. h. konstant.

Eine andere Versuchsreihe bei unveränderlicher Umlaufzahl, abnehmendem Druck und bei gesättigtem Dampfe ergibt, wenn wir von der ermittelten Bruttoarbeit 0,23 PS als schätzungsweisen Betrag der Lager- und Stopfbüchsenreibung abziehen, die Zusammenstellung:

Zahlentafel 4.

Leerlauf im ganzen	$N_0 =$	1,51	2,08	3,26 PS
Abzug für Lager- und Stopfb.		0,23	0,23	0,23
reine Dampfreibung	$N_0' =$	1,28	1,85	3,03
abs. Dampfdruck	kg/qcm	0,40	0,60	1,00
spez. Gewicht	γ	0,248	0,363	0,587
Verhältnis	$N_0' : \gamma =$	5,16	5,10	5,16
	$\beta =$	8,10	8,03	8,10

Die reine Dampfreibung erweist sich mithin abermals dem spezifischen Gewicht des Dampfes proportional.

Abnahme der Radreibung bei vermehrter Beaufschlagung. Den Hauptteil des Radwiderstandes macht die Ventilation der Schaufeln aus; wenn also durch die Beaufschlagung, d. h. den die Schaufeln durchströmenden Dampfstrahl selbst eine Ventilation unmöglich gemacht wird, muß der Widerstand abnehmen. Wertvolle Versuche über diese Frage sind von der Allgemeinen Elektrizitätsgesellschaft in Berlin veranstaltet worden, welche ein Laufrad von 900 mm Durchmesser, das mit zwei Laufkränzen für tangentiale Beaufschlagung (s. Beschreibung der A. E.-G.-Turbine und Fig. [96]) versehen war, untersuchen ließ. Über die Versuche teilt mir Herr Direktor O. Lasche folgendes mit:

„Das Laufrad war auf der Hälfte des Umfanges von Düsen und Umkehrschaufeln beaufschlagt, während die andere Hälfte durch einen breiten Ring so abgedeckt war, daß zwischen Radumfang und Deckring etwa 1,5 mm radiales Spiel vorhanden war. Die Messungen wurden teils mit, teils ohne Deckring ausgeführt.

Hierbei wurden konstant gehalten: Dampfdruck und Dampftemperatur. Alle Messungen geschahen bei Auspuff, um eine genügend große Radreibung zu erhalten. Gemessen wurde die Leistung an den Klemmen bei verschiedener Beaufschlagung und Umlaufzahl. Durch Hinzufügung der Dynamoverluste (einschl. Lager- und Stopfbüchsenreibung) ergab sich die Leistung an der Welle, die eine schwach nach oben gekrümmte Kurve darstellt und im Diagramm für die Versuche mit Deckring dünn voll; für diejenigen ohne Deckring dünn punktiert ausgezogen, und mit „Leistung an der Welle" bezeichnet ist. In ihrer Verlängerung muß sie die Ordinatenachse in dem Punkte schneiden, der die nach unten aufgetragene, elektrisch gemessene Radreibung des unbeaufschlagten Rades begrenzt.

Die reine Dampfarbeit (Leistung am Radumfang) muß unabhängig von der Düsenzahl sein, also proportional zur Dampfmenge bezw. der Anzahl der offenen Düsen zunehmen. Hierbei ist die fast völlig zutreffende, also zulässige Annahme gemacht, daß die jeweilig letzten, äußeren Düsen mit demselben Wirkungsgrad arbeiten als die zwischenliegenden Düsen. Ebenso ist sie unabhängig davon, ob die andere Radhälfte abgedeckt ist oder nicht. Die Kurve der Dampfarbeit (im Diagramm stark ausgezogen) muß demnach durch den Nullpunkt gehen, geradlinig und parallel sein zur Tangente, die man an die Kurven der effektiven Leistung im Schnittpunkt mit der Ordinatenachse legen kann. Die vertikale Differenz zwischen den beiden Kurven ergibt die Radreibung für die betreffende Beaufschlagung."

In Fig. 95 sind die Ergebnisse einer Versuchsreihe mit 3500 Umdrehungen und veränderlicher Beaufschlagung dargestellt; Fig. 96 enthält eine Zusammenstellung aller Versuche. Bemerkenswert ist der erhebliche Einfluß des Deckringes und das verschiedenartige Verhalten der Kurven, je nachdem mit oder ohne Deckring gearbeitet wurde. Berechnen wir aus den Versuchsdaten die Konstante β unserer Überschlagsformel 3, so ergibt sich folgende Tabelle:

	Mit halbem Deckring			Ohne Deckring		
Umdr. p. Min. . . . n	2500	3000	3500	2500	3000	3500
I. Keine Düse offen .						
Konstante . . . . . β	1,42	1,85	2,00	3,18	3,18	3,15
II. 24 Düsen offen . .						
Konstante . . . . . β	0,531	0,512	0,451	2,66	2,20	1,87

Diese Werte fügen sich recht gut in die vom Verfasser bei axialen Rädern gefundenen Konstanten ein. Nur bei voller Beaufschlagung und Deckring erscheint β ausnahmsweise klein.

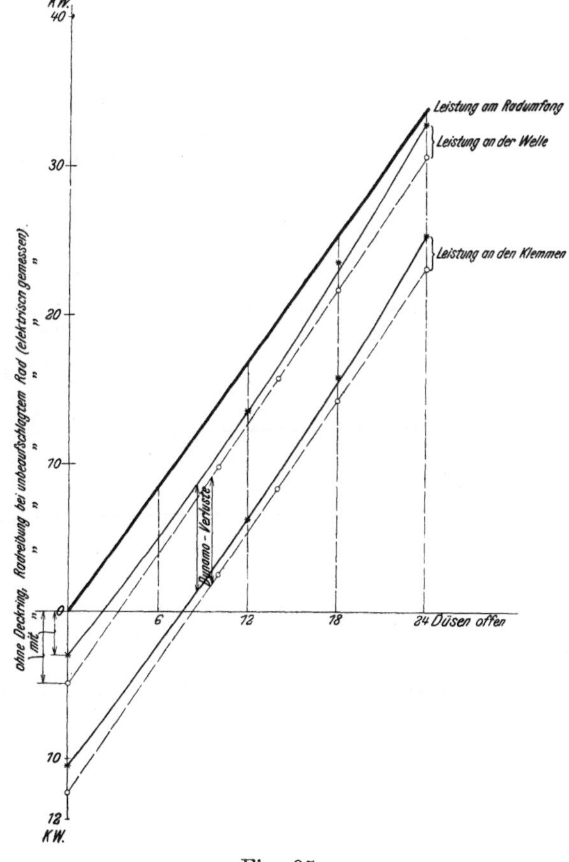

Fig. 95.

Formel für den Wert der gesamten Leerlaufarbeit.

Eine Formel, welche die Radreibung in freier Luft und bei eingeschlossenem Rade für den Vorwärts- und Rückwärtsgang zusammenfassend darstellen würde, dürfte wohl nur schwer aufstellbar sein. Aber um auch nur den Arbeitsbedarf des Vorwärtsganges in freier Luft wiederzugeben, bedarf es sehr verwickelter Ausdrücke, mit welchen der Praxis wenig geholfen wäre. Wir beschränken uns daher auf eine sehr rohe Annäherung, indem wir voraussetzen, daß die ganze Reibungsarbeit sich als Summe eines Gliedes, welches der glatten Radscheibe entspricht, und für welches Formel (4) wenigstens der Form nach maßgebend ist, darstellt und aus einem Gliede, das von den Schaufelabmessungen allein abhängt, wobei wir aber nur die Schaufellänge in die Rechnung einführen. Es zeigt sich nun die Formel

$$N_r = (\beta_1 D^2 + \beta_2 D L^{1,5}) \frac{u^3}{10^6} \gamma \quad . \quad . \quad . \quad . \quad . \quad . \quad (5)$$

gut verwendbar. Hierin bedeutet

N_r die Reibungsarbeit in PS,
D den mittleren Schaufeldurchmesser in m,
L die Schaufellänge in cm,
u die mittlere Umfangsgeschwindigkeit in m/sek,
γ das spezifische Gewicht des umgebenden Mediums in kg/cbm.

Die Konstanten erhalten die Werte

$$\beta_1 = 1,46 \qquad \beta_2 = 0,83.$$

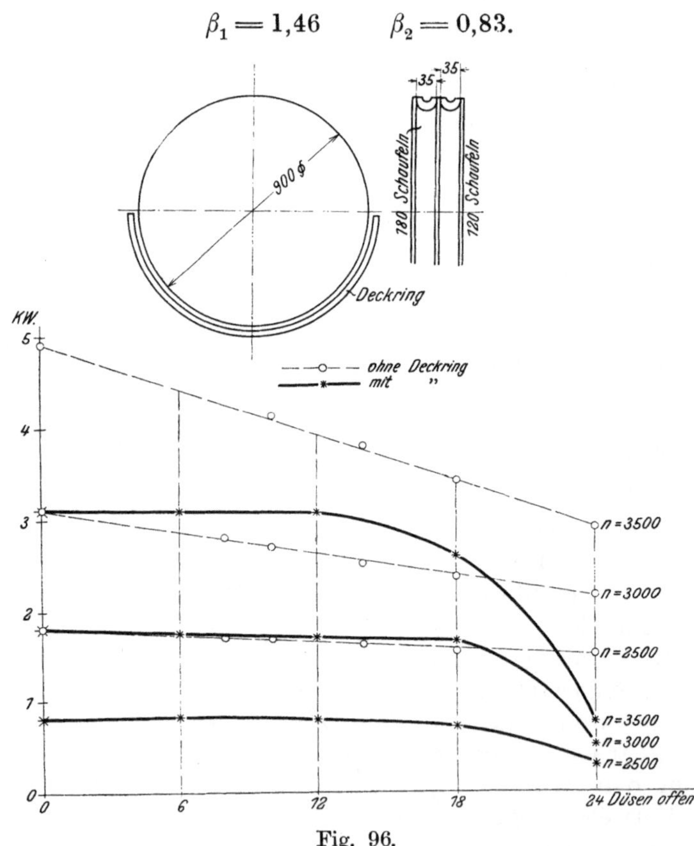

Fig. 96.

Unsere eigenen Versuche werden zwar genauer durch die in der 2. Auflage benutzte Formel

$$N_r = [a_1 D^{2,5} + a_2 L^{1,25}] \left(\frac{u}{100}\right)^3 \gamma \quad . \quad . \quad . \quad . \quad . \quad . \quad . \quad (5\,\text{a})$$

mit den Werten

$$a_1 = 3,14$$
$$a_2 = 0,42$$

dargestellt. Allein wenn $L = 0$ ist, bleibt ein Ansatz zurück, der weniger Wahrscheinlichkeit für sich hat, und Formel (5) umfaßt ein größeres Gebiet von Versuchen.

Der Übergang zum eingeschlossenem Rade ergibt bedeutend herabgesetzte Reibungsarbeiten, zu deren Vergleich untereinander die vereinfachte Formel (3) dienen kann. Bei 545 Durchmesser ist der Kraftverbrauch der eingeschlossenen Räder nur etwa die Hälfte, bei 1265 Durchmesser nur etwa ein Viertel desjenigen in freier Luft.

Will man die Reibungsarbeit in Dampf berechnen, so ist man auf eine Umrechnung im Verhältnisse der von Lewicki gefundenen Werte angewiesen. Um den Vergleich richtig durchzuführen, müssen wir auch in Tabelle 3 von der Bruttoarbeit 0,23 PS auf Lager- und Stopfbüchsenreibung abziehen. Alsdann erlauben die Konstanten β nachstehende Schlußfolgerung: Die Reibungsarbeit in gesättigtem Dampf ist bei gleichem spezifischen Gewicht, gleicher Radgröße und Geschwindigkeit das 1,3fache derjenigen in Luft.

Die Reibungsarbeit in Dampf vom atmosphärischen Drucke und 300° Überhitzung ist derjenigen in Luft gleich.

Bei 300° Temperatur im Vakuum ist die spezifische Reibung im Dampf nach Lewickis Versuchen auffallenderweise sogar kleiner wie in Luft bei atmosphärischer Temperatur.

In welchem Maße die Leerlaufarbeit abnimmt, wenn das Rad mehr und mehr voll beaufschlagt arbeitet, muß zunächst für Räder jeder Art nach den Versuchen von Lasche beurteilt werden. Jedenfalls ist zu beachten, daß die in Wirbelung versetzte Dampfumgebung den in das Rad eintretenden und noch mehr den das Rad verlassenden Dampfstrom stören und Verluste verursachen wird. Wenn wir also die eigentliche Reibungsarbeit des beaufschlagten Rades gegenüber dem unbeaufschlagten auch geringer veranschlagen dürfen, so ist anderseits dieser neue Verlust in Rechnung zu ziehen.

Alles in allem geht aus unseren mit wirklichen Turbinenrädern durchgeführten Versuchen hervor, daß der Ventilationsverlust bei weitem nicht so bedeutend ist, als man früher anzunehmen geneigt war.

C. Andere Darstellungsarten des Dampfzustandes in Hinsicht auf die Turbinentheorie.

45. Tafel für Wasserdampf von Mollier[1]) (Tafel II).

Wenn man einen bestimmten Zustand des Dampfes (wie üblich 0° C und 1 kg/cm Druck) als Ausgangspunkt festsetzt, so werden bei irgend einem anderen Zustand sowohl der Dampfinhalt wie auch die Entropie je einen und nur einen bestimmten Wert aufweisen.

Mollier trägt den Wärmeinhalt eines durch p und v bestimmten Dampfzustandes in ein rechtwinkliges Koordinatensystem als Ordinate auf, während die Entropie die Abszisse bildet, wodurch jedem Dampfzustande ein Punkt der Ebene beigeordnet wird. Man verbindet die Punkte gleicher Pressung und erhält eine Kurvenschar $p = $ Konst. Ebenso

---

[1]) Mit freundlicher Genehmigung des Herrn Prof. Dr. Mollier, der mir mitteilt, daß er eine neue Tafel mit veränderlicher spezifischer Wärme für überhitzten Dampf in Vorbereitung habe, auf deren bevorstehendes Erscheinen wir den Turbinenkonstrukteur aufmerksam machen.

ermittelt man die Linien T = Konst. und x = Konst., wodurch ein für Dampfturbinenrechnungen vorzüglich geeignetes Diagramm entsteht.

Eine vertikale Gerade der Mollierschen Tafel stellt die Gleichung S = Konst. dar, d. h. sie entspricht wie im gewöhnlichem Entropiediagramm der umkehrbaren Adiabate, unter anderem auch der verlustlosen Strömung in einer Düse. Die Expansion vom Zustande A_1 mit dem Drucke p_1 auf den Druck p_2 führt (s. Fig. 97) durch Ziehen der Vertikalen von A_1 zum Punkte A_2' und die Abnahme des Wärmeinhaltes ist die Strecke A_1A_2', welche am Rande der Tafel unmittelbar in Wärmeeinheiten abgelesen werden kann. Wir haben also $A_1A_2' = H_0 = \lambda_1 - \lambda_2'$ WE. War die anfängliche Strömungsgeschwindigkeit Null, so wird

$$\left(\frac{w}{91,2}\right)^2 = H_0; \quad w = 91,2\sqrt{H_0}.$$

Mollier hat am linken Rande der Tafel noch einen Maßstab der Geschwindigkeiten hinzugefügt, so daß auch w unmittelbar abgegriffen werden kann.

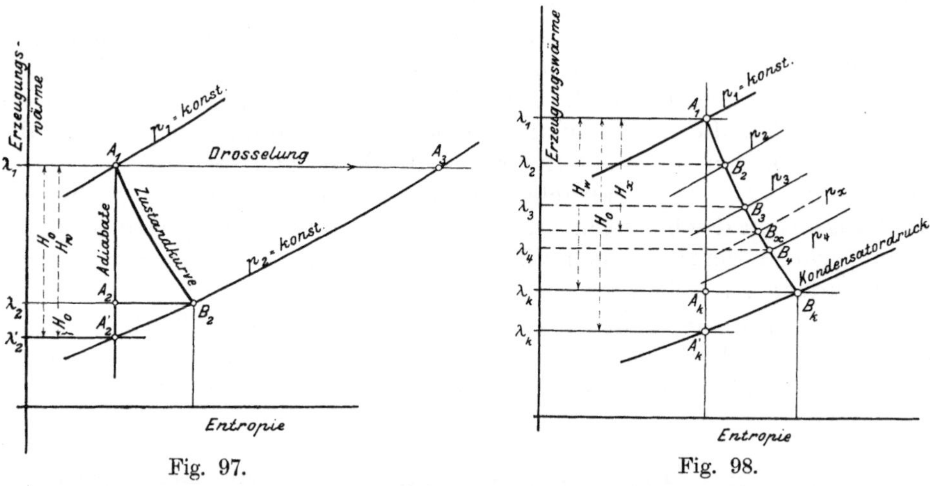

Fig. 97. Fig. 98.

Eine besonders wichtige Rolle spielen die Horizontalen. Für diese ist λ = Konst., d. h. der Wärmeinhalt im Anfangszustand gleich demjenigen im Endzustand. Da nun die Abnahme des Wärmeinhaltes bei einer Strömung ohne Wärmezufuhr und ohne Arbeitsleistung gleich der Zunahme der kinetischen Energie ist, so folgt, daß die letztere in unserem Falle durch Reibung und Wirbelung wieder vollständig in Wärme umgewandelt wurde. Eine derartige Überführung des Dampfes von höherem Druck und niedrigeren nennen wir aber Drosselung, und wir dürfen mithin die Horizontalen am besten als „Drossellinien" bezeichnen. Die Abdrosselung des Dampfes vom Drucke p_1 auf den gleichen Enddruck p_2 wie vorhin liefert also den Dampfzustand im Punkte A_3 (Fig. 97), und man kann aus der Tafel leicht feststellen, um wieviel die spezifische Dampfmenge oder die Temperatur zugenommen hat.

Eine Zustandsänderung beliebiger Art wird durch eine Kurve dargestellt, welche die aufeinanderfolgenden Zustandspunkte verbindet. Die Strömung in einer Düse mit Berücksichtigung der Widerstände kann beispielsweise durch Linie A_1B_2 (Fig. 97), gegeben sein, und wir erhalten durch Projizierung von B_2 nach A_2 in Strecke $A_1 A_2$ die wirkliche Abnahme des Wärmeinhaltes, also im Maßstabe der Geschwindigkeiten die wirkliche Endgeschwindigkeit selbst. Der Verlust an kinetischer Energie gegenüber widerstandsloser Strömung ist folgerichtig

$$H_z = \lambda_2 - \lambda_2' = \zeta H_0 = \text{Strecke } A_2' A_2.$$

Umgekehrt wird aus dem bekannt vorausgesetzten Verlustkoeffizienten ζ die Strecke $A_2' A_2 = \zeta A_1 A_2'$ und durch Herüberprojizieren Punkt B_2 auf Linie $p_2 =$ Konst., d. h. der Endzustand der Expansion bestimmbar sein.

Endzustand des Dampfes für ein beliebiges Turbinensystem.

Der Wärmeinhalt des Endzustandes bei adiabatischer Expansion auf den vorgeschriebenen Enddruck sei λ_2'.

Die zu schätzende Verlustwärme $H_z = \zeta H_0$ ergibt den Wärmeinhalt $\lambda_2 = \lambda_2' - \zeta H_0$, mithin auch Strecke $\lambda_1 - \lambda_2 = A_1 A_2$ (Fig. 97), welche durch die Horizontale nach B_2 auf $p_2 =$ Konst. übertragen, den Endzustand festlegt. Die Zustandslinie muß vorläufig der Schätzung nach zwischen A_1 und B_2 eingezeichnet werden.

Anwendung auf den Entwurf von Dampfturbinen.

a) Einstufige Druckturbine.

Die wie oben erläutert entworfene Zustandskurve A_1 B_2 (Fig. 97) gestattet die Berechnung der Dampfgeschwindigkeit und des spezifischen Volumens für irgend einen Zwischenpunkt, woraus die Form der Düse, der Geschwindigkeitsplan und alles übrige wie in Abschn. 39 ermittelt wird.

b) Mehrstufige Druckturbine.

Wir beschränken uns auf den Fall, daß die Austrittsgeschwindigkeit aus jedem Laufrad durch Wirbelung vernichtet wird. Die Bestimmung des Endpunktes B_k der Zustandskurve (Fig. 98) erfolgt wie oben und liefert $A_1 A_k = H_w$ als wirksames Wärmegefälle. Wir teilen dies in so viele gleiche (oder der Umfangsgeschwindigkeit proportionale) Teile. als Stufen vorhanden sind, und entwerfen für jedes Teilgefälle eine einfache Turbine.

c) Vielstufige Turbine.

Das in Abschn. 41 angegebene Näherungsverfahren findet unveränderte Anwendung, indem die Tafel nur zum Verzeichnen der Zustandskurve und zur Entnahme der Teilgefälle H_x zu dienen hat. Letzteres ist beispielsweise in Fig. 98 zum Drucke p_x eingetragen.

Das gewöhnliche Entropiediagramm bildet die anschaulichste Darstellung der Wärmevorgänge. Das Diagramm von Mollier hingegen hat den Vorzug, daß die Wärmemengen unmittelbar als Strecken abgegriffen werden können.

46. Bestimmung der Entropie aus den Werten an den Grenzkurven nach Boulvin.

Boulvin[1]) benutzt ein rechtwinkliges Achsenkreuz und stellt in dem mit I bezeichneten Quadranten desselben (Fig. 99) die Entropie dar mit S als Abszisse, T als Ordinate. Im Quadrant II bildet p die Abszisse, T die Ordinate, und die eingezeichnete Kurve P stellt den Verlauf des Druckes als Funktion der absoluten Temperatur dar. Quadrant III hat die vertikal nach abwärts gerichtete v-Achse, und Kurve a ist die Zustandskurve des Dampfes. Quadrant IV dient nur zur Volumenreduktion. Als bekannt setzt Boulvin die Grenzkurve g des flüssigen Wassers und diejenige des trocken gesättigten Dampfes g' im Entropiefeld voraus. Letztere ist als Linie g'' auch im p-v Diagramm einzutragen.

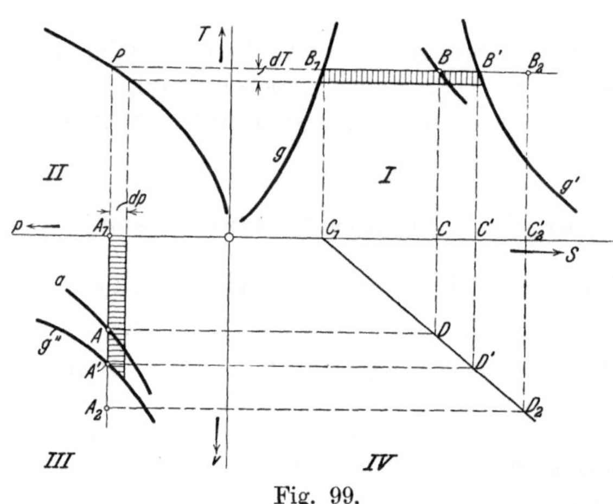

Fig. 99.

Um nun den zu A gehörenden Punkt im Entropiefelde aufzufinden, erinnere man sich, daß das Volumen im Punkt A angenähert als

$$v = x\sigma \text{ oder } A_1 A = x A_1 A'$$

geschrieben werden kann, woraus

$$x = \frac{v}{\sigma} = \frac{A_1 A}{A_1 A'}$$

folgt. Andererseits bestimmt Punkt B einen Entropiewert

$$B_1 B = x r/T, \text{ während } B_1 B' = r/T, \text{ also ist}$$

$$x = \frac{B_1 B}{B_1 B'},$$

und es folgt

$$\frac{A_1 A}{A_1 A'} = \frac{B_1 B}{B_1 B'}$$

oder im Dreiecke $C_1 C' D'$

$$\frac{CD}{C'D'} = \frac{C_1 C}{C_1 C'}.$$

Um also aus dem bekannten A den unbekannten Punkt B zu finden, zieht man AP vertikal und PB' horizontal. Dann projiziert man $B_1 B'$ nach $C_1 C'$, bildet D' als Schnittpunkt der Horizontalen von A' und der Vertikalen von B', zieht die Diagonale $C_1 D'$ und schneidet auf ihr durch die Horizontale aus A Punkt D heraus, welcher nach oben projiziert B ergibt.

[1]) Revue de Mécanique, März 1901.

Umgekehrt verfährt man, um aus B den Punkt A zu erhalten.

Wir benutzen die Figur, um nebenbei die Formel von Clapeyron abzuleiten. Wie in der Thermodynamik bewiesen wird, ist nämlich der Inhalt des schraffierten Flächenstreifens

$$(BB')\,dT = \frac{r}{T}\,dT$$

identisch mit dem in Wärmemaß ausgedrückten Inhalt des entsprechenden (schraffierten) Flächenstreifens $(A_1 A')\cdot dp = \sigma\, dp$ im p-v Diagramm. D. h. es ist

$$A\sigma\, dp = \frac{r}{T}\,dT,$$

hieraus ergibt sich

$$\frac{r}{T} = A\sigma \frac{dp}{dT},$$

d. h. die Formel von Clapeyron.

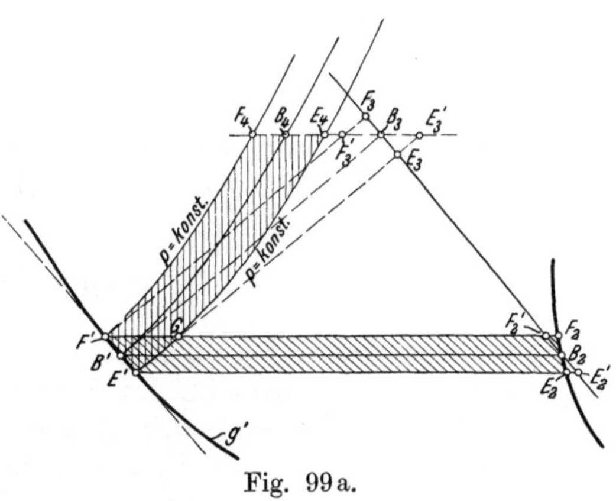

Fig. 99a.

Fällt ein Punkt A_2 im p-v Diagramm in das Überhitzungsgebiet, so liefert die beschriebene Konstruktion den auf $B_1 B'$ liegenden unmöglichen Punkt B_2, während der wahre Punkt auf der durch B' gehenden Linie $p =$ konst. zu suchen ist. Boulvin findet die wahre Lage durch eine Tangenten-Konstruktion.[1])

Im allgemeinen gelangt man zur gesuchten Temperatur T rascher und viel einfacher durch Auflösung der Zustandsgleichung

$$p\,(v + \alpha) = RT.$$

Entwurf der Düse nach Koob mit Hilfe des Boulvinschen Diagrammes.

Die übersichtliche Methode von Koob wird am besten an Hand der auf Fig. 100 dargestellten Beispiele erläutert. Für den Anfangszustand $p_i = 11$ kg/qcm abs. $T = 273 + 300$ wird zunächst die adiabatische Expansionslinie cd bis auf den Gegendruck von 0,1 kg/qcm abs. ge-

[1]) Mit $B'B_2$ als mittlere Seite (Fig. 99a) wird ein unendlich schmales Trapez $F'E'E_2F_2$ abgegrenzt, wobei F_2E_2 weitere Punkte der auf gleiche Art wie B_2 gewonnenen Zustandskurve sind. Nun zieht man B_2B_3 parallel zur Tangente $F'E'$ an die Grenzkurve g' im Punkte B'. Inhalt $F'F_2'E_2'E'$ ist identisch mit Inhalt $F'F_2E_2E'$ und ist weiterhin flächengleich mit Parallelogramm $F'F_3E_3E'$, wo $E'E_3$ Tangente an die Linie $p =$ konst. im Punkte E' ist. Nun ist $F'F_3E_3E'$ flächengleich mit $F'F_3'E_3'E'$, weiterhin $F'F_3'E_3'G$ flächengleich mit $F'F_4E_4G$, wenn wir voraussetzen, daß Linie $F'F_4$, d. h. $p =$ konst. horizontal aequidistant ist mit $E'E_4$, d. h. Linie $p =$ konst. durch E'. Das trifft unter anderem zu, falls die spezifische Wärme des überhitzten Dampfes konstant ist. Hierdurch ist $F'F_2E_2E'$ flächengleich in $F'F_4E_4E'$ verwandelt (wobei statt F_4E_4 irgend eine durch B_4 gehende Begrenzung zulässig ist), also letztere Figur auch flächengleich mit dem ursprünglichen Streifen im p-v Diagramm, dessen Abbildung $F'F_2E_2E'$ gewesen ist. Daraus folgt aber, daß nun B_4 die Abbildung von A_2 ist.

zogen, wodurch sich das „theoretische“ Wärmegefälle $\lambda_1 - \lambda_2' = 167{,}3$ WE ergibt. Der Energieverlust, mit 15 v. H. in Rechnung gestellt, ergibt wie oben die Entropievermehrung de. Die wahre Zustandskurve wird also durch die strichpunktierte Linie ce dargestellt und nach dem Boulvinschen Verfahren in das p-v Diagramm übertragen, wo sie mit $c''e''$ bezeichnet ist. Da die Weglänge vom Dampfeinlaß bis an die engste Stelle der Düse ganz kurz ist, darf man auch die Widerstände fast vernachlässigen, d. h. die Zustandskurve bis auf 0,6 des Anfangsdruckes mit der Adiabate nahezu zusammenfallen lassen. Nun wird in gewohnter Weise zu mehreren Zwischenpressungen die Geschwindigkeit w berechnet und als Abhängige des Volumens in das p-v Diagramm eingetragen. Aus dem sekundlichen Dampfgewicht G bestimmt man durch die „Kontinuitäts“-Gleichung

$$\frac{G_{sk}}{f} = \frac{w}{v},$$

den Querschnitt f und zwar bequem auch graphisch. Zu diesem Behufe zieht man den durch O gehenden Strahl, dessen Neigungswinkel α gegen die v-Achse der Gleichung

$$tg\,\alpha = \frac{w}{a}$$

genügt. Dieser Strahl schneidet auf der im Abstand G zu v parallel gezogenen Geraden (wobei G im Maßstabe der w aufgetragen wird) den Querschnitt f (im Maßstab der v) heraus. So ist für den Endpunkt der Düse der Querschnitt, mit F_2 bezeichnet, in die Figur eingetragen. Da wo $tg\,\alpha$ ein Maximum ist, wird f ein Minimum. Um diesen Punkt genauer zu ermitteln, ist ein Teil der w-Kurve und der Zustandskurve mit zehnfach vergrößerten Abszissen in die Figur eingetragen und die Tangente von O aus an die w-Kurve gezogen worden. So erhält man für die engste Stelle $p_x = 6{,}5$ kg/qcm, $v_x = 3{,}43$ cbm, $w_x = 496$ m, $f_x = 6{,}92$ qcm für 1 kg. Die Maße des Endquerschnittes sind in der Figur angegeben. Zum Vergleich ist auch eine adiabatische Zustandsänderung untersucht, für welche die Düse merklich enger, und zwar nach dem strichpunktierten Profil auszuführen wäre. Die angenommene Länge der Düse hat mit dem p-v Diagramm nichts zu schaffen, es sind bloß der Übersicht halber F_x und F_2 unter die zugehörigen v-Werte gezeichnet.

47. Thermodynamische Rechentafel von Proell.[1])

Die Rechentafel von Proell beruht auf der Möglichkeit, gewisse Funktionen zweier Veränderlichen, durch drei geradlienige „Maßstäbe“ in einer Ebene so darzustellen, daß der eine Maßstab die Funktionswerte, die beiden anderen die Werte der Variablen als Punktreihen tragen, und irgend eine Gerade zusammengehörende Werte der Funktion und der Unabhängigen auf den Maßstäben herausschneidet.[2])

Beispielsweise ist durch p und v der Dampfzustand, also auch sein Wärmeinhalt (von Proell nach der früheren Bezeichnung von Mollier

[1]) Zeitschr. d. Ver. Deutsch. Ing. 1904. S. 1418.

[2]) Die Theorie dieses Verfahrens wird beschrieben in d'Ocagne, Nomographie, Paris 1899.

Additional material from *Die Dampfturbinen,*
ISBN 978-3-662-36141-2 (978-3-662-36141-2_OSFO3),
is available at http://extras.springer.com

„Erzeugungswärme" genannt und für 1 kg mit i bezeichnet) bestimmt. Es ist also i eine Funktion von p und v, die mit Hilfe der Fig. 101 folgendermaßen dargestellt wird. Der obere Maßstab trägt eine gleichmäßige Teilung für i in WE, der untere eine solche für v in cbm/kg. Diese beiden sind parallel; der dritte für p ist schief und erhält eine derartige Teilung und Lage, daß die beliebige Gerade I drei zusammen-

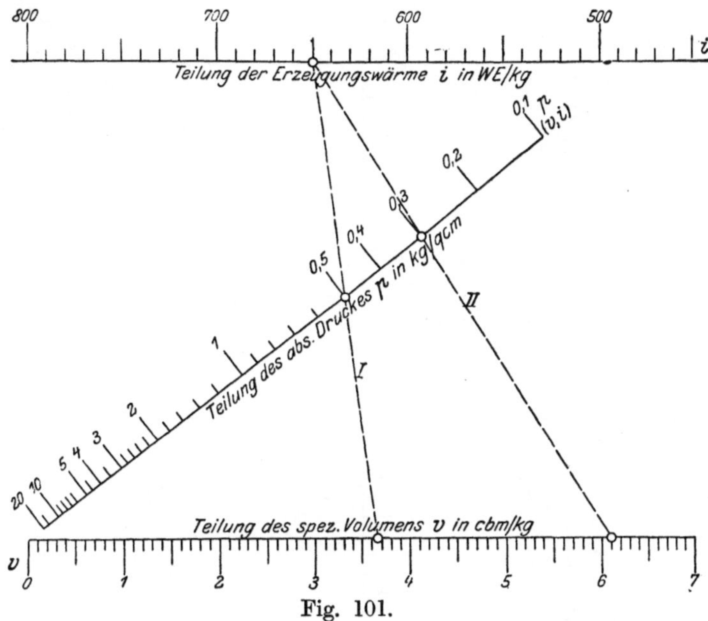

Fig. 101.

gehörende Werte in i, p, v herausschneidet. Diese sind in der Figur $i = 650$ WE, $p = 0{,}5$ kg/qcm, $v = 3{,}67$ cbm/kg. Wird der Dampf auf einen kleineren Druck, z. B. 0,3 Atm. abgedrosselt, so bleibt bekanntlich i konstant, und die Verbindungslinie II der entsprechenden Punkte liefert das zugehörige Volumen $v = 6{,}1$ cbm/kg. Hiermit ist zugleich ein Beispiel für die Verwendung derartiger Rechentafeln gegeben.

Die Tafel von Proell[1]) enthält nun alle für Dampfturbinenrechnungen nötigen Größen, wie aus der vereinfachten Darstellung (Fig. 102) hervorgeht.

In dieser Tafel bedeutet

- p den absoluten Druck in kg/qcm,
- t die Temperatur des Dampfes in °C,
- v das spezifische Volumen in cbm/kg,
- i die Erzeugungswärme bei gleichbleibendem Druck d. h. den Wärmeinhalt in WE/kg,
- s die Entropie in WE/kg,
- y die spezifische Dampfnässe $(= 1 - x$, wenn x gleich ist dem spezifischen Dampfgehalt),
- w die Geschwindigkeit des Dampfes in m/sk,
- f den spezifischen Querschnitt für je 1 kg/sk Dampf in qdm.

Proell gibt hierzu folgende Erläuterung:

Zu unterst findet sich ein Maßstab der spezifischen Volumina v, der mit einer Temperaturteilung t gepaart ist. Darüber findet sich in halber Höhe des Diagrammes der ebenfalls wagerechte Maßstab der Erzeugungswärme i, mit einem Maßstab der Geschwindigkeit w zusammengelegt. Über diesem wieder liegt eine die spezifischen Quer-

[1]) Zu beziehen durch Dr. R. Proell, Dresden-A.

schnitte f darstellende Teilung, die zugleich für die spezifische Dampfnässe y Gültigkeit hat; zu oberst endlich sieht man eine Doppelteilung für die Entropie s überhitzter und

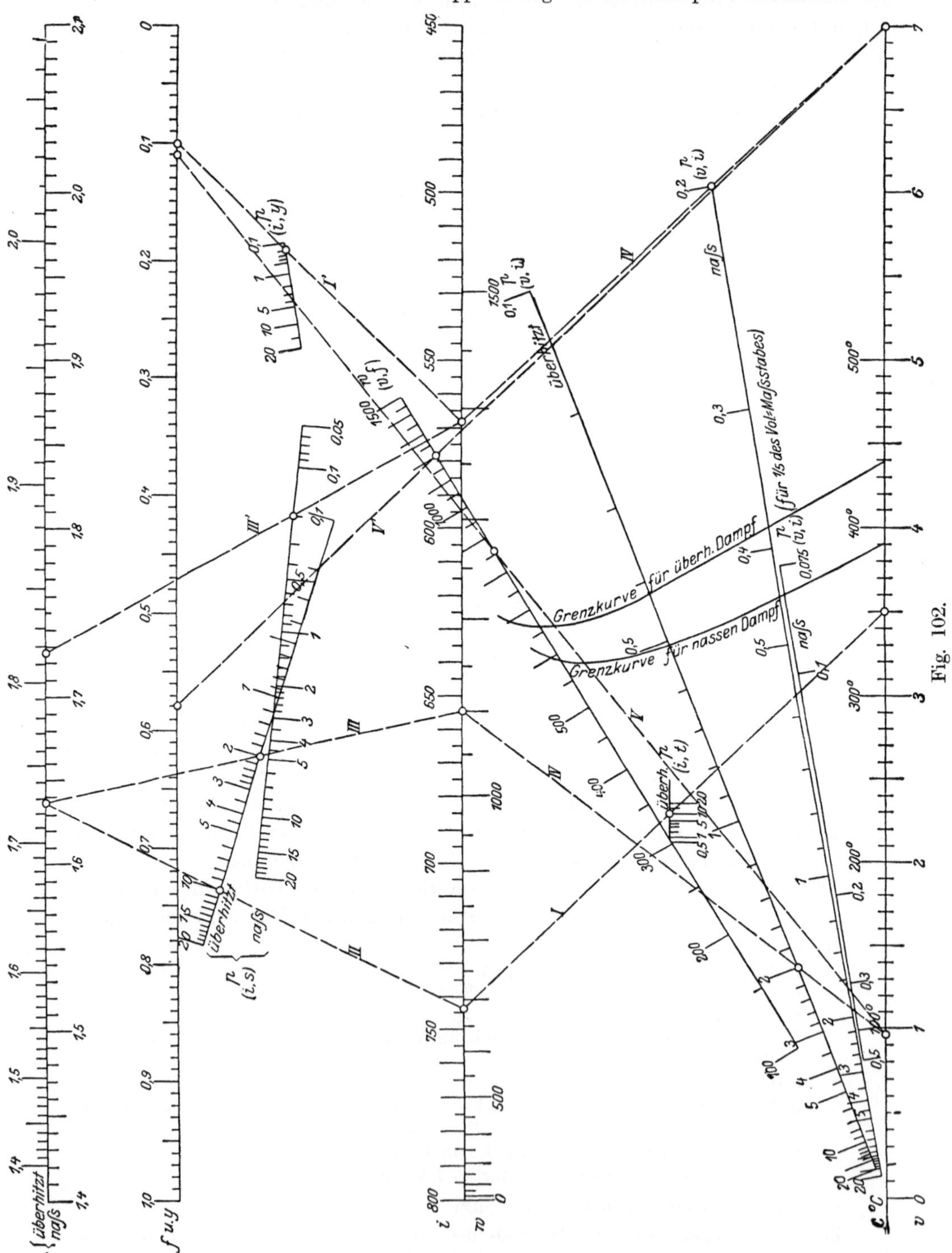

Fig. 102.

nasser Dämpfe. Die übrigen Maßstäbe der Figur sind mit Ausnahme des die Aufschrift $\left(\frac{w}{v, f}\right)$ tragenden Geschwindigkeitsmaßstabes sämtlich Teilungen des absoluten Druckes p, und die dem Buchstaben p in Klammern jeweil beigefügten zwei andern Buchstaben geben stets in unzweideutiger Weise darüber Aufschluß, welche Maßstäbe zusammengehören. Insgesamt finden sich Beziehungen dargestellt, zwischen den Größen

a) für überhitzte Dämpfe:

$t, p, i,$
$i, p, s,$
$i, p, v,$

b) für nasse Dämpfe:

$y, p, i,$
$i, p, s,$
$i, p, v.$

Endlich gibt die Tafel noch den Zusammenhang zwischen v, w und f.

Um die Handhabung zu erläutern, werde folgende Aufgabe gelöst:

Es sei überhitzter Dampf von 350^0 C und 10 kg/qcm absolutem Druck gegeben, der in einer Düse zunächst auf 2 kg/qcm adiabatisch expandiren möge (mehrstufige Druckturbine). Gesucht ist der erforderliche Austrittsquerschnitt für 1 kg/sk Dampf.

Wir ermitteln zunächst die Erzeugungswärme des Dampfes im Anfangszustande, indem wir den Punkt $t = 350^0$ (unterste Teilung) mit dem Punkte $p = 10$ der mit $\left(\frac{p}{i, t}\right)$ bezeichneten Druckteilung durch Anlegen eines Lineals verbinden und zum Schnitt mit der Teilung der Erzeugungswärme i (mittelste Teilung) bringen. Die gestrichelte Linie I bedeutet diese Verbindungsgerade, die drei in Frage kommenden Punkte sind durch kleine Vollkreise gekennzeichnet. Man findet $i = 743{,}5$ WE. Senkrecht darüber finden sich zwei mit $\left(\frac{p}{i, s}\right)$ bezeichnete Druckmaßstäbe, von denen der steilere, höher anfangende laut Aufschrift dem überhitzten, der flachere, tiefer beginnende nassem Dampfe entspricht. Wir wählen den ersteren und verbinden seinen Punkt $p = 10$ mit $i = 743{,}5$ und finden auf der obersten Teilung der Figur $s = 1{,}726$ (gestrichelte Linie II). Da wir adiabatische Zustandsänderung vorausgesetzt hatten, so bleibt die Entropie unverändert, und wir finden die Erzeugungswärme im Endzustande $p = 2$, indem wir das Lineal um den Punkt $s = 1{,}726$ drehen, bis es durch den Punkt $p = 2$ des vorher schon benutzten Druckmaßstabes hindurchgeht. Dann schneidet es auf der i-Teilung die Erzeugungswärme $i_0 = 654{,}9$ aus (gestrichelte Linie III). Der Unterschied der Erzeugungswärme im Anfangs- und Endzustande kann nun als Strecke unmittelbar dem Diagramm entnommen werden. Er ist gleich der erlangten kinetischen Energie des Dampfes $\frac{w^2}{2g}$, und die Ausströmgeschwindigkeit w kann wie bei dem Mollierschen Diagramm ohne weiteres dadurch ermittelt werden, daß man mit dieser Strecke in den dem Diagramme beigegebenen, mit der Teilung der Erzeugungswärme zusammengelegten Geschwindigkeitsmaßstab geht, wo man die Geschwindigkeit $w = 859$ m/sk nur abzulesen hat. Die Gerade IV zeigt, wie man aus der bereits bekannten Erzeugungswärme $i_0 = 654{,}9$ im Expansionsendzustande und dem zugehörigen Druck $p = 2$ das zugehörige spezifische Volumen des Dampfes $v = 0{,}950$ findet. Durch Verbinden dieses Punktes (Gerade V) mit dem Punkte $w = 859$ m/sk des mit $\left(\frac{w}{v, f}\right)$ bezeichneten Geschwindigkeitsmaßstabes findet man $f = 0.111$, d. h. für je 1 kg durchströmenden Dampfes ist ein Querschnitt von 11,1 qcm erforderlich. Wir haben somit aus dem Diagramm mühelos erhalten, was sonst nur auf umständliche Weise gewonnen zu werden pflegt. Zum Verständnis der Handhabung des Diagrammes ist also nur erforderlich, sich stets vor Augen zu halten, daß die Werte x, y und z zusammengehören, sofern alle 3 Punkte auf einer geraden Linie liegen, und die Teilung für z die Beischrift (x, y) besitzt.

Alles weitere entnimmt man der Anweisung, die der Tafel beigegeben wird. Proell betont mit Recht, daß seine Tafel keine Annäherung darstelle, vielmehr alle Werte mit der Genauigkeit wiedergebe, die in einer graphischen Darstellung überhaupt erreichbar ist.

IV.

Konstruktion der wichtigsten Turbinenelemente.

48. Schaufelform.

Die Form der Schaufel soll der Bedingung genügen, daß der Dampfstrahl mit möglichst geringen Reibungs- und Wirbelungsverlusten auf den gewünschten Enddruck expandiert und in die gewünschte Richtung abgelenkt wird. Für die Laufkanäle genügt es, die relative Bewegung im Auge zu behalten, um so mehr, als bei Dampfturbinen wegen hoher Geschwindigkeiten und schärferer Schaufelkrümmung die Schwierigkeiten gewisser hydraulischer Radialturbinen entfallen, bei welchen es vorkommen kann, daß auf einem Teile des Weges die Schaufel Arbeit auf das Wasser überträgt, statt sie von ihm zu empfangen. In bezug auf die Ablenkung ist vor allem der Austritt aus dem Leit- und Laufrade von Wichtigkeit. Um den gewünschten Winkel zu erhalten, wird man das letzte Element der Schaufel am besten gradlinig formen; mindestens also auf die Länge AB in Fig. 103, d. h. bis zum Fußpunkt des von A_1 auf AB gefällten Perpendikels. Von da aus soll der Kanal in sanfter Krümmung bis zum Winkel α_1 hinüberleiten. Die Ausführung nach a in Fig. 103 wäre offenbar zu scharf und würde eine Ablösung des Dampfstrahles von der Wandung veranlassen. Ausführung nach b kann bereits genügen, und es hängt die Radhöhe vor allem davon ab, wie weit wir den Stoß beim Eintritt mildern wollen. In Profil b ist Winkel α_1 als

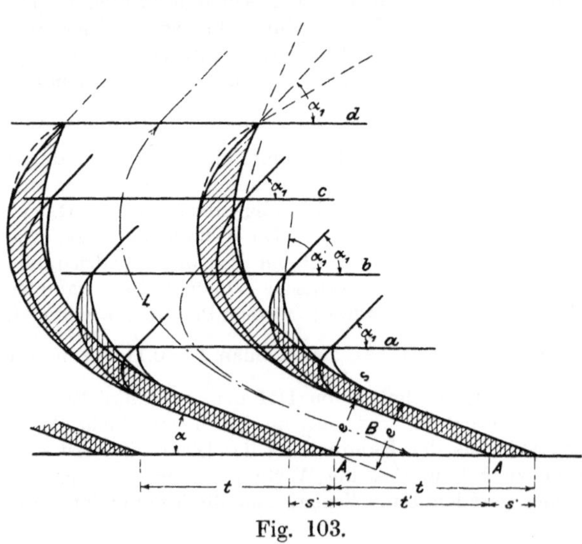

Fig. 103.

Abschrägung des Schaufelrückens aufgefaßt, woraus sich für die führende Schaufelfläche der etwas große Winkel α_1' ergibt. Günstiger wäre dies bei c und d, doch gibt letztere Annahme einen offenbar nutzlos langen Dampfweg. Im übrigen dürfte eine derartige Zuspitzung der Schaufel, daß α_1 die Halbierende derselben bildet, wie bei d punktiert angedeutet ist, ebensoviel Berechtigung haben wie die ersterwähnte. Durch Aufzeichnen des absoluten Dampfweges und Ermittelung der Umfangsverzögerung erhält man wertvolle Aufschlüsse über die Gleichmäßigkeit der Arbeitsabgabe.

Die Länge des Kanales, also des Dampfweges, ist hiernach ein durch das praktische Gefühl zu bestimmende Vielfache der Teilung, und es kann dies Verhältnis bei gegebener Ablenkung wohl als ziemlich konstant angesehen werden.

Es entsteht somit die Frage, ob wir

Weite und lange, oder kurze, aber enge Kanäle

anwenden sollen. Maßgebend ist der hydraulische Widerstand, dessen „verlorenes Gefälle" wir nach Analogie der Wasserströmung durch den Ansatz

$$h_z = \zeta \frac{U}{F} l \frac{w^2}{2g} \quad \dots\dots\dots \quad (1)$$

wiedergeben wollen. Hierin ist U der Umfang, F der Querschnitt, l die Bogenlänge des Kanales, w die Geschwindigkeit. Genauer genommen ist $\frac{U}{F} w^2$ als Mittelwert einzuführen, der nötigenfalls graphisch aus dem „Mittelwertsatz"

$$\int_0^l \zeta \frac{U}{F} \frac{w^2}{2g} dl = \frac{\zeta}{2g} \left(\frac{U}{F} w^2\right)_m l$$

gefunden werden könnte. Wenn a die radiale Länge, e die lichte Weite des Kanals ist, so haben wir

$$h_z = \zeta \frac{2(a+e)}{ae} l \frac{w^2}{2g} = 2\zeta\left(1+\frac{e}{a}\right)\frac{l}{e}\frac{w^2}{2g} \quad \dots\dots \quad (2)$$

$l:e$ wird im Sinne der Schlußbemerkung im obigen Abschnitte als nahezu konstant anzusehen sein, und Formel (2) ergibt, daß es innerhalb eines gewissen Gültigkeitsbereiches zweckmäßig ist, die Teilung (d. h. auch e) klein zu wählen. Eine Grenze für die Reduktion von e ist durch den Einfluß der Schaufeldicken gegeben, welche den Strahl im Spalte zu einer Erweiterung, die mit Wirbelungen verbunden ist, veranlassen.

Die Teilung hängt auch ab von der Länge der Schaufel, welche an sich eine Minimalbreite bedingt. Als praktische Grenzen können wir bei Längen von 20 bis 30 mm etwa 8 bis 10 mm axiale Breite und 5 bis 6 mm Teilung, bei ganz langen Schaufeln (200 bis 300 mm) etwa 25 mm Breite und 14 bis 16 mm Teilung ansehen.

49. Konstruktion und Befestigung der Schaufeln.

1. Hohe Umfangsgeschwindigkeit.

a) Schaufeln einzeln hergestellt.

Für Räder mit hoher, d. h. über etwa 150 m gelegener Geschwindigkeit hat de Laval die musterhafte in Fig. 104 dargestellte Konstruktion

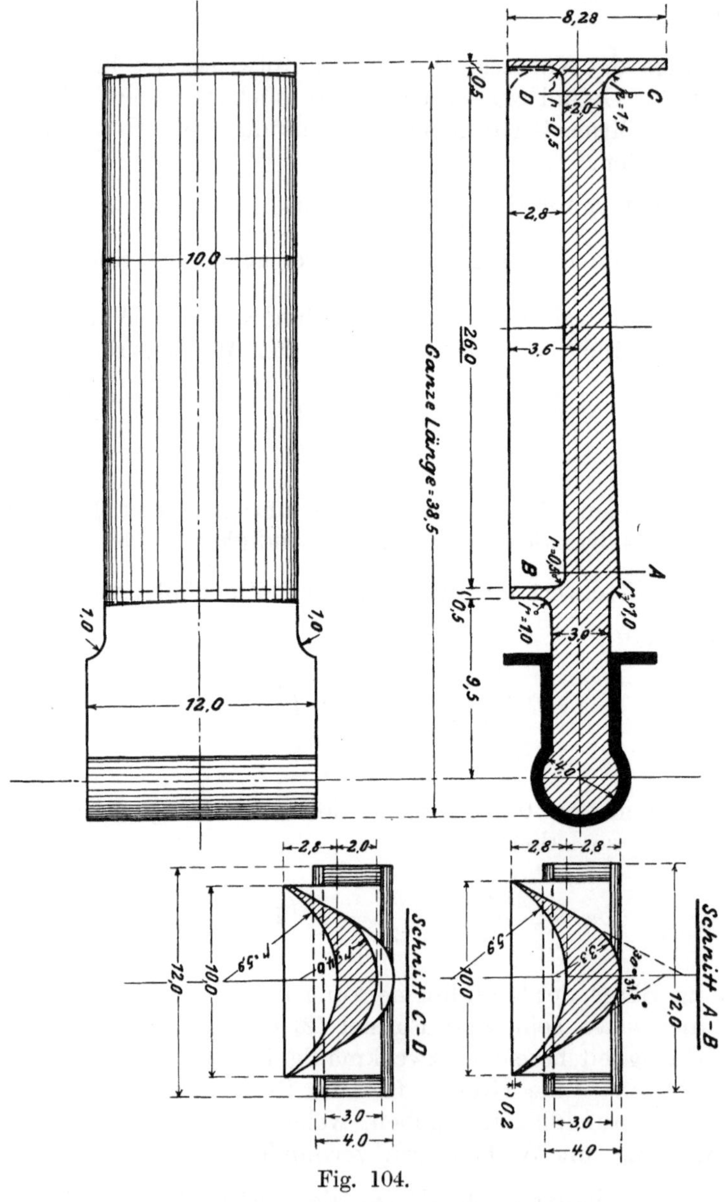

Fig. 104.

geschaffen. Die Schaufeln werden aus Flußstahl gepreßt, auf Kaliber gefräst und in der Nute leicht verstemmt. Das Prinzip der Vertauschbarkeit ist streng gewahrt und die Kosten für die Erneuerung eines Schaufelsatzes nicht groß. Die Schaufeln besitzen am äußeren Ende

Ansätze, die sich gegenseitig berühren und einen geschlossenen Begrenzungsring bilden. Die Stege sind stark verdickt, um angenähert konstanten Durchfluß zu gewähren. Man kann sie nach oben hin verjüngen, um die Fliehkraft zu vermindern, erhält aber weniger gute Dampfführung, besonders bei kleineren Rädern und langen Schaufeln, wegen der merklich größeren Teilung am äußeren Ende (siehe Schnitt AB und CD, Fig. 104). Die Konstruktion ist für die höchsten bisher erreichten Geschwindigkeiten (etwa 430 m) geeignet, indessen in der Anwendung auf Einzelräder, die von der Seite zugänglich sind, beschränkt.

Fig. 105.

In den ersten Ausführungen benutzte de Laval die in Fig. 105 dargestellte Konstruktion mit zweiteiligem Radkörper, die bei großen Rädern in dieser Form versagt und teurer ist als diejenige in Fig. 104.

Seger ließ durch das Engl. Pat. No. 4611, vom Jahre 1894, die in Fig. 106 dargestellte Idee schützen. Die Schaufel a wird aus gezogenem Profil auf Längen geschnitten, am unteren Ende in die Form einer Gabel gefräst und in die ebenfalls gefrästen Nuten b der Radscheibe eingesetzt. Die Gabelzinken werden nun umgebogen und könnten durch anzunietende Ringe c am Wiederaufbiegen verhindert werden. Da Nuten b am besten geradlinig gemacht werden, muß das Schaufelprofil aus zwei Geraden und einer Kurve bestehen; an der Eintrittsstelle d wird die sonst gleich dick vorausgesetzte Schaufel zugeschärft. Eine Verjüngung der Blechdicke nach außen ist zwekmäßig, bedingt aber besondere Fräsarbeit oder eigens ungleich dick gewalzte Blechstreifen, aus welchen man die Schaufeln biegen und schneiden müßte.

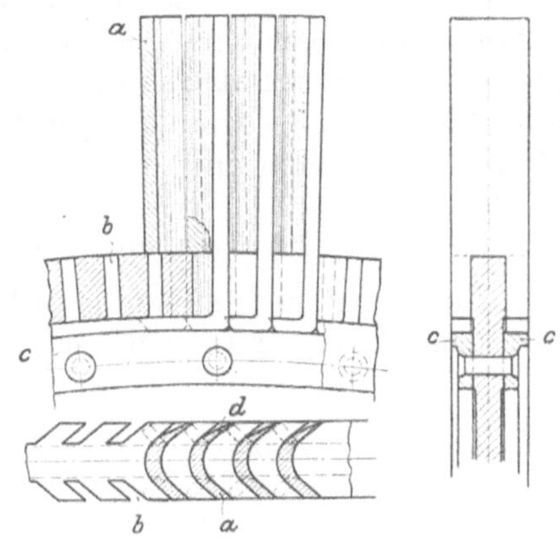

Fig. 106.

Zölly benutzt für seine Aktionsräder gezogene Flußeisenschaufeln, welche indessen blank und gegen das Außenende verjüngt nachgefräst werden. Zum Zwecke der Befestigung erhält die Schaufel (Fig. 107) beiderseitig die rechtwinkligen Einkerbungen a, welche in entsprechende Nuten des Rades c und eines Deckringes hineinpassen. Letzterer wird nach dem Einlegen der Schaufel defintiv festgenietet. Die Schaufeln werden im richtigen Abstand erhalten durch die allseitig gefrästen und ebenfalls mit Kerben versehenen Beilagen b. Die Schaufel ist radial erweitert und bleibt nach außen frei.

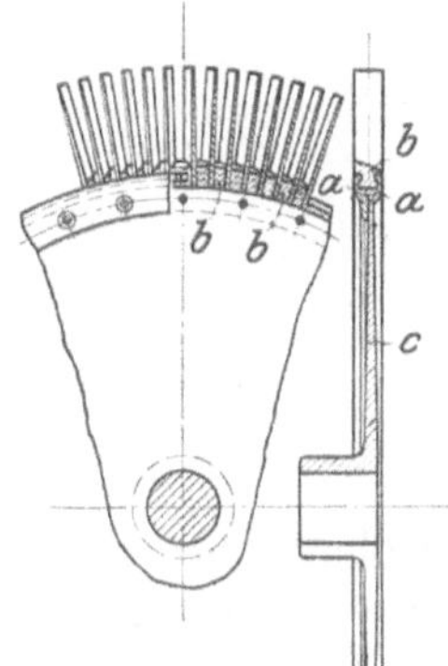

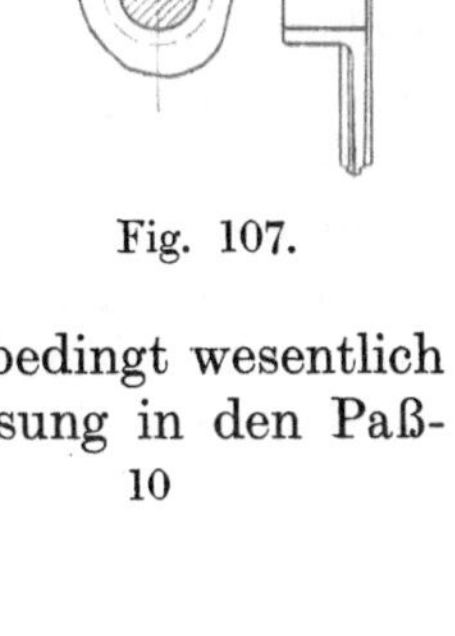

Fig. 107.

Die Umkehrung dieser Konstruktion in Fig. 108 ist ebenfalls ausführbar, bedingt aber unbequemere Montage. Der solidere Schwalbenschwanz in Fig. 109 bedingt wesentlich stärkere Abmessungen der Kammer a-a, weil die Pressung in den Paßflächen an sich größer ist und an einem größeren Hebelarm angreift. Hier wie auch in Fig. 110, wo der Kranz selbst als Klammer ausgeführt ist, fällt das tote Gewicht bei gleich breiten Schaufeln merklich größer aus. In gleichem Maße wächst die radiale Anspannung der Scheibe, und wie im Abschn. 52 gezeigt wird, auch ihr Gewicht. Zur

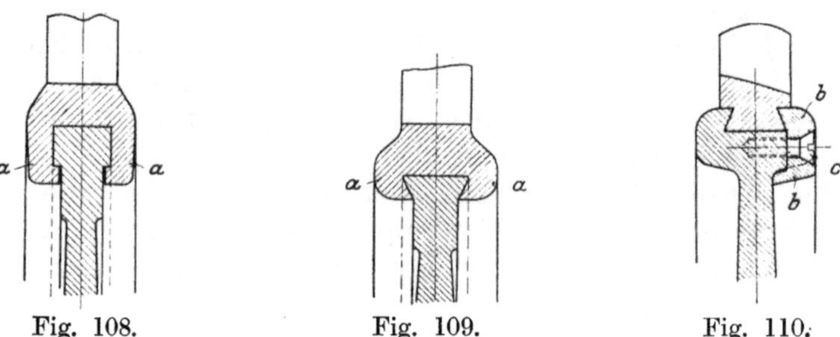

Fig. 108. Fig. 109. Fig. 110.

Gewichtsvermehrung trägt auch das bei, daß man die Schaufeln unten auf eine Strecke voll lassen muß, um mit dem Leitapparat dicht zum Schaufelkanal gelangen zu können. An einigen symmetrisch gelegenen Stellen muß eine Paßschaufel durch Bolzen befestigt oder, wie in Fig. 110 angedeutet, eine Öffnung zum Einführen der Schaufeln durch ein vom Bolzen *c* festgehaltenes Paßstück *b* verschlossen werden.

b) Schaufeln mit dem Kranz aus einem Stück.

An der Riedler-Stumpfturbine werden Pelton-artige Schaufeln unmittelbar in den Kranz des Turbinenrades eingefräst. Die Fig. 111 ver-

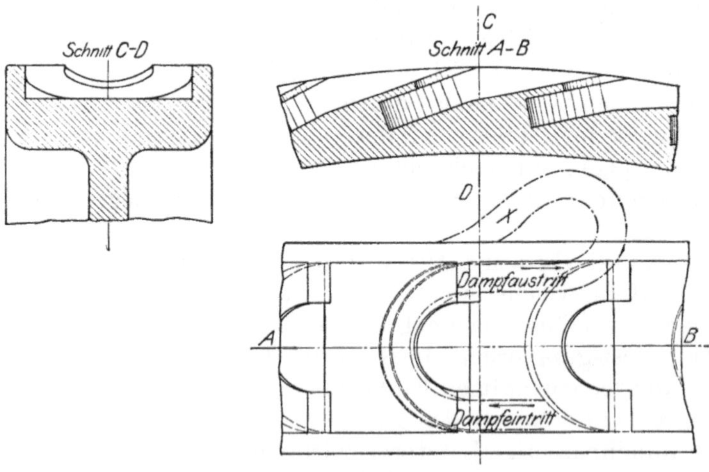

Fig. 111.

anschaulicht die Schaufelform nach dem franz. Patent 310020 vom Jahre 1901 von Stumpf. Die fliegende Fräserscheibe schneidet den halbkreisförmigen Kanal und den halbrunden Ausschnitt in der Zellenscheidewand zugleich aus. Den Knick, der bei der angedeuteten Bearbeitung an der Zellenrückwand entstehen würde, vermeidet die wirkliche Ausführung durch eine schwach verjüngte Form der Zelle mit ebenen Wänden. Fig. 112 stellt ein Fragment mit zweiseitiger Schaufel dar, bei welcher der Dampfstrahl durch den Mittelgrat in zwei gleiche Hälften gespalten wird.

Fig. 112.

Die General Electric Cie. Schenectady hobelt die Schaufeln der axialen Druckturbine durch eigene Maschinen heraus, deren der Schaufel-

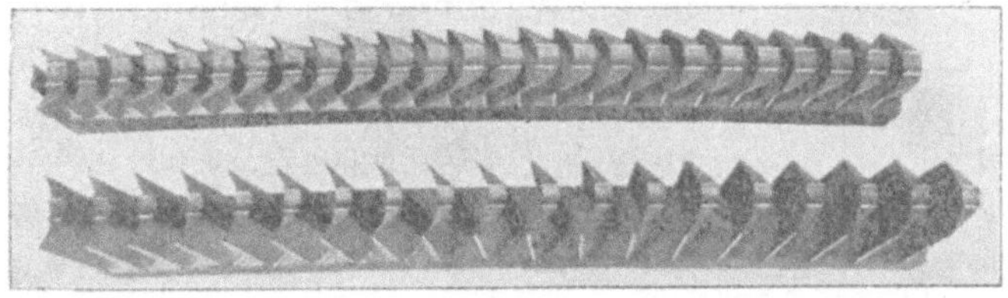

Fig. 113.

Fig. 114.

krümmung angepaßter Hobelstahl die entsprechende krummlinige Hin- und Herbewegung ausführt. In Fig. 113 und 114 sind Schaufelsegmente mit engerer und weiterer Teilung abgebildet. Über die Schaufelenden wird ein Band geschlungen und mittels der im Bilde ersichtlichen Ansätze vernietet.

2. Mäßige Umfangsgeschwindigkeit ($u < 150$ m).

Die vielstufigen Turbinen arbeiten, wie wir erörtert haben, mit Umfangsgeschwindigkeiten, die 100 m nur um weniges übertreffen. Da die Schaufeln nur geringen Fliehkräften zu widerstehen haben, so wird auch ihre Konstruktion wesentlich einfacher ausfallen.

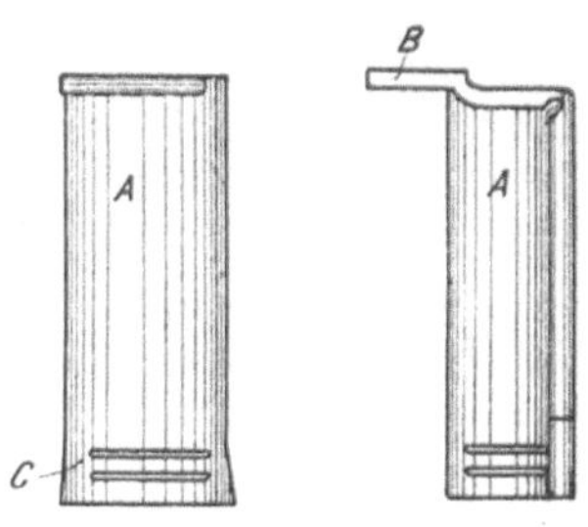

Fig. 115.

Die Parsonoturbine verwendet nach den Prospekten ihrer Lizenzfirmen Schaufeln aus gezogenen Stäben von Bronze oder anderen Metallen, die in schwalbenschwanzartigen Nuten durch kleine Beilagen aus gleichen Baustoffen mittels Einklemmung festgehalten werden. Die Beilagen werden zum Schluß verstemmt, um eine allseitige Verspannung zu erzielen. Einen Abschluß am äußeren Umfang gibt es nicht, beziehentlich er wird durch das Turbinengehäuse gebildet, welches die Räder mit hinreichend kleinem Spiele umgibt, um die Undichtheitsverluste auf das zulässige Maß zu beschränken. Die Leitschaufeln sind in ähnlicher Art in der Wandung des Gehäuses befestigt. Leit- und Laufräder folgen unmittelbar aufeinander. In der Achsenrichtung darf ein Spiel von einigen Millimetern gewährt werden.

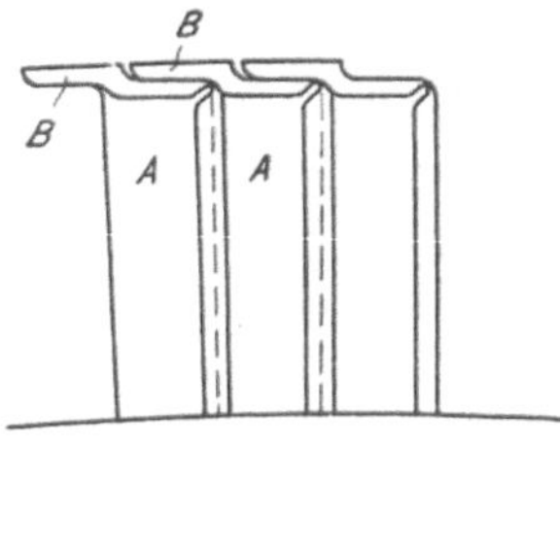

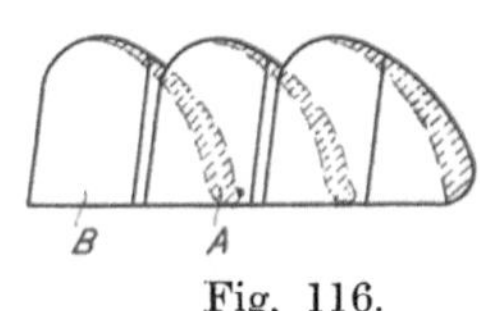

Fig. 116.

Fig. 117.

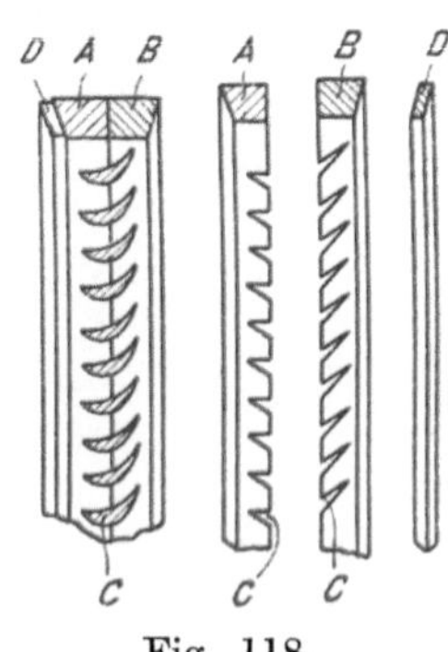

Fig. 118.

Die neueren Bestrebungen gehen, wie man aus den Patenten[1]) der beteiligten Firmen erkennen kann, darauf hinaus, einmal eine solidere Schaufelbefestigung zu erzielen, dann die Undichtheitsverluste durch geeignete Abschlußringe zu vermindern. So wird nach Fig. 115 das Schaufelende abgebogen und durch wechselweises Überdecken und eventuelles Verlöten der Ansätze B ein ganz oder teilweise geschlossener Ring (Fig. 116) geschaffen. Das innere Ende C der Schaufel ist erweitert, um die Schwalbenschwanznute auszufüllen. Die Beilagen sollen breiter aus-

[1]) H. F. Fullagar, Schweiz. Pat. No. 24039 Kl. 93; Parsons Foreign Patents Co. und A.-G. f. Dampfturb. Brown Boveri-Parsons. D. R. P. No. 144528 Kl. 14c. Letztere nochmals Schweiz. Pat. No. 26718 Kl. 93 u. a. m.

geführt werden als die Schaufeln, damit beim Verstemmen die Schaufel nicht beschädigt werde. Fig. 117 zeigt eine Befestigung der Schaufel durch Umbiegen der Zähne z eines Ringes, der in die Nute eingebracht und dort mittels eines besonderen Stemmringes festgehalten wird. Wie die vorspringenden Ecken y weggedreht werden sollen, wird nicht angegeben. Nach Fig. 118 wird der Befestigungsring in zwei Hälften A und B geteilt und mit Nuten C versehen, in welche die Schaufeln passen; D sind Stemmringe.

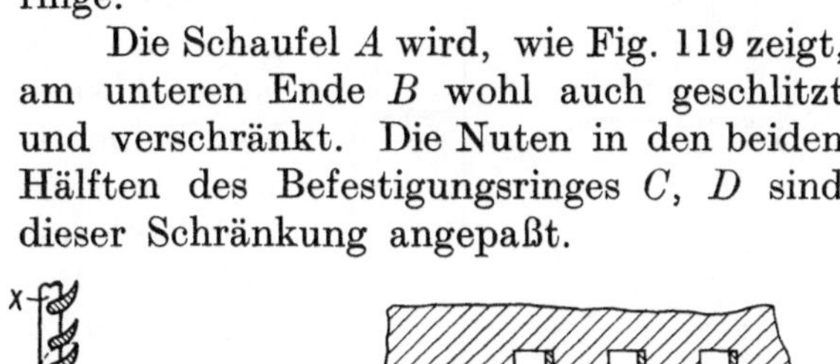

Die Schaufel A wird, wie Fig. 119 zeigt, am unteren Ende B wohl auch geschlitzt und verschränkt. Die Nuten in den beiden Hälften des Befestigungsringes C, D sind dieser Schränkung angepaßt.

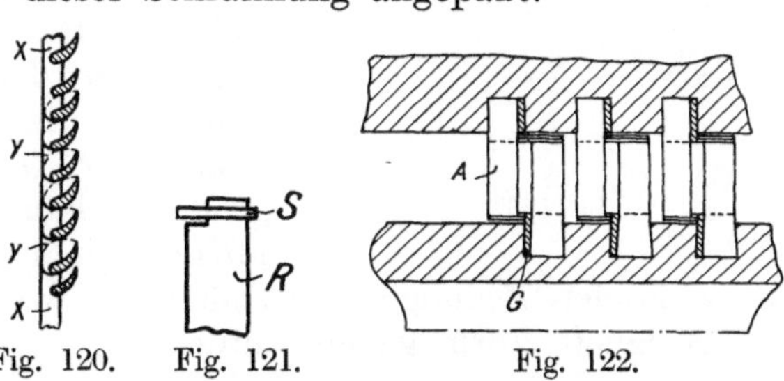

Fig. 119. Fig. 120. Fig. 121. Fig. 122.

Die äußeren Enden der Schaufeln werden gemäß Fig. 120 durch einen teilweise eingelassenen Ring x zusammengehalten, wobei verlötete Drähte den Zusammenhalt unterstützen.

Dasselbe erzielt man durch den gelochten Ring S (Fig. 121), der in geeigneter Weise mit dem Schaufelende R verbunden wird.

Diese Methoden ermöglichen die Herstellung einer bedeutend besser gedichteten Turbine, wie Fig. 122 zeigt, wobei die nach Fig. 121 hergestellten Abschlußringe mit möglichst geringem Spiel an den Stemmringen G vorbeistreifen. Hier kann das Rad radial beliebiges Spiel haben, muß hingegen axial nach einer Seite äußerst genau eingestellt werden.

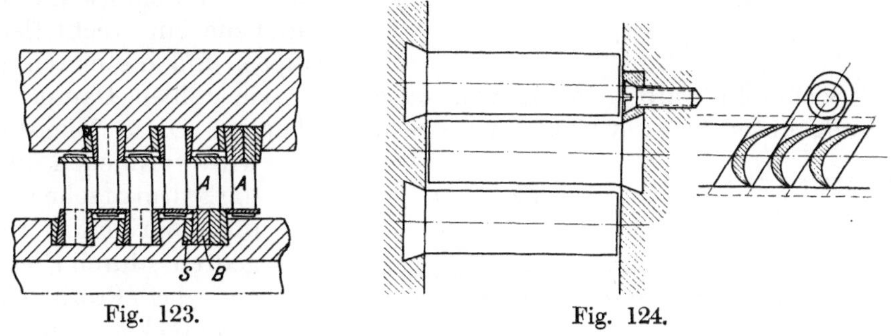

Fig. 123. Fig. 124.

In Fig. 123 erzielt man ganz stetigen Dampfübergang, muß aber die Lauftrommel axial nach beiden Richtungen ganz genau festhalten.

Vorschläge dieser Art bedingen offenbar Verwendung gleichartigen Materials für die Lauftrommeln und das Gehäuse und durchaus gleichartige Abkühlungsverhältnisse, damit die Längenausdehnung für beide Teile gleich groß wird.

Fig. 124 stellt endlich eine von Parsons herrührende Konstruktion mit gepreßten und in Schwalbenschwanznuten eingelegten Schaufeln dar. Ein Abschlußring ließe sich wie bei de Laval auch ausbilden.

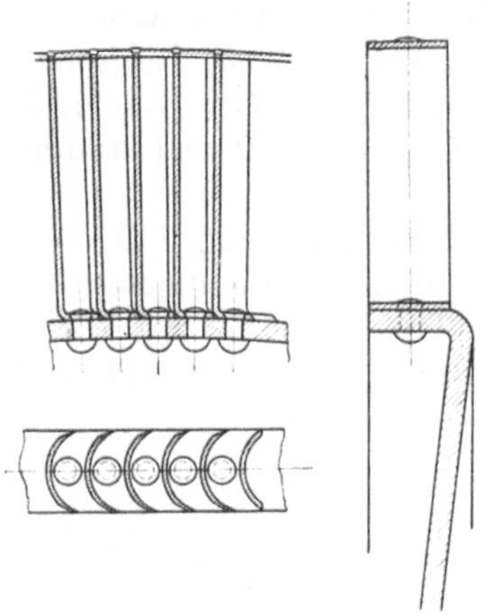

Fig. 125.

Die Rateau-Turbine benutzt aus Flußeisenblech gepreßte Schaufeln, welche gemäß Fig. 125 mit den ebenfalls aus Flußeisenblech bestehenden Radscheiben durch Nietung verbunden werden.

Ein äußerer Abschlußring wird stets angewendet. Nach dem D. R. P. No. 143 960 ist es Absicht, die Schaufeln der Leichtigkeit halber möglichst dünn zu halten, und wird die Festigkeit erhöht, indem man die Hohlkehle an der Umbiegung mit Lot ausfüllt. Die Beanspruchung der Niete ist nicht größer und der Art nach nicht verschieden von der, die z. B. bei dem sogenannten Dome der Dampfkessel vorkommt. Bei großen Schaufellängen dürfte es sich empfehlen, den Befestigungslappen auf die Länge zweier Teilungen auszudehnen, wobei man ihm durch Pressen eine geeignete Form geben würde.

50. Konstruktion der Leitvorrichtung.

Fig. 126 stellt den Einlauf zur Lavalschen Düse mit ihrer durch eine Stopfbüchse gedichteten Abschlußspindel dar. Die Düse dichtet metallisch in der sanft konischen Bohrung. Um die Düse herauszuheben, benutzt man Gewinde mit eigener Preßschraube.

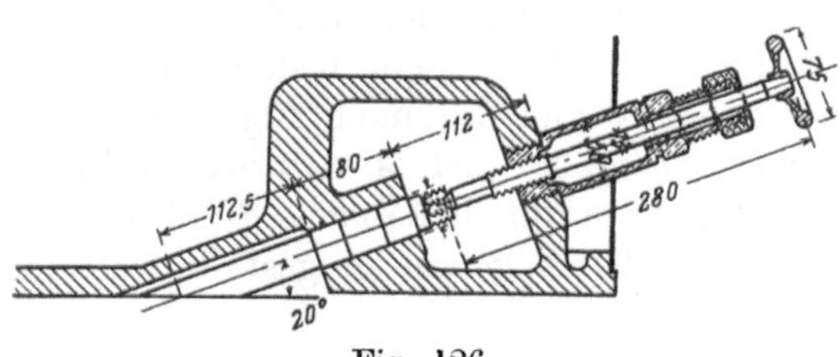

Fig. 126.

Bei der runden Düse bildet der Schnitt mit der Radebene eine recht flache Ellipse, und die ersten und letzten Schaufeln werden nicht voll ausgefüllt; sie reißen Dampf der Umgebung unter Arbeitsverlust in die Schaufel herein. Dieser Übelstand wird vermieden durch die Stumpfsche Düse, die ursprünglich rund gedreht, durch Pressen auf das Profil eines Rechteckes gebracht wird (Fig. 127). Diese Düsen werden so dicht gestellt, daß der Dampfstrahl als zusammenhängendes Ganze das Laufrad trifft. Partielle Beaufschlagung ist hierbei sehr wohl zulässig.

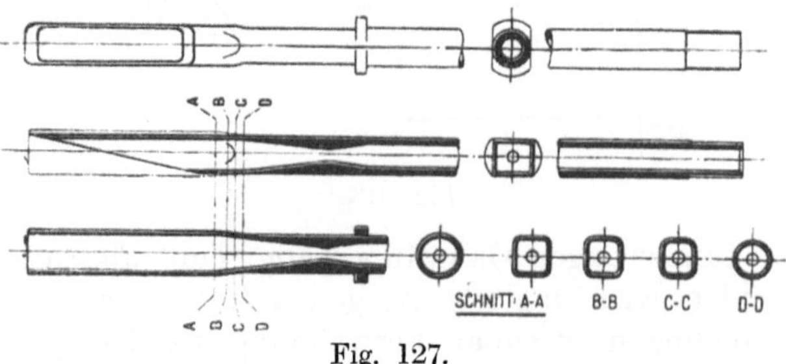

Fig. 127.

Th. Reuter[1]) fräst die Leitkanäle schraubenartig in den Umfang des Ringes *a* (Fig. 128) und deckt diesen dampfdicht durch Ring *c* ab. Das Profil der Düse ist ebenfalls rechtwinklig und die Scheidewände laufen spitz aus, um eine Verschmelzung der einzelnen Strahlen zu erzielen. In der Figur sind auch die der Regulierung dienenden Einzelabschlüsse eingezeichnet, die weiter unten besprochen werden.

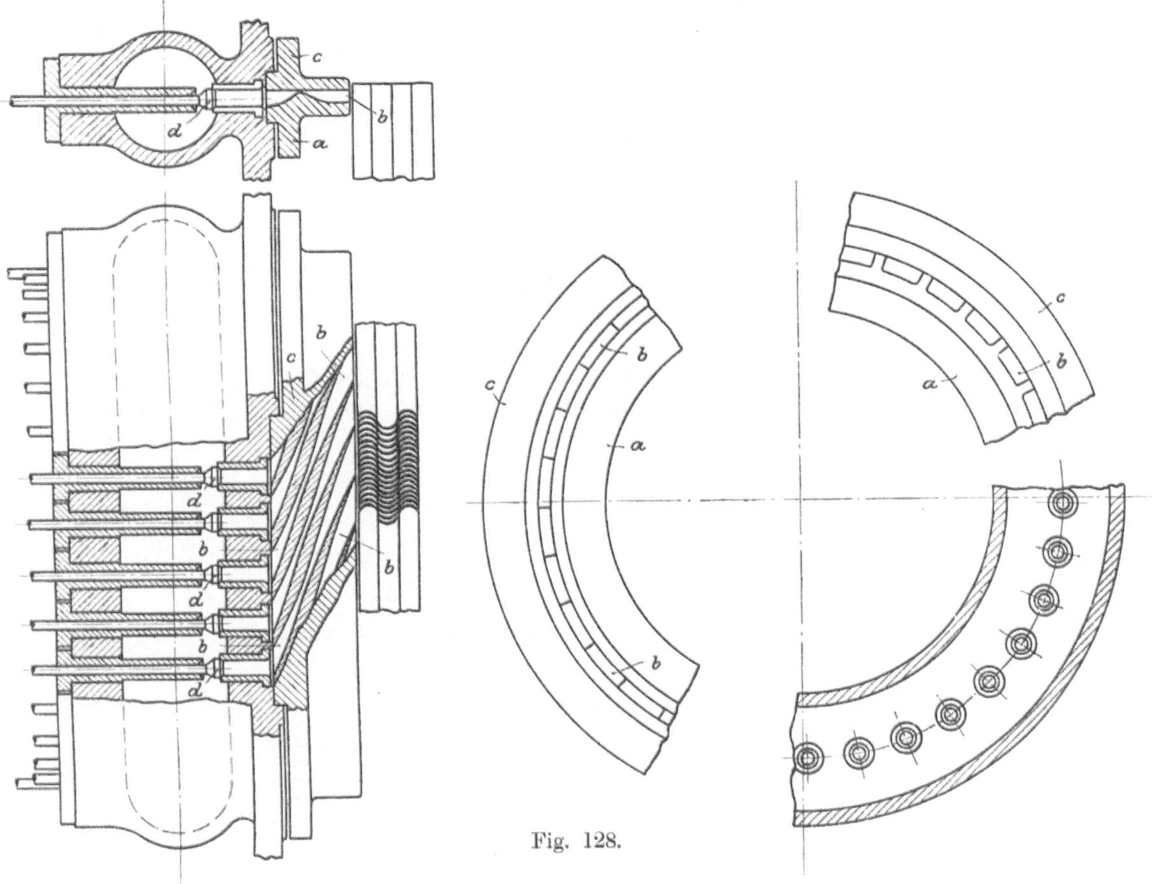

Fig. 128.

Wo eine Erweiterung entbehrlich ist, d. h. bei vielstufigen Turbinen, arbeiten wir selbstverständlich mit der einfachen Schaufelform, und alles kommt auf ihre Herstellungsart an. Fig. 129 zeigt den Einlauf der Zöllyschen Turbine, deren Schaufeln aus Stahlblech gebogen und gemäß Skizze *a* ausgeschnitten werden. Zur Aufnahme der Zacken *a* dienen Nuten *b*, worauf die Schaufeln durch die Ringe *c*, *d* festgehalten werden.

Rateau versetzt gemäß Fig. 130 die Leitschaufelgruppen in einer schraubenlinienartigen Anordnung, damit der Dampf der natürlichen Strömungsgeschwindigkeit folgen kann. Der absolute Dampfweg ist in die Figur nach dem Schweiz. Pat. No. 24473 (strichpunktiert) unter An-

[1]) Schweiz. Pat. No. 25441, Kl. 93, Febr. 1902.

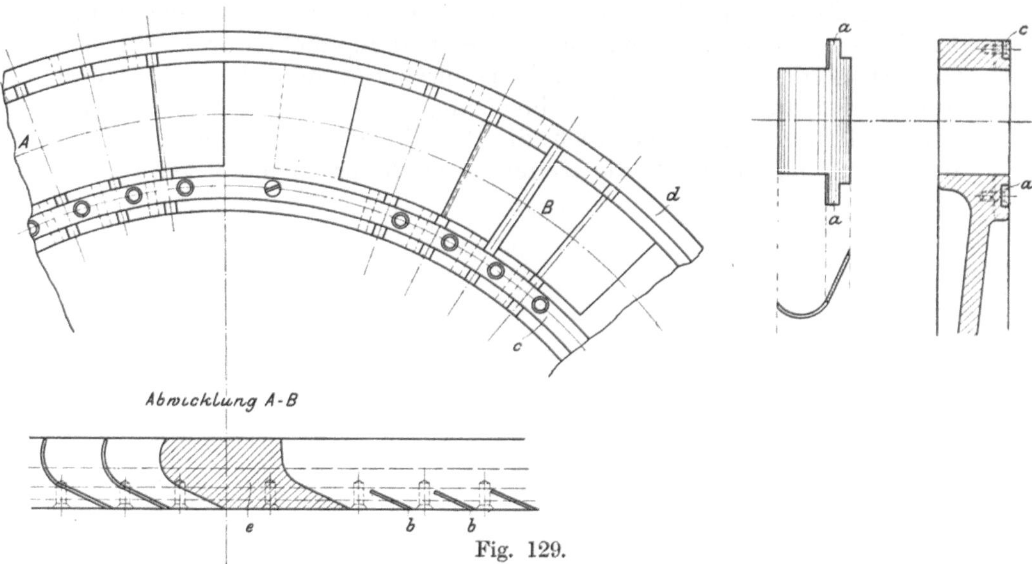

Fig. 129.

nahme normalen Austrittes eingezeichnet. In Wirklichkeit wird freilich normaler Austritt kaum erreicht, und es müssen auch die Leitschaufeln etwas zurückgebogen werden.

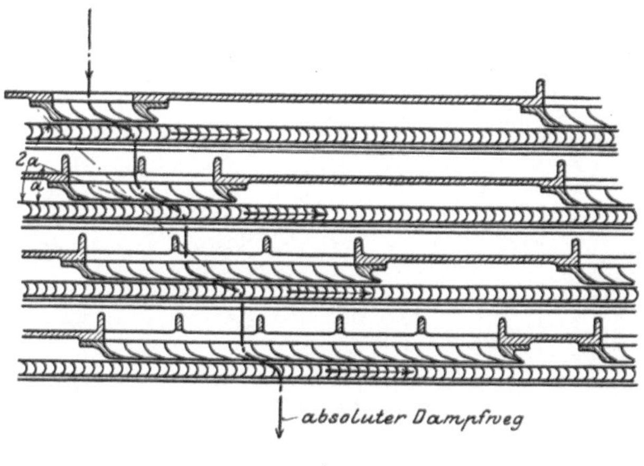

Fig. 130.

51. Die Rad-Trommeln.

Die Laufräder werden bei vielstufigen Turbinen entweder in Gruppen auf mehr oder weniger langen Trommeln als aufeinanderfolgende Schaufelkränze, oder als Einzelräder ausgeführt. Im ersten Falle sollte im Interesse vollständigen Massenausgleiches (s. Abschn. 61) die Trommel auch inwendig abgedreht werden, und es kann die Befestigung entweder durch eingeschobene Armkreuze oder durch Flanschen an der Stirnseite und an die Welle angeschmiedete oder aufgepreßte Endscheiben erfolgen. Eine so befestigte Trommel ist, wenigstens soweit die Mitte in Betracht kommt, da der Einfluß der verschraubten Enden nicht weit reicht, wie ein frei rotierender Ring zu rechnen.

Schneiden wir in Fig. 131 aus der zylindrischen Trommel von der Länge l durch die unter $\frac{d\varphi}{2}$ geneigten axialen Ebenen das Element AB heraus, so findet sich dasselbe erstens durch die Fliehkraft der eigenen Masse

$$dF = (r\,d\varphi\,\delta\,l\,\mu)\,r\omega^2 \quad . \quad . \quad . \quad . \quad . \quad . \quad . \quad (1)$$

beansprucht. Hierin bedeutet

$\mu = \frac{\gamma}{g}$ die spezifische Masse,

ω die Winkelgeschwindigkeit

und die Bedeutung der übrigen Größen ist aus der Figur ersichtlich.

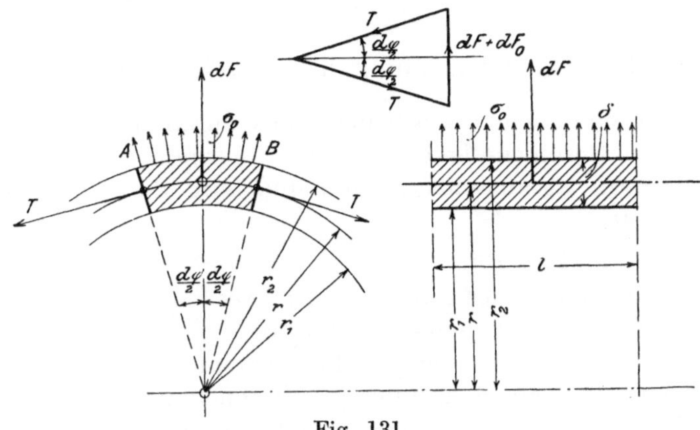

Fig. 131.

Weiterhin darf bei nicht zu großer Dicke δ die Spannung σ in Richtung des Umfangs als gleichmäßig angenommen werden, und bildet eine auf die Seitenfläche $l\delta$ wirkende Resultierende

$$T = l\,\delta\,\sigma \quad . \quad . \quad . \quad . \quad . \quad . \quad . \quad . \quad . \quad (2)$$

Schließlich ist die Fliehkraft der Schaufeln und deren Befestigungsteile in Betracht zu ziehen, welche wir gleichmäßig verteilt denken und pro Quadratzentimeter der mittleren Zylinderfläche (vom Radius r) mit σ_0 bezeichnen wollen. Die auf das Element entfallende Resultierende ist

$$dF_0 = r\,d\varphi\,l\,\sigma_0 \quad . \quad . \quad . \quad . \quad . \quad . \quad . \quad . \quad (3)$$

Das Gleichgewicht zwischen diesen Kräften besteht, falls

$$dF + dF_0 = 2T\sin\frac{d\varphi}{2} = T\,d\varphi$$

ist. Setzen wir (1) bis (3) ein, so folgt, wenn wir $r\omega$ der Umfangsgeschwindigkeit w gleich setzen,

$$\sigma = \frac{r\,\sigma_0}{\delta} + \mu w^2.$$

Es ergibt sich die wichtige Tatsache, daß das Glied

$$\sigma' = \mu w^2$$

d. h. die Beanspruchung durch die eigene Fliehkraft nur von der Umfangsgeschwindigkeit allein abhängt, wie groß auch der Halbmesser sein mag, und wir erhalten für Flußeisen folgende Zahlenreihe:

$w =$	25	50	75	100	150	200	400 m/sek
$\sigma' =$	50	200	450	800	1800	3200	12800 kg/qcm.

Über eine Geschwindigkeit von etwa 100 bis 120 m hinaus ist mithin die Beanspruchung der freien Trommel für gewöhnliche Baustoffe unzulässig hoch, und wir müssen Versteifungen durch Arme oder besser volle Scheibenwände vorsehen. Doch müssen diese dicht stehen, wenn sie eine Wirkung haben sollen, und berauben uns der Möglichkeit, die Trommel inwendig abzudrehen. Es empfiehlt sich alsdann, die Trommel in kürzere Stücke zu trennen, und diese wie die im nachfolgenden behandelten Scheibenräder zu konstruieren und zu berechnen.

52. Die Berechnung der Scheibenräder.

Die Beanspruchung eines Scheibenrades durch die Umfangskraft ist bei den großen Geschwindigkeiten immer gering, diejenige durch die eigenen Fliehkräfte ist ausschlaggebend und wird durch folgende Untersuchung ermittelt.

Es bedeutet in Fig. 132

x den radialen Abstand eines Punktes von der Achse,
y die Dicke der Scheibe im Abstande x,
σ_r die radiale Spannung pro Flächeneinheit,
σ_t die tangentiale Spannung pro Flächeneinheit,
μ die spezifische Masse des Scheibenmateriales,
ω die Winkelgeschwindigkeit der Rotation,
$m = \frac{1}{\nu}$ das Verhältnis der Längenausdehnung zur sogenannten Querkontraktion.

Das Scheibenrad wird symmetrisch in bezug auf eine zur Nabe senkrechte Ebene vorausgesetzt, und wir nehmen die Dicke derselben als so wenig veränderlich an, daß man die Neigung der radialen Spannungen gegen die Symmetrieebene des Rades vernachlässigen und die Spannungen über den Querschnitt gleichmäßig verteilt ansehen kann, woraus dann folgt, daß wir die Schubspannungen in einer zur Achse senkrechten Ebene vernachlässigen.

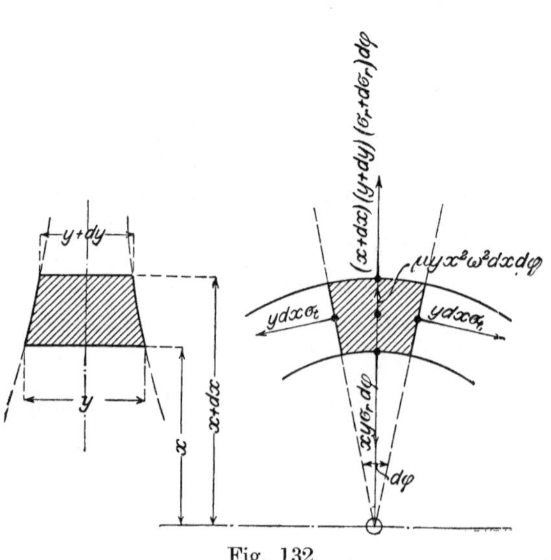

Fig. 132.

Inwieweit diese Annahme für die Anwendungen zutrifft, wird weiter unten besprochen.

Das in Fig. 132 dargestellte Scheibenelement besitzt das Volumen

$$dV = y x d\varphi dx \quad \ldots \ldots \ldots \ldots (1)$$

die Masse

$$dm = \mu dV \quad \ldots \ldots \ldots \ldots (2)$$

und wird von folgenden Kräften ergriffen: die eigene Fliehkraft

$$dF = dm x \omega^2 \quad \ldots \ldots \ldots \ldots (3)$$

(bei der unendlich kleinen Dicke dürfen wir den Schwerpunktsradius mit x vertauschen).

Die Seitenkräfte

$$dT = y dx \sigma_t \quad \ldots \ldots \ldots \ldots (4)$$

die radiale Kraft auf der inneren Stirnfläche

$$dR = y x d\varphi \sigma_r \quad \ldots \ldots \ldots \ldots (5)$$

und die gleichartige Kraft auf der äußeren Stirnfläche

$$dR' = (y + dy)(x + dx) d\varphi (\sigma_r + d\sigma_r) \quad \ldots \ldots (6)$$

Das Gleichgewicht dieser Kräfte fordert das Verschwinden der radialen Komponenten, d. h.

$$dR' - dR - T d\varphi + dF = 0 \quad \ldots \ldots \ldots (7)$$

Oder wenn wir (1) bis (6) einsetzen:

$$\frac{d(xy\sigma_r)}{dx} - y\sigma_t + \mu\omega^2 x^2 y = 0 \quad \ldots \ldots \ldots (8)$$

Diese allgemeine Differentialgleichung, die für jeden Abstand x von den Werten der Spannungen und der Scheibendicke y erfüllt sein muß, ist nun zu verbinden mit dem

Grundgesetz der Elastizität.

Es bezeichnen

ξ die radiale Verschiebung im Endpunkte des Radius x,
ε_r die spezifische Dehnung in radialem Sinne,
ε_t die spezifische Dehnung in tangentialem Sinn.

Aus der Elastizitätstheorie[1]) wissen wir, daß, wenn ein elastischer Körper einer reinen Zugbeanspruchung unterworfen wird, durch welche in Richtung des Zuges die spezifische (d. h. auf die Längeneinheit bezogene) Dehnung ε hervorgerufen werde, in allen Richtungen senkrecht dazu eine Kontraktion eintritt, deren Betrag (ebenfalls für die Längeneinheit) $= \nu\varepsilon$ ist. Die Konstante ν besitzt für Flußeisen im Mittel den Wert 0,3. Ein Element unserer Scheibe erfährt durch die radiale Spannung σ_r zunächst die radiale Ausdehnung $\sigma_r : E$. Die gleichzeitig wirkende Tangentialspannung σ_t ruft indessen die sich algebraisch summierende Querkontraktion $\nu\sigma_t : E$ hervor, und die resultierende Ausdehnung in radialer Richtung wird also:

[1]) Grashof, Theorie der Elastizität und Festigkeit, 1878, S. 32.

ebenso findet man

$$\left.\begin{aligned}\varepsilon_r &= \frac{1}{E}(\sigma_r - \nu\sigma_t)\\ \varepsilon_t &= \frac{1}{E}(\sigma_t - \nu\sigma_r)\end{aligned}\right\} \quad . \; . \; . \; . \; . \; . \; . \; . \quad (9)$$

Gleichzeitig wird natürlich die Scheibe auch eine Zusammenziehung in axialer Richtung erfahren, deren Betrag aus den beiden „Hauptspannungen" σ_r und σ_t für die Längeneinheit sich zu

$$\varepsilon_a = -\frac{\nu(\sigma_r + \sigma_t)}{E} \quad . \; . \; . \; . \; . \; . \; . \; . \quad (9a)$$

bestimmt.

Diese Dehnungen können nun durch die Verschiebung ξ ausgedrückt werden. Ein unendlich dünner Ring vom Radius x besitzt vor der Ausdehnung den Umfang $2\pi x$; nach der Ausdehnung $2\pi(x + \xi)$, mithin ist die spezifische Dehnung im Umfange

$$\varepsilon_t = \frac{2\pi(x+\xi) - 2\pi x}{2\pi x} = \frac{\xi}{x} \quad . \; . \; . \; . \; . \; . \quad (10)$$

Da die Verschiebung des im Abstande x befindlichen Punktes A durch ξ gegeben ist, erhalten wir für den sich ursprünglich im Abstande $x + dx$ befindlichen Punkt B die Verschiebung

$$\xi' = \xi + \frac{d\xi}{dx}dx.$$

Die ursprüngliche Länge der Strecke AB ist dx; die nach der Ausdehnung

$$dx' = (x + dx + \xi') - (x + \xi) = \xi' - \xi + dx = \frac{d\xi}{dx}dx + dx.$$

Die spezifische Dehnung beträgt also

$$\varepsilon_r = \frac{dx' - dx}{dx} = \frac{d\xi}{dx} \quad . \; . \; . \; . \; . \; . \; . \; . \quad (11)$$

Setzen wir die Werte von ε_t und ε_r in Gl. (9) ein, so erhalten wir

$$\left.\begin{aligned}\sigma_r &= \frac{E}{1-\nu^2}(\varepsilon_r + \nu\varepsilon_t) = \frac{E}{1-\nu^2}\left(\nu\frac{\xi}{x} + \frac{d\xi}{dx}\right)\\ \sigma_t &= \frac{E}{1-\nu^2}(\nu\varepsilon_r + \varepsilon_t) = \frac{E}{1-\nu^2}\left(\frac{\xi}{x} + \nu\frac{d\xi}{dx}\right)\end{aligned}\right\} \quad . \; . \; . \quad (12)$$

Durch Einführung in Gl. 8 entsteht

$$\frac{d^2\xi}{dx^2} + \left[\frac{d(\lg n\, y)}{dx} + \frac{1}{x}\right]\frac{d\xi}{dx} + \left[\frac{\nu}{x}\frac{d(\lg n\, y)}{dx} - \frac{1}{x^2}\right]\xi + Ax = 0 \quad (13)$$

mit der abkürzenden Bezeichnung

$$A = \frac{(1-\nu^2)\,\mu\omega^2}{E}.$$

Gl. (13) dient im Verein mit den Bedingungen, welchen die Spannungen oder die Dehnungen am inneren oder äußeren Rande der Scheibe unterworfen sind, zur Bestimmung der unbekannten Funktion ξ, aus welcher nach Gl. (12) die Spannungen selbst in jedem Punkte folgen. Nur in den nachfolgend behandelten wenigen Sonderfällen führt indessen die Rechnung zu praktisch brauchbaren einfachen Resultaten.

53. Die Scheibe gleicher Festigkeit ohne Bohrung.

Gleiche Festigkeit bedeutet hier, daß die radiale und tangentiale Spannung überall denselben konstanten Wert besitzten. Statt uns auf die allgemeine Integration der Gl. (13) einzulassen, führen wir besser die Werte

$$\sigma_r = \sigma_t = \sigma = \text{konst.} \qquad (14)$$

in Gl. (8) ein, wodurch sich Beziehung

$$\frac{dy}{dx} + \frac{\mu\omega^2}{\sigma} xy = 0 \qquad (14a)$$

und aus dieser durch Integration die Lösung

$$y = y_a e^{-\frac{\mu\omega^2}{2\sigma}x^2} = y_a e^{-\frac{\mu w^2}{2\sigma}} \qquad (15)$$

ergibt, wenn y_a die Scheibendicke im Wellenmittel, w die Umfangsgeschwindigkeit im Abstande x bedeutet.

Die spezifische Dehnung wird ebenfalls nach allen Richtungen gleich groß und die lineare Ausdehnung

$$\xi = \frac{1-\nu}{E} \sigma x \qquad (16)$$

Berechnen wir mit diesem ξ die Spannungen σ_r, σ_t gemäß Gl. (12), so wird hinwieder Gl. (14) befriedigt. Gl. (15) und (16) in Gemeinschaft befriedigen aber Gl. (13), was beweist, daß die Lösung richtig ist.

Es sei hierbei darauf hingewiesen, daß durch Vernachlässigung der Querkontraktion (d. h. durch die Annahme $\nu = 0$) in diesem Falle ein erheblicher Fehler begangen wird, wie insbesondere aus den Grenzbedingungen hervorgeht.

Die Scheibe gleicher Festigkeit eignet sich für die höchsten Umfangsgeschwindigkeiten und sollte aus einem weiter unter angegebenen Grunde „voll", d. h. ohne Bohrung für die Welle ausgeführt werden. Wie alsdann die Welle befestigt werden kann, sehen wir aus Fig. 134, welche ein de Lavalsches Turbinenrad darstellt. Die Konstrukteure de Lavals kennen und benutzen Formel (15) seit langem.

Um die Scheibe vollkommen zu bestimmen, haben wir zu achten auf die

Randbedingung.

Nach Formel (15) kann nämlich die Scheibe, wennschon mit endlos abnehmender Dicke, ins Unendliche fortgesetzt werden. Praktisch aber begrenzen wir die Scheibe durch einen zylindrischen Schnitt vom Radius x_2, in welchem sie eine Dicke y_2 (Fig. 133), besitzt, und im allgemeinen in einen breiteren Kranz mit dem Schwerpunktradius x_3, der Breite y_3 und der radialen Dicke δ_3 übergeht. Der Ring nimmt eingefräste oder aufgesetzte Schaufeln auf, deren Fliehkraft auf den Quadratzentimeter der zylindrischen Mantelfläche vom Radius x_3 mit σ_3 bezeichnet werde. Außerdem wirken auf denselben die Fliehkräfte der eigenen Masse und der Zug durch die radiale Spannung σ der Scheibe auf der Breite y_2. Die Ausdehnung, die der Ring erfährt, muß gleich groß sein wie diejenige, um welche die Scheibe selbst sich ausdehnt, weil Scheibe und Ring im Zusammenhange bleiben. Wir haben nun als radiale Belastung des Ringes pro cm Länge des Umfanges vom Radius x_3 den Betrag

$$p = \sigma_3 y_3 + \mu \omega^2 \delta_3 y_3 x_3 - \sigma y_2 \frac{x_2}{x_3} \quad . \quad . \quad . \quad . \quad . \quad (17)$$

mithin ist die radiale Ausdehnung desselben, wie man leicht nachrechnen kann,

$$\xi_2' = \frac{p x_3^2}{E f_3},$$

wenn $f_3 = \delta_3 y_3$ ist.

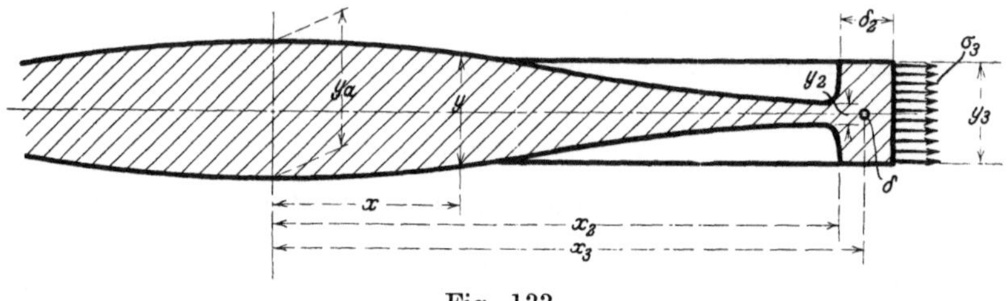

Fig. 133.

Die Scheibe selbst besitzt gemäß Gl. (16) im Abstande x_2 die Ausdehnung

$$\xi_2 = \frac{(1-\nu)\sigma}{E} x_2$$

und es soll

$$\xi_2' = \xi_2$$

oder voll ausgeschrieben

$$\frac{x_3^2}{E \delta_3 y_3}\left(\sigma_3 y_3 + \mu \omega^2 \delta_3 y_3 x_3 - \sigma y_2 \frac{x_2}{x_3}\right) = \frac{(1-\nu)\sigma}{E} x_2 \quad . \quad . \quad (18)$$

Da wir σ frei wählen, σ_3 und y_3 durch die Schaufelabmessungen bestimmt sind, und x_2 nahezu $= x_3$ wird, bleiben in dieser Randbedingung noch δ_3 und y_2 unbestimmt. Wenn eine dieser Größen gewählt wird, so dient (18) zur Berechnung der anderen. Bei einigermaßen großen Scheiben müssen wir für y_2 mit Rücksicht auf den Transport und die Möglichkeit, daß sich die Scheiben bei zu kleiner Stärke werfen oder krummziehen könnten, einen rein praktisch bedingten Minimalwert vorschreiben, zum Beispiel bei 2 m Durchmesser etwa 12—20 mm, bei 3 m Durchmesser etwa 20—30 mm. Der für δ_3 alsdann berechnete Wert ist das Maximum, mit welchem die Kranzdicke ausgeführt werden kann — aber nicht muß. Machen wir δ_3 kleiner als das gerechnete, so wird vom Kranze ein geringerer Zug auf den Scheibenrand ausgeübt, als notwendig ist, um die Spannung σ hervorzurufen. Die Beanspruchung der Scheibe wird dann kleiner als gerechnet, doch pflegt die Abnahme in der Mitte, wie aus anderen Untersuchungen des Verfassers hervorgeht, nicht groß zu sein. Die Scheibe hört dann auf, eine solche „gleicher Festigkeit“ zu sein, jedenfalls überschreitet die Beanspruchung nirgends den Wert σ.

Will man nun Gl. (18) zur Berechnung von y_2 aus dem durch konstruktive Rücksichten gegebenen δ_3 benutzen, so kann leicht der Fall eintreten, daß man negative Werte erhält. In einem solchen Fall muß die Spannung σ kleiner gewählt, und die Rechnung wiederholt werden.

Man kann auch die Grenze für σ leicht ausrechnen, z. B. wenn $\sigma_3 = 0$ ist, und wenn man angenähert $x_2 = x_3$ setzt, findet man, daß

$$\sigma < \frac{\sigma_u}{1 - \nu} \quad \ldots \ldots \ldots \quad (19)$$

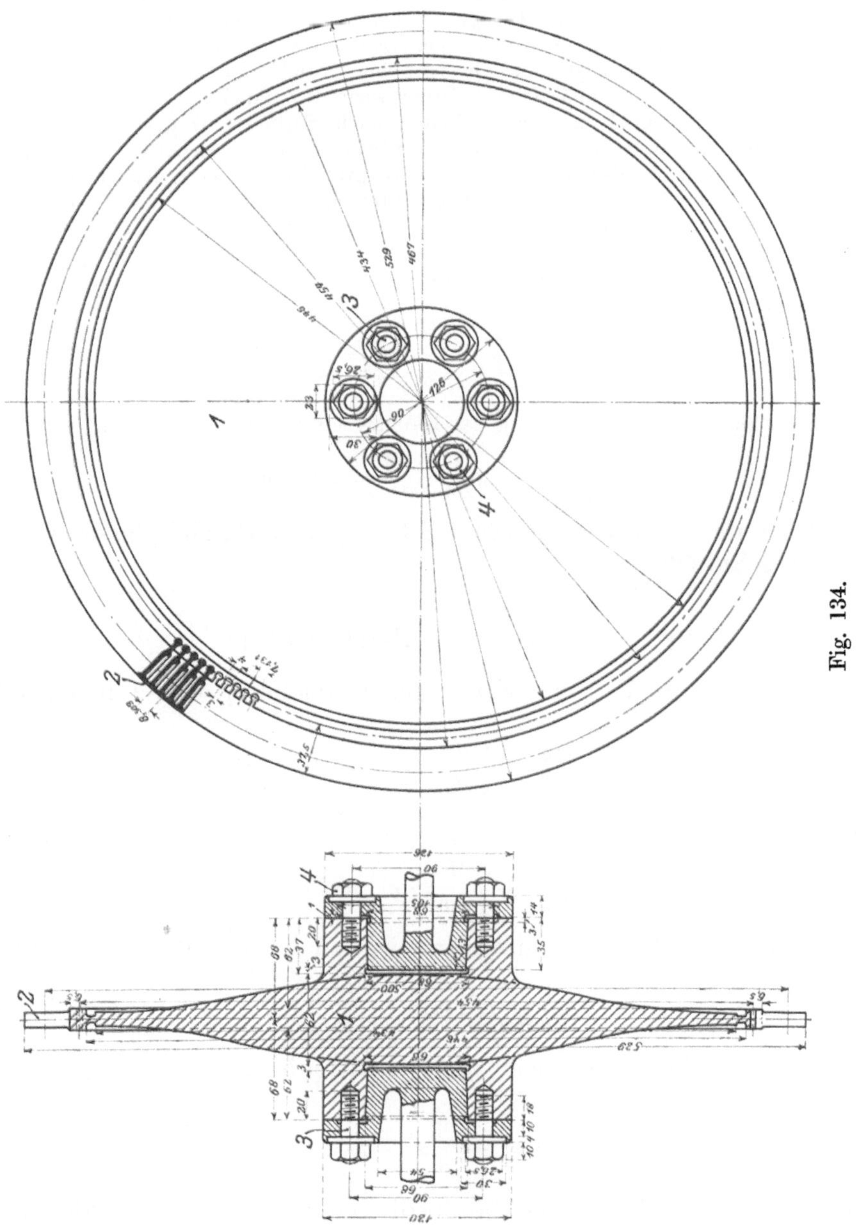

Fig. 134.

sein müsse, wobei $\sigma_u = \mu\omega^2 x_2^2$ diejenige Spannung bedeutet, die ein frei rotierender Ring vom Radius x_2 aufweisen würde. Bedingung (19) wird wohl stets erfüllt sein.

An dem in Fig. 134 dargestellten Rade ist nach dem **Patente** der Maschinenbauanstalt Humboldt dicht unter dem Kranze beidseitig eine kleine Nute eingedreht, wodurch eine örtliche Schwächung hervorgerufen, und bewirkt wird, daß beim „Durchgehen" der Turbine zuerst der Kranz abspringt und die Explosion der schweren Scheibe, die ungleich größere Folgen haben würde, verhütet wird.

Beispiel. Eine Scheibe von 2 m Durchmesser bei 3000 Umdr. p. M. aus Nickelstahl zu konstruieren. Wir wählen $y_2 = 15$ mm und die Spannung $\sigma = 2000$ kg/qcm. Die spezifische Masse folgt aus dem spezifischen Gewicht $\mu = \gamma : g$. Rechnen wir in kg/cm/sk als Einheiten. so ist γ das Gewicht eines Kubikzentimeters, d. h. 0,0078 kg/cbcm und $g = 981$, mithin $\mu = 7{,}95 \cdot 10^{-6}$. Ferner wenn wir näherungsweise $x_2 = 100$ cm einsetzen: $w_2 = 31\,420$ cm/sk und wir erhalten nach Formel (15) $y_a = 7{,}11\, y_2 \simeq 10{,}7$ cm. Das Rad soll mit zwei Schaufelkränzen versehen werden, welche $y_3 = 8$ cm bedingen, und eine Fliehkraft ausüben mögen, die ebenso groß ist, als wäre der Umfang mit Stahl in einer Dicke von 1 cm belegt. Dann bedeutet σ_3 die Fliekraft von 1 cbcm Stahl im Abstande von rd. 100 cm, d. h. $\sigma_3 = \mu x_2 \omega^2 = 7.95 \cdot 10^{-6} \cdot 100 \cdot (314{,}2)^2 = 78{,}48$ kg/qcm. Die im frei rotirenden Ringe am Radius x_2 herrschende Spannung wäre $\sigma_u = \mu \omega^2 x_2^2 = \mu w_2^2 = 7848$ kg/qcm, und mit der Annäherung $x_3 = x_2$ erhalten wir aus Gl. 18: mit $\nu = 0{,}3$

$$\delta_3 = \frac{\sigma \frac{y_2}{y_3} - \sigma_3}{\sigma_u - (1-\nu)\,\sigma}\, x_2 = \sim 4{,}60 \text{ cm.}$$

Schließlich ist die Ausdehnung des Halbmessers mit $E = 2200000$ kg/qcm

$$\zeta_2 = \frac{0{,}7 \cdot 2000 \cdot 100}{2200000} = 0{,}021 \text{ cm.}$$

Über die genauere Berücksichtigung des Randeinflusses vergleiche man Abschn. 56.

54. Scheibe gleicher Dicke

wird durch den Wert $y =$ konst gekennzeichnet, wodurch Gl. (13) in die einfachere

$$\frac{d^2\xi}{dx^2} + \frac{1}{x}\frac{d\xi}{dx} - \frac{\xi}{x^2} + Ax = 0 \quad \ldots\ldots \quad (20)$$

übergeht, die aber auch als

$$\frac{d}{dx}\left(\frac{1}{x}\frac{d}{dx}(\xi x)\right) = -Ax$$

geschrieben, und sofort integriert werden kann. Man erhält zunächst

$$\frac{1}{x}\frac{d}{dx}(\xi x) = -\frac{Ax^2}{2} + 2b_1 \quad \ldots\ldots \quad (20a)$$

indem man die willkürliche Konstante mit 2b bezeichnet. Hieraus schließlich

$$\xi = -\frac{A}{8}x^3 + b_1 x + \frac{b_2}{x} \quad \ldots\ldots\ldots \quad (21)$$

worin b_1 und b_2 durch die Randbedingungen bestimmt werden müssen.

a) Durchlochte Scheibe.

Die Scheibe habe zur Aufnahme der Welle eine Bohrung vom Radius r_1, der Außenradius sei r_2. Wir greifen bloß den einfachen Fall heraus, daß an beiden Stellen die Scheibe frei von radialen Spannungen sei, d. h. daß sowohl für $x = r_1$ wie für $x = r_2$, die Spannung $\sigma_r = 0$ sei.

Bilden wir den Ausdruck von σ_r gemäß Gl. (12) mit ξ nach Gl. (21), so folgt durch Auflösung der gewonnenen Bedingungsgleichungen

$$b_1 = \frac{3+\nu}{1+\nu}\frac{A}{8}(r_2^2 - r_1^2); \qquad b_2 = \frac{3+\nu}{1-\nu}\frac{A}{8}r_1^2 r_2^2 \quad . \quad . \quad (22)$$

und mit Gl. (12) die Spannungen

$$\left.\begin{aligned}\sigma_r &= \frac{E}{1-\nu^2}\left(-(3+\nu)\frac{Ax^2}{8} + (1+\nu)b_1 - (1-\nu)\frac{b^2}{x^2}\right)\\ \sigma_t &= \frac{E}{1-\nu^2}\left(-(1+3\nu)\frac{Ax^2}{8} + (1+\nu)b_1 + (1-\nu)\frac{b_2}{x^2}\right)\end{aligned}\right\} \quad . \quad (23)$$

Besonders interessant ist der Fall, daß die zentrale Bohrung allmählich auf ein verschwindend kleines Loch zusammenschrumpft, d. h. daß wir zur Grenze $r_1 = 0$ übergehen. Es folgt wohl $b_2 = 0$, allein diesen Wert darf man nicht ohne weiteres in die Ausdrücke für die Spannungen einsetzen, sondern man hat den Grenzwert von $b_2 : x^2$ zu bilden, indem zunächt der vollständige Ausdruck von b_2 benutzt wird. Auf diese Weise erhält man

$$(1-\nu)\frac{b_2}{x^2} = \left(\frac{3+\nu}{8}A\frac{r_1^2 r_2^2}{x^2}\right)_{\text{für}\left\{\begin{smallmatrix}x=0\\ r_1=0\end{smallmatrix}\right.} = \frac{3+\nu}{8}Ar_2^2$$

und die Werte der Spannungen sind

$$\left.\begin{aligned}&\text{für } x=0 \quad \sigma_r = 0 \quad \sigma_t = \frac{3+\nu}{4}\frac{EAr_2^2}{(1-\nu^2)} = \frac{3+\nu}{4}\sigma_u\\ &\text{für } x=r_2 \quad \sigma_r = 0 \quad \sigma_t = \frac{1-\nu}{4}\frac{EAr_2^2}{1-\nu^2} = \frac{1-\nu}{4}\sigma_u\end{aligned}\right\} \quad . \quad (24)$$

wenn mit $\sigma_u = \mu\omega^2 r_2^2$ wieder die Spannung bezeichnet wird, die ein freier Ring vom Radius r_2 bei gleicher Umlaufzahl erleiden würde.

b) Volle Scheibe.

Hier muß für $x = 0$, $\xi = 0$ sein, was $b_2 = 0$ ergibt. Aber auch der Grenzwert $b_2 : x^2$ ist $= 0$ für $x = 0$, weil in der Umgebung des Mittelpunktes und in diesem selbst $\sigma_r = \sigma_t$ ist. Für b_1 erhalten wir

$$b_1 = \frac{3+\nu}{1+\nu}\frac{A}{8}r_2^2.$$

Die Spannungen nehmen, wenn der Rand frei ist, folgende Werte an:

$$\left.\begin{aligned}&\text{für } x=0 \quad \sigma_r = \sigma_t = \frac{3+\nu}{8}\sigma_u\\ &\text{für } x=r_2 \quad \sigma_r = 0 \quad \sigma_t = \frac{1-\nu}{4}\sigma_u\end{aligned}\right\} \quad . \quad . \quad . \quad . \quad (25)$$

Die Gefahr der Anbohrung.

Vergleichen wir die Ergebnisse (24) und (25), so folgt, daß die Umfangsspannung am Außenrand durch eine kleine Bohrung in der Mitte nicht verändert wird. Die tangentiale Spannung am Rande der inneren Anbohrung hat hingegen, auch wenn das Loch noch so klein wäre, den doppelten Wert derjenigen, die in der vollen Scheibe herrscht. Dieses wichtige Ergebnis hat zuerst Grübler[1]) ausgesprochen. Kirsch hat[2]) des weiteren nachgewiesen, daß ein kreisrundes Loch in einer unendlichen ausgedehnten Platte, die nach einer Richtung einem gleichmäßigen Zuge ausgesetzt ist, die Beanspruchung geradezu auf das Dreifache derjenigen, die in der vollen Platte entstehen würde, steigert, und zwar in den Endpunkten des zur Zugrichtung senkrechten Durchmessers der Bohrung. In den Endpunkten des zum Zuge parallelen Durchmessers tritt ein der vollen Zugspannung gleicher tangentialer Druck auf. Diese Ergebnisse wird man näherungsweise auf irgend einen Punkt eines beliebigen Scheibenrades anwenden dürfen, und man erhält durch Summation der von den radialen und tangentialen Spannungen herrührenden Anteile, falls in der vollen Scheibe die Spannungen mit σ_r und σ_t bezeichnet werden:

in den Endpunkten eines radialen Durchmessers am Rande der kreisrunden Bohrung die tangentiale Spannung

$$\sigma_t' = 3\,\sigma_t - \sigma_r;$$

in den Endpunkten des zum Halbmesser senkrechten Durchmesser die tangentiale Spannung

$$\sigma_t'' = 3\,\sigma_r - \sigma_t$$

Diese Formeln berechtigen mithin zu folgendem Schluß:

Die Durchbohrung eines Scheibenrades an irgend einer Stelle steigert die Beanspruchung am Rande der Bohrung auf mindestens das Doppelte derjenigen, die ohne Bohrung vorhanden wäre. Ist im vollen Teile die radiale oder die tangentiale Spannung wesentlich überwiegend, so wird die Beanspruchung nahezu auf das Dreifache vergrößert.

Inwieweit durch Verstärkung des Lochrandes dieser Einfluß abgeschwächt werden kann, wird weiter unten, bei der Berechnung der Nabe, untersucht. Wenn die Spannung am Lochrand übrigens selbst der Bruchspannung nahe kommen sollte, so folgt daraus noch nicht, daß die Scheibe einen Sprung bekommen muß. Es kann der Baustoff eine so große Zähigkeit besitzen, daß durch Ausdehnung über die Fließgrenze ein Spannungs-

[1]) Zeitschr. d. Ver. deutsch. Ing. 1897. S. 860.

[2]) Zeitschr. d. Ver. deutsch. Ing. 1898. S. 798. Die von Kirsch entwickelten Formeln lauten, wenn a den Radius des kreisrunden Loches, r den Leitstrahl vom Mittelpunkt zu einem beliebigen Punkt P, ϑ den Winkel den der Leitstrahl mit der Zugrichtung bildet, σ die im vollen Teile (vor dem Anbohren) herrschende gleichmäßige Zugspannung σ_r, σ_t, τ_{rt}, die in P vorhandene Radial-, Tangential- und Schubspannung bedeuten

$$\sigma_r = \frac{\sigma}{2}\left[1 - \frac{a^2}{r^2}\right]\left[1 + \left(1 - 3\,\frac{a^2}{r^2}\right)\cos 2\,\vartheta\right];$$

$$\sigma_t = \frac{\sigma}{2}\left[\left(1 + \frac{a^2}{r^2}\right) - \left(1 + 3\,\frac{a^4}{r^4}\right)\cos 2\,\vartheta\right];$$

$$\tau_{rt} = -\frac{\sigma}{2}\left[1 - \frac{a^2}{r^2}\right]\left[1 + 3\,\frac{a^2}{r^2}\right]\sin 2\,\vartheta$$

Die Lösung ist insofern unvollständig, als vorausgesetzt werden muß, daß senkrecht zur Scheibe noch die Zugspannung $\sigma_z = -2\,\nu\,\sigma\,\frac{a^2}{r^2}\cos 2\,\vartheta$ wirkt, welche in Wirklichkeit nicht vorhanden ist. Dieser Umstand beeinflußt indessen unsere Folgerung nur wesentlich: die Wirkung der Spannung auf das Doppelte ist erwiesen, es kann sich nur darum handeln, ob die Verdreifachung nach Kirsch vollinhaltlich eintritt.

ausgleich eintritt. Ebenso klar ist aber, daß ein vorsichtiger Konstrukteur sich nie den Gefahren aussetzen wird, die eine solche Zumutung an die Güte des Baustoffes unter Umständen in sich birgt.

55. Berechnung der Nabe.

a) Schwach beanspruchtes Rad mit großer Bohrung.

Man stellt sich die Nabe als einen Ring mit sehr kleiner radialer Dicke vor, der am Außenumfang der von der Scheibe herrührenden radialen Spannung σ_{r1} auf der Breite y_1, am Innenumfang einem „Montierungsdruck“ σ_0 pro Flächeneinheit ausgesetzt ist. Mit den Maßen der Fig. 135 ist dann die als gleichmäßig angesehene Tangentialspannung

$$\sigma_{t0} = (\sigma_{r1} y_1 x_1 + \mu\omega^2 y_0 \delta_0 x_s^2 + y_0 \sigma_0 x_0) \frac{1}{y_0 \delta_0} \quad . \quad . \quad . \quad (26)$$

und die radiale Ausdehnung

$$\xi_0 = \frac{\sigma_{t0} x_s}{E} \quad . \quad . \quad . \quad . \quad . \quad . \quad . \quad . \quad (27)$$

Diese Ausdehnung soll identisch sein mit der, die der Radius x_1, sofern er zur Scheibe gehört, erfährt. Wäre die Scheibe, nach der Form gleicher Festigkeit gerechnet, mit der Spannung σ, die dann auch $= \sigma_{r1}$ ist, so hätte man am Rand

$$\xi_1 = \frac{1-\nu}{E} \sigma x_1 \quad . \quad . \quad . \quad . \quad . \quad . \quad . \quad . \quad (28)$$

und es müßte die Bedingung

$$\xi_0 = \xi_1 \quad . \quad . \quad . \quad . \quad . \quad . \quad . \quad . \quad . \quad . \quad (29)$$

bestehen. Aus dieser bestimmen wir die Unbekannte y_0, nachdem δ_0, somit auch x_0, x_s, x_1 probeweise angenommen worden sind.

Man erhält, wenn $\sigma_{u0} = \mu\omega^2 x_s^2$ eingeführt wird

$$y_0 = \frac{\frac{x_1}{\delta_0}\sigma}{(1-\nu)\,\sigma \frac{x_1}{x_s} - \sigma_0 \frac{x_0}{\delta_0} - \sigma_{u0}} y_1 \quad . \quad . \quad . \quad . \quad . \quad (29a)$$

Beispiel. Für eine mit 1500 Umdr. p. M. rotierende Scheibe gleicher Festigkeit sei $y_1 = 2$ cm, $\sigma = 800$ kg/qcm, $\sigma_0 = 50$ kg/qcm, $x_1 = 15$ cm, $x_0 = 10$ cm, $x_s = 12{,}5$ cm, $\delta_0 = 5$ cm, $\nu = 0{,}3$. Man findet $\sigma_{u0} = 30{,}6$ kg/qcm und $y_0 = 8{,}87$ cm. Hieraus hinwieder die mittlere tangentiale Spannung in der Nabe, nach Formel (26) $\sigma_{t0} = 671{,}8$ kg/qcm. Da nun die Spannungsverteilung in Wahrheit eine ungleichmäßige ist, so kann bei diesem nicht eben niedrigen Mittelwert das wirklich auftretende Maximum unter Umständen gefährlich werden. In unserem Beispiel wäre also die strengere Rechnung, die unten folgt, anzuwenden.

b) Stärker beanspruchtes Rad mit kleiner Bohrung.

Wenn die Bohrung kleiner wird, so daß das Verhältnis $x_1 : x_0$ wesentlich größer ist als 1, unterscheiden sich die Spannungen der Nabe in verschiedenen radialen Abständen zu stark, als daß obige Näherungsrechnung zulässig wäre. Es wird alsdann notwendig, von den genauen Formeln Gebrauch zu machen, die in Abschn. 54b entwickelt wurden, denn unsere Nabe ist ja eine „Scheibe mit konstanter Dicke“.

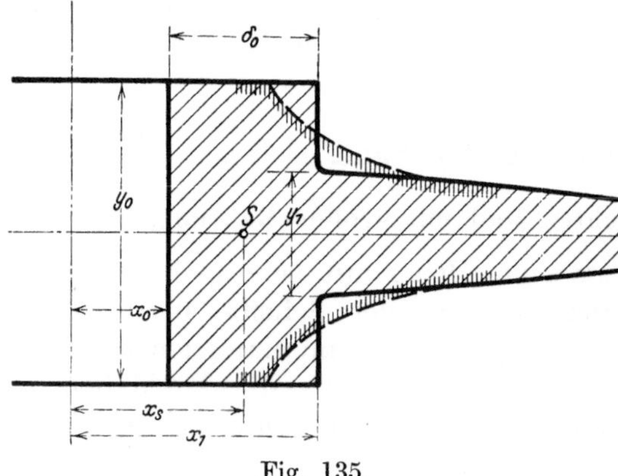

Fig. 135.

Wir haben mit Bezug auf Fig. 135 als gegeben anzusehen, die Ausdehnung in Abstand x_1, welche $= \xi_1$ sei; am inneren Umfang aber ist

$$\sigma_{r0} = -\sigma_0$$

durch den Montierungsdruck vorgeschrieben. Die Formel für ξ ist durch Gl. (21) gegeben, und wir erhalten

$$-\frac{A}{8} x_1^3 + b_1 x_1 + \frac{b_2}{x_1} = \xi_1 \quad (30)$$

als erste Bedingung. Sodann nach Gl. (23)

$$\frac{E}{1-\nu^2}\left(-\frac{3+\nu}{\gamma} A x_0^2 + (1+\nu) b_1 - (1-\nu)\frac{b_2}{x_0^2}\right) = -\sigma_0. \quad (31)$$

als zweite. Aus (30) und (31) berechnen wir die Unbekannten b_1, b_2 und erhalten die radiale Spannung σ_{r1}, die am äußeren Umfang wirken muß, um die gewünschte Verlängerung zu erzielen und zwar

$$\sigma_{r1} = \frac{E}{1-\nu^2}\left(-\frac{3+\nu}{8} A x_1^2 + (1+\nu) b_1 - (1-\nu)\frac{b_2}{x_1^2}\right) \quad . \quad (32)$$

Nun können wir die Nabenlänge y_0 näherungsweise aus der Bedingung berechnen, daß die pro cm des Umfanges wirkende Kraft $\sigma_{r1} y_0$ gleich sei derjenigen, die in Wirklichkeit von der Scheibe auf die Nabe übertragen wird, d. h. σy_1, und wir erhalten

$$\sigma_{r1} y_0 = \sigma y_1 \quad . \quad . \quad . \quad . \quad . \quad . \quad . \quad . \quad (33)$$

welche Gleichung indessen nur bei wenig voneinander abweichenden Werten y_0 und y_1 gebraucht werden darf.

Beispiel. Es sei wie im obigen Beispiel $x_0 = 10$ cm, $x_1 = 15$ cm, $y_1 = 2$ cm, $\nu = 0{,}3$, $\sigma = 800$ kg/qcm, $n = 1500$ p. M. Wir finden $A = 0{,}1786/E$, und wenn die Montierungsspannung $\sigma_0 = 50$ kg/qcm angesetzt wird, aus Gl. (30) und (31)

$$b_1 = 296{,}2/E; \quad b_2 = 60480/E.$$

Die Ausdehnung ξ_1 wird für die Scheibe und für die Nabe, wie erforderlich nach Gl. (28) und (30) identisch $= 8400/E$. Nun erhalten wir die (ideelle) radiale Spannung am Außenumfang der Nabe nach Gl. (32) $\sigma_{r1} = 198{,}2$ kg/qcm, also

$$y_0 = y_1 \frac{\sigma}{\sigma_{r1}} = 8{,}07 \text{ cm}$$

während die angenäherte Rechnung 8,87 cm ergab. Die tangentialen Spannungen berechnen sich nach Gl. (23) $\sigma_{t0} = 884$ kg/qcm; $\sigma_{t1} = 620$ kg/qcm. Der größte Wert der Spannung, d. h. σ_{t0}, übertrifft das im früheren Beispiel sich ergebende Mittel, d. h. 672 kg/qcm um rd. $^1/_3$.

Wenn die Nabenlänge die Scheibendicke um so viel übertrifft, wie in obigem Beispiel, so wird die Nabe ganz ungleichmäßig, d. h. in der Mitte bedeutend mehr gespannt als am Rande, und die Voraussetzungen unserer Formeln sind nicht mehr erfüllt. Um diesem Übelstande abzuhelfen, kann man die Ecken des Nabenprofiles abschneiden, statt dessen die Scheibendicke an der Nabe verstärken, so daß ein einheitliches, in Fig. 135 punktiert eingetragenes Profil entsteht.

Da wir aber beim Eintragen dieses Profiles auf reine Schätzung angewiesen sind, entsteht das Bedürfnis nach einer genaueren Methode, die auch bei ganz hohen Beanspruchungen zuverlässiger brauchbar wäre. Eine solche läßt sich gewinnen durch Verwendung der beim gebogenen Balken so vorteilhaft eingeführten graphischen Integration folgender Art.

56. Graphische Methode für die Berechnung der Scheibenräder.

Die graphische Methode setzt sich zum Zweck, die für die Beanspruchung und Deformation der Scheibe maßgebende Gl. (13) Abschn. 52 auf zeichnerischem Wege zu integrieren. Denkt man sich in der Gleichung y als Funktion von x gegeben, d. h. soll die Beanspruchung einer ausgeführten Scheibe untersucht werden, so ist die Aufgabe indessen, wenigstens unmittelbar, nicht zu lösen.

Es bleibt zwar die Möglichkeit offen, mit sehr kleinen, aber endlichen Differenzen statt der Differentiale zu rechnen, und die Deformation Element für Element zu ermitteln. Zu diesem Behufe schreiben wir Gl. (13) abkürzend

$$\xi'' = \varphi(x)\,\xi' + \psi(x)\,\xi + \chi(x) \quad \ldots \ldots \ldots \quad (1)$$

indem wir durch einen bzw. zwei Striche die erste bzw. die zweite Ableitung bezeichnen. Im Ausgangspunkte $x = x_0$ denken wir uns die Werte $\xi = \xi_0$, $\xi' = \xi_0'$ gegeben und bestimmen vermöge Gl. (1) ξ_0''. Für das kleine Intervall $\varDelta x$ wird nun

$$\varDelta\xi_0' = \xi_0''\varDelta x \text{ und } \varDelta\xi_0 = \xi_0'\varDelta x,$$

mithin gilt für die Abszisse $x_1 = x_0 + \varDelta x$

$$\xi_1' = \xi_0' + \varDelta\xi_0'; \qquad \xi_1 = \xi_0 + \varDelta\xi_0,$$

und Gl. (1) liefert das zugehörige

$$\xi_1'' = \varphi(x_1)\,\xi_1' + \psi(x_1)\,\xi_1 + \chi(x_1).$$

Nun wiederholen wir die Rechnung für ein weiteres Intervall $\varDelta x$, und erhalten

$$\varDelta\xi_1' = \xi_1''\varDelta x; \qquad \varDelta\xi_1 = \xi_1'\varDelta x,$$

woraus

$$\xi_2' = \xi_1' + \varDelta\xi_1'; \qquad \xi_2 = \xi_1 + \varDelta\xi_1,$$

mithin mit Gl. (1) für die Abszisse $x_2 = x_1 + \varDelta x$

$$\xi_2'' = \varphi(x_2)\,\xi_2' + \psi(x_2)\,\xi_2 + \chi(x_2)$$

und so fort, bis wir an den Scheibenrand gelangt sind.

Diese Rechnung (oder Konstruktion der Einzelwerte) ist indes sehr umständlich, und was noch schlimmer, sie kann sich den gegebenen Randbedingungen nicht von vornherein anpassen. An der inneren Bohrung können wir wohl σ_r vorschreiben, aber wir wissen nicht, wie groß σ_t ist, wir müssen also letzteres probeweise annehmen, ξ_0 und ξ_0' bestimmen, und die Rechnung für die ganze Scheibe erledigen, um erst am Schlusse zu erfahren, ob die gemachte Annahme für den Außenrand die dort vorgeschriebene Spannung σ_r liefert.

Es empfiehlt sich daher, eine Umkehrung der Aufgabe, indem man ξ ursprünglich als Funktion von x derart annimmt, daß die Randbedingungen erfüllt sind, und hieraus die Gestalt der Scheibe, d. h. y bestimmt. Aus ξ ermittelt man graphisch ξ', ξ'' und hieraus durch Rechnung nach Gl. (12) Abschn. 52 die Spannungen $\sigma_r\,\sigma_t$ für die ganze Ausdehnung der Scheibe. Durch geeignete Änderungen im Verlaufe der ξ-Kurve kann man auf tunlichst gleichmäßige Beanspruchung des Materiales hinarbeiten.

Wir ordnen Gl. (13) wie folgt:

$$\left(\xi'' + \frac{\xi'}{x} - \frac{\xi}{x_2} + Ax\right) + \frac{y'}{y}\left(\xi' + \nu\frac{\xi}{x}\right) = 0,$$

die Auflösung ergibt

$$\frac{y'}{y} = \frac{d(lgn\,y)}{dx} = -\frac{\xi'' + \frac{\xi'}{x} - \frac{\xi}{x^2} + Ax}{\xi' + \nu\frac{\xi}{x}} = F(x)\,. \quad (2)$$

und wir können graphisch $\xi'\,\xi''$ bestimmen, mithin $F(x)$ für jeden Wert von x angeben. Nun folgt durch Integrieren

$$lgn\left(\frac{y}{y_0}\right) = \int_{x_0}^{x} F(x)\,dx \;\ldots\ldots\ldots \quad (3)$$

wenn y_0 den Wert der Scheibendicke bezeichnet, den diese am Rand der Wellenbohrung bei $x = x_0$ erhalten soll. Will man aus Transportrücksichten den Wert am Rande für $x = x_2$ vorschreiben, so hat man in umgekehrter Richtung zu integrieren, so daß

$$lgn\,\frac{y}{y_2} = \int_{x_2}^{x} F(x)\,dx \;\ldots\ldots\ldots \quad (3)$$

wird.

Die Annahme der ξ-Linie ist an sich willkürlich, bis auf die Randbedingungen. Für die innere Bohrung wird man wieder die Montierungsspannung σ_{r0} (negativ) und eine (größte) Tangentialspannung σ_{t0} vorschreiben. Diese hängen mit ξ_0 und ξ_0' durch die Gleichungen

$$\left.\begin{aligned} \sigma_{r0} &= -\frac{E}{1-\nu^2}\left(\xi_0' + \nu\frac{\xi_0}{x_0}\right) \\ \sigma_{t0} &= +\frac{E}{1-\nu^2}\left(\nu\,\xi_0' + \frac{\xi_0}{x_0}\right) \end{aligned}\right\} \;\ldots\ldots \quad (4)$$

zusammen, wodurch für $\xi = f(x)$ die Anfangsordinate ξ_0 und die Anfangsneigung ξ_0' vorgeschrieben ist. Für den Außenrand wird man prinzipiell ebenfalls σ_{r2} und σ_{t2} vorschreiben können, woraus ξ_2 und ξ_2' gerechnet werden. Man verbindet die so bestimmten Anfangs- und Endpunkte mit ihren Tangenten durch eine stetige Linie und ermittelt nunmehr die Zwischenspannungen und das Scheibenprofil. Bei nicht passenden Ergebnissen müssen die Annahmen entsprechend abgeändert werden.

Wenn die Montierungsspannung vernachlässigt wird, muß am inneren Rande $\sigma_{r0} = 0$ sein und dann selbstverständlich zunehmen. Nachdem also für diese Spannung eine Konstanz grundsätzlich ausgeschlossen ist, wäre man versucht, wenigstens

$$\sigma_t = \text{konst.}$$

vorzuschreiben. Die zweite der Gleichungen (12) kann dann als Differentialgleichung

$$\nu\frac{d\xi}{dx} + \frac{\xi}{x} = \frac{1-\nu^2}{E}\,\sigma_t$$

für ξ aufgefaßt und leicht integriert werden. Rechnet man auch noch σ_r aus, so zeigt sich, daß dieser Wert vom Rande ab sehr rasch wächst und sich asymptotisch an σ_t anschmiegt. Man hätte also scheinbar eine sehr schöne Lösung mit nahezu „gleicher Festigkeit“ welche indes praktisch leider nicht brauchbar ist, da sie für $x = x_0$ den Wert $y = \infty$, somit auch im weiteren Verlaufe unausführbar breite Nabendimensionen erheischt.

Da wir für die „Nabe“, d. h. den an die Wellenbohrung angrenzenden Teil der Scheibe aus konstruktiven Gründen ebene Seitenbegrenzung ver-

Additional material from *Die Dampfturbinen,*
ISBN 978-3-662-36141-2 (978-3-662-36141-2_OSFO4),
is available at http://extras.springer.com

langen, ist es am zweckmäßigsten, dies im Verlaufe der ξ-Kurve dadurch zum Ausdruck zu bringen, daß wir die Anfangswerte (von $x = x_0$ bis etwa $x = 1{,}5\,x_0$) mittels der für die Scheibe gleicher Dicke geltenden Gl. (21)

$$\xi = -\frac{A}{8}x^3 + b_1 x + \frac{b_2}{x} \text{ mit } A = (1-\nu^2)\frac{\mu\omega^2}{E} \quad . \; . \quad (5)$$

rechnen. Die Konstanten b_1, b_2 werden wieder aus σ_{r0} und σ_{t0} gerechnet, indem man diese vorgeschriebenen Werte in Gl. (23) einsetzt. Ebenso verfahren wir mit dem Außenrand, wie am folgenden Beispiele klar wird.

1. Beispiel.

Die günstigste Annahme, die wir in bezug auf ξ machen könnten, scheint die einer geraden Linie zu sein, die durch den Koordinatenanfang geht. Diese Annahme ergibt $\sigma_r = \sigma_t =$ konst., führt also, wenn keine Bohrung benötigt wird, auf den oben durch Rechnung erledigten Fall der Scheibe gleicher Festigkeit. Soll die Scheibe eine zentrale Bohrung erhalten, dann müßte diese Gerade freilich am inneren und am änßeren Rand entsprechend abgebogen werden. Man hätte indessen wenigstens im mittleren Teile des Rades gleiche Beanspruchung nach allen Richtungen. Die Lösung konkreter Beispiele zeigt indessen, daß entweder die Spannungen am inneren Rande, oder aber die Länge der Nabe unzulässig groß werden, und man erkennt, daß es zweckmäßiger ist, die Form

$$\xi = -a + bx$$

zu wählen, die an den Rändern passend umgeformt wird.

Auf Tafel A findet sich ein derartiges Beispiel für die Angaben $n = 3000$ Umdr. p. Min., Scheibendurchmesser $= 2300$ mm. Die Tafel besitzt vier Koordinaten-Anfänge $O\,O_1 O_2 O_3$, wovon O mit seinen Achsen für die Darstellung des Meridianschnitts oder „Profiles" der Scheiben dient, während von O_1 aus ξ, ξ', ξ'', und y'/y, von O_2 aus lgn y und von O_3 aus die Spannungen σ_r, σ_t als Ordinaten zu zählen sind. Starke Krümmungen in der Deformationslinie sind zu vermeiden, da dann ξ'' und y'/y, also auch y', d. h. die Neigung des Profiles, groß werden.

Der Verlauf von ξ vom Rande der inneren Bohrung ab, ist durch die Forderung $\sigma_r = 0$; $\sigma_t = 2050$ kg/qcm, gemäß Formeln (5) und (4) zwischen B_1 und C_1, festgelegt worden. Dann schmiegt sich derselbe allmählich an die bei F_1 beginnende, probeweise angenommene Gerade an. Bei A_1 beginnt wieder eine Krümmung, die so zum äußersten Punkte E_1 leitet, daß dort σ_{r2} verschwindet, d. h. $\xi' = \nu\xi/x$ wird. Nun läßt sich σ_t für Punkt E ausrechnen, und ergibt $\sigma_{t2} = 1460$ kg/qcm. Aus σ_{r2} und σ_{t2} kann wieder mit Gl. (4) und (5) b_1, b_2 und ξ so gerechnet werden, daß für $D_1 E_1$ die Seitenbegrenzung der Scheibe eben wird. Man vergewissert sich vor allem, wie hoch die Spannungen im Punkt A sind, da, wie aus dem weiteren hervorgeht, hier das Maximum auftritt. Es ergibt sich $\sigma_r = 2400$ kg/qcm und $\sigma_t = 2200$ kg/qcm, welche wir als zulässig ansehen wollen.

Hierauf bestimmen wir graphisch für die ganze Ausdehnung der Scheibe ξ' und aus diesem ξ'', welche in irgend einem Maßstabe als Abhängige von x eingetragen werden. Dann wird die Konstante A und gemäß Formel (2) $F(x) = y'/y$ ermittelt. Mit dieser Funktion erhalten wir durch graphische Integration lgn (y/y_a), wo y_a sich auf einen beliebigen Wert x_a bezieht. Am zweckmäßigsten wird die Stärke der Scheibe in der Nähe des äußeren Randes, da wo die veränderte Krümmung von ξ beginnt, und die auch durch Rücksichten auf Transport usw. bedingt ist, festgelegt. Man integriert dann die Funktion y'/y von $x = x_a$ nach einwärts, so daß im Punkt A_2 der Wert von lgn (y/y_a) Null ist und gegen den Koordinatenanfang zu wächst. Aus dem Logarithmus erhalten wir schließlich y selbst und können, wie in der Tafel unten geschehen. das Profil der Scheibe einzeichnen. Für den betrachteten Scheibenteil sind in unserer Tafel ξ'' und y'/y positiv eingetragen, obwohl sie in Wahrheit negativ sind.

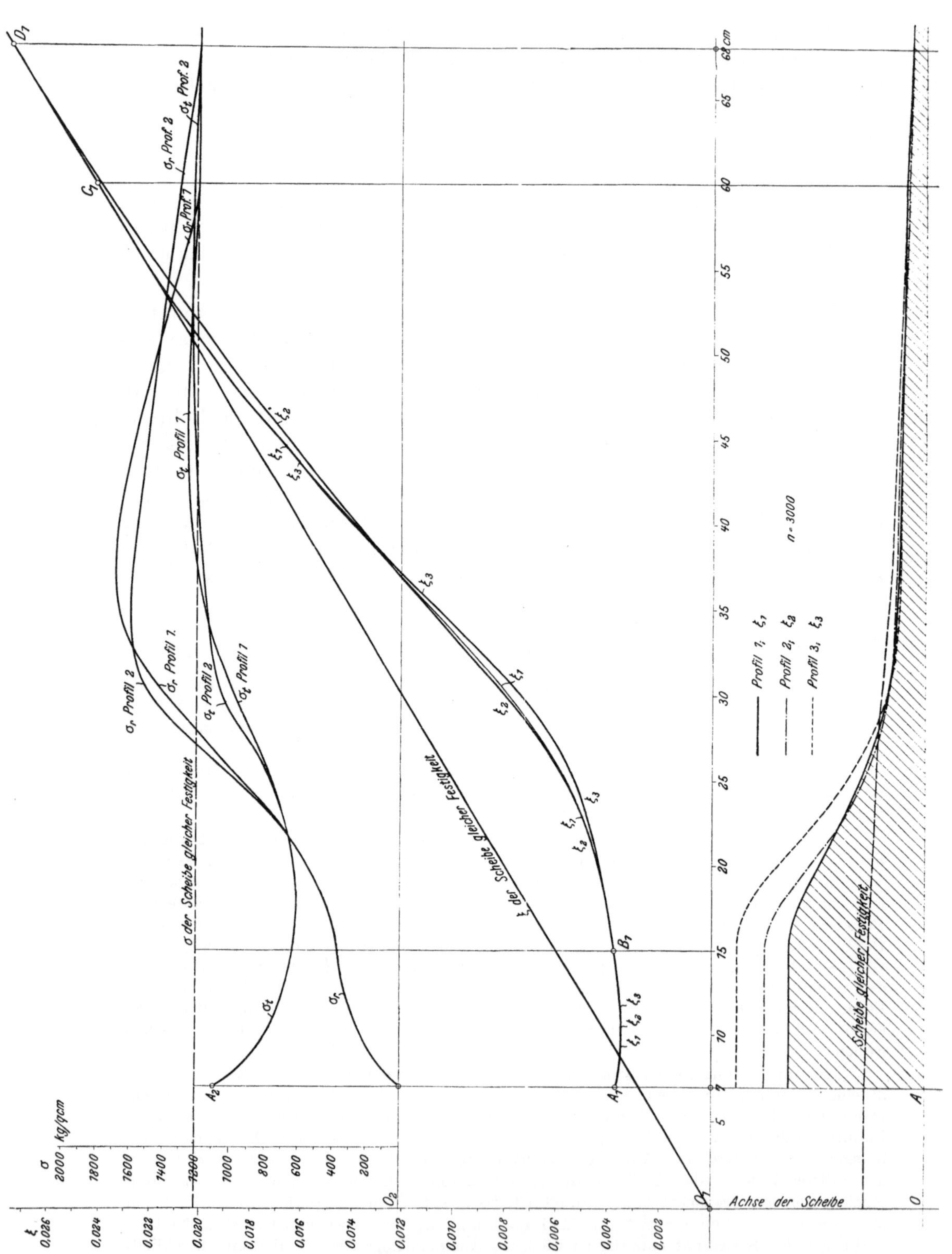

Fig. 136.

Die Bestimmung des äußeren Randes erfolgt durch eine zweite Integration vom Punkte A weg im Sinne wachsender x. Bei der Annahme des zugehörenden ξ sind teilweise Parabeln benutzt worden, für welche ξ'' eine Konstante wird. Für den Scheibenteil zwischen D_1 und E_1 ist eine besondere Ausrechnung von ξ'' überflüssig, da von vornherein bekannt ist, daß $y' = 0$ sein muß. Es ergibt sich y'/y anfänglich negativ, daher y anfänglich etwas abnehmend, dann zunehmend.

Hierdurch erhalten wir die äußere Breite y_2 und müssen Änderungen an den zwischen A_1 und E_1 liegenden Werten von ξ vornehmen, falls diese Breite konstruktiv nicht paßt. Man könnte auch von einem gegebenen y_2 ausgehen, allein die Methode würde weit komplizierter, und man erwirbt, wenn erst einige Beispiele gelöst werden, raschen Überblick, in welchem Sinne ξ zu ändern ist.

Die Tafel enthält im Gebiete A bis E auch die Lösungen für die Fortsetzung der geraden Linie $A_1 E_2$ für ξ.

Der im oberen Achsenkreuz dargestellte Verlauf der Spannungen zeigt, daß σ_r von 0 an steigend bald einen nahezu konstanten Wert erlangt, mit dem kurz hinter A_1 auftretenden Maximum $\sigma_r = 2400$ kg/qcm. Die Tangentialspannung sinkt in der Nabe mit wachsendem x bis auf etwa $^2/_3$ ihres anfänglichen Wertes, um dann wieder zu steigen und ein Maximum von 2200 kg zu erreichen. Im mittleren Teil kann man die Scheibe als von nahezu gleicher Festigkeit ansehen.

Die Tafel enthält außerdem drei weitere Scheibenprofile, die folgenden Voraussetzungen entsprechen:

a) Unter Beibehaltung der Umdrehungszahl 3000 ist die Deformation durchweg 1,7 mal so klein angenommen worden, indem man den Maßstab der ξ änderte. Dies hat auch eine entsprechende Verkleinerung der Größen ξ' ξ'' und der Spannungen σ_r, σ_t zur Folge. Die Funktion y'/y nimmt wegen des nicht geänderten Gliedes Ax stärker zu und führt auf ein entsprechend stärkeres Profil, welches durch schraffierten Rand kenntlich gemacht und mit der Überschrift: „Profil für $n = 3000$, kleine Spannung“ versehen, indessen nur von A bis B durchgeführt ist. Die Figur lehrt, daß die Scheibendicke um ein Vielfaches der Spannungsermäßigung zunimmt. Es findet hier das gleiche statt wie bei der vollen Scheibe, wo die Exponentialfunktion in der Formel für y an dem raschen Wachstum der Scheibendicke schuld ist.

b) Die zwei letzten Profile beziehen sich auf eine Scheibe gleichen Durchmessers, indes mit bloß 1500 Umdr. p. Min., wodurch Konstante A geändert wird. Auch hier ist eine Ausführung mit großer Deformation, also großer Spannung, und eine mit kleiner Spannung untersucht. Während die Spannungen dieselben Werte erhalten wie bei 3000 Umdr., sehen wie die Scheibendicke in bedeutend kleinerem Verhältnis zunehmen wie oben, woraus deutlich hervorgeht, einen wie großen Einfluß die Fliehkraft der Scheibenmasse selbst besizt.

2. Beispiel.

Daß die im 1. Beispiel benutzte Form der Deformationslinie günstiger ist als die Annäherung an die Linie streng gleicher Festigkeit, geht aus den Schaulinien der Fig. 136 hervor. Hier stellt ξ die durch den Nullpunkt gehende Deformationsgerade dar, der die im Meridianschnitt als „Scheibe gleicher Festigkeit“ überschriebene Linie entspricht. Wählen wir nun vom inneren Rand bei A_1 ausgehend Schaulinie ξ_1 zunächst bis B_1 nach dem Gesetze $\xi_1 = ax^2 + b_1 x + b_2/x$, um ebene Nabenbegrenzung zu erhalten, und versuchen wir, uns durch allmähliche Krümmung der Linie ξ bis zum Punkte C_1 anzuschmiegen. Das Ergebnis ist der voll gezogene Scheibenumriß, der im mittleren Teile geringere Dicke aufweist, als die Scheibe gleicher Festigkeit, mithin wie die im Koordinatensystem O_2 aufgetragenen Werte dartun, größere Spannungen aufweist als besagte Scheibe.

Suchen wir den Anschluß etwas weiter, bei D_1 gemäß Linie ξ_2, so erhalten wir den strichpunktierten Umriß, mit ziemlich breiterer Nabe und ebenfalls zu hohen Spannungen.

Schaulinie ξ_3 soll endlich die Empfindlichkeit des Verfahrens beleuchten. ξ_3 weicht von ξ_1 nur unwesentlich ab; das ihm entsprechende Scheibenprofil (punktiert) ergibt trotzdem eine fast 1,4 mal dickere Nabe! Es geht also aus dieser Untersuchung hervor, daß die Annahme der Deformation nach Tafel A viel günstiger ist. Die letztere besitzt noch die von manchen für wichtig gehaltene Eigenschaft, daß man die Spannungen in der Mitte kleiner halten kann als die am Rande, damit, wenn die Turbine „durchgeht“, der Bruch nicht in der Mitte beginne, also die ganze Scheibenmasse bei dieser „Explosion“ nicht als Geschoß wirken könne.

57. Scheibe mit hyperboloidischem Profil.

Obwohl die graphische Methode wegen ihrer Allgemeinheit unbedingt den Vorzug verdient, sei hier doch noch die rechnerische Lösung eines Sonderfalles mitgeteilt, der auf einfache Ergebnisse führt. Machen wir nämlich die Annahme, daß das Profil eines Meridianschnittes der Scheibe durch die Gleichung

$$y = c x^{-\alpha} \quad \ldots \ldots \ldots \quad (1)$$

ausdrückbar ist, so wird Gl. (13) integrabel und nimmt die Form

$$\frac{d^2\xi}{dx^2} + \frac{1-\alpha}{x}\frac{d\xi}{dx} - \frac{\alpha\nu+1}{x^2}\xi + Ax = 0 \quad \ldots \quad (2)$$

an. Um das Glied mit x wegzubringen, setzen wir

$$\xi = z + ax^3 \quad \ldots \ldots \ldots \quad (3)$$

und erhalten, wie nach dem Einsetzen ersichtlich wird

$$\frac{d^2z}{dx^2} + \frac{1-\alpha}{x}\frac{dz}{dx} - \frac{\alpha\nu+1}{x^2}z = 0 \quad \ldots \ldots \quad (4)$$

sofern man

$$a = \frac{-(1-\nu^2)\,\mu\omega^2}{E[8-(3+\nu)\,\alpha]} \quad \ldots \ldots \quad (5)$$

wählt. Die Lösung von (4) erfolgt durch den Ansatz $z = bx^{\psi}$, welcher zur Berechnung von ψ auf die Gleichung

$$\psi^2 - \alpha\psi - (1+\alpha\nu) = 0 \quad \ldots \ldots \quad (6)$$

führt. Es ergeben sich zwei Werte von ψ, und zwar

$$\left.\begin{aligned} \psi_1 &= \frac{\alpha}{2} + \sqrt{\frac{\alpha^2}{4} + \alpha\nu + 1} \\ \psi_2 &= \frac{\alpha}{2} - \sqrt{\frac{\alpha^2}{2} + \alpha\nu + 1} \end{aligned}\right\} \quad \ldots \ldots \quad (7)$$

wovon (bei posit. α) ψ_1 stets positiv, ψ_2 stets negativ ist. Die Lösungen liefern mit (3) das vollständige Integral

$$\xi = ax^3 + b_1 x^{\psi_1} + b_2 x^{\psi_2} \quad \ldots \ldots \quad (8)$$

worin $b_1 b_2$ durch die Randbedingungen zu bestimmende Konstanten sind. Wir bilden nun ξ/x und $d\xi/dx$, welche Ausdrücke, in Gl. (12) Abschn. 52 eingesetzt, die Werte der Spannungen

$$\left.\begin{aligned} \sigma_r &= \frac{E}{1-\nu^2}\left[(3+\nu)\,ax^2 + (\psi_1+\nu)\,b_1 x^{\psi_1-1} + (\psi_2+\nu)\,b_2 x^{\psi_2-1}\right] \\ \sigma_t &= \frac{E}{1-\nu^2}\left[(1+3\nu)\,ax^2 + (1+\psi_1\nu)\,b_1 x^{\psi_1-1} + (1+\psi_2\nu)\,b_2 x^{\psi_2-1}\right] \end{aligned}\right\} (9)$$

ergeben.

Die Randbedingungen.

Bei positiven Werten von α nimmt die Scheibe die Form des von de Laval für kleinere Räder angewendeten Scheibenprofiles an, welche, wie Fig. 137 angibt, aus der Verbindung dieser Scheibe mit einer Nabe und einem verstärkten Außenringe (zur Aufnahme der Schaufeln) bestehen.

Die aus einem Stücke mit dem Rade gedachten Schaufeln üben eine Fliehkraft aus, die auf den Quadratzentimeter der zylindrischen Mantelfläche vom Radius x_3 und der Breite y_3 wie oben mit σ_3 bezeichnet werde. Der erwähnte Ring erfährt unter dem Einflusse der eigenen Fliehkraft, der von der Scheibe auf die Breite y_2 ausgeübten radialen Spannung σ_{r2} und der Belastung σ_3 eine Ausdehnung ξ_2' gemäß Formel

$$\xi_2' = \frac{x_3^2}{E\delta_3 y_3}\left(\sigma_3 y_3 + \mu\omega^2\delta_3 y_3 x_3 - \sigma_{r2}\frac{x_2 y_2}{x_3}\right) \quad . \quad . \quad (10)$$

wobei für σ_{r2} der Ausdruck aus Gleichung (9) mit $x = x_2$ einzusetzen ist.

Ähnlich gilt für die Nabe, wenn wir von der Unstetigkeit des Überganges zwischen Scheibe und Nabe, sowie den radialen Spannungen in der letzteren absehen:

$$\xi_1' = \frac{x_0^2}{E\delta_0 y_0}\left(\sigma_0 y_0 + \mu\omega^2\delta_0 y_0 x_0 + \sigma_{r1}\frac{x_1 y_1}{x_0}\right) \quad . \quad . \quad (11)$$

worin σ_0 den von der Welle auf die Nabe ausgeübten Montierungsdruck pro qcm der Mantelfläche $2\pi x_0 y_0$ bedeutet. Andererseits beträgt die radiale Dehnung der Scheibe zufolge ihres eigenen Spannungszustandes bei x_1 bzw. x_2:

$$\begin{aligned} \xi_1 &= a x_1^3 + b_1 x_1^{\psi_1} + b_2 x_1^{\psi_2} \\ \xi_2 &= a x_2^3 + b_1 x_2^{\psi_1} + b_3 x_2^{\psi_2} \end{aligned} \quad (12)$$

und wie in früheren Beispielen muß

$$\begin{aligned} \xi_1 &= \xi_1' \\ \xi_2 &= \xi_2' \end{aligned} \quad . \quad . \quad . \quad (13)$$

sein, aus welchen linearen Gleichungen die Konstanten b_1, b_2 zu bestimmen sind, doch ist diese Rechnungsart, wie oben bemerkt, nur bei mäßig beanspruchten Rädern zulässig. Will man größere Genauigkeit haben, so muß auf die graphische Methode zurückgegriffen werden, welche die Querkontraktion im Kranzring und in der Nabe berücksichtigt.

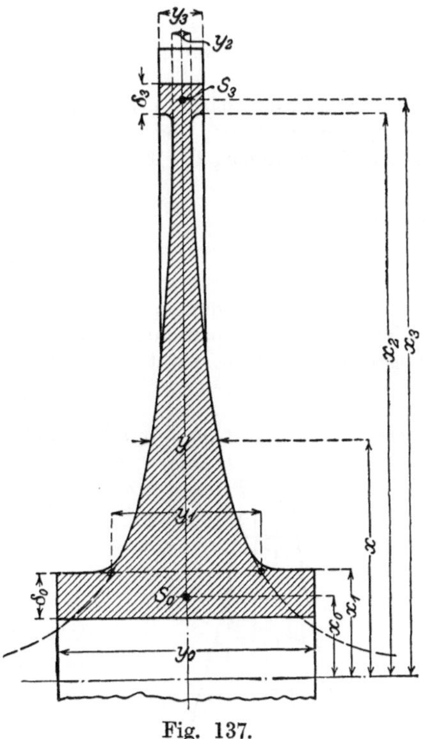

Fig. 137.

58. Die Wirkung der Schubkräfte.

In unseren bisherigen Entwickelungen nahmen wir an, daß die Spannungen längs einer zur Achse parallelen die Scheibe schneidenden Geraden gleichmäßig verteilt sind. Dies trifft indes nur bei einer Scheibe gleicher Dicke mit nicht zu großer Wandstärke und Freiheit der Querkontraktion genau zu. Bei den ungleich dicken Scheiben aber werden die seitlich hinzutretenden Materialfasern erst durch Schubspannungen in Mitleidenschaft gezogen, was zu einer ungleichmäßigen Verteilung führt. Die Größe der Schubspannungen kann an Hand der Fig. 138 abgeleitet werden.

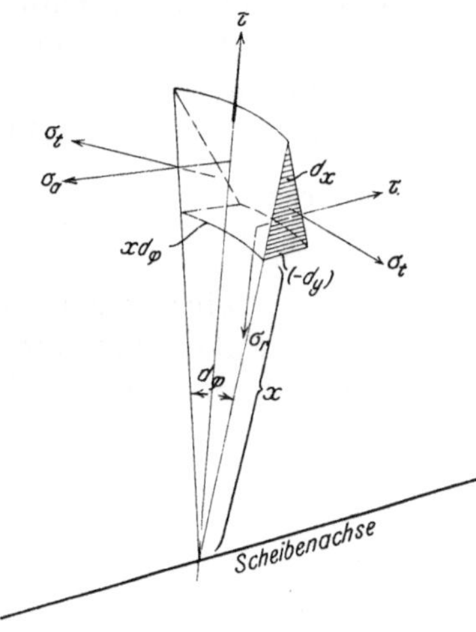

Fig. 138.

An dem durch zwei radiale Ebenen, eine zur Achse senkrechte Ebene und einen Zylinder am Rande der Scheibe herausgeschnittenen Element wirkt auf die Seitenflächen ABC und $A_1B_1C_1$ die Normalspannung σ_t auf die untere Fläche ABA_1B_1 die Normalspannung σ_r. Diese Kräfte ergeben eine nach unten wirkende Resultierende, die eine in der Fläche ACC_1A_1 wirkende Schubspannung τ bedingt. Wir haben nämlich als Kräfte in radialer Richtung:

nach oben

$$x\,d\varphi\,dx\,\tau + \left(\mu\,x\,d\varphi\,(-dy)\frac{dx}{2}\right)x\,\omega^2$$

nach unten

$$x\,d\varphi\,(-dy)\,\sigma_r + \frac{dx\,(-dy)}{2}\,\sigma_t\,d\varphi,$$

wobei vor dy das Minuszeichen gesetzt worden ist, da dasselbe in der Figur eine Abnachme der Dicke bedeutet.

In der Seitenfläche ABC kann aus Symmetriegründen eine Schubkraft nicht wirken. Die jeweil zweite der angeschriebenen Kräfte ist unendlich klein höherer Ordnung, also bleibt als Bedingung des Gleichgewichtes

$$x\,d\varphi\,dx\,\tau = -x\,d\varphi\,dy\,\sigma_r,$$

woraus

$$\tau = -\sigma_r\frac{dy}{dx} \quad \ldots \ldots \ldots \quad (1)$$

Mit der Spannung τ ist aber nach der Elastizitätstheorie notwendigerweise eine gleich große Schubspannung in der Schnittfläche ABB_1A_1 verbunden, die im Sinne des eingertagenen Pfeiles wirkt. Es entsteht also die nach auswärts wirkende Kraft

$$\tau\,x\,d\varphi\,(-dy).$$

Diese ruft wieder eine Normalspannung σ_a in der Ebene ACC_1A hervor und wir haben

$$\sigma_a\,x\,d\varphi\,dx = \tau\,x\,d\varphi\,(-dy)$$

oder mit Gl. (1)

$$\sigma_a = -\tau\frac{dy}{dx} = \sigma_r\left(\frac{dy}{dx}\right)^2 \quad \ldots \quad (2)$$

Von diesen Spannungen ist σ_a unter allen Umständen vernachlässigbar und auch τ nur unbedeutend. Die Werte derselben dürfen wir freilich nicht mit dem früher angegebenen Wert von σ_r rechnen, weil σ_r sich ändert. Die Spannung τ vergrößert nämlich den ursprünglichen rechten Winkel BAC, bekanntlich um den Betrag

$$\beta = \frac{\tau}{G} \quad \ldots \ldots \quad (3)$$

wo G der Schub-Elastizitätsmodal ist.

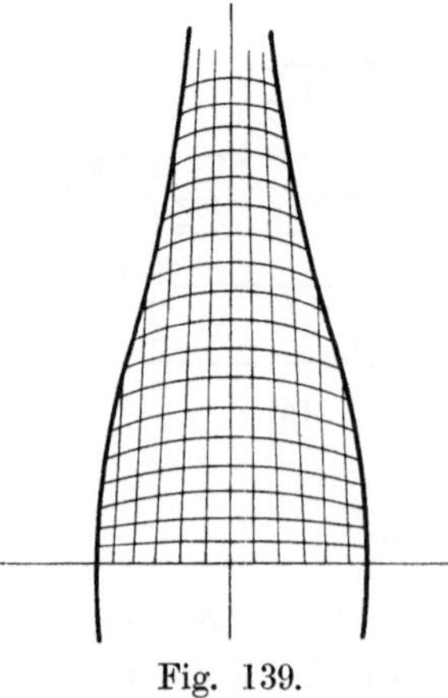

Fig. 139.

In einem Meridianschnitt der Scheibe wird also ein durch Radien und zur Achse parallele Gerade gebildetes, ursprünglich rechtwinkeliges Gitter die in Fig. 139 schematisch dargestellte Deformation erfahren müssen. Die im mittleren Radius liegenden Fasern können sich mehr ausdehnen wie die Fasern am Rande. Sowohl die radialen wie die tangentialen Spannungen sind längs einer zur Achse parallelen Geraden nicht gleichmäßig verteilt, sondern im allgemeinen in der Mitte größer als am Rande.

Den Unterschied rechnerisch bestimmen zu wollen dürfte, falls überhaupt durchführbar, auf ungemein verwickelte Formeln führen. In der Literatur über Elastizitätstheorie findet sich bloß der Fall eines rotierenden Ellipsoides streng gelöst[1]), welches zwar nicht als die Form der technisch verwendeten Scheiben angesehen werden kann, indessen doch sehr schätzbare Aufschlüsse über die Spannungsverteilung in rotierenden Körpern darbietet und aus diesem Grunde später einläßlich besprochen werden soll. Verfasser unternahm zum Zwecke weiterer Klärung dieser Fragen

Versuche

über die Beanspruchung dünner Gummilamellen auf Zug, um die Spannungsverteilung experimentell zu ermitteln. Die Beschaffenheit des verwendeten Guttaperchas geht aus Fig. 140 und 141 hervor. Bei erstmaliger Dehnung ist E ziemlich konstant = 9 kg/qcm. Leider zeigt der Gummi eine eigentümliche elastische Nachwirkung, die die Genauigkeit der Versuche herabsetzt. Eigentümlich ist auch das Verhalten der Querkontraktion, welches nach Fig. 141 linear mit der Längenausdehnung abnimmt. In gleichem Maße dürfte auch das Material anisotrop werden. — Aus Lamellen von etwa 0,3 mm Dicke wurden die nachbeschriebenen Formen ausgeschnitten und die Enden eingespannt, auseinandergezogen und zwar bilden die Figuren je nur die Hälfte der wirklich beanspruchten Stücke, so daß das Material in der Mitte vollkommen frei war, sich der Quere nach zusammenzuziehen.

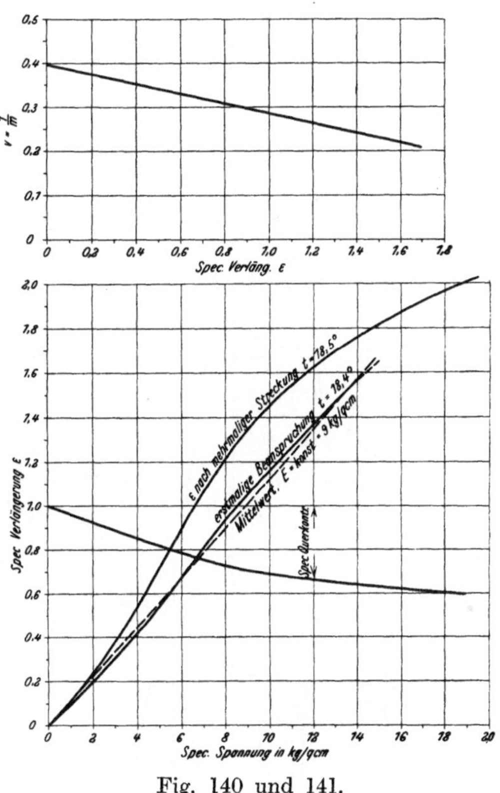

Fig. 140 und 141.

a) Form gleicher Festigkeit. (Fig. 142.)

Auf der oberen Seite ist die quadratische Teilung (mit 1 cm Seitenlänge) vor-, auf der unteren nach der Dehnung aufgezeichnet. In Fig. 143 ist die absolute Dehnung ξ in der Richtung des Zuges und η senkrecht dazu als Funktion des Abstandes x in der Zugrichtung aufgetragen. Aus diesen folgt

$$\varepsilon_x = \frac{d\xi}{dx}, \quad \varepsilon_y = \frac{d\eta}{dy}$$

[1]) Von C. Chree in Proc. of the Royal Society, Bd. LVIII, S. 39 u. f. Später hat M. F. Fitzgerald in Engineer 1904, S. 481, ebenfalls das Ellipsoid behandelt und Bedenken gegen die oben gegebene Berechnung der Scheiben ausgesprochen, die, mit Rücksicht auf die Zahlenergebnisse der Theorie von Chree sowie unsere nachfolgend besprochenen Versuche, als für die Praxis belanglos erklärt werden müssen.

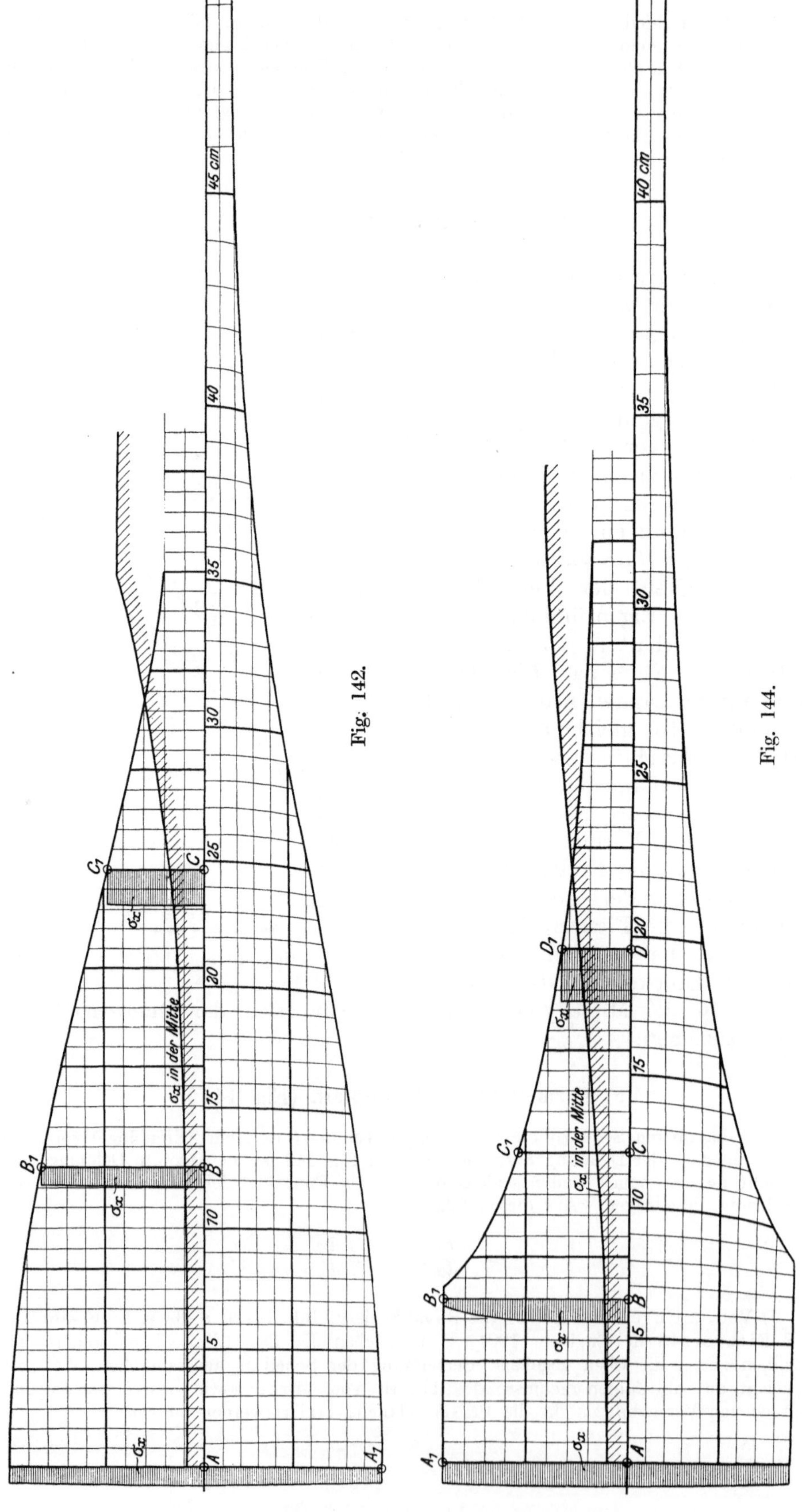

Fig. 142.

Fig. 144.

und durch Auflösung der Formeln 9. Abschn. 52 auch die Spannungen σ_x, σ_y (wenn man in diesen Formeln x, y an Stelle von r, t setzt). Die gefundenen Werte der Spannungen σ_x sind in Fig. 142 in einigen Querschnitten bei A, B, C, eingetragen, ebenso σ_x in der Mittellinie der Lamelle. Die Spannung σ_{mx} am Rande bedeutet die (wahre) Hauptzugspannung in Richtung der Tangente um den Umriß.

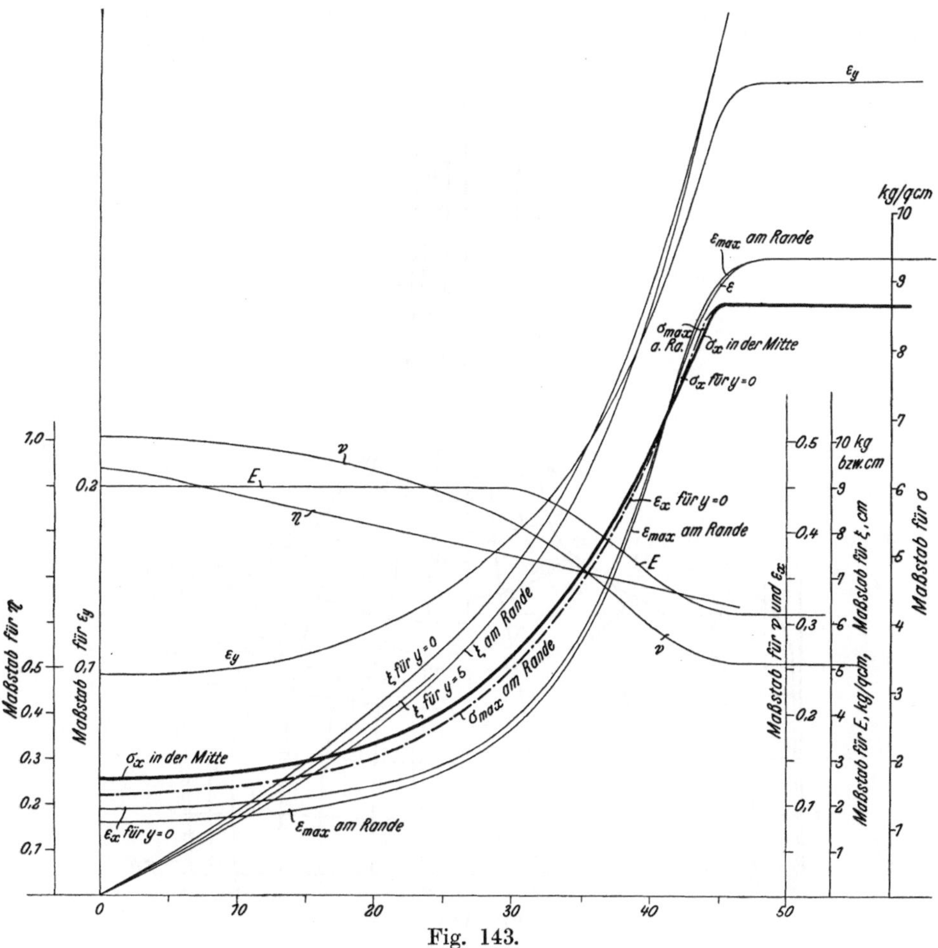

Fig. 143.

Im allgemeinen ist σ_x in der Mitte am größten; gegen das schmale Ende hin indessen nimmt die Krümmung der Querschnitte wieder ab, und dieselben werden schließlich gerade, weil das Ende des Stabes eingespannt war und so gezogen wurde. Dies hat die merkwürdige Erscheinung zur Folge, daß gegen das Ende die Spannung am Rande größer wird wie in der Mitte. Sehen wir von dieser durch die Einspannung verursachten Anomalie ab, so können wir folgendes feststellen:

Die Zugspannung in der Stabmitte übertrifft bei einem Verhältnis der Stabbreite in der Mitte zur Breite am Ende von 5:1 die Randspannung um höchstens 15 v. H.

b) Hyperbolischer Umriß.

In gleicher Weise ist der durch Fig. 144 dargestellte Stab untersucht, bei dem sich an den hyperbolischen Umriß ein Rechteck, das eine Nabe veranschaulichen soll, anschließt. Hier finden wir freilich im Querschnitt BB_1 die Spannung in der Mitte wesentlich größer als die am Rande, doch nur in dem Sinne, daß der Rand, weil wir uns in der Nähe der passiven Ecke des Profiles befinden, schlecht zum Tragen herangezogen wird. Bis zum mittleren Querschnitt AA_1 haben sich die Spannungen so weit ausgeglichen, daß die Beanspruchung der Mitte diejenige am Rande auch nur um etwa 15 v. H. übertrifft.

Noch kleiner ist der Unterschied weiter oben bei DD_1.

c) Plötzliche Verdickung.

Ein langer Stab von 4 cm Breite wird in eine Verstärkung von 18 cm Breite, 8 cm Länge mit mäßigen Hohlkehlen eingeführt (s. Fig. 145, die wieder nur die Hälfte des

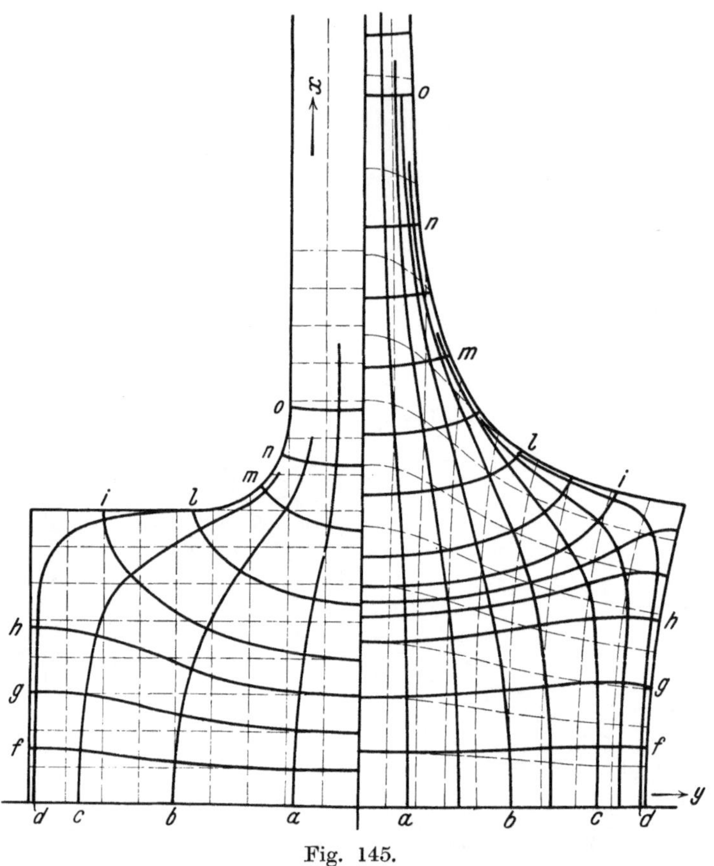

Fig. 145.

ganzen Modelles darstellt). Nach dem achsialen Anziehen bietet die „Nabe", wie wir die Verstärkung kurz nennen wollen, das in der Figur rechts dargestellte charakteristische Bild. Man sieht, daß die Ecke ganz passiv ist, weder Zug- noch Schubspannungen aufweist. Um auch die sog. „Spannungstrajektorien", d. h. die Linien größter Zug- und Druckspannung, einzutragen, wurden[1]) in den Ecken und Mittelpunkten der Quadrate kleine Kreise gezeichnet, die sich in Ellipsen deformierten, und durch die Lage ihrer Achsen die Richtung der Hauptspannungen angaben. Diese selbstverständlich nur angenähert genauen Spannungslinien sind auch in die Figur der undeformierten Stabhälfte umgezeichnet worden. In Fig. 146 sind schließlich die Spannungen σ_x für einige Querschnitte, den Mittelschnitt, sowie am Rand eingetragen.

Wie nicht anders zu erwarten war, ist die Ungleichmäßigkeit bei diesem Modell eine ganz bedeutende. Für den Mittelquerschnitt ist die Spannung in der Mitte mehr als dreimal so groß als am Rande.

Im Querschnitte BB_1 ist die Randfaser schon so gut wie ganz untätig.

Merkwürdig ist die Verteilung bei CC_1, da hier am Rande eine größere Spannung herrscht wie in der Mitte, doch sieht man am Bilde des deformierten Stabes klar die

---

[1]) Nach dem Vorschlage von Ing. Fanno, dem ich die zeichnerische Auswertung dieser Figuren verdanke.

ungeheuere Dehnung der Fasern in der Hohlkehle. Es kann nicht bezweifelt werden, daß der Riß von hier ausgehen würde.

Für wachsende x nimmt die Krümmung der Querschnitte mehr und mehr ab, was wieder zum großen Teil auf die Einspannung des oberen Endes zurückzuführen ist. Würde auf den Stab die Fliehkraft wirken, so würden auch im geraden Teil die mittleren Fasern sich merklich stärker dehnen können. Trotzdem würde auch dann die Verteilung bei C wahrscheinlich eine ähnliche bleiben, da hier die starke Krümmung der Querschnitte durch die größere Nachgiebigkeit der „Nabe" bedingt ist. Wir dürfen obige Beobachtungen in den Satz zusammenfassen:

Bei plötzlichen Querschnittsänderungen ist die Spannungsverteilung naturgemäß eine sehr ungleichmäßige und erscheinen insbesondere die Fasern in der Hohlkehle stark bedroht.

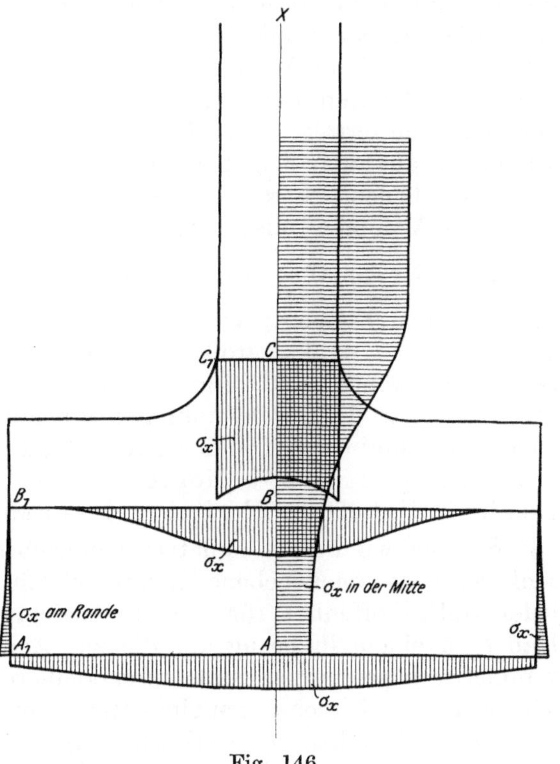

Fig. 146.

d) Schlußfolgerung.

Mit Rücksicht auf die Ergebnisse unserer Versuche und die Spannungsverteilung des weiter unten untersuchten Rotationsellipsoides, darf man allgemein feststellen, daß bei sanfter Anschwellung gegen die Mitte, wie sie die Form gleicher Festigkeit bei den technisch bis jetzt geforderten Umfangsgeschwindigkeiten und den hochwertigen Baustoffen von selbst ergibt, die Abweichung der größten Spannung von dem in einem Querschnitt herrschenden Mittel belanglos ist.

Nur wenn wir uns Formen wie der unter c) behandelten nähern, wird die Voraussetzung gleichmäßiger Spannung oder Dehnung versagen, und eine einigermaßen richtige Abschätzung der Ungleichmäßigkeit ist unmöglich. Die Form c) ergibt sich aber naturgemäß bei Naben, und wir schließen, daß dieselben entweder mit sehr allmählichen Übergängen zu konstruieren sind (siehe Entwürfe Tafel A) oder daß man die Naben nur mit einem kleinen Teil ihrer Querschnitte tragend in Rechnung stellen darf. Am besten aber ist, wie oben schon gefordert wurde, die stark beanspruchten Scheiben ohne Nabe, d. h. voll auszuführen.

59. Geometrisch ähnliche Scheibenräder.

Das gemeinsame Merkmal der im obigen entwickelten Formeln besteht darin, daß alle Spannungen nur vom Quadrate der Umfangsgeschwindigkeit und nicht von der absoluten Größe des Halbmessers abhängen. Diese Eigenschaft kommt aber nicht bloß den besprochenen Sonderformen zu, ist vielmehr allgemein, wie man durch folgende Überlegung nachweisen kann.

Vergleichen wir zwei geometrisch ähnliche Scheibenräder beliebiger Form (mit Einschluß der Schaufeln usw.), von welchen die zweite k-fach so große lineare Abmessungen haben möge als die erste, und welche wir durch ihre Fliehkräfte so ausgedehnt denken, daß auch die Verschiebungen ähnlich gelegener Punkte derjenigen der ersten Scheibe proportional sind. Unter dieser Voraussetzung sind auch die Spannungen in ähnlich gelegenen Punkten nach gleichen Richtungen gleich. — Die Rotation der Scheiben erfolgt mit der Winkelgeschwindigkeit ω bzw. ω'. Wir schneiden aus den Scheibenkörpern zwei ähnlich gelegene geometrisch ähnliche Elemente heraus. Das der zweiten angehörende hat ein k^3-mal so großes Volumen, also eine k^3-mal so große Masse, der Abstand von der Achse ist k-mal so groß, also die gesamte Fliehkraft $k^4 \frac{\omega'^2}{\omega^2}$-mal größer, wie bei dem Element der ersten Scheibe. Die Flächenkräfte ergeben aber nur eine k^2-mal so große Resultierende; damit Gleichgewicht bestehe, ist also notwendig und hinreichend, daß $\omega^2 = k^2 \omega'^2$, d. h. $\omega' = \omega : k$ sei. Dann ist aber die Geschwindigkeit des äußersten Umfanges der Scheiben gleich groß, und wir haben den Satz: **Die Beanspruchung geometrisch ähnlicher Scheiben beliebiger Form ist bei gleicher Umfangsgeschwindigkeit in ähnlich gelegenen Punkten gleich groß.**

Spalten wir eine symmetrisch gedachte Scheibe durch ihre zur Achse senkrechte Symmetrieebene in zwei gleiche Teile, so sind die Fliehkräfte jeder Hälfte offenbar für sich im Gleichgewicht. Man müßte nur jede Hälfte zu einem in bezug auf die zur Achse senkrechte Ebene ebenfalls symmetrisch geformten Rade ummodellieren. Hieraus geht hervor, daß wir die axialen Dimensionen eines Rades (und natürlich auch der Schaufeln usw.) nach Belieben proportional vergrößern oder verkleinern können, ohne bei gleichbleibender Geschwindigkeit an der Beanspruchung etwas zu ändern.

Nun vergrößern wir ein Rad geometrisch auf die zweifache lineare Dimension unter Beibehaltung der alten Umfangsgeschwindigkeit. In ähnlich gelegenen Punkten erhalten wir gleiche Spannungen. Spalten wir das Rad durch seine zur Achse senkrechte Symmetrieebene in zwei Teile, so gilt für jede Hälfte dasselbe. Diese Hälfte kann man aber aus der ursprünglichen Weite auch dadurch entstanden denken, daß alle radialen Abmessungen derselben verdoppelt wurden.

Die beiden letzten Ergebnisse lassen sich in folgenden Satz vereinigen:

Bei gleichbleibender Umfangsgeschwingkeit dürfen wir sowohl die axial als auch die radial genommenen Abmessungen eines Rades einzeln und in beliebigem voneinander unabhängigen Verhältnis vergrößern oder verkleinern, ohne an den spezifischen Beanspruchungen in ähnlich gelegenen Punkten etwas zu ändern.

60. Baustoffe und Beanspruchung.

Fragen wir nach der höchsten Geschwindigkeit, welche erreicht werden könne, so ist zunächst die Vorfrage zu erledigen: Welches Material verwenden wir und welche Beanspruchung lassen wir zu? Wie die Formel 15 (Abschn. 53) lehrt, genügt bei Geschwindigkeiten unter 200 m gewöhnliches Flußeisen oder Flußstahl. Bei 300 m kann mit Tiegelgußstahl noch konstruiert werden. Wenn wir aber 400 m erreichen oder überschreiten wollen, dann sind neue Baustoffe notwendig. In der Tat wird bei 1500 kg/qcm Inanspruchnahme das Verhältnis $y_a : y_2$ nach Formel (15) bei $w = 400$ m schon rd. 70, d. h. wenn y_2 auch nur $= 5$ mm angenommen wird, so ist $y_a = 350$ mm. Darf man aber 2500 kg/qcm wählen, so wird $y_a : y_2 =$ rd. 13, also gut ausführbar. Hier tritt nun der Nickelstahl in seine Rechte. Die Firma Fried. Krupp in Essen empfiehlt als zweckmäßigstes Material für Turbinenscheiben einen Nickelstahl von etwa 90 kg/qcm Zerreißfestigkeit und 12 v. H. Dehnung, sowie 65 kg Festigkeit an der Elastizitätsgrenze. Weiterhin teilte mir Krupp vor einiger Zeit mit, daß es allerdings auch Nickelstahl mit noch höherer Festigkeit, natürlich bei entsprechend geringerer Dehnung, gebe, und daß man bei Schmiedestücken von geringeren Abmessungen sogar Festigkeiten von über 200 kg und über 160 kg/qmm an der Elastizitätsgrenze erreichen kann. So wurden unter andern von Krupp folgende Zahlen festgestellt:

Zerreißfestigkeit kg/qmm	Dehnung v. H.	Elastizitätsgrenze kg/qmm	
180	7,0	96	100 mm Meßlänge und 12 mm Stabdurchmesser.
178	5,5	108	
177	6,0	148	
182	4,1	160	
149	6,8	132	
219	?[1])	150	

Ob indes die Verwendung eines so harten Nickelstahles für Turbinenscheiben zweckmäßig sei, könne nur durch Versuche und durch die Praxis erwiesen werden.

Was die Größe der zulässigen Dauerbeanspruchung der Konstruktionsteile betrifft, so müsse diese selbstverständlich dem Ermessen des Konstrukteurs überlassen bleiben. Nach der Ansicht von Krupp wird man bei Beanspruchung in einer und derselben Richtung etwa bis zu $^1/_3$ der Elastizität gehen können, eventuell auch noch höher.

Bei den von Krupp bisher gelieferten Scheibenrädern seien Erscheinungen, welche auf innere Spannungen hinweisen, sowie Sprünge bei den fertig bearbeiteten Stücken nicht aufgetreten, und sei auch anzunehmen, daß innere Spannungen in denselben nicht vorhanden sind.

Nach seitheriger Mitteilung lieferte Krupp Nickelstahl zu Turbinenbauzwecken mit den nachfolgend zusammengestellten Festigkeitszahlen:

[1]) Dehnung wurde nicht gemessen, weil der Stab in der Körnermarke dicht am Kopfe brach.

Bruchfestigkeit kg/qmm	Elastizitäts-Grenze kg/qmm	Dehnung v. H.	Querschnittsverminderung v. H.
94,6	76,0	12,0	42
88,4	70,7	16,0	47
100,8	81,3	13,1	44
90,2	74,3	16,9	52
92,8	76,0	15,2	46
97,3	70,7	14,3	44

Der Preis dieses Stahles bezifferte sich für vorgearbeitete Scheiben Ende 1904 je nach der Größe der Scheiben auf M. 4 bis M. 8 pro kg. Von besonderem Interesse sind folgende von Krupp ermittelte Festigkeitszahlen eines Nickelstahles bei höheren Temperaturen:

Temperatur °C	Bruchfestigkeit kg/qmm	Elastizitäts-Grenze kg/qmm	Dehnung v. H.	Querschnittsverminderung v. H.
20	88,0	70	10,7	60,8
200	91,0	60	8,7	60,0
300	92,5	54	8,3	60,8
400	73,0	40	7,0	74,0

Während über Betriebsunfälle bei den eigentlichen Turbinenscheiben bisher nur weniges in die Öffentlichkeit gedrungen ist, wird von amerikanischen Ingenieuren die Gefahr der Materialfehler bei raschlaufenden Dynamoankern sehr offen besprochen. So berichtete[1]) Mattice über die Explosion eines aus Nickelstahl bestehenden Dynamoankers, der aus zylindrischen Teilen von 594 mm Durchmesser und 722 mm Gesamtlänge zusammengesetzt war und beim ersten Anlassen ohne Belastung, als etwa 3600 Umdrehungen erreicht wurden, in viele Stücke zersprang. Die Elastizitätsgrenze des Nickelstahles betrug rd. 2800 kg/qcm bei 25 v. H. Bruchdehnung an Probestücken von $^1/_2$ Zoll Durchm. 2 Zoll Markenabstand. Der Unfall führte den Lieferanten dazu, strengere Übernahmsbedingungen vorzuschreiben. So sollen vom Schmiedestücke im Hüttenwerk mindestens zwei Probestücke, eines am Umfang, das andere dem Kern entnommen und aus dem Abfall der Bearbeitung weitere Stäbe geprüft, ferner das Stück nach der Bearbeitung womöglich poliert und geätzt werden, um allenfalls vorhandene Sprünge, welche die Ursache des geschilderten Unfalles waren, zu entdecken. Die so durchgeführten Prüfungen sollen zur Zurückweisung einer Reihe von Schmiedestücken geführt haben.

Europäische Konstrukteure neigen bei den neuesten Ausführungen der Scheibenräder mit hoher Umfangsgeschwindigkeit zu einer Herabsetzung der Beanspruchung auf etwa $^1/_5$ bis $^1/_8$ der Elastizitätsgrenze. Dieses Bestreben muß zunächst unterstützt werden, denn neben der unvermeidlichen Ungleichmäßigkeit des im einzelnen tadellosen Materiales zeigen diese großen Schmiedestücke stellenweise Anzeichen innerer Spannungen, die z. B. im Werfen oder Windschiefwerden der Scheiben ihren Ausdruck finden.

---

[1]) Transact. of the Amer. Soc. of Mec. Engineers 1903, S. 1031.

61. Der Massenausgleich rotierender starrer Körper.

Neben genügender Festigkeit ist bei der Konstruktion und Ausführung der Turbinentrommeln und -räder vor allem auf die Abwesenheit von Erschütterungen zu sehen. Die Größe der hier drohenden Gefahr geht z. B. aus der Angabe hervor, daß bei einem Lavalschen Rade von 760 mm Durchmesser und 420 m Umfangsgeschwindigkeit ein am Umfange vorhandenes Übergewicht von 0,1 kg eine Fliehkraft von nahezu 5000 kg erzeugt. Es muß deshalb durch nachträglich angebrachte Zusatzgewichte eine solche Verteilung der Massen um die Rotationsachse angestrebt werden, daß die Fliehkräfte sich gegenseitig das Gleichgewicht halten. Das zur Bestimmung der Zusatzmassen dienende Verfahren nennt man den Massenausgleich oder die Balanzierung.

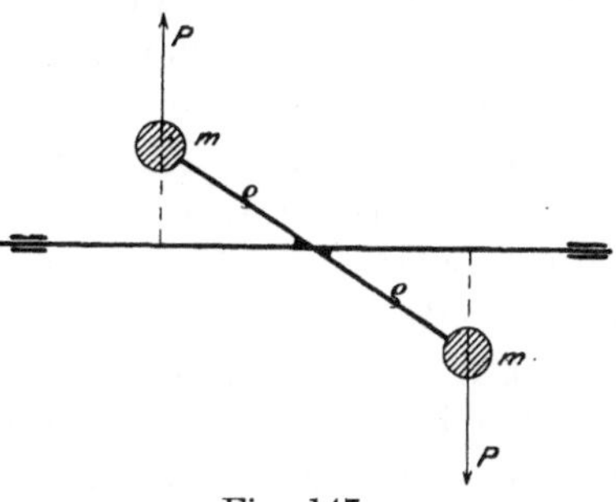

Fig. 147.

Darf man die Rotationsachse als starr ansehen, so ist für den vollständigen Massenausgleich notwendig und hinreichend, daß der Schwerpunkt aller Massen in die Achse falle, und daß die sogenannten Zentrifugalmomente verschwinden. Gegenüber noch immer vielfach vorhandenen Mißverständnissen sei nachdrücklich betont, daß die erste Bedingung allein nicht hinreicht, wie am Beispiele der Fig. 147 sofort klar wird. Der Schwerpunkt der beiden gleich großen und in gleichen Abständen befindlichen Massen m fällt wohl in die Achse, ihre Fliehkräfte aber gleichen sich doch nicht aus, sondern bilden ein Moment und rufen in den Lagern Gegendrücke hervor.

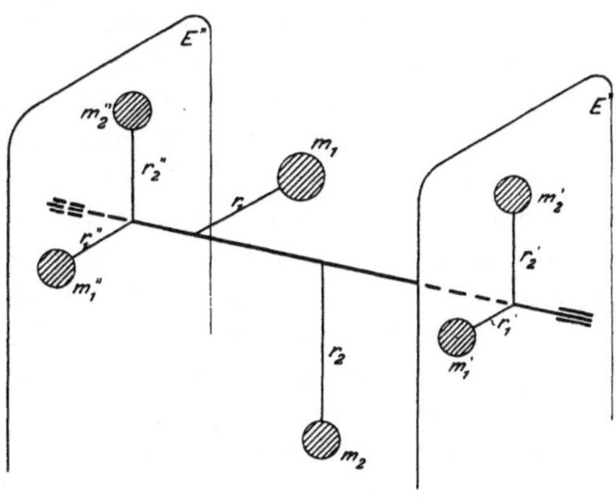

Fig. 148.

Wäre die Lage der „Überwucht“ im rotierenden Körper (Fig. 148) genau bekannt, z. B. durch m_1 und m_2 dargestellt, so ließe sich vollkommener Ausgleich erreichen, indem man in zwei Hilfsebenen E' und E'' Zusatzmassen unterbringt. Die Wirkung der Masse m_1, am Radius r_1, wird durch die Zusatzmassen m_1' und m_1'' an den Radien r_1', r_1'' ausgeglichen, falls $r_1\, r_1'\, r_1''$ in derselben Ebene liegen, und die Fliehkräfte von m_1, m_1', m_1'' sich das Gleichgewicht halten. Es muß mithin

$$\left.\begin{aligned} m_1\, r_1\, \omega^2 &= m_1'\, r_1'\, \omega^2 + m_1''\, r_1''\, \omega^2 \\ m_1'\, r_1'\, \omega^2\, a_1' &= m_1''\, r_1''\, \omega^2\, a_1'' \end{aligned}\right\} \quad \ldots \ldots \quad (1)$$

sein, wo $a_1'\, a_1''$ die Abstände der Ebenen $E'\, E''$ von m_1 bedeutet. Diese Gleichungen werden insbesondere befriedigt, wenn man

$$m_1 = m_1' = m_1'' \quad \ldots\ldots\ldots \quad (2)$$

wählt, und die Radien aus

$$\left.\begin{array}{l} r_1 = r_1' + r_1'' \\ r_1' a_1' = r_1'' a_1'' \end{array}\right\} \quad \ldots\ldots\ldots \quad (3)$$

bestimmt; was nichts anderes besagt, als daß die Radien r_1' r_1'', in deren Endpunkten die mit m_1 gleich großen Zusatzmassen untergebracht sind, als Kräfte betrachtet mit r_1 im Gleichgewicht sein müssen. Ebenso verfahren wir mit m_2 und weiteren etwa vorhandenen Überwuchtmassen. Die Einzelmassen m_1', m_2', ... m_k' ... in E', ebenso m_1'', m_2'' ... in E'' werden je durch eine in ihrem gemeinsamen Schwerpunkte angebrachte Masse, deren Größe gleich ihrer Gesamtsumme ist, ersetzt. Obwohl nun die Bestimmung wegen Unkenntnis der Lage der Überwuchtmassen nicht in der zitierten Weise ohne weiteres möglich ist, verdient das Ergebnis doch die Beachtung des Konstrukteurs. Es steht fest, daß bei starrer Rotationsachse durch Hinzufügen von zwei geeigneten Zusatzmassen in zwei sonst willkürlichen zur Achse senkrechten Ebenen vollkommener Massenausgleich erzielt werden kann.

Für das Ausfindigmachen der Lage und Größe der Überwuchtmassen bietet uns die theoretische Mechanik Hilfsmittel dar, die darauf hinauslaufen, z. B. durch Pendelversuche Trägheitsmomente und aus diesen durch Rechnung die sogenannten Zentrifugalmomente zu bestimmen. Es darf indessen als nahzu sicher angesehen werden, daß bei den hier in Frage kommenden schweren Maschinenteilen diese Methoden keine hinreichend genauen Ergebnisse liefern würden.

Bedeutend mehr Erfolg hat ein anderes Verfahren aufzuweisen, welches sich bereits in der Praxis fest eingebürgert hat und darin besteht, daß man die Trommeln, nachdem ihr Schwerpunkt durch Zusatzmassen auf die gewohnte Art in die Rotationsachse versetzt worden ist, durch vertikal geführte Riemen in Lagern, die auf Rollen horizontal verschieblich sind, in Drehung versetzt. Die Trommel führt hierbei Schwingungen um eine vertikale Achse aus, so daß man durch Ankreiden die Stellen größten Ausschlages bezeichnen und auf die Lage der Überwuchtmassen schließen kann. Man hat die Empfindlichkeit der Methode dadurch zu erhöhen verstanden, daß man auf die Lager je zwei horizontale einander gegenüberstehende Federn wirken läßt, die in der Mittellage des Lagers im Gleichgewichte stehen, bei einer Verschiebung hingegen eine gegen die Mittellage gerichtete Kraft auf das Lager ausüben. Abbildungen derartiger Ausgleichvorrichtungen bringen wir in der Beschreibung der Turbine der Allgem. Elektrizitäts-Gesellschaft Berlin.

Erreicht die Umlaufzahl die Höhe der Eigenschwingung des aus Trommel und Federn bestehenden Systemes, so tritt die „Resonanz" ein, d. h. die Schwingung wird bis zu einem durch die Luftreibung u. a. bedingten Maße vergrößert, so daß schon sehr kleine Fehlermassen hinreichen, um sichtbare Ausschläge zu geben. Diese Vorgänge werden in der unten mitgeteilten Rechnung etwas näher untersucht. Die Praxis zieht mit Recht den Weg des Probierens vor.

Bei diesem versuchsweisen Vorgehen dürfte es zweckmäßig sein, sich vor Augen zu halten, daß man die Wirkung einer freien Fliehkraft und eines Momentes auszugleichen hat. Man darf sich mithin die nicht ausgeglichenen Massen unter dem Bilde der Fig. 149 vorstellen, wo von m_0 die freie Fliehkraft und von den beiden gleich großen Massen m das Moment geliefert wird. Die Ebene der m kann zufällig mit der von m_0 auch zusammenfallen, im allgemeinen tut sie das nicht. Man bestimmt nun zunächst auf gewöhnliche Weise das Gegengewicht zu m_0 und ersetzt dies beispielsweise durch Massen $m_0' \, m_0''$ etwa in den Stirnebenen der Trommel. Hierauf muß mit zwei weiteren, aber gleich großen Massen m', welche bezüglich des Schwerpunktes zentrisch symmetrisch ebenfalls in den Stirnebenen der Trommel unterzubringen sind, der Versuch gemacht werden, das Moment der Massen m aufzuheben, wobei man sowohl die Größe wie die Lage von m' variiert. Ist durch versuchsweises Laufenlassen der Trommel nachgewiesen, daß der Ausgleich gelang, dann können m_0' und m' auf der einen, m_0'' und m'' auf der andern Seite je in ihren gemeinsamen Schwerpunkten zu einer Masse vereinigt werden. Es empfiehlt sich aber, diese Massen nicht unwandelbar, sondern in zwei Ringen beweglich zu befestigen, um eine Nachstellung bei einer durch Erschütterung nachträglich nicht selten verursachten Verschiebung des Schwerpunktes, insbesondere bei Dynamoankern zu ermöglichen.

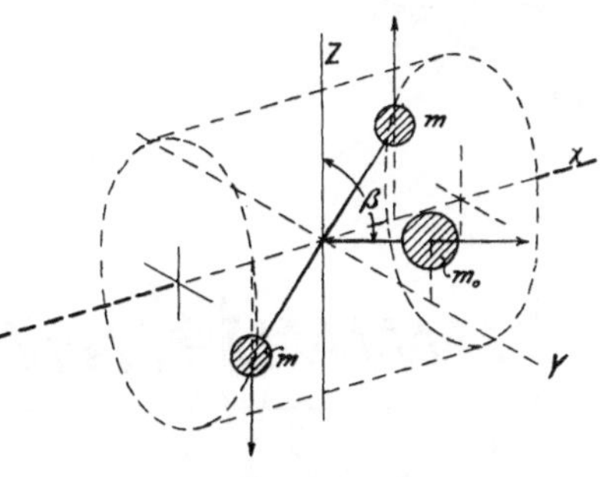

Fig. 149.

Der Arbeitsgang bei der Benützung einer Ausgleichvorrichtung mit Federn ist nach Mitteilungen der Allgem. Elektr.-Gesellsch. Berlin und des Herrn Ing. Beyer von der British Westinghouse Electr. & Manufacturing Cie. L. (Manchester), der folgende: Nachdem die gewöhnliche Balanzierung (die ,,statische", wie die Praktiker zu sagen pflegen) erledigt ist, wird die Trommel zur ,,dynamischen" Ausbalanzierung auf die Vorrichtung gebracht und die Umlaufszahl bis zur kritischen Geschwindigkeit gesteigert. An jedem Ende wird z. B. durch Anlegen eines Rotstiftes die Stelle größter Auslenkung bezeichnet. Diese Stelle pflegt um rd. 90^0 hinter dem Ort, wo sich die Überwucht befindet, zurückzubleiben. Zur größeren Sicherheit läßt man nun die Trommel auch rückwärts laufen und bezeichnet die ,,schlagende" Stelle abermals. Die an jedem Ende notwendigen Gegengewichte müssen dann in der Halbierungsebene des durch die beiden Marken bestimmten Winkels liegen, den Marken jeweils (mit Bezug auf den Drehungssinn) nacheilend.

Theorie der Federausgleichvorrichtung.

In Fig. 150 sei A die zu balanzierende Trommel, in welcher die Überwucht durch die beiden gleich großen Massen m dargestellt sein soll die selbstverständlich als sehr klein vorausgesetzt werden. In den Lagerstellen $B_1 \, B_2$ wirkt einer Auslenkung ξ eine Federkraft $P = a\,\xi$ entgegen.[1])

[1]) Wobei augenscheinlich die Wirkung doppelt so groß ist, als wenn bloß eine (ungespannte) Feder vorhanden wäre, d. h. wenn für eine Feder allein die Kraft P' mit der

Die von m ausgeübte Fliehkraft $m r \omega^2$ zerlegen wir in horizontale und vertikale Komponenten, welch letztere durch die Lager unmittelbar aufgehoben werden, während die horizontalen ein Moment

$$\mathfrak{M}_h = m r \omega^2 \cos \psi \, b$$

ergeben. Durch dieses Moment wird die Trommelachse um den Winkel φ gegen die Mittellage schief gestellt, wobei angenommen wird, daß der Schwerpunkt in der Mitte der Lagerentfernung liegt, so daß die Verschiebung in jedem Lager

$$\xi = c \varphi$$

ausmacht. Hiernach wirken die Federn mit einem Momente

$$\mathfrak{M} = 2 P c = 2 a c^2 \varphi$$

zurück, zu welchem noch das Moment der Luftreibung $\mathfrak{M}_R$ (indes nur soweit diese durch die horizontale Schwingung verursacht wird) hinzutritt, und der Einfachheit halber der Schwingungsgeschwindigkeit $d\varphi : dt$ proportional gesetzt wird. Es sei

$$\mathfrak{M}_R = R \frac{d\varphi}{dt}.$$

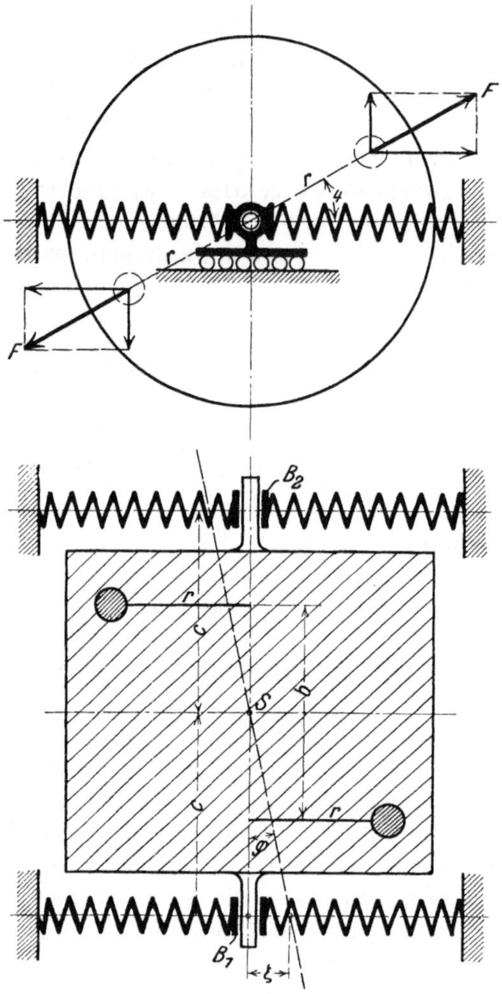

Fig. 150.

Das Trägheitsmoment der Trommel (mit Ausschluß der Überwucht) bezogen auf die durch S gehende Vertikale, $= J$, bleibt für alle Winkel ψ gleich, und so darf man mit Vernachlässigung von m die Bewegungsgleichung in der Form

$$J \frac{d^2 \varphi}{d t^2} = \mathfrak{M}_h - \mathfrak{M}_p - \mathfrak{M}_R$$

d. h.

$$J \frac{d^2 \varphi}{d t^2} + R \frac{d \varphi}{d t} + 2 a c^2 \varphi = m b r \omega^2 \cos \psi \quad . \quad . \quad . \quad . \quad (4)$$

ansetzen. Ebenso ist es gestattet, ψ als mit konstanter Winkelgeschwindigkeit ω beschrieben anzusehen, so daß $\psi = \omega t$ wird. Die Auflösung von Gl. (4) wird in bekannter Weise gewonnen, indem man

$$\varphi = C_1 \cos \omega t + C_2 \sin \omega t + u$$

Auslenkung ξ' durch die Gleichung $P' = a' \xi'$ zusammenhängt, so ist $a = 2 a'$ und hierbei ist innerhalb der Elastizitätsgrenze a unabhängig von der anfänglichen Spannung der Feder.

setzt, worin C_1 C_2 Konstante, u eine Funktion der Zeit sind. Letztere verschwindet sehr bald, d. h. der betreffende Anteil der Schwingung wird bis auf 0 „abgedämpft“, weil Exponentialglieder mit negativen Zeitexponenten vorkommen. Es genügt also, die Größen C_1 C_2 durch direktes Einsetzen zu bestimmen, und man findet

$$\left.\begin{aligned} C_1 &= -\frac{A(J\omega^2 - B)\omega^2}{(J\omega^2 - B)^2 + R^2\omega^2} \\ C_2 &= \frac{AR\omega^3}{(J\omega^2 - B)^2 + R^2\omega^2} \end{aligned}\right\} \quad \ldots \ldots \quad (4a)$$

mit den Bezeichnungen

$$A = mbr \qquad B = 2ac^2$$

Der Wert von φ kann auch vereinfacht

$$\varphi = C\cos(\omega t - \alpha) \quad \ldots \ldots \ldots \quad (4b)$$

geschrieben werden, wenn man

$$C = \sqrt{C_1^2 + C_2^2} \text{ und } \operatorname{tg}\alpha = \frac{C_2}{C_1} \quad \ldots \ldots \quad (4c)$$

setzt. Formel (4b) verdient wegen ihrer universellen Bedeutung für Schwingungsvorgänge aller Art eine Besprechung im einzelnen.

Betrachten wir erstens die **reibungslose Bewegung**, d. h. setzen wir $R = 0$ aber in der Meinung, daß noch ein ungemein kleiner Betrag an Reibung vorhanden sei, der die nicht „synchronen“ Schwingungen der Trommel abdämpft, dann ist auch $C_2 = 0$, $\alpha = 0$, und die Schwingung wird durch Gleichung

$$\varphi = C_1 \cos\omega t = -\frac{A\omega^2}{J\omega^2 - B}\cos\omega t \quad \ldots \ldots \quad (5)$$

dargestellt. Wird eine Winkelgeschwindigkeit ω_0 gewählt, welche den Nenner zu Null macht, d. h. der Gleichung

$$J\omega_0^2 - B = 0 \quad \ldots \ldots \ldots \quad (5a)$$

entspricht, so erhält man für φ unendlich große Werte. Dies ist der Fall der „**Resonanz**“, bei welcher die Umlaufszahl mit der Zahl der Eigenschwingung unseres Systems übereinstimmt, (in der Tat ist die Gleichung der Eigenschwingung $J\frac{d^2\varphi}{dt^2} = -B\varphi$, durch welche unsere Behauptung leicht bewahrheitet wird). Diese Eigenschwingung erhält bei jeder Umdrehung durch die Fliehkraft der Überwuchtmassen neue Impulse, so daß die Schwingungsweite (theoretisch) ins Unendliche zunimmt. B ist ein Maß für die Härte der Feder: je größer B, um so größer die Kraft, die zur Kompression der Feder um einen bestimmten Betrag gehört, desto härter ist die letztere. Haben wir nun eine unter der Resonanz liegende Umlaufszahl, so ist $J\omega^2 - B < 0$ und

$$\varphi = +C\cos\omega t,$$

wenn mit C die „Amplitude“ in Formel (5) bezeichnet wird. Hier erreicht φ bei $t = 0$, d. h. $\psi = 0$, den Höchstwert; zur gleichen Zeit befindet sich aber die in Fig. 150 rechts gelegene Masse m in der äußersten Lage rechts, oder mit einer Bezeichnung der Elektrotechnik:

die Projektion der Überwuchtmasse und das ihr zunächst gelegene Lager bewegen sich „phasengleich".

Ist ein anderes Mal $J\omega^2 - B > 0$, d. h. befinden wir uns über der Resonanz, so wird

$$\varphi = - C \cos \omega t$$

für $t = 0$ ist $\varphi = - C$, d. h. die Lagerschwingung und die „Unbalanz" haben entgegengesetzte Phase.

Sowie nun **merkliche Reibung** vorhanden ist, verändern sich die Verhältnisse wesentlich. Der Fall der Resonanz, d. h.

$$J\omega_0^2 - B = 0$$

ergibt hier

$$\left.\begin{aligned} C_1 &= 0 \\ C_2 &= \frac{A\omega_0}{R} \\ \operatorname{tg} \alpha &= \infty \qquad \alpha = 90^0 \\ \varphi &= C_2 \cos\left(\omega t - \frac{\pi}{2}\right) \end{aligned}\right\} \quad \ldots \ldots \quad (6)$$

Die Amplitude C_2 der Schwingung ist also endlich, kann aber große Beträge erreichen, wenn R klein ist. Für $t = 0$ ist $\varphi = 0$, und der Höchstwert wird erst erreicht, wenn $\omega t = \frac{\pi}{2}$ geworden ist, d. h. die Phase der „Unbalanz" eilt der Lagerschwingung um 90^0 vor.

Unterhalb der Resonanz ($J\omega^2 - B < 0$) wird $C_1 > 0$, $\operatorname{tg} \alpha > 0$, $\alpha < \pi/_2$; oberhalb der Resonanz umgekehrt $C_1 < 0$, $\alpha > \pi/_2$, und dies Ergebnis beweist die Zweckmäßigkeit des Arbeitsverfahrens, wie es Beyer angab. Wenn man nämlich die Trommel einmal vorwärts, einmal rückwärts treibt, ist es nicht notwendig, daß man die Resonanz genau erreicht habe. Wenn nur beide Male die Umlaufzahl gleich groß war, ist auch die Abweichung der Marke von der „Unbalanz" gleich groß, die Überwucht liegt also, wie angegeben, in der Halbierungsebene.

Hegt man Zweifel, ob die Form unserer Bewegungsgleichung auch für den Fall Gültigkeit haben werde, wenn die Überwucht nicht als zwei symmetrisch liegende Einzelmassen erscheint, sondern durch ein unregelmäßiges System von Verdichtungen (oder Höhlungen) gebildet wird, so kann man sich durch folgende allgemeine Untersuchung Aufschluß verschaffen.

Den Ausdruck $K = \Sigma \delta m\, x z$, wo δm ein Massenelement des in Fig. 151 dargestellten Körpers x, z seine Koordinaten mit Bezug auf das in die Figur eingetragene Achsensystem sind, nennt man Zentrifugalmoment des Körpers. Nehmen wir ein im Körper festes Koordinatenssystem $x' y' z'$ an, dessen x'-Achse mit der x-Achse zusammenfällt. Es gilt nun

$$z = y' \sin \psi + z' \cos \psi \quad \ldots \ldots \quad (7)$$

somit

$$K = \sin \psi\, \Sigma \delta m\, x y' + \cos \psi\, \Sigma \delta m\, x z' \quad \ldots \ldots \quad (7a)$$

oder wenn

$$A' = \Sigma \delta m\, x y'; \qquad B' = \Sigma \delta m\, x z' \quad \ldots \ldots \quad (7b)$$

gesetzt wird,

$$K = A' \sin \psi + B' \cos \psi \quad \ldots \ldots \quad (7c)$$

Man kann zwei Größen E und β stets so bestimmen, daß

$$A' = E \cos \beta; \qquad B' = E \sin \beta$$

nämlich

$$E = \sqrt{A'^2 + B'^2}; \qquad \operatorname{tg}\beta = \frac{B'}{A'}.$$

Diese eingesetzt erhalten wir

$$K = E \sin(\psi + \beta).$$

Es wird also, wenn wir $x'y'z'$ mit dem Körper bewegen, für

$$\psi_0 = -\beta \qquad K = 0,$$

und für $\psi = -\beta + \frac{\pi}{2} \qquad K = E,$

d. h. es gibt zwei durch die Achse gehende zueinander senkrechte Ebenen, für welche das Zentrifugalmoment K verschwindet, bzw. ein Maximum wird.

Wir wollen nun die frühere Lage von $X'Y'Z'$ ändern, und die $X'OY'$-Ebene mit der Ebene von $K = o$ zusammenfallen lassen.

Dann erhalten wir

$$B' = \Sigma \delta m\, x z' = o \text{ und } A' = \Sigma \delta m y' = E,$$

(weil für letzteres y' identisch ist mit der Koordinate z für die Stellung $\varphi = -\alpha + \frac{\pi}{2}$ der früheren xoy Ebene). Das neue Koordinatensystem verbinden wir fest mit dem Körper und bringen es wieder in die Lage der Fig. 151, dann ist

$$K = \Sigma \delta m\, x z = A' \sin\psi = E \sin\psi \quad . \quad (8)$$

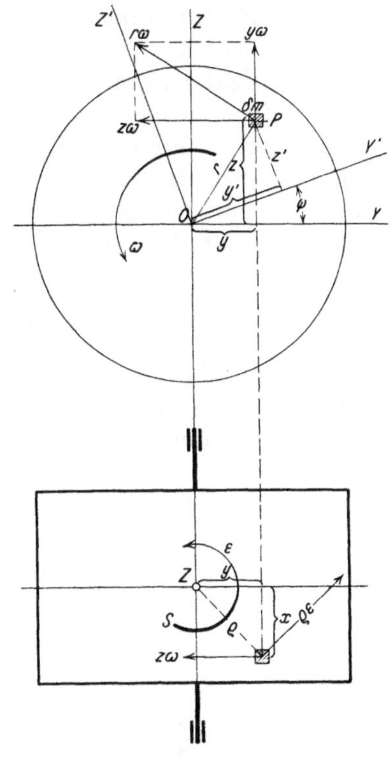

Fig. 151.

Die Bewegungsgleichung muß in diesem allgemeinen Falle aus dem Grundsatze abgeleitet werden, daß für die Achse Z der Differentialquotient des Momentes der Bewegungsgröße (des „Impulsmomentes") nach der Zeit gleich ist dem Momente der äußeren Kräfte. Das Moment der Bewegungsgröße setzt sich aber zusammen aus den beiden Anteilen, welche der Schwingung um die vertikale, und der Rotation um die horizontale Achse zukommen. Mit Bezug auf den ersten Anteil ergibt das im Punkt P, (Fig. 151) konzentrierte Massenelement δm die Bewegungsgröße (= Impuls) $\delta m \varrho \varepsilon$, wenn ε die Winkelgeschwindigkeit der Schwingung bedeutet. Das Moment für die Achse Z ist also $\delta m \varrho^2 \varepsilon$. Die Drehgeschwindigkeit $r\omega$ zerlegen wir in die Komponenten $-z\omega$ und $y\omega$, wobei nur $\delta m\, z\omega$ für Z ein Moment $-\delta m\, \omega x z$ ergibt. Im ganzen ist also das Impulsmoment

$$\Omega = \varepsilon \Sigma \delta m \varrho^2 - \omega \Sigma \delta m\, x z \quad . \; . \; . \; . \; . \; . \; . \; . \; . \quad (9)$$

Hierin ist

$$\Sigma \delta m \varrho^2 = J$$

das Massenträgheitsmoment für die Z-Achse, welches mit Vernachlässigung der kleinen Überwuchtmassen aus der geometrischen Form des Körpers gerechnet werden kann. Wenn wir in Gl. (8) $\psi = \omega t$ sehen, so erhalten wir

$$\Omega = \varepsilon J - E\omega \sin \omega t \quad . \; . \; . \; . \; . \; . \; . \; . \; . \quad (10)$$

Die Ableitung von Ω nach t ist nun gleich zu setzen dem (im gleichen Sinn wie das Impulsmoment positiv genommenen) Kraftmoment. Wir setzen letzteres = Null voraus, sehen also von Reibungen und Federkräften ab. Dann wird, da

$$\varepsilon = d\varphi / dt$$

$$o = J \frac{d^2\varphi}{dt^2} - E\omega^2 \cos \omega t \quad . \; . \; . \; . \; . \; . \; . \; . \; . \quad (11)$$

dies aber ist eine mit Gl. (4) identische Form, wenn wir $R = o$ und $a = o$ setzen, nur daß an Stelle von $A = mbr$ der Ausdruck E getreten ist. Wir dürfen also A und E

identifizieren. Alle Sätze, die wir oben unter vereinfachenden Annahmen abgeleitet haben, gelten auch bei beliebiger Massenverteilung, wenn nur die Überwucht nicht zu groß ist.

Man könnte glauben, daß aus Formeln (6) auch die Überwucht selbst auf rechnerischem Wege zu bestimmen wäre. Man brauchte nur experimentell den größten Ausschlag φ_{max} bei Resonanz zu beobachten, und hätte

$$C_2 = \varphi_{max},$$

somit

$$A = mbr = \frac{R\varphi_{max}}{\omega_0}.$$

Diese Bestimmung ist aber hinfällig, weil R nicht auf einfache Weise ermittelbar ist. Die „Balanzvorrichtung“ kann also nur einen Teil der Aufgabe lösen: die Ebene der Überwucht (d. h. des Minimums des Zentrifugalmomentes) anzugeben, und in diese Ebene müssen zwei Zusatzmassen, deren Schwerpunkt mit dem Schwerpunkt des Körpers zusammenfällt, deren Fliehkräfte also ein reines Moment ergeben, mit probeweise angenommener Größe untergebracht, und so lange abgeändert werden, bis der Ausschlag auch bei Resonanz unmerklich ist.

62. Die biegsame Welle von de Laval.

Wäre der Massenausgleich wie oben geschildert auch mathemathisch genau durchgeführt worden, so würde hierdurch der tadellose Lauf der Welle noch immer nicht gewährleistet. Da die Welle nicht starr ist, wird sie durch die Fliehkräfte der gegeneinander verschobenen Überwucht- und Balanziermassen verbogen und kann stark unrund laufen. In Wirklichkeit ist aber auch der Ausgleich nie vollkommen, es bleibt eine freie Fliehkraft übrig, deren Wirkung de Laval dadurch unschädlich zu machen trachtet, daß er seine Turbinenwelle eigens weit lagert und ihr dadurch große Biegsamkeit verleiht. Hierdurch wird es dem Rade bei großer Geschwindigkeit möglich, um eine dem Schwerpunkt nahekommende, fast „freie“ Drehachse zu rotieren, und es tritt die eigentümliche, schon von Laval wohl erkannte Erscheinung der kritischen Geschwindigkeit ein, welche indes erst von Rankine, Reynolds[1]) und Föppl[2]) wissenschaftlich klargelegt worden ist.

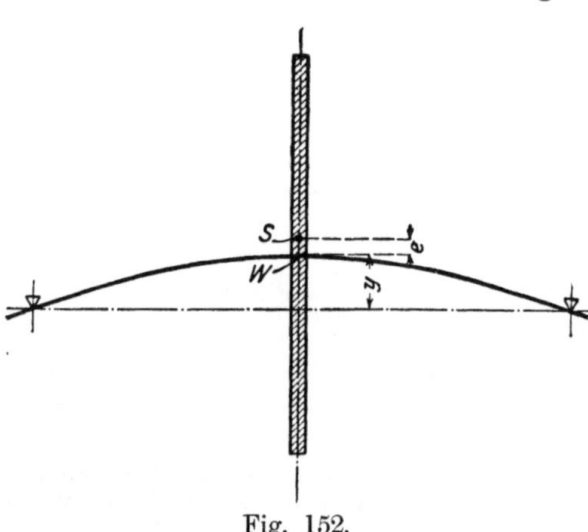

Fig. 152.

Denken wir uns eine (sonst symmetrische) Scheibe mit einem um den Betrag e exzentrisch liegenden Schwerpunkt (Fig. 152) in verhältnismäßig

[1]) Siehe die Quellenangaben in Phil. Transact. of the Royal Soc. London, Bd. 185, Jahrg. 1895, S. 281.

[2]) Civil-Ingenieur 1895, S. 333.

langsame Rotation versetzt, so wird die Welle durch die Fliehkraft um einen Betrag y durchgebogen (zu rechnen von der Gleichgewichtlage, welche der Biegung durch das Eigengewicht entspricht), der für den Fall des relativen Gleichgewichtes aus der Bedingung zu berechnen ist, daß die Fliehkraft $m(y+e)\omega^2$, worin m die Masse der Scheibe (bei gewichtlos gedachter Welle) bedeutet, gleich sein müsse der von der Welle entwickelten elastischen Gegenkraft, welche wir der Durchbiegung proportional setzen dürfen. Wenn also α eine konstante, aus Wellenlänge, Lagerungsart usw. zu berechnende Verhältniszahl ist, so wird die elastische Gegenkraft

$$P = \alpha y \qquad (1)$$

und die Gleichgewichtsbedingung lautet

$$m(y+e)\omega^2 = P = \alpha y \qquad (2)$$

woraus sich die Durchbiegung

$$y = \frac{m\omega^2 e}{\alpha - m\omega^2}$$

ergibt. Steigern wir die Winkelgeschwindigkeit, so wächst y und würde bei $\alpha - m\omega^2 = 0$, oder

$$\omega = \omega_k = \sqrt{\frac{\alpha}{m}} \qquad (3)$$

unendlich groß, d. h. die Fliehkraft würde die Welle bis zum Bruche (bzw. bis an etwa vorhandene Hubbegrenzung) verbiegen. Diesen Betrag von ω_k bezeichnen wir als „kritische" Winkelgeschwindigkeit und sprechen ebenso von der kritischen Umlaufzahl. Rechnen wir in den Einheiten cm·kg·sek, so bedeutet α gemäß (1) die Kraft in Kilogramm, welche die Welle um 1 cm verbiegt. Bedeutet ferner

$G = mg$ das Gewicht des Rades,

so findet sich die Umlaufzahl $n = \frac{30\,\omega}{\pi}$ mit $g = 981$ cm durch die Formel von Föppl

$$n = 300\sqrt{\frac{\alpha}{G}} \qquad (3a)$$

ausgedrückt. Beispielsweise ist für die frei aufliegende Welle mit in der Mitte der Spannweite $2\,l$ befindlicher Scheibe

$$y = \frac{1}{6}\frac{Pl^3}{JE} \quad \text{und} \quad \alpha = \frac{6\,JE}{l^3}$$

für die „eingespannte" Welle unter gleichen Umständen

$$y = \frac{1}{24}\frac{Pl^3}{JE}; \qquad \alpha = \frac{24\,JE}{l^3}.$$

Über den „kritischen" Wert hinaus können wir die Umlaufzahl nur steigern, wenn Führungen vorhanden sind, die ein übergroßes Ausbiegen der Welle beim Durchschreiten durch die kritische Umlaufzahl verhindern.[1]) Theorie und Erfahrung zeigen nun übereinstimmend, daß sich dann ein neuer stabiler Gleichgewichtszustand einstellt, bei welchem der Wellendurchstoßpunkt W und der Schwerpunkt S ihre Lagen vertauschen, wie in Fig. 153 angedeutet. Die Größe der Durchbiegung berechnet man aus der Gleichung

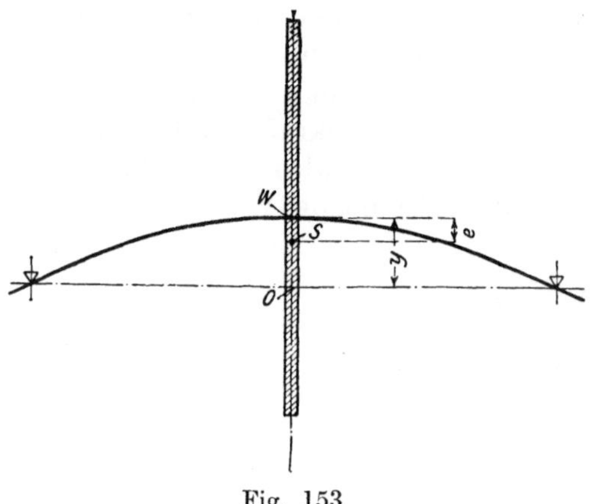

Fig. 153.

$$m(y-e)\omega^2 = \alpha y$$

und enthält

$$y = \frac{m\omega^2 e}{-\alpha + m\omega^2} = \frac{e}{1 - \frac{\alpha}{m\omega^2}}$$

Je mehr wir also ω steigern, desto kleiner wird y, um bei unendlich rascher Rotation mit e zusammenzufallen. Führen wir die kritische Geschwindigkeit ω_k ein, so wird

$$y = \frac{e}{1 - \frac{\omega_k^2}{\omega^2}} \quad \text{. . . . . (4)}$$

Die Größe der noch vorhandenen Fliehkraft, welche auf die Lager übertragen wird, ergibt sich zu

$$P = \alpha y = \frac{m e \omega^2}{\frac{\omega^2}{\omega_k^2} - 1} \quad \text{. . . . . (5)}$$

Durch geeignete Wahl von $\frac{\omega}{\omega_k}$, d. h. bei gegebenem ω durch Verkleinerung von ω_k sind wir mithin in der Lage, P nach Belieben zu verkleinern, ohne Rücksicht auf die Exzentrizität e, welche indes in Wirklichkeit selbstverständlich ebenfalls so klein als irgend möglich gemacht wird. So erteilt de Laval seinen Turbinenwellen eine Biegsamkeit, daß ω den 7fachen Wert von ω_k erreicht, und es ist der gute Gang Lavalscher Turbinen gewiß dieser ausgezeichneten Idee ihres Erfinders mit zu verdanken.

Daß die in Fig. 153 dargestellte Gleichgewichtslage nicht bloß eine mögliche, sondern eine stabile ist, hat Föppl durch seine theoretischen Untersuchungen unter vereinfachenden Annahmen erwiesen. Der allgemeine Beweis folgt unten.

Für die modernen vielstufigen Dampfturbinen kommt nun vor allem der Fall in Betracht, wo eine durchgehende Welle eine Anzahl von Rädern zu tragen hat, deren Schwerpunkte im allgemeinen sämtlich aus dem Wellenmittel verschoben sein werden, und durch ihre freien Fliehkräfte zu analogen Erscheinungen Veranlassung geben wie bei der einzelnen Scheibe.

[1]) oder wenn die Geschwindigkeit so rasch zunimmt, daß die Scheibe „keine Zeit hat“, sich von der Achse zu weit zu entfernen.

Kritische Winkelgeschwindigkeit mehrfach belasteter Wellen.

63. Zwei Einzelräder.

Fig. 154 stellt den zur Winkelgeschwindigkeit ω gehörigen Gleichgewichtszustand dar. Im mitrotierenden Koordinatensystem XYZ seien O_1, O_2 die Durchstoßpunkte der die Lager verbindenden geometrischen Rotationsachse, x_1, y_1 die Koordinaten des Nabenmittelpunktes der einen, x_2, y_2 desgl. der anderen Scheibe. Für die nach diesen Punkten verschobenen parallelen Achsen der ξ und η seien ξ_1, η_1 und ξ_2 η_2 die Koordinaten der Schwerpunkte S_1, S_2, mithin e_1, e_2 deren „Exzentrizitäten". Die Torsionsdeformation ist gegenüber der Biegung wohl immer so gering, daß von einer Änderung des ursprünglich von e_1 und e_2 gebildeten Winkels abgesehen werden kann. Die von den Scheibenmassen m_1, m_2 entwickelten Fliehkräfte können in die Komponenten

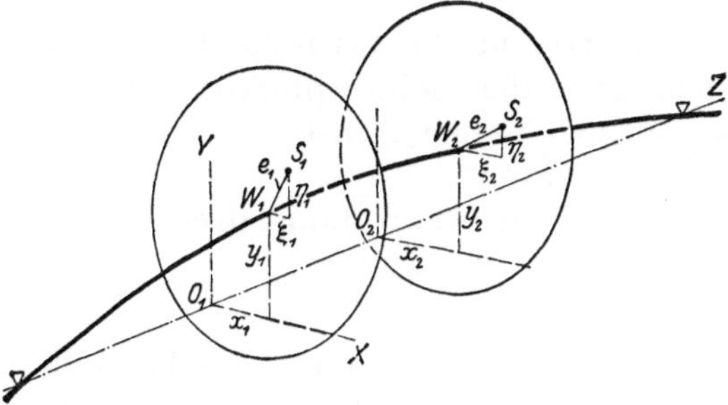

Fig. 154.

$$\left.\begin{aligned} X_1 &= (x_1 + \xi_1) m_1 \omega^2, \qquad Y_1 = (y_1 + \eta_1) m_1 \omega^2 \\ X_2 &= (x_2 + \xi_2) m_2 \omega^2, \qquad Y_2 = (y_2 + \eta_2) m_2 \omega^2 \end{aligned}\right\} \quad . \quad . \quad . \quad (1)$$

zerlegt werden. Unter ihrer Einwirkung erfährt die Welle eine Einbiegung, für welche

$$\left.\begin{aligned} x_1 &= a_{11} X_1 + a_{12} X_2, \qquad y_1 = a_{11} Y_1 + a_{12} Y_2 \\ x_2 &= a_{21} X_1 + a_{22} X_2, \qquad y_2 = a_{21} Y_1 + a_{22} Y_3 \end{aligned}\right\} \quad . \quad . \quad . \quad (2)$$

mit $a_{12} = a_{21}$ gesetzt werden kann und die Konstanten a aus den Wellenabmessungen, der Lagerungsart u.s.w. zu berechnen sind. Setzen wir die Ausdrücke der Kraftkomponenten ein, so ergeben sich die Gleichungen:

$$\begin{aligned} (a_{11} m_1 \omega^2 - 1) x_1 + a_{12} m_2 \omega^2 x_2 + a_{11} \xi_1 \omega_1 \omega^2 + a_{12} \xi_2 m_2 \omega^2 &= 0 \\ a_{21} m_1 \omega^2 x_1 + (a_{22} m_2 \omega^2 - 1) x_2 + a_{21} \xi_1 m_1 \omega^2 + a_{22} \xi_2 m_2 \omega^2 &= 0 \\ (a_{11} m_1 \omega^2 - 1) y_1 + a_{12} m_2 \omega^2 y_2 + a_{11} \eta_1 m_1 \omega^2 + a_{12} \eta_2 m_2 \omega^2 &= 0 \\ a_{21} m_1 \omega^2 y_1 + (a_{22} m_2 \omega^2 - 1) y_2 + a_{21} \eta_1 m_1 \omega^2 + a_{22} \eta_2 m_2 \omega^2 &= 0. \end{aligned}$$

Die hieraus ermittelten Werte $x_1 x_2 y_1 y_2$ wachsen ins Unendliche, falls die Determinante

$$D = \begin{vmatrix} (a_{11} m_1 \omega^2 - 1), & a_{12} m_2 \omega^2 \\ a_{21} m_1 \omega^2, & (a_{22} m_2 \omega^2 - 1) \end{vmatrix}$$

verschwindet. Die kritische Geschwindigkeit ω_k ist mithin aus der Gleichung

$$D = (a_{11} m_1 \omega_k^2 - 1) \, a_{22} m_2 \omega_k^2 - 1) - a_{12}^2 m_1 m_2 \omega_k^4 = 0$$

zu berechnen. Für den Fall gleicher Massen $m_1 = m_2 = m$ von symmetrischer Anordnung (auch hinsichtlich Wellenstärke und Lagerung) wird $a_{11} = a_{22} = \alpha$, $a_{12} = \beta$ und

$$\alpha m \omega_k^2 - 1 = \pm \beta m \omega_k^2,$$

woraus

$$\left. \begin{aligned} m\omega_{k1}^2 &= \frac{1}{\alpha - \beta} \\ m\omega_{k2}^2 &= \frac{1}{\alpha + \beta} \end{aligned} \right\} \quad \ldots \ldots \ldots \quad (3)$$

zwei Werte für die kritische Geschwindigkeit folgen, entsprechend z. B. einer Lage der Schwerpunkte auf einer oder auf verschiedenen Seiten der geometrischen Achse, bei von Anfang an in einer Ebene liegenden Schwerpunkten.

Schon die Anordnung dreier Massen gibt indessen vollständig undurchsichtige Ergebnisse.

64. Graphische Behandlung bei beliebiger Verteilung der Massen und beliebig veränderlicher Wellenstärke.

Die Lösung dieser allgemeinen Aufgabe gelingt auf graphischem Wege stets indes freilich nur in Form einer planmäßigen Annäherung. Eine Methode dieser Art wurde angewendet von Vianello, um Knickungsaufgaben zu lösen, und Delaporte beschreibt ein verwandtes Verfahren in „Revue de mécanique“ 1903, Bd. XII, S. 517. Wir setzen die gründliche Kenntnis des Mohrschen Satzes zur Bestimmung der elastischen Linie von gebogenen Balken voraus und schlagen folgenden etwas abweichenden Weg ein.

Eine Welle mit beliebiger Lagerung sei durch die zur Balkenachse senkrechten Kräfte $P_1, P_2, \ldots$ belastet, welche an ihren Angriffspunkten die Durchbiegungen $y_1, y_2, \ldots$ hervorrufen. Werden alle Kräfte P auf das k-fache ihres Betrages gebracht, so wachsen auch die Durchbiegungen auf das k-fache. Die Welle trage eine Anzahl Massen, deren Schwerpunkte je in das Wellenmittel hereinfallen; die Kräfte P seien die Fliehkräfte, welche durch die Massen entwickelt werden, wenn die Welle rotiert und um die Beträge $y_1, y_2, \ldots$ ausgelenkt wird. Solange die Winkelgeschwindigkeit ω klein ist, sind die Fliehkräfte ungenügend, um die Welle durchzubiegen; erst bei der kritischen Umlaufszahl besteht Gleichgewicht zwischen Fliehkräften und den elastischen Kräften. Ist dies für eine Gruppe von Auslenkungen $y_1, y_2, \ldots$ der Fall, so trifft es auch für das k-fache hiervon zu, denn mit der Vergrößerung von y wachsen im gleichen Verhältnis auch die P, mit anderen Worten: **bei der kritischen Umlaufzahl befindet sich die Welle für jede Auslenkung im indifferenten Gleichgewicht.**

Wir zeichnen nun die elastische Linie der in ihren Abmessungen gegebenen Welle probeweise zunächst willkürlich auf, und berechnen die Fliehkräfte $P_1, P_2, \ldots$ aus den Durchbiegungen $y_1, y_2, \ldots$ mit einer ebenfalls willkürlichen Winkelgeschwindigkeit ω. Aus den Kräften ergibt sich die Biegungsmomentenfläche, und nach Mohr die „erste“ wahre elastische Linie, welche den Kräften P entspricht und deren Ordinaten wir mit $y_1', y_2' \ldots$ bezeichnen wollen. Die Durchbiegung etwa in der

Mitte der Welle y'_m wird sich von dem anfänglich angenommenen Wert y_m unterscheiden, z. B. kleiner ausfallen, kann aber dieser Größe gleich gemacht werden, wenn wir statt ω die größere Geschwindigkeit

$$\omega' = \omega \sqrt{\frac{y_m}{y'_m}} \quad \ldots\ldots\ldots \quad (1)$$

angewendet denken, weil hierdurch alle Kräfte im Verhältnis $y_m : y'_m$ vergrößert werden. Vergrößern wir alle Ordinaten im Verhältnis $\omega'^2 : \omega^2$, so müßte die so erhaltene „korrigierte" elastische Linie mit der angenommenen übereinstimmen, wenn wir schon das erste Mal richtig geraten hätten. In diesem Fälle wäre ω' die kritische Geschwindigkeit. In Wahrheit werden die beiden Linien abweichen, und wir müssen das Verfahren wiederholen, indem wir nun die vorhin „korrigierte" elastische Linie als zweite Annahme gelten lassen. Ihre Ordinaten wollen wir mit y_1^*, y_2^* . . . bezeichnen und zur Berechnung der neuen Werte der Belastungen P_1^*, P_i^*, . . . benützen. Die Konstruktion der zweiten wahren elastischen Linie nach Mohr ergibt als Einsenkung am gleichen Punkte wie vorhin y''_m, welches von y_m^* abweicht, und wir müssen wieder ein neues $\omega = \omega''$ gemäß Gleichung

$$\omega'' = \omega' \sqrt{\frac{y_m^*}{y''_m}} \quad \ldots\ldots\ldots \quad (2)$$

wählen, und die Ordinaten im Verhältnis von $\omega''^2 : \omega'^2$ vergrößern. Die so korrigierte elastische Linie wird fast stets mit der „zweiten Annahme" genügend genau übereinstimmen, d. h. es bedeutet ω'' die kritische Geschwindigkeit; im andern Falle müßte das Verfahren wiederholt werden.

65. Stetig und gleichmäßig belastete Welle mit unveränderlichem Durchmesser in rechnerischer Behandlung.

Die Welle sei durch ungemein dicht gestellte gleichmäßig über die ganze Länge verteilte Scheibenräder belastet (Fig. 155), welche die Biegsamkeit der Welle indessen nicht beeinträchtigen sollen. Die auf die Längeneinheit entfallende Masse der Scheiben sei m_1, das unveränderliche Flächen-Trägheitsmoment der Welle J. Um die Rechnung in der einfachsten Form durchzuführen, werde angenommen, der Schwerpunkt aller Scheiben liege in einer und derselben axialen Ebene, um den konstanten Betrag e nach derselben Seite gegen das Wellenmittel verschoben. Das Eigengewicht der Welle wird zum Gewichte der Scheiben geschlagen.

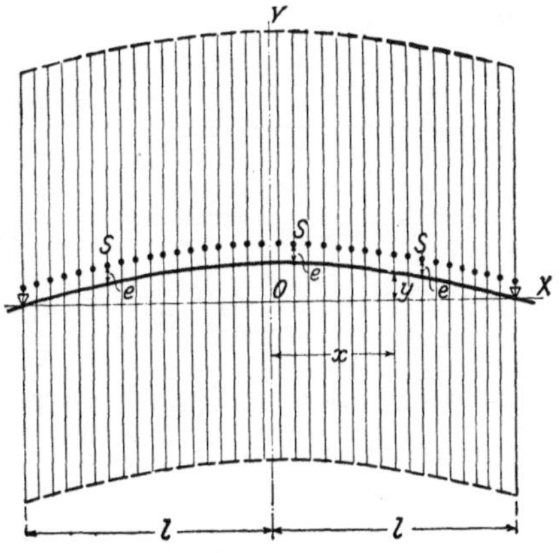

Fig. 155.

Wenn bei der Geschwindigkeit ω Gleichgewicht eingetreten ist, so findet sich ein Stabelement (Fig. 156) von der Länge dx, wenn wir von der Schiefstellung der Scheiben zunächst absehen, der Wirkung

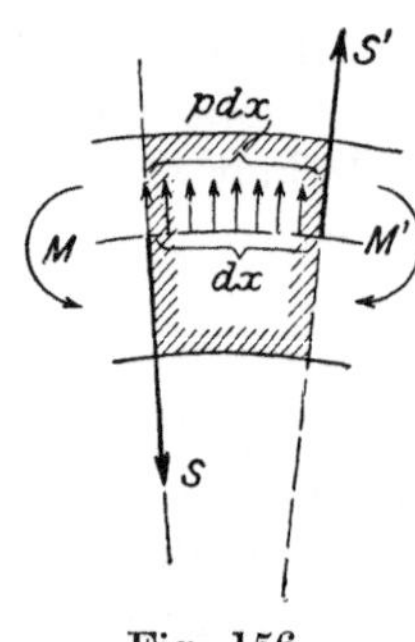

Fig. 156.

der Fliehkraft $m_1(y+e)\,dx\,\omega^2$ (als der Ergänzungskraft der relativen Bewegung) und den Biegungsmomenten M' und M, sowie den Scherkräften S' und S unterworfen.

Bezeichnen wir die Fliehkraft mit $p\,dx$, unter p die „Belastung" der Längeneinheit verstanden, so ergibt sich aus dem Verschwinden der vertikalen Kraftkomponenten

$$S' - S + p\,dx = 0 \quad \text{oder} \quad \frac{dS}{dx} = -p \quad . \quad (1)$$

und aus dem Verschwinden der Momente für den Schwerpunkt

$$M' - M - S'\frac{dx}{2} - S\frac{dx}{2} = 0 \quad \text{oder} \quad \frac{dM}{dx} = S \quad . \ . \ . \quad (2)$$

Zu diesen Gleichungen fügen wir die bekannte Grundformel der Biegung hinzu, welche für die in Fig. 155 eingetragene Richtung der Koordinatenachsen, und wenn der Sinn von M' als positiv gilt, wie folgt lautet:

$$JE\frac{d^2y}{dx^2} = -M \quad . \ . \ . \ . \ . \ . \ . \ . \quad (3)$$

Hieraus ergibt sich

$$JE\frac{d^4y}{dx^4} = p = m_1\omega^2(y+e) \quad . \ . \ . \ . \ . \ . \quad (4)$$

Diese Gleichung besitzt das allgemeine Integral

$$y = a e_0^{kx} + a' e_0^{-kx} + b\cos kx + b'\sin kx - e \quad . \ . \ . \quad (5)$$

worin

$$k = +\sqrt[4]{\frac{m_1\omega^2}{JE}} \quad . \ . \ . \ . \ . \ . \ . \ . \quad (6)$$

und e_0 die Basis der natürlichen Logarithmen (zum Unterschiede von e) bezeichnet, während die Konstanten a, a', b, b' den Bedingungen der Aufgabe angepaßt werden müssen, was für die nachfolgenden Sonderfälle geschehen mag.

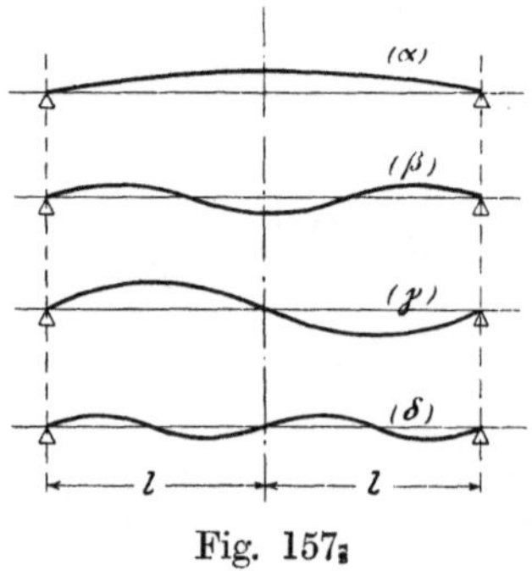

Fig. 157.

α) **Die beiderseits frei aufliegende Welle** wird sich offenbar entweder so verbiegen, daß, wie Beispiele α, β in Fig. 157 zeigen, die elastische Linie inbezug auf die Mittelsenkrechte symmetrisch bleibt, oder aber so, daß, wie γ, δ darstellt, die elastische Linie inbezug auf die Mitte der Lagerdistanz zentrisch-symmetrisch wird, wobei freilich e verschwindend klein gedacht ist.

Im ersten Falle muß y in Formel (5), wenn wir die Abszisse von der Wellenmitte aus zählen, eine gerade, im zweiten eine ungerade Funktion von x werden, beide Male tritt als weitere Bedingung die Forderung hinzu, daß für $x = l$ sowohl $y = 0$ als auch das biegende Moment, d. h. $d^2y : dx^2 = 0$ sein muß. Hieraus folgt für die gerade Funktion $a' = a$, $b' = 0$, und

$$a = \frac{e}{2(e_0^{kl} + e^{-kl})}, \quad b = \frac{e}{2\cos kl}$$

mithin die Durchbiegung unendlich, falls $\cos kl = 0$

oder $$kl = \frac{\pi}{2} \ldots \frac{3\pi}{2} \ldots \frac{5\pi}{2} \ldots .$$

Für die ungerade Funktion erhält man

$$a' = -a, \; \mathrm{b} = 0, \; a = \frac{e}{2(e_0^{kl} - e^{-kl})}, \quad b' = \frac{e}{2\sin kl}$$

also wieder kritische Umlaufzahlen, falls

$$kl = \frac{2\pi}{2}, \; \frac{4\pi}{2}, \; \frac{6\pi}{2}, \ldots .$$

Es gibt mithin eine endlose Anzahl kritischer Werte kl, welche sich wie $1:2:3:4: \ldots .$ zueinander verhalten. Da nun gemäß Gl. (6) ω zu k^2 proportional ist, folgt, daß sich die kritischen Geschwindigkeiten selbst verhalten wie

$$1 : 2^2 : 3^2 : 4^2 : \ldots .$$

Insbesondere finden wir den niedrigsten Wert derselben mit $kl = \frac{\pi}{2}$ zu

$$\omega_k = \sqrt{\frac{\pi^4}{16} \frac{JE}{m_1 l^4}} = 3{,}489 \sqrt{\frac{JE}{Ml^3}} \quad \ldots \ldots \quad (7)$$

insofern wir unter M die Gesamtmasse aller Scheiben und der Welle verstehen.[1]) Umgekehrt findet sich der Wellenhalbmesser, welcher der kritischen Geschwindigkeit ω_k entspricht, zu

$$r = 0{,}5686 \sqrt[4]{\frac{Ml^3 \, \omega_k^2}{E}} \quad \ldots \ldots \ldots \quad (8)$$

β) **Die beiderseitig eingespannte Welle** von der Länge $2l$ gibt ebenfalls die Möglichkeit einer bezüglich der Mittelsenkrechten und einer bezüglich des Halbierungspunktes der Lagerdistanz symmetrischen Verbiegung. Die weiteren Grenzbedingungen sind $y = 0$ und $dy : dx = 0$ für $x = l$. Es ergibt sich für y als gerade Funktion das Auftreten einer kritischen Geschwindigkeit, falls

$$\operatorname{tg}(kl) = -\operatorname{tg} h\,(kl) \quad \ldots \ldots \ldots \quad (9)$$

wo $\operatorname{tg} h$ die sog. hyperbolische Tangente bedeutet, für deren Werte in der „Hütte" (des Ingenieurs Taschenbuch) ausführliche Tabellen mitgeteilt sind. Die Auflösung ergibt als Wurzeln

$$kl = \frac{3}{4}\pi, \frac{7}{4}\pi, \frac{11}{4}\pi \quad \ldots \ldots \ldots \quad (10)$$

[1]) Hr. Wißler, leitender Ingenieur bei Sautter, Harlé & Cie, in Paris, teilt mir mit, daß er auch schon ähnliche Formeln zum Gebrauche seines Bureaus aufgestellt habe. Erst nach dem Erscheinen der 1. Auflage gelangte zur Kenntnis des Verfassers, daß auch Dunkerley, in der weiter unten besprochenen Abhandlung die hier angeführten Lösungen schon im Jahre 1895 gebracht hat. Hingegen behandelt Dunkerley das in Abschnitt 105 mitgeteilte Sonderproblem nicht.

Ist y eine ungerade Funktion, so folgt

$$\operatorname{tg}(kl) = +\operatorname{tg} h\,(kl) \quad \ldots \ldots \quad (11)$$

mit den Wurzeln

$$kl = \frac{5}{4}\pi,\ \frac{9}{4}\pi,\ \frac{13}{4}\pi \quad \ldots \ldots \quad (12)$$

Die kritischen Umlaufzahlen verhalten sich mithin wie

$$3^2 : 5^2 : 7^2 : 9^2 : \ldots = 1 : 2{,}8 : 5{,}4 : 9 : \ldots \quad (13)$$

und die niedrigste derselben ist

$$\omega_k = \sqrt{\left(\frac{3\pi}{4}\right)^4 \frac{JE}{m_1 l^4}} = 7{,}851 \sqrt{\frac{JE}{Ml^3}} \quad \ldots \quad (14)$$

woraus der Wellenhalbmesser

$$r = 0{,}3791 \sqrt[4]{\frac{Ml^3 \omega_k^{\,2}}{E}} \quad \ldots \ldots \quad (15)$$

Setzt man voraus, daß die Welle im Lager mit der geometrischen Achse stets einen kleinen Winkel einschließt, also während der Rotation einen Kegel zu beschreiben gezwungen wird, so ergibt die Rechnung auffallenderweise dieselben kritischen Geschwindigkeiten wie bei horizontaler Einspannung. Dasselbe trifft zu, wenn die Welle durch schiefe (festgelegte) Lager von Anfang an verspannt ist.

γ) **Die einseitig wagerecht eingespannte Welle** ergibt mit dem in Fig. 158 eingezeichneten Koordinatensystem die Bedingungen $y = 0$ und $\frac{dy}{dx} = 0$ für $x = 0$, ferner für $x = l$, Biegungsmoment und Schubkraft $= 0$, d. h. $\frac{d^2y}{dx^2} = 0$ und $\frac{d^3y}{dx^3} = 0$, also vier Gleichungen zur Bestimmung von a, a', b, b' in Formel (5).

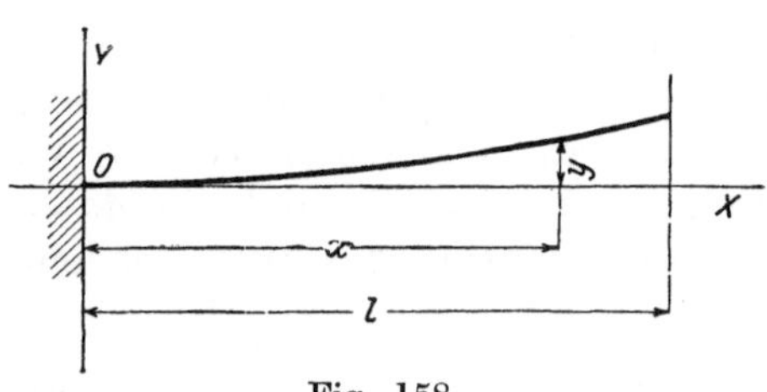

Fig. 158.

Wenn die Determinante der Koeffizienten in den Bedingungsgleichungen verschwindet, so ergeben sich wieder unendlich große Werte der Durchbiegung. Die Rechnung führt auf den Ausdruck

$$\cos kl\,(e^{kl} + e^{-kl}) + 2 = 0\,. \quad (16)$$

und die kleinste Wurzel dieser Gleichung ist $kl = 1{,}875$ oder rd. $1{,}19\,x$ $(\pi : 2)$ gegenüber $(\pi : 2)$ im vorigen Fall; also ist schließlich mit Gl. (6) die kritische Geschwindigkeit

$$\omega_k = 3{,}494 \sqrt[2]{\frac{JE}{Ml^3}} \quad \ldots \ldots \quad (17)$$

oder der Wellenhalbmesser

$$r = 0{,}5683 \sqrt[4]{\frac{Ml^3 \omega_k^{\,2}}{E}} \quad \ldots \ldots \quad (18)$$

In Wirklichkeit wird die Steifheit der Welle durch die Naben der Scheibenräder erhöht werden. Es muß der Erfahrung vorbehalten bleiben, zu ermitteln, wie groß dieser Einfluß ist, d. h. ein wie großer Teilbetrag des Trägheitsmomentes der Nabe zum Trägheitsmoment der Welle hinzugefügt werden darf.

66. Die glatte Welle unter dem Einflusse ihrer Eigenmasse. Raschlaufende Transmissionen.

Ist eine sonst unbelastete (z. B. vertikal gedachte) Welle von Anfang an verbogen, so wird sie durch die Fliehkraft weiter deformiert, und die ausgeübte elastische Gegenkraft ist hierbei der Differenz der wahren und der anfänglichen Durchbiegung proportional. Die Welle wird sich mithin verhalten, als wäre eine ideale geradlinige Achse vorhanden, welche die elastischen Kräfte hergibt, während die Belastung durch die exzentrisch gelagerten (im übrigen frei gedachten) Massen der Welle geliefert wird. Die entwickelten Formeln können hier somit ohne weiteres angewendet werden.

Für die beidseitig frei aufliegende Welle von der Länge $2l$ haben wir in Formel (7) einzusetzen

$$M = \mu \pi r^2 2l$$

wobei unter μ die spezifische Masse zu verstehen ist und wir erhalten

$$\omega_k = 1{,}234 \frac{r}{l^2} \sqrt{\frac{E}{\mu}} \quad \dots \dots \quad (1)$$

oder

$$r = 0{,}811\, \omega_k l^2 \sqrt{\frac{\mu}{E}} \quad \dots \dots \quad (2)$$

Für die beidseitig eingespannte Welle

$$\omega_k = 2{,}776 \frac{r}{l^2} \sqrt{\frac{E}{\mu}} \quad \dots \dots \quad (3)$$

$$r = 0{,}360\, \omega_k l^2 \sqrt{\frac{\mu}{E}} \quad \dots \dots \quad (4)$$

Für die einseitig eingespannte Welle von der Länge l ist

$$M = \mu \pi r^2 l$$

und

$$\omega_k = 1{,}747 \frac{r}{l^2} \sqrt{\frac{E}{\mu}} \quad \dots \dots \quad (5)$$

$$r = 0{,}5724\, l^2 \omega_k \sqrt{\frac{\mu}{E}} \quad \dots \dots \quad (6)$$

Schließlich ergibt sich für Flußeisen mit $\mu = 0{,}0078 : 981$ und $E = 2150000$ und mit Einführung der minutlichen Umdrehungszahl n in den Fällen

$$r = \frac{1{,}633}{10^7} l^2 n \quad \text{bzw.} \quad \frac{0{,}725}{10^7} l^2 n \quad \text{bzw.} \quad \frac{1{,}147}{10^7} l^2 n \quad . \; . \quad (7)$$

r und l in Zentimetern. Beispielsweise wird für die beidseitig frei aufliegende Welle bei $n = 1500$ und $l = 100$ cm $r = 2{,}45$ cm.

Die entwickelten Formen dürfen auch für die Anlage rasch laufender Transmissionen Beachtung verdienen, da wir von diesen zu verlangen haben, daß sie sich hinlänglich tief unter ihrer kritischen Umdrehungszahl befinden.

67. Schiefstellung der Scheiben.

Wenn zufolge der Wellenbiegung die Radscheiben schief gestellt werden, entsteht ein Drehmoment, welches trotz der Kleinheit des Neigungswinkels die kritische Geschwindigkeit beeinflußt.

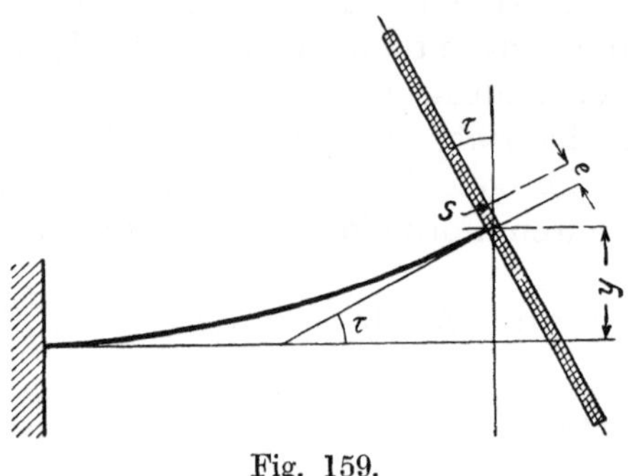

Fig. 159.

Sei Θ das Trägheitsmoment der sehr dünn vorausgesetzten Scheibe in bezug auf einen zur Ebene der elastischen Linie senkrechten Durchmesser, τ der sehr kleine Neigungswinkel der elastischen Linie, also zugleich der Winkel den die Radebene und eine zur Achse senkrechte Ebene einschließen. Das Moment der Fliehkräfte, welche die Scheibe senkrecht zu stellen trachten, ist dann, unabhängig von der Auslenkung der Scheibenmitte, angenähert

$$\mathfrak{M} = \Theta \omega^2 \tau \qquad (1)$$

Wir behandeln zunächst:

a) Die fliegende Scheibe an massenloser Welle.

J und l seien Trägheitsmoment und Länge der Welle, Fig. 159. Die Scheibe übt auf den Endpunkt der Welle eine nach oben gerichtete Kraft P und ein gegen den Uhrzeiger drehendes Moment M aus, welche eine Verbiegung

$$\left.\begin{aligned} y &= \frac{1}{3}\frac{Pl^3}{JE} + \frac{1}{2}\frac{Ml^2}{JE} \\ \tau &= \frac{1}{2}\frac{Pl^2}{JE} + \frac{Ml}{JE} \end{aligned}\right\} \qquad (2)$$

erzeugen. Mit der Bezeichnung,

$$A = \frac{JE}{l}$$

findet man durch Auflösung

$$\left.\begin{aligned} M &= -6A\left(\frac{y}{l}\right) + 4A\tau \\ Pl &= 12A\left(\frac{y}{l}\right) - 6A\tau \end{aligned}\right\} \qquad (3)$$

Der Schwerpunkt der Scheibe sitze in ihrem Mittelpunkt (d. h. die in die Figur eingetragene Exzentrizität $e = 0$). Auf die Scheibe wirkt ihre Fliehkraft $my\omega^2$ nach oben, und das schon angegebene Moment $\mathfrak{M}$ im Sinne des Uhrzeigers. Damit Gleichgewicht besteht, müssen die Bedingungen

$$P = m y \omega^2$$
$$M = \mathfrak{M}$$

erfüllt sein. Das gibt die Gleichungen

$$\left.\begin{aligned} (12\,A - m l^2 \omega^2)\left(\frac{y}{l}\right) - 6\,A\,\tau = 0 \\ 6A\left(\frac{y}{l}\right) - (4\,A + \Theta\omega^2)\,\tau = 0 \end{aligned}\right\} \quad . \; . \; . \; . \; . \quad (4)$$

Sollen diese gleichzeitig für endliche Werte von y und τ bestehen können, so muß das Verhältnis dieser Größen in beiden Gleichungen dasselbe sein. So erhält man

$$(12\,A - m l^2 \omega^2)(4\,A + \Theta\omega^2) - 36\,A^2 = 0 \quad . \; . \; . \; . \quad (5)$$

als Gleichung zur Berechnung der kritischen Geschwindigkeit.

Schreiben wir Gl. (15) kürzer

$$B\omega^4 + 2\,C\omega^2 - 1 = 0 \quad . \; . \; . \; . \; . \; . \; . \quad (6)$$

mit

$$B = \frac{m\,\Theta l^4}{12\,J^2 E^2}; \quad C = \frac{l}{2\,JE}\left(\frac{m l^2}{3} - \Theta\right)$$

so ist die für unsere Aufgabe brauchbare Lösung

$$\omega_k^2 = \frac{-C + \sqrt{C^2 + B}}{B} \quad . \; . \; . \; . \; . \; . \; . \quad (7)$$

Ist $\Theta = 0$, so erhalten wir

$$\omega_k^2 = \frac{3\,JE}{m l^3} \quad . \; . \; . \; . \; . \; . \; . \; . \; . \quad (8)$$

Ist $\Theta = \infty$, so wird

$$\omega_k^2 = \frac{12\,JE}{m l^3} \quad . \; . \; . \; . \; . \; . \; . \; . \; . \quad (9)$$

Die Schiefstellung bewirkt mithin eine mit dem Trägheitsmoment wachsende Vergrößerung der kritischen Geschwindigkeit.

b) Allgemeiner Fall.

Wir denken uns die Welle mit zahlreichen Scheiben gleichmäßig besetzt, ohne daß sie in ihrer Biegsamkeit beeinträchtigt wäre, und behandeln die Aufgabe, als wenn die Masse stetig verteilt wäre, so zwar, daß wir als Querschnitts-Trägheitsmoment nur den Wert J, der der Welle an sich zukommt, benutzen, hingegen unter m_1 die Masse der Welle und der Räder pro Längeneinheit verstehen. Weiterhin führen wir Θ_1 das Massenträgheitsmoment von Scheiben und Welle pro Längeneinheit, bezogen auf eine zur elastischen Linie senkrechte Schwerpunktsachse, ein. Um Θ_1 auszurechnen, bestimmt man die Trägheitsmomente der Scheiben und der in dünne Scheiben geteilt gedachten Welle einzeln und dividiert die erhaltene Summe durch die Länge der Achse.

Auf eine Länge dx entfällt dann, wenn τ die Neigung der elastischen Linie bedeutet, ein Fliehkraftmoment

$$\mathfrak{M}_1\,dx = \Theta_1\,dx\,\omega^2\tau \quad . \; . \; . \; . \; . \; . \; . \quad (10)$$

Das Gleichgewicht der Kräfte an dem in Fig. 160 dargestellten Wellenelement wird durch folgende Gleichungen ausgedrückt, wobei an der schräg nach oben gerichteten Scherkraft die Bezeichnung S' hinzuzudenken ist, und $p\,dx$ die Fliehkraft bedeuten soll.

$$\left.\begin{array}{l} S'-S+p\,dx=0 \\ M'-M+S\,dx-\mathfrak{M}_1\,dx=0 \end{array}\right\} \quad \ldots\ldots \quad (11)$$

Aus (11) folgt

$$\frac{dS}{dx}=-p; \quad \frac{dM}{dx}=-S+\mathfrak{M}_1 \quad \ldots\ldots \quad (12)$$

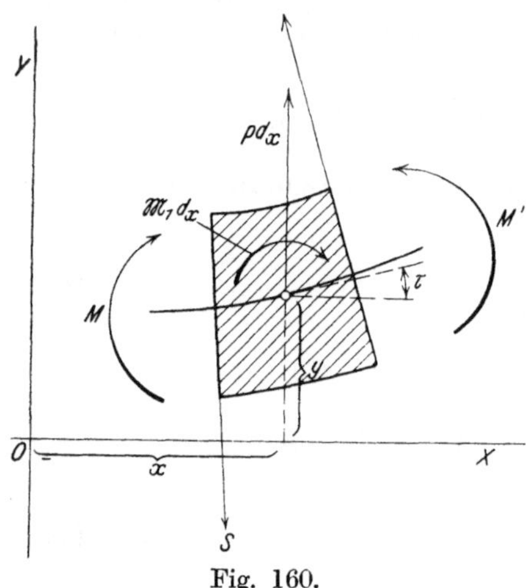

Fig. 160.

Für den in der Figur angenommenen positiven Momentensinn gilt aber

$$JE\frac{d^2y}{dx^2}=M$$

oder mit Rücksicht auf (12)

$$JE\frac{d^3y}{dx^3}=\frac{dM}{dx}=-S+\mathfrak{M}_1$$

und

$$JE\frac{d^4y}{dx^4}=-\frac{dS}{dx}+\frac{d\mathfrak{M}_1}{dx}$$

oder schließlich, mit $\tau=dy:dx$

$$JE\frac{d^4y}{dx^4}-\Theta_1\omega^2\frac{d^2y}{dx^2}=p=m_1\omega^2 y \quad (13)$$

Für eine freiaufliegende Welle von der Länge $2l$ bildet bei konstantem m_1, Θ_1, J der Ausdruck

$$y=a\cos kx$$

ein Integral und man erhält als Bedingung für k:

$$JEk^4+\Theta_1\omega^2k^2-m_1\omega^2=0 \quad \ldots\ldots \quad (14)$$

andererseits muß für eine Verbiegung nach Fig. 157, Fall a,

$$kl=\frac{\pi}{2}$$

sein, so daß aus (14) die kritische Geschwindigkeit

$$\omega_k^2=\frac{\pi^4 JE}{16\,m_1 l^4}\,\frac{1}{\left(1-\frac{\pi^2\Theta_1}{4\,m_1 l^2}\right)} \quad \ldots\ldots \quad (15)$$

folgt. Auch hier bedingt also die Schiefstellung der Scheiben eine Vergrößerung von ω_k.

68. Eigenschwingung der ruhenden Welle und kritische Umlaufzahl.

a) Einzelne Scheibe auf massenloser Welle.

Erteilen wir der Scheibe (Fig. 152) von der Ruhelage ausgehend senkrecht zur Welle einen Impuls, so wird dieselbe, ohne ihre Neigung zu ändern, in Schwingung geraten, für welche (wenn wir $e=o$ setzen) die Gleichung

$$m\frac{d^2y}{dt^2}=-P=-\alpha y$$

gilt. Am besten ist es, die Welle senkrecht aufgestellt zu denken, allein auch bei horizontaler Lage ist die Gleichung richtig, wenn man y von der Gleichgewichtslage rechnet, die der Biegung durch das Eigengewicht entspricht. Aus dieser Gleichung folgt in bekannter Weise die Dauer einer vollen Hin- und Herschwingung

$$T=2\pi\sqrt{\frac{m}{\alpha}} \quad \text{(1)}$$

und die Schwingungszahl pro Sekunde

$$n=\frac{1}{T}=\frac{1}{2\pi}\sqrt{\frac{\alpha}{m}} \quad \text{(2)}$$

Die kritische Umlaufzahl ist aber, wenn wir sie auf die Sekunde beziehen

$$n'=\frac{\omega_k}{2\pi}=\frac{1}{2\pi}\sqrt{\frac{\alpha}{m}} \quad \text{(3)}$$

d. h. n und n' sind identisch.

Man kann also in diesem einfachen Falle die kritische Umlaufzahl durch Beobachtung der Eigenschwingungszahl ermitteln.

b) Allgemeiner Fall.

Das gefundene einfache Gesetz gilt auch für viel allgemeinere Anordnungen, hingegen wird es durch die Schiefstellung der Räder aufgehoben.

Ein Element einer schwingenden, beliebig belasteten Welle (Fig. 160) kann bekanntlich als im Gleichgewicht befindlich angesehen werden, wenn man zu den äußeren Kräften die d'Alembertschen Trägheitskräfte hinzufügt. Die Beschleunigung des Schwerpunktes in Richtung der xy-Achse ist $\frac{d^2y}{dt^2}$, also die Trägheitskraft

$$-m_1 dx\frac{d^2y}{dt^2}=p\,dx \quad \text{(4)}$$

Die Drehung um den Schwerpunkt bedingt ein Beschleunigungsmoment

$$\mathfrak{M}_1 dx=\Theta_1 dx\frac{d^2\tau}{dt^2} \quad \text{(5)}$$

und wir müssen dasselbe Moment entgegengesetzt, also im Sinne des Uhrzeigers, hinzufügen. Die Gleichgewichtsbedingungen sind dann mit Formeln (11) und (12) des vorigen Abschnittes identisch, nur müssen wir für p und $\mathfrak{M}_1$ die Ausdrücke (4) und (5) einsetzen. Wir erhalten

$$JE\frac{d^4y}{dx^4}-\Theta_1\frac{d^2}{dx^2}\left(\frac{d^2y}{dt^2}\right)=-m_1\frac{d^2y}{dt^2} \quad \text{(6)}$$

Die einfachste Schwingung wird durch den Ansatz

$$y=f(x)\cos(\lambda t)$$

dargestellt, wobei $f(x)$ und λ durch Einsetzen zu ermitteln sind, und auf die Bedingung

$$JE\frac{d^4 f(x)}{dx^4} + \Theta_1 \lambda^2 \frac{d^2 f(x)}{dx^2} - m_1 \lambda^2 f(x) = 0 \quad . \quad . \quad . \quad . \quad (7)$$

führen. Diese Gleichung stimmt mit Gl. (13) des vorigen Abschnittes überein, wenn wir

$$f(x) = y \text{ und } \lambda = \omega$$

setzen, bis auf das Vorzeichen von Θ_1. Ist Θ_1 vernachlässigbar, so wird die Übereinstimmung eine vollständige, d. h. die elastische Linie der schwingenden Welle nimmt dieselbe Form an, wie bei der kritischen Geschwindigkeit, und die Schwingungszahl ist gleich groß wie die Zahl der kritischen Umläufe pro Sekunde. Letzteres ist durch Gleichung $\lambda = \omega$ ausgedrückt.

Sowie aber die Massenträgheit bei der seitlichen Oszillation der Scheiben oder auch nur der Wellenelemente dazwischen tritt, erlischt die Gültigkeit des obigen Satzes.[1])

69. Die Formel von Dunkerley.

Aus dem vorhergehenden leuchtet ein, daß auf dem Wege der Rechnung die kritische Geschwindigkeit nur in den einfachsten Fällen bestimmbar sein wird, und daß auch das graphische Verfahren recht umständlich ist. Es muß deshalb sehr begrüßt werden, daß es Dunkerley[2]) in einer groß angelegten theoretischen und experimentellen Untersuchung gelungen ist, eine einfache empirische Formel aufzustellen, die für verwickelte Verhältnisse paßt.

Denken wir uns eine Welle mit beliebiger Lagerung, deren kritische Geschwindigkeit, wenn sie für sich allein rotiert, ω_1 sein möge. Auf diese Welle werde ein Rad T_1 an bestimmter Stelle aufgekeilt. Abstrahieren wir von der Masse der Welle selbst, so läßt sich die kritische Geschwindigkeit ω_2 dieses Systemes rechnerisch bestimmen.

Die in Wirklichkeit sich einstellende kritische Geschwindigkeit, die den vereinten Einfluß von Welle und Scheibe zum Ausdruck bringt, ist nun nach Dunkerley

$$\omega_0 = \frac{\omega_1 \omega_2}{\sqrt{\omega_1^2 + \omega_2^2}} \quad . \quad . \quad . \quad . \quad . \quad . \quad . \quad . \quad (1)$$

Wenn wir, nachdem Rad T_1 demontiert worden ist, ein zweites Rad T_2 an anderer Stelle aufkeilen, so möge, wenn die Welle gewichtslos gedacht wird, die theoretische Geschwindigkeit ω_3 sein. Bringen wir sowohl T_1 als auch T_2 auf, so ergibt das Experiment als wirkliche kritische Geschwindigkeit

$$\omega_0 = \frac{\omega_1 \omega_2 \omega_3}{\sqrt{\omega_2^2 \omega_3^2 + \omega_3^2 \omega_1^2 + \omega_1^2 \omega_2^2}} \quad . \quad . \quad . \quad . \quad (2)$$

---

[1]) Über diesen Gegenstand hat C. Chree im Philos. Magaz., Mai 1904, eine beachtenswerte Studie veröffentlicht, die indessen auf den allgemeinen Lagrangeschen Gleichungen und gewissen akustischen Methoden von Rayleigh fußend tiefer reichende Kenntnisse der analytischen Mechanik voraussetzt.

[2]) Philos. Transact. of the Royal Soc. London. Bd. 185. Jahrg. 1895. S. 270 uf.

oder es ist wenigstens nach Dunkerley die Abweichung der Wirklichkeit von dieser Zahl nicht größer als einige Prozente.

Die Formeln sind auch für den Fall gültig, wo die Scheiben T_1 T_2 auf verschiedenen Feldern einer mehrfach gelagerten Welle aufgekeilt werden. Formel (2) entsteht übrigens auch, indem man ω_0 selbst aus Gl. (1) mit ω_3 gemäß Formel (1) kombiniert. Auf Grund dieser Bemerkung sieht man ein, daß das resultierende ω_0 kleiner ist als irgend eines der Bestandteile ω_1, ω_2, ω_3.

70. Versuche über die kritische Geschwindigkeit glatter und belasteter Wellen.

Die ausgedehnteste Versuchsreihe verdanken wir Dunkerley, der sich einer 6,3 mm dicken, 950 mm langen Welle bediente. Die Welle wurde je nach Umständen in 2, 3, 4 Lagern gestützt und durch Scheibchen von 76 bzw. 89 mm Durchmesser und etwa 55 bzw. 123 g Gewicht belastet. Die Übereinstimmung der einfachen Fälle mit der Theorie war nahezu vollkommen. Die empirische Formel ergab, wie oben erwähnt, bis auf einige Prozente genaue Ergebnisse.

Die Föpplsche Formel wurde um die gleiche Zeit durch Klein[1]) experimentell geprüft und erwies sich ebenfalls vollkommen zutreffend.

Ohne von der Arbeit Dunkerleys Kenntnis gehabt zu haben, unternahm auch der Verfasser Versuche mit glatten und stetig belasteten Wellen, welche, obwohl mit primitiven Hilfsmitteln unternommen, der Mitteilung deshalb wert sind, weil sie bei bedeutend höheren Umlaufszahlen durchgeführt wurden als von Dunkerley, und weil die kritischen Umlaufszahlen höherer Ordnung beobachtet wurden, die bei Dunkerley fehlen. Die aus Kaliber-Rundstahl von 8,5 und 3,5 mm Durchmesser angefertigten dünnen Wellen wurden unmittelbar mit der Laufradwelle einer Laval-Turbine im Maschinenlaboratorium des Eidgenössischen Polytechnikums verbunden, wodurch die Möglichkeit gegeben war, Umlaufszahlen bis zu 25000 in der Minute zu erreichen. Durch eine Bremse auf der Zahnradwelle ließ sich die Geschwindigkeit sehr bequem regeln. Die Lagerung erfolgte in 56 mm langen Büchsen, in welchen man die Wellen als nahezu „eingespannt" ansehen kann. Im übrigen bestand das „Fundament" bloß aus einem Holzpfosten, der auf einer Balkenunterlage aufruhte. Damit die Welle nicht brach, wurde der größte Anschlag durch Führung auf etwa 10 mm im Radius beschränkt. Schon der erste Versuch erbringt den Beweis für die Existenz der höheren kritischen Geschwindigkeiten. Die anfänglich nur etwa 1 mm schlagende Welle zeigt bei einer Steigerung der Geschwindigkeit unruhigen Lauf; in der Nähe der kritischen Zahl biegt sie sich aus und beginnt in der Führung stark zu streifen. Kaum hat man die kritische Zahl überholt, streckt sie sich gerade, und vom anfänglichen „Schlagen" ist nichts wahrzunehmen. Erhöht man die Geschwindigkeit, so ist bald unter gleichen Erscheinungen die zweite kritische Umdrehungszahl erreicht, mit einem Knoten in der Lagermitte, daraufhin die dritte, mit zwei Knoten, und so fort.

---

[1]) Zeitschr. d. Ver. deutsch. Ing. 1895. S. 1192.

Die Kaliberstähle waren übrigens so homogen und gut ausgerichtet, daß die Welle bei der zweiten und den höheren kritischen Umlaufszahlen die Führungen nicht berührte, d. h. der Ausschlag unterhalb 10 mm radialer Weite blieb. Wir müssen also die Exzentrität e unserer Formel als ungemein klein voraussetzen.

In folgender Zusammenstellung sind als „kritische" Umlaufzahlen diejenigen angegeben, bei welchen der Druck auf die Führung oder das Erzittern des Gestelles der Schätzung nach sein Maximum erreichte.

1. Glatte Welle, 8 mm Durchmesser, $2l = 640$ mm, einseitig eingespannt.

Kritische Umlaufz. pro min. theoret. rd.	850	5400	15000	29500
„ „ beobachtet rd.	800	5000	14000	23000
Verhältnis theoretisch	1 :	6,3 :	17,6 :	43,6
„ beobachtet	1 :	6,2 :	17,4 :	29

2. Glatte Welle, 8 mm Durchmesser, $l = 450$ mm, einseitig eingespannt.

Kritische Umgangszahl pro min. theoretisch	1730	11000
„ „ „ „ beobachtet	1600	10300
Verhältnis theoretisch	1 :	6,3
„ beobachtet	1 :	6,4

3. Glatte Welle, 8 mm Durchmesser, $2l = 860$ mm, beidseitig eingespannt.

Kritische Umgangszahl pro min. theoretisch	2980	8300	16200
„ „ „ „ beobachtet	2700	4800	12000
Verhältnis theoretisch	1 :	2,8 :	5,4
„ beobachtet	1 :	1,8 :	4,4

4. Glatte Welle, 3,5 mm Durchmesser, $2l = 536$ mm, beidseitig eingespannt.

Kritische Umgangszahl pro min.					
theoretisch	3690		9400		18400
beobachtet	3200	(5200) (Unruhe)	8200	(9500) (Unruhe)	17000
Verhältnis theoretisch	1 :		2,8 :		5,4
„ beobachtet	1 :	(1,6) :	2,55 :	(2,95) :	5,3

Diese dünne Welle zeigt schwache Erzitterungen („Unruhe") auch bei theoretisch nicht motivierten Umlaufszahlen, was auf Grund später gemachter Erfahrungen auf ungenaue Montierung zurückzuführen ist.

5) Welle von 8 mm Durchmesser mit 20 Schmiedeeisenscheiben von je 180 mm Durchmesser, 2 mm Dicke belastet; Gesamtgewicht 8,93 kg, $2l = 860$ mm, beidseitig eingespannt.

Kritische Umlaufszahl pro min				
theoretisch	580	1620	3160	5250
beobachtet	500	1300	2800	(7000?)
Verhältnis theoretisch	1 :	2,8 :	5,4 :	9
„ beobachtet	1 :	2,6 :	5,6 :	(16?)

Überblickt man diese Zahlen, so zeigt sich die beobachtete kritische Geschwindigkeit durchweg kleiner wie die theoretische, während das Verhältnis der Umlaufzahlen verschiedener Ordnung leidlich mit dem theoretischen übereinstimmt. Der Grund der ersten Abweichung dürfte im Mitschwingen des bei meinen Versuchen sehr leichten, unvollkommenen Widerlagers liegen. In der Tat ist die Abweichung bei der schwersten Welle (Nr. 5) auch die größte. Es wird Aufgabe weiterer Versuche sein, den Unterschied vollends aufzuklären. Das eine darf auf Grund der gemachten Beobachtungen ausgesprochen werden, daß der Lauf der Wellen, insbesondere auch des eine vielstufige Turbine darstellenden Modelles Nr. 5, unmittelbar nach dem Überschreiten der kritischen Umlaufzahl ruhiger ist wie unterhalb der kritischen.

71. Die Dampfturbinenlager.

Die Konstruktion des Dampfturbinenlagers hat in erster Linie die ungemein hohe Gleitgeschwindigkeit, in zweiter Linie die wohl nie vollständig abwesende Vibration der Welle zu beachten. Eine Folge der hohen Geschwindigkeit ist die ungewöhnlich große Reibungsarbeit, welche in Wärme umgesetzt wird und die Temperatur von Lager und Welle so lange erhöht, bis die Wärmeabgabe durch Leitung und Strahlung der Wärmeerzeugung gleich geworden ist. Ist der spezifische Flächendruck $= p$ kg/qcm, und zwar als Quotient aus der Lagerbelastung und der Projektion der Lagerlauffläche aufgefaßt, die Gleitgeschwindigkeit $= w$ m/sk, der Reibungskoeffizient $= \mu$, und zwar als Quotient aus der auf den Wellenumfang reduzierten gesamten Reibungskraft und der Lagerbelastung definiert, so ist die pro Stunde im ganzen erzeugte Wärme in W. E.

$$Q = A l d \mu p w \; 3600 \quad \ldots \ldots \quad (1)$$

worin d den Durchmesser, l die Länge des Wellenzapfens in Zentimetern bedeutet. Daß man Q nicht ohne weiteres durch Verkleinerung von p verringern kann, war schon durch die Versuche von Tower bekannt, der das angenäherte Gesetz

$$p \mu = \text{konst.} \quad \ldots \ldots \ldots \quad (2)$$

aufstellte, welches besagt, daß bei Verringerung des Flächendruckes in gleichem Maße der Reibungskoeffizient wächst und die gesamte Reibungsarbeit unverändert bleibt.

Allein erst die klassischen Arbeiten von Lasche[1]) und Stribeck[2]) haben uns über die weitere Abhängigkeit der Reibungsverhältnisse von Druck, Geschwindigkeit und Temperatur aufgeklärt. Die Versuche des ersteren decken vor allem das im Turbinenbau wichtige Gebiet hoher Geschwindigkeiten und führen zu dem besonders einfachen Gesetz

$$\mu p t = \text{konst.} = 2 \quad \ldots \ldots \ldots \quad (3)$$

wobei als Grenzen von p etwa 1 bis 15 kg/qcm, von t, welches die Gleitflächentemperatur in Celsiusgraden angibt, etwa 30 bis 100^0 C anzusehen

[1]) Zeitschr. d. Ver. deutsch. Ing. 1901, S. 1881.
[2]) Zeitschr. d. Ver. deutsch. Ing. 1901, S. 1343.

sind. Die Geschwindigkeit übt auf den Wert der Konstanten nur einen ganz geringen Einfluß aus, solange sie sich in den Grenzen von etwa 5 bis 20 m/sek bewegt.

Bei ganz kleinen Geschwindigkeiten nähert sich μ nach den Versuchen von Stribeck für Sellers-Lager dem Werte von 0,14, d. h. er ist nahezu identisch mit dem Koeffizienten der rein metallischen Reibung, da die Ölschichte zwischen Welle und Schale eine verschwindend kleine Dicke besitzt. Steigt die Geschwindigkeit, so wird durch Adhäsion mehr Öl mitgenommen, μ sinkt, und zwar wenn $p = 1$ kg/qcm schon bei $w = 0{,}1$ m (wenn $p = 25$ kg/qcm bei $w = 1$ m) unter 0,005 herab. Weiterhin scheint die Dicke der Ölschicht nur langsam zuzunehmen, so daß wegen Vergrößerung der Geschwindigkeit, nach der Newtonschen Grundannahme, mit wachsender Geschwindigkeit auch μ zunimmt. Über 5 m hinaus ist indessen der Einfluß von w, wie erwähnt, ein vernachlässigbarer.

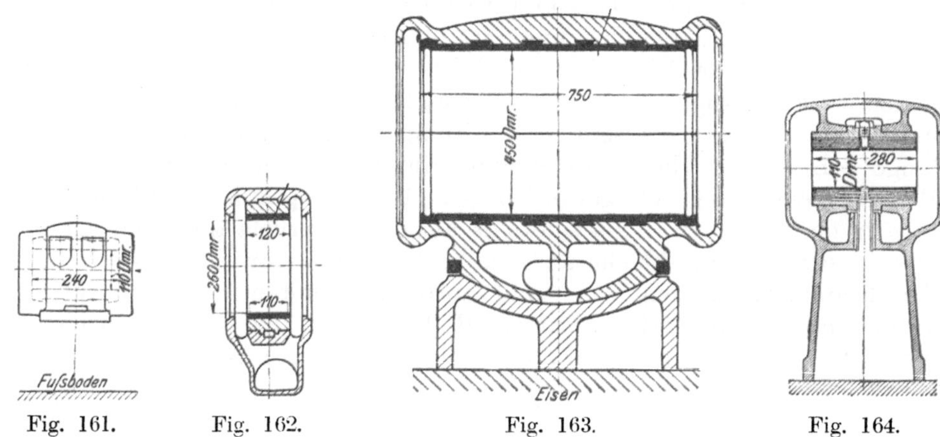

Fig. 161. Fig. 162. Fig. 163. Fig. 164.

Ganz besonders wertvoll sind die Versuche Lasches über die Wärmeausstrahlungsfähigkeit der Lager. Es wurden die in Fig. 161 bis 164 dargestellten Lager mit eingelegter rotierender Welle untersucht und die gesamte, d. h. durch Lagerkörper und Welle erfolgende Wärmeabgabe bestimmt.

Ist nun Δt der Temperaturunterschied zwischen Lagerschale und Außenluft, so setzt Lasche den **Arbeitswert** der Wärmeabgabe in kg/m pro Stunde

$$R = k(\pi d l)\Delta t \quad . \; . \; . \; . \; . \; . \; . \; . \; . \quad (4)$$

wobei l und d in Zentimetern auszudrücken sind. Der Koeffizient k erweist sich als mit der Temperatur wenig steigend, etwa gemäß der Formel

$$k = 1{,}62 + 0{,}0144\Delta t \quad . \; . \; . \; . \; . \; . \; . \; . \quad (5)$$

für Lager Fig. 161 bis 163.

Doch wird für praktische Zwecke ein Ansatz mit konstantem k genügen, und zwar

$$\left.\begin{array}{l} k = 2 \text{ bis } 2{,}5 \text{ für Lager Fig. 161 bis 163} \\ k = 5 \text{ bis } 6 \quad ,, \quad ,, \quad ,, \quad 164 \end{array}\right\} \quad . \; . \; . \; . \quad (6)$$

Bei letzterem scheint die relativ große Außenoberfläche im Verein mit guter Ableitung durch die Schalen die Wärmeabgabe zu erhöhen. Übrigens gelten die Werte für ruhende Luft und werden durch Ventilation jedenfalls stark vergrößert.

Formel (4) gibt nun die Möglichkeit, die Temperatur eines Lagers im Beharrungszustande zu rechnen. Die Wärmeentwicklung in kg/m ist gemäß Formel (1) auf die Stunde bezogen

$$R' = 3600\, l d \mu p w \quad . \quad . \quad . \quad . \quad . \quad . \quad . \quad . \quad (7)$$

und muß dem Werte R in Formel (4) gleich sein. Wir erhalten also, wenn t die Schalen-, t_0 die Lufttemperatur bedeutet

$$3600\, l d \mu p w = k \pi d l (t - t_0) \quad . \quad . \quad . \quad . \quad . \quad . \quad (8)$$

und mit Hinzuziehung von Gl. (3)

$$\mu p = \frac{K}{t} \text{ mit } K = 2$$

somit

$$k t (t - t_0) = 3600 \frac{K w}{\pi} \quad . \quad . \quad . \quad . \quad . \quad . \quad . \quad . \quad (9)$$

zur Ausrechnung von t.

Lasche konstatierte, daß bei Temperaturen, die 125° C überschreiten, die Schmierfähigkeit der Lageröle plötzlich abnimmt. Wenn mithin laut Formel (9) zu hohe Erwärmungen eintreten, wird eine Kühlung des Lagers oder besser des Öles erfolgen müssen. Man kann im letzteren Falle auch bei 3000 Umdrehungen ganz gut gewöhnliche Ringschmierlager verwenden. Häufiger ist indessen die Anwendung einer Ölpumpe und Kühlung des Öles in besonderen Behältern durch Röhrenkühlkörper. Aus den Formeln von Lasche bestimmt man leicht, um wieviel Grade das Öl bei einem bestimmten angenommenen Quantum abgekühlt werden muß.

Das in Fig. 164 abgebildete Lager nimmt eine Sonderstellung ein: es ist bestimmt, die Vibration der Welle abzudämpfen und vom Fundamente fernzuhalten. Zu diesem Behufe ist es nach dem Vorgange von Parsons mit vier konzentrischen Schalen versehen, die je ein kleines Spiel gegeneinander besitzen. Das Drucköl wird durch Nuten eigens auch in die Zwischenfugen geleitet; seine Viskosität setzt dem Herausquetschen bei der Vibration einen nachgiebigen Widerstand entgegen und wirkt als Bremse.

Das Spiel ist auch von Wichtigkeit für die gesamte Reibungsarbeit. Eine allseitig eng umschlossene Welle mit Druckschmierung wird, auch wenn sie durch keine äußere Kraft belastet wird, wegen des Öldruckes allein bedeutende Reibung erfahren, und heiß laufen können.

In neuerer Zeit ist der Massenausgleich der rotierenden Teile so vollkommen, daß man von mehrteiligen Lagerschalen abkommt. Auch ganz große Ausführungen haben mit gewöhnlichen oder mit Kugelschalen, Ölkühlung und Druckschmierung gute Erfolge erreicht.

Wir verweisen auf die Beschreibung der Lagerkonstruktionen der Allgemeinen Elektrizitäts-Gesellschaft, der Maschinenfabrik Örlikon u. a.

Zur Illustration dieser modernen Konstruktionen führen wir in Fig. 165 u. 165a das Lager der Zoelly-Turbine vor. Das Öl tritt zentrisch im tiefsten Punkt ein, wobei ein eingepreßter Pflock die Abdichtung besorgt

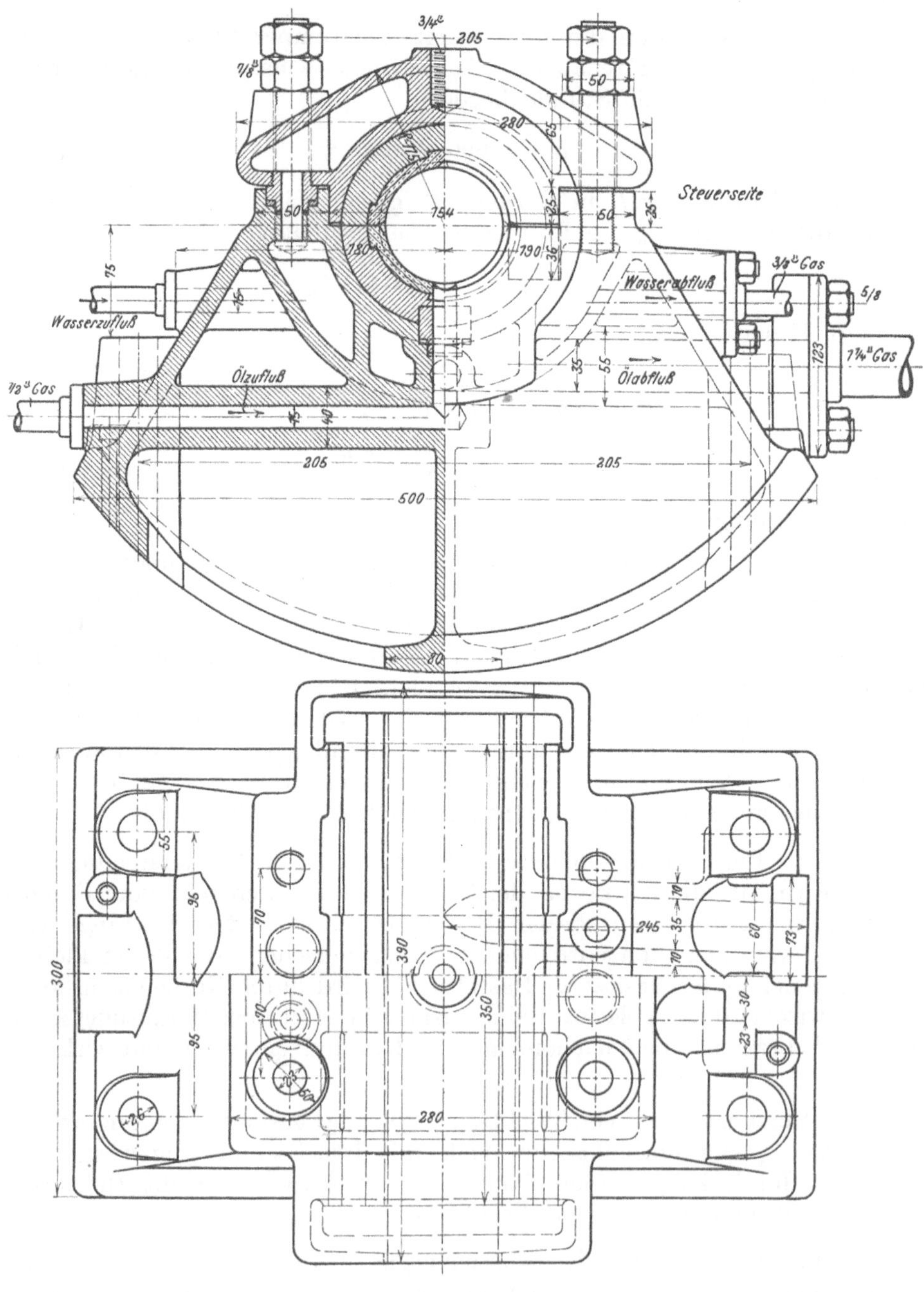

Fig. 165.

und zugleich die Schale am Drehen verhindert. Reichliche Nuten in der Unter- und der Oberschale verteilen das Öl, welches seitlich austretend durch Schleuderringe und außerdem durch Blechabstreifer in das Gehäuse zurückbefördert wird. Die Lager erhalten trotz des gekühlten Öles besondere Wasserkühlung, wobei das Wasser zuerst in die untere Lagerhälfte, von hier durch Lederringe abgedichtet in den Deckel und

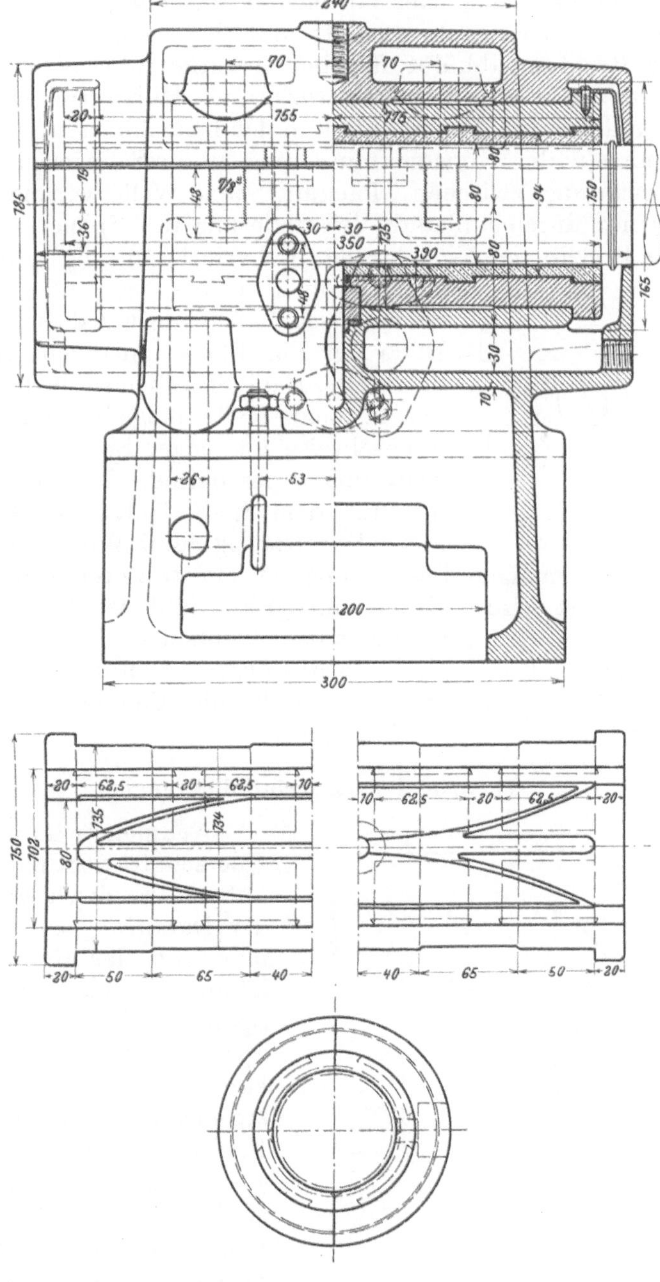

Fig. 165a.

aus diesem wieder in den Lagerbock strömt. Die Kühlung des Öles erfolgt im Gestelle der Turbine durch ein System von Röhren mit Wasserzirkulation.

72. Die Stopfbüchsen

bilden eines der wesentlichsten und heikelsten Organe der Dampfturbine. Da sie durch die unmittelbare Nähe des Dampfraumes starker Erwärmung ausgesetzt sind, wird die Ableitung der eigenen Reibungswärme ein um so schwierigeres Problem. Der Vorteil der Kolbenmaschinenstopfbüchse, daß die Stange zeitweise heraustritt und sich wenigstens an der Oberfläche durch Strahlung abkühlt, fällt bei der rotierenden Welle dahin. Eine Kühlung durch Wasser dürfte ein wirksames Hilfsmittel sein, bedeutet aber Verluste durch die Kondensation in den benachbarten Dampfräumen.

Die Mehrzahl der Konstrukteure umgeht die Schwierigkeit dadurch, daß eine Berührung zwischen „Packung" und Welle vermieden und die Abdichtung nur durch äußerste Verminderung des Spieles erreicht wird. Dies ist das Prinzip der sogenannten „Labyrinthdichtung", die im großen zuerst von Parsons verwendet worden ist. Schematisch haben wir uns dieselbe unter dem Bilde der Fig. 166 vorzustellen, in welcher A die Welle, B die Stopfbüchse bedeutet. Durch die in beide Teile eingedrehten Nuten wird wechselweise ein enger Spalt x und eine Erweiterung y geschaffen. Die Geschwindigkeit des aus dem Spalt tretenden Dampfes wird in der Erweiterung durch Wirbelung vernichtet, so daß zur aber maligen Beschleunigung ein weiterer Teil des Druckgefälles aufgezehrt wird. Durch eine große Zahl der Nuten und durch sehr kleines Spiel x wird der Verlust nach Tunlichkeit herabgesetzt. Auch wird behauptet, daß es einen wahrnehmbaren Einfluß habe, wenn der Dampf im Spalte radial einwärts, d. h. die Fliehkraft überwindend, strömen muß.

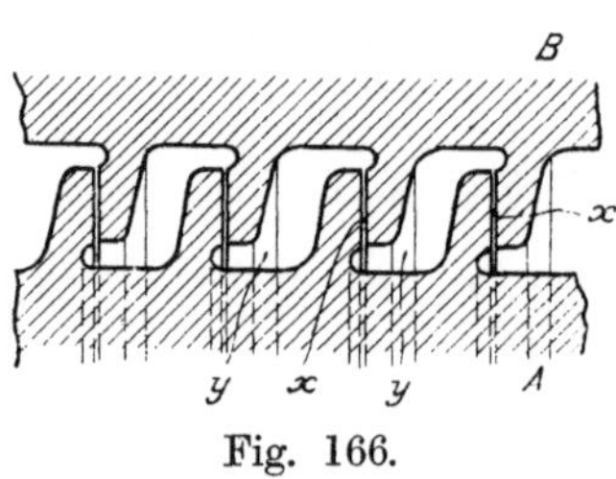

Fig. 166.

Theorie der Labyrinthdichtung.

Nehmen wir an, daß der Querschnitt der Spalten an jedem Labyrinth gleich groß $=f$ und der Dampfweg so kurz sei, daß man von der Reibung absehen könne. Wenn vor dem ersten Spalt der Druck p_1, hinter dem Spalt der Druck p_2 herrscht, so kann man das pro Sekunde durchströmende Dampfgewicht G in Funktion des Druckunterschiedes $p_1 - p_2$ durch a (Fig. 167) darstellen.[1]) War der Dampf anfangs gesättigt, so wird das Gewicht bis zum kritischen Wert $p_2 = 0{,}577\ p_1$ wachsen, von da ab konstant bleiben. Nehmen wir an, es ströme durch alle Fugen das Gewicht $G = A_1 B$, welches beim Gegendrucke $p_2 = OB$ er-

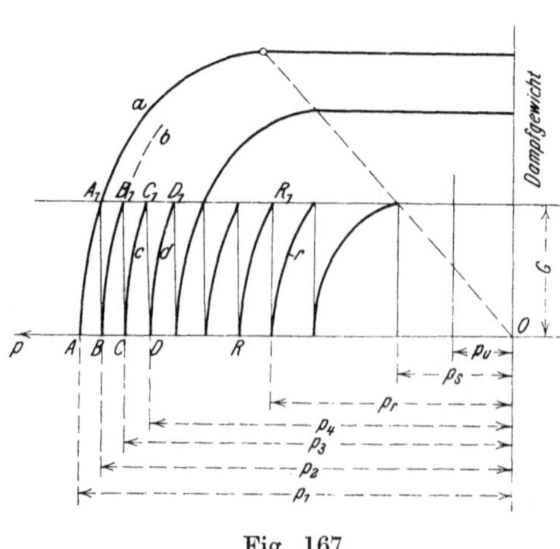

Fig. 167.

[1]) Siehe beispielsweise Gutermuth, Zeitschr. d. Ver. Deutsch. Ing. 1904, S. 83.

reicht worden ist. Nachdem in der ersten Erweiterung die erlangte lebendige Kraft durch Wirbel aufgebraucht worden ist, gilt p_2 als der Anfangsdruck für die mit $w=0$ beginnende Ausströmung, und man kann G als Funktion von $p_2 - p_3$ durch Kurve b darstellen, auf der wir bis zu B_1, so daß $B_1 C = G$ ist, fortrücken. Hierbei ist, wenn man streng sein will, zu beachten, daß wegen Abwesenheit äußerer Arbeitsleistung (und Wärmeabgabe) der Wärmeinhalt für Punkt B derselbe ist wie bei A, der Dampfzustand also im Entropiediagramm als Schnittpunkt der Linie $\lambda_1 =$ konst. und $p_2 =$ konst. zu finden sei. Hinter dem zweiten Spalt wiederholt sich dasselbe; wir beginnen also mit dem Drucke p_3 (wieder auf der Linie $\lambda_1 =$ konst.) und setzen die Gewichtskurve G fort bis $C_1 D = G$ geworden ist. So schreitet die Schaulinie in Zacken fort, bis bei der letzten Stufe als Gegendruch der gegebene Außendruck p_r erreicht ist. Bei vorgeschriebener Zahl der Labyrinthe muß G versuchsweise so lange verändert werden, bis der letzte Schnittpunkt R_1 auf die Druckordinate p_r fällt. Es wird vorkommen, daß bei kleinen Gegendrucken, z. B. p_s die Gewichtslinie die Parallele G berührt; dann bleibt die Stufenzahl auch für den noch beliebig kleineren Druck p_u dieselbe.

Die Gewichtskurven $a, b, \ldots.$ sind mit Bezug auf O ungefähr ähnlich, und hieraus geht hervor, daß bei nicht zu kleinen Gegendrücken der Undichtheitsverlust zur Zahl der Labyrinthe im umgekehrten Verhältnisse steht.

Angenäherte Methode.

Bei vielen Stufen darf man die Ausströmungsgeschwindigkeit aus Formel

$$w = \sqrt{2g\frac{p-p'}{\gamma}}$$

rechnen, wo p den Druck vor, p' den Druck hinter dem Spalte und γ das mittlere oder genau genug, das zu p gehörende spezifische Gewicht bedeuten. Der Undichtheitsverlust pro Sekunde ist

$$G = fw\gamma = f\sqrt{2g(p-p')\gamma} \quad \ldots\ldots\ldots \quad (1)$$

und umgekehrt

$$(p-p')\gamma = \left(\frac{G}{f}\right)^2 \frac{1}{2g} \quad \ldots\ldots\ldots \quad (2)$$

Man kann nun näherungsweise

$$\gamma = kp$$

setzen und die einzelnen Stufen auf einer Abszissenachse durch Punkte im Abstand Δx darstellen. Schreiben wir $p - p' = -\Delta p$, so kann man Gl. (2) auf die Form

$$-\frac{\Delta p}{\Delta x} p = \frac{G^2}{2gkf^2 \Delta x} = \frac{a}{\Delta x} \quad \ldots\ldots\ldots \quad (3)$$

bringen. Bei kleinen Differenzen ist

$$\frac{\Delta p}{\Delta x} = \frac{dp}{dx}$$

und wir haben

$$-p\frac{dp}{dx} = \frac{a}{\Delta x}$$

woraus durch Integration mit p_1 und p_r als Anfangs- und Endwert

$$p_1^2 - p_r^2 = 2a\frac{(x_r - x_1)}{\Delta x}$$

folgt. Allein es ist

$$\frac{x_r - x_1}{\Delta x} = z$$

gleich der Labyrinthen- oder Stufenzahl, also wird

$$p_1^2 - p_r^2 = 2az.$$

Wenn wir a aus Gl. (3) einsetzen, so erhalten wir schließlich

$$G = f\sqrt{\frac{gk}{z}(p_1^2 - p_r^2)} \quad . \quad . \quad . \quad . \quad . \quad . \quad . \quad . \quad . \quad . \quad (4)$$

worin p_1, p_r in kg/qm, f in qm einzusetzen sind, und G kg/Sek. bedeutet.

Beispiel. Es sei der Undichtheitsverlust eines Parsonsschen Entlastungskolbens von 1 m Durchmesser mit 36 Labyrinthnuten zu berechnen. Das Spiel an der engsten Stelle setzen wir zu 0,2 mm fest. Es sei $p_1 = 10$ kg/qcm, $p_r = 0{,}1$ kg/qcm. Mit Rücksicht auf die Drosselung, d. h. Konstanz des Wärmeinhaltes, darf man angenähert

$$k = 5{,}1 \cdot 10^{-4}$$

setzen (wenn p in kg/qm verstanden ist). Der Querschnitt f ist rund $6{,}28 \cdot 10^{-4}$ qm, und so erhalten wir

$$G = 0{,}233 \text{ kg/Sk. oder } = 840 \text{ kg/Stunde.}$$

Da nun eine Turbine mit dem angegebenen Entlastungskolben leicht 30000 kg Dampf in der Stunde verbraucht, so beträgt die Undichtheit bloß

$$\frac{840}{30\,000}, \text{ d. h. } \infty\ 2{,}8 \text{ v. H.}$$

Hätte der Kolben 200 mm Durchmesser, so wäre der Verlust bei sonst gleichen Verhältnissen $^1/_5$, d. h. 168 kg, und da die zugehörige Turbine für etwa 3000 kg Dampf in der Stunde geeignet ist, so hätten wir

$$\frac{168}{3000}, \text{ d.h. } \infty\ 5{,}6 \text{ v. H. Verlust.}$$

Diese Werte stimmen mit den Angaben, die die Konstrukteure machen, nicht schlecht überein, obwohl natürlich nicht behauptet werden kann, daß das Spiel in Wirklichkeit gerade 0,2 mm beträgt, und diese Kolben auch sonst komplizierter eingerichtet sind, als wir oben angenommen haben.

Versuche über die Undichtheit durch Stopfbüchsen.

Neben der Wirkung des Labyrinthes wird zweifellos auch die eigentliche Dampfreibung im engen Spalte, durch den der Dampf strömt, zur Dichtheit der Stopfbüchse beitragen. Während aber der erstgenannte Einfluß durch die oben gegebene Rechnung recht gut verfolgt werden kann, sind zur Aufklärung der Dampfreibung Versuche unerläßlich. Verfasser ließ deshalb im Maschinenlaboratorium des Eidgen. Polytechnikum folgende Untersuchung durchführen:

1. In ein auf 30 mm l. W. genau ausgebohrtes Bronzerohr von 100 mm Länge wurden zylindrische Bolzen mit einem überall möglichst gleichen radialen Spiel von der Reihe nach 0,112, 0,258, 0,44, 0,83, 1,18 mm zentrisch eingefügt, und bei gegebenem Anfangszustand die stündlich durchströmende Dampfmenge, und (durch Bohrungen am Umfang) der Druckverlauf beobachtet. Die Rohrmündung auf der Eintrittsseite war gut abgerundet.

2. In dasselbe Rohr wurden Bolzen mit 5 mm tiefen eingedrehten Rillen quadratischen Profiles, die durch Stege von je 5 mm Breite getrennt waren, eingefügt, und wieder Dampfmenge, sowie Druckverlauf beobachtet. Hierbei betrug das radiale Spiel am Umfang des erwähnten Steges der Reihe nach 0,178, 0,308, 0,525 mm.

3. Endlich wurde statt des unter 2. beschriebenen Bohrers ein solcher mit Rillen, deren Querschnitt ein Rhombus mit 5 mm Seitenlänge und 45° spitzem Winkel war, benutzt. Die Strömung erfolgte in solcher Richtung, daß der Dampf gegen die spitze Ecke des Steges stieß, um durch den Versuch festzustellen, ob die stärkere Ablenkung der Dampfstrahlen einen merklichen Einfluß besitzt.

Die Hauptergebnisse der Versuche sind in Zahlentafel 1 vereinigt.

Zahlentafel 1.

Art der Stopfbüchse	Radiales Spiel mm	Durchfluß-querschnitt qmm	Absol. Druck vor der Stopfbüchse kg/qcm	Temperatur vor der Stopfbüchse °C	Stündlich durchfließende Dampfm. kg
1. Glatte Bohrung, 30 mm Durchmesser, glatte Welle.	0,112	10,48	10,5	181,0	18,9
	0,258	73,90	10,5	201,5	67,0
	0,440	40,78	10,5	198,2	140,5
	0,830	75,77	10,5	191,5	310,2
	1,180	107,00	10,5	205,0	466,6
2. Glatte Bohrung, 30 mm Durchmesser, Welle mit quadrat. Rillen 5×5 mm, Stege 5 mm breit.	0,179	16,75	10,5	181,0	33,2
	0,308	28,75	10,5	204,5	73,0
	0,525	48,60	10,5	182,0	148,0
3. Glatte Bohrung, 30 mm Durchmesser, Welle mit rhomb. Rillen 5×5 mm, Stege 5 mm breit.	0,169	15,84	10,5	181,0	28,7
	0,288	26,93	10,5	202,0	67,0
	0,525	48,60	10,5	182,0	130,0

Die „Welle“ war bei allen Versuchen in Ruhe, über den Einfluß der Drehung kann also nichts ausgesagt werden, doch liegt es auf der Hand, daß dieser nur gering sein könnte, da auch bei 5000 Umdr. die Umfangsgeschwindigkeit bloß rd. 7,5 m betragen würde gegenüber einer Dampfgeschwindigkeit von mehreren hundert Metern.

Aus obigen Beobachtungen können folgende Schlüsse hergeleitet werden:

Durch das Eindrehen von Rillen in ursprünglich glatte Wellen wird bei gleichem radialen Spiel und gleicher Rohrlänge die Undichtheit etwas herabgesetzt, jedoch nur um einen kleinen Betrag. Rillen mit rhombischen Querschnitt sind etwas günstiger als quadratische. **Der Dampfverlust hängt im wesentlichen nur von der Weite des Spaltes und der Länge des Dampfweges ab.**

Wir können den Verlust vergleichen mit dem, der entstünde, wenn der Dampf durch eine einfache abgerundete Mündung von gleichem Flächeninhalte wie der Spalt ausströmen würde. Es ergibt sich das überraschende Resultat, daß die Abnahme bei 1 mm Spiel trotz des 100 mm langen Spaltes nur etwa 15 v. H. beträgt. Erst zwischen 0,1 und 0,2 mm Spiel findet eine praktisch in Betracht fallende Abnahme, indessen auch nicht auf weniger als auf etwa $^1/_3$ der „theoretischen“ Dampfmenge statt! Die Dampfreibung nimmt hiernach mit abnehmender Spaltweite keineswegs so stark zu, als man vielleicht vermutet hätte. Die Versuche sollen fortgesetzt werden.

Konstruktion der Stopfbüchsen.

Fig. 168 stellt die Stopfbüchse der **Schulz**-Turbine dar. Von Erweiterungen der Labyrinthe ist hierbei abgesehen und die nötige Drosselung

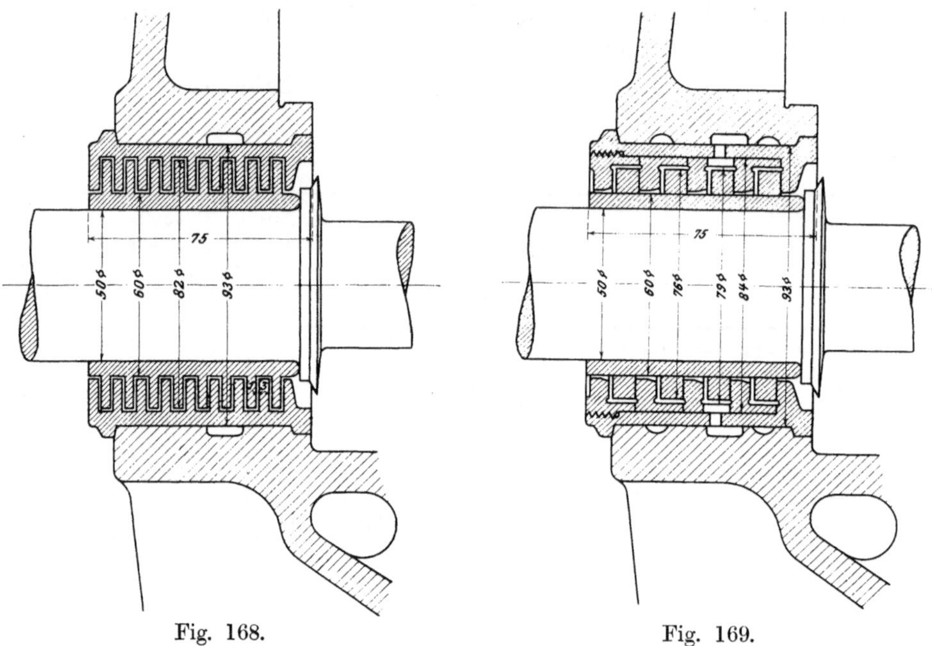

Fig. 168. Fig. 169.

durch die große Länge des Labyrinthweges angestrebt. Der Konstrukteur hofft so mit großem Spiel auszukommen. Die Außenbüchse ist zweiteilig. — Fig. 169 ist eine aus Ringen zusammengebaute Stopfbüchse desselben Konstrukteurs, wobei die inneren Ringe auch lose, aber gut passend ausgeführt werden können.

Rateau verwendet die in Fig. 170 dargestellte Konstruktion, deren Hauptteil eine die Welle *a* eng umschließende Büchse *b* aus geeigneter Metallegierung ist. Der durch den Spalt noch herausdringende Dampf gelangt in die Vorkammer *c*, in welcher mittels eines Reduktionsventiles ein konstanter Druck von etwa 0,8 Atm. absolut erhalten wird; vom Ventil führt man den Dampf zum Kondensator. Die Abdichtung der Kammer *c* nach außen erfolgt durch zwei dreiteilige Bronzeringe *d*, *d*, die durch umgelegte Spiralfedern *e* mit gelindem Druck gegen die Welle gepreßt werden. Die Fugen in den Teilungsebenen müssen durch sorgfältiges Einpassen zum Verschwinden gebracht werden. Eine Anpressung in axialer Richtung wird durch

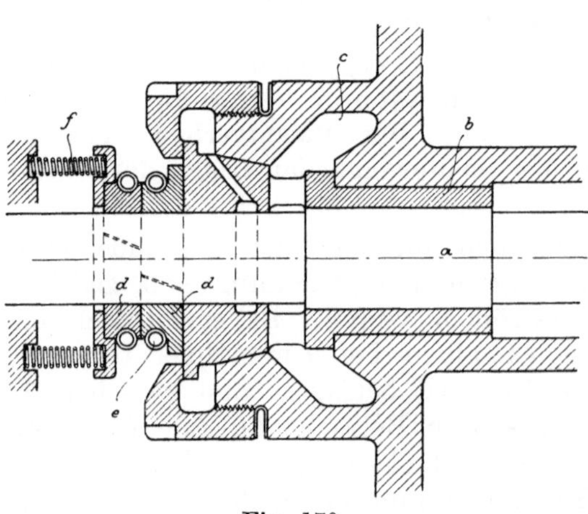

Fig. 170.

Federn f bewirkt. Die Kammern aller Stopfbüchsen der Turbine stehen untereinander in Verbindung; ein Teil des Dampfes, der aus der Hochdruckseite austritt, kann also auf der Niederdruckseite angesaugt werden. Wenn im Leerlauf vor allen Stopfbüchsen Vakuum herrscht, gestattet das hierfür eingerichtete Reduktionsventil frischem Kesseldampfe den Zutritt, es wird also keine oder nurwenig Luft angesaugt.

Die de Laval-Gesellschaft verwendet gegen Vakuum mit Weißmetall ausgegossene zweiteilige Büchsen mit Kugelgelenk und Federanpressung in axialer Richtung. Den wahren Abschluß bildet die Schmierölschicht, welche nach dem Vakuumraum abgesaugt wird, ohne daß der Ölverbrauch deshalb ein großer wäre.

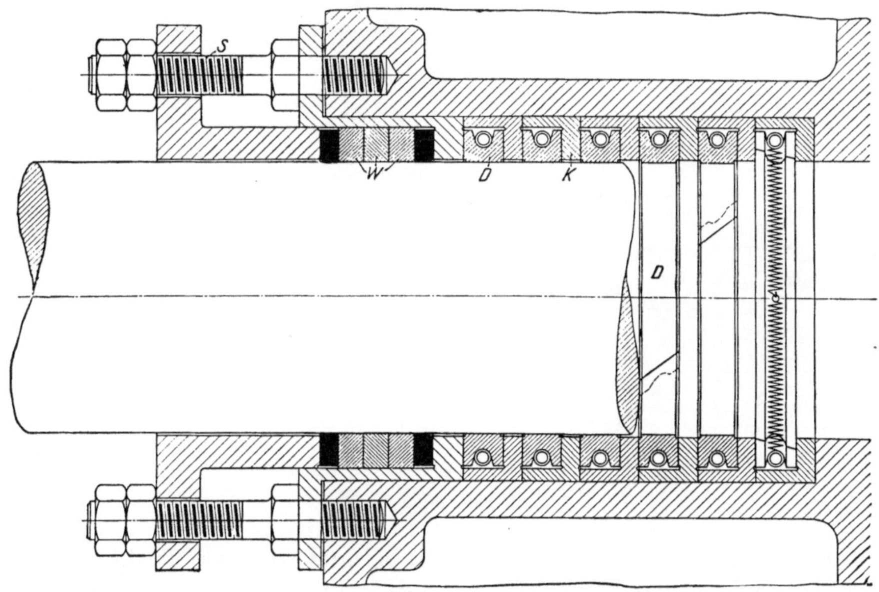

Fig. 171.

Soll man bloß gegen Vakuum dichten, so kann auch die Labyrinthdichtung angewendet und mit ziemlichem Spiel ausgeführt werden. Man leitet Dampf durch die auch in Fig. 168 und 169 sichtbaren Ringkanäle zu und verdrängt dadurch die Luft, damit das Vakuum nicht leidet.

Die Konstruktion einer ebenso dichten Turbinenstopfbüchse, wie die der Dampfmaschine, ist ein noch ungelöstes Problem. Es darf deshalb wohl die sich im Dampfmaschinenbau vorzüglich bewährende Stopfbüchse von Schwabe hier noch angeführt werden, welche, wie aus Fig. 171 ersichtlich ist, aus einer größeren Zahl dreiteiliger Ringe D besteht, die ebenfalls durch eine Spiralfeder umschlungen werden. Die Ringe stoßen (für die Dampfmaschine) in schrägen Fugen aufeinander und sollen die Welle gar nicht oder nur mit unmerklichem Drucke berühren. Bei Turbinen würde die am Ende befindliche weiche Packung natürlich wegfallen, die Ringe müßten gegen Drehung gesichert werden, und je nachdem gegen Druck oder Vakuum gedichtet wird, am inneren oder äußeren Ende der Büchse mit Ölschmierung versehen werden.

Ganz neuartig ist die Stopfbüchse von Gebr. Sulzer (Fig. 172), welche aus sehr dünnen, dicht stehenden Messingblechen gebildet wird, und im Zusammenhang mit der Turbine dieser Firma noch näher besprochen werden soll.

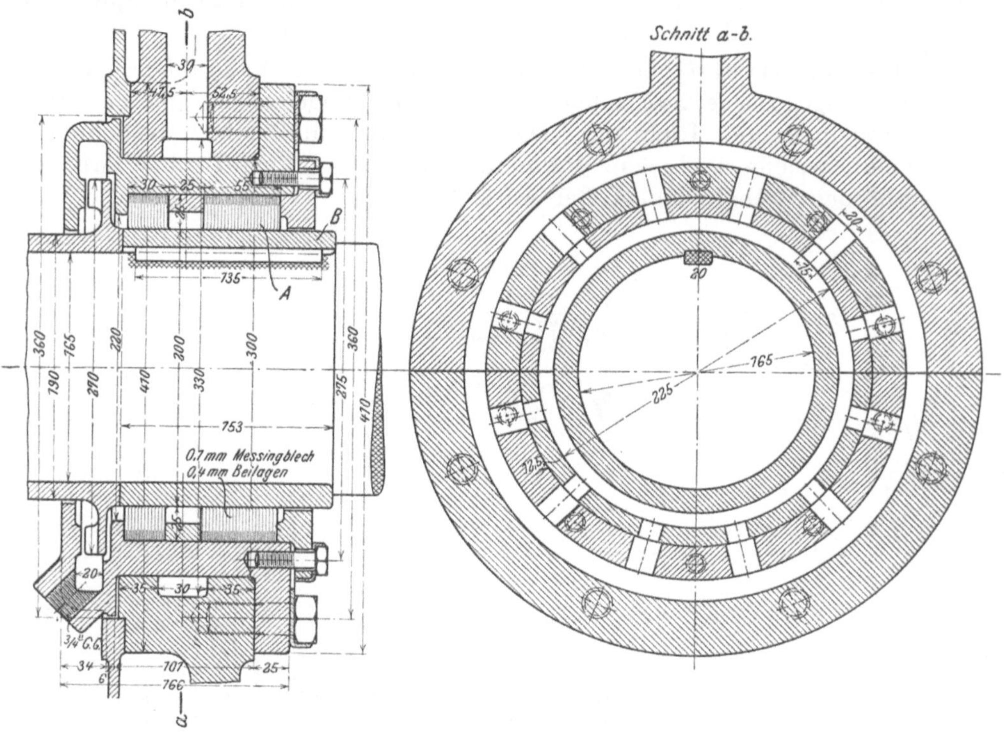

Fig. 172.

Die Abdichtung der Zwischenstufen bei mehrstufigen Turbinen erfolgt bei der Kleinheit des Druckunterschiedes durch weit einfachere Mittel. Immerhin finden wir in der Beschreibung beispielsweise der Oerlikon-Turbine auch hier regelrechte Labyrinthringe, wenn auch in geringer Anzahl.

73. Die Regulierung der Dampfturbine.

Die Regulierung erfolgt bei der Mehrzahl der Systeme durch bloße Drosselung, wodurch ein Teil der Arbeitsfähigkeit des Dampfes von vornherein preisgegeben und die Ökonomie der Turbine notwendigerweise herabgesetzt wird. Der Verlust wird bekanntlich durch das Produkt aus der Zunahme der Entropie und der absoluten Temperatur des Auspuffdampfes gemessen und kann mit Hilfe unserer Entropietafel leicht ermittelt werden.

Das Ideal wäre, stets mit vollem Anfangsdrucke zu arbeiten und sämtliche Durchflußquerschnitte der Turbine der jeweiligen Leistung anzupassen. Konstruktiv am leichtesten können wir uns diesem Ideale bei der einstufigen Druckturbine nähern, indem wir die Düsen eine nach der anderen durch den Regler öffnen oder schließen lassen. So bedient sich Th. Reuter im D.R.P. Nr. 144102 eines durch den Regulator bewegten Steuerschiebers (s. Fig. 173), der frischen Dampf auf die Kolben *e*, *e* zu den Absperrspindeln der einzelnen Düsen leitet. Stellt der Schieber die Verbindung des Raumes unter dem Kolben mit der

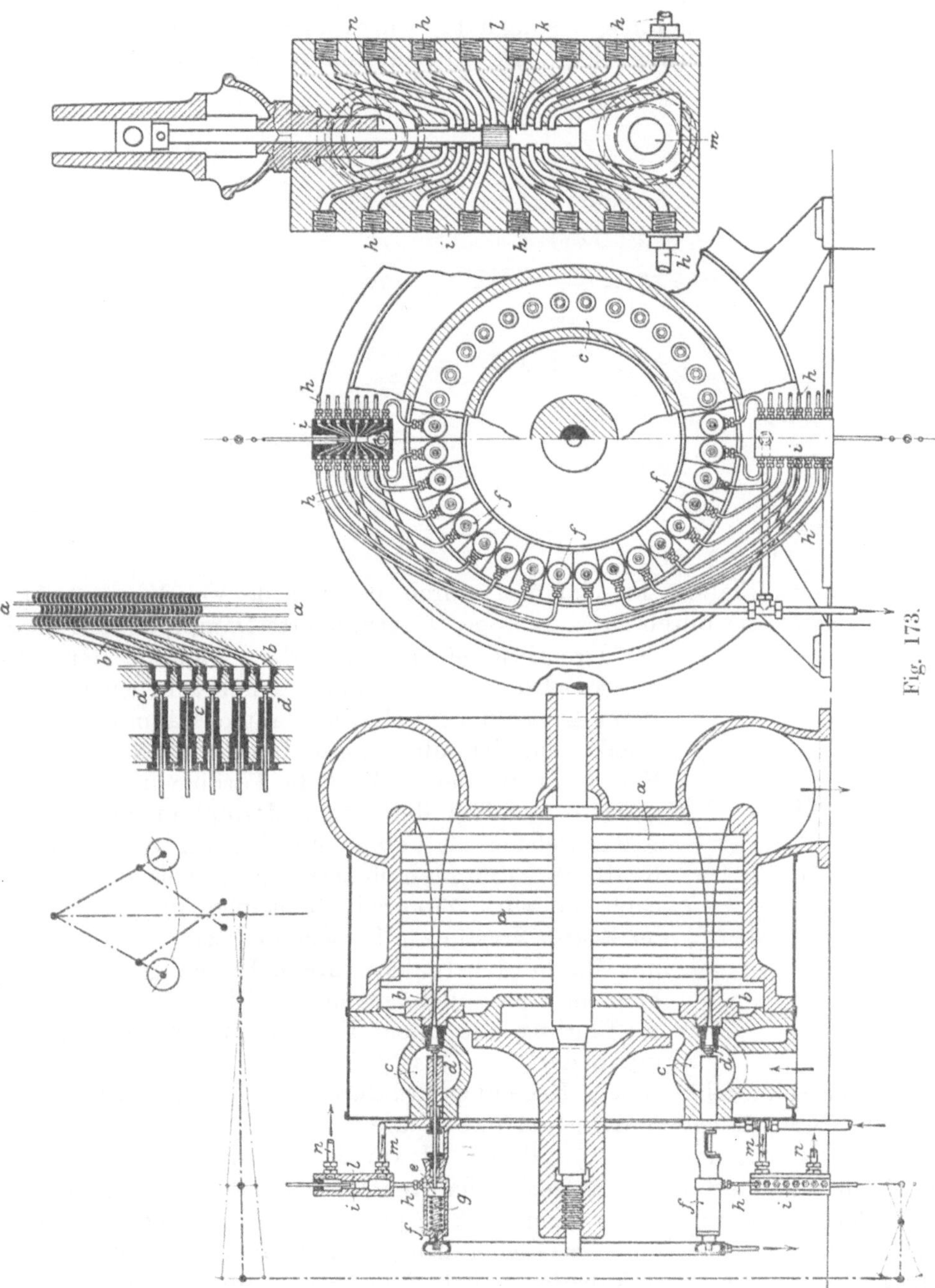

Fig. 173.

Atmosphäre her, so wird die Spindel durch die Feder *g* niedergedrückt. Bei den sehr kleinen Kräften, die hier auszuüben sind, genügen Manometerröhrchen als Zuleitung, und der Schieber ist so klein, daß direkter Angriff durch den Regler zulässig erscheint.

Die ganz originelle und sinnreiche Art, Einzelregulierung zu erlangen, welche von der Allg. Elektrizitäts-Gesellschaft in Berlin bei ihren Turbinen verwendet wird, ist weiter unten bei der Beschreibung der Turbine selbst erläutert.

Eine hierher gehörende Lösung hat Stumpf im Schweiz. Pat. Nr. 25438 Kl. 93 (Fig. 174), niedergelegt. Die Düsen sind in Gruppen I, II, III, . . .

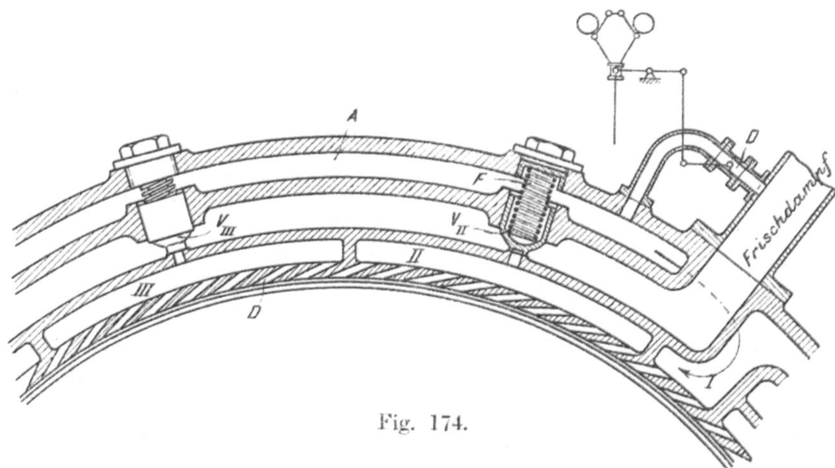

Fig. 174.

geteilt und erhalten Frischdampf durch die Ventile V_{II}, V_{III} . . . Auf diesen lastet die durch Drosselklappe D verminderte Dampfpressung und der Druck je einer Spiralfeder, während der Admissionsdruck sie von unten emporzuheben strebt. Beim Anlassen herrscht im Raume A Atmosphärendruck, und der Admissionsdampf ist imstande, alle Ventile anzuheben. Wird die Turbine im Betriebe entlastet, so läßt der Regler Dampf in den Raum A zu, welcher im Verein mit den auf verschiedene Kraft abgestimmten Federn die Ventile der Reihe nach schließt. Zum Schluß bleiben nur die Düsen im Sektor I offen, die sich in steter Verbindung mit Raum A befinden; ihre Zahl genügt, die Turbine im Leerlauf anzutreiben. Fig. 175 stellt eine Ausführung mit einem Kolbenschieber als Absperrorgan dar.

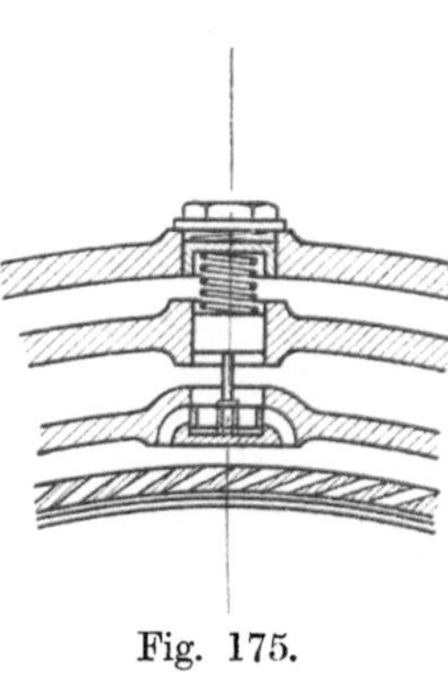

Fig. 175.

Eine sehr vollkommene Regelung wird durch die bei der „Elektra"-turbine beschriebene veränderliche Düse von Kolb erreicht, welche durch eine federnde Seitenwand den Maximal- und Minimalquerschnitt zugleich verändert unter Aufrechterhaltung ihres Größenverhältnisses.

Bei mehrstufigen Turbinen müßte jede Leitvorrichtung nach bestimmtem Gesetz durch den Regler beeinflußt werden. Ein Vorschlag dieser Art stammt von Schulz (D.R.P. Nr. 132868) und ist für Aktionsturbinen in Fig. 176 abgebildet. Die Einrichtung der Schieber ist aus Fig. 177 ersichtlich. Dieselben bestehen aus mehreren um je eine Kanalweite breiteren Lappen in solchen Abständen, daß bei der Verschiebung aus der Lage A um je eine Kanalbreite nach rechts immer nur je ein Leitkanal geschlossen wird. Zum Schluß bleibt von sechs Kanälen einer offen, was eine sehr weitgehende Regulierfähigkeit bedeutet. Dem Mangel, daß die Leitkanäle bei ihrer geringen Weite zu lang ausgefallen sind, ließe sich konstruktiv sehr leicht abhelfen.

Rateau begnügt sich im D.R.P. Nr. 143618 damit, für ein bedeutendes Intervall der Leistung nur durch Drosselung zu wirken, und zwar vermöge eines in Fig. 178 ersichtlichen eingeschliffenen Kolbenschiebers n. Erst wenn sich der Regler seiner oberen Grenzlage nähert, wird der Steuerkolben d bewegt, wodurch Frischdampf zum Kraftzylinder t gelangt und

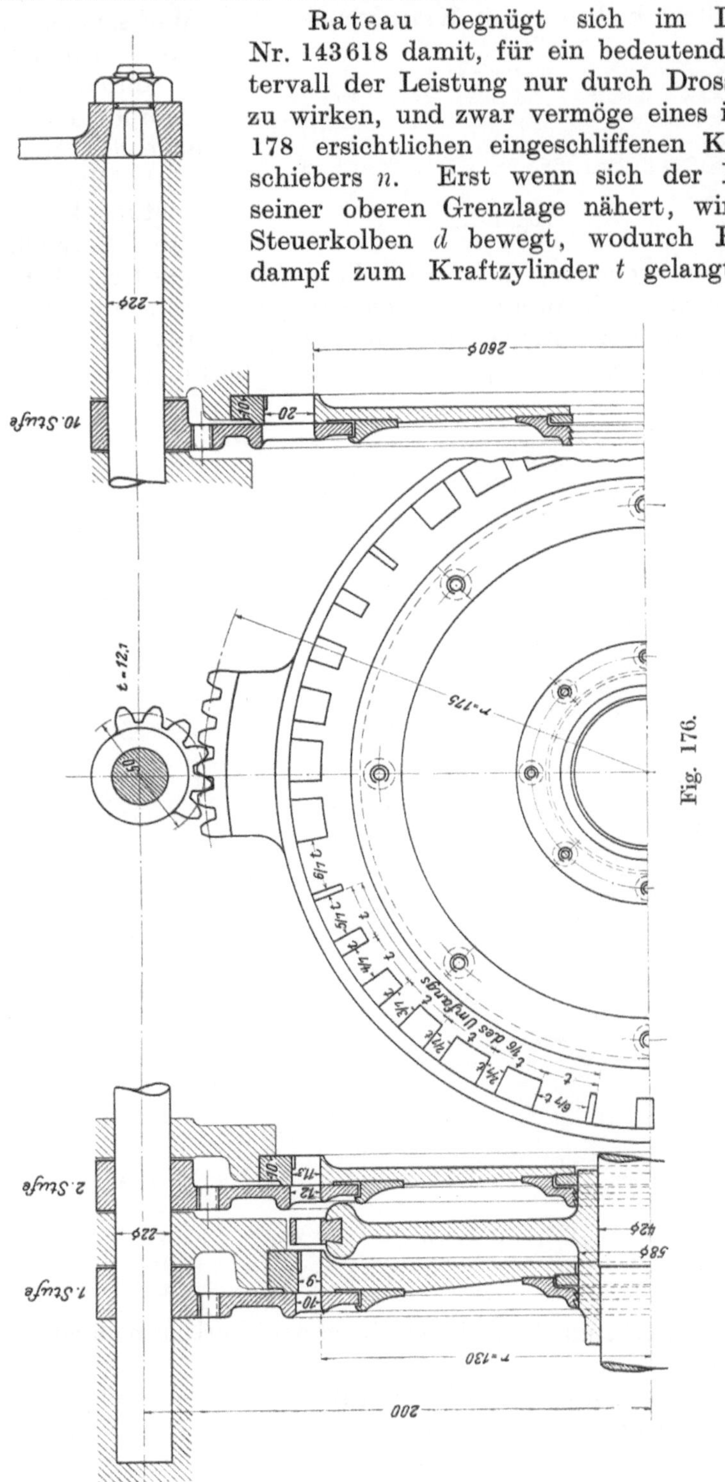

Fig. 176.

den Schieber *e* schließt. Es ist nicht angegeben, wie ein eindeutiger Zusammenhang zwischen der Stellung des Reglers und des Kraftkolbens zustande kommt. Bei Überlastung, d. h. tiefster Stellung des Regulators, tritt Steuerkolben *c* mit Kraftzylinder *w* in Wirksamkeit und betätigt das „Überlastungsventil" z^1, durch welches frischer Dampf dem Niederdruckende der Turbine zugeführt wird. Vermöge dieser Einrichtung kann die Turbine ihre Normalleistung bei höchster Ökonomie, d. h. bei vollem Admissionsdruck liefern, während für die nur stellenweise vorkommende Überlastung die Einbuße an Ökonomie durch Benutzung des Überlastungsventils sehr wohl zulässig ist. Der Dampfverbrauch pro Einheit der Leistung wird hierdurch dem

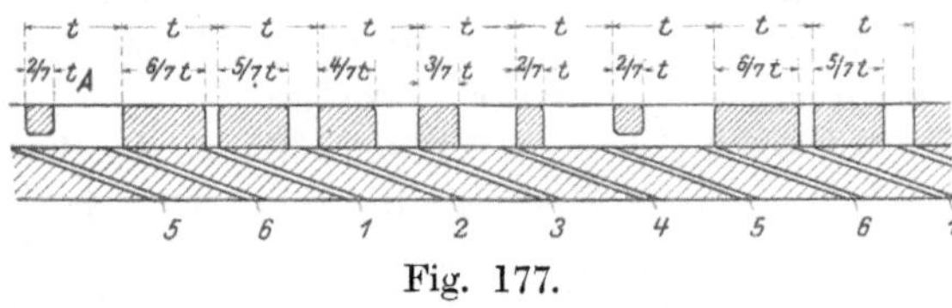

Fig. 177.

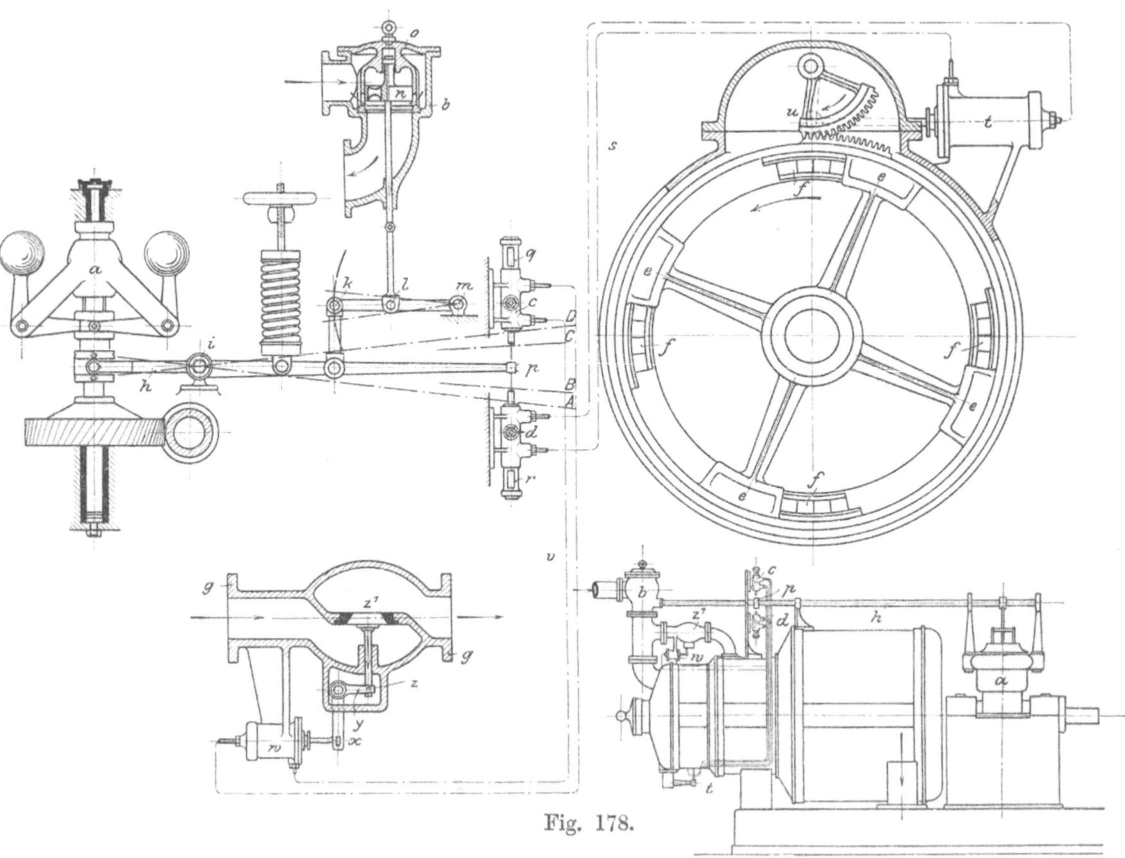

Fig. 178.

der Dampfmaschine ähnlich, welche ja bei Überlastung auch unökonomisch arbeitet.

Die Aktiengesellschaft Brown Boveri & Cie., Baden, hat im Schweiz. Pat. Nr. 25439 die Idee geschützt, im Falle der Überlastung frischen Dampf nicht bloß einer, sondern allmählich mehreren aufeinander folgenden Stufen der Turbine zuzuführen. In Fig. 179 betätigt der Regler einen Kolbenschieber K, der sowohl die normale Drosselung bewirken als auch die Überlastungskanäle a, b, c öffnen soll. Hier ist also die oszillierende Bewegung des Drosselorganes, welche der Parsons-Turbine sonst eigentümlich ist, aufgegeben. In Fig. 180 erfolgt die Betätigung des Überlastungsschiebers K durch den Druck, der hinter dem gewöhnlichen Drosselventil D herrscht, und die Feder F mehr oder weniger stark komprimiert. S bedeutet ein Solenoid mit Eisenkern, um auch direkt elektrisch (durch die Spannung) regulieren zu können. Nach dieser Ausführung ist voller Admissionsdruck vor dem ersten Leitrad unzertrennlich von der sekundären Dampfzuführung; bei niedriger Leistung wird wie bis jetzt mit einfacher Drosselung gearbeitet.

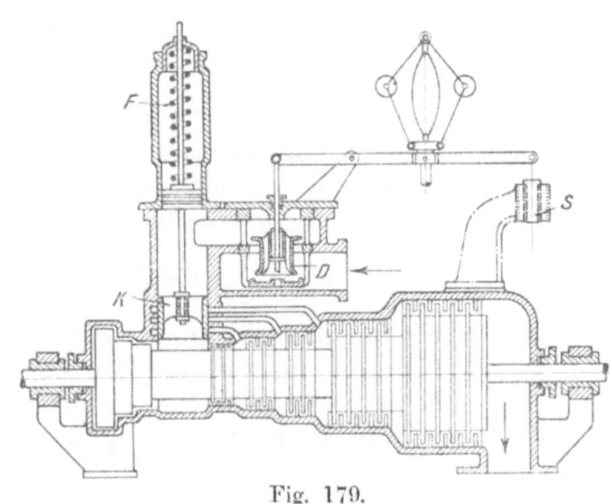

Fig. 179.

In allen Fällen ist die Regulierung der Dampfturbine eine sehr wirksame, auch bei den vielstufigen Ausführungen, obwohl man hier befürchten könnte, daß die in der Turbine selbst enthaltene relativ große Dampfmenge bei plötzlicher Entlastung, trotz augenblicklicher Absperrung der Einströmung, zuviel Arbeit aus dem eigenen Energievorrat auf die Laufräder übertragen könnte.

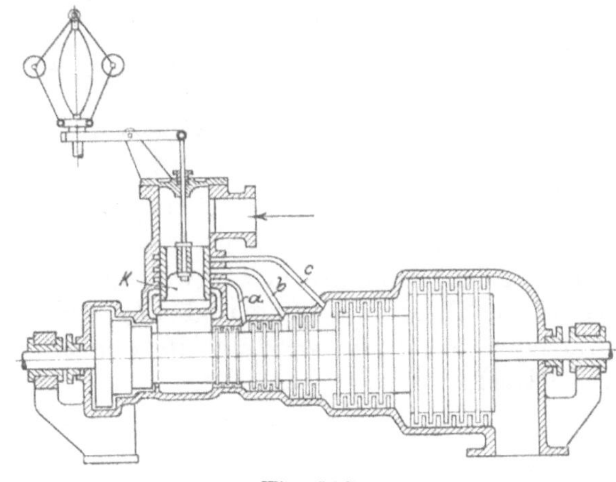

Fig. 180.

Daß dem nicht so ist, lehrt folgende kleine Rechnung: Wir werden später nachweisen, daß das durch die Turbine in 1 Sek. strömende Dampfgewicht dem Anfangsdrucke angenähert proportional ist. Denken wir uns zur Zeit $t = t_0$ die Turbine entlastet und das Regulierventil plötzlich geschlossen, und verfolgen wir die Druckabnahme. Es sei das Gewicht des Dampfinhaltes in der Kammer zwischen Ventil und erstem Leitrade zu Beginn D_k, zu einer späteren Zeit D kg. Während der Elementarzeit dt fließt ein Anteil

$$-dD = \alpha p dt$$

ab. Der vorhandene Inhalt kann unter Annahme des Näherungsgesetzes

$$pv = K$$

durch

$$D = \frac{V}{v} = \frac{V}{K} p$$

ausgedrückt werden, wenn V das Volumen des betreffenden Raumes ist. Dieser Wert, oben eingesetzt, ergibt

$$-\frac{V}{K}\frac{dp}{dt}=\alpha p,$$

oder integriert

$$-\frac{V}{K}\ln\frac{p_2}{p_1}=\alpha(t_1-t_0)\quad\ldots\ldots\ldots\quad(1)$$

Hierin ist

$$t_1-t_0=\tau,$$

die Zeitdauer der Entleerung vom Drucke p_1 auf p_2, d. h. auf den Leerlaufdruck. Setzen wir noch das sekundliche Dampfgewicht bei Vollbelastung $G=\alpha p_1$ ein, so erhalten wir

$$\tau=\frac{D_k}{G}\ln\left(\frac{p_1}{p_2}\right)\quad\ldots\ldots\ldots\quad(2)$$

Die Geschwindigkeitszunahme ergibt sich aus der Arbeitsfähigkeit des in der Kammer und in der Turbine befindlichen Dampfgewichtes D_k+D_t, welche mit einem nicht stark veränderlichen Wirkungsgrade auf die Massen der Turbine übertragen wird. Man wird die abgegebene Arbeit

$$L=\left(D_k+\frac{D_t}{2}\right)L_0\eta_m\quad\ldots\ldots\ldots\quad(3)$$

setzen dürfen, unter L_0 die theoretische Leistung für 1 kg Dampf und unter η_m ein Mittelwert verstanden, und D_t halbiert, weil der mittlere Zustand des Dampfes in der Turbine etwa der halben Arbeitsfähigkeit L_0 entspricht. Ist nun Θ das Massenträgheitsmoment der rotierenden Teile, ω die Winkelgeschwindigkeit, so bildet L die Änderung der lebendigen Kraft $\frac{1}{2}\Theta\omega^2$, oder angenähert

$$L=\Theta\omega\delta\omega=\Theta\omega^2\frac{\delta\omega}{\omega}\quad\ldots\ldots\ldots\quad(4)$$

und die verhältnismäßige Geschwindigkeitsänderung ist

$$\frac{\delta\omega}{\omega}=\frac{L}{\Theta\omega^2}\quad\ldots\ldots\ldots\quad(5)$$

Beispielsweise wird bei einer Turbine von 1000 KW Leistung D_k bei 10 Atm. Anfangsdruck etwa 0,6 kg (bei knappster Anordnung des Ventiles), D_t etwa 0,75 kg und AL_0 etwa 150 WE, woraus mit $\eta_m=0{,}5$ und $\omega=157$, d. h. $n=1500$ in der Minute, und mit $\Theta=50$ (mäßig geschätzt)

$$\frac{\delta\omega}{\omega}=0{,}027,\text{ d. h. } 2{,}7\text{ v. H. folgt.}$$

Die Entleerungszeit beträgt mit $p_2=0{,}6$ Atm. als Leerlaufdruck

$$\tau=0{,}68\text{ Sek.}$$

Bei teilweiser Entlastung haben wir natürlich noch viel kleinere Änderungen zu gewärtigen. Diese ausgezeichneten Ergebnisse werden durch alle bisherigen Versuche, z. B. an der Parsons-Turbine, vollauf bestätigt.

V.

Die Dampfturbinensysteme.

Irgend eines der bekannten hydraulischen Turbinensysteme könnte, wie sich von selbst versteht, ohne weiteres als Dampfturbine Verwendung finden. Wir schöpfen indessen aus dieser Möglichkeit nur geringen Vorteil, denn das Bestreben des modernen Wasserturbinenbaues ist vornehmlich darauf gerichtet, bei dem Vorherrschen der kleinen Gefälle die Umlaufzahl der Turbine zu erhöhen. Die Hauptaufgabe, welche jedes Dampfturbinensystem lösen muß, ist demgegenüber die Herabsetzung der Umlaufzeit auf ein praktisch zulässiges Maß unter Wahrung der erforderlichen Betriebszuverlässigkeit und Wirtschaftlichkeit.

Welche Umlaufzahl aber praktisch zulässig ist, darüber wird bei den heutigen Beziehungen des Maschinenbaues zur Elektrotechnik in erster Linie der Dynamobau zu entscheiden haben, und zwar im besonderen die Anforderungen der Wechselstrommaschine. Die in Europa sehr allgemeine Periodenzahl 50 i. d. Sek. läßt uns im großen ganzen nur die Wahl zwischen 3000 oder 1500 Uml./min. für die zwei- bzw. vierpolige Maschine (bei der sog. Induktortype kommt wegen des Ausfalles der Hälfte der Pole im wesentlichen nur letztere in Betracht). Die Mehrzahl der Dynamokonstrukteure teilt heute wohl die Ansicht, daß Einheiten von etwa 1000 KW nach aufwärts nicht mehr als 1500 Uml./min. machen sollten. Die Länge der Trommeln, die Schwierigkeit des Massenausgleiches, die mögliche Unterstützung der Wellenschwingung durch Unsymmetrie des magnetischen Feldes, die hohe Gleitgeschwindigkeit in den schwer belasteten Dynamolagern lassen den Bau rascher laufender Maschinen als ein gewagtes Problem erscheinen, für dessen Gelingen keine Gewähr aus schon bekannten Erfahrungen abgeleitet werden kann.

Das Ideal der Einfachheit wäre nun offenbar eine Turbine, die das gesamte Nutzgefälle in einem einzigen Rade mit einziger Wirkung, d. h. als einstufige Druckturbine, in mechanische Arbeit umwandelte. Versuchen wir eine Lösung für diese unmittelbarste Energieumwandlung bei der kleineren der praktischen Umlaufzahlen, d. h. bei 1500 i. d. Min., so stellt sich indessen sofort die Unmöglichkeit auf Seite des Turbinenbauers heraus. Um einen richtigen hydraulischen Wirkungsgrad zu erhalten, sollte bei der erreichbaren Dampfgeschwindigkeit von rd. 1200 m und darüber die Umfangsgeschwindigkeit der Turbine mindestens $^1/_3$, d. h. 400 m betragen; dies entspräche aber einem Raddurchmesser von rd. 5 m, an welchen man sich denn doch nicht so leicht heranwagen wird. Außerdem würde man an diesem Rade gemäß unsern Formeln eine ganz beträchtliche Leerlaufarbeit zu erwarten haben. Es bleiben mithin, wenn wir an einem Rade festhalten, folgende Auswege:

a) Zwischenschaltung eines Zahnradvorgeleges, wie es de Laval bei Kräften bis zu 300 PS mit Erfolg anwendet. Für große Kräfte ist aber dieser Weg ausgeschlossen.

b) Erhöhung der Umlaufzahl auf 3000 p. Min. Der bei 400 m immer noch rd. 2,5 m betragende Durchmesser würde aber die Turbine für kleine Leistungen zu teuer machen, und bei großen Leistungen wird man sich schwerer zu so hohen Umlaufzahlen entschließen, obwohl die Konstruktion der zugehörigen Scheibenräder nach unseren Formeln keine Schwierigkeit bereiten würde.

c) Anwendung von Geschwindigkeitsstufen, wie sie zuerst wohl Farcot in seinen Patenten vorgeschlagen hat. Die moderne Form der Geschwindigkeitsabstufung finden wir in den Turbinen von Curtis, Riedler-Stumpf und Kolb bei mäßigen Umgangszahlen in mannigfacher Ausführung praktisch verwirklicht.

Das wirksamste Mittel, die Umlaufzahl herabzudrücken, bildet die Anwendung mehrstufiger Expansion, für welche bekanntlich Parsons der erfolgreiche Vorgänger ist. Seine Turbine arbeitet mit Reaktion und 50—70 oder mehr Stufen. Das Gegenstück hierzu bildet die Aktionsturbine von Rateau mit 15—25 Stufen und partieller Beaufschlagung. An diese schließen sich die Konstruktionen von Zölly, Sulzer, Union, Schulz u. a. an, während die Lindmark-Turbine ein neues Prinzip, die teilweise Rückverwandlung kinetischer Energie in potentielle zur Anwendung bringt. Diese teils im praktischen Betrieb befindlichen, teils in Versuchsausführungen vorhandenen Konstruktionen werden im Nachfolgenden ausführlicher besprochen, und zwar ohne Rücksicht auf die geschichtliche Folge zuerst die Druck-, dann die Überdruckturbinen und die gemischten Systeme. Ältere und neuere Vorschläge, die nicht zur Ausführung kamen, sind in Abschn. 88 und 89 gedrängt zusammengefaßt.

74. Turbine von de Laval.

Die wesentlichen Elemente dieser Turbine sind schon oben bei der Besprechung der Düse, der Radscheiben und der biegsamen Welle erörtert worden.

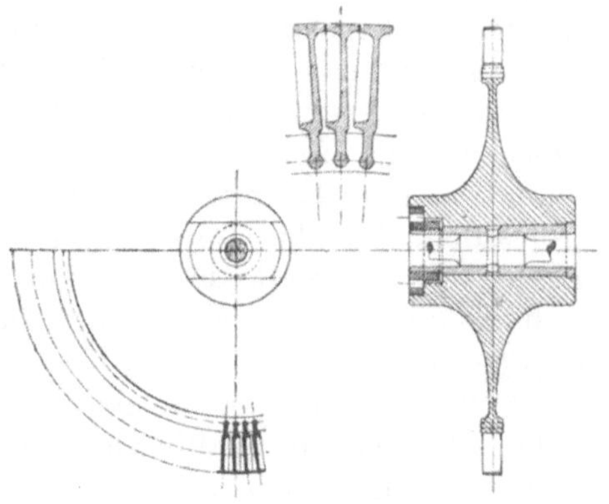

Fig. 181.

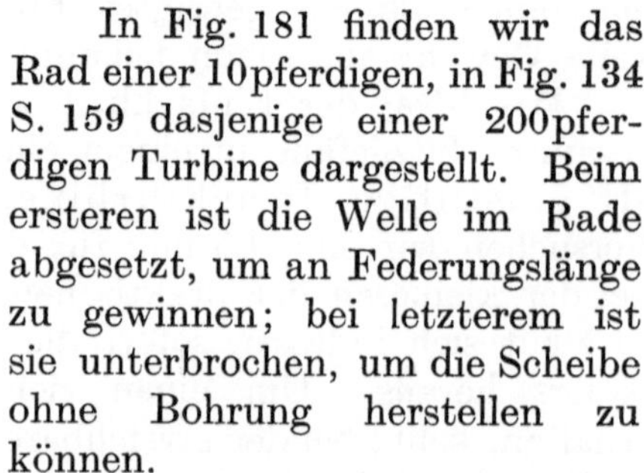

In Fig. 181 finden wir das Rad einer 10pferdigen, in Fig. 134 S. 159 dasjenige einer 200pferdigen Turbine dargestellt. Beim ersteren ist die Welle im Rade abgesetzt, um an Federungslänge zu gewinnen; bei letzterem ist sie unterbrochen, um die Scheibe ohne Bohrung herstellen zu können.

Die Schaufeln sind leicht verstemmt und können ohne Gefährdung des Rades ausgewechselt werden. Die Gesamtzeichnung einer 300 pferdigen Turbine (Fig. 182 und 183) zeigt die beweglichen, aus zwei Teilen zusammengesetzten Stopfbüchsen und das bei dieser Ausführung aus dem Vakuum herausgesetzte Endlager mit Kugelgelenk. Die Düsen sind unter einem Neigungswinkel von 17 bis 20° gleichmäßig im Kreise ver-

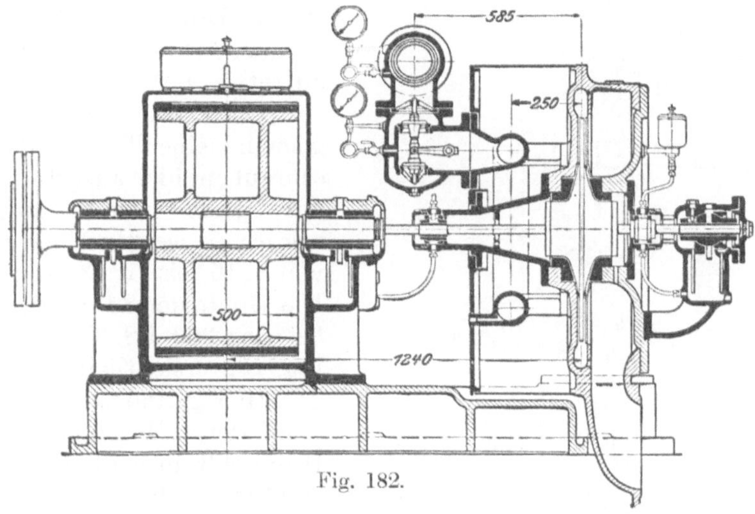

Fig. 182.

teilt. Neuerdings setzt man sie in Gruppen unmittelbar nebeneinander, um den Dampfstrahl nicht zu zersplittern. Die Regulierung erfolgt durch Drosselung mittels eines Doppelsitzventiles (Fig. 184), das von

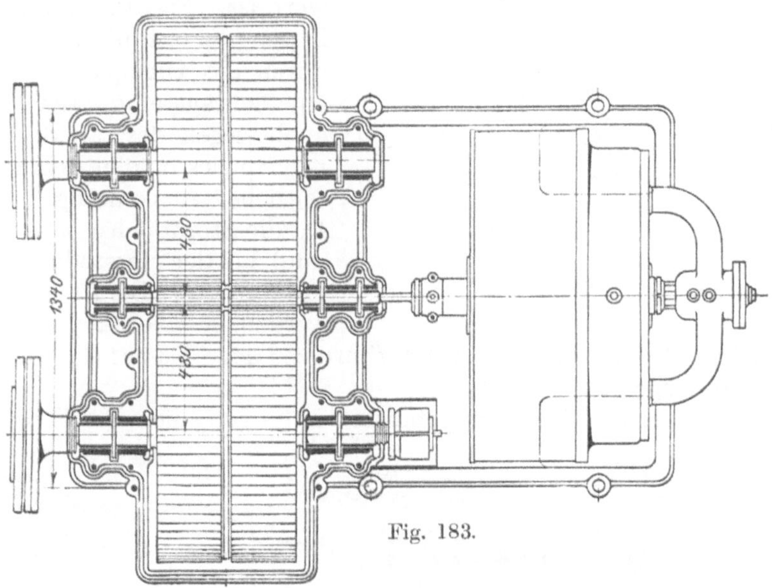

Fig. 183.

dem auf der Achse des einen Zahnrades sitzenden Kegel-Federregler (Fig. 184a) durch eine metallisch dichtende Spindel und Hebel bewegt wird. Bei neueren Ausführungen wird neben dem erwähnten Ventil die in Fig. 185 dargestellte teilweise selbsttätige Reguliervorrichtung angewendet. Der Dampfdruck auf die eingeschliffene Spindel hält die Feder bei dergrößten Leistung mit geringem Kraftüberschuß gespannt. Sinkt die Belastung und fängt der Regler an zu drosseln, so erhält die Federkraft das Übergewicht und schließt die Düsenöffnung ab. Auf diese Weise wird die unwirtschaftliche starke Drosselung des Dampfes vermieden und die Druckabnahme auf etwa 1 Atm. beschränkt.

Eig. 184.

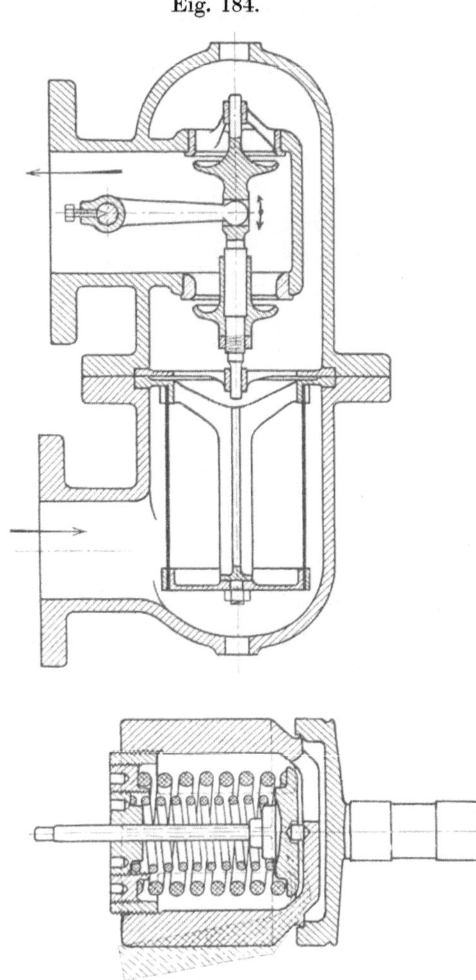

Fig. 184 a.

Die Zahnräder sind mit ungemein kleiner Teilung als Doppelschraubenräder ausgeführt, damit der axiale Schub aufgehoben werde; es werden Übersetzungen von 1 : 10 bis 1 : 13 angewendet. Die Breite der Zahnräder beträgt bei der 300 PS.-Turbine, wie in Fig. 182 ersichtlich ist, 500 mm.

In Fig. 186 ist eine 200 PS. von der Maschinenbauanstalt Humboldt in Kalk bei Köln ausgeführte Turbine dargestellt. Die Detailfigur 187 veranschaulicht das Kugellager des freien Wellenendes, an welchem die in Spirallinie laufende Ölnut bemerkenswert ist. Fig. 188 bringt Einzelheiten der Stopfbüchse, welche durch die Kugelpaßfläche sowohl eine Schrägstellung der Welle, als auch wegen des radial vorhandenen Spieles in den Beilagen, eine seitliche Auslenkung gestattet. Da die Stopfbüchse zweiteilig ist, muß bei der Herstellung offenbar mit größter Sorgfalt verfahren werden. Überhaupt kann der vorzüglichen konstruktiven Durchführung der Laval-Turbine nicht genug Lob gespendet werden.

Die praktischen Betriebsergebnisse sind nach allen Berichten durch-

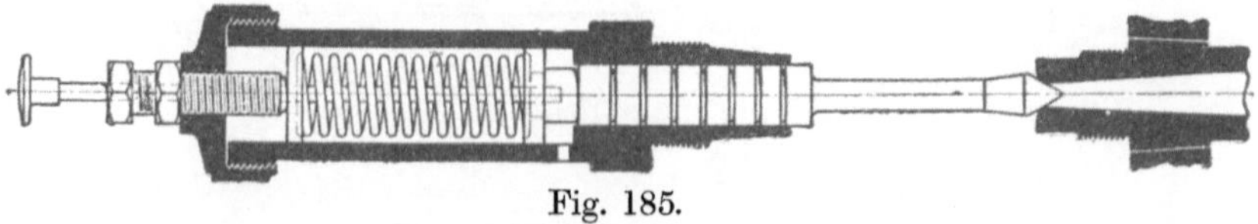

Fig. 185.

aus zufriedenstellend. Die Schaufelabnutzung durch den Dampf der mit einer bis zu 800 m reichenden Geschwindigkeit durch die Schaufel strömt, wird zugegeben, scheint indes auf Jahre hinaus den Dampfverbrauch nicht erheblich zu beeinflussen. So teilt Sosnowski in Revue de Mécanique 1902, Juliheft, mit, daß eine 5 Jahre lang in Betrieb gewesene

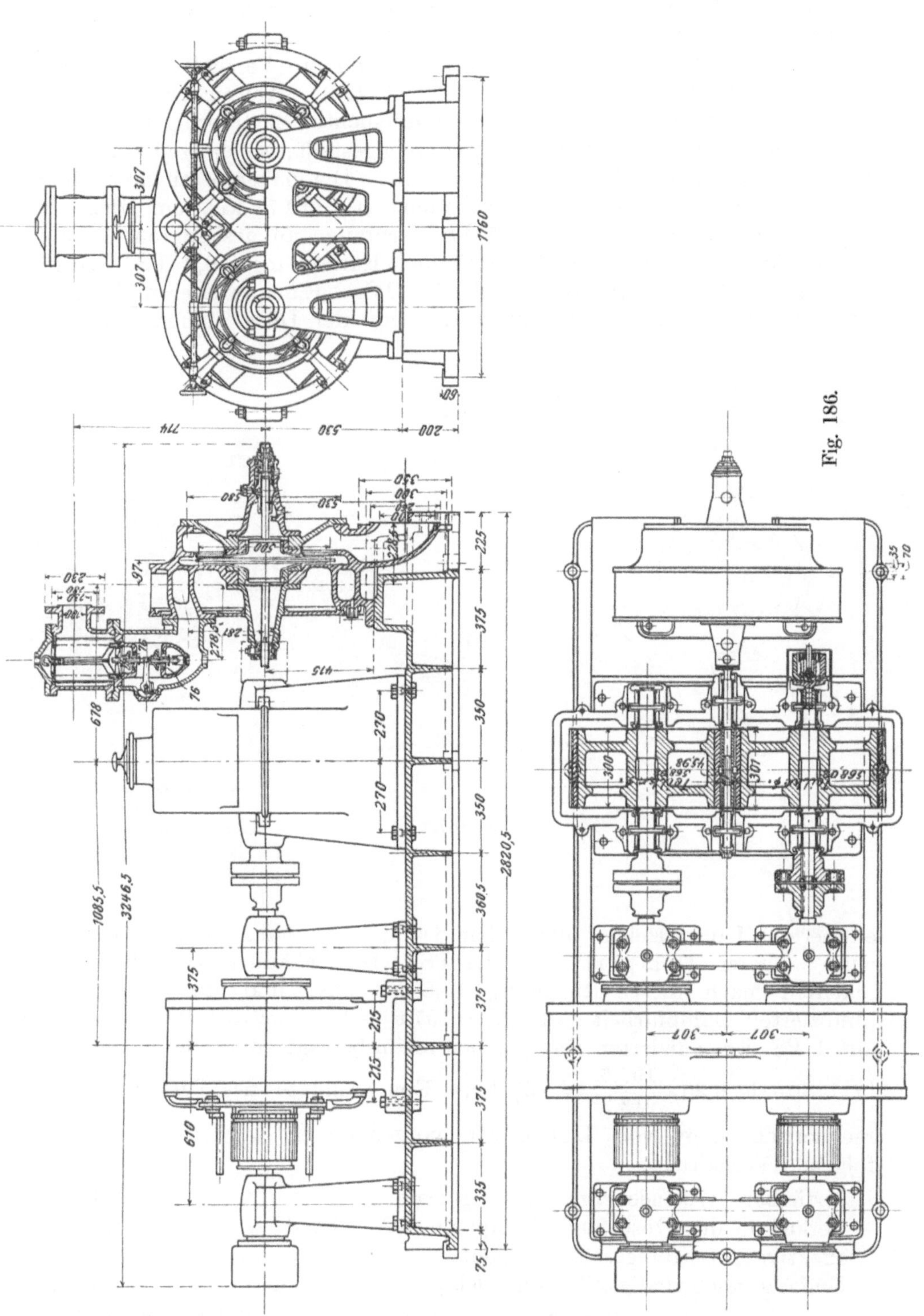

Fig. 186.

Turbine bei 64 cm Vakuum 10,07 kg Dampf pro PS_e-st verbraucht habe, während diese Zahl bei einer ganz neuen, am gleichen Orte geprüften Turbine bei einem um 7 cm besseren Vakuum 9,7 kg betragen habe.

Die Kosten der vollständigen Auswechselung der Schaufeln werden als geringfügig angegeben.

Über den Dampfverbrauch liegen ausgedehnte Versuche von Delaporte vor (Revue de Mécanique 1902 S. 406). Abweichend von der üblichen Anordnung wurden bei der untersuchten 200pferdigen Turbine die Düsen in zwei Gruppen eng zusammengestellt, so daß ein tunlichst zusammenhängender Dampfstrahl entsteht. Die näheren Angaben über den Versuch Nr. 10 sind die folgenden: $p_1 = 10{,}72$ km/qcm abs.; $p_2 = 0{,}166$ kg/qcm abs.; $N_e = 197{,}5$ PS Verbrauch an gesättigtem Dampf 6,9 kg/PS-st. Schädliche Widerstände: Radreibung 10,2 PS, Lagerreibung 2,5 PS. Zahnradvorgelege 2,0 PS. Einen weiteren Verlust, welcher durch das Wiederanfüllen der vor der Düse einherstreifenden

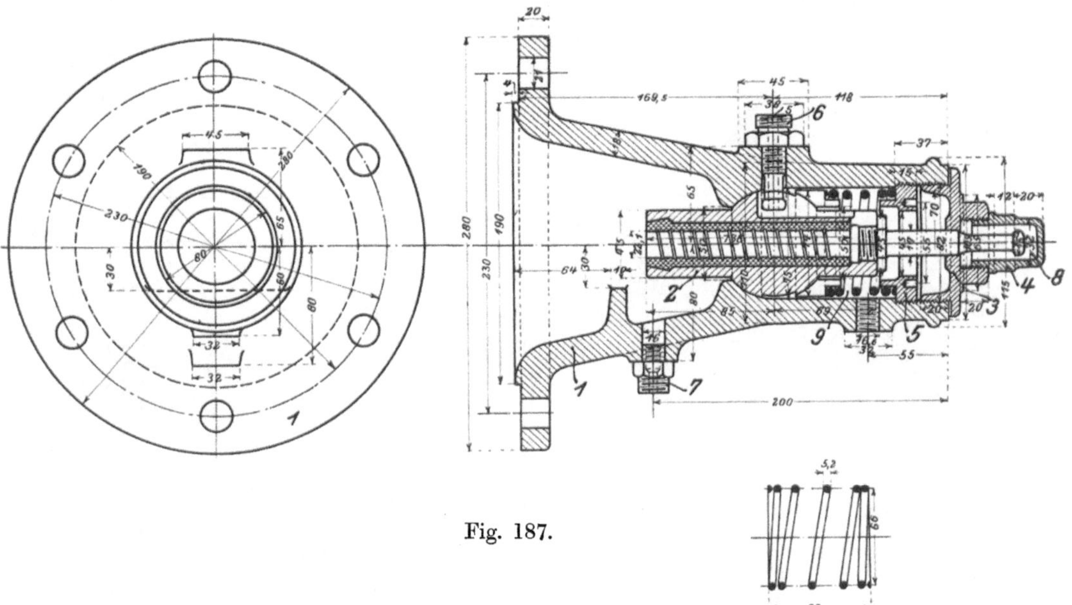

Fig. 187.

entleerten Laufradzellen durch den Dampf der Umgebung verursacht wird, schätzt Delaporte auf 1,1 PS. Die schädlichen Widerstände machten nach dieser Rechnung 15,8 PS aus, und die reine oder „indizierte“ Dampfarbeit wäre $N_i = 197{,}5 + 15{,}8 = 213{,}3$ PS. Bezogen auf 1 PS der indizierten Dampfarbeit allein beträgt somit der Verbrauch in 1 Stunde $6{,}90 \cdot \frac{197{,}5}{213{,}3} = 6{,}39$ kg. Eine Analyse des Versuches, die rechnerisch auch von Delaporte vorgenommen worden ist, ergibt folgende Verhältnisse:

verfügbare Wärmeenergie in 1 kg Dampf	154,0 WE
Verlust in der Düse nach Delaporte 5,2 v. H, d. s. . .	8,0 „
effektive Ausströmgeschwindigkeit	$c_1 = 1102$ m
Umfangsgeschwindigkeit nach Delaporte	$u = 343$ „

Der Entwurf eines Geschwindigkeitsplanes mit $\alpha = 20^0$ gibt $w_1 = 787$ m und mit dem probeweise angenommenen $w_2 = 0{,}74\ w_1 = 582$ m, schließlich $c_2 = 326$ m. Die „Bilanz“ der Turbine stellt sich nun mit der Angabe des Verlustes in v. H. der theoretisch verfügbaren Energie wie folgt:

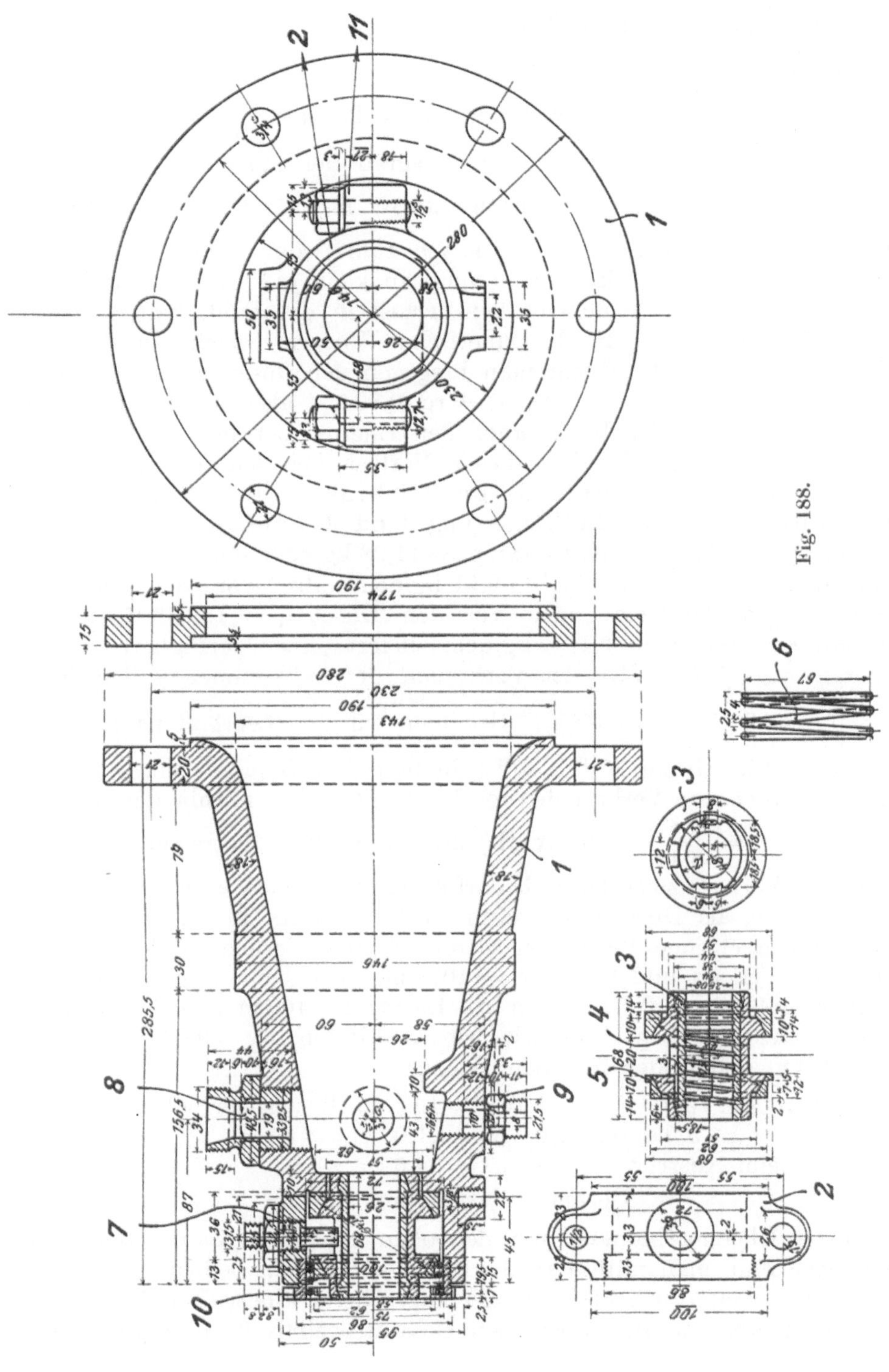

Fig. 188.

Verlust in der Düse . . . . 8,0 WE, d. s. 5,2 v. H.,

„ „ „ Schaufel $\left(\frac{787}{91,2}\right)^2 - \left(\frac{582}{91,2}\right)^2 = 33,7$ WE, d. s. 21,9 v. H.,

Verlust beim Austritt $\left(\frac{326}{91,2}\right)^2$ . . . . $=12,8$ WE, d. s. 8,3 v. H.
Gesamtverlust . . . . 35,7 v. H.

Da nun bei 154 WE pro kg die ideale Turbine $\frac{637}{154}=4,14$ kg Dampf pro PS-st erfordert, beträgt der Gütegrad der indizierten Dampfarbeit $\eta=\frac{4,14}{6,39}=0,647$, der Verlust mithin 35,3 v. H., in guter Übereinstimmung mit obigen Annahmen. Die Analyse führt somit, falls wir den von Delaporte für die Düse angenommenen kleinen Verlust als richtig zulassen, auf einen ungemein großen Verlust in der Laufschaufel, nämlich $1-(0,74)^2$, d. h. 45 v. H. der kinetischen Energie, welche zu Beginn im Rade vorhanden ist. Wenn man hingegen den Düsenverlust zu 10 v. H. ansetzt, so ergibt sich, daß $w_2=$ rd. $0,83\,w_1$, also der Verlust in der Schaufel rd. 30 v. H. der anfänglichen Energie beträgt.

Ungünstiger stellt sich dieser Verlust bei den Versuchen von Jacobson an der 300pferdigen Turbine in der Pötschmühle[1]) Für Überlast bei 342,1 PS_e Leistung fand Jacobson 7,01 kg Dampfverbrauch pro PS_e-st, und es war $p_1=11,28$ kg/qcm abs. und $t_1=192,3^0$ C vor dem Ventil. Mit $p_1'=9,61$ kg/qcm abs. vor den Düsen errechnet sich die Temperatur vor den Düsen $t_1'=189,8^0$ C, und die Expansion auf $p_2=0,101$ kg/qcm liefert eine verfügbare Wärmeenergie von 164,4 WE; der Verbrauch der vollkommenen Turbine ist $=\frac{637}{164,4}=3,87$ kg pro PS-st. Schätzen wir den Leerlauf nach den Angaben de Lavals zu 30 PS, so ist die indizierte Dampfarbeit $=372,1$ PS, der entsprechende Verbrauch pro PS_i-st $=6,44$ kg, mithin der indizierte Gütegrad $\eta=\frac{3,87}{6,44}=60,1$ v. H., und die Verluste betragen rd. 40 v. H. Um diese Verluste zu erklären, bedarf es der Annahme viel größerer Reibung in der Düse, als Delaporte gefunden haben will. In Übereinstimmung mit unsern eigenen Versuchen setzen wir den Verlust in der Düse mit etwa 15 v. H. an und finden $c_1=1078$ m. Die Umfangsgeschwindigkeit darf gemäß einer Tabelle von de Laval zu 400 m geschätzt werden. Auf graphischem Wege ermitteln wir $w_1=720$ m, $w_2=0,666\,w_1=480$ m, $c_2=250$ m und finden folgende Bilanz:

Verlust in der Düse 23,7 WE $=15,0$ v. H. der verfügbaren Energie
„ „ „ Schaufel 34,6 „ $=21,0$ „ „ „ „
„ beim Austritt 7,5 „ $=$ 4,6 „ „ „ „
Gesamtverlust 40,6 v. H.

in naher Übereinstimmung mit der oben genannten Zahl. Bei diesem Versuche muß man mithin in der Schaufel den ganz bedeutenden Verlust von $1-(0,666)^2=$ rd. 56 v. H. der zugeführten kinetischen Energie voraussetzen, um mit dem wirklichen Gesamtergebnis in Übereinstimmung zu bleiben.

Dieser starke Verlust dürfte durch folgende Faktoren erklärbar sein:

a) Der aus der Düse tretende zylindrische Dampfstrahl wird von der Radebene in einer sehr flachen Ellipse geschnitten, deren Spitzen

[1]) Zeitschr. d. Ver. deutsch. Ing. 1901. S. 150.

Additional material from *Die Dampfturbinen,*
ISBN 978-3-662-36141-2 (978-3-662-36141-2_OSFO5),
is available at http://extras.springer.com

die Schaufelräume nur unvollständig ausfüllen, also schlecht arbeiten. Bei neueren Turbinen ist dieser Übelstand teilweise behoben.

b) Durch die Ventilation der Scheibe und der jeweilen unbeaufschlagten Schaufeln entsteht, wie Baumann bemerkt hat, unter und zwischen den Düsen ein tangentialer Dampfstrom, der gegen den Düsenstrahl anprallt und ihn teilweise in Wirbel auflöst. Auch hier bildet das Zusammenrücken der Düsen Abhilfe.

c) Von besonderem Einfluß ist die Wirbelung und eventuelle Dampfstöße in der Schaufel, wie schon früher erörtert wurde.

Weitere Versuche sind notwendig, um uns über den Zahlenbetrag der Einzelverluste aufzuklären. Da die Turbine von Delaporte sich von derjenigen in der Pötschmühle nur durch die eng zusammengerückten Düsen unterscheidet, scheint der Verlust unter a) von besonderer Bedeutung zu sein.

Beziehen wir uns auf die effektive Leistung, so ist der thermodynamische Wirkungsgrad beim Versuche von

$$\text{Delaporte } \eta_e = \frac{4,14}{6,90} = 0,600, \qquad \text{Jacobson } \eta_e = \frac{3,87}{7,01} = 0,554,$$

und es erreicht der Dampfverbrauch von 6,9 bzw. 7,0 kg PS_e-st bereits die Zahlen einer guten Verbundmaschine.[1])

Neuerdings baut de Laval und die mit ihm verbundenen Anstalten auch mehrstufige Aktionsturbinen, über welche indessen noch nichts die näheres verlautbart ist.

75. Turbine von Seger.

Die Turbine von Seger wurde mit einer Druck- und zwei Geschwindigkeitsstufen ausgeführt, indessen ohne zweiten Leitapparat, indem der aus dem ersten Laufrade tretende Dampf unmittelbar in ein zweites entgegengesetzt rotierendes Laufrad einströmt. Seger übertrug die Leistung der beiden Räder durch einen einzigen Riemen auf die rechtwinklig geschränkte Hauptwelle (s. Fig. 189) und erzielte durch geeignete Wahl der Scheibengrößen auch die nötige Übersetzung.

Über den Dampfverbrauch gibt folgender Versuch[2]) Aufschluß:

Umdrehungszahl des ersten Rades . .	8400 p. M.
Umdrehungszahl des zweiten Rades .	4200 ,,
Umdrehungszahl des Vorgeleges . . .	700 ,,
Eintrittsdruck als	$p_1 = 7,5$ kg/qcm
Kondensatordruck als	$p_2 = 0,111$ kg/qcm
Bremsleistung	$N_e = 60,85$ PS_e
Dampfverbrauch pro PS_e-st	$D_e = 10,50$ kg.

[1]) In der Zeitschrift des Vereins deutscher Ingenieure 1903 hat Lewicki über Versuche mit hochgradiger bis 460° C reichender Überhitzung berichtet, durch welche erwiesen wird, daß die Laval-Turbine, wenn man nur die Düsen aus Stahl anfertigt, ohne weiteres mit so hohen Temperaturen betrieben werden kann. Eine Verwertung der Ergebnisse für eine thermodynamische Bilanz ist wegen Unkenntnis des genauen Wertes der spezifischen Wärme bei so ungewöhnlich hohen Temperaturen derzeit nicht möglich.

[2]) Zeitschr. d. Ver. deutsch. Ing. 1901. S. 641.

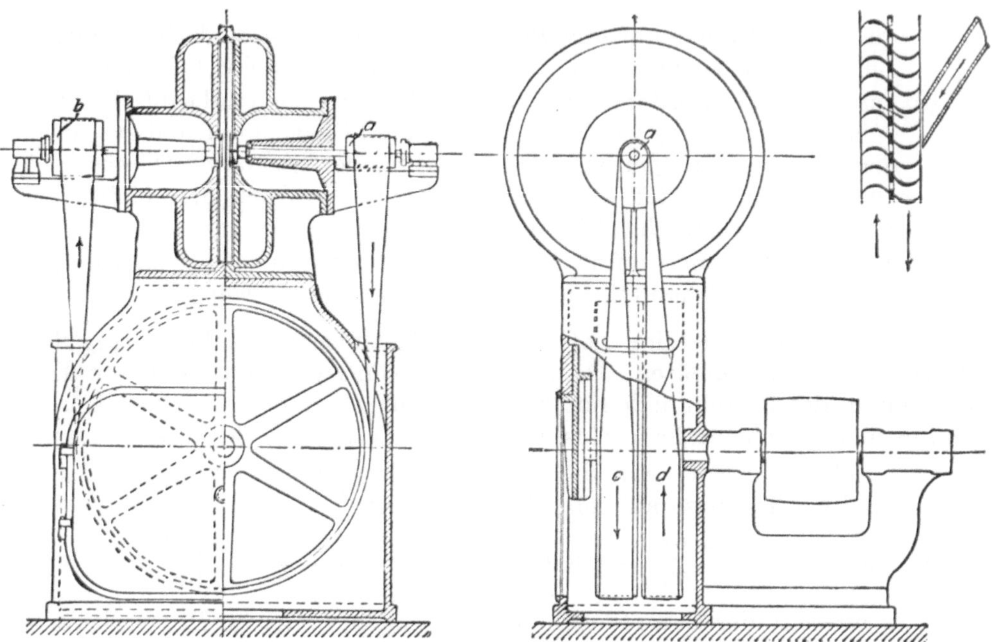

Fig. 189.

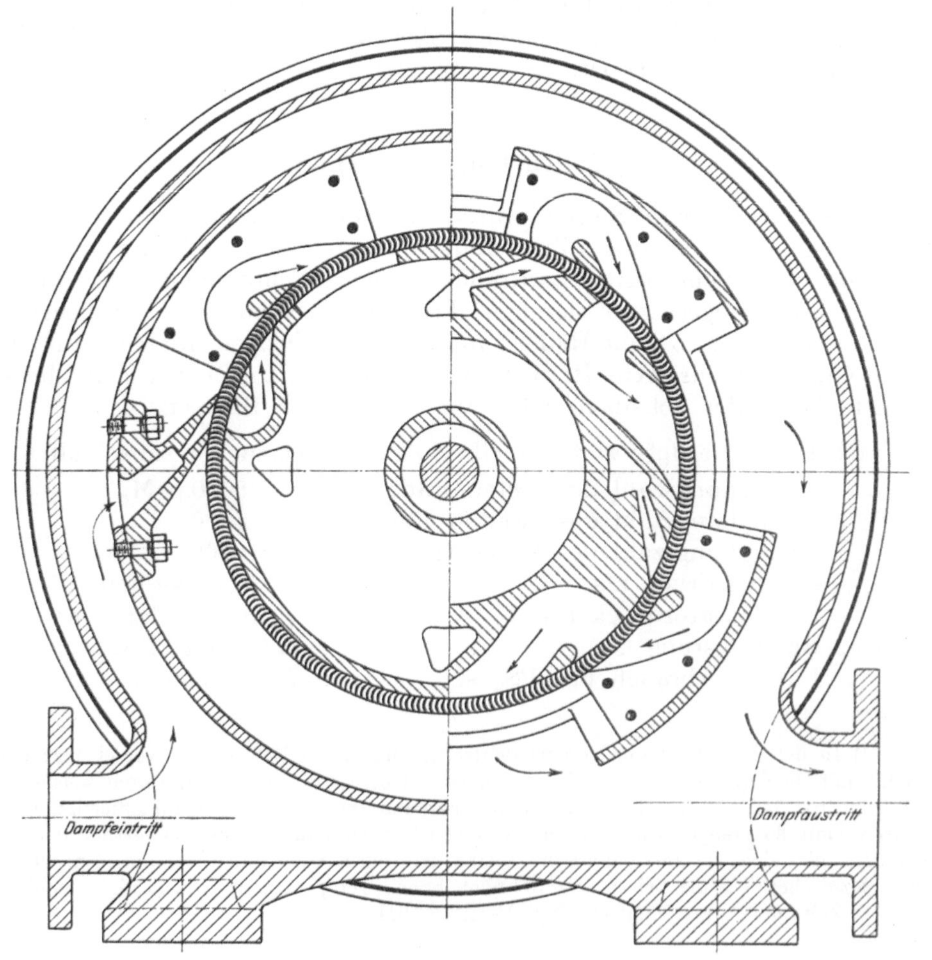

Fig. 192.

Mit freiem Auspuff betrug der Dampfverbrauch nach anderweitiger Mitteilung bei 6600 bzw. 3300 Umdrehungen p. M. in 7,79 kg/qcm, Eintrittsüberdruck 61,37, PS_e-Leistung 16,7 kg pro PS_e-st.

Die Fabrikation der Seger-Turbine ist dem Vernehmen nach wegen Liquidation der sie herstellenden Gesellschaft aufgegeben; die Grundidee derselben findet indes bereits in anderen Konstruktionen Verwendung.

76. „Elektra“-Dampfturbine.

Die „Gesellschaft für elektrische Industrie“ in Karlsruhe baut nach den Entwürfen von Ingenieur Kolb eine Aktionsturbine mit mehreren Geschwindigkeitsstufen, deren kennzeichnendes Merkmal die radiale Beaufschlagung ist. Diese Bauart ermöglicht es, den Dampf in der Beaufschlagungsebene wiederholt auf denselben Schaufelkranz zu leiten und mit einem Rade das zu erreichen, wozu nach dem Verfahren von Curtis mehrere Räder bzw. Kränze gehören. Bis jetzt benützte man bloß ein- oder zweistufige Expansion, indes mit hoher bis zu vierfacher Geschwindigkeitsabstufung.

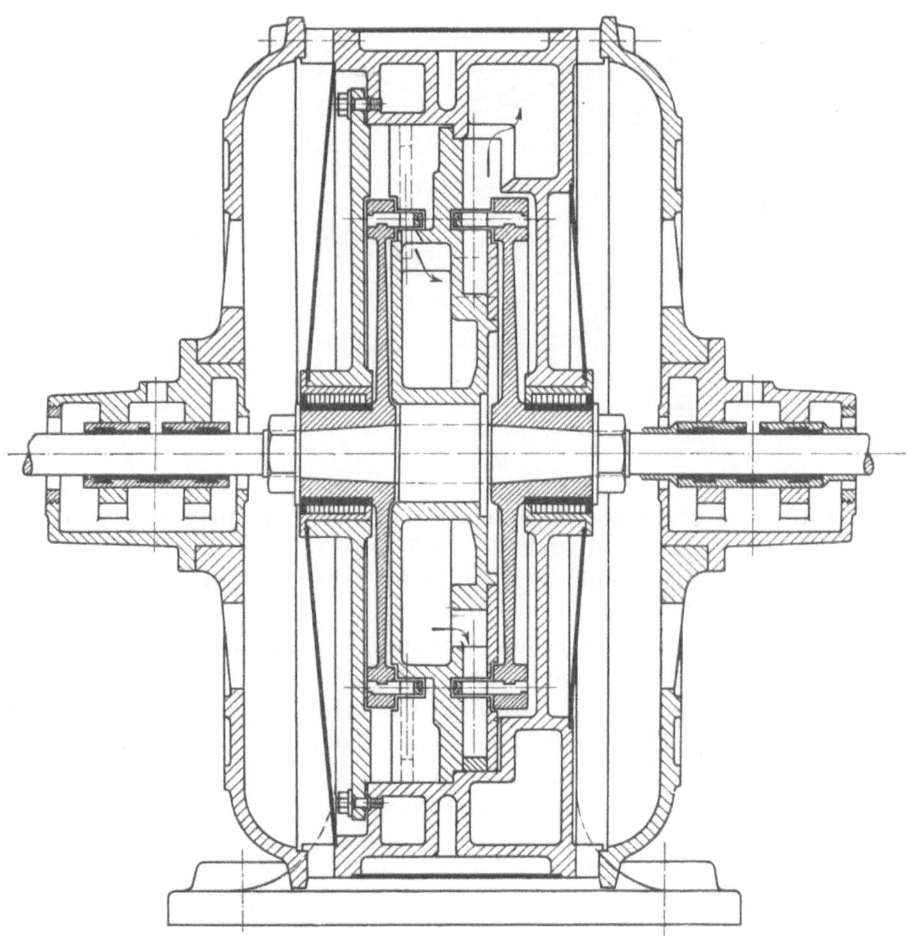

Fig. 192a.

Der allgemeine Aufbau bei einstufiger Expansion ist aus Fig. 190 und 191 zu ersehen. Der Dampf tritt von außen unter ziemlich starkem

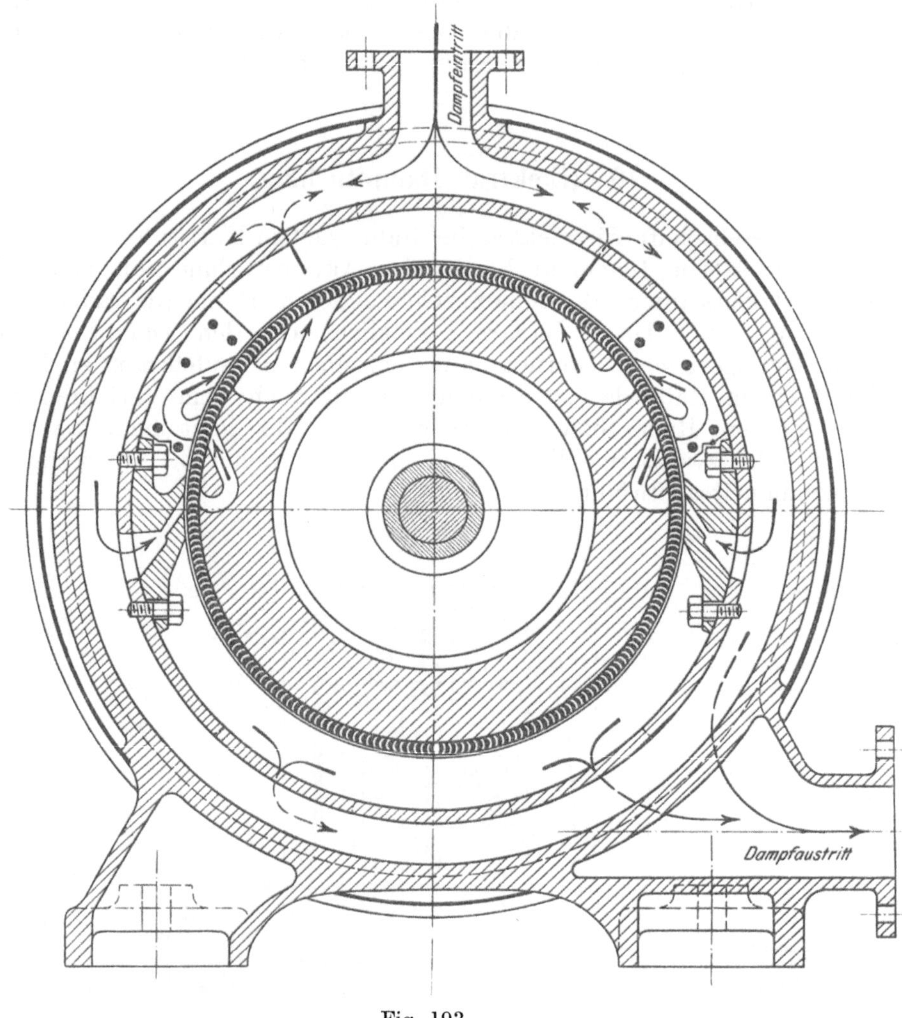

Fig. 193.

Winkel an zwei gegenüberliegenden Punkten des Kranzes ein, wird durch einen U-förmigen Kanal umgelenkt und beaufschlagt das Rad von innen. Hierauf findet eine Umlenkung auf dem Außenumfang und eine letzte im Inneren des Rades statt.

In Fig. 192 und 192a ist eine „Verbund"-, d. h. mit zwei Druckstufen arbeitende Turbine dargestellt. Die Zahl der Geschwindigkeitsstufen ist hier auf zwei herabgesetzt, so daß der Abfluß vom ersten Rade her inwendig erfolgt. Die rechte Hälfte des Querschnittes zeigt die Innenbeaufschlagung des Niederdruckrades.

Fig. 193 und 193a veranschaulicht eine „Reversierturbine", für welche sich die Bauart der Elektraturbine besonders gut eignet. Die Umkehrturbine besteht aus der Verbindung zweier gewöhnlichen Turbinen mit entgegengesetzter Drehrichtung, welche wechselweise, je nach dem

Drehungssinn, beaufschlagt werden. Die Vereinigung der beiden ist so innig als möglich, indem ein und dasselbe Laufrad die rechts und links angeordneten Schaufelkränze aufnimmt.

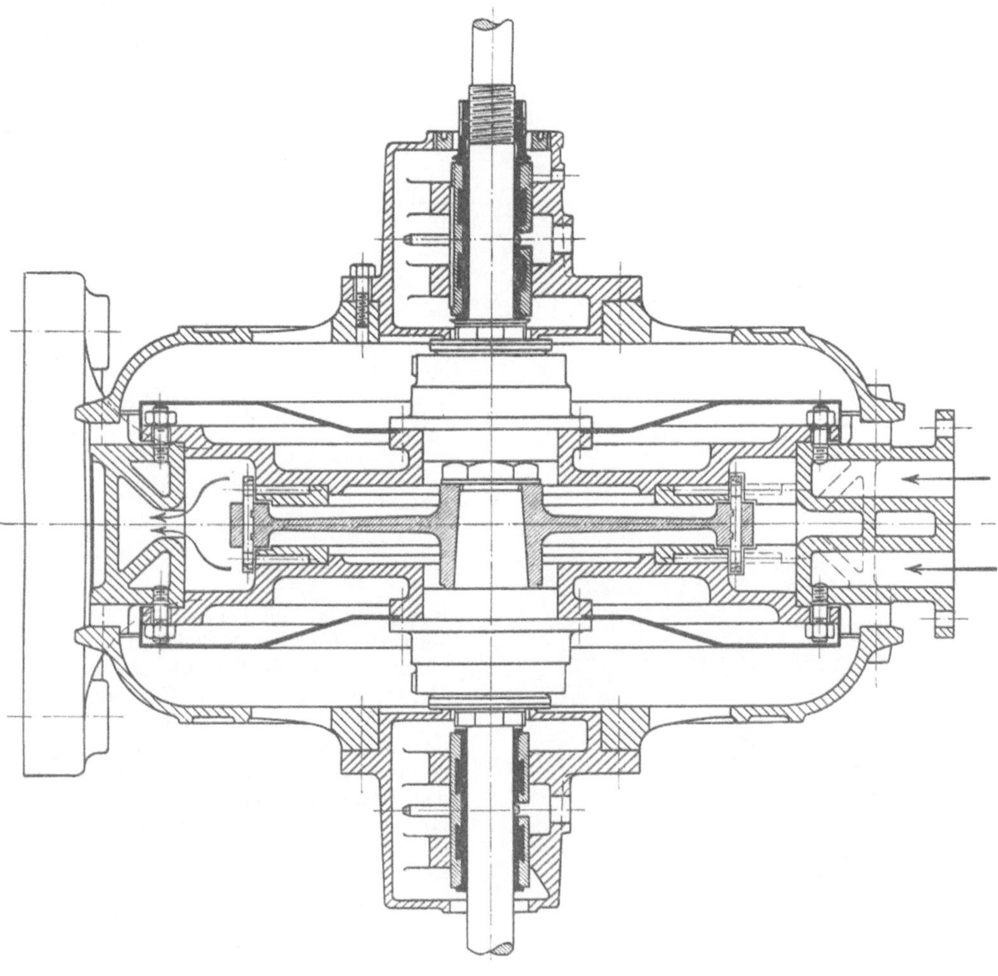

Fig. 193 b.

Konstruktionselemente.

Die Düsen werden aus schwach konischen eingetriebenen Bronzestücken ausgefräst und mit stählernen Regulierzungen versehen. Die Zunge ist, wie aus Fig. 191 ersichtlich, am Einlaufe festgeschraubt, auf eine federnde Dicke ausgezogen und durch einen Hebel verstellbar. Die federnde Stelle und die Form der Düse werden so bestimmt, daß das Verhältnis des engsten und des Austrittsquerschnittes sich nicht ändert. Der Dampf expandiert demnach bei jeder Belastung vom Volldruck auf Kondensatorspannung, wir haben eine strenge „Quantitätsregulierung“. Die Verwendung dieser bei hydraulischen Turbinen wohlbekannten Zungen ist eine sehr glückliche Idee, und wird bei gesättigtem Dampfe sicher keine Schwierigkeiten bereiten. Die Konstrukteure teilen mit, daß auch bei Überhitzung keine Klemmungen und keine größeren Undichtheiten aufgetreten seien.

Für stärkere Überlastungen ist die Düse in Fig. 194 bestimmt. Da hier die Federung nicht ausreichen würde, ist das Eintrittsende durch die Schneide eines zweiten Hebels verschiebbar, während die Regelung des Austrittes durch denselben Hebel bewirkt wird wie vorhin. Auch hier dürfte es gelingen angenähert konstante Expansionsverhältnisse zu erreichen.

Die Radschaufeln werden aus Stahl mit einem Profil gezogen, welches den von den Schaufeln eingenommenen Umfang ganz ausfüllt. In die auf Länge geschnittenen Stücke wird der eigentliche Schaufelkanal eingefräst. Die Befestigung besorgt ein auf die Schaufeln warm aufgezogener Ring aus Nickelstahl; ein Falz verhindert seitliche Verschiebungen. Für Doppelräder gilt die Ausführung nach Fig. 193b. Bei der Stärkebemessung des Deckringes darf nicht außer acht gelassen werden, daß die Fliehkraft an den Schaufeln exzentrisch angreift. Die große Zahl der Geschwindigkeitsstufen ist übrigens geeignet, die Umfangsgeschwindigkeit und mit dieser die Fliehkraftbeanspruchung sehr herabzusetzen.

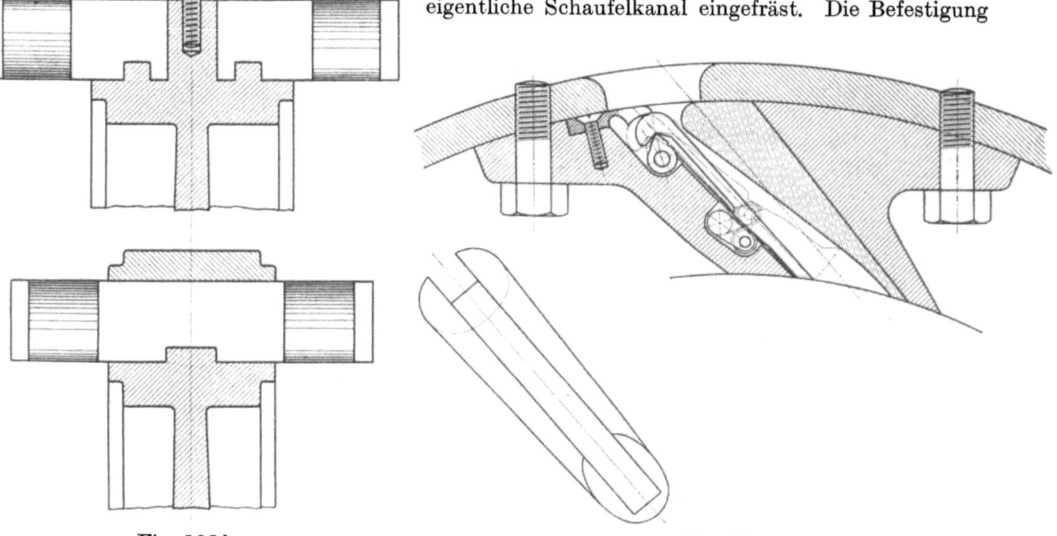

Fig. 193b. Fig. 194.

Die Fig. 195 und 196 sind Schaubilder der einstufigen und der Umkehrturbine. An ersterer erblickt man die Reglerzustellung zum Drosselventil und zur Sicherheitsausschaltung; an letzerer muß auf die Zahnradübersetzung hingewiesen werden, welche der Konstrukteur für Schiffsschraubenantrieb anzuwenden gedenkt.

Fig. 195.

Die Stopfbüchsen beruhen auf dem Prinzip der Labyrinthabdichtung.

Der Regler sitzt auf der Verlängerung der Turbinenwelle und betätigt in Fig. 190 ein doppelseitiges Drosselventil. Doch ist selbstverständlich, daß man bei hinreichender Energie (mit besonderem Kraftzylinder) direkt auf die Düsenzungen einwirken kann.

Versuchsergebnisse.

In wissenschaftlicher Beziehung knüpft sich ein besonderes Interesse an die Frage, wie der Dampfdruck während des Durchströmens der vielen Leitkanäle variiert. Dank dem Entgegenkommen der Erbauerin war es dem Verfasser möglich, einen wenn auch nur flüchtigen hierauf abzielenden Versuch an einer 50pferdigen Turbine mit 525 mm mittlerem Laufraddurchmesser durchzuführen. Beobachtet wurden

n die Umdrehungszahl der Turbine,
p_1 der Druck vor der Düse,
t_1 die Temperatur „ „
p_2 der Druck am Ende der Düse,
p_3 „ „ „ „ des ersten Leitkanales,
p_4 „ „ „ „ „ zweiten „
p_5 „ „ „ „ „ dritten „
p_6 „ „ im Auspuffrohr,
t_6 die Temperatur im Auspuffrohr,
V Voltzahl an der Dynamo,
A Amperezahl an der Dynamo,
KW Leistung in KW.

Die Ergebnisse enthält Zahlentafel 1.

Fig. 196.

Zahlentafel 1.

Art des Versuches.	n per Min.	p_1 Atm. abs.	t_1 °C	p_2 mm Quecks.	p_3 mm Quecks.	p_4 mm Quecks.	p_5 mm Quecks.	p_6 mm Quecks.	t_6	V	A	KW
Unternormale Umlaufzahl	2290	10,9	292	605	550	555	644	630	161	126	182	22,9
„ „	2820	10,3	300	614	563	570	647	635	162	129	194	25,0
Normale „	3360	10,6	302	608	556	564	642	632	160	128	222	28,4
Übernormale „	3620	10,6	324	614	560	567	642	632	163	130	222	28,9
Schlechtes Vakuum . .	2975	10,5	307	610	395	432	472	453	174	177	136	15,9
„ „ . .	3220	10,5	302	610	395	432	472	455	172	117	140	16,4
Überlastung	3540	10,7	320	577	522	535	620	613	164	120	272	32,6

Diese Versuche werden ergänzt durch anderweitige Untersuchungen des Herrn Ingenieurs Kolb, bei welchen außer den oben angeführten Größen noch beobachtet wurden

p_2' der Druck beim Eintritt in die 1. Laufschaufel,
p_3' „ „ „ „ „ „ 2. „
p_4' „ „ „ „ „ „ 3. „

und welche zu folgenden Ergebnissen führten:

Zahlentafel 2.

	n	p_1 Atm.	t_1	p_2	p'_2	p_3	p'_3	p_4	p'_4	p_5	p_6	
Mit Kondensation	3500	10,2	305	640	480	595	540	595	595	642	630	mm. Quecks.
Mit Auspuff	4000	10,0	250	1,10	1,64	1,02	1,32	1,09	1,08	1,00	1,00	kg/qcm abs.

Ob der Druck p_6 im Auspuffrohr tatsächlich höher ist, als p_5 d. h. der Druck beim Austritt aus der letzten Leitschaufel darf noch nicht als erwiesen angesehen werden, da mit verschiedenen Vakuummetern gemessen wurde, deren Eichung fehlt. Die Messungen von p_2 bis p_5 hingegen erfolgten mit demselben Instrument, sind also vergleichbar. Wir finden Druckzunahme beim Eintritt in den ersten Leitkanal, in diesem selbst Expansion; dasselbe wiederholt sich im zweiten Leitkanal. Dies wäre also die Drucksteigerung, die bei über der Schallgeschwindigkeit liegenden Dampfgeschwindigkeiten unseren Versuchen gemäß zu erwarten war. Doch muß man beachten, daß die Kanäle scharfe Krümmungen besitzen und der Druck nur in einem Punkte, der Kanalmitte, beobachtet worden ist. Wenn man so will, so ist die „Elektra“ eine Druckstufenturbine, die indessen schon in der ersten Stufe auf Kondensatorspannung expandiert und den Druck in den nächstfolgenden zwei Stufen durch Dampfstoß erzeugt.

Über weitere vom Herrn Professor Gutermuth durchgeführte Leistungsversuche an einer 50 PS.-Turbine teilt mir die ausführende Firma folgendes mit:

Zahlentafel 3.

Versuche von Gutermuth an einer 50 PS.-Elektraturbine mit einer Druckstufe.

		Über-lastung	Normale Belastung	3/4 Belastung	1/2 Belastung	Leerlauf ohne Vorgelege und Dynamo
Absol. Spannung vor dem Ventil	kg/qcm	10,21	10,25	7,78	6,00	5,4
„ „ am Düsenende	„	0,268	0,220	0,186	0,153	—
„ „ am Leitkanal I	„	0,328	0,284	0,224	0,207	—
„ „ „ „ II	„	0,317	0,278	0,225	0,190	—
„ „ „ „ III	„	0,186	0,187	0,159	0,143	—
„ „ im Auspuffrohre	„	0,189	0,171	0,143	0,127	0,095
Dampftemperatur vor dem Ventil	°C	286	289	275	273	—
„ im Auspuffrohre	„	133	140	129	124	—
Umdrehungszahl	p. Min.	3530	3524	3534	3546	3416
Leistung am Schaltbrett	KW	35,02	27,58	19,77	12,98	—
Effektive Leistung (einschl. 3,5 v. H. Riemen-	KW	41,22	33,09	24,58	17,25	—
„ „ „ „ Verlust)	PSe	56,06	44,99	33,43	23,47	—
Gesamtdampfverbrauch	kg/st	669,6	550,1	436,9	345	87,5
Dampfverbrauch für die eff. PS st.	kg	12,0	12,25	13,10	14,70	—
Desgl. abzüglich vermeidbarer Undichtheiten	„	11,5	11,60	12,25	13,50	—

Bei geschlossener Düse, 10,1 Atm. Druck vor dem Ventil und 0,108 Vakuumdruck gingen durch Undichtheit im ganzen 65 kg Dampf verloren; der durch die Dynamo angetriebene Maschinensatz verbrauchte bei 3000 Umdr. 4 KW. Die Labyrinthdichtung allein ließ bei ebenfalls

3000 Umdr. und 0,095 Vakuumdruck 37 kg/st Dampf durch. Der Unterschied = 28 kg wurde als „vermeidbare Undichtheit“ von der Erbauerin oben in Rechnung gestellt. Außerdem wurde der Kraftbedarf der leerlaufenden Dynamo mit dem Vorgelege allein zu 3,02 KW ermittelt.

Ferner fand derselbe Experimentator folgende Ergebnisse (Zahlentafel 4) an einer Verbund-Elektraturbine:

Zahlentafel 4.

Versuche von Gutermuth an einer Verbund-Elektraturbine.

Versuchsart	Mit Kondensation						Mit Auspuff					
	Leerlauf	ca. 1/4	1/2	3/4	Voll	Überlast	Erste Stufe allein				Beide Stufen	
Versuchs-No.	I	II	III	IV	V	VI	VII	VIII	IX	X	XI	XII
„ Dauer Min.	20	20	30	30	90	30	15	20	20	30	20	30
Dampfdr. i. Gehäuse kg/abs.	1,0	4,3	7,25	8,36	10,1	10,33	2,32	7,6	10,3	10,26	2,45	10,3
Temperat. i. „ °C	74	220	237	239	238	246	189	230	238	240	78	221
Druck am Ende d. H. D. kg/abs.	0,175	0,488	0,836	0,92	1,094	1,36	0,907	0,925	1,31	1,05	0,93	1,093
Zwischenbehälter-Druck kg/abs.	0,174	0,443	0,735	0,86	1,037	1,19	1,0	1,02	1,04	1,03	1,02	1,17
Zwischenbehält.-Temperat. °C	89	101	102	107	110	113	141	142	134	135	110	110
Druck a. Ende d. Niederdr. kg/abs.	0,175	0,14	0,175	0,155	0,18	0,215	—	—	—	—	1,01	1,07
Auspuff-Druck kg/abs.	0,14	0,12	0,13	0,115	0,125	0,135	—	—	—	—	1	1
„ Temperat. °C	93	91	83	75	69	67	—	—	—	—	115	99,5
Umdrehungen p. Min.	3400	3178	3191	3282	3181	3363	3218	3268	3331	3180	3324	3181
Dampfverbr. i. d. Stunde kg	89,1	251,1	391,4	449,8	536,5	626,2	102	263	575	470	114	480
Eff. Leist. a. d. Turb. PS_e	**Leerl.**	**19,6**	**37,6**	**47,2**	**59,3**	**66,9**	**Leerl.**	**20,5**	**39,3**	**31**	**Leerl.**	**29,7**
Dampfverbr. in kg für die eff. PS.-st	—	**12,8**	**10,4**	**9,55**	**9,02**	**9,35**	—	**17,7**	**14,6**	**15,1**	—	**16,2**

Für die vorliegende Maschinengröße sind dies sicher sehr beachtenswerte Ergebnisse.

77. Turbine von Riedler-Stumpf.[1])

Das wesentliche Kennzeichen der Riedler-Stumpf-Turbine ist die eigenartig geformte Pelton-Schaufel, die in Abschn. 49 besprochen worden

Fig. 197.

ist, ferner die quadratischen Düsen, die geeignet sind, einen zusammen-

[1]) Nach einem Vortrag von Prof. Dr. Riedler im Jahrbuch der Schiffbautechnischen Gesellschaft, V. Bd. 1904, dem auch die Figuren 198, 199 bis 203, 206 und 207 entnommen sind, und nach Mitteilungen der A. E.-G. Berlin.

hängenden Dampfstrahl auf das Rad zu richten. Fig. 197 stellt das Bild eines Rades mit einseitiger Strahlablenkung dar; Fig. 198 Schnitte eines Rades mit symmetrischer Doppelschaufel, die in Fig. 198a nochmals perspektivisch abgebildet ist. Die Turbine wird auch mit Rück-

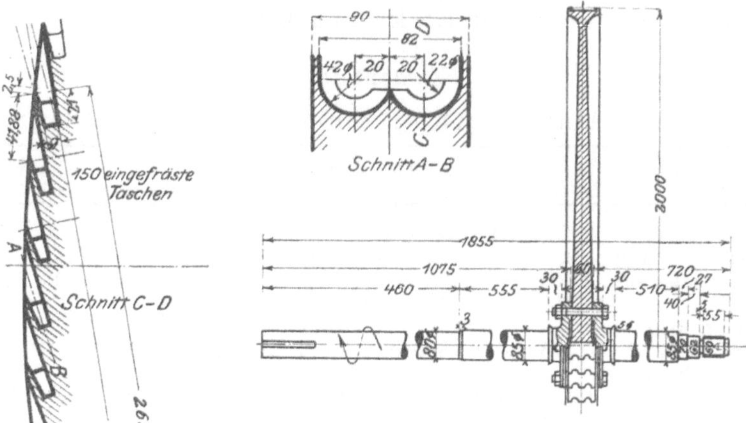

Fig. 198.

leitung des Dampfes auf dasselbe, oder auf ein zweites Schaufelsystem des gleichen Rades, d. h. als Aktionsturbine mit einer Druck- und zwei Geschindigkeitsstufen ausgeführt. In Fig. 199 erblicken wir die Bauart mit zweiseitigem Schaufelkranz, bei welcher der Strahl durch den scharfen Mittelsteg in zwei symmetrisch abgelenkte Hälften gespalten wird, die durch die Umkehrschaufeln gefaßt, abermals in die Mittelebene des Rades zurückgeführt und als vereinigter Strahl auf das Rad geleitet werden. In Fig. 200 findet erste Beaufschlagung einer schmalen einseitigen Schaufel und Rückführung des Strahles auf einen besonderen, ebenfalls einseitigen und breiteren Schaufelkranz desselben Rades statt.

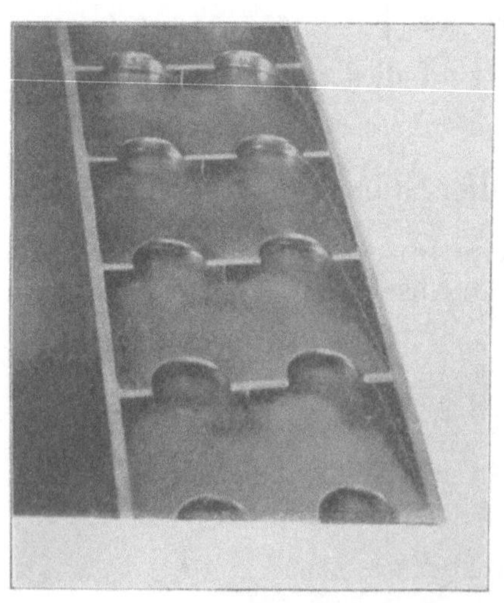

Fig. 198 a.

Im ersten Falle ist das Prinzip des zusammenhängenden Dampfstrahles aufgegeben, indem die Umkehrschaufeln einen gewissen Raum zwischen je zwei Düsen beanspruchen. Indessen ist nahezu der ganze Umfang primär oder sekundär beaufschlagt und hierdurch die Ventilation der untätigen Schaufeln auf ein Minimum reduziert. Auch wird der Dampfstrahl stets in gleichem Sinne umgebogen, was mit Rücksicht auf die in Abschn. 139 erörterte Druckverteilung von Wichtigkeit ist. Die Umkehrschaufeln müssen einen etwas stumpferen Aufnahmewinkel für den austretenden Dampf und einen sehr spitzen Winkel für den Wiedereintritt in das Rad besitzen, was eine eigenartig gewundene Form derselben bedingt.

Führt man das Rad mit zwei Schaufelkränzen aus, so kann die Umkehrschaufel eben bleiben, und die zweite Radschaufel erhält den er-

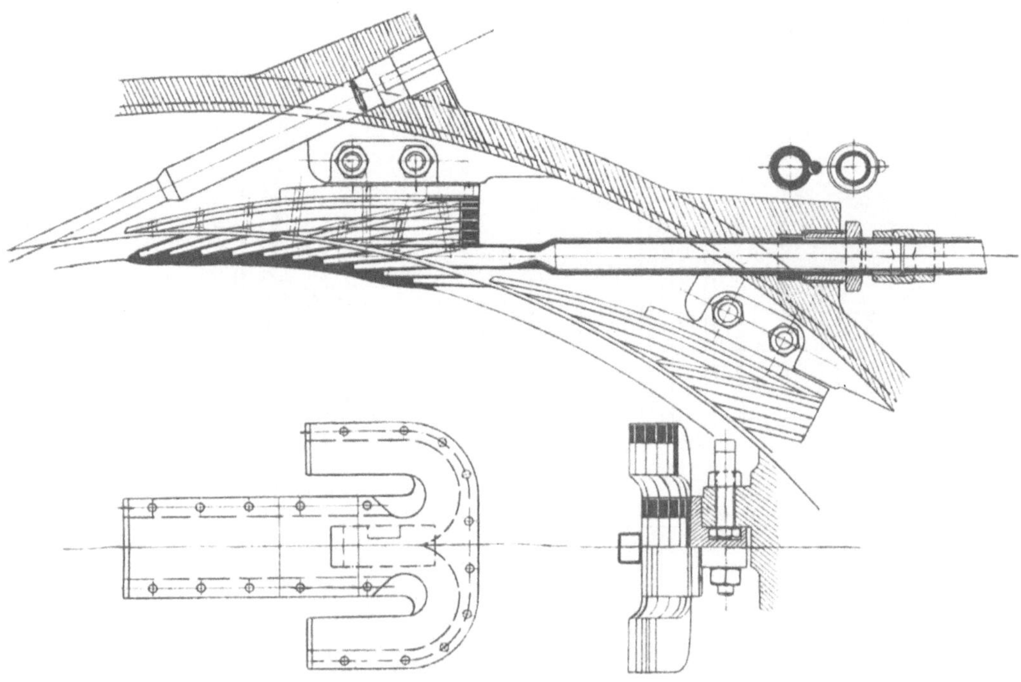

Fig. 199.

forderlichen stumpferen Neigungswinkel. — Wie Fig. 200 lehrt, ist die Umkehrschaufel in äußerst sinnreicher Weise zwischen den abgebogenen Düsenhälsen durchgeleitet, so daß die Düsenenden sich trotzdem berühren und einen nahezu zusammenhängenden Strahl ergeben. Fig. 201 veranschaulicht die Befestigung der Umkehrschaufeln. Der

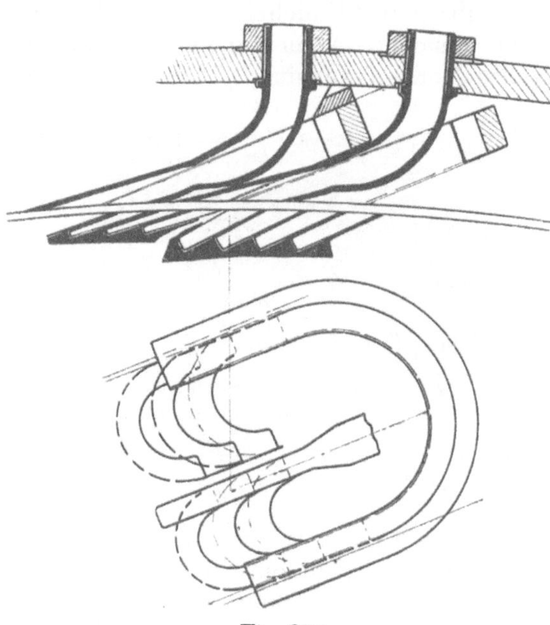

Fig. 200.

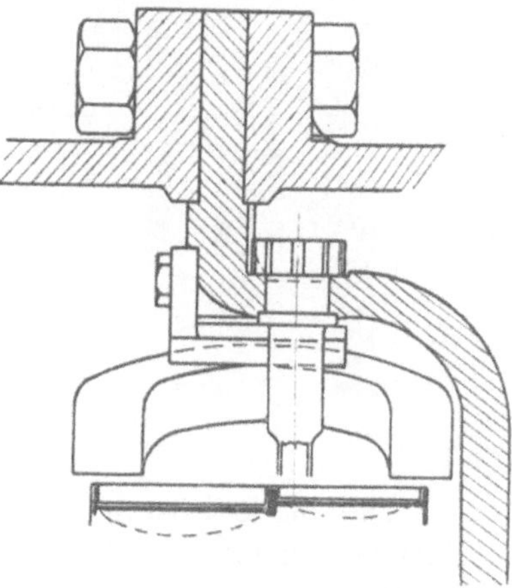

Fig. 201.

etwas lange Weg der Umkehrung könnte gekürzt werden, wenn man sich entschlösse, den Dampfstrahl die Bahn einer Kreuzschleife beschreiben zu lassen; die Konstrukteure halten indessen mit Recht an gleichsinniger Krümmung fest.

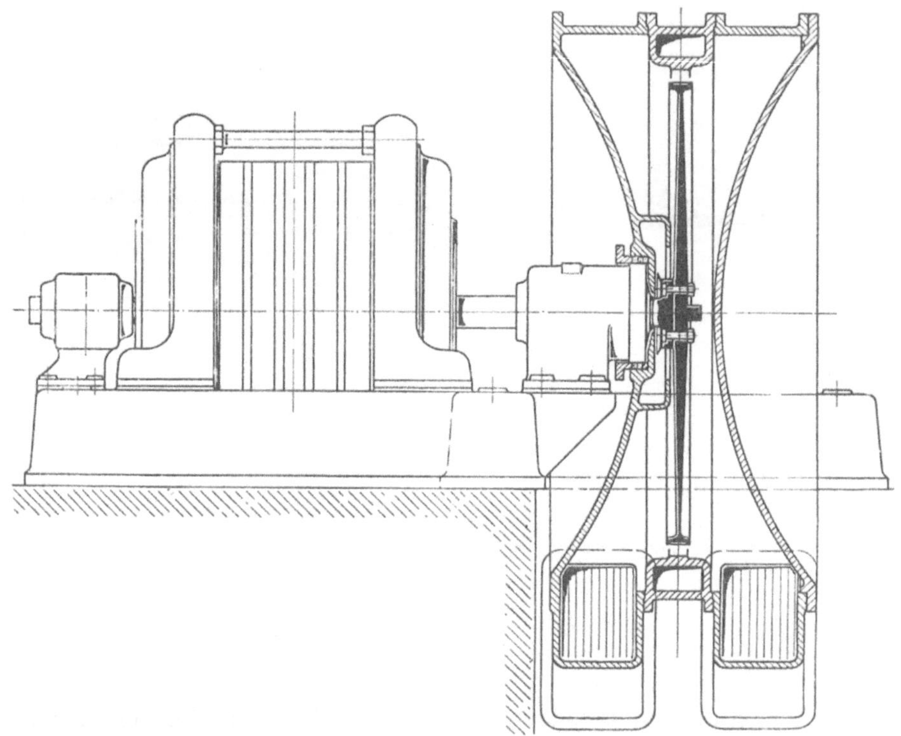

Fig. 202.

Fig. 202 zeigt die Gesamtanordnung einer 2000 pferdigen Turbine bei 3000 Umdrehungen per Min. in ihrer wohl nicht zu übertreffenden Einfachheit. Die Turbine hat die gleichen Abmessungen wie die im Elektrizitätswerk Moabit aufgestellte Versuchsturbine.

Fig. 203.

Die bloße Lösung des wegen der Festigkeit nach innen gewölbten Deckels macht die inneren Teile zugänglich, indem bis zu 5000 KW Leistung die Anordnung eines fliegenden Rades geplant wird. Das Gehäuse ist gegen das Lager durch eine nachgiebige Stopfbüchse gedichtet;

an der Welle ist Lufteintritt durch Büchsenschalen verhindert, welchen so viel Öl zugeführt wird, daß das Spiel zwischen Schale und Welle

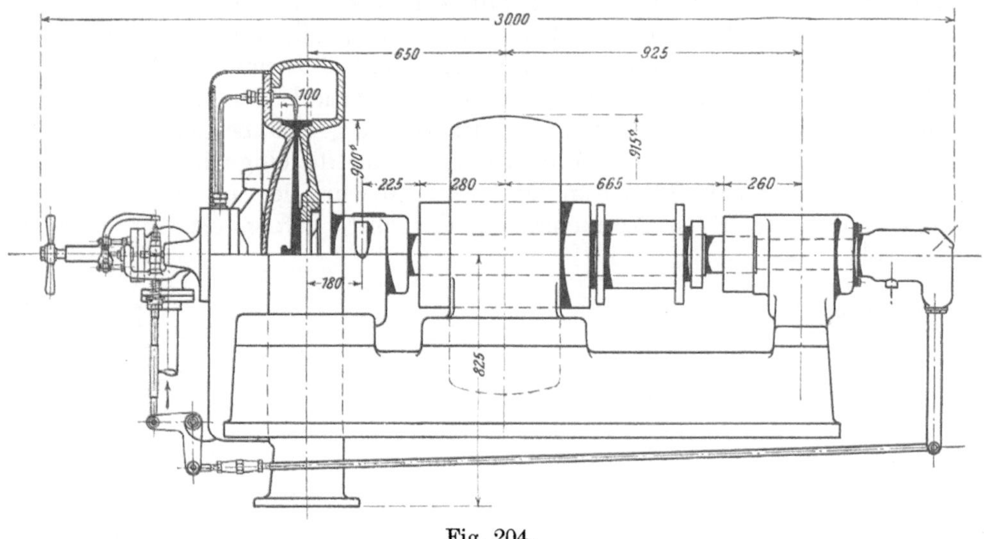

Fig. 204.

ganz ausgefüllt wird. Das in die Turbine hineingesaugte Öl wird herausgepumpt; ein Ölverlust sei im Betriebe nicht feststellbar gewesen. Fig 203 zeigt die Außenansicht der Moabiter Turbine mit Dynamo. In Fig. 204

Fig. 205.

finden wir den Schnitt, Fig. 205 die Ansicht einer von der A. E.-G. insbesondere für Schiffszwecke ungemein kompendiös konstruierten Turbine mit einer Leistung von etwa 100 KW.

Da wo die einfache Druckstufe mit Geschwindigkeitsabstufungen nicht ausreicht, um die Umlaufszahl nach Wunsch herabzusetzen, wird die Anwendung mehrerer Druckstufen geplant. So stellt Fig. 206 den Entwurf einer 500 KW-Turbine mit 4 Druck- und je 2 Geschwindigkeitsstufen, die bloß 500 min. Umläufe machen soll, dar, und in Fig. 207 ist eine vertikale Turbine für 2000 KW mit 2 Druck- und je 2 Geschwindigkeitsstufen abgebildet, deren Umlaufszahl 750 p. Min. beträgt. Die Umfangsgeschwindigkeit des Entwurfes Fig. 206 beträgt nach dem in der Quelle angegebenen Maßstab rd. 53 m, diejenige in Fig. 207 rd. 118 m. Bemerkenswert ist in letzterem Entwurf der auf der Turbinenwelle montierte Kreiselkondensator, der mit Erfolg erprobt worden sein soll.

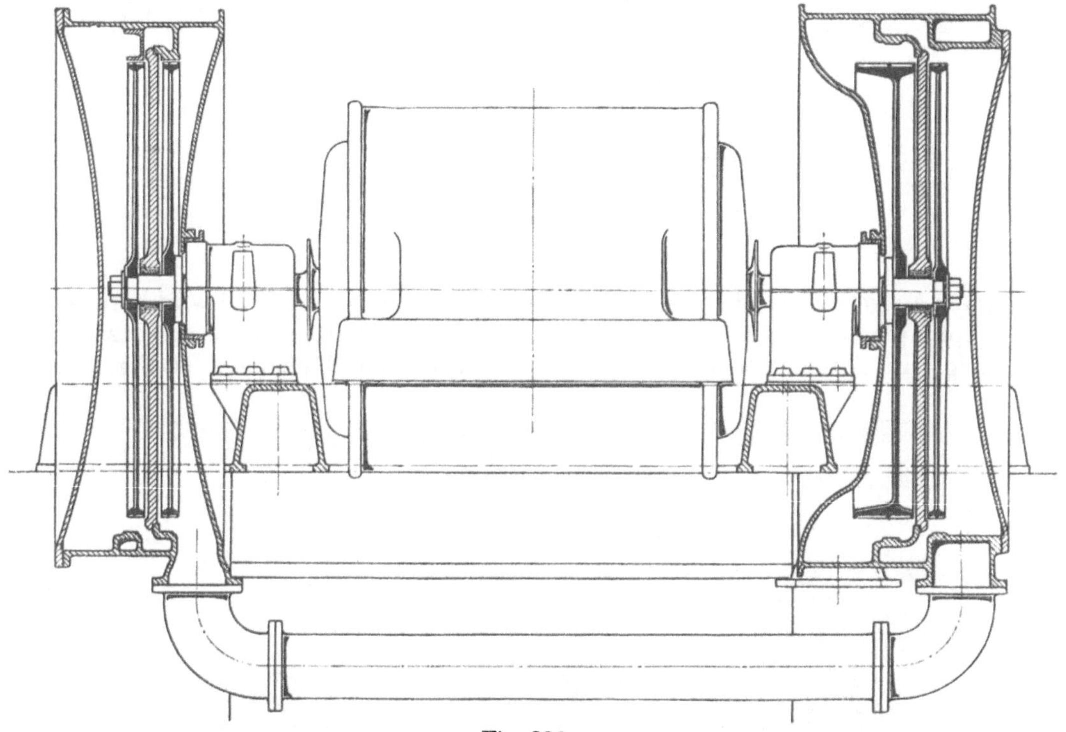

Fig. 206.

Mit der 2000 pf. Turbine des Elektrizitätswerkes sind nach der angezogenen Quelle Versuche durchgeführt und folgende Ergebnisse erzielt worden:

α) Bei 1365 KW Leistung, 3000 Umdr., 9 Atm. Düsenspannung; 13,25 Atm. vor der Turbine; 294,5° C Dampftemperatur; 0,15 Atm. Kondensatorspannung, ein Dampfverbrauch von 8,89 kg/KW-st.

β) Bei 1917 PS Leistung (mit hydraulischer Bremse gebremst); auf 3800 min. erhöhter Umlaufszahl 12 Atm. Dampfspannung; 300° C Dampftemperatur; 0,0855 Atm. Kondensatordruck; ein Dampfverbrauch von 7,9 kg/KW-st.

Es hat besonderes Interesse, die thermodynamische Bilanz des letzten Versuches aufzustellen, wenn dies auch wegen Unvollständigkeit der Angaben nur angenähert möglich ist. Die in PS angegebene Leistung von 1917 PS, welche wir wohl als „effektive" (weil gebremste) aufzufassen haben, ergibt bei 0,95 Dynamowirkungsgrad $1917 \cdot 0{,}736 \cdot 0{,}95 = 1340$ KW elektrische Nutzarbeit. Die verlustfreie Expansion von 12 Atm. Überdruck und 300° Temperatur vor der Turbine auf 0,0855 Atm. Vakuum entspricht einer verfügbaren Arbeit von rd. 198 WE pro Kilogramm Dampf, mithin einem theoretischen Verbrauch von $637 : 0{,}736 \cdot 198 = 4{,}37$ kg pro KW-St. Der gesamte Wirkungsgrad ist mithin

$$\eta = 4{,}37 : 7{,}9 = 0{,}553.$$

Um die Verluste im einzelnen zu untersuchen, müßte der Druck vor der Düse bekannt sein, damit die Ausströmgeschwindigkeit gerechnet

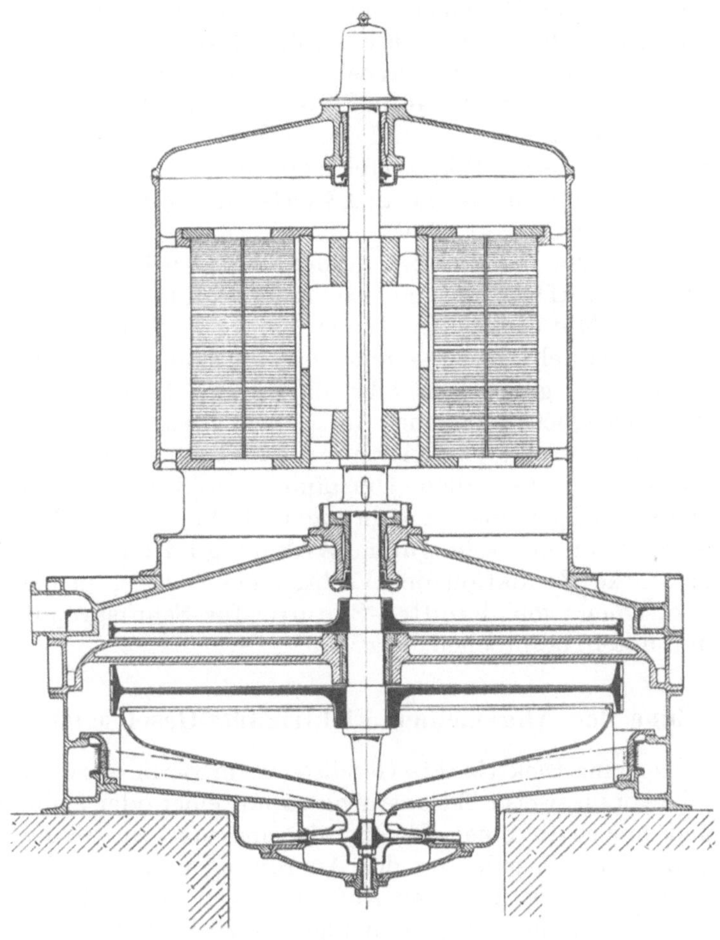

Fig. 207.

werden kann. Eine Schätzung desselben ist aus der Angabe möglich, daß bei 850 KW Leistung und 8 bis 8,1 Atm. Druck vor der Düse bei ähnlich hoher Überhitzung wie in Versuch (β) der Dampfverbrauch 9,2 bis 9,4 kg pro KW-st. betrug. Halten wir dies mit den Angaben des Versuches (α) zusammen, so werden wir auf rd. 8,7 Atm. Überdruck, d. h. 9,7 Atm. ab. als wahrscheinlichen Mindestwert geführt, auf welchen wir den Dampf von 13 Atm. ab. abgedrosselt denken. Schätzen wir nun die Leerlaufarbeit auf 150 PS, was genügend sicher sein dürfte, so erhalten wir 2065 PS_i als „indizierte“ Leistung, und 5,12 kg als Dampfverbrauch pro ind. PS-st. Auf den Zustand vor der Düse bezogen beträgt aber der Verbrauch pro PS-st. 3,39 kg, mithin der „indizierte“ Wirkungsgrad für den gleichen Anfangszustand

$$\eta_i = 3{,}39 : 5{,}12 = 0{,}662.$$

Diesen Wirkungsgrad können wir aus dem Geschwindigkeitsplan ableiten, indem wir die Raddimensionen und Winkel aus Fig. 198, die Düsenneigung aus Fig. 127 entnehmen. Es stellt sich heraus, daß man mit einem Düsenverlust von 10 v. H. das Verhältnis

$$w_2 : w_1 = 0{,}7$$

wählen muß, um die Übereinstimmung zu erreichen. Dabei gehen durch Reibung in der Radschaufel 20,6 v. H. und durch die Auslaßgeschwindigkeit 3,2 v. H. der verfügbaren Arbeit verloren. Setzen wir als Düsenverlust 15 v. H. an, so muß das uns vor allem interessierende Verhältnis $w_2 : w_1 = 0{,}78$ gewählt werden, und dieser Wert ist jedenfalls dessen obere Grenze. Die thermische Bilanz steht mithin in ziemlich naher Übereinstimmung mit derjenigen, welche die Laval-Turbine bei ebenfalls rd. 400 m Umfangsgeschwindigkeit erreicht.

Bemerkenswerte Mitteilungen werden über den Dampfverbrauch einer 20pferdigen Auspuffturbine mit 800 mm Laufraddurchmesser und 3500 Umdrehungen p. Min. gemacht. Dieser betrug bei einstufiger Expansion ohne Umkehrschaufeln 26 kg — mit Umkehrschaufeln bloß 17 kg. Dampf pro eff. PS-st. Ob gesättigter oder überhitzter Dampf benutzt wurde, wird nicht angegeben. Welche Annahmen man hierüber indes auch machen möge, so ergibt eine Analyse, daß beim ersten Durchströmen der Laufschaufel unter allen Umständen größere Verluste auftreten müssen, daß hingegen die Umkehrung und die zweite Beaufschlagung des Rades offenbar mit sehr gutem Wirkungsgrad zu arbeiten scheinen, da eine so starke Reduktion des Verbrauches sonst unmöglich wäre.

Ein Vorschlag von Riedler-Stumpf für Schiffspropulsionszwecke wird weiter unten besprochen.

78. Turbine der Allgemeinen Elektrizitäts-Gesellschaft[1]), Berlin.

Die Allgemeine Elektrizitäts-Gesellschaft in Berlin verwendet für ortsfeste Zwecke vorzugsweise Aktionsturbinen mit einer oder mehreren Druckstufen, und innerhalb einer Druckstufe eine bis vier Geschwindigkeitsabstufungen. Die Einzelheiten der Anordnung und Ausführung hängen von der Größe der Leistung, den Anforderungen an die Dampfökonomie, der Verwendungsart, überhaupt den allgemeinen Betriebsverhältnissen ab. In Fällen, wo elektrische Energie erzeugt werden soll, wurde vor allem konstruktive Einheit der Turbine mit der Dynamomaschine angestrebt, daher denn, wie unsere Abbildungen zeigen, entweder die Dynamomaschine zwischen der Hoch- und der Niederdruckseite der Dampfturbine liegt, oder die Turbinenräder einseitig fliegend auf der Achse der Ankerwelle angeordnet sind. Das Zusammenarbeiten des Dynamokonstrukteurs mit dem Turbineningenieur setzte die A. E.-G. in die Lage, gestützt auf eine äußerst sorgfältige Herstellung und Erprobung der Dynamoanker, Um-

---

1) Nach O. Lasche, Zeitschr. d. Ver. deutsch. Ing. 1904, S. 1205, und Mitteilungen der Allgem. Elektrizitäts-Gesellschaft.

drehungszahlen für gegebene Leistungen anzuwenden, die nicht unwesentlich höher sind, als diejenigen anderer Turbinensysteme wodurch auch bei größeren Einheiten eine äußerst gedrungene Bauart erzielbar wird.

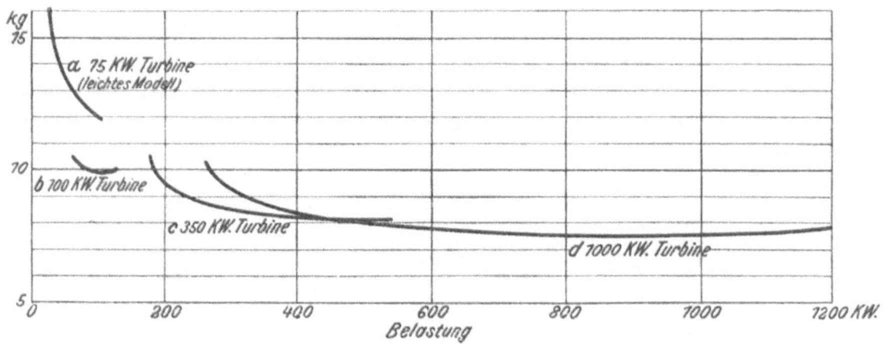

Fig. 208.

So sind die Umlaufzahlen bei Antrieb von Gleichstromdynamos von rd. 4000 auf 1500 p. Min. abgestuft werden, für von 1—2 KW auf etwa 750 KW zunehmende Leistungen. Bei Drehstromerzeugern schreibt die

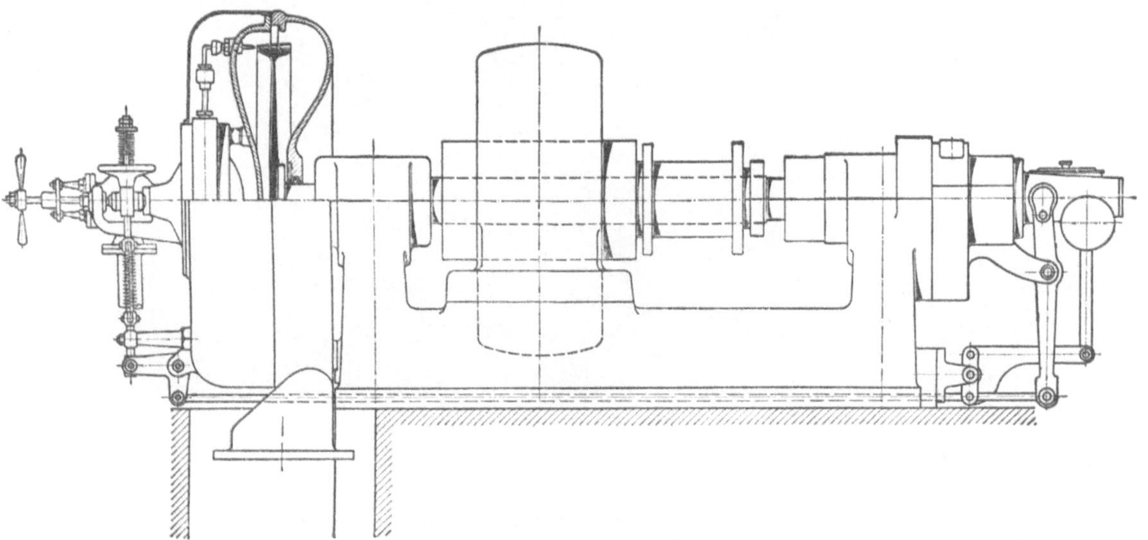

Fig. 209.

Wechselzahl bestimmte Sprünge der Umgangszahl vor, und es sollen für Leistungen bis zu 1000 KW 3000 Uml. p. Min., von 1000 bis 3000 KW 1500, unter Umständen 3000 Uml., für noch höhere Leistungen 1000 und 750 Uml. p. Min. benutzt werden.

Der Dampfverbrauch in Kilogrammen für die KW-st ist in Fig. 208 graphisch dargestellt, bezogen auf 12 Atm. Dampfdruck, Überhitzung und gutes Vakuum (ohne nähere Angaben). Linie a entspricht einer billigen Maschine mit etwa höherem Verbrauch, Linie b umgekehrt einer verhältnismäßigen teuereren, aber ökonomischen Ausführung. Bemerkenswert ist die ungemein kleine Veränderlichkeit des Dampfverbrauches mit der Leistung bei den Einheiten von 350 und 1000 KW.

Die allgemeine Anordnung der Turbine wird für kleine Leistungen von etwa 100 KW durch Fig. 209 veranschaulicht. Diese Turbine besitzt eine Druck- und zwei Geschwindigkeitsstufen mit axialer Beaufschlagung. — In Fig. 210 finden wir ein Lichtbild derselben Turbine. Die ganz kleinen Turbinen von 2 bis 20 KW Leistung werden gemäß Fig. 211 ausgeführt. Fig. 212 und 213 gibt den Schnitt einer größeren Einheit mit rd. 500 KW Leistung tangentialer Beaufschlagung mit zwei Druckstufen wieder.

Fig. 210.

In allen Entwürfen tritt uns die kennzeichnende Bauart mit bloß zwei Lagern vor die Augen, wobei die richtige gegenseitige Lage der beiden fliegend angeordneten Gehäuse durch das kräftige die Dynamo aufnehmende Mittelgestell gesichert wird. Diese Anordnung zeichnet sich auch durch ungemein geringen Raumbedarf aus.

Konstruktionselemente.

Die Laufräder bestehen aus Nickelstahl mit im allgemeinen 80 kg/qmm Festigkeit, 60 kg/qmm Elastizitätsgrenze, 12% Dehnung und weisen an den meist beanspruchten Stellen nur Spannungen bis zu etwa $^1/_5$ der Elastizitätsgrenze auf. Die Räder werden sorgfältig[1]) auf tunlichst

[1]) Nach einer Methode des Herrn Ing. H. Keller.

Additional material from *Die Dampfturbinen,*
ISBN 978-3-662-36141-2 (978-3-662-36141-2_OSFO6),
is available at http://extras.springer.com

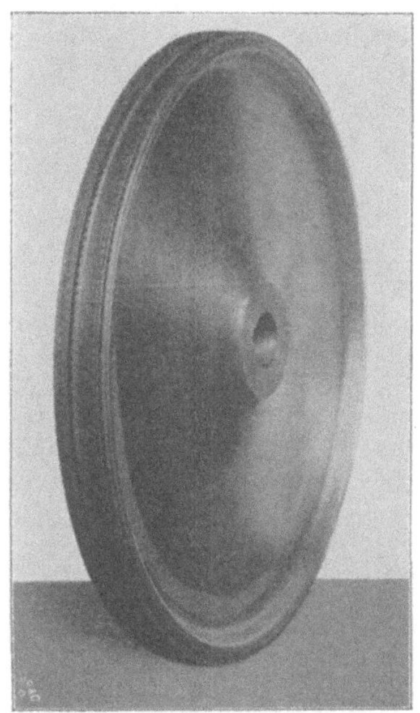

Fig. 217.

Fig. 218.

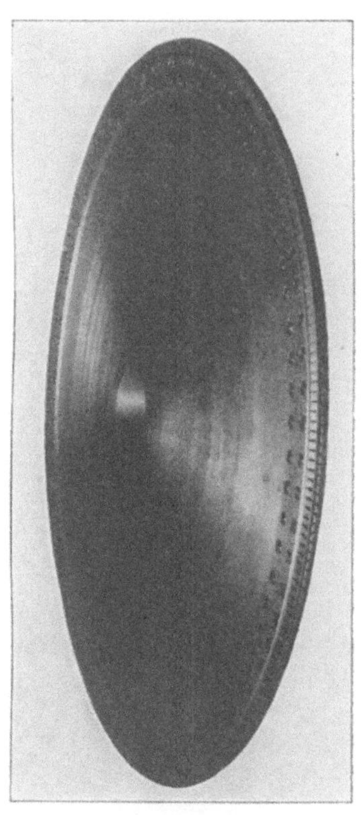

Fig. 219.

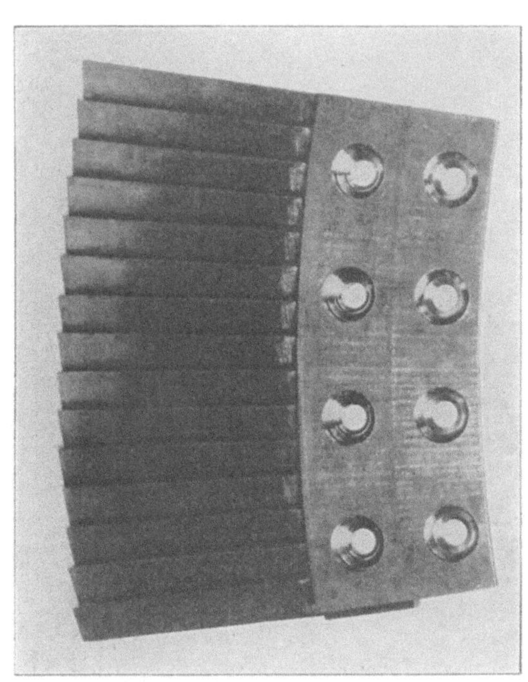

Fig. 220.

gleiche Festigkeit gerechnet, wie die durch Fig. 214 und 215 für die nachfolgend abgebildeten Räder Fig. 216 und 221 veranschaulichte Spannungsverteilung bezeugt. Die A. E.-G. zieht es im Interesse unbedingter Zuverlässigkeit der Räder vor, geringe Spannungen anzuwenden, obwohl der vorzügliche Baustoff Beanspruchungen bis zu $1/3$ der Elastizitätsgrenze wohl zulassen würde.

In Fig. 216 erblicken wir zwei Laufräder mit je zwei Geschwindigkeitsstufen, zu einer 300 KW Turbine bei 3000 Umdr. p. M. bestimmt. Die Radschaufeln sind mit Schwalbenschwänzen in eine entsprechende Nute eingesetzt, um ihre Enden wird ein besonderer Deckring geschlungen,

Fig. 211.

der mit jeder Schaufel vernietet ist. Um die Schaufeln einbringen zu können, wird auf eine kurze Strecke die Schwalbenschwanznut verbreitert und die Lücke durch ein eingelegtes und verstemmtes Stück ausgefüllt. An der Eintrittsstelle treten die Schaufeln um je 1 mm zurück, wodurch der Spalt vergrößert wird. Die Scheiben erhalten ungemein starke Kränze zur Erhöhung der seitlichen Steifigkeit der Scheibe während des Abdrehens und des Transportes. Die Bohrung ist konisch und wird durch Lehrdorne kontrolliert.

In Fig. 217 ist ein fertiges Doppelrad und in Fig. 218 ein dreikränziges Axialrad dargestellt, wobei die vernieteten Schaufelköpfe und die Zunahme der Schaufellänge von Kranz zu Kranz gut wahrnehmbar sind.

Fig. 219 veranschaulicht ein einkränziges Axialrad anderer Bauart, indem hier die Schaufeln durch einen mittels versenkter Schrauben befestigten Ring festgehalten werden. Fig. 220 zeigt ein Kranzsegment dieses Rades.

Tangentialräder für eine 750 KW Turbine bei 3000 Umdr. p. Min. erblicken wir in Fig. 221 und 221a. Die Räder sind als volle Scheiben mit geraden Umrißlinien ausgeführt, und lassen sich bei der noch nicht als „hoch" zu bezeichnenden Umfangsgeschwindigkeit von 282 m mit

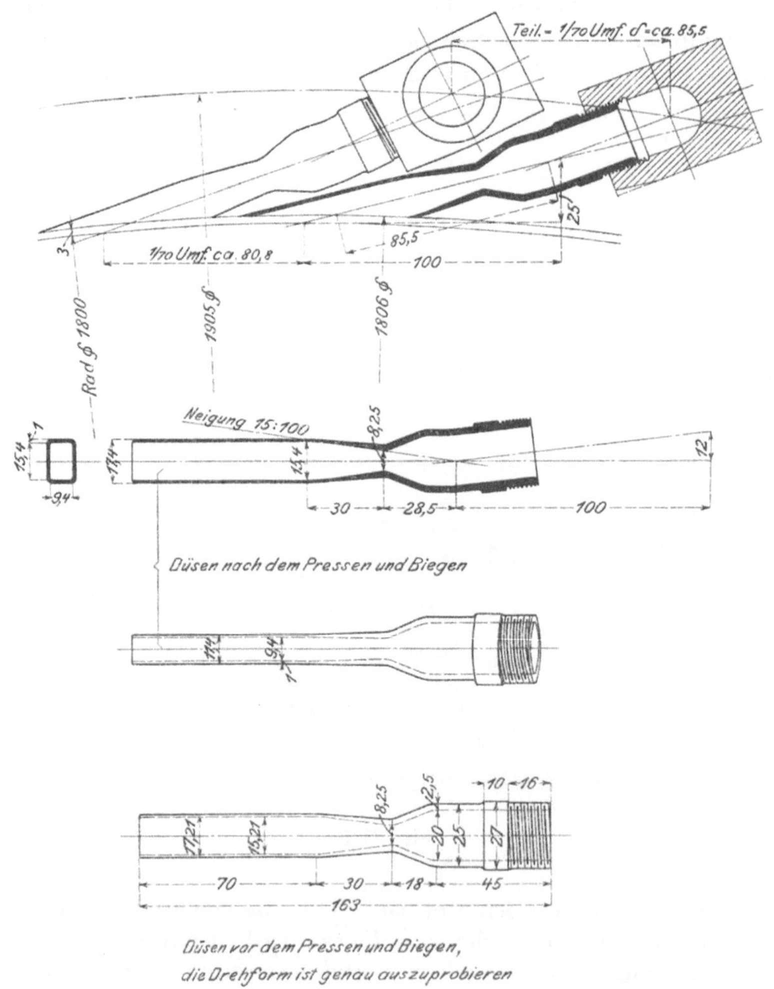

Fig. 222.

hohen Sicherheitsgraden konstruieren, ohne auf praktisch unbequeme Dimensionen zu führen.

Die Düsen, Fig. 222 für die Hochdruck-, Fig. 223 für die Niederdruckseite, werden zunächst mit gerader Achse konisch gebohrt, sodann auf quadratischen oder länglich viereckigen Querschnitt gepreßt, und schließlich so umgebogen, daß sie wie ersichtlich am Radumfang dicht nebeneinander stehen können, d. h. einen nahezu lückenlosen Dampfstrahl liefern.

Die Regulierung bezweckt Einzelabschluß jeder Düse, also eine

„Quantitätsregelung“ und beruht auf der sinnreichen Idee, ein Stahlband auf dem inneren Umfange eines Hohlzylinders aufzurollen und hierdurch die in der Zylinderwand angebrachten Zuleitungen der einzelnen Düsen zu öffnen oder zu schließen.[1]) Fig. 224 zeigt die Ansicht des Bandes mit der im erwähnten Zylinder befindlichen Scheibe, auf die das Band

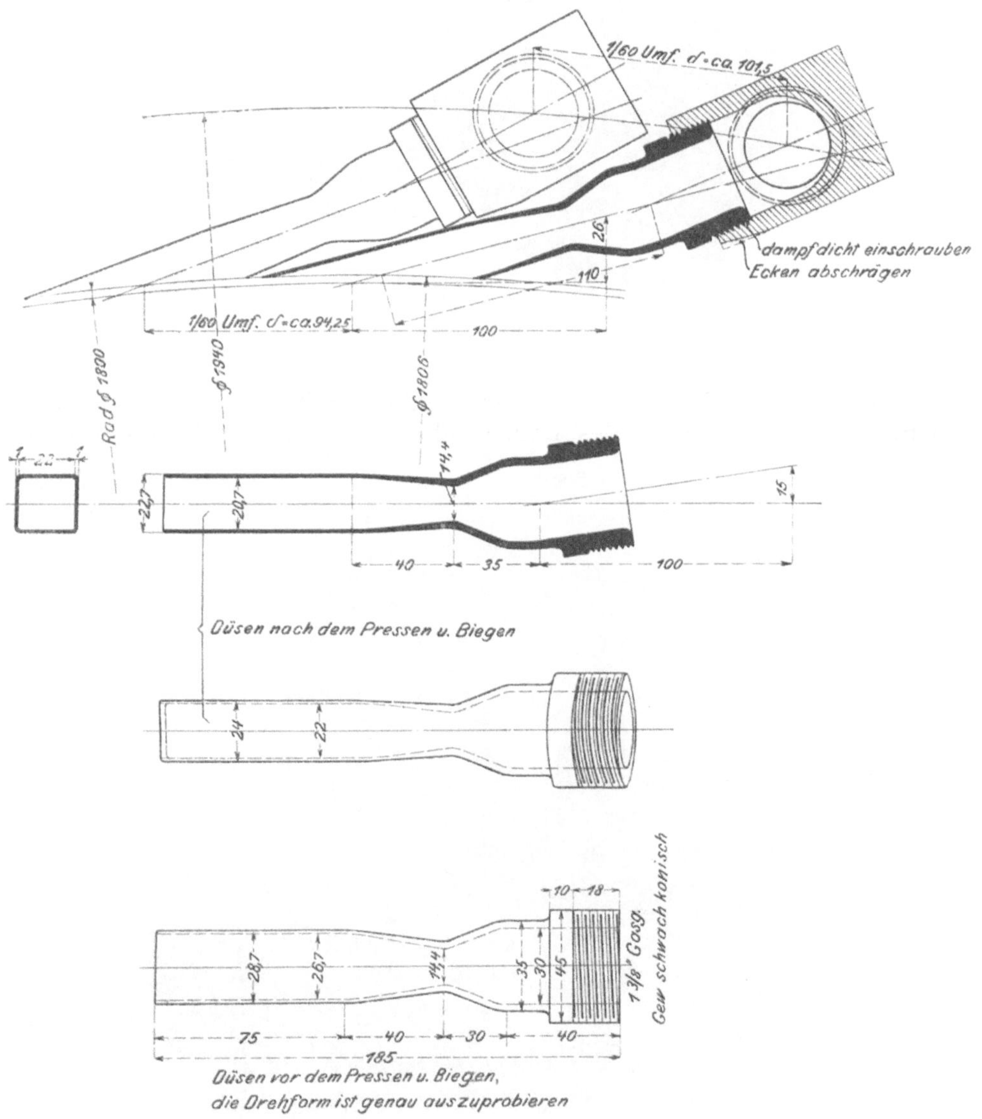

Fig. 223.

aufgewickelt wird, Fig. 225 die Ansicht des unter Druck gesetzten Gehäuses, wobei einige Düsen offen blieben, während die Abwesenheit einer Dampfwolke bei den übrigen für die Dichtheit des Abschlusses zeugt. Eine Schnittdarstellung haben wir in Fig. 226, worin C der er-

[1]) Diese Konstruktion stammt vom Herrn Oberingenieur Kieser.

Fig. 224.

wähnte Zylinder, *D* die gleichachsig drehbare Scheibe ist. Wie ersichtlich, beträgt der „Hub“ des Bandes bloß etwa 7 mm bei 25 mm Rohr-

Fig. 225.

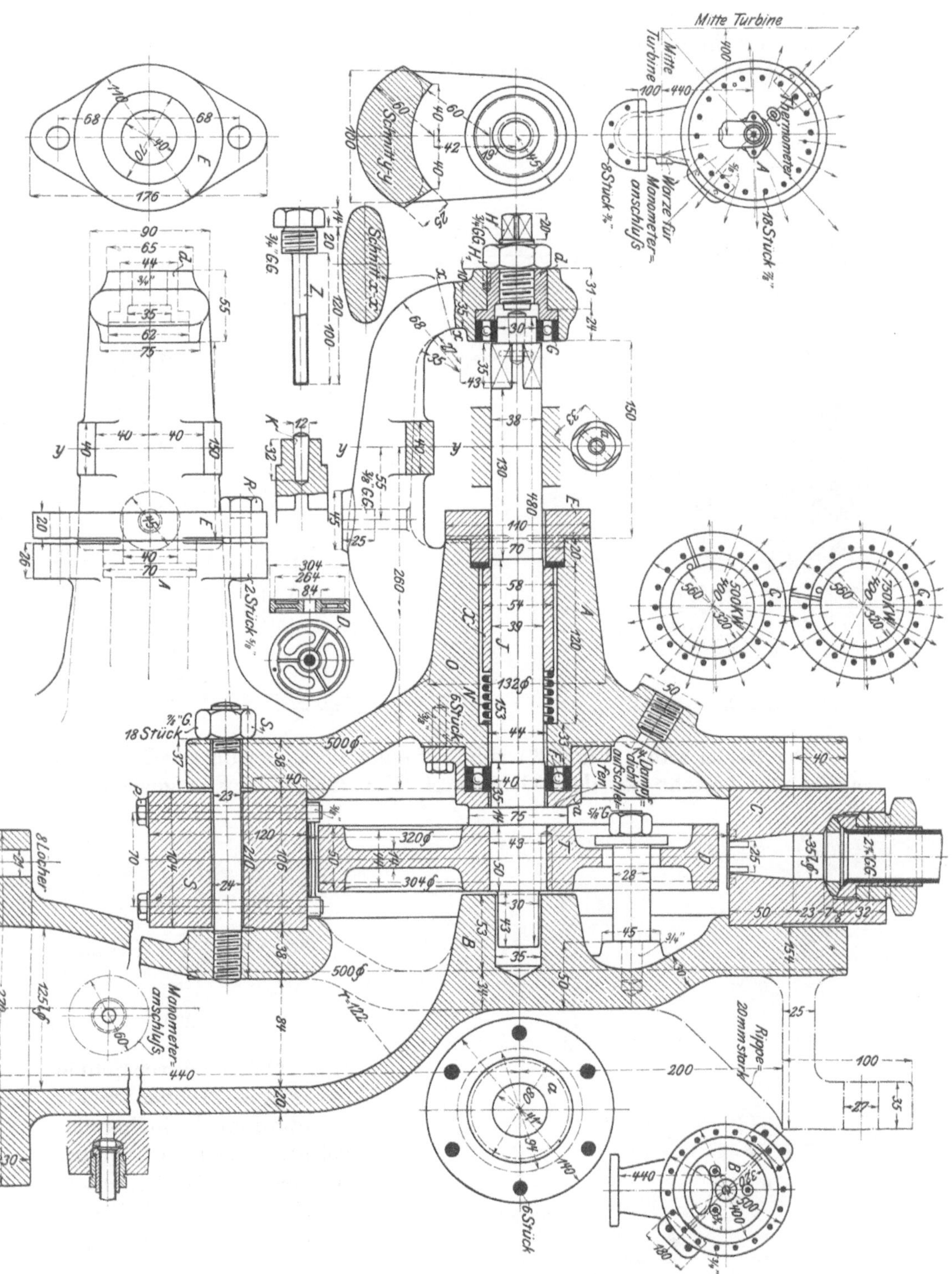

Fig. 226.

durchmesser und die Einströmung muß im wesentlichen seitlich erfolgen. Da indessen die Düse selbst einen noch viel kleineren Durchmesser besitzt, genügt diese Weite vollständig. Die durch den Regulator zu verdrehende Spindel ist in Kugeln gelagert und durch metallische Stopfbüchse abgedichtet, sowie mit einem Spurzapfen H versehen.

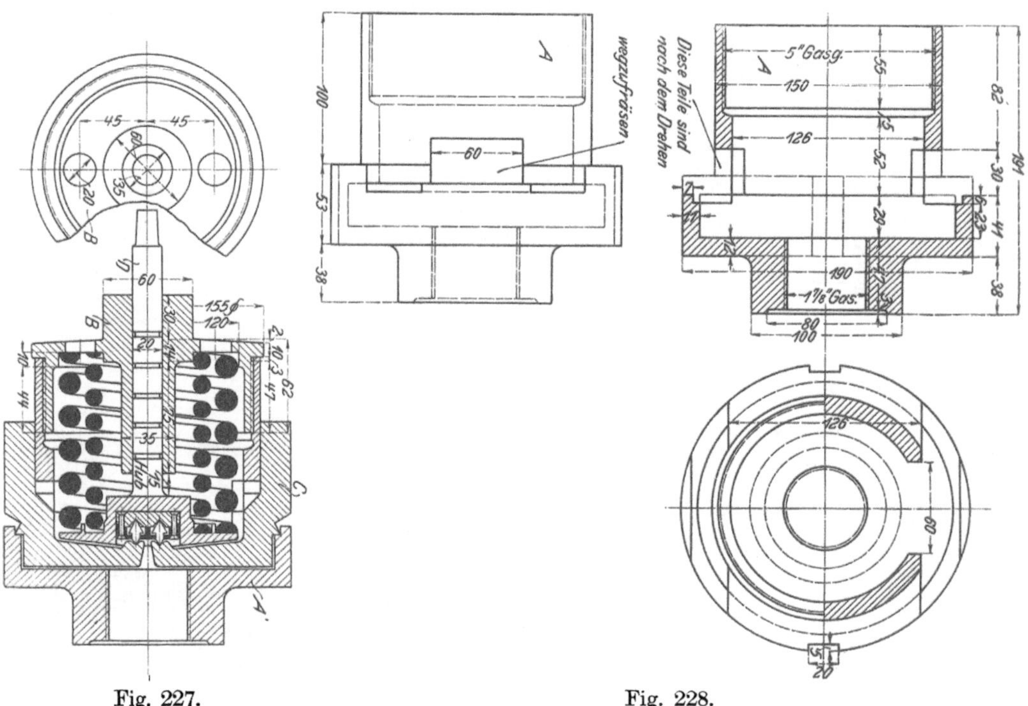

Fig. 227. Fig. 228.

Der Regler selbst (Fig. 227) ruht auf einer Verlängerung der Turbinenwelle, und besteht aus dem Gehäuse A (Fig. 228), den Fliehgewichten C

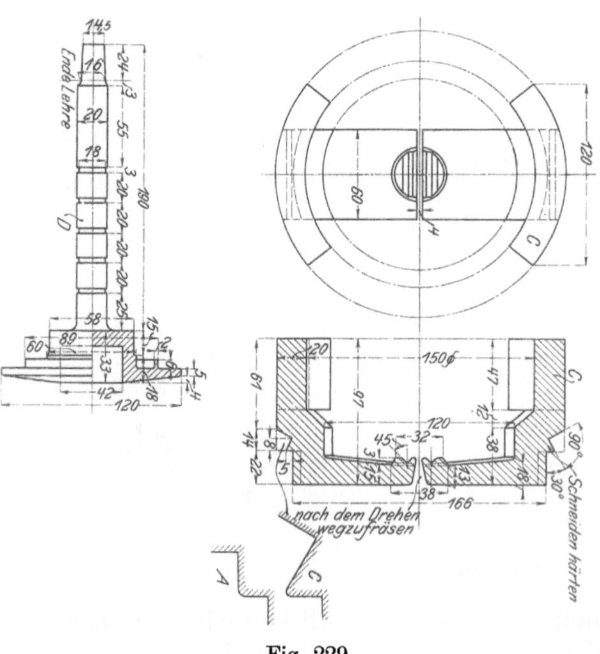

Fig. 229.

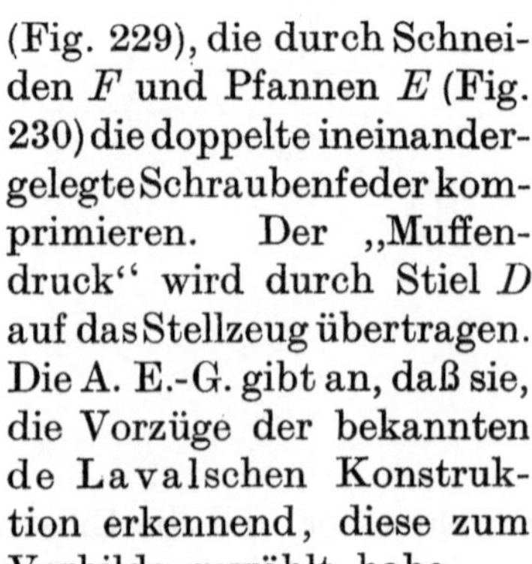

Fig. 230.

(Fig. 229), die durch Schneiden F und Pfannen E (Fig. 230) die doppelte ineinandergelegte Schraubenfeder komprimieren. Der „Muffendruck" wird durch Stiel D auf das Stellzeug übertragen. Die A. E.-G. gibt an, daß sie, die Vorzüge der bekannten de Lavalschen Konstruktion erkennend, diese zum Vorbilde gewählt habe.

Additional material from *Die Dampfturbinen,*
ISBN 978-3-662-36141-2 (978-3-662-36141-2_OSFO7),
is available at http://extras.springer.com

Fig. 231—233 bietet schließlich eine Zusammenstellung der Regulierorgane mit A als Regulator, E der Spindel zum Band. Die Konstrukteure der A. E.-G. ziehen es vor, wie schon von Parsons geschehen, dem Reguliergestänge eine dauernde Hin- und Herbewegung zu erteilen, um den Regler in jedem Augenblicke zum energischen Eingreifen zu befähigen. Hier wird diese oszillierende Bewegung durch die Hilfswelle C, welche zugleich den Tachograph D trägt, eingeleitet. Auf dem Regulatorstellhebel befindet sich die Zusatzmasse B um die Schwingung vom Regulator selbst, der sie bei seiner Schneidenlagerung nicht benötigt, fernzuhalten. Der bleibende Unterschied der Umlaufzahlen zwischen Vollbelastung und Leerlauf beträgt nicht mehr als $5\,^0/_0$, bei einer Be-

Fig. 239.

lastungsänderung um 25 v. H. ändert sich die Umlaufzahl um rd. 2 v. H. Fig. 234 stellt mittels des bekannten Hornschen Tachographen aufgenommene Regulierdiagramme dar, die für ungemein genaue Wirkung des Reglers sprechen, da auch nicht eine Anwandlung von Überregulierung wahrnehmbar ist.

Die Lager werden mit Zirkulationsschmierung versehen und erhalten Wasserkühlung in den hohlen gußeisernen Schalen Fig. 235, a, b. Hier bedeutet Kanal F den Ölzufluß durch eine (im Sinne der Umdrehung gemeint) vor der Lagermitte angebrachte Rinne. Die Welle ruht bloß auf einem Zentriwinkel von 120^0 auf, der Rest des Weißmetalleingusses ist auf eine Tiefe von 2 mm herausgeholt. Diese Schalen sitzen in dem durch Fig. 236 und 236a veranschaulichten Lagerbock, der das Öl durch Röhrchen J zugeführt bekommt und es in die Lagerschale leitet, aus welcher es nach Gebrauch in den unteren Hohlraum des Bockes zurückfließt. Das Kühlwasser tritt durch die Augen *YY* ein und aus. Beachtenswert noch ist die um die Deckelschrauben führende Nute *Z*, zur Verhinderung, daß das Öl durch die Deckelfugen herausgetrieben wird.

Fig. 240.

In Abbildung 237 und 238 finden wir endlich einen Hochdruck-Gehäusedeckel in werkstättenmäßiger Darstellung vor.

Nach Mitteilungen der Firma sind Dampfturbinen mit über 1000 PS. Leistung bis Anfang 1905 an verschiedene industrielle Anlagen geliefert worden. Außerdem wird ein 3000 KW Drehstrommaschine im Prüffelde ausprobiert und zwei 3000 PS. Schiffsturbinen mit 500—600 Uml. p. Min. sind im Bau begriffen.

Die A. E.-G. ist unseres Wissens eine der ersten Anstalten, welche die im Abschn. 61 besprochene Vorrichtung zum Massenausgleich in großem Maßstab anwendet. Man benutzt zwar die Vorrichtung zunächst zum Prüfen der langen Dynamoanker, doch wird sie bei den Trommeln der Schiffsturbinen sicher auch in Funktion zu treten haben. Fig. 239 zeigt eine kleinere Ausführung mit Riemenantrieb von unten, Fig. 240 eine größere mit Riemenantrieb von oben. An letzterer erblickt man die Kugellagerung, an ersterer die horizontalen Seitendruckfedern der Lager sehr deutlich. Die Bewegung des Lagers wird durch eine Zeigervorrichtung in beliebig vergrößertem Maßstabe sichtbar gemacht.

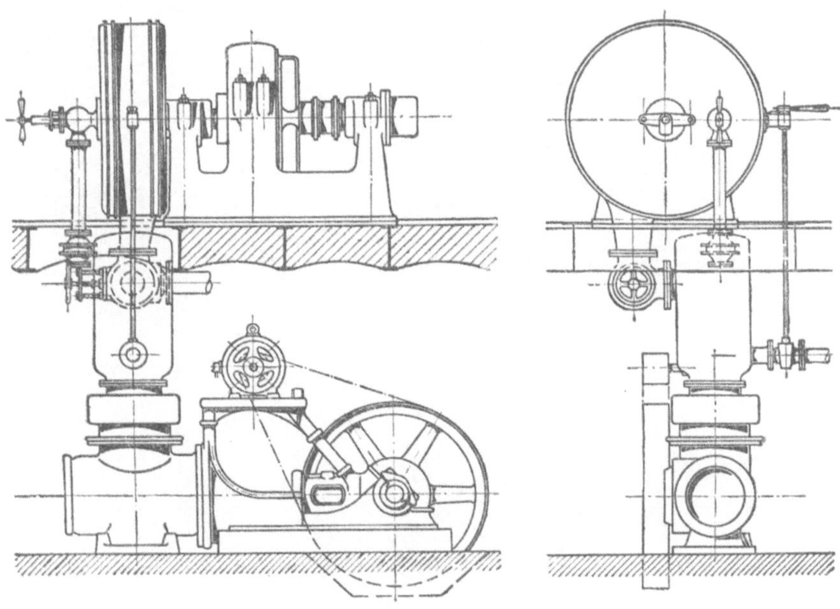

Fig. 241.

Die Vorrichtung ist so feinfühlig, daß Unbalanzen von wenigen Gramm leicht wahrgenommen werden können. Nachdem der Massenausgleich vollendet ist, werden insbesondere die Dynamoanker einer Überbeanspruchung durch die Fliehkraft bei erhöhter Umlaufzahl ausgesetzt. Maschinen, die normal mit 3000 Umdr. zu arbeiten haben, werden auf 4500 bis 5000 Umdr. gebracht, was $2^1/_4$ bis $2^3/_4$fache Beanspruchung durch Fliehkraft ergibt, und hiernach nochmals in die Balanzvorrichtung eingebaut. Diese zweite Prüfung soll indessen lediglich eine Kontrolle der Werkstättenarbeit bilden, welche durch Beobachtung der erforderlichen Sorgfalt dahin gebracht worden ist, daß die Überspannung durch $1^1/_2$ bis $1^2/_3$fache Umlaufzahl den Massenausgleich in keiner Weise zu stören vermag.

Die Gesamtanlage einer 50—100 KW starken Einheit ist durch Fig. 241 veranschaulicht. Für diese Leistungsgröße wird Einspritzkondensation und nasse, durch Elektromotor angetriebene Luftpumpe gewählt. Der Zusammenbau dieser Teile mit der Turbine ist sehr kompendiös. Dasselbe ist der Fall bei der in Fig. 242 dargestellten etwa 2500 KW Einheit, für welche sich wegen der Rückgewinnung des ölfreien Kondensates, wo das Speisewasser nicht einwandfrei ist, die Anlage eines Oberflächenkondensators lohnen wird. Diese Figur zeigt so recht deutlich die Vorzüge der rein rotierenden Bewegung der Turbine gegenüber der Hin- und Herschwingung der Triebmassen bei der Kolben-

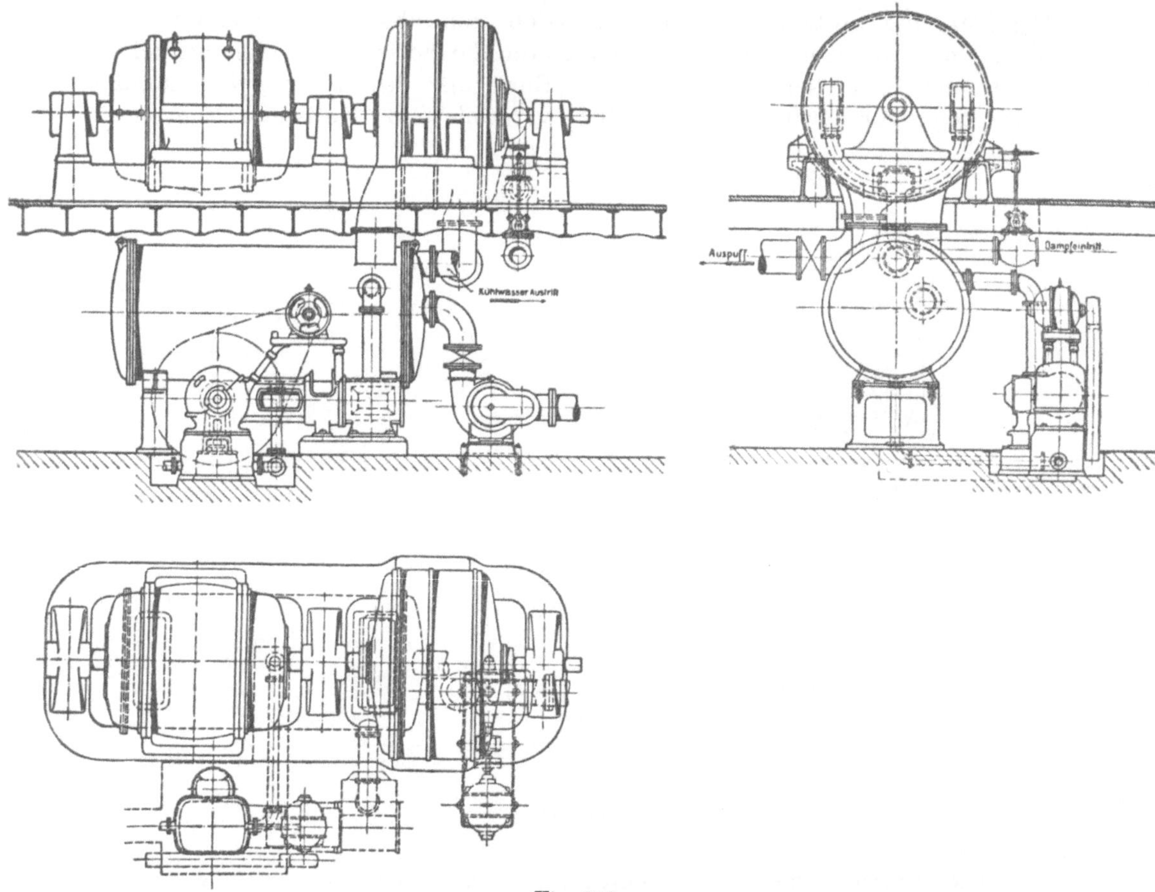

Fig. 242.

maschine. Der „Fundamentblock“ der Dampfmaschine ist verschwunden, und die ganze aus Turbine und Dynamo bestehende Maschinengruppe wird bloß durch ein kräftiges Trägergewölbe gestützt. Deshalb wird denn auch der Raumbedarf im Grundriß durch die Oberflächenkondensation in keiner Weise vermehrt.

79. Turbine von Zölly.

Die neue Turbine von Zölly, im Längenschnitt durch Fig. 243 und in Ansicht durch Fig. 244 dargestellt, ist eine vielstufige Aktionsturbine und liegt gewissermaßen an der Grenze zwischen der „Düsen“- und der „Schaufel“-Turbine, indem nur so viele Stufen gewählt werden, daß die

Leitvorrichtung ohne die als schädlich angesehene Erweiterung, d. h. ohne Düsenform, mit gewöhnlichen Schaufeln ausgeführt werden kann.

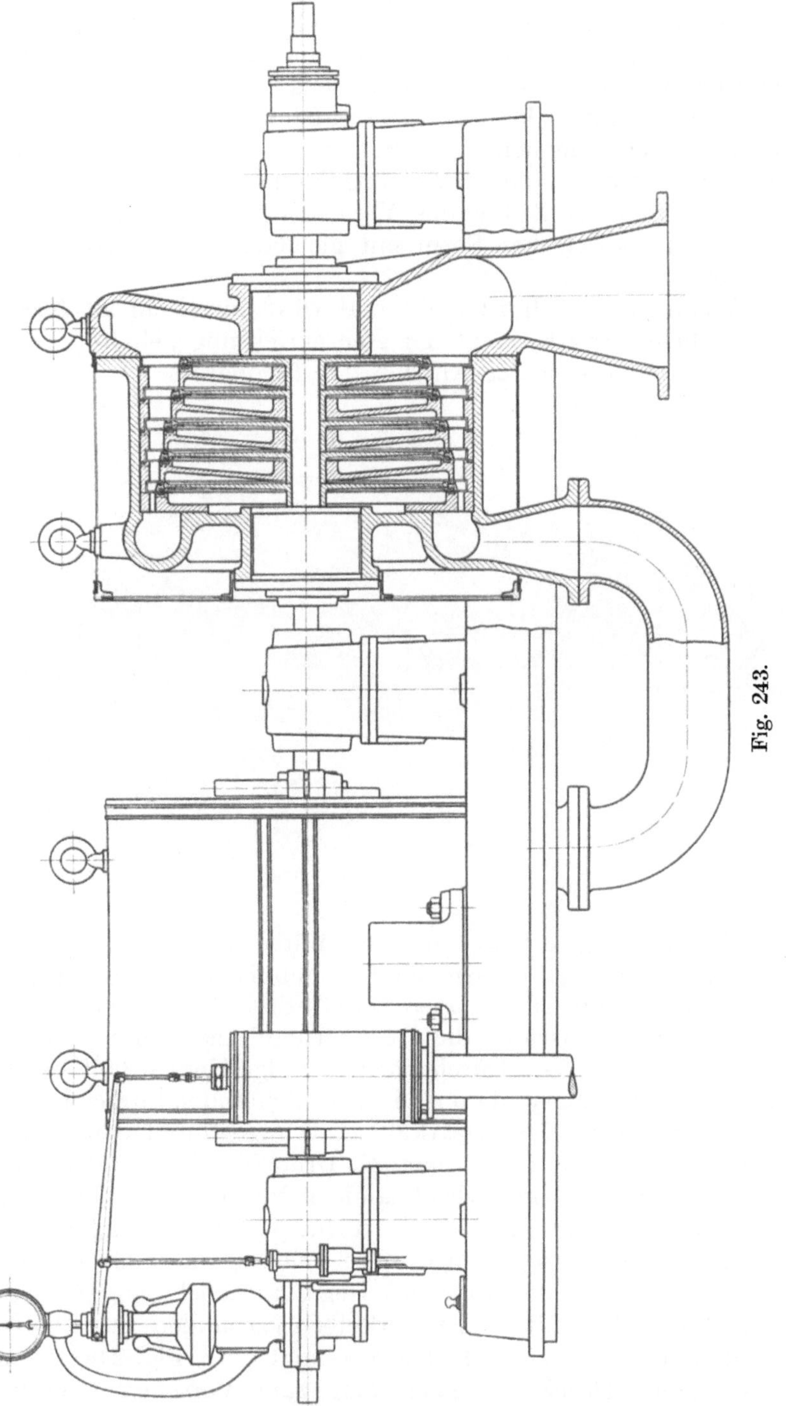

Fig. 243.

Die Versuchsturbine erhielt 10 Räder mit rein axialer Beaufschlagung[1])

[1]) Die Peltonschaufel der ersten Ausführung ist hier verlassen.

und ist in zwei Gruppen getrennt. In Fig. 243 wurde die Niederdruckseite im Schnitt dargestellt. Die kleine Räderzahl ergibt auch eine kleine Zahl von Schaufeln, und diese können mit höchster Genauigkeit durch reine Fräsarbeit hergestellt werden. Auch die aus Stahl geschmiedeten Räder sind beidseitig blank gedreht, um die Reibung herabzusetzen. Die Konstruktion der Schaufeln und die auf ebenfalls hohe Genauigkeit hinzielende Herstellung der Leitvorrichtung wurde in Abschn. 49 und 50 besprochen. Kennzeichnend ist die radiale Erweiterung der Laufschaufel, durch welche die Anwendung kleinerer Austrittswinkel möglich wird, und es gebührt Zölly das Verdienst, sich als erster von der bis anhin üblichen Lavalschen Form mit gleichen Ein- und Austrittswinkeln frei gemacht zu haben.

Die Welle ruht in drei Lagern und wird durch ein am Niederdruckende befindliches Spurlager in der Achsenrichtung gehalten. Am Hochdruckende befindet sich der Antrieb des Regulators.

Fig. 244.

Die Regulierung erfolgt indirekt unter Einschaltung des Kraftzylinders A (Fig. 245), dessen Kolben unmittelbar mit dem Drosselschieber B verbunden ist. Letzterer erhält dreieckförmige Schlitze, damit auch bei kleiner Belastung die Regulierung eine hinreichend empfindliche bleibe. Gegen das „Durchgehen" zufolge Undichtheit des bloß eingeschliffenen Schiebers ist dieser mit den dichtenden Sitzflächen CC_1 versehen. Die Steuerung des Kraftkolbens erfolgt durch den Hilfsschieber (Fig. 245), welcher durch Röhrchen E_1 Drucköl erhält und es durch die beiden Leitungen $D_1 D_2$ den gleichnamigen Nocken des Zylinders zuführt. Aus Fig. 243 ist ersichtlich, daß das Prinzip der eindeutigen Zuordnung von Regulator und Drosselventilstellung, d. h. die Servomotorwirkung gewahrt wurde, indem die Mitte des Regulatorhebels zum Steuerschieber führt, das Ende aber mit dem Kraftkolben verbunden ist. Die Ölbremse findet sich mit dem Steuerschieber vereinigt. In Fig. 244 kommen die Kühlwasser und Druckölleitungen klar zum Vorschein. Das Öl wird durch eine von der Regulatorspindel betätigte Rotationspumpe geliefert. Der Rahmen dient zugleich als Behälter und als Kühler des Schmieröles und wird zu letzterem Behufe durch ein System von Kühlröhren

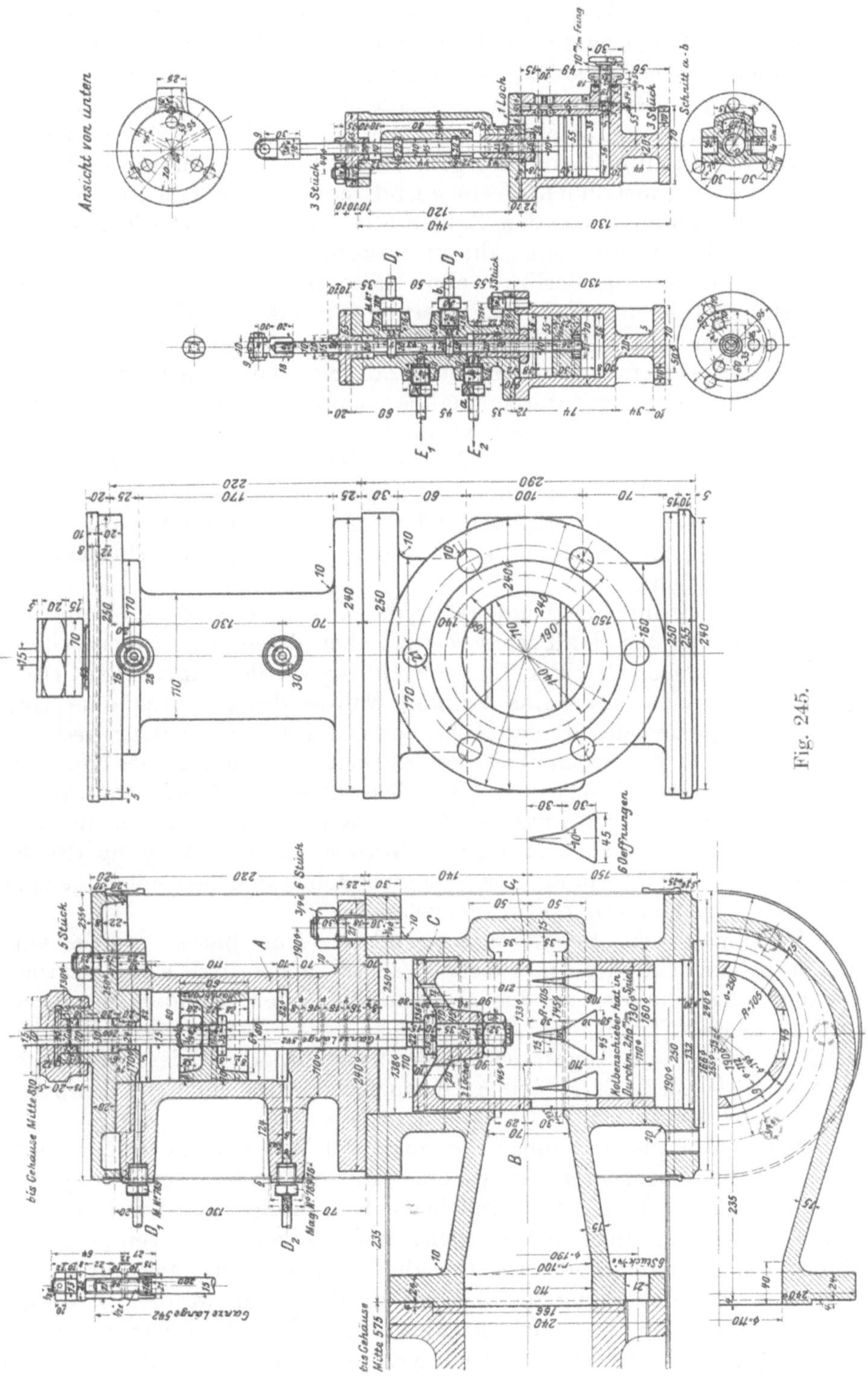

Fig. 245.

durchsetzt. Man kühlt indessen die Lagerkörper und Deckel noch für sich, wie aus der in Abschn. 71 besprochenen Lagerkonstruktion hervorgeht.

Eine in den Werkstätten der A.-G. der Maschinenfabriken von Escher Wyß & Cie. aufgestellte Dampfturbine, System Zölly für eine Normalleistung von 500 PS_e bei 10 Atm. Kesselüberdruck und 3000 Umdrehungen per Minute gebaut, wurde vom Verfasser im Verein mit Herrn H. Wagner, Direktor der städt. Elektrizitätswerke Zürich, und Herrn Prof. Dr. Weiß vom Eidgen. Polytechnikum (für die Eichung der elektrischen Meßinstrumente) eingehend geprüft. Die erzielten Ergebnisse sind in der unten folgenden Zahlentafel vereinigt. Die Turbine überträgt die Kraft auf eine direkt gekuppelte Drehstromdynamo von Siemens & Halske in Berlin, deren Erregung von einer fremden Quelle aus erfolgte; die entsprechende Leistung (Produkt aus Erregerstromstärke und Spannung an den Klemmen der Dynamo) wurde von der Bruttoleistung des Generators abgezogen. Zur Kondensation diente ein Oberflächenkondensator mit durch unabhängige Dampfmaschine angetriebener Luftpumpe. Das Kühlwasser wurde teils dem städtischen Leitungsnetz entnommen, teils durch eine mittels Elektromotor angetriebene Zirkulationspumpe aus dem Fabrikbrunnen geschöpft. Da bei dieser Sachlage eine Bestimmung des Kraftverbrauches der Kondensation schwer durchführbar gewesen wäre, ist derselbe in den angegebenen Dampfverbrauchszahlen nicht berücksichtigt.

Der Druck und die Temperatur des Dampfes an der Leitung wurde vor dem knapp bei der Turbine befindlichen Wasserabscheider gemessen, indem aus örtlichen Gründen die Beobachtung vor dem Anlaß (bzw. Drosselventil) untunlich war. Das Vakuum wurde direkt durch eine Quecksilbersäule gemessen, deren Höhe man auf 0^0 Temperatur reduzierte, weil sich diese Korrektur bei der starken Erwärmung des Maschinenhauses als notwendig erwies. Eine Messung des Speisewassers war wegen anderweitiger Inanspruchnahme der Kessel im allgemeinen untunlich; man beschränkte sich aus diesem Grunde auf eine Wägung des Kondensates aus der Luftpumpe, welches zunächst in einen höher gelegenen Behälter, von hier auf die Wage gelangte.

Daß man den Beharrungszustand erreicht hatte, wurde einmal an der Gleichheit der in gleichen Zeiten gelieferten Kondensatmenge erkannt, dann aber an der Beständigkeit der Temperatur gewisser außenliegender Teile der Turbine, so des Fußes am Hochdruckgehäuse und eines Auges des Niederdruckkörpers. Diese Messung erwies sich als ein äußerst feines Kennzeichen des inneren Temperaturgleichgewichtes.

Versuche 1 bis und mit 8 beziehen sich auf abnehmende Belastung bei möglichst konstanter Umdrehungszahl und konstantem Dampfdruck. Die Versuche sind in der umgekehrten Reihenfolge, d. h. mit dem Leerlaufe beginnend, angestellt worden, und es zeigt die Temperatur des Fußes am Hochdruckgehäuse im allgemeinen einen steigenden Gang, d. h. der volle Beharrungszustand war nicht erreicht worden. Ein solcher würde sich indessen erst nach Stunden eingestellt haben, wie insbesondere das Beispiel des Leerlaufes (Versuch Nr. 8) gelehrt hat. Bei diesem Versuch wurde die Maschine etwa 20 Minuten lang mit halber Belastung betrieben, um versuchsweise kräftiger angewärmt zu werden, und es zeigte sich, daß die Temperatur des Fußes noch nach zwei Stunden im Sinken begriffen war. Bei stärkerer Belastung ist der Ausgleich ein viel rascherer und schon eine Betriebsdauer von 15 Minuten genügte, um den eigentlichen Versuch beginnen zu können.

Die Versuche 9, 10, 11 sind bei konstant gehaltenem Admissionsdrucke und möglichst stark veränderter Umdrehungszahl durchgeführt worden, um festzustellen, ob und inwieweit die stündlich durchströmende Dampfmenge sich mit der Umlaufszahl ändert. Da bei kleiner Geschwindigkeit die Spannung der Dynamo nicht auf die erforderliche Höhe gebracht werden kann, mußte man mit der Belastung heruntergehen. Es stellt sich heraus, daß die durchströmende Dampfmenge von der Umdrehungszahl so gut wie unabhängig ist.

Mit Versuchen 12 bis 15 bezwekte man den Einfluß erhöhter oder verkleinerter Umlaufszahl auf den Wirkungsgrad der Normalleistung zu ermitteln. Die Versuche konnten, auf das vorhin festgestellte Ergebnis fußend, auf eine kleine Zeitdauer beschränkt werden; es genügte, den Admissionsdruck konstant zu halten und die elektrische Leistung sowie die Umdrehungszahl abzulesen. Der Dampfverbrauch durfte auf dem Wege der Interpolation bestimmt werden. Trägt man die gewonnenen Punkte als Funktion der Umdrehungszahl auf, so wird eine Tangente an die sogenannte Leistungsparabel gewonnen, aus welcher man die Parabel selbst entwickeln könnte.

Versuche 16 und 17 beziehen sich auf künstlich herabgesetztes Vakuum, welches auf 87 und 81 $^0/_0$ vermindert wurde. Wegen Zeitmangel wurde der Dampfverbrauch ebenfalls durch Interpolation nach der Zeunerschen Formel bestimmt.

Versuche 18 bis 20 sind mit überhitztem Dampf angestellt, wobei aus Versuch 18 ein 20 Minuten umfassender Zeitraum als besonderer Versuch 18a herausgegriffen wurde, indem während dieser Zeit das höchste Temperaturmittel von 258,5^0 C geherrscht hat. Versuch 18 ist ein Mittel aus allen auf 70 Minuten ausgedehnten Beobachtungen.

Versuch 20 wurde bei Überhitzung, aber schlechtem Vakuum durchgeführt und mußte der Dampfverbrauch wieder durch Interpolation berechnet werden. Die nicht unmittelbar beobachteten Werte sind in der Tabelle eingeklammert.

Als wichtigste Ergebnisse der Versuche sind die folgenden anzu führen:

Wenn die Turbine bei konstantem Kesseldrucke und konstanter Umdrehungszahl mehr und mehr belastet wird, so nimmt die Nutzleistung an den Klemmen der Dynamo mit dem vor dem 1. Leitrad zu messenden absoluten Admissionsdruck fast genau linear zu. Sie erreicht den Wert Null (wenn wir von dem ca. 0,5 KW betragenden Arbeitsaufwand für die Erregerstromwärme absehen) beim Admissionsdrucke des Leerlaufes (mit Erregung), d. h. bei 1,22 kg/cm^2 abs.

Die pro Zeiteinheit durch die Turbine strömende Dampfmenge wächst mit dem absoluten Admissionsdrucke nur angenähert linear. Eher kann der Wert des Verhältnisses der stündlichen Dampfmenge zum Admissionsdrucke als linear gelten, und zwar nimmt dieser Wert im Verhältnisse von etwa 106 v. H. im Leerlauf (ohne Erregung) auf 100 v. H. bei Vollbelastung ab. Bei Versuch Nr. 1 fällt der Admissionsdruck vor dem ersten Leitrade aus der Reihe heraus und dürfte zu groß sein. Bildet man hingegen das Verhältnis aus dem stündlichen Dampfgewicht und

Versuche an einer Zölly-Turbine

	Trockener Dampf							
1. Versuch No.	1.	2.	3.	4.	5.	6.	7.	8.
2. Datum	21/XII. 03	25/I.04	25/I.04	25/I.04	25/I.04	18/I.04	25/I.04	25/I.04
3. Beginn	3h 10	3h 15	3h 55	2h 45	1h 30	4h 00	11h 25	10h 35
4. Ende	6h 10	4h 35	4h 45	3h 35	2h 20	5h 00	12h 25	11h 10
5. Dauer . . . . Minuten	180	80	50	50	50	60	60	35
6. Brutto-Leistung . . . KW	363,78	388,47	335,31	240,78	182,85	80,62	—	—
7. Erreger-Voltampere . „	0,72	0,82	0,80	0,68	0,63	0,49	0,497	—
8. Nutzleistung (abzüglich Erregung, doch ohne Abzug der Luftpumpenarbeit). . „	363,06	387,65	334,51	240,1	182,22	80,13	—	—
9. Tourenzahl . . . p. Min.	2967	2967	2977	2983	2984	2995	2995	3000
10. Druck . . . . Atm. abs.	11,16	11,16	10,90	11,01	10,97	11,04	11,03	11,19
11. Temperatur (vor d. Wasserabscheider) °C	187,2	187,6	184,7	185,3	185,1	184,9	184,9	185,7
12. Sättigungstemperatur (vor d. Wasserabscheider) °C	183,7	183,7	182,6	183,1	182,9	183,2	183,15	183,8
13. Überhitzung Pos. (11) — Pos. (12) (vor d. Wasserabscheider) °C	3,5	3,9	2,1	2,2	2,2	1,7	1,8	1,9
14. Druck . . . . Atm. abs.	(10,1) ?	10,11	9,03	6,92	5,47	3,07	1,22	0,747
15. Temperatur (vor dem I. Leitrad) °C	179,9	180,0	175,1	164,9	156,6	136	108,8	102,9
16. Sättigungstemperatur (vor dem I. Leitrad) °C	178,9	179,4	174,5	163,6	154,4	133,6	104,7	91,2
17. Überhitzung Pos. (15) — Pos. (16) (vor dem I. Leitrad) °C	1,0	0,6	0,6	1,3	2,2	2,4	4,1	11,7
18. Druck hinter dem I. Leitrad . . . Atm. abs.	6,03	6,32	5,59	4,29	3,44	1,84	0,652	0,383
19. Druck im Verbindungsrohr . . . „ „	1,068	1,11	0,982	0,739	0,58	0,32	0,197	0,176
20. Druck im Auspuffrohr . . . . . „ „	0,0715	0,0721	0,0679	0,0657	0,0661	0,0521	0,051	0,0514
21. Temperatur im Auspuffrohr . . . . . °C	39,1	39,9	38,9	37,1	36,6	32,7	32,2	42,1
22. Druck im Kondensator . . . . . Atm. abs.	—	0,046	0,0471	0,051	0,053	0,044	0,044	0,046
23. Temperatur des Kondensates- Rohr °C	22,5	22,4	22,2	22,8	24,1	—	16,5	16,5
Behälter °C	23,9	23,9	24,8	26,2	26.8	23,6	26,2	27.1
24. Barometerstand . . mm Hg	736	731	730	730	730	733	730	731
25. Gesamter Dampfverbrauch pro Stunde . kg	3585	3776,6	3368,5	2621,0	2124,2	1202,0	465	295,4
26. **Dampfverbrauch pro Nutz-KW-Stunde** . . . „	9,874	9,742	10,070	10,916	11,657	15,00	—	—
27. Theoretischer Dampfverbrauch pro KW, bezogen auf Zustand vor dem Wasserabscheider und Vakuum im Auspuffrohr „	4,885	4,887	4,873	4,835	4,85	4,702	—	—
28. Thermod. Wirkungsgrad v. H.	52,3	50,2	48,4	44,3	41,6	31,3	—	—

von 500 PS Leistung. (Zahlentafel 1.)

Veränderte Umlaufszahl							Schlechtes Vakuum		Überhitzung			Schlecht. Vakuum
Kleinere Leistung			Normale Leistung									
9.	10.	11.	12.	13.	14.	15.	16.	17.	18.	18a.	19.	20.
26 I.04	26 I.04	25 I.04	26 I.04	26 I.04	26 I.04	26 I.04	26 I.04	26 I.04	5 II.04	5 II.04	5 II.04	5/II.04
1h 45	11h 35	10h 10	4h 50	5h 02	5h 15	5h 32	5h 55	6h 19	3h 50	3h 50	11h 15	5h 35
2h 35	12h 35	11h 10	4h 55	5h 12	5h 23	5h 42	6h 10	6h 30	5h 00	4h 10	12h 35	5h 45
50	60	60	5	10	8	10	15	11	70	20	80	10
296,4	280,03	243,15	297,4	400,6	404,4	375,2	289,25	319,42	392,5	390,41	391,2	306,21
0,498	0,511	1,09	(0,8)	(0,7)	(0,5)	(1,1)	0,55	0,74	0,81	0,806	0,816	0,78
295,9	279,52	242,06	(396,6)	(399,9)	(403,9)	(374,1)	288,7	318,68	391,66	389,6	390,4	305,43
3229	2430	1890	3048	3122	3229	2649	2982	2982	2972	2973	2968	2960
11,12	10,61	11,00	10,87	11,03	11,13	10,71	10,54	10,48	12,81	13,13	11,26	(10,23)
188,5	188,2	190,2	189,1	190,0	190,6	184,9	184,6	183,7	247,1	258 5	226,6	247,7
183,5	181,57	183,05	182,5	183,15	183,68	181,9	181,2	180,95	189,95	191,02	184,1	179,9
5,0	6,7	7,2	6,6	6,9	7,0	3,0	3,4	2,8	57,2	67,5	42,5	67,8
7,96	7,96	7,96	10,08	10,08	10,08	10,08	9,41	9,48	9,72	9,72	9,80	9,43
171,2	172,0	172,2	180	180,1	180,2	179,2	176,7	176,9	216,5	219	216,5	224,5
169,2	169,2	169,2	179,2	179,2	179,2	179,2	176,3	176,6	177,6	177,6	178,0	178,9
2,0	2,8	3,0	0,8	0,9	1,0	0,0	0,4	0,3	38,9	41,4	38,5	45,6
4,76	4,95	4,95	6,36	6,34	6,30	6,35	5.93	6,0	6,23	6,212	6,28	6,15
0,84	0,87	0,862	1,12	1,14	1,15	1,12	1,05	1,06	1,07	1,056	1,09	1,06
0,0683	0,0665	0,0682	0,0696	0,0695	0,0696	0,0690	0,1922	0,137	0,0653	0,0664	0,0692	0,213
38,5	38,0	38,5	39,6	39,5	39,1	39,2	59,3	51,8	38,0	38,8	38,0	61
0,051	0,046	0,048	—	—	—	—	—	—	0,040	0,042	0,042	0,203
23,3	21,8	21,1	—	—	—	—	—	—	20,2	20,5	20,4	44,25
25,3	23,2	23,3	—	—	—	—	—	—	22,4	22,4	23,7	34,15
731	731	731	731	731	731	731	731	731	715	715	715	715
2980,1	2978,4	2974,9	(3770)	(3770)	(3770)	(3770)	(3500)	(3516)	3381,1	3327	3505,7	(3225)
10,07	10,653	12,29	(9,50)	(9,43)	(9,33)	(10,08)	(12,12)	(11,03)	8,633	8,539	8,98	(10,56)
4,825	4,876	4,846	4,867	4,855	4,843	4,897	5,87	5,60	4,460	4,41	4,683	5,642
47,9	45,8	39,4	(51,2)	(51,5)	(51,8)	(48,5)	(48,4)	(50,8)	51,7	51,3	52,2	(53,4

dem Drucke hinter dem ersten Laufrade, so stimmen die erhaltenen Werte befriedigend überein. Ist der Dampf überhitzt, so strömt bei gleichem Admissionsdrucke und gleichem Vakuum ein geringeres Dampfgewicht aus als im gesättigten Zustand.

Der Dampfverbrauch des Leerlaufes beträgt ohne Erregung, aber angehängter Dynamo bloß 7,84 % des Verbrauches an gesättigtem Dampf der Vollbelastung. Einschließlich der Erregung ist der Verbrauch bloß etwa 12,5 %.

Wenn das Vakuum um 0,01 kg/cm^2 (sei rund 1 %) schlechter wird, so nimmt, von 0,06 kg/cm^2 angefangen, der Verbrauch bei gesättigtem Dampfe um ca. 1,8 % seines Wertes zu. Bei überhitztem Dampfe ist die Zunahme geringer und beträgt etwa 1,5 %.

Beim Übergange von 3229 Umdrehungen auf 1800 Umdrehungen per Minute ändert sich, falls der Admissionsdruck unverändert bleibt, die stündliche Dampfmenge um kaum mehr als 1 ‰, sie ist mithin praktisch gesprochen konstant.

Die Umdrehungszahl 3000 per Minute liegt bei normalem Admissionsdrucke (10,0 kg/cm^2 abs.) etwas unterhalb des günstigsten Wertes. Eine Steigerung der Umlaufszahl von 3048 auf 3229 ergab unter sonst gleichbleibenden Umständen eine Erhöhung der Leistung von 396,6 KW auf 403,9 KW, d. h. einen Gewinn von 7,3 KW oder ca. 1,9 %.

Das beste Ergebnis erzielte Versuch Nr. 18a mit 8,539 kg Dampfverbrauch pro eff. KW-st. bei 258,5° C Dampftemperatur, d. h. 67,7° C Überhitzung. Der Vergleich mit dem Verbrauch bei trocken gesättigtem Dampfe und gleichem Anfangsdrucke ergibt, daß die Überhitzung 1 % Gewinn im Dampfverbrauch auf je 5° C der Differenz zwischen der wahren und der Sättigungstemperatur des Dampfes gebracht hat.

Alle Versuche verliefen vollkommen störungsfrei. Die Erschütterung der Turbinenwelle war minimal, praktisch belanglos. Die Lager wurden mit Öl von 30—35° C Temperatur gespeist, welches mit 40—50° C abströmte. Der Kraftverbrauch der Zirkulationspumpen und der Luftpumpe wird bei 0,06 kg/qcm Gegendruck von der Erbauerin der Turbine auf Grund eigener Messungen auf 3 v. H. der Normalleistung geschätzt.

Um über die Wärmeströmung durch die Gehäuse Aufschluß zu erhalten, wurde vom Verfasser eine Temperaturbeobachtung an mehreren Stellen der Gehäuse veranstaltet, deren Ergebnisse in der Zahlentafel 2 enthalten sind (siehe nächste Seite.)

Das Hochdruckgehäuse ist in Fig. 246, dasjenige für die Niederdruckseite in Fig. 247 abgebildet, von welchen Figuren alle Wandstärken entnommen werden können. Die Meßstellen sind durch gleichnamige Buchstaben wie in der Tabelle bezeichnet. Die Messung erfolgte durch gewöhnliche Thermometer, die mittels dicken Wattepolsters gegen die Wandung gepreßt wurden, was zwar keine absolute, indes praktisch genügende Genauigkeit ergibt. Die in der Stunde durchströmende Dampfmenge betrug etwa 4000 kg, der Druck im Zwischenrohr etwa 0,8 kg/qcm abs. Die Durchsicht der Zahlenwerte zeigt nun, daß das vordere Hochdruckende kühler war, als der Temperatur des Admissionsdampfes entspricht. Die Ausströmseite stimmt mit der Dampftemperatur nahezu überein. Der Vorderdeckel am Niederdruck ist ebenfalls kühler als der Dampf, das Ausströmende stimmt überein.

Additional material from *Die Dampfturbinen,*
ISBN 978-3-662-36141-2 (978-3-662-36141-2_OSFO8),
is available at http://extras.springer.com

Zahlentafel 2.

Gehäusetemperaturen einer 500pferdigen Dampfturbine.

Zeit	Kesseldruck kg/cm² abs.	Temperatur vor dem Ad.-Ventil	Admissionsdruck vor 1. Leitrad. kg/cm² abs.	Temperatur des Dampfes.	Gehäusetemperaturen					Vakuum (Kondensatorraum.) cm Quecks.	Temperatur des Auspuffdampfes
				t	t_1	t_2	t_3	t_4	t_4'		t_5
		°C		°	°C	°C	°C	°C	°C	cm	°
5^{06}	9,00	229,5	6,50	206,0	165,0	85,1	69,7	53,2	53,0	63,0	54,3
5^{09}	9,30	242,0	6,40	216,0	171,0	86,7	70,4	53,4	53,3	63,1	54,0
5^{13}	9,40	242,0	6,50	219,0	177,0	89,3	70,9	53,5	53,5	63,1	54,0
5^{18}	9,20	221,0	6,70	210,0	181,3	92,5	71,8	53,6	53,7	63,0	54,3
5^{21}	9,20	227,0	6,60	211,5	181,0	93,2	72,2	53,6	53,8	63,0	54,3
5^{23}	9,10	232,0	6,60	214,0	181,5	93,6	72,7	53,7	53,9	63,0	54,3
5^{26}	8,90	232,0	6,70	211,0	182,5	94,3	72,8	53,7	54,0	6g,0	54,4
5^{28}	8,80	227,0	6,60	213,0	183,0	94,7	72,9	53,7	54,0	63,0	54,4
5^{30}	8,70	227,0	6,60	213,0	183,0	95,0	73,0	53,8	54,0	63,0	54,4
5^{32}	8,70	231,0	6,60	214,0	183,3	95,4	73,2	53,8	54,1	63,0	54,4
5^{34}	8,80	232,0	6,60	215,0	183,7	95,6	73,1	53,8	54,1	63,0	54,4
5^{36}	8,90	233,6	6,60	216,5	184,3	96,0	73,2	53,9	54,1	63,0	54,4
5^{38}	9,00	233,0	6,60	216,5	184,8	96,4	73,5	53,9	54,2	63,0	54,4
5^{40}	9,00	231,0	6,60	216,0	185,1	96,7	73,6	53,9	54,2	63,0	54,4
5^{42}	8,80	225,5	6,60	213,0	185,1	96,7	73,5	53,9	54,2	63,0	54,4
5^{43}	8,75	224,0	6,62	207,0	184,7	96,7	73,6	53,9	54,4	$>$63,0	54,5
5^{45}	8,80	233,0	6,70	215,0	184,5	96,8	73,9	54,0	54,4	$>$63,0	54,6

In absolutem Maß sei am Hochdruck ein mittlerer Durchmesser von 840 mm und von t_1 auf t_2 eine gestreckte Länge von 600 mm, ferner eine Wandstärke von 35 mm angenommen. Würde die Strömung sich nun nach dem Temperaturgefälle, z. B. für den um 5h 40 beobachteten Zustand richten, würde man $t_1 - t_2 = 88{,}4^0$ C, und wenn der Wärmeleitungskoeffizient $\lambda = 50$ WE/qm/st, so erhielte man nach der Formel

$$Q = \lambda \frac{F}{L} (t_1 - t_2)$$

eine Wärmemenge von rd. 600 WE-st. Für den Niederdruck ergäbe sich mit $D_m = 950$, $L = 630$, $\delta = 30$, für die Meßpunkte t_3 und t_4' mit $t_3 - t_4' = 19{,}7^0$ C; $Q = 140$ WE/st. Diese geringen Wärmemengen sind bei 4000 g Dampf in der Stunde ganz und gar vernachlässigbar.

Auch die Strahlung dürfte bei guter Einhüllung ohne Bedeutung sein. Die mittlere Temperatur des Hochdruckgehäuses können wir zu 141^0 C ansetzen. Wenn die Oberfläche zu rd. 3,13 qm eingeschätzt wird und wir annehmen, daß bei der erwähnten Mitteltemperatur pro Quadratmeter Oberfläche 1 kg Dampf kondensiert, oder rd. 650 WE/st ausgestrahlt werden, so erhalten wir rd. 2040 WE. Für den Niederdruck ist $t_m = 63{,}7^0$, man darf also im Verhältnis etwa 300 WE/qm/st als Strahlungswärme annehmen. Bei etwa 4,27 qm Oberfläche verlieren wir also 1280 WE/st. Die Gesamtsumme dieser Verluste macht bloß rd. 4000 WE/st aus. Wenn wir $4000 \cdot 150 = 600000$ WE als „verfügbare d. h. in Arbeit umwandelbare Wärme“ rechnen, so beträgt der Gesamtverlust rd. $^2/_3\ ^0/_0$, kann also bei gewöhnlichen Versuchen ohne weiteres vernachlässigt werden.

Zum Schluß seien die noch günstigeren Ergebnisse angeführt, welche die ausführende Firma an einer 400 KW-Turbine bei stärkerer Dampfüberhitzung erhielt, in Zahlentafel 3 mitgeteilt.

Eine 600 PS-Turbine befindet sich in Mühlhausen (Thür.) seit Anfang 1905 im Betriebe und liefert gleichzeitig Kraft für die elektrische Straßenbahn wie auch für Licht. Hierbei soll die Regelung so empfindlich wirken, daß auch bei ausgeschalteter Pufferbatterie Spannungsschwankungen am Voltmeter nicht bemerkbar sind.

Zahlentafel 3.

Versuche von Escher, Wyß & Cie., Zürich an einer Dampfturbine von 400 KW, 19. und 20. Mai 1904.

	Mäßige Überhitzung		Starke Überhitzung	
1. Belastung	1/1	1/2	1/1	1/2
2. Dauer des Versuchs . . . . . . Min.	30	50	50	30
3. Umdrehungen pro Minute	3187	3214	3139	3254
4. Druck vor dem Ventil . . kg/cm² abs.	11,25	11,70	11,56	11,80
5. Temperatur vor dem Ventil . . . °C	235	236,5	284,0	271,5
6. Temperatur des gesättigten Dampfes . .	184,0	185,8	185,2	186,2
7. Überhitzung: (5—6) . . . . . . °C	51,0°	50,7	98,8	85,3
8. Vacuum . . . . in cm Hg.	67,9	68,2	68,2	68,2
9. Barometerstand	72,5		72,7	
10. Dampfsp. im Abdampfrohr kg/cm² abs.	0,0625	0,060	0,061	0,061
11. Belastung in KW	413,87	197,53	404,70	196,78
12. Dampfverbrauch . . . . . . kg/St.	3500	2007	3220	1870
13. Dampfverbrauch . . . kg pro KW/St.	**8,46**	**10,14**	**7,97**	**9,51**

80. Turbine von Curtis.

Die ursprünglichen Patente von Curtis betrafen verschiedene Ausführungsformen einer 4- bis 6stufigen Aktionsturbine, die im wesentlichen aus ebensoviel hintereinander geschalteten Laval-Turbinen bestand. Seither ist der Bau dieses Systemes von der General Electric Company (Schenectady, N. Y.) aufgenommen worden, welche dasselbe weiter vervollkommnete. Die Hauptänderung bestand in der Einführung von Geschwindigkeitsstufen, wie durch die Abwickelung des Düsen- und Schaufelprofiles in Fig. 248 klar gemacht wird. B_1, B_2, B_3 sind die

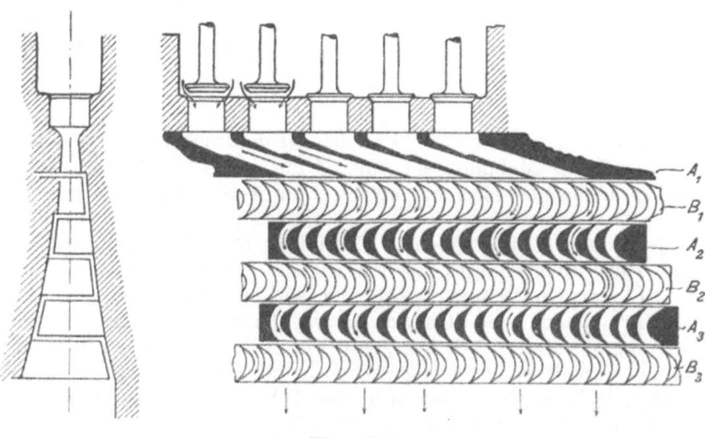

Fig. 248.

Laufrandkränze, A_2, A_3 die Zwischen-Leitschaufeln. Die Laufschaufeln B_1, B_2, B_3 können an einem einzigen Scheibenrade in gemeinsamem Kranze befestigt werden. Damit dieses Rad keinem Überdrucke ausgesetzt sei, muß gleicher Druck auf seinen beiden Seiten herrschen, der Dampf muß also in der Düse bis auf diesen Druck herab expandieren. Ganz kleine Druckunterschiede kann man durch Bohrungen, die in den Scheiben ausgespart werden, ausgleichen. Der Dampf wirkt während der Strömung im wesentlichen durch seine lebendige Kraft; die Geschwindigkeit nimmt hierbei stark ab, sowohl weil Arbeit abgegeben wird, als wegen der Reibung; im umgekehrten Verhältnis muß der Schaufelquerschnitt zunehmen. Durch Aufzeichnen eines Geschwindigkeitsplanes überzeugt man sich, daß die Zunahme sehr bedeutend ausfällt, und nicht anders als durch Verbreiterung der Schaufeln erreichbar ist. Allein auch dann ist man gezwungen, mit verhältnismäßig großen Winkeln zu arbeiten, da die Verbreiterung sonst zu stark ausfällt, so daß Zweifel entstehen könnten, ob der Strahl sich den stark divergierenden Seitenflächen noch anschmiegen würde.

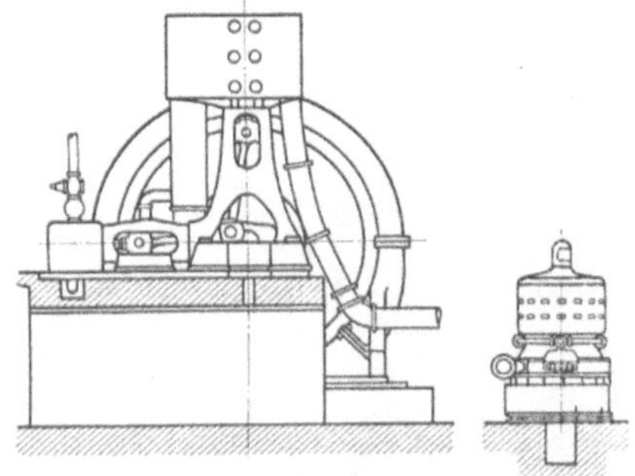

Fig. 249.

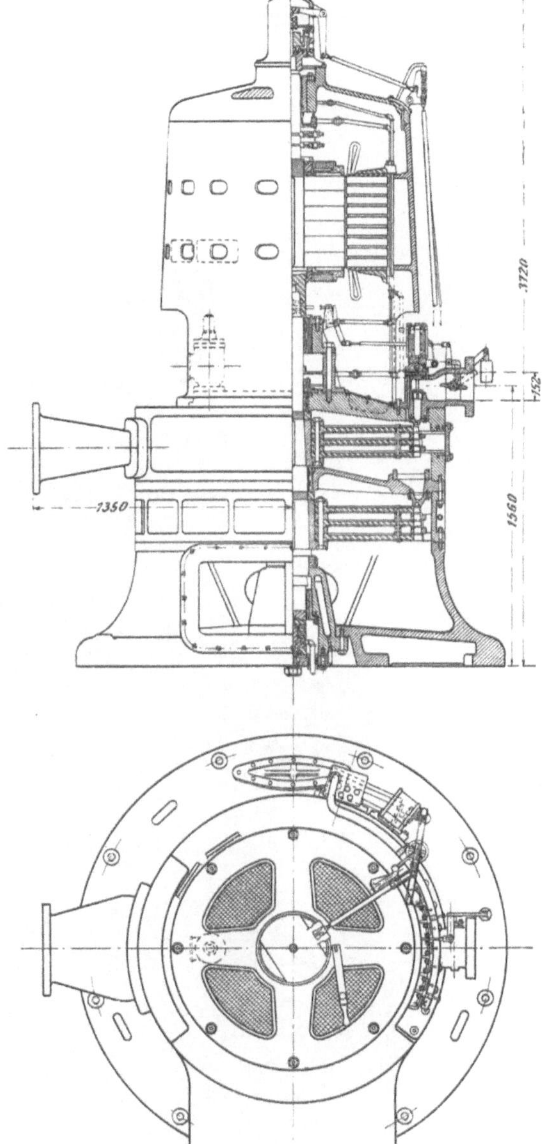

Fig. 250.

Die normalen Umlaufzahlen und Gewichte der Arbeitsturbine werden wie folgt angegeben:

Leistung KW	15	500	1500		5000	
Umlaufz. per Min. . .	3000	1800	1800	700	500	
Gewicht einschl. Dynamo kg rd.	830	16400	43000	55000	55000	175000

Die General Electric Co. bevorzugt die vertikale Aufstellung, welche naturgemäß die allergeringste Grundfläche beansprucht. Fig. 249 ist die in Prospekten mit Vorliebe angeführte Figur, durch welche augenfällig der ganz gewaltige Unterschied der Abmessungen dargestellt wird, der zwischen einer 5000 KW-Kolbenmaschine und einer gleichwertigen Curtisturbine obwaltet. Die allgemeine Anordnung ist stets die, daß der Dampf oben

Fig. 250a.

einströmt und unten abströmt oder sogar unmittelbar im Untergestell kondensiert wird. Fig. 250 stellt eine ältere Konstruktion einer etwa 500 KW starken Einheit dar, Fig. 250a ist die Außenansicht derselben. Die Räder waren hier aus je drei Scheiben aufgebaut, entsprechend je drei Geschwindigkeitsstufen in jeder der beiden Druckstufen.

Wenig abweichend hiervon ist die 5000 KW Einheit, deren Bauart, wie sie für Chicago ausgeführt wurde, in Fig. 251, 252 und 253 veranschaulicht wird. Auch hier wurden bloß zwei Druckstufen, indes je vier Geschwindigkeitsstufen angewendet.

Nach neueren Berichten scheint man die Zahl der Geschwindigkeitsstufen verringern, diejenige der Druckstufen erhöhen zu wollen und zwar mit Rücksicht auf die höhere Dampfökonomie.

So ist die von der British Thomson-Houston Gesellschaft in Rugby gebaute 500 KW nach Fig. 254[1]) mit vier Druckstufen und bloß je zwei Geschwindigkeitsstufen versehen.

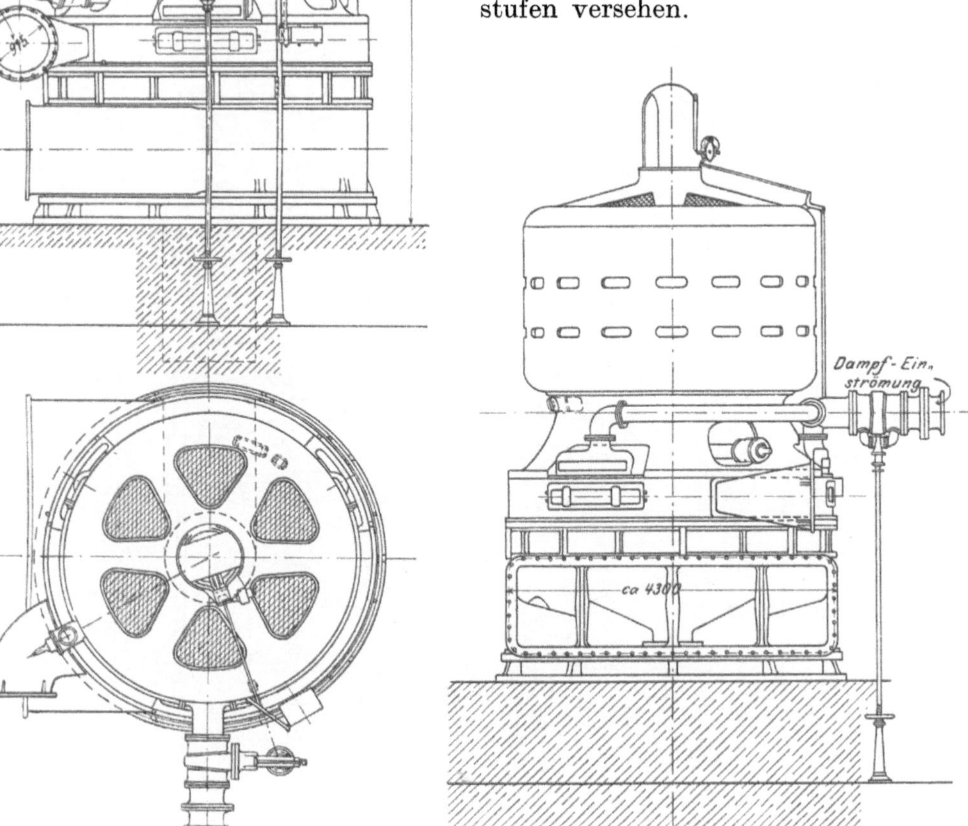

Fig. 251. Fig. 252.

Konstruktionselemente.

Die Düsen werden in Gruppen aus je einem Stück eingesetzt, wobei Rechteck- oder Quadratquerschnitt benutzt wird, und die Bearbeitung

[1]) Engineering 1904 I S. 182.

aus dem Vollen durch Spezialmaschinen erfolgt. In Fig. 255 ist ein derartiger Düsen-Einsatz dargestellt.

Die Radschaufeln werden, wie schon früher erläutert, durch Hobeln aus dem vollen Kranz herausgearbeitet, und durch einen mit jeder Schaufel

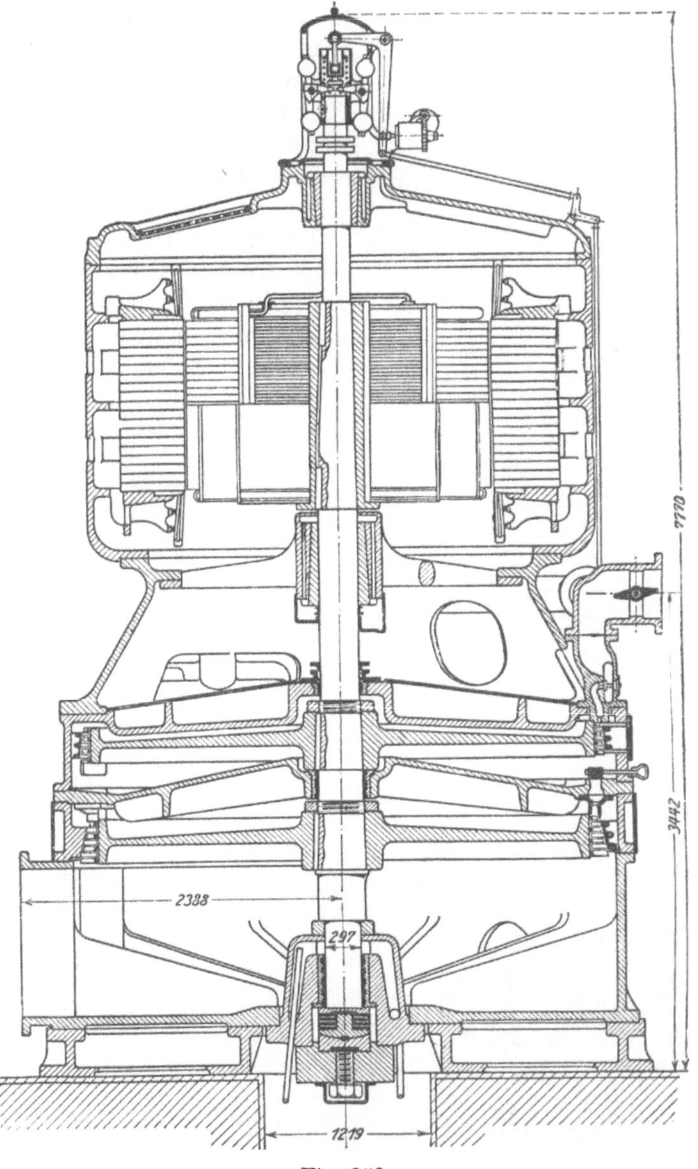

Fig. 253.

vernieteten Ring gedeckt. Bei zwei Geschwindigkeitsstufen schraubt man die beiden Schaufelkränze an die Radscheibe von beiden Seiten an. Daß die Kränze, wie aus Fig. 256 und 257 ersichtlich ist, mit Rippen versehen sind, kann freilich mit Rücksicht auf die Ventilationsarbeit nicht gebilligt werden. Die Leitschaufeln werden ähnlich hergestellt, und in Gruppen, Fig. 258, je nach der Beaufschlagung, eingesetzt. Wegen der Wärmeausdehnung und der Verbiegung der wagerecht schwebenden Radscheiben, hat sich das Bedürfnis nach Einstellbarkeit von außen herausgestellt, und wird diese Aufgabe durch einen mit exzentrisch sitzendem Bolzen versehenen Handhebel, Fig. 259, gelöst.

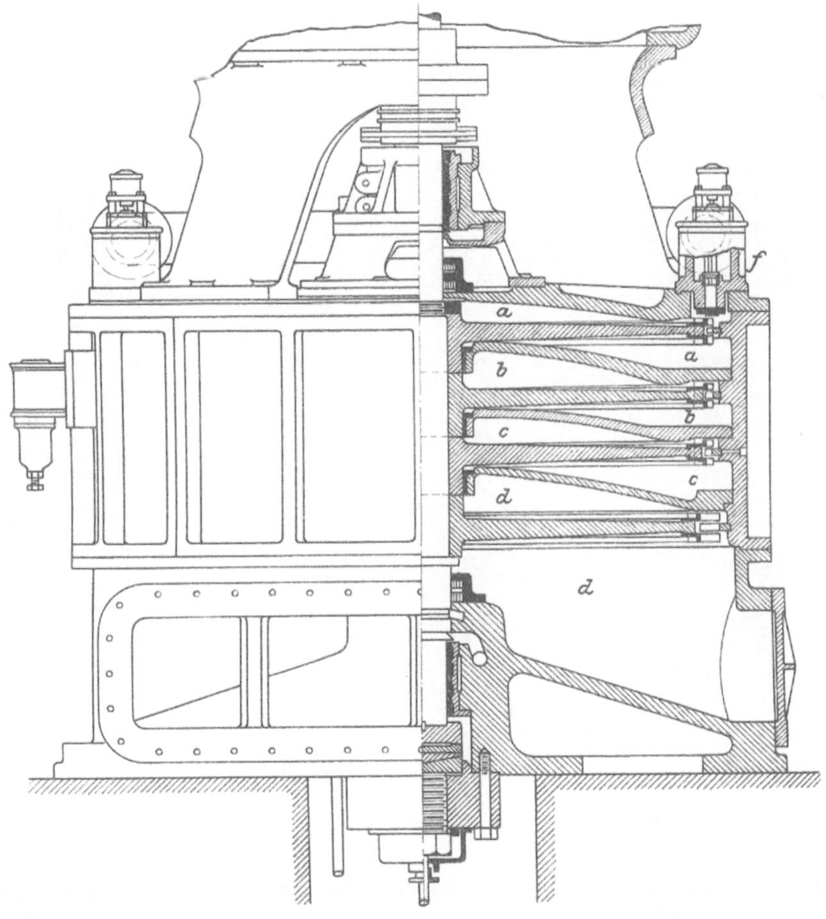

Fig. 254.

Den vollständigen Zusammenbau der sowohl der Quere als der Länge nach geteilten Gehäuse mit den Leitschaufelsegmenten stellt Fig. 260 dar.

Fig. 255.

Die Laufräder sind als Scheiben durchgebildet und erhalten erheblich stärkere Abmessungen, als der Fliehkraft allein zukommt, da hier der schwierige Fall eintritt, daß die Räder im Ruhezustande durch ihr Eigengewicht durchgebogen und im Betriebe durch die Fliehkraft wieder gerade gestreckt werden. Will man übergroße Spielräume in den Schaufeln vermeiden, so bleibt nur eine kräftige Ausführung der Scheiben übrig. Eine auf diese Deformationen Bezug habende Studie folgt im VI. Teile.

Fig. 261 zeigt ein dreikränziges Rad älterer Bauart, Fig. 256 ein zweikränziges Rad neuerer Konstruktion, letzteres für eine 2000 KW Einheit, wobei die dem Druckausgleich dienenden Löcher sichtbar sind.

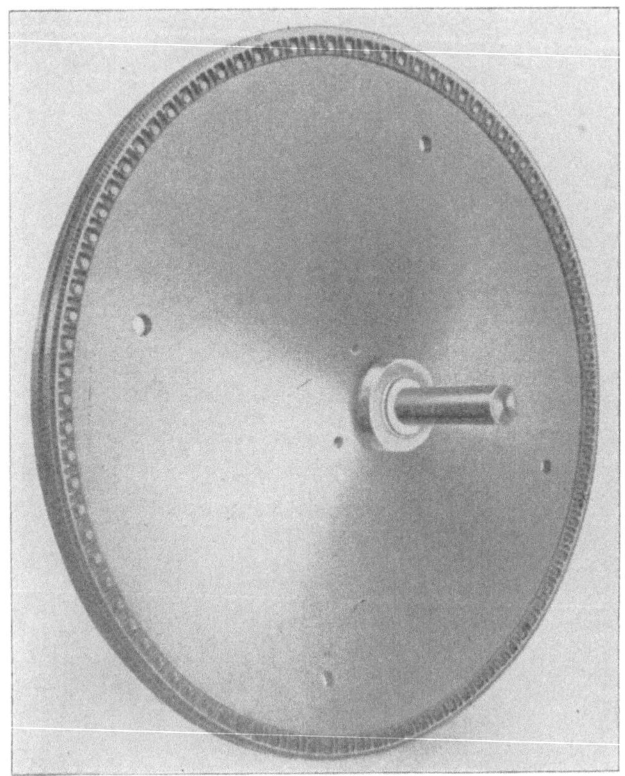

Fig. 256.

Fig. 257.

Das Spurlager hat die schwierige Aufgabe zu lösen, die bei großen Einheiten, absolut genommen, doch sehr bedeutenden rotierenden Ge-

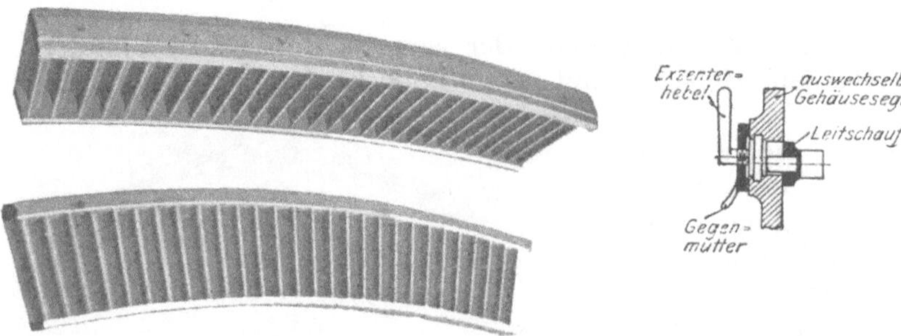

Fig. 258. Fig. 259.

wichte bei Umlaufzahlen aufzunehmen, für welche im hydraulischen Turbinenbau jeder Vergleichsmaßstab abgeht. Die Schwierigkeit wurde durch Verwendung gekühlten Preßöles glänzend, und wie man betonen darf, auf den ersten Wurf überwunden.

In Fig. 262 ist ein Spurlager älterer, in Fig. 263 ein solches neuerer Bauart dargestellt.

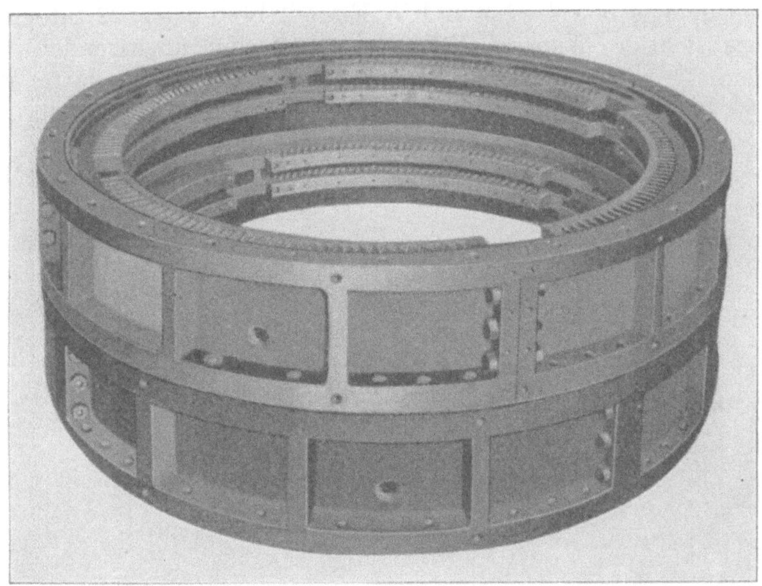

Fig. 260.

Fig. 261.

Beide benutzen sehr breite, in der Mitte ausgesparte Spurplatten aus Gußeisen mit zentralem Öleintritt. Das Öl umspült noch ein Halslager und wird durch eine metallische Liderung am Eindringen in die Turbine verhindert. Obwohl die Ölpressung so groß ist, daß die rotierenden Teile gewissermaßen schweben, ist doch nach Angaben die zirkulierende Ölmenge bei einer 5000 KW Einheit bloß etwa 22 Liter i. d. Min. Man beabsichtigt neuerdings Wasserschmierung anzuwenden und eine gußeiserne Spurplatte auf Pockholz laufen zu lassen. An den 5000 KW Einheiten soll die Schmierung mehrere Male versagt haben, und allemal habe das etwas angegriffene Fußlager

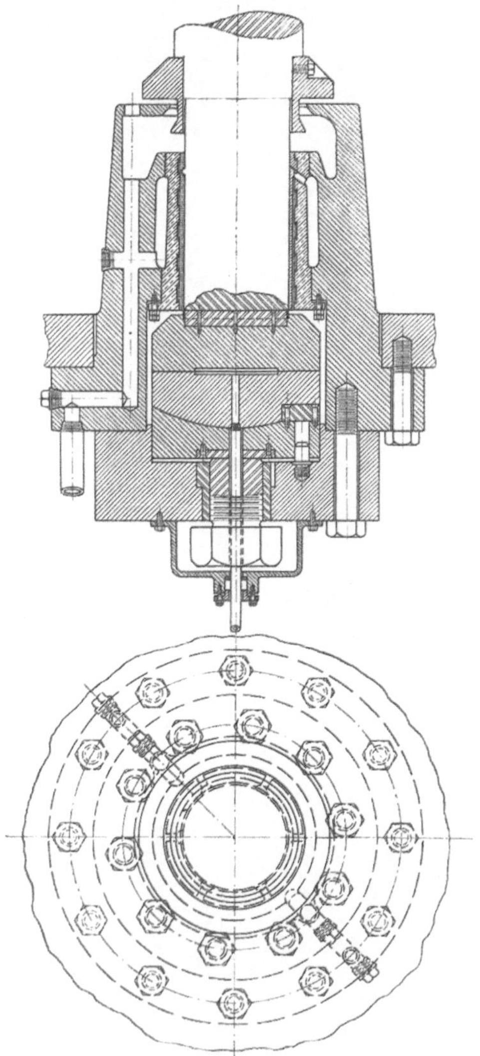

Fig. 262.

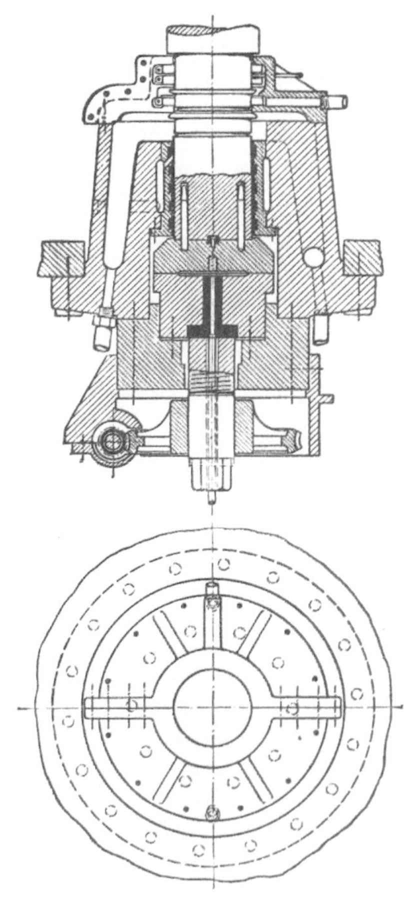

Fig. 263.

sich wieder von selbst gut eingeschliffen. Wie gering die Reibung des Spurlagers ist, geht daraus hervor, daß eine 5000 KW Einheit nach dem Abstellen des Dampfes noch 4—5 Stunden weiterläuft. Dies veranlaßte die G. E. Co. eine Bremse in Form eines horizontal liegenden Tragringes anzubringen, der um etwa 0,25 m/m von seiner Unterlage absteht. Durch Hebung des Unterteiles wird rasche Abstellung ermöglicht, andererseits kann sich bei Unfällen der Spurzapfen nicht zu stark abnutzen, indem die rotierenden Teile durch den Tragring abgefangen und stillgesetzt werden.

Es sind übrigens Akkumulatoren für Reserveschmierung vorgesehen.

Der Entwässerung der einzelnen Stufen wird große Sorgfalt zugewendet. Nach Fig. 264 soll das Wasser durch die Fliehkraft aus dem Laufrad hinter den Schirm *s* geschleudert werden, von wo es, gegen die Dampfstöße geschützt, mittels der Bohrungen *v*, *q* in die nächstfolgende Stufe (aber so, daß dasselbe wieder hinter den Schutzschirm fällt) abgeleitet wird.

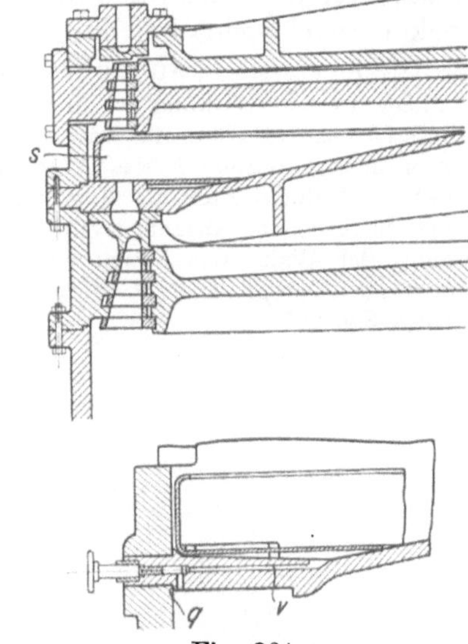

Fig. 264.

Die Regulierung beruht auf der Verwendung von kleinen Hilfskolben, die durch Dampfkraft die Abschlußventile der einzelnen Düsen der ersten Stufe heben oder senken. Die wirksame Düsenzahl der zweiten und der weiteren Stufen bleibt im allgemeinen unverändert, doch liegen bereits Patente vor, welche auch hier den Querschnitt der jeweiligen Leistung anzupassen bezwecken. Ursprünglich erfolgte die Regelung elektrisch, indem der Regler elektrischen Strom in eine Magnetisierungsspule leitete und der entstehende magnetische Zug das Steuerventil des Hilfskolbens betätigte.

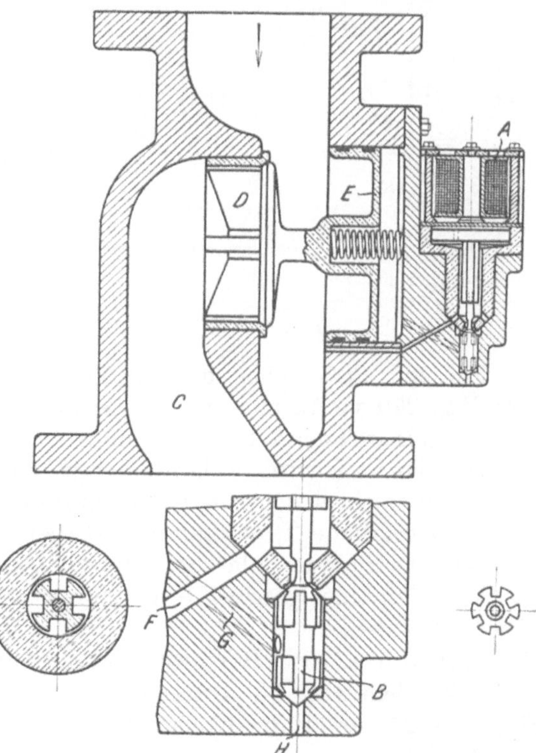

Fig. 265.

In Fig. 265 ist *A* die Spule, *B* das abwechselnd nach oben und nach unten abschließende Steuerventil, *C* der Zugang zur Düse, *D* das Abschlußventil, *E* der Hilfskolben. In der gezeichneten Lage gelangt Frischdampf durch Bohrung *F* am Ventil *B* vorbei, durch Bohrung *G* hinter Kolben *E*, und schließt Ventil *D* ab. Wird durch magnetischen Zug Ventil *B* gehoben, so ist dem Frischdampf der Zugang gewehrt, und der Dampf hinter dem Kolben kann durch Bohrung G und *H* ins Freie (oder zum Kondensator) entweichen. Der Querschnitt von *E* ist um soviel größer als der von *D*, daß der Frischdampf trotz der auf den Kolben wirkenden Hilfsfeder Ventil *D* aufmacht.

In neuerer Zeit bevorzugt man eine mechanische Betätigung des

Steuerventiles, indem nach Fig. 266 der Regler eine Walze A verdreht, an deren Umfang starre, oder wie in der Nebenfigur angedeutet, federnde Nocken in schraubenlinienförmiger Anordnung vorhanden sind. Die Nocken verbiegen bei ihrer Verdrehung den federnden Hebel B, der das Steuerventil C aufstößt.

Die weitere Wirkung ist analog wie oben. Das Steuerventil schließt den Dampfzufluß H aus der Dampfkammer ab, und gestattet dem über Kolben E befindlichen Dampf durch Bohrung F das Abströmen in die Kammer, in der die Walze A sich befindet, und durch Bohrung G weiter in die nächste Druckstufe. Der Dampfüberdruck öffnet hierauf das Abschließventil D. Das Umgekehrte findet statt, wenn bei Rückdrehung der Walze das Steuerventil, durch die eingelegte Schraubenfeder nach rechts bewegt, den Dampfzutritt H wieder frei gibt. Ganz ähnlich ist die Wirkung des Steuerventiles Fig. 267.

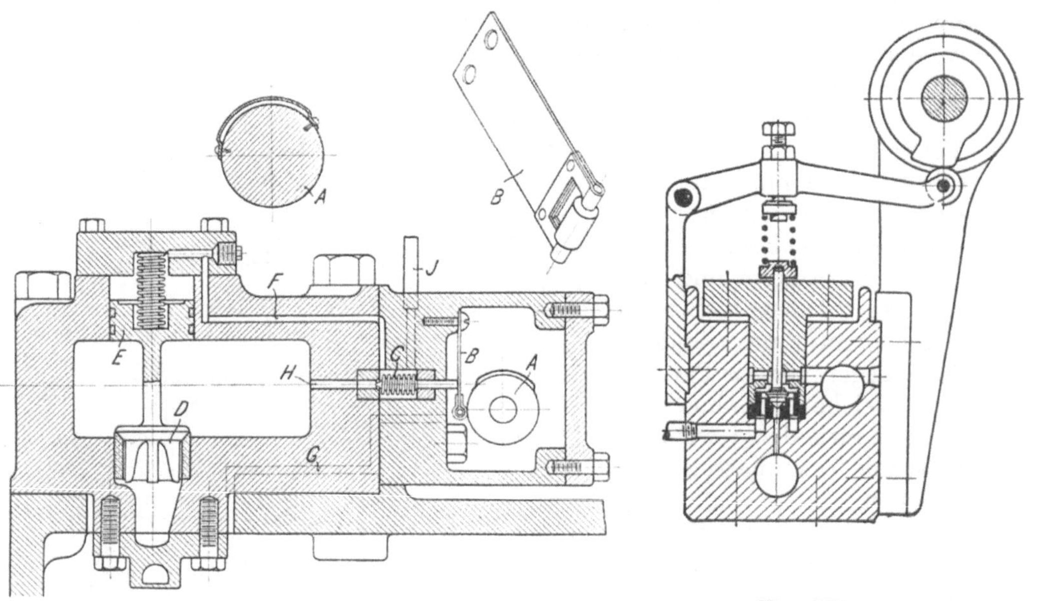

Fig. 266. Fig. 267.

Fig. 268, 269 stellen den für die Chicagoturbinen ausgeführten Regler dar; Fig. 270 veranschaulicht eine neue Reglerart, die indessen in den Quellen unzureichend beschrieben ist.

Die Turbine wird außerdem mit einem Sicherheitsregler versehen, der bei Überschreitung einer bestimmten Umlaufszahl eine in der Hauptleitung befindliche Drosselklappe schließt.

Wie bei kleinen Belastungsänderungen der zu große Kraftsprung, der das Schließen einer ganzen Düse bedingt, ausgeglichen wird, darüber fehlen nähere Angaben.

Kondensator. Bei großen Einheiten wird, wie erwähnt, der Oberflächenkondensator im Unterteil des Turbinengehäuses untergebracht. Fig. 271—272 zeigt die Konstruktion einer solchen Grundplatte für eine 5000 KW-Turbine.

Versuchsergebnisse.

Über den Dampfverbrauch geben die graphischen Darstellungen Fig. 273—277 Aufschluß, für welche folgende Angaben gelten:

Fig. 273, Kurve A, gesättigter Dampf, 9,8 kg/qcm abs. Eintrittsspannung, 72 cm Vakuum,

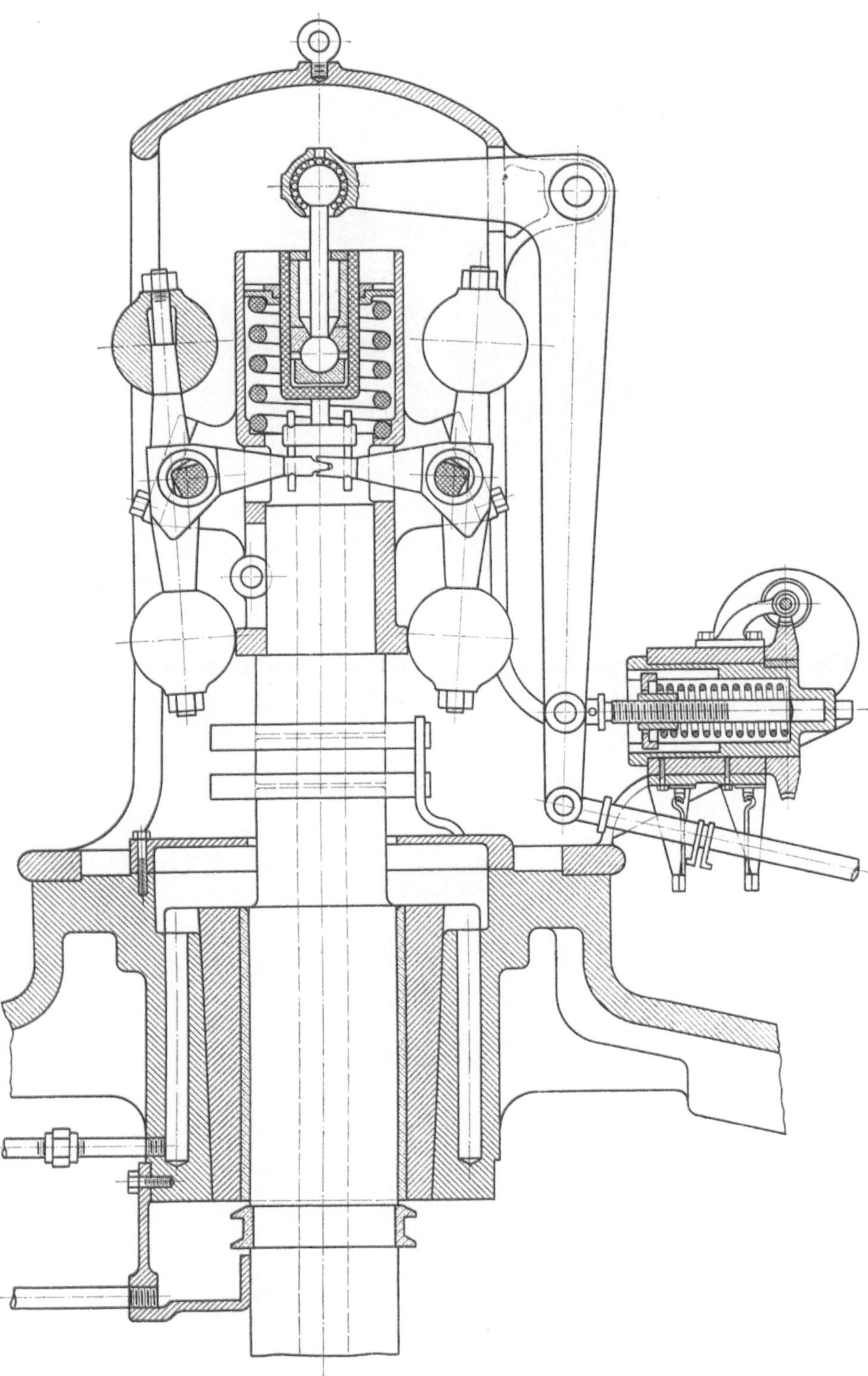

Fig. 268.

Fig. 273, Kurve *B*, um 83° überhitzter Dampf, 9,8 kg/qcm abs. Eintrittsspannung, Vakuum wie oben.

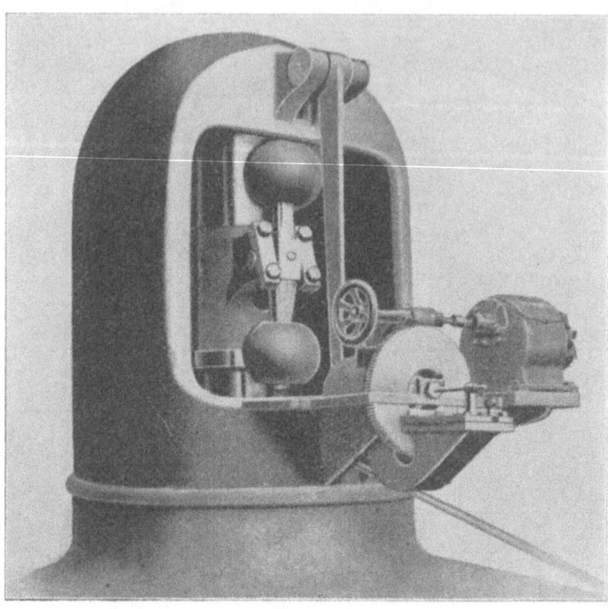

Fig. 269.

Fig. 274a, Eintrittsspannung 14 kg/qcm abs., Überhitzung nicht angegeben,
„ 275, Veränderliche Eintrittsspannung,

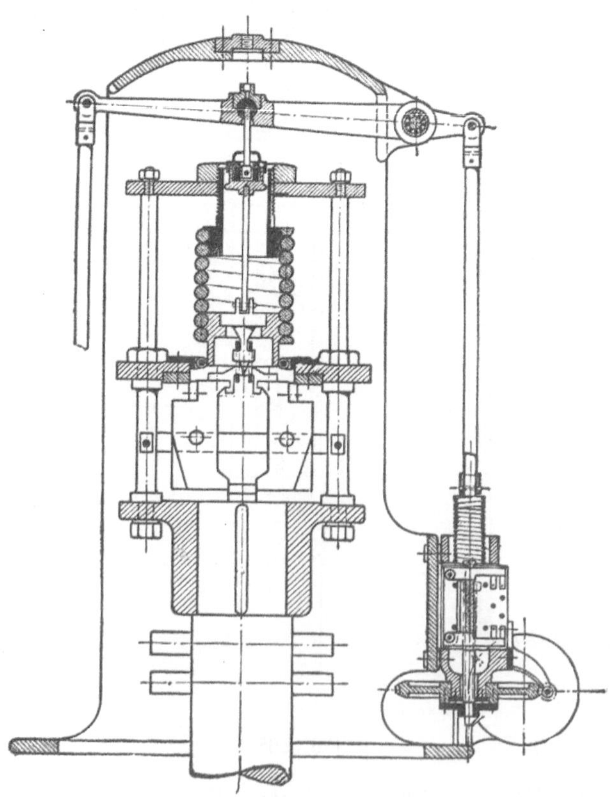

Fig. 270.

Fig. 276, Veränderliche Überhitzung,
„ 277, Veränderliches Vakuum.

Die British Thomson Houston Cie. in Rugby berichtet[1]) folgendes über die Ergebnisse einer von ihr gebauten Curtisturbine von 500 KW Nennleistung. Bei der Höchstleistung betrug:

Der Dampfdruck vor der Turbine	10,55 kg/qcm
Überhitzung	64° C
Vakuumdruck (abs.)	0,0516 kg/qcm
Umdrehungszahl p. Min.	1800
Leistung	660 KW
Dampfverbrauch pro KW-st . .	8,35 kg.

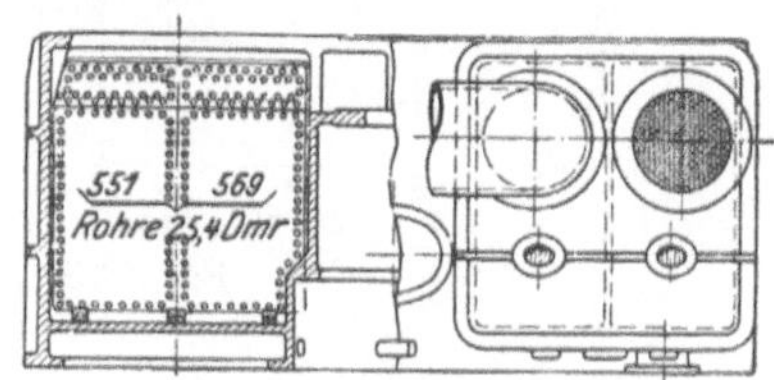

Fig. 272.

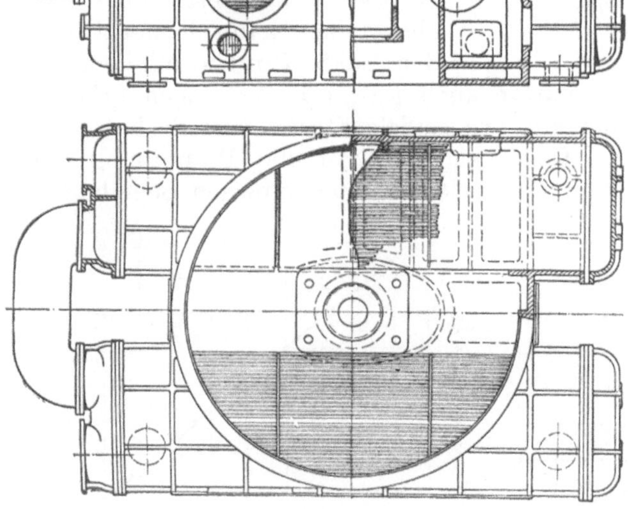
Fig. 271.

Ob hierbei die Arbeit zum Antriebe der Kondensation einbegriffen ist, wird nicht mitgeteilt. Bei 470 KW Leistung benötigte die Luftpumpe bloß 1,8 KW und die Zirkulationspumpe 7,1 KW, im ganzen also bloß 1,9 v. H. Arbeitsaufwand.

Die Zunahme des Dampfverbrauches mit abnehmender Luftleere beträgt, wie aus obigem hervorgeht, zwischen etwa 0,025 und 0,10 kg/qcm abs. Kondensatordruck 2,3 v. H. des

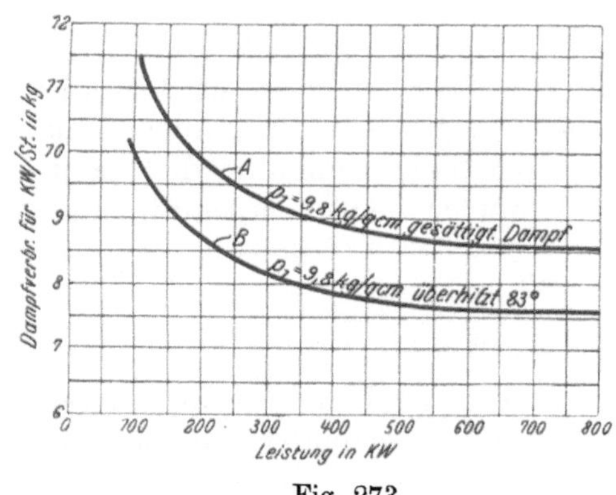

Fig. 273.

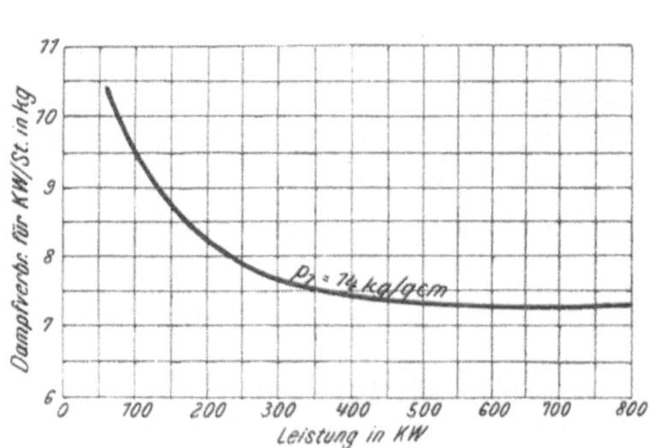

Fig. 274.

[1]) Engineering 1904, I. S. 182.

Anfangswertes auf je 0,01 kg/qcm Verschlechterung der Luftleere, zwischen etwa 0,1 und 0,35 kg/qcm je 1,5 v. H. auf 0,01 kg/qcm Luftleere.

Die Abnahme des Dampfverbrauches mit wachsender Überhitzung ist der Differenz zwischen der wirklichen und der Sättigungstemperatur sehr nahe proportional und beträgt fast genau 1 v. H. auf je 5° C Überhitzung.

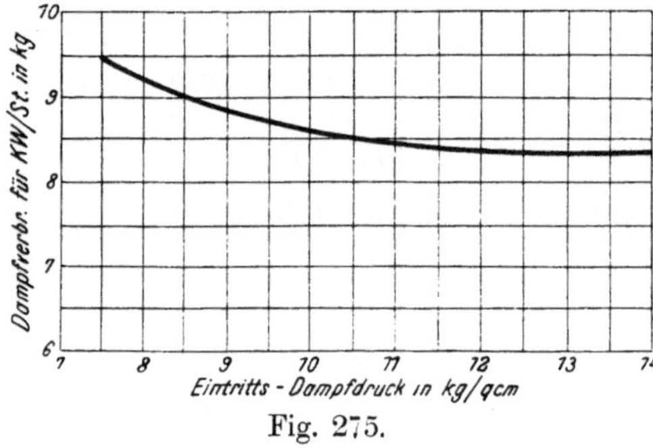

Fig. 275.

Eine eingehende Analyse des Dampfverbrauches wird erst durchführbar, wenn wir genauer über den Betrag der Schaufelreibung unterrichtet sind. Wenn man dieselben Verluste voraussetzt wie in einer Laval-Schaufel, so ist der angegebene Dampfverbrauch nicht erreichbar. Im allgemeinen kann bemerkt werden, daß Curtis mit höheren Strömungsgeschwindigkeiten, mithin auch größeren Reibungen arbeitet, als wenn er das Druckgefälle auf ebensoviele Stufen verteilt hätte, als Laufräder vorhanden sind. Dem gegenüber ist die Radreibung vermindert, indem zwei oder drei Laufräder zu einer einzigen Scheibe vereinigt sind, welche in stärker verdünntem Dampfe rotiert, als bei der erwähnten Aufteilung der Fall wäre. Die Leerlaufarbeit wird weiter durch die vertikale Aufstellung mit oben liegender Dynamomaschine herabgesetzt, indem die Lagerreibung dem Flächeninhalte der Laufflächen sehr nahe proportional ist (s. Dampfturbinenlager), mithin hier so gut wie ganz aus dem Spiele fällt.

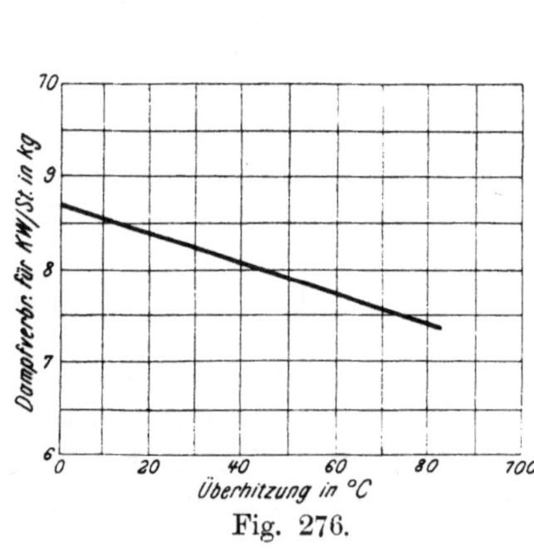

Fig. 276.

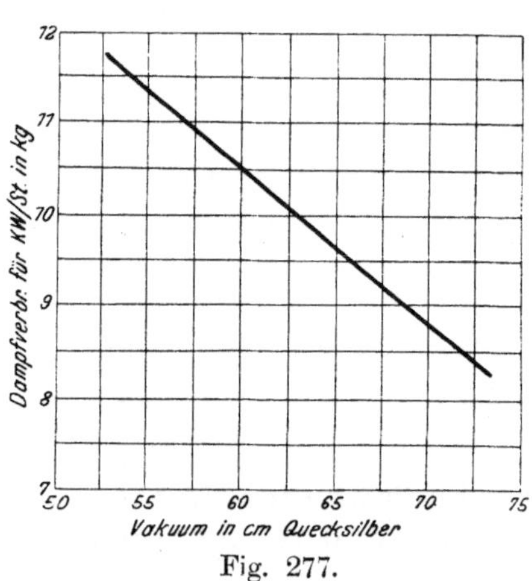

Fig. 277.

81. Turbine von Rateau.

Die Turbine von Rateau ist eine vielstufige Druckturbine, deren neueste durch die **Maschinenfabrik Örlikon** ausgebildete Bauart in Fig. 278—282 dargestellt ist. Die Turbinenräder bestehen aus Flußeisenplatten, die zur Erhöhung der seitlichen Steifigkeit eine schwach konische Form erhalten und auf Stahlgußnaben durch Nietung befestigt werden.

Additional material from *Die Dampfturbinen,*
ISBN 978-3-662-36141-2 (978-3-662-36141-2_OSFO9),
is available at http://extras.springer.com

Die größeren Räder dieser 500pferdigen Turbine, die mit 3000 Umdrehungen p. Min. laufen soll, erhalten auf die zweite Seite der Nabe angenietete Versteifungsbleche, so daß eine ungemein widerstandsfähige

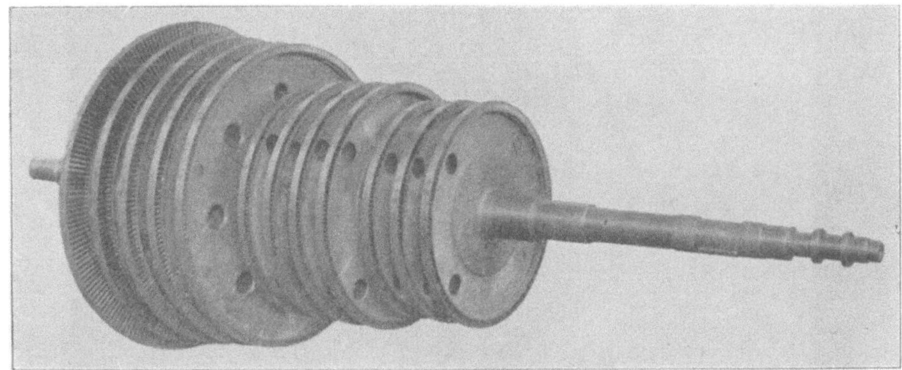

Fig. 283.

und doch sehr leichte Konstruktion entsteht. Die Umfangsgeschwindigkeit der kleinen Räder dürfen wir auf 70, diejenige der großen auf 120 m/sek. schätzen. Der Rand der Scheibe wird zu einem rechten

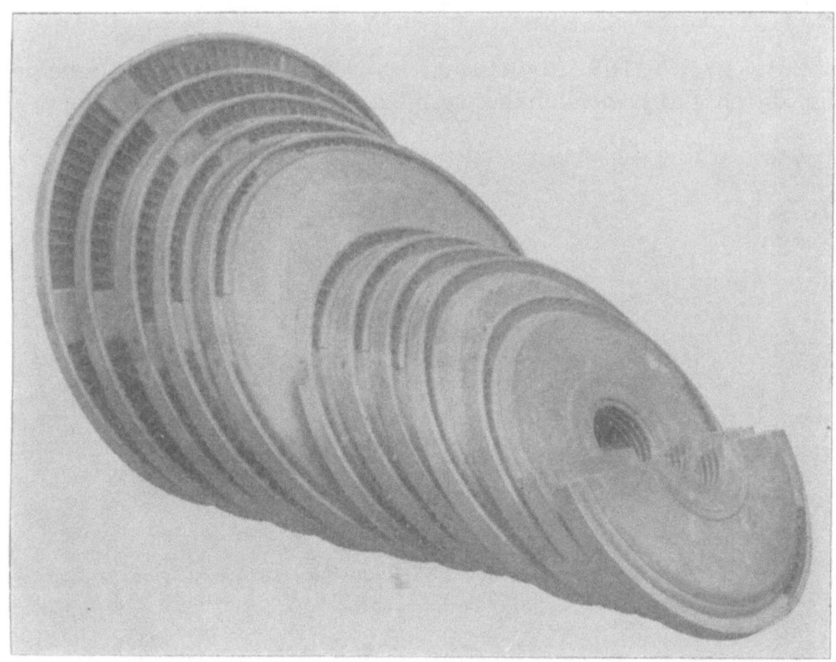

Fig. 284.

Winkel, stellenweise doppelt, zur Form eines (verkehrten) u umgebörtelt. Die Schaufeln werden aus Flußeisen durch Ziehen und Biegen hergestellt und auf den Bort der Laufräder angenietet, sowie mit einem Abschlußring versehen, wie wir schon früher beschrieben haben und auf dem

Lichtbilde (Fig. 283) dargestellt ist. Zwisch en den Rädern befinden sich gußeiserne oder aus Stahlguß bestehende Scheidewände, in welche man die ebenfalls aus Flußeisenblech hergestellten Leitvorrichtungen einsetzt

Fig. 285.

(Fig. 284, 285). Die Abdichtung zwischen Welle und Scheidewand erfolgt durch Labyrinthkanäle, vermöge eingesetzter Bronzeringe, die in

Fig. 286.

Nuten der Radnabe hereinreichen. Das Gehäuse wie auch die Scheidewände sind zweiteilig. Die Welle ist, wie man aus Tafelfigur 278 beurteilen kann, in der Mitte wesentlich verstärkt, um ihre kritische Um-

Additional material from *Die Dampfturbinen,*
ISBN 978-3-662-36141-2 (978-3-662-36141-2_OSFO10),
is available at http://extras.springer.com

laufszahl möglichst hoch zu machen. Sie wird durch Stopfbüchsen eigenen Systems gedichtet, die auf der Anwendung von Labyrinthnuten

Fig. 287.

beruhen. Gegen die Außenluft wird schließlich durch Gußeisenringe Abschluß erreicht, deren genaue Zeichnung unten folgt. Links bei der

Fig. 289 a.

Einströmung erblickt man das Überlastungsventil A. Der Regler wirkt auf das unten näher beschriebene Drosselventil, doch ist auch ein Sicherheitsregler vorhanden, dessen Schwunggewichte im Querschnitt durch den Regulatorständer in Fig. 280 mit *B* bezeichnet sind, und der durch Hebel *C* bei einer bestimmten Überschreitung der normalen Umlaufszahl das Einlaßventil plötzlich abschließt. *E* in Fig. 279 ist der ebenfalls weiter unten beschriebene Druckregler des aus den Stopfbüchsen dringen-

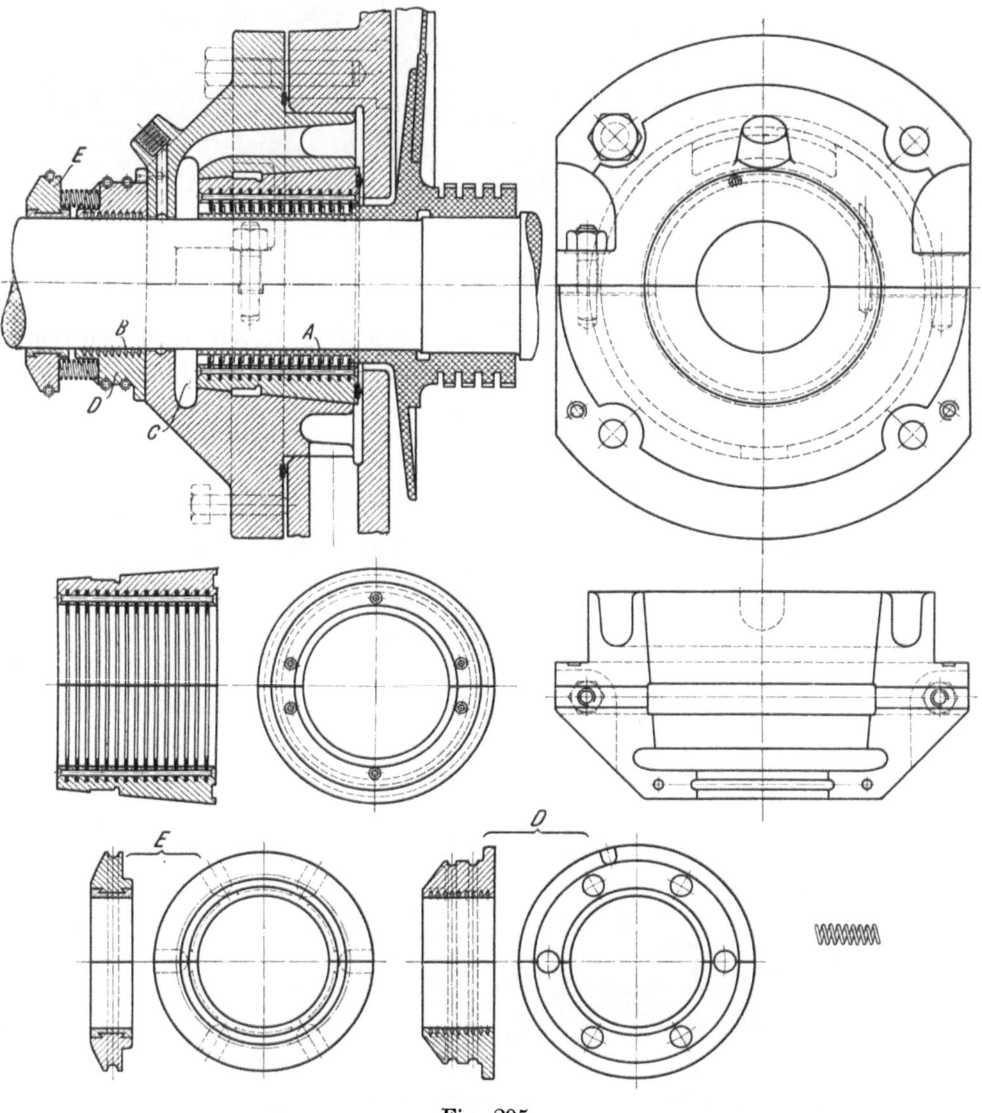

Fig. 295.

den Dampfes, und *D* ein Ventil um diesen Dampf beim Anwärmen der Maschine ins Auspuffrohr zu leiten.

Fig. 286 bringt die Außenansicht einer 150 KW-Turbine, Fig. 287 desgleichen diejenige einer 1000 KW-Einheit.

Je nach den örtlichen Verhältnissen wird die Turbine auch in stehender Bauart ausgeführt, wie die in Fig. 288—289 dargestellte 100 KW-Turbine mit ebenfalls 3000 Uml. p. Min. anschaulich macht. Die Turbine ist zur Ausnützung von Abdampf (atm. Spannung) bestimmt, daher

Additional material from *Die Dampfturbinen,*
ISBN 978-3-662-36141-2 (978-3-662-36141-2_OSFO11),
is available at http://extras.springer.com

denn bloß 5 Räder genügen. Die zwei letzten Kränze sind auf dem Umfang einer Trommel befestigt, die den Druckunterschied gegen das Vakuum als Entlastungskraft nach oben überträgt. Wie man aus dem Querschnitt Fig. 289 sieht, ist die eine Gehäusehälfte um ein Gelenk aufklappbar, zu welchem Zwecke nur ein leichtes Lüften, nicht aber ein Demontieren der oberen Teile erforderlich ist. Die Konstruktion des

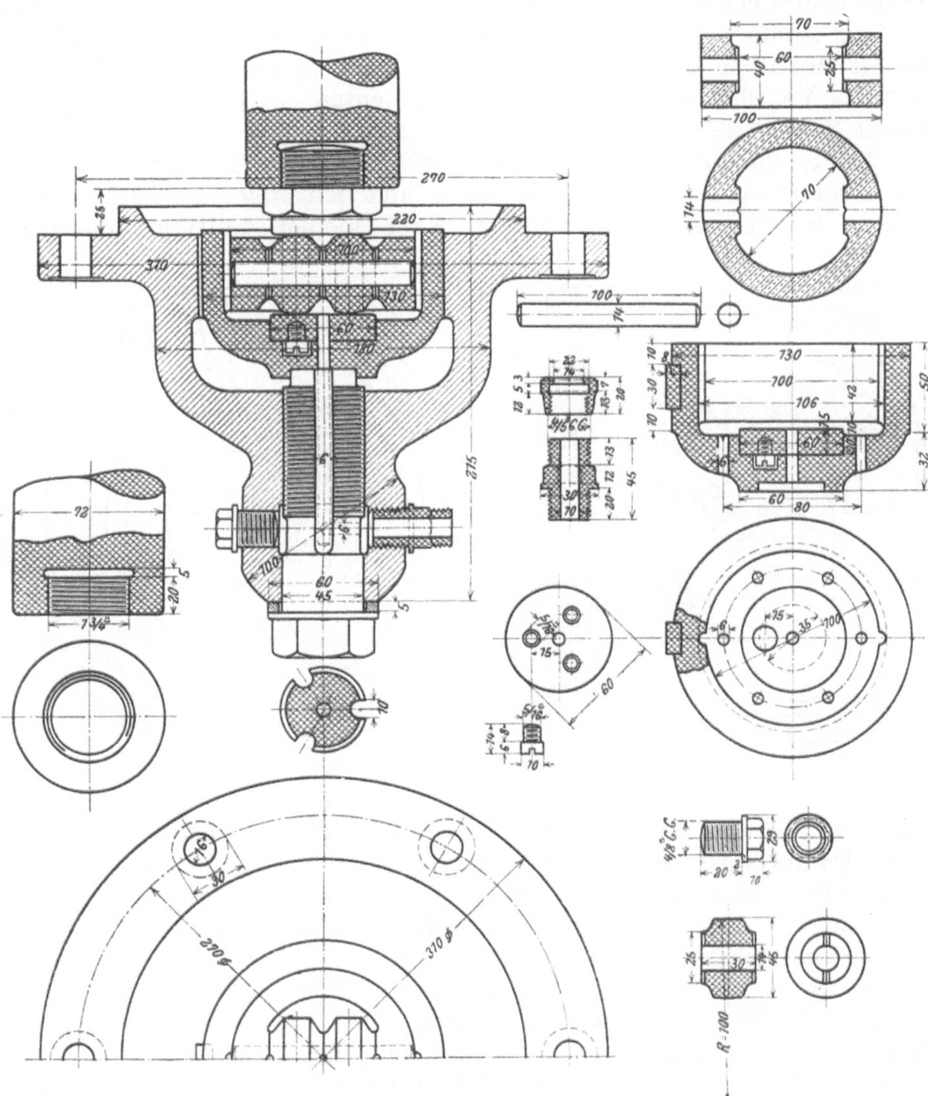

Fig. 298.

Spurzapfens wird unten erläutert; die Regelung ist gleich wie bei der vorbeschriebenen Turbine.

Fig. 289a bietet eine Gesamtansicht der vertikalen Turbine.

Konstruktion der Einzelteile.

Fig. 290—294 stellen den Regulierschieber mit Absperrventil dar. Um ein Klemmen des äußerst genau eingeschliffenen Drosselschiebers A (Fig. 290) zu verhindern, erhält derselbe eine stetige Drehbewegung durch das Zahngetriebe B. Der direkt wirkende Regler greift bei E (Fig. 290) an und hebt oder senkt den Schieber durch den Hebel C, der auf ein Kugeldrehlager wirkt. Die Spindel des Hebels C ist lediglich eingeschliffen, s. Fig. 294. Die Drehbewegung des Schiebers vermindert auch eine auffällig auftretende Reibung in sehr wirksamer Weise. Das Anlaßventil D wird durch Schraubenmutter F mittels Zahn- und Handrad geöffnet. Wird die Ventilspindel durch den Notregler am Hebel H verdreht, so schlüpft der die Mitnahme besorgende Stift K in einen Längsschlitz der Mutter F, und das Ventil wird durch Feder L momentan geschlossen. Das kleine Ventil G (Fig. 293) dient zum Anwärmen.

In Fig. 295 erblicken wir eine Ausführungsform der Stopfbüchse mit den zahlreichen Labyrinthnuten bei A und den äußeren Abschließungsringen B, die mit einer großen Zahl kleiner radialer Bohrungen

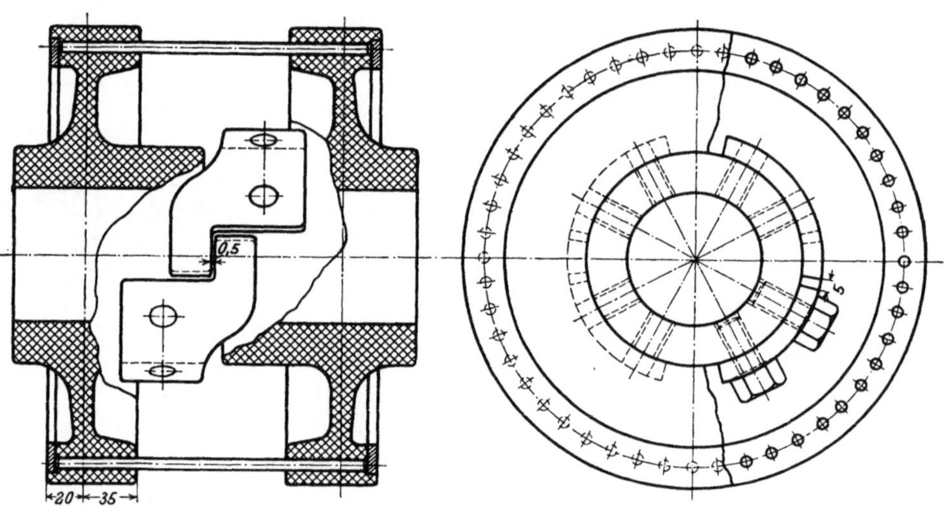

Fig. 299.

versehen sind, um als Ölbehälter zu dienen. Der in den Raum C dringende Dampf wird zu einem Regulierapparat geleitet, den wir in Fig. 296 dargestellt finden. Nach der von Rateau patentlich geschützten Grundidee bildet A eine Höhlung, mit welcher die Vorräume (C in Fig. 295) aller Stopfbüchsen verbunden sind, und in welcher der federbelastete Kolben B einen konstanten Druck aufrecht hält. Für gewöhnlich soll der aus den Hochdruckbüchsen dringende Dampf durch A hindurch zu den Niederdruckbüchsen strömen und hier den Zutritt von Luft verhindern. Falls aber bei geringer Belastung zu wenig Dampf am Hochdruckende nachströmt (oder im Leerlauf, wo überall Vakuum herrscht, gar keiner), so nimmt in A der Druck ab, Kolben B wird durch seine Feder angehoben und gestattet frischem Dampfe aus dem Raume C Zutritt nach A, so daß alle Vakuumbüchsen selbsttätig mit Außendampf versehen werden. Bei zu viel Dampf wird B gesenkt und der Ausweg D zum Kondensator frei gemacht.

Fig. 297 zeigt die Konstruktion der Lager mit Druckschmierung und Wasserkühlung der Schalen, sowie der Schnecke zum Reglerantrieb. Das Außenlager ist mit Kämmen versehen, zwecks axialen Festhaltens der Welle. Die Einstellung erfolgt durch eine axiale Druck- und zwei Zugschrauben.

In Fig. 298 erblicken wir die interessante Ausbildung des zur vertikalen Turbine gehörenden Spurzapfens als Rollenlager. Der Zapfen, um den die Rollen rotieren, ist in einem Ring festgehalten, der die richtige Lage der beiden Rollen verbürgt.

Die Kraftübertragung erfolgt durch die von Örlikon entworfene „Nadelkupplung" (Fig. 299 und 300), welche aus einer großen Zahl dünner Stahlstäbe von bester Qualität (bei ganz dünnen: Pianodraht) besteht, die die Umfänge der beiden Kupplungsscheiben verbinden. Zur Sicherheit und damit die Wellen nicht axial auseinanderrücken können, sind noch die im Aufriß sichtbaren Knaggen angeordnet. Die Kupplung kann sich, wie ersichtlich, Abweichungen in der Achsenlage der zu verbindenden Wellen sehr gut anschmiegen.

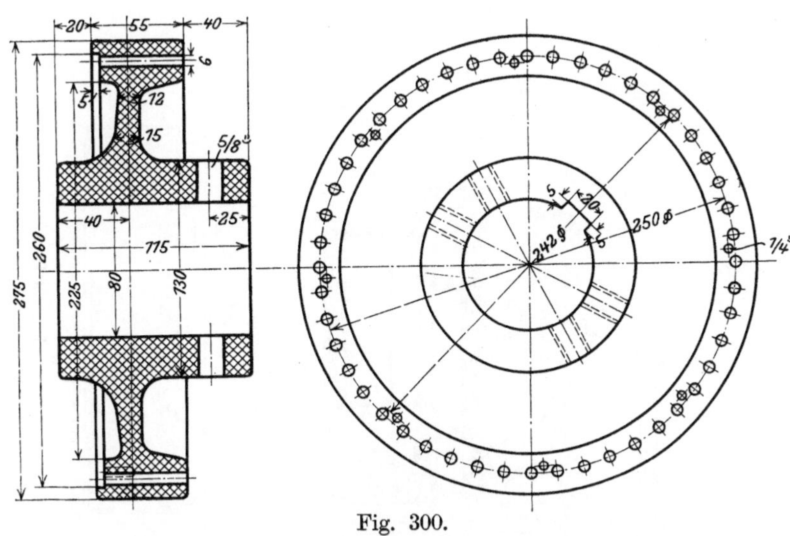

Fig. 300.

Die Bauart der von **Sautter, Harlé & Co.** in Paris konstruierten Turbinen geht aus Fig. 301 hervor, in der eine 500 KW-Maschine dargestellt ist. Die Welle ist hier sowohl am Hochdruckende als auch in den anderen Deckeln durch die in Abschn. 72 beschriebene Stopfbüchse gedichtet, Fig. 302 u. 303 veranschaulicht die benützte Reguliervorrichtung mit dem sog. Kompensator Denis. K ist ein Pendelfederregulator mit der zentralen Feder K_1 und der zur Tourenverstellung dienenden Hilfsfeder N. Die Verbindung des Regulatorhebels L mit dem Drosselventil E ist, solange man vom Getriebe SVX absieht, eine direkte. Nun erhält S (s. vergrößerte Fig. 304) eine konstante Rotation, durch welche die festgelagerten Zahnräder V, X in entgegengesetzte Drehung versetzt werden. Der in Spindel P befestigte vorstehende Keil U gerät beim Anheben in die Ausschnitte der Nabe von V und veranlaßt die Spindel zur Mitrotation, so daß dieselbe sich in die Schraubenmuttern T und Q vermöge Links- und Rechtsgewinde zum Teil hereinschraubt und das Drosselventil mehr, als der Regulator gewollt hat, schließt. Die Geschwindigkeit wird also zu stark verkleinert, der Regler begibt sich gegen seine frühere Lage zurück, und die Maschine erreicht (eventuell

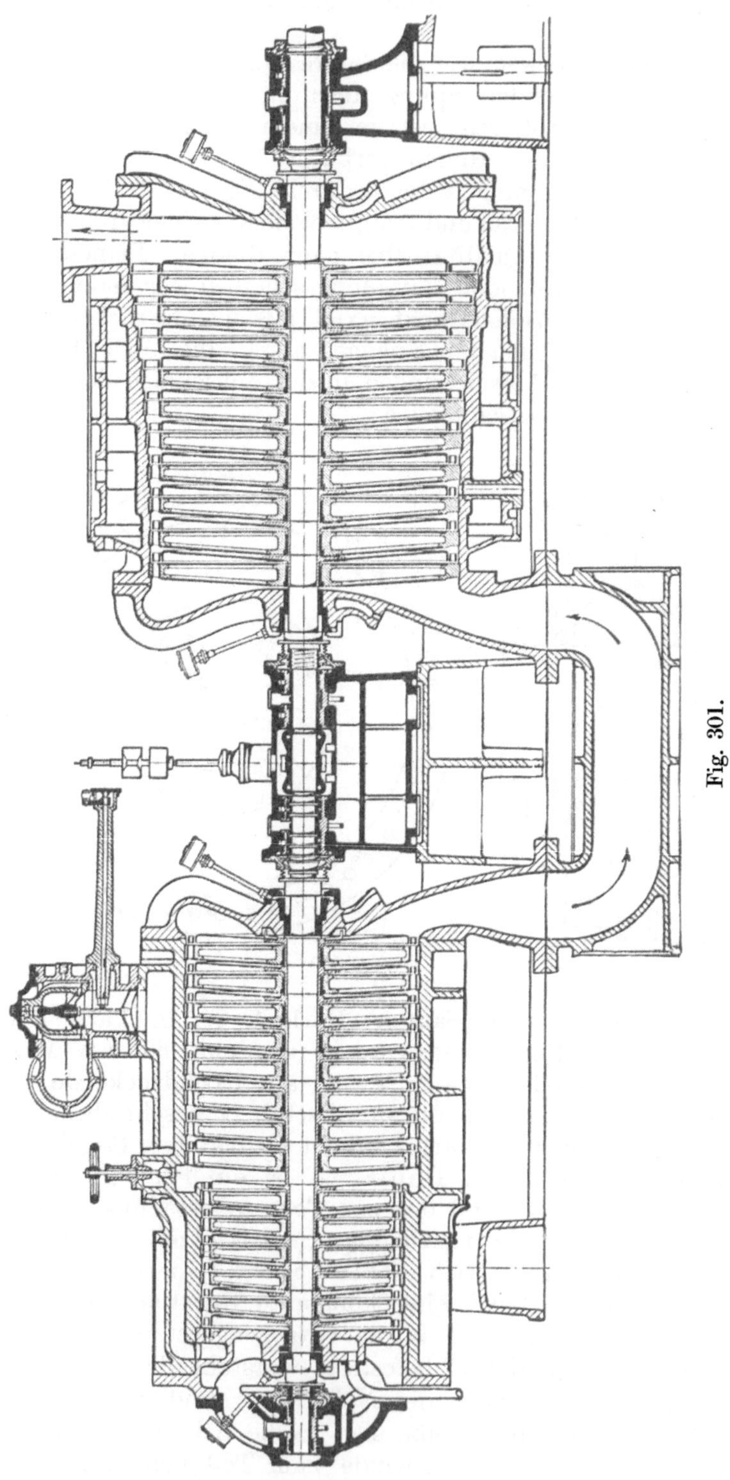

Fig. 301.

mit kurzer Gegenregulierung) den neuen Beharrungszustand bei derselben Umlaufzahl, die früher geherrscht hat. Der Regler selbst darf und muß sogar stark stabil, d. h. mit großer Ungleichförmigkeit gebaut werden. Die Regelung auf konstante Beharrungsgeschwindigkeit bewährt sich vorzüglich.

Versuchsergebnisse.

Die Maschinenfabrik Örlikon teilt dem Verfasser mit, daß sie in ihrem Versuchsraum eine Rateau-Turbine von 1000 KW Dampfverbrauchproben unterworfen und die Werte in Zahlentafel 1 erhalten habe.

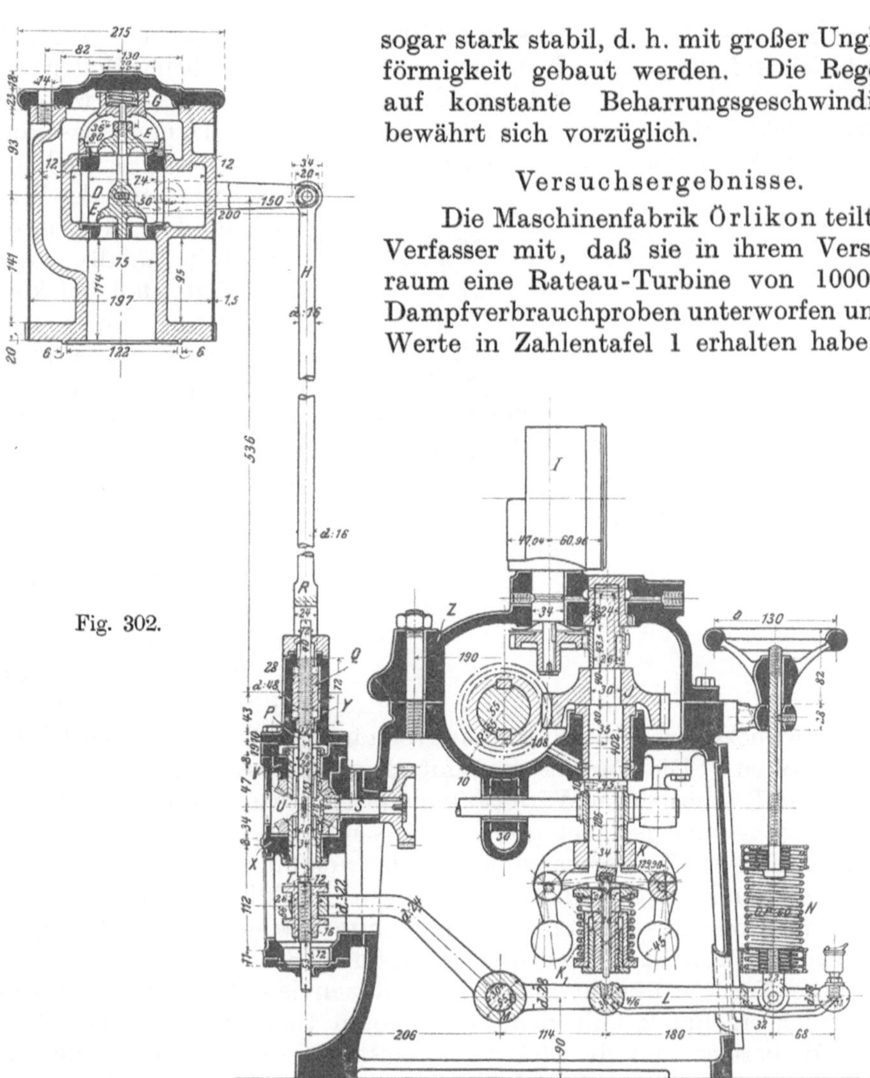

Fig. 302.

Zahlentafel 1.

Versuche der Maschinenfabrik Örlikon mit einer Rateau-Turbine von 1000 KW.

	Leistung an den Klemmen der Dynamo KW	Druck in kg/qcm abs. im Kessel	vor dem 1. Leitrade	im Kondensator	Temperatur vor dem 1. Leitrade °C	wirklicher Dampfverbrauch pro KW-st D_{el} kg	theoret. Dampfverbrauch pro KW-st D_0 kg	Thermod. Gesamt-Wirkungsgrad bezog. auf Zustand vor dem 1. Leitrad $\eta = \frac{D_0}{D_{el}}$
1	194	13,1	2,14	0,078	148	14,5	7,36	0,504
2	425	10,9	4,06	0,083	155	11,3	6,22	0,552
3	659	11,3	5,99	0,140	162	10,8	6,31	0,583
4	871	12,7	7,89	0,222	175	11,2	6,48	0,578
5	1024	12,6	8,19	0,171	176	9,97	6,05	0,607

Die mittlere Umlaufzahl betrug 1500. Der theoretische Verbrauch bezieht sich auf den Zustand, in dem sich der Dampf beim Eintritt in die Turbine vor dem 1. Laufrad befand; im Gesamtwirkungsgrad wird die effektive elektrische Leistung an den Klemmen der Dynamomaschine verglichen mit der theoretisch erhältlichen. Bemerkenswert ist die langsame Abnahme des Wirkungsgrades, die ihren Grund jedenfalls auch darin hat, daß bei kleiner Leistung die Turbine mit Dampf von geringer Spannung angefüllt ist und der Ventilationswiderstand der Räder abnimmt. Bei verbessertem Vakuum hofft die Maschinenfabrik Örlikon einen Dampfverbrauch von 8,4 kg pro KW-st zu erreichen.

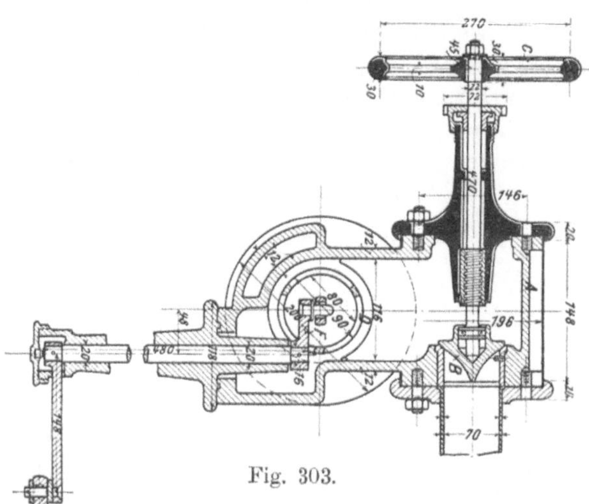

Fig. 303.

Die Firma Sautter, Harlé & Co. in Paris ließ eine Niederdruck-Turbine von den Sachverständigen Sauvage und Picou in Paris prüfen. Die Turbine soll mit dem interessanten und vielversprechenden Rateauschen Wärmeakkumulator zusammenwirken. Dieser Akkumulator ist eine geeignet große Gußeisenmasse, neuerdings auch nur eine eingeschlossene Wassermasse, welche den von Fördermaschinen absatzweise gelieferten Dampf bei atmosphärischem Druck kondensieren und ihn während der Ruhepausen durch die aufgehäufte Wärme wieder verdampfen soll, damit die aufgestellte Turbine in stetigem Betriebe erhalten werden kann. Die Turbine besteht aus 7 Rädern von je 880 mm Durchmesser. Die Versuchsergebnisse mit dem berechneten thermodynamischen Wirkungsgrad, bezogen auf die elektrische Leistung, sind auf Grund des mir in Abschrift mitgeteilten Berichtes der erwähnten Sachverständigen in der nachfolgenden Zahlentafel vereinigt.

Zahlentafel 2.

Versuche von Sauvage und Picon mit einer Rateau-Turbine.

	Uml. p. Min.	Leistung KW	Leistung PS_{el}	Druck vor der Turbine kg/qcm abs.	Druck im Kondensator kg/qcm abs.	Eintrittstemperatur °C	wirkl. Dampfverbrauch pro elektr. PS-st $= D_{el}$ kg	theoret. Dampfverbrauch pro elektr. PS-st $= D_0$ kg	thermodyn. Gütegrad $\eta_{el} = \frac{D_0}{D_{el}}$
1	1610	Leerlauf ohne Erregung		0,136	0,087	111,4	(570 pro st)	—	—
2	1589	70,3	95,6	0,381	0,088	111	23,26	11,8	0,506
3	1600	140,9	191,4	0,659	0,128	135	19,14	10,1	0,526
4	1591	202,0	274,4	0,902	0,163	137	18,03	9,66	0,535
5	1598	232,5	315,8	1,034	0,196	147	17,88	9,80	0,548

Im Februar 1903 wurde Verfasser in Gemeinschaft mit den Herren Prof. Dr. Wyssling und Prof. Farny, welchen die elektrischen Messungen oblagen, von den Herren Sautter, Harlé & Co. in Paris eingeladen,

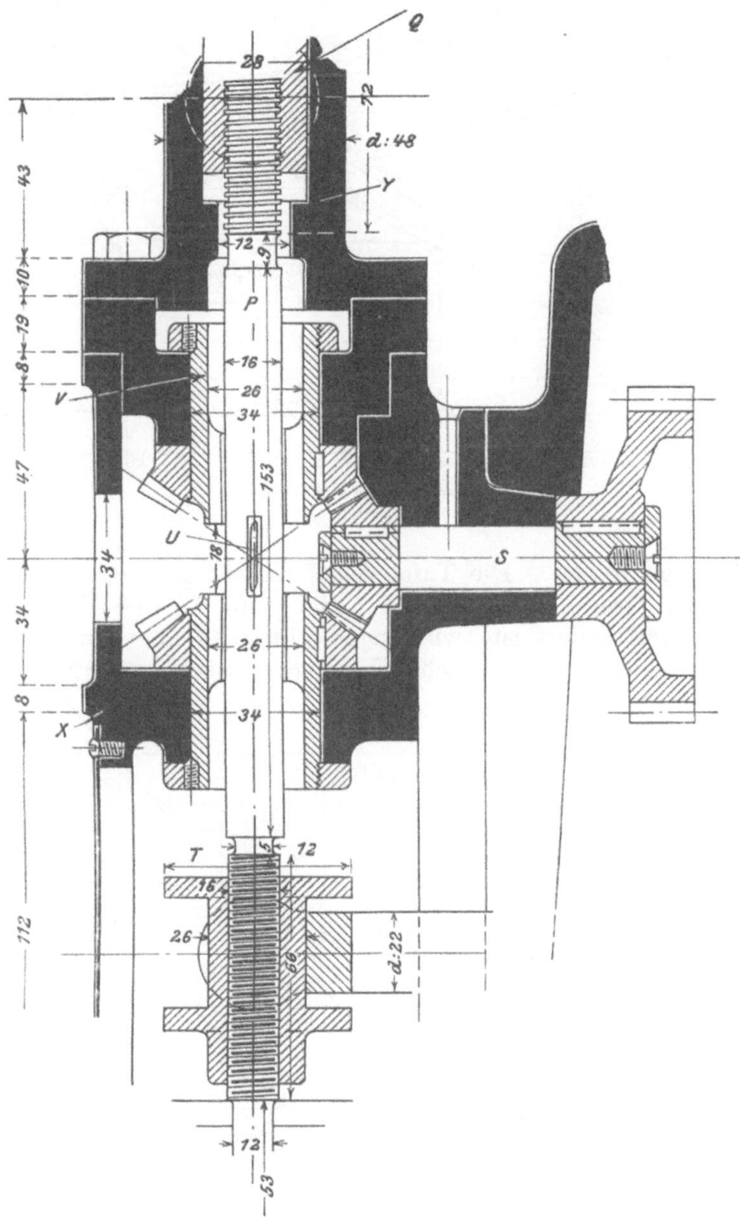

Fig. 304.

eine rd. 500pferdige Rateau-Turbine zu prüfen. Die erzielten Ergebnisse finden sich in Zahlentafel 3 vereinigt.

Die Messung des Dampfverbrauches erfolgte durch Auffangen des Kondensates aus einer Oberflächenkondensation in zwei wechselweise benutzten geeichten Gefäßen. Die Kessel liegen weit ab, und es wurde, um den Dampf zu trocknen, mit höherer Spannung gearbeitet und vor

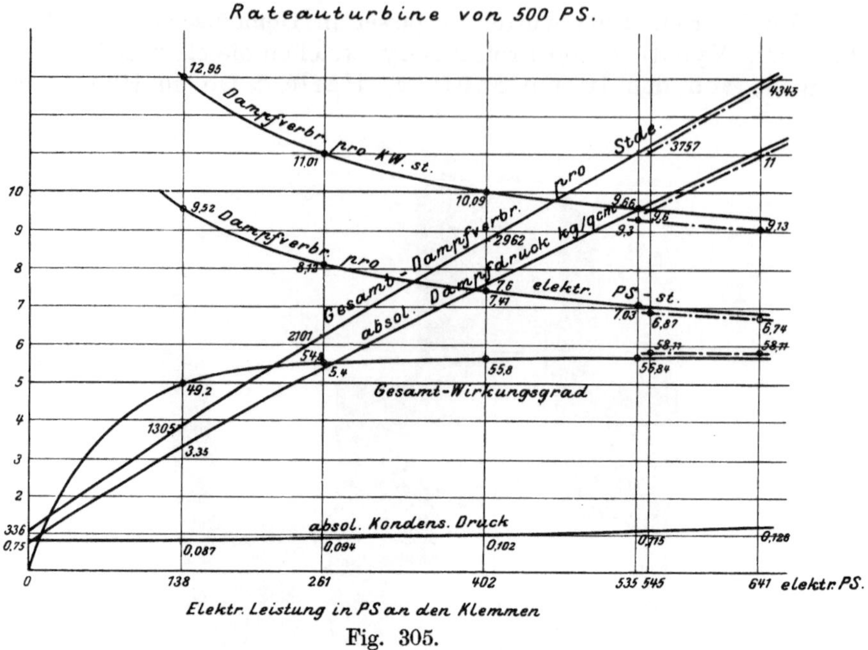

Fig. 305.

der Turbine gedrosselt. Die Tafel zeigt, daß es gelang, den Dampf sogar um einige Grade zu überhitzen. Der zum Antrieb der Luftpumpe notwendige Kraftbedarf ist, wie angemerkt, von der Bruttoleistung an den Klemmen der Dynamo nicht abgezogen, dürfte aber, nach ander-

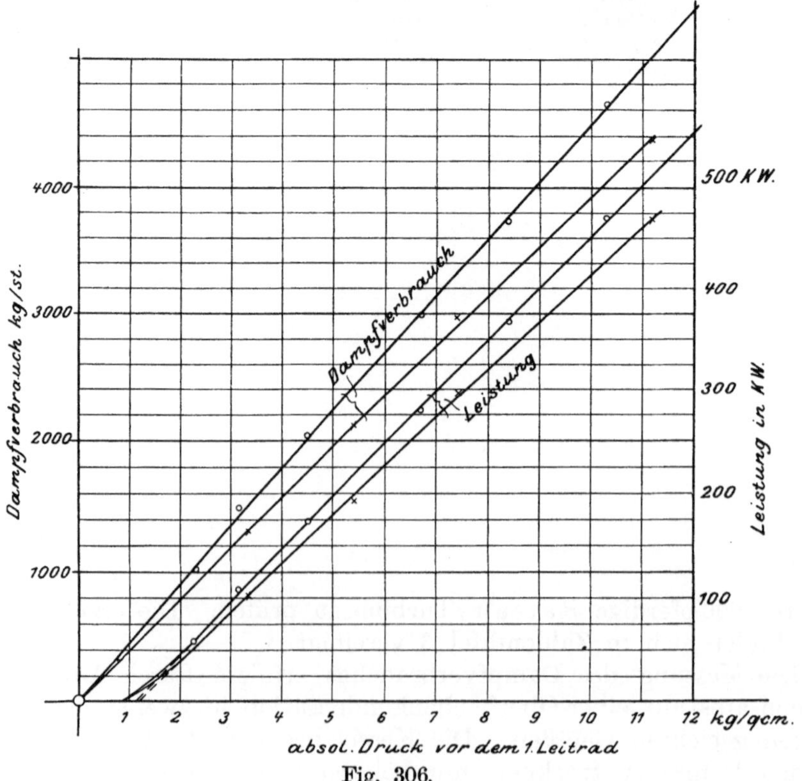

Fig. 306.

weitigen Angaben zu schließen, einige Prozente nicht überschreiten. Die Turbine trieb zwei gekuppelte Gleichstromdynamomaschinen an, welche auf die sehr reichlichen metallischen Widerstände des Versuchsraumes arbeitend, ungemein konstante Leistung aufwiesen. Die Ablesung der Kondensatmenge erfolgte alle 5 bis 10 Minuten, wodurch in kürzester Zeit das Vorhandensein des Beharrungszustandes festgestellt, und die Dauer der Versuche selbst stark eingeschränkt werden konnte.

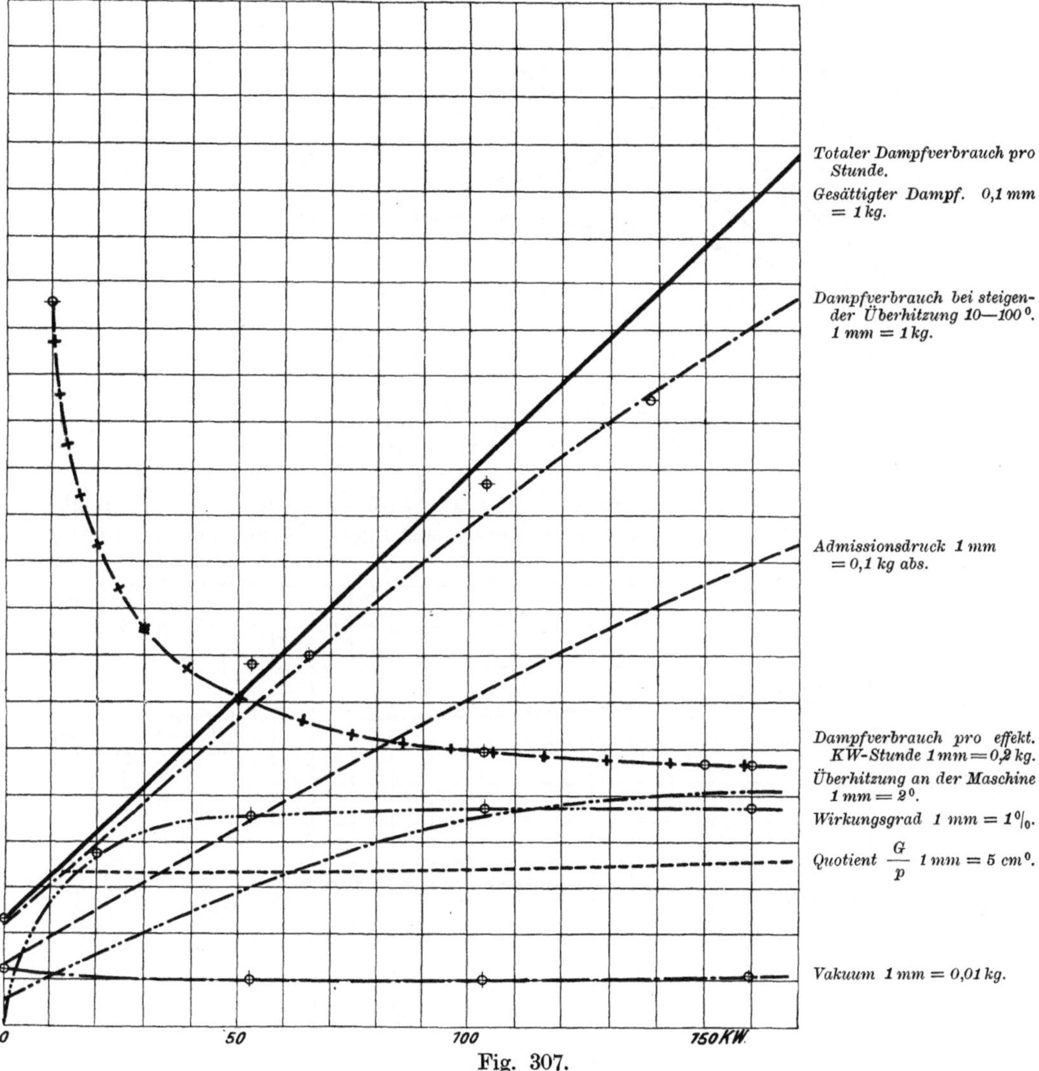

Fig. 307.

Nur die Normalbelastung (No. VIII) wurde der Form halber auf drei Stunden ausgedehnt. Bei Versuch No. X war das Überlastungsventil teilweise geöffnet.

Von besonderem Interesse ist der bei halber Umdrehungszahl durchgeführte Versuch No. VII, dessen Vergleich mit No. V ergibt, daß auch hier die stündlich durchströmende Dampfmenge bei gleichem Admissionsdrucke unabhängig ist von der Umlaufzahl.

Der Verbrauch von rd. 9,9 kg pro KW-st bei bloß 0,13 kg/qcm Vakuum und 10,3 kg/qcm abs. Admissionsdruck muß als sehr günstig bezeichnet werden.

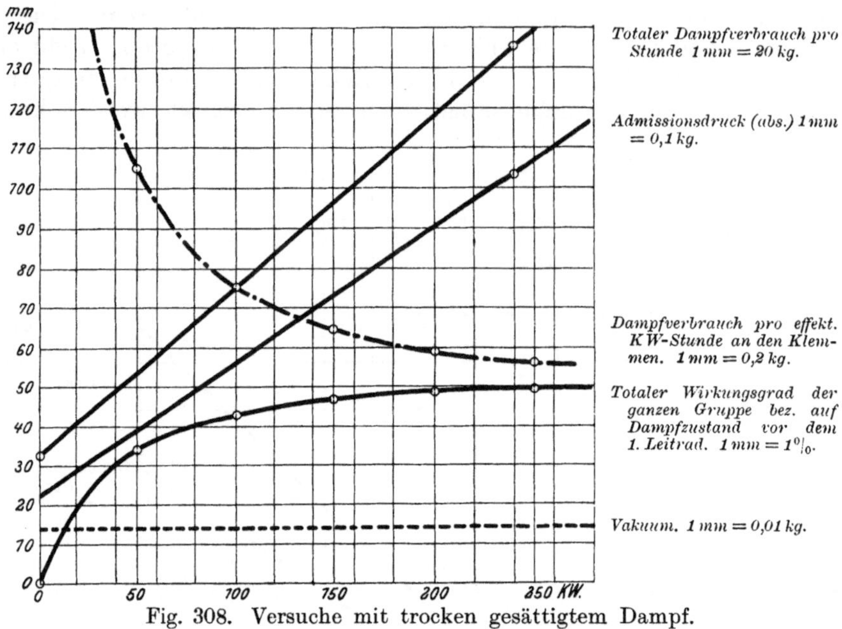

Fig. 308. Versuche mit trocken gesättigtem Dampf.

Die Firma hat seither eine dritte Turbine fast gleicher Größe gebaut, bei welcher neben anderen Verbesserungen durch Verkleinerung

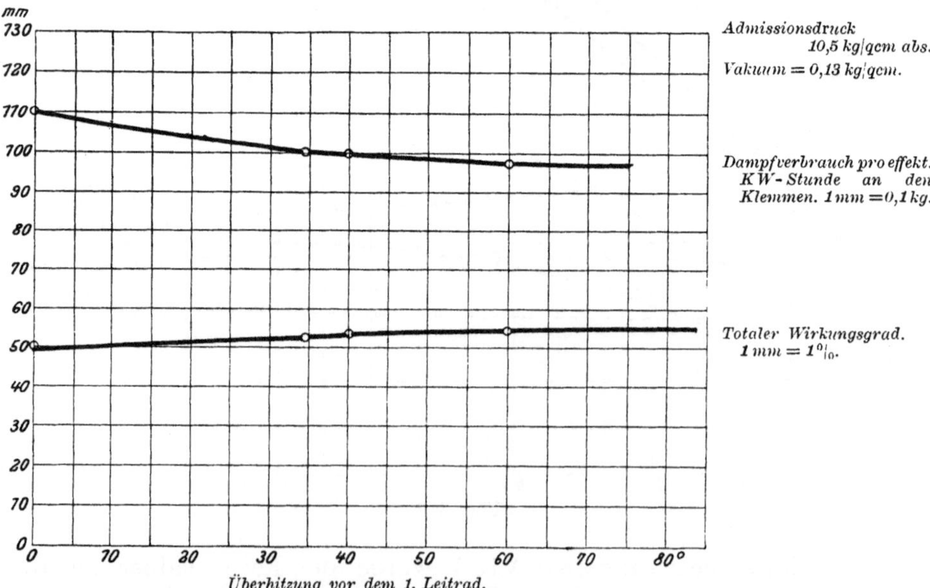

Fig. 309. Dampfverbrauch bei Vollast mit steigender Überhitzung.

der Leitradquerschnitte bei gleicher Leistung eine Erhöhung des Admissionsdruckes möglich wurde. Die mit dieser Turbine von der Firma selbst durchgeführten Versuche lieferten die in Fig. 305 graphisch zusammengestellten Ergebnisse. Die voll gezogenen Linien beziehen sich

Zahlentafel 3.

Versuche mit einer Rateau-Turbine von Sautter, Harlé & Co., Paris.

Bezeichnung des Versuches	No.	I	II	III	IV	V	VI	VII	VIII	IX	X	XI	XII	XIII
1. Leistung an den Dynamoklemmen	KW	Leer ohne Erreg.	Leer mit Erreg.	58,45	107,5	172,35	279,9	127,9	366,0	440,1	436,5	344,7	462,9	470,27
2. Tourenzahl	p. Min.	2196	2181	2186	2184	2181	2190	1054	2101	2200	2200	1998	2360	2310
3. Dauer	Min.	30	18	25	40	50	35	20	180	30	26	10	22	30
4. Absoluter Dampfdruck vor dem Anlaßventil	kg/qcm	12,33	12,66	12,26	12,38	12,31	11,99	10,91	11,84	12,73	11,36	11,45	15,73	15,20
5. Temperatur vor dem Anlaßventil	°C	188,2	189,6	190,9	191,2	193,2	195,1	188,6	197,5	197,7	195,9	(195,9)	212,6	209,6
6. Sättigungstemperatur vor dem Anlaßventil	°C	188,2	189,3	190,2	188,3	188,2	186,9	182,6	186,4	189,6	184,5	184,8	199,5	197,8
7. Überhitzung vor dem Anlaßventil	°C	0,0	0,3	0,7	2,9	5,0	8,2	6,0	11,1	8,1	11,4	(11,4)	13,1	11,8
8. Absoluter Druck vor dem 1. Leitrad	kg/cm	0,66	0,875	2,28	3,14	4,49	6,71	4,54	8,43	10,1	8,68	8,65	10,71	10,32
9. Temperatur vor dem 1. Leitrad	°C	118,3	124,6	141,5	152,4	164,9	174	165,3	182,1	185,9	185,1	182,1	193,9	192,1
10. Sättigungstemperatur vor dem 1. Leitrad	°C	83,7	95,4	123,7	134,3	147,0	162,4	147,4	171,6	179,3	172,3	172,3	181,8	180,3
11. Überhitzung vor dem 1. Leitrad	°C	34,6	29,2	17,8	18,1	17,9	11,6	17,9	10,5	6,6	12,8	9,8	12,1	11,8
12. Absoluter Druck am Zwischenrohr	°C	0,120	0,140	0,266	0,383	0,545	0,802	0,546	0,999	1,20	1,26	0,99	1,24	1,27
13. Absoluter Druck am Auspuffrohr	kg/qcm	0,106	0,103	0,088	0,091	0,0935	0,106	0,091	0,115	0,131	0,141	0,128	0,151	0,13
14. Temperatur des Kühlwassers, Eintritt	°C	12,9	11,5	12,2	17,5	16,5	18,2	16,72	15,8	16,04	—	—	21,5	13,9
15. Temperatur des Kühlwassers, Austritt	°C	14,3	13,2	16,6	22,9	24,0	28,0	24,4	26,8	27,7	—	—	33,8	27,2
16. Temperatur des Kondensates	°C	—	23,0	20,0	21,4	22,5	27,0	23,7	29,8	32,5	33	37	40	33
17. Totaler Dampfverbrauch pro Stunde	kg	338,0	445,0	1003,2	1483,5	2044,8	2976,0	2085,0	3754,0	4385,0	4592,3	3768,0	4640,5	4647,0
18. Dampfverbrauch pro KW-st exkl. Luftpumpenarbeit	kg	—	—	17,16	13,80	11,86	10,63	16,30	10,25	9,96	10,52	10,93	10,02	9,88
19. Wirkungsgrad der Dynamos	%	—	—	74,0	84,0	90,2	92,0	86,0	92,4	93	92,9	92,3	93,3	93,4
20. Effektive Leistung der Turbine	HP	—	—	107,3	174,0	260,2	422,5	202,0	538,2	643	637,7	507,4	674,1	684,0
21. Dampfverbrauch pro effekt. PS-st (exkl. Luftpumpenarbeit)	kg	—	—	9,35	8,52	7,86	7,04	10,32	6,97	6,82	7,20	7,42	6,88	6,79
22. Thermodyn. Wirkungsgrad bezogen auf die elektrische Nutzleistung an den Klemmen der Dynamos und auf den Dampfzustand vor dem 1. Leitrad	v. H	—	—	43,3	49,5	52,4	54,4	37,7	54,3	54,9	54,6	51,6	55,2	54,9

auf gesättigten, die strichpunktierten auf einen nach Angabe um etwa 10⁰ überhitzten Dampf. Die Verbesserung ist eine erhebliche, und neben der Erhöhung des Admissionsdruckes wohl auch durch die Wahl einer Umdrehungszahl von 2400 bedingt. Fig. 306 bringt zum Vergleich eine Darstellung des stündlichen Dampfgewichtes und der Leistung in KW als Funktion der abs. Eintrittspannung, und beziehen sich rund bezeichnete Punkte auf meine Versuche mit der alten —, Kreuze auf diejenigen von Sautter, Harlé & Co. mit der neuen Turbine. Sowohl Dampfmenge wie Leistung nehmen fast genau linear mit dem Drucke zu. Wenn wir aus Fig. 305 den Verbrauch an gesättigtem Dampf zu 9,3 kg pro KW-st bei 11,1 kg/qcm abs. Druck vor dem 1. Leitrad und 0,128 kg/qcm Vakuum einschätzen, so erhalten wir als thermodynamischen Wirkungsgrad 57,8 v. H. Zwar wird diese Zahl bei größerer Luftleere etwas abnehmen, da dann der Auslaßverlust wächst; trotzdem bleibt das Ergebnis ungemein günstig. Auch die an der älteren Turbine vom Verfasser festgestellten Wirkungsgrade dürften die höchsten Werte darstellen, die bei so geringer Überhitzung an Motoren der vorliegenden Größe festgestellt worden sind.

In Fig. 307 sind die Ergebnisse, die an der von Örlikon für die technische Hochschule in Danzig gelieferten 150 KW-Turbine gewonnen und teilweise von Prof. Josse nachgeprüft wurden, wiedergegeben.

Fig. 308 und 309 enthält eine Zusammenstellung der durch die Maschinenfabrik Örlikon an einer 250 KW-Drehstromturbine durchgeführten Versuche. Fig. 308 bezieht sich auf trocken gesättigten Dampf; Fig. 309 stellt die Verbesserung des Dampfverbrauches und zugleich des thermodynamischen Wirkungsgrades dar bei steigender Überhitzung.

82. Turbine von Parsons.

Die Konstruktion dieser ältesten praktisch erprobten Turbine ist aus dem einer Westinghouse-Ausführung entnommenen Längenschnitt[1]) (Fig. 310) ersichtlich. Der Dampf tritt durch das in der Mitte angeordnete Abschlußventil ein, und begibt sich, nachdem er das Regulierventil V durchströmt hat, durch den Ringschlitz A zur Turbine. Auf der linken Seite befinden sich die unmittelbar aufeinanderfolgenden Leit- und Laufräder. Der Aufbau der Trommeln ist staffelartig mit sprungweise zunehmender Umfangsgeschwindigkeit. Auch die Schaufellänge nimmt in kleineren und größeren Sprüngen zu.

Rechts befinden sich die mit der früher besprochenen Labyrinthdichtung versehenen Druckausgleichkolben,[2]) je einer für jede Trommel.

---

[1]) Nach C. Feldmann, Zeitschr. d. Ver. deutsch. Ing. 1904, S. 1437, welchem Aufsatz auch Fig. 311, 316, 317, 324, 328 entnommen sind.

[2]) Der axiale Druck, der auf ein bestimmtes Laufrad ausgeübt wird, ist bekanntlich durch den Ausdruck

$$P = F(p' - p'') - M(c_{02} - c_{01})$$

gegeben, worin p' den Druck im Spalt vor dem Laufrade, p'' hinter dem Laufrade, F den Inhalt der Ringfläche zwischen dem äußeren und dem inneren Schaufelradius, M die sekundliche Dampfmasse, c_{01} und c_{02} die axialen Komponenten der absoluten Geschwindigkeiten beim Ein- und Austritt am Laufrade bedeuten. Zu der Summe der Kräfte P kommen die Pressungen, welche der Dampf auf die Ringflächen zwischen zwei Trommeln ausübt, und schließlich der Bodendruck auf das letzte Rad. Es ist bemerkenswert, daß der Druckausgleich durch die Labyrinthkolben, wenn er bei einem

Additional material from *Die Dampfturbinen,*
ISBN 978-3-662-36141-2 (978-3-662-36141-2_OSFO12),
is available at http://extras.springer.com

Die Räume vor jedem Kolben werden mit dem Dampfeintritt zur betreffenden Trommel in der doppelten Absicht verbunden, einmal in beiden Räumen den gleichen Druck herzustellen, dann den durch Undichtheit der Labyrinthliderung austretenden Dampf wenigstens teilweise

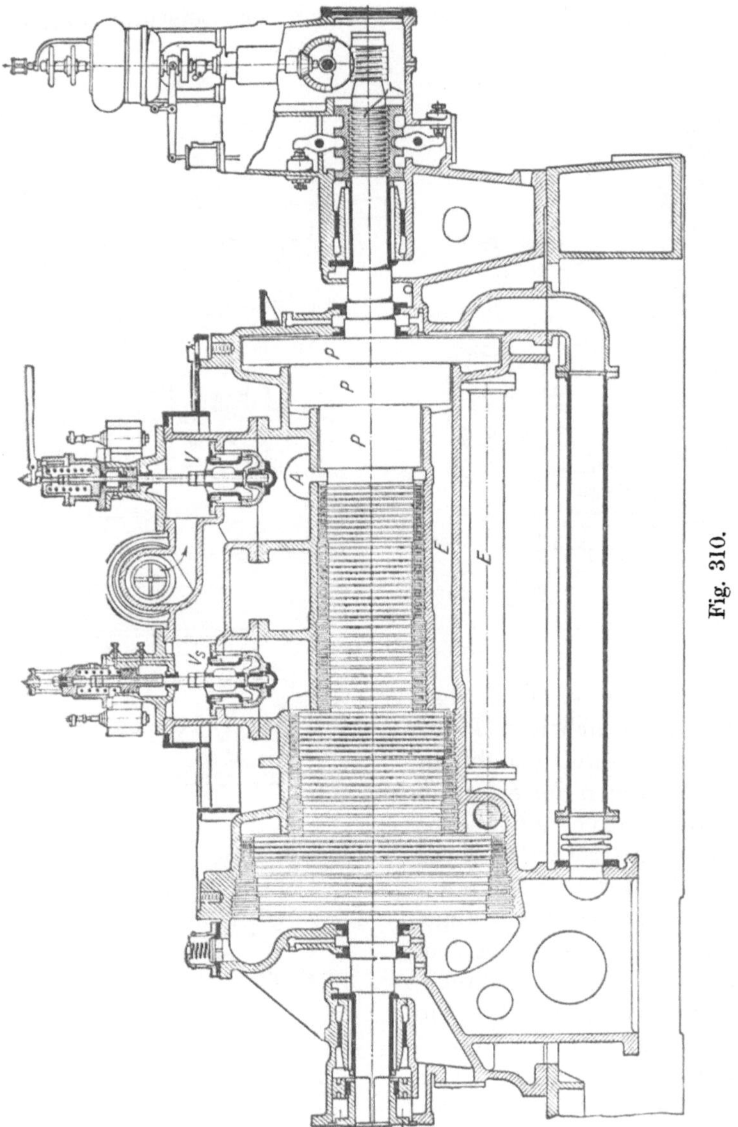

Fig. 310.

in der Turbine nutzbar zu machen. Bei V_s hat man sich das „Überlastungsventil“ zu denken, das, wie in der Bezeichnung angedeutet ist,

bestimmten Anfangsdrucke bestand, auch bei Änderungen der Belastung gut erhalten bleibt. Wie wir später nachweisen werden, ändert sich der Druck an irgend einer Stelle mit dem Anfangsdrucke angenähert proportional; es werden also die Pressungen auf die Räder, die Trommeln und auf die Ausgleichkolben annähernd gleichmäßig zu- oder abnehmen, und das Gleichgewicht wird um so weniger gestört, als auch der Vakuumdruck bei kleiner Belastung erheblich zu sinken pflegt.

bei einer Beanspruchung der Turbine über die normale Leistung hinaus von Hand oder durch den Regulator geöffnet wird und der nachfolgenden Trommel frischen Kesseldampf zuführt. Hierdurch wird zwar gegen die erste Trommel ein Rückstau ausgeübt, und die Ausnutzung des Dampfes sinkt; allein dieser Übelstand wird durch den Vorteil mehr als aufgewogen, daß die Turbine bei normaler Leistung angenähert mit

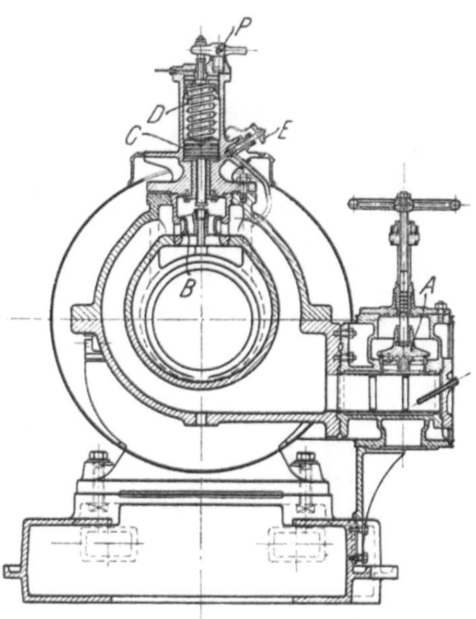

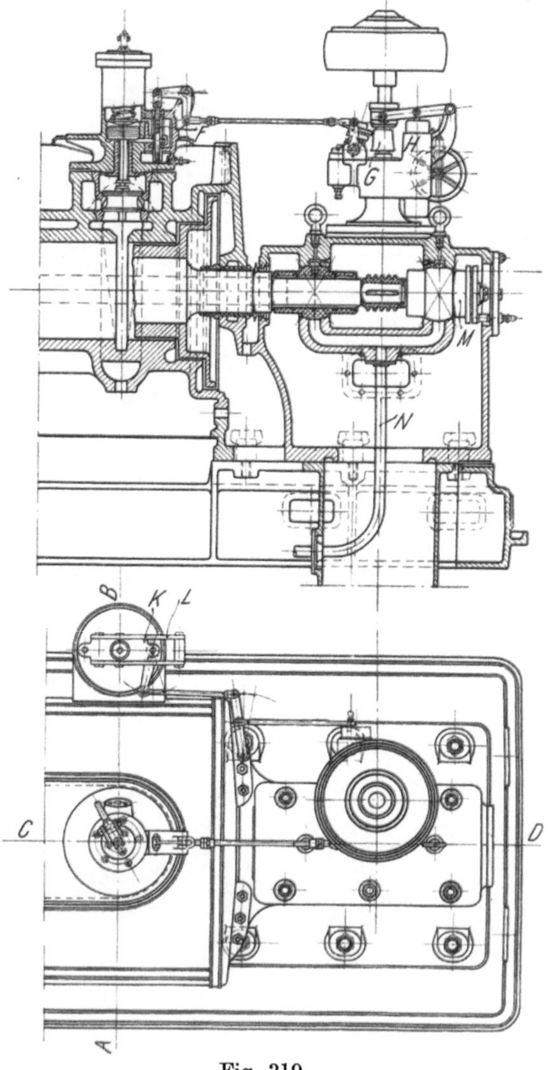

Fig. 319.

vollem Kesseldruck vor dem ersten Laufrade arbeiten kann, während sonst eine erhebliche Abdrosselung wegen der erforderlichen Kraftreserve notwendig wäre. Die austretende Welle wird ebenfalls durch ineinandergreifende Labyrinthnuten abgedichtet, in welche auf der Vakuumseite der Abdampf der Steuerung geleitet wird, um das Ansaugen von Luft zu verhüten.

Auf Fig. 311 können wir in das Innere der Turbine blicken, nachdem der Oberteil des zweiteiligen Gehäuses abgehoben wurde.

Fig. 312 stellt die Ansicht der Lauftrommeln und der Entlastungskolben zu einer von der Westinghouse Machine Co. in Pittsburg gebauten 3000 pferdigen Turbine dar.[1]) Das Gesamtgewicht beträgt rd. 12600 kg, die Lagerentfernung 3,75 m, der größte Durchmesser 1,83 m. Fig. 313 und 315a zeigt die Gesamtansicht der konstruktiv äußerst elegant

[1]) Nach einem Vortrag von Fr. Hodgkinson in Proceedings of Eng. Soc. of Western Pennsylvania, Nov. 1900.

durchgeführten Turbine, welche im Elektrizitätswerk Hartford, Conn., aufgestellt ist. Die allzu sichtbaren Rohrleitungen würden freilich bei bei uns unterirdisch angelegt worden sein. Europäische Konstrukteure trennten früher die Turbine bei großen Einheiten in zwei Teile, wie die von Brown, Boveri & Co. für Frankfurt[1]) gelieferte 5000 pferdige Turbine erkennen läßt (Fig. 314 und 315). Mit dieser Anordnung ist freilich

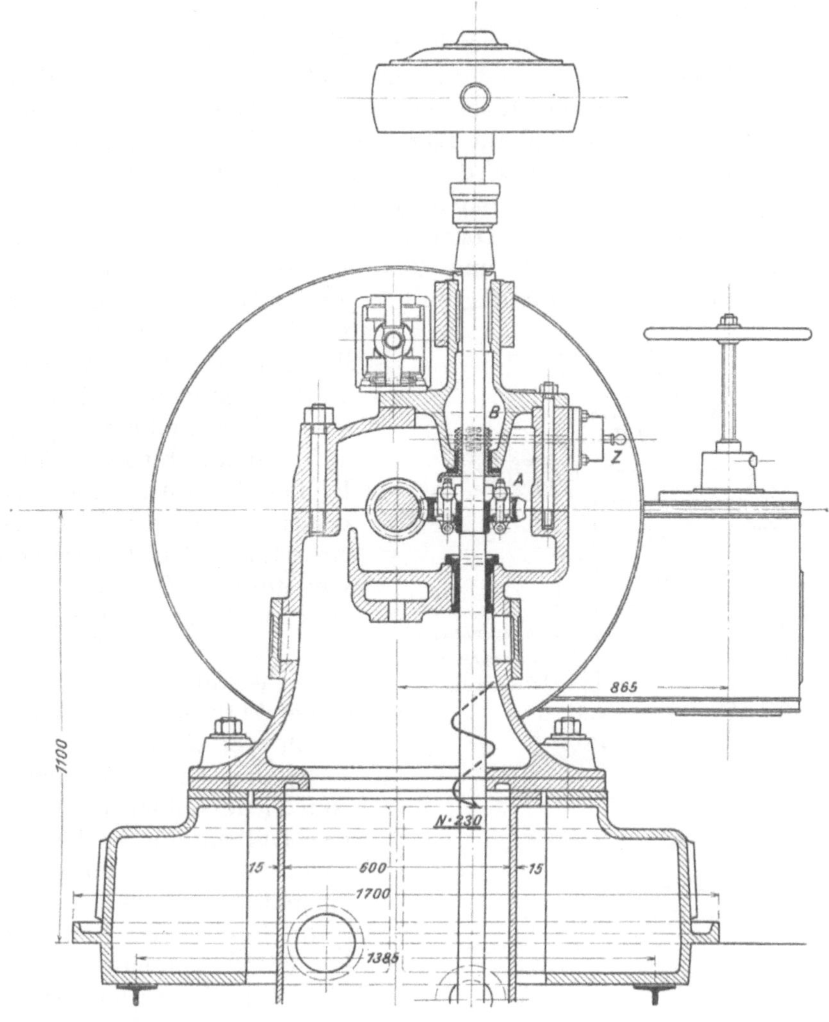

Fig. 320.

der Nachteil einer großen Wellenlänge verknüpft, der z. B. Parsons dazu geführt hat, zwischen die Hoch- und Niederdruckgruppe der Elberfelder Turbine eine bewegliche Kupplung einzubauen, damit die Labyrinthkolben jeder Gruppe durch Schrauben auf das erforderliche kleine Spiel eingestellt werden können. Bei Anwendung überhitzten Dampfes ist diese Vorsicht doppelt notwendig, da die große Ausdehnung der Welle die Kämme der Dichtungskolben aufeinander drücken oder eine klaffende

[1]) Schweiz. Bauzeitung 1902, I. S. 240 uf.

Fuge hervorbringen würde. Es wird nicht angegeben, wie man dieser Ausdehnung bei den rückwärtigen Stopfbüchsen Rechnung trägt. Neuere Ausführungen werden indessen selbst bei 10000 PS Leistung mit bloß zwei Lagern, nach Art der Hartford-Turbine gebaut. Daß diese Bauart in der Tat auch für größte Leistungen durchführbar ist, zeigt die in Fig. 316 und 317 dargestellte 5000 KW-Turbine von Westinghouse und die rd. 2000 KW starke Turbine Fig. 318 von Brown, Boveri & Co.

Die Lager bestehen nur bei kleinen Turbinen aus den von Parsons ursprünglich verwendeten mehrfachen Büchsen. Bei großen Maschinen verwendet man Lager mit Kugelschalen und Wasserkühlung, und es ist hier selbstverständlich, daß alle Lager eine Druckschmierung durch eigene Pumpen erhalten. Das Öl wird in Röhrenapparaten mit Wasserumlauf gekühlt und wieder auf die Lager geleitet.

Die österreichische Dampfturbinen-Gesellschaft, Brünn, verwendet die in Fig. 319 und 320 dargestellte Reguliervorrichtung. A ist das (für hohe Überhitzung) mit Nickelsitzflächen versehene Absperrventil, B das doppelsitzige Regulierventil, welches man nach Parsons Vorgang durch den Kolben C eines Kraftzylinders periodisch auf- und abschwingen läßt. Der Kolben ist durch die Feder D belastet und erhält durch das einstellbare Ventil E Frischdampf von unten. Die Steuerung bewirkt der kleine Kolbenschieber F, der den unteren Zylinderraum abwechselnd abschließt und mit einem Abflußrohre verbindet, wodurch der Kraftkolben zu einer Bewegung nach aufwärts, bzw. zum Niedersinken veranlaßt wird. Den Kolbenschieber betätigt der Regulator selbst durch die als unrunde Scheibe ausgeführte Nabe G, welche vergrößert in Fig. 321 dargestellt ist. Gehäuse H nimmt die Feder der Tourenverstellung auf. Das Absperrventil ist als Sicherheitsabschließung für den Fall einer zu hohen Geschwindigkeit eingerichtet, indem der labil konstruierte Hilfsregulator A in Fig. 320 bei seinem Ausschlage die auf der Regulatorwelle lose Schnecke B mittnimmt, und durch Bolzen Z die Knaggen K, Fig. 319 verdreht, welche den mit Gewichten belasteten Hebel L frei lassen, der seinerseits das Ventil schließt. Die Abbildung läßt auch die

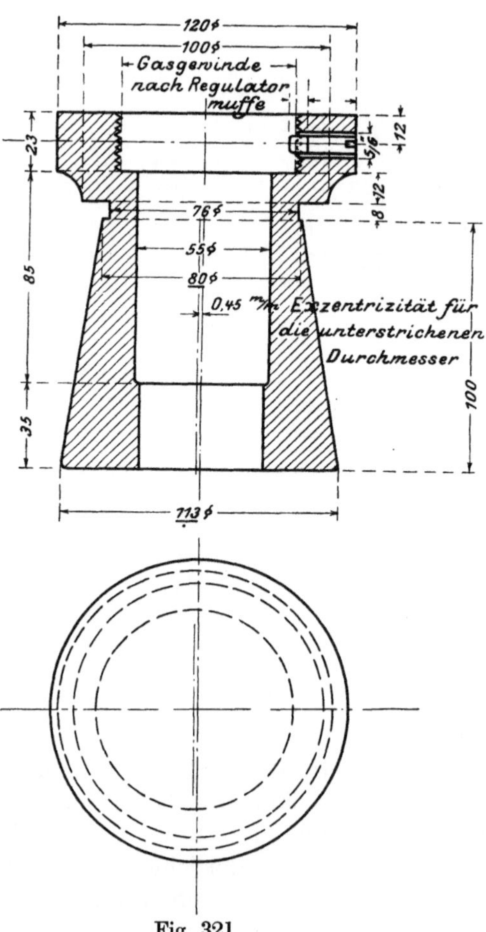

Fig. 321.

Lagerung des vorderen Wellenendes mit Kugelschalen und dem stellbaren Kammlager bei M erkennen. N ist die Zuleitung des Drucköles. Der Kraftkolben ist mit Hebel P versehen zum Anheben des Regulierventiles von Hand.

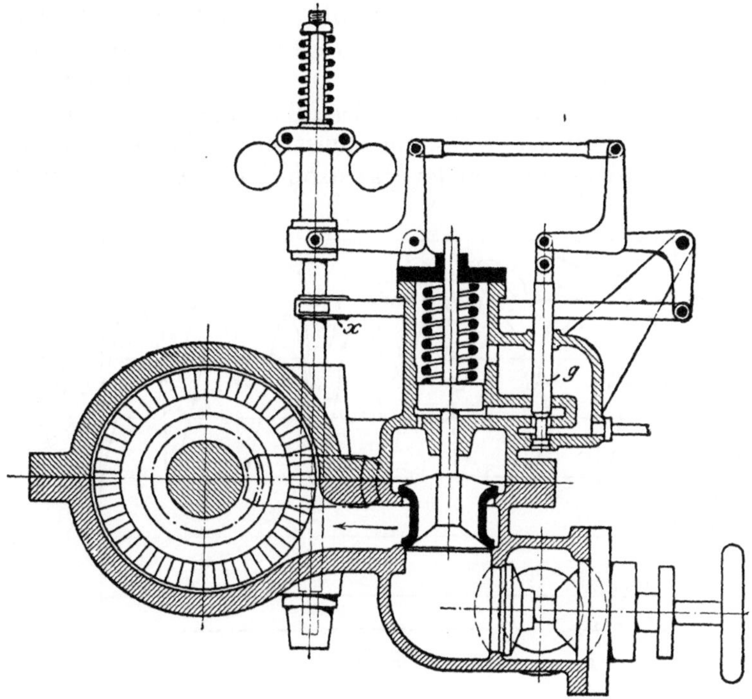

Fig. 322.

Die Zeitdauer der Eröffnung ist um so kleiner, je weniger die Turbine belastet ist; die Dampfpressung hinter dem Drosselventil schwankt mit-

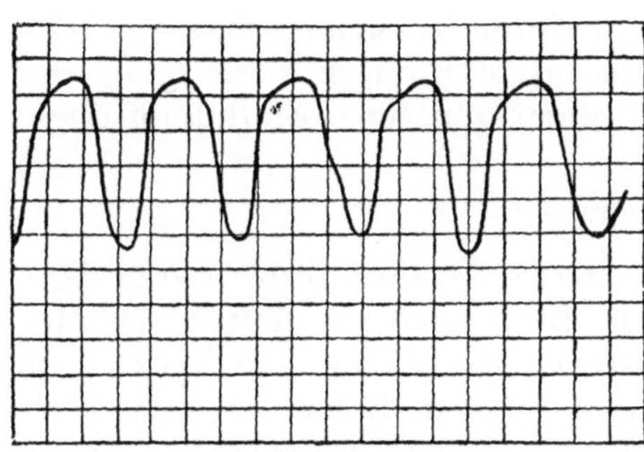

Fig. 323.

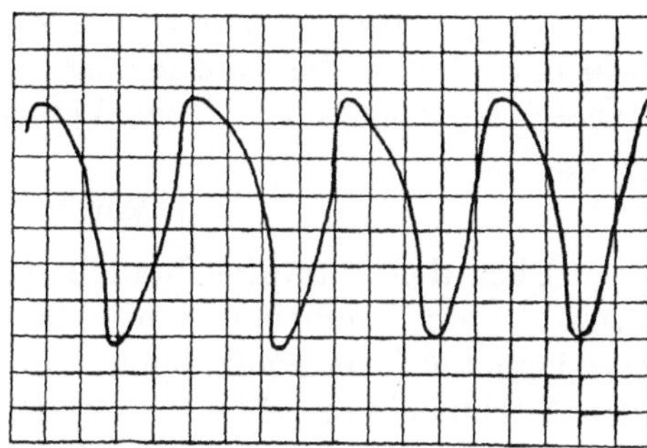

Fig. 324.

hin periodisch, indessen so, daß ihr Mittelwert bei abnehmender Belastung abnimmt.

Die von Brown, Boveri & Cie. benutzte Regulatoranordnung ist in Fig. 322 dargestellt. Exzenter x dient hierbei zum Erzeugen der oszillierenden Grundbewegung[1]) des Steuerschiebers g. Der Regler aber verstellt die Mittellage dieser Schwingung und hierdurch die Zeitdauer der intermittierenden Dampfeinströmung.

In Fig. 323[2]) und 324 sind die Drosselkurven bei halber und bei voller Belastung, einer Ausführung von Brown, Boveri & Cie. entnommen dargestellt. Noch deutlicher tritt die Veränderlichkeit der Druckschwankung bei verschiedenen Belastungen an der von Westinghouse stammenden Kurve Fig. 325 hervor. Die Zahl der Dampfeintritte beträgt neuerdings 150—250; die Ungleichförmigkeit der Drehbewegung, welche durch die Druckschwankung künstlich herbeigeführt wird, kann bei den großen Schwungmassen der Parsons-Turbine nicht bedeutend sein.

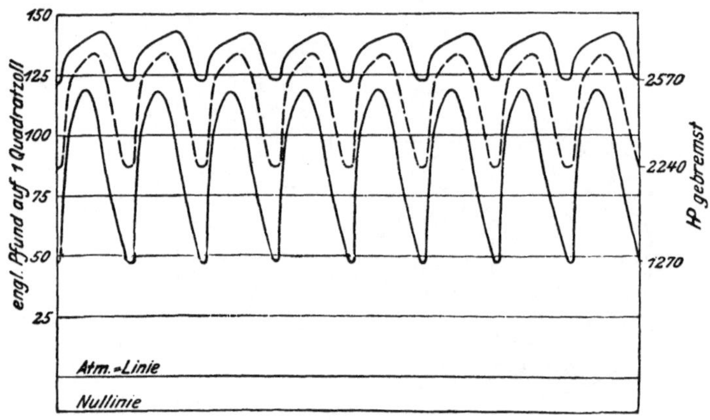

Fig. 325.

Über die Abnutzungsverhältnisse der Schaufeln wird im allgemeinen Günstiges berichtet. Die Dampfgeschwindigkeit wird wohl nur selten und nur in den Niederdruckrädern Beträge von 350 bis 450 m erreichen, ist mithin um die Hälfte geringer als bei de Laval; die lebendigen Kräfte pro Masseneinheit verhalten sich wie 1:4, und dies scheint der Grund der geringeren Abnutzung zu sein. Diese an sich wahrscheinliche Erklärung wurde seither von Hodgkinson durch Versuche erhärtet. Hier wie dort dürfte die Einführung der Überhitzung durch Beseitigung der Wassertropfen auch auf den Verschleiß einen günstigen Einfluß ausüben.

Versuchsergebnisse.

Über den Dampfverbrauch der Parsons-Turbine liegt eine größere Anzahl von Versuchen vor. In erster Linie sind zu nennen die ausgezeichneten Untersuchungen von Lindley, Schröter und Weber an den Turbinen von Elberfeld.[3]) Die unten folgende Zahlentafel 4 enthält weitere Ergebnisse, über welche Stoney[4]) auf dem Internationalen Ingenieurkongreß zu Glasgow 1901 Mitteilung gemacht hat.

[1]) Den fehlenden Gelenkpunkt am Winkelhebel, der vom Exzenter x bewegt wird, wolle der Leser ergänzen.

[2]) Schweiz. Bauzeitung 1902, I, S. 238.

[3]) Zeitschr. d. Ver. deutsch. Ing. 1900, S. 829 uf.

[4]) Leitender Ingenieur bei C. A. Parsons & Co., Newcastle-on-Tyne.

Zahlentafel 4.

Ergebnisse von Versuchen an Parsons-Turbinen nach Stoney.

	Ort der Aufstellung und Art des elektrischen Stromes	Dampfüberdruck kg/qcm	Kondensatordruck kg/qcm abs.	Überhitzung °C	Leistung KW	Uml. p. Min.	wirklicher Dampfverbrauch D_e kg/KW-st	theoretischer Dampfverbrauch D_0 kg/KW-st	$\eta = \frac{D_0}{D_e}$
1		5,62	0,0414	—	24,7	4990	13,06	5,19	0,397
2		5,41	0,0345	—	11,8	4630	15,38	5,11	0,332
3	Newcastle	5,20	0,0311	—	5,15	4570	20,68	5,09	0,246
4		5,48	0,138	—	23,8	4900	15,19	6,41	0,422
5		5,55	1,036	—	19,7	4780	31,07	12,79	0,412
6	Blackpool	8,86	0,0691	—	52,7	5044	12,7	5.074	0,400
7	(Wechselstrom)	9,28	0,0518	—	—	4880	(145,1)	—	—
8		8,93	0,104	—	108,5	4800	12,16	5,40	0,445
9	Blackpool (Wechselstrom)	8,93	0,0656	—	51,4	4600	13,56	5,04	0,372
10		8,93	0,0553	—	—	4450	(136,1)	—	—
11	West-Bromwich	9,07	0,076	30	123	3500	11,57	5,01	0,433
12	(Gleichstrom)	9,42	0,079	35,6	122	3520	10,80	4,96	0,459
13		7,03	0,0414	46,7	119	3640	11,02	4,75	0,431
14	Winwick	6,40	0,0829	38,3	121	3685	11,48	5,40	0,470
15	(Gleichstrom)	6,54	0,0829	34,4	80	3500	12,88	5,41	0,420
16		6,82	0,0760	15,6	42	3200	16,33	5,40	0,331
17		9,07	0,0829	32,2	226	3045	9,98	5,14	0,515
18	Blackpool	8,58	0,0553	33,3	232	3010	9,93	4,81	0,484
19	(Gleichstrom)	8,37	0,107	—	204	3000	10,98	5,52	0,503
20		9,14	0,0691	—	—	3010	(430,9)	—	—
21		8,86	0,112	—	529	2400	10,30	5,47	0,531
22	Scarborough	9,00	0,0794	—	258	2400	11,98	5,15	0,430
23	(Wechselstrom)	11,53	0,0656	—	—	2600	(670,0)	—	—
24		9,14	0,114	—	553	3000	9,84	5,46	0,554
25	Cheltenham	9,14	0,117	—	278	3000	11,88	5,49	0,462
26	(Wechselstrom)	9,35	0,207	—	553	3000	10,70	6,12	0,572
27		9,14	0,207	—	453	3000	11,25	6,15	0,547
28		9,49	0,207	—	276	3000	13,45	6,11	0,455
29		10,26	0,100	38,9	515	2500	9,68	5,04	0,520
30		10,55	0,104	—	502	2500	10,48	5,18	0,495
31		9,49	0,0932	—	497	2500	10,89	5,26	0,483
32	Blackpool	9,35	0,0932	36,7	507	2500	9,57	5,08	0,531
33	(Wechselstrom)	10,69	0,0345	—	—	2500	(680,4)	—	—
34		11,25	0,221	—	—	2500	(1147,6)	—	—
35		10,97	0,038	2,8	—	2500	(664,5)	—	—
36		9,11	0,063	10,2	1190,1	1487	8,81	4,82	0,547
37		9,47	0,053	11,1	994,8	1461	9,14	4,69	0,513
38	Elberfeld	9,76	0,054	8,0	745,3	1470	10,12	4,70	0,464
39	(Drehstrom)	9,40	0,046	29,1	498,7	1473	11,42	4,54	0,398
40		9,14	0,050	17,0	246,5	1485	15,21	4,66	0,304
41		9,49	0,037	13,5	—	1488	(1183)	—	—

In der Spalte des Dampfverbrauches pro KW-st ist beim Leerlauf der gesamte stündliche Verbrauch (in Klammern) eingetragen. Da Angaben über den Wirkungsgrad der Dynamomaschinen nicht vorhanden sind, so ist in der letzten Spalte die wirkliche Leistung verglichen mit der Leistung einer vollkommenen Turbinendynamo, in der die ganze verfügbare Wärme $\lambda_1 - \lambda_2'$ ohne Verlust in elektrische Energie umgewandelt würde. Der theoretische Verbrauch pro KW-st ist mithin

$$D_0 = \frac{637}{0,736\,(\lambda_1 - \lambda_2')} = \frac{865,5}{A L_0}\,\text{kg},$$

und das Verhältnis $\eta_{el} = \frac{D_0}{D_e}$ stellt den thermodynamischen Wirkungsgrad bezogen auf den Dampfzustand vor der Turbine und die elektrische Leistung dar; es sind in dieser Zahl also die Verluste der Dynamo, welche natürlich von Fall zu Fall andere sein werden, mit einbegriffen.

Über die zweiten Abnahmeversuche an den Elberfelder Turbinen bringt die Schweizerische Bauzeitung a. a. O. folgende Angaben (Zahlentafel 5):

Zahlentafel 5.

Turbine	Leistung	Dampftemperatur	gesättigt oder überhitzt	Dampfverbrauch			mechan. Wirkungsgrad der Dynamo
				pro KW-st	pro elektr. PS-st ab Dynamo	pro effekt. PS-st ab Turbinenwelle	
No.	KW	°C		kg	kg	kg	
I	1030	182,0	gesättigt	9,42	6,93	6,37	0,919
	735	183,0	„	10,12	7,43	6,80	0,915
	470	184,8	„	11,31	8,32	6,73	0,809
	1022	208,7	überhitzt	9,10	6,69	6,17	0,922
	758	211,0	„	9,64	7,09	6,47	0,912
	481	207,0	„	10,87	8,00	7,11	0,888
II	1042	181,0	gesättigt	9,69	7,13	6,48	0,909
	506	185,0	„	11,34	8,35	6,77	0,811
	1030	226,9	überhitzt	8,96	6,59	6,06	0,920
	510	219,0	„	10,71	7,83	7,01	0,880

Die Wirkungsgrade der Dynamo sind durch Division der beiden vorletzten Spalten von mir berechnet und zeigen auffallende Unterschiede bei halber Belastung. Nimmt man etwa 86 KW als Mittelwert des Verlustes durch Hysteresis, Erregung, Luft- und Lagerreibung an und (gestützt auf eine Bemerkung im Versuchsbericht von Lindley, Schröter, Weber) 4 KW als Ankerkupferwärme, mithin 90 KW insgesamt bei normaler Belastung, so können die Versuche in Newcastle auf die effektive Leistung umgerechnet werden. Hierbei werde der Vergleich gezogen mit einer vollkommenen Maschine, welche mit gleichem Druck und gleicher Temperatur wie in der Kammer hinter dem Regulierventil arbeitet, wobei die Temperatur aus dem Zustand vor dem Ventil ohne Rücksicht auf Wärmeverluste durch Strahlung berechnet wurde. Die Umrechnung ergibt die Werte der folgenden Zahlentafel.

Zahlentafel 5 a.

Versuche in Newcastle an einer 1000 KW-Turbine, bezogen auf die effektive Leistung und auf den Dampfzustand in der Dampfkammer.

Versuch No.		II	I	III	IV	V	VI	VII
							Dynamo	
Elektrische Leistung	KW	1190	995	745	499	246	erregt	unerregt
Gesamtverlust in der Dynamo (geschätzt)	KW	92	90	88	87	86	86	10
Gesamter Arbeitsaufwand	KW	1282	1085	833	586	332	86	10
D. h. effektive Leistung an der Turbinenwelle	PS_e	1742	1474	1132	796	451	117	13,6
Mechan. Wirkungsgrad der Dynamo	v. H	92,8	91,7	89,4	85,2	74,2	—	—
Beob. Dampfverbrauch pro PS_e-st	kg	6,02	6,17	6,66	7,15	8,36	15,8	87,0
Theor. „ „ „	kg	3,73	3,77	3,89	3,96	4,48	5,54	6,47
Thermischer Wirkungsgrad η_e bez. auf effekt. Leistung	v. H	61,9	61,0	58,5	55,3	53,5	35,0	7,5

Zur Ermittelung der „indizierten“ Leistung reichen die Angaben der Newcastler Versuche nicht hin. Es hat indessen Interesse, eine wenn auch nur angenäherte Untersuchung hierüber anzustellen. Unter „indizierter“ Leistung haben wir, wie früher erörtert, die Summe aus der effektiven Leistung (an der Welle), und aus den gesamten von der Turbine überwundenen Reibungsarbeiten, allein mit Ausschluß der Dampfreibung in den Schaufeln zu verstehen. Die letztere wird von vornherein in der Zustandsgleichung (bez. ihrer Darstellung im Entropiediagramm) berücksichtigt. — Über die Reibung, welche die Stirnflächen der Laufschaufeln und der freie Trommelumfang zwischen zwei Laufrädern verursachen, kann folgendes bemerkt werden.

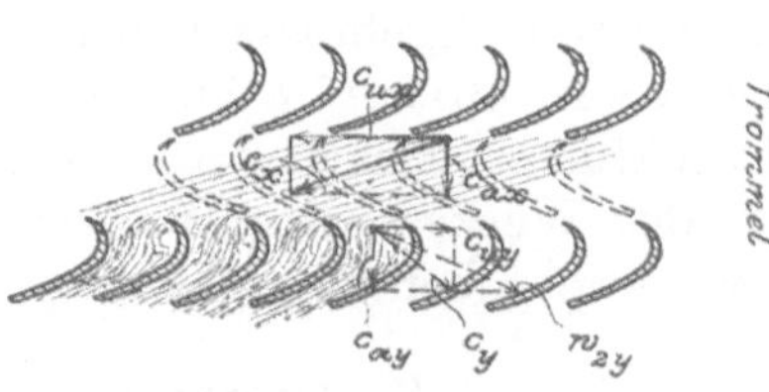

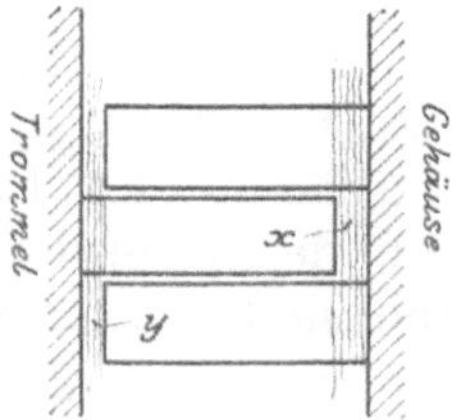

Fig. 326.

Der knapp am Umfange des ruhenden Gehäuses in den Spalt x (Fig. 326) aus einer Leitschaufel tretende Dampfstrahl besitzt eine Geschwindigkeit c_x, deren Umfangskomponente c_{ux} bei den üblichen Winkeln jedenfalls größer ist als die Umfangsgeschwindigkeit u. In Spalte x wird also der Dampfstrom auf die Stirnflächen der Schaufeln eine Reibung im treibenden Sinne ausüben, und wir tun am besten, wenn wir die geleistete positive Arbeit zur indizierten Arbeit hinzuzählen, die Wirbelungsverluste aber ebenfalls in der Zustandskurve aufgerechnet denken. Die Strömung im Spalte y, d. h. am Umfange der Trommel, bietet, wenn wir sie als Relativbewegung gegen die Trommel auffassen, dasselbe Bild, da die Winkel der Leit- und der Laufschaufel gleich zu sein pflegen; allein die Umfangskomponente c_{uy} hat die entgegengesetzte Richtung von u, d. h. nur hier wirkt auf die Trommel eine verzögernde Reibung ein. Die entsprechende Arbeit ist aber geringfügig, da es sich um die Reibung glatter Oberflächen handelt. Dasselbe dürfte mit der Reibung der Labyrinthkolben der Fall sein, indem die reibende Oberfläche klein ist. Es bleibt mithin als wesentlicher Teil der zusätzlichen Reibung die Lagerreibung übrig, und diese wird bei steigender Belastung kleiner, da die Turbine besser durchwärmt ist, mithin die Lagertemperatur steigt. Da nun die Trommel- und Labyrinthreibung mit wachsender Leistung wegen größerer Dampfdichte zunimmt, so ist es nicht unwahrscheinlich, daß die gesamte Reibungsarbeit sich mit der Belastung nur unwesentlich ändert und der Reibung im unbelasteten Zustande, d. h. der Leerlaufarbeit gleichgesetzt werden kann. Hiernach könnte man für die Parsons-Turbine näherungsweise wie bei einer Kolbenmaschine die Beziehung

$$\text{Indizierte Leistung} = \text{Effektive Leistung} + \text{Leerlauf}$$

aufstellen.

Eine ungefähre Schätzung des möglichen Gewichts für die Elberfelder Turbine und Berechnung der Lagerreibung nach Lasche macht es wahrscheinlich, daß die Leerlaufarbeit in der Gegend von 125 PS gelegen sein könnte. Mit dieser Annahme liefern die Newcastler Versuche die Ergebnisse in Zahlentafel 5b.

Das Bemerkenswerte an den Zahlen dieser Tabelle ist die langsame Abnahme des Energieverlustes pro Kilogramm Dampf mit der Belastung. Was man aus diesen Angaben für die Leerlaufarbeit folgern kann, wird weiter unten mitgeteilt (s. Abschn. 108).

Zahlentafel 5b.

Versuch	No.	II	I	III	IV	V	VI	VII
1. Effekt. Leistung wie in Tafel 6 . .	PS_e	1742	1474	1132	796	451	117	13,6
2. Angenommene Leerlaufarbeit . . .	PS	125	125	125	125	125	125	125
3. „Indizierte Leistung"	PS_i	1867	1599	1257	921	576	242	138,6
4. Beob. Dampfverbrauch pro PS_i-st .	kg	5,61	5,69	6,00	6,18	6,55	7,62	8,54
5. Theor. Dampfverbrauch pro PS-st .	kg	3,73	3,77	3,89	3,96	4,48	5,54	6,47
6. Therm. Wirkungsgrad bezogen auf die indizierte Leistung	v. H	66,5	66,3	64,8	64,1	68,4	72,7	75,8
7. Disponibles Wärmegefälle pro kg Dampf bezogen auf den Zustand in der Dampfkammer (hinter dem Ventil)	WE	170,8	169,2	163,5	161,0	142,3	115	98,5
8. In indizierte Arbeit umgesetzt . . .	WE	113,4	112,0	106,2	103,0	97,2	83,6	74,6
9. Angenommener Auslaßverlust . . .	WE	10,8	10,8	7,0	5,8	2,1	0,7	0,4
10. Eigentl. Energieverlust pro kg Dampf Pos (7) — [Pos (8) + (9)]	WE	46,6	46,4	50,3	52,2	43,0	30,7	23,5
11. Dasselbe in v. H. des disponiblen Gefälles	v. H	27,3	27,4	30,7	32,4	30,2	26,7	23,9

Die hervorragendsten Ergebnisse wurden bis jetzt (Ende 1905) erzielt mit den von Brown, Boveri & Cie. in Baden gelieferten 3000 KW-Maschinen des Frankfurter Elektrizitätswerkes. Die Versuche wurden von der Direktion des Werkes selbst während des Betriebes angestellt, und sind Tafel 6 wiedergegeben.[1])

Zahlentafel 6.

Versuche der Direktion des Elektizitätswerkes Frankfurt mit einer 3000 KW-Turbine.

Versuch	No.	I	II	III
Dampfdruck vor dem Einlaßventil (Überdruck ?)	Atm.	12,63	12,8	10,6
Temperatur des überhitzten Dampfes	^{0}C	298	295	312
Vakuum in v. H. des Barometerstandes	v. H	93,2	91,8	90,0
Belastung	KW	1945	2518	2995
Dampfverbrauch pro KW-st	kg	7,20	7,09	6,70

Die Umdrehungszahl beträgt normal 1360 pro Min.

Der Erreger-Gleichstrom wurde durch zwei besondere Umformer erzeugt. Die Oberflächenkondensation erhält ebenfalls getrennten Dampfantrieb. Es ist nicht angegeben, ob der erforderliche Kraftaufwand von der Bruttoleistung abgezogen wurde.

[1]) Besprochen im Werke „Die Städtischen Elektrizitätswerke zu Frankfurt a. M.", bearbeitet von S. Singer, Betriebsdirektor. Frankfurt 1903. S. 35.

Schließlich teilt die Firma Brown, Boveri & Cie. mit, daß an einer 2000 KW-Dampfturbine bei bloß 1440 KW-Belastung, 11,9 Atm. Druck, 252° C Dampftemperatur, 96 v. H. Vakuum, 1500 Umdrehungen, ein Dampfverbrauch von 7,165 kg pro KW-st erreicht worden ist. Im Leerlauf mit Erregung betrug bei 12,3 Atm. Druck, 205° C Dampftemperatur, 96,8 v. H. Vakuum der Konsum pro Stunde 1208,4 kg. Für Zwischenbelastungen ändert sich der Gesamtverbrauch linear mit der Leistung. Besonderes Interesse verdient die Angabe, daß der Kraftbedarf der getrennt angetriebenen Oberflächenkondensation trotz des ungewöhnlich tiefen Vakuums bloß 20 KW, d. h. $1^1/_2$ v. H. betrug.

Die Westinghouse Machine Co. in Pittsburg teilt mir mit, daß die oben abgebildete Turbine von 1500KW Leistung bei 150PS = 10,54 kg/qcm Kesseldruck und 26″ = 660 mm Vakuum folgende Dampfverbrauchzahlen ergeben habe:

bei Vollbelastung	. . . .	8,67 kg pro KW-st
„ $^3/_4$-Belastung	. . . .	9,20 „ „ „
„ $^1/_2$ „	. . . .	10,44 „ „ „
„ $^1/_4$ „	. . . .	12,70 „ „ „

Die Versuche, auf welche sich diese Angaben wahrscheinlich stützen, sind inzwischen in Elektrical World Sept. 1902 von Prof. Wm. Lispenard Robb veröffentlicht worden und finden sich in der nachfolgenden Zahlentafel zusammengefaßt.

Zahlentafel 7.

Versuchsergebnisse einer 1500 KW-Westinghouse-Turbine in Hartford, Conn.

No.	Datum 1902	Leistung mittlere KW	Leistung größte KW	Leistung kleinste KW	Versuchsdauer st	Dampfdruck kg/qcm	Vakuum kg/qcm abs.	Überhitzung °C	Kohle kg/KW-st	Dampfverbrauch kg/KW-st
1	8. Febr.	1998	2185	1900	4	10,92	0,111	23,2	0,772	8,67
2	28. Jan.	1675	1820	1480	6	10,62	0,095	22,2	0,779	9,17
3	9. Mai	1371	1570	1110	6	10,66	0,122	17,8	0,922	9,96
4	12. „	834	940	660	6	10,76	0,105	19,7	1,067	11,17
5	8. „	888	980	750	6	10,72	0,145	18,2	1,117	12,04
6	7. „	471	730	310	6	10,66	0,113	10,6	1,330	14,51
7	13. „	364	520	150	6	10,75	0,091	16,1	1,507	15,19

Die Versuche mußten während des gewöhnlichen Betriebes stattfinden, weshalb denn auch Schwankungen der Belastung unvermeidlich waren. Die a. a. O. mitgeteilten Schaulinien zeigen indessen keinen so sprunghaften Verlauf, daß man obigen Ergebnissen nicht Vertrauen entgegenbringen könnte. Der Verbrauch wurde durch Wägung der Speisewassermenge gemessen. Es ist nicht angegeben, ob der Dampfdruck „absolut“ verstanden ist. Die aus der Reihe fallende Zahl des Versuches dürfte auf das minderwertige Vakuum zurückzuführen sein.

Neuere Versuche von Westinghouse an einer 1250 KW-Einheit, die mit einem Überlastungsventil versehen war, sind graphisch durch Fig. 327

veranschaulicht. Hierbei gelten für die einzelnen Kurven folgende Angaben:

C, C_1 trocken gesättigter Dampf	. .	686 mm Vakuum
D, D_1 25° Überhitzung	. . . . .	„ „ „
E, E_1 trocken gesättigter Dampf	. .	711 „ „
F, F_1 25° Überhitzung	. . . . .	„ „ „
Kesseldruck rd.	. . . .	10,5 Atm.

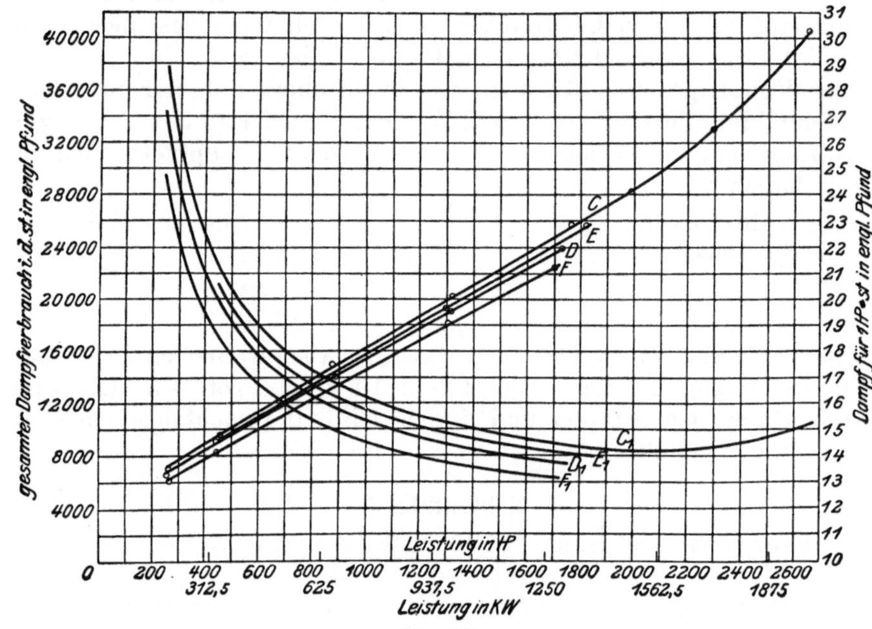

Fig. 327.

Aus diesen Angaben, insbesondere den Versuchen von Stoney, geht mit besonderer Deutlichkeit der große Einfluß der Überhitzung und der Tiefe der Luftleere auf den Dampfverbrauch hervor. Die Parallelversuche an den 500 KW-Maschinen in Blackpool (Zahlentafel 4 No. 29 und 30) weisen eine Verbesserung von 1 v. H. auf je 5,1° C Überhitzung auf, während die Abnahme des theoretischen Verbrauches nur 5,18 — 5,04 = 0,14 kg/KW-st = 2,7 v. H. von 5,18 beträgt, d. h. nur auf $\frac{38,9}{2,7} = 14,4^0$ eine Ersparnis von 1 v. H. des Verbrauches ergibt. Ähnlich geben No. 31 und 32 1 v. H. auf 3,3° C, während theoretisch 1 v. H. auf 11° entfällt. In absoluten Zahlen stellen sich die Verhältnisse für No. 29 und 30 wie folgt: Bei einem vorausgesetzten Wirkungsgrade der Dynamo von 0,90 und einem Austritt- und Lagerreibungsverlust der Turbine von 8 v. H. betragen die gesamten Dampfreibungsverluste pro kg Dampf 61,6 WE bei gesättigtem und 58,5 WE bei überhitztem Dampfe. Die Ermäßigung der Reibung beträgt also 3,1 WE auf 61,6 WE, d. h. 5,7 v. H. Da die Überhitzung 38,9° C betrug, so ergibt sich eine Abnahme der Dampfreibungsarbeit von 1 v. H. auf rd. 6,8° Überhitzung. Weitere Versuche müssen eine Bestätigung dieses Fallens der Reibungskoeffizienten bringen, welches sehr bemerkenswert ist, da die geringe Überhitzung nur auf eine kurze Strecke in der Turbine wirksam sein konnte, und der größere Teil der Zustandsänderung dennoch im gesättigten Gebiet vor sich geht.

Wenn man annimmt, daß die Parallelversuche in Elberfeld je unter sonst genau gleichen Umständen durchgeführt worden sind, so ergibt der Vergleich einen Gewinn von 1 v. H. auf rd. 8^0 bei Turbine I (27^0 Überhitzung) und auf rd. 6^0 bei Turbine II (46^0 Überhitzung), also auch merklich weniger als bei Versuch 31 und 32.

Über den Einfluß der Luftverdünnung geben die Versuche 24 und 26 an den 500 KW-Maschinen von Cheltenham Aufschluß. Der Übergang von 0,207 kg/qcm Gegendruck auf 0,114 kg/qcm ergibt einen Gewinn im Dampfverbrauch von $\frac{10,70 - 9,84}{10,70} = 8,05$ v. H., während theoretisch $\frac{6,12 - 5,46}{6,12} = 12,4$ v. H. zu erwarten wären. Auf 0,1 kg/qcm Erniedrigung des Gegendruckes bezogen, sind die entsprechenden Zahlen 8,65 v. H. und 13,3 v. H.; es werden mithin bei der Steigerung des Vakuums $\frac{8,65}{3,13} = 0,65$, d. h. $^2/_3$ des theoretischen Gewinnes tatsächlich erzielt. Nun ist aber zu beachten, daß bei einer und derselben Turbine die Austrittsgeschwindigkeit bei kleinem Vakuum nahezu im einfachen Verhältnis mit dem größeren Dampfvolumen, der Austrittsverlust mithin im quadratischen Verhältnis wachsen muß. War dieser Verlust bei 0,114 Atm. Vakuum 5 v. H., so wird er bei 0,207 Atm. = rd. $\left(\frac{0,114}{0,207}\right)^2 5 = 1,5$ v. H., und der Unterschied $5 - 1,5$ v. H. $= 3,5$ v. H. ist nahezu der Betrag, der sich oben als Unterschied zwischen dem theoretischen (12,4 v. H.) und dem wirklichen Gewinn (8,05 v. H.) herausgestellt hat. Hieraus folgt, wie wichtig es für die Dampfturbine ist, ein möglichst tiefes Vakuum herzustellen. Die Versuche von Stoney lassen erkennen, daß dies bei den Turbinen von Parsons in ausgezeichneter Weise gelungen ist.

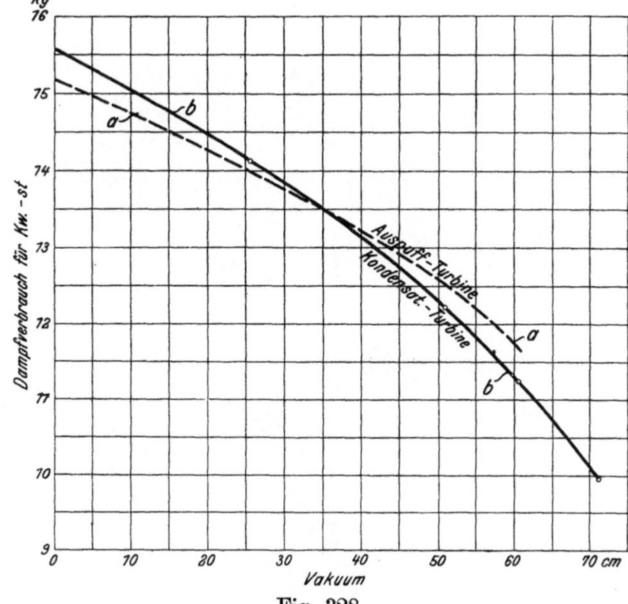

Fig. 328.

Bei einer Veränderung des Gegendruckes in weiten Grenzen wird auch das Gesetz, nach welchem der Dampfverbrauch zunimmt, ein anderes. Eine Angabe hierüber bringt Barker[1]), die in Fig. 328 verwertet ist.

[1]) Engineering 1904, I. S. 270.

Hier bedeutet *a* die Kurve des Dampfverbrauches mit zunehmendem Vakuum bei einer ursprünglich für Auspuff gebauten Turbine. Kurve *b* gilt umgekehrt für eine Kondensationsturbine. Erstere hat 500 KW Leistung, arbeitet mit gesättigtem Dampf von 10,5 Atm. Druck, macht 1800 Umdr. p. Min.; letztere 300 KW Leistung, gesättigtem Dampf von 11,3 Atm. Druck, 3000 Umdr. Wenn die Auspuffturbine mit Vakuum arbeitet, so ist ihr Verbrauch ungünstiger als der der Kondensationsturbine. Letztere wieder hat schlechteren Konsum bei freiem Auspuff, was nach dem über den Auslaßverlust Gesagten nicht wunder nehmen wird. Der Verbrauch bei freiem Auspuff ist rd. 50 v. H. größer als bei einem Vakuum von etwa 68 cm.

Bei abnehmender Belastung ist wie natürlich der Einfluß vergrößerten Vakuums ein größerer, indem wegen der Dampfdrosselung das verfügbare Wärmegefälle an sich kleiner ist. So teilt Bibbins („Power" 1905, S. 20) mit, daß bei einer größeren Parsonsturbine zwischen 83 und 93 v. H. Vakuum (d. h. 0,17 bis 0,07 kg/qcm abs. Kondensatordruck) der Arbeitsgewinn bei Vollbelastung 0,87 v. H. für je $^1/_{100}$ Atm. Vakuum
„ „ „ $^1/_2$-Belastung 1,45 „ „ „ „ „ „ „
gewesen sei. Anderseits habe sich dieser Gewinn bei einer 300 KW-Turbine mit dem Vakuum stark veränderlich gezeigt und habe bei Verwendung gesättigten Dampfes betragen:

	für 69	83	86	93	v. H. Vakuum,
	d. h. 0,31	0,17	0,14	0,07	kg/qcm Kondensatordruck
Arbeitsgewinn	rd. 0,3	0,6	0,9	(1,6)	v. H. für je $^1/_{100}$ Atm. Vakuum.

Die eingeklammerte Zahl ist nicht beobachtet, sondern gerechnet.

Der Verbrauch einer 750 KW-Turbine bei Auspuff sei rd. das 1,8-

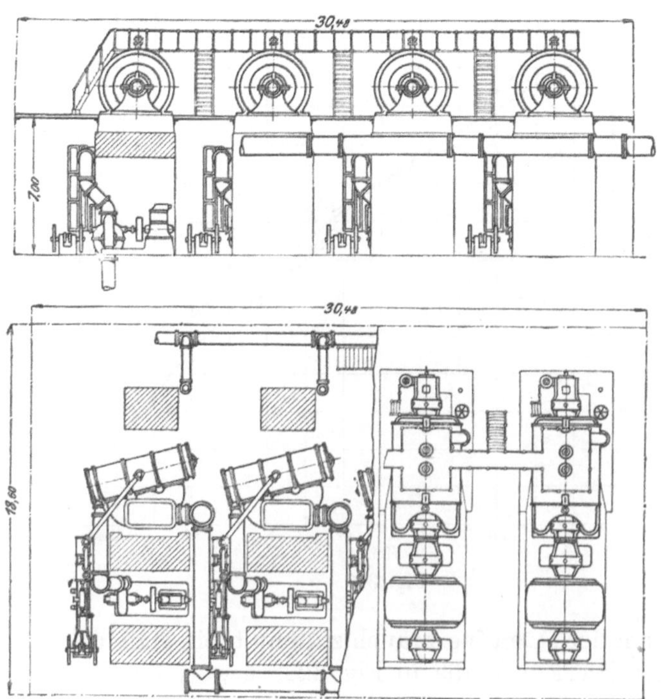

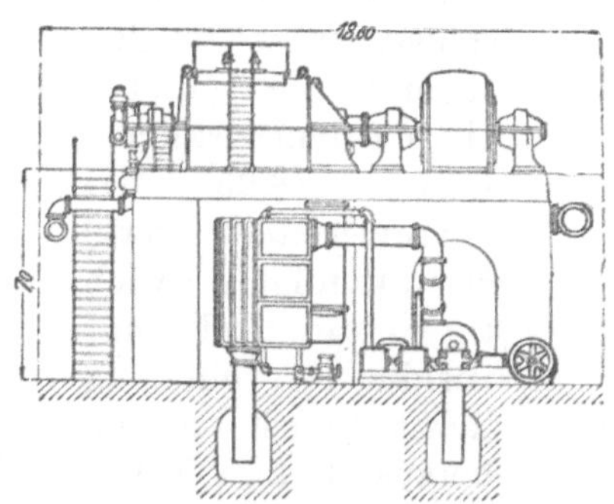

Fig. 329.

fache desjenigen, welches unter sonst gleichen Umständen bei 0,07 Atm. abs. Kondensatordruck und 45° C Überhitzung beobachtet wurde. Für gesättigten Dampf sei der Verbrauch sogar 2,05 mal größer, also im Verhältnisse bedeutend mehr, als Barker beobachtet haben will.

Additional material from *Die Dampfturbinen,*
ISBN 978-3-662-36141-2 (978-3-662-36141-2_OSFO13),
is available at http://extras.springer.com

Raumbedarf.

Über den Raumbedarf der Parsons-Turbine gibt der Entwurf eines Maschinenhauses für vier Turbinen mit je 5500 KW Leistung in Fig. 329 Aufschluß. Jede ist mit einem Oberflächenkondensator von 1860 qm Kühlfläche ausgestattet und erhält 7 m tiefe Fundamente. Das Maschinenhaus mißt 18,6 auf 30,48 m, oder es beträgt die Leistungsfähigkeit rd. 40 KW pro qm Grundfläche. Bei 4 Einheiten von je 400 KW Leistung sinkt diese Zahl auf etwa 19 KW/qm.

83. Turbine von Gebr. Sulzer.

Die Turbine von Gebrüder Sulzer in Winterthur und Ludwigshafen a. Rh. besteht aus einer Anzahl partiell beaufschlagter Aktionsräder als Hochdruckstufe und einer Anzahl voll beaufschlagter Reaktionsräder als Niederdruckstufe Fig. 330 und 331.

Die Aktionsräder sind mit je zwei Geschwindigkeitsunterstufen, d. h. zwei Kränzen ausgeführt, zwischen denen sich Umkehrschaufeln befinden. Der Dampf tritt durch dicht gestellte Düsen in den ersten Schaufelradkranz, dann durch die Umkehrschaufeln in den zweiten Schaufelkranz. Auf Grund von eingehenden Vorversuchen halten Gebr. Sulzer diese Art der Energieumsetzung für hochgespannten Dampf, solange dieser ein relativ kleines Volumen besitzt, sowohl in bezug auf die Ökonomie als auch die Bauart für zweckentsprechend. Sie fanden, daß einfache Aktionsräder den Dampf wohl mit weniger Verlusten in den Schaufeln ausnutzen, dieser Vorteil durch vermehrte Leerlaufarbeit und ganz besonders durch die verwickeltere Bauart in vielen Fällen wieder aufgehoben wird. Die Anwendung von Aktionsrädern mit Düsen als erste Stufe hat den Vorteil, daß man von der höchsten Temperatur und dem höchsten Druck sofort erheblich tief herabexpandieren kann, und hierdurch Gehäuse und Schaufeln unter günstigere Temperatur- und Druckverhältnisse stellt.

Sobald der Dampf sich in der Hochdruckstufe so weit ausgedehnt hat, daß das Volumen hinreicht, um einen Kranz von nicht allzu kleinem Durchmesser und nicht zu kurzen Schaufeln voll zu beaufschlagen, werden Reaktionsräder verwendet. Die Schaufelkränze sind dabei auf eine gemeinsame Trommel gesetzt.

Nachdem es sich, wie mir die Herren Gebr. Sulzer mitteilen, gezeigt hatte, daß die Behandlung der Dichtungen an der Stelle, wo die Welle aus einem Hochdruckraum in die Atmosphäre tritt, einer ganz besonderen Sorgfalt in Konstruktion, Ausführung und Betrieb bedarf, wurde die Turbine so umgebaut, daß der Dampf in der Mitte in das Turbinengehäuse einströmt, dann nach der einen Seite bis auf etwa Atmosphärendruck expandiert, und durch Umführungskanäle in die Mitte des Gehäuses zurückgeführt wird, um nach der andern Seite die Expansion bis auf Vakuumdruck fortzusetzen. Auf diese Art wird erreicht, daß die eine äußere Dichtung nur gegen ganz geringen Über- oder Unterdruck (bei kleiner Belastung), die andere äußere nur von der Atmosphäre gegen Vakuum zu dichten hat. An den inneren Dichtungen ist das für den Verlust maßgebende Druckverhältnis auch nicht groß, und der hier etwa entweichende Dampf arbeitet in den nachfolgenden Stufen weiter.

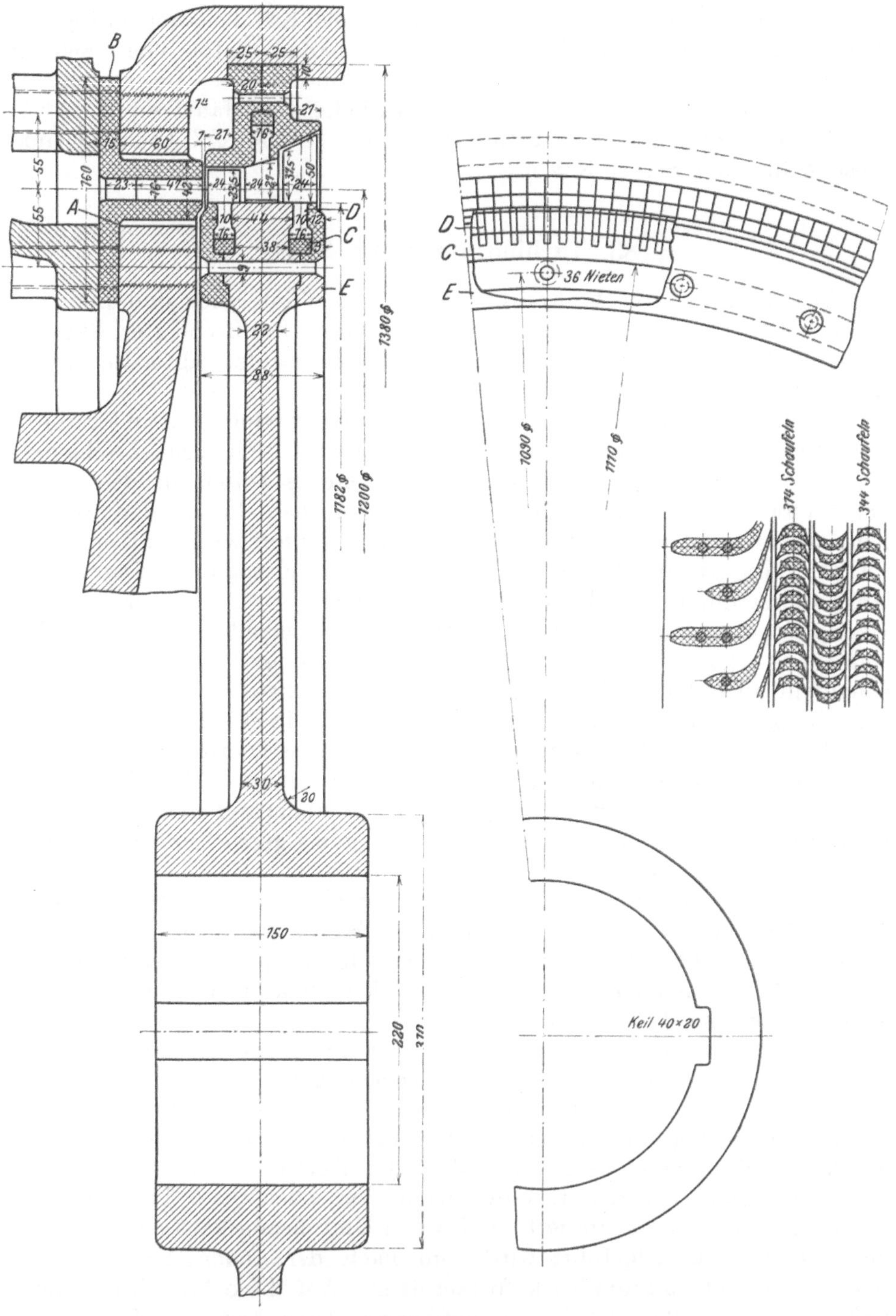

Fig. 332.

Diese Entlastung der Stopfbüchsen war der Hauptzweck der Trommelteilung, und es wird volle Entlastung vom Achsialschub nicht angestrebt.

Eine gegen die Niederdruckseite wirkende Kraft bleibt noch übrig, die man durch regelbare Einführung von Dampf in den Raum *D* ausgleicht.

Konstruktions-Elemente.

Die Düsen werden in ein Stahlsegment *A* (Fig. 332) radial von außen gefräst, und durch das angeschraubte Segment *B* abgeschlossen. Die leichte Divergenz gestattet die Düsenwand am Austritt recht dünn zu machen, so daß ein nahezu zusammenhängender Dampfstrahl das Laufrad trifft.

Fig. 333.

Die Laufräder (Fig. 332) sind aus Stahl geschmiedet und erscheint bei der geringen Umfangsgeschwindigkeit die Verwendung von Nickelstahl entbehrlich.

Die Schaufeln bestehen aus hochwertigem Nickelstahl, welcher sich nach ausführlichen Versuchen von Ing. Rob. Sulzer hierfür am besten eignet. In Fig. 333 bis 336 erblicken wir Lichtbilder von Schaufeln aus verschiedenen Baustoffen, die im Vakuum von etwa 68 cm bei 72 cm mittlerem Barometerstand vor eine Düse mit rechteckigem Querschnitt, welche mit Dampf von 10 Atm. Überdruck beaufschlagt war, so befestigt wurden, daß der Strahl senkrecht in die Mitte traf, zu einem Teil nach beiden Seiten abgelenkt wurde, indessen auch zwischen den Schaufeln hindurch konnte, um das fein ausgezogene Schaufelende allseitig zu bestreichen.

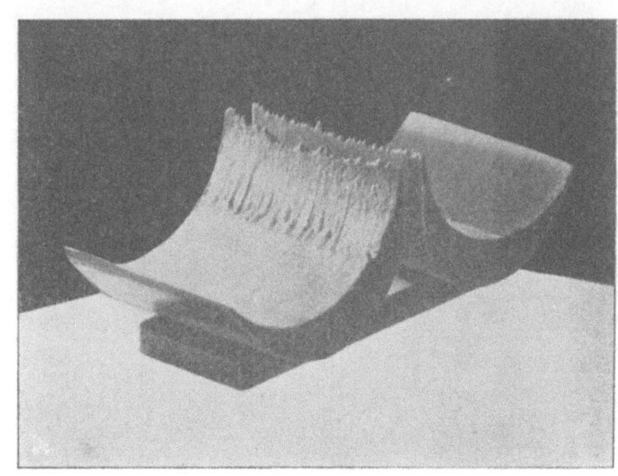

Fig. 334.

In Fig. 333 ist links eine Blei-, rechts eine Zinnschaufel dargestellt nach bloß sechsstündiger Wirkung des Dampfes. Die Zerstörung des ersteren ist eine vollständige.

In Fig. 334 bestehen die Schaufeln aus Deltametall, von gepreßten Stäben abgeschnitten. Nach $8^1/_2$ stündiger Dauer sind die Stege stark ausgefressen, und in der Höhlung, wo der Strahl abgelenkt werden muß, zeigen sich Vertiefungen.

Siemens-Martinstahl von rd. 70 kg/qmm Zugfestigkeit und 12—15$^0/_0$

Bruchdehnung zeigt nach $8^1/_2$ Stunden Dauer ebenfalls wesentliche Korrosionen und zwar auf beiden Seiten des Steges (s. Fig. 335). Die Schaufeln wurden von gezogenen Stäben abgeschnitten und gefräst.

Fig. 336 zeigt Schaufeln aus Siemens-Martinstahl von ähnlicher Beschaffenheit, es wurden aber die Schaufeln im Gesenk geschmiedet. Der Verschleiß ist nach $8^1/_2$ stündiger Dauer wesentlich größer als vorhin.

Fig. 335.

Sogar eine Anzahl von Werkzeug- und Schnelldrehstählen erwiesen sich als zu wenig widerstandsfähig, indem schon nach achtstündiger Versuchsdauer Anfressungen auftraten. Diese intensiven Korrosionen so zäher Baustoffe stellen wohl alles in den Schatten, was der hydraulische Turbinenbau an Abnutzungen durch Sand und Wirbelung erlebt hat. Nur in einem Nickelstahl mit 25 v. H. Nickelgehalt fand man endlich ein Metall, das dem Strahle widerstand und in der Versuchszeit überhaupt nicht wahrnehmbar angegriffen wurde.

Der Dampf war wohl eher naß als trocken gesättigt, da die Leitungslänge vom Kanal bis zur Versuchseinrichtung etwa 40 m betrug, doch befand sich 1 m vor der Düse ein Wasserabscheider.

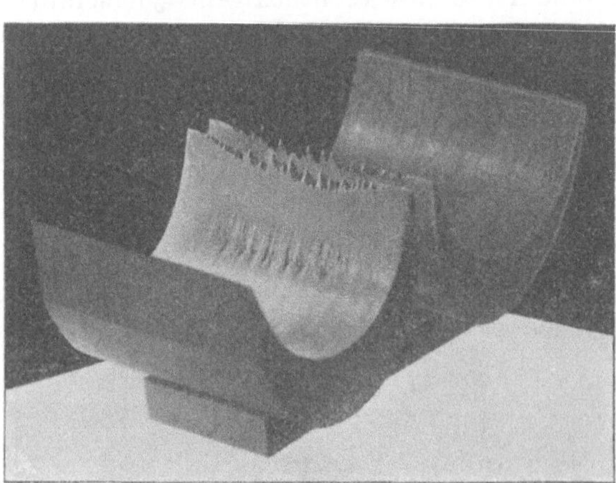

Fig. 336.

Sowie man zu hoch überhitztem Dampfe überging, verschwanden die Anfressungen auch bei den weniger widerstandsfähigen Stoffen so gut wie ganz.

Diese Versuche sind für die Beurteilung der Abnutzungsdauer einstufiger Turbinen von besonderer Bedeutung. — Sie beweisen, daß der Verschleiß wohl in der Hauptsache durch die mit großer Geschwindigkeit auftreffenden Wassertröpfchen bewirkt wird, wobei zu beachten ist, daß die lebendige Kraft derselben mit dem Quadrate der Geschwindigkeit zunimmt.

Die Schaufeln werden aus vorgeschmiedeten Stäben hergestellt, indem man zunächst ein an beiden Rändern verdünntes Profil fräst, dann eine T-förmige Schaufelform der Länge nach herausstanzt, und im Gesenk warm biegt, mit gleichzeitiger Pressung des Steges auf die richtige Dicke.

Ein Schmiedeeisenring C (Fig. 332) erhält eingesägte Schlitze D, in welche die Schaufelstege eingeschoben und mit dem Ring zugleich abgedreht werden. Zwei so hergestellte Schaufelkränze werden dann, durch Deckringe E festgehalten, mit der Radscheibe verbunden. Ähnlich erfolgt die Herstellung der Umführungsschaufeln. Die Schaufeln sind an den Rändern ungemein fein ausgezogen, um den Kantenstoß zu beseitigen.

Die Stoffbüchse besteht aus Messingblechlamellen A von etwa 0,1 mm Dicke, die durch etwa 1 mm starke zurückstehende Bronzeringe getrennt

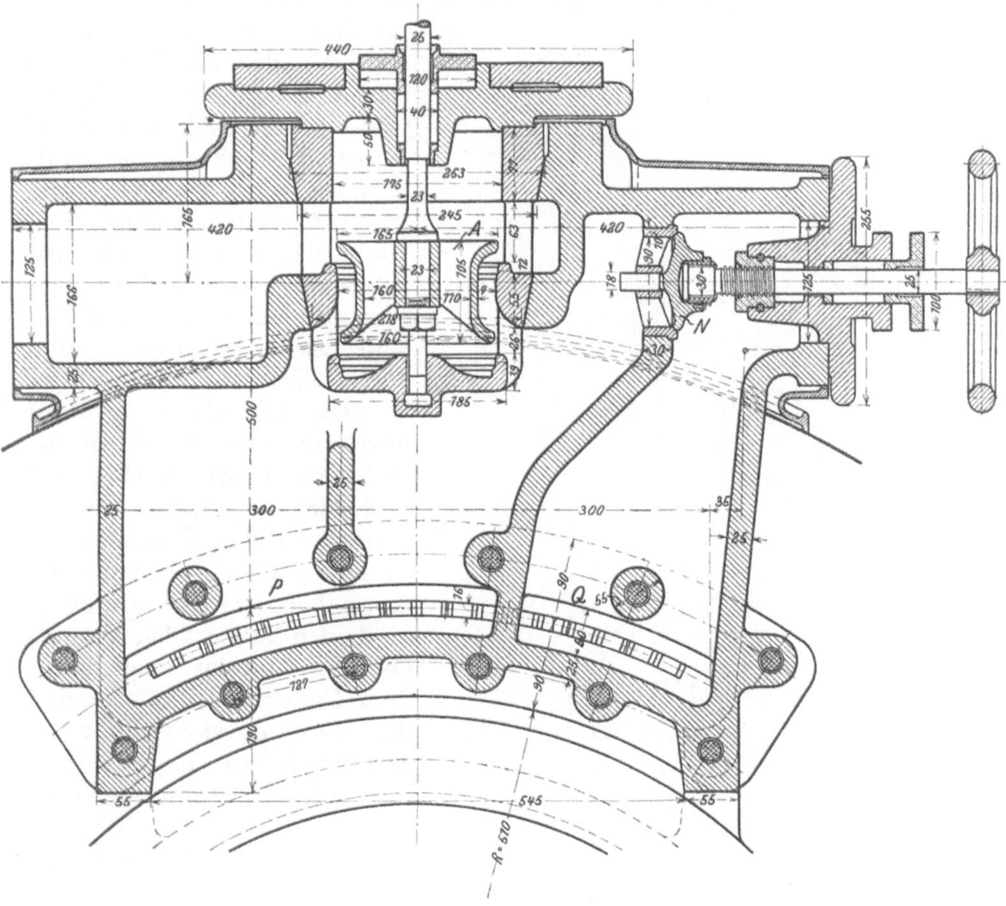

Fig. 337.

sind (Fig. 172 in Abschn. 72). Die Lamellen sind an der Welle (dem Dampfstrom entgegen) ein wenig umgestülpt und legen sich in neuem Zustand etwas federnd an. Beim ersten Ingangsetzen schleifen sie sich so weit ab, daß ein nahezu reibungsloser und doch dichter Abschluß erzielt wird. Die Liderung bedarf einer Schmierung nicht, hingegen wird wie bei Parsons in diejenigen Büchsen, die zeitweise oder immer gegen Vakuum zu dichten haben, Dampf eingeführt, der Lufteintritt in den Kondensator verhütet. Als Lauffläche dient die aufgeschobene Gußeisenbüchse B. Die Liderung wird (vor dem Einschleifen) entzwei gesägt, so daß die obere Hälfte mit dem Gehäuse abhebbar ist.

Die Regulierung besteht in Drosselung des Dampfes mittels eines durch Öl betriebenen Kraftzylinders. Fig. 331 zeigt den Antrieb des Federreglers durch Schraubenrad und konisches Vorgelege. In Fig. 330 bedeutet A das als gewöhnliches Doppelsitzventil ausgeführte Drosselorgan. Wälzhebel K bildet die Verbindung mit dem Kraftzylinder L, der durch Öldruck nach abwärts geschoben wird, während die Aufbewegung eine über dem Ventil eingelegte Feder besorgt. Der entlastete Steuerschieber erhält wegen des noch nicht 1 Atm. betragenden geringen Öldruckes größere Abmessungen. Auch Gebr. Sulzer ziehen eine ständige Oszillation des Reguliergestänges vor, um die Reibungen unschädlich zu machen. Der Antrieb hierzu geht von der durch ein Exzenter bewegten Stange M aus, wodurch Winkelhebel E in Auf- und Abschwingung gerät. Punkt F wird, wie ersichtlich, vom Regulator festgehalten. Die zur korrekten Regulierung erforderliche Rückführung des Steuerschiebers in seine Mittellage besorgt Stange G und Hebel IH.

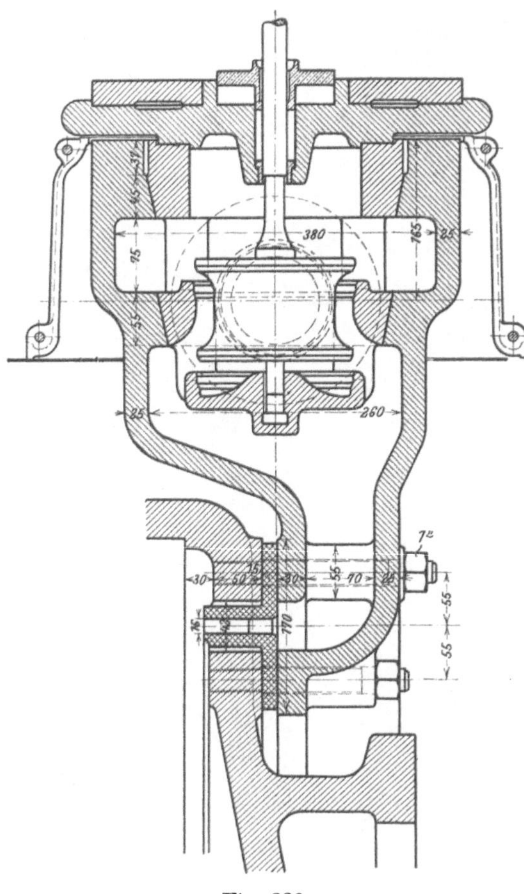

Fig. 338.

Die Überlastung wird durch das von Hand zu betätigende Ventil N (Fig. 337 und 338) eingeleitet, welches Dampf zu den Überlastungsdüsen Q leitet, während der Normalleistung die Düsen P zu dienen haben. Die Dampfentnahme erfolgt aber hinter dem Drosselventil A, so daß die Maschine stets unter der Herrschaft ihres Reglers steht, d. h. nicht durchgehen kann. Trotzdem ist auch die bei Dampfturbinen allgemein übliche zweite Sicherheitsabschließung vorhanden, und zwar in Verbindung mit der Öldruck-Zentrifugalpumpe. Bei zu hoher Umlaufszahl steigt nämlich die Pressung des Öles und klinkt durch einen kleinen federbelasteten Druckkolben das Momentschluß-Ventil aus. Sollte einmal die Druckölung überhaupt versagen, so schließt die Druckfeder das Ventil A automatisch ab.

Die Schmierung wird durch die in Fig. 330 sichtbare Zentrifugalpumpe bewirkt, wobei wie schon erwähnt ein sehr kleiner unter 1 Atm. liegender Druck angewendet wird. Die Pumpe saugt das Öl aus dem Hohlgußrahmen der Maschine, in welchem auch das Filter und die Kühlröhren untergebracht sind. Diese Pumpe liefert zugleich das Öl für den Kraftzylinder. Zu schmieren sind außer dem Regulatorgestänge nur die beiden Hauptlager und das rechts sichtbare Kammlager. Letz-

Additional material from *Die Dampfturbinen*,
ISBN 978-3-662-36141-2 (978-3-662-36141-2_OSFO14),
is available at http://extras.springer.com

terem geht das Öl durch eine Wellenbohrung vom benachbarten Halslager zu.

Die Kondensation wird in der Regel durch einen Elektromotor gesondert angetrieben. Auf der Welle desselben sitzt eine Schleuderpumpe, die bei Einspritzkondensation zum Herausschaffen des Wassers, bei Oberflächenkondensatoren als Zirkulationspumpe dient. Der Motor treibt durch ein Vorgelege eine Kolbenluftpumpe üblicher Konstruktion an, die jedoch als Zwilling ausgeführt wird und mit erhöhter Tourenzahl läuft.

84. Die „Union-Dampfturbinen", gebaut von der Maschinenbau-Akt.-Ges. Union in Essen.

Nach Mitteilungen der ausführenden Firma ist der Typus der „Union-Dampfturbine" für kleinere Leistungen von etwa 10 bis 300 PS die Freistrahlturbine mit einer oder mehreren Druckstufen und Radgrößen von 600 bis 1510 mm Durchmesser. Bei Leistungen von 300 bis 5000 PS ist die Turbine als Verbindung einer mehrstufigen Freistrahlturbine für die Hochdruckseite mit einer mehrstufigen Reaktionsturbine für die Niederdruckseite gedacht, wodurch die Vorteile beider Systeme in einer Konstruktion vereinigt werden sollen.

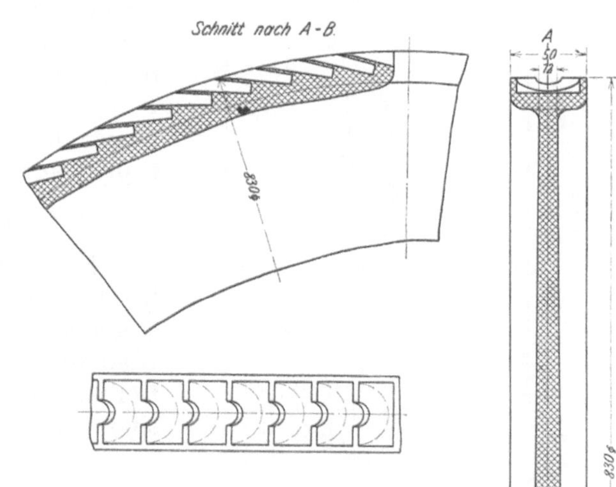

Fig. 340, a, b.

Sowohl die Klein- wie auch die Großmotoren erhalten für die erste Stufe Düsen, um sofort auf kleine Drucke zu kommen, für die weiteren Stufen sind die Leitvorrichtungen beim Kleinmotor Düsen, beim Großmotor eingesetzte Schaufeln. Die Düsen sind in Gruppen, sich diametral gegenüberliegend, angeordnet. Die partielle Beaufschlagung der Aktionsräder geht beim letzten Rade in eine volle über.

Die Hochdruckräder bestehen aus Nickelstahl und erhalten nach besonderem Verfahren eingefräste peltonförmige Schaufeln. Die Räder weisen eine 7—8fache Sicherheit gegen Bruch auf und werden zur Sicherheitserprobung mit erhöhter, bis zu 5000 Umdr. reichender Umgangszahl laufen gelassen. Die Seitenflächen der Räder sind poliert, die Innenflächen der Schaufeltaschen sorgfältig geschlichtet.

Auch die Umführungskanäle von einem Rad zum anderen sind, um die Dampfreibung herabzusetzen, glatt bearbeitet.

Die Konstruktion einer 500pferdigen Einheit bei 3000 Umdr. p. Min. in vertikaler Aufstellung ist durch Fig. 339 veranschaulicht. Die Dampfbewegung erfolgt in der Richtung von unten nach oben und macht jede Abdichtung auf der Hochdruckseite entbehrlich, da das Spurlager, dem Drucke der ersten Zwischenstufe ausgesetzt, allseitig abgeschlossen ist. Die Stopfbüchse auf der oberen Seite besteht aus einem einfachen Halslager und dichtet durch das Schmieröl, welches dem über der Büchse angeordneten geräumigen Behälter entnommen wird und einen Kreislauf ausführt. Der Überdruck auf dem Reaktionsrad gleicht bei normaler Belastung das Gewicht der rotierenden Teile vollkommen aus; nur bei geringer Belastung tritt der untere Spurzapfen in Tätigkeit. Bei Überbelastung aber wird die Welle ganz wenig angehoben und der Drucküberschuß durch den oberen Spurzapfen aufgenommen.

Einzelheiten.

Fig. 340, a, b bringt das schon beschriebene Hochdruckrad zur Darstellung, Fig. 341, 341a ebenso das Niederdruckrad, welches fünf Reaktionsstufen enthält. Wie ersichtlich, sind auch bei letzterem radial recht

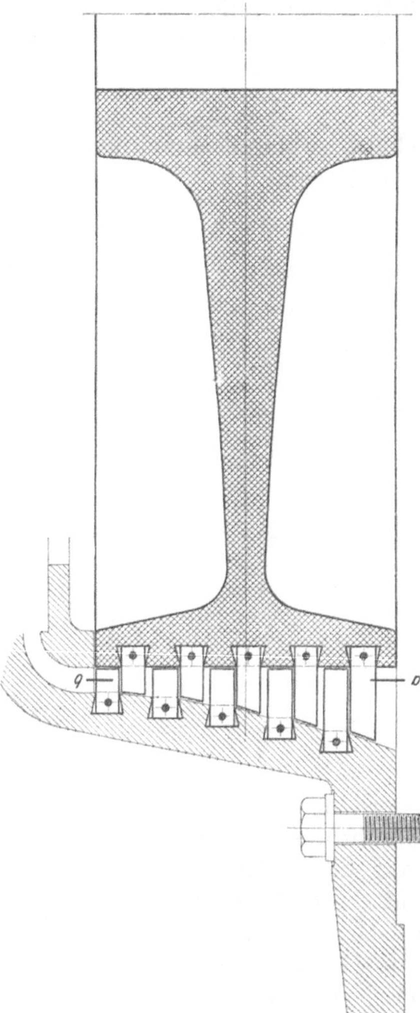

Fig. 341.

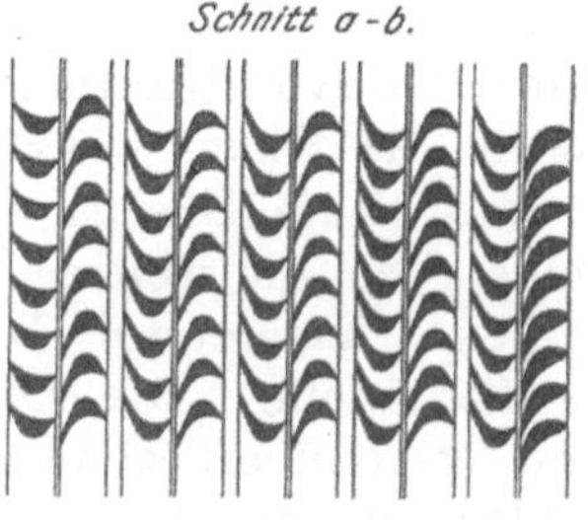

Fig. 341 a.

ausgiebige, etwa 1,5 mm betragende Spielräume gewählt; axial ist das Spiel im eigentlichen „Spalt“ ebensogroß und zwischen den Einzelstufen noch größer. Bei einer Schaufellänge von etwa 15 mm in der 1. Reaktionsstufe beläuft sich der Undichtheitsverlust hierbei allerdings auf 10 bis 20 v. H., sinkt aber bei der letzten Stufe auf etwa $^2/_5$ dieses Betrages. — Die Schaufeln werden gezogen, auf Länge geschnitten in Schwalbenschwanznuten eingefügt und durch Zwischenstücke, die auch Schwalbenschwanzform haben, in richtigem Abstand gehalten. Die Fliehkraft nimmt außer der Einklemmung ein durchgehender Runddraht als „Splint“ auf. Der beigegebene Schaufellängsschnitt zeigt deutlich, wie der Konstrukteur den mit zunehmender Expansion notwendigen Querschnitt durch Vergrößerung der Schaufelwinkel geschaffen hat.

Die Düsen (Fig. 342) besitzen flaches Rechteckprofil und sind in ein Stahlgußstück eingefräst, wobei die Düsenwand gehärtet werden soll. Eine Deckplatte bildet den Abschluß nach dem Fräsen.

Die Schmierung

beruht auf der Verwendung einer Schleuse, welche Druckpumpen überflüssig macht. Die Schleuse wird gebildet durch das in Fig. 339 links sichtbare Gefäß mit Ober- und Unterkammer. Letztere wie auch die

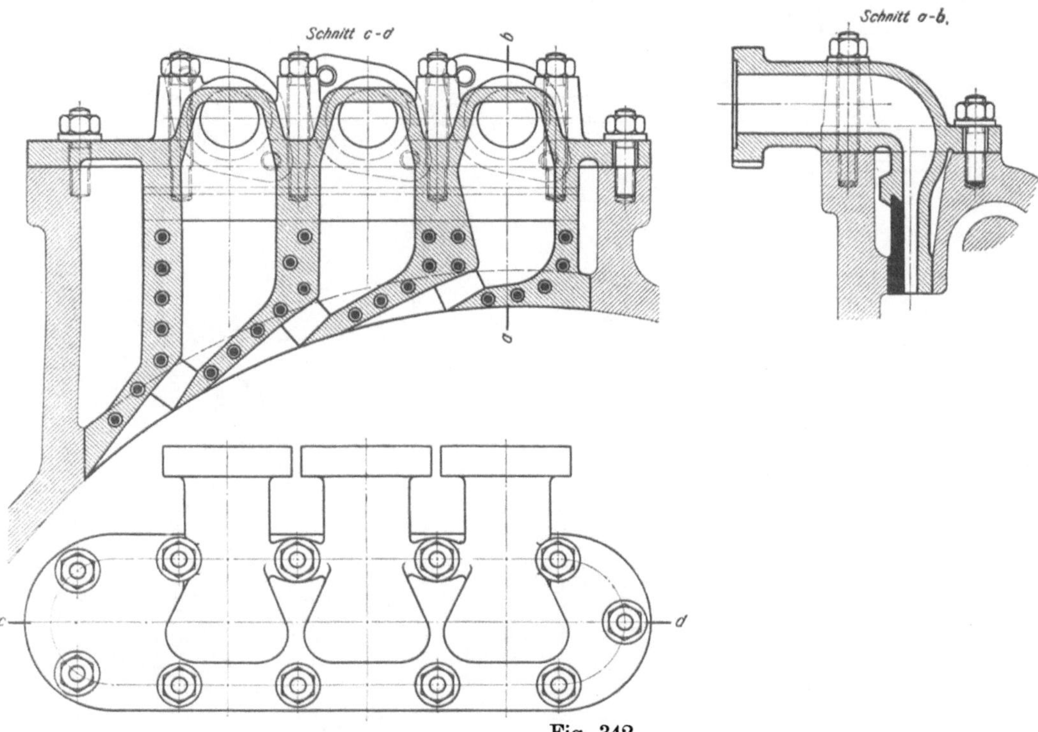

Fig. 342.

Kammer um den Spurzapfen herum steht mit dem Raume unter dem ersten Laufrad in Verbindung. Das Öl wird mithin automatisch durch den Spurzapfen und die vermöge eines Stiftes regelbare Wellenbohrung zum oberen Ringzapfen gedrückt. Dieser befindet sich in einem geschlossenen Raum, der mit dem Vakuum in Verbindung steht. Das Öl fließt nun im Verein mit dem, welches die obere Stopfbüchse angesaugt hat, in die Oberkammer der Schleuse. Ist diese gefüllt, so schließt man vorübergehend beide Kammern ab, läßt den Dampf zum Kondensator entweichen und leitet das Öl aus der Oberkammer in die Unterkammer, worauf die alten Verbindungen hergestellt werden. Auch der Trog über der Stopfbüchse kann aus der Unterkammer aufgefüllt werden. Im Betriebe dürfte sich jedenfalls eine Kühleinrichtung noch vorteilhaft erweisen.

Die Regulierung

ist schematisch in Fig. 343 dargestellt. Der Federregler A wirkt direkt auf den Rundschieber B, durch dessen immer weiter werdende Schlitze

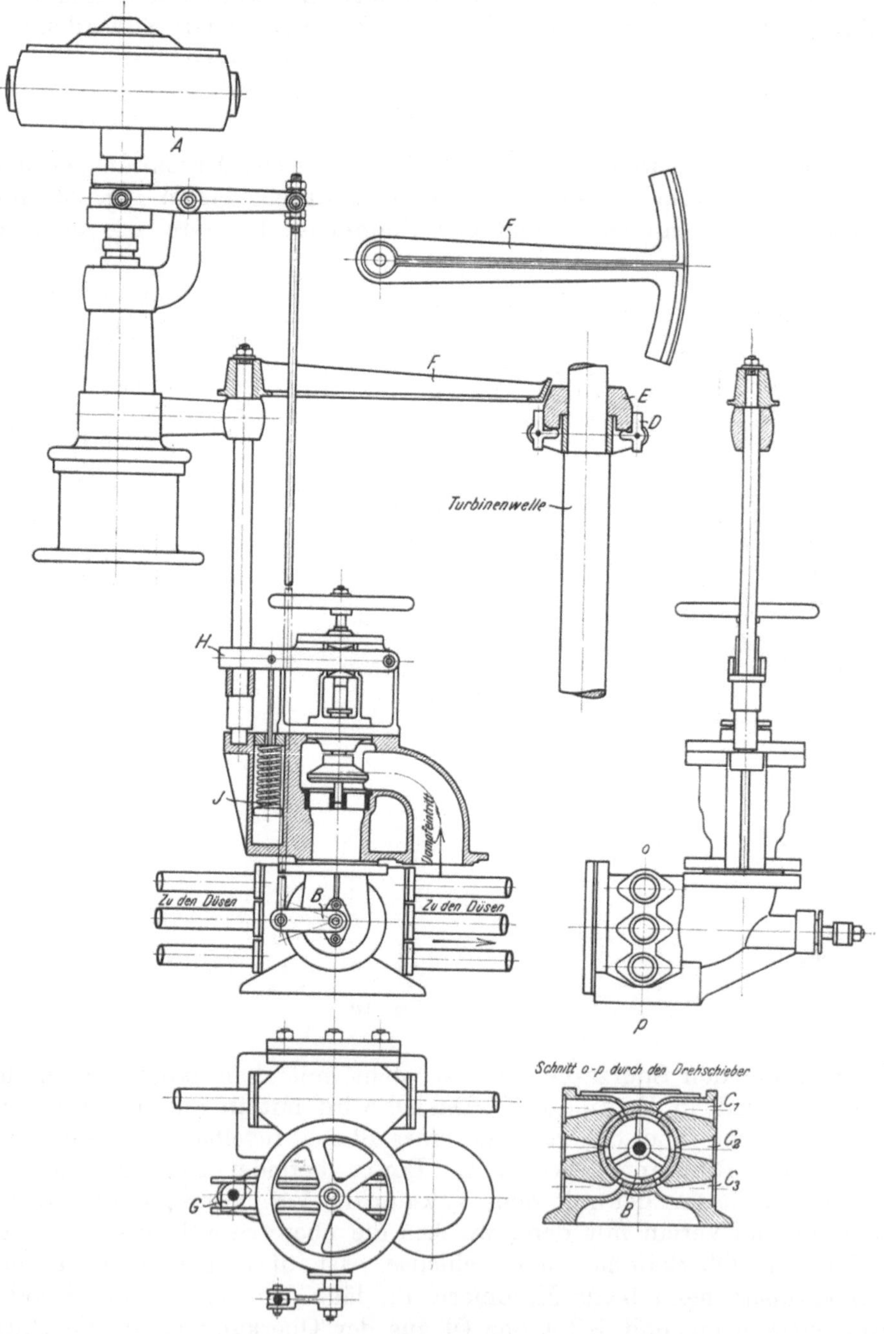

Fig. 343.

die zu den Einzeldüsen führenden Kanäle C_1, C_2, C_3 . . . usw. paarweise der Reihe nach auf- bzw. zugemacht werden. Die Symmetrie der Ausführung sichert eine vollkommene Entlastung.

Ein Teil der Düsen dient der Überlastung. In unmittelbarer Verbindung mit dem Regulierschieber befindet sich das Abschlußventil und sein Sicherheitsregler *D*. Dieser besteht aus dem konisch abgedrehten Hülsengewicht *E* und den Schwungpendeln *D*, durch welche bei Überschreitung der zulässigen Umlaufzahl der Konus gegen Hebel *F* gepreßt und dieser so weit gedreht wird, daß Knagge *G* den Hebel *H* frei läßt. Hebel *H* trägt die Mutter der Ventilspindel und schließt vermöge der Feder *J* die Dampfeinströmung ab.

85. Turbine von Schulz.

Die Turbine von Schulz für ortsfeste Aufstellung, welche wir in erster Linie zu besprechen haben, ist eine Reaktionsturbine mit einer hohe Beachtung verdienenden Methode, den axialen Dampfdruck auszugleichen. Die Turbine wird in eine Hochdruck- und eine Niederdruckgruppe geteilt mit entgegengesetzter Richtung der Dampfströmung. Fig. 344, der deutschen Patentschrift No. 137 792 (Novbr. 1900) entnommen, zeigt bei *e* Dampfeintritt zur Hochdruckseite, bei *f* Austritt und Überleitung durch Regulierventil *g* und Rohr *k* zur Niederdruckseite *h*, aus welcher der Dampf bei *i* zum Kondensator entweicht. *m* ist die Frischdampfleitung zu einer eventuell benötigten Rücklaufturbine, *n* ein Kammlager zur Aufnahme etwa übrig bleibender Achsenkräfte. Der Ausgleich kann für einen bestimmten Dampf- und Kondensatordruck und eine bestimmte Umlaufzahl zu einem vollkommenen gemacht werden. Er bliebe vollkommen, wenn sich Admissions- und Vakuumdruck proportional änderten; dies trifft in Wahrheit nicht genau zu, doch wird die Achsenkraft bei richtiger Bemessung der Trommelabmessungen von *A* und *B* nicht von Belang (ähnlich wie bei Parsons, wo analoge Verhältnisse herrschen) und der Gebrauch des Regulierventils kann überflüssig werden.

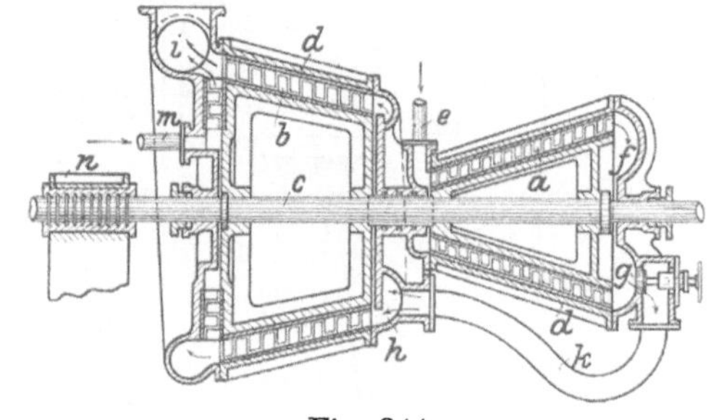

Fig. 344.

Für Schiffszwecke konstruiert Schulz die Hochdruckseite zum großen Teil als Aktionsturbine und läßt den Axialdruck der Niederdruckseite bestehen, um dem Propellerschub das Gleichgewicht zu halten. Eine Versuchsturbine dieser Art, von der Kruppschen Germaniawerft in Kiel ausgeführt, wird in Fig. 345 dargestellt. Die 10 ersten Aktionsräder sind mit der in Abschn. 73 besprochenen Regulierung (hier von Hand betätigt) versehen. In Fig. 346 finden wir die photographische Wiedergabe des Motors auf dem Probierstande. Die am Hochdruckmantel sichtbaren langen Schrauben sollen zu einer Verstellung der Leiträder gegenüber ihren Schiebern dienen, um den Durchgangsquerschnitt nach Belieben zu ändern. Das in Fig. 345 mit *R* bezeichnete Rohr führt Dampf vom Wechselventil *V* zur Rücklaufturbine, welche nach einer ebenfalls patentlich geschützten Idee eine axiale und eine radiale Turbine umfaßt.

Letztere vertritt die Stelle der bei Parsons vorhandenen Labyrinthdichtung und kann den Propellerschub des Rückwärtsganges aufheben.

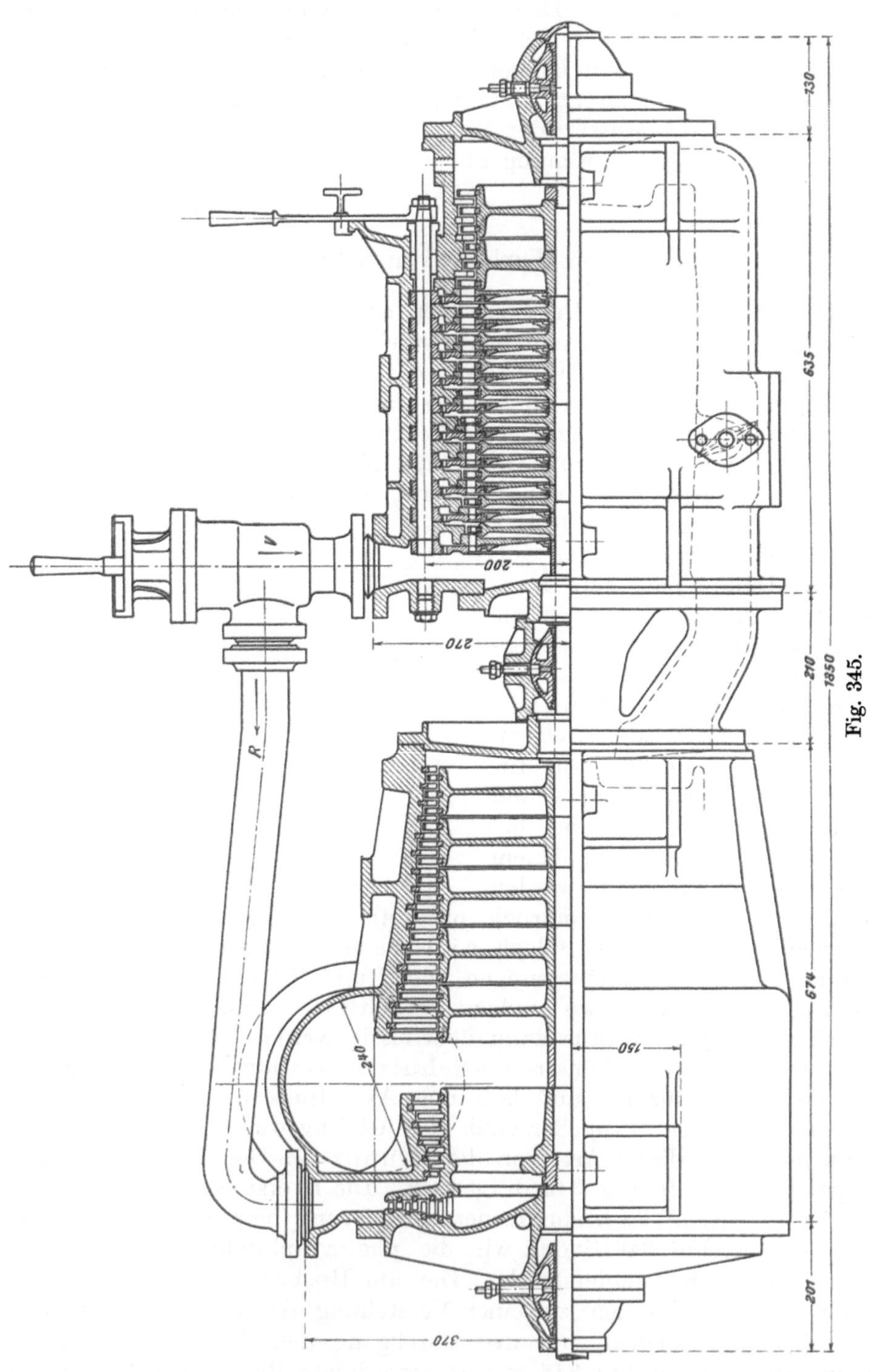

Fig. 345.

Die Bauart der stählernen Hochdruckräder ist aus Fig. 345 ersichtlich. Die Schaufeln bestehen aus gezogenem Deltametall, der Deckring

Fig. 346.

aus Stahl. Die Werkzeichnung eines Niederdruckrades, welches drei Laufkämme vereinigt, stellt Fig. 347 dar, an welchen man das Sägezahnprofil zur Verringerung der Dampfdurchlässigkeit wahrnehmen kann.

Mit einer Probeturbine führte der Konstrukteur eine Reihe von Belastungsversuchen durch, deren Ergebnis in Fig. 348 graphisch dargestelltist. Bei der bis auf 5000 Umgänge gesteigerten Geschwindigkeit wurde deutlich der Scheitel der Leistungsparabel erreicht. Der Kesseldruck blieb konstant, die Pressung hinter der Hochdruckturbine in der Reihenfolge der Kurven *A* bis *F* war 1,09; 1,12; 1,35; 1,60; 1,80; 1,90 kg/qcm abs. im Mittel, die Kondensatorspannung im Mittel 0,3 kg/qcm abs. Ob die Einkerbung der Linien *A* und *B* eine organische Erscheinung ist (wie bei vielen hydraulischen Turbinen), läßt sich aus den vorliegenden Angaben nicht beurteilen.

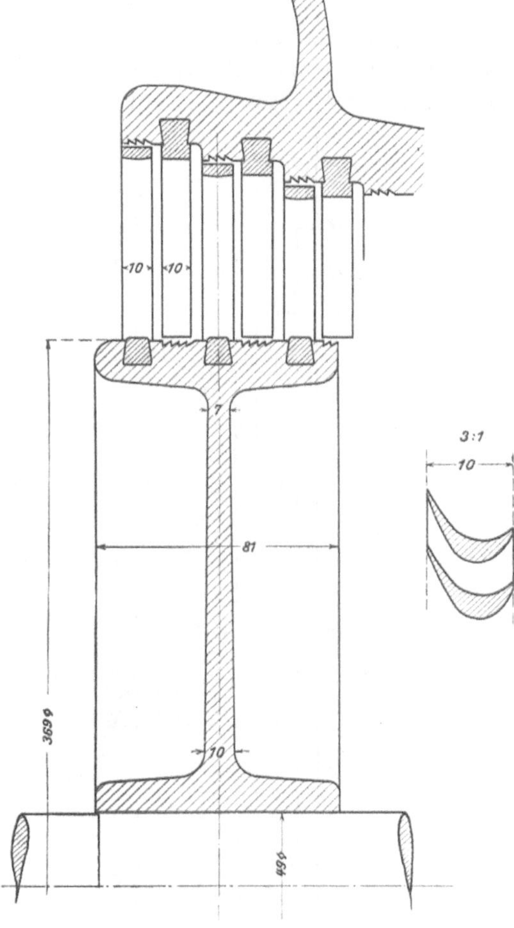

Fig. 347.

Weitere interessante Versuche über den Druckverlauf bei Veränderung des Leitradquerschnitts sind in Fig. 349 dargestellt. Die Tourenzahl betrug rd. 1440. Der Druck wurde durch einen Indikator in Verbindung mit Umschalthähnen (Fig. 350), die auch in Fig. 346 sichtbar sind, ermittelt. Kurve A entspricht normalem Betrieb. Bei B erhielten

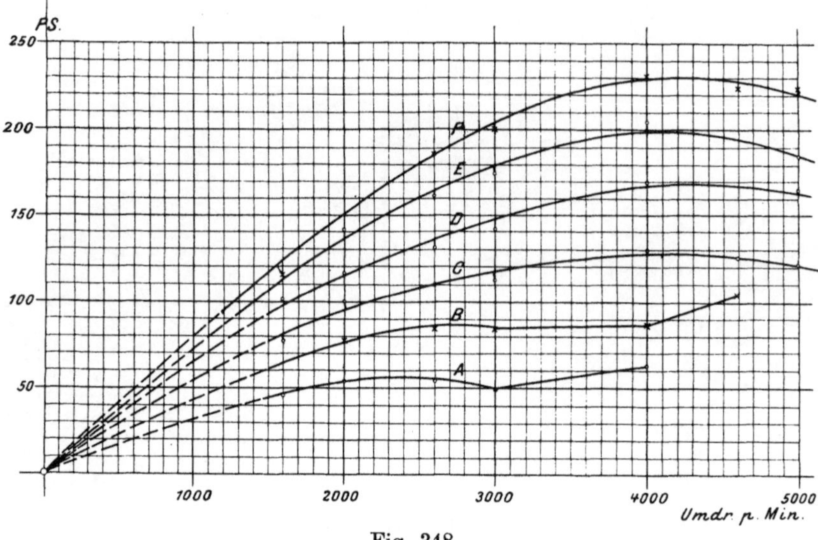

Fig. 348.

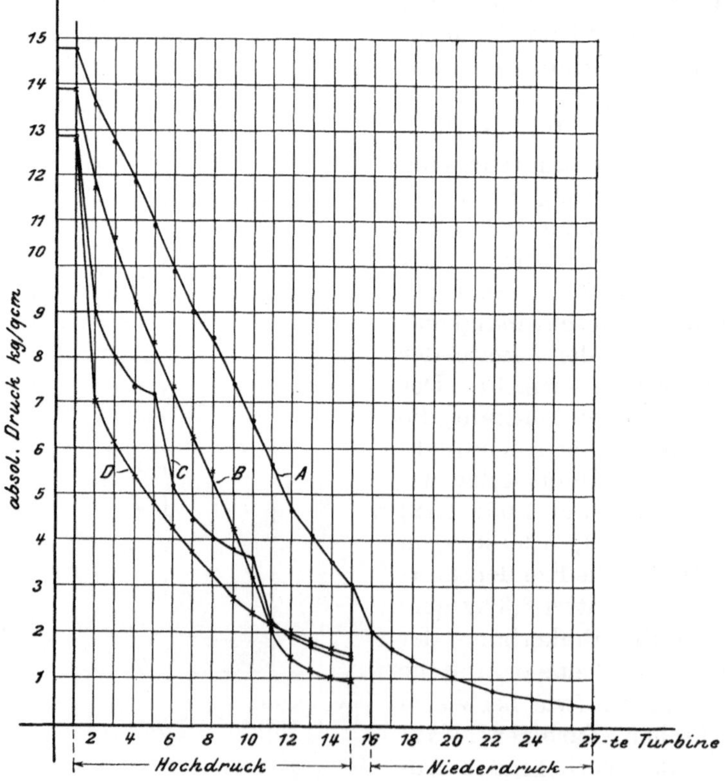

Fig. 349.

die 10 ersten Stufen $^1/_6$ Durchgang. Bei C erhielten Stufe 1, 5 und 10 je $^1/_6$ Durchgang; bei D endlich nur die erste Stufe $^1/_6$ Durchgang. Die jeweilen verengten Leitquerschnitte ergeben naturgemäß stärkeren Druckabfall, der in der Figur klar zum Ausdruck kommt. Zu weiterer rechnerischer Verfolgung müßte der Dampfzustand, d. h. der Überhitzungsgrad vor der Turbine bekannt sein, doch geht die gute Wirkung der Regulierung nach der Methode B klar hervor, da sie gestattet, bei auf $^1/_6$ reduzierten Querschnitten mit vollem Dampfdruck zu arbeiten.

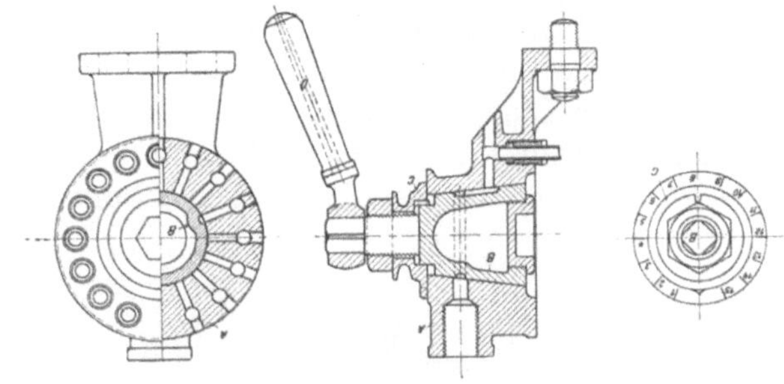

Fig. 350.

Die auf Schiffsturbinen Bezug habenden Konstruktionen von Schulz werden weiter unten besprochen.

86. Turbine von Lindmark.

Lindmark[1]) benutzt die Möglichkeit, die Strömungsenergie des Dampfes durch konische Düsen in Druck rückzuverwandeln, um eine Turbine mit tunlichst kleiner Umfangsgeschwindigkeit zu konstruieren. An der Schaulinie C in Fig. 31, Abschn. 24, kann festgestellt werden, daß der Dampf mit 10,5 kg/qcm Druck vor der Düse, an der engsten Stelle auf rd. 7,5 kg/qcm expandiert und in der Erweiterung wieder auf nahezu 10 kg/qcm verdichtet wird. Es findet mithin trotz des starken Abstieges ein Druckverlust von bloß etwa $^1/_2$ Atm. statt. Die Geschwindigkeit am weiten Düsenende ist so gering, daß man von der Strömungsenergie absehen und den Zustand des Dampfes aus der geforderten Gleichheit des Wärmeinhaltes vor und am Ende der Düse bestimmen kann. Der ganze Vorgang wird im Entropiediagramm durch die (nicht maßstäbliche) Fig. 351 veranschaulicht. A_1 bedeutet den Ausgangszustand, $A_1\,A_2$ die wirkliche Expansionslinie auf den Druck an der engsten Stelle, welche sich von der

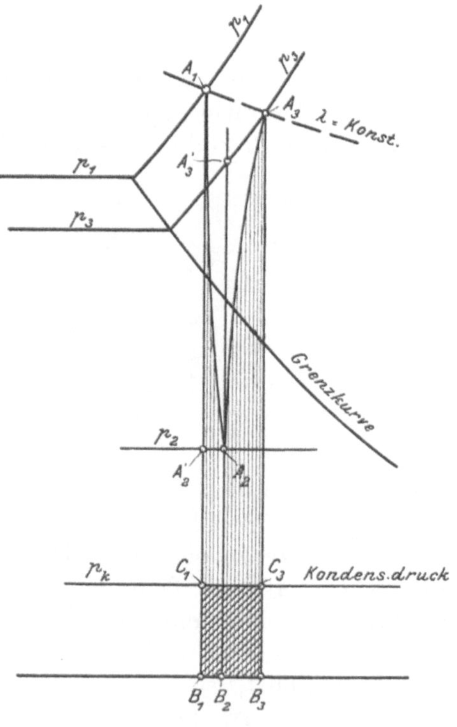

Fig. 351.

[1]) Früher Chefkonstrukteur der de Laval-Gesellschaft in Stockholm.

adiabatischen Linie A_1 A_2' durch die stete Zunahme der Entropie (d. h. Umwandlung kinetischer Energie in Wärme) unterscheidet. Die nun folgende Verdichtung führt nach A_3, und der wirkliche Vorgang unterscheidet sich von der adiabatischen Kompression A_2 A_3' wieder durch eine Zunahme der Entropie. A_3 ist der Schnittpunkt der Verdichtungslinie mit der Linie λ_1 = konst., und ergibt den Endzustand nach Druck und Temperatur. Die gesamte Reibungsarbeit wird durch die Fläche $A_1 B_1 B_3 A_3 A_2 A_1$ dargestellt, und es hängt von ihrer Größe ab, um wie-

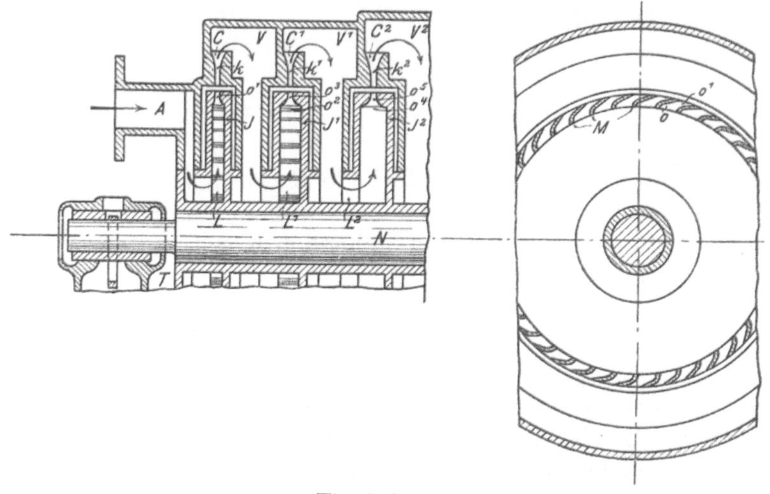

Fig. 352.

viel der Enddruck p_3 tiefer ist als p_1. Auch hier bildet aber keineswegs der Gesamtbetrag einen wirklichen Verlust; dieser ist vielmehr lediglich dem Produkte aus der Entropiezunahme B_1 B_3 und der absoluten Temperatur der tiefsten Wärmequelle, sei diese C_1 B_1, d. h. dem Inhalte der Fläche $B_1 B_3 C_3 C_1$ gleich.

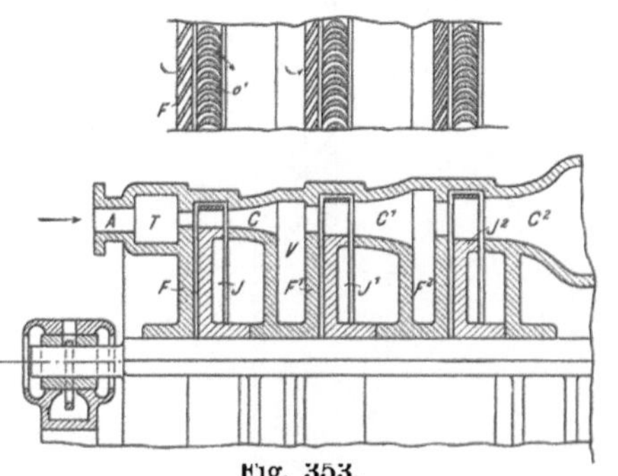

Fig. 353.

Durch die Versuche in Abschn. 24 ist erwiesen, daß, wenn die Endgeschwindigkeit der Expansion bei A_2 die Schallgeschwindigkeit überschreitet, ein Dampfstoß auftritt, und die Verluste rasch zunehmen. Hierdurch wird der Verwandlung von Geschwindigkeit in Druck eine praktische Grenze gezogen. Es ist nun vollständig gleichgültig, durch welche Mittel dem Dampfe im Zustande A_2 die von ihm innegehabte Geschwindigkeit erteilt worden ist. Es kann diese die Abflußgeschwindigkeit aus dem Laufrade einer Turbine sein; wird der Dampf in eine Düse eingeführt, so erfolgt dieselbe Verdichtung wie in unserem Versuch, und dies ist der Weg, den Lindmark beschritten hat.

Er beobachtete einen Teil dieser Vorgänge an Hand eigener Versuche, wie man in seinem deutschen Patente No. 142964 vom 23. Februar 1902, welches indes erst den 8. August 1903 ausgegeben wurde, nachlesen kann.

Zur Aufdeckung des gefährlichen Dampfstoßes ist Lindmark nicht gelangt, doch erkannte er die Zunahme des Druckverlustes mit zunehmender Expansion und beabsichtigt nicht, unter das kritische Druckverhältnis (d. h. rd. 0,58) zu gehen. Die Form, in welcher Lindmark seine

Fig. 354.

Idee zu verwirklichen trachtet, ist durch die Fig. 352 und 353 veranschaulicht. Die erstere dieser vielstufigen Turbinen arbeitet gewissermaßen mit totaler Reaktion, indem der Dampf in das hohle Laufrad eintritt und das ganze Druckgefälle in Geschwindigkeit umsetzt.

Ein besonderes Leitrad ist bei der Kleinheit der radialen Geschwindig keit nicht erforderlich. Bei verhältnismäßig kleiner Umlaufsgeschwindigkeit bleibt noch eine bedeutende Auslaßgeschwindigkeit übrig, und diese wird, wie oben geschildert, durch den erweiterten Ringkanal, der wie bei hydraulischen Turbinen ,,Diffusor" heißen muß, in Druckenergie rückverwandelt. Durch eine Umführung gelangt der Dampf in das Innere des zweiten Laufrades usf.

Fig. 353 stellt die Anwendung des Prinzipes auf eine Aktionsturbine mit durchweg axialer Strömungsrichtung dar. In beiden Fällen ist volle Beaufschlagung unerläßlich, um Wirbelung beim Eintritt in den Diffusor zu vermeiden. Der Erfinder erhofft mehr von der Reaktionsturbine aus folgenden Gründen: Die Reaktionsschaufel kann ungemein kurz gemacht werden. Bei nicht zu großen Druckunterschieden wird auch der Diffusorkanal kurz. Große (300—400 m betragende) Dampfgeschwindigkeiten kommen nur auf diesen kurzen Wegen, deren Länge für eine Stufe wohl auf wenige Zentimeter beschränkt werden kann, vor. In allen übrigen Teilen kann mit sehr kleiner Geschwindigkeit gearbeitet werden, die eigentlicheDampfreibung wird also sehr gering ausfallen. Auch die Radreibung kann nicht groß werden, da keine unbeschäftigten Schaufeln vorhanden sind und dem Dampfe nur glatte Umdrehungsflächen dargeboten werden. — Als Nachteil des Systemes muß der Zwang zur vollen Beaufschlagung angesehen werden, welche selbst bei großen Kräften zu sehr engen Kanalweiten führt. Störend könnte die Undichtheit an den Abschlußstellen des Rades wirken, da der Unterschied zwischen dem Druck im Spalte und vor dem Laufrad größer ist, als bei der gewöhnlichen Turbine. Doch kann nur die Erfahrung das endgültige Urteil hierüber sprechen.

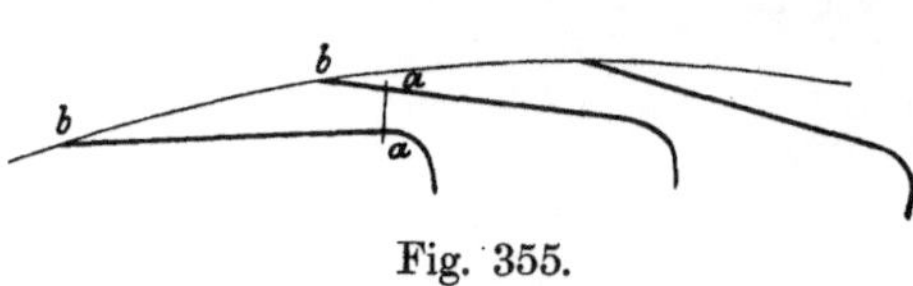

Fig. 355.

In Fig. 354 ist die erste 300pferdige Probeausführung abgebildet, die aus 21 Rädern besteht und mit zwischen 500 und 800 mm gelegenen Durchmessern und 3000 Umdrehungen pro Min. arbeitet. Die größte Strömungsgeschwindigkeit beträgt nach Mitteilungen des Erfinders 250 bis 350 m. Fig. 355 zeigt ein Profil der Schaufeln. — Die Ausführung entspricht reiner Reaktion nach dem Schema der Fig. 352. Man darf auf die Versuchsergebnisse der höchst eigenartigen Arbeitsweise gespannt sein.

87. Turbine von Gelpke-Kugel.

Die in Fig. 356 dargestellte Turbine arbeitet mit schwacher Reaktion und radialer Beaufschlagung. Der Dampfweg bildet, wie ersichtlich, eine sich auf und ab schlängelnde Linie. In Fig. 357 stellt A die absichtlich mit geringer Krümmung hergestellte Leitschaufel dar; B ist die eigentliche arbeitende Laufschaufel, die den Dampf mit einem (gegen den Radumfang gerechnet) mäßig spitzen Winkel in den Überströmkanal austreten läßt. Im auswärts führenden Kanal C befinden sich weitere Laufschaufeln, die indessen mit reiner Aktion (d. h. angenähert konstantem Drucke) arbeiten sollen, also den Dampf nur ablenken. Kanal D, der nun den Dampf aufnimmt, ist bloß mit wenigen radial stehenden Führungsschaufeln versehen. Durch Aneinanderreihung ähnlicher Systeme wird die in Fig. 356 dargestellte 25stufige Turbine aufgebaut. Der Überdruck auf die vordere Bodenfläche und auf die freien Ringflächen der Trommeln wird zu einem Teile durch die abgestuften Gegendruckkolben (am rechten Wellenende), welchen man Frischdampf zuführt, aufgenommen; der Hauptteil soll auf ein Öldruckspurlager übertragen werden. — Die Schaufeln werden aus gezogenen Profilen geschnitten und vermöge passender Ansätze von zwei durchlochten Seitenringen J festgehalten. In zusammengesetztem Zustande werden sie mitsamt den Tragringen L, K auf die Lauftrommel, bzw. in das Gehäuse, gepreßt.

Die Regulierung erfolgt durch Verdrehen der Leitschaufeln E am ersten Rade in der durch Fig. 357 veranschaulichten Weise, die sehr an

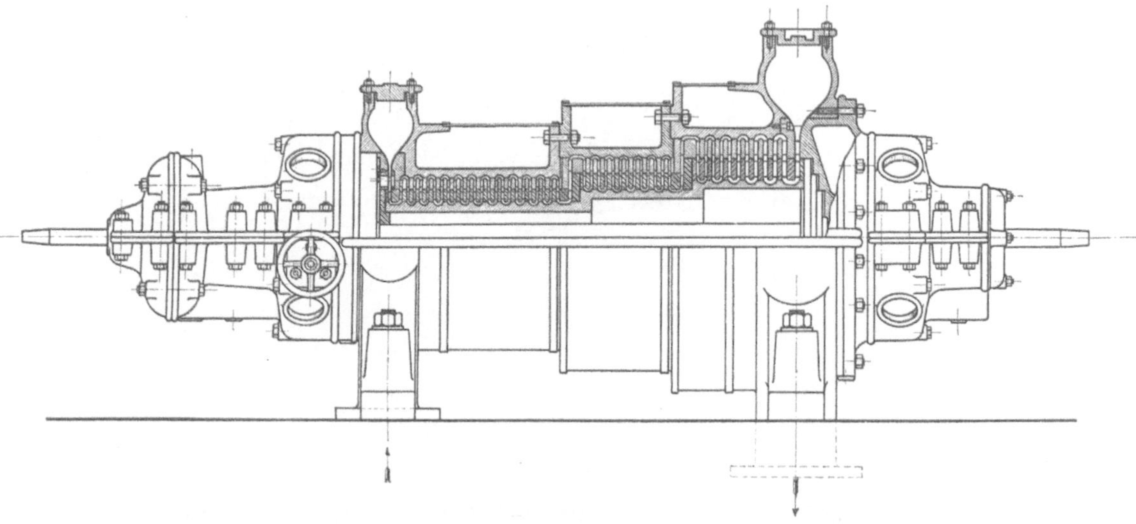

Fig. 356.

bei Francis-Turbinen übliche Konstruktionen erinnert. H ist ein beweglicher Ring, der vermöge Bolzen G und Zugstange F die Leitschaufeln E mitnimmt. Die hohe Dampfgeschwindigkeit, die während einer Drosselung beim Austritt aus diesen Leitschaufeln vorhanden ist, wird indessen im Laufrade nicht ausgenutzt, denn die „Kontinuität“ zwingt den Dampf in der Laufschaufel eine genau so große Geschwindigkeit anzunehmen, als wenn wir die übliche Drosselung angewendet hätten.

Die Konstrukteure führen als Vorteile ihres Systemes an, daß die Schaufellänge überall dem theoretischen Werte genau angepaßt werden kann, daß der Spaltverlust gering sein werde, da die Strömung senkrecht zur Spaltrichtung stattfindet u. a. Als Nachteil muß die Länge des Dampfweges und die Anwesenheit einer weiteren Krümmung in jedem Leit- und Laufrad angesehen werden. Doch hofft man die Wirkung dieser Umstände durch die Wahl kleiner (20 bis 40 m betragender) Geschwindigkeiten auf ein unschädliches Maß zu reduzieren; allerdings wird hierdurch die Baulänge der Turbine wesentlich vergrößert.

Bei vertikaler Bauart könnte die bei anderen Systemen konstruktiv sehr unbequeme Teilung der Gehäuse vermieden und die äußerlich glatte

Trommel von oben in das Gehäuse eingelegt werden, was einen schätzbaren Vorzug bedeutet. Eine Turbine von 140 PS Leistung bei

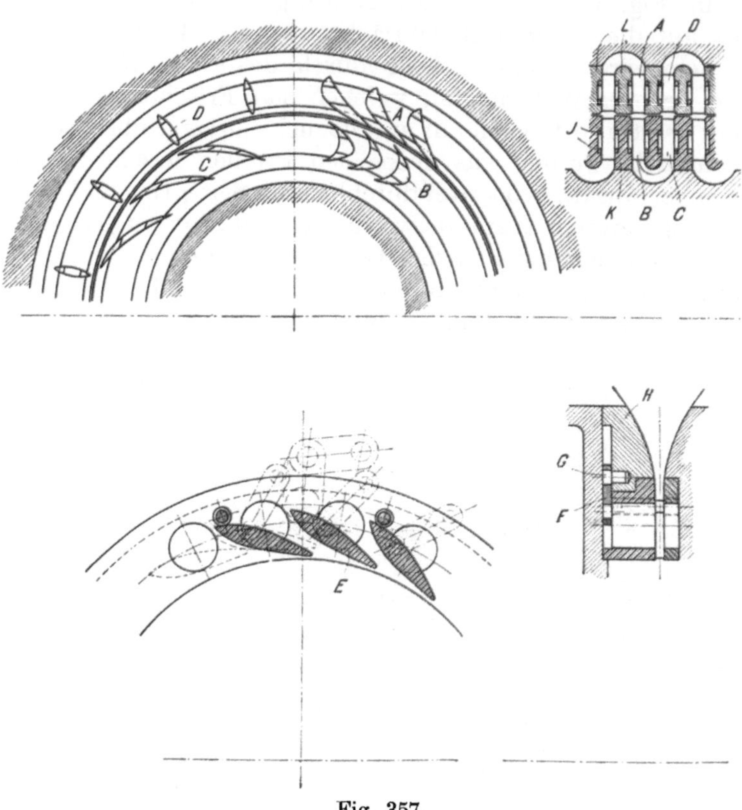

Fig. 357.

4500 Umdrehungen pro Min. ist ausgeführt und kommt demnächst zur Erprobung.

88. Geschichtlicher Rückblick.

Über die an Überraschungen reiche Vorgeschichte der Dampfturbine sind wir durch das Buch: „Roues et turbines à vapeur" von K. Sosnowski, Paris 1897, gut unterrichtet. Das Buch bildet im wesentlichen eine Zusammenstellung älterer Patente auf Grund des Studiums Pariser Archive; wir entnehmen ihm mit Genehmigung des Verfassers nachstehende Beispiele.

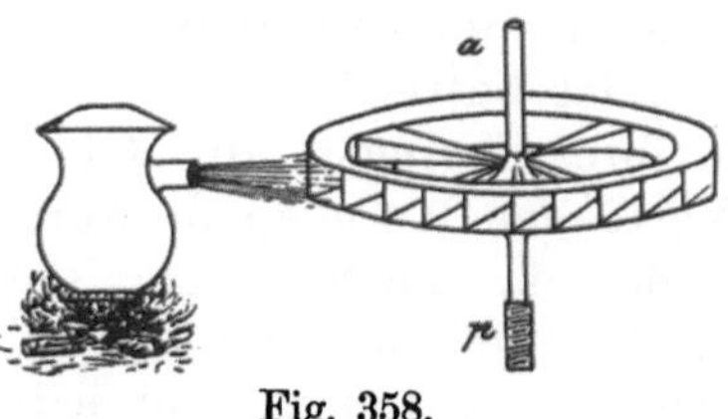

Fig. 358.

Als älteste Spur der Dampfturbine darf man die schon von ägyptischen Priestern benutzte „Eolypyle", welche Heron von Alexandrien um das Jahr 120 v. Chr. beschreibt, ansehen. Die Vorrichtung bestand aus einer über einem Feuer drehbar gelagerten Hohlkugel, die durch die Reaktion des aus einem gebogenen Röhrchen ins Freie tretenden Dampfstrahles in Rotation versetzt wird.

Giovanni Branca, italienischer Architekt, schlägt 1629 die in

Fig. 358 abgebildete Maschine zur Ausführung vor, ist also der Vorläufer de Lavals.

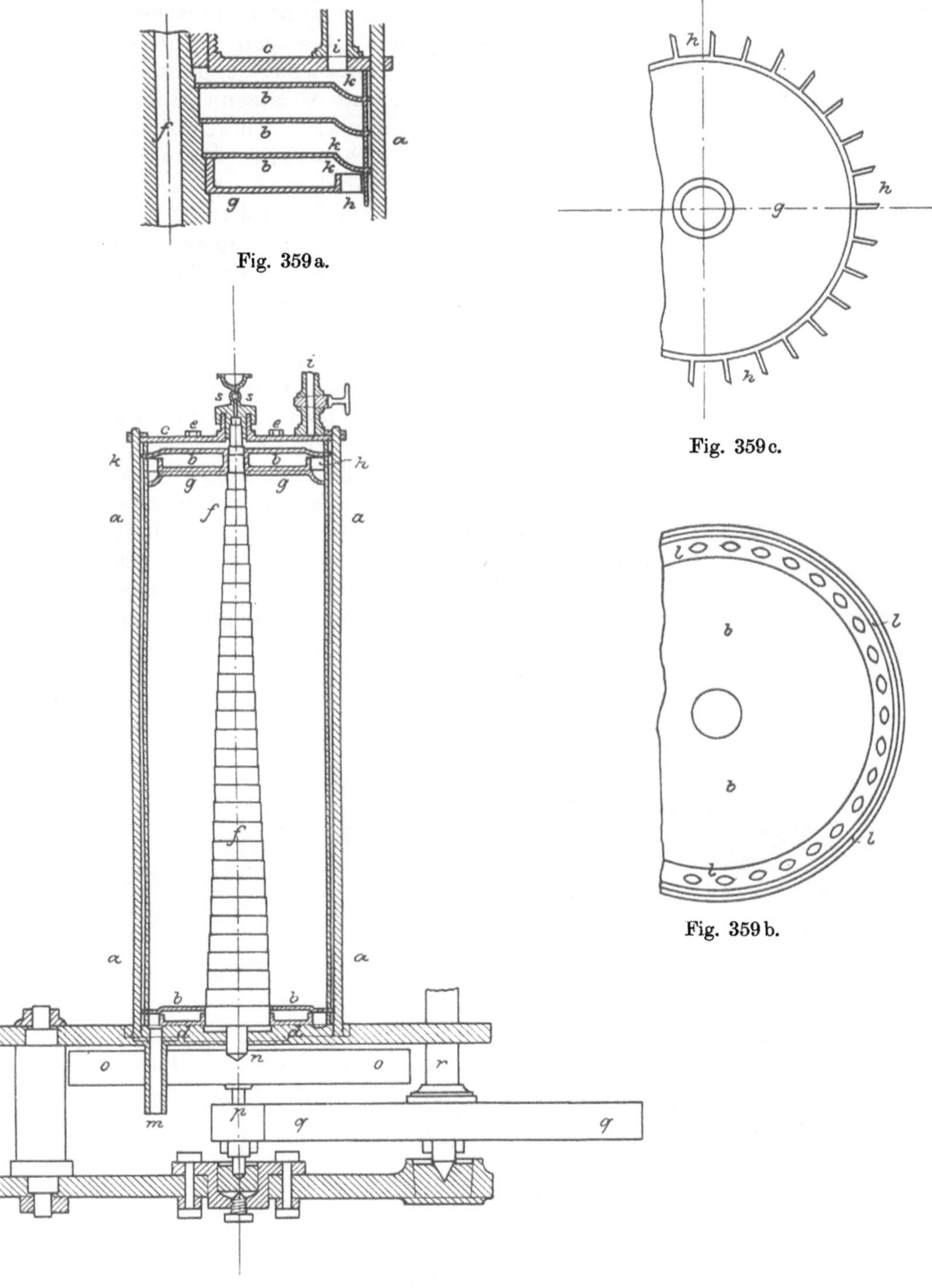

Fig. 359a.

Fig. 359c.

Fig. 359b.

Fig. 359.

Real und Pichon konstruieren 1827 die erste vielstufige Aktionsturbine (siehe Fig. 359 bis 359c). Das Laufrad g besitzt allerdings nur primitive ebene Schaufeln, das Leitrad *b* ist mit schiefen Bohrungen an Stelle der Düsen versehen. Die vergrößerte Skizze (Fig. 359a) zeigt, wie durch die Leitscheiben *b* einzelne Abteilungen gebildet werden, in welchen sich die Räder *g* bewegen. Fig. 359 bildet eine Zusammenstellung, in der freilich nur die mit Absätzen versehene Spinde sichtbar ist, deren Abzählung ergibt, daß wir es mit einer 31 stufigen Turbine zu tun haben.

Fig. 360a.

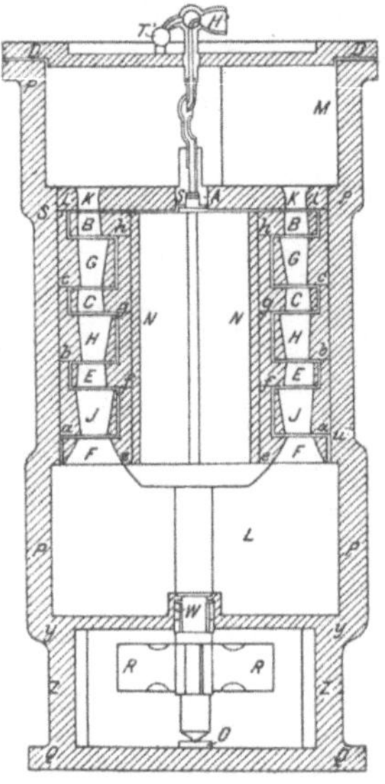

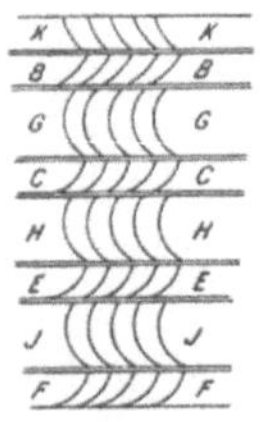

Fig. 360.

Nachdem schon 1791 James Sadler eine nach Art des Segnerschen Rades gebaute Reaktionsturbine beschrieben hat, wird auch dieses Prinzip vielfach verwertet. Im Jahre 1853 legt Tournaire der französischen Akademie eine ungemein klare Beschreibung der vielstufigen Reaktionsturbine vor (Fig. 360, 360a). Er betont darin, daß die Wirkung im wesentlichen auf der Verschiedenheit der Pressungen zwischen Ein- und Austritt der Schaufeln bestehe, durch welche die relative Geschwindigkeit vergrößert wird. Der Querschnitt der Schaufel beim Eintritt müsse größer sein als beim Austritt. Er erkennt, daß die sonst notwendige sehr hohe Umfangsgeschwindigkeit durch Anwendung vielstufiger Expansion herabgesetzt werden kann.

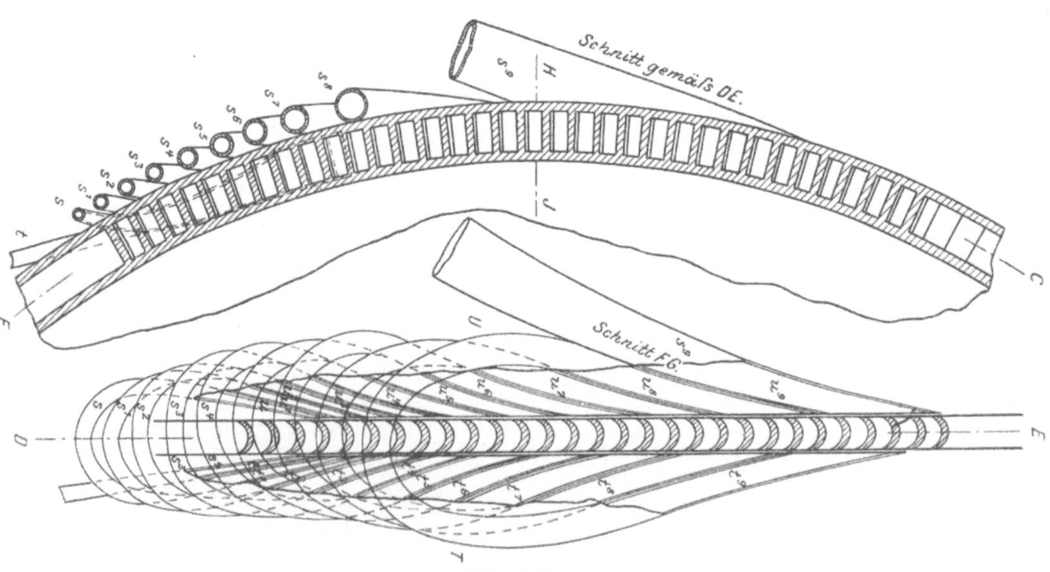

Fig. 361.

Perrigault und Farcot nehmen im Jahre 1864 das erste Patent auf die Umführung des Dampfes, freilich in der praktisch wertlosen Form der Fig. 361. Nicht viel anders steht es mit den Vorschlägen von Ferranti (Fig. 362). Um den Dampf so viele Male durch das Rad zu treiben, muß man mit von Stufe zu Stufe abnehmendem Druck (oder Überdruck) arbeiten. Hierbei findet aber ein bedeutender Spaltverlust statt, der die Ökonomie herabsetzt.

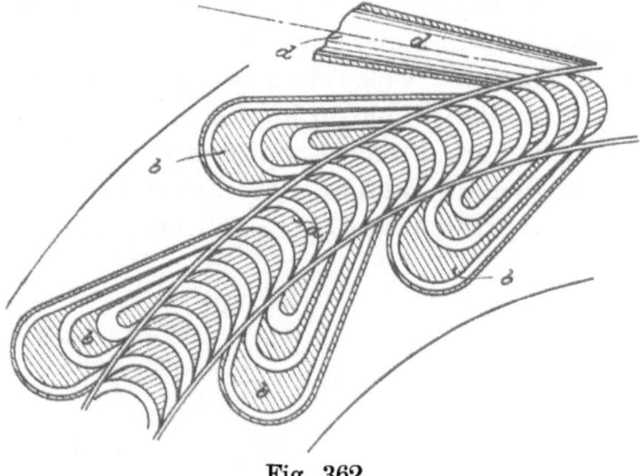

Fig. 362.

Die Turbine von Hanssen, 1870, ist der Schaufelung nach wieder ein vielstufiger Reaktionsmotor mit axialer Beaufschlagung. Cutler kommt 1879 mit einer relativ gut konstruierten radialen vielstufigen Turbine.

De Laval macht im Jahre 1883 die erste Anwendung einer Dampfturbine bei seinen Milchzentrifugen. 1884 konstruiert Ch. A. Parsons die vielstufige Reaktionsturbine mit axialer Beaufschlagung, welche als historisches denkwürdiges Objekt im Kensington-Museum in London

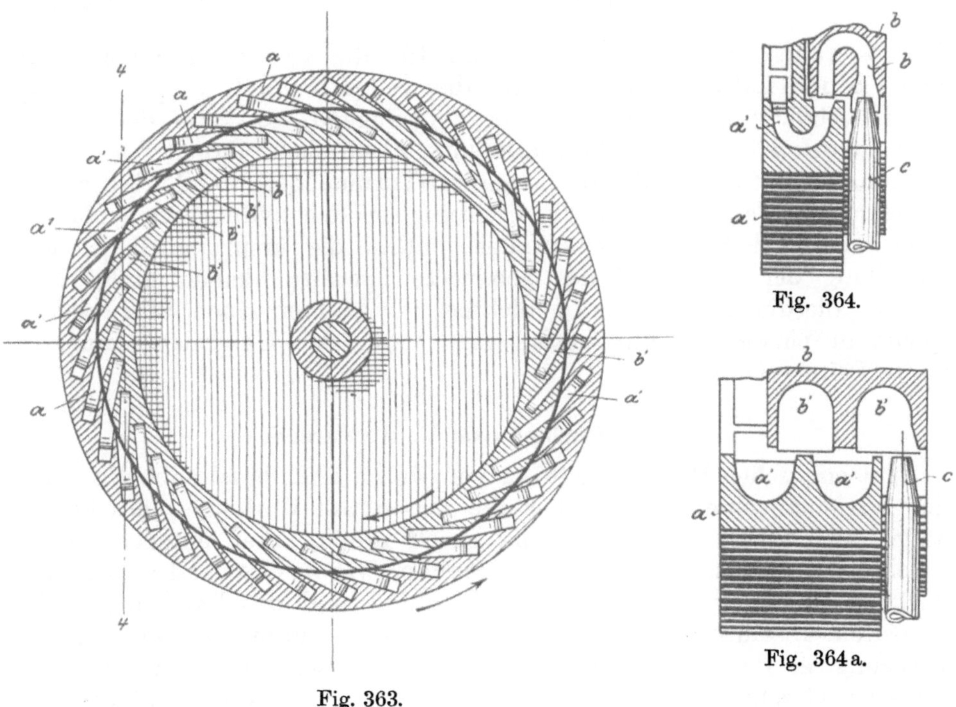

Fig. 363.

Fig. 364.

Fig. 364a.

aufbewahrt wird. 1890 folgt die radiale Beaufschlagung, die heute indes wieder verlassen ist.

Die Patente von Altham, 1892, betreffen eine Turbine mit Gegenlauf des Leit- und Laufrades, wobei eine der Stumpfschen ähnliche Schaufelung verwendet (Fig. 363) und sogar von Umkehrschaufeln, d. h. Geschwindigkeitsstufen (Fig. 364 und 364a) Gebrauch gemacht wird.

89. Neuere Vorschläge.

Turbine von Fullagar.[1])

Fullagar ersetzt die Entlastungskolben Parsons' durch einige ebenfalls mit Labyrinthdichtung versehene Scheiben am Niederdruckende der Turbine, welch letztere im übrigen mit der Parsonsschen Ausführung in allen Punkten identisch ist (Fig. 365 u. 365a). Der Druck des bei A eintretenden Frischdampfes auf die Stirnfläche der ersten Trommel wird ausgeglichen, indem der Frischdampf durch Kanal a zu einem durch die Labyrinthringe a_1 gedichteten Raum am rechten Ende der Turbine

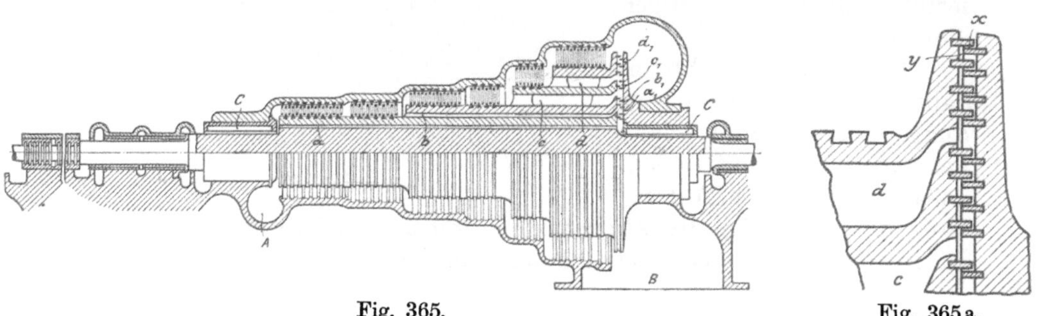

Fig. 365. Fig. 365a.

Zutritt erhält. Dasselbe ist der Fall für die zweite Trommel durch Kanal b und Labyrinthringe b_1, für die weiteren durch c, c_1 und d, d_1. Ist die Abdichtung an einer Stelle ungenügend, so kann der Dampf noch in den nächsten Turbinenabteilungen nützliche Arbeit leisten. — Diese Konstruktion würde die Länge der Turbine bedeutend kürzen, hat indessen den Nachteil, daß die Dichtung in den zylindrischen Mantelflächen bei x (Fig. 365a) stattfindet, mithin die ursprüngliche Höheneinstellung der Welle auf das genaueste bewahrt bleiben muß. Man könnte allerdings auch bei y dichten (d. h. hier einen sehr kleinen Spielraum einstellen), nur müßte man dann das Kammlager auf die rechte Seite setzen.

Gegenlaufturbine von C. A. Parsons.

Im englischen Patent No. 6142 vom Jahre 1902 beschreibt Parsons eine Aktionsturbine, bei welcher die Düsen am Umfange eines hohlen Rades angeordnet sind und eine gleich große, aber entgegengesetzt gerichtete Umfangsgeschwindigkeit erhalten, wie das Laufrad selbst. Die Wirkung ist die, als wenn die Düsen ruhten und das Laufrad mit der doppelten absoluten Geschwindigkeit rotieren würde, da die Relativbewegung in den Schaufeln bei axialer Beaufschlagung nur von der relativen Geschwindigkeit der Düse und des Laufrades abhängt. Es kann indessen die Umlaufzahl (bei gleichem Durchmesser) nicht ganz auf die Hälfte herabgesetzt werden, da, wie wir bei der Radialturbine besprochen haben, der Dampfdruck vor der Düse durch die Fliehkraft in der Zuleitungsröhre eine Steigerung erfährt, also die Ausströmgeschwindigkeit aus der Düse[2]) größer wird, als wenn das Leitrad

[1]) Schweiz. Patent No. 24039, April 1901.

[2]) Entgegen der versehentlichen Annahme der 2. Auflage!

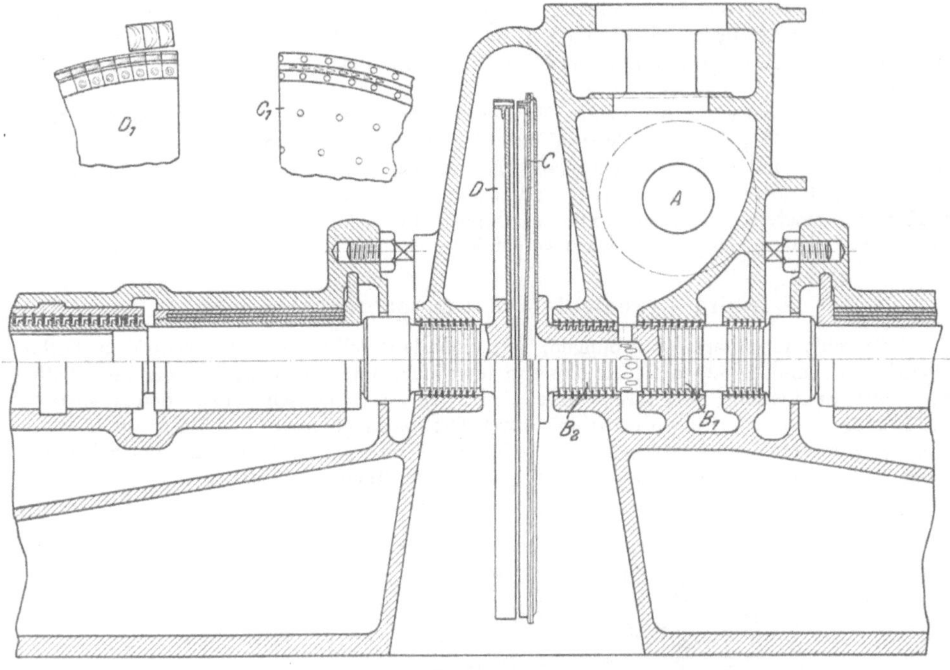

Fig. 366.

ruhte. Der Vorteil der Herabsetzung der Umdrehungszahl wird zum Teile aufgewogen durch die Notwendigkeit, zwei Dynamomaschinen aufzustellen, an der Eintrittstelle zwei Stopfbüchsen gegen Volldruck auszuführen und ein hohles Rad konstruieren zu müssen.

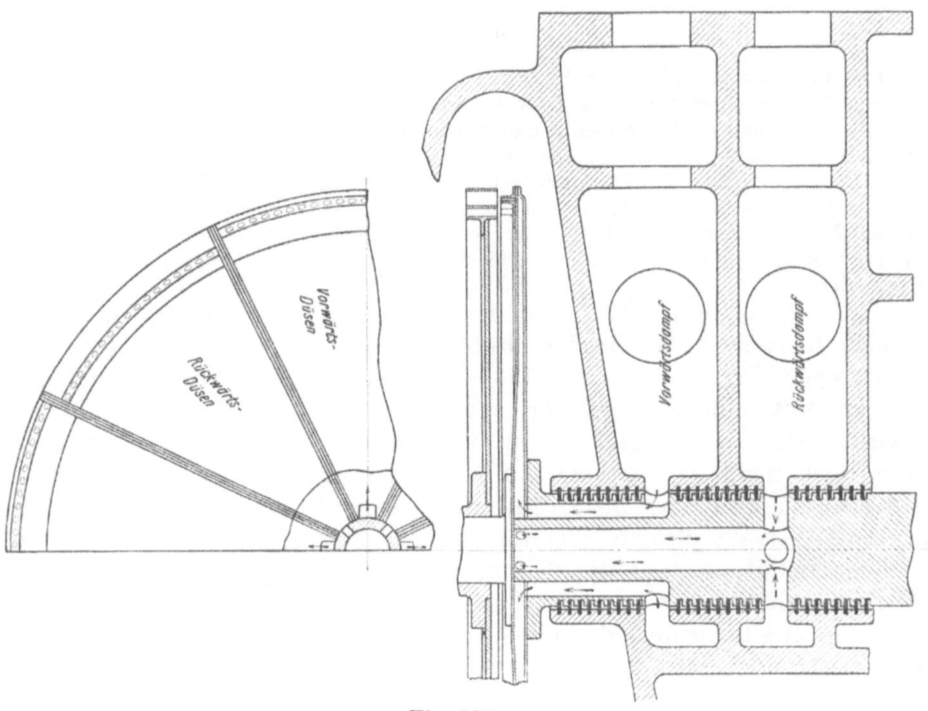

Fig. 367.

Fig. 366 zeigt die Konstruktion der Turbine[1]) und bedeutet A den Dampfeintritt, $B_1 B_2$ die beiden Labyrinthdichtungen, C das hohle Rad, D die Schaufeln. In der Nebenfigur stellt C_1 die Düsenmündungen, D_1 die Konstruktion der einzeln aufgenieteten Schaufeln dar.

Wesentlich verwickelter ist die Einrichtung der Turbine für Vorwärts- und Rückwärtslauf (Fig. 367). Das hohle Rad ist hier in Segmente eingeteilt, die wechselweise dem Vorwärts- und dem Rückwärtsgang dienen. Zu diesem Zwecke besitzt das Laufrad zwei Schaufelkränze, und die Düsen sind dementsprechend auf zwei verschiedenen Kreisumfängen versetzt. Die Hauptwelle ist doppelt hohl, so daß man Dampf abwechselnd in das eine und in das andre Düsensystem leiten kann.

Andre Gegenlauf- und Umsteuerungsturbinen.

Es fehlt nicht an Bestrebungen, den Gegenlauf selbst bei der vielstufigen Turbine einzuführen, und zwar entweder dauernd oder nur, um eine Umsteuerung zu erhalten. So wußte Engineering im Jahre 1901 zu berichten, daß englische Maschinenbauanstalten im Begriffe seien, die Parsonsturbine durch Drehbarmachen des Gehäuses zur Umsteuerung einzurichten, wobei abwechselnd die Trommel oder das Gehäuse mit der Schraubenwelle festgekuppelt würde, während die andre Seite stehen müßte.

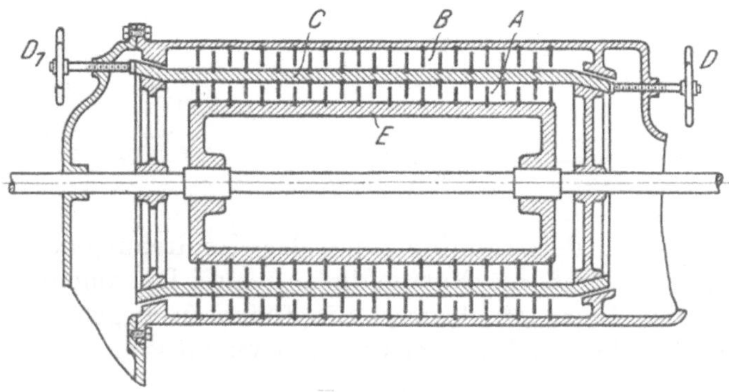

Fig. 368.

Die fast unausdenkbaren Schwierigkeiten einer derartigen Konstruktion werden beispielsweise beleuchtet durch das D. R. P. No. 154818 von W. L. Webster, New York (Fig. 368). Hier sind zwei Turbinen A und B ineinander geschachtelt. Der Hohlzylinder C trägt z. B. auswendig die Laufschaufeln für den Vorwärtsgang, inwendig die Leitschaufeln für den Rückwärtsgang. Wird C durch Handschrauben D, D_1 nach rechts in die konischen Sitze des Gehäuses B gepreßt, so kann die Innenturbine A rückwärts laufen. Würde Trommel E mit C fest verbunden, wozu aber Schrauben D, D_1 anders angeordnet sein müßten, und führte man Dampf in Turbine B ein, so würden E und C vereinigt vorwärts laufen.

Eine Reihe von Patenten der Vereinigten Dampfturbinen-Gesellschaft m. b. H., Berlin, betreffen Gegenlaufturbinen der Segerschen Type. Im D. R. P. No. 153143 wird jede der beiden Gegenlaufturbinen mit einem Regulator versehen, der auf den Dampfeinlaß einwirkt. Die Unabhängigkeit der beiden Turbinen wird aber auf diese Weise doch nicht erreicht, so daß es geratener erscheint, die Turbinen elektrisch zu kuppeln, wie Siemens getan hat (s. w. u.). Das Patent No. 153251 strebt gleiche Arbeitsverteilung auf beiden Turbinen an, zu welchem Behufe einmal die Sekundärturbine eine zweite Geschwindigkeitsstufe erhält, ein andermal das Gefälle in zwei Stufen geteilt wird, wobei die zweite Stufe lediglich durch ein auf der Welle der Sekundärturbine sitzendes Rad ausgenutzt wird.

[1]) Nach dem Schweiz. Patent No. 28711.

Verwandt ist das Patent No. 149606 von M. Behrisch, Berlin (Fig. 369), welches eigentlich eine Doppelturbine darstellt mit zweifacher Beaufschlagung, so daß auf jeder Welle je ein Primär- und je ein Sekundärrad sitzt.

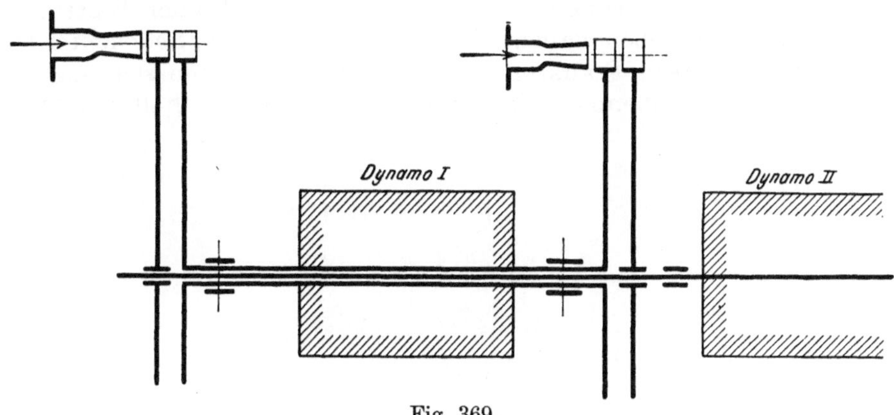

Fig. 369.

Nach Pat. No. 157049 (Fig. 370) wird eine vielstufige Druckturbine zum Gegenlauf dadurch eingerichtet, daß man die hohle Welle in jeder Druckstufe unterbricht und so die Möglichkeit gewinnt, zwischen je zwei auf der hohlen Welle sitzenden Rädern ein auf der durchlaufenden vollen Welle aufgekeiltes Rad zu unterbringen. Die Torsionskraft der hohlen Welle wird durch Verbindungsstücke C, D am Umfange der Räder übertragen. Die erste Stufe enthält bloß zwei Gegenlaufturbinen A und B.

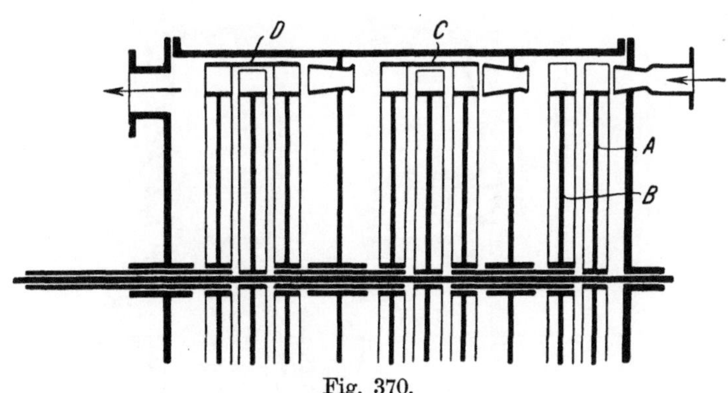

Fig. 370.

Brady hat den Gegenlauf bei mehrstufigen Radialturbinen eingeführt, was ebenfalls aussichtslos ist, schon mit Rücksicht auf die vorgeschlagene, ganz verfehlte Schaufelkonstruktion.

An dieser Stelle ist auch ein englisches Patent der Siemens-Schuckert-Werke zu erwähnen, welche für gegenläufige Turbinen der oben beschriebenen Art parallel geschaltete Wechselstrommaschinen vorschlagen, bei welchen der bekannte Kraftaustausch der parallel arbeitenden Alternatoren automatisch für die Einhaltung gleicher Umlaufzahlen sorgt.

Das Parallelschalten von Parsonsschen Turbinen-Alternatoren.

Nach dem englischen Patent No. 19031 vom Jahre 1902 will Parsons die für seine Turbine charakteristische intermittierende Dampfeinströmung bei allen Motoren einer parallel geschalteten Gruppe synchron machen. Man könnte hieraus schließen, daß sich bei unsynchroner Einströmung Schwierigkeiten ergeben haben; doch berichten andere Beobachter (z. B. das Elektrizitätswerk Frankfurt), daß die Dampfturbine sich sogar mit einer beliebigen Kolbenmaschine anstandslos parallel schalten läßt.

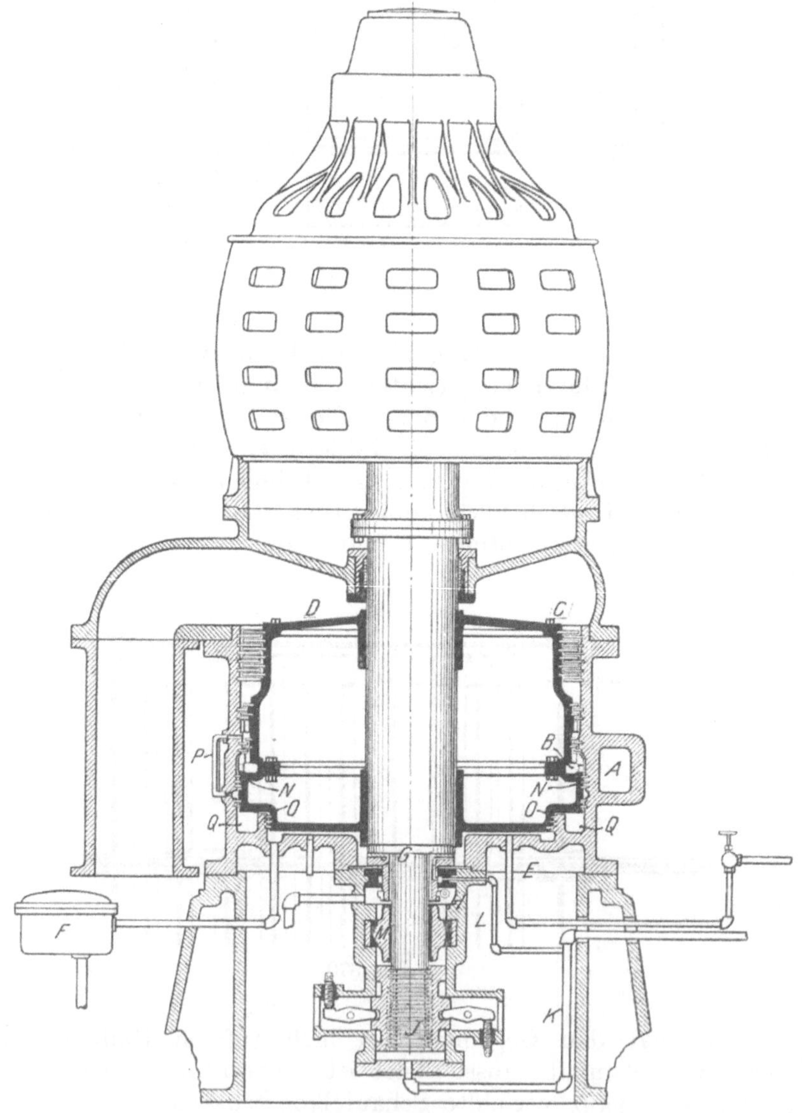

Fig. 371.

Neuere Vorschläge von Westinghouse.

Da Westinghouse das ausschließliche Ausführungsrecht der Parsons-Turbinen für die Vereinigten Staaten von Amerika besitzt, haben Vorschläge von dieser Seite Recht auf besondere Beachtung.

Eine dieser neueren Ideen ist in Fig. 371 abgebildet.[1]) Die Turbine soll hiernach vertikal aufgestellt werden und besteht aus einer Hochdruckstufe mit Düsenbeaufschlagung und einer vielstufigen Reaktionsturbine für die weitere Expansion. Der Dampf tritt an drei Stellen aus dem Ringkanal A in die tangentialen Düsen, und nachdem er die Druckschaufeln radial durchströmt hat, in den Ringkanal B, von wo aus er axial in den Reaktionsstufen expandiert. Bei N und O befinden sich die üblichen Labyrinthabdichtungen. Zweck der vertikalen Aufstellung ist, das Eigengewicht der Turbine und des Dynomoankers durch einen Pressungsunterschied auf die Bodenflächen auszugleichen. Da auf

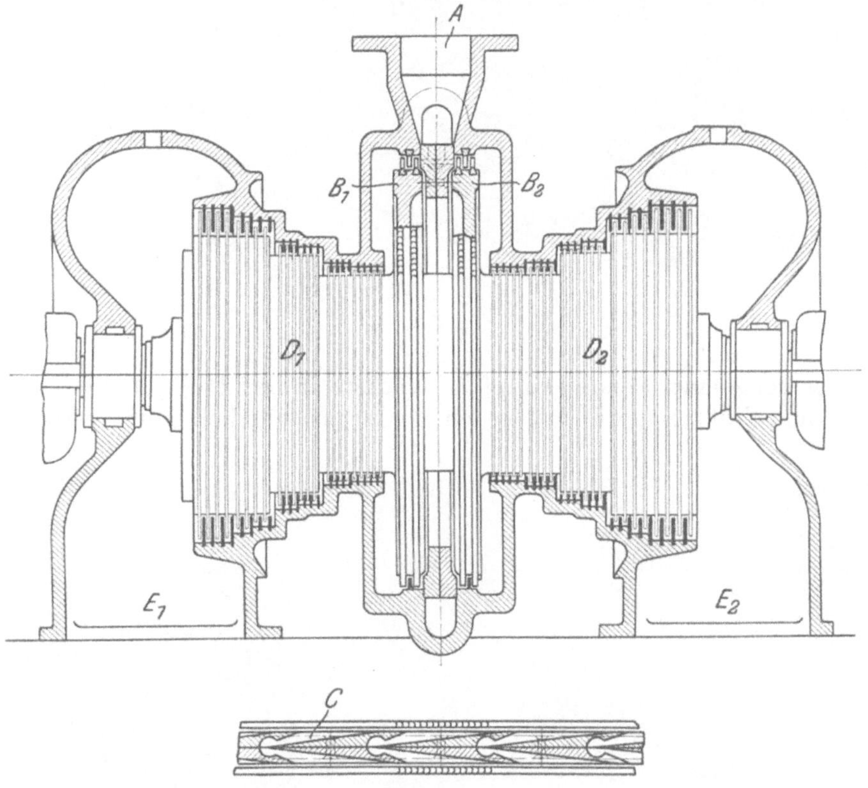

Fig. 372.

den oberen Boden die Vakuumpressung wirkt, ist es hinreichend, die untere Bodenfläche dem Atmosphärendruck auszusetzen. Will man indessen mit Auspuff arbeiten, dann soll komprimierte Luft oder Dampf auf diese Bodenfläche einwirken. Wenn der Luftdruck das erforderliche Maß überschreitet, so hebt er den rotierenden Teil in die Höhe und das Spurlager bei G wird so weit gelüftet, daß der Überschuß an Dampf oder Luft durch den Raum H entweicht. Im Ringraume Q wird die Pressung durch ein Reduktionsventil aus konstanter Höhe erhalten.

Eine Verbindung der Curtis-Turbine mit Parsons' ist in Fig. 372 dargestellt.[2])

[1]) The Power 1904, S. 265.

[2]) Siehe Schweiz. Patent Nr. 28566 von George Westinghouse.

Fig. 373.

Der bei A eintretende Dampf expandiert in den Düsen C und strömt rechts und links auf die mit je einer Geschwindigkeitsstufe versehenen

Fig. 374.

Curtis-Räder $B_1 B_2$, von hier aus in die Reaktionssysteme $D_1 D_2$. Der Zweck ist offenbar, die kleinen Trommeldurchmesser am Eintritt, die bei Parsons die vielen wenig Arbeit leistenden Anfangsstufen bedingen zu vermeiden. Will man mit 1500 Umläufen oder weniger arbeiten, so müssen freilich die Mittelräder relativ groß werden, um die für Düsen geeignete Umfangsgeschwindigkeit zu bieten, und die Ermittelung geeigneter Verhältnisse ist eine dankbare Aufgabe für den Turbineningenieur. Fig. 373 ist nach Engineering die Abbildung einer für die Londoner Untergrundbahnen von der British Westinghouse Co. gelieferten 5000 KW-Dampfturbine, welche, wenn wir uns nicht täuschen, der Bauart Fig. 372 entspricht. Fig. 374 zeigt das Innere der Zentralstation Naesden, die eine Anzahl Turbinen von gleicher Größe aufzunehmen bestimmt ist, und bereits dem Betriebe übergeben wurde.

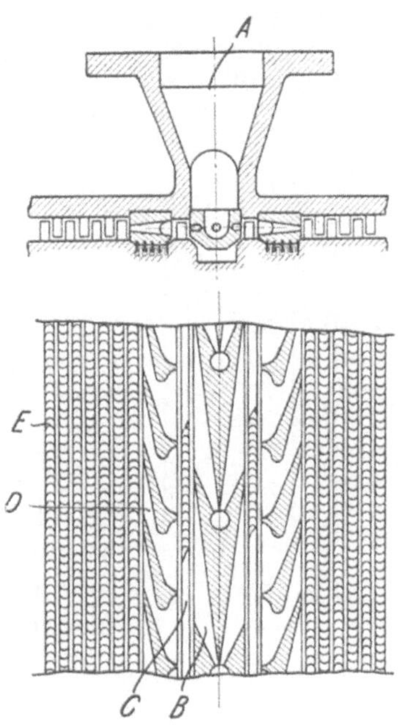

Fig. 375 und 375a.

In Fig. 375 u. 375a verlegt Westinghouse die Düsen in den Umfang der Reaktionstrommel und wendet zwei hintereinander wirkende Düsensysteme an. Die Zweiteilung des Dampfstromes nach rechts und links (die Parsons bei seinem allerersten Versuchsmodell schon anwendete) bietet ein vorzügliches Mittel der axialen Selbstentlastung, muß indessen auf große Einheiten beschränkt werden, da bei kleineren, wegen der doppelten Schaufelzahl, die Herstellungskosten wohl etwas zu hoch ausfallen würden.

An dieser Stelle ist auch die in Fig. 376 dargestellte Konstruktion

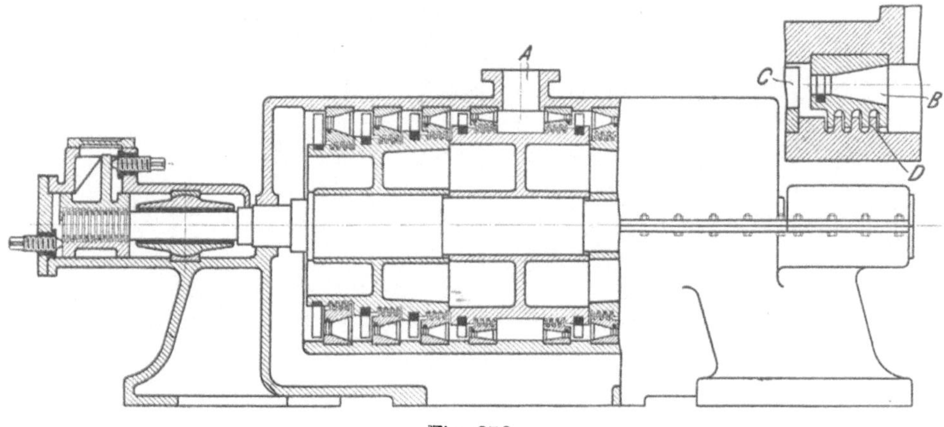

Fig. 376.

von Fr. Hodgkinson[1]) zu erwähnen, welche die vollständigere Abdichtung der aufeinander folgenden Stufen einer Aktions- oder Reaktions-

[1]) Schweiz. Patent Nr. 29987.

turbine zum Zwecke hat. Der bei A eintretende Dampf, der sich ebenfalls in zwei Ströme teilt, wird durch die Labyrinthdichtung D (in der Nebenfigur) an der Umgehung der Leitschaufel in B verhindert.

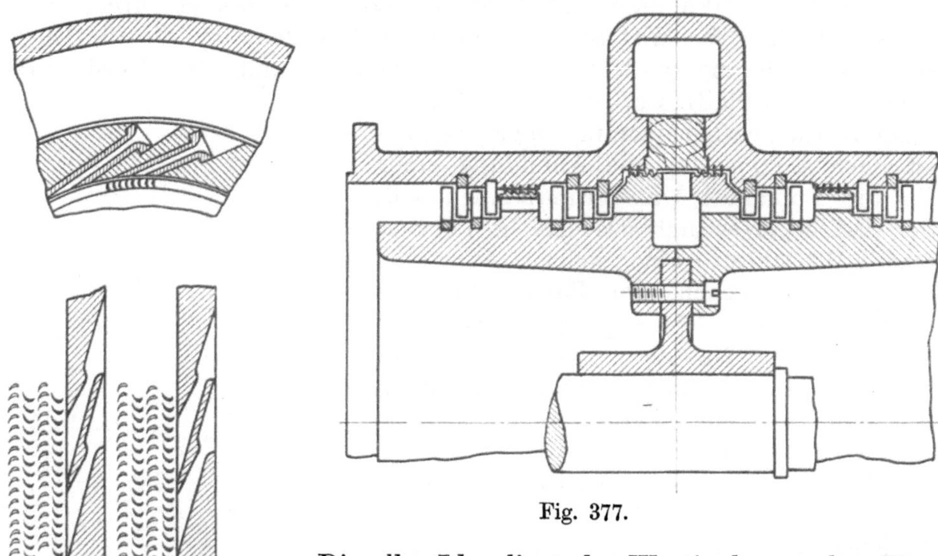

Fig. 377.

Fig. 377a.

Dieselbe Idee liegt der Westinghouseschen Konstruktion Fig. 377 u. 377a [1]) zugrunde, bei welcher, nach der im Grundriß abgebildeten Schaufelung zu schließen, Reaktionskränze mit Düsen abwechseln sollen.

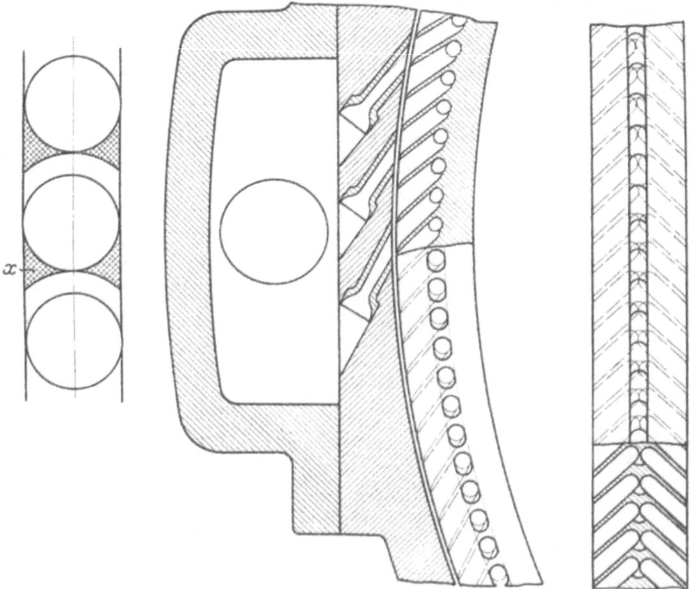

Fig. 378.

Ein, was die Herstellung anbelangt, interessanter Radkranz wird endlich in Fig. 378 dargestellt, [2]) bei welchem durch Bohrer mit gerundeten

[1]) Schweiz. Patent Nr. 30244. [2]) Schweiz. Patent Nr. 30246.

Köpfen mitten im Kranz ein Steg wie bei der Peltonschaufel erzeugt wird, der den in der Mittelebene einströmenden Dampf nach rechts und links teilt. Müßte man nicht die bei x stehenbleibenden Zwickel, um Stoß zu vermeiden, herausstanzen, und die Schaufelkanten schärfen, so wäre am Rade nur Dreh- und Bohrarbeit zu leisten.

Schaufelung von Aichele.[1])

Die Schaufeln der Reaktionsturbine, die kleines Spiel in radialer Richtung haben müssen, befinden sich in Gefahr beim geringsten, durch eine Erwärmung oder Erschütterung verursachten Streifen zu brechen, weil wie die obere Figur in Abb. 379 zeigt, die vorausgehende Kante A, wenn sie einmal durch die Gehäusewand gefaßt worden ist, einen Kreisbogen, mit der Diagonale nach dem schräg gegenüberliegenden Eckpunkt als Radius beschreibt, und um so mehr in die Wandung einzudringen trachtet. Dieser Übelstand soll nach Aichele dadurch beseitigt werden, daß man, wie im unteren Bilde in Fig. 379 dargestellt, die Schaufeln schief stellt, damit der von A zur erwähnten Ecke führende Strahl einen Winkel von 90^0 mit der Tangente einschließe. Eine etwa streifende Schaufel kann hier nicht mehr als „Klemmgesperre" wirken, und wird wenn aus nicht zu hartem Baustoff hergestellt, gewissermaßen automatisch auf die richtige Länge abgeschliffen. Die Idee von Aichele ist mithin in hohem Maße beachtenswert.

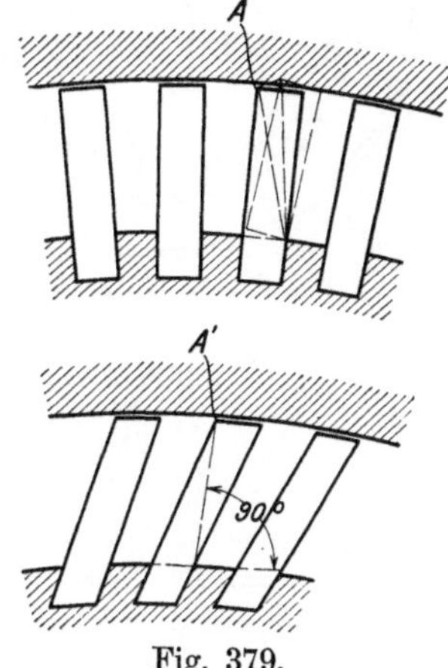

Fig. 379.

Turbine von Nadrowski.

Nadrowski benutzt nach dem deutschen Patent No. 137586 zur Regelung des Einlaufes einer Radialturbine den in Fig. 380 sichtbaren Rotationskörper, der axial verschoben wird, und ein so konstruiertes Profil besitzt, daß hierbei das Verhältnis des Querschnittes F_m an der engsten Stelle zum Endquerschnitt F_2 konstant bleibt. Der sich erweiternde ringförmige Raum würde mithin als „Düse" den Dampf stets auf denselben Enddruck expandieren lassen, und man gewänne eine „Quantitäts"-Regulierung. Leider ist bei einer praktisch ausführbaren Größe dieser Ringdüse, wenn man den Spalt nicht auf Bruchteile eines Millimeters reduzieren will, eine genügend hohe Umfangsgeschwindigkeit nicht zu erreichen.

Die Turbine von Lilienthal.

verdient als die Vorläuferin der „Spiral"-Turbinen eine Erwähnung. Sie ist wie aus der deutschen Patentschrift No. 54631 vom Jahre 1890 (Fig. 381) hervorgeht eine Aktionsturbine mit vielen Geschwindigkeitsstufen, und halbzylindrischen Schaufeln, die schräg gestellte Scheidewände haben. Der Strahl, der bei a (Fig. 382) eintritt, wird bei d_1 durch eine Umkehrschaufel gleicher Art aufgenommen und in die benachbarte Laufschaufel b geleitet. Die Gefahr, daß der primäre Dampfstrahl in a, während diese Schaufel nach b vorrückt, vom sekundären Dampf in c eingeholt wird, ist wohl nicht vorhanden; hingegen war es Illusion zu glauben, daß von den 14 gezeichneten Geschwindigkeitsstufen mehr als 3—4 überhaupt werden Nutzarbeit leisten.

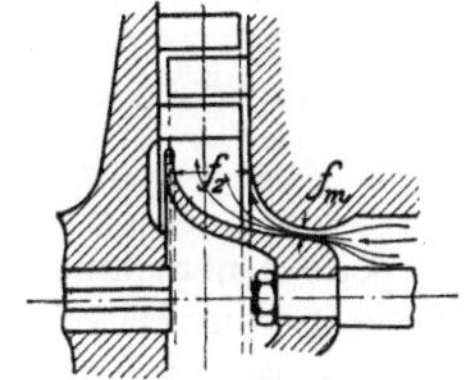

Fig. 380.

[1]) D.R.P. Nr. 157050.

Turbine von Zahikjanz.

Zahikjanz[1]) arbeitet mit Reaktion und versucht es, mit einem einzigen Laufkranz den Dampf von Stufe zu Stufe expandieren zu lassen. —

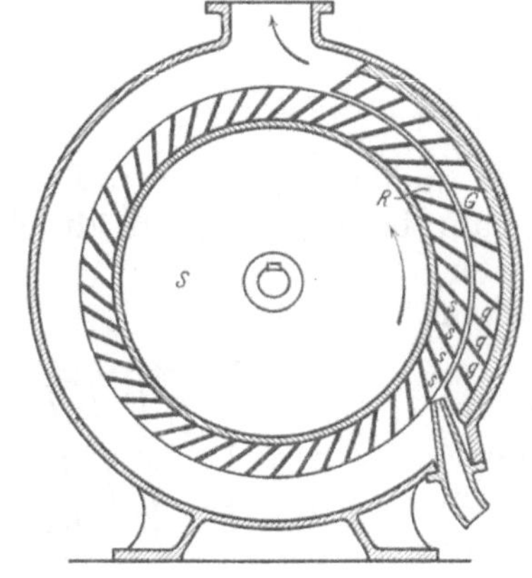

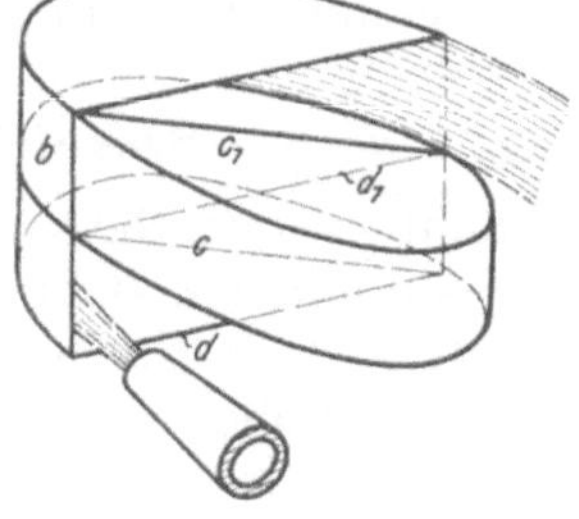

Fig. 382.

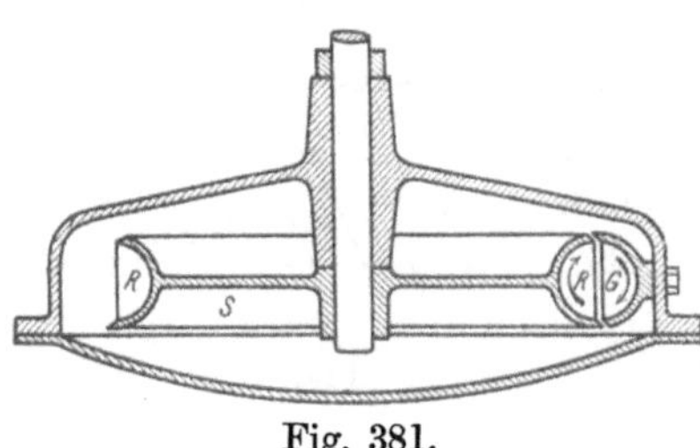

Fig. 381.

Der Dampfweg ist eine Art Spirale, wie bei Lilienthal, doch soll der Dampfstrahl allseitig gefaßt werden, d. h. die Lilienthalschen offenen Schaufeln werden in halbkreisförmig gebogene Kanäle verwandelt (Fig. 383).

Der Dampf tritt bei g ein und durchströmt wechselweise einen Lauf und einen Leit- (oder Umkehr-)Kanal. Um der Volumenzunahme während der Expansion Rechnung zu tragen, wird von der Stelle p an der Dampfstrom in zwei Laufkanäle zugleich geleitet und zirkuliert durch

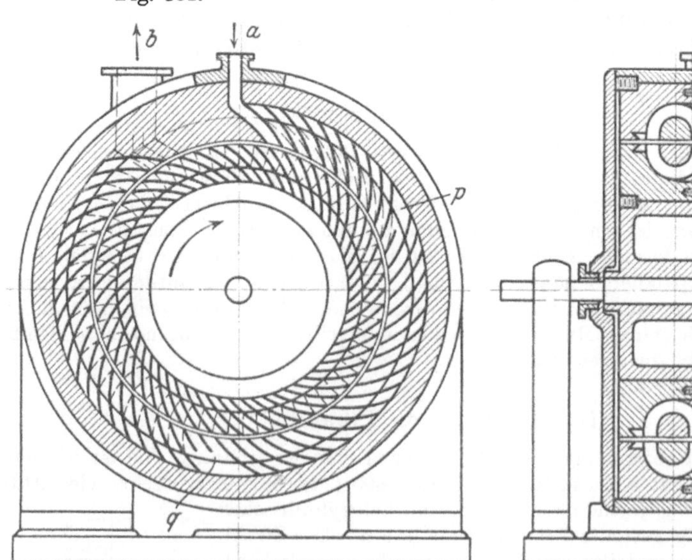

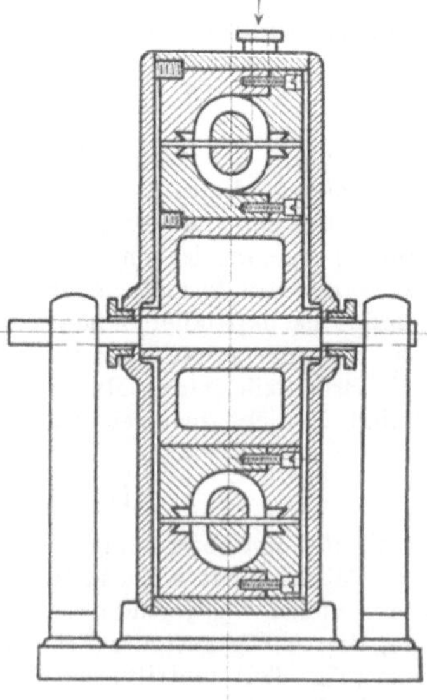

Fig. 383.

doppelte Querschnitte weiter. Von q ab nimmt er je drei Kanäle gleichzeitig in Anspruch. Dieser Stromverlauf ist in Fig. 384 schematisch dargestellt. Bei stärkeren Expansionsverhältnissen sollen weitere Laufkränze, parallel beaufschlagt, zum Zwecke der Quer-

[1]) Bekannt durch die schon von Grashof lobend angeführten theoretischen Untersuchungen über das Verhalten des Wasserstrahles in den Turbinenschaufeln.

schnittsvergrößerung in Anspruch genommen werden. Ein- und Austrittswinkel müssen den Geschwindigkeiten angepaßt werden, wie bei der oben beschriebenen Gelpke-Turbine.

Die Zahikjanz-Turbine arbeitet mit sehr großen Undichtheitsverlusten. Zunächst ist im Spalte ein vom Auspuffende an steigender, bis zur vollen Differenz der Kessel- und der Auspuffspannung anwachsender Überdruck vorhanden. Dann findet in den Schaufeln selbst ein wesentlicher Dampfverlust statt.

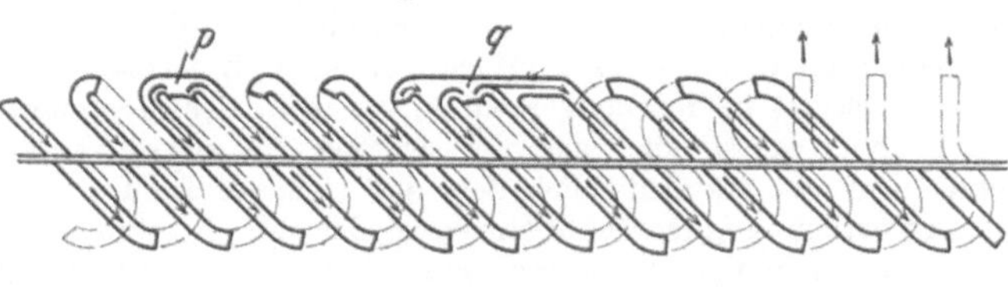

Fig. 384.

In Fig. 385 ist die Stellung dargestellt, bei welcher die Scheidewände der Laufschaufeln auf die Mitte der Leitkanäle fallen, wodurch eine durchlaufende Kommunikation hergestellt wird, und der Dampf nahezu durch den halben Kanalquerschnitt, ohne Arbeit zu leisten, von Zelle zu Zelle strömen kann.

Wollte man diesem Übelstande durch Verdickung der Scheidewände begegnen, so nähme man den ebenso großen Nachteil in Tausch, daß die Einströmung in die Kanäle periodisch ganz oder nahezu unterbrochen würde, womit Dampfstöße und große Energieverluste gegeben sind.

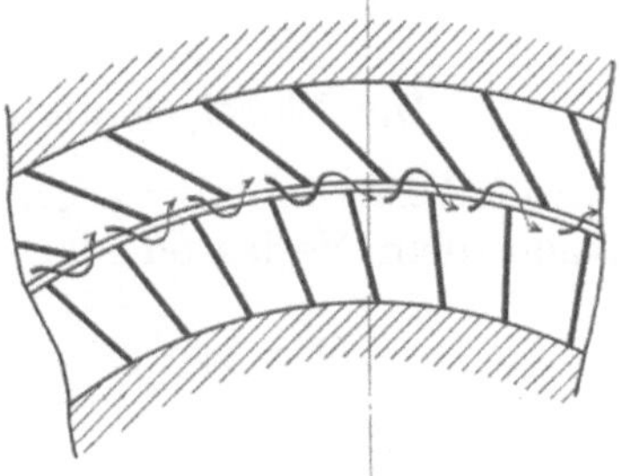

Fig. 385.

Verfahren von Dolder.[1])

Dolder schlägt ein Verfahren vor, welches ähnlich wie bei Lindmark auf der Rückverwandlung der kinetischen in potentielle Energie beruht. Der hochüberhitzte Dampf soll z. B. in einer Düse bis auf den Kondensatordruck expandieren, aber im Laufrade nur einen Teil der Strömungsenergie abgeben. Die Turbine soll also einerseits langsam laufen, andererseits große Austrittswinkel erhalten. Dem austretenden Dampf wird unter tunlichster Wahrung seiner kinetischen Energie in einem Kühlkörper eine gewisse Wärmemenge entzogen. Hierauf soll er sich in einer Düse durch die eigene lebendige Kraft auf den Anfangsdruck verdichten.

In der (nicht maßstäblichen) Fig. 386 ist die Entropiedarstellung des Vorganges bei Voraussetzung reibungsloser Bewegung wiedergegeben. $A_1 A_2$ ist die adiabatische Expansion; beim Kondensatordruck p_2 muß die Wärmemenge

$$A_2 A_0 B_0 B_2 = Q_2$$

entzogen werden, so daß im Zustand B_2 die dem Dampfe innewohnende lebendige Kraft hinreicht, ihn auf p_1 zu verdichten. Zu diesem Behufe ist nach früherem notwendig, daß diese lebendige Kraft in Wärmemaß der Fläche

$$C D B_1 B_2 = Q_a$$

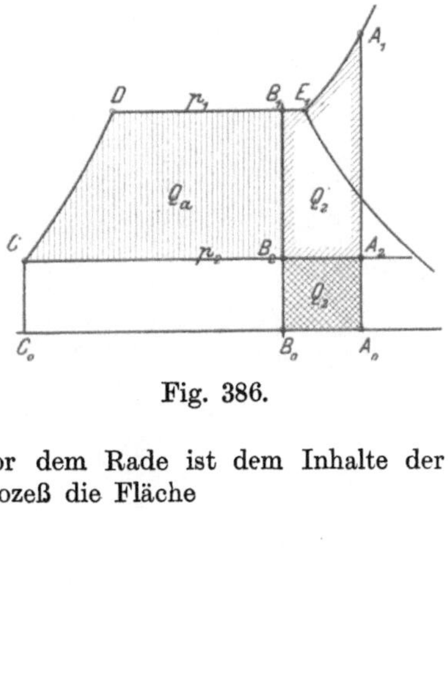

Fig. 386.

gleich sei. Die ursprüngliche kinetische Energie vor dem Rade ist dem Inhalte der Fläche $C D B_1 A_1 A_2 C$ gleich, und es folgt, daß der Prozeß die Fläche

[1]) Schweiz. Bauzeitung, Januar 1904.

$$B_1 A_1 A_2 B_2 B_1 = Q_i$$

in indizierte Arbeit umgewandelt hat.

Dieser theoretisch interessanten Idee, welche eine Luftpumpe entbehrlich machen und wenn man B_1 nach E_1 rückt, einen guten Wirkungsgrad versprechen würde, stellt sich als Hindernis entgegen, daß die Strömung in Wahrheit mit Widerständen verbunden ist, welche lebendige Kraft aufzehren, so daß man B_2 nach links verschieben, d. h. mehr Wärme, als oben angenommen, entziehen muß. Hierdurch wird der Wirkungsgrad schon rein theoretisch bedeutend herabgezogen. Wichtiger ist, daß es nach unseren Versuchen fraglich erscheint, ob, sei es in der konvergenten, sei es in der divergenten Düse, so bedeutende Verdichtungen, wie sie hier gefordert werden, überhaupt erzielbar sind. Der entscheidende Einwand ist schließlich der, daß sich der Dampf bei der Wärmeentziehung immer nur örtlich an den Kühlflächen niederschlagen wird, und diese kondensierten Teile ihre Geschwindigkeit nahezu ganz einbüßen. Der zurückbleibende (zu wenig nasse) Dampf ist indessen auch bei reibungsfreier Bewegung nicht imstande sich von B_2 auf B_1 zu verdichten, da hierzu vielmehr die ganze, dem Zustande B_2 entsprechende Dampfnässe in mikroskopisch feiner Verteilung mit gleicher Geschwindigkeit im Dampfe mitströmen müßte. Auch wenn wir uns in das Gebiet reiner Überhitzung begeben, d. h. B_2 auf die Grenzkurve verlegen, wo der Wirkungsgrad noch höher würde, wird sich an den Kühlflächen unweigerlich Kondensat niederschlagen. Aus diesen Gründen halte ich das Verfahren praktisch für aussichtslos.

Die Löffelschaufelung der Maschinenfabrik Grevenbroich.

verdient Erwähnung wegen der interessanten Dampfführung (Fig. 387)[1]. Nach dem Verlassen der Dampfdüse c tritt der Dampf in die Löffelschaufel b, welche den Dampf in die Umkehrschaufel d hinüberleitet, wo er von der Löffelschaufel b_1 aufgenommen wird. Dieselbe Dampfführung ist mit radialer Beaufschlagung in Fig. 388 dargestellt, wobei der Fräsarbeit halber der Außenkranz wohl getrennt aufgeschoben zu denken ist.

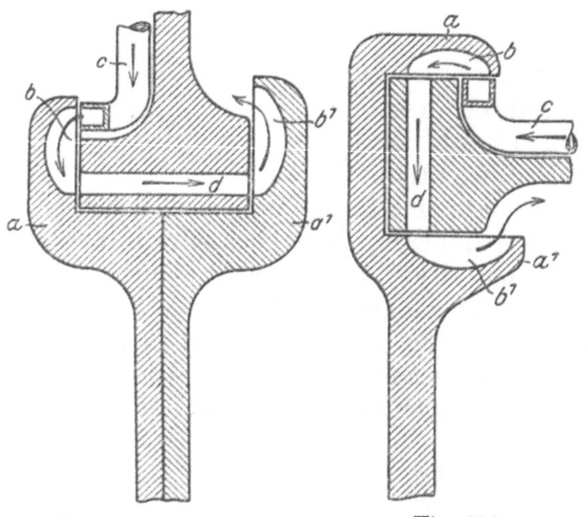

Fig. 388.

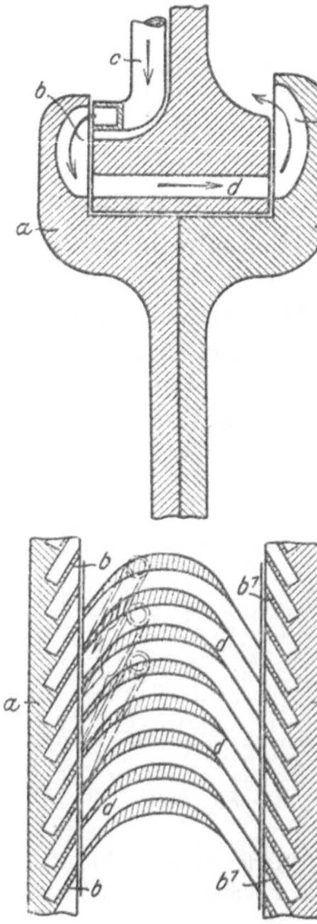

Fig. 387.

90. Die Turbine Hamilton-Holzwarth

ist eine vielstufige Druckturbine, deren Konstruktion mehrere Neuheiten aufweist. Fig. 389 u. 390 bringt eine Zusammenstellung der in St. Louis 1904 ausgestellt gewesenen Turbine[2]) von 1000 KW-Leistung und 1500

[1]) Nach dem Deutschen Patent No. 156273.

[2]) S. Bantlin, Zeitschr. d. V. deutsch. Ing. 1905. S. 115. Dieser Aufsatz, dem die beigegebenen Figuren entnommen sind, erschien während der Drucklegung der 3. Aufl., so daß die H.-H.-Turbine nicht mehr in der Gruppe der Rateauturbinen, zu welchen sie gehört, besprochen werden konnte.

Additional material from *Die Dampfturbinen,*
ISBN 978-3-662-36141-2 (978-3-662-36141-2_OSFO15),
is available at http://extras.springer.com

Umdr. i. d. Min. In Fig. 391 u. 391a ist ein Leitrad dargestellt, welches aus einer ungeteilten Gußeisenscheibe und im Gesenk geschmiedeten

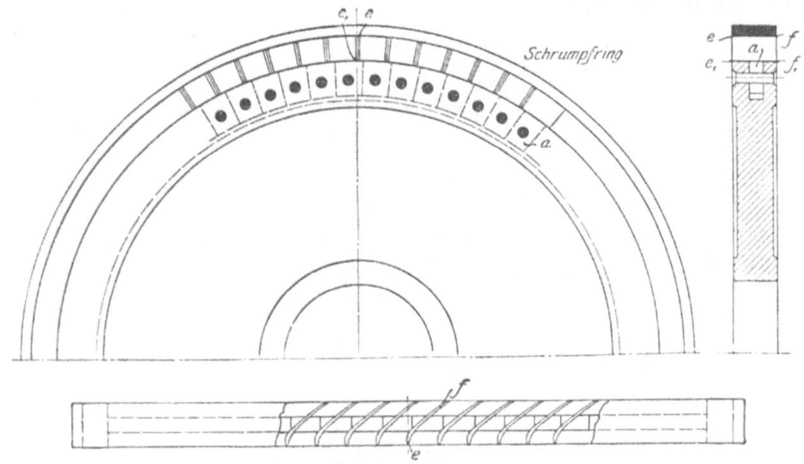

Fig. 391 und 391a.

eingesetzten Stahlschaufeln besteht. Die Form des Gesenkmodelles, mit der die untere Profilkurve bestimmenden Stahlplatte A, erblicken wir

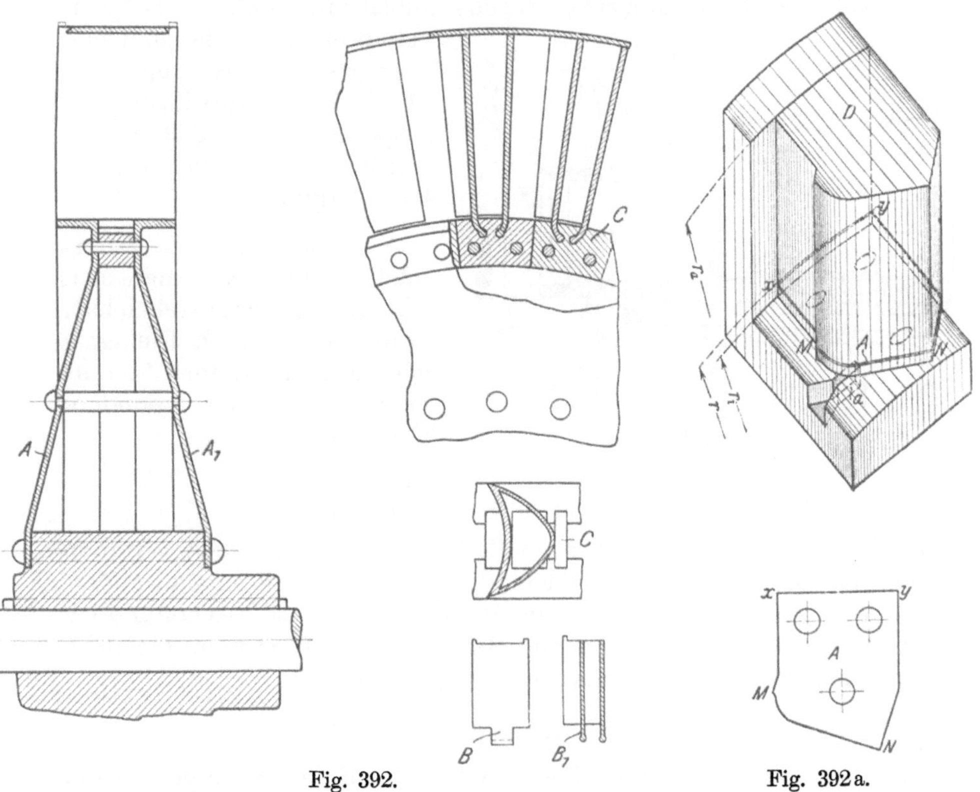

Fig. 392. Fig. 392a.

in Fig. 392 u. 392a. Die Schaufelflächen werden als windschiefe Regelflächen mit radialen Erzeugenden ausgeführt. Ein besonderes Merkmal der Turbine ist nach unserer Quelle die volle Beaufschlagung der Räder.

Es fällt demnach dem Schrumpfringe Fig. 391, der die Leitschaufeln umfaßt, die Aufgabe zu, den auf der Leitscheibe lastenden Druck auf das Gehäuse zu übertragen.

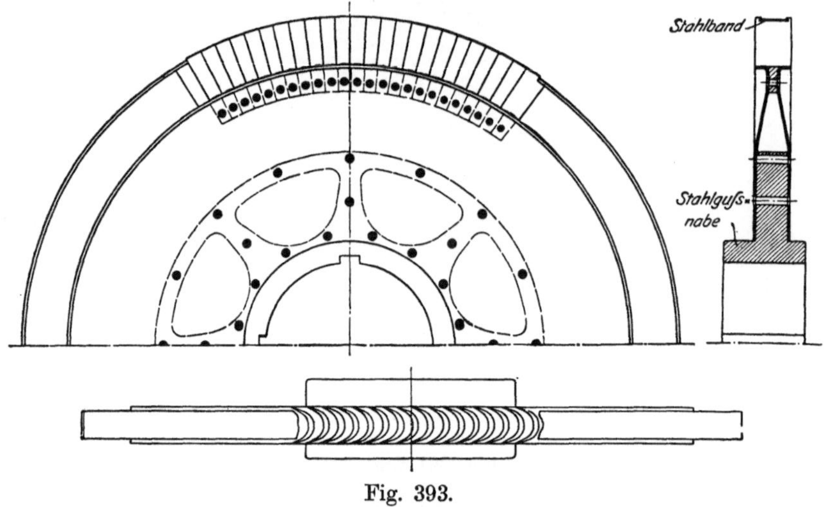

Fig. 393.

Fig. 392 veranschaulicht die ursprünglich patentierte Radkonstruktion aus zwei vernieteten konischen Blechscheiben mit hohlen, aus Blech gelöteten, in Gußeisenblöcke C eingesetzten Schaufeln B. Die wirkliche Ausführung erfolgte gemäß Fig. 393, die für das Rad eine geringere Baulänge ergibt.

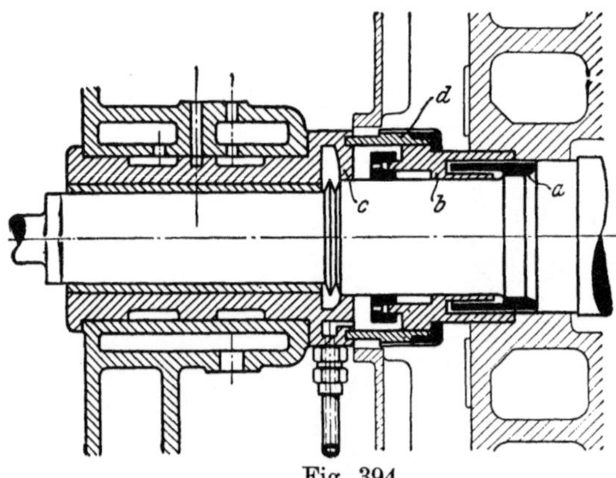

Fig. 394.

Fig. 394 stellt die Stopfbüchse dar, wobei man sich b als ruhend vorzustellen hat. Hinter dem durch Einlage a gebildeten Labyrinth kommt noch bei b eine besondere Packung.

91. Problematische und verfehlte Ideen.

Aus der großen Menge von zweifelhaften Ideen über Arbeitsverfahen und Konstruktion von Dampfturbinen, die in Patentschriften und anderwärts niedergelegt sind, können wir an diesem Orte selbstverständlich nur einige besonders kennzeichnende Beispiele herausgreifen, die noch in irgend einer Beziehung eine Anregung gewähren.

a) Die Mischungsturbine.

Eine Idee, die trotz ihrer Hinfälligkeit die Erfinder immer wieder anzieht, ist: Die Geschwindigkeit des Dampfes durch Beimischung von Flüssigkeiten oder Gasen bzw. Dämpfen herabzusetzen, daher die Bezeichnung „Mischungsturbine“ gestattet sein mag. Ein besonders belehrender Versuch dieser Art wurde von Escher,

Wyß & Cie. durchgeführt, indem man Quecksilber in den expandierenden Dampfstrahl einspritzte. Der Versuch scheiterte, abgesehen von anderem, schon daran, daß sich das fein verstäubte Quecksilber mit dem Kondensate bis zur Unzertrennlichkeit innig mischte. In Fig. 395 ist der Vorschlag von Piguet (1894) abgebildet, bei welchem in einer Art von Injektor die Beimengung der fremden Stoffe vor sich gehen soll. Der Erfinder übersah, daß die Mischung gewissermaßen nach den Gesetzen des unelastischen Stoßes vor sich geht, und daß man mithin, wenn die Geschwindigkeit erheblich herabgesetzt werden soll, Verluste an lebendiger Kraft in den Kauf nehmen muß, die $^1/_2$ bis $^3/_4$ der verfügbaren Arbeit erreichen.

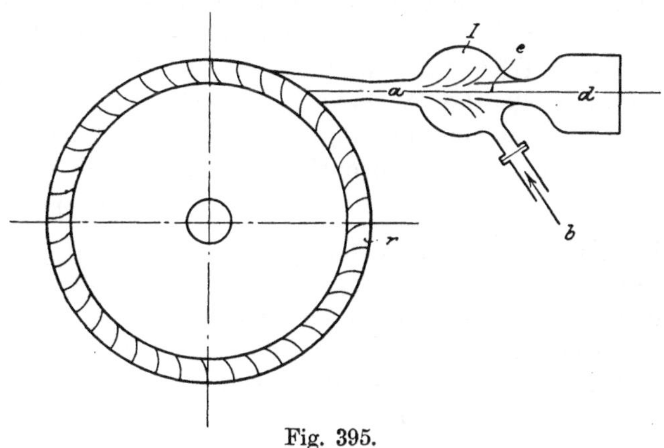

Fig. 395.

Die Beimischung von Flüssigkeiten muß neben dem Stoßverlust auch eine schlechte Wirkung in der Schaufel ergeben, da die einzelnen Tropfen des „Staubregens" bei der scharfen Bahnkrümmnng aus der Dampfmasse ausscheiden werden. Es genügt also, die Mischung zweier gleich-

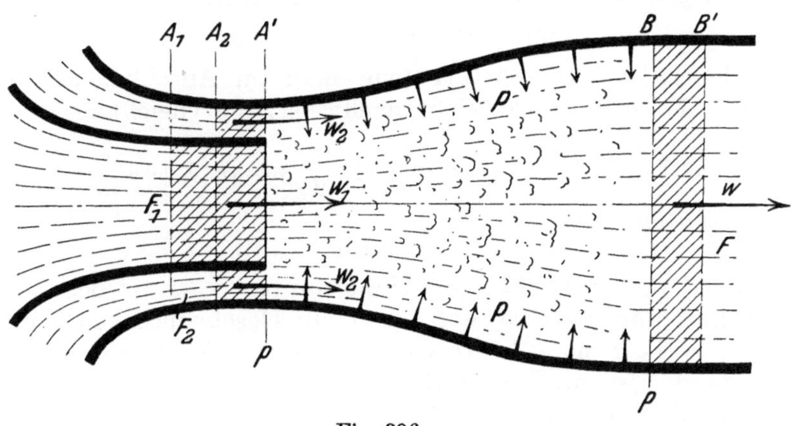

Fig. 396.

artigen Dämpfe an Hand der schematischen Mischvorrichtung (Fig. 396) zu betrachten, indem wir bei A_1 durch die innere Düse mit dem Querschnitt F_1 die eine, — und bei A_2 durch die äußere mit dem Querschnitt F_2 die andere Dampfart in den Mischraum eingeführt denken. Im Beharrungszustand seien w_1, w_2 die Eintrittsgeschwindigkeiten, p die gemeinsame Pressung. Wir weisen weiter unten nach, daß, wenn der Mischraum zylindrisch ist, die Pressung während der Mischung sich erhöht. Es ist mithin wahrscheinlich, daß sich eine geeignete Erweiterung des Profils $A'B$ ausfindig machen läßt, bei welcher die Pressung unveränderlich bleibt. Nehmen wir an, daß die Form der Mischvorrichtung (Fig. 396) dieser Bedingung entspricht und betrachten wir den Vorgang, der sich während eines Zeitelementes dt abspielt. Durch F_1 tritt die Masse $A_1 A'$ d. h. $G_1 dt/g$, durch F_2 ebenso $A_2 A'$ d. h. $G_2 dt/g$ in den Mischraum, wenn G_1, G_2 die sekundlichen Gewichte bedeuten. Durch F strömt BB' d. h. $G dt/g$ ab, wenn $G = G_1 + G_2$ ist. Wir nehmen an, daß an dieser Stelle die Wirbelung sich vollständig ausgeglichen hat, und die gleichmäßige Geschwindigkeit w herrscht. Auf irgend ein Massenelement dm wirke in der Achsenrichtung die Kraft dP_x, so daß die Gleichung

$$dm \cdot dw_x = dP_x \cdot dt$$

besteht. Die Summation über alle Elemente, die zwischen $A_1 A_2$ einerseits, B anderseits eingeschlossen sind, liefert in $\sum dm dw_x$ die Zunahme der Bewegungsgröße dieser Masse, welche aber, da die Bewegungsgröße der zwischen A' und B befindlichen Teile zu Anfang und zu Ende des Zeitelementes dieselbe ist, durch

$$\frac{G dt}{g} w - \left(\frac{G_1 dt}{g} w_1 + \frac{G_2 dt}{g} w_2\right) = \sum dt dP_x$$

ausgedrückt werden kann. Die rechtsseitige Summe d. h. $dt \sum dP_x$ liefert den „Antrieb" als Produkt aus dt und sämtlichen in der Achsenrichtung auf die betrachtete Masse wirkenden Kraftkomponenten. Die inneren Kräfte heben sich als „Aktion" und „Reaktion" gegenseitig weg, und die äußeren, d. h. die in den Schnitten A_1, A_2, bzw. B und in der Mantelfläche $A'B$ wirkenden Oberflächendrucke liefern die Resultierende Null, da der Voraussetzung nach die spezifische Pressung überall denselben Wert p besitzt. Es bleibt mithin als erste Beziehung

$$G w - (G_1 w_1 + G_2 w_2) = 0 \quad \ldots \ldots \quad (1)$$

Nun liefert der Energiesatz (wie man im Anschluß an die Entwickelungen des Abschn. 20 leicht nachweist) die Gleichung

$$G_1\left(\lambda_1 + A\frac{w_1^2}{2g}\right) + G_2\left(\lambda_2 + A\frac{w_2^2}{2g}\right) = G\left(\lambda + A\frac{w^2}{2g}\right) \quad \ldots \quad (2)$$

und die „Kontinuität"

$$G v = F w \quad \ldots \ldots \quad (3)$$

Durch Gl. (1 bis 3) sind die Unbekannten w, λ, F des Zustandes in B bestimmt und zwar so, daß Gl. (1) die Geschwindigkeit w unmittelbar ergibt, worauf man λ aus Gl. (2) rechnet Nachdem durch λ der Wärmezustand, also auch v bestimmt ist, dient Gl. (3) zur Auffindung der unbekannten F. Formel (1) ist aber dieselbe, die für den unelastischen Stoß der Gewichte G_1 und G_2 gilt, d. h. **die kinetische Energie erleidet während der beschriebenen Mischung einen Verlust wie beim unelastischen Stoß**.

Der Verlust Z berechnet sich zu

$$Z = \frac{1}{2}\left(\frac{G_1}{g} w_1^2 + \frac{G_2}{g} w_2^2\right) - \frac{1}{2}\frac{G}{g} w^2 = \frac{G_1 G_2}{G} \frac{(w_1 - w_2)^2}{2g} \quad . \quad (4)$$

und aus Gl. (2) folgt

$$Z = [G\lambda - (G_1 \lambda_1 + G_2 \lambda_2)] \frac{1}{A} \quad \ldots \ldots \quad (4a)$$

d. h. der Verlust an kinetischer Energie dient zur Erhöhung des

Wärmeinhaltes. Es wird hierdurch z. B. bei überhitzten Dämpfen oder Gasen auch die Temperatur gehoben und um die Energie des Gewichtes vollkommen auszunützen, sollte dasselbe auch weiter auf die ursprüngliche Temperatur expandieren. Hierbei wird wohl etwas Arbeit gewonnen, doch dürfte das Obige zum Nachweise der Behauptung genügen, daß die Mischung mit großen Verlusten verbunden ist.

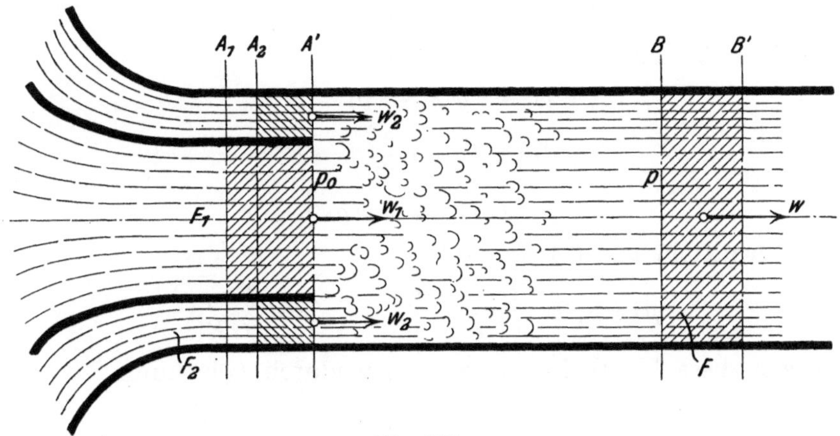

Fig. 397.

Findet man die Annahme konstanter Pressung nicht ganz einwandfrei, so kann man die Mischung in der Vorrichtung (Fig. 397), welche mit **zylindrischem Mischraum** arbeitet, vor sich gehen und das Gemisch nachher weiter expandieren lassen. Bezeichnen wir den Druck im Querschnitt A' mit p_0, in B mit p, während

$$F_1 + F_2 = F \quad . \; . \; . \; . \; . \; . \; . \; . \quad (5)$$

ist, so ändert sich an obiger Ableitung nur der „Antrieb", indem die axiale Kraftkomponentensumme den Wert $F(p_0 - p)$ besitzt. Mithin lautet Gl. (1)

$$G w - (G_1 w_1 + G_2 w_2) = F g (p_0 - p) \quad . \; . \; . \; . \quad (1\text{a})$$

Gl. (2) und (3) bleiben unverändert und dienen mit (1a) zur Bestimmung der Unbekannten p, v, w.

Man könnte auch die Reibung an der Wand des Mischraumes in die Rechnung leicht einführen, was in Gl. (1a) durch Auftreten eines Gliedes mit dem Quadrate der Geschwindigkeit zum Ausdrucke kommen würde. Um indessen einen Einblick in die interessanten Vorgänge der Mischung zu erhalten, wollen wir unsere Formeln nicht weiter überladen. Wir vereinfachen dieselben vielmehr, indem wir als **Mischflüssigkeiten zwei gleichartige Gase** voraussetzen. In diesem Falle bleibt Gl. (1a) unverändert, während mit $\lambda = c_p T +$ konst die Gleichung der Energie die Form annimmt:

$$G_1 \left(c_p T_1 + A \frac{w_1^2}{2g} \right) + G_2 \left(c_p T_2 + A \frac{w_2^2}{2g} \right) = G \left(c_p T + A \frac{w^2}{2g} \right) \quad (2\text{a})$$

Hierbei bedeuten T_1, T_2 die Temperaturen beim Drucke p_0 vor der Mischung, T die Temperatur beim Drucke p nach der Mischung. Indem wir die abkürzenden Bezeichnungen

$$\left.\begin{aligned} G_1 w_1 + G_2 w_2 &= Bg \\ G_1\left(T_1 + A\frac{w_1^2}{2g}\right) + G_2\left(T_2 + A\frac{w_2^2}{2g}\right) &= E \end{aligned}\right\} \quad . \; . \; . \; (6)$$

einführen, worin B offenbar die anfängliche Bewegungsgröße und E die anfängliche „technische" Energie bedeuten, und indem wir die Zustandsgleichung

$$pv = RT$$

herbeiziehen, lauten Gl. (1a, 2a, 3) wie folgt;

$$Gw - Fg(p_0 - p) = Bg \quad . \; . \; . \; . \; . \; . \; (7)$$

$$G\left(c_p T + A\frac{w^2}{2g}\right) = E \quad . \; . \; . \; . \; . \; . \; . \; (8)$$

$$GRT = Fwp \quad . \; . \; . \; . \; . \; . \; . \; (9)$$

Wir ermitteln aus (7) und (9)

$$p = p_0 + \frac{Bg - Gw}{Fg}; \qquad T = \frac{Fwp}{GR} \quad . \; . \; . \; . \; (10)$$

und setzen diese Werte in Gl. (8) ein, wodurch Gleichung

$$\left(\frac{c_p}{Rg} - \frac{A}{2g}\right) w^2 - (B + Fp_0)\frac{c_p}{GR} w + \frac{E}{G} = o \quad . \; . \; (11)$$

zur Berechnung von w entsteht. Es sei

$$\frac{c_p}{Rg} - \frac{A}{2g} = \alpha; \qquad (B + Fp_0)\frac{c_p}{GR} = 2\beta; \qquad \frac{E}{G} = \gamma \quad . \; (12)$$

so erhalten wir als Auflösung

$$\left.\begin{aligned} w' &= \frac{1}{\gamma}\left(\beta + \sqrt{\beta^2 - \alpha\gamma}\right) \\ w'' &= \frac{1}{\gamma}\left(\beta - \sqrt{\beta^2 - \alpha\gamma}\right) \end{aligned}\right\} \quad . \; . \; . \; . \; . \; . \; (13)$$

Die Gl. (10) liefern dann zugehörige Wertepaare von T und p.

Es stellt sich nun in dieser fertig ausgerechneten Gestalt das überraschende Resultat heraus, daß unser **Mischungsproblem zwei Lösungen zuläßt.** Die erste davon, mit w' in Formel (13), stellt einen Zustand mit großer Geschwindigkeit, kleiner Druck- und Temperaturerhöhung dar. Bei der zweiten ist die Geschwindigkeit kleiner, die Druck- und Temperatursteigerung größer. Beide Lösungen sind auch im allgemeinen physikalisch möglich, d. h. es treten weder imaginäre noch negative Werte auf. Bei näherer Überlegung erkennt man, daß dem auch so sein müsse. Angenommen, wir hätten nur eine Lösung abgeleitet, so besteht für den Gasstrom hinter dem Mischorte im allgemeinen die Möglichkeit, sich durch einen Gasstoß zu verdichten. Es stellt also die erste Lösung eine Mischung ohne Verdichtungsstoß, die zweite eine Mischung mit Stoß dar. Der Verdichtungsstoß ist aber nicht zu verwechseln mit dem Reibungsstoß während der Mischung. Letzterer findet immer statt, ersterer ist bloß möglich, falls die Geschwindigkeit des Stromes über der Schallgeschwindigkeit liegt, muß aber nicht eintreten.

Beispiel. Luft von atmosphärischer Pressung und 2000° abs. Temperatur expandiere adiabatisch in ein Vakuum von 0,1 kg/qcm Druck und werde dort mit Luft gemischt, die ebenfalls von 1 Atm. auf 0,1 Atm. expandiert hat, um hierdurch auf die gewünschte große Geschwindigkeit beschleunigt zu werden. Die Anfangstemperatur der Zusatzluft sei 300° abs. Man findet $w_1 = 1382$ m, $T_1 = 1036$, $w_2 = 535$ m, $T_2 = 155{,}4$ und muß nun die Querschnitte so rechnen, daß die gewollten Luftmengen hindurchgehen. Setzen wir $G_1 = 1$ kg, $G_2 = 0{,}2$ kg, so erhalten wir α) ohne Verdichtungsstoß $w' = 1182$ m, $p' = 0{,}132$ kg/qcm, $T' = 1017$ β) mit Stoß $w'' = 488$ m, $p'' = 0{,}502$ kg/qcm, $T'' = 1599$. Um zu erkennen, welche Verluste die Mischung verursacht hat, berechnen wir (wie oben bei der mehrstufigen Druckturbine) die Vermehrung der Entropie aller an dem Vorgang beteiligten Körper, d. h. sowohl von G_1 wie von G_2 und multiplizieren den Entropiezuwachs mit der absoluten Temperatur T_0 der Umgebung, z. B. 300°. Der Entropiezuwachs ist

$$\Delta S = G_1\left(c_p \lg n \frac{T}{T_1} - A R \lg n \frac{p}{p_1}\right) + G_2\left(c_p \lg n \frac{T}{T_2} - A R \lg n \frac{p}{p_2}\right),$$

wobei $p_1 = p_2 = 1$ kg/qcm den Anfangsdruck bedeutet. So erhalten wir für den Fall α) $\Delta S \cdot T_0 = 19{,}5$ WE, für β) $\Delta S \cdot T_0 = 25{,}0$ WE. Die Mischung mit Verdichtungsstoß ist also unökonomischer als diejenige ohne Stoß. Beide aber sind ungemein verlustreich. Lassen wir nämlich, um die Gasenergie auszunutzen, die Luft wieder auf 0,1 Atm. expandieren, so ergibt sich im Falle α) eine Geschwindigkeit von etwa 1260 m, ob wir mit dieser oder mit der anfänglichen Geschwindigkeit von 1382 m arbeiten, macht für den Turbinenwirkungsgrad wenig aus, und doch ist pro kg Luft schon rein theoretisch ein Verlust von rd. 20 WE zu verzeichnen, der aber in Wahrheit noch größer ausfällt, da die zur Verdichtung der zusätzlichen Luft notwendige Arbeit im Verhältnisse des Kompressorwirkungsgrades zu 1 größer wird, als die theoretische. Der Erfolg der Mischung ist mithin auch unter den vorausgesetzten günstigen Verhältnissen ein schlechter.

b) Allmähliche Beimischung des Fremdstoffes.

Es ist die Erwartung ausgesprochen worden, daß bei allmählicher Beimischung des zweiten Stoffes der Stoßverlust kleiner sein werde, indem die zuletzt zugefügten Massenelemente mit einem Strome von großer Masse und schon herabgesetzter Geschwindigkeit zusammentreffen.

Das Irrtümliche dieser Anschauung wird leicht nachgewiesen, wenn wir wie vorhin die jeweiligen Mischräume so erweitert denken, daß die Pressung durchweg unveränderlich bleibt, also auf jeden Vorgang Gl. (1) angewendet werden kann. In irgend einem Zwischen zustand der Mischung sei dm die beizumischende Masse und m die Masse des Stromes, mit welcher dm zur Wechselwirkung d. h. zum Stoße gelangt. Es sei c_0 die unveränderliche Eintrittgeschwindigkeit für alle Elemente dm, und c die veränderliche Stromgeschwindigkeit vor dem Stoß. Die Geschwindigkeit nach dem Stoß $= c'$ wird aus der Gleichung

$$(m + dm)\,c' = mc + dm\,c_0 \quad \ldots \quad (1)$$

zu rechnen sein, aus welcher die Zunahme $c' - c$ d. h. das Differential

$$dc = -(c - c_0)\frac{dm}{m}$$

sich ergibt. Allein diese Gleichung ist integrierbar und liefert

$$c = c_0 + \frac{a}{m} \quad \ldots \quad (2)$$

Wenn am Anfang vor dem Mischen die Masse $= m_1$ und die Geschwindigkeit $c = c_1$ war, so ist

$$a = (c_1 - c_0)\,m_1.$$

Der „Stoßverlust" des elementaren Mischungsvorganges ist nun

$$dZ = \frac{1}{2}\frac{m\,dm}{m + dm}(c - c_0)^2 = \frac{(c - c_0)^2}{2}\,dm \quad \ldots \quad (3)$$

Da aber durch Gl. (2) c als Funktion von m bekannt ist, können wir die Summe der Verluste durch Integration finden. Wenn Δm die im Ganzen zugemischte Masse, also

$$m_2 = m_1 + \Delta m$$

den Endwert der Masse m bedeutet, so ist

$$Z = \int_{m_1}^{m_2} \frac{(c-c_0)^2}{2}\, dm = \frac{1}{2} \frac{m_1 \Delta m}{m_1 + \Delta m} (c_1 - c_0)^2. \quad \ldots \ldots \quad (4)$$

Dieser Energieverlust ist genau so groß, als wenn die anfängliche Masse m_1 unmittelbar mit der Zusatzmasse Δm zum Stoße gelangt wäre, wodurch unsere Behauptung, die übrigens an sich einleuchtet, bewiesen worden ist.

Daß auch die Mischung im zylindrischen Mischraum die Verhältnisse nicht ändert. kann am besten durch ein Zahlenbeispiel nachgewiesen werden. Zu diesem Behufe denken wir uns (in veränderter Bezeichnung) der vorhin nach Fall (α) mit $w_1 = 1182$ m, $p_0 = 0{,}151$ Atm., $T_1 = 1017$ aus der Mischung hervorgehenden Luftmenge von $G_1 = 1{,}2$ kg, eine weitere Menge von $G_2 = 0{,}2$ kg, die ebenfalls von Atmosphärendruck auf 0,151 Atm. herabexpandiert und $w_2 = 510{,}8$ m erreicht, beigemischt. Man findet bei Ausschluß eines Verdichtungsstoßes $w = 901$ m, $p = 0{,}209$ Atm., $T = 1121$. Hätte man demgegenüber die Mischung durch unmittelbare Vereinigung von 0,4 kg Luft mit dem ursprünglichen 1 kg bei 0,1 Atm. bewirkt, so hätte man (ohne Stoß) $w = 1052$, $p = 0{,}151$, $T = 954$ erhalten. Das Maß des Verlustes bildet wieder das Produkt aus der Entropiezunahme und der Tieftemperatur $T_0 = 300^0$. Man findet für die mittelbare Mischung $\Delta S \cdot T_0 = 41{,}9$ WE, für die unmittelbare $= 35{,}1$ WE, und so ist die erstere geradezu die ungünstigere, woran sich auch dann kaum viel ändern würde, wenn wir nach der ersten Teilmischung die Gase zunächst auf 0,1 Atm. hätten expandieren lassen.

c) Beimischung unter vorheriger Beschleunigung des Zusatzstoffes.

Da der Stoßverlust dem Quadrate des Geschwindigkeitsunterschiedes vor dem Stoß proportional ist, könnte man auf eine Verbesserung der Wirkung hoffen, wenn dieser Unterschied durch vorherige Beschleunigung der zuzusetzenden Flüssigkeitsmenge verringert würde. Dem so zu erzielenden Gewinn steht aber der Arbeitsaufwand für die Beschleunigung, welche im allgemeinen nur durch vorhergehende Druckerhöhung, d. h. Verdichtung möglich ist, gegenüber. Ob zum Schluß noch ein Gewinn übrig bleibt, kann nur auf dem Wege von Zahlenbeispielen entschieden werden.

Nehmen wir also an, der Dampf expandiere von einem beliebigen Anfangszustand auf den Kondensatordruck p. Es soll, um die Ausflußgeschwindigkeit zu verringern, Dampf aus dem Auspuffraum, dessen Druck ebenfalls p ist, dem Arbeitsdampf beigemischt werden. Um die Geschwindigkeit, mit welcher dieser Dampf dem Mischraume zuströmt, zu erzeugen, könnte man den Arbeitsdampf auf einen tieferen Druck als p expandieren lassen, dann müßte aber das Gemisch wieder auf p verdichtet werden. Diese Kompression vollzieht sich nun in einer konischen Verdichtungsdüse nicht so ökonomisch, wie in einem Kolbenkompressor, weshalb wir das Vorhandensein eines solchen voraussetzen, aber nur den Zusatzdampf verdichten lassen. Die theoretische Arbeit L_k, die in diesem Kompressor pro kg Zusatzdampf aufgewendet wird, erscheint beim Ausströmen in den Mischraum vollinhaltlich als kinetische Energie des Zusatzdampfes wieder, d. h. es ist

$$\frac{w_2^2}{2g} = L_k \quad \ldots \ldots \ldots \ldots \quad (1)$$

Indem wir Mischung unter konstantem Druck voraussetzen, gilt die Formel

$$G_1 w_1 + G_2 w_2 = G w \quad \ldots \ldots \ldots \ldots \quad (2)$$

und es tritt ein Gesamtverlust an kinetischer Energie

$$Z = \frac{G_1 G_2}{G_1 + G_2} \frac{(w_1 - w_2)^2}{2g} \quad \ldots \ldots \ldots \ldots \quad (3)$$

auf. Der Arbeitsdampf möge vor der Mischung für 1 kg die Energie

$$L_1 = \frac{w_1^2}{2g}$$

besitzen. Ist nun der Wirkungsgrad der Turbine $= \eta_t$ derjenige des Kompressors $= \eta_k$, so wird im ganzen eine Nutzarbeit

$$L_e = \left(G_1 L_1 + G_2 \frac{w_2^2}{2g} - Z\right) \eta_t - \frac{1}{\eta_k} L_k G_2$$

$$= \left(G_1 \frac{w_1^2}{2g} - Z\right) \eta_t - G_2 \frac{w_2^2}{2g} \left(\frac{1}{\eta_k} - \eta_t\right) \quad \ldots \ldots \quad (4)$$

gewonnen. Je größer wir w_2 voraussetzen, um so kleiner ist der Stoßverlust Z, um so größer aber das zweite Glied in Gl. (4). Als günstiger Umstand könnte höchstens das gelten, daß die geringere Düsengeschwindigkeit w einen besseren Turbinenwirkungsgrad zu erreichen gestattet, was aber nur bei sehr hohen Werten von w_1 eine Bedeutung erlangen kann.

Beispiel. Wählen wir als extremen Fall $w_1 = 1500$ m. $G_1 = 1$, $G_2 = 1$ kg. Der Kompressorwirkungsgrad sei 0,6, derjenige der Turbine sei von der Dampfgeschwindigkeit w nach der Mischung, d. h. von der Düsengeschwindigkeit abhängig und erhalte die Werte, die in der Tabelle unten angeführt sind. Ohne Beimischung bei $w_1 = w = 1500$ m. sei $\eta_t = 0{,}5$, und wir erhalten in Wärmemaß gerechnet auf 1 kg Dampf eine Ausbeute von 135,1 WE. Mit Beimischung, wobei für w_2 der Reihe nach die Werte 50, 150, 300, 500, 600 m. gelten mögen, erhalten wir nachfolgende Zusammenstellung:

$w_2 =$	50	150	300	500	600	m
$w =$	775	825	900	1000	1050	m
$Z =$	126,4	109,6	86,5	60,2	48,7	WE
$\eta_t =$	0,67	0,66	0,65	0,63	0,62	
$L_e =$	96,1	103,3	108,5	101,2	91,9	WE.

Trotz des hoch eingeschätzten Turbinenwirkungsgrades sind mithin die Verluste so bedeutend, daß die Beimischung sich umsoweniger lohnt, als die Umfangsgeschwindigkeit, die wir mit 250 m vorausgesetzt haben, für alle Annahmen von w_2 dieselbe bleiben mußte. Würde man sie herabsetzen, so würde auch η_t sinken, und der Verlust empfindlich wachsen.

d) Reibungsturbine

kann der in gelehrtes Gewand gekleidete Vorschlag von Heimann, Dingl. Polyt. Journ. 1903, S. 113, genannt werden, der die lebendige Kraft des Dampfes in einer spiralförmig gewundenen langen Röhre durch Reibung nahezu vernichten und eben diese Reibung als „nützliche Umfangskraft" verwerten will.

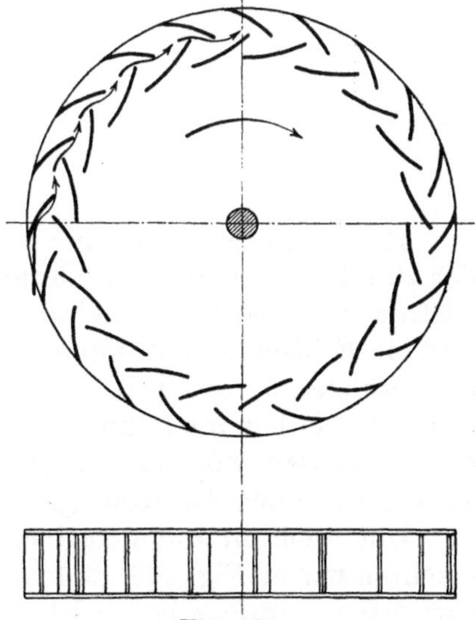

Fig. 398.

Abgesehen davon, daß man gar nicht einsieht, wie man mit einer Röhre auskommen könnte, ist der Vorschlag dasselbe, als wenn man in der gewöhnlichen Laufschaufel künstlich Widerstände erzeugen wollte, um die Relativgeschwindigkeit w_1 vielleicht bis auf den Wert von u aufzuzehren. Die einfache Betrachtung der Geschwindigkeitsdreiecke in Verbindung mit der Formel des Wirkungsgrades (s. Abschnitt 16) genügt um einzusehen, daß jede Reibung den Wirkungsgrad herabsetzt.

Eine ähnliche Idee liegt auch dem D.R.P. Nr. 152576 (Fig. 398) zugrunde, denn der in das Laufrad tretende Dampfstrahl soll von Schaufel zu Schaufel abgelenkt im Rade verharren, bis seine Geschwindigkeit der Umfangsgeschwindigkeit gleich geworden ist. Bei dem nur kleinen Ablenkungswinkel in jeder einzelnen Schaufel wird auch hier die Relativgeschwindigkeit im wesentlichen durch Reibung und Stoß aufgezehrt, und der Wirkungsgrad muß um so mehr sinken, als das Herausschaffen des Dampfes nur in Verbindung mit weiterer Stauung und Wirbelung möglich ist.

e) Die Drosselturbine.

Als Drosselturbine wollen wir das im deutschen Patent No. 135701 geschilderte Arbeitsverfahren bezeichnen, bei welchem zwischen den einzelnen Stufen einer Druckturbine Ventile eingeschaltet sind, die eine stets gleichbleibende Druckdifferenz zwischen diesen Stufen aufrecht erhalten sollen, um den Wirkungsgrad bei kleiner Belastung zu heben.

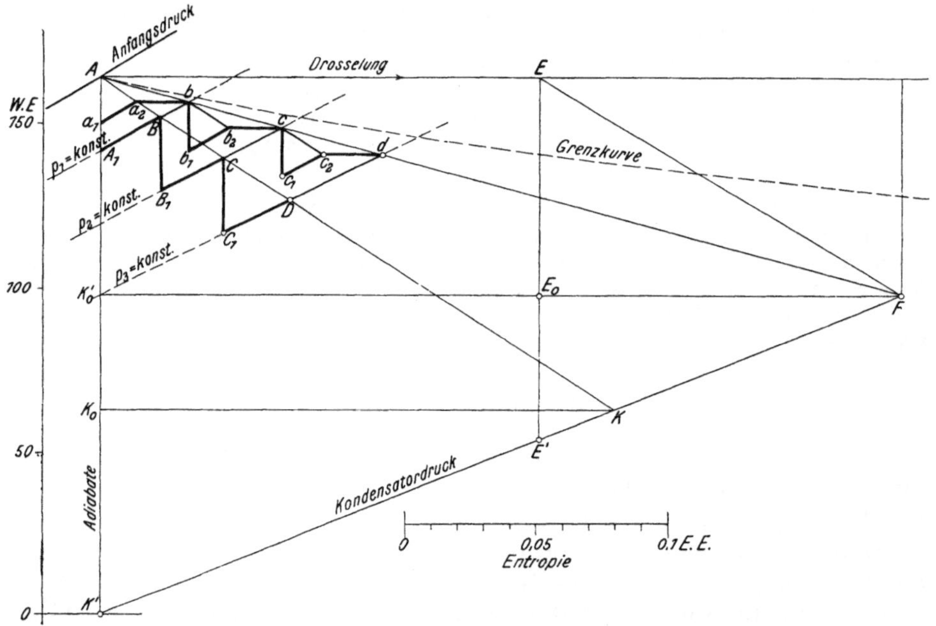

Fig. 399.

Es könnte zwar scheinen, als ob der künstlich hoch gehaltene Druck der durch Drosselung gebildeten Wärme erneute Gelegenheit zu Arbeitsleistung bei niedrigeren Temperaturen geben würde; hierin ist indes insofern ein Fehlschluß enthalten, als, um zu „regulieren", d. h. die Leistung zu verkleinern, ein Teil der verfügbaren Dampfenergie in Wärme verwandelt werden muß, und hierdurch eine Erwärmung des Dampfes stattfindet, so daß wir nie auf gleich tiefe Temperaturen hinabexpandieren könne, wie ohne Drosselung.

Um auch in quantitativer Beziehung ein Urteil zu gewinnen, betrachten wir in Fig. 399, welche unter Benutzung der Mollierschen Tafel entworfen wurde, die adiabatische Expansion AK' der vollbelasteten Maschine. Wegen der Widerstände führt das Ende der hier schematisch als Gerade angenommenen Zustandskurve nach K, und es wird in Nutzarbeit verwandelt der Wärmeinhalt AK_0. Wir setzen die Turbine als vielstufige Druckturbine voraus, und stellen den Zustand der ersten Stufe durch die angenähert adiabatische Expansion AA_1 im Leitrad, und die bei konstantem Drucke p_1 erfolgende Rückumwandlung kinetischer Energie durch Reibung usw. in Wärme von A_1 bis B dar. Hierauf folgt wieder adiabatische Expansion BB_1 in der zweiten Stufe und Rückverwandlung B_1C, desgleichen CC_1 und C_1D für die dritte Stufe usf.

Für die Drosselturbine muß, wie erwähnt, die Zustandskurve mit größerer Arbeitsvernichtung, d. h. mit größerer Entropievermehrung, verbunden sein und möge nach F auf der Linie des Kondensatordruckes führen. Der Voraussetzung nach wird der Eintrittsdruck für jede Stufe auf derselben Höhe erhalten wie vorhin, allein ein Teil des Druckgefälles werde abgedrosselt. Die erste Stufe der adiabatischen Expansion Aa_1 führt zunächst auf einen etwas höheren Druck als p_1. Die Rückumwandlungskurve ist a_1a_2 und nun folgt die Drosselung auf den Druck p_1, dargestellt durch die Horizontale a_2b. Gleicherweise ist bb_1 die Adiabate, b_1b_2 die Rückumwandlung, b_2c die Drosselung der zweiten Stufe usf. Der Einfachheit halber ist mit und ohne Drosselung für jede Stufe gleicher Wirkungsgrad vorausgesetzt, d. h. Dreiecke AA_1B, $BB_1C\ldots$ Aa_1a_2, $bb_1b_2\ldots$ sind ähnlich, was indes auf das Ergebnis ohne besonderen Einfluß ist. Da unbeschadet der Drosselung zwischen den Einzelstufen, die Querschnitte der Leit- und Laufräder unverändert bleiben, begnügen wir uns mit einer Annäherung, denn die wahre Druckverteilung könnte nur auf dem Wege mühsamen Probierens genauer ermittelt werden. Aus dem Wärmegefälle irgend einer, z. B. der ersten Stufe können wir die Geschwindigkeit und bei gegebenem Querschnitt f_1 die sekundliche Dampfmenge G ausrechnen. Ist $AK_0 = \Delta\lambda$ und $AK_0' = \Delta\lambda'$, so ist $G\Delta\lambda$ die sekundliche Leistung in WE bei Vollast, und $G'\Delta\lambda'$ dasselbe bei Drosselung. So finden wir, wenn 10 Atm. und Sättigung als Anfangszustand, 0,1 Atm. als Kondensatordruck angenommen werden, $G = 1410 f_1$; $G' = 1330 f_1$; $\Delta\lambda = 102$; $\Delta\lambda' = 67$ WE. Mithin ist die Leistung $G'\Delta\lambda'$ rd. 62 v. H. der vollen Leistung $G\Delta\lambda$. Während aber 1 kg Dampf bei Vollast 102 WE Arbeit liefert, sinkt diese Ausbeute auf 67 WE bei 62 v. H. Belastung, d. h. es findet auf 1 v. H. Belastungsabnahme eine Verschlechterung von rd. 1,4 v. H. im Dampfverbrauche statt. Um einen Vergleich mit der gewöhnlichen Drosselregulierung zu gewinnen, nehmen wir an, es werde der Dampf von der Turbine auf einen Zustand E (der mit A auf einer Horizontalen liegen muß) so abgedrosselt, daß die mutmaßliche Zustandskurve EF zum gleichen Punkte F führt, wie Kurve $Abcd\ldots$, daß also auch die Entropie in beiden Fällen um denselben Betrag $K_0'F$ für 1 kg Dampf vermehrt wird. Daher ist auch die Nutzarbeit pro kg, d. h. EE_0, gleich groß wie vorhin. Es stellt sich heraus, daß E einem Drucke von rd. 2 Atm. mit geringer Überhitzung entspricht. Nun ist durch die Erfahrung bestätigt, daß die sekundliche Dampfmenge dem absoluten Eintrittsdrucke nahezu proportional ist, und so haben wir hier einen Dampfverbrauch $G'' = \frac{1}{5}\, 1414 f_1$ zu erwarten. Demgemäß stellt sich die Leistung $G''\Delta\lambda'$ auf etwa 13 v. H. der Volleistung $G\Delta\lambda$. Aus dieser Angabe geht die große Überlegenheit der gewöhnlichen Drosselregelung über die stetige Drosselung hervor, denn bei der letzteren sinkt die Leistung pro kg

Dampf schon bei 62 v. H. der Vollbelastung auf 67 WE. von 102 WE, bei der ersteren erst bei 13 v. H. der Vollast.

Diese Minderwertigkeit ist darin begründet, daß wegen hohen Druckes, d. h. hohen spezifischen Gewichtes, trotz kleinerer Geschwindigkeiten große Dampfmengen durch die unveränderten Turbinenquerschnitte strömen.

Ein wirklicher Fortschritt der Regelung kann also nur in der gleichzeitigen Änderung aller Querschnitte bestehen.

Während die oben geschilderten Turbinenarten zum Teile tiefergehende Untersuchungen erheischten, um als aussichtslos erkannt zu werden, enthält leider namentlich die Patentliteratur eine Menge von augenscheinlichen Verirrungen. Diese im einzelnen zu besprechen, wäre Zeitverschwendung und ebensowenig lohnt es sich, auf gewisse Erzeugnisse einer dreisten Reklame einzugehen.

Alles in allem trifft der vor Jahren gemachte Ausspruch des Verfassers heute mehr als je zu, daß auf dem Gebiete des Dampfturbinenbaues ein großer umgestaltender Gedanke kaum mehr zu erwarten ist.

92. Die Kondensationsanlage bei Dampfturbinen.

Die Kondensation erfolgt in Oberflächen- oder in Einspritzkondensatoren, je nachdem man auf die Wiedergewinnung des ölfreien Kondensates Wert legen muß oder nicht, je nach der Beschaffenheit des verfügbaren Kühlwassers (z. B. Salzgehalt des Seewassers, der die Verwendung des Abflußwassers zum Speisen ausschließt) und nach den allgemeinen Betriebsverhältnissen überhaupt.

Neuerdings wird behauptet, daß auch Strahlkondensatoren 92 bis 95 v. H. Luftverdünnung erreicht haben, was dieser Kondensatorart bald vermehrten Eingang verschaffen würde, falls diese Verdünnung ohne außergewöhnlichen Wasserverbrauch erzielbar wäre.[1])

Man ist bei dem hohen Vakuum, welches die Dampfturbine erfordert, bestrebt, die abziehende Luft so weit abzukühlen als möglich, daher denn auch bei Mischkondensatoren das Gegenstromprinzip angewendet wird. Bei Oberflächenkondensatoren fängt man, an das flüssige Kondensat von der Luft abzusaugen, um dieses mit einer für den Kessel günstigen hohen Temperatur zu gewinnen, während der Rest der Kühlfläche zum Abkühlen der Luft dient. So lassen Balcke & Co. in Bochum die Luft bei dem für Frankfurt ausgeführten Kondensator noch zwei Rohrabteilungen mehr bestreichen als das Dampf-Luftgemisch, und Berling[2]) berichtet, daß er an Schiffskondensatoren einen Teil der Kühlrohrlänge beim Wassereinlauf zum gleichen Zwecke durch eine Kammer abtrennt. Durch derartige Einrichtungen kann eine bedeutende

---

[1]) The Power, 1905, S. 47 nach einem Vortrag von Rockwood in der Amer. Soc. of Mec. Eng., der sich gerade über den letzten Punkt vollkommen ausschweigt und nur so viel angibt, daß bei 400 KW Turbinenleistung das Einspritzrohr des barometrischen Kondensators 7″ Durchmesser besaß. Auch das berührt eigentümlich, daß als ursprünglich das Einspritzrohr auf eine gewisse Länge horizontal lief, das Vakuum nur 22″ betrug; als man aber das Rohr vertikal anordnete, sei das Vakuum auf $28^1/_2$″ gestiegen (!?).

[2]) Zeitschr. d. Ver. Deutsch. Ing. 1904, S. 253.

Verkleinerung des Fördervolumens der Pumpe erreicht werden, und zwar nicht wegen der Herabsetzung der Temperatur, die kaum einige v. H. ausgibt, sondern wegen der Vergrößerung des Partialdruckes der Luft im Dampf-Luftgemisch.

Beispielsweise sei der Kondensatordruck 0,1 Atm., und die Temperatur des angesaugten Gemisches 36°, dann ist der Teildruck des Dampfes 0,06 Atm., derjenige der Luft 0,04 Atm. Arbeiten wir im Gegenstrom mit Luftabkühlung, und erreichen wir z. B. 20°, so sind die Teildrucke für Dampf 0,024 Atm., für Luft 0,076 Atm. Die Rauminhalte verhalten sich, vom Temperaturunterschied abgesehen, umgekehrt wie die Pressungen, also brauchen wir im zweiten Fall nur $\frac{0,04}{0,076} \sim 0,53$. d. h. fast nur halb so viel Fördervolumen als ohne Luftkühlung.

Die Geschwindigkeiten in den Abdampfrohren sind groß, an 100 m und darüber hinausreichend. Man baut Kondensator und Turbine so innig zusammen als möglich, so daß die Drosselverluste vernachlässigbar sind. Bei 0,05 Atm. abs. Druck ist zur Hervorbringung von 100 m Geschwindigkeit nach Formel $w/^2 2g = \Delta p/\gamma$ mit $\gamma = 0,035$ ein Druckgefälle von in der Tat bloß 0,0018 Atm. erforderlich.

Über die Größe der durch Undichtheit und mit dem Einspritzwasser eindringenden Luftmenge fehlen zurzeit zuverlässige Angaben. Als Mittel darf vielleicht vorläufig mit 5 g Luft auf 1 kg Arbeitsdampf gerechnet werden, welche Zahl indessen ebensogut auf 1 g sinken als auf 20 g ansteigen kann. Entscheidend ist hier die Güte der Stopfbüchsen.

Welches Vakuum sollen wir wählen?

Je größer das Vakuum, desto größer die Turbinenleistung, desto größer aber sowohl die Luftpumpenarbeit als auch das Pumpenvolumen, also die Anlagekosten. Es gibt mithin ein ökonomisch günstigstes Vakuum, bei welchem die Kosten für Betrieb uud Tilgung des Anlagekapitals ein Minimum sind. Diese allgemein zu bestimmen, ist wegen der Verschiedenheit der Pumpensysteme, Umlaufzahlen usw., ferner des Raumbedarfes, der hier ebenfalls mitspielt, unmöglich.

Eher bestimmbar ist dasjenige Vakuum, bei welchem die wirkliche Gesamtleistung ein Maximum wird, insbesondere die untere Grenze desselben. Maßgebend für die Wirkung der Kondensation ist die Temperatur des Kühlwassers, indem die tiefste Temperatur t_k, mit welcher die Luft- und Dampfreste zur Luftpumpe abziehen können, von dieser abhängt und bei guter Anordnung nur um wenige Grade (4—5°) höher zu sein pflegt. Der Kondensatordruck p_k ist nun jedenfalls höher als der Sättigungsdruck p_s, der zu t_k gehört, da wir im Kondensator nicht bloß Dampf, dessen Partialdruck stets $= p_s$ sein wird, vor uns haben, vielmehr stets auch Luft zugegen ist. Wir müssen aber den Unterschied auch hinlänglich groß machen, da sonst die Luftpumpenarbeit zu bedeutend ausfällt aus folgendem Grunde. Ist beispielsweise $t_k = 20°$, so wird der Dampf einen Teildruck von 0,024 Atm. ausüben, mit einem spezif. Gewicht von 0,017 kg/cbm. Wäre der Kondensatordruck 0,025 Atm., so hätte die Luft einen Teildruck von bloß 0,001 Atm., mit einem spezifischen Gewicht von 0,00117 kg/cbm. Auf 1 kg Luft würde also eine mit zu komprimierende Dampfmenge von 0,017 : 0,00117 = rd. 14,5 kg entfallen. Das zu fördernde Gesamtgewicht würde also auf das rd. 15fache des eigentlich Notwendigen, d. h. des Luftgewichtes allein, erhöht.

Wenn der Kondensatordruck sich der kritischen Grenze, d. h. dem Sättigungsdruck nähert, der zur Temperatur des abziehenden Dampf-Luftgemisches gehört, wächst die zu fördernde Gemischmenge und die Luftpumpenarbeit ungemein rasch. Würde diese kritische Grenze erreicht, bzw. ganz wenig unterschritten, so wird zwar die Luftpumpenarbeit nicht unendlich groß, wohl aber würde man die ganze von der Turbine kommende Dampfmenge unkondensiert in die Luftpumpe ansaugen und komprimieren.

Auf dem Wege der Rechnung kann man den Kondensatordruck, der zum Maximum der effektiven Turbinenleistung führt, angenähert wie folgt bestimmen:

Es bedeute

E	die Gesamtleistung der Turbine für 1 kg Dampf.
D	„ theoretische Dampfleistung für 1 kg Dampf.
L	„ „ Luftpumpen-Leistung für 1 kg Dampf.
η_1	den Turbinenwirkungsgrad.
η_2	„ Luftpumpen „
p_1 p_2 p	den Anfangs-, den Atmosphären- und den Kondensatordruck.
v_1	das anfängliche Dampfvolumen für 1 kg.
T_k	die konstante Absoluttemperatur, auf die das Dampf-Luftgemisch im Kondensator abgekühlt wird.
ϱ	das auf 1 kg des arbeitenden Dampfes durch Undichtheit usw. eindringende Luftgewicht in kg.
σ	die auf 1 kg Dampf herauszuschaffende Wassermenge in kg.
k_1, k_2	die Exponenten der adiabatischen Expansion für den Arbeitsdampf bzw. das Dampf-Luftgemisch, als konstant angenommen.
γ_1	das spezifische Gewicht von Dampf beim Sättigungsdruck p_s, der zu T_k gehört.
R	Zustandskonstante der Luft.

Der Teildruck der Luft p' wird als Unterschied des ganzen Kondensatordruckes p und des konstanten Teildruckes p_s des Dampfes gefunden:

$$p' = p - p_s$$

nnd hieraus ergibt sich das spezifische Gewicht der Luft

$$\gamma_2 = \frac{1}{v_2} = \frac{p - p_s}{R\,T_k} \qquad (1)$$

auf γ_2 kg Luft entfallen γ_1 kg Dampf, mithin auf ϱ kg Luft $\varrho\,\frac{\gamma_1}{\gamma_2}$ kg, und das ganze Fordergewicht ist

$$\varrho\left(1 + \frac{\gamma_1}{\gamma_2}\right) = \varrho' \qquad (2)$$

Um dies Gewicht von p auf p_2 zu komprimieren, bedarf es theoretisch der Arbeit

$$L' = \varrho'\,\frac{k_2}{k_2 - 1}\,R\,T_k\left[\left(\frac{p_2}{p}\right)^{\frac{k_2 - 1}{k_2}} - 1\right] \qquad (3)$$

andererseits verbraucht das Herausschaffen der Wassermenge σ die Arbeit

$$L'' = \frac{\sigma\,(p_2 - p)}{\gamma} \qquad (3\text{a})$$

wo γ das spezifische Gewicht des Wassers ist. Die Luftpumpe erfordert also theoretisch im ganzen die Energie

$$L = L' + L'' \qquad (3\text{b})$$

Nun ist die theoretische Arbeit des Dampfes pro kg

$$D = \frac{k_1}{k_1 - 1}\,p_1 v_1\left[1 - \left(\frac{p}{p_1}\right)^{\frac{k_1 - 1}{k_1}}\right] \qquad (4)$$

und hieraus erhalten wir die effektive Nutzarbeit

$$E = D\eta_1 - \frac{D}{\eta_2} \quad \ldots \ldots \ldots \ldots \quad (5)$$

Nachdem man die Werte (1) bis (4) in diese Formel eingesetzt hat, kann man analytisch oder graphisch das Maximum von E und den zugehörenden Kondensatordruck ermitteln.

In Fig. 400 ist ein derartiges Beispiel gelöst, wobei Kurve A die Dampfleistung in WE für 1 kg in Funktion des Kondensatordruckes darstellt. Kurve B ist die nach

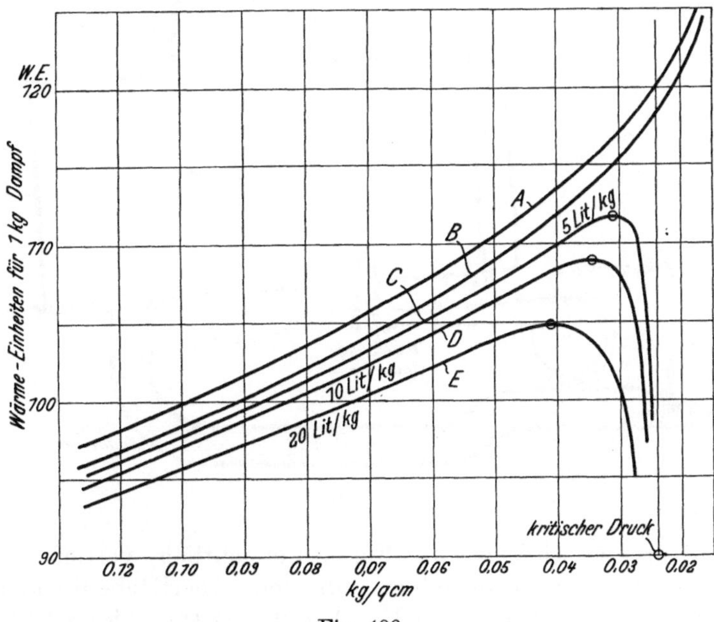

Fig. 400.

Abzug der Wasserhebearbeit übrig bleibende Leistung, wobei $\sigma = 50$ kg vorausgesetzt wurde. Kurven C, D, E sind die übrig bleibenden effektiven Leistungen nach Abzug auch der Luftverdichtungsarbeit. Es entspricht Kurve C der Annahme, daß auf 1 kg Dampf ein Luftvolumen von 5 Litern, bei atmosphärischem Zustand gemessen, entspricht, was für ϱ rd. den Wert 0,0062 kg ergibt. Für D und E sind die Luftmengen zu 10 bzw. 20 l/kg vorausgesetzt. Die Kondensatortemperatur ist 20°, entsprechend einem „kritischen Druck" von 0,024 Atm. Die Maxima der Leistung finden statt bei 0,031, bzw. 0,035 bzw. 0,041 Atm., und die Kurven steigen bis in die nächste Nähe des Gipfels mit fast unveränderter Neigung an. Da die Annahme für die Undichtheit bei D und E übertrieben ist, kann aus dem Beispiele **gefolgert werden, daß die Leistung der Luftpumpe erst knapp vor dem kritischen Drucke anfängt unökonomisch groß zu werden.**[1])

[1]) In Stahl und Eisen 1904, S. 755, stellt Boveri eine Betrachtung über die Luftpumpenarbeit an, die in mehrfacher Hinsicht berichtigt werden muß. Erstens beachtet Boveri das Vorhandensein des kritischen Druckes nicht; zweitens verwechselt er die Arbeit, die eine gegebene Luftpumpe pro Umdrehung bei verschiedenen Vakuumdrücken zu leisten hat mit der Gesamtleistung, die erforderlich ist, um ein gegebenes Luftgewicht aus dem Vakuum zu schaffen. Wenn eine Luftpumpe mit konstanter Umlaufzahl, aber sinkendem Vakuumdruck arbeitet, so nimmt allerdings die Leistung in PS anfänglich zu später bei kleinem Druck wieder ab, weil das Kompressionsdiagramm zum Schluß einen kleinen Inhalt hat. Allein, z. B. bei halbem Druck, fördern wir pro Umdrehung auch nur die halbe Luftmenge. Da das eindringende Luftquantum bei höherem Vakuum nicht von selbst abnehmen wird, so müssen wir die Pumpe für unser Beispiel doppelt so rasch laufen lassen, was auch die Leistung verdoppelt. Boveri kommt zum Schlusse, daß unendlich kleiner Kondensatordruck auch die kleinste Luftpumpenarbeit bedingen würde. Auf die Irrtümlichkeit dieser Folgerung hat übrigens schon Kießelbach a. a. O. hingewiesen.

Parsons' Vakuum-Vermehrer.

Um insbesondere bei Schiffsmaschinen trotz tiefen Vakuums die Luftpumpen kleiner zu erhalten, also an Raum und Gewicht zu sparen, faßte Parsons die als genial zu bezeichnende Idee, einen Teil der Luftverdichtungsarbeit durch ein Dampfstrahlgebläse verrichten zu lassen.

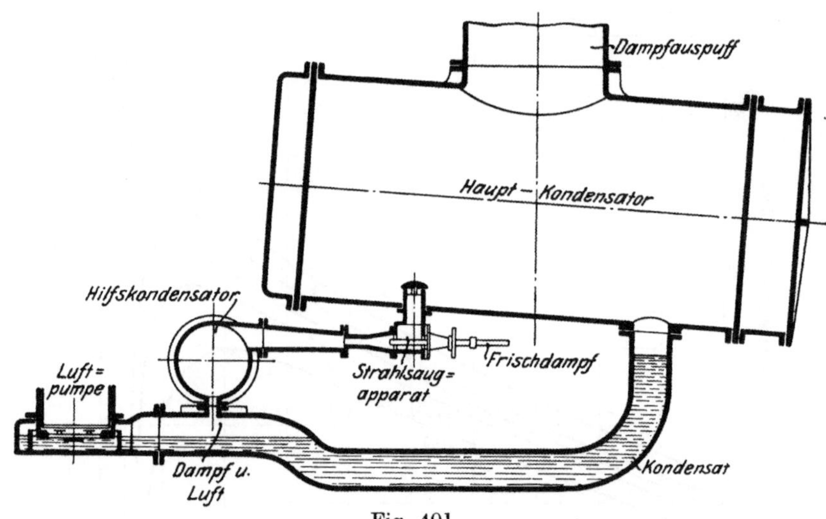

Fig. 401.

Die Luftpumpe wird, wie aus Fig. 401 ersichtlich, vertieft aufgestellt, so daß ihr der Dampfniederschlag aus dem Oberflächenkondenser mit hydrostatischem Überdruck zufließt. Auf den Betrag dieses Überdruckes wird auch die an anderer Stelle abgesaugte Luft durch das Strahlgebläse verdichtet, und zur tunlichsten Befreiung von Dampf in einem Hilfskondensator möglichst tief abgekühlt. — Getrennte Pumpen für Wasser und Luft würden die Wirkung der Einrichtung noch erhöhen.

Die Düsenvorrichtung (Fig. 402) besteht[1]) aus dem verschiebbaren

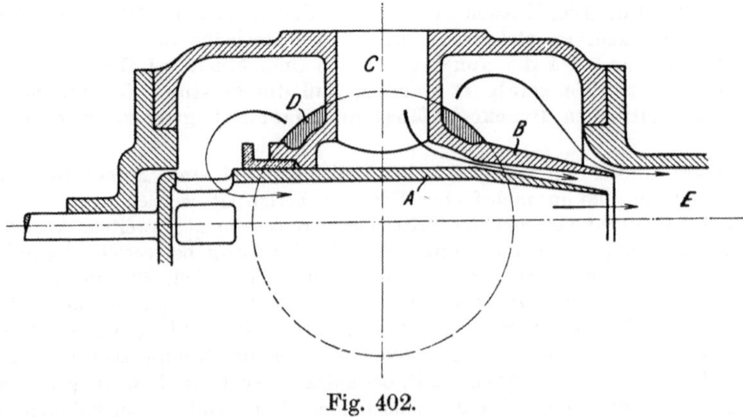

Fig. 402.

Rohr A, welches mit dem feststehenden Konus B eine regelbare Düse bildet. Frischdampf tritt bei C ein, die Luft bei D. Der Dampfstrahl

[1]) Nach dem Schweiz. Patent Nr. 27214.

ist also hohl und beschleunigt einen inneren Luftkern und einen äußeren hohlen Luftmantel, was die Mischung inniger macht. Im zylindrisch angedeuteten Rohr E findet die Verdichtung statt. Offenbar sollte hier besser eine Erweiterung als „Diffusor" folgen.

Da die Mischung nach unseren früheren Darlegungen nahezu wie ein unelastischer Stoß anzusehen ist, finden starke Stoßverluste statt, und auch die Verdichtung ist nicht verlustfrei. Beim Vergleich mit einer Luftpumpe ist indessen zu beachten, daß, abgesehen von Rauminhalt und Gewicht, eine mit tiefstem Vakuum arbeitende Luftpumpe große Leerlaufarbeit, also schlechten Wirkungsgrad, hat. Der Vorteil der Vorrichtung leuchtet am besten ein, wenn wir eine Anlage mit einer Pumpe von gegebenem Fördervolumen ins Auge fassen, und untersuchen, welchen Gewinn der Vakuumvermehrer bringt.

Es sei ein stündliches Dampfgewicht von 10000 kg zu kondensieren, wobei auf 1 kg Dampf etwa 0,01 kg Luft zu entfernen sind. Die gegebene Luftpumpe sei imstande, ein Vakuum von 0,1 Atm. zn erzeugen; der Vakuumvermehrer soll diesen Druck auf 0,05 Atm. erniedrigen, d. h. die Luft von 0,05 Atm. auf 0,1 Atm. verdichten. Auf Grund einer Rechnung, deren Einzelheiten mitzuteilen zu umständlich wäre, darf man annehmen, daß zu dieser Verdichtung etwa 1,0 bis 1,5 kg Dampf pro 1 kg Luft, einschließlich des mitgeführten Dampfes, genügen, was im ganzen 100 bis 150 kg/st. ausmacht. Wir haben mithin 1,0 bis 1,5 v. H. mehr Dampf verbraucht, was gut mit der Angabe der Engineering Okt. 1904 S. 501 übereinstimmt, daß in einem Falle die Steigerung des Vakuums von rd. 0,14 Atm. auf 0,07 Atm. einen Dampfverbrauch von 1,5 v. H. des Ganzen verursacht hat. Gleichzeitig wurde indes in unserem Beispiel durch das bessere Vakuum die Leistung um mindestens 5 v. H. erhöht, und so steht die Wirtschaftlichkeit der Vorrichtung außer Frage. Dies um so mehr, als bei gut gedichteten Turbinen die eindringende Luftmenge, also auch der Dampfverbrauch noch geringer sein müssen, als hier vorausgesetzt.

93. Die Dampfturbine als Schiffsmotor

und andere Verwendungsarten.

Die Hauptvorteile, welche die Dampfturbine in ihrer Verwendung als Schiffsmotor darbietet, sind abgesehen von den auch für Landanlagen geltenden Gesichtspunkten: Abwesenheit der Vibration und Raumersparnis. Die Gewichtsersparnis wird je nach der Art des Turbinensystems ebenfalls eine mehr oder weniger erhebliche. Den Vorteilen stehen indes auch Nachteile gegenüber; in erster Linie die Unmöglichkeit, einfach umzusteuern, welche uns zwingt, eine besondere Rücklaufturbine anzuordnen, die beim Vorwärtsgang im Vakuum leer mitläuft, um geringe Reibungsverluste zu verursachen. Wenn bei dieser Turbine die Ökonomie auch Nebensache ist, so sollte sie doch mit den vorhandenen Kesseln die volle Kraft zum Rücklauf entwickeln können; selbstverständlich wird man diese Forderung nur für Notfälle (Gefahr des Zusammenstoßes) stellen, für diese ist sie aber um so gebieterischer. Wollte man aber die volle Kraft zum Rücklauf mit derselben Dampfmenge erzielen wie für den Vorwärtslauf, so müßte man auch eine ebenso große Turbine aufstellen, was wegen des Gewichtes ausgeschlossen ist. Es bleibt also nichts übrig, als eine Turbine mit weniger Stufen, d. h. schlechterem Wirkungsgrad zu verwenden und den Kesseln eine erhöhte Beanspruchung für die kurze Dauer des Rücklaufes zuzumuten, bzw. den Wärmevorrat des Wasserinhaltes der Kessel zur Lieferung der großen Dampfmenge heranzuziehen.

Als zweiter wesentlicher Nachteil ist anzuführen die hohe Umlaufszahl, welche bei der Schiffsschraube durch übergroße Umfangsgeschwindigkeit die Bildung von Hohlräumen, die sog. Kavitation, demzufolge Wirbelungen begünstigt. Wertvolle Versuche verdankt man hierüber Parsons, dessen Turbine bis jetzt fast allein im Schiffbau mit Erfolg Verwendung gefunden hat. Parsons trennt die Turbine in mehrere auf besonderen Schrauben treibende Teile und schaltet sie „in Reihe" oder „parallel". Die Frage, ob eine, zwei oder drei kleinere Schrauben auf eine Welle zu setzen sind, und überhaupt die Bestimmung der günstigsten Schraubendimensionen gehört dem Schiffbau an. Wir beschränken uns auf folgende den Turbinenkonstrukteur interessierende Bemerkungen. — Die Versuche von Parsons haben dazu geführt, die Umlaufzahl im allgemeinen stark herabzusetzen, und zwar auf etwa 500 bis 1000 pro Min., ja bei den neuen in Bau befindlichen Dampfern der Cunard-Linie mit allerdings 70 000 PS Leistung für jedes Schiff, ist die Umdrehungszahl der zu zwei vollständigen Turbinen gehörenden vier Wellen auf bloß 140 p. Min. festgesetzt. Es liegt auf der Hand, daß die Umfangsgeschwindigkeit der Turbine bei so niedrigen Umlaufzahlen auch entsprechend vermindert werden muß, da sonst die Trommeln zu groß, die Schaufeln zu kurz ausfallen würden. Man wird dann zweckmäßigerweise auch die Dampfgeschwindigkeit klein machen und erhält als weitere Folge aus doppeltem Grunde eine namhafte Vergrößerung der Stufenzahl. Wäre die Dampfreibung (unter sonst gleichen Umständen) nur vom Quadrate der Geschwindigkeit und der Weglänge abhängig, so würde trotz längerer Dampfwege die Ökonomie nicht abnehmen. Nach Mitteilungen von Parsons in englischen Fachschriften scheint indessen der Verbrauch erheblich mehr zu betragen als bei ortsfesten Turbinen, was darauf hinweisen würde, daß die Zersplitterung der Strahlen durch die Schaufelstirnflächen einen Hauptteil des Widerstandes ausmacht.

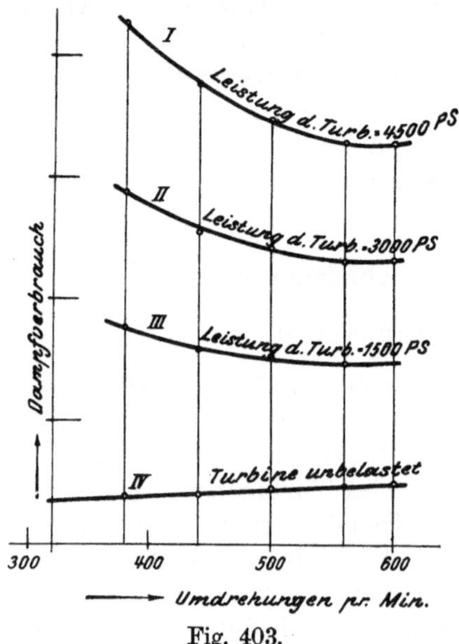

Fig. 403.

Besondere Schwierigkeiten bereitet die für Kriegsschiffe wichtige Fahrt mit verringerter Geschwindigkeit, da hierbei auch die Umlaufzahl der Schraube von selbst sinkt, mithin der Dampfverbrauch steigt. Grauert bringt in der Marine-Rundschau 1904, S. 44 quantitative Angaben hierüber, die in Fig. 403 wiedergegeben sind. Bei 4500 PS Leistung nimmt der Dampfverbranch dieser Parsons-Schiffsturbine beim Übergange von 580 Umdrehungen auf 380 Umdrehungen um 31 v. H. zu. Bei 1500 PS beträgt der Unterschied bloß rd. 21 v. H., allein der Dampfverbrauch ist an sich größer. Schätzen wir die stündliche Dampfmenge bei 4500 PS 580 Umdrehungen auf 7,2 kg/PS, so wäre sie nach Fig. 403 9,4 kg/PS bei 4500 PS 380 Umdrehungen; ferner 19,4 kg/PS bei 1500 PS 580 Umdrehungen und 23,3 kg/PS bei 1500 PS 380 Umdrehungen.

Es ist von großer Bedeutung, daß man Mittel besitzt, diese Zunahme des Dampfverbrauches, welche übrigens bei der Kolbenmaschine ebenfalls auftritt, teilweise zu beheben. Der Grundgedanke der Verbesserung besteht darin, daß man die Turbine in mehrere Teile trennt, oder was dasselbe ist, aus mehreren Einzelturbinen zusammensetzt, welche einzeln oder in Gruppen, und zwar in Reihe oder parallel geschaltet arbeiten können. Ist die Umlaufzahl, also die Umfangsgeschwindigkeit klein, so schaltet man die Turbinen hintereinander, um eine große Stufenzahl, somit gute Dampfausnutzung zu erhalten; soll die höchste Leistung erreicht werden, so schaltet man die kleinen „Vorspann"turbinen ganz aus und benutzt die großen teilweise parallel, wodurch eine befriedigende Ausnutzung gesichert wird, da bei hoher Leistung auch die Umlaufzahl, also die Umfangsgeschwindigkeit hoch ist. Einen bedeutungsvollen Erfolg in dieser Richtung hat der Kreuzer „Amethyst" der englischen Kriegsmarine, der mit Parsonsturbinen ausgerüstet ist, errungen. Dieser Kreuzertypus, dessen Wasserverdrängung 3000 Tonnen beträgt, sollte beim Antriebe durch Kolbenmaschinen mit 9000 indiz. PS eine Geschwindigkeit von $21^3/_4$ Seemeilen erreichen. Mit Parsonsturbinen ausgestattet, war man befähigt, die höchste Geschwindigkeit mit Kesseln gleicher Größe auf 23,63 Seemeilen zu steigern, während gleichzeitig der Dampfverbrauch für die PS/St. ein wesentlich günstigerer war, wie bei der Kolbenmaschine. Die wohl als denkwürdig zu bezeichnenden Probefahrten, die zur Feststellung der erwähnten Ergebnisse führten, fanden im Oktober und November 1904 statt und lieferten[1]) die auf Zahlentafel 1 zusammengestellten Beobachtungswerte. Zum Verständnisse derselben sei angeführt, daß der Kreuzer mit drei Schrauben versehen ist, und die mittlere durch die Hochdruckseite, die beiden seitlichen durch die zwei parallel geschalteten Niederdruckturbinen angetrieben werden. Anßerdem befindet sich auf der einen Außenwelle die Hochdruck-„Marsch"turbine, auf der zweiten Außenwelle die Mitteldruck-Marschturbine, die nur dann zur Verwendung gelangen, wenn mit kleiner Geschwindigkeit gekreuzt werden soll. Bis zu etwa 14 Seemeilen Geschwindigkeit ist der Weg des Dampfes durch die Turbine der folgende:

Hochdruck-Marschturbine — Mitteldruck-Marschturbine — Große Hochdruckturbine — parallel in die beiden Niederdruckturbinen.

Von 14 bis 20 Seemeilen wird die Hochdruck-Marschturbine ausge-

[1]) Nach Engineering 18. Nov. 1904, S. 691. Kretschmer vertritt in der Zeitschr. d. Ver. d. Ing. 1905, S. 940 die Ansicht, daß die guten Erfolge des Turbinenschiffes zum Teile der Schiffsform, welche sich der von Kretschmer befürworteten Tetraedergestalt nähert, zuzuschreiben sind. Diese Form habe die Eigenschaft, bei kleiner Geschwindigkeit verhältnismäßig größere Widerstände darzubieten als bei hoher Geschwindigkeit, woraus auch das bis zu 14 Knoten schlechtere Ergebnis des Turbinenschiffes zu erklären sei.

schieden, Frischdampf tritt in die Mitteldruck-Marschturbine ein, um denselben Weg fortzusetzen wie vorhin.

Von 20 Seemeilen ab arbeiten nur die großen Hoch- und Niederdruckturbinen, während alle übrigen ausgeschaltet sind. Für den Rück-

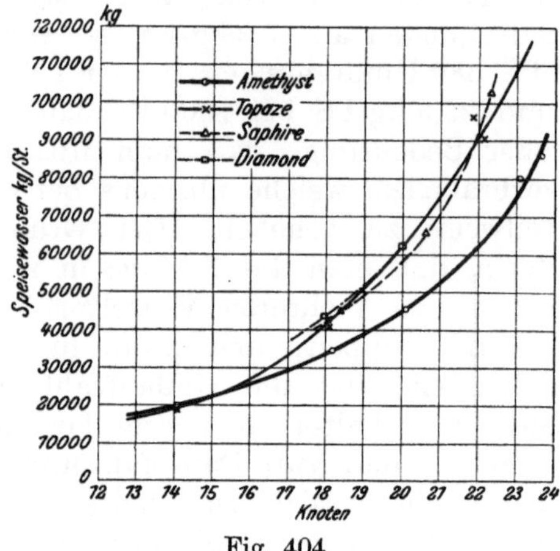

Fig. 404.

wärtsgang ist jede der Außenwellen mit einer eigenen, für gewöhnlich im Vakuum laufenden Turbine versehen.

Gleichzeitig mit dem Amethyst wurden auch drei andere Kreuzer vollkommen gleicher Größe und Schiffsform, die jedoch mit Kolbendampf-

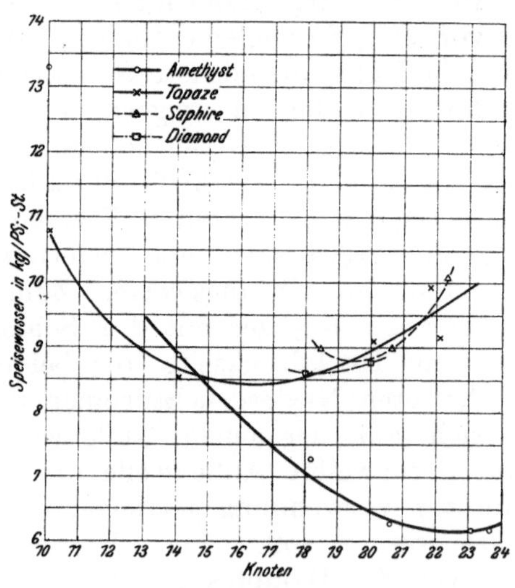

Fig. 405.

maschinen ausgestattet waren, geprüft. Besonders ausführlich der Kreuzer „Topaze", welcher die auf Tafel 2 zusammengestellten Ergebnisse lieferte. Auf Tafel 3 sind die beiden miteinander verglichen, und die Ergebnisse in Fig. 404 und 405 graphisch dargestellt, wobei auch Beobachtungen der Kreuzer Saphire und Diamond eingetragen wurden. Die Kurve des Kohlenverbrauchs zeigt ein ähnliches Verhalten wie diejenige des Dampfverbrauches.

Bis zu etwa 14 Knoten ist die Kolbenmaschine, — indessen nur unwesentlich, im Vorteil. Von da ab zeigt sich die Turbine in bedeutendem Maße überlegen, wobei als besonderer Umstand zu erwähnen ist, daß bei der Kolbenmaschine der Dampf der Hilfsmaschinen in den Niederdruckbehälter geleitet wurde, bei der Turbine aber in den Kondensator. Am Topaze wurde diese Dampfmenge bei 10 Knoten Geschwindigkeit zu 21 v. H. des in den Tabellen angegebenen Gesamtverbrauches, bei 14 Knoten zu 13 v. H. bestimmt.

Die bei der Dampfturbine angegebenen „indizierten" Pferdestärken sind selbstverständlich nur gerechnete durch Vergleich mit den Topaze-Versuchen gewonnene Werte. Ein Verbrauch von 6,17 kg pro indiz. PS/St., wobei der Dampf der Hilfsmaschinen nicht in der Turbine arbeitete, aber in ihrem Dampfverbrauch eingeschlossen ist, darf als vorzügliches Ergebnis gelten.

Auf jeder Turbinenwelle saß je eine dreiflügelige Schraube von folgenden Abmessungen:

Durchmesser	2032 mm
Steigung der Seitenschrauben	1753 „
„ „ Mittelschraube	2000 „
Areal der Seitenschrauben	1,808 qm
„ „ Mittelschraube	1,823 „
Mittlerer Slip der drei Propeller bei 10 Knoten . . .	11,3 v. H.
„ 14 und 18 Knoten	13,6 „
„ 20 Knoten . . .	14,4 „
„ 23,6 „ . . .	17,1 „

Im Gewicht war absolut gemessen der Unterschied Null, da die Maschinen des Topaze 537 t, diejenigen des Amethyst 530 t wogen, allein da eine um rd. 40 v. H. größere Leistung erreicht worden ist, stellt sich auch das Gewicht pro PS sehr günstig.

Zahlentafel 1.

Leistungsversuch an den Parsonsdampfturbinen des „Amethyst".

Datum des Versuches		19. und 20. Oktober	24. und 25. Oktober	31. Okt. und 1. November	4. Nov.	8. Nov.	16. Nov.
Versuchsdauer	Stunden	24	24	30	8	4	4
Tiefgang	Meter	4,45	4,45	4,425	4,475	4.45	4,425
Schiffsgeschwindigkeit	Knoten	10	14,062	18,186	20,6	23,06	23,63
Luftdruck im Heizraum	cm/Hg.	4,82	0,76	1,14	1,17	4,32	4,06
Kesseldruck (Überdruck)	kg/cm²	18,2	18,5	17,3	17,9	17,1	18,3
Pressungen in den Turbinenkammern (Über- resp. Unterdruck) kg/cm² cm/Hg.	Kleine Hochdruckturb.	6,62	15,2	—	—	—	—
	Kleine Mitteldruckturb.	1,34	4,30	9,66	13,4	—	—
	Große Hochdruckturb.	0,190	1,27	3,78	5,32	11,1	12,26
	Große Steuerbord-Niederdruckturbine	Vak. 55,1 cm „ — 0,75 At.	Vak. 27,4 cm „ — 0,373 At.	+ 0,091	0,43	1,65	1,92
	Große Backbord Niederdruckturbine	„ 50,5 „ 0,688 At.	„ 30,0 „ 0,408 At.	Vak. 3,30 cm „ 0,045 At.	0,34	1,73	1,92
Kondensatordruck (Unterdruck)	Steuerbord . . cm/Hg.	66,0	68,5	67,5	70,5	68,3	67,3
	kg/cm²	0,898	0,932	0,918	0,959	0,930	0,915
	Backbord . . . cm/Hg.	67,8	66,0	70,0	70,5	68,5	69,6
	kg/cm²	0,923	0,898	0,953	0,959	0,933	0,947
Umlaufzahlen p. Min.	Mittlere Welle	167,2	237,4	319,8	361,1	436	449,4
	Steuerbordwelle	198,2	289,7	391,6	450,8	488,8	484
	Backbordwelle	204,2	290,5	348,1	402,1	492,2	499
Wasserverbrauch pro Stunde	kg	11,900	19,980	34,680	45,600	80,200	86,300
Kohlenverbrauch pro Stunde	kg	1,310	2,140	3,795	4,955	10,800	11,060

Zahlentafel 2.

Leistungsversuch an den Dampfmaschinen des „Topaze“.

Datum des Versuches	1. und 2. August		2. u. 3. August		12. u. 13. Juli		7. u. 8. August		10. August		28. Juli		13. August	
Art des Versuches	24 Stunden à 10 Knoten		24 Stunden à 14 Knoten		30 Stunden à 18 Knoten		30 Stunden à 18 Knoten		8 Stunden à 20 Knoten		4 Stunden Maxim.Leistg.		4 Stunden à $21^3/_4$ Knoten	
Schiffsgeschwindigkeit . . . Knoten	10,058		14,08		18,1		18,069		20,063		22,103		21,826	
Kesseldruck . . . kg/cm²	14,07		13,92		16,87		17,56		17,56		19,05		19,4	
Kesselzahl in Gebrauch . . .	4		6		8		8		10		10		10	
Luftdruck im Kesselraum . cm/Wassersäule	0,58		0,71		3,02		2,21		2,11		4,57		5,17	
Kondensatordrücke (Unterdrücke) Steuerbord . . cm/Hg.	65,2		66,0		63,0		65,2		64,0		60,9		64,2	
Kondensatordrücke (Unterdrücke) Steuerbord kg/cm²	0,888		0,898		0,857		0,887		0,872		0,829		0,874	
Kondensatordrücke (Unterdrücke) Backbord . . cm/Hg.	64,2		63,5		60,9		63,0		61,9		60,9		60,4	
Kondensatordrücke (Unterdrücke) Backbord kg/cm²	0,874		0,864		0,829		0,857		0,843		0,829		0,823	
Tourenzahlen Steuerbordwelle . . .	107,5		150,7		198,6		195,7		219,6		245,6		242,8	
Tourenzahlen Backbordwelle . . .	106,5		150,3		196,8		195,7		219,2		245,5		243,8	
Tourenzahlen Mittlere Welle . . .	107,0		150,5		197,7		195,7		219,4		245,55		243,3	
	S. B.	B. B.	S. B.	B. B.	S. B.	B. B.	S. B.	B. B.	S. B.	B. B.	S. B.	B. B.	S. B.	B. B.
Mittlerer Druck vor Hochdruckzylinder . kg/cm²	5,28	5,21	9,98	10,54	13,50	13,36	13,22	13,36	15,18	15,06	17,17	17,23	16,88	16,67
Mittlerer Druck „ Mitteldruckzylinder . kg/cm²	0,96	0,98	2,74	3,23	4,15	4,22	4,15	4,28	5,21	5,34	6,30	6,64	6,26	6,78
Mittlerer Druck „ Niederdruckzylinder kg/cm²	9,13 cm 0,124 kg	13,20 cm 0,180 kg	0,197	0,295	0,84	0,97	0,612	0,75	0,99	1,05	1,56	1,62	1,58	1,68
Mittlere Indikatordrucke Hochdruckzylinder . . . kg/cm²	1,46	1,47	2,71	2,44	5,21	4,37	4,55	4,35	5,63	5,63	8,09	7,82	7,22	6,65
Mittlere Indikatordrucke Mitteldruckzylinder . . kg/cm²	0,488	0,493	1,10	1,07	1,84	2,00	1,88	1,92	2,41	2,57	3,13	3,32	3,09	3,51
Mittlere Indikatordrucke Niederdruck vorn . . . kg/cm²	0,446	0,427	0,651	0,728	0,97	1,07	0,93	1,06	1,17	1,21	1,41	1,51	1,46	1,61
Mittlere Indikatordrucke Niederdruck hinten . . kg/cm²	0,400	0,409	0,632	0,686	0,970	1,09	0,953	1,08	1,17	1,22	1,51	1,60	1,51	1,66
Indizierte Leistung Hochdruckzylinder . . . . PS	125	125	326	292	821	684	706	678	983	982	1585	1534	1395	1292
Indizierte Leistung Mitteldruckzylinder . . . . PS	106	105	331	321	733	760	735	755	1058	1132	1541	1637	1508	1716
Indizierte Leistung Niederdruck vorn . . . . PS	116	110	237	265	466	511	441	501	623	644	841	897	853	946
Indizierte Leistung Niederdruck hinten . . . . PS	104	106	230	249	467	521	449	511	620	647	897	946	885	978
Indizierte Gesamt-Leistung . . . PS	897		2251		4493		4776		6689		9868		9573	
Kohlenverbrauch pro Stunde . . . kg	1040		2100		4750		4940		7000		11860		12560	
Kohlenverbrauch pro ind. PS/St. . . . kg	1,160		1,07		1,642		1,033		1,046		1,20		1,31	
Wasserverbrauch pro Stunde . . . kg	9660		19150		43000		41050		60850		90300		95300	
Wasserverbrauch pro ind. PS/St . . . kg	10,77		8,51		8,62		8,58		9,10		9,15		9,93	

Zahlentafel 3.

Zusammenstellung der Dampfverbrauchszahlen.

		Amethyst	Topaze
24 Stunden à 10 Knoten:			
Indizierte Leistung	PS	897	897
Geschwindigkeit	Knoten	10	10,058
Wasserverbrauch pro Stunde	kg	11900	9660
Wasserverbrauch pro PS_i/Stde	kg	13,3	10,77
24 Stunden à 14 Knoten:			
Indizierte Leistung	PS	2250	2251
Geschwindigkeit	Knoten	14,062	14,08
Wasserverbrauch pro Stunde	kg	19980	19150
Wasserverbrauch pro PS_i/Stde	kg	8,88	8,51
30 Stunden à 18 Knoten:			
Indizierte Leistung	PS	4770	4776
Geschwindigkeit	Knoten	18,186	18,069
Wasserverbrauch pro Stunde	kg	34680	41050
Wasserverbrauch pro PS_i/Stde	kg	7,27	8,58
8 Stunden à 20 Knoten:			
Indizierte Leistung	PS	7280	6689
Geschwindigkeit	Knoten	20,6	20,063
Wasserverbrauch pro Stunde	kg	45600	60850
Wasserverbrauch pro PS_i/Stde	kg	6,27	9,10
4 Stunden mit maximaler Leistung:			
Indizierte Leistung	PS	13000 14000	9573 9868
Geschwindigkeit	Knoten	23,06 23,63	21,826 22,103
Wasserverbrauch pro Stunde	kg	80200 86300	95300 90300
Wasserverbrauch pro PS_i/Stde		6,17 6,17	9,93 9,15

Eine ähnliche Arbeitsweise der Schiffsturbine hat Schulz schon im Jahre 1901 durch das englische Patent No. 8378 schützen lassen. — Jedem der vier Turbinensätze (I bis IV, Fig. 406), kann man Dampf durch die Leitung L und die Ventile A, B, C, D zuführen. Leitungen L' besorgen das Überströmen von einer Turbine zur anderen, L'' führt zum Kondensator. Die Strömung findet in I, II, III von links nach rechts, in IV umgekehrt statt. Der Propellerschub wird durch den Überschuß des Dampfdruckes auf die Stirnfläche der großen Turbine No. IV aufgehoben. Die Rücklaufturbine befindet sich am linken Ende und wird durch das eigens bezeichnete Rohr mit Dampf versehen.

Schulz sieht folgende Antriebskombinationen vor:

1. Kleinste Leistung, kleinste Umlaufzahl: Hintereinanderschaltung aller Turbinen. Der Dampf tritt bei D ein, strömt durch L_1' zu Turbine II, durch L_2' am Ventil E_1 vorbei zu Turbine III, durch L_4' zu Turbine IV, von da zum Kondensator.
2. Nächst größere Leistung, größere Umlaufzahl: Turbinenkörper I wird durch Ventile D und E_1 abgesperrt, der Dampf tritt bei C zu Turbine II, durchströmt diese und der Reihe nach III und IV.

24*

3. Nächstgrößere Leistung: Turbine I und II abgesperrt, III und IV hintereinander geschaltet.
4. Nächstgrößere Leistung: Turbine III und IV hintereinander wie vorhin; zur Vergrößerung der Leistung wird Turbine I mit III parallel geschaltet, d. h. Frischdampf tritt durch B in Turbine III und zugleich durch D in Turbine I ein, und wird von letzterer durch L_1', L_3' und Ventil F_2 direkt zu Turbine IV geleitet. E_1 und F_1 müssen geeignet konstruierte Ventile sein, um die Absperrung der ganzen Turbine II und des früher benutzten Einlaufes der Turbine III durchführen zu können.
5. Für die größten Leistungen wird Turbine II und schließlich I und II, beide parallel mit III geschaltet, IV als Niederdruckkörper benutzt.

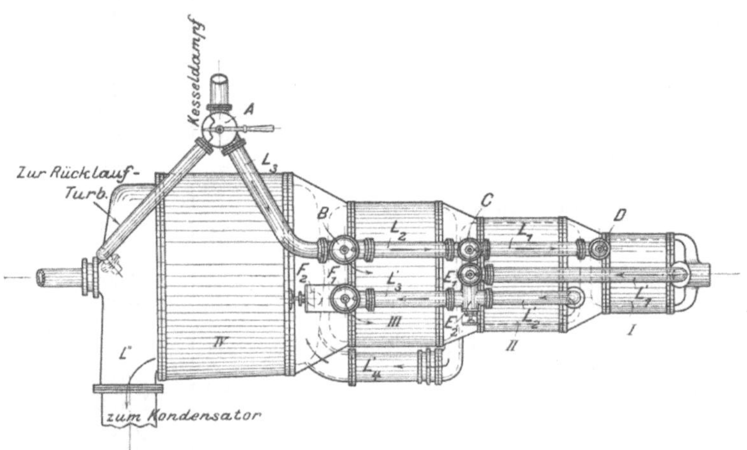

Fig. 406.

Daß sich diese große Zahl von Kombinationen in der Praxis als Überfluß herausstellen wird, ist kaum zweifelhaft, allein das Ziel selbst ist durchaus erstrebenswert.

Jedenfalls wird der Entwurf einer Schiffsturbine dieser Art für beste Dampfausnutzung unter den besprochenen vielfältigen Bedingungen und mit einem resultierenden Achsendruck, der stets dem Propellerschub gleich ist, eine äußerst interessante konstruktive Aufgabe bilden. Daß die Schaufelwinkel nicht allen Gangarten gleichmäßig gut angepaßt werden können, liegt auf der Hand. — Die schöne Rundung der in Abschn. 39 mitgeteilten Leistungsparabeln der Laval-Turbine würde schließen lassen, daß der bei ungeeigneter Umfangsgeschwindigkeit auftretende Stoß beim Laufrad-Eintritt keine bedeutenden Verluste im Gefolge hat. Nach den Kurven der Parsons-Turbine (Fig. 403) nimmt die günstigste Umfangsgeschwindigkeit bei verringerter Leistung nur unbedeutend ab. Die von Schulz mitgeteilten Versuche Abschn. 85 weisen hingegen bei kleiner Leistung, sehr kleinem Druck und kleiner Dampfgeschwindigkeit eine Einkerbung der Leistungskurve auf, was auf erhöhte Verluste wegen zu großer Umfangsgeschwindigkeit hindeutet. Man muß mithin einerseits durch sog. Progressivfahrten die zu einer bestimmten Leistung gehörende Umlaufzahl, anderseits die Leistungsparabeln des betreffenden Turbinensystemes ermittelt haben, um beurteilen zu können, welchem mittleren Werte der Geschwindigkeit der Vorzug stoßfreien Eintrittes zu gewähren ist, dem dann die Schaufelwinkel angepaßt werden müßten.

Eigenartig ist der Vorschlag von Stumpf, eine gegenläufige Doppelturbine von beiden Seiten zu beaufschlagen (Fig. 407), um die Leistung der beiden Räder gleich groß zu machen. Die Kraft des ersten Rades soll durch eine volle, diejenige des zweiten durch eine hohle Welle auf eine Schraube übertragen werden. Die Düsen A' und B' müßten in solchen Abständen aufeinander folgen, daß der Dampf nach rechts und links frei entweichen könnte. Nachteilig ist, daß, wenn wir zwei kongruente Räder benutzen, der Eintritt in das jeweilig zweite Rad mit Stoß verbunden ist. Konstruieren wir aber die Schaufeln für das eine Düsensystem richtig, so sind sie für das andere um so ungünstiger. Nach Riedlers früher zitiertem Vortrag sollen die beiden gegenläufigen Räder als Axialturbinen ausgeführt werden mit je einem besonderen der Umsteuerung dienenden Schaufelkranz. Hierbei muß aber die Leistung des zweiten Rades bedeutend kleiner werden als die des ersten. Auch berichtet Grauert, daß die Anordnung mit der hohlen Welle von der deutschen Marine erwogen, aber wegen der konstruktiven Schwierigkeiten fallen gelassen wurde. Die gegensätzliche Rotation der Schrauben hätte demgegenüber, wie Riedler mit Recht anführt, den Vorteil, daß die dem Wasser durch die erste Schraube erteilte Drehbewegung durch die zweite aufgehoben würde, also ein besserer Gesamtwirkungsgrad der Propeller erreichbar wäre.

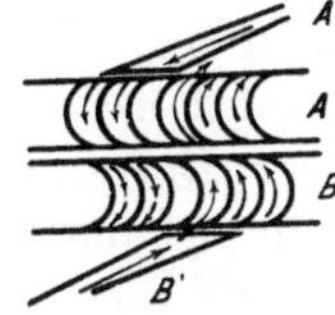

Fig. 407.

Andere Verwendungsarten,

Die Dampfturbine fängt an sich auch andere wichtige Gebiete direkten Kraftantriebes zu erobern, so insbesondere im Pumpen- und Gebläsebau. Selbstverständlich müssen die Arbeitsmaschinen der hohen Umlaufzahl angepaßt werden, was für Wasserförderung durch die vielstufigen Schleuderpumpen bereits mit großem Erfolg durchgeführt worden ist. — Rotierende Kompressoren von Parsons sollen nach Blättermeldungen hohen Wirkungsgrad erreicht haben, und auch anderwärts sind Versuche im Gange; jedenfalls bildet der rotierende Kompressor eine schwierigere konstruktive Aufgabe, als die Schleuderpumpe,

Ein ganz besonders lockendes Problem ist die Anwendung der Turbine zum Antriebe von Eisenbahnfahrzeugen. Die **Turbinen-Lokomotive** stellt indessen eine Vereinigung der größten theoretischen und praktischen Schwierigkeiten dar, Da man Zahnräder selbstverständlich wird ausschließen wollen. so kann die Umfangsgeschwindigkeit der Turbine unabhängig vom Raddurchmesser und der Umlaufzahl höchstens die Größe der Zugsgeschwindigkeit erreichen, Diese macht aber bei 144 km in der Stunde erst 40 m in der Sekunde aus, so daß wir unbedingt auf eine Turbine mit ungemein vielen Stufen gefaßt sein müssen, Ob eine so langsam laufende Turbine mit freiem Auspuff die Dampfökonomie der gewöhnlichen Lokomotive erreicht, ist noch nicht erwiesen. Ungünstig sind auch die Anlaufperioden, während welcher die Ausnützung der Dampfenergie eine schlechtere sein wird, als bei der Kolbenmaschine. Die notwendige Zugkraft zum Anfahren wird zwar stets erreichbar sein, indes nur durch entsprechende Opfer an Dampf, Für die Rückwärtsfahrt dürfte man eine besondere Turbine mit ausschaltbarem Zahnradvorgelege benutzen können, so daß wegen der kleineren Kräfte dieser Punkt leichter zu lösen ist, als bei Schiffsturbinen. Ganz besondere Sorgfalt wird die Konstruktion der Lagerung bezw, Verbindung mit der Radachse wegen der Nachgiebigkeit des Eisenbahnoberbaues erheischen, in welcher Beziehung auf die interessanten Erfahrungen während der Versuche mit den elektrischen Schnellbahnwagen hingewiesen werden kann.

Bekanntlich ist es von höchster Wichtigkeit, die nicht abgefederten Massen so klein zu machen als irgend möglich. Erfahrene Lokomotivbau-Ingenieure halten eine betriebssichere Lösung der einschlägigen Fragen für nicht unmöglich, und es sind bereits Studien an mehreren Orten im Gange. Will man radikal vorgehen. so ist auch die Einführung der Kondensation (natürlich mit Luft-Oberflächenkondensator) in den Kreis der Betrachtungen einzubeziehen. Die Kondensationslokomotive könnte einen Umschwung in unseren Ansichten über die Ausgestaltung des Eisenbahnbetriebes der Zukunft hervorrufen und sich unter Umständen als überlegener Mitbewerber des elektrischen Fernbetriebes herausstellen.

94. Dampfturbine und Kolbendampfmaschine.

Ein Vergleich der beiden Motorarten muß nach der Richtung der betriebstechnischen und der wirtschaftlichen Gesichtspunkte durchgeführt werden. In ersterer Beziehung blicken die Turbinen von de Laval und Parsons auf eine Reihe von Betriebsjahren, während deren sie sich im allgemeinen bewährt haben, zurück. Die Parsons-Turbine insbesondere hat in den letzten Jahren außerordentliche Verbreitung gewonnen, und es wird berichtet, daß sich bereits über eine halbe Million Pferdestärken teils im Betrieb, teils in der Ausführung befinden. Darunter gibt es, von der Schiffsturbine ganz abgesehen, eine größere Zahl von 3000 bis 5000pferdigen, ja sogar eine 10000pferdige Einheit. Der Argwohn, den der Mann des praktischen Betriebes einer Neuerung entgegenbringt, scheint mithin zu schwinden, und die Möglichkeit, Bedenken durch aus der Nähe kontrollierbaren Betrieb zu beheben, ist in wachsendem Maße vorhanden.

Als solche Bedenken, die naturgemäß entstehen mußten und teilweise noch vorherrschen, sind zu nennen: die großen Umlaufzahlen mit ihren nie ganz vermeidbaren Erschütterungen und der Gefahr des Heißlaufes, heikle, höchst genaue Einstellungen gewisser Teile, schwierige der Abnutzung unterworfene Abdichtungen, hohe Materialbeanspruchung; Erfordernis einer ungemein sorgfältigen und sachkundigen Überwachung. Man war im Ungewissen über die Dauer der bei der Inbetriebsetzung nachgewiesenen hohen Ökonomie, da eben Lagerabnutzung, Schaufelverschleiß, unrichtige Einstellung eine Zunahme der Undichtheit und Verschlechterung des Gütegrades bewirken können.

Schon heute hat die Erfahrung diese Befürchtungen zum Teil als unbegründet erwiesen, und die Vorzüge der Dampfturbine treten allmählich in helleres Licht. Sie sind derart in die Augen springend, daß man sie nicht erst ausführlich zu erörtern braucht, und es sei nur kurz hingewiesen auf die geringe Zahl der bewegten Teile, geringes Gewicht, geringen Raumbedarf, leichte Demontierung und Reparaturfähigkeit, Abwesenheit innerer Schmierung, vorzügliche Regulierung, Fortfall von Verspannungen durch unsymmetrische Erwärmung, Eignung für höchste Überhitzung, rasche Inbetriebsetzung, gleichförmigen Gang, gutes Parallelschalten u. a.

Um die Wirtschaftlichkeit der beiden Motoren zu vergleichen, empfiehlt sich eine Umrechnung der oben mitgeteilten Verbrauchszahlen auf die PS_i-Stunde einer mit der Turbine gleichwertigen Kolbenmaschine. Für die Parsons-Turbine erhalten wir nach den Versuchen von Stoney, Schröter, Westinghouse und des Elektrizitätswerkes Frankfurt folgende Zusammenstellung:

Zahlentafel 1.

Leistung . . . . KW	24,7	52,7	108,5	123	119	226	507	1190	1998	2995
Überhitzung . . . . °C	—	—	—	30	46,7	32,2	36,7	10,2	23,2	126,6
Angenommener Wirkungsgrad der Dynamo . .	0,85	0,87	0,87	0,87	0,87	0,92	0,92	0,92	0,93	0,93
Angenommener Wirkungsgrad der gleichwertigen Kolbenmaschine . . .	0,85	0,87	0,87	0,87	0,87	0,92	0,92	0,94	0,94	0,94
Dampfverbrauch der Turbine pro KW-ts . . kg	13,06	12,7	12,16	11,57	11,02	9,98	9,57	8,81	8,67	6,70
Dampfverbrauch der gleichwertigen Kolbenmaschine pro PS_i-ts . . . . kg	6,96	7,07	6,77	6,44	6,12	6,21	5,95	5,60	5,57	4,31

Was die Aktionsturbinen anbelangt, so verweisen wir auf die in den Abschnitten 74 bis 81 gemachten Angaben.

Die mitgeteilten Zahlen berechtigten uns zu dem Ausspruche, daß die Dampfturbine die mit mäßiger Überhitzung arbeitende zweistufige Verbundmaschine in der Dampfökonomie überholt hat. Alle Anzeichen sprechen dafür, daß auch hochgradige Überhitzung dieses Verhältnis nicht ändern wird.[1])

Etwas anders steht es mit der dreistufigen Kolbenmaschine. Diese weist bei kleinen Leistungen bis zu 1000 KW einen um soviel geringeren Dampfverbrauch auf, so daß ihre Betriebsökonomie auch mit Inbetrachtnahme des Ölverbrauches, Raumbedarfes u. a. der Dampfturbine überlegen sein dürfte. Bei ganz großen Leistungen hingegen scheinen sich die Verhältnisse hingegen zu verschieben. Das von Brown, Boveri & Cie. in Frankfurt erzielte beste Resultat entspricht bei rd. 3000 KW oder nach unseren Annahmen rd. 4660 PS indizierter Leistung der gleichwertigen Kolbenmaschine, ohne Luftpumpenantrieb 4,31 kg/PS_i-st, mit 1,5 v. H. Zuschlag für die Luftpumpe 4,37 kg/PS_i-st, oder (Speisewasser von 0°voraussetzend) rd. 3160 WE/PS_i-st. Demgegenüber haben die

[1]) In neuester Zeit hat gemäß der Zeitschrift des Vereins deutscher Ingenieure 1903, S. 725, Prof. Schröter an einer 250pferdigen Verbundmaschine von Van den Kerkhove bei gesättigtem Dampf einen Verbrauch von 5,28 kg pro PS_i-st; bei Überhitzung auf 304,6° C einen solchen von 4,31 kg, oder einen Wärmeaufwand von 3490 bzw. 3180 WE pro PS_i-st festgestellt. Für diese Maschine gilt mithin obige Aussage nicht, und es muß abgewartet werden, inwieweit diese an Maschinen ähnlicher Größe noch nicht beobachteten niedrigen Verbrauchszahlen sich im Dauerbetriebe bewähren und auch von anderen Dampfmaschinenarten erreicht werden können.

dreistufigen Dampfmaschinen der Berliner Elektrizitätswerke,[1]) bei 12,3 Atm. Kesseldruck, 314^0 Überhitzungstemperatur und 2550 PS_i einen Verbrauch von 4,05 kg oder rd. 2930 WE pro PS_i-st aufgewiesen.[2]) Bei kaum mehr als der Hälfte der Leistung ist mithin die Triple-Dampfmaschine im Dampfverbrauch wohl noch um rd. 8 bis 10 v. H. im Vorteil.

Nun kommt aber zunächst der Unterschied im Ölverbrauch zur Geltung, über welchen wir zwar keine genauen Ermittelungen besitzen, der indessen mit merklichen, vielleicht zwischen 5—10 v. H. liegenden Beträgen zugunsten der Dampfturbine zu buchen ist. Wenn man den Unterschied in der Wartung, und bei horizontalen Maschinen im Raumbedarf und den Fundierungskosten in Betracht zieht, so wird die größere Ökonomie auf Seite der Dampfturbine liegen.

In sehr zahlreichen Betrieben arbeitet indessen die Kraftmaschine nicht dauernd mit voller Belastung, und so ist die wichtige Frage zu beantworten, wie der Dampfverbrauch der Kolbenmaschine und der Dampfturbine sich bei Überlastung, bzw. unter der Normalleistung ändert. Der Vergleich wird am übersichtlichsten, wenn wir nicht die absoluten Beträge, sondern die prozentischen Änderungen zusammenstellen. Da der Begriff der Normalleistung nicht eindeutig festgelegt ist, wurde in der unten gegebenen graphischen Darstellung (Fig. 408) der günstigste Dampfverbrauch (pro KW-st) und diejenige Leistung, bei welcher er auftritt, als Einheit gewählt. Als Abszisse dient das Verhältnis der wirklichen Leistung zu der soeben definierten „Normalleistung", als Ordinate ist jeweils aufgetragen die Zunahme des Dampfverbrauches pro KW-st gegen den Kleinstwert, in Prozenten des letzteren. Der Vergleich ist in dieser Form aus dem Grunde nicht ganz einwandfrei, als noch keine allgemein gültigen Vereinbarungen bestehen über den Betrag der Überlastung, den man von einem Dampfmotor fordern darf; hingegen dürfte er für die Dampfturbine das richtige Maß darstellen, denn diese wird durch die Rücksicht auf die Ökonomie gezwungen werden, so zu arbeiten, daß die Normalleistung bei vollem Admissionsdruck vor dem ersten Leitrad erreicht wird. Die Mehrarbeit muß durch Benutzung der Überlastungsventile irgend einer Art geliefert werden. Glücklicherweise liegen Versuche über eine Westinghouse-Parsons-Turbine, die mit Überlastungsventil arbeitet, vor. Auch die British Thomson-Houston-Gesellschaft teilt a. a. O. Ergebnisse von Versuchen mit, bei welchen die Turbine über die Grenze günstigsten Dampfverbrauches hinaus beansprucht wurde.

Die mehrstufige Aktionsturbine mit nur wenig Rädern wird bei Überlastung zweckmäßigerweise Frischdampf dem ersten Rade selbst durch Öffnen zusätzlicher Düsen oder Leitschaufeln zuführen. Da der zum zweiten Rad führende Leitapparat seinen Querschnitt

---

[1]) Zeitschr. d. Ver. deutsch. Ing. 1902, S. 187.

[2]) Nach einer Mitteilung der Herren Gebr. Sulzer in Winterthur ist neuerdings an einer 2000pferdigen horizontalen Maschine bei 12,1 At abs. Dampfdruck 280^0 Dampftemperatur vor dem Hochdruck und 69,5 cm Vakuum im Dampfverbrauch von rd. 4,0 kg/PS_i-st ermittelt worden, was einem Wärmeverbrauch von rd. 2850 WE entspricht. Ferner an den Maschinen des Berliner Elektrizitätswerkes in Moabit bei 4170 PS_i Leistung, 12,2 At Druck, 303^0 Dampftemperatur vor dem Hochdruck, 68,6 cm Vakuum einen Dampfverbrauch von 3,948 kg/PS_i-st oder 2829 WE/SP_i-st.

beibehält, entsteht wohl ein Stau in der ersten Kammer, mithin ein ungünstigeres Arbeiten als bei der Normalleistung, welcher alle Geschwindigkeiten und Schaufelwinkel angepaßt sind. Trotzdem wird der Gewinn ein größerer, als wenn man den Dampf einer niederen Stufe zuführen würde.

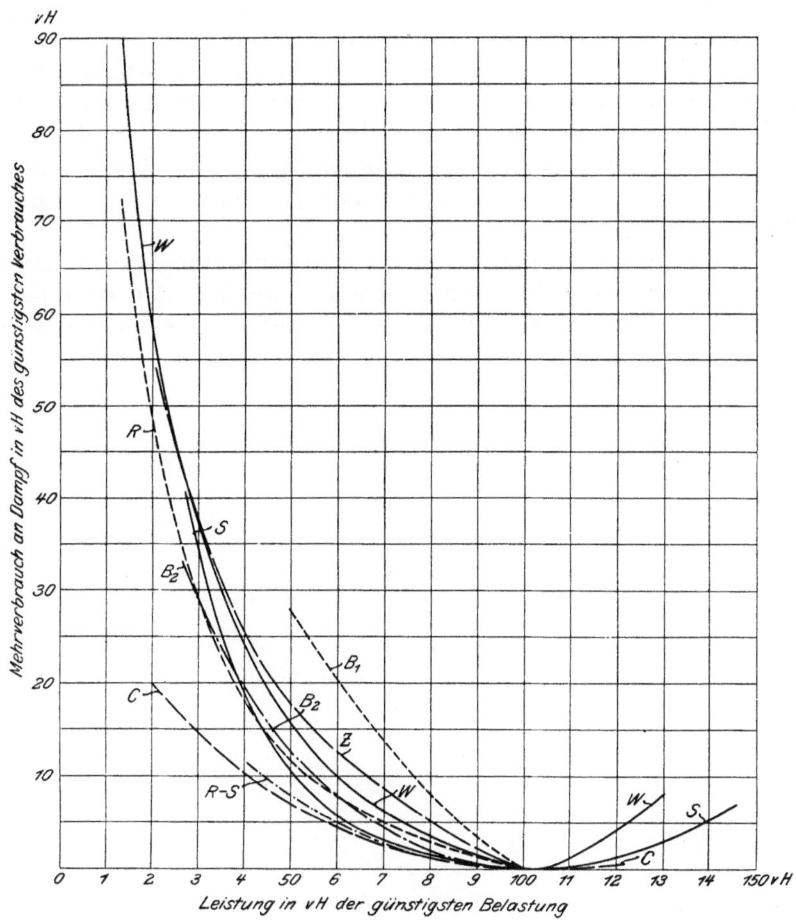

Fig. 408.

Zur Erläuterung der Fig. 408 sei folgendes bemerkt:

Kurve C bezieht sich auf eine Curtis-Turbine von 500 KW Nennleistung, nach dem Engineering 1904, I, S. 182.

„ R-S auf die Riedler-Stumpf-Turbine in Moabit, nach der in Abschn. 77 angegebenen Quelle.

„ S stellt den normalen Verlauf des Dampfverbrauches einer dreistufigen Kolbenmaschine dar, nach Mitteilungen von Gebr. Sulzer-Winterthur.

„ R gilt für die Rateau-Turbine, nach den Versuchen Abschnitt 81.

„ Z für die Zölly-Turbine, nach den Versuchen Abschn. 79.

„ W stellt den Verbrauch einer Westinghouse-Turbine von 1250 KW Nennleistung dar, nach The Power 1904, S. 130.

„ B_1 bezieht sich auf eine Brown-Boveri-Parsons-Turbine von 400 KW Leistung älterer Ausführung, nach der Zeitschr. d. Ver. deutsch. Ing. 1904, S. 120.

Kurve B_2 desgl., aber an einer neueren größeren Ausführung, nach Mitteilungen der Firma.

Die Figur gestattet festzustellen, daß die beiden erstgenannten für das wohl maßgebende Intervall zwischen 100 und 70 v. H. der normalen Leistung mit der Dampfmaschine identisch sind und sie bei kleineren Leistungen übertreffen. Die übrigen arbeiten mit Ausnahme ganz kleiner Leistungen ungünstiger. Die Überlast ist bei Westinghouse erheblich ungünstiger wie die der Kolbenmaschine, bei Curtis wieder erheblich günstiger. Die Überlegenheit der Kolbenmaschine ist also, auch was den Charakter der Dampfverbrauchskurve bei verschiedenen Leistungen anbetrifft, in Frage gestellt.

Die Wahl zwischen Turbine und Kolbenmaschine dürfte mithin im wesentlichen durch das Maß von Vertrauen, welches der Besteller in die Betriebssicherheit der beiden Motorenarten setzt, entschieden werden.

VI.

Einige Sonderprobleme der Dampfturbinen-Theorie und -Konstruktion.

95. Druckverteilung im Querschnitte eines expandierenden Gas- oder Dampfstrahles.

Es wurde bereits im Abschnitt 16 darauf hingewiesen, daß das Rechnen mit einem konstanten Wert des Druckes, der Dichte und der Geschwindigkeit in einem Querschnitte nur eine erste Näherung bilde. In schärferen Krümmungen wird der Unterschied sogar bedeutend ausfallen können, und es hat praktische Wichtigkeit, quantitative Angaben hierüber zu erhalten. Unter gewissen vereinfachenden Annahmen gelingt es nun in der Tat, Integrale der allgemeinen hydrodynamischen Bewegungsgleichungen für elastische Flüssigkeiten anzugeben, wie hier mitgeteilt werden soll.

Es werde eine reibungslose Strömung einer elastischen Flüssigkeit mit zu einer festen Ebene parallelen Strombahnen vorausgesetzt. Wenn x, y die in dieser Ebene gerechneten rechtwinkligen Koordinaten, u, v die zu x bzw. y parallelen Geschwindigkeitskomponenten, p den Druck, μ die Masse pro Volumeneinheit bedeuten, so lauten bekanntlich die Eulerschen Bewegungsgleichungen, falls wir von Massenkräften absehen

$$\left.\begin{aligned}\mu\frac{du}{dt}&=-\frac{\partial p}{\partial x}\\ \mu\frac{dv}{dt}&=-\frac{\partial p}{\partial y}\end{aligned}\right\} \quad \ldots \ldots \ldots \quad (1)$$

Die Kontinuitätsgleichung für den Beharrungszustand, d. h. die stationäre Strömung, erhält die Form

$$\frac{\partial(\mu u)}{\partial x}+\frac{\partial(\mu v)}{\partial y}=0 \quad \ldots \ldots \ldots \quad (2)$$

Multipliziert man Gl. (1) mit $u\,dt$ bzw. $v\,dt$, so ergibt sich nach Addition und unbestimmter Integration ebenfalls für die stationäre Strömung

$$\frac{1}{2}(u^2+v^2)+\int\frac{dp}{\mu}=\text{konst.} \quad \ldots \ldots \ldots \quad (3)$$

Hierin ist $u^2 + v^2$ das Quadrat der resultierenden Geschwindigkeit. Die Strömung erfolge ohne „Rotation" der Flüssigkeitsteilchen, es bestehe also das sogenannte Geschwindigkeitspotential, d. h. eine Funktion $\varphi(xy)$, der Eigenschaft, daß

$$u = \frac{\partial \varphi}{\partial x}, \quad v = \frac{\partial \varphi}{\partial y} \quad \ldots \ldots \ldots \quad (4)$$

Der Zusammenhang zwischen Druck und spezifischer Masse sei durch Gleichung

$$p = \alpha^2 \mu \quad \ldots \ldots \ldots \ldots \quad (5)$$

gegeben, oder wenn v' das spezifische Volumen (in der bisherigen Bedeutung) bezeichnet, mit $\mu = \frac{\gamma}{g} = \frac{1}{v' g}$, auch

$$p v' = \frac{\alpha^2}{g} \quad \ldots \ldots \ldots \ldots \quad (5a)$$

Es wird also bei Gasen die Zustandsänderung der Einfachheit halber isothermisch vorausgesetzt, weil jede andere Annahme auf unüberwindliche Schwierigkeiten führen würde. Bei Dämpfen kommt die Adiabate dem angenommenen Gesetz beträchtlich nahe. Die Auflösung

$$\alpha = \sqrt{g p v'} \quad \ldots \ldots \ldots \quad (5b)$$

zeigt, daß α die Schallgeschwindigkeit der isothermischen Zustandsänderung ist. Die Gleichungen (2) bis (5) gestatten nun u, v, p, μ zu eliminieren und φ zu bestimmen. Zu diesem Behufe setzen wir zunächst p aus Gl. (5) in Gl. (3) und erhalten

$$\frac{1}{2}\left[\left(\frac{\partial \varphi}{\partial x}\right)^2 + \left(\frac{\partial \varphi}{\partial y}\right)^2\right] + \int \alpha^2 \frac{d\mu}{\mu} = \frac{1}{2}\left[\left(\frac{\partial \varphi}{\partial x}\right)^2 + \left(\frac{\partial \varphi}{\partial y}\right)^2\right] + \alpha^2 \log \mu = \text{konst.} \quad (3a)$$

Gleichung (2) lautet aber

$$\mu \frac{\partial u}{\partial x} + \mu \frac{\partial v}{\partial y} + u \frac{\partial \mu}{\partial x} + v \frac{\partial \mu}{\partial y} = 0,$$

oder wenn wir mit μ dividieren und

$$\frac{u}{\mu} \frac{\partial \mu}{\partial x} = u \frac{\partial \log \mu}{\partial x}$$

setzen:

$$\frac{\partial^2 \varphi}{\partial x^2} + \frac{\partial^2 \varphi}{\partial y^2} + \frac{\partial \varphi}{\partial x} \frac{\partial \log \mu}{\partial x} + \frac{\partial \varphi}{\partial y} \frac{\partial \log \mu}{\partial y} = 0 \quad \ldots \quad (2a)$$

Nun lösen wir Gl. (3a) nach $\log \mu$ auf, und setzen die partiellen Ableitungen nach x und y in Gl. (2a) ein. Dies ergibt:

$$\frac{\partial^2 \varphi}{\partial x^2} + \frac{\partial^2 \varphi}{\partial y^2} - \frac{1}{\alpha^2}\left[\left(\frac{\partial \varphi}{\partial x}\right)^2 \frac{\partial^2 \varphi}{\partial x^2} + 2 \frac{\partial \varphi}{\partial x} \frac{\partial \varphi}{\partial y} \frac{\partial^2 \varphi}{\partial x \partial y} + \left(\frac{\partial \varphi}{\partial y}\right)^2 \frac{\partial^2 \varphi}{\partial y^2}\right] = 0 \quad (6)$$

Die auf die Dimension Bezug habende Größe α^2 kann, wie man sich leicht überzeugt, weggebracht werden, indem man

$$\varphi = \alpha \psi \quad \ldots \ldots \ldots \ldots \quad (6a)$$

setzt. Wenn dann die Ableitungen nach x und y durch die Fußzeichen 1 und 2 kenntlich gemacht werden, lautet die Differentialgleichung

$$\psi_{11} + \psi_{22} - (\psi_1^2 \psi_{11} + 2 \psi_1 \psi_2 \psi_{12} + \psi_2^2 \psi_{22}) = 0 \quad \ldots \quad (6b)$$

Herr Prof. A. Hirsch in Zürich hat sich in dankenswerter Weise der Mühe unterzogen, Methoden für die Integration dieser recht verwickelten Gleichung ausfindig zu machen, und gelangt u. a. zu folgenden Ergebnissen.

Es sei n eine beliebige positive ganze Zahl > 1, p und q seien zwei voneinander unabhängige Parameter, als deren Funktionen x, y, sowie die Lösung ψ gemeinschaftlich dargestellt werden sollen. Mit den Bezeichnungen

$$N = \frac{n(n-1)}{2}$$
$$N_k = \frac{N(N-1)(N-2)\ldots(N-k+1)}{1\cdot 2\cdot 3\ldots k}$$
$$t = p^2 + q^2$$

bilde man die Funktion n^{ten} Grades

$$F(t) = \sum_{k=0}^{N} (-1)^k N_k \frac{n!}{(n+k)!}\frac{t^k}{2^k}$$

und ihre Ableitung

$$\frac{dF(t)}{dt} = F'(t).$$

Es seien ferner die Funktionen P_n und Q_n erklärt durch die Gleichung

$$(p + qi)^n = P_n + iQ_n,$$

worin i die imaginäre Einheit bedeutet, so stellt sich die Lösung der Gl. (6b) wie folgt dar:

$$x = n[aP_{n-2} + bQ_{n-2}]\,F(t) + 2p[aP_n + bQ_n]\,F'(t)$$
$$y = n[-aQ_{n-1} + bP_{n-1}]\,F(t) + 2q(aP_n + bQ_n)\,F'(t)$$
$$\psi = [aP_n + bQ_n][(n-1)F(t) + 2tF'(t)],$$

worin a, b willkürliche Konstanten bedeuten. Auch die Funktion der zu ψ orthogonalen Trajektorien $\Omega =$ konst., d. h. der Stromlinien unseres Problemes kann allgemein dargestellt werden, und ist

$$\Omega = [-aQ_n + bP_n][-n(n-1)F(t) + 2tF'(t)]\,e^{\frac{-t}{2}}.$$

Bezeichnet man vorliegende Lösungen wegen ihrer Zusammengehörigkeit zur Zahl n genauer mit $x_n y_n \psi_n$, so lassen sich zwei zu m und n gehörige Lösungen in der Art superponieren, daß

$$x = x_m + x_n$$
$$y = y_m + y_n$$
$$\psi = \psi_m + \psi_n$$

und entsprechend für beliebig viele Lösungen.

Die einfachste Form erhalten wir für $n = 2$ und $b = 0$, und diese läßt sich auf einem Wege gewinnen, welchen auch der Verfasser ursprünglich versucht hatte, wie folgt:

Wir setzen probeweise

$$\psi = U + V \quad \ldots\ldots\ldots\ldots\ldots (7)$$

worin U eine Funktion bloß von x, V eine solche bloß von y bedeutet. Die Ableitungen von U nach x, von V nach y bezeichnen wir durch Akzente, und erhalten

$$\psi_1 = U', \quad \psi_2 = V', \quad \psi_{11} = U'', \quad \psi_{12} = 0, \quad \psi_{22} = V'',$$

und nach Einsetzen in Gl. (6b)

$$U''(U'^2 - 1) + V''(V'^2 - 1) = 0,$$

welche Beziehung für alle Werte von x und y nur bestehen kann, wenn beide Ausdrücke konstant und entgegengesetzt gleich sind, d. h.

$$U''(U'^2 - 1) = a, \quad V''(V'^2 - 1) = -a \quad \ldots\ldots\ldots (8)$$

Die Integration[1]) kann bewerkstelligt werden, indem man z. B. die erste Gleichung mit $2U'$ multipliziert, und wie folgt schreibt

$$(U'^2 - 1)\frac{d}{dx}(U'^2) = 2aU' \quad \ldots\ldots\ldots\ldots (9)$$

[1]) Die Korrektur eines Versehens, welches mir hier ursprünglich unterlaufen war, verdanke ich ebenfalls Herrn Prof. Hirsch.

oder

$$(U'^2 - 1)\frac{d}{dx}(U'^2 - 1) = 2a\frac{dU}{dx},$$

woraus durch sofortige Integration

$$\frac{1}{2}(U'^2 - 1)^2 = 2aU \quad \text{. . . . . (10)}$$

Die Konstante kann weggelassen werden, da auch ψ nur bis auf eine Konstante genau angegeben zu werden braucht.

Bezeichnen wir nun U' mit ξ, so kann Gl. (9) auch in der Form

$$(\xi^2 - 1)d\xi = a\,dx$$

geschrieben und integriert werden:

$$\left(\frac{\xi^3}{3} - \xi\right) = ax \quad \text{. . . . . (10a)}$$

Es geben nun Gl. (10) und (10a) eine Parameterdarstellung von U als Funktion von x, und zwar

$$\left.\begin{aligned} x &= \frac{1}{3a}(\xi^2 - 3)\,\xi \\ U &= \frac{1}{4a}(\xi^2 - 1)^2 \end{aligned}\right\} \quad \text{. . . . . (11)}$$

wobei eine Auflösung der oberen Gleichung nach ξ und Einsetzen in den Ausdruck von U zwar möglich, aber nicht empfehlenswert wäre. In gleicher Weise ergibt sich (durch Vertauschung von $+a$ mit $-a$), wenn $V' = \eta$

$$\left.\begin{aligned} y &= -\frac{1}{3a}(\eta^2 - 3)\,\eta \\ V &= -\frac{1}{4a}(\eta^2 - 1)^2 \end{aligned}\right\} \quad \text{. . . . . (12)}$$

und hiermit auch

$$\varphi = \alpha\psi = \alpha(U + V) \quad \text{. . . . . (13)}$$

Die nächste Aufgabe bildet das Auffinden der Stromlinien, als der orthogonalen Trajektorien zu den Kurven konstanter Potentiale. Die Tangente des Neigungswinkels an eine Linie konstanten Potentiales $\varphi(xy) =$ konst., ist bekanntlich

$$\operatorname{tg}\tau = -\frac{\dfrac{\partial\varphi}{\partial x}}{\dfrac{\partial\varphi}{\partial y}}.$$

Die im gleichen Punkte an die Strömungslinie gelegte Tangente habe einen Neigungswinkel τ', für welchen

$$\operatorname{tg}\tau' = \frac{dy_1}{dx_1}$$

wobei $x_1\ y_1$ die Koordinaten der Stromlinie sind, und die Rechtwinkligkeit fordert

$$\operatorname{tg}\tau \cdot \operatorname{tg}\tau' = -1 \quad \text{. . . . . (14)}$$

Wir haben es nun mit mittelbaren Funktionen zu tun, und es werde der Kürze halber vorübergehend gesetzt

$$\left.\begin{aligned} x &= f(\xi), & y &= g(\eta) \\ U &= F(\xi), & V &= G(\eta) \end{aligned}\right\} \quad \text{. . . . . (11a)}$$

Zunächst haben wir

$$\operatorname{tg}\tau = -\frac{\dfrac{\partial U}{\partial x}}{\dfrac{\partial V}{\partial y}}$$

und

$$\frac{\partial U}{\partial x} = \frac{\partial U}{\partial\xi}\cdot\frac{\partial\xi}{\partial x} = \frac{\dfrac{dU}{d\xi}}{\dfrac{dx}{d\xi}} = \frac{F'}{f'}, \text{ ebenso } \frac{\partial V}{\partial y} = \frac{G'}{g'}.$$

Da $\operatorname{tg}\tau$ hierdurch in ξ und η ausgedrückt wird, empfiehlt es sich auch für $\operatorname{tg}\tau'$, also auch für die Stromkurve dieselben Variablen zu wählen. Wir nehmen somit an, daß auch für letztere x_1, y_1 vermöge der Formeln (11), (12) durch $\xi\eta$ zu ersetzen sind, und haben dann zu schreiben

$$dx_1 = \frac{\partial f}{\partial \xi} d\xi = f' d\xi, \quad dy_1 = g' d\eta.$$

Dies alles in Gl. (14) eingesetzt, ergibt

$$\frac{f'^2}{F'} d\xi - \frac{g'^2}{G'} d\eta = 0 \quad \ldots \ldots \ldots \ldots \quad (14\,\text{b})$$

Die Integration dieser Gleichung ist nach dem Einsetzen der Funktionswerte aus Gl. (11) ohne weiteres möglich und liefert nun die Gleichung der Stromlinienschar in der Form

$$\xi^2 + \eta^2 - 2\log\xi\eta = \text{konst.} \quad \ldots \ldots \ldots \quad (15)$$

Die Geschwindigkeit in einem durch ξ und η bestimmten Punkte der Stromlinie erhält man durch Differentiation von φ als mittelbarer Funktion von x, y

$$\left.\begin{aligned} u &= \frac{\partial \varphi}{\partial x} = \frac{\partial \varphi}{\partial \xi}\frac{\partial \xi}{\partial x} = \frac{\frac{\partial \varphi}{\partial \xi}}{\frac{\partial x}{\partial \xi}} = \alpha\xi \\ v &= \frac{\partial \varphi}{\partial y} = \frac{\partial \varphi}{\partial \eta}\frac{\partial \eta}{\partial y} = \frac{\frac{\partial \varphi}{\partial \eta}}{\frac{\partial y}{\partial \eta}} = \alpha\eta \end{aligned}\right\} \quad \ldots \ldots \ldots \quad (16)$$

Hiermit erhält man die resultierende Geschwindigkeit und den Druck gemäß Gl. (3a.)

Die so gewonnene partikulare Lösung der allgemeinen Differentialgleichung für φ erweist sich jedoch wegen der mittelbaren Darstellung in den Veränderlichen ξ und η als wenig handlich. Man gelangt aber zu höchst einfachen Formeln, wenn man sich auf kleine Werte von ξ, η beschränkt. Wenn z. B. 0,1 als obere Grenze festgesetzt wird, so ist die Summe der beiden ersten Glieder in Gl. (15) stets kleiner als 0,02; das dritte Glied hingegen ist stets größer als 9,20. Wir begehen mithin einen belanglosen Fehler, wenn wir innerhalb der angegebenen Grenzen $\xi^2 + \eta^2$ neben dem Logarithmus vernachlässigen, wodurch Gl. (15) in

$$-2\log\xi\eta = \text{konst.}$$

oder

$$\xi\eta = \text{konst.} \quad \ldots \ldots \ldots \ldots \quad (15\text{a})$$

übergeht. Mit gleichem Rechte kann nun auch ξ^2 und η^2 in Gl. (11) (12) neben (3) weggelassen werden, so daß sich vereinfacht

$$x = -\frac{\xi}{a} \qquad y = +\frac{\eta}{a} \quad \ldots \ldots \ldots \ldots \quad (17)$$

ergibt, welche Werte, in Gl. (15a) eingesetzt, die Gleichung der Stromlinien in den Koordinaten x, y auszudrücken gestatten. Es wird

$$xy = \text{konst.} \quad \ldots \ldots \ldots \ldots \quad (17\text{a})$$

d. h. die Stromlinien sind gleichseitige Hyperbeln. In dieser Vereinfachung ist ferner

$$U = \frac{1}{4a}(1 - a^2x^2)^2, \qquad V = -\frac{1}{4a}(1 - a^2y^2)^2 \quad \ldots \ldots \quad (18)$$

und das Geschwindigkeitspotential

$$\varphi = \frac{\alpha}{4a}\left[(1 - a^2x^2)^2 - (1 - a^2y^2)^2\right] \quad \ldots \ldots \quad (19)$$

oder angenähert, da ax, ay von derselben Ordnung klein sind wie ξ, η

$$\varphi = \frac{1}{2}\alpha a(y^2 - x^2) \quad \ldots \ldots \ldots \ldots \quad (19\text{a})$$

Die Geschwindigkeiten sind nun

$$u = \frac{\delta\varphi}{\delta x} = -\alpha a x, \quad v = \frac{\delta\varphi}{\delta y} = \alpha a y \quad \ldots \ldots \quad (20)$$

Die Pressung in irgend einem Punkte bestimmen wir aus Gl. (3a), welche mit $p = \varkappa^2 \mu$ die Form

$$\frac{1}{2}(u^2 + v^2) + \varkappa^2 \log \frac{p}{\varkappa^2} = \text{konst.}$$

annimmt. Vereinigen wir $-\varkappa^2 \log \varkappa^2$ mit der Konstanten und bezeichnen wir mit p_0 den Druck im Koordinatenanfang, in welchem $u = 0$, $v = 0$ ist, so erhalten wir

$$\log \frac{p}{p_0} = -\frac{1}{2} a^2 (u^2 + v^2) = -\frac{1}{2} a^2 (x^2 + y^2) \quad . \quad . \quad . \quad . \quad . \quad (21)$$

oder wenn $r^2 = x^2 + y^2$

$$p = p_0 e^{-\frac{1}{2} a^2 r^2} \quad . \quad . \quad . \quad . \quad . \quad . \quad . \quad . \quad . \quad . \quad (21a)$$

d. h. Druck und Geschwindigkeit hängen nur vom Abstande des betreffenden Strompunktes vom Koordinatenanfang ab.

Durch die eingeführte Vernachlässigung ist man freilich zum Schluß zu einem Geschwindigkeitspotential gelangt, welches einer Bewegung ohne Kompression, d. h. der Annahme $\mu = $ konst. entspricht. Indessen gilt die Darstellung als erste Annäherung auch bei nicht stark variablem μ, wie man sich durch ein Zahlenbeispiel an der strengen Gleichung (15) überzeugt. Es werde die Konstante dieser Gleichung $= 6{,}52$ gewählt; zusammengehörende, d. h. auf einer Stromlinie liegende Werte von ξ, η, $3ax$, $3ay$ aus den Formeln (15), (11), (12) gerechnet, finden sich in folgender Tabelle vereinigt:

$\xi =$	1	0,7	0,4	0,3	0,2
$\eta =$	0,0635	0,0702	0,1046	0,1350	0,2
$3ax =$	-2	$-1{,}757$	$-1{,}136$	$-0{,}873$	$-0{,}592$
$3ay =$	0,1896	0,2102	0,3125	0,4025	0,592

Sollte hingegen $xy = $ konst. sein, so würden die Werte von $3ay$ beispielsweise in gleicher Reihenfolge wie oben

0,1752 0,1994 0,3083 0,4015 0,592

sein müssen. Die Abweichung ist mithin für eine zeichnerische Darstellung der Strömung vernachlässigbar. Da die Stromlinien in bezug auf eine unter 45° geneigte, durch den Anfangspunkt gehende Gerade symmetrisch sind, ist durch obige Werte auch der zweite Ast der Kurve bestimmt. Über die Grenze $\xi = 1$ bzw. $\eta = 1$ hinaus ergeben unsere Formeln keine Fortsetzung der Stromlinien, und es muß zunächst dahingestellt bleiben, ob die Strömung darüber hinaus wirbelfrei bleiben kann oder nicht.[1])

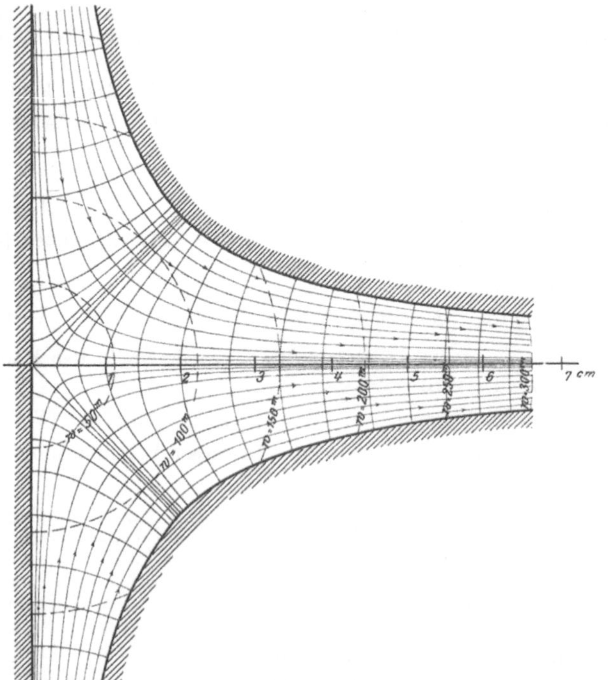

Fig. 409.

Um ein konkretes Beispiel zu behandeln, werde überhitzter Wasserdampf von 440° abs. Temperatur mit der angenähert gültigen Zustandsgleichung

$$pv = 47\,T$$

vorausgesetzt. Wir erhalten $\varkappa = \sqrt{gpv} = 450$ m/sek. Die willkürliche Konstante a sei $= 10$, und als Begrenzung des Dampfstromes nehmen wir die Gleichung

[1]) Für unsere Aufgabe ist dies ohne Belang, da wir uns den Zustand an der Strahlmündung künstlich hergestellt denken können.

$$xy = 4$$

an für Zentimeter als Längeneinheit. Fig. 409 stellt die Strombegrenzung (hier also einen Kanal mit rechteckigem Profil), die Stromlinien, die Linien $\varphi =$ konst., d. h. die Stromquerschnitte, endlich die Linien gleicher Geschwindigkeit bzw. gleichen Druckes dar. Die eingeschriebenen Zahlen geben die Größe der Geschwindigkeit in m/sek an. Unsere Formeln ergeben eine Strömung gegen den Koordinatenanfang hin; da wir indessen das Vorzeichen von φ ohne weiteres ändern können und wieder eine Lösung der Aufgabe erhalten, ist die Stromrichtung hier der Anschaulichkeit halber entgegengesetzt eingetragen, und durch ihr Spiegelbild so ergänzt worden, daß wir die Figur als Bild der Einmündung in eine Düse auffassen können.

Als Hauptergebnis dieser Untersuchung kann der Nachweis angesehen werden, daß sich die Pressungen und Geschwindigkeiten der Dampfstrahlen, sobald man in Gebiete geringerer Krümmung der Strombahnen gelangt, sehr rasch ausgleichen, auch wenn die Geschwindigkeit schon Hunderte von Metern erreicht.

Es sei nämlich p_r die Pressung am Rande für den Punkt x, y, und p_m die Pressung in der Strahlmitte für die gleiche Abszisse x. Formel (21) gibt nun

$$\log \frac{p_m}{p_0} = -\frac{1}{2} a^2 x^2; \quad \log \frac{p_r}{p_0} = -\frac{1}{2} a^2 (x^2 + y^2)$$

oder

$$\log \frac{p_m}{p_r} = \frac{1}{2} a^2 y^2.$$

Setzen wir $p_m = p_r + \Delta p$, wo Δp voraussichtlich eine kleine Größe ist, so können wir den Logarithmus entwickeln und erhalten

$$\frac{\Delta p}{p_r} = \frac{1}{2} a^2 y^2 \quad \ldots \ldots \ldots \ldots \quad (22)$$

So wird für unser Beispiel bei $x = 6$ cm, $y = {}^4/_6$ cm $= 0{,}0066$ m, die Pressungszunahme $\dfrac{\Delta p}{p_r} = 0{,}0022$.

War also der Druck in der Strahlmitte 5 Atm., so wird der Druck am Strahlrande nur um etwa 0,01 Atm. kleiner. Man wird mithin, wenn nicht außerordentlich verfeinerte Meßapparate angewendet werden, auch in einer kegelförmig erweiterten Düse vergeblich nach Pressungsunterschieden in der Mitte und am Strahlrande suchen. Dies um so weniger, als die Einmündung in eine Düse nicht wie hier durch eine Ebene gehindert wird, mithin die Dampfteilchen in der Mitte auch lange nicht so scharf gekrümmte Bahnen einzuschlagen gezwungen werden.

96. Druckverteilung in einer Turbinenschaufel.

Schneiden wir durch zwei Stromlinien das in Fig. 410 dargestellte Stück des Dampfstromes heraus, so entsteht ein Kanal, der mit einer Turbinenschaufel viel Ähnlichkeit besitzt. Die entwickelten Formeln können ohne weiteres benutzt werden und geben ein anschauliches Bild der Druckverteilung. Die unter 45^0 geneigte, durch den Koordinatenanfang gehende Grade schneidet die Strömungsrichtung senkrecht; r_1 sei in dieser Linie gemessen der innere, r_2 der äußere Abstand. Bei geringer Schaufeltiefe dürfen wir im Differential von p nach Gl. (21a) Abschn. 95

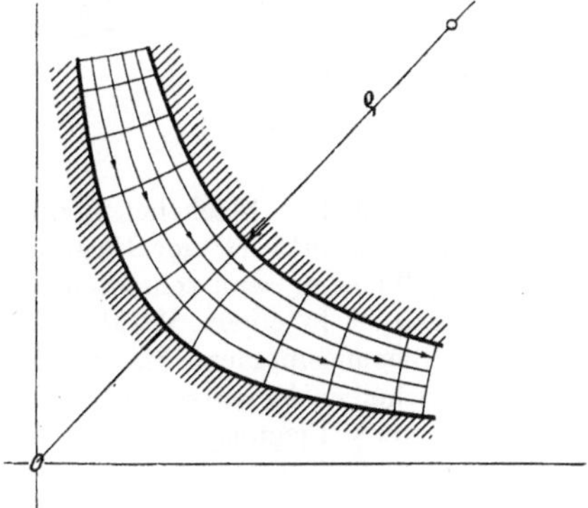

Fig. 410.

$$dp = -p_0 e^{-\frac{a^2 r^2}{2}} \frac{a^2}{2} d(r^2) = -\frac{a^2}{2} p \, d(r^2)$$

den Druck p mit einem konstanten Mittelwert p_m einführen und erhalten

$$p_2 - p_1 = -\frac{a^2}{2} p_m (r_2^2 - r_1^2) \quad \ldots \ldots \ldots \quad (23)$$

als angenäherten Wert des Druckunterschiedes an der inneren und äußeren Schaufelbegrenzung.

Für eine wirkliche Turbinenschaufel, z. B. eine Laval-Turbine, liegen nun die Verhältnisse, wie in Abschn. 39 erläutert worden ist, wesentlich anders, indem in obiger Herleitung weder der Umstand, daß der Strahl der Schaufel geradlinig mit überall gleichem Druck zufließt, noch die ungemein großen Reibungswiderstände berücksichtigt werden konnten. Die Strömung in der Schaufel ist ein ungemein verwickelter Vorgang, um so mehr, als zur Reibung die Zersplitterung durch die Schaufelkanten hinzutritt, und es muß dem Versuche überlassen werden, die Schaufelformen günstigster Dampfwirkung aufzusuchen.

97. Biegung einer horizontalen ungleich dicken Scheibe unter dem Einflusse ihres Eigengewichtes.

Die Verwendung horizontaler Turbinenräder, welche beispielsweise bei der Curtis-Turbine angeblich Größen bis zu 5 m im Durchmesser erreichen, muß dem Konstrukteur die Frage nach der Verbiegung des Rades durch sein Eigengewicht nahelegen, da dieselbe sehr wohl die Größenordnung der Spaltbreite zwischen den einzelnen Leit- und Laufrädern erlangen kann. Diese Durchbiegung läßt sich nun verhälnismäßig einfach wie folgt berechnen.

Es sei eine ungleich dicke Scheibe gleicher Form wie das Rad in Fig. 137 in wagerechter Aufstellung ruhend vorausgesetzt. Die in der Figur mit y bezeichnete Dicke der Scheibe im Abstande x heiße hier h. Die nach abwärts positiv gezählte Durchbiegung sei z im Abstande x. Ein äußerer Rand sei nicht vorhanden, die Nabe relativ klein im Durchmesser, also auch x_1 eine kleine Größe im Verhältnis zu x_2. Das Profil der Scheibe entspreche der Gleichung

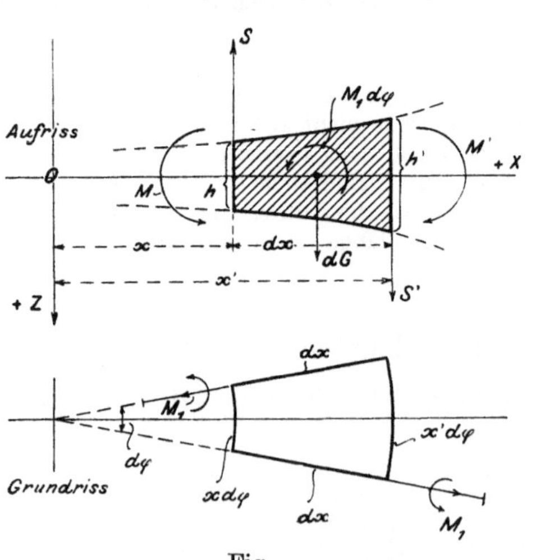

Fig.

$$h x^a = c \text{ oder } h = c x^{-a} \,. \quad (1)$$

und sei α, d. h. auch die Neigung der Tangente an die Profillinie gegen die Mittelebene des Rades so klein, daß man in den Gleichgewichtsbedingungen der Spannungen an einem Scheibenelement den Kosinus des Neigungswinkels $= 1$ setzen dürfe. Bei Abwesenheit von Randkräften werden in irgend einem zur Mittelebene der Scheibe senkrechten Schnitte nur Biegungs- und Schubspannungen vorhanden sein. Erstere dürfen wir, wie bei der ebenen Scheibe, dem Abstande des fraglichen Flächenelementes von der Mittelebene proportional setzen, und sei

σ_x der Absolutwert der Biegungsspannung in der äußersten Faser eines zum Halbmesser senkrecht stehenden Schnittes,

σ_y dasselbe in einem Meridianschnitt.

Das Biegungsmoment M, welches auf die Stirnfläche $x\,d\varphi\,h$ des in Fig. 411 dargestellten Scheibenelementes im Sinne der Pfeile ausgeübt wird, hat den Wert: Widerstandsmoment $\times$ Biegungsspannung der äußersten Faser, d. h.

$$M = \frac{1}{6}(x\,d\varphi)\,h^2 \sigma_x \quad \ldots \ldots \ldots \ldots \quad (2)$$

Dasjenige auf die gegenüberliegende Stirnfläche

$$M' = \frac{1}{6}(x'\,d\varphi)\,h'^2 \sigma_x'.$$

Das Moment in den Seitenflächen dxh

$$M_1 = \frac{1}{6} dx h^2 \sigma_y \quad \ldots \ldots \ldots \ldots (3)$$

mit dem durch seine „Achse“ im Grundriß der Fig. 411 angedeuteten Sinn.

Außerdem wirkt in den Stirnflächen je eine Schubkraft, und zwar in $x d\varphi h$ die Kraft

$$S = x d\varphi h \tau_m \quad \ldots \ldots \ldots \ldots (4)$$

wo τ_m den Mittelwert der Schubspannung bedeutet.[1])

Ebenso ist $S' = x' d\varphi h' \tau'_m$.

In den Seitenflächen ist die Schubkraft aus Gründen der Symmetrie gleich Null. Schließlich wirkt im Schwerpunkt des Elementes vertikal nach abwärts die Eigenschwere

$$dG = x d\varphi dx h \gamma \quad \ldots \ldots \ldots \ldots (5)$$

sofern γ das spezifische Gewicht bedeutet.

Die angeführten Kräfte müssen miteinander im Gleichgewichte stehen, es muß also in erster Linie die Summe der Momente beispielsweise für die zur XOZ-Ebene senkrecht stehende Schwerpunktsachse verschwinden. Die Zusammensetzung der Momente M_1 ergibt ein um diese Achse drehendes Moment $M_1 d\varphi$, dessen Sinn im Aufrisse der Fig. 411 eingetragen ist, und die erste Gleichgewichtsbedingung lautet mithin

$$M' - M - M_1 d\varphi + S dx = 0 \quad \ldots \ldots \ldots (6)$$

oder nach dem Einsetzen der Einzelwerte, da $M' - M = \frac{dM}{dx} dx$ ist,

$$\frac{d(xh^2\sigma_x)}{dx} - h^2\sigma_y + 6xh\tau_m = 0 \quad \ldots \ldots \ldots (7)$$

Die zweite Gleichgewichtsbedingung beziehen wir nicht auf ein Element, sondern auf die ganze von einem vertikalen Zylinder mit dem Radius x begrenzte Scheibe selbst. Das Gesamtgewicht derselben ist

$$G_x = \int_{x_1}^{x} 2\pi x dx h \gamma \quad \ldots \ldots \ldots \ldots (8)$$

Die in der Mitte vertikal nach oben wirkende Stützkraft P ist gleich dem Gewicht der ganzen Scheibe, mithin

$$P = \int_{x_1}^{x_2} 2\pi x dx h \gamma \quad \ldots \ldots \ldots \ldots (9)$$

Lotrecht nach abwärts haben wir endlich die gesamte Schubkraft $2\pi x h \tau_m$. Das Gleichgewicht fordert

$$G_x + 2\pi x h \tau_m = P \quad \ldots \ldots \ldots \ldots (10)$$

Hieraus berechnen wir

$$x h \tau_m = \frac{1}{2\pi}(P - G_x) = \left(\int_{x_1}^{x_2} x dx h \gamma - \int_{x_1}^{x} x dx h \gamma\right)$$

oder auch

$$x h \tau_m = \int_0^{x_2} x dx h \gamma - \int_0^{x} x dx h \gamma = \frac{P_0}{2\pi} - \frac{\gamma h x^2}{2 - \alpha} \quad \ldots \ldots (11)$$

wenn wir mit

$$P_0 = \int_0^{x_2} 2\pi x dx h \gamma = \frac{2\pi\gamma h_2 x_2^2}{2 - \alpha} \quad \ldots \ldots \ldots (12)$$

[1]) Diese Betrachtungsweise entspricht im Wesen genau dem bisher von den meisten Autoren, z. B. Grashof, eingeschlagenen Wege, ist aber viel einfacher als die Methode des letzteren. Der Grad der Annäherung an die strenge Lösung dürfte ebenso groß sein, wie derjenige der gewöhnlichen Biegungslehre an die Theorie von de St. Vénant.

das „ideelle“ Gewicht der bis an die Achse ausgedehnt gedachten Scheibe bezeichnen, wobei indessen $\alpha < 2$ vorausgesetzt wird, und die Scheibe gleicher Dicke $\alpha = 0$, wie sich später zeigt, ausgeschlossen werden muß. Durch Einsetzen von $x h \tau_m$ aus Gl. (11) in Gl. (7) wird die Schubspannung eliminiert, und man erhält

$$\frac{d(xh^2\sigma_x)}{dx} - h^2\sigma_y = -\frac{6P_0}{2\pi} + \frac{6\gamma h x^2}{2-\alpha} \quad (13)$$

Nun ist die Ausdehnung eines Scheibenelementes auf der Zugseite bei der in Fig. 412

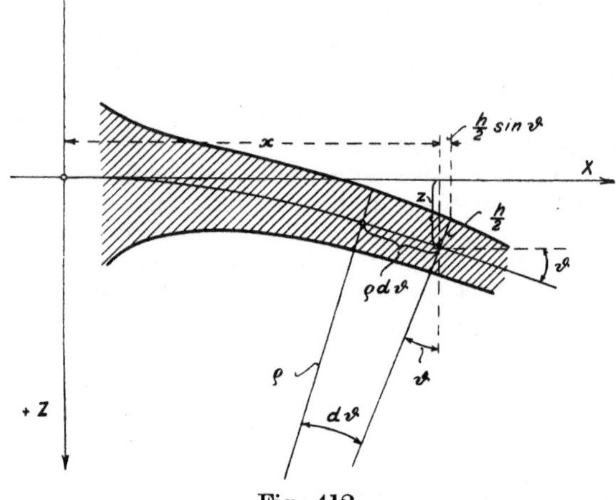

Fig. 412.

dargestellten Verbiegung im Abstande $\frac{h}{2}$ in radialer Richtung

$$\varepsilon_x = \frac{\left(\varrho + \frac{h}{2}\right) d\vartheta - \varrho\, d\vartheta}{\varrho\, d\vartheta} = \frac{h}{2\varrho} \quad (14)$$

und nach der Richtung von y, d. h. im Umfange gemessen

$$\varepsilon_y = \frac{2\pi\left(x + \frac{h}{2}\sin\vartheta\right) - 2\pi x}{2\pi x} = \frac{h}{2x}\sin\vartheta \quad (14\text{a})$$

oder mit der zulässigen Näherung

$$\frac{1}{\varrho} = \frac{d^2 z}{dx^2} = z''; \ \sin\vartheta = \infty\ \mathrm{tg}\,\vartheta = \frac{dz}{dx} = z'.$$

$$\varepsilon_x = \frac{h}{2} z'', \quad \varepsilon_y = \frac{h z'}{2\pi} \quad (14\text{b})$$

Hieraus ergibt sich, wie im Abschnitt 52

$$\left.\begin{aligned} \sigma_x &= \frac{E}{1-\nu^2}\left(z'' + \nu\frac{z'}{x}\right)\frac{h}{2} \\ \sigma_y &= \frac{E}{1-\nu^2}\left(\nu z'' + \frac{z'}{x}\right)\frac{h}{2} \end{aligned}\right\} \quad (15)$$

und die Differentialgleichung 13 lautet

$$\frac{d}{dx}(h^3[xz'' + \nu z']) - h^3\left(\nu z'' + \frac{z'}{x}\right) = \frac{12(1-\nu^2)\gamma h x^2}{E(2-\alpha)} - \frac{6(1-\nu^2)P_0}{\pi E} \quad (16)$$

oder mit Rücksicht auf Gl. (1)

$$z''' + (1-3\alpha)\frac{z''}{x} - (1+3\alpha\nu)\frac{z'}{x^2} = a_1 x^{n_1} - a_2 x^{n_2} \quad (17)$$

mit den Bezeichnungen

$$\left.\begin{aligned} n_1 &= 2\alpha + 1 & n_2 &= 3\alpha - 1 \\ a_1 &= \frac{12(1-\nu^2)\gamma}{(2-\alpha)Ec^2} & a_2 &= \frac{6(1-\nu^2)P_0}{\pi E c^3} \end{aligned}\right\} \quad (18)$$

Zum Zwecke der Auflösung setzen wir

$$z = u + b_1 x^{k_1}$$

und bezeichnen die rechte Seite von Gl. (17) mit $f(x)$; es entsteht dann

$$f(u) + b_1[k_1(k_1-1)(k_1-2) + (1-3\alpha)k_1(k_1-1) - (1+3\alpha\nu)k_1]x^{k_1-3} = a_1 x^{n_1} - a_2 x^{n_2}.$$

Man bringt x^{n_1} zum Verschwinden, wenn man

$$k_1 = n_1 + 3$$

setzt, und b_1 aus der Gleichung

$$(n_1+3)[(n_1+2)(n_1+2-3\alpha) - (1+3\alpha\nu)]b_1 = a_1 \quad \ldots \quad (19)$$

bestimmt. Ebenso wird durch die Substitution

$$u = v + b_2 x^{n_2+3}$$

das zweite Glied rechts beseitigt, wobei b_2 aus Gleichung

$$(n_2+3)[(n_2+2)(n_2+2-3\alpha) - (1+3\alpha\nu)]b_2 = -a_2 \quad \ldots \quad (19\,a)$$

zu rechnen ist. Die verbleibende Gleichung

$$f(v) = 0 \quad \ldots \quad (17\,a)$$

wird durch den Ansatz $v = b_0 x^\lambda$ integriert, wobei λ der Gleichung

$$\lambda^3 - (2+3\alpha)\lambda^2 + 3\alpha(1-\nu)\lambda = 0$$

genügen muß. Die drei Wurzeln sind

$$\left.\begin{matrix}\lambda\\ \lambda'\end{matrix}\right\} = \left(1+\frac{3\alpha}{2}\right) \pm \sqrt{\left(1+\frac{3\alpha}{2}\right)^2 - 3\alpha(1-\nu)}; \quad \lambda'' = 0 \quad \ldots \quad (20)$$

somit das vollständige Integral von Gl. (17)

$$z = b_0 x^\lambda + b_0' x^{\lambda'} + b_0'' x^0 + b_1 x^{n_1+3} + b_2 x^{n_2+3}.$$

Für $x = 0$ fordern wir $z = 0$ und dies gibt $b_0'' = 0$; ebenso soll aber für $x = 0$ $z' = 0$ sein, was nur möglich ist, wenn $b_0' = 0$. Es ist nämlich $(\lambda' - 1)$ stets negativ reell, wie man leicht einsehen kann, und wir erhielten, falls b_0' nicht $= 0$ wäre, bei $x = 0$ unendlich große Werte von z'.

Die der Aufgabe entsprechende Lösung ist mithin

$$z = b_0 x^\lambda + b_1 x^{n_1+3} + b_2 x^{n_2+3} \quad \ldots \quad (21)$$

Die noch willkürliche Konstante b_0 bestimmen wir durch die Randbedingung, daß für $x = x_2 = r$ die Biegungsspannung σ_x verschwinden, d. h.

$$\left(z'' + \nu\frac{z'}{x}\right)_{x=r} = 0 \quad \ldots \quad (21\,a)$$

sein müsse. Das Verschwinden der Schubspannungen ist schon dadurch erfüllt, daß P_0 = dem „ideellen" Radgewichte gemacht wurde. Die Ausführung der Rechnung ergibt

$$b_0 = -\frac{1}{\lambda(\lambda-1+\nu)}[(n_1+3)(n_1+2+\nu)b_1 r^{n_1+3-\lambda} + (n_2+3)(n_2+2+\nu)b_2 r^{n_2+3-\lambda} \quad (22)$$

wodurch die Aufgabe vollkommen gelöst wird. Die Spannungen selbst finden wir durch Substitution der Ableitungen von Gl. (21) in Gl. (15).

Die Formeln sind zwar umständlich, erheischen indes wenigstens kein mühsames Probieren. Wenn der Raddurchmesser mehrere Meter erreicht, so zählt die Durchbiegung schon nach Millimetern, und die Rechnung sollte nicht unterlassen werden.

Zur Übersicht sei die Reihenfolge des Rechnungsganges hier nochmals zusammengestellt. Durch den Entwurf des Rades ist Gl. (1) gegeben. Wir rechnen aus Gl. (12) P_0, aus Gl. (18) n_1, n_2, a_1, a_2, aus Gl. (19) und (19a) b_1, b_2, aus Gl. (20) λ, aus Gl. (22) b_0 und erhalten in Gl. (21) die Durchbiegung.

Für die Scheibe von unveränderlicher Dicke ist die Intergration getrennt auszuführen und ergibt mit $\alpha = 0$, h = konst. $= h_0$,

$$z = \frac{a_1 x^4}{32} - \frac{a_2 x^2}{4}(\log x - 1) + \frac{a_3 x^2}{4} \quad \ldots \quad (23)$$

mit den Abkürzungen

$$a_1 = \frac{6(1-\nu^2)\gamma}{E h_0^2}, \quad a_2 = \frac{6(1-\nu^2)P_0}{\pi E h_0^3} \quad \ldots \quad (24)$$

welche Formeln schon Grashof entwickelt hat.

Zur Bestimmung von a_3 dient wieder Bedingung (21 a) und man erhält

$$a_3 = -\frac{3+\nu}{4(1+\nu)} a_1 r^2 + \left[\log r + \frac{1-\nu}{2(1+\nu)}\right] a_2 \quad . \quad . \quad . \quad . \quad (25)$$

und schließlich die Durchbiegung am Rande

$$(z)_{x=r} = \frac{3(1-\nu)(7+3\nu)}{16} \frac{\gamma r^4}{E h_0^2} = 1{,}037 \frac{\gamma r^4}{E h_0^2} \quad . \quad . \quad . \quad . \quad (26)$$

Durch Zahlenbeispiele kann man nachweisen, daß die Verdickung der Scheibe gegen die Welle hin gemäß Gl. (1), welche durch die Fliehkraftbeanspruchung an sich geboten ist, auch die Einsenkung durch das Eigengewicht ganz erheblich verringert. Die Wirkung eines verstärkten Randes läßt sich rechnerisch auch verfolgen, doch würde uns die Wiedergabe der Rechnung zu weit führen.

98. Geraderichten der wagerecht rotierenden Scheibe durch die Eigenfliehkräfte.

Bei Scheiben von bedeutenden Abmessungen könnte die Gefahr auftreten, daß die Scheibe durch die Eigenfliehkräfte mehr oder weniger gerade gestreckt würde, mithin unter Umständen wieder nach oben hin streifen könnte. Den Betrag dieses Geraderichtens kann man wenigstens für eine Scheibe konstanter Dicke näherungsweise wie folgt bestimmen.

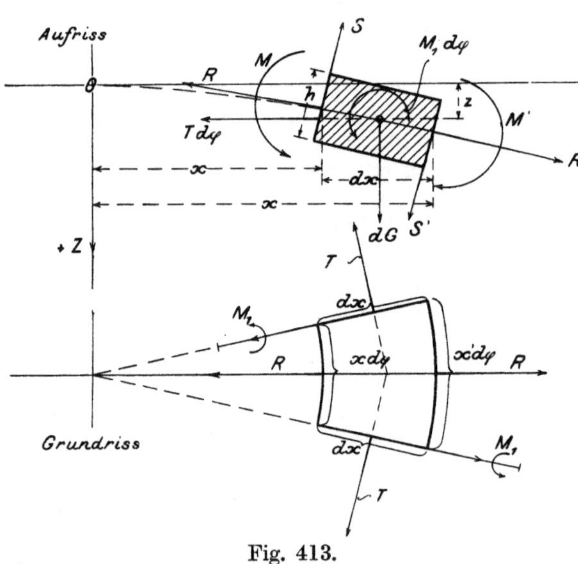

Fig. 413.

Es sei in Fig. 413 ein Scheibenelement gleicher Form wie vorhin in Aufriß und Grundriß dargestellt. Zu den durch das Eigengewicht bedingten Kräften dG, S, S', M, M', M_1 tritt nun wegen der Fliehkraft

$$dF = \mu(x\,d\varphi\,h\,dx)\,\omega^2 x,$$

wo μ die spezifische Masse bedeutet, die auf der Stirnfläche $x\,d\varphi\,h$ wirkende radiale Kraft $R = x\,d\varphi\,h\,\sigma_r$ mit ihrer Gegenkraft $R' = x'\,d\varphi\,h\,\sigma_r'$ und auf die Seitenflächen $dx\,h$ die tangentiale Kraft $T = dx\,h\,\sigma_t$ hinzu und es bedeutet $\sigma_r \sigma_t$, die über den Querschnitt gleichmäßig verteilte radiale bzw. tangentiale Zugspannung, während $\sigma_x \sigma_y$ im gleichen Sinne wie vorhin benutzt werden. Die Momente M_1 ergeben wie vorhin $M_1\,d\varphi$, welches in die Figur eingetragen ist. Die Kräfte T kann man ebenfalls zu einer Resultierenden $T\,d\varphi$, welche radial einwärts wirkt, vereinigen. Das Gleichgewicht dieses Kräftesystemes erheischt wieder das Verschwinden der Momente um irgend eine Achse und das Verschwinden der Kraftkomponentensumme nach irgend einer Richtung. Erstere Bedingung, auf die zu XOZ senkrechte Schwerpunktachse bezogen, gibt wie vorhin

$$\frac{d(x\sigma_x)}{dx} - \sigma_y + \frac{6x}{h}\tau_m = 0 \quad . \quad . \quad . \quad . \quad . \quad . \quad . \quad . \quad . \quad (27)$$

Wir bilden ferner die Komponentensumme in der Richtung der Tangente an die elastische Linie des Meridianschnittes. Die Neigung dieser Tangente ist so klein, daß man Bogen, Sinus und Tangente vertauschen $= dz : dx = z'$ und den Kosinus $= 1$ setzen darf. Zerlegen wir dG nach der Tangente und nach der Normale, so ist erstere Komponente $= dGz'$, und die Gleichgewichtsbedingung lautet

$$R' - R - T\,d\varphi + dF + dGz' = 0 \quad \ldots \ldots \quad (28)$$

oder

$$\frac{d(x\sigma_r)}{dx} - \sigma_t + \mu\omega^2 x^2 + \gamma x \frac{dz}{dx} = 0 \quad \ldots \ldots \quad (29)$$

Die dritte Bedingung beziehen wir wieder auf die Vertikalkräfte, die auf ein durch den vertikalen Zylinder mit dem Radius x herausgeschnittenes Scheibenstück wirken. Die Summe der vertikalen Komponenten von R ist

$$2\pi x h \sigma_r z',$$

und wir erhalten

$$2\pi x h \sigma_r z' + 2\pi x h \tau_m + \gamma\pi x^2 h - P_0 = 0,$$

woraus

$$x h \tau_m = \frac{P_0}{2\pi} - \frac{\gamma h x^2}{2} - x h \sigma_r z'$$

in Gl. (27) eingeführt

$$\frac{d(x\sigma_x)}{dx} - \sigma_y - \frac{6x\sigma_r}{h} z' - \frac{3\gamma}{h} x^2 + \frac{3P_0}{\pi h^2} = 0 \quad \ldots \ldots \quad (30)$$

ergibt. In Gl. (29) und (30) würde man für $\sigma_x \sigma_y \sigma_r \sigma_t$ die Ausdrücke 15, Absch. 97 bzw. 12, Abschn. 52 einzusetzen und die Unbekannten z und ξ als Funktion von x zu bestimmen haben. Die Schwierigkeit dieser Rechnung werden wir durch die Annahme umgehen, daß die Spannungen $\sigma_r \sigma_t$ in erster Annäherung denselben Wert besitzen, als wenn die Schwerkraft abwesend wäre. Es gilt dann für ξ Gl. (21), Abschn. 54

$$\xi = a x^3 + b_1 x + \frac{b_2}{x} \text{ mit } a = -\frac{(1-\nu^2)\mu\omega^2}{8E},$$

wobei für die volle Scheibe $b_2 = 0$ ist, damit bei $x = 0$ auch $\xi = 0$ sei. Am Rande des Rades ist $\sigma_r = 0$, d. h. nach Gl. (12) Abschn. 52

$$\left(\nu\frac{\xi}{x} + \frac{d\xi}{dx}\right)_{x=r} = 0$$

und hieraus folgt

$$b_1 = -\frac{(3+\nu)a r^2}{1+\nu}$$

und schließlich

$$\sigma_r = a'(r^2 - x^2) \text{ mit } a' = \frac{(3+\nu)\mu\omega^2}{8} \quad \ldots \ldots \quad (31)$$

welchen Wert wir in Gl. (30) zugleich mit Gl. (15) des vorigen Abschnittes einführen und so mit der weiteren Abkürzung

$$a'' = \frac{6(1-\nu^2)}{Eh^3} \quad \ldots \ldots \quad (32)$$

die Differentialgleichung

$$x z''' + z'' - \frac{z'}{x} + a''\left(\frac{P_0}{\pi} - 2a'h(r^2 - x^2)xz' - h\gamma x^2\right) = 0 \quad \ldots \quad (33)$$

erhalten. Die Integration könnte durch Reihenansatz ohne Schwierigkeit bewerkstelligt werden, bedingt aber umständliche Rechnungen, wenn man ein Zahlenergebnis zu erhalten wünscht. Es wird deshalb ein Näherungsverfahren eingeschlagen, indem man für die Ableitung z' im Klammerausdruck eine einfache Funktion von x einführt. Da z vom Mittelpunkte ab stetig zunimmt, wird als einfachste Form

$$z = a_0 x^2 \quad \ldots \ldots \quad (34)$$

vorauszusetzen sein, mit zunächst unbekanntem, aber konstantem a_0, wobei indes zu bemerken ist, daß in Wirklichkeit z rascher zunimmt als das Quadrat von x. Es wird mithin der Einfluß der Fliehkraft, der nur im Gliede $2a'h(r^2 - x^2)xz'$ zum Ausdruck kommt, etwas überschätzt.

Setzen wir demgemäß

$$z' = 2a_0 x$$

in Gl. (33) ein, und benutzen wir die Bezeichnungen

$$A_0 = \frac{a'' P_0}{\pi}, \quad A_1 = a'' h (\gamma + 4 a_0 a' r^2), \quad A_2 = 4 h a_0 a' a'' \quad . \quad . \quad . \quad . \quad (35)$$

so nimmt dieselbe die Form

$$z''' + \frac{z''}{x} - \frac{z'}{x^2} = -\frac{A_0}{x} + A_1 x - A_2 x^3 \quad . \quad . \quad . \quad . \quad . \quad . \quad (36)$$

an, wobei die linke Seite auch als

$$z''' + \frac{d}{dx}\left(\frac{z'}{x}\right)$$

geschrieben, integriert das Ergebnis

$$z'' + \frac{z'}{x} = -A_0 \lg n\, x + \frac{1}{2} A_1 x^2 - \frac{1}{4} A_2 x^4 + A_3$$

liefert. Die linke Seite ist $= \frac{1}{x} \frac{d}{dx}(x z')$, man kann mithin nach Multiplikation mit x abermals integrieren und erhält schließlich

$$z = -A_0 \frac{x^2}{4} (\lg n\, x - 1) + \frac{1}{32} A_1 x^4 - \frac{1}{144} A_2 x^6 + \frac{1}{4} A_3 x^2 \quad . \quad . \quad . \quad (37)$$

Die hinzutretenden zwei letzten Integrationskonstanten sind gleich Null, da für $x = 0$ sowohl $z = 0$ als auch $z' = 0$ sein muß. Das noch willkürliche A_3 folgt aus der Bedingung, daß für $x = x_2 = r$ die Biegungsspannung, d. h.

$$\left(z'' + \nu \frac{z'}{x}\right)_{x=r} = 0$$

sein müsse. Dies liefert

$$A_3 = \frac{1}{1+\nu}\left\{A_0\left[(1+\nu)\lg n\, r + \frac{1-\nu}{2}\right] - \frac{1}{4} A_1 (3+\nu) r^2 + \frac{1}{12} A_2 (5+\nu) r^4\right\} ; \quad (38)$$

und es ergibt sich schließlich die Durchbiegung am Rande für $x = r$, wenn die Werte der Konstanten A_0 bis A_3 eingesetzt werden

$$(z)_{x=r} = \frac{3}{16}(1-\nu)(7+3\nu)\frac{\gamma r^4}{E h^2} - \frac{1}{96}(3+\nu)(1-\nu)(17+5\nu)\frac{\mu\omega^2}{E h^2} a_0 r^6 \quad . \quad (39)$$

Wäre $\omega = 0$, so erhielten wir

$$z_0 = \frac{3}{16}(1-\nu)(7+3\nu)\frac{\gamma r^4}{E h^2} \quad . \quad . \quad . \quad . \quad . \quad . \quad . \quad . \quad (40)$$

in Übereinstimmung mit Gl. (26) des vorigen Abschnittes.

Setzen wir nun

$$\beta = \frac{1}{96}(3+\nu)(1-\nu)(17+5\nu)\frac{\mu\omega^2 r^4}{E h^2} \quad . \quad . \quad . \quad . \quad . \quad . \quad (41)$$

so schreibt sich die effektive Einsenkung

$$z_r = z_0 - \beta a_0 r^2 \quad . \quad . \quad . \quad . \quad . \quad . \quad . \quad . \quad . \quad . \quad . \quad . \quad (42)$$

Die noch unbekannte Größe a_0 muß aber, um der Annahme Gl. (34) zu genügen, so berechnet werden, daß

$$z_r = a_0 r^2$$

sei. Wir erhalten mithin

$$z_r = z_0 - \beta z_r$$

und hieraus endgültig

$$z_r = \frac{z_0}{1+\beta} \quad . \quad . \quad . \quad . \quad . \quad . \quad . \quad . \quad . \quad . \quad . \quad . \quad (43)$$

Die Fliehkraft übt, wie man leicht nachweisen kann, auf die Durchbiegung einen großen Einfluß aus. So wird beispielsweise z_r die Hälfte von z_0, wenn $\beta = 1$, und dies erheischt bei einer Scheibe von 4 m Durchmesser, 3 cm Dicke (wenn $\mu = 7{,}8 \cdot 10^{-6}$, $E = 2 \cdot 10^6$, $\nu = 0{,}3$), eine Winkelgeschwindigkeit $\omega = 56{,}9$, also eine Umdrehungszahl $n = 543$ pro Min. Würden wir aber die Umdrehungszahl auf das Dreifache, d. h. auf 1630 steigern können, so würde $\beta = 9$, d. h. die Durchbiegung nur ein Zehntel derjenigen, die in der Ruhelage auftritt.

Die Anwesenheit eines verdickten Randes und die ungleichmäßige Dicke der Scheibe dürfte das Verhältnis der beidartigen Durchbiegung um so weniger beeinflussen, je höher die Geschwindigkeit ist. Man könnte übrigens die Einsenkung mittels der angewendeten Näherungsmethode auch für diese Fälle rechnen, doch berechtigt das obige einfache Beispiel schon zu dem Ausspruche, daß bei den im Turbinenbau üblichen hohen Umlaufszahlen die aus dem Eigengewichte folgende Durchbiegung der horizontal-rotierenden Scheiben im Betriebe durch die Fliehkraft nahezu ganz aufgehoben werden dürfte. Im allgemeinen müßte mithin das Spiel zwischen den Leit- und Laufrädern mindestens dem Betrag dieser Durchbiegung gleich gemacht werden. Man könnte aber auch die Meridianlinie des Rades als flachen nach aufwärts konkaven Bogen gemäß Gl. (21) ausführen, so daß die Eigenschwere die Mittelfläche zu einer horizontalen Ebene verbiegen würde, und die Fliehkräfte nur noch wagerechte Dehnungen hervorrufen könnten. Freilich würden hiermit etwas hohe Anforderungen an die Werkstätte gestellt; die Rücksicht auf die mögliche Vibration des Rades wird uns veranlassen, das Spiel nicht zu knapp anzusetzen.

99. Beanspruchung der Scheibenräder bei ungleichmäßiger Erwärmung.

In neuerer Zeit hat man beobachtet, daß bei gewissen einstufigen Turbinen wegen der Wärmestrahlung des Düsenringes der Rand des Scheibenrades wesentlich höhere (bis um 100^0 verschiedene) Temperaturen annehmen kann als der Scheibenkörper, der an das kältere Gehäuse Wärme ausstrahlt. Deshalb tauchen Radkonstruktionen auf, bei denen z. B. der Kranz durch radiale Sägenschnitte in zahlreiche unabhängige Segmente getrennt wird, damit er sich frei ausdehnen könne. Auch im Material liegende innere Spannungen würden sich alsdann ausgleichen können. Noch weit gefährlichere Beanspruchungen sind bei Betriebsunfällen denkbar; so könnte bei unsachgemäßer Bedienung (während des Abstellens) das Einspritzwasser in das Turbinengehäuse dringen und den Radkranz abkühlen, während die Scheibe warm bliebe.

Die Untersuchung wird bedeutend vereinfacht durch die Bemerkung, daß die Spannungen, welche von der ungleichen Erwärmung herrühren, nach dem Prinzip der „Superposition“ mit den Fliehkraftspannungen vereinigt werden dürfen, d. h. daß man dieselben berechnen kann, als wenn das Rad ruhen würde.

Ein besonders durchsichtiger Fall entsteht, wenn wir eine Scheibe mit konstanter Dicke h untersuchen, deren Kranz mit dem Querschnitte f plötzlich um t^0 C gegenüber der gleichmäßigen Anfangstemperatur abgekühlt werde. Indem sich der Kranz zusammenzuziehen bestrebt, übt er auf die Scheibe einen radialen Druck aus und wird selbst gespannt, genau wie ein Schrumpfring und seine Unterlage. Nehmen wir der Einfachheit halber an, die Scheibe sei voll (ohne Bohrung, oder die Nabe so stark, daß sich die Scheibe wie eine volle verhält), so überzeugen wir uns durch Spezialisierung der Formeln (23) in Abschn. 54 oder durch unmittelbare Überlegung, daß die (Druck-) Spannung σ nach allen Richtungen in der Scheibe gleich groß ist, und daß die lineare Zusammendrückung demzufolge

$$\xi = \frac{1-\nu}{E}\sigma x \quad \text{. . . . .} \quad (1)$$

wird. Indem wir nun den Scheibenradius angenähert = dem Schwerpunktradius des Ringes $= r$ setzen, erhalten wir am Scheibenrande

$$\xi_r = \frac{1-\nu}{E}\sigma r \quad \text{. . . . .} \quad (2)$$

Der Ringradius, dessen Größe ursprünglich r gewesen ist, würde durch die Abkühlung um t^0 C eine Verkleinerung um

$$\Delta r = r\varepsilon t \quad \ldots \ldots \ldots \quad (3)$$

erfahren, wenn ε den Wärmeausdehnungskoeffizienten bedeutet. Allein die Scheibe drückt ihn mit dem auf die Breite b wirkenden Drucke σ radial auseinander, wodurch eine Aufweitung um

$$\xi_r' = \frac{b\sigma r^2}{Ef} \quad \ldots \ldots \ldots \quad (4)$$

hervorgebracht wird, und es muß die Gleichheit $\xi_r = \xi_r' = \Delta r$ oder nach Einsetzung der Werte (2), (3), (4)

$$\frac{1-\nu}{E}\sigma r + \frac{b\sigma r^2}{Ef} = r\varepsilon t$$

bestehen, woraus sich

$$\sigma = \frac{E\varepsilon t}{(1-\nu) + \frac{br}{f}} \quad \ldots \ldots \ldots \quad (5)$$

berechnet. Die Spannung σ_1 im Ring erhalten wir näherungsweise aus der Belastung durch σ auf die Innenseite desselben durch die sogenannte Kesselformel

$$\sigma_1 = \frac{rb\sigma}{f} = \frac{E\varepsilon t}{(1-\nu)\frac{f}{rb} + 1} \quad \ldots \ldots \quad (6)$$

Formel (5) und (6) haben die Eigentümlichkeit, daß die Spannungen nur vom Temperaturunterschied t und dem Produkte rb, nicht aber einzeln von der Größe des Radius abhängen. Eine doppelt so große, aber doppelt so dünne Scheibe erfährt mithin bei gleichstarkem und gleicherhitztem Kranz die gleiche Beanspruchung.

Es bietet keine Schwierigkeit, auch eine stetige Verteilung der Temperatur, wenn ein passend einfaches Verteilungsgesetz angenommen wird, in Rechnung zu ziehen. Die Grundformeln (8) und (9) des 52. Abschn. bleiben bestehen, doch bedeuten ε_r und ε_t nur die nach Abrechnung der Wärmeausdehnung sich ergebende elastische spezifische Dehnung, die man wie folgt berechnet. Es sei t der in allen Punkten des Kreises vom Radius x konstante Temperaturüberschuß über die Anfangstemperatur, eine Abhängige des x. Der Radius nach erfolgter Anspannung und Erwärmung sei $x + \xi$. Ein Ring mit dem Radius x würde durch die Wärme allein um

$$\xi' = \varepsilon x t$$

ausgedehnt worden sein. Nur der Überschuß $\xi'' = \xi - \xi'$ bildet eine elastische Deformation; mithin ist die tangentiale Ausdehnung

$$\varepsilon_t = \frac{\xi''}{x} = \frac{\xi}{x} - \varepsilon t \quad \ldots \ldots \ldots \ldots \quad (7)$$

Gleicherweise ist die Verschiebung des Punktes, der im Abstande dx vom Erstbetrachteten liegt, $\xi^* = \xi + d\xi/dx \cdot dx$, und die gesamte Ausdehnung des Elementes dx ist $d\xi/dx \cdot dx$. Die Wärme allein ergibt den Anteil $\varepsilon t dx$, als elastische Dehnung in radialer Richtung haben wir also anzusehen

$$\varepsilon_r = \frac{\frac{d\xi}{dx}dx - \varepsilon t dx}{dx} = \frac{d\xi}{dx} - \varepsilon t \quad \ldots \ldots \ldots \quad (8)$$

Der Ausdruck der Spannungen (Gl. 12, Abschn. 52) lautet mithin

$$\left.\begin{aligned} \sigma_r &= \frac{E}{1-\nu^2}\left[\nu\left(\frac{\xi}{x} - \varepsilon t\right) + \frac{d\xi}{dx} - \varepsilon t\right] \\ \sigma_t &= \frac{E}{1-\nu^2}\left[\left(\frac{\xi}{x} - \varepsilon t\right) + \nu\left(\frac{d\varepsilon}{dx} - \varepsilon t\right)\right] \end{aligned}\right\} \quad \ldots \ldots \quad (9)$$

und Hauptgleichung (13) wird:

$$\frac{d^2\xi}{dx^2}+\left(\frac{dlny}{dx}+\frac{1}{x}\right)\frac{d\xi}{dx}+\left(\frac{\nu}{x}\frac{dlny}{dx}-\frac{1}{x^2}\right)\xi$$

$$-(1+\nu)\,\varepsilon\frac{dt}{dx}-(1+\nu)\,\varepsilon t\frac{dlny}{dx}+Ax=0 \quad \ldots \quad (10)$$

Die Gleichung ist leicht integrabel, wenn wir wieder $y=cx^{\alpha}$ setzen, und für die Temperatur das Gesetz

$$t=Bx^n \quad \ldots \quad (11)$$

oder eine Summe von Potenzgliedern aufstellen. Man findet

$$\xi=ax^3+bx^{n+1}+b_1x^{\psi_1}+b_2x^{\psi_2} \quad \ldots \quad (12)$$

wobei a, ψ_1, ψ_2 durch Gl. (5) und (7), Abschn. 57 definiert sind, während

$$b=\frac{(1+\nu)\,\varepsilon\,(\alpha+n)\,B}{n\,(n+1)+(1+\alpha)\,(n+1)+(\alpha\nu-1)} \quad \ldots \quad (13)$$

bedeutet. Zur Bestimmung von b_1, b_2 dienen die Randbedingungen (wie in Abschn. 57) indessen mit Inbetrachtnahme der Temperaturunterschiede. An Gl. (10) kann man die Behauptung leicht bewahrheiten, daß die Lösungen für die ruhende, aber erwärmte Scheibe, und für die rotierende Scheibe aber mit $t=0$ superponiert werden dürfen. Es liegt dies daran, daß sowohl die Differentialgleichung wie auch die Randbedingungen in ξ und seinen Ableitungen linear sind.

Graphische Ermittelung der Scheibenabmessungen bei gegebener Temperaturverteilung.

Der aus anderweitigen Beobachtungen als bekannt anzusehende Verlauf der Temperatur sei durch Gleichung

$$t=\varphi(x) \quad . \quad (19)$$

graphisch festgelegt. Man kann nun, wie in Abschn. 56, ξ versuchsweise annehmen, und σ_r sowie σ_t nach Formeln (9) berechnen, um festzustellen, ob dieselben zulässig sind. Dann kann $d(\ln y):dx$ aus Gl. (10) ermittelt, aufgetragen und graphisch integriert werden, um $\ln y$ und y selbst zu erhalten.

Man kann indessen den Verlauf wenigstens einer der Spannungen σ_r oder σ_t vorschreiben (insbesondere bei einer Scheibe ohne Bohrung) und kann daraus ξ bestimmen. Wenn z. B.

$$\sigma_t=f(x) \quad . \quad (15)$$

gefordert wird, so findet man durch Integration

$$\xi=\frac{1}{\nu}x^{-\frac{1}{\nu}}\int_0^x F(x)x^{\frac{1}{\nu}}dx \quad (16)$$

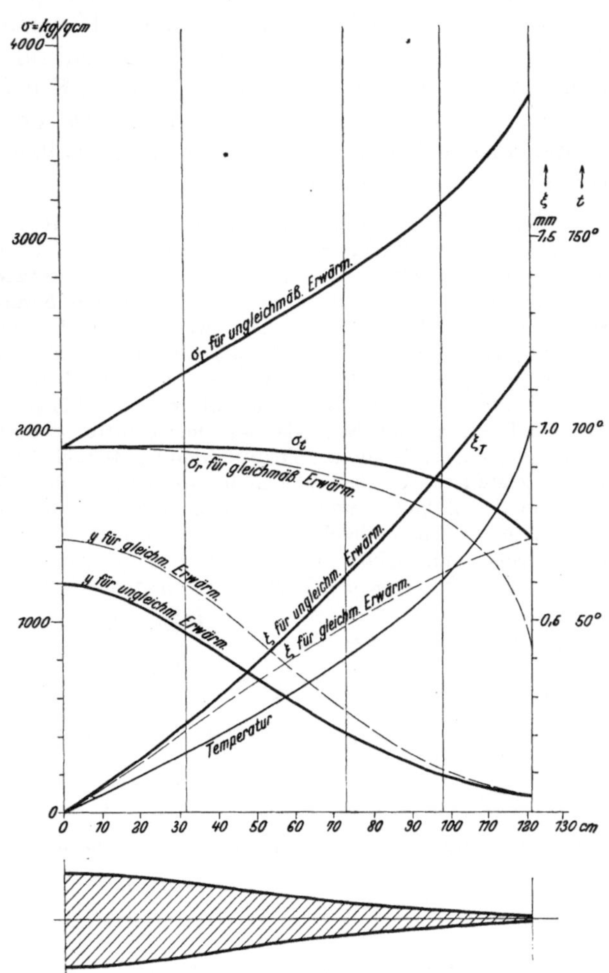

Fig. 414.

wobei

$$F(x) = \frac{1-\nu^2}{E} f(x) + (1+\nu)\,\varepsilon\,\varphi(x) \quad . \; . \; . \; . \; . \; . \; . \quad (17)$$

bedeutet. Mit dem graphisch gewonnenen ξ ist nun der oben angegebene Rechnungsgang ebenfalls graphisch durchzuführen. Auf diese Art wurde das Beispiel (Fig. 414) gelöst, wobei die Umdrehungszahl $n = 3000$ p. M. vorausgesetzt wurde. Die Scheibe ist verglichen mit einem anderen Rad, welches gleichmäßig erwärmt sein und dieselbe Tangentialspannung erleiden soll. Bei letzterem ist eigentümlicherweise die Dicke in der Mitte größer, beide Spannungen nehmen aber von der Mitte aus ab. Bei ersterer ist die Spannung σ_r in der Mitte gleich σ_t, allein σ_r wächst ungemein stark, und würde die Scheibe für eine praktische Verwendung ungeeignet machen.[1]) Aus diesem Grunde ist die Untersuchung des Kranzes unterblieben.

Seitliches Ausknicken des Scheibenrandes.

Wenn die Erwärmung des Kranzes eine gewisse Grenze überschreitet, oder wenn beim Schmieden der Scheibe die nötige Vorsicht mangelte, so daß der Kranz sich rascher abkühlen konnte als die Scheibe, entstehen im Kranz (im Ruhezustand) Druckspannungen, die ein seitliches Ausknicken des Kranzes zur Folge haben können. Die Scheibe muß dann die wohlbekannte 8ter Form annehmen, mit der wir von Unfällen an Fahrrädern her vertraut sind.

Eine wenn auch nur angenäherte Untersuchung zeigt, daß die zum seitlichen Ausknicken erforderliche Druckkraft unter vereinfachten Annahmen aus der im Bogen gemessenen „Knicklänge" fast genau so zu rechnen ist, wie beim geraden Stabe. Da derartige Knickerscheinungen in der Praxis beobachtet worden sind, wollen wir die Rechnung andeutungsweise wiedergeben.

Wir machen die Annahme, daß die eigentliche Radscheibe dem seitlichen Ausknicken so gut wie keinen Widerstand entgegensetzt. Wir denken uns also den Kranz gewissermaßen durch unendlich dicht gestellte gespannte Zugstäbe mit der Nabe verbunden, und wir nehmen an, daß die deformierte Mittellinie des Kranzes auf dem gleichen mit der Welle koaxialen Kreiszylinder liegt wie vor dem Knicken. Den pro Längeneinheit des Kranzumfanges durch die Scheibe ausgeübten Zug Z zerlegen wir in die radialen und axialen Komponenten R und X (Fig. 415) und betrachten R als konstant. Auf das in der Figur dargestellte Kranzelement von der Länge ds wirkt nun radial $R ds$, axial $X ds$, in Richtung der Normale des Querschnittes U und U', als Scherkräfte S und S', als Biegungsmomente in der Tangentialebene M und M'. Wir legen im Schwerpunkt P die Tangente t an die elastische Linie, konstruieren ihre Normalebene und die Tangentialebene an den Zylinder, und zerlegen die Kräfte nach t, dem durch P gehenden Radius, und der in die Tangentialebene fallenden Normalen n. Die Komponenten von U und U' nach r geben angenähert die Resultante $U d\varphi$, diejenigen nach n die Resultante $U d\psi$, mit den Bezeichnungen der Figur. So erhalten wir für die radialen Kräfte

$$U d\varphi = R\, ds,$$

woraus, da angenähert $R \sim Z$

$$U = Z r \quad . \; . \; . \; . \; . \; . \; . \; . \; . \; . \; . \; . \quad (1)$$

Die Komponenten nach n geben

$$U d\psi + S' - S - X ds = 0$$

und da

$$X = R\frac{z}{r} = Z\frac{z}{r} = U\frac{z}{r^2},$$

ferner mit Einführung des für die Tangentialebene geltenden Krümmungsradius

$$\varrho = \frac{ds}{d\psi}$$

---

[1]) Die wegen der Integrationsschwierigkeiten bei $x = o$ sehr zeitraubende graphische Ausarbeitung dieses Beispieles verdanke ich Herrn Ing. Öchslin. —

erhalten wir:

$$\frac{1}{\varrho}U+\frac{dS}{ds}-U\frac{z}{r^2}=O \quad . \quad . \quad . \quad (2)$$

Schließlich geben die Momente für P:

$$M'-M-S\,ds=O \text{ oder } \frac{dM}{ds}=S \quad . \quad . \quad . \quad (3)$$

Wir wollen die letzte Gleichung nach s differentiieren und in (2) einsetzen, um S wegzuschaffen. Dann machen wir Gebrauch von der Biegungsgleichung, welche hier näherungsweise durch

$$\frac{1}{\varrho}=\frac{M}{JE}=-\frac{d^2z}{ds^2} \quad . \quad . \quad . \quad (4)$$

wiedergegeben ist, wobei J das nun auf eine radiale Hauptachse bezogene Trägheitsmoment des Kranzquerschnittes und z die in der Achsenrichtung gemessene Ausknickung

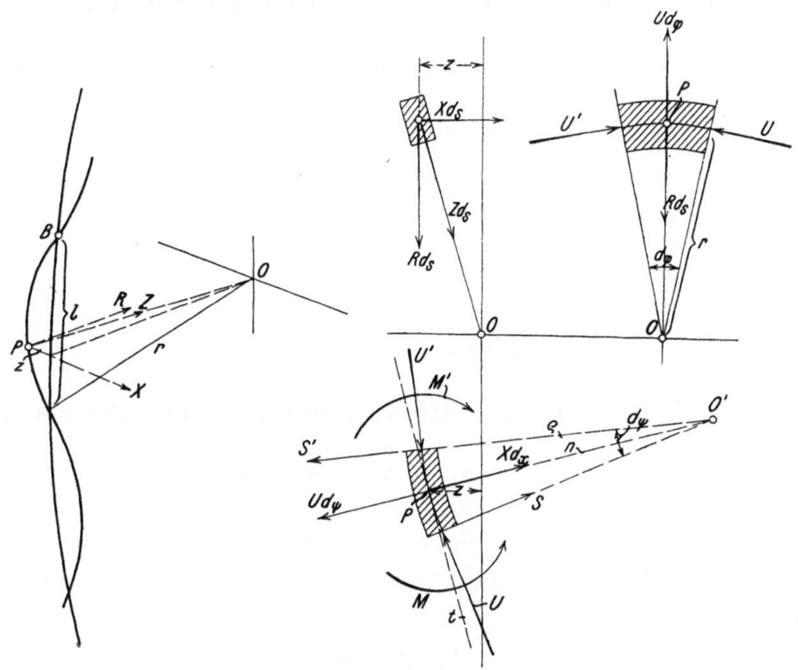

Fig. 415.

bedeutet. In der Ableitung ist die Bogenlänge der elastischen Linie statt derjenigen des ursprünglichen Umfanges eingesetzt, was bei der Kleinheit von z zulässig ist. Indem man mit Hilfe von (4) M und ϱ durch z ausdrückt, nimmt Gl. (2) die Form

$$JE\frac{d^4z}{ds^4}+U\frac{d^2z}{ds^2}+U\frac{z}{r^2}=O \quad . \quad . \quad . \quad (5)$$

an. Eine Lösung dieser Gleichung, welche den Grenzbedingungen genügt, ist

$$z=a\sin ks \quad . \quad . \quad . \quad (6)$$

wobei, wenn die Knicklänge wie in der Nebenfigur bezeichnet $=l$ sein soll,

$$kl=\pi \text{ oder } k=\frac{\pi}{l} \quad . \quad . \quad . \quad (6\text{a})$$

sein muß. Durch Einsetzen erhält man

$$JEk^4-Uk^2+U\frac{1}{r^2}=O$$

und hieraus die „knickende Umfangskraft".

$$U=\frac{JEk^4}{k^2-\frac{1}{r^2}}=\frac{\frac{\pi^2}{l^2}JE}{1-\frac{l^2}{\pi^2 r^2}} \quad . \quad . \quad . \quad (7)$$

Da l höchstens $= \frac{\pi}{2} r$ werden kann, liegen die Werte des Nenners zwischen 0,75 und 1. Die im Umfange wirkende Knickkraft kann also in der Tat näherungsweise nach der Formel von Euler gerechnet werden.

100. Beanspruchung eines rotierenden Ellipsoides nach C. Chree.[1])

Es seien in der Bezeichnungsweise von Grashof $\sigma_x \sigma_y \sigma_z$ die Normal-, $\tau_x \tau_y \tau_z$ die Schubspannungen für drei zu den Koordinatenebenen parallele Schnitte, und es seien a, b, c die nach X, Y, Z gerichteten Halbachsen des Ellipsoides. Um die Formeln symmetrisch zu erhalten, werde mit Chree zunächst eine Massenkraft, deren Komponenten für die Raumeinheit Px, Qy, Rz sind, vorausgesetzt. ϱ sei die Masse der Raumeinheit, $\nu = 0{,}3$ das Verhältnis der Querzusammenrichtung zur Längendehnung. Chree stellt die bekannten allgemeinen Elastizitätsgleichungen auf und beweist, daß sich dieselben mit allen Grenzbedingungen durch den Ansatz

$$\begin{aligned}
\sigma_x &= A + A_1 x^2 + A_2 y^2 + A_3 z^2 \\
\sigma_y &= B + B_1 x^2 + B_2 y^2 + B_3 z^2 \\
\sigma_z &= C + C_1 x^2 + C_2 y^2 + C_3 z^2 \\
\tau_x &= 2 L y z \\
\tau_y &= 2 M z x \\
\tau_z &= 2 N x y
\end{aligned}$$

befriedigen lassen.

Um die Konstanten auszudrücken, bedarf es der Berechnung der Determinante

$$D = \begin{vmatrix} a_{11} & a_{12} & a_{13} \\ a_{21} & a_{22} & a_{23} \\ a_{31} & a_{32} & a_{33} \end{vmatrix}$$

und ihrer Unterdeterminanten $D_{11}, D_{12}, D_{13}, D_{21}, \ldots\ldots$ wobei

$$\begin{aligned}
a_{11} &= 3 b^4 + 2 b^2 c^2 + 3 c^4 \\
a_{22} &= 3 c^4 + 2 c^2 a^2 + 3 a^4 \\
a_{33} &= 3 a^4 + 2 a^2 b^2 + 3 b^4 \\
a_{12} &= a_{21} = c^4 - \nu (b^2 c^2 + c^2 a^2 + 3 a^2 b^2) \\
a_{13} &= a_{31} = b^4 - \nu (b^2 c^2 + 3 c^2 a^2 + a^2 b^2) \\
a_{23} &= a_{32} = a^4 - \nu (3 b^2 c^2 + c^2 a^2 + a^2 b^2)
\end{aligned}$$

Es ergibt sich alsdann

$$\begin{aligned}
L = \frac{\varrho}{2D} \Big\{ & P a^2 [\nu (b^2 + c^2) D_{11} + (\nu c^2 - a^2) D_{12} + (\nu b^2 - a^2) D_{13}] \\
& + Q b^2 [(\nu c^2 - b^2) D_{11} + \nu (c^2 + a^2) D_{12} + (\nu a^2 - b^2) D_{13}] \\
& + R c^2 [(\nu b^2 - c^2) D_{11} + (\nu a^2 - c^2) D_{12} + \nu (a^2 + b^2) D_{13} \Big\}
\end{aligned}$$

und ähnlich M und N durch zyklische Vertauschung der Indices 1, 2, 3. Die Spannungen selbst sind

$$\sigma_x = a^2 \left[\left(\frac{1}{2} P \varrho + M + N \right) \left(1 - \frac{x^2}{a^2} \right) - \left(\frac{1}{2} P \varrho + M + 3 N \right) \frac{y^2}{b^2} - \left(\frac{1}{2} P \varrho + 3 M + N \right) \frac{z^2}{c^2} \right]$$

[1] Proceed. of the Royal Soc. of London, Bd. LVIII, 1895, S. 39, und Quarterly Journal of Pure and Applied Mathem., No. 108, 1895.

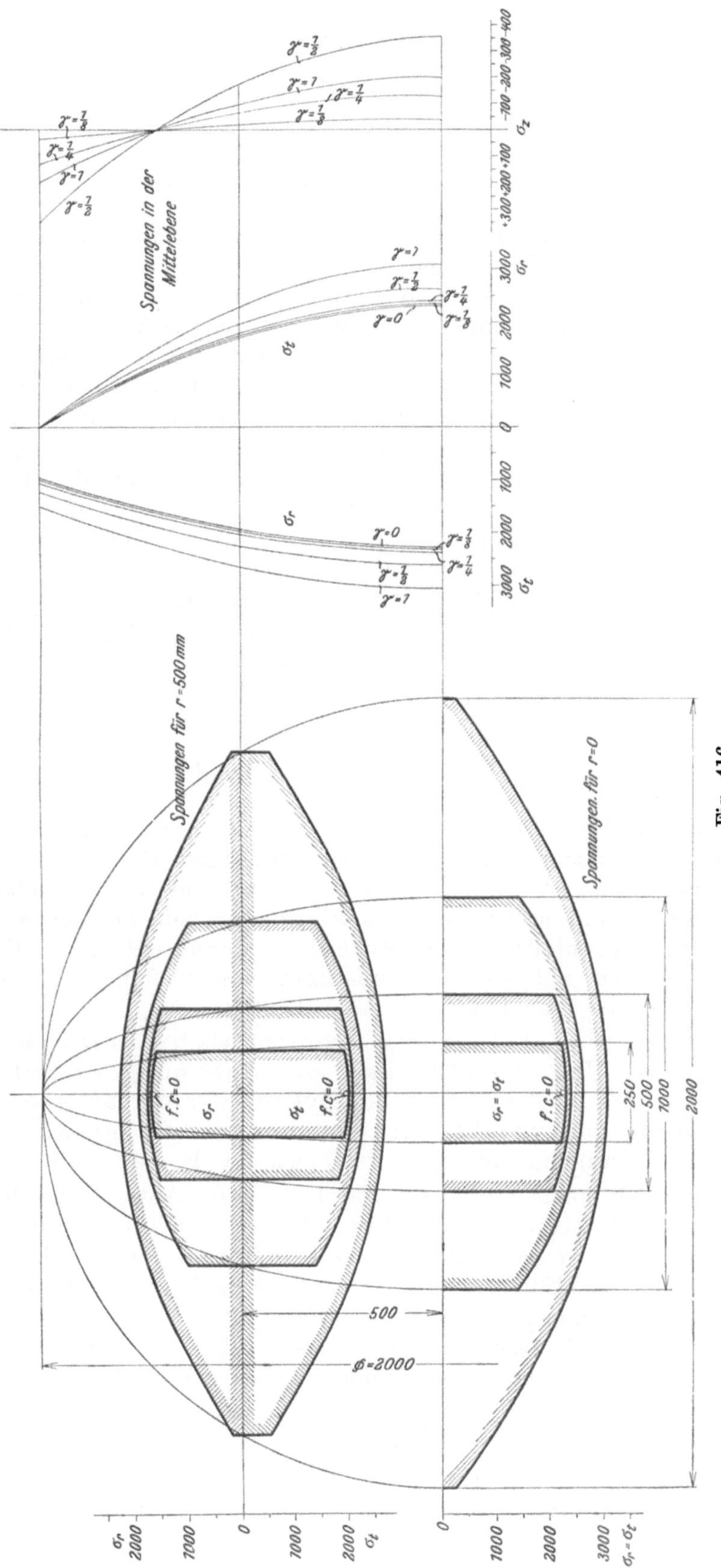

Fig. 416.

Spannungsverteilung im Rotations-Ellipsoid.

$$\sigma_y = b^2\left[-\left(\frac{1}{2}Q\varrho + 3N + L\right)\frac{x^2}{a^2} + \left(\frac{1}{2}Q\varrho + N + L\right)\left(1 - \frac{y^2}{b^2}\right) - \left(\frac{1}{2}Q\varrho + N + 3L\right)\frac{z^2}{c^2}\right]$$

$$\sigma_z = c^2\left[-\left(\frac{1}{2}R\varrho + L + 3M\right)\frac{x^2}{a^2} - \left(\frac{1}{2}R\varrho + 3L + M\right)\frac{y^2}{b^2} + \left(\frac{1}{2}R\varrho + L + M\right)\left(1 - \frac{z^2}{c^2}\right)\right]$$

$$\tau_x = 2Lyz; \qquad \tau_y = 2Mzx; \qquad \tau_z = 2Nxy.$$

Auch die Ausdrücke der Dehnungen und Schiebungen sind vollständig entwickelt. Ihre Angabe unterbleibt, da wir unser Endziel schon mit den Werten der Spannungen erreichen können. Wir sind nämlich in der Lage, die Spannungsverteilung eines um die Z-Achse rotierenden Ellipsoides anzugeben, wenn wir $P = Q = 0$ und $R = \omega^2$ setzen. Wenn noch $a = b$ vorausgesetzt wird, so erhalten wir ein Rotationsellipsoid, d. h. eine rotierende Scheibe, deren Querschnitt eine Ellipse ist.

Das Hauptinteresse betrifft die Frage, wie stark gleichartige Spannungen im Mittelpunkte der Scheibe und im Endpunkte der Halbachse c voneinander abweichen. Je kleiner das Verhältnis c/a, d. h. je flacher das Ellipsoid ist, umsomehr muß schon der Schätzung nach die Verschiedenheit abnehmen, allein aus den Formeln von Chree erhalten wir deren genauen zahlenmäßigen Betrag. Bezeichnen wir die gleich großen Radial- und Tangentialspannungen im Mittelpunkte mit σ_0, im Endpunkte der Rotationsachse mit σ_c, so findet man für

$c/a =$	0	$^1/_8$	$^1/_4$	$^1/_2$	1
$\frac{\sigma_0}{\sigma_c} =$	1	1,05	1,15	1,83	13,6

Übersichtlich findet man die Spannungen in Fig. 416 dargestellt, in welcher auch noch σ_r und σ_t in der Mitte des Halbmessers für alle Punkte einer zur Achse parallelen Geraden, und in den Nebenfiguren außerdem σ_r und σ_t für alle Punkte der Scheibenmittelebene sowie schließlich σ_z ebenfalls für die Mittelebene dargestellt sind. Die Spannungen beziehen sich auf eine Umlaufzahl von 3000 p. Min. Aus dieser Darstellung darf man folgenden Satz ableiten:

Beträgt die Scheibendicke weniger als $^1/_8$ des Durchmessers, so darf die Ungleichmäßigkeit der Spannungsverteilung auf einer mit der Welle koaxialen Zylinderfläche bei technischen Anwendungen vernachlässigt werden, da die größte und die kleinste Spannung sich nur um etwa 5 v. H. unterscheiden.

Selbst bei einem Verhältnis von 1 : 4 ist die Abweichung des Größtwertes vom Mittelwert nur etwa 7,5 v. H. Die technisch wichtigen Scheibenformen weisen wohl eine raschere Zunahme der Dicke gegen die Mitte zu als das Ellipsoid auf. Statt dessen liegt das Verhältnis der Dicke zum Durchmesser meist wesentlich unter $^1/_8$, so daß obiger Ausspruch sich verallgemeinern läßt. Merkwürdig ist in der Nebenfigur das Auftreten einer axialen Zugspannung im oberen Viertel des Halbmessers.

101. Kritische Geschwindigkeit einer stetig und gleichmäßig belasteten Welle mit veränderlichem Durchmesser.

In der allgemeinen Gl. (4), Abschn. 65, ist in diesem Falle unter m_1 zu verstehen die Summe der auf die Längeneinheit entfallenden Masse der Räder m_1' und der Eigenmasse der Welle $\mu\pi r^2$, und die genannte Gleichung schreibt sich mit Einsetzung von $J=\frac{\pi}{4}r^4$:

$$\frac{\pi}{4}r^4 E\frac{d^4 y}{dx^4}=(m_1'+\mu\pi r^2)\,\omega^2(y+e) \quad . \quad . \quad . \quad . \quad (1)$$

worin nun r der Voraussetzung gemäß veränderlich sein soll. Um die Rechnung nicht über Gebühr zu erschweren, werde eine beidseitig frei aufliegende, gegen die Mitte verdickte Welle angenommen, deren Radius nach dem Gesetze

$$r^4=r_0^4\left(1-\beta^2\frac{x^2}{l^2}\right) \quad . \quad . \quad . \quad . \quad . \quad . \quad . \quad (2)$$

gegen die Wellenenden abnimmt. Der Koordinatenanfang liegt wieder in der Mitte der Lagerentfernung. Außerdem werde angenommen, daß sich entweder m_1' so ändert, daß die Summe $m_1'+\mu\pi r^2=m_1$ einen überall konstanten Wert besitzt, oder es werde $\mu\pi r^2$ mit einem mittleren Betrag in Rechnung gesetzt, so daß die Summe m_1 von Querschnitt zu Querschnitt unverändert bleibt. Führt man die neue Veränderliche

$$z=\beta\frac{x}{l}$$

ein, so erscheint Gl. (1) in der Form

$$r_0^4\frac{\pi}{4}(1-z^2)E\frac{\beta^4}{l^4}\frac{d^4 y}{dz^4}=m_1\,\omega^2(y+e)$$

oder mit der Bezeichnung

$$\alpha=\frac{4\,m_1\,\omega^2 l^4}{\pi E r_0^4\beta^4} \quad . \quad . \quad . \quad . \quad . \quad . \quad . \quad . \quad . \quad (3)$$

und unter Voraussetzung eines gleichbleibenden e:

$$(1-z^2)\frac{d^4 y}{dz^4}=\alpha(y+e) \quad . \quad . \quad . \quad . \quad . \quad . \quad (4)$$

Die Grenzwerte von z, welche $x=0$ und $x=l$ entsprechen, sind 0 und β, und in diesem Zwischenraum wird die vorliegende Gleichung, wie die Differentialrechnnng lehrt, durch eine konvergente Reihe von der Form

$$y=a_0+a_2z^2+a_4z^4+a_6z^6+\ldots \quad . \quad . \quad . \quad . \quad . \quad (5)$$

integriert.

Die ungeraden Potenzen fallen wegen der Symmetrie weg. Führt man die Reihe in die Differentialgleichung ein, so erweisen sich a_0, a_2 als zunächst willkürlich, während die übrigen Werte durch

$$\left.\begin{aligned} a_4&=\frac{\alpha(a_0+e)}{1\cdot2\cdot3\cdot4}\\ a_6&=\frac{\alpha(a_0+e)}{3\cdot4\cdot5\cdot6}+\frac{\alpha a_2}{3\cdot4\cdot5\cdot6}\\ a_8&=\frac{\alpha}{5\cdot6\cdot7\cdot8}\left[\left(1+\frac{\alpha}{1\cdot2\cdot3\cdot4}\right)(a_0+e)+a_2\right]\\ &\ldots\ldots\ldots\ldots \end{aligned}\right\} \quad . \quad . \quad . \quad . \quad . \quad (6)$$

dargestellt werden. Da jeder Koeffizient in $(a_0 + e)$ und a_2 linear ist, so schreibt sich y in der Form

$$y = (a_0 + e) R_0 + a_2 R_2,$$

wo R_0 und R_2 Potenzreihen von z sind. Die Konstanten a_0, a_2 bestimmen sich nun aus der Bedingung, daß für $x = l$, d. h. $z = \beta$, sowohl y als auch das biegende Moment, d. h. $\frac{d^2 y}{d z^2}$, verschwinden muß. Bezeichnen wir die zweiten Ableitungen der Reihen R_0, R_2 nach z mit R_0'', R_2'' und den Wert dieser Ausdrücke für $z = \beta$ durch Anhängen des Buchstabens β, so entstehen die Bedingungsgleichungen

$$a_0 (R_0)_\beta + a_2 (R_2)_\beta = - e (R_0)_\beta$$

$$a_0 (R_0'')_\beta + a_2 (R_2'')_\beta = - e (R_0'')_\beta .$$

Aus diesen lassen sich a_0, a_2 im allgemeinen als bestimmte endliche Werte berechnen. Nur in dem Falle, daß die Determinante

$$D = \begin{vmatrix} (R_0)_\beta & (R_2)_\beta \\ (R_0'')_\beta & (R_2'')_\beta \end{vmatrix} = (R_0)_\beta (R_2'')_\beta - (R_0'')_\beta (R_2)_\beta \quad . \quad . \quad . \quad . \quad (7)$$

verschwindet, wird a_0, a_2, mithin auch die Durchbiegung y, unendlich groß. Die kritische Geschwindigkeit läßt sich mithin aus der Gleichung

$$D = 0 \quad . \quad . \quad . \quad . \quad . \quad . \quad . \quad . \quad . \quad . \quad . \quad . \quad (8)$$

ermitteln. Zu diesem Zwecke ist es notwendig, die Werte der $a_4 a_6 \ldots$ in die Reihen R einzuführen und Gl. (8) nach der in α vorkommenden Größe ω^2 aufzulösen. Dieses Verfahren ist trotz der im ganzen nicht schlechten Konvergenz der Reihen sehr umständlich, und es soll deshalb ein angenäherter Wert von ω_k hergeleitet werden, indem man in den Reihen R alle Glieder mit einer höheren Potenz als z^6 bzw. β^6 unterdrückt. Diese Rechnung führt auf die Gleichung

$$1 - \frac{1}{6} \alpha \beta^4 - \frac{1}{45} \alpha \beta^6 = 0 \quad . \quad . \quad . \quad . \quad . \quad . \quad . \quad . \quad . \quad . \quad (9)$$

oder nach Einsetzen des Wertes von α schließlich auf die kritische Geschwindigkeit

$$\omega_k = \sqrt{\frac{3\pi}{2} \frac{r_0^4 E}{m_1 l^4} \frac{1}{1 + \frac{2}{15}\beta^2}} = 3{,}464 \sqrt{\frac{J_0 E}{M l^3} \frac{1}{1 + \frac{2}{15}\beta^2}} \quad . \quad . \quad . \quad . \quad (10)$$

worin $J_0 = \frac{\pi}{4} r_0^4$ das Flächenträgheitsmoment des mittleren Wellenquerschnittes und M die Gesamtmasse der Scheiben und der Welle bedeuten. Wenn ferner r_1 der Radius der Welle im Lager ist, so folgt aus Gl. (2)

$$\beta^2 = 1 - \frac{r_1^4}{r_0^4} \quad . \quad . \quad . \quad . \quad . \quad . \quad . \quad . \quad . \quad . \quad . \quad . \quad (11)$$

Die kritische Geschwindigkeit zeigt sich mithin gegenüber der für die glatte Welle gültigen nur wenig verändert.

Eine besonders einfache und doch strenge Lösung gestattet der Sonderfall, in welchem die Belastung proportional ist dem Quadrate des Wellenhalbmessers und dieser selbst proportional der Quadratwurzel der Durchbiegung, d. h. für den Ansatz

$$J E \frac{d^4 y}{d x^4} = \frac{\pi}{4} r^4 E \frac{d^4 y}{d x^4} = m_1' r^2 \omega^2 y,$$

oder

$$\frac{d^4 y}{d x^4} = \frac{4 m_1' \omega^2}{\pi E a} \quad . \quad . \quad . \quad . \quad . \quad . \quad . \quad . \quad . \quad . \quad . \quad . \quad (12)$$

mit

$$r^2 = a y \quad . \quad . \quad . \quad . \quad . \quad . \quad . \quad . \quad . \quad . \quad . \quad . \quad . \quad (13)$$

Von einer Exzentrizität (e) werde hier abgesehen und die kritische Geschwindigkeit wieder aus der Bedingung bestimmt, daß sich die Welle unter dem Einflusse der Fliehkräfte und der elastischen Gegenkraft im indifferenten Gleichgewichte befindet. Die allgemeine Integration von Gl. (12) ergibt für die beidseitig aufliegende Welle von der Länge $2l$

$$a y = r^2 = \frac{m_1' \omega^2 l^4}{6 \pi E} \left[\left(\frac{x}{l}\right)^4 - 6 \left(\frac{x}{l}\right)^2 + 5 \right] \quad . \quad . \quad . \quad . \quad . \quad (14)$$

Wenn wir nun den Radius r, z. B. in der Wellenmitte bei $x=0$, vorschreiben, d. h. $r=r_0$ setzen, so muß die Winkelgeschwindigkeit einen bestimmten, den „kritischen“, Wert annehmen, damit Gl. (14) bestehen könne. Wir erhalten also

$$r_0^2 = \frac{5}{6\pi} \frac{m_1' \omega_k^2 l^4}{E} \quad \ldots \ldots \ldots \ldots \quad (15)$$

und

$$\omega_k = r_0 \sqrt{\frac{6\pi E}{5 m_1' l^4}} \quad \ldots \ldots \ldots \ldots \quad (16)$$

102. Mitschwingen des Fundamentes: Ungefährlichkeit der „Resonanz“.

Die von Vibration nie ganz freie Welle überträgt auf das Fundament der Turbine eine periodisch wechselnde Kraft, durch welche ersteres in Mitschwingung versetzt werden muß. Das Fundament, zu welchem auch das Gehäuse und der Rahmen der Turbine zu rechnen sind, dürfen wir uns als eine starre Masse vorstellen, die auf einer elastischen Unterlage aufruht (z. B. die schmiedeisernen Träger der Betongewölbe, auf die man neuerdings die Turbinen aufzustellen pflegt), und es liegt die Befürchtung nahe, daß unter Umständen die Umdrehungszahl der Turbine mit der natürlichen Schwingungszahl des Fundamentes übereinstimmen, und daß die bei andern Schwingungsvorgängen so gefährliche „Resonanz“ auftreten könnte. Es hat nun ein praktisches Interesse, festzustellen, daß diese Resonanz für die Turbine ungefährlich ist, und keineswegs zu außergewöhnlich gesteigerter Erschütterung führen kann, und zwar aus dem Grunde, weil die Turbinenwelle kein starrer Körper, sondern selbst elastisch nachgiebig ist. Hingegen gewinnt das Mitschwingen Bedeutung durch den Umstand, daß die kritische Geschwindigkeit der Welle vergrößert oder verkleinert wird.

Am einfachsten überzeugt man sich von der Richtigkeit obiger Behauptung am „elastischen Doppelpendel“, z. B. an der in Fig. 417 dargestellten Verbindung der Masse m durch eine Feder mit der Masse m', die ihrerseits durch eine Feder mit einem festen Punkte verbunden ist.

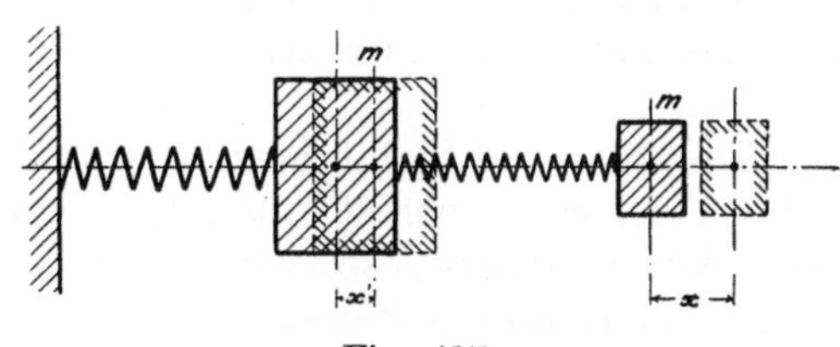

Fig. 417.

Die Masse m versinnbildlicht die Welle mit ihrer Federung, m' desgleichen das Fundament mit seiner Nachgiebigkeit. Lassen wir auf m die periodische Kraft

$$P = a \cos \omega t$$

einwirken, durch welche eine Schwingung in der Richtung der Federachse eingeleitet wird. Die Auslenkung von m und m' aus der Lage, wo die Federn spannungslos sind, sei x und x', dann wirken in den Federn die Kräfte X und X', die man der Verlängerung proportional, d. h.

$$X = \alpha (x - x')$$

$$X' = \alpha' x'$$

setzen kann. Die Bewegungsgleichungen der Massen sind

$$m \frac{d^2 x}{dt^2} = -X + P$$

$$m' \frac{d^2 x'}{dt^2} = -X' + X.$$

Setzen wir voraus, daß eine, wenn auch sehr kleine, der Geschwindigkeit proportionale Reibung als sog. „Dämpfung" mitwirkt, so bleibt nach hinlänglich langer Zeit nur die mit P synchrone Schwingung übrig, d. h. die Lösung der beiden Gleichungen wird durch den Ansatz $x = A \cos \omega t$, $x' = A' \cos \omega t$ wiedergegeben, worin

$$A = \frac{\beta' a}{\alpha^2 - \beta \beta'}; \quad A' = -\frac{\alpha a}{\alpha^2 - \beta \beta'}$$

mit $\beta = m \omega^2 - \alpha$; $\beta' = m' \omega^2 - (\alpha + \alpha')$.

Kritische Oszillationszahlen, d. h. unendlich große Werte von A und A' ergeben sich mithin, wenn

$$\alpha^2 - \beta \beta' = 0 \quad \ldots\ldots\ldots \quad (1)$$

Würde m allein schwingen, bei festgelegtem m', so hätte man die kritische Zahl aus der Gleichung

$$m \omega^2 - \alpha = 0 \quad \ldots\ldots\ldots \quad (2)$$

zu bestimmen. Würde die Kraft P an der Masse m' in Abwesenheit von m angreifen, so hätte man in gleicher Art

$$m' \omega^2 - \alpha' = 0 \quad \ldots\ldots\ldots \quad (3)$$

zu setzen. Weder die eine noch die andere Bedingung bewirkt indessen, daß Gl. (1) erfüllt wäre.

Es gibt mithin für das elastische Doppelpendel kritische Schwingungszahlen, allein diese stimmen nicht überein mit denjenigen, die für die einzelnen Pendel an sich Gültigkeit haben.

Die Masse m' bleibt einflußlos, falls sei es der elastische Widerstand, d. h. α', sei es m' selbst unendlich groß wird. Nähern sich die Verhältnisse dieser Grenze, so wird sich ω_k^2 wenig vom Werte α/m, der aus Gl. (2) folgt, unterscheiden. Man kann diesen Wert näherungsweise in den Ausdruck von β' in Gl. (1) einsetzen und erhält

$$\alpha^2 - (m \omega_k^2 - \alpha) \left(m' \frac{\alpha}{m} - \alpha - \alpha' \right) = 0$$

alsdann das korrigierte

$$\omega_k^2 = \frac{\alpha}{m} \left[1 + \frac{1}{\frac{m'}{m} - \frac{\alpha'}{\alpha} - 1} \right]$$

woraus hervorgeht, daß die kritische Schwingungszahl durch das Mitschwingen des „Fundamentes" (m') vergrößert wird, falls die Masse desselben groß ist gegen m, hingegen die elastische Rückwirkung (α') klein gegen diejenige der „Welle" (α), weil das neben der Einheit stehende Glied positiv wird. Die kritische Schwingungszahl wird verkleinert, falls die entgegengesetzten Verhätnisse eintreten.

Für die Turbinenwelle kann man sich der Einfachheit halber das Fundament nur vertikal nachgiebig denken, und die Auslenkung eines Wellenpunktes durch die Koordinaten x in der Wellenrichtung y wagerecht, z senkrecht bestimmt denken. Wenn man wieder die Bezeichnungen des Art. 65 benutzt, die Exzentrizitäten e aber $= 0$ setzt, so wird die Bewegung der Welle durch die Gleichungen

$$J E \frac{\partial^4 y}{\partial x^4} = - m_1 \frac{\partial^2 y}{\partial t^2}$$

$$J E \frac{\partial^4 z}{\partial x^4} = - m_1 \frac{\partial^2 z}{\partial t^2}$$

dargestellt, wo auf der rechten Seite die d'Alembertschen Trägheitskräfte als „Belastung" der Welle erscheinen. Die Drehung je eines durch zwei zur Achse senkrechte Ebenen ausgeschnittenen Elementes um die Schwerpunktsachse erfolgt mit konstanter Winkelgeschwindigkeit, da wir Gleichgewicht der Drehmomente voraussetzen wollen. Die beiden Gleichungen genügen mithin; aus ihnen sind y und z für eine beiderseitig frei aufliegende Welle von der Länge $2l$ so zu bestimmen, daß für $x = l$, $y = 0$, während $z = \zeta$ werden muß, unter ζ die momentane Auslenkung der periodischen Schwingung des Fundamentes verstanden, welche durch die auf die Masse m' des Fundamentes wirkende Schwerkraft der Welle in ihrem Endquerschnitt und die elastische Rückwirkung $= \alpha\zeta$ der Unterlage unterhalten wird. Hierfür ist die entsprechende Bewegungsgleichung aufzustellen und außerdem zu beachten, daß bei $x = l$ das biegende Moment für das freie Auflager verschwindet. Für den einfachsten Fall einer symmetrischen Verbiegung der Welle und einer Sinusschwingung des Fundamentes erhält man die Lösung

$$y = [a'(e^{kx} + e^{-kx}) + b' \cos kx] \sin \omega t$$

$$z = [a\,(e^{kx} + e^{-kx}) + b\, \cos kx] \sin (\omega t + \varepsilon),$$

wo ε eine von den Anfangsbedingungen abhängige Größe ist. Für die Konstanten ergeben sich, da die Exzentrizität $= 0$ gesetzt wurde, endliche Werte nur bei den kritischen Umlaufzahlen, und zwar einerseits für die vertikale Schwingung, falls

$$\operatorname{tghyp}(kl) - \operatorname{tg}(kl) = 2\beta \quad \dots\dots \quad (1)$$

worin

$$k^4 = \frac{m_1 \omega^2}{JE}; \quad \beta = \frac{m'\omega^2 - \alpha}{JEk^3}$$

ist, anderseits für die horizontalen Auslenkungen, falls

$$\cos kl = 0 \quad \dots\dots\dots \quad (2)$$

Es gibt im hier vorausgesetzten Falle des einseitig nachgiebigen Fundamentes zwei Reihen von kritischen Umlaufzahlen, eine für die vertikalen, die andere für die wagerechten Ausbiegungen der Welle. Der Synchronismus der Rotation mit der Eigenschwingung des Fundamentes, d. h. $m'\omega^2 - \alpha = 0$, liefert an sich keine kritische Umlaufzahl.

Setzt man das Fundament allseitig gleichmäßig nachgiebig voraus, so bleibt, wie man sich überzeugen kann, Bedingung 1 bestehen, und es ergibt sich weiterhin die interessante Tatsache, daß bei Resonanz die Welle so rotiert, als wäre sie, von der Schwere abgesehen (also z. B. bei vertikaler Aufstellung), vollkommen frei.

103. Bedingungen für die Stabilität des Gleichgewichtes über der kritischen Geschwindigkeit.

Wir betrachten zunächst eine einzelne Scheibe unter Ausschluß jeder Seitenschwankung. Es bedeute in Fig. 418 S den Scheibenschwerpunkt, W den Durchstoßpunkt der durchgebogenen Welle mit der Scheibe, O die Projektion der geometrischen Drehachse. Von der Anwesenheit anderer Schwungmassen auf der Welle wird abgesehen. Im Falle des relativen Gleichgewichtes liegt S auf der Verbindungslinie OW in einem Abstande ϱ_0, welcher sich aus der Gleichsetzung der Fliehkraft $m\varrho_0\omega_0^2$ und der elastischen Gegenkraft $\alpha(e+\varrho_0)$ wie früher zu

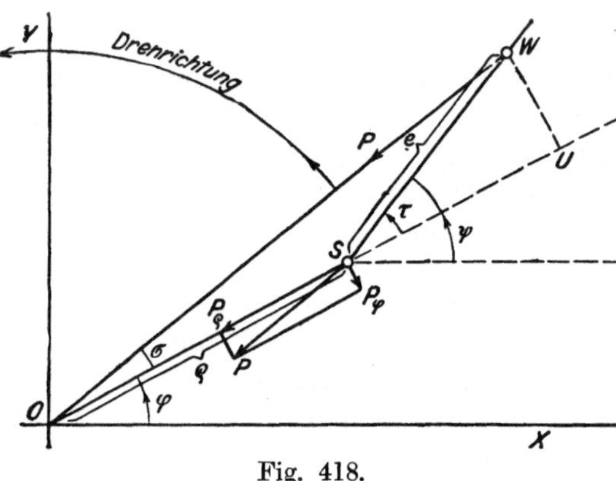

Fig. 418.

$$\varrho_0 = \frac{\alpha e}{m\omega_0^2 - \alpha} \quad . \quad . \quad . \quad . \quad . \quad . \quad . \quad . \quad (1)$$

ergibt. Der Winkel φ wird, solange Gleichgewicht besteht, mit gleichförmiger Geschwindigkeit ω_0 beschrieben und werde mit φ_0 bezeichnet, so daß $\varphi_0 = \omega_0 t$ ist, wenn t die Zeit bedeutet. Die auf die Scheibe wirkenden übrigen Kräfte sollen sich das Gleichgewicht halten; insbesondere kann man sich vorstellen, daß die treibende Dampfkraft ein reines Moment ergibt, welches durch eine entsprechende Torsion der Welle ausgeglichen und auf die zunächst massenlos gedachte Arbeitsmaschine übertragen wird. Um zu prüfen, ob das dynamische Gleichgewicht stabil ist, muß man die Parameter, durch welche die Bewegung im Beharrungszustande dargestellt wurde, d. h. ϱ_0, φ_0 und den Winkel von OS und SW (welcher ursprünglich $= 0$ war) um unendlich kleine Funktionen der Zeit vergrößern und die Bewegungsgleichungen aufstellen. Fig. 418 stellt eine Lage des so veränderten Bewegungszustandes dar, in welcher

$$\begin{aligned} \varrho &= \varrho_0 + z \\ \varphi &= \varphi_0 + \varepsilon \\ \psi &= \varphi \;\; + \tau \end{aligned} \quad . \quad . \quad . \quad . \quad . \quad . \quad . \quad . \quad (2)$$

und z, ε, τ unendlich kleine Größen bedeuten.

Für die Bewegungsgleichungen werden ϱ, φ, ψ als Veränderliche betrachtet,[1]) und man muß zuerst die Bewegung des Schwerpunktes für sich, dann die Bewegung

[1]) Aus dieser durch die Natur der Aufgabe bedingten Wahl der Veränderlichen folgt, daß man zweckmäßigerweise auf die sog. allgemeinen Lagrangeschen Differentialgleichungen zurückgreifen sollte, welche in der Tat mühelos die weiter unten elementar entwickelten Formeln ergeben.

der Scheibe um den Schwerpunkt untersuchen. Die erstere erfolgt so, als ob die Scheibenmasse im Schwerpunkte vereinigt wäre und alle Kräfte an diesem angriffen. Die elastische Kraft P ist $= \alpha \overline{WO}$; da aber WO als Strecke die Resultierende aus $\overline{WU}$ und $\overline{UO}$, wobei $\overline{WU} \perp \overline{UO}$ ist, so kann diese Kraft als Resultierende der Kräfte $P_\varphi = \alpha \overline{WU}$ und $P_\varrho = \alpha \overline{OU}$ mit den entsprechenden Richtungen aufgefaßt werden. Bei der Kleinheit von τ und σ ist dann

$$P_\varphi = \alpha e \tau$$

und

$$P_\varrho = \alpha (\varrho + e) \quad \dots \dots \dots \quad (3)$$

welche Kräfte in der Figur an den Schwerpunkt übertragen worden sind.

Um die Änderung von ϱ zu finden, betrachten wir die relative Bewegung des Schwerpunktes in einem mit dem Radiusvektor mitrotierenden (gewichtlosen) radialen Schlitze. Wir müssen zu diesem Behufe die Ergänzungskräfte der relativen Bewegung hinzufügen, von welchen indessen nur die „Fliehkraft" $m\varrho \left(\frac{d\varphi}{dt}\right)^2$ für die bezeichnete Bewegung in Betracht kommt, und wir erhalten

$$m \frac{d^2\varrho}{dt^2} = m\varrho \left(\frac{d\varphi}{dt}\right)^2 - \alpha (e + \varrho) \quad \dots \dots \dots \quad (4)$$

Des weiteren wenden wir den Flächensatz auf die absolute Bewegung des Schwerpunktes um O herum an (d. h. wir sprechen aus, daß die Ableitung des „Impulsmomentes" nach der Zeit dem Momente der äußeren Kräfte gleich sei) und erhalten

$$\frac{d}{dt}\left(m\varrho^2 \frac{d\varphi}{dt}\right) = -P_\varphi \varrho = -\alpha e \tau \varrho \quad \dots \dots \dots \quad (5)$$

Für die Bewegung um den Schwerpunkt ist das Kraftmoment $= \alpha \overline{WO}\, e \sin(\tau - \sigma)$ oder nach leichter Umformung $= \alpha e \tau \varrho$; wenn also Θ das Massenträgheitsmoment der Scheibe für S bedeutet, so wird

$$\Theta \frac{d^2\psi}{dt^2} = \alpha e \tau \varrho \quad \dots \dots \dots \quad (6)$$

In die Gleichungen (4), (5), (6) muß man die Werte (2) einsetzen, nach z, ε, τ entwickeln und alle höheren Potenzen als die erste streichen. Wenn man dann noch die kritische Geschwindigkeit

$$\omega_k^2 = \frac{\alpha}{m}$$

einsetzt und die Bezeichnung

$$\delta = 1 - \frac{\omega_k^2}{\omega_0^2} \quad \dots \dots \dots \quad (7)$$

einführt, so daß ϱ_0 sich in der Form

$$\varrho_0 = \frac{1-\delta}{\delta} e \quad \dots \dots \dots \quad (8)$$

darstellt, so erhält man für z, ε, τ die linearen Gleichungen

$$\left.\begin{aligned} &\frac{d^2 z}{dt^2} = \delta \omega_0^2 z + 2\varrho_0 \omega_0 \frac{d\varepsilon}{dt} \\ &2\omega_0 \frac{dz}{dt} + \varrho_0 \frac{d^2\varepsilon}{dt^2} = -(1-\delta)\,\omega_0^2 e \tau \\ &\frac{d^2\varepsilon}{dt^2} + \frac{d^2\tau}{dt^2} = \frac{(1-\delta)^2}{\delta}\,\omega_0^2 \frac{m e^2}{\Theta}\,\tau \end{aligned}\right\} \quad \dots \dots \dots \quad (9)$$

Die Lösung erfolgt durch den bekannten Ansatz

$$z = a e_0^{\lambda t} \qquad \varepsilon = b e_0^{\lambda t} \qquad \tau = c e_0^{\lambda t},$$

worin (zum Unterschiede von e) e_0 die Basis der natürlichen Logarithmen bedeutet. Die Einsetzung ergibt für λ nach Kürzung mit λ^2 die biquadratische Gleichung

$$\lambda^4 + 2B\omega_0^2\lambda^2 + C\omega_0^4 = 0 \quad \dots \dots \dots \quad (10)$$

worin

$$\left.\begin{aligned} B &= 2 - \delta - \frac{1}{2}\frac{(1-\delta)^2}{\delta}\nu^2 \\ C &= \delta^2 - \frac{(4-\delta)(1-\delta)^2}{\delta}\nu^2 \end{aligned}\right\} \begin{aligned} &\nu^2 = \frac{m e^2}{\Theta} = \frac{e^2}{q^2} \\ &q = \text{Trägheitsradius} \end{aligned} \quad \dots \dots \quad (11)$$

bedeuten. Das Gleichgewicht ist stabil, falls die Größen z, ε, τ für die ganze Dauer der Bewegung klein bleiben; es darf mithin λ, wenn reell, nicht positiv werden, wenn komplex, muß der reelle Teil negativ sein. Dies erheischt, daß

$$B > 0 \quad C > 0 \quad B^2 - C > 0 \quad \ldots \ldots \quad (12)$$

sei.[1]) Für kleine Werte von δ darf man die Bedingungen näherungsweise ersetzen durch die eine, daß

$$\delta^3 > 4 \frac{e^2}{q^2} \quad \ldots \ldots \quad (13)$$

Ist das Verhältnis des Trägheitsradius zur Exzentrizität e sehr groß, so wird ν^2 einen sehr kleinen Wert haben, und die Stabilität wird schon bei ganz kleiner Überschreitung der kritischen Geschwindigkeit vorhanden sein. Dies ist der praktisch ausnahmslos eintretende Fall. **Ist aber das Trägheitsmoment verschwindend klein, $\Theta = 0$, so ist das Gleichgewicht überhaupt unstabil,** es sei denn, daß gleichzeitig $e = 0$ wird. Die Größe des Trägheitsmomentes ist mithin von ausschlaggebender Bedeutung und muß bei Veranstaltung von Versuchen in Betracht gezogen werden.

Auch die Stabilität der gleichmäßig belasteten Welle kann auf dieselbe Weise untersucht werden. Man kann z. B., um die Rechnung zu vereinfachen, annehmen, daß sich die Exzentrizität nach einer Sinusfunktion ändert, so daß

$$e = e_m \sin kx$$

ist und der Koordinatenanfang in dem einen Ende der Welle liegt, wobei $k = \frac{\pi}{l}$ und l die Wellenlänge ist. Die Schwerpunkte aller Scheiben mögen in einer Ebene liegen; die Masse m_1 pro Längeneinheit sei unveränderlich. Es ist notwendig, auf die Wellendurchbiegung nicht nur in der Ebene der Schwerpunkte, sondern auch senkrecht dazu Rücksicht zu nehmen. Die Lösung der allgemeinen Bewegungsgleichungen gelingt für den Fall, daß man eine solche Schwingung um die Gleichgewichtslage in Betracht zieht, bei welcher die Welle nur Biegungen, aber keine Verdrehung erfährt, und für die Annahme, daß das auf die Längeneinheit bezogene Trägheitsmoment Θ_1 der Scheiben dem Gesetze $\Theta_1 = \Theta_m \sin^2 kx$ gehorcht. Wenn wie vorhin

$$\delta = 1 - \left(\frac{\omega_k}{\omega_0}\right)^2 \text{ und } \nu = \frac{m_1 e^2}{\Theta_m}$$

gesetzt wird, so gelten, in diesen Größen ausgedrückt, genau dieselben Stabilitätsbedingungen wie für die einfache Scheibe von der Masse m_1 und dem Trägheitsmoment Θ_m. Die Rechnung ist indessen zu umständlich, um hier wiedergegeben zu werden.

104. Gyroskopische Wirkung der Schiffsturbine.

Die rotierenden Turbinenmassen bilden einen Kreisel, welchem während des Stampfens des Schiffes oder bei scharfen Wendungen eine erzwungene Bewegung auferlegt wird, wodurch Reaktionskräfte in den Lagern wachgerufen werden, deren Größe der Sicherheit halber nachzuprüfen empfehlenswert ist.

Ein rein vertikales Auf- und Abschwingen beansprucht die Turbinenwelle bloß durch die Trägheitskräfte, welche man als Produkt aus der Masse der Räder und der maximalen Beschleunigung leicht ermittelt. Die Größe der bei dieser Schwingung erreichten Geschwindigkeit ist gänzlich einflußlos. Ganz anders bei einer drehenden Schwingung, wie sie durch das Stampfen gegeben ist. In der höchsten und tiefsten Stellung wird die Welle auch hier durch die Trägheitskräfte in einer Vertikalebene gebogen; wegen der veränderlichen Neigung des Schiffskörpers treten aber noch die dem Kreisel eigentümlichen Querbiegungen

[1]) Siehe Routh, Dynamik, II, § 289.

in einer Horizontalebene hinzu. Wir beschäftigen uns nur mit den letzteren und denken uns die Turbinenmasse in Fig. 419 durch eine um die X-Achse rotierende Scheibe S dargestellt. Die zur Zeit $t = 0$ horizontale Achse sei nach Verlauf der Zeit dt um den Winkel $d\varphi$ geneigt, welcher durch Drehung um die Y-Achse mit der Winkelgeschwindigkeit ε beschrieben wird. Die Rotation um die eigentliche Turbinenwelle erfolge mit der konstanten Winkelgeschwindigkeit ω. Es ist nun wichtig, einzusehen, daß das auftretende biegende Moment in der Tat um die Z-Achse dreht. Zu diesem Behufe beachte man, daß die nach X gerichtete Geschwindigkeitskomponente eines in der Gegend des Scheitels bei B gelegenen Punktes sich ungemein wenig ändert, daher auf diesen Punkt nur ganz kleine Beschleunigungskräfte in horizontaler Richtung zu wirken haben. Der bei A gelegene Massenpunkt wird hingegen durch die veränderte Neigung der Radscheibe aus seiner Bewegungsrichtung gewaltsam herausgelenkt und beschreibt eine gegen die positiven X konvexe Bahn. Hier ist nun eine Beschleunigungskraft im Sinne der negativen X notwendig, deren Summe mit den Kraftkomponenten der Gegenseite ein um die Z-Achse drehendes Moment mit dem in die Figur eingezeichneten Sinn ergibt, welches von außen, d. h. durch Vermittelung der Lagerdrücke auf die Welle übertragen werden muß.

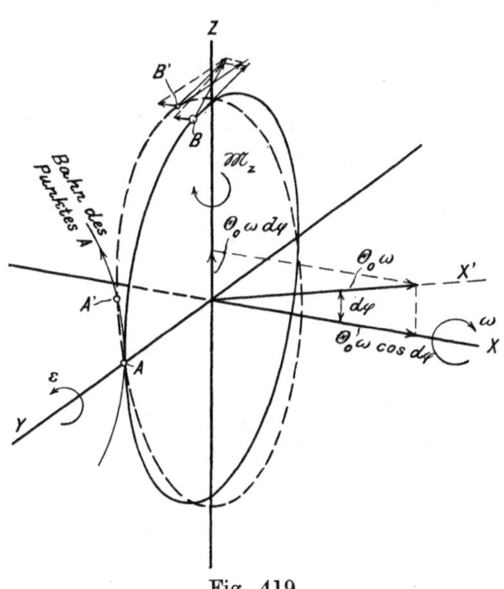

Fig. 419.

Zur numerischen Berechnung dient der Lehrsatz der Mechanik, daß die Zunahme des Momentes der Bewegungsgrößen (des „Impulsmomentes") pro Zeiteinheit (d. h. die Ableitung des Impulsmomentes nach der Zeit) dem um die betr. Achse drehenden äußeren Kraftmomente gleich ist. Zur Zeit $t = 0$ ist das Impulsmoment für die Z-Achse $= 0$, für die X-Achse $= \Theta_0\omega$, wo Θ_0 das Massenträgheitsmoment für diese Achse bedeutet. Nach Verlauf der Zeit dt ist das Impulsmoment für die unter $d\varphi$ geneigte X'-Achse noch immer $\Theta_0\omega$; wir zerlegen dasselbe in die Komponenten $\Theta_0\omega\cos d\varphi$ und $\Theta_0\omega\sin d\varphi$. Letztere bildet die Zunahme des Impulsmomentes für Z während der Zeit dt; die Ableitung ist mithin

$$\frac{\Theta_0\omega\sin d\varphi - 0}{dt} = \Theta_0\omega\frac{d\varphi}{dt}$$

und wir erhalten mit $\varepsilon = d\varphi : dt$ das Kreiselmoment

$$\mathfrak{M}_z = \Theta_0\omega\varepsilon \quad \dots\dots\dots \quad (1)$$

Die Winkelgeschwindigkeit ε wird aus der Zeitdauer T einer ganzen (Hin- und Her-) Schwingung des Schiffskörpers und der Amplitude φ_0 des Neigungswinkels durch die Formel

$$\varepsilon = \frac{2\pi\varphi_0}{T} \quad . \quad . \quad . \quad . \quad . \quad . \quad . \quad . \quad . \quad (2)$$

bestimmt.

Wenn das Schiff im Manöver eine scharfe Schwenkung ausführt, so ist ε als die Winkelgeschwindigkeit um die Z-Achse aufzufassen, und das Kreiselmoment dreht um die Y-Achse.

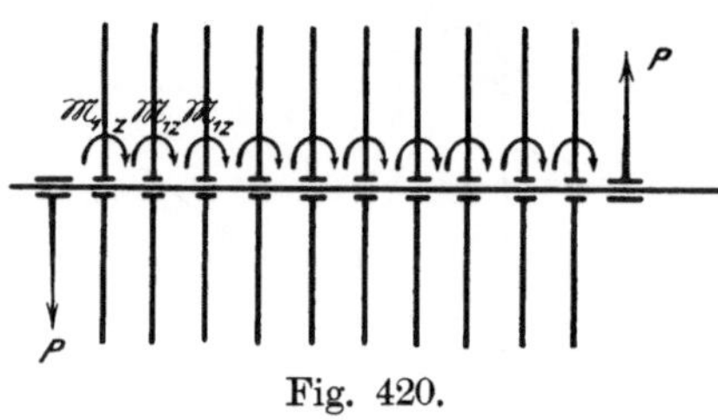

Fig. 420.

Bei einer vielstufigen Turbine mit dicht stehenden Einzelrädern (Fig. 420), entsteht durch die Gesamtheit der $\mathfrak{M}_z$ eine merkwürdige Beanspruchung der Welle. Die Einzelmomente $\mathfrak{M}_{1z}$ rufen in den Lagern zwei gleich große entgegengesetzt gerichtete Kräfte hervor, deren Moment der Summe der $\mathfrak{M}_z$ gleich ist. Mit der Entfernung von der Lagerstelle nimmt die Summe der $\mathfrak{M}_z$ ebenso gleichmäßig zu, wie das Moment des Lagerdruckes, so daß die Welle, wenn sie auch noch so lang wäre, im wesentlichen nur auf Abscherung durch P beansprucht ist.

105. Kritische Geschwindigkeit zweiter Art, hervorgebracht durch die Biegung der glatten Welle unter ihrem Eigengewicht.

Eine über den Stützen A_1 B_1 (Fig. 421) wagerecht frei aufliegende Welle wird sich in der Ruhelage unter dem Einflusse ihres Eigengewichtes durchbiegen. Versetzen wir die Welle in sehr langsame Drehung, so bleibt diese Form ungeändert, indem die gedrückte obere Faser A_2B_2 Zeit hat, den Biegespannungen zu folgen und sich so zu dehnen, daß sie nach einer halben Umdrehung die Länge A_1B_1 angenommen hat. Wird aber die Rotationsgeschwindigkeit größer, so tritt die Massenträgheit ins Spiel, und zwar, wie eine Überlegung zeigt, mit dem Erfolge, daß die Durchbiegung zunächst bis zu einer kritischen Geschwindigkeit zunimmt, dann wieder abnimmt. Die Faser A_2B_2 beginnt in der Höchstlage sich auszudehnen, und es wird ein Teil der in ihr aufgehäuften Spannungsenergie zur Beschleunigung ihrer Massenteilchen in horizontaler Richtung aufgewendet. In der Mittelstellung A_0B_0 besitzen diese Teilchen das Maximum der zur vertikalen Mittelebene des Stabes symmetrisch verteilten Geschwindigkeit, mithin auch das Maximum der lebendigen Kraft, welche während des folgenden Viertels der Umdrehung auf ein stärkeres Anspannen der Faser hinwirkt, als die reine Biegungsbeanspruchung an sich erfordern würde. Erreicht aber die Umdrehungsdauer den Betrag, welcher der einfachen Longitudinalschwingung der Faser entspricht, so tritt die sogenannte „Resonanz" ein, d. h. die Impulse verstärken sich während jeder Periode, man hat die kritische Tourenzahl erreicht. Die Longitudinalschwingung einer Faser ist nun bloß bedingt durch die Länge und das Material der Welle, und so folgt a priori, daß diese kritische Umlaufszahl unabhängig ist vom Durchmesser der Welle. Wenn wir über diese Geschwindig-

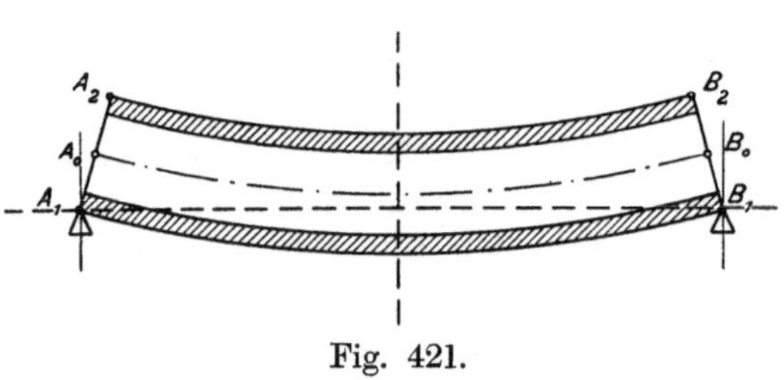

Fig. 421.

keit hinausgehen, so wird die Faser zu einer so raschen Schwingung gezwungen, daß sie nun „keine Zeit“ hat, sich genügend auszudehnen, und die Welle sich demgemäß mehr und mehr gerade richtet.

Die Größe der kritischen Umlaufszahl wird durch folgende in Kürze wiedergegebene Rechnung gefunden. Es sei in Fig. 422 dm ein Massenelement im Punkte P einer unendlich dünnen Scheibe, die durch zwei zur elastischen Linie senkrechte Ebenen aus der Welle herausgeschnitten wird. Der Schwerpunktsabstand der Scheibe vom Koordinatenanfang sei x; die sehr klein vorausgesetzte Ordinate der elastischen Linie $= y$. Die Lage von dm sei bestimmt durch die Koordinaten $\eta \zeta$ der Seitenansicht, sein Abstand von der zur Wellenachse senkrechten Ebene im Koordinatenanfang ist $x + \xi$. Da die Neigung der elastischen Linie im Punkte P_0 durch $dy : dx$ gegeben ist, so erhält man

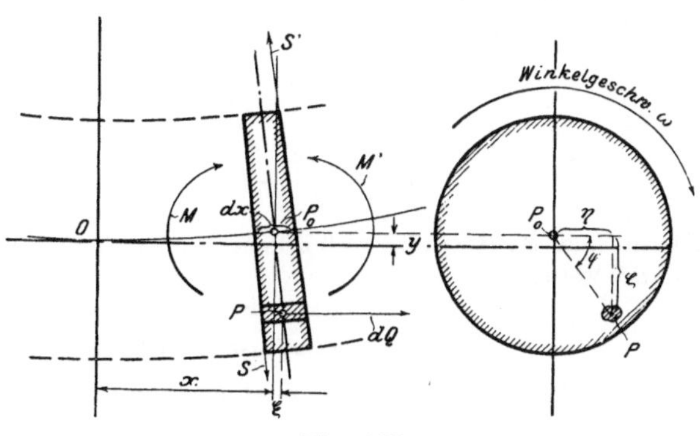

Fig. 422.

$$\xi = \zeta \frac{dy}{dx} \quad . \quad . \quad . \quad . \quad . \quad . \quad . \quad . \quad . \quad . \quad . \quad . \quad (1)$$

Zählen wir den Rotationswinkel von der Horizontalen aus, so wird

$$\zeta = \varrho \sin \varphi = \varrho \sin \omega t \quad . \quad . \quad . \quad . \quad . \quad . \quad . \quad . \quad . \quad . \quad (2)$$

und ξ variiert auch wie $\sin \omega t$. Es kommt uns nun auf die Trägheitskräfte in der Richtung der X-Achse an, welche durch das Produkt aus dm und der negativen horizontalen Beschleunigung des Massenteilchens, d. h. durch

$$dQ = -dm \frac{d^2(x+\xi)}{dt^2} = -dm \frac{d^2\xi}{dt^2} = + dm\, \omega^2 \varrho \sin \omega t \cdot \frac{dy}{dx} = dm\, \omega^2 \frac{dy}{dx} \zeta \quad (3)$$

gegeben sind.

Bringen wir die Trägheitskraft an jedem Massenelement an, so muß zwischen der Gesamtheit derselben und den äußeren Kräften Gleichgewicht bestehen, Auf die betrachtete unendlich dünne Scheibe wirken als äußere Kräfte die Schubkräfte S' und S, die biegenden Momente M und M' und die Schwerkraft $\gamma_1 dx$ (mit γ_1 das Gewicht der Längeneinheit bezeichnend). Von den Trägheitskräften halten sich die zur Achse senkrechten Komponenten an sich das Gleichgewicht (sie spannen die Welle radial) und die horizontalen ergeben das Moment

$$d\mathfrak{M} = \int dQ \zeta = \int dm\, \omega^2 \frac{dy}{dx} \zeta^2 = \omega^2 \mu J \frac{dy}{dx} \cdot dx \quad . \quad . \quad . \quad . \quad . \quad (4)$$

worin μ die spezifische Masse $= \frac{\gamma}{g}$

J das Flächenträgheitsmoment

des Stabes bedeutet.

Das Gleichgewicht erfordert, daß

$$M' - M + S' \frac{dx}{2} + S \frac{dx}{2} + d\mathfrak{M} = 0 \quad . \quad . \quad . \quad . \quad . \quad . \quad . \quad . \quad (5)$$

$$S' - S - \gamma_1 dx = 0 \quad . \quad . \quad . \quad . \quad . \quad . \quad . \quad . \quad . \quad . \quad (6)$$

sei, oder was dasselbe ist

$$\frac{dM}{dx} + \frac{d\mathfrak{M}}{dx} + S = 0; \quad \frac{dS}{dx} = \gamma_1 \quad . \quad . \quad . \quad . \quad . \quad . \quad . \quad . \quad (7)$$

Differenzieren wir die erste der obigen Gleichungen nach x, entfernen $dS : dx$, und benutzen die stets gültige Biegungsgleichung

$$M = JE \frac{d^2y}{dx^2} \quad . \quad . \quad . \quad . \quad . \quad . \quad . \quad . \quad . \quad . \quad . \quad . \quad (8)$$

so erhalten wir

$$\frac{d^4 y}{dx^4} + \frac{\mu\omega^2}{E}\frac{d^2 y}{dx^2} + \frac{\gamma_1}{JE} = 0 \quad \ldots \ldots \ldots \quad (9)$$

als die Differentialgleichung des Problemes.

Die Auflösung lautet mit den Bezeichnungen

$$\lambda = \omega\sqrt{\frac{\mu}{E}}; \qquad C = \frac{\gamma_1}{\mu\,\omega^2 J} \quad \ldots \ldots \ldots \quad (10)$$

$$y = -\frac{Cx^2}{2} + C_1 x + C_2 - \frac{A}{\lambda^2}\cos\lambda x - \frac{B}{\lambda^2}\sin\lambda x \quad \ldots \ldots \quad (11)$$

Hierin sind A, B, C_1, C_2 willkürliche Konstanten, die aus den Grenzbedingungen bestimmt werden.

$$\left.\begin{array}{l} \text{Für } x = 0 \text{ ist } y = 0 \text{ und } dy/dx = 0 \\ x = l \text{ ist } M = 0, \text{ d. h. } d^2y/dx^2 = 0 \end{array}\right\} \quad \ldots \ldots \quad (12)$$

und y muß eine symmetrische Funktion von x sein. Hieraus folgt $B = 0$, $C_1 = 0$

$$\left.\begin{array}{l} C_2 = \dfrac{A}{\lambda^2} \\ A = \dfrac{C}{\cos\lambda l} \end{array}\right\} \quad \ldots \ldots \ldots \ldots \quad (13)$$

somit

$$y = \frac{C}{\lambda^2\cos(\lambda l)}(1 - \cos\lambda x) - \frac{C}{2}x^2 \quad \ldots \ldots \ldots \quad (14)$$

Unendlich große Werte von y, d. h. kritische Geschwindigkeiten treten auf, wenn $\cos(\lambda l) = 0$, d. h.

$$\lambda l = \frac{\pi}{2}; \quad 3\frac{\pi}{2}; \quad 5\frac{\pi}{2}; \ldots.$$

Der kleinste Wert der kritischen Geschwindigkeit

$$\omega_k = \frac{\pi}{2l}\sqrt{\frac{E}{\mu}} \quad \ldots \ldots \ldots \ldots \quad (5)$$

ist wie vorausgesagt unabhängig vom Wellendurchmesser, und glücklicherweise so hoch, daß er nur bei sehr langen Wellen Bedeutung gewinnen könnte.

Man kann im übrigen leicht nachweisen, daß die Dauer der freien Longitudinalschwingung eines Stabes von der Länge $2l$ übereinstimmt mit der Dauer einer Umdrehung bei der Geschwindigkeit ω_k.[1])

Bedeutend tiefer rückt diese kritische Geschwindigkeit bei einer durch dichtgestellte Scheiben belasteten Welle, indem die Scheiben den Trägheitswiderstand der Welle gegenüber Schwingungen um eine zur Drehachse senkrechte Gerade sehr stark vergrößern. Gl. (4) wird hier lauten:

$$d\mathfrak{M} = \omega^2 \mu\, dx\,(J + J')\frac{dy}{dx} \quad \ldots \ldots \ldots \ldots \quad (6)$$

worin $\mu J'$ das auf die Längeneinheit der Welle bezogene Massen-Trägheitsmoment der Scheiben für eine zur Welle senkrechte Achse bedeutet. Gleicherweise ist an Stelle

[1]) Es ist nämlich die Differentialgleichung der Longitudinalschwingung eines geraden prismatischen Stabes

$$\mu\frac{\partial^2\xi}{\partial t^2} = E\frac{\partial^2\xi}{\partial x^2},$$

worin ξ die Verlängerung des Stabes bedeutet. Setzt man $\xi = a\cos\omega t$, wo a nur von x abhängt, so ergibt sich für den Stab von der Länge $2l$ mit festgehaltener Mitte und spannungslosen Endflächen

$$\xi = \alpha\sin\lambda x\cos\omega t$$

$$\text{und} \quad \lambda l = \omega l\sqrt{\frac{\mu}{E}} = \frac{\pi}{2} \quad \text{wie oben.}$$

von γ_1 zu setzen $\gamma_1 + \gamma_1'$, wobei man unter γ_1' das Gewicht der Scheiben pro Längeneinheit der Achse zu verstehen hat. Die Methode der Integration ändert sich nicht und ergibt für die frei aufliegende Welle von der Länge $2l$ die kritische Geschwindigkeit

$$w_k = \frac{\pi}{2l}\sqrt{\frac{E}{\mu\left(1+\frac{J'}{J}\right)}} \quad . \quad . \quad . \quad . \quad . \quad . \quad . \quad . \quad (7)$$

Die Wirkung der Scheiben ist mithin die gleiche, als wäre die spezifische Masse des Wellenmaterials im Verhältnisse $(J + J') : J$ vergrößert worden.

Auch diese Geschwindigkeit liegt im allgemeinen sehr hoch über der kritischen Geschwindigkeit erster Art. Es folgt daraus, daß die kritische Umlaufzahl zweiter Art für praktische Ausführungen außer Betracht fallen kann, daß also der Konstrukteur in ihrem Vorhandensein keinen Grund für das unter Umständen unbefriedigende Verhalten seiner Wellen zu suchen oder zu vermuten braucht.

106. Wärmeübergang durch das Gehäuse und die Welle der vielstufigen Turbinen.

Das Gehäuse und die Welle bzw. die Trommeln einer vielstufigen Turbine bilden eine gut leitende Verbindung zwischen dem Admissions- und dem Kondensatorraume oder einem Zwischenbehälter. Der Wärmeübergang, der infolge des Temperaturgefälles stattfindet, bildet einen Verlust, über dessen Größenordnung unterrichtet zu sein für den Konstrukteur von Wert sein wird.

Wir legen eine Turbine Parsonsscher Bauart der Behandlung zugrunde und machen die Annahme, daß die Temperatur der Wandung an jeder Stelle identisch ist mit der Temperatur des dort vorbeiströmenden Dampfes. Diese Annahme dürfte bei gesättigtem Dampfe nahezu zutreffen, denn der Übergangskoeffizient zwischen solchem Dampf und Eisen ist an sich ein großer; hier, wo die Strömungsgeschwindigkeit Hunderte von Metern beträgt, darf man den Temperatursprung um so mehr vernachlässigen, als die übergehende Wärme nur klein ist. Wir denken uns also Gehäuse und Trommel in einen geradlinigen Stab von gegebenem veränderlichen Querschnitt gestreckt (Fig. 423), dessen Oberflächentemperatur τ eine aus der bekannten Druckverteilung zu berechnende Funktion des Abstandes x ist,

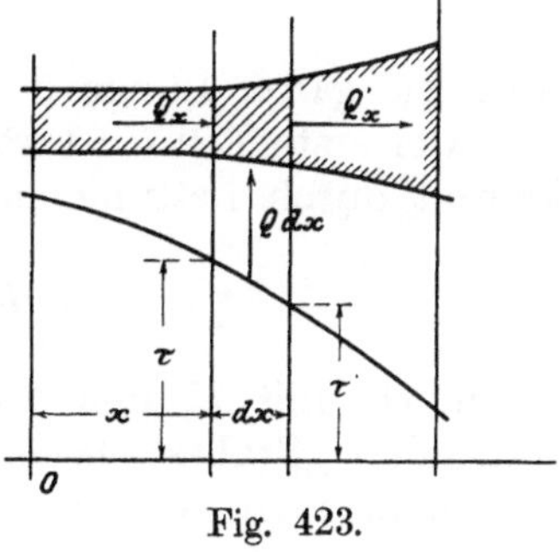

Fig. 423.

$$\tau = \varphi(x) \quad . \quad . \quad . \quad . \quad . \quad . \quad . \quad . \quad . \quad (1)$$

Die Temperatur τ' im Abstande $x + dx$ bestimmt das (algebraisch zu nehmende) örtliche Temperaturgefälle

$$\frac{\tau' - \tau}{dx} = \frac{d\tau}{dx}$$

und die Wärmemenge, die durch den Querschnitt F im Abstande x in der Zeiteinheit hindurchgeht, ist

$$Q_x = -\lambda F \frac{d\tau}{dx} \quad . \quad . \quad . \quad . \quad . \quad . \quad . \quad . \quad (2)$$

wo λ die spezifische Wärmeleitungsfähigkeit bezeichnet. Durch den Querschnitt F' im Abstande $x + dx$ geht dann die Wärme

$$Q_x' = -\lambda F' \frac{d\tau'}{dx} \quad \ldots \ldots \ldots \quad (3)$$

hindurch. Der Unterschied $Q_x' - Q_x$ wird durch die Oberfläche vom Dampf geliefert und sei mit $Q dx$ bezeichnet, wobei Q die pro Längeneinheit des Gehäuses und pro Zeiteinheit vom Dampfe abgegebene Wärme bedeutet. Die durch Strahlung nach außen tretende Wärme darf in erster Annäherung für sich unabhängig gerechnet werden. Man hat mithin

$$Q dx = Q_x' - Q_x = -\lambda \left(F' \frac{d\tau'}{dx} - F \frac{d\tau}{dx} \right),$$

welcher Ausdruck auch in der Form

$$Q = -\lambda \frac{d}{dx} \left(F \frac{d\tau}{dx} \right) \quad \ldots \ldots \ldots \quad (4)$$

geschrieben werden kann. Der Differentialquotient kann graphisch sehr leicht ermittelt werden und setzt uns instand, den Wärmeaustausch zwischen Wandung und Dampf an jeder Stelle des Gehäuses anzugeben. Im allgemeinen ist Q überall positiv, d. h. es wird dem Dampfe im ganzen Verlaufe der Strömung Wärme entzogen. Besonders einfach kann die gesamte pro Zeiteinheit von der Wandung aufgenommene Wärme Q_0 berechnet werden. Es ist nämlich

$$Q_0 = \int Q dx + (Q_x)_{x=0}$$

über die ganze Länge des „Stabes“ integriert.

Der erste Teil wird während der Strömung aufgenommen, der zweite kommt durch Leitung aus der Dampfkammer. Wir erhalten

$$Q_0 = -\lambda \left[F_2 \left(\frac{d\tau}{dx} \right)_{x=l} - F_1 \left(\frac{d\tau}{dx} \right)_{x=0} \right] + (Q_x)_{x=0} \quad \ldots \quad (5)$$

wenn wir mit F_1 den Ausgangs-, mit F_2 den Endquerschnitt des darstellenden „Stabes“ bezeichnen.

Setzt man aber den Wert (2) ein, so folgt einfach

$$Q_0 = -\lambda F_2 \left(\frac{d\tau}{dx} \right)_{x=l} \quad \ldots \ldots \ldots \quad (5a)$$

welchen Ausdruck man ohne jede Rechnung hätte hinschreiben können.

Der Druck p nimmt häufig linear mit x ab. In diesem Falle wird man in der Formel die Ableitung des Druckes nach der Koordinate x einführen durch die Beziehung

$$\frac{d\tau}{dx} = \frac{d\tau}{dp} \frac{dp}{dx} \quad \text{und} \quad \frac{dp}{dx} = \frac{p_2 - p_1}{l}$$

setzen, was zum Ausdrucke

$$Q_0 = \lambda \frac{p_1 - p_2}{l} F_2 \left(\frac{d\tau}{dp} \right)_{x=l} \quad \ldots \ldots \quad (5b)$$

führt, wobei p in Atm. eingesetzt werden kann, wenn es auch in $d\tau : dp$ so verstanden wird.

Die Ableitungen bestimmt man angenähert aus den Dampftabellen. Beispielsweise ist für $p_2 = 0{,}1$ kg/qcm, $\tau = 45{,}58$, für $p_2' = 0{,}2$; $\tau' = 59{,}76$, somit $d\tau : dp = \Delta\tau : \Delta p = 141{,}8$. Es sei nun $l = 2$ m und $\lambda = 50$ WE/qm-st, außerdem $p_1 = 10$ Atm. und $F_2 = 0{,}25$ qm was schon einer großen Turbine entspricht. Formel (5b) liefert

$$Q_0 = 50 \frac{10 - 0{,}1}{2} 0{,}25 \cdot 141 \cdot 8 = \text{rd. } 8800 \text{ WE/st.}$$

Bei guter Einhüllung wird der durch Strahlung und Leitung an die Umgebung abgegebene Betrag von gleicher Größenordnung sein. Da das Beispiel sich auf eine Turbine von über 1000 PS Leistung bezieht, darf man bei Vollbelastung die Wärmeableitung als eine geringfügige Korrektur ansehen. Im Leerlauf würde der angegebene Betrag schon eine größere Rolle spielen, allein der Wärmeverlust wird hier wegen allseitig herabgesetzter Temperaturen bedeutend niedriger ausfallen.

Für den Fall der Verwendung überhitzten Dampfes müßte die Rechnung genauer, d. h. mit Inbetrachtnahme des Oberflächen-Übergangskoeffizienten durchgeführt werden, was indessen auf eine unhandliche Differentialgleichung zweiter Ordnung führt.

107. Die Differentialgleichung für die Druckverteilung in der vielstufigen axialen Überdruckturbine.

Während der Entwurf einer neuen Turbine, sobald man die Grundbegriffe beherrscht, wenig Mühe verursacht,[1]) ist umgekehrt die Voraussage, wie sich dieselbe Turbine bei einer wesentlich verschiedenen Belastung verhalten werde, eine kaum zuverlässig zu lösende Aufgabe, da wir über die Schaufelwiderstände bei mit Stoß verbundenem Eintritt noch gar nicht unterrichtet sind. Wir haben zwar bei der Reaktionsturbine gesehen, daß man durch eine von Stufe zu Stufe zu wiederholende Proberechnung die Druckverteilung der nach Größe und Umdrehungszahl gegebenen Turbine ermitteln kann. Allein dieser Weg ist unendlich umständlich, und so mag eine rechnerische, wenn auch weniger genaue Methode, durch welche in bestimmten vereinfachten Fällen eine Einsicht in die Vorgänge erhalten werden kann, der Mitteilung wert sein.

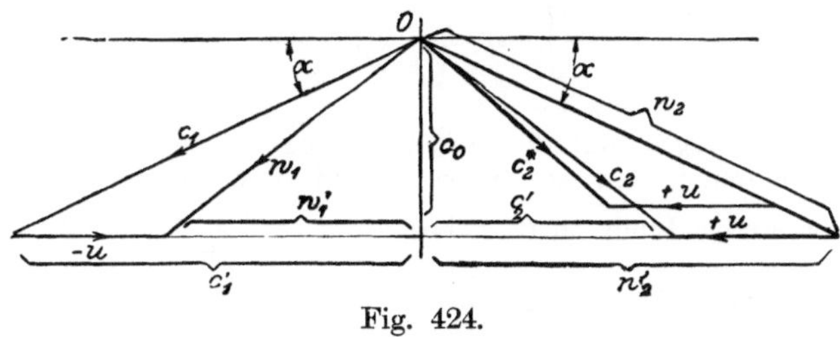

Fig. 424.

In Fig. 424 sei der Geschwindigkeitsplan irgend eines Rades dargestellt. c_2^* sei die Geschwindigkeit, mit welcher der Dampf das vorhergehende Laufrad verläßt. Die Grundgleichungen für das Leit- und das Laufrad schreiben wir in der Form

[1]) Dieser Satz wurde von der Kritik fälschlich dahin aufgefaßt, als ob Verfasser die bedeutenden Schwierigkeiten verkannt hätte, welche der konstruktive Entwurf einer in allen Teilen betriebssicher sein sollenden Turbine darbietet. Aus dem Zusammenhange geht aber hervor, daß es sich nur um Festlegung der die Leistung, d. h. die Dampfarbeit betreffenden Größenabmessungen handelt.

$$\frac{c_1^2 - c_2^{*2}}{2g} = -\int_p^{p'} v\,dp - R_1,$$

$$\frac{w_2^2 - w_1^2}{2g} = -\int_{p'}^{p''} v\,dp - R_2.$$

Die Addition ergibt

$$\frac{c_1^2 - c_2^{*2}}{2g} + \frac{w_2^2 - w_1^2}{2g} = -\int_p^{p''} v\,dp - R \quad \ldots\ldots\ldots \quad (1)$$

Um den Reibungsverlusten R Rechnung zu tragen, multiplizieren wir das Integral mit einem Faktor ε, welcher kleiner als 1 ist und für alle Turbinenräder als gleich angesehen wird. Man bestimmt ε so, daß die Summe der Reibungsarbeit der ganzen Turbine richtig wiedergegeben wird, d. h. man setzt etwa $\varepsilon = 0{,}75$ bis 0,60. Die angenommene Unveränderlichkeit dieser Größe beeinflußt dann nur die Verteilung der Widerstände. Beim Übergange von einem Belastungsfall zu einem andern wird ε freilich wegen veränderter Geschwindigkeiten und nicht stoßfreien Dampfeintrittes streng genommen auch seinen Wert ändern.

Auf der linken Seite ersetzen wir vorläufig c_2^* durch die etwas größere Austrittsgeschwindigkeit aus dem betrachteten Laufrade, d. h. c_2, und schreiben:

$$c_1^2 = c_1'^2 + c_0^2; \quad c_2^2 = c_2'^2 + c_0^2; \quad w_1^2 = w_1'^2 + c_0^2; \quad w_2^2 = w_2'^2 + c_0^2;$$

lösen alsdann die Differenz der Quadrate auf und erhalten für die linke Seite

$$\frac{1}{2g}\left[(c_1' + c_2')(c_1' - c_2') + (w_2' + w_1')(w_2' - w_1')\right],$$

welcher Ausdruck wegen der Gleichheit der Winkel α und α_2, weil $w_2 = c_1$, $w_1 = c_2$ ist, die Form

$$\frac{u}{g}(2c_1\cos\alpha - u)$$

erhält. Da hier wegen des oben erfolgten Einsetzens des zu großen c_2 ein zu kleiner Wert vorliegt, multiplizieren wir mit einem Faktor $\delta > 1$, der auch als konstanter Mittelwert eingeführt wird, übrigens von 1 wenig verschieden sein wird. Das Integral auf der rechten Seite kann bei dem geringen Druckabfalle $p - p''$ für eine einzelne Stufe nach dem Mittelwertsatz auf die Form

$$-\int_p^{p''} v\,dp = -v(p'' - p)$$

vereinfacht werden. Tragen wir die Anfangsdrücke zu jedem Turbinenrade wie in Abschn. 41 als Ordinaten in den Abständen Δx auf, und verbinden wir die erhaltenen Punkte durch eine stetige Linie, so ist näherungsweise $\frac{p'' - p}{\Delta x}$ durch den Differentialquotienten $\frac{dp}{dx}$ ersetzbar. Es wird mithin

$$-\int_p^{p''} v\,dp = -v\,\frac{p'' - p}{\Delta x}\,\Delta x = -v\,\frac{dp}{dx}\,\Delta x \quad \ldots\ldots \quad (2)$$

Wir führen nun als Unabhängige die Größe

$$z = \frac{x}{\Delta x} \quad \ldots\ldots\ldots\ldots \quad (3)$$

ein, welche, wie ersichtlich, sofern wir solche Abszissenlängen x wählen, daß z ganzzahlig wird, die Zahl der jeweils durchlaufenen Turbinen darstellt. Es wird nun

$$\frac{dp}{dx}\Delta x = \frac{dp}{dz}\frac{dz}{dx}\Delta x = \frac{dp}{dz}.$$

Die Hauptgleichung (1) lautet somit:

$$-\varepsilon v \frac{dp}{dz} = \delta \frac{u}{g}(2c_1 \cos\alpha - u) \quad \ldots \ldots \ldots \quad (4)$$

und bildet die Differentialgleichung[1]) unseres Problemes. Um eine Integration möglich zu machen, müssen wir die Zustandsgleichung des Dampfes in der vereinfachten Form

[1]) Man kann diese Gleichung auch zur Lösung der interessanten Aufgabe verwenden, eine Turbine mit konstantem Durchströmungsquerschnitt für alle Räder zu entwerfen. Aus

$$(p+\beta)v = K$$

und

$$Gv = f_1 c_1,$$

folgt

$$p + \beta = \frac{K}{v} = \frac{KG}{f_1 c_1} \quad \ldots \ldots \ldots \ldots \quad (1)$$

Wir führen vorübergehend die neue Veränderliche

$$y = \frac{1}{c_1}$$

ein und erhalten unter Voraussetzung, daß $f_1 = \text{konst.}$,

$$-\frac{dy}{dz} = \frac{\delta u^2}{\varepsilon K g}\left(\frac{2\cos\alpha}{u} - y\right) \quad \ldots \ldots \ldots \quad (2)$$

woraus sich, wenn auch $u = \text{konst.}$ gedacht wird,

$$\ln\left(\frac{\frac{2\cos\alpha}{u} - y}{\frac{2\cos\alpha}{u} - y_a}\right) = \frac{\delta u^2}{K g \varepsilon} z \quad \ldots \ldots \ldots \quad (3)$$

ergibt, und y_a den Anfangswert von y bezeichnet.

Die Auflösung ergibt

$$y = \frac{2\cos\alpha}{u} - \left(\frac{2\cos\alpha}{u} - y_a\right) e^{\frac{\delta u^2}{K g \varepsilon} z} \quad \ldots \ldots \ldots \quad (4)$$

Da im allgemeinen bis zu 10, ja 20 Stufen der Exponent erheblich kleiner als 1 zu sein pflegt, so können wir entwickeln und höhere Potenzen vernachlässigen. Wenn wir mit c_{1a} die erste und mit c_{1z} eine Zwischengeschwindigkeit c_1 bezeichnen, so entsteht die vereinfachte Formel

$$c_{1z} = \frac{c_{1a}}{1 - \frac{\delta u(2\cos\alpha\, c_{1a} - u)}{\varepsilon K g} z} \quad \ldots \ldots \ldots \quad (5)$$

Man kann die Turbine auch in Gruppen von z_1, z_2 ... usw. Rädern teilen mit je konstantem Querschnitt und erhält für jede Gruppe die Endgeschwindigkeit c_{1e}, aus dem ersten willkürlichen Werte c_{1a} berechnet. Die Zwischenwerte müßten sich nach hyperbolischem Gesetze ändern. Da die Formel indes nur eine Annäherung darstellt, so müßte zum Schluß doch nach dem allgemeinen Verfahren eine Kontrolle durchgeführt werden.

Der Turbinenkonstrukteur, dem genauere Beobachtungswerte von ausgeführten Turbinen zu Gebote stehen, kann hierbei die Übereinstimmung mit der Wirklichkeit noch weiter treiben, indem er aus dem ersten Entwurf die Werte der Drücke und der spezifischen Volumen für den Ein- und Austritt einzelner aufeinander folgende Gruppen entnimmt, die Kontinuitätsgleichungen

$$G = \frac{f_{1a} c_{1a}}{v_{1a}} = \frac{f'_{1a} w_{1a}}{v_{1a}} = \frac{f'_{2a} w_{2a}}{v_{2a}} = \frac{f_{1b} c_{1b}}{v_{1b}} = \ldots$$

aufstellt (in welchen zusammengehörende Querschnitte und Geschwindigkeiten gleich be-

$$(p+\beta)v=K \quad \ldots \ldots \ldots \ldots (5)$$

voraussetzen, welche sich für unsere Zwecke genügend genau der Wirklichkeit anpassen läßt. Wir beseitigen c_1 durch die Kontinuitätsgleichung

$$Gv=fc_1 \quad \ldots \ldots \ldots \ldots (6)$$

und erhalten

$$\frac{d}{dz}\left(\frac{p+\beta}{G}\right)-\frac{\delta u^2}{\varepsilon Kg}\left(\frac{p+\beta}{G}\right)+\frac{2\delta\cos\alpha}{\varepsilon g}\,\frac{u}{f}=0 \quad \ldots \ldots (7)$$

Hierin sind

$$\frac{\delta u^2}{\varepsilon Kg}=\varphi(z)$$

$$\frac{2\delta\cos\alpha}{\varepsilon g}\,\frac{u}{f}=\psi(z)$$

gegebene (etwa durch Zeichnung dargestellte) Funktionen von z, und das allgemeine Integral von (7) ist stets ermittelbar.

Setzen wir

$$\Phi(z)=e^{\int_0^z \varphi(z)\,dz}$$

$$\Psi(z)=\Phi(z)\int_0^z \frac{\psi(z)}{\Phi(z)}\,dz,$$

welche Ausdrücke gegebenenfalls graphisch zu ermitteln wären, so ist

$$\frac{p+\beta}{G}=C\Phi(z)-\Psi(z)$$

mit C als willkürlicher Konstante. Das im allgemeinen erlaubte Einführen der bestimmten Integration ergibt einfache Werte an den Grenzen.

Für $z=0$ soll $p=p_1$ sein, d. h.

$$\frac{p_1+\beta}{G}=C\Phi(0)-\Psi(0).$$

Da aber $\Phi(0)=1$, $\Psi(0)=0$, so erhalten wir

$$C=\frac{p_1+\beta}{G}$$

und

$$\frac{p+\beta}{G}=\frac{p_1+\beta}{G}\,\Phi(z)-\Psi(z) \quad \ldots \ldots \ldots (8)$$

Für $z=z_0$, der Gesamtzahl der Turbinen, ist $p=p_2$; es ergibt mithin Gl. (8)

$$G=\frac{(p_1+\beta)\,\Phi(z_0)-(p_2+\beta)}{\Psi(z_0)} \quad \ldots \ldots \ldots (9)$$

zeichnet sind) und hieraus die genaueren Werte c_{1a}, w_{1a}, w_{2a}, c_{2a}, c_{1b}, w_{1b} ... berechnet. Mit diesen Werten ergeben

$$h_b=\frac{c_{1b}^2-c_{2a}^2}{2g}+\frac{w_{2b}^2-w_{1b}^2}{2g}$$

$$h_c=\frac{c_{1c}^2-c_{2b}^2}{2g}+\frac{w_{2c}^2-w_{1c}^2}{2g}$$

. . . .

die genaueren Beträge der einzelnen „Gefällhöhen“, mit welchen man den Mittelwert h_m berichtigt und die genauere Stufenzahl z_0 berechnet. Auch der etwas größere Abfall beim Übergang vom letzten Rade einer Gruppe zum ersten Rade der nächst größeren muß beachtet werden. Schließlich kann bei der Parsonsschen Ausführung die durch die Entlastungskolben abströmende Dampfmenge in geeigneter Verkleinerung von G an der betreffenden Stelle berücksichtigt werden.

Da $\Phi(z_0)$ stets >1 und β meist eine kleine Größe ist, so kann man näherungsweise

$$\left.\begin{aligned} G &= p_1 \frac{\Phi(z_0)}{\Psi(z_0)} \\ \text{und} \qquad p &= p_1 \left[\Phi(z) - \frac{\Phi(z_0)}{\Psi(z_0)}\Psi(z)\right] \end{aligned}\right\} \quad \ldots \ldots \ldots \quad (10)$$

schreiben, aus welchen Formeln der Satz hervorgeht:

Das sekundlich durchstömende Dampfgewicht und der Druck an irgend einer Stelle der Turbine sind näherungsweise (für nicht zu weite Grenzen) dem Anfangsdrucke im ersten Leitrade proportional. Das eintretende sekundliche Dampfvolumen ist $Gv_1 = \text{konst.}\ p_1 v_1$, mithin innnerhalb gewisser Grenzen auch nicht stark veränderlich, woraus folgt, daß die Dampfgeschwindigkeit in den ersten Turbinen bei kleinen Belastungsänderungen angenähert konstant bleibt. Die letzte Austrittsgeschwindigkeit, und mit ihr der Auslaßverlust, nimmt hingegen mit der Dampfmenge gleichmäßig ab.

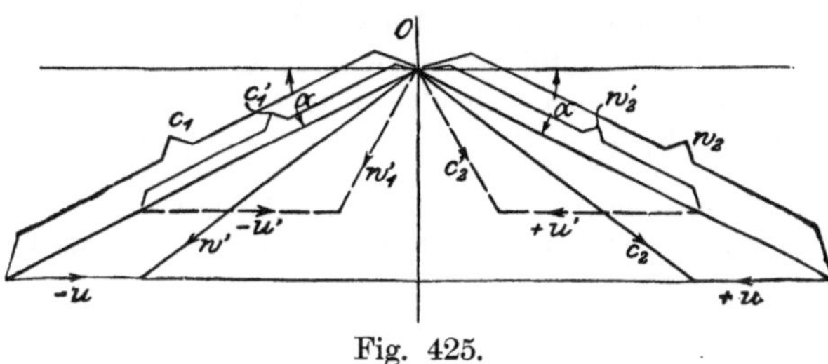

Fig. 425.

Der Einfluß einer Veränderung von u ist nicht so übersichtlich. Arbeiten wir ursprünglich mit der Geschwindigkeit u (Fig. 425), und gehen wir zu dem größeren u über, so muß c_1 abnehmen, da bei gleichbleibendem c_1 die Gefällhöhe

$$h = \frac{c_1^2 - c_2^2}{2g} + \frac{w_2^2 - w_1^2}{2g}$$

zu groß würde, und der Vakuumdruck p_2 sich weit früher als nach dem letzten Laufrade einstellen müßte. Demgemäß müßte auch G abnehmen. Hierbei würde wegen der im Durchschnitte kleineren Strömungsgeschwindigkeit die Dampfreibung abnehmen, der Wirkungsgrad zunehmen. Über die Grenze hinaus, bei welcher c_2 axial gerichtet ist, wird auch G wieder zunehmen.

Ebenso müssen bei abnehmender Umfangsgeschwindigkeit c_1 und G zunehmen, indes nicht, wie es den Anschein hätte, ohne Grenzen, da bei solcher Folgerung der Druckunterschied, welcher zur Erzeugung der ersten Eintrittsgeschwindigkeit c_1 notwendig ist, übersehen würde. Bei ganz kleinen Umfangsgeschwindigkeiten zehrt aber dieser Eintrittsabfall einen bedeutenden Teil des Druckes auf, so daß im Verein mit der Wirkung der vermehrten Widerstände die Steigerung von G nicht bedeutend zu sein braucht.

108. Leerlauf und Grenzgeschwindigkeit der vielstufigen Turbine.

Als Leerlauf bezeichnen wir den Betriebszustand der vollkommen entlasteten, aber der Herrschaft ihres Regulators unterworfenen, d. h. mit angenähert normaler Umlaufzahl rotierenden Turbine, wobei vor dem Regulierventil voller Kesseldruck vorausgesetzt wird. Der Dampfverbrauch des Leerlaufes hat eine hervorragende Wichtigkeit, da die Erfahrung gezeigt hat, daß der stündliche Gesamtverbrauch mit der effektiven Leistung fast genau linear zunimmt. Durch die Angabe des Bedarfes bei Vollast und im Leerlauf ist mithin auch die Ökonomie aller Zwischenbelastungen festgelegt.

Der Speisewasserverbrauch der Parsons-Turbine stellt sich im Leerlauf auf 10 bis 20 v. H. des normalen, wie aus folgender Tabelle, in der die oben besprochenen Versuche Stoneys zusammengestellt sind, hervorgeht.

Dampfverbrauch der Parsons-Turbine im Leerlauf.

Leistung	KW	52,7	108	232	529	1190
Zugehöriger Dampfverbrauch .	kg/st	671	1320	2304	5454	10485
Verbrauch im Leerlauf . . .	kg/st	145	136	431	670	1183
Verbrauch im Leerlauf . . .	v. H.	21,6	10,3	18,7	12,3	11,3

Wenn man von der Wärmestrahlung des Gehäuses absieht, so wird der Dampf durch die starke Drosselung des Regulierventiles in der „Kammer“ erheblich überhitzt, und so stellt sich heraus, daß das Produkt aus dem spezifischen Volumen und der stündlichen Dampfmenge, d. h. das stündliche Gesamtvolumen vor der Turbine im Leerlauf bis zum doppelten Betrag des Volumens bei Vollast anwachsen kann. Demzufolge wird die Strömungsgeschwindigkeit in den ersten Rädern ebenfalls zunehmen. Hingegen nimmt, wenn wir den Zustand beim Kondensatordruck oder ihm nahekommender Pressungen vergleichen, das Dampfvolumen mithin auch die Dampfgeschwindigkeit im Leerlauf stark ab. Wäre die Dampfreibung in den Schaufeln dem Quadrate der Dampfgeschwindigkeit proportional, so müßte nach ungefährer Schätzung ihr Gesamtbetrag im Leerlauf ebenfalls wesentlich kleiner sein als bei Vollbelastung, wenn wir in allen Rädern stoßfreien Eintritt voraussetzen könnten. Sie wird weiterhin auch dadurch verkleinert, daß der Dampf stärker überhitzt ist und in der Turbine länger überhitzt bleibt, als bei voller Leistung.

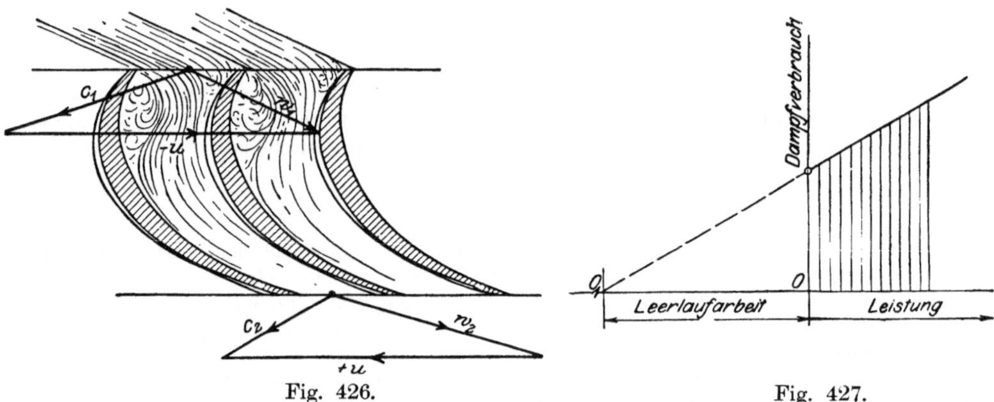

Fig. 426. Fig. 427.

Diesen Umständen steht aber gegenüber, daß wegen Kleinheit der Dampfgeschwindigkeit der Eintritt sowohl in die Lauf- wie in die Leitschaufel für die größere Hälfte aller Stufen mit Stoß erfolgt, und daß die Dampfgeschwindigkeit von Rad zu Rad abnehmen muß, anstatt wie sonst zuzunehmen. Der hierbei stattfindende Vorgang ist ungemein verwickelt und erfordert eine etwas ausführlichere Erörterung. Die Schaufeln sind meist so eng gestellt, daß wenigstens gegen den Auslauf hin der Strahl den Kanal ganz ausfüllen muß. Dort ist die Dampfgeschwindigkeit aus der Dampfmenge und dem ziemlich gut zu ermittelnden Wärmezustand leicht zu berechnen. Die Ausflußgeschwindigkeit c_1 aus dem Leitrad gibt dann mit $-u$ die relative Eintrittsgeschwindigkeit w_1 im Laufrad, welche für die Niederdruckräder ungefähr die in Fig. 426 dargestellte Richtung besitzen wird, indes mit steilerem Eintritt. Die hierbei auftretende Wirbelung ist ein Teil des Gesamtverlustes; dann aber dürften durch die Erweiterung, welche auf die Einschnürung in der Laufschaufel folgt, Dampfstöße verursacht werden. Erst hierbei findet eine mit Verlusten verbundene Verdichtung des Dampfes und die notwendige Verkleinerung seiner Strömungsgeschwindigkeit statt. Die Verluste können so anwachsen, daß die letzten Räder keine Arbeit leisten oder sogar bremsend wirken.[1])

---

[1]) Man hat wiederholt in der Darstellung des Dampfverbrauches als Funktion der Leistung durch die Verlängerung der Dampfverbrauchslinie den Schnittpunkt O_1 (Fig. 427) ermittelt, und OO_1 als Leerlaufarbeit angesehen, was aber unrichtig ist. Es herrsche

Wird die vollbelastete Turbine plötzlich entlastet und versagt der Regulator, so „brennt" die Maschine, wie man sagt, durch und erreicht eine gewisse Grenzgeschwindigkeit. Die Dampfleistung wird anfänglich zunehmen, weil der Wirkungsgrad ebenfalls so lange wächst, bis die Umfangsgeschwindigkeit den Wert erreicht hat,

vor und hinter einer Turbine Kondensatordruck. Wird die Turbine durch einen Motor in Drehung versetzt, so kann nach den in Abschn. 44, mitgeteilten Beobachtungen eine, wenn auch geringe, Saugwirkung eintreten. Allein die Turbine wird theoretisch die Arbeit Null leisten, solange kein Dampf gefördert wird. Öffnen wir das Dampfventil so wenig, daß nur eine ungemein kleine Dampfmenge eintreten kann, so wird auch die absolute Geschwindigkeit beim Austritte aus einer Leitschaufel, d. h. c_1 und die relative Austrittsgeschwindigkeit w_2 sehr klein. Die absolute Austrittsgeschwindigkeit c_1 ist aber als Resultierende aus w_2 und u nahezu so groß wie u selbst. Einerseits finden also im Rade Wirbelungsverluste statt, andererseits wird beim Durchgange die absolute Geschwindigkeit des Dampfes erhöht, es findet mithin durchweg Arbeitsübertragung an den Dampf statt. Erst wenn die Dampfmenge einen bestimmten Betrag erreicht hat, wird zuerst in den Hochdruckrädern Arbeit geleistet und ein Überschuß erzielt, welcher schließlich die Leerlaufwiderstände überwindet. Der Punkt O_1 entspricht also nicht der indizierten Nullleistung, diese ist dort vielmehr schon negativ.

Wie der Dampfverbrauch in der Nähe der Nullleistung variiert, ließe sich für eine Turbine herleiten, bei welcher auch im Leerlauf alle Räder an der Arbeitsabgabe beteiligt wären. Um nämlich der Annahme gemäß eine nur verschwindend kleine

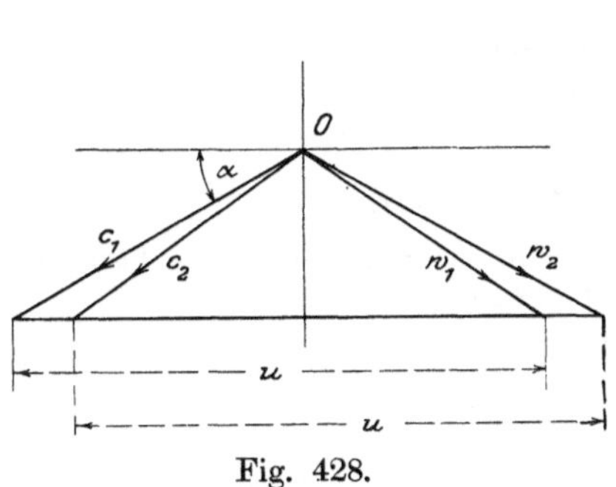

Fig. 428.

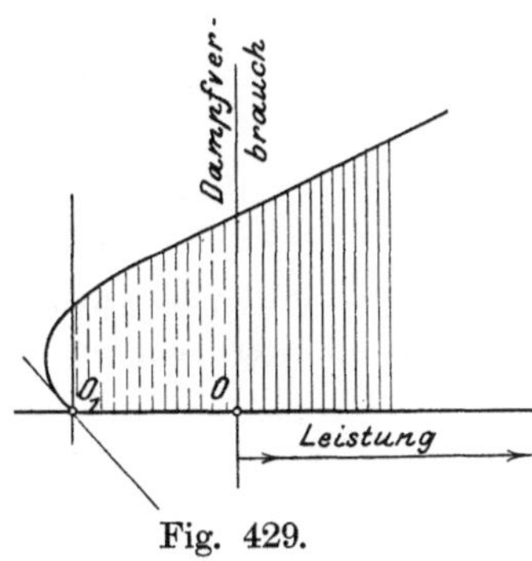

Fig. 429.

indizierte Leistung auf die Turbine zu übertragen, müßte ein Geschwindigkeitsdiagramm (wie Fig. 428) mit fast zusammenfallenden Geschwindigkeiten c_1, c_2 und w_1, w_2 vorhanden sein. In unserer Grundgleichung

$$-v\frac{dp}{dz} = \frac{\delta\mu}{\varepsilon g}(2c_1\cos\alpha - u) \quad . \quad . \quad . \quad . \quad . \quad . \quad . \quad . \quad (1)$$

dürfte man dann v als eine Konstante einführen, da die Änderung desselben wegen der kleinen Druckdifferenzen klein bliebe. Die Gl. (1) stellt alsdann, was an sich Interesse haben dürfte, auch das Verhalten der mit inkompressibler Flüssigkeit betriebenen Vielstufenturbine dar.

Mit $Gv = fc_1$ erhalten wir

$$\frac{dp}{dz} = -G\varphi'(z) + \psi'(z)$$

und φ', ψ' sind stets positive Funktionen. Durch unmittelbare Integration ergibt sich

$$p = -G\varphi(z) + \psi(z) + C,$$

und aus der Bedingung $p = p_1$ für $z = 0$ und $p = p_2$ für $z = z_0$ folgt

$$p_2 - p_1 = -K_1 G + K_2 \quad . \quad . \quad . \quad . \quad . \quad . \quad . \quad . \quad . \quad (2)$$

wo K_1, K_2 positive Konstanten sind.

Die übertragene Leistung kann man aber dem Druckunterschiede $p_1 - p_2$ proportional setzen, so daß bei welchem axialer Austritt aus den Laufrädern stattfindet. Gleichzeitig nimmt die Reibungsarbeit der Räder gegen den Dampf und die Lagerreibung zu, wodurch die sonst erreichbare Geschwindigkeit begrenzt wird. Angenommen, die erwähnte Dampfreibung allein mache normal 5 v. H. der Nennleistung aus und wachse mit der dritten Potenz der Umlaufzahl, dann würde die volle Leistung der Turbine bei einer auf das $\sqrt[3]{\frac{100}{5}} = 2{,}7$-fache gesteigerten Umlaufzahl abgebremst. Die Lagerreibung absorbiert natürlich auch mehr Arbeit, jedoch nur im einfachen Verhältnisse zur Geschwindigkeit, und kommt bei 3—4facher Tourensteigerung nicht in Betracht. Nehmen wir, um eine andere Grenze zu erhalten, an, die Radreibung sei vernachlässigbar, so würde das Geschwindigkeitsdiagramm wieder die ungefähre Form der Fig. 428 darbieten, d. h. w_1 und w_2 wären nahezu gleich groß und gleich gerichtet; ebenso c_1 und c_2. Der Dampfeintritt in die Lauf- (und die Leitschaufel) erfolgt mit der in Fig. 426 dargestellten außerordentlich starken Ablenkung, so daß die Wirbelungswiderstände fast das ganze Gefälle aufzehren und nur eine geringfügige Arbeit auf das Rad übertragen wird. Ohne entsprechende Versuche läßt sich freilich das neue c_1 schwer schätzen; nehmen wir es gleich groß wie im Normalbetrieb an, so würde die Umfangsgeschwindigkeit Werte bis zum 5- und 6fachen der normalen annehmen können. Da die Inanspruchnahme der rotierenden Teile im quadratischen Verhältnis der Umlaufzahl zunimmt, so bestehen nur geringe Aussichten (auch wenn man den oben erläuterten ersten Fall in Rücksicht zieht), die vielstufige Turbine so zu bauen, daß sie ein „Durchbrennen" ohne ernstliche Gefährdung ertragen könnte.

$$N_i = K_3 G (p_1 - p_2)$$

ist. Setzen wir $(p_1 - p_2)$ aus Gl. (2) ein, so erhalten wir

$$-\frac{N_i}{K_3 G} = -K_1 G + K_2$$

oder $$N_i = K_1 K_3 G^2 - K_2 K_3 G,$$

d. h. im Punkte $N_i = 0$ verschwindet G nicht, wird vielmehr durch eine Parabel mit im Anfangspunkt schräger Tangente dargestellt (Fig. 429).

Anhang.

Die Aussichten der Wärmekraftmaschinen.

109. Das Perpetuum mobile erster Art.

Eine Maschine, die aus nichts Arbeit schafft oder mehr Arbeit liefert als ihr in irgend einer (z. B. latenten) Form zugeführt wurde, ist unmöglich. Die Unmöglichkeit dieses sogenannten Perpetuum mobile (und zwar der „ersten Art“ zum Unterschiede von dem weiter unten zu besprechenden der „zweiten Art“) wurde von der Wissenschaft vor mehr als einem Jahrhundert vorausgeahnt, erhielt aber ihre endgültige Begründung erst durch das von Meyer, Joule und Helmholtz aufgestellte Prinzip von der Erhaltung der Energie. Dies Prinzip bildet heute die unerschütterte Grundlage der gesamten Naturwissenschaft, also auch des Maschinenbaues.

110. Das Perpetuum mobile zweiter Art und der zweite Hauptsatz der Thermodynamik.

So oft Wärme als solche verschwindet, muß im Sinne des Energieprinzipes eine ihr äquivalente Energiemenge anderer Form, z. B. mechanische Arbeit, auftreten. Allein diese Umwandlung ist nicht unbeschränkt und nicht nach Willkür durchzuführen. Sie ist vielmehr in erster Linie an das Vorhandensein eines Temperaturgefälles und Wärmeabgabe an das tiefere Temperaturniveau gebunden. Der Wärmeinhalt des Meeres, der Atmosphäre, des ganzen Erdballs stellt einen ungeheuren Vorrat an Energie dar, und zahlreiche Erfinder haben sich mit dem Problem beschäftigt, diese Wärme, die dem Menschen kostenlos zur Verfügung steht, ohne Zuhilfenahme eines tieferen Temperaturniveaus, dessen Beschaffung eben praktisch unmöglich ist, in Arbeit umzuwandeln. Eine Maschine, die die Umwandlung der Wärme in Arbeit unter Abkühlung eines gegebenen Wärmebehälters ohne jede anderweitige Änderung der Umgebung zu vollbringen vermöchte, wird nach Ostwald Perpetuum mobile zweiter Art genannt.

Wenn auch die bezeichneten Wärmevorräte streng genommen nicht unendlich groß sind, so wird doch durch die stets auftretende Reibung und sonstige Verlustquellen immer wieder mechanische Arbeit in Wärme zurückverwandelt und die von Ostwald gewählte Bezeichnung erscheint berechtigt.

Der zweite Hauptsatz der Thermodynamik sagt nun aus, daß auch das Perpetuum mobile zweiter Art und zwar selbst bei Verwendung idealer, d. h. reibungsfreier, wärmeundurchlässiger Maschinen,[1]) unmöglich ist.

Die Begründung des Satzes ist nur eine mittelbare, d. h. die aus demselben gezogenen Folgerungen sind bis jetzt durch die Wirklichkeit ausnahmslos bestätigt worden. Es ist aber rein logisch nicht ausgeschlossen, daß eine neue Entdeckung die Allgemeinheit des Satzes aufhebt, und so kommt ihm streng genommen nur der Charakter einer Hypothese zu. Die völlig falsche Auffassung von der Art, wie ein Naturgesetz „bewiesen" werden müsse, verleitet viele Erfinder, an Ideen festzuhalten, die in offenem Widerspruch mit dem zweiten Hauptsatze stehen, indem sie gerne ihre jeweiligen Erfindungen als die Ausnahmen ansehen, welche seine Gültigkeit zu erschüttern berufen sind. Solchen Anschauungen gegenüber muß betont werden, daß auch das Energieprinzip nur induktiv erwiesen ist, d. h. daß wir nur so viel behaupten können, es habe sich bisher in allen beobachteten Fällen als gültig erwiesen. Der zweite Hauptsatz wurde ursprünglich von Clausius in etwas anderer Form nur für reine Wärmeumwandlung aufgestellt. Später haben aus demselben Gibbs, Helmholtz, van't Hoff und andere Schlußfolgerungen auf die Erscheinungen des chemischen Gleichgewichtes, des galvanischen Stromes, die Theorie der Lösungen gezogen und glänzende wissenschaftliche Erfolge errungen, welche in unzähligen Fällen durch die Wirklichkeit bestätigt worden sind. So stellt sich der zweite Hauptsatz nunmehr als ein die Gesamtheit der Naturerscheinungen beherrschendes Prinzip dar, dem, naturwissenschaftlich gesprochen, derselbe Grad von Gewißheit zukommt wie dem Satze von der Erhaltung der Energie.

Es gibt ja zu jeder Zeit Gebiete, die wegen ihrer Neuheit noch nicht hinreichend durchforscht werden konnten, so gegenwärtig die Strahlungsvorgänge, von welchen vielfach behauptet wurde, daß sie sogar dem Prinzipe der Erhaltung der Energie nicht gehorchen. Bei diesen und nur bei diesen allerneuesten Entdeckungen konnte wegen Zeitmangels und der Schwierigkeit der Untersuchung der zweite Wärmesatz noch nicht verifiziert werden. Trotzdem zweifeln einsichtige Forscher nicht daran, daß er sich auch hier bewahrheiten werde. Auf dem ganzen übrigen Gebiete der Naturforschung ist derselbe aber bereits durch ungezählte Folgerungen bewahrheitet worden; deshalb darf die dringliche Mahnung an die Erfinder gerichtet werden, keine Mittel an die Durchführung von Ideen zu wagen, die mit dem zweiten Wärmesatz im Widerspruche stehen.

Doch muß anderseits betont werden, daß die Umwandlung der Wärme der Umgebung in mechanische Arbeit nicht an sich unmöglich ist, daß sie jedoch, was ungemein wichtig ist, nur als Begleiterscheinung einer anderen, und zwar in der Regel dem Betrage nach weit größeren Energieumwandlung auftritt. Es gibt galvanische Ketten, die mehr elektrische Energie liefern, als der „Wärmetönung" der sich chemisch bindenden Stoffmengen entspricht, wobei der Überschuß der Wärme der Umgebung entnommen wird. Solange wir über einen Vorrat für solche galvanische Ketten geeigneter Stoffe verfügen, wird also die Wärme der Umgebung „unentgeltlich" in Arbeit umgewandelt. Sollten dieselben aber auf künstlichem Wege aus anderen Urstoffen chemisch

[1]) Der Zusatz, daß auch ideale Maschinen den angestrebten Zweck nicht ermöglichen könnten, ist, wie man weiter unten sehen wird, notwendig.

erzeugt werden, dann müßten wir so viel mechanische Arbeit nebenher in Wärme verwandeln, daß der frühere Gewinn mehr als aufgehoben würde. Diese Prozesse sind aber auch an sich praktisch um so mehr bedeutungslos, als der Betrag der umgewandelten Wärme pro Gewichtseinheit der verbrauchten Stoffe meist ein ungemein kleiner zu sein pflegt.

Auch rein thermische Prozesse existieren, bei welchen die Wärme der Umgebung in Arbeit umgewandelt wird. Das einfachste und selbstverständliche Beispiel bietet ein komprimiertes Gas, welches bei atmosphärischer Temperatur isothermisch expandiert. Hierbei wird ein der geleisteten Arbeit genau äquivalentes Wärmequantum in Arbeit verwandelt. Falls wir also einen Vorrat an komprimierten Gasen in der Natur vorfinden, wird solche Arbeitserzeugung möglich. Sobald das Gas künstlich verdichtet werden muß, hört jede Ökonomie des Prozesses auf. Über weitere chemisch-thermische Prozesse ähnlicher Art wird unten berichtet und nachgewiesen, daß dieselben praktisch ebenfalls durchaus keine Bedeutung haben.

Zum Schlusse wiederholen wir, daß das Perpetuum mobile zweiter Art in der Umwandlung der Wärme einer einzigen Wärmequelle, also ohne Vorhandensein eines Temperaturgefälles bestehen würde, wobei die gewonnene Arbeit zum Heben eines Gewichtes verwendet oder in anderer Weise aufgespeichert würde, jedoch so, daß irgend welche Zustandsänderungen in anderen Körpern ausgeschlossen wären. Nur in diesem Sinne ist dasselbe als Unmöglichkeit anzusehen.

111. Der Carnotsche Kreisprozeß.

Führen wir mit einem Körper beliebiger Art, welcher, um die Betrachtung allgemein zu gestalten, auch als ein Gemenge von chemisch aufeinander einwirkenden Stoffen vorausgesetzt werden darf, einen Prozeß aus, welcher aus einer adiabatischen Verdichtung von der Temperatur t_2 auf die Temperatur t_1, einer isothermischen Ausdehnung bei der Temperatur t_1 unter Zufuhr der Wärmemenge Q_1, aus einer adiabatischen Ausdehnung auf die Temperatur t_2, schließlich einer isothermischen Verdichtung bei der Temperatur t_2 unter Entziehung der Wärme Q_2 bis zum Erreichen des Anfangszustandes besteht und Carnotscher Prozeß genannt wird. Die Zustandsänderungen sollen umkehrbar erfolgen, d. h. die gleichmäßige Temperatur der Wärmebehälter, welche Q_1 liefern und Q_2 aufnehmen, darf nur um ein unendlich Kleines von der ebenfalls gleichmäßigen Temperatur des arbeitenden Körpers abweichen; die lebendige Kraft des Körpers, d. h. die Geschwindigkeit, mit der der Prozeß vor sich geht, muß vernachlässigbar klein sein. Schließlich wird vorausgesetzt, daß die „Maschine", in welcher unser Körper arbeitet, reibungsfrei ist. Während eines Umlaufes wird nun eine in Wärmemaß AL betragende äußere Arbeit geleistet, und es muß nach dem Energieprinzip

$$AL = Q_1 - Q_2$$

sein. Ein zweiter Körper möge denselben Prozeß zwischen denselben Temperaturgrenzen in umgekehrter Richtung durchlaufen, sein Gewicht sei so bemessen, daß hierbei die nunmehr zu leistende Arbeit wieder gleich $A L$ sei, während dem kälteren Wärmebehälter in diesem Fall die Wärme Q_2' entzogen und dem wärmeren die Wärme Q_1' mitgeteilt wird. Es gilt wieder

$$A L = Q_1' - Q_2',$$

somit

$$Q_1 - Q_2 = Q_1' - Q_2' \text{ oder } Q_1' - Q_1 = Q_2' - Q_2.$$

Da die während des ersten Prozesses gewonnene äußere Arbeit durch den zweiten Prozeß gerade aufgezehrt wurde und beide Körper nach je einem Umlauf sich im Anfangszustande befinden, besteht die Wirkung des ganzen Vorganges darin, daß eine gewisse Wärmemenge aus dem einen Behälter in den andern geschafft worden ist. Wäre $Q_1' > Q_1$, so würde die Differenz $Q_1' - Q_1$ dem kälteren Behälter entnommen und in den wärmeren überführt worden sein. Dieser Überschuß würde in einem dritten „rechtsläufigen" Prozeß eine Arbeit leisten können, und durch Wiederholung des Vorganges könnte man ununterbrochen Arbeit auf Kosten des kälteren Behälters allein, ohne daß anderweitige Änderungen aufträten, gewinnen. Dies aber ist ein Perpetuum mobile zweiter Art, also unmöglich. Dasselbe ergibt sich, wenn man $Q_1' < Q_1$ voraussetzt, indem es nur notwendig ist, die Richtung der Prozesse 1 und 2 zu vertauschen, so daß nur die Möglichkeit

$$Q_1 = Q_1', \text{ mithin auch } Q_2 = Q_2'$$

übrig bleibt.[1]) Durch Division folgt

$$\frac{Q_1}{Q_2} = \frac{Q_1'}{Q_2'},$$

d. h. dieses Verhältnis ist von der Natur des verwendeten Körpers unabhängig, wenn nur dieseben Temperaturgrenzen t_1, t_2 eingehalten werden. Da über den Druck, das Volumen, den Aggregatzustand und die chemische Beschaffenheit der Körper nichts vorausgesetzt wurde, kann das genannte Verhältnis nur von den Temperaturen abhängen, d. h. es muß

$$\frac{Q_1}{Q_2} = f(t_1, t_2),$$

wo f eine noch unbekannte, für alle Körperarten gültige Funktion bedeutet. Die Gestalt derselben bestimmen wir mit Poincaré, indem wir Carnotsche Prozesse zwischen den Temperaturen t_0, t_1, t_2 und zwischen denselben Adiabaten, und zwar in folgender Zusammenstellung voraussetzen: 1) zwischen t_1, t_2 mit den Wärmemengen Q_1, Q_2, 2) zwischen t_1, t_0 mit Q_1, Q_0, 3) zwischen t_2, t_0 mit Q_2, Q_0, so daß die drei Gleichungen

$$\frac{Q_1}{Q_2} = f(t_1, t_2), \frac{Q_1}{Q_0} = f(t_1, t_0), \frac{Q_2}{Q_0} = f(t_2, t_0)$$

bestehen müssen.

---

[1]) Man könnte freilich einwenden, daß reibungslose Maschinen nicht existieren und der Beweis nicht streng genug geführt sei, allein einerseits bauen wir nachweisbar Dampfmaschinen, deren Reibungsarbeit, die Luftpumpenarbeit einbegriffen, bloß 5 v. H. der normalen Leistung ausmacht, anderseits ist die Voraussetzung idealer Maschinen für den Beweis nicht zu umgehen und darum auch deutlich ausgesprochen worden.

Bilden wir das Verhältnis Q_1 und Q_2 aus der 2. und 3. Gleichung und setzen wir es dem in der 1. Gleichung gleich, so folgt

$$\frac{f(t_1, t_0)}{f(t_2, t_0)} = f(t_1, t_2).$$

Diese Identität kann nach Poincaré nur bestehen, falls $f(t_1, t_2)$ die Form

$$f(t_1, t_2) = \frac{\varphi(t_1)}{\varphi(t_2)} \quad \ldots \ldots \ldots \quad (5)$$

besitzt, wo nun Funktion φ noch unbekannt ist. Zu ihrer Bestimmung genügt es, an einem einzigen Körper durch den Versuch das Verhältnis $Q_1 : Q_2$ zu ermitteln. Als solcher Körper eignet sich irgend ein „ideales" Gas, welches die Zustandsgleichung

$$pv = RT$$

besitzt, wo $T = 273 + t$ und R eine Konstante ist, dessen spezifische Wärmen c_p für konstanten Druck und c_v für konstantes Volumen unveränderlich sind und das Verhältnis

$$k = \frac{c_p}{c_v}$$

bilden. Indem man die Abschnitte des Kreisprozesses im einzelnen durchgeht, findet man durch eine leicht zu erledigende Rechnung

$$\frac{Q_1}{Q_2} = \frac{T_1}{T_2} \quad \ldots \ldots \ldots \quad (6)$$

wenn mit $T_1 = 273 + t_1$ und $T_2 = 273 + t_2$ die obere und untere „absolute" Temperatur der Carnotschen Isothermen bezeichnet wird. Die Carnotsche Temperaturfunktion $\varphi(t) = \varphi(T - 273)$ reduziert sich mithin allgemein auf die absolute Temperatur selbst,

$$\varphi(t) = T \quad \ldots \ldots \ldots \quad (7)$$

wenn wir den noch willkürlichen konstanten Faktor $= 1$ setzen.

Die in „Nutzarbeit" umgesetzte Wärmemenge ist nun nichts anderes als der Unterschied der Wärmemengen Q_1 und Q_2, d. h.

$$AL = Q_1 - Q_2.$$

Der „Wirkungsgrad" η ist das Verhältnis der nutzbar gewonnenen Energie AL zum Gesamtaufwand an Wärme, d. h. zu Q_1, da Q_2 die Temperatur der Umgebung annahm, mithin wirtschaftlich wertlos geworden ist. Man findet

$$\eta = \frac{AL}{Q_1} = \frac{Q_1 - Q_2}{Q_1}.$$

Da aber gemäß Gl. (6)

$$Q_2 = Q_1 \frac{T_2}{T_1},$$

so folgt

$$\eta = \frac{T_1 - T_2}{T_1} \quad \ldots \ldots \ldots \quad (8)$$

und wir haben den Satz:

Der thermische Wirkungsgrad eines Carnotprozesses hängt lediglich ab von der Temperatur der Isothermen, zwischen welchen der Prozeß verläuft, und ist unabhängig von der Natur des arbeitenden Körpers. Die Wärmeausnutzung ist um so besser, bei je höherer Temperatur wir die Wärme zuführten und bei je tieferer wir sie entziehen.

112. Kreisprozeß mit Wärme-Zu- und -Abfuhr bei beliebigen Temperaturen.

Es sei ein beliebiger Körper einer beliebigen physikalischen oder chemischen Zustandsänderung unterworfen, bei der nur umkehrbare Vorgänge auftreten, und der Verlauf der Druck- und Volumenänderung durch das sogenannte pv-Diagramm (Fig. 430) dargestellt wird. Teilen wir die pv-Ebene durch eine Schar von Adiabaten in unendlich schmale Streifen, und bezeichnen wir die Wärmemengen, welche während der wahren Zustandsänderung zwischen zwei Adiabaten zu- bzw. abgeleitet werden, wie in die Figur eingetragen ist, mit dQ_1, dQ_1', $dQ_1'' \ldots dQ_2$, dQ_2', dQ_2'', ..

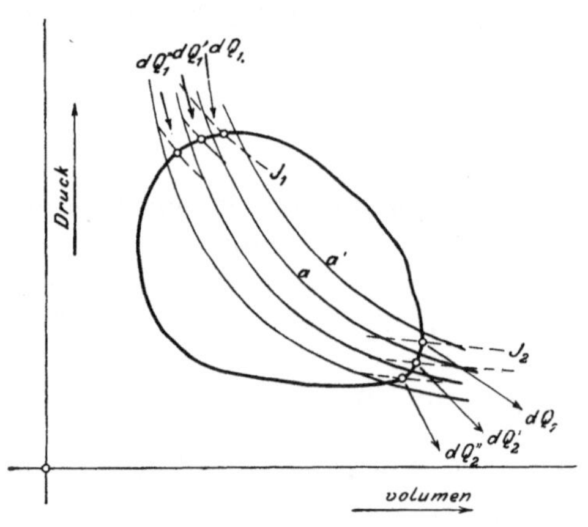

Fig. 430.

Die Wärmen dQ_1, dQ_2 können wir auch als einem Carnotschen Kreisprozeß angehörend denken, der durch einen Hilfskörper zwischen den Adiabaten a, a' und den zu T_1, T_2, d. h. den Temperaturen der wahren Zustandsänderung gehörenden unendlich kurzen Isothermen J_1, J_2 ausgeführt wird. Die auf J_1, J_2 zu- bzw. abzuleitenden Wärmen unterscheiden sich von dQ_1, dQ_2 nur um unendlich kleine höherer Ordnung und es gilt nach Gl. (6):

$$\frac{dQ_1}{dQ_2} = \frac{T_1}{T_2} \quad \ldots \ldots \ldots \ldots \quad (9)$$

Die nutzbare Arbeit dL, die dem Elementarprozesse entspricht und durch das Kurvenviereck a, a', J_1, J des pv-Diagrammes eingeschlossen wird, ist in Wärmemaß $AdL = dQ_1 - dQ_2$, der thermodynamische Wirkungsgrad, wie oben

$$\eta = \frac{T_1 - T_2}{T_1}.$$

Der vorhin ausgesprochene Satz gilt für jeden Elementarprozeß, und man darf mithin, alles zusammenfassend, den Satz aussprechen:

Die Wärmeausnützung bei einem beliebig geführten Kreisprozeß mit nur umkehrbaren Änderungen ist um so besser, bei je höheren Temperaturen die Wärme zugeführt, bei je tieferen sie abgeleitet wird.

Dieser Satz, der anscheinend allgemeine und ausnahmslose Gültigkeit besitzt, wird wesentlich eingeschränkt durch die Anwendung eines sogenannten Regenerators. Es sei in einem Arbeitsprozesse eine „rechtsläufige“, d. h. mit Wärmemitteilung, und im weiteren Verlaufe eine „linksläufige“, d. h. mit Wärmeentziehung verbundene Zustandsänderung solcher Art vorhanden, daß Element für Element die Temperaturen und die ausgetauschten Wärmemengen gleich groß sind, während die Drücke verschieden sein können. Es wird nun im allgemeinen möglich sein, durch einen ideal wirkenden Wärmeaustauschapparat (nach dem Gegenstromprinzip) die auf dem linksläufigen Wege abgegebene Wärmemenge theoretisch ohne Verlust dem Arbeitskörper auf der rechtsläufigen Zustandsänderung zuzuführen, wodurch diese Wärme zu einer zirkulierenden gemacht wird und nicht jedesmal frisch angeliefert werden muß. Es ist mithin für den Wirkungsgrad dieses Prozesses im Gegensatze zum verallgemeinerten Carnotschen Lehrsatze gleichgültig, ob die fragliche Wärmemenge bei hohen oder niedrigen Temperaturen zu- und abgeleitet worden ist. Eine praktisch brauchbare Verwendung dieser theoretisch vielversprechenden Idee ist indessen bis heute nicht geglückt.

113. Das Integral von Clausius.

Schreiben wir Gl. (9) in der Form an

$$\frac{dQ_1}{T_1} = \frac{dQ_2}{T_2}, \text{ oder } \frac{dQ_1}{T_1} - \frac{dQ_2}{T_2} = 0$$

und verbinden wir sie mit den gleichartig gebildeten

$$\frac{dQ_1'}{T_1'} - \frac{dQ_2'}{T_2'} = 0$$

$$\frac{dQ_1''}{T_1''} - \frac{dQ_2''}{T_2''} = 0 \text{ usw.,}$$

so ergibt sich durch Summation

$$\Sigma\frac{dQ_1}{T_1} - \Sigma\frac{dQ_2}{T_2} = 0.$$

Wenn wir aber die zu entziehenden Wärmemengen dQ_2 algebraisch auffassen, d. h. als negative Größen einführen (während hier dQ_2 den Absolutwert bedeutete), so darf man einfach

$$\Sigma\frac{dQ}{T} = 0$$

schreiben, die Summe auf alle Wärmeelemente ausgedehnt. Ersetzen wir die Summe durch das Integralzeichen, so entsteht für einen Kreisprozeß mit bloß umkehrbaren Vorgängen der Satz von Clausius

$$(\int)\frac{dQ}{T} = 0 \quad . \; . \; . \; . \; . \; . \; . \; . \quad (10)$$

wobei durch die Klammern die Integration über den geschlossenen Kreisprozeß angedeutet ist.

114. Die Entropie.

Man lasse nun von einem als „normal“ definierten Zustand A (Fig. 431) durch umkehrbare Vorgänge 1 kg unseres Stoffes gemäß Kurve C in den Zustand B überführen, auf dem Wege C' kehre er nach A zurück, so daß ein Kreisprozeß entsteht. Das Clausiussche Integral (10) zerlegen wir in die Teilbeträge von A über C nach B, von B über C' nach A, und schreiben

$$\int_A^A \frac{dQ}{T} = \int_{A \atop \text{über } C}^B \frac{dQ}{T} + \int_{B \atop \text{über } C'}^A \frac{dQ}{T} = 0 \qquad (11)$$

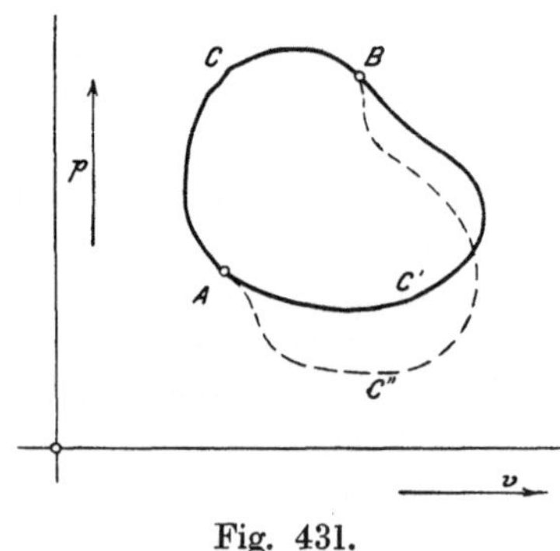

Fig. 431.

Geht die Änderung von A nach B über C', so kehren alle Elementar-Wärmemengen, die ins Spiel kommen, ihr Vorzeichen um, und es wird

$$\int_{A \atop \text{über } C'}^B \frac{dQ}{T} = -\int_{B \atop \text{über } C'}^A \frac{dQ}{T},$$

somit liefert Gl. (11)

$$\int_{A \atop \text{über } C}^B \frac{dQ}{T} = \int_{A \atop \text{über } C'}^B \frac{dQ}{T} \quad . \; . \; . \; . \; . \; . \; . \; . \; . \; . \quad (12)$$

Das Integral der Elemente $dQ : T$ ist mithin unabhängig von der Art, in welcher wir einen Körper aus dem gegebenen Anfangszustand in einen gegebenen Endzustand überführen, wenn der Weg nur überall umkehrbar war. Man bezeichnet dies Integral als den Zuwachs der Entropie des Körpers zwischen den Zuständen A und B und schreibt

$$\int_A^B \frac{dQ}{T} = S - S_0 \quad . \; . \; . \; . \; . \; . \; . \; . \; . \quad (13)$$

Der Wert der Entropie in A bleibt unbestimmt, es ist mithin auch S nur bis auf eine willkürliche additive Konstante bestimmbar. Bezeichnet man den Zustand in A als „Nullzustand" und setzt man $S_0 = 0$, so wird die Entropie eine zu jedem Zustand des Körpers gehörende bestimmte Zahl und kann von vornherein ausgerechnet werden, sofern der Zustand durch bloß umkehrbare Änderungen erreichbar ist.[1])

Aus der Definition der Entropie folgt:

$$dS = \frac{dQ}{T} \quad . \; . \; . \; . \; . \; . \; . \; . \; . \; . \quad (14)$$

und

$$dQ = T\,dS \quad . \; . \; . \; . \; . \; . \; . \; . \; . \quad (14a)$$

welche wichtige Gleichung besagt, daß die (umkehrbar) zugeführte Wärmemenge dQ erhalten wird als Produkt der absoluten

[1]) Es ist wichtig darauf hinzudeuten, daß über die Natur des arbeitenden Körpers keine Voraussetzungen gemacht worden sind, daß also obige Definition der Entropie insbesondere auch für chemisch aufeinander einwirkende Gemenge gilt, wenn nur ihr Zustand durch gewisse Angaben bestimmbar, also ein Zustand des Gleichgewichtes der chemischen Kräfte ist. Das Vorhandensein äußeren Gleichgewichtes ist nicht notwendig, da auch in bewegten Massen ein unendlich kleines Element als im relativen Gleichgewicht gegen seinen Schwerpunkt angesehen werden kann. Bei Gasgemischen kann man auch die Bedingung des Gleichgewichtes der chemischen Kräfte fallen lassen, da hier die Entropie des einen Bestandteiles durch die Anwesenheit des andern nicht beeinflußt wird;

Temperatur und der elementaren Entropiezunahme während der betrachteten unendlich kleinen Zustandsänderung. Dieser Satz gibt uns die Möglichkeit, die zugeführte Wärme graphisch als Flächeninhalt darzustellen, wenn wir z. B. ein Koordinatensystem entwerfen mit S als Abszissen- und T als Ordinatenachse. Da durch die „Zustandsparameter", etwa p und v, auch die Entropie S und die Temperatur bestimmt sind, entspricht jedem Punkte der pv-Ebene ein Punkt der TS-Ebene, und man kann eine Zustandskurve (z. B. Expansionslinie) aus der ersten in die zweite übertragen oder „abbilden". Auf diese Weise entsteht das „Entropiediagramm" (Fig. 432). In diesem ist Rechteck $B' B'' B_1'' B_1' = TdS = dQ$, und die Fläche $B_1 B C C_1$ stellt im Wärmemaß die ganze während der Zustandsänderung von B nach C aufgenommenen Wärme dar. Erfolgte die Änderung im Sinne von C nach B, müßte der Flächeninhalt negativ gerechnet werden, d. h. die Wärme würde nicht zu- sondern abgeleitet.

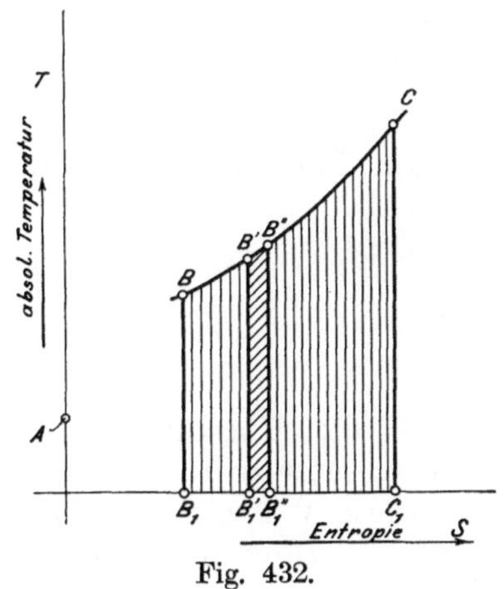

Fig. 432.

Aus Beziehung (12) folgt ferner, daß $dQ:T$ ein vollständiges Differential der beiden für die Bestimmung des Zustandes gewählten „Parameter" z. B. von p, v oder v, T usw. sein, somit die vollständige Integration von S stets möglich sein müsse.

115. Entropietafel für Wasserdampf.

Für Wasserdampf gestaltet sich die Berechnung der Entropie, indem man 0^0 C und das als unveränderlich angesehene Volumen des flüssigen Wassers zum „Normalzustand" macht, die Entropie auf 1 kg Wassergewicht bezieht, und als umkehrbare Zustandsänderung zunächst adiabatische Kompression des Wassers auf den gewünschten Druck, dann Wärmezufuhr bei konstantem Druck wählt, wie folgt:

a) im flüssigen Zustand gilt, indem man von der unmerklichen Temperaturzunahme und Arbeitsleistung während der Kompression des Wassers absieht, bis zum Erreichen des Siedepunktes beim Drucke p oder der Temperatur T die Gl. $dQ = cdT$, wo c die spezifische Wärme des Wassers unabhängig ist vom Drucke. Mithin der erste Anteil der Entropie

$$s' - s_0 = \int_0^T \frac{c\,dT}{T} = \tau,$$

während der Verdampfung bei konstantem Drucke, also auch konstanter Temperatur

$$dQ = r\,dx \quad \text{und} \quad s_x - s' = \int_0^x \frac{r\,dx}{T} = \frac{rx}{T}$$

somit im ganzen für gesättigten Dampf vom „Zustande T, x“

$$s_x - s_0 = \tau + x \frac{r}{T}.$$

Die Größe τ findet sich (unter der Bezeichnung σ) in der „Hütte“ vorgerechnet.

An der Grenzkurve ist $s'' - s_0 = \tau + \frac{r}{T}$.

Im Überhitzungsgebiete haben wir bei konstantem Drucke p

$$dQ = c_p dT$$

und

$$s - s'' = \int_T^{T'} \frac{c_p dT}{T} = c_p \log\left(\frac{T'}{T}\right),$$

wo T' die Überhitzungstemperatur bedeutet und $c_p = 0{,}48$ konstant vorausgesetzt wurde.

Diese Werte finden sich für das praktisch wichtige Gebiet der Zustandsänderung auf Tafel I graphisch dargestellt, und sind die Linien $p =$ konst. und $x =$ konst. für eine größere Zahl von Zwischenwerten gerechnet. Die Isotherme, d. h. $T =$ konst., wird naturgemäß durch die Wagerechte wiedergegeben. Für die Adiabate gilt $dQ = 0$, mithin $s =$ konst., d. h. sie ist eine vertikale Gerade. Es sind auch die Linien $v =$ konst. eingezeichnet, so daß zu zwei Bestimmungsstücken z. B. p, v sofort das dritte, d. h. x oder T gefunden werden kann. Schließlich wurden die Linien $\lambda =$ konst. eingezeichnet, durch welche, wie aus dem Früheren hervorgeht, das Rechnen vereinfacht wird.

Während der Drucklegung des Buches veröffentlicht Dieterici (Z. d. Ver. deutsch. Ing. 1905, S. 367) eine Untersuchung über die Eigenschaften des Wasserdampfes bei hohen Temperaturen, deren Ergebnisse in Zahlentafel 1 und 2 wiedergegeben sind.

Zahlentafel 1 für c_v.

Volumen in ccm	Temperatur in Cels.-Graden.				
	160 bis 180	180 bis 200	200 bis 220	220 bis 240	240 bis 260
312	0,79	0,45	0,45	0,42	0,39
196	—	0,71	0,46	0,43	0,38
128	—	—	0,68	0,44	0,36
86	—	—	—	0,67	0,40
60	—	—	—	—	0,66

Zahlentafel 2 für c_p.

Druck in kg/qcm	Temperatur in Cels.-Graden.				
	160 bis 180	180 bis 200	200 bis 220	220 bis 240	240 bis 260
6,25	0,94	0,59	0,59	0,59	0,52
10,11	—	0,96	0,60	0,59	0,53
15,71	—	—	0,94	0,62	0,54
23,54	—	—	—	0,95	0,54
34,20	—	—	—	—	0,95

Diese Werte befinden sich qualitativ in guter Übereinstimmung mit den in Abschn. 1 mitgeteilten Ergebnissen von Lorenz. Dieterici läßt in seinen Zahlenangaben eine Fehlergrenze von 5—10 v. H. zu, und glaubt, daß man für praktische Rechnungen den konstanten Mittelwert $c_p = 0{,}6$ verwenden dürfe.

116. Ungeschlossene Prozesse mit umkehrbaren und nicht umkehrbaren Zustandsänderungen.

Wenn ein Körper umkehrbare Zustandsänderungen ausführt, muß seine Temperatur, wie oben erläutert, stets bis auf unendlich kleine Unterschiede der Temperatur des Wärmebehälters, von welchem er jeweilig Wärme empfängt, gleich sein. Setzen wir auch im Behälter nur umkehrbare Vorgänge voraus, so wird für jedes Element der Zustandsänderung die Entropieänderung $dS = dQ/T$ der Arbeitskörper gleich groß, aber entgegengesetzt wie diejenige des Behälters, da T gleich dQ für beide auch gleich, aber entgegengesetzt ist. Die Entropieänderung beider Körper zusammengenommen ist Null, und zwar auch für endliche Zustandsänderungen. Wir haben somit den Satz:

Bei einem rein umkehrbaren Vorgange bleibt die Entropiesumme aller an dem Vorgang irgendwie beteiligten Körper unverändert.

Treten hingegen nicht umkehrbare Zustandsänderungen auf, so erfährt der Satz folgende von Gibbs und Planck zuerst ausgesprochene Erweiterung:

Die Summe der Entropien aller an irgend einem Vorgange beteiligten Körper ist zu Ende der Zustandsänderung größer wie am Anfang; nur im Grenzfalle einer in allen Teilen umkehrbaren Änderung bleibt die Entropiesumme unverändert.

Der Beweis ist für geschlossene, d. h. Kreisprozesse mit nicht umkehrbaren thermischen Umwandlungen schon von Clausius auf sein Grundprinzip, daß Wärme nicht von selbst von einem kälteren zu einem wärmeren Körper übergehen könne, zurückgeführt worden.

Für ungeschlossene Prozesse beliebiger Art wird der Beweis geleistet, indem man auf die im Abschn. 110 betrachteten zwei Carnotschen Prozesse zurückgreift. Der rechtsläufige derselben sei mit einer nicht umkehrbaren Zustandsänderung behaftet, der entgegengesetzte aber werde umkehrbar geführt und so, daß die vom ersten geleistete Arbeit gerade aufgezehrt wird. Als nicht umkehrbar definieren wir mit Planck jeden Vorgang, dessen Folgen durch kein uns zu Gebote stehendes Mittel vollständig, d. h. so aufgehoben werden können, daß in keinem andern Körper eine Zustandsänderung zurückbliebe. Daß der Vorgang nicht im entgegengesetzten Sinne durchlaufen werden kann, genügt also nicht, es muß überhaupt unmöglich sein, den Anfangszustand ohne Änderungen des Zustandes anderer Körper wieder herzustellen. Diese Änderungen beziehen sich aber nur auf die Faktoren, die gewissermaßen die physikalische (oder chemische) Beschaffenheit der Körper bedingen, während reine Ortsveränderungen (d. h. Änderungen der potentiellen Energie gegenüber anderen Körpern) zulässig sind. Unter dieser Voraussetzung kann die dem wärmeren Behälter durch unsere Kreisprozesse entnommene Wärme $Q_1 - Q_1'$ nur positiv sein, denn wäre sie Null, so hätten wir zum Schlusse genau denselben Zustand aller beteiligten Körper wie zu Beginn, wir hätten also die nicht umkehrbare Änderung des ersten Prozesses aufgehoben, was der Voraussetzung widerspricht. Wäre aber $Q_1 - Q_1' < 0$, so würde man ohne Arbeitsaufwand die Wärmemenge $Q_1' - Q_1$ aus dem kälteren Behälter in den wärmeren hinaufgeschafft haben, könnte dieselbe von hier in eine geeignete Maschine leiten und würde ein Perpetuum mobile zweiter Art erhalten, was unmöglich ist. Es bleibt mithin nur

$$Q_1 - Q_1' > 0 \text{ und } Q_2 - Q_2' > 0$$

möglich. Wegen der Gleichheit der Arbeiten ist aber $Q_1 - Q_2 = Q_1' - Q_2'$, d. h. es muß $Q_1 = Q_1' + \varDelta$; $Q_2 = Q_2' + \varDelta$ sein, wo $\varDelta$ eine positive Größe bedeutet.

Für den umkehrbaren Kreisprozeß war

$$\frac{Q_1'}{T_1} - \frac{Q_2'}{T_2} = 0,$$

somit erhalten wir hier, da $T_1 > T_2$ ist

$$\frac{Q_1}{T_1} - \frac{Q_2}{T_2} = \varDelta\left(\frac{1}{T_1} - \frac{1}{T_2}\right) < 0.$$

Durch dieselben Überlegungen, die im Abschn. 94 gemacht worden sind, gelangt man bei einem beliebigen Kreisprozeß zur Formel

$$(\int)\frac{dQ}{T} < 0,$$

wobei aber, wie aus der Ableitung hervorgeht, T die Temperatur der Behälter ist, weil beim nicht umkehrbaren Vorgang die Gleichheit der Temperatur des Körpers und des Behälters nicht Bedingung ist. Es sei nun in der früheren Fig. 431 ein nicht geschlossener Prozeß zwischen den Zuständen A und B mit nicht umkehrbaren Vorgängen im Arbeitskörper, aber nur umkehrbaren Änderungen der Wärmebehälter, der über die Bahn C verläuft, gegeben. Wir machen den Prozeß zu einem geschlossenen durch Anfügen der über C' laufenden und in allen Teilen umkehrbaren Zustandsänderung von B nach A. Das Integral von Clausius gibt

$$\underset{\text{über } C}{\int_A^B}\frac{dQ}{T} + \underset{\text{über } C'}{\int_B^A}\frac{dQ}{T} = \underset{\text{über } C}{\int_A^B}\frac{dQ}{T} - \underset{\text{über } C'}{\int_A^B}\frac{dQ}{T} < 0 \quad . \quad . \quad . \quad . \quad . \quad (\alpha)$$

Es sei nun S_A, S_B die Entropie des Arbeitskörpers in A bzw. B; ebenso S_A', S_B' der Anfangs- und Endwert der Entropie der Behälter, welche während der gegebenen Zustandsänderung von A bis B (über C) mit dem Körper in Verbindung standen. Dann ist offenbar

$$S_B - S_A = \underset{\text{über } C'}{\int_A^B}\frac{dQ}{T}; \; S_B' - S_A' = -\underset{\text{über } C}{\int_A^B}\frac{dQ}{T} \quad . \quad . \quad . \quad . \quad (\beta)$$

wobei das negative Vorzeichen im letzten Gliede angebracht werden mußte, da dQ die dem Körper zugeführte, mithin $-dQ$ die dem Behälter im algebraischen Sinne mitgeteilte Wärmemenge bedeutet. Wir erhalten also durch Einsetzen der Werte (β) in Gl. (α)

$$-(S_B' - S_A') - (S_B - S_A) < 0 \quad \text{oder} \quad (S_B + S_B') - (S_A + S_A') > 0$$

d. h. die Entropiesumme aller an der ungeschlossenen Zustandsänderung von A bis B beteiligten Körper ist am Ende des Vorganges größer wie zu Beginn derselben, was zu beweisen war.[1])

117. Die Ökonomie der Wärmekraftmaschinen.

Die Arbeitsleistung der heute bekannten Wärmemotoren beruht in letzter Linie auf der Auslösung von Energie durch chemische Verbindungen (Verbrennung), und ist mithin für die Beurteilung ihrer Ökonomie der Plancksche Satz in seiner allgemeinen Fassung herbeizuziehen. Leider sind die betreffenden physikalischen und chemischen Konstanten unserer Arbeitsstoffe zu wenig bekannt, und wir müssen uns mit einigen wenigen allgemeinen Erwägungen begnügen. Insbesondere kann man über den Arbeitsverlust durch nicht umkehrbare Vorgänge folgendes aussagen:

Der Arbeitskörper trete während seiner im allgemeinen ungeschlossenen Zustandsänderung mit Wärmebehältern I, II, III, ... in Berührung, welche die absoluten Temperaturen T_1, T_2, T_3 ... besitzen und an den Körper die algebraisch zu nehmenden Wärmemengen Q_1, Q_2, Q_3, ... übertragen. Außerdem sei ein Behälter mit der Temperatur der Umgebung $= T_0$ vorhanden (als solchen Behälter können wir die „Umgebung“ selbst ansehen), an welchen der Arbeitskörper die Wärmemenge Q_0 abgibt. Die Zustandsänderung der Behälter sei umkehrbar (diejenige des Arbeitskörpers beliebig), so daß die Entropiezunahme der Behälter der Reihe nach durch die Ausdrücke

[1]) Im entsprechenden Beweise von Planck findet sich (auf S. 92 der Thermodynamik 2. Aufl.) eine Unklarheit, welche für die Kenner dieses Werkes hier besprochen sei. Es ist dort die Rede davon, welche Folgen es nach sich zieht, wenn man annimmt, daß die Entropie eines Gases verkleinert werden könnte, ohne in andern Körpern Änderungen zurückzulassen. Planck weist in der 2. Auflage der Thermodynamik noch besonders darauf hin, daß Lagenänderungen z. B. Hebung oder Senkung von Gewichten hierbei nicht ausgeschlossen sind, wohl aber Änderungen des inneren Zustandes. Hierdurch wird der Beweis aber noch verwickelter gemacht, da auch Umwandlungen äußerer (Lagen-)Energie ins Spiel kommen, welche von Planck nicht berücksichtigt werden. Schließen wir wie in der 2. Aufl. dieses Buches jede anderweitige Änderung aus, so müßten auf dem von Planck eingeschlagenen Wege als Folgen der Verkleinerung der Entropie folgende Möglichkeiten ins Auge gefaßt werden: Es könnte bei dieser Verkleinerung die Temperatur erstens gleich bleiben, was gemäß der Formel der Entropie zur Folge hätte, daß das Volumen auch kleiner werden müßte. Man erhielte alsdann durch isothermische Wärmezufuhr aus der Umgebung und Ausdehnung des Gases bis zur ursprünglichen Entropie ein Perpetuum mobile zweiter Art. Es könnte zweitens die Temperatur höher sein, demzufolge müßte das Volumen um so kleiner, der Druck um so höher sein als im Anfangszustande und man erhielte durch adiabatische Expansion auf die frühere Temperatur Arbeit aus nichts. Drittens könnte die Temperatur bei der Entropieverkleinerung sinken, wobei das Volumen kleiner oder größer werden kann. Im ersten Falle kann man isothermisch auf das Anfangsvolumen expandieren, und bei konstantem Volumen aus der Umgebung Wärme zuführen, bis der Anfangsdruck erreicht ist: wir erhalten Arbeit auf Kosten der Wärme der Umgebung. Im zweiten Falle komprimieren wir adiabatisch auf die ursprüngliche Temperatur und isothermisch auf den ursprünglichen Druck; die erstere dieser Kompressionsarbeiten bedeutet Vernichtung von Energie, also eine Unmöglichkeit. Da bei Planck der Übergang zu Vorgängen chemischer Art auch unklar ist, wird vielleicht manchem der hier gegebene strenge Beweis gelegen kommen. Diese Ergänzung macht indessen das Studium des klassischen Planckschen Werkes keineswegs entbehrlich.

$$-\frac{Q_1}{T_1}, -\frac{Q_2}{T_2}, -\frac{Q_3}{T_3} - \ldots + \frac{Q_0}{T_0}$$

gegeben ist. Der Arbeitskörper selbst besitze im Anfangszustand die Entropie S, im Endzustand die Entropie S'. Die gewonnene Arbeit werde zum Heben eines Gewichtes verwendet, dessen Entropie sich nicht ändert. Die Gesamtzunahme P der Entropie, welche positiv sein muß, ist also:

$$S' - S - \frac{Q_1}{T_1} - \frac{Q_2}{T_2} - \frac{Q_3}{T_3} - \ldots + \frac{Q_0}{T_0} = P \quad . \quad . \quad . \quad (1)$$

Die nach außen abgegebene Arbeit L ist der Abnahme der Energie des Arbeitskörpers und der Behälter gleich, d. h. wenn die Eigenenergie des Körpers am Anfang und am Ende mit U bzw. U' bezeichnet wird,

$$L = U - U' + Q_1 + Q_2 + Q_3 + \ldots - Q_0 \quad . \quad . \quad . \quad . \quad (2)$$

Von der Größe L, welche die durch alle Massen- und Oberflächenkräfte von allen beteiligten Körpern geleistete Arbeitsmenge darstellt, ist indessen technisch nur ein Teil verwendbar.

Der Einfachheit halber setzen wir voraus, daß an den Behältern keine Arbeit geleistet wird, d. h. daß deren Ausdehnung während der Wärmeübertragung vernachlässigbar ist. Dann tritt nur die Oberflächenarbeit am Arbeitskörper selbst in Spiel, und zwar aus dem Grunde, weil nach vollendeter Zustandsänderung dieser Körper in die Umgebung unter Überwindung des Atmosphärendruckes ausgestoßen werden muß. Wenn p' der Druck der Umgebung, V' das Volumen des Körpers ist, so muß von der gewonnenen Gesamtarbeit der Betrag $p'V'$ für das Ausstoßen aufgewendet werden. Diesem Verlust steht indessen auch ein Gewinn gegenüber, indem beim Hereinschaffen des Arbeitskörpers in unsere Kraftmaschine durch diejenige Umgebung, aus welcher wir den Körper empfangen, die Arbeit pV auf ihn übertragen wird, sofern p den Druck, V das Volumen bezeichnet.

Wir erhalten also als technische Nutzarbeit

$$L_t = L - p'V' + pV = (U + pV) - (U' + p'V') + Q_1 + Q_2 + Q_3 + \cdots - Q_0 \quad (3)$$

von welcher natürlich noch sämtliche Reibungsarbeiten oder verlorenen lebendigen Kräfte abzuziehen sind, um die effektive Arbeit zu erhalten.

In den Ausdrücken $U + pV$ und $U' + p'V'$ finden wir den Wärmeinhalt wieder, weshalb Prandtl hierfür gelegentlich auch die Bezeichnung „technische Energie“ vorschlug. Meist wird $p = p'$ sein.

Lösen wir nun Gl. (1) nach Q_0 auf und setzen wir diesen Wert in Gl. (3) ein, so folgt

$$L_t = (U + pV) - (U' + p'V') + T_0(S' - S) + Q_1 \frac{T_1 - T_0}{T_1} + Q_2 \frac{T_2 - T_0}{T_2}$$
$$+ Q_3 \frac{T_3 - T_0}{T_3} + \ldots - PT_0 \quad . \quad . \quad . \quad . \quad . \quad . \quad (4)$$

Für einen gegebenen Anfangs- und Endzustand sind U, U', V, V', p, p', S, S' vorgeschrieben; ebenso denken wir uns T_1, T_2, $T_3 \ldots$ und Q_1, Q_2, $Q_3 \ldots$ festgestellt, T_0 folgt aus der gegebenen Umgebung. Dann sind in Gl. (4) alle Glieder gegeben, bis auf das letzte. Je größer die Zunahme der Entropie war, d. h. je mehr nichtumkehrbare Zustandsänderungen wir hatten, um so kleiner wird L_t. Für den Grenzfall

$$P = 0,$$

d. h. die in allen Teilen umkehrbare Zustandsänderung, erhalten wir das Maximum der Arbeit unter den gegebenen Verhältnissen. Bezeichnen wir diese mit L_0, so ist

$$L_t = L_0 - PT_0 \quad \ldots \ldots \ldots \quad (5)$$

was man in den Satz fassen kann:

Bei nicht umkehrbaren Vorgängen irgend welcher (auch chemischer) Art erleidet die Nutzarbeit eine Verringerung um das Produkt aus der stattgefundenen Zunahme der Entropie der am Prozeß beteiligten Körper und der Temperatur des wärmeableitenden Behälters, d. h. der Umgebung. — Wie aus der Ableitung hervorgeht, ist es hierbei ganz gleichgültig, in welchem Teil der Zustandsänderung die Zunahme erfolgte, ebenso ob sie auf einmal oder in Teilen zustande kam.

Beschreibt der Arbeitskörper einen Kreisprozeß, so ist $U = U'$, $p = p'$, $V = V'$, $S = S'$, und es wird

$$L_t = Q_1 \frac{T_1 - T_0}{T_1} + Q_2 \frac{T_2 - T_0}{T_2} + Q_3 \frac{T_3 - T_0}{T_3} + \ldots - PT_0 \quad . \; . \quad (6)$$

Und hier erscheint jede Wärmemenge mit dem wohlbekannten Carnotschen Wirkungsgrad multipliziert, wie sich für die Wärmeumwandlung nach dem früheren von selbst versteht.

Interessanter ist die Diskussion des ungeschlossenen Prozesses, der mit jeder in der Technik verwerteten **chemischen Umwandlung**, z. B. derjenigen **im Gasmotor**, verbunden ist. Der besseren Übersicht wegen schließen wir jeden Wärmeaustausch, bis auf den unvermeidlichen mit der Umgebung, d. h. bis auf Q_0, aus. Alsdann ist

$$L_t = (U + pV) - (U' + p'V') + T_0(S' - S) - PT_0 \quad . \; . \; . \quad (7)$$

Setzen wir $p = p'$, d. h. Anlieferung des Arbeitskörpers bei atmosphärischem Drucke voraus, so stellt

$$(U + p'V) - (U' + p'V') = H \quad \ldots \ldots \quad (8)$$

für brennbare Stoffe, die für uns allein von Belang sind, den Heizwert des Arbeitskörpers bei konstantem Drucke dar. Wir erhalten also mit $P = 0$

$$L_0 = H + T_0(S' - S) \quad \ldots \ldots \ldots \quad (8a)$$

und hier ist nochmals daran zu erinnern, daß S und S' ebenso wie H nur vom Anfangs- und Endzustand, nicht aber von den Zwischenzuständen abhängen; es folgt mithin der wichtige Satz:

Bei gegebenem Anfangs- und Endzustande des Arbeitskörpers, also auch bei chemischen Umwandlungen, erhalten wir für den beschriebenen Prozeß die maximale Nutzarbeit, wenn jede nicht umkehrbare Zustandsänderung vermieden wird. **Die Größe dieser Nutzarbeit ist unabhängig von der Art des rein umkehrbaren Prozesses, durch welchen die Umwandlung vollzogen wird.**

Welcher Art der in allen Teilen umkehrbare Prozeß für den Gasmotor sein müßte, ist bis jetzt theoretisch nicht einwandfrei formuliert worden. Um diese Lücke auf einfache Weise auszufüllen, kann man die sog. halbdurchlässigen Wände einführen, die die Eigenschaft haben, bestimmte Gas- oder Flüssigkeitsmoleküle frei diffundieren zu lassen, andere hingegen nicht. Die Osmose flüssiger Lösungen bietet zahlreiche Beispiele nahezu idealer „semipermeabler Membranen"; ihre Benutzung für die Verbrennungsprozesse der Gasmaschine wäre indessen mehr als problematisch, wenn nicht Planck experimentell nachgewiesen hätte, daß Platin in glühendem Zustand für Wassermoleküle durchlässig ist, für Sauerstoff und Stickstoff aber nicht. Wir stellen also die Hypothese auf, daß es Stoffe gebe, die für alle technischen Gase halbdurchlässige Wände bilden können. Bei gewöhnlicher Mischung, durch gegenseitige Diffusion der Gase, nimmt die Entropie jedes der Bestandteile wegen der arbeitslosen Expansion auf den Partialdruck, d. h. auf das Gesamtvolumen, zu, der Vorgang ist also nicht umkehrbar. Wenn wir aber das Gas durch eine semipermeable Wand mit einer Pressung, die dem Partialdruck im Gemische gleich ist und natürlich auch mit gleicher Temperatur, hineinpressen, so hört die Nichtumkehrbarkeit auf, weil keine Expansion stattfindet. Die Verbrennung kann auf umkehrbare Weise vollzogen werden, wenn wir sie im Gleichgewichtszustande der Dissoziation vor sich gehen lassen. Hierauf hat schon früher Prof. E. Meyer hingewiesen, allein es fehlte noch die umkehrbare Art, das Verbrennungsgemisch in diesen Zustand zu überführen. Wir verdichten nun die Bestandteile des „Ladegemisches" jeden für sich isothermisch auf einen solchen Druck, daß eine darauf folgende adiabatische Kompression sie gerade auf den Partialdruck führt, den sie im Verbrennungsgemisch haben müssen. Hierauf schieben wir jede Komponente durch eine eigene halbdurchlässige Wand gleichzeitig in den „Verbrennungsraum" (dessen Größe im Anfange gleich Null ist) hinein und lassen durch Fortrücken des Kolbens das Volumen des Verbrennungsgemisches unter Abfuhr der durch das teilweise Verbrennen entstehenden Wärme an einen Behälter, zu gleicher Zeit sich so vergrößern, daß weder der Druck noch die Temperatur sich ändern. Nachdem das ganze Gemisch in den Verbrennungsraum gepreßt wurde, setzt man die Ausdehnung unter derartiger Zuführung der vorhin im Behälter aufgespeicherten Wärme fort, daß die Temperatur konstant bleibt.[1]) Hierauf lassen wir das Gemisch sich adiabatisch bis auf die Temperatur der Umgebung ausdehnen, um es isothermisch bis auf den Druck der Umgebung zu verdichten und auszustoßen. Alle Vorgänge sind umkehrbar, also erhalten wir die maximale Arbeit; doch ist zu beachten, daß nach dem „Massenwirkungsgesetz" der Chemie die Vereinigung der Brennstoffe trotz Überführung in atmosphärischen Zustand nicht vollkommen sein wird, so daß ein allerdings ungemein kleiner Verlust unvermeidbar ist. Dieser praktisch selbstredend undurchführbare Prozeß hat die Eigentümlichkeit, daß es auf die Temperatur der Dissoziations-Isotherme gar nicht ankommt: die Arbeitsausbeute wäre bei hoher und bei niedriger „Verbrennungstemperatur" gleich groß! Dies darf nun nicht wundernehmen, denn bei vollkommener Umkehrbarkeit liefert schließlich auch der rein isothermische Prozeß, bei welchem die Temperatur stets derjenigen der Umgebung gleich bleibt (wie in den galvanischen Elementen), dieselbe Arbeit. Aber es wäre weit gefehlt, wenn man folgern wollte, daß auch für den Gasmotor die Höhe der Verbrennungstemperatur gleichgültig ist. Im praktischen Prozeß ist die Verbrennung ein nicht umkehrbarer Vorgang, und der Wirkungsgrad steigt um so mehr, bei je höherer Temperatur dieselbe erfolgt. Eine von mir entwickelte Formel des theoretischen Wirkungsgrades bei veränderlichen spezifischen Wärmen findet man in Zeitschr. d. Ver. Deutsch. Ing. 1898, S. 1089, und unter Berücksichtigung der Volumenabnahme der Verbrennungsgase desgl. in Zeitschr. 1903, S. 339.

Aus Gl. (8), welche die Nutzarbeit bei in allen Teilen umkehrbaren Zustandsänderungen ergibt, lassen sich folgende theoretische Möglichkeiten herauslesen:

1. Die Entropie des Arbeitskörpers bleibt unverändert, d. h.

$$S' = S \quad \ldots \ldots \ldots \quad (9)$$

dann ist

$$L_0 = H \quad \ldots \ldots \ldots \quad (9a)$$

also: die erhältliche Maximalarbeit ist identisch mit dem „Heizwert".

---

[1]) Man könnte die Wärmeaufnahme und -abgabe durch diesen Hilfsbehälter vermeiden, wenn man die Bestandteile des Gemisches in elementaren äquivalenten Mengen jeweils auf den im Verbrennungsraum gerade herrschenden Partialdruck komprimieren und hineinschieben würde; doch ist obige für ideale Prozesse zulässige Annahme anschaulicher.

2. die Entropie ist im Endzustand kleiner als im Anfangszustand,

$$S' < S \quad \ldots \ldots \ldots \quad (10)$$

dann ist

$$L_0 = H - T_0(S - S') \quad \ldots \ldots \quad (10a)$$

oder die erhältliche Maximalarbeit ist kleiner als der Heizwert.

3. die Entropie ist im Endzustande größer als im Anfangszustand,

$$S' > S \quad \ldots \ldots \ldots \quad (11)$$

dann ist

$$L_0 = H + T_0(S' - S) \quad \ldots \ldots \quad (11a)$$

die erhältliche Maximalarbeit ist größer als der Heizwert.

Mit $P = 0$ ist die an die Umgebung abzugebende Wärme nach Gl. (1)

$$Q_0 = T_0(S - S')$$

mithin $= 0$ im ersten, positiv im zweiten Falle. Wäre aber $S' > S$, wie im dritten Falle, so würde Q_0 negativ, d. h. es würde Wärme der Umgebung vom Körper aufgenommen und (mittelbar) in Arbeit umgewandelt.[1])

Es entsteht mithin die ungemein wichtige Frage, ob es Körper und Prozesse gibt, die diese theoretische Möglichkeit zu verwirklichen gestatten. Der gewöhnliche Viertaktprozeß ist hierzu nicht geeignet. Hingegen könnte man scheinbar mit flüssigen Brennstoffen von gewissen hypothetischen Eigenschaften das Ziel erreichen, beispielsweise mittels eines Prozesses folgender Art:

Man würde bei einem beliebigen Verbrennungsmotor die abzuleitende Wärmemenge Q_0 zum Verdampfen des passend gewählten Brennstoffes selbst verwenden, welcher bei der Temperatur T_0 sieden und eine solche Verdampfungswärme besitzen müßte, daß die pro Spiel in den Prozeß tretende Menge gerade die Wärme Q_0 oder etwas mehr aufzunehmen vermöchte. Die Verbrennungsgase würden auf atmosphärische Pressung abgekühlt ins Freie entweichen, und es würde der ganze Heizwert des Brennstoffes oder etwas mehr in Arbeit umgewandelt.

Diese theoretische Möglichkeit eines Wirkungsgrades, der $= 1$ oder noch größer wie 1 wäre, hat indessen gar keine praktische Bedeutung, und zwar abgesehen von der Frage, ob Brennstoffe von der erforderlichen hohen Verdampfungswärme beschafft werden können, einfach deshalb, weil ein bei atmosphärischer Temperatur siedender Brennstoff

[1]) In dieser Beziehung zeigen unsere Schlüsse eine vollständige Analogie mit den Sätzen, die Helmholtz für die galvanischen Ketten abgeleitet hat. Bei näherem Zusehen zeigt es sich, daß die betreffenden Formeln geradezu identisch sind, denn $T_0 S$ ist nichts anderes als die „gebundene Energie" von Helmholtz, und $U - T_0 S = F$ ist die „freie Energie". Wenn wir also auf die Gesamtarbeit L ausgehen, so erhalten wir bei $P = 0$

$$L = F - F'$$

und dies ist die Formel von Helmholtz für isothermische Zustandsänderungen. Daß die freie Energie auch für die mit Temperaturänderungen verbundenen Prozesse der Gasmaschine eine fundamentale Rolle spielt, wurde in der technischen Literatur vom Verfasser (Zeitschr. d. Ver. deutsch. Ing. 1898, S. 1088) nachgewiesen. Nach dem Erscheinen der 2. Auflage wurde ihm erst bekannt, daß in der wissenschaftlichen Literatur Gouy schon im Jahre 1889, Journal de physique, B. VIII. S. 501, eine ähnliche Formel entwickelt hat.

mit seinem Dampfe als gleichwertig, d. h. als „natürliches Gas“ anzusehen ist. Ist H der Heizwert pro kg des flüssigen Stoffes, und ist die Verdampfungswärme $= Q_0$, so ist der Heizwert des gasförmigen Stoffes $H' = H + Q_0$ pro kg. In Arbeit umgewandelt wird H, und wenn wir H als Bezugseinheit wählen, so ist der Wirkungsgrad $= 1$. Wenn aber das gleichwertige H' zugrunde gelegt wird, so wird in Arbeit umgesetzt $H' - Q_0$, und der Wirkungsgrad ist kleiner als 1. Im letzteren Falle können wir den Brennstoff gasförmig zugeführt denken, und der Motor arbeitet wie ein gewöhnlicher Gasmotor. Die Wärme Q_0 muß zum Schluß entzogen werden, allein wir erhalten genau so viel Arbeit wie vorhin. Die scheinbar so günstige Verwertung der Abwärme Q_0 nützt also in Wirklichkeit gar nichts, und diese Bemerkung gilt allgemein, denn die auf dem untersten Temperaturniveau für die Verdampfung zur Verfügung stehende Wärme ist wirtschaftlich wertlos.

Ganz anders stehen die Verhältnisse, wenn der Arbeitskörper den Motor mit Temperaturen verläßt, welche über derjenigen der Umgebung liegen. Diese Abwärme hat nach Maßgabe ihres Temperaturgefälles noch Verwandlungswert, welcher nach Tunlichkeit ausgenutzt werden sollte.

118. Praktische Kriterien der Wärmeausnutzung.

Bei der schon hervorgehobenen Unkenntnis der Entropieänderung unserer Brennstoffe ist es dringend notwendig, nach einfacheren Gesichtspunkten zu suchen, die auf unmittelbare Weise ein Urteil über den Grad der Energieausnützung zu erlangen gestatten.

Für die technisch wichtigen Verbrennungsprozesse ist es nun, wie man nachweisen kann, näherungsweise zulässig, den Vorgang so anzusehen, als würde die frei werdende chemische Energie dem verbrennenden Gemische von außen als Wärme zugeführt. Statt des Auspuffes ins Freie kann man sich weiterhin z. B. beim gewöhnlichen Viertakte die Verbrennungsprodukte im Zylinder zurückbehalten und bei konstantem Volumen auf atmosphärischen Zustand abgekühlt denken, worauf durch weitere Wärmeentziehung bei zurückweichendem Kolben die Auspufflinie, — durch Wärmemitteilung die Sauglinie des Indikatordiagrammes erzeugt würde, und das Spiel des Viertaktes von neuem beginnen kann. Durch diese Betrachtung wird der Verbrennungsmotor gewissermaßen in einen geschlossenen Heißluftmotor verwandelt und man kann auf die nun als bloß thermisch anzusehenden Vorgänge und Energieumsätze desselben die früher entwickelten Sätze anwenden.

Fassen wir das Gesagte zusammen, so werden als Mittel, um höchste Energieausnützung zu erlangen, für Wärmekraftmaschinen irgend welcher Art folgende leitenden Grundsätze aufgestellt werden können:

1. Herabsetzung der passiven Widerstände wie Reibung, Drosselung u. s. w., Vermeidung von Wärmeverlusten jeder Art.

2. Zuführung der Wärme oder Verlauf der Verbrennung bei möglichst hoher, Ableitung der Wärme bei möglichst tiefer Temperatur, tunlichste Vermeidung nicht umkehrbarer Zustandsänderungen.

3. Verwertung der Abwärme und Anwendung von Regeneratoren, wo die Art des Brennstoffes und des Arbeitsprozesses dies zuläßt, sofern es gelingt, wirksame und wirtschaftliche Regeneratoren zu konstruieren.

Von den bekannten Vorschlägen für Verbesserung der thermischen Arbeitsprozesse verdienen unter diesen Gesichtspunkten die folgenden eine kurze Würdigung.

119. Neuere Vorschläge.

Vermeidung der Wärmezufuhr bei niedriger Temperatur an das Speisewasser, indem man den klassischen Carnotschen Prozeß bei der Dampfmaschine dadurch verwirklicht, daß der Auspuffdampf nur bis zu einem bestimmt großen Wassergehalt kondensiert wird, so zwar, daß eine in einem Kompressor vorzunehmende adiabatische Verdichtung auf den Kesseldruck das Gemisch gerade in flüssiges Wasser von Kesseldampftemperatur verwandelt. Dieser Vorschlag, der von der klassischen Thermodynamik ausging, und dessen Durchführung von Thurston[1]) noch letzthin als wünschbar hingestellt worden ist, hat zunächst viel Verlockendes für sich. Wenn wir z. B. eine mit Sattdampf zwischen 12 und 0,2 kg/qcm arbeitende Dampfmaschine in bezug auf den erzielbaren Gewinn untersuchen, so verspricht die Anbringung des Luftpumpenkompressors eine Wärmeersparnis von rd. 10 v. H.; bei 0,1 kg/qcm Gegendruck steigt die Ersparnis sogar auf 15 v. H. Trotzdem müssen wir alle Hoffnungen auf diesen Prozeß als Utopie bezeichnen, da der erforderliche Kompressor nahezu die Größe des Niederdruckzylinders unserer Dampfmaschine erhalten müßte, und seine Leerlaufarbeit im Verein mit den sonstigen Widerständen den ganzen Gewinn wieder aufzehren würde. Hierzu tritt noch die wesentliche Schwierigkeit, daß bei der Kompression in einer gewöhnlichen Kolbenmaschine Dampf und Wasser sich trennen und in einen nur sehr unvollständigen Temperaturaustausch treten würden.

Der Wärmegenerator ist in neuester Zeit durch das D. R. P. No. 129182 von Lewicki, v. Knorring, Nadrowski und Imle[2]) in Vorschlag gebracht worden, um die Abwärme bei Heißdampfturbinen nutzbar zu machen. Das Verfahren besteht darin, den noch stark überhitzten Abdampf einer Turbine in Heizkörper zu leiten, die nach der Patentschrift im Wasser- oder Dampfraume eines Kessels aufgestellt sind und dort Wasser verdampfen oder den Dampf überhitzen sollen. Lewicki jun. hat mitgeteilt,[3]) daß bei seinen Versuchen unter Anwendung eines auf 460 bis 500^0 C überhitzten Frischdampfes der Abdampf der Turbine mit 309 bzw. 343^0 C entwichen ist. Es liegt auf der Hand, daß eine Rückgewinnung des hier aufgespeicherten Wärmeüberschusses einen Gewinn darstellt. Lewicki findet folgende Werte:

[1]) Transactions Am. Soc. Mech. Eng. 1901.

[2]) Zeitschr. d. Ver. deutsch. Ing. 1902, S. 783.

[3]) Zeitschr. d. Ver. deutsch. Ing. 1901, S. 1716.

		halbe Beaufschlagung	ganze Beaufschlagung
Dampftemperatur	°C	460	500
Dampfdruck vor der Turbine	kg/qcm	7,0	7,0
Dampfgegendruck	kg/qcm	1,0	1,0
Dampfverbrauch pro PS_e-st	kg	14,1	11,5
Wärmeverbrauch „ „	WE	11270	9390
Temperatur des Abdampfes	°C	309	343
durch Regenerierung zu gewinnende Wärmemenge pro PS_e-st	WE	1415	1340
oder in Teilen der Gesamtwärme . . .	v. H.	12,5	14,3

Die Ersparnis wird mithin überall, wo analoge Verhältnisse vorliegen, die Anlage der Regenerativheizkörper verzinsen. Es ist jedoch zu betonen, daß die Turbine Lewickis mit zu kleiner Umfangsgeschwindigkeit lief und daß die starke Überhitzung des Abdampfes nicht von den Schaufelstößen herrührt, sondern in der Hauptsache die in Wärme zurückverwandelte Austrittsenergie des Dampfes darstellt. Erhöhen wir die Umfangsgeschwindigkeit, so wird die Überhitzung des Abdampfes wohl kleiner, und der Regenerator kann weniger Wärme zurückleiten. Wir gewinnen jedoch im Verhältnis mehr Nutzarbeit, als wir Wärme aufgewendet haben, der Gesamteffekt ist ein besserer; wenn wir also die Wahl haben zwischen schlechtem „hydraulischen" Wirkungsgrad der Dampfturbine und Regenerierung einer großen Wärmemenge einerseits, oder gutem hydraulischen Wirkungsgrad, aber Regenerierung einer kleinen Wärmemenge anderseits, so wird letztere Einrichtung wirtschaftlicher sein.

Ein dritter Vorschlag, den ich als Kreisprozeß mit Dauerüberhitzung bezeichnen möchte, besteht darin, daß man den hoch überhitzten Dampf unter stetiger weiterer Heizung isothermisch expandieren ließe, um so des Vorteiles der Wärmezufuhr bei höchster Temperatur teilhaftig zu werden. Denkt man sich den Prozeß mit auf 400° überhitztem Dampf von 12 Atm. Druck so durchgeführt, daß die schließliche adiabatische Expansion bei 0,1 kg/qcm zum gesättigten Zustande zurückführt, so ergibt sich gegenüber der einfachen Überhitzung auf 400° und sofortiger adiabatischer Expansion auf 0,1 kg/qcm ein Gewinn von rd. 12 v. H. Die auf der Isotherme zuzuführende Wärmemenge beträgt rd. 30 v. H. der zum Verdampfen und Überhitzen notwendigen Wärmemenge. Leider würde die praktische Durchführung auch dieses Prozesses, den man bei der vielstufigen Dampfturbine versucht wäre anzuwenden, selbst bei unmittelbarster Verbindung des Motors mit dem Kessel an den Abkühlungs- und Reibungsverlusten der Zu- und Ableitungen scheitern. Auch der Gedanke, die dauernde Überhitzung durch Verbrennen eines Gas- und Luftgemisches, welches nach und nach dem Dampfe beigemengt würde, zu erreichen und so durch die innige Verbindung einer Dampf- und Gasturbine die Wärmeverluste vermeiden zu wollen, erweist sich bei näherer Prüfung als undurchführbar.

Die gleichen Bedenken treffen die im D. R. P. No. 122 950 (v. J. 1899) niedergelegte Idee des bekannten Physikers Pictet, der in ein hocherhitztes, vorher komprimiertes Gemisch von Dampf und Luft

Kohlenwasserstoffe einspritzen, zum Verbrennen bringen und die Produkte in einem Kolbenmotor zur Arbeitsleistung veranlassen will. Arbeitet Pictet mit Auspuff, so ist seine Maschine ein Petroleummotor mit Wassereinspritzung; will er aber Kondensation anwenden, so erhält die Luftpumpe so bedeutende Abmessungen, daß die Vorteile der höheren Anfangsüberhitzung, welche die Hauptabsicht des Verfahrens bildet, wieder aufgewogen werden. Es macht sich hier der unangenehme Umstand geltend, daß der Hauptmotor eine um die Arbeit der Luftpumpe und des Kompressors größere Leistung entwickeln, mithin entsprechend größer sein muß. Man hat also einen Aufwand für den Leerlauf der erwähnten Hilfsmaschine und den vergrößerten Leerlauf der Hauptmaschine, der, wie durch eine Rechnung nachweisbar ist, alle Vorteile wieder aufzehrt.

Schließlich haben wir in der Wahl schwersiedender Flüssigkeiten beim gewöhnlichen Dampfmaschinenprozeß ein Mittel, die Wärmezufuhr bei höheren Temperaturen zu erzwingen; es seien hier die Patente von A. Seigle und die Mehrstoff-Dampfmaschine von Schreber erwähnt. Ersterer läßt einen schwerflüchtigen Kohlenwasserstoff, z. B. Solaröl, das bei 350 bis 450^0 verdampft, in einem Dampfmotor Arbeit leisten, worauf in einem als Dampfkessel gebauten Oberflächenkondensator durch das sich niederschlagende Öl Wasser verdampft und in gewohnter Weise als Triebkraft verwendet würde. Schreber schlägt als erste Stufe Anilin vor, auf Grund der günstigen thermischen Eigenschaften, d. h. des vorteilhaften Verhältnisses der Verdampfungs- und der Flüssigkeitswärme dieses Stoffes. Will man den Vorteil der Wärmezufuhr bei hoher Temperatur ausnutzen, so darf eben das besagte Verhältnis nicht zu klein werden. Schreber betont[1]) ferner die früher übersehene Notwendigkeit, durch Vorwärmer den hohen Wärmeinhalt der Abgase der Feuerung weiterhin zu verwerten, womit freilich auch ein weiteres Element der Betriebskomplikation eingeführt wird.

Dieses Aufsetzen einer oder mehrerer Stufen auf den gewöhnlichen Dampfmaschinenprozeß erscheint ungemein verführerisch und die Verbesserung des Wirkungsgrades erheblicher als durch irgend eines der vorher erwähnten Mittel. Die Mehrstoff-Dampfmaschine verdient zweifelsohne höchste Beachtung und würde es rechtfertigen, größere Mittel zum Zwecke ihrer Erprobung flüssig zu machen. Nur muß man sich ebenfalls auf große Schwierigkeiten gefaßt machen, worunter die nicht volle chemische Beständigkeit der bisher vorgeschlagenen Stoffe zu erwähnen ist, beim Anilin insbesondere auch dessen hochgradige Giftigkeit bei nicht ausgesprochen scharfem Geruche, weshalb auch von chemischen Fachleuten an der industriellen Verwertbarkeit dieses Stoffes gezweifelt wird.

Da somit die Absichten, den Temperatursprung der Höhe nach zu erweitern, teils unausführbar, teils auf den Weg langwieriger Versuche angewiesen sind, wendet sich der Erfindungsgeist der Tiefe zu und ist durch die Abwärmemaschine bekanntlich bestrebt, den letzten Unterschied zwischen Kondensatordampf- und Kühlwasser-Temperatur aus-

---

[1]) Dinglers Polytechnisches Journal Nov. 1902. Seither ausführlich dargestellt, in der ausgezeichneten Studie: Die Theorie der Mehrstoff-Dampfmaschinen, Leipzig 1903.

zunutzen. Der Prozeß besteht bekanntlich darin, daß man durch Niederschlagen des Wasserdampfes in einem Oberflächenkondensator schwefelige Säure verdampft und in einer Kolbenmaschine Arbeit leisten läßt. Der Dampf der schwefeligen Säure wird nun seinerseits ebenfalls in einem Oberflächenkondensator durch das Kühlwasser kondensiert. Die Daseinsberechtigung dieses Vorschlages beruht in der Erfahrungstatsache, daß die Dampfmaschine in der Regel mit einem Vakuum arbeitet, welches 0,1 kg/qcm, ja häufig 0,2 kg/qcm überschreitet. Allein diesen Drücken entspricht noch eine Temperatur von rd. 45 bzw. 60^0 C, während die Mitteltemperatur des Einspritzwassers vielfach um 10 bis 20^0 C zu liegen pflegt. Hier sind mithin theoretisch 35 bis 50^0 C Temperaturgefälle zu gewinnen, was sogar bei einer Carnotschen Maschine mit z. B. 180^0 oberer Temperaturgrenze einen Gewinn von $^{35}/_{135}$ bzw. $^{50}/_{120}$, d. h. 26 bzw. 42 v. H. ergeben würde. Wir sind durch die Veröffentlichungen von Josse über die Fortschritte der Abwärmemaschine unterrichtet und wissen, daß auch hier bedeutende praktisch-konstruktive Schwierigkeiten zu überwinden sind.[1])

Es erscheint in der Tat nicht einfach, die Kondensationsvorrichtungen der Dampfmaschine so zu vervollkommnen, daß man mit Verdünnungen, die der Siedetemperatur von 10 bis 15^0 C entsprechen, dauernd arbeiten könnte. Gelingt dies, so kann der ganze Temperatursprung in der Dampfmaschine ausgenutzt werden, wobei es freilich unvermeidlich ist, daß wegen der niedrigen Temperatur der Dampfniederschlag im letzten Zylinder etwas wächst. Auch muß die Dampfmaschine die „Spitze" der Expansion preisgeben, die Abwärmemaschine nutzt sie fast ganz aus. Im übrigen stehen der Abwärme noch andere weite Gebiete offen; so wird z. B. ein Gas-Abwärmemotor gegenwärtig gebaut.

Einen eigentümlichen Weg hat der bereits genannte Physiker Pictet eingeschlagen, um den Temperatursprung einer Auspuff-Dampfmaschine nach unten zu erweitern. Er gedenkt komprimierte Luft auf die Temperatur des Dampfes erwärmt und mit diesem gemischt in die Maschine zu leiten. Stände das Mengenverhältnis der Luft zum Dampfe ungefähr wie 2 : 1, so würde der Teildruck des letzteren nach Pictet ungefähr $^1/_3$ des jeweiligen Gesamtdruckes ausmachen. Betrüge dieser 1 kg/qcm, so hätte der Dampf etwa $^1/_3$ kg/qcm Druck, er würde mithin bei freiem Auspuff der Maschine fast ebenso tief expandieren wie sonst bei Anwendung der Kondensation. Hieraus folgert Pictet, daß auch der Dampfverbrauch dieser Auspuffmaschine dem nahe käme, der sich bei Kondensationsbetrieb ergibt. Mag auch hier ein Gewinn heraus-

[1]) Bekanntlich ist eine Abwärmemaschine im Krafthause Markgrafenstraße der Berliner Elektrizitätswerke seit längerem aufgestellt und in regelmäßigem Betrieb. Nach einem mir mitgeteilten Bericht der Betriebsleitung hat die Maschine vom 1. Dezember 1901 bis 31. Mai 1902 im ganzen 1507 Betriebsstunden zurückgelegt und im Mittel eine Nutzleistung von 91 KW geliefert. Eine größere Anzahl Maschinen mit Leistungen bis zu 400 PS sind in der Ausführung begriffen, eine solche von 200 PS Leistung seit Okt. 1902 in dauerndem praktischen Betriebe. Die größte Gefahr liegt im Undichtwerden des Kondensators, wobei die schwefelige Säure durch das Wasser zu Schwefelsäure oxydiert wird und die Schmiedeeisenteile in kürzester Frist (z. B. in einer Nacht) so zu zerstören vermag, daß die Weiterbenutzung des Kondensators unmöglich wird. Die Konstruktion der Stopfbüchse scheint hingegen den Anforderungen zu entsprechen.

schauen, so kann doch nicht bezweifelt werden, daß die Anlage einer Wasserrückkühlung und Kondensation bedeutend bessere Ergebnisse liefern muß.[1])

Einen erheblichen Vorsprung haben Gasmotoren mit Kraftgasbetrieb, die als Regel Verbrauchszahlen von 3200 WE pro PS_e-st erzielen und sogar 2800 WE pro PS_e-st erreicht haben, d. h. nahezu 23 v. H. gesamte thermische Ausnutzung ergeben. Indessen ist diese Motorenart heute noch auf nur beschränkt vorkommende Brennstoffe, nämlich Koks und Anthrazit, angewiesen. Zwar hat Deutz bereits Erfolge mit dem Braunkohlenvergaser aufzuweisen, allein die Herstellung von Kraftgas aus gewöhnlicher Schwarzkohle, d. h. unserm Hauptbrennstoff, scheint noch in weiter Ferne zu liegen.

Am weitesten voraus sind in thermischer Beziehung schließlich die Motoren für flüssige Brennstoffe, und zwar diejenigen von Bánki und Diesel.

Letzterer hat nach Messungen von Prof. Lundholm bei einer dreizylindrigen Ausführung mit 120 PS Leistung einen Erdölverbrauch von

[1]) Dem vielleicht bestechenden Äußeren des Pictetschen Vorschlages gegenüber muß, abgesehen von den praktischen Schwierigkeiten, auf zwei grundsätzliche Verluste aufmerksam gemacht werden, die eine mit Mischung verschiedener Dampf- oder Gasarten arbeitende Maschine nie vermeiden kann. Es wird die Mischung von Dampf und Luft, die mit Rücksicht auf das Rosten des Dampfkessels nur vor dem Dampfzylinder (in einem Behälter) zusammentreffen dürfen, entweder vollständig sein oder nicht, beziehentlich in einigen Teilen vollständig, in andern nicht. Da, wo sie es nicht ist, expandiert der Dampf beim Auspuff auf 1 Atm. und nicht auf den Teildruck, verläßt die Maschine als nasser Dampf mit 100° Temperatur und wärmt obendrein die benachbarten Luftteilchen auf die gleiche Höhe an. Da, wo die Mischung vollständig ist, findet aber ein anderer Verlust statt, zufolge der Vermehrung der Entropie der sich mischenden Teile, die ja einer Entwertung des Wärmeinhaltes gleichkommt. Um diesen letzteren Verlust zahlenmäßig zu ermitteln, müßte man den Vorgang der hier stattfindenden Diffusion bei konstantem Druck an Hand der Skizze Fig. 433 einer Untersuchung unterwerfen. Bei A trete der Dampf, bei B die Luft ein, bei C das Gemisch aus. Wendet man auf die zwischen den Schnitten A, B und C enthaltene Gemischmenge das Prinzip der Energie an, so findet man das einfache Gesetz

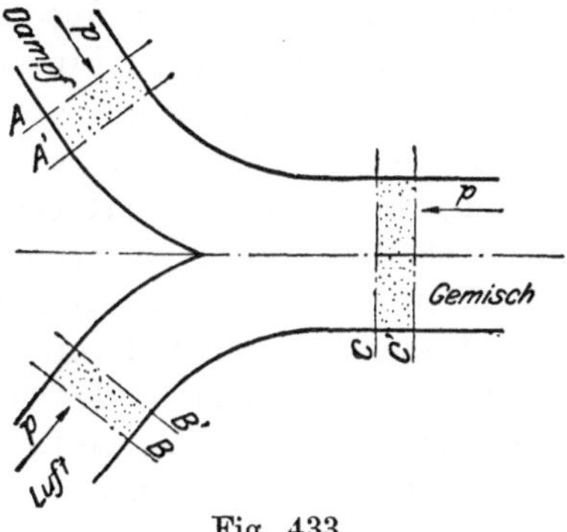

Fig. 433.

$$G_1\lambda_1 + G_2\lambda_2 = G_1\lambda_1' + G_2\lambda_2',$$

worin λ_1 der Wärmeinhalt des Dampfes, λ_2 der Wärmeinhalt der Luft $= c_p T$ vor der Mischung λ_1', λ_2' dasselbe nach der Mischung, G_1, G_2 das Dampf- bzw. Luftgewicht bedeuten. Als weitere Beziehung ist die Gleichheit der Volumen der sich gegenseitig durchdringenden Dampf- und Luftmengen herbeizuziehen:

$$G_1 v_1' = G_2 v_2'.$$

Man berechnet nun die Entropie $S = G_1 s_1 + G_2 s_2$ vor und die Entropie nach der Mischung. Das Produkt der Entropiezunahme $S' - S$ und der absoluten Temperatur T_0, d. h. $(S' - S)\,T^0$, gibt den Arbeitsverlust an, der bei Expansion auf die Temperatur T_0 durch die Mischung bedingt ist. So findet sich für $G_1 = 1$, $G_2 = 2$, 10 Atm. abs. Anfangsdruck, gesättigten Dampf, Luft von gleicher Temperatur nach der Diffusion: der Teildruck des Dampfes 4,3 Atm., derjenige der Luft 5,7, die gemeinsame Temperatur 446° absolut, die Zunahme der Entropie 0,16 Einheiten, mithin bei Expansion auf 0° C ein Verlust von $(S' - S)\,T_0 =$ rd. 44 WE.

0,173 kg für 1 PS-st, mithin eine Wärmeausnutzung von 36,8 v. H. auf die effektive Leistung bezogen erreicht und nimmt weitaus die führende Stellung unter den Wärmekraftmaschinen ein. Der mechanische Wirkungsgrad wird auf 85 v. H. geschätzt, und man sieht aus diesen Zahlen, daß der Motor seit der ersten Veröffentlichung durch Prof. Schröter ganz bedeutende Fortschritte gemacht hat. Der rein thermische Prozeß dürfte bei der schon erreichten Vollkommenheit der Verbrennung kaum wesentlicher Verbesserung fähig sein, hingegen wurde der mechanische Wirkungsgrad durch Verkleinerung der Hilfsluftpumpe namhaft gehoben, und darf man nach den Erfahrungen an Großdampfmaschinen erwarten, daß derselbe bei noch größeren Einheiten eine weitere Steigerung erfährt.

Ein sehr verfänglicher Vorschlag stammt von Friedenthal,[1]) der die als Brennstoff zu verwendende Flüssigkeit zunächst in einem möglichst vollkommenen Gegenstromkessel verdampft, und zwar bei konstantem Volumen, um die Temperatur auf das erreichbar höchste Maximum (bis über die kritische Temperatur hinaus) zu steigern. Hierauf wird eine Expansion im Zylinder der Dampfmaschine eingeleitet und bis zum Atmosphärendruck fortgesetzt, wobei Friedenthal zugleich die atmosphärische Temperatur zu erreichen, ja zu unterschreiten hofft. Nehmen wir das erstere an, so soll der dampfförmige Teil des expandierenden Gemisches unter den Kessel geleitet und hier verbrannt, der tropfbar flüssige Teil nebst notwendigem Ersatz in den Kessel gepumpt werden. Die Verbrennungswärme muß gerade hinreichen, um die pro Spiel notwendige Menge Flüssigkeit zu verdampfen. Ist ein Brennstoff, der dieser Bedingung genügt, gefunden, so wird der ganze Heizwert in Arbeit umgewandelt. Doch steht es mit diesem Ergebnis ähnlich wie mit den Prozessen, die in Abschn. 116 erwähnt wurden. Man kann die in Arbeit umgesetzte Menge angeben, wenn wir den Prozeß dadurch schließen, daß wir den dampfförmigen Teil unter Entzug einer Wärme Q_0 kondensieren. Sowohl der flüssige als auch dampfförmige Teil haben dann einen gewöhnlichen Kreisprozeß vollzogen, dessen Arbeitsausbeute $= H' - Q_0$ ist, sofern H' den Heizwert des dampfförmigen Aggregatzustandes bedeutet. Diese Differenz ist aber identisch mit dem Heizwerte des flüssigen Brennstoffes, und wir erkennen, daß auch hier der Wirkungsgrad wohl $= 1$ ist, wenn wir die gewonnene Arbeit auf den Heizwert des flüssigen, bei atmosphärischem Zustand siedenden Brennstoffes beziehen, daß aber die Arbeitsausbeute sich gleich bleibt, ob wir mit dem dampfförmigen oder aber mit dem flüssigen Aggregatzustand beginnen. In Wahrheit haben wir einen Dampfmaschinenprozeß mit ungemein hohem Druck vor uns, doch ist es für den Arbeitsgewinn gleichgültig, ob wir den Brennstoff oder irgend ein anderes Fluidum als Arbeitskörper verwenden. Hierdurch verliert der Prozeß jedes Interesse und es mag nur nebenbei bemerkt werden, daß er praktisch undurchführbar ist, und die Annahme, es könne die adiabatische Expansion beim Atmosphärendruck die Temperatur der Umgebung unterschreiten, sich als unmöglich erweist.

Auch die ebenfalls durch Friedenthal angeregte Idee, bekannte Brennstoffe, z. B. Spiritus, mit Wasser zu mengen, um durch ihre Ver-

---

[1]) Verhandl. d. deutsch. Phys. Ges. 1902, Heft 18.

dampfung die ganze Abwärme aufnehmen zu können, beruht auf einer unzutreffenden Annahme. Man sieht das am klarsten ein, wenn man das Verfahren auf einen Gasmotor angewendet denkt, wo es ja ebenso zum Ziele führen müßte. Denken wir also eine geeignete Wassermenge durch die Abgase verdampft, so stehen die Sachen indes so, daß man durch die bei Atmosphärendruck im vollkommenen Wärmeaustauscher vorzunehmende Kondensation der pro Spiel austretenden Dampfmenge bereits die pro Spiel eintretende Wassermenge verdampfen könnte. Die den eigentlichen Verbrennungsgasen und dem Überschusse der Dampftemperatur innewohnende Wärmemenge würde nur von Spiel zu Spiel die Temperatur der neuen Ladung erhöhen, ein Beharrungszustand ist also unmöglich. Dasselbe wäre der Fall, wenn man vom Wasser ganz absehen wollte, und durch einen vollkommenen Regenerator die Abwärme einfach auf die frische Ladung übertragen würde.

Ein anderes ist es mit dem schon von Simon angewendeten Verfahren, die Wärme der Abgase zum Verdampfen von Wasser unter solchem Druck zu benützen, daß der gebildete Dampf während der Expansion mit den Verbrennungsgasen gemeinschaftlich Arbeit leisten könnte. Hier ist theoretisch ein Gewinn sicher; ob auch wirtschaftlich, erscheint zweifelhaft. Zwar meint Güldner,[1]) daß der Grundgedanke einer solchen „Dampfgasmaschine" nicht kurzer Hand verworfen werden könne; indes ist das Temperaturgefälle der Abgase relativ klein, um so kleiner, je besser der Gasmotor selbst thermisch arbeitet, und wir würden ungemein große Heizflächen benötigen. Es läge nahe, auch die durch die Zylinderwand an das Kühlwasser abgegebene Wärme zur Dampferzeugung zu benutzen, d. h. den Kühlmantel als Dampfkessel auszubilden. Bei dem erforderlichen hohen Dampfdrucke würde indes die Temperatur der Wandung so hoch steigen, daß die zuverlässige Schmierung der Laufflächen gefährdet erscheint.

Wenn also diese letzten Anläufe auch keine oder nur zweifelhafte Aussichten eröffnen, so haben doch schon heute, dank der Mitarbeit von Wissenschaft und Praxis, die mit flüssigem Brennstoff arbeitenden Motoren recht erfreuliche Erfolge erreicht. Demgegenüber ist die Ausnützung der Kohle, unseres hauptsächlichen Energieträgers, noch eine ungemein mangelhafte, und auch wenn es gelingen sollte, jede Art von Kohle zu vergasen, dürfte sie kaum an die heutige Ausbeute des Diesel-Motors heranreichen wegen des Verlustes, welchen die Vergasung notwendigerweise mit sich bringt. Es entsteht mithin die berechtigte Frage, ob nicht die eingeschlagene Richtung im ganzen falsch sei, und ob wir nicht den Motorenbau überhaupt aufgeben sollten, um uns dem Probleme der unmittelbaren Erzeugung von Elektrizität aus Kohle zuzuwenden. Um über den Stand dieser Frage von berufener Seite Aufklärung zu erhalten, habe ich mich an den bekannten Elektrochemiker R. Lorenz-Zürich gewandt, dem ich folgende im Auszug wiedergegebene Mitteilungen verdanke.

Damit ein Stoff in einem galvanischen Element elektromotorisch wirksam werden könne, muß er im Zustande der sogenannten Ionen in Lösung übergehen. Es ist nun wohl gelungen, Kohlenstoff in Flüssig-

[1]) Das Entwerfen und Berechnen der Verbrennungsmotoren. Berlin 1903, S. 31.

keiten aufzulösen, allein es ist fraglich, ob er in der Lösung in Form von Ionen, d. h. elektrisch geladenen Atomen oder Atomgruppen, besteht. Demgemäß sind auch keine oder nur zweifelhafte elektromotorische Kräfte wahrgenommen worden. Dasselbe ist der Fall mit dem Kohlenoxyd-Element, und es darf hier die elektromotorische Wirkung sogar als unwahrscheinlich bezeichnet werden. Es bieten sich außerdem mittelbare Verfahren dar, wie z. B. der von Nernst stammende Vorschlag, die Energie der Kohle durch Verhüttung im Hochofen auf Eisen oder Zink zu übertragen und diese Metalle in galvanischen Elementen aufzuzehren. Es müßten indessen Elemente konstruiert werden, in denen die besagten Metalle durch Kohlenstoff reduzierbare Salze bilden. Dies ist der Fall bei den von Lorenz entdeckten „Fällungselementen", deren wissenschaftliche Untersuchung jedoch noch nicht abgeschlossen ist. Schließlich würde man auf mittelbarem Wege die Abnahme der elektromotorischen Kraft mit der Temperatur in den umkehrbaren galvanischen Ketten (Akkumulatoren) derart benützen können, daß man ein hocherhitztes Element bei kleiner Spannung unter Wärmezufuhr ladet, hierauf abkühlt und unter Wärmeableitung bei großer Spannung entladet. Der Unterschied der zu- und abgeleiteten Wärmemengen würde gemäß dem Carnotschen Satze in elektrische Energie umgewandelt. Indes selbst die mit geschmolzenen Elektrolyten arbeitenden Elemente würden nur im Bereiche von etwa 500 bis 860° C verwendbar sein, was einen theoretischen Wirkungsgrad von rd. 35 v. H. bedeutet; dazu aber sind die zum Erwärmen und Abkühlen der Elemente notwendigen Wärmemengen gegenüber den nutzbar verwerteten so groß, daß die unvermeidlichen Verluste den Wirkungsgrad zu stark beeinflussen müßten. Es wäre mithin eine Vereinigung mit andern Elementen notwendig, um sowohl den Sprung bis auf die Temperatur der Umgebung auszunützen, als auch den Wärmeinhalt der mit etwa 900° C entweichenden Feuergase des ersten Prozesses aufzunehmen. Schon für den ersten Versuch stehen also höchst verwickelte und umfangreiche Anordnungen in Aussicht.

Wenn ich die sehr bemerkenswerten Mitteilungen des Herrn Lorenz recht auslege, so ist für die unmittelbare Umwandlung noch überhaupt eine Reihe von Vorfragen unerledigt; die mittelbare Umsetzung bedingt aber ausgedehnte und verwickelte Anlagen, ohne, soweit die Frage sich überblicken läßt, für einen wirtschaftlichen Gewinn Gewähr leisten zu können.

Es droht also dem Motorenbau noch keine unmittelbare Gefahr; allein wir sind in der Verteidigung unserer Stellung ganz auf die eigene Kraft angewiesen. Die Augen vieler richten sich auf einen Motor, der den hohen thermischen Effekt der Gasmaschine mit den konstruktiven Vorzügen der Dampfturbine zu vereinigen in der Lage wäre, und aus diesem Grunde zum Schlusse kurz besprochen werden soll. Es ist dies

120. Die Gasturbine.

Der Arbeitsprozeß, der sich für die Gasturbine als naturgemäß von selbst darbietet, ist der folgende: Gas und Luft werden getrennt auf einen mehr oder weniger hohen Druck durch Kompressoren verdichtet, in einer Kammer bei konstanter Pressung verbrannt und unmittelbar der Turbine zugeführt. Das System der Turbine ist theoretisch gleichgültig; die Expansion wird vorerst bis auf den Atmosphärendruck fortgesetzt. Dieser Prozeß entspricht dem wohlbekannten Zyklus von Brayton, von welchem die Gasmotorentheorie nachweist, daß er bei konstant angenommener spezifischer Wärme genau denselben thermischen Wirkungsgrad besitzt wie der gewöhnliche Explosionsprozeß, falls bei letzterem der Enddruck der Kompression gleich hoch ist, wie der Verbrennungsdruck bei Brayton. Die ideale Gasturbine würde mithin die gleiche Ökonomie darbieten wie der ideale Viertaktmotor, und die Frage ist nur, wie die Arbeits- und Abkühlungsverluste der beiden bei der praktischen Verwirklichung ausfallen. Die Kompressionsarbeit für Gas und Luft ist hüben und drüben gleich groß, der zu ihrer Verrichtung notwendige Arbeitsaufwand wohl nicht wesentlich verschieden, wenn wir beachten, daß das Gestänge des Turbinenkompressors zwar leichter ist, aber ein Zahnradvorgelege bedingt. Die übrigen Arbeitsverluste des Kolbenmotors dürften aber wesentlich kleiner ausfallen.

Wir müssen nämlich wegen der hohen Temperaturen Turbinen mit einer einzigen Druckstufe, also Düsenturbinen anwenden. Rechnen wir zunächst auf gleich hohe Abkühlungsverluste, so bliebe die gleiche Energie disponibel. Im Gasmotor erscheint dieselbe als die eigentliche indizierte Arbeit, von welcher wir wegen der Widerstände beim Ansaugen und Ausströmen, sowie wegen der passiven Reibung (Leerlauf) der Maschine bei großen Einheiten etwa 20 v. H. verlieren, 80 v. H. als effektive Arbeit an der Welle erhalten. In der Dampfturbine müssen wir die Düsen- und die Schaufelreibung, den Auslaßverlust und die Radreibung abziehen, um die effektive Leistung zu erhalten. Die Summe dieser Verluste beträgt bei den bekannten einstufigen Dampfturbinen über 40 v. H., die Gasturbine wird kaum mit geringeren Beträgen auskommen. Weitere Fortschritte darf man natürlich nicht ausschließen, und die Gasturbine ist darin im Vorteil, daß ihre Abkühlungsverluste kleiner werden könnten als beim Gasmotor, falls es gelänge, die Verbrennungskammer innerlich so zu isolieren, daß eine Wasserkühlung entbehrlich wäre. Allein nun kommt die kardinale Schwierigkeit, daß ein Betrieb dieser Art sehr hohe Temperaturen am Ende der Expansion ergibt, durch welche die Erhaltung der Radschaufeln in Frage gestellt würde. Mischt man der Verbrennungsluft zerstäubtes Wasser zu, welches verdampft werden muß, so kann die Temperatur tiefer gehalten werden, allein in gleichem Maße sinkt auch der Wert des Wirkungsgrades.[1]) Die Verwendung der Abwärme zur Verdampfung des Einspritzwassers, um die latente Wärme desselben zu sparen, würde hier helfend eingreifen; alles in allem erscheint es aber fraglich, ob eine Gasturbine der beschriebenen Art mit dem Kolbenmotor in erfolgreichen Wettbewerb treten kann.

Nicht viel anders steht es mit dem ebenfalls schon vorgeschlagenen Arbeitsverfahren, die Turbine mit einem gewöhnlichen Viertaktmotor derart zu verbinden, daß die Explosionsgase, während der Expansions-

[1]) Siehe die ausführlichen Rechnungen von Lorenz in Zeitschr. d. Ver. deutsch. Ing. 1900, S. 252, welche auch für veränderliche spezifische Wärmen zu ungefähr gleichen Ergebnissen führen.

periode auf die Turbine geleitet, gleichzeitig hier und im Zylinder Arbeit leisten würden. Man könnte allerdings die Expansion bis auf den Atmosphärendruck fortsetzen und so scheinbar mühelos das erreichen, was der Verbundgasmotor wegen zu starker Abkühlung der Arbeitsgase früher vergeblich angestrebt hat. Dem theoretischen Gewinn steht aber einmal die schlechtere Ausnützung der Expansionsarbeit in der Turbine gegenüber, dann die erhöhten Verluste in der Düse, die mit stark schwankendem Druckverhältnis arbeiten müßte. Außerdem ist der intermittierende Betrieb in mancher Beziehung ungünstig, während die Schwierigkeiten mit der Temperatur ebenso bestehen bleiben wie bei der Gleichdruckturbine.

Einen Fortschritt in der thermischen Ausnützung der Wärme wird also die Gasturbine nicht bringen können; trotzdem wird ihr viel Beachtung geschenkt wegen der Aussichten, die sie für die Verwendung der bisher auf die Dampftechnik angewiesenen Brennstoffe bietet. Die Teere und asphaltartigen Substanzen, die bei der Vergasung der bituminösen Kohle auftreten und den Betrieb im Gasmotor unmöglich machen, könnten bei der Dampfturbine in einem geschlossenen, unter Druck stehenden Generator ohne weiteres verbrannt und dadurch unschädlich gemacht werden. So wie sich die Dampfturbine, ohne in der Dampfökonomie eine wirkliche Verbesserung zu bringen, durch ihre konstruktive Einfachheit den Eintritt in die Industrie zu erzwingen verstanden hat, so würden die Aussichten einer dem Gasmotor nachstehenden, aber konstruktiv einfacheren Gasturbine, wenn sie nur die Dampfmotoren in der Ökonomie übertrifft, vorzügliche sein. Die konstruktiven Schwierigkeiten, die der Großgasmotor zu überwinden hat, die aus den gewaltigen Kolbendrücken und der Wärmeausdehnung der komplizierten Zylinderköpfe (zahlreiche Brüche!) entspringen, sind allgemein bekannt. Eine betriebssichere Gasturbine würde in dieser Beziehung einen Fortschritt bedeuten. Es ist bekannt, daß Versuche im Gange sind, den Kolbenkompressor durch einen rotierenden zu ersetzen, wie z. B. in dem Parsonsschen Patente, der seine Turbine mit umgekehrter Strömungs- und Umdrehungsrichtung zu diesem Zwecke verwenden will. Allerdings sind die ersten Anfänge nicht viel verheißend, da Parsons bei bloß 1,4 Atm. Überdruck nur auf etwa 60 v. H. Wirkungsgrad gekommen zu sein behauptet. Unsere Versuche zeigen auch übereinstimmend, daß die Verdichtung strömender Dämpfe oder Gase mit größeren Widerständen verbunden ist als die Expansion. Die konstruktive Einfachheit einer solchen Anordnung wäre indes unübertrefflich. Aber nur wenn der mechanische Wirkungsgrad des Kompressors ganz ausgezeichnete Werte erlangt und wenn die Ausnützung der Strömungsenergie in der Turbine selbst bedeutend höher gestiegen ist, oder wenn Stoffe von hinreichender Festigkeit über die Rotgluthitze hinaus gefunden werden, wird die Gasturbine den industriellen Wettbewerb aufnehmen können.

Das Interesse, das der Motor einflößt, rechtfertigt die nachfolgende kurze rechnerische Erörterung.

121. Zur Berechnung der Gleichdruck-Gasturbine.

Die Berechnung der Gasturbine auf graphisch-analytischem Wege gestaltet sich ungemein einfach an Hand der Fig. 434, indem wir uns gestatten, die spezifischen Wärmen der Gase für den Entwurf der Adiabaten als konstant anzusehen, während bei konstantem Druck ihre Veränderlichkeit in Rechnung gestellt werden kann. Wir saugen 1 kg des zur Verbrennung geeigneten Gas-Luftgemisches an und komprimieren dasselbe, sei es gemäß der Adiabate AB, sei es in einem idealen Kompressor gemäß der Isotherme AB_1. Der Inhalt der Fläche $ABB'A'$ bzw. $AB_1B'A'$ ist die indizierte Kompressorarbeit und werde in mkg gerechnet mit L_k bzw. L_k' bezeichnet. Für diese nur als Beispiel des einzuschlagenden Weges anzusehende Rechnung machen wir ferner die Voraussetzung, daß sich während des Überganges in die Verbrennungskammer das Gemisch bei adiabatischer Kompression bis auf die Anfangstemperatur T_1 abkühlt. Wir denken uns die Verbrennungswärme wie eine von außen hinzutretende Wärme Q_1 behandelt und weisen darauf hin, daß nach der „Hütte", bei Gegenwart der theoretischen Luftmenge, die pro Kubikmeter des Gemisches entwickelte Wärmemenge für die verschiedenen Gasarten wenig voneinander abweicht, so z. B. bei Dowsongas etwa 600, bei Leuchtgas etwa 800 WE beträgt; entsprechend weniger bei Luftüberschuß. Von diesem Gemisch-Heizwert H WE pro Kubikmeter gehe der Betrag ζH durch Abkühlung verloren, und übrig bleibt

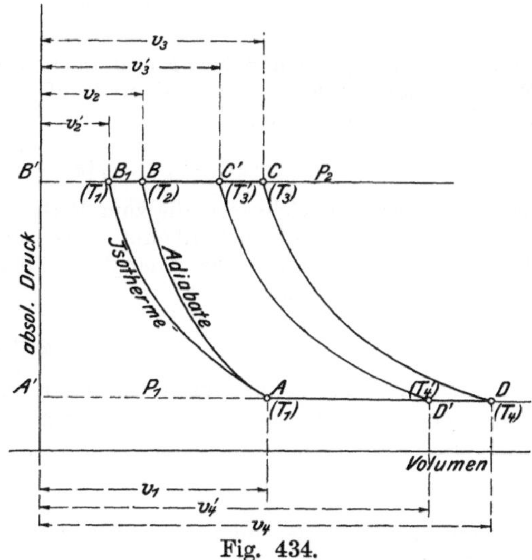

Fig. 434.

$$H' = (1 - \zeta)\, H$$

so daß

$$Q_1 = H' v_1 \quad \ldots\ldots\ldots\ldots \quad (1)$$

wird unter v_1 das Volumen in Kubikmeter beim Drucke von 1 kg/qcm verstanden $(= A'A)$, da auch H' sich hierauf bezieht. Die Endtemperatur T_3 finden wir aus der Beziehung

$$Q_1 = \overline{c_p}\,(T_3 - T_1) \quad \ldots\ldots\ldots\ldots \quad (2)$$

unter $\overline{c_p}$ wird der Mittelwert der spezifischen Wärme für das Temperaturintervall T_1 bis T_3 verstanden. Das zugehörige Volumen $B'C = v_3$ finden wir aus

$$v_3 = v_2' \frac{T_3}{T_1}.$$

Die adiabatische Expansion CD liefert die Arbeitsfläche $A'B'CD$, aus welcher durch

$$\frac{c^2}{2g} = \int_{p_1}^{p_2} v\,dp = \text{Fläche } A'B'CD \quad \ldots\ldots\ldots \quad (3)$$

die theoretische Ausströmgeschwindigkeit c am Düsenaustritt bestimmt wird. Nun kann durch Verzeichnen des Geschwindigkeitsplanes und Veranschlagung der Radreibung, wie bei der einstufigen Dampfturbine erläutert worden ist, der Wirkungsgrad η_w und die Leistung, die an die Welle abgegeben, wird $= L_w$ bestimmt werden. Bezeichnen wir Fläche $A'B'CD$ mit L_0, so ist

$$L_w = L_0 \eta_w \quad \ldots\ldots\ldots\ldots \quad (4)$$

Von dieser Arbeit ist indessen die Leistung, die zum Antrieb des Kompressors notwendig ist, d. h. $L_k : \eta_k$, wenn η_k den mechanischen Wirkungsgrad des Kompressors bezeichnet, abzuziehen. Die effektive Leistung L_e ist mithin

$$L_e = \eta_w L_0 - \frac{1}{\eta_k} L_k \quad \ldots \ldots \ldots \ldots (5)$$

Der Verbrauch an Wärme ist Q_1 in WE oder $Q_1 : A$ in mkg, mithin der gesamte Wirkungsgrad der „trocken" arbeitenden Turbine

$$\eta_0 = \frac{A L_e}{Q_1} \quad \ldots \ldots \ldots \ldots (6)$$

Nun spritzen wir in den Verbrennungsraum pro Kilogramm des Gasgemisches y kg Wasser hinein, welches verdampft und auf die Temperatur T_3' überhitzt wird, zu deren Berechnung die Gleichung

$$\overline{c_p}\,(T_3 - T_3') = y\,[q_3 - q_0 + r_3 + c'\,(t_3' - \tau_3)] \quad \ldots \ldots (7)$$

dient. In dieser bezeichnet q_3 die zum Partialdrucke p_3 des Dampfes gehörende Flüssigkeitswärme, r_3 die äußere Verdampfungswärme, τ_3 die Sättigungstemperatur, $c' = 0{,}48$ die spezifische Wärme, q_0 die anfängliche Flüssigkeitswärme. Man findet aus der Zustandsgleichung angenähert

$$p_3 = p_2 \frac{47\,y}{29{,}3 + 47\,y} \quad \ldots \ldots \ldots \ldots (8)$$

wenn man für die Verbrennungsgase die Konstante der Luft einsetzt. Das Volumen des Gesamtgemisches nimmt auf den Betrag

$$v_3' = \frac{T_3'}{T_3} v_3 \quad \ldots \ldots \ldots \ldots (9)$$

ab. Der Exponent der Adiabate $C'D'$ ist bei konstanter spezifischer Wärme leicht zu rechnen und ergibt sich zu

$$k' = \frac{c_{1p} + y\,c_{2p}}{c_{1v} + y\,c_{2v}} \quad \ldots \ldots \ldots \ldots (10)$$

worin Index 1 sich auf das Gemisch, 2 auf den Dampf bezieht. Mit diesem Werte kann angenähert die Temperatur T_4' berechnet werden, welche in der Turbinenkammer herrscht und für die Erhaltung der Schaufeln maßgebend ist. Die Arbeitsfläche

$$L_0' = A'B'C'D' \quad \ldots \ldots \ldots \ldots (11)$$

entspricht der Arbeit des Gesamtgewichtes $1 + y$ kg und liefert durch die Formel

$$(1 + y)\frac{c'^2}{2g} = L'_0 \quad \ldots \ldots \ldots \ldots (12)$$

die neue (theoretische) Ausflußgeschwindigkeit c'. Die an die Welle abgegebene Leistung des Turbinenrades ist

$$L_w' = \eta_w' L_0' \quad \ldots \ldots \ldots \ldots (13)$$

und die neue effektive Leistung

$$L_e' = \eta_w' L_0' - \frac{1}{\eta_k} L_k \quad \ldots \ldots \ldots \ldots (14)$$

Schließlich der Gesamtwirkungsgrad

$$\eta_0' = \frac{A L_e'}{Q_1} \quad \ldots \ldots \ldots \ldots (15)$$

Rechnen mit dem Wärmeinhalt.

Der Wärmeinhalt eines Gases für konstanten Druck ist gemäß der allgemeinen Formel 1c Abschn. 20 pro Kilogramm Gas

$$J = u + A p v = \overline{c_p}\, T + \text{konst} \quad \ldots \ldots \ldots \ldots (16)$$

wobei $\overline{c_p}$ der Mittelwert der spezifischen Wärme zwischen der absoluten Nulltemperatur und T ist. Mit dieser Größe lassen sich die einzelnen Phasen des Gasturbinenprozesses ungemein bequem verfolgen.

Wir denken uns die Temperaturen an allen Stellen berechnet und bezeichnen den Wärmeinhalt in den Punkten A, B, B_1, C, D durch Anfügen dieser Buchstaben an J mit $J_A\, J_B\, J_{B_1}\, J_C\, J_D$ usw. Alsdann folgt aus der Betrachtung des Kreisprozesses $A'B'BA$

die indizierte Kompressorarbeit bei adiabatischer Kompression, auf die wir uns beschränken, in WE

$$A L_k = J_B - J_A \quad \ldots \ldots \ldots \ldots (17)$$

Wir setzen wieder voraus, daß das komprimierte Gemisch auf T_1 (Punkt B_1) abgekühlt wird. Weil $A B_1$ eine Isotherme ist, haben wir

$$J_{B_1} = J_A \quad \ldots \ldots \ldots \ldots (18)$$

α) Ohne Wassereinspritzung.

Die durch die Verbrennung zugeführte Wärme ist

$$Q_1 = J_C - J_{B_1} \quad \ldots \ldots \ldots \ldots (19)$$

woraus J_C bestimmt wird. Die disponible Arbeit der Turbine ist

$$A L_0 = J_C - J_D \quad \ldots \ldots \ldots \ldots (20)$$

Bezeichnen wir nun die Wärmemenge, die den Verbrennungsprodukten auf dem Wege DA entzogen wird, mit Q_2, d. h. setzen wir

$$Q_2 = J_D - J_A,$$

so kann man die disponible Arbeit auch als

$$A L_0 = (J_C - J_{B_1}) - (J_D - J_{B_1})$$

schreiben oder in der zweiten Klammer, J_{B_1} durch J_A ersetzend, wie auch unmittelbar klar ist

$$A L_0 = Q_1 - Q_2 \quad \ldots \ldots \ldots \ldots (20a)$$

Die theoretische Ausflußgeschwindigkeit c findet man aus Gleichung

$$A \frac{c^2}{2g} = J_C - J_D = \overline{c_p} (T_3 - T_4) \quad \ldots \ldots \ldots \ldots (21)$$

die effektive Leistung ist in WE

$$A L_e = (Q_1 - Q_2) \eta_w - \frac{A L_k}{\eta_k} \quad \ldots \ldots \ldots \ldots (22)$$

Der gesamte Wirkungsgrad (bei adiabatischer Kompression)

$$\eta_0 = \frac{(Q_1 - Q_2)\eta_w - A \frac{L_k}{\eta_k}}{Q_1} = \frac{Q_1 - Q_2}{Q_1} \eta_w - \frac{A L_k}{Q_1} \frac{1}{\eta_k} \quad \ldots \ldots (23)$$

β) Mit Wassereinspritzung.

T_3' ist nach Formel 7, T_4' für adiabatische Expansion mit dem Exponenten Gl. 10 zu rechnen. Der Partialdruck p_4 des Dampfes im Punkte D' wird durch Formel

$$p_4 = p_1 \frac{47 y}{29{,}3 + 47 y} \quad \ldots \ldots \ldots \ldots (24)$$

berechnet und dient zur Bestimmung der Wärmemenge Q_2, die dem Gemenge entzogen werden muß, um es vom Zustand D' auf den Zustand A abzukühlen. Es ist

$$Q_2 = y \left[0{,}48 (t_4' - \tau_4) + r_4 + q_4 - q_1\right] + \overline{c_p} (t_4' - t_1) \quad \ldots \ldots (25)$$

Hierin ist τ_4 die zu p_4 gehörende Sättigungstemperatur, r_4, q_4 ebenso die äußere und die Flüssigkeitswärme, q_1 die Flüssigkeitswärme bei der Temperatur t_1, und es wird vorausgesetzt, daß $t_1 < \tau_4 < t_4'$, was meist zutreffen wird. Hierbei ist die geringe bei der Temperatur t_1 dampfförmig verbleibende Wassermenge vernachlässigt.

Wir erhalten nun

$$A L_0 = Q_1 - Q_2 \quad \ldots \ldots \ldots \ldots (26)$$

$$A (1 + y) \frac{c'^2}{2g} = Q_1 - Q_2 \quad \ldots \ldots \ldots \ldots (27)$$

$$A L_e' = \eta_w (Q_1 - Q_2) - \frac{1}{\eta_k} A L_k \quad \ldots \ldots \ldots \ldots (28)$$

$$\eta_0' = \eta_w \frac{Q_1 - Q_2}{Q_1} - \frac{1}{\eta_k} \frac{A L_k}{Q_1} \quad \ldots \ldots \ldots \ldots (29)$$

Mit Hilfe dieser Gleichungen kann man die Änderungen des Wirkungsgrades, wenn der gewählte Kompressionsdruck und die Menge des eingespritzten Wassers sich ändern, verfolgen.

Man wird leicht die Formeln für den Fall aufstellen, daß man das Wasser zum Teil durch die Abgase unter dem Druck p_2 verdampfen läßt und den Dampf in die Verbrennungskammer einführt. Dieses Mittel, wenn auch wenig ausgiebig, ist günstiger als etwa das Verfahren, die Temperatur durch Erhöhung der überschüssigen Luft herabzusetzen, denn die Luft muß vorkomprimiert werden, während wir das Wasser im flüssigen Zustand, also mit verschwindend kleinem Arbeitsaufwand in die Heizkörper hereinpressen.

Der Wirkungsgrad wächst mit dem Kompressionsdrucke bis zu einer gewissen Grenze, um dann wieder abzunehmen, besitzt aber bei den üblichen Annahmen für η_w, η_k unbefriedigend kleine Werte.

Graphische Kalorimetrie der Dampfmaschinen. Von Fritz Krauss, Ingenieur, beh. aut. Inspektor der Dampfkessel-U.- und V.-Gesellschaft in Wien. Mit 24 Textfiguren. Preis M. 2,—.

Die Steuerungen der Dampfmaschinen. Von Carl Leist, Professor an der Kgl. Technischen Hochschule zu Berlin. Zweite, sehr vermehrte und umgearbeitete Auflage, zugleich als fünfte Auflage des gleichnamigen Werkes von Emil Blaha. Mit 553 Textfiguren. In Leinwand gebunden Preis M. 20,—.

Steuerungstabellen für Dampfmaschinen mit Erläuterungen nach dem Müllerschen Schieberdiagramme und mit Berücksichtigung einer Pleuelstangenlänge gleich dem fünffachen Kurbelradius, sowie beliebiger Exzenterstangenlänge für einfache und Doppel-Schiebersteuerungen. Von Karl Reinhardt, Ingenieur. Mit zahlreichen Beispielen und Textfiguren. In Leinwand gebunden Preis M. 6,—.

Die Bedingungen für eine gute Regulierung. Eine Untersuchung der Regulierungsvorgänge bei Dampfmaschinen und Turbinen. Von J. Isaachsen, Ingenieur. Mit 34 Textfiguren. Preis M. 2,—.

Der Reguliervorgang bei Dampfmaschinen. Von Dr.-Ing. B. Rülf. Mit 15 Textfiguren und 3 Tafeln. Preis M. 2,—.

Die Regelung der Kraftmaschinen. Berechnung und Konstruktion der Schwungräder, des Massenausgleichs und der Kraftmaschinenregler in elementarer Behandlung. Von Max Tolle, Professor und Maschinenbauschuldirektor. Mit 372 Textfiguren und 9 Tafeln. In Leinwand geb. Preis M. 14,—.

Fliehkraft und Beharrungsregler. Versuch einer einfachen Darstellung der Regulierungsfrage im Tolleschen Diagramm. Von Dr.-Ing. Fritz Thümmler. Mit 21 Textfiguren und 6 lithographierten Tafeln. Preis M. 4,—.

Die Dampfkraftanlagen auf der Industrie- und Gewerbeausstellung zu Düsseldorf 1902. Von Heinrich Dubbel, Ingenieur. Mit zahlreichen Textfiguren und 5 Tafeln. (Sonderabdruck aus der Zeitschrift des Vereines deutscher Ingenieure 1902.) Preis M. 3,—.

Geschichte der Dampfmaschine. Ihre kulturelle Bedeutung, technische Entwickelung und ihre großen Männer. Von Konrad Matschoß, Ingenieur. Mit 188 Textfiguren, 2 Tafeln und 5 Bildnissen. In Leinwand geb. Preis M. 10,—.

Neuere Turbinenanlagen. Auf Veranlassung von Professor E. Reichel und unter Benutzung seines Berichtes „Der Turbinenbau auf der Weltausstellung in Paris 1900“ bearbeitet von Wilhelm Wagenbach, Konstruktionsingenieur an der Kgl. Techn. Hochschule Berlin. Mit ca. 54 Tafeln und 40 Textfiguren. Erscheint im Mai 1905.

Die Gebläse. Bau und Berechnung der Maschinen zur Bewegung, Verdichtung und Verdünnung der Luft. Von Albrecht von Ihering, Kaiserl. Regierungsrat, Mitglied des Kaiserl. Patentamtes, Dozent an der Königl. Friedrich-Wilhelms-Universität zu Berlin. Zweite, umgearbeitete und vermehrte Auflage. Mit 522 Textfiguren und 11 Tafeln. In Leinwand gebunden Preis M. 20,—.

Die Pumpen. Berechnung und Ausführung der für die Förderung von Flüssigkeiten gebräuchlichen Maschinen. Von Konrad Hartmann, Regierungsrat im Reichs-Versicherungsamt, Professor an der Kgl. Technischen Hochschule zu Berlin, und J. O. Knoke, Oberingenieur der Maschinenbau-Actien-Gesellschaft Nürnberg in Nürnberg. Dritte Auflage unter der Presse.

Die Kraftmaschinen des Kleingewerbes. Von J. O. Knoke, Oberingenieur. Zweite, verbesserte und vermehrte Auflage. Mit 452 Textfiguren. In Leinwand gebunden Preis M. 12,—.

Das Entwerfen und Berechnen der Verbrennungsmotoren. Handbuch für Konstrukteure und Erbauer von Gas- und Ölkraftmaschinen. Von Hugo Güldner, Oberingenieur, gerichtlich vereideter Sachverständiger für Motorenbau. Zweite Auflage erscheint im Mai 1905.

Die Dampfkessel. Ein Lehr- und Handbuch für Studierende Technischer Hochschulen, Schüler Höherer Maschinenbauschulen und Techniken, sowie für Ingenieure und Techniker. Von F. Tetzner, Professor, Oberlehrer an den Königl. vereinigten Maschinenbauschulen zu Dortmund. Zweite, verbesserte Auflage. Mit 134 Textfiguren und 38 lithogr. Tafeln. In Leinwand gebunden Preis M. 8,—.

Dampfkessel-Feuerungen zur Erzielung einer möglichst rauchfreien Verbrennung. Im Auftrage des Vereines deutscher Ingenieure bearbeitet von F. Haier, Ingenieur in Stuttgart. Mit 301 Figuren im Text und auf 22 lithographierten Tafeln. In Leinwand gebunden Preis M. 14,—.

Generator-Kraftgas und Dampfkessel-Betrieb in bezug auf Wärmeerzeugung und Wärmeverwendung. Eine Darstellung der Vorgänge, der Untersuchungs- und Kontrollmethoden bei der Umformung von Brennstoffen für den Generator-Kraftgas- und Dampfkessel-Betrieb. Von Paul Fuchs, Ingenieur. Zweite Auflage von: „Die Kontrolle des Dampfkesselbetriebes". Mit 42 Textfiguren. In Leinwand gebunden Preis M. 5,—.

Der Dampfkessel-Betrieb. Allgemeinverständlich dargestellt. Von E. Schlippe, Königlichem Gewerberat zu Dresden. Dritte, verbesserte und vermehrte Auflage. Mit zahlreichen Textfiguren. In Leinwand gebunden Preis M. 5,—.

Technische Untersuchungsmethoden zur Betriebskontrolle, insbesondere zur Kontrolle des Dampfbetriebes. Zugleich ein Leitfaden für die Arbeiten in den Maschinenbaulaboratorien technischer Lehranstalten. Von Julius Brand, Ingenieur, Oberlehrer der Königlichen vereinigten Maschinenbauschulen zu Elberfeld. Mit 168 Textfiguren, 2 Tafeln und mehreren Tabellen. In Leinwand gebunden Preis M. 6,—.

Technische Messungen, insbesondere bei Maschinenuntersuchungen. Von A. Gramberg. Mit 181 Textfiguren. Erscheint im Mai 1905.

Verdampfen, Kondensieren und Kühlen. Erklärungen, Formeln und Tabellen für den praktischen Gebrauch. Von E. Hausbrand, Oberingenieur der Firma C. Heckmann in Berlin. Dritte, durchgesehene Auflage. Mit 21 Textfiguren und 76 Tabellen. In Leinwand gebunden Preis M. 9,—.

Zu beziehen durch jede Buchhandlung.

Kondensation. Ein Lehr- und Handbuch über Kondensation und alle damit zusammenhängenden Fragen, einschließlich der Wasserrückkühlung. Für Studierende des Maschinenbaues, Ingenieure, Leiter größerer Dampfbetriebe, Chemiker und Zuckertechniker. Von F. J. Weiß, Zivilingenieur in Basel. Mit 96 Textfiguren. In Leinwand gebunden Preis M. 10,—.

Lüftungs- und Heizungs-Anlagen. Leitfaden zum Berechnen und Entwerfen. Auf Anregung seiner Exzellenz des Herrn Ministers der öffentlichen Arbeiten verfaßt von H. Rietschel, Geh. Regierungsrat, Professor an der Kgl. Techn. Hochschule zu Berlin. Dritte, vollständig neu bearbeitete Auflage. Zwei Teile. — Mit 72 Textfiguren, 21 Tabellen und 28 Tafeln. In zwei Leinwandbände geb. Preis M. 20,—.

Die Werkzeugmaschinen. Von Hermann Fischer, Geh. Regierungsrat und Professor an der Königl. Technischen Hochschule zu Hannover.

I. Die Metallbearbeitungsmaschinen. Zweite, vermehrte und verbesserte Auflage. Mit 1545 Textfiguren und 50 lithogr. Tafeln. 2 Bände. In Leinwand gebunden Preis M. 45,—.

II. Die Holzbearbeitungsmaschinen. Mit 421 Textfiguren. In Leinwand gebunden Preis M. 15,—.

Handbuch der Materialienkunde für den Maschinenbau. Von A. Martens, Professor und Direktor der Kgl. Mechan.-techn. Versuchsanstalt zu Berlin-Charlottenburg. Erster Teil. Materialprüfungswesen, Probiermaschinen und Meßinstrumente. Mit 514 Textfiguren und 20 Tafeln. In Leinwand gebunden Preis M. 40,—.

Die Drahtseile. Alles Notwendige zur richtigen Beurteilung, Konstruktion und Berechnung derselben. Eine der Praxis angepaßte wissenschaftliche Abhandlung von Josef Hrabák, k. k. Hofrat, emer. Professor der k. k. Bergakademie in Přibram. Mit 72 Textfiguren und 14 Tafeln. In Leinwand gebunden Preis M. 10,—.

Aus der amerikanischen Werkstattpraxis. Bericht über eine Studienreise in den Vereinigten Staaten von Amerika. Von Dipl.-Ing. Paul Möller. Mit 365 Textfiguren. (Sonderabdruck aus der Zeitschrift des Vereines deutscher Ingenieure.) In Leinwand gebunden Preis M. 8,—.

Praktische Erfahrungen im Maschinenbau in Werkstatt und Betrieb. Von R. Grimshaw. Autorisierte deutsche Bearbeitung von A. Elfes, Ingenieur. Mit 220 Textfiguren. In Leinwand gebunden Preis M. 7,—.

Maschinenelemente. Ein Leitfaden zur Berechnung und Konstruktion der Maschinenelemente für technische Mittelschulen, Gewerbe- und Werkmeisterschulen sowie zum Gebrauche in der Praxis. Von Hugo Krause, Ingenieur. Mit 305 Textfiguren. In Leinwand gebunden Preis M. 5,—.

Proell's Rechentafel, herausgegeben von Dr. R. Proell's Ingenieurbureau, Dresden. Neue, verbesserte Ausgabe. Proell's Rechentafel besteht nur aus Ober- und Untertafel, erstere aus starkem Celluloid, und ersetzt, obgleich sie nur $10^1/_2 \times 15^1/_2$ cm groß ist und daher bequem in der Tasche mitgeführt werden kann, einen Rechenschieber von 1 m 20 cm Länge. In dauerhaftem Futteral einschl. Gebrauchsanweisung. Preis M. 3,—.

Blitzlogarithmen. Siebenstellige Logarithmen und Antilogarithmen aller vierstelligen Zahlen und Mantissen von 1000—9999 bezw. 0000—9999 mit Rand-Index und Interpolations-Einrichtung für vier- bis siebenstelliges Schnellrechnen. Herausgegeben von O. Dietrichkeit. In Leinwand gebunden Preis M. 3,—.

Zu beziehen durch jede Buchhandlung.

Leitfaden zur Konstruktion von Dynamomaschinen und zur Berechnung von elektrischen Leitungen. Von Dr. Max Corsepius. Dritte, vermehrte Auflage. Mit 108 Textfiguren und 2 Tabellen. In Leinwand gebunden Preis M. 5,—.

Anlasser und Regler für elektrische Motoren und Generatoren. Theorie, Konstruktion, Schaltung. Von Rudolf Krause, Ingenieur. Mit 97 Textfiguren. In Leinwand gebunden Preis M. 4,—.

Transformatoren für Wechsel- und Drehstrom. Eine Darstellung ihrer Theorie, Konstruktion und Anwendung. Von Gisbert Kapp. Zweite, vermehrte und verbesserte Auflage. Mit 165 Textfiguren. In Leinwand gebunden Preis M. 8,—.

Messungen an elektrischen Maschinen. Apparate, Instrumente, Methoden, Schaltungen. Von Rudolf Krause, Ingenieur. Mit 166 Textfiguren. In Leinwand gebunden Preis M. 5,—.

Die Prüfung von Gleichstrommaschinen in Laboratorien und Prüfräumen. Ein Hilfsbuch für Studierende und Praktiker von Karl Kinzbrunner, Ingenieur und Dozent für Elektrotechnik a. d. Municipal School of Technology in Manchester. Mit 249 Textfiguren. In Leinwand gebunden Preis M. 9,—.

Elektromechanische Konstruktionen. Eine Sammlung von Konstruktionsbeispielen und Berechnungen von Maschinen und Apparaten für Starkstrom. Zusammengestellt und erläutert von Gisbert Kapp. Zweite, verbesserte und erweiterte Auflage. Mit 36 Tafeln und 114 Textfiguren. In Leinwand gebunden Preis M. 20,—.

Theorie und Berechnung elektrischer Leitungen. Von Dr.-Ing. H. Gallusser, Ingenieur bei Brown, Boveri & Co., Baden (Schweiz) und Dipl.-Ing. M. Hausmann, Ingenieur bei der Allgemeinen Elektrizitäts-Gesellschaft, Berlin. Mit 145 Textfiguren. In Leinwand geb. Preis M. 5,—.

Die Berechnung elektrischer Leitungsnetze in Theorie und Praxis. Bearbeitet von Jos. Herzog und Cl. Feldmann. Zweite, umgearbeitete und vermehrte Auflage in zwei Teilen.

Erster Teil: Strom- und Spannungsverteilung in Netzen. Mit 269 Textfiguren. In Leinwand gebunden Preis M. 12,—.

Zweiter Teil: Die Dimensionierung der Leitungen. Mit 216 Textfiguren. In Leinwand gebunden Preis M. 12,—.

Handbuch der elektrischen Beleuchtung. Von Jos. Herzog und Cl. Feldmann. Zweite vermehrte Auflage. Mit 517 Textfiguren. In Leinwand geb. Preis M. 16,—.

Der elektrische Lichtbogen bei Gleichstrom und Wechselstrom und seine Anwendungen. Von Berthold Monasch, Diplom-Ingenieur. Mit 141 Textfiguren. In Leinwand gebunden Preis M. 9,—.

Telegraphie und Telephonie ohne Draht. Von Otto Jentsch, Kaiserlichem Ober-Postinspektor. Mit 156 Textfiguren. Preis M. 5.—; in Leinwand geb. Preis M. 6,—.

Kurzes Lehrbuch der Elektrotechnik. Von Adolf Thomälen, Elektroingenieur. Mit 277 Textfiguren. In Leinwand geb. Preis M. 12,—.

Zu beziehen durch jede Buchhandlung.

Additional material from *Die Dampfturbinen,*
ISBN 978-3-662-36141-2 (978-3-662-36141-2_OSFO16),
is available at http://extras.springer.com